편입 수학은 한아름

기출로 다시보는 유형별 문제풀이

한아름 1200제

한아름 1200제

기출로 다시 보는 유형별 문제풀이

초판 1쇄 2020년 07월07일
초판 3쇄 2023년 03월16일

지은이 한아름
펴낸이 류종렬

펴낸곳 미다스북스
총괄실장 명상완
책임편집 이다경 백승정
책임진행 박새연 김가영 신은서

등록 2001년 3월 21일 제2001-000040호
주소 서울시 마포구 양화로 133 서교타워 711호
전화 02) 322-7802~3
팩스 02) 6007-1845
블로그 http://blog.naver.com/midasbooks
전자주소 midasbooks@hanmail.net
페이스북 https://www.facebook.com/midasbooks425

ISBN 978-89-6637-819-7 13410

값 38,000원

미다스북스는 다음 세대에게 필요한 지혜와 교양을 생각합니다

한아름 선생님은…

법대를 졸업하고 수학 선생님을 하겠다는 목표로 수학과에 편입하였습니다.
우연한 기회에 편입수학 강의를 시작하게 되었고 인생의 터닝포인트가 되었습니다.

편입은 결코 쉬운 길이 아닙니다. 수험생은 먼저 용기를 내야 합니다. 그리고 묵묵히 공부하며 합격이라는 결과를 얻기까지 외로운 자신과의 싸움을 해야 합니다. 저 또한 그 편입 과정의 어려움을 알기에 용기 있게 도전하는 학생들에게 조금이나마 힘이 되어주고 싶습니다. 그 길을 가는 데 제가 도움이 될 수 있다면 저 또한 고마움과 보람을 느낄 것입니다.

무엇보다도, 이 책은 그와 같은 마음을 바탕으로 그동안의 연구들을 정리하여 담은 것입니다. 자신의 인생을 개척하고자 결정한 여러분께 틀림없이 도움이 될 수 있을 것이라고 생각합니다.

그 동안의 강의 생활에서 매 순간 최선을 다했고 두려움을 피하지 않았으며 기회가 왔을 때 물러서지 않고 도전했습니다. 앞으로도 초심을 잃지 않고 1타라는 무거운 책임감 아래 더 열심히 노력하겠습니다. 믿고 함께 한다면 합격이라는 목표뿐만 아니라 인생의 새로운 목표들도 이룰 수 있을 것입니다.

여러분의 도전을 응원합니다!!

▶ 김영편입학원 kimyoung.co.kr

▶ 김영편입 강남단과전문관 02-553-8711

▶ 유튜브 "편입수학은 한아름"

▶ 네이버 "아름매스"

김영편입학원

유튜브〈편입수학은 한아름〉

차례

Areum Math

_______년 _____월 _____일,

나 _________은(는) 한아름 교수님과 함께

열정과 끈기를 가지고 꿈을 이루는 날까지 최선을 다하겠습니다.

다짐 1, ______________________________

다짐 2, ______________________________

다짐 3, ______________________________

이 세상에 열정 없이 이루어진

위대한 것은 없다.

- 게오르크 빌헬름(Georg Wilhelm)

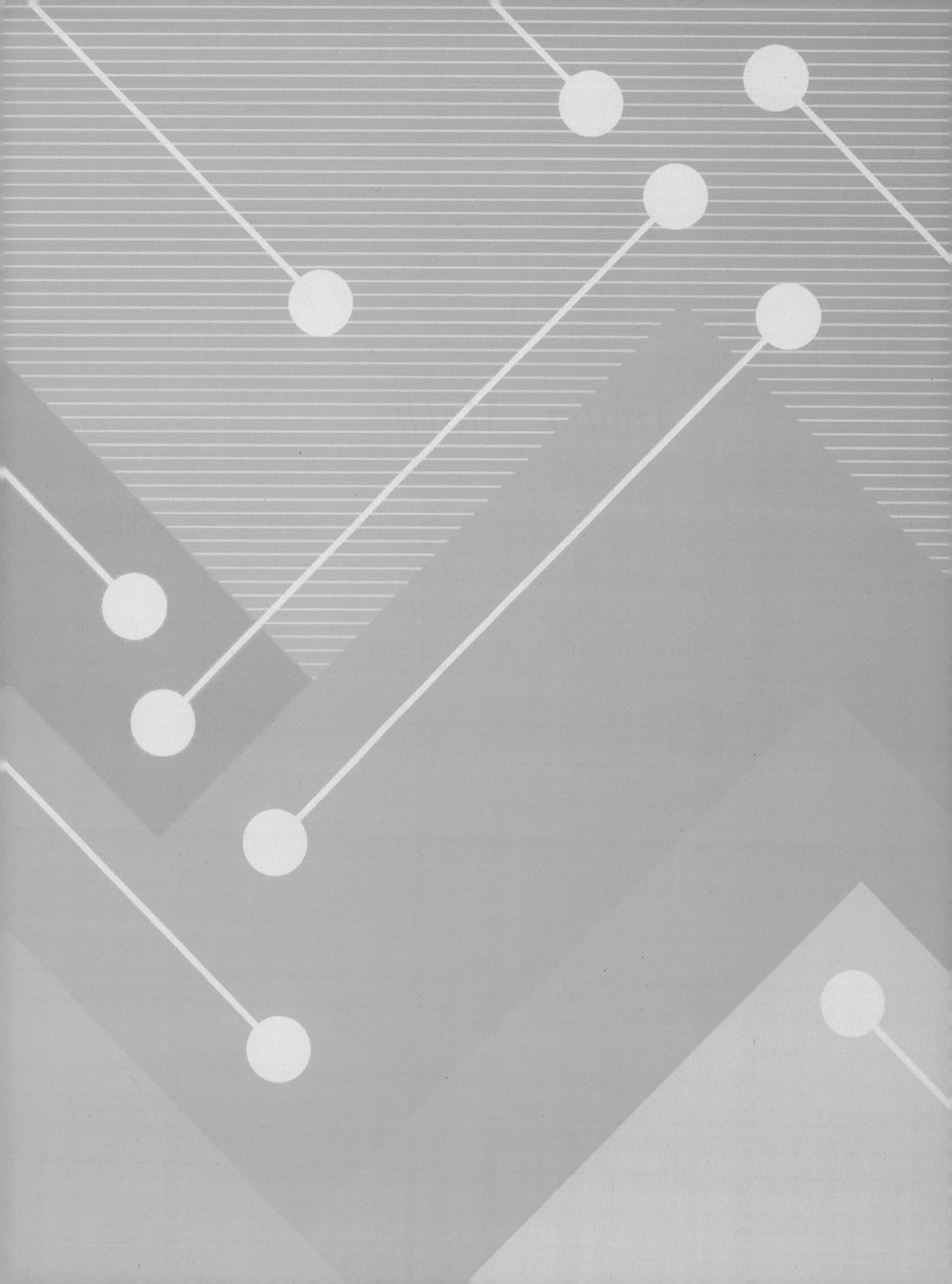

SUBJECT 01

미적분과 급수

1. 미분법 - 하프 모의고사 ①

세종대

1. $\sin^{-1}\left(\sin\frac{5\pi}{7}\right)$ 의 값은?

① $-\frac{2\pi}{7}$ ② $-\frac{\pi}{7}$ ③ 0 ④ $\frac{\pi}{7}$ ⑤ $\frac{2\pi}{7}$

명지대

2. 좌표평면에서 극좌표가 각각 $\left(2,\ \frac{\pi}{3}\right)$, $\left(3,\ \frac{2\pi}{3}\right)$ 인 두 점 사이의 거리는?

① $\sqrt{7}$ ② $2\sqrt{2}$ ③ 3 ④ $\sqrt{10}$ ⑤ $\sqrt{11}$

이화여대

3. 함수 $f(x)$가 구간 $\left[-\frac{1}{2},\ \frac{1}{2}\right]$에서 연속이고 $\arcsin x = 2xf(x)$를 만족할 때, $f(0)$을 구하시오.

국민대

4. 다음 중 옳은 것을 모두 고르면?

ㄱ. $\cosh x+\sinh x=e^x$이다.
ㄴ. $y=\tanh x$의 정의역은 모두 실수이고, 치역은 $\left(-\frac{\pi}{2},\ \frac{\pi}{2}\right)$이다.
ㄷ. $\frac{d}{dx}\operatorname{sech}x=\operatorname{sech}x\tanh x$ 이다.
ㄹ. $0<x\le 1$일 때, $\cosh^{-1}\left(\frac{1}{x}\right)=\operatorname{sech}^{-1}x$이다.

① ㄱ, ㄴ ② ㄱ, ㄷ ③ ㄱ, ㄹ ④ ㄴ, ㄷ, ㄹ

서강대

5. 함수 $y=f(x)=2x+\ln x$에 대하여 $(f^{-1})'(2)$의 값은?

① 1 ② 2 ③ $\frac{1}{2}$ ④ 3 ⑤ $\frac{1}{3}$

아주대

6. 곡선 $y+2\cosh(xy)-2x\cos(x-1)=0$ 위의 점 $(1,0)$에서의 접선의 기울기는?

① -4 ② -2 ③ 0 ④ 2 ⑤ 4

명지대

7. 좌표평면에서 매개곡선 $x=\dfrac{t^2}{4}$, $y=t^3+2$ 위의 점 $(1,\ 10)$에서의 접선의 기울기는?

① 8 ② 10 ③ 12 ④ 14 ⑤ 16

인하대

8. 극좌표로 나타낸 곡선 $r=e^{2\theta}$ 위의 점 $(e^{2\pi},\ \pi)$에서 접선의 방정식을 직교좌표계의 식으로 나타낸 것은?

① $y=\dfrac{1}{3}(x+e^{2\pi})$ ② $y=\dfrac{1}{2}(x+e^{2\pi})$

③ $y=\dfrac{1}{3}(x-e^{2\pi})$ ④ $y=\dfrac{1}{2}(x-e^{2\pi})$

⑤ $y=\dfrac{1}{2}(x-e^{2\pi})+1$

숙명여대

9. 함수 $f(x)=\dfrac{d}{dx}\displaystyle\int_0^{x^5} 6t^3\,dt$ 일 때, $f(1)$의 값은?

① $\dfrac{15}{2}$ ② 15 ③ 30 ④ 60 ⑤ 90

세종대

10. 다음 함수 $f(x)$가 실수 전체의 집합에서 미분가능할 때, $a+b$의 값은? (단, a와 b는 상수이다.)

$$f(x)=\begin{cases} \dfrac{\ln(x+1)}{x} & (x>0) \\ ax+b & (x\le 0) \end{cases}$$

① -1 ② $-\dfrac{1}{2}$ ③ 0 ④ $\dfrac{1}{2}$ ⑤ 1

아주대

11. $\sin\left(\cos^{-1}\frac{3}{5}\right)+\sin\left(\tan^{-1}\frac{1}{4}\right)$의 값은?

① $\frac{3}{5}+\frac{1}{\sqrt{17}}$ ② $\frac{4}{5}+\frac{1}{\sqrt{17}}$ ③ $\frac{3}{5}+\frac{1}{\sqrt{15}}$
④ $\frac{4}{5}+\frac{1}{\sqrt{15}}$ ⑤ $\frac{1}{2\sqrt{2}}+\frac{\sqrt{15}}{4}$

광운대

12. 곡선 $r=2\cos 2\theta$ (단, $-\pi<\theta\le\pi$)와 원 $r=1$의 교점의 개수는?

① 0 ② 2 ③ 4 ④ 6 ⑤ 8

건국대

13. 다음과 같이 정의된 함수 $h(x)$가 실수 전체에서 연속일 때, a의 값은?

$$h(x)=\begin{cases}\tan\left(\frac{\pi x}{2}\right), & x<-\frac{1}{3} \text{ or } x>\frac{2}{3} \\ ax+b, & -\frac{1}{3}\le x\le\frac{2}{3}\end{cases}$$

① $\frac{1}{\sqrt{3}}$ ② $\frac{2}{\sqrt{3}}$ ③ $\frac{3}{\sqrt{3}}$ ④ $\frac{4}{\sqrt{3}}$ ⑤ $\frac{5}{\sqrt{3}}$

명지대

14. 극방정식 $r=1+\sin\theta$으로 주어진 곡선의 $\theta=\frac{\pi}{3}$인 점에서 접선의 기울기는?

① -2 ② -1 ③ 0 ④ 1 ⑤ 2

숭실대

15. 곡선 $2x+\sin(x+y)=0$ 위의 점 $(0, \pi)$에서 접선의 기울기는?

① -1 ② 0 ③ $\frac{1}{2}$ ④ 1

국민대

16. 정의역이 $(0, \infty)$인 함수 f가 양수 a에 대하여 다음 수식을 만족할 때, $f(a)$의 값은?

$$6+\int_a^x \frac{f(t)}{t^2}\,dt=2\sqrt{x}$$

① $\sqrt[3]{18}$ ② $\sqrt[3]{83}$ ③ 21 ④ 27

한성대

17. 매개방정식 $x=\cos(t)$, $y=\csc(t)$에서 $t=\frac{\pi}{4}$일 때, 접선의 기울기는?

① -2　② -1　③ 1　④ 2

이화여대

18. 함수 $f(x)=x^x$에 대하여 극한값 $\lim_{x\to 0^+} f(x)$와 미분계수 $f'(1)$의 곱을 구하시오.

① 0　② e^{-1}　③ 1　④ e　⑤ ∞

건국대

19. 다음과 같이 정의된 함수 $f(x)$가 모든 실수 x에 대하여 미분가능할 때, $a-b$의 값은?

$$f(x)=\begin{cases} ax & x<1 \\ ax^2+bx+4 & x\ \geq\ 1 \end{cases}$$

① 5　② 6　③ 7　④ 8　⑤ 9

서강대

20. 함수 $f(x)=x^3+e^{2x}$의 역함수 g에 대하여 $\{g''(1)\}^2=\frac{q}{p}$라고 할 때, $p+q$의 값은? (단, p, q는 서로소인 자연수이다.)

① 5　② 10　③ 13　④ 17　⑤ 25

이화여대

21. $\dfrac{e^x - e^{-x}}{2} = 1$의 해를 구하시오.

인하대

22. 유리함수 $f(x) = \dfrac{3x-2}{x+1}$의 그래프는 점 $(a,\ b)$에 대하여 대칭이다. 이때, $a+b$의 값은?

① 0 ② 1 ③ 2 ④ 3 ⑤ 4

한국산업기술대

23. 다음 함수 중 $x=0$에서 연속인 것을 모두 고르면?

ㄱ. $f(x) = \begin{cases} |x| \sin\dfrac{1}{x}, & x \neq 0 \\ 0, & x = 0 \end{cases}$

ㄴ. $g(x) = \begin{cases} x, & (x\text{는 유리수}) \\ 0, & (x\text{는 무리수}) \end{cases}$

ㄷ. $h(x) = \begin{cases} \dfrac{x}{\sin(x^3)}, & x \neq 0 \\ 0, & x = 0 \end{cases}$

① ㄱ, ㄴ ② ㄱ, ㄷ ③ ㄴ, ㄷ ④ ㄱ, ㄴ, ㄷ

광운대

24. $f(x) = \sec x$일 때 $f''\left(\dfrac{\pi}{4}\right)$의 값은?

① 0 ② 1 ③ $\sqrt{2}$ ④ $2\sqrt{2}$ ⑤ $3\sqrt{2}$

건국대

25. 함수 $f(x) = 3e^x + 2x^3 - 2$의 역함수를 $g(x)$라 할 때, $g'(1)$의 값은?

① $\dfrac{1}{3}$ ② $\dfrac{1}{2}$ ③ 1 ④ 2 ⑤ 3

건국대

26. 극좌표로 $r = 1 + \cos\theta$로 표시 되는 곡선이 있다. $\theta = \dfrac{\pi}{6}$로 지정된 점에서 이 곡선의 접선의 기울기는?

① -2 ② -1 ③ $-\dfrac{1}{3}$ ④ $-\dfrac{1}{2}$ ⑤ $-\dfrac{\sqrt{3}}{2}$

가톨릭대

27. 함수 $f(x)=\log_2(2x^2+1)$에 대하여 $f'(1)$은?

① $\frac{2}{3}$ ② $\frac{4}{3}$ ③ $\frac{2}{3\ln 2}$ ④ $\frac{4}{3\ln 2}$

가천대

28. 매개변수 방정식 $x=3t^2+1$, $y=2t^3+1$로 나타낸 곡선 위의 점 $(4,3)$에서 접선의 방정식이 $y=ax+b$라 할 때, $a+b$의 값은?

① 0 ② 1 ③ 2 ④ 3

숭실대

29. 함수 $f(t)$와 상수 a가 다음 등식을 만족할 때, $a+f(4)$의 값은?

$$8+\int_a^x \frac{f(t)}{t^2}\,dt=2\sqrt{x},\ x>0$$

① 4 ② 10 ③ 16 ④ 24

한성대

30. 곡선 $x^2+2y^2+axy+b=0$ 위의 점 $(1,\ 1)$에서 $\frac{dy}{dx}$의 값이 2일 때, 두 상수 a, b의 곱인 $a\times b$의 값은?

① $-\frac{10}{9}$ ② $-\frac{11}{9}$ ③ $-\frac{13}{9}$ ④ $-\frac{14}{9}$

가천대

31. sinh(ln2)의 값은?

① $\frac{1}{4}$ ② $\frac{1}{2}$ ③ 1 ④ $\frac{3}{4}$

건국대

32. 구간 $\left(-\frac{\pi}{2}, \frac{\pi}{2}\right)$에서 정의된 함수 $f(x)=\sin x$의 역함수를 $f^{-1}(x)=\sin^{-1}x$라 할 때, $\cos\left(2\sin^{-1}\left(\frac{2}{3}\right)\right)$의 값은?

① $\frac{1}{27}$ ② $\frac{1}{9}$ ③ $\frac{1}{3}$ ④ $\frac{4}{9}$ ⑤ $\frac{2}{3}$

숙명여대

33. 함수 $f(x)=\begin{cases} x\sin\left(\frac{4}{x}\right), & x\neq 0 \\ 0, & x=0 \end{cases}$가 $x=0$에서 미분가능한지 결정하고, 미분가능하다면 $f'(0)$의 값은?

① 미분불가능 ② 0 ③ 1 ④ 5 ⑤ sin4

경기대

34. $\int_1^x (x-t)f(t)\,dt = ax^3+\frac{1}{2}x^2-2x+\frac{7}{6}$을 만족하는 함수 $f(x)$와 a는?

① $a=1,\ f(x)=x+1$ ② $a=1,\ f(x)=2x+1$
③ $a=\frac{1}{3},\ f(x)=x+1$ ④ $a=\frac{1}{3},\ f(x)=2x+1$

단국대

35. 방정식 $x^2y^2+xy=2$에 대하여 $x=a,\ y=b$일 때 $y'=-2$이다. $2a^2+b^2$의 값은?

① 3 ② 4 ③ 5 ④ 6

건국대

36. 함수 $f(x)=\int_0^{x^2} e^{-t^2}dt$에 대해 $f^{(10)}(0)$의 값은?

① $-\frac{9!}{2}$ ② $-9!$ ③ $8!$ ④ $\frac{8!}{2}$ ⑤ $9!$

한양대 - 에리카

37. 매개변수 방정식 $x=\ln t$, $y=t-\ln t$에서 $t=\dfrac{\pi}{3}$일 때, $\dfrac{d^2y}{dx^2}$의 값은?

① $\dfrac{\pi}{6}$ ② $\dfrac{\pi}{4}$ ③ $\dfrac{\pi}{3}$ ④ $\dfrac{\pi}{2}$

한성대

38. $y=\sin(e^x\cos x)$일 때, $x=0$에서 $\dfrac{dy}{dx}$의 값은?

① $\sin 1$ ② $\cos 1$ ③ $-\sin 1$ ④ $-\cos 1$

홍익대

39. $x>-\dfrac{1}{2}$에서 정의되는 함수 $f(x)=\displaystyle\int_1^{2x}\frac{1}{\sqrt{1+t^3}}\,dt$에 대해, $(f^{-1})'(0)$을 구하시오.

① $\dfrac{\sqrt{2}}{2}$ ② $\dfrac{3\sqrt{2}}{4}$ ③ $\sqrt{2}$ ④ 2

숭실대

40. $f(x)=x^2+ax+b$와 $g(x)=cx^2-x$의 그래프가 $(-1,\ 0)$에서 같은 접선을 가질 때, $h(x)=f(g(x))$의 $x=-1$에서의 미분계수는?

① 0 ② 1 ③ 2 ④ 3

인하대

41. 함수 $\tan x$의 역함수를 $\tan^{-1}x$로 나타낼 때, $\tan^{-1}(-2) - \tan^{-1}(\frac{1}{2})$의 값은?

① $-\frac{2\pi}{3}$ ② $-\frac{3\pi}{5}$ ③ $-\frac{\pi}{2}$ ④ $-\frac{2\pi}{5}$ ⑤ $-\frac{\pi}{3}$

한양대 - 에리카

42. 극방정식으로 주어진 두 곡선 $r=2$와 $r=4\cos 2\theta$의 교점의 개수는?

① 2 ② 4 ③ 6 ④ 8

숭실대

43. 다음 중 $x=0$에서 연속이 아닌 함수는?

① $f(x)=\begin{cases} xe^{\frac{1}{x}} & (x\neq 0) \\ 0 & (x=0)\end{cases}$

② $g(x)=\begin{cases} \frac{1-\cos x}{x} & (x\neq 0) \\ 0 & (x=0)\end{cases}$

③ $h(x)=\begin{cases} x\sin\frac{1}{x} & (x\neq 0) \\ 0 & (x=0)\end{cases}$

④ $k(x)=\begin{cases} 0 & (x : \text{유리수}) \\ x & (x : \text{무리수})\end{cases}$

아주대

44. 실수 전체에서 정의된 함수 f가 $f(1)=2$, $f'(1)=-1$, $g(1)=\frac{\pi}{2}$, $g'(1)=1$일 때, $F'(1)$의 값은? (여기서 $F(x)=f(x)\cos(g(x))$이다.)

① -2 ② -1 ③ 0 ④ 1 ⑤ 2

숭실대

45. 함수 $f(x) = \int_1^{2x+3} \frac{1}{t^4-2t^2+3}\,dt$에 대하여 $g=f^{-1}$일 때 $g'(0)$의 값은?

① $-\frac{1}{2}$ ② $\frac{1}{3}$ ③ $\frac{1}{2}$ ④ 1

세종대

46. 다음 매개곡선 $x=t-e^t$, $y=t+e^{-t}$에 대하여 $t=\ln 2$일 때, $\frac{dy}{dx}$의 값을 구하면?

① -2 ② -1 ③ $-\frac{1}{2}$ ④ $-\frac{1}{3}$ ⑤ $-\frac{1}{4}$

한국산업기술대

47. 곡선 $x\sin(2y)-y\sin x=\frac{\pi}{4}$ 위의 점 $\left(\frac{\pi}{2},\frac{\pi}{4}\right)$에서 접선의 기울기는?

① 1　② 2　③ -1　④ -2

홍익대

48. 미분가능한 함수 f, g가 $f(1)=3$, $f'(1)=4$, $(g\circ f)'(1)=8$을 만족할 때 이로부터 알 수 있는 사실을 고르시오.

① $g'(3)=2$　② $g'(1)=8$
③ $g'(1)=2$　④ $g(1)=3$

건국대

49. 구간 $(-1,1)$ 에서 정의된 함수 $f(x)=\tan x$ 의 역함수 $f^{-1}(x)$ 에 대하여 $g(x)=f^{-1}(x^2)$ 이라 할 때, $g^{(6)}(0)$ 의 값은?

① -240　② -120　③ 0　④ 120　⑤ 240

명지대

50. 극방정식 $r=\sqrt{3}+\cos\theta$ $(0\le\theta<2\pi)$로 주어진 곡선에서 수직접선을 갖는 모든 θ의 값의 합은?

① $\frac{3}{2}\pi$　② 2π　③ $\frac{5}{2}\pi$　④ 3π　⑤ $\frac{7}{2}\pi$

한국산업기술대

51. 직교좌표가 $(-1, \sqrt{3})$인 점을 극좌표로 나타낸 것을 모두 고르면?

ㄱ. $\left(2, \frac{2}{3}\pi\right)$ ㄴ. $\left(2, -\frac{4}{3}\pi\right)$
ㄷ. $\left(-2, \frac{5}{3}\pi\right)$ ㄹ. $\left(-2, \frac{4}{3}\pi\right)$

① ㄱ, ㄴ ② ㄱ, ㄷ ③ ㄱ, ㄴ, ㄷ ④ ㄱ, ㄷ, ㄹ

한국산업기술대

52. 다음 중 옳은 것을 모두 고르면?

ㄱ. $\tan(\sin^{-1}x) = \frac{x}{\sqrt{1-x^2}} \quad (-1 < x < 1)$
ㄴ. $\cos(2\tan^{-1}x) = \frac{1-x^2}{1+x^2} \quad (-\infty < x < \infty)$
ㄷ. $\sin^{-1}x + \cos^{-1}x = \pi \quad (-1 < x < 1)$
ㄹ. $\frac{d}{dx}\left[\tan^{-1}(\tanh x)\right] = 1$

① ㄱ ② ㄱ, ㄴ ③ ㄴ, ㄷ ④ ㄴ, ㄹ

세종대

53. 함수 $f(x) = \cosh x$에 대하여 $f'(\ln 2)$의 값을 구하면?

① $-\frac{3}{4}$ ② $-\frac{1}{4}$ ③ 0 ④ $\frac{1}{4}$ ⑤ $\frac{3}{4}$

숙명여대

54. 곡선 $y = \tan^{-1}(3x)$ 위의 x좌표가 $\frac{\sqrt{3}}{3}$인 점에서의 법선의 방정식은? (단, $|y| < \frac{\pi}{2}$이다.)

① $\frac{4}{3}x + y - \frac{\pi}{3} - \frac{4\sqrt{3}}{9} = 0$
② $-\frac{4}{3}x + y - \frac{\pi}{3} + \frac{4\sqrt{3}}{9} = 0$
③ $\frac{3}{4}x + y - \frac{\pi}{3} - \frac{\sqrt{3}}{4} = 0$
④ $-\frac{3}{4}x + y - \frac{\pi}{3} + \frac{\sqrt{3}}{4} = 0$
⑤ $\frac{3}{4}x + y - \frac{\pi}{3} + \frac{\sqrt{3}}{4} = 0$

숭실대

55. 매개방정식 $x = t^2$, $y = t^3$에서 $t = 6$일 때, $\frac{d^2y}{dx^2}$의 값은?

① 0 ② $\frac{1}{16}$ ③ $\frac{1}{8}$ ④ 1

이화여대

56. $y^2 = 2x^3$으로 주어진 곡선의 접선 중 $4x - 3y + 1 = 0$와 직교하는 것의 y절편을 구하시오.

① 0 ② $\frac{2}{3}$ ③ $-\frac{1}{\sqrt[3]{4}}$ ④ $\frac{1}{32}$ ⑤ 1

아주대

57. 함수 $f(x)=2e^{3x}+x$에 대하여 $(f^{-1})'(2)$의 값은?

① 1 ② $\frac{1}{2}$ ③ $\frac{1}{3}$ ④ $\frac{1}{6}$ ⑤ $\frac{1}{7}$

국민대

58. 함수 $f(x)=\int_0^{x^2}(1+\sin\sqrt{t})\,dt$에 대하여 $f'\left(\frac{\pi}{2}\right)$의 값은?

① 0 ② $\frac{\pi}{2}$ ③ π ④ 2π

홍익대

59. $f(x)=2x^2\sqrt{1+x^3}$ 일 때 $f^{(17)}(0)$의 값을 구하시오.

① $\frac{1\cdot3\cdot5\cdots31}{2^{16}}$ ② $\frac{1\cdot3\cdot5\cdots31}{2^{16}17!}$

③ $\frac{7}{2^7}$ ④ $\frac{7\cdot17!}{2^7}$

광운대

60. 실수 x에 대해 $f(x)$는 4번 미분가능하고 그 도함수들도 연속이며 $f(0)=0$이라고 하자. 이때, 다음과 같이 정의된 $g(x)$에 대해 옳지 않은 것은?

$$g(x)=\begin{cases}\frac{f(x)}{x}, & x\neq0\\ f'(0), & x=0\end{cases}$$

① g는 연속함수 ② $g'(2)=\frac{2f'(2)-f(2)}{4}$

③ $g'(0)=\frac{f''(0)}{2!}$ ④ $g''(0)=\frac{f^{(3)}(0)}{3!}$

⑤ g'는 연속함수

홍익대

61. 다음 극방정식의 그래프의 모양을 잘못 나타낸 것을 고르시오.

① $r=\theta,\ \theta>0$: 나선형

② $r=\sin 4\theta$: 8개 잎의 꽃잎모양

③ $r=4\sin\theta$: 원점을 지나는 원(반지름 2)

④ $r=\sec\theta$: 수평선

인하대

62. 다음 서술 중 맞는 것을 모두 고른 것은?

〈보 기〉

ㄱ. 함수 $f: R \to R$가 일대일대응 함수이고 미분가능하면, 그것의 역함수 f^{-1}도 미분가능하다.
ㄴ. 함수 $\sin x$의 역함수 $\sin^{-1}x$의 정의역을 $[0,\pi]$로 잡을 수 있다.
ㄷ. 함수 $\sinh x$의 역함수 $\sinh^{-1}x$의 정의역은 실수의 집합 $\mathbb{R}$이다.

① ㄱ, ㄴ ② ㄱ, ㄷ ③ ㄴ, ㄷ ④ ㄱ ⑤ ㄷ

숭실대

63. 다음 함수 중 나머지 셋과 다른 것은?

① $\lim_{h\to 0}\dfrac{\sin(2x+h)-\sin 2x}{h}$

② $4\cos^2 x-2$

③ $\dfrac{d}{dx}(\sin 2x)$

④ $\lim_{y\to x}\dfrac{2\sin y\cos y-2\sin x\cos x}{y-x}$

중앙대

64. $\sin(x+y)=y^2\cos x$ 를 만족할 때, $(x,y)=(0,0)$에서 $\dfrac{d^2y}{dx^2}$을 구하면?

① 1 ② 2 ③ -1 ④ -2

인하대

65. 함수 $f(x)=x+\int_0^{x^2} xe^t\,dt$에 대하여, $x=1$일 때, 곡선 $y=f(x)$의 접선의 방정식은?

① $y=ex+1$ ② $y=(e-1)x+1$
③ $y=2ex-e$ ④ $y=3ex-2e$
⑤ $y=(e+1)x-1$

한국산업기술대

66. $f(x)=e^x+\ln x$ 일 때 $(f^{-1})'(e)$ 의 값은?

① $\dfrac{1}{e}$ ② e ③ $1+\dfrac{1}{e}$ ④ $\dfrac{1}{e+1}$

인하대

67. 매개변수 방정식 $\begin{cases} x = \cos 3t \\ y = \sin 5t \end{cases}$ 에 대하여, $t = \frac{\pi}{2}$ 에서의 $\frac{d^2y}{dx^2}$ 의 값은?

① $-\frac{25}{9}$ ② $-\frac{20}{9}$ ③ $-\frac{15}{9}$ ④ $-\frac{10}{9}$ ⑤ $-\frac{5}{9}$

한국항공대

68. 함수 $f(x)$는 점 (x, y)에서 기울기가 $\frac{1}{x^2\sqrt{x^2+4}}$ 이고, 점 $(1, -\frac{\sqrt{5}}{4})$을 통과한다. 이때, $f(2)$의 값은?

① $-\frac{1}{\sqrt{8}}$ ② $\frac{1}{\sqrt{8}}$ ③ $-\frac{1}{\sqrt{6}}$ ④ $\frac{1}{\sqrt{6}}$

한성대

69. $p(x)$는 실수에서 정의된 연속 함수이다.
$f(t) = \int_8^{t^3} p(x)dx$ 라고 정의할 때, $f(t)$의 역함수를 $g(t)$라 하자. $g'(0) \times g(0)$의 값은?

① $\frac{1}{6p(8)}$ ② $\frac{1}{12p(8)}$ ③ $6p(8)$ ④ $12p(8)$

세종대

70. $f(x) = \ln(1+x^{10})\arctan(x^{10})$ 에 대하여 $\frac{f^{(40)}(0)}{40!}$ 의 값은?

① $-\frac{1}{2}$ ② $-\frac{1}{3}$ ③ 0 ④ $\frac{1}{3}$

아주대

71. $\cos\left(\cos^{-1}\left(-\frac{4}{5}\right)+\sin^{-1}\left(\frac{12}{13}\right)\right)$의 값은?

① $-\frac{56}{65}$ ② $\frac{56}{65}$ ③ $-\frac{48}{65}$ ④ $\frac{48}{65}$ ⑤ $\frac{8}{65}$

국민대

72. 다음 중 $\frac{\pi}{4}$와 값이 다른 것은?

① $\tan^{-1}\left(\frac{1}{2}\right)+\tan^{-1}\left(\frac{1}{3}\right)$

② $\tan^{-1}\left(\frac{1}{4}\right)+\tan^{-1}\left(\frac{3}{5}\right)$

③ $\tan^{-1}\left(\frac{1}{5}\right)+\tan^{-1}\left(\frac{2}{3}\right)$

④ $\tan^{-1}\left(\frac{1}{8}\right)+\tan^{-1}\left(\frac{5}{13}\right)$

한국항공대

73. 점 $x=\tan\left(\sin^{-1}\left(\frac{\sqrt{3}}{2}\right)\right)$에서
함수 $f(x)=\cos(\tan^{-1}x)$의 미분계수는?

① $-\frac{8}{\sqrt{3}}$ ② $-\frac{\sqrt{3}}{8}$ ③ $-\frac{6}{\sqrt{3}}$ ④ $-\frac{\sqrt{3}}{6}$

이화여대

74. 함수 $f(x)$가 임의의 실수 x에 대하여 도함수와 2계 도함수가 연속이고 $f(x)=x^3+x^2\int_0^1 f'(t)dt+x\int_0^1 f''(t)dt+a$를 만족할 때 $f'(1)$을 구하시오.

① -2 ② -1 ③ 0 ④ 1 ⑤ 2

명지대

75. $e^{xy}=x+2y$에 대하여 $x=0$일 때 $\frac{dy}{dx}$의 값은?

① $-\frac{1}{4}$ ② $-\frac{1}{2}$ ③ 1 ④ $\frac{1}{2}$ ⑤ $\frac{1}{4}$

단국대

76. $f(x)=x+e^x$의 역함수를 $g(x)$라 할 때,
$g'(a)=\frac{1}{2}$을 만족시키는 실수 a의 값은?

① 0 ② 1 ③ 2 ④ 3

단국대

77. 좌표평면에서 매개변수방정식 $x = \theta - \sin\theta$, $y = 1 - \cos\theta$로 주어진 곡선의 $\theta = \theta_0$인 점에서의 접선의 기울기가 $\sqrt{3}$이다. 이때, 모든 θ_0 값의 합은? (단, $0 \le \theta \le 2\pi$)

① $\frac{\pi}{3}$ ② π ③ $\frac{5\pi}{3}$ ④ $\frac{7\pi}{3}$

서강대

78. 극좌표로 표현된 곡선 $r = \frac{7}{2} + 3\sin\theta - 2\cos^2\theta$ 위에서, 수평인 접선을 갖는 점의 (x, y) 좌표에 해당하는 것은?

① $\left(-\frac{\sqrt{3}}{2}, -\frac{1}{2}\right)$ ② $\left(-\frac{\sqrt{3}}{4}, -\frac{1}{4}\right)$

③ $\left(-\frac{\sqrt{3}}{2}, \frac{1}{2}\right)$ ④ $\left(-\frac{\sqrt{3}}{4}, \frac{1}{4}\right)$

⑤ $\left(\frac{\sqrt{3}}{2}, \frac{1}{2}\right)$

서울과학기술대

79. 다음 함수 $f(x)$에 대하여, $f^{(7)}(0)$은?

$$f(x) = (1+x)(1+2x^2)\cdots(1+5x^5)(1+6x^6)$$

① $28\times7!$ ② $35\times7!$ ③ $36\times7!$ ④ $56\times7!$

이화여대

80. $f(x) = \frac{x}{3(1+x)(1-x)}$에 대하여 $f^{(3)}(0)$를 구하시오.

국민대

81. 다음 중 옳은 것을 모두 고르면?

ㄱ. $f(x)=\begin{cases} e^{-\frac{1}{x^2}}, & x \neq 0 \\ 0, & x=0 \end{cases}$는 $x=0$에서 연속이다.
ㄴ. $f(x)=\begin{cases} \frac{[x]}{x}, & x>0 \\ x[x], & x \le 0 \end{cases}$는 $x=0$에서 연속이다.
ㄷ. $f:(a,b) \to R$가 (a,b)에서 연속이면 f는 유계이다.
ㄹ. $f(x)=\sin(2\pi x[x])$는 R에서 연속함수이다.

① ㄱ ② ㄴ, ㄷ ③ ㄱ, ㄴ, ㄹ ④ ㄱ, ㄴ, ㄷ, ㄹ

중앙대

82. 함수 $f(x)$가 두 상수 a, b에 의해 실수 전체 집합에서 다음과 같이 정의된다. 이 함수가 연속이고 미분가능할 때 $\frac{b}{a}$ 의 값은?

$$f(x)=\begin{cases} x^2 & (x<1) \\ a\sqrt{x}\,e^{bx} & (x \ge 1) \end{cases}$$

① $\sqrt{e}$ ② e ③ $\frac{3e}{2}$ ④ $\frac{3e\sqrt{e}}{2}$

중앙대

83. $f(x)=5+9x+e^{-x+1}$ 일 때, $(f^{-1})'(15)$ 의 값은?

① $\frac{1}{8}$ ② $\frac{1}{4}$ ③ $\frac{1}{2}$ ④ 1

한국산업기술대

84. 곡선 $3x^2-2xy=3x\cos y$ 위의 점 $(1,0)$에서 $\frac{dy}{dx}$ 의 값은?

① $\frac{3}{2}$ ② 2 ③ $\frac{5}{2}$ ④ 3

세종대

85. 함수 $f(x)=\sqrt{1+x^3}$ 에 대하여, $\frac{f^{(9)}(0)}{9!}$ 의 값을 구하면?

① $-\frac{3}{16}$ ② $-\frac{1}{16}$ ③ $\frac{1}{16}$ ④ $\frac{3}{16}$ ⑤ $\frac{5}{16}$

광운대

86. 집합 I에서 두 함수 f와 g의 n계 도함수가 존재할 때, 다음 식의 값을 구하면?

$$(fg)^{(n)}(x)-\sum_{r=1}^{n}\frac{n!}{(n-r)!r!}f^{(n-r)}(x)g^{(r)}(x),\ x \in I$$

① 0 ② $f^{(n)}(x)g(x)$ ③ $f(x)g^{(n)}(x)$
④ 1 ⑤ -1

중앙대

87. 연속함수 f 가 $\int_{1}^{2x} f(t)dt = x\sin^{-1}x - \frac{\pi}{12}$ 를 만족할 때, $f(1)$ 의 값은?

① 0　② $\frac{\pi+3\sqrt{3}}{12}$

③ $\frac{\pi+2\sqrt{3}}{12}$　④ $\frac{\pi+\sqrt{3}}{6}$

한양대

88. 함수 $f(t) = \int_{0}^{t^2} e^s \sin(t^2 - s)\, ds$ 에 대하여 $f'\left(\frac{\sqrt{\pi}}{2}\right)$ 의 값은?

① 0　② $\frac{\sqrt{\pi}}{4}e^{\frac{\pi}{4}}$　③ $\frac{\sqrt{\pi}}{2}e^{\frac{\pi}{4}}$　④ $\sqrt{\pi}\,e^{\frac{\pi}{4}}$

가톨릭대

89. 함수 $f(x) = 1 + x + x^2 + \cdots + x^{100}$ 에 대하여, $\frac{f'(2)}{f(2)}$ 에 가장 가까운 자연수는?

① 49　② 50　③ 51　④ 52

광운대

90. 두 곡선 $r = \cos 2\theta$ 와 $r = \sin 2\theta$ 가 극좌표 $\left(\frac{\sqrt{2}}{2}, \frac{\pi}{8}\right)$ 에서 만날 때, 두 곡선의 교각을 α 라 하자. 이때 $\tan\alpha$ 의 값은?

① 0　② $\frac{1}{3}$　③ $\frac{2}{3}$　④ 1　⑤ $\frac{4}{3}$

인하대

91. 역삼각함수 $\tan^{-1}$, $\cos^{-1}$, $\sin^{-1}$에 대하여 〈보기〉의 등식 중 옳은 것을 모두 고른 것은?

〈보 기〉

ㄱ. $\tan^{-1}x+\tan^{-1}\frac{1}{x}=\frac{\pi}{2}$ $(x>0)$

ㄴ. $\sin^{-1}\left(\frac{x}{\sqrt{1+x^2}}\right)=\tan^{-1}x$

ㄷ. $\cos^{-1}x=\sin^{-1}\left(\sqrt{1-x^2}\right)$ $(0\le x\le 1)$

① ㄱ ② ㄴ ③ ㄱ, ㄷ
④ ㄴ, ㄷ ⑤ ㄱ, ㄴ, ㄷ

인하대

92. 함수 $f(x)=x^{10}$에 대하여,
극한 $\lim_{h\to 0}\frac{f(1+h)-f(1-h)}{h}$ 의 값은?

① 10 ② 20 ③ 30 ④ 40 ⑤ 50

중앙대

93. 실수 전체 집합에서 정의된 함수 f 가 다음 두 조건을 만족한다고 할 때, $f(5)$ 를 구하면?

(i) $f(x+y)=f(x)+f(y)+4xy$ $(x,\ y\in\mathbb{R})$

(ii) $\lim_{h\to 0}\frac{f(h)}{h}=2$

① 60 ② 80 ③ 100 ④ 120

이화여대

94. $f'(x)=\frac{x}{x^2-2}$ 이고 $g(x)=\sqrt{3x+2}$ 일 때 $f(g(x))$의 도함수를 구하시오.

① $y=\frac{1}{x^2}-\sqrt{3}$ ② $y=-2x+1$ ③ $y=\frac{x}{\sqrt{3x+2}}$
④ $y=x+\sqrt{3}$ ⑤ $y=\frac{1}{2x}$

숙명여대

95. 함수 $f(x)=\sin^{-1}\left(\frac{x-1}{x+1}\right)$ $(x\ge 0)$와
함수 $g(x)=2\tan^{-1}\sqrt{x}$ $(x\ge 0)$에 대하여
$g(x)-f(x)$와 같은 것은?

① $-\frac{\pi(x-1)}{2(x+1)}$ ② $-\frac{\pi(x+1)}{2(x-1)}$ ③ $\frac{\pi}{2}$
④ $-\frac{\pi(x-1)^2}{2(x+1)^2}$ ⑤ $-\frac{\pi(x+1)^2}{2(x-1)^2}$

인하대

96. 함수 $f(x)=x^{\sin\left(\frac{\pi x}{3}\right)}$ $(x>0)$에 대하여 $f'(1)$의 값은?

① 0 ② $\frac{1}{4}$ ③ $\frac{\sqrt{3}}{4}$ ④ $\frac{1}{2}$ ⑤ $\frac{\sqrt{3}}{2}$

경기대

97. $x(t)=\tan^{-1}t,\ y(t)=t^t\ (t>0)$일 때, $\dfrac{d^2y}{dx^2}$를 t의 식으로 나타낸 것은?

① $t^t(1+\ln t)$
② $t^t(1+t^2)(1+\ln t)$
③ $t^t(1+t^2)[(1+t^2)(1+\ln t)^2+2t(1+\ln t)+t^{-1}]$
④ $t^t(1+t^2)[(1+t^2)(1+\ln t)^2$
$+2t(1+\ln t)+t^{-1}(1+t^2)]$

세종대

98. 극곡선 $r=\cos\theta+\sin\theta$는 $\theta=a$에서 수직접선을 가지며, $\theta=b$에서수평접선을 가진다. 이때, $a+b$의 값을 구하면? (단, $0\le a,\ b\le \dfrac{\pi}{2}$이다.)

① $\dfrac{\pi}{8}$ ② $\dfrac{\pi}{6}$ ③ $\dfrac{\pi}{3}$ ④ $\dfrac{\pi}{2}$ ⑤ $\dfrac{3\pi}{4}$

숙명여대

99. $y=\dfrac{(x+1)(x+2)^2}{(x+3)^3(x+4)^4}$에 대하여 y의 도함수는
$y'=\left(\dfrac{A}{x+1}+\dfrac{B}{x+2}+\dfrac{C}{x+3}+\dfrac{D}{x+4}\right)y$이다.
이때, $A+B+C+D$의 값은?

① -10 ② -8 ③ -4 ④ 2 ⑤ 10

성균관대

100. 함수 $f(x)=x(x+1)e^{-x}$에 대하여 $f^{(7)}(0)+f^{(8)}(0)$의 값은? (여기서, $f^{(n)}(x)=\dfrac{d^nf}{dx^n}$이다.)

① 10 ② 11 ③ 12 ④ 13 ⑤ 14

2. 적분법 - 하프 모의고사 ①

세종대

1. 적분값 $\int_0^2 \frac{1}{(x^2+4)^2}dx$를 구하면?

① $\frac{\pi-2}{64}$ ② $\frac{\pi-1}{64}$ ③ $\frac{\pi}{64}$
④ $\frac{\pi+1}{64}$ ⑤ $\frac{\pi+2}{64}$

아주대

2. $\int_0^{\frac{\pi}{4}} \frac{2^{\tan t}}{\cos^2 t}dt$의 값은?

① $\frac{1}{\ln 2}$ ② $\frac{2}{\ln 2}$ ③ $\frac{\sqrt{2}}{\ln 2}$ ④ 2 ⑤ $2\ln 2$

숭실대

3. 이상적분 $\int_0^\infty \frac{e^x}{1+e^{2x}}dx$ 의 값은?

① $\frac{\pi}{4}$ ② $\frac{\pi}{3}$ ③ $\frac{\pi}{2}$ ④ $\frac{3\pi}{4}$

가천대

4. $\int_0^{\frac{1}{2}} (\sin^{-1}x+\cos^{-1}x)\,dx$ 의 값은?

① 0 ② $\frac{\pi}{4}$ ③ 1 ④ $\frac{\pi}{2}$

이화여대

5. 적분 $\int_0^{\frac{\pi}{2}} \sin^2 x\cos^2 x\,dx$ 의 값을 구하시오.

인하대

6. 적분 $\int_0^\pi x\cos x\,dx$ 의 값은?

① -2 ② -1 ③ 0 ④ 1 ⑤ 2

한양대

7. 적분 $I_n = \int_0^{\frac{\pi}{4}} \tan^n x\,dx$에 대하여, $I_7 + I_9$의 값은?

① $\frac{1}{4}$ ② $\frac{1}{7}$ ③ $\frac{1}{8}$ ④ $\frac{1}{16}$

가톨릭대

8. 다음 정적분의 값은?

$$\int_0^{\frac{\pi}{2}} \frac{\sin 2x}{2(1+\cos x)}dx$$

① $1-\ln 3$ ② $1-\ln 2$
③ $1+\ln 2$ ④ $1+\ln 3$

건국대

9. 이상적분 $\int_{e^2}^{\infty} \frac{1}{x((\ln x)^2+\ln x)}dx$의 값은?

① 1 ② $\ln\frac{3}{2}$ ③ $\ln 2$ ④ $\ln 3$ ⑤ ∞

명지대

10. 다음은 부정적분 $\int \tan^{-1}x\,dx$를 구하는 과정이다.
(가), (나)에 알맞은 식을 차례대로 나열한 것은?

> $u=\tan^{-1}x,\ dv=dx$로 놓으면
> $du=\frac{dx}{1+x^2},\ v=x$이다.
> 따라서 부분적분법에 의해
> $\int \tan^{-1}x\,dx = \boxed{(가)} - \int \frac{x}{x^2+1}dx$
> $= \boxed{(가)} - \boxed{(나)} + C$
> (단, C는 적분상수이다.)

① $x\tan^{-1}x,\ \frac{1}{2}\ln(x^2+1)$

② $x\sec x,\ \frac{1}{2}\ln(x^2+1)$

③ $x\tan^{-1}x,\ \frac{1}{2}\ln(x^2-1)$

④ $x\sec x,\ \frac{1}{2}\ln(x^2-1)$

⑤ $x\tan^{-1}x,\ \ln(x^2+1)$

가천대

11. $\int_{0}^{\frac{\sqrt{3}}{2}} \tan(\sin^{-1}x)\, dx$ 의 값은?

① $\frac{1}{3}$ ② $\frac{1}{2}$ ③ $\frac{2}{3}$ ④ $\frac{3}{4}$

아주대

12. 정적분 $\int_{0}^{\frac{\pi}{4}} \left[\frac{1}{1+\tan x} - \frac{1}{2}\right] dx$ 의 값은?

① $\frac{1}{8}\ln 2$ ② $\frac{1}{4}\ln 2$ ③ $\frac{3}{4}\ln 2$ ④ $\frac{\pi}{8}$ ⑤ $\frac{3\pi}{4}$

숙명여대

13. 정적분 $\int_{0}^{1} \frac{x+2}{x^2+1}\, dx$ 의 값은?

① $\pi - \ln 4$ ② $\pi - \ln 2$ ③ $\frac{1}{2}(\pi + \ln 2)$
④ $\frac{1}{2}(\pi + \ln 4)$ ⑤ $\pi + \ln 4$

이화여대

14. 특이적분 $\int_{0}^{\infty} \frac{1}{9+x^2}\, dx$ 의 값을 구하시오.

인하대

15. 적분 $\int_{0}^{1} x \ln(1+x)\, dx$ 의 값은?

① $\frac{1}{4}$ ② $\frac{1}{3}$ ③ $\frac{1}{2}$ ④ $\frac{2}{3}$ ⑤ 1

세종대

16. $a_n = \int_{0}^{\frac{\pi}{4}} \tan^n x\, dx$ 라 할 때, $a_{2016} + a_{2018}$ 의 값은?

① $\frac{1}{2018}$ ② $\frac{1}{2017}$ ③ $\frac{3}{2018}$ ④ $\frac{3}{2017}$ ⑤ $\frac{2017}{2018}$

성균관대

17. 특이적분 $\int_{1}^{4} \frac{dx}{(x-2)^2}$ 의 값은?

① $\frac{1}{2}$ ② $\ln 2$ ③ $-\infty$ ④ ∞ ⑤ 3

가톨릭대

18. $\int_{0}^{a} \sin x(\cos x+1)dx = 2$일 때 a의 값은? (단, $0 \le a \le \pi$)

① $\frac{\pi}{4}$ ② $\frac{\pi}{2}$ ③ $\frac{3\pi}{4}$ ④ π

중앙대

19. $\int_{0}^{\infty} x^3 e^{-x} dx$ 의 값은?

① 3 ② 6 ③ $\frac{4}{15}e^3$ ④ $\frac{5}{16}\sqrt{e}$

숙명여대

20. 정적분 $\int_{0}^{\frac{\pi}{3}} \sec^3 x \, dx$의 값은?

① $\sqrt{3} + \frac{1}{2}\ln(2-\sqrt{3})$

② $\sqrt{3} + \ln(1+\sqrt{3})$

③ $\sqrt{3} + \ln(2+\sqrt{3})$

④ $\sqrt{3} + \frac{1}{2}\ln(1+\sqrt{3})$

⑤ $\sqrt{3} + \frac{1}{2}\ln(2+\sqrt{3})$

숙명여대

21. 정적분 $\int_0^{\frac{1}{2}} \frac{2-8x}{1+4x^2}dx$의 값은?

① $\frac{\pi}{4}-2\ln 2$ ② $\frac{\pi}{4}-\ln 2$ ③ $\frac{\pi}{4}$
④ $\frac{\pi}{4}+\ln 2$ ⑤ $\frac{\pi}{4}+2\ln 2$

인하대

22. 적분 $\int_0^{\frac{\pi}{3}} \tan^3 x \sec^5 x\, dx$의 값은?

① $\frac{412}{35}$ ② $\frac{414}{35}$ ③ $\frac{416}{35}$ ④ $\frac{418}{35}$ ⑤ $\frac{84}{7}$

한성대

23. $\int_{\frac{\pi}{2}}^{\pi} x\cos 3x\, dx = \frac{\pi}{a}+\frac{1}{b}$일 때, $a+b$의 값은?

① -3 ② -6 ③ -9 ④ -12

국민대

24. 다음 정적분의 값은?

$$\int_{\frac{\pi}{4}}^{\frac{\pi}{2}} 2\cot\theta \csc^2\theta\, d\theta$$

① $\frac{1}{2}$ ② $-\frac{1}{2}$ ③ 1 ④ -1

이화여대

25. 적분 $\int_0^{\pi} e^x \sin x\, dx$의 값을 구하시오.

① $\frac{1}{2}(e^{\pi}-1)$ ② $e^{\pi}-1$ ③ $\frac{1}{2}(e^{\pi}+1)$
④ e^{π} ⑤ $e^{\pi}+1$

이화여대

26. 적분 $\int_{\sqrt{2}}^{2} \frac{1}{x\sqrt{x^2-1}}dx$의 값을 구하시오.

① $\frac{1}{8}\pi$ ② $\frac{1}{12}\pi$ ③ $\frac{1}{\sqrt{2}}-\frac{1}{2}$ ④ $\frac{2}{5}\pi$ ⑤ 1

아주대

27. $\int_0^{\sqrt{\frac{\pi}{2}}} x\cos^3(x^2)\sin(x^2)\,dx$ 는?

① $-\frac{1}{4}$ ② $-\frac{1}{8}$ ③ 0 ④ $\frac{1}{8}$ ⑤ $\frac{1}{4}$

단국대

28. $\int_0^{\infty} x^5 e^{-x}\,dx$ 의 값은?

① 120 ② 122 ③ 124 ④ 126

한국산업기술대

29. 정적분 $\int_{\ln(1/\pi)}^{\ln(2/\pi)} \frac{1+\cos(e^{-x})}{e^x}\,dx$ 의 값은?

① $\frac{\pi}{2}+1$ ② $1-\frac{\pi}{4}$ ③ $2-\frac{\pi}{2}$ ④ $\frac{\pi}{2}-1$

서울과학기술대

30. $n=4$일 때, 심프슨의 공식을 이용하여 정적분 $\int_0^2 \frac{1}{1+x}\,dx$ 의 근삿값을 계산하면?

① ln3 ② $\frac{11}{5}$ ③ $\frac{11}{10}$ ④ $\frac{67}{60}$

세종대

31. 적분값 $\int_0^1 \arctan x\, dx$를 구하면?

① $\frac{\pi}{4}-\frac{\ln 2}{4}$ ② $\frac{\pi}{4}-\frac{\ln 2}{2}$ ③ $\frac{\pi}{8}-\frac{\ln 2}{4}$
④ $\frac{\pi}{8}-\frac{\ln 2}{3}$ ⑤ $\frac{\pi}{8}-\frac{\ln 2}{2}$

아주대

32. 이상 적분 $\int_1^\infty \frac{2x^3+3x^2+3}{x^3(x^2+1)}dx$ 의 값은?

① π ② $\pi+\frac{1}{2}$ ③ $\pi+1$
④ $\frac{\pi}{2}+\frac{1}{2}$ ⑤ $\frac{\pi}{2}+\frac{3}{2}$

국민대

33. 다음 정적분의 값은?

$$\int_0^{\frac{1}{2}} \frac{3x+2}{\sqrt{1-x^2}}\, dx$$

① $\frac{1}{2}(1-\sqrt{3})+\frac{\pi}{3}$ ② $\frac{3}{2}(2-\sqrt{3})+\frac{\pi}{3}$
③ $\frac{1}{2}(3-\sqrt{3})+\frac{\pi}{6}$ ④ $\frac{3}{2}(4-\sqrt{3})+\frac{\pi}{6}$

인하대

34. 함수 $f(x)=\sin x\ \left(\frac{\pi}{2}\le x\le\frac{3}{2}\pi\right)$의 역함수를 g라고 할 때, $\int_0^1 g(t)\,dt$의 값은?

① 0 ② $\frac{\pi}{2}$ ③ 1 ④ $1+\frac{\pi}{2}$ ⑤ 2

가천대

35. $\int_4^9 \frac{1}{(x-1)\sqrt{x}}\, dx$의 값은?

① 1 ② ln2 ③ ln3 ④ $\ln\frac{3}{2}$

가톨릭대

36. 자연수 n 에 대하여 $I_n=\int_0^\pi \frac{\sin nx}{\sin x}dx$ 일 때, $|I_{2018}-I_{2017}|$ 의 값은?

① 0 ② $\frac{\pi}{2}$ ③ π ④ 2π

건국대

37. 정적분 $\int_{-2}^{-1} \frac{x}{(x^2+4x+5)^2} dx$ 의 값은?

① $-\frac{1}{4}(\pi+1)$ ② $-\frac{\pi}{2}+\frac{1}{2}\ln2$

③ $-\frac{1}{2}(\pi+1)$ ④ $-\pi+\ln2$ ⑤ $-\pi+1$

세종대

38. 정적분 $\int_{0}^{1} x\arctan x\, dx$ 의 값은?

① $\frac{\pi}{4}+\frac{7}{2}$ ② $\frac{\pi}{4}+\frac{5}{2}$ ③ $\frac{\pi}{4}+\frac{3}{2}$

④ $\frac{\pi}{4}+\frac{1}{2}$ ⑤ $\frac{\pi}{4}-\frac{1}{2}$

광운대

39. 특이적분 $\int_{0}^{1} \left(x-\frac{1}{2}\right)^{-2} dx$ 의 값은?

① 0 ② -1 ③ -2 ④ -4 ⑤ 발산한다.

서울과학기술대

40. $n=2$인 심프슨 공식을 이용하여 $\int_{1}^{2} \frac{1}{x} dx$ 의 근삿값을 구하면 $\frac{a}{b}$ 이다. 이때, $a+b$의 값은?
(단, a와 b는 서로소이다.)

① 60 ② 61 ③ 62 ④ 63

국민대

41. $\sum_{n=1}^{\infty}\int_{0}^{\frac{\pi}{2}}(\sin x\cos x)(1-\cos x)^{n}\,dx$의 값은?

① $\frac{1}{2}$ ② $\frac{3}{2}$ ③ 2 ④ π

한양대

42. 적분 $\int_{-4}^{4}\frac{2}{2+x}\,dx$의 값은?

① ln3 ② 2ln3 ③ 4ln3 ④ 발산

한성대

43. 함수 $f(x)=\begin{cases}x, & -1\le x<1\\ 1, & 1\le x\le 2\end{cases}$에 대하여,

$\int_{-1}^{2}f(x)dx+\int_{-1}^{2}|f(x)|dx$의 값은?

① 1 ② 2 ③ 3 ④ 4

한국산업기술대

44. 다음 정적분의 값은?

$$\int_{0}^{\frac{1}{2}}\sin^{-1}x\,dx+\int_{0}^{\frac{\pi}{6}}\sin y\,dy$$

① $\frac{\pi}{6}+\frac{1}{2}$ ② $\frac{\pi}{3}$ ③ $\frac{\pi}{6}-\frac{1}{12}$ ④ $\frac{\pi}{12}$

한양대

45. 적분 $\int_{-\frac{1}{2}}^{\frac{1}{2}}\frac{x^{2}\sin^{-1}x-6\cos^{-1}x}{\sqrt{1-x^{2}}}\,dx$의 값은?

① $-\pi^{2}$ ② $-\pi$ ③ π ④ π^{2}

홍익대

46. 다음 중 임의의 자연수 n에 대해 $I_{n+1}=(n+1)I_{n}$이 성립하는 것을 고르시오.

① $I_{n}=\int_{0}^{\frac{\pi}{2}}\sin^{2n}x\,dx$ ② $I_{n}=\int_{0}^{1}(\ln x)^{n}\,dx$

③ $I_{n}=\int_{0}^{\pi}x^{2n}\cos x\,dx$ ④ $I_{n}=\int_{0}^{\infty}x^{n}e^{-x}\,dx$

서강대

47. 적분 $\int_0^1 \cos(x^2)\,dx$의 값에 가장 가까운 근삿값은?

① $\frac{9}{10}-\frac{5}{216}$ ② $\frac{9}{10}+\frac{1}{216}$

③ $\frac{9}{10}+\frac{7}{216}$ ④ $\frac{9}{10}+\frac{12}{216}$

⑤ $\frac{9}{10}+\frac{18}{216}$

인하대

48. 실수 x에 대하여 $[x]$는 x보다 크지 않은 최대의 정수라고 하자. $\int_0^{10}(x-[x])\,dx$의 값은?

① 5 ② 10 ③ 15 ④ 20 ⑤ 25

숭실대

49. 다음 중 부등식 $\left|\int_0^1 e^{-x^2}dx - A\right| < \frac{1}{42}$을 만족하는 A는?

① $\frac{13}{20}$ ② $\frac{23}{30}$ ③ $\frac{33}{40}$ ④ $\frac{43}{50}$

한양대

50. 적분 $\int_0^{2a} x\sin^{-1}\left(\frac{\sqrt{2a-x}}{2\sqrt{a}}\right)dx$의 값은? (단, $a>0$)

① $\frac{\pi}{8}a^2$ ② $\frac{\pi}{4}a^2$ ③ $\frac{\pi}{2}a^2$ ④ πa^2

세종대

51. 함수 $f(x)=\sqrt{4x+5x^4}$ $(x \geq 0)$의 역함수 $g(x)$라 할 때, 정적분 $\int_0^3 x\,g(x)\,dx$의 값은?

① 1 ② 2 ③ 3 ④ 4 ⑤ 5

중앙대

52. $\int_0^1 x\sqrt{1-x}\,dx$ 의 값은?

① $\frac{2}{13}$ ② $\frac{3}{14}$ ③ $\frac{4}{15}$ ④ $\frac{5}{16}$

한양대 - 에리카

53. $\int_0^1 \sin(\tan^{-1}x)\cos(\tan^{-1}x)dx$ 의 값은?

① $\frac{1}{2}\ln 2$ ② $\frac{1}{3}\ln 2$ ③ $\frac{1}{4}\ln 2$ ④ $\frac{1}{5}\ln 2$

세종대

54. 함수 $f(x)=\int_x^{\frac{\pi}{2}} \frac{1}{(2+\cos t)^2}\,dt$에 대하여 정적분 $\int_0^{\frac{\pi}{2}} f(x)\cos x\,dx$의 값은?

① $\frac{1}{6}$ ② $\frac{1}{5}$ ③ $\frac{1}{4}$ ④ $\frac{1}{3}$ ⑤ $\frac{1}{2}$

세종대

55. 적분값 $\int_{-1}^{1}(\arccos(x)+\arccos(-x))\,dx$를 구하면?

① 0 ② π ③ 2π ④ 3π ⑤ 4π

한양대

56. 적분 $\int_0^1 \frac{9}{1+x^3}\,dx$의 값이 $\ln a+\sqrt{3}\pi$일 때, a의 값은?

단국대

57. $\int_{4a^2}^{\infty} \frac{1}{\sqrt{x}(x-a^2)}\,dx = 1$일 때, a의 값은? (단, $a > 0$)

① ln3 ② ln4 ③ ln5 ④ ln6

숙명여대

58. 정적분 $\int_{-\pi}^{\pi} \{\sin(mx)\cos(nx) + \sin(mx)\sin(nx)$
$+ \cos(mx)\cos(nx)\}\,dx$의 값은?
(단, m, n은 양의 정수이고, $m \neq n$이다.)

① $m+n$ ② $m-n$ ③ 0
④ π ⑤ 2π

서울과학기술대

59. $n=4$일 때, $\int_0^{\pi} \sin x\,dx$를 심프슨 공식으로 구한 근삿값 A와 사다리꼴 공식으로 구한 근삿값 B에 대하여, $6A-4B$는?

① 0 ② $\sqrt{2}\pi$ ③ $2\sqrt{2}\pi$ ④ $4\sqrt{2}\pi$

세종대

60. 적분값 $\int_0^1 \ln(1+e^x)\,dx - \int_{-1}^{0} \ln(1+e^x)\,dx$를 구하면?

① $-\frac{e}{2}$ ② $-\frac{1}{2}$ ③ 0 ④ $\frac{1}{2}$ ⑤ $\frac{e}{2}$

건국대

61. 정적분 $\int_{\frac{\pi}{2}}^{\pi} \sqrt{1-\cos x}\, dx$의 값은?

① $\frac{1}{2}$ ② 1 ③ $\frac{2}{3}$ ④ 2 ⑤ $\frac{3}{2}$

경기대

62. 정적분 $\int_{-1}^{1} (\sin x^3 + \sin^2 x) dx$의 값은?

① $2-\frac{1}{2}\sin 2$ ② $1-\frac{1}{2}\sin 2$

③ $\frac{1}{2}-\frac{1}{2}\sin 2$ ④ 값을 알 수 없다.

경기대

63. 정적분 $\int_{0}^{1} \frac{x^3 e^{x^2}}{(x^2+1)^2} dx$의 값은?

① $e-1$ ② e^2-1 ③ $\frac{1}{2}e-1$ ④ $\frac{1}{4}e-\frac{1}{2}$

국민대

64. 정적분 $\int_{0}^{\frac{\pi}{2}} e^{2x} \sin x\, dx$의 값은?

① $\frac{1}{7}(1+2e^{\pi})$ ② $\frac{1}{5}(1+2e^{\pi})$

③ $\frac{1}{3}(1+2e^{\pi})$ ④ $1+2e^{\pi}$

명지대

65. $\int_{0}^{\sqrt{2}} (4-x^2)^{-\frac{3}{2}} dx$ 의 값은?

① $\frac{1}{16}$ ② $\frac{1}{8}$ ③ $\frac{3}{16}$ ④ $\frac{1}{4}$ ⑤ $\frac{5}{16}$

아주대

66. 정적분 $\int_{2}^{3} \frac{dx}{\sqrt{4x-x^2}}$ 의 값은?

① $\frac{\pi}{6}$ ② $\frac{\pi}{4}$ ③ $\frac{\pi}{3}$ ④ $\frac{\pi}{2}$ ⑤ π

한양대

67. 구간 $[1, 10]$에서 정의된 함수 $f(x)$는 $f'(x) = \frac{\ln x}{x^2}$, $e^2 f(e^2) = ef(e) - 1$을 만족한다. 정적분 $-100\int_e^{e^2} f(x)dx$의 값은?

한성대

68. $\int_0^{\pi} x|\cos x|\,dx$의 값은?

① $\frac{1}{3}\pi$　② $\frac{1}{2}\pi$　③ π　④ $\frac{3}{2}\pi$

건국대

69. 정적분 $\int_0^{\frac{\pi}{2}} \sum_{k=1}^{100} \frac{\sin^k x}{\sin^k x + \cos^k x} dx$의 값은?

① 25π　② 50π　③ 100π　④ 125π　⑤ 150π

숙명여대

70. 등식 $\int_0^{\pi} xf(\sin x)\,dx = \frac{\pi}{2}\int_0^{\pi} f(\sin x)dx$를 이용하여 정적분 $\int_0^{\pi} \frac{4x\sin x}{2-\sin^2 x} dx$의 값을 구하면?

① $-2\pi^2$　② $-\pi^2$　③ 0　④ π^2　⑤ $2\pi^2$

3. 극한 - 하프 모의고사 ①

한성대

1. $\lim_{x\to0}\frac{3x^2}{1-\cos x}$ 의 값은?

① 0 ② 1 ③ 3 ④ 6

한양대 - 에리카

2. 극한 $\lim_{x\to0}\frac{\sinh^{-1}x}{\ln(x+1)}$ 의 값은?

① 1 ② e ③ e^2 ④ e^3

인하대

3. 극한 $\lim_{n\to\infty}\frac{\ln(3n)}{\ln(2n)}$ 의 값은?

① 0 ② $\frac{2}{3}$ ③ 1 ④ $\frac{3}{2}$ ⑤ 3

숭실대

4. $a_n=\sum_{k=1}^{n}\frac{\pi}{2n}\sin\left(\frac{k\pi}{n}\right)$ 일 때, $\lim_{n\to\infty}a_n$ 의 값은?

① 0 ② 1 ③ $\frac{\pi}{2}$ ④ π

숙명여대

5. 극한 $\lim_{x\to0^+}x(2-3\ln x)$ 의 값은?

① $-\infty$ ② -3 ③ 0 ④ 2 ⑤ $+\infty$

한양대 - 에리카

6. $f'(x)$ 가 연속이고 $f(1)=0$, $f'(1)=3$ 일 때,
극한 $\lim_{x\to0}\frac{f(e^x)+f(e^{3x})}{x}$ 의 값은?

① 6 ② 9 ③ 12 ④ 18

가톨릭대

7. 다음 극한값은?

$$\lim_{x \to 0} \frac{x \sin x}{1-\cos x}$$

① 0 ② $\frac{1}{2}$ ③ 1 ④ 2

가천대

8. 함수 $f(x)=2x+\sin x$ 에 대하여, 극한 $\lim_{t\to 0}\frac{f^{-1}(2t)}{2t}$ 의 값은?

① 1 ② $\frac{1}{2}$ ③ $\frac{1}{3}$ ④ $\frac{1}{6}$

명지대

9. 함수 $f(x)=\int_0^x (\sin t+2\cos t)^2\,dt$에 대하여 $\lim_{x\to 0}\frac{f(x)}{x}$ 의 값은?

① 3 ② 4 ③ 5 ④ 6 ⑤ 7

건국대

10. 다음 중 극한값이 1이 아닌 것은?

① $\lim_{n\to\infty} n\tan\frac{1}{n}$ ② $\lim_{n\to\infty} n^2\left(1-\cos\left(\frac{1}{n}\right)\right)$

③ $\lim_{n\to\infty} n\ln\left(\frac{n+1}{n}\right)$ ④ $\lim_{n\to\infty} n^{\frac{1}{n}}$

⑤ $\lim_{n\to\infty} 2^{\sin\frac{1}{n}}$

국민대

11. 다음 극한값은?

$$\lim_{x \to 0} x \sin \frac{1}{x^2}$$

① 0 ② 1 ③ -1 ④ ∞

명지대

12. $\lim_{x \to \infty} \tan^{-1}\left(\frac{\sqrt{3x^2+1}}{x-3}\right)$의 값은?

① 0 ② $\frac{\pi}{6}$ ③ $\frac{\pi}{4}$ ④ $\frac{\pi}{3}$ ⑤ $\frac{\pi}{2}$

숭실대

13. 수열 $a_n = \frac{1}{\sqrt{n}}\left(\frac{1}{\sqrt{1}} + \frac{1}{\sqrt{2}} + \cdots + \frac{1}{\sqrt{n}}\right)$의 극한값 $\lim_{n \to \infty} a_n$은?

① 1 ② $\frac{3}{2}$ ③ 2 ④ ∞

이화여대

14. 극한값 $\lim_{x \to 0} \frac{1}{x} \ln(2x^3 - x^2 - 2x + 1)$를 구하시오.

① -2 ② -1 ③ 1 ④ 2 ⑤ 3

아주대

15. 극한 $\lim_{x \to 0} \frac{\tan x - x}{\sin^{-1} x - x}$의 값은?

① -2 ② -1 ③ 0 ④ 1 ⑤ 2

한국산업기술대

16. 다음 극한값은?

$$\lim_{x \to 0} \frac{1}{x^3} \int_0^x \sin^2 t \, dt$$

① $\frac{1}{6}$ ② $\frac{1}{3}$ ③ $\frac{1}{2}$ ④ 1

경기대

17. 극한 $\lim_{x\to\infty}\left(\frac{1+x^2}{x^2}\right)^{x^{\frac{5}{2}}}$ 을 구하면?

① $\frac{1}{e}$ ② 1 ③ e ④ ∞

국민대

18. 다음 극한값은?

$$\lim_{x\to 0}\frac{\sin x - x + \frac{x^3}{3!}}{x^2(\sin x - x)}$$

① $-\frac{1}{10}$ ② $-\frac{1}{20}$ ③ $-\frac{1}{30}$ ④ $-\frac{1}{40}$

홍익대

19. 다음 극한을 구하시오.

$$\lim_{n\to\infty}\sum_{k=1}^{n}\frac{n}{n^2+k^2}$$

① 0 ② $\frac{\pi}{4}$ ③ $\frac{\pi}{2}$ ④ ∞

경기대

20. $f(x) = e^{\sin x}$의 역함수를 $g(x)$라 하면, $\lim_{h\to 0}\frac{g(1+3h)-g(1-h)}{h}$의 값은?

① 1 ② 2 ③ 3 ④ 4

3. 극한 - 하프 모의고사③

아주대

21. $\lim\limits_{x\to+\infty}\dfrac{e^x}{x^{2017}}$ 의 값은?

① 0　② 1　③ e　④ 2017　⑤ ∞

명지대

22. $\lim\limits_{x\to0+}(x^3+x\sin x)^{\frac{1}{\ln x}}$ 의 값은?

① 1　② e　③ e^2　④ e^3　⑤ e^4

숙명여대

23. 극한 $\lim\limits_{x\to0}\dfrac{\sin x-x+\dfrac{x^3}{3!}-\dfrac{x^5}{5!}}{(x^3\cos x)^{\frac{7}{3}}}$ 의 값은?

① $-\dfrac{1}{7!}$　② $-\dfrac{1}{2}\cdot\dfrac{1}{7!}$　③ $\dfrac{7}{3}\cdot\dfrac{1}{7!}$

④ $\dfrac{1}{2}\cdot\dfrac{1}{7!}$　⑤ $\dfrac{1}{7!}$

가천대

24. 극한 $\lim\limits_{n\to\infty}\sum\limits_{i=1}^{n}\dfrac{\pi}{4n}\tan\dfrac{i\pi}{4n}$ 의 값은?

① $\sqrt{2}$　② 2　③ $\ln\sqrt{2}$　④ $\ln 2$

숭실대

25. 극한 $\lim\limits_{x\to1}\dfrac{(\ln x)^2}{x-1}$ 의 값은?

① -1　② 0　③ 1　④ e

광운대

26. 극한 $\lim\limits_{x\to0}\dfrac{1}{x}\displaystyle\int_x^{2x}\dfrac{1-t^2}{1+t^2}dt$의 값은?

① 1　② 2　③ -1　④　⑤ 0

아주대

27. $\lim_{n\to\infty}\left(\frac{n-2}{n}\right)^{3n}$ 의 값은?

① 1 ② e ③ e^3 ④ e^{-6} ⑤ ∞

한국항공대

28. 함수 $f(\cdot)$가 자연수 n에 대하여 $f(n)=\frac{1}{n}\sum_{k=1}^{n}\left[1+\left(\frac{k\sqrt{\pi}}{n}\right)\sin\pi\left(\frac{k}{n}\right)^2\right]$ 와 같이 정의될 때, $\lim_{n\to\infty}f(n)$ 의 값은?

① $\frac{1-\sqrt{\pi}}{\sqrt{\pi}}$ ② $\frac{1+\sqrt{\pi}}{\sqrt{\pi}}$

③ $\frac{1+\sqrt{\pi}}{2}$ ④ $\frac{1-\sqrt{\pi}}{\sqrt{2}}$

단국대

29. $\lim_{x\to0+}(2x+1)^{\cot 4x}$ 의 값은?

① 1 ② $\sqrt{e}$ ③ e ④ e^2

명지대

30. 〈보기〉에서 수렴하는 수열만을 있는 대로 고른 것은?

〈보 기〉

ㄱ. $a_n=\ln(2n^2+1)-\ln(n^2+1)$

ㄴ. $b_n=\left(1+\frac{2}{n}\right)^n$

ㄷ. $c_n=n\sin\left(\frac{1}{n}\right)$

① ㄱ ② ㄴ ③ ㄱ, ㄴ

④ ㄴ, ㄷ ⑤ ㄱ, ㄴ, ㄷ

중앙대

31. $x_1 = x_2 = 1$이고 $x_{n+1} = 2x_n + 3x_{n-1}(n \ge 2)$ 을 만족하는 수열 $\{x_n\}_{n=1}^{\infty}$에 대하여 $\lim_{n\to\infty} \frac{x_{n+1}}{x_n}$의 값은?

① $\frac{1}{2}$　② $\frac{1}{3}$　③ 2　④ 3

단국대

32. $\lim_{x\to 0} \frac{x + \sin x}{\sqrt{\sin x + x + 1} - \sqrt{\sin^2 x + 1}}$의 값은?

① 2　② 3　③ 4　④ 5

경기대

33. 극한 $\lim_{x\to 0} [1 + x - \tan^{-1} x]^{\frac{1}{x^3}}$ 을 구하면?

① e　② e^{-1}　③ $e^{-\frac{1}{3}}$　④ $e^{\frac{1}{3}}$

단국대

34. $\lim_{n\to\infty} \sum_{k=1}^{n} \frac{kn^2}{n^4 + k^4}$의 값은?

① $\frac{\pi}{10}$　② $\frac{\pi}{9}$　③ $\frac{\pi}{8}$　④ $\frac{\pi}{7}$

국민대

35. a가 양수일 때, 다음 극한값은?

$$\lim_{x\to a} \frac{\sqrt{2a^3x - x^4} - a\sqrt[3]{a^2x}}{a - \sqrt[4]{ax^3}}$$

① 1　② a　③ $\frac{16}{9}$　④ $\frac{16a}{9}$

아주대

36. $\lim_{x\to \frac{\pi}{2}^-} (\tan x)^{\cos x}$의 값은?

① 0　② 1　③ e　④ π　⑤ ∞

건국대

37. 극한 $\lim_{x\to 0}\left(\dfrac{\int_0^{x^2}\sin 2t\,dt}{\int_0^{x}x^2\tan t\,dt}\right)$의 값은?

① 1　② 2　③ 3　④ 4　⑤ 5

중앙대 학과)

38. $\lim_{n\to\infty}\sum_{k=n}^{\infty}\dfrac{n}{n^2+3k^2}$ 의 값은?

① 0　② $\dfrac{\pi}{6}$　③ $\dfrac{\pi}{6\sqrt{3}}$　④ $\dfrac{\pi}{12}$

아주대

39. $\lim_{x\to 0}\dfrac{\tan 2x}{a\sin^{-1}x+b}=3$이 되려면, a의 값은?

① 1　② 3　③ $\dfrac{1}{3}$　④ $\dfrac{2}{3}$　⑤ $\dfrac{3}{2}$

광운대

40. 다음 수열 중에서 수렴하는 것을 모두 고르면?

ⓐ $\left\langle \dfrac{n^3}{3^n} \right\rangle$　ⓑ $\langle (3^n+4^n)^{1/n} \rangle$

ⓒ $\left\langle \dfrac{1}{n}\sin\left(\dfrac{1}{n^2}\right) \right\rangle$　ⓓ $\left\langle \dfrac{(-1)^n n^2}{n^2+1} \right\rangle$

① ⓐ　② ⓐ, ⓑ　③ ⓐ, ⓑ, ⓒ

④ ⓐ, ⓑ, ⓒ, ⓓ　⑤ ⓑ, ⓓ

세종대

41. 극한 $\lim_{x\to\infty}\left(\tanh x+\frac{\cosh x}{1+\sinh^2 x}\right)$의 값은?

① 0 ② $\frac{1}{2}$ ③ 1 ④ $\frac{3}{2}$ ⑤ 2

경기대

42. $f(x)=\cot^{-1}x$이고 $g(x)=e^{\frac{2}{3}}-(1+2x^2)^{\frac{1}{3x^2}}$일 때, 극한 $\lim_{x\to0}f[g(x)]$을 구하면?

① $\frac{\pi}{4}$ ② $-\frac{\pi}{4}$ ③ $\frac{\pi}{2}$ ④ $-\frac{\pi}{2}$

광운대

43. $f(x)=(\tan x+1)^3$ (단, $-\frac{\pi}{2}<x<\frac{\pi}{2}$)의 역함수가 $g(x)$라 하자. $\lim_{x\to1}\frac{\sin\pi x}{g(x)}$ 의 값은?

① 3π ② π ③ 0 ④ $-\pi$ ⑤ -3π

숙명여대

44. 극한 $\lim_{x\to0^+}(x+\sin x+\cos x-1)^{\frac{2}{\ln x}}$ 의 값은?

① 0 ② 1 ③ e ④ e^2 ⑤ e^3

인하대

45. 극한 $\lim_{x\to0}\frac{\tan x-\sin x}{x^2\ln(1+x)}$ 의 값은?

① $\frac{1}{3}$ ② $\frac{2}{5}$ ③ $\frac{1}{2}$ ④ $\frac{2}{3}$ ⑤ 1

이화여대

46. 함수 $f(x)$의 도함수와 2계도함수가 모든 x에서 연속이고 $f'(0)=1$, $f''(0)=-1$일 때, 다음 극한값을 구하시오.

$$\lim_{x\to0}\frac{(1+x)f(x)+(1-x)f(-x)-2f(0)}{x^2}$$

① -2 ② -1 ③ 0 ④ 1 ⑤ 2

중앙대

47. $\lim_{x\to\infty}\left(\dfrac{x^2-3x+1}{5x+2}\right)^{\frac{1}{2\ln x}}$ 을 계산하면?

① e^2 ② e ③ $\sqrt{e}$ ④ 1

한국산업기술대

48. $\lim_{x\to 0}\dfrac{1}{x^3}\left\{\int_0^x \dfrac{\text{sin}t}{t}dt-x\right\}$ 의 값은?

① $\dfrac{1}{18}$ ② $-\dfrac{1}{18}$ ③ $\dfrac{1}{9}$ ④ $-\dfrac{1}{9}$

한양대

49. 극한 $\lim_{x\to\infty}\left[\dfrac{1}{e}\left(1+\dfrac{1}{x}\right)^x\right]^x$ 의 값은?

① $\dfrac{1}{e}$ ② $\dfrac{1}{\sqrt{e}}$ ③ $\sqrt{e}$ ④ 1

중앙대

50. $\lim_{n\to\infty}\dfrac{\left(\sum_{k=1}^{n}k^3\right)\left(\sum_{k=1}^{n}k^5\right)}{\left(\sum_{k=1}^{n}k\right)\left(\sum_{k=1}^{n}k^7\right)}$ 의 값은?

① 1 ② $\dfrac{1}{2}$ ③ $\dfrac{2}{3}$ ④ $\dfrac{3}{4}$

3. 극한 - 하프 모의고사 ⑥

국민대

51. 다음 극한값은? (단, $[x]$는 x를 넘지 않는 최대 정수이다.)

$$\lim_{x\to\infty} x^{\frac{1}{[x]}}$$

① 0　② 1　③ e　④ ∞

가천대

52. 극한 $\lim_{n\to\infty} n(\sqrt[n]{3}-1)$의 값은?

① 1　② $\sqrt{3}$　③ 3　④ $\ln 3$

광운대

53. 두 수열 $\{a_n\}$, $\{b_n\}$에 대해 다음 관계가 성립하고 $a_1=b_1=1$일 때, $\lim_{n\to\infty}\frac{a_n}{b_n}$의 값은?

$$a_n = 2a_{n-1}+5b_{n-1},\quad b_n = a_{n-1}+2b_{n-1}$$

① 1　② $\sqrt{2}$　③ $\sqrt{3}$　④ 2　⑤ $\sqrt{5}$

서강대

54. 극한 $\lim_{x\to\infty}\left\{x - x^2\ln\left(\frac{1+x}{x}\right)\right\}$의 값은?

① 0　② $\frac{1}{2}$　③ 1　④ ∞　⑤ 존재하지 않음

가톨릭대

55. 다음 극한값은?

$$\lim_{x\to 0^+}(x^2+\sin x)^{\frac{1}{\ln x}}$$

① 0　② $\frac{1}{e}$　③ 1　④ e

건국대

56. 실수 전체에서 정의된 함수 $f(x)=2x^3+3x$에 대하여 극한값 $\lim_{n\to\infty} nf^{-1}\left(\frac{1}{n}\right)$은?

① $\frac{1}{3}$　② $\frac{1}{6}$　③ $\frac{1}{9}$　④ $\frac{1}{12}$　⑤ $\frac{1}{15}$

한양대

57. 극한 $\lim_{x\to0^+}[\sin^2(4x)]^{\sin^{-1}(2x)}$의 값은?

① 0　② $\frac{1}{e}$　③ 1　④ e

한양대

58. 극한 $\lim_{x\to0}\left(\frac{\tan x}{x}\right)^{\frac{1}{x^2}}+\lim_{x\to\infty}\left(\frac{\ln x}{x}\right)^{\frac{1}{x}}$의 값은?

① $\frac{1}{3}$　② $\frac{4}{3}$　③ $\sqrt[3]{e}$　④ $\sqrt[3]{e}+1$

인하대

59. 함수 $f(x)=e^x$과 양의 정수 n에 대하여
$g_n(x)=\sum_{k=1}^{n}f\left(\frac{k}{n}x\right)\frac{x^2}{n}$ 이라고 정의할 때,
극한 $\lim_{n\to\infty}g_n{}'(1)$의 값은?

① e　② $2e-1$　③ $3e-2$
④ $4e-3$　⑤ $5e-4$

광운대

60. 다음 중 계산값이 서로 같은 것을 모두 고르면?

ⓐ $\lim_{n\to\infty}\frac{2}{n^2}\sum_{k=0}^{n-1}\sqrt{n^2-k^2}$　ⓑ $-\int_0^2\frac{\pi dx}{4(x-1)^2}$
ⓒ $\lim_{x\to\frac{\pi}{2}}\frac{\pi\left(\frac{\pi}{2}-x\right)\tan x}{2}$

① ⓐ, ⓑ　② ⓑ, ⓒ　③ ⓐ, ⓒ
④ ⓐ, ⓑ, ⓒ　⑤ 없다.

성균관대

61. 극한 $\lim_{x \to e^e} \frac{\ln(\ln(\ln x))}{e(x-e^e)}$ 의 값은?

① e^{-e+2} ② e^{-e+1} ③ e^{-e}
④ e^{-e-1} ⑤ e^{-e-2}

가천대

62. $\lim_{x \to 0} \frac{\sqrt{x^3+x^2}}{\csc\frac{\pi}{x}}$ 의 값은?

① 0 ② 1 ③ $\sqrt{3}$ ④ 2

한양대 - 에리카

63. 함수 $f(t) = e^{n(e^t-1)}$에 대하여 $g(t) = e^{-t\sqrt{n}} f\left(\frac{t}{\sqrt{n}}\right)$로 정의할 때, $\lim_{n \to \infty} \ln g(t)$의 값은?

① $\frac{t}{4}$ ② $\frac{t}{2}$ ③ $\frac{t^2}{4}$ ④ $\frac{t^2}{2}$

숭실대

64. 함수 $f(x) = 2x + \sin x + 1$의 역함수를 g라 할 때, 극한 $\lim_{h \to 0} \frac{g(1+h) - g(1-h)}{h}$ 의 값은?

① $\frac{1}{4}$ ② $\frac{1}{3}$ ③ $\frac{2}{3}$ ④ $\frac{4}{3}$

인하대

65. 극한 $\lim_{x \to \infty} \frac{\int_0^x \sqrt{1+\cos t}\, dt}{x}$ 의 값은?

① 0 ② $\frac{2\sqrt{2}}{\pi}$ ③ $\frac{\pi}{4}$ ④ 1 ⑤ $\sqrt{2}$

건국대

66. $a > b > 0$일 때, $\lim_{x \to \infty} (a^x + b^x)^{\frac{1}{x}}$ 의 극한값은?

① $a\ln\frac{b}{a}$ ② $\sqrt{ab}$ ③ $b\ln\frac{a}{b}$ ④ a ⑤ b

서강대

67. 상수 a, b에 대하여 극한 $\lim_{n\to\infty}\left(1+\frac{a}{n}+\frac{b}{n^2}\right)^n$의 값은?

① e^a ② e^{a+b} ③ $e^{a+\sqrt{b}}$ ④ e^b

한양대 - 에리카

68. 극한 $\lim_{x\to 0}(e^x+2x)^{\frac{3}{x}}$은?

① e^2 ② e^3 ③ e^6 ④ e^9

숙명여대

69. $\lim_{n\to\infty}\left(\frac{1}{\sqrt{n}\sqrt{n+1}}+\frac{1}{\sqrt{n}\sqrt{n+2}}+\cdots+\frac{1}{\sqrt{n}\sqrt{n+n}}\right)$의 값은?

① $\frac{5}{4}(\sqrt{2}-1)$ ② $\frac{3}{2}(\sqrt{2}-1)$ ③ $\frac{7}{4}(\sqrt{2}-1)$

④ $2(\sqrt{2}-1)$ ⑤ $\frac{9}{4}(\sqrt{2}-1)$

인하대

70. 극한 $\lim_{n\to\infty}\frac{\left(\sum_{k=1}^{n}k^{11}\right)-\frac{n^{12}}{12}}{n^{11}}$의 값은?

(힌트: $n^{12}=\sum_{k=1}^{n}\{k^{12}-(k-1)^{12}\}$이다.)

① $\frac{1}{5}$ ② $\frac{1}{4}$ ③ $\frac{1}{3}$ ④ $\frac{1}{2}$ ⑤ 1

가톨릭대

1. 어떤 입자의 위치벡터가 $\mathbf{r}(t) = <t^2, 3t, t^2-8t>$일 때, 속력이 최소가 되는 t의 값은?

① 1 ② 2 ③ 3 ④ 4

아주대

2. 함수 f에 대한 다음 표를 이용하여 $g(u)=f(u^2+1)$의 $u=1$에서 일차 근사함수(linear approximation)를 구하면?

a	$f(a)$	$f'(a)$
1	1	4
2	3	-2
2.21	2	1

① $8u-5$ ② $-4u-1$ ③ $8u+3$
④ $-4u+7$ ⑤ $u+1$

가톨릭대

3. 직선 $y=ax+3$이 곡선 $y=2\sqrt{x}+1$에 접할 때, a의 값은?

① $\frac{1}{4}$ ② $\frac{1}{3}$ ③ $\frac{1}{2}$ ④ 1

가천대

4. 반지름이 $5\,\text{m}$ 인 원통형 탱크에 $3\,\text{m}^3/\text{min}$ 의 속력으로 물이 채워지고 있을 때, 물의 높이의 변화율은?

① $\frac{1}{25\pi}$ m/min ② $\frac{2}{25\pi}$ m/min
③ $\frac{3}{25\pi}$ m/min ④ $\frac{4}{25\pi}$ m/min

명지대

5. 매개변수함수 $x=t^2-6t+5,\ y=t^3+12t$가 증가하는 t의 구간은?

① $(-\infty, -3)$ ② $(-\infty, 0)$ ③ $(-3, 3)$
④ $(0, \infty)$ ⑤ $(3, \infty)$

숙명여대

6. 5차방정식 $3x^5+2x^3+2x+1=0$은 꼭 하나의 실근을 갖는다. 다음 중 이 실근이 포함된 개구간은?

① $(-5, -4)$ ② $(-4, -3)$ ③ $(-3, -2)$
④ $(-2, -1)$ ⑤ $(-1, 0)$

국민대

7. 구간 $[1, 3]$에서 미분가능한 함수 f가 $f(1)=1$과 $3 \le f'(x) \le 5$를 만족할 때, $f(3)$이 가질 수 있는 최댓값과 최솟값의 곱은?

① 60 ② 66 ③ 70 ④ 77

아주대

8. 포물선 $y=\frac{1}{2}x^2$과 점 $(0, 5)$와의 최단 거리는?

① 2 ② $2\sqrt{2}$ ③ 3 ④ 4 ⑤ 9

가톨릭대

9. 함수 $y=\frac{3x}{x^2+4}$의 최댓값은?

① $\frac{3}{2}$ ② $\frac{\sqrt{3}}{2}$ ③ $\frac{3}{4}$ ④ $\frac{2}{3}$

국민대

10. 다음 중 참인 것을 모두 고르면?

(가) 구간 $[a, b]$에서 정의된 함수 $f(x)$가 연속이고 역함수 $f^{-1}(x)$가 존재하면, $f(x)$는 (a, b)에서 증가함수 또는 감소함수이다.
(나) 폐구간 $[a, b]$에서 연속인 함수 $f(x)$는 $[a, b]$에서 최댓값과 최솟값을 가진다.
(다) 폐구간 $[a, b]$에서 정의된 함수 $f(x)$가 개구간 (a, b)에서 미분가능하면, $f(x)$는 $[a, b]$에서 최댓값을 가진다.
(라) 미분가능한 두 함수 $f(x)$와 $g(x)$가 개구간 (a, b)에서 $f(x) > g(x)$이면, 동일한 구간에서 $f'(x) > g'(x)$이다.

① (가), (나) ② (가), (다) ③ (나), (라) ④ (다), (라)

아주대

11. $2x\tan^{-1}x$에 대한 멱급수를 오름차순으로 정리할 때 0이 아닌 세 번째 항의 계수는?

① $-\frac{2}{3}$ ② $-\frac{1}{5}$ ③ $\frac{2}{5}$ ④ $-\frac{2}{7}$ ⑤ $\frac{1}{7}$

가천대

12. 구간 $[0,\ \infty)$에서 $f(x)=\dfrac{x}{x^3+2}$의 최댓값을 a라 하고 최솟값을 b라 할 때, $a+b$의 값은?

① 1 ② $\frac{1}{2}$ ③ $\frac{1}{3}$ ④ $\frac{1}{4}$

가톨릭대

13. 함수 $f(x)=e^x+x+a$에 대하여, $f(x)=0$의 해를 뉴턴의 방법을 적용하여 구하려고 한다. 첫 번째 근삿값이 0 일 때, 두 번째 근삿값이 0.5 라면 a의 값은?

① -5 ② -4 ③ -3 ④ -2

인하대

14. 함수 $f(x) = x^4 - 4kx + 8k - 1$의 최솟값을 $m(k)$라고 할 때, $m(k)$가 최대가 되는 k의 값은?

① 6 ② 7 ③ 8 ④ 9 ⑤ 10

한국항공대

15. 타원의 장축과 단축의 증가율이 각각 3cm/s와 4cm/s이다. 장축이 8cm이고 단축이 6cm일 때, 타원 넓이의 변화율은?

① $11\pi\ \text{cm}^2/\text{s}$ ② $\frac{23}{2}\pi\ \text{cm}^2/\text{s}$

③ $12\pi\ \text{cm}^2/\text{s}$ ④ $\frac{25}{2}\pi\ \text{cm}^2/\text{s}$

서울과학기술대

16. $1L$를 담을 수 있는 뚜껑이 없는 원기둥 모양의 저장용기의 겉넓이가 최소가 되는 반지름 r와 높이 h에 대하여, $\dfrac{h}{r}$는? (단, 저장용기의 두께는 무시한다.)

① $\frac{1}{4}$ ② $\frac{1}{2}$ ③ 1 ④ 2

서강대

17. 방정식 $e^{2x} = k\sqrt{x}$ 가 정확히 한 개의 해를 갖기 위한 k의 값과 이때 방정식의 해를 a라 할 때, 곱 ka의 값은?

① $\sqrt{e}$ ② $2\sqrt{e}$ ③ $\dfrac{\sqrt{e}}{2}$ ④ $\dfrac{2}{\sqrt{e}}$ ⑤ $\dfrac{1}{2\sqrt{e}}$

이화여대

18. $[0,\ 2\pi]$사이의 각 θ에 대해 $\sin\theta + 2\cos\theta$의 최솟값을 m, 최댓값을 M이라 하자. mM의 값을 구하시오.

숭실대

19. $f(x) = \displaystyle\int_0^x \frac{t^2}{t^2+t+2}\,dt$일 때 다음 중 곡선 $y = f(x)$의 변곡점의 x좌표에 해당하는 것은?

① -4 ② -2 ③ 2 ④ 4

건국대

20. 길이가 1m인 철사를 한 번 구부려서 다음 그림의 실선과 같이 만들고자 한다. 점선을 중심으로 이 철사를 회전하여 얻은 원뿔의 부피가 최대가 되도록 하는 a의 길이는?

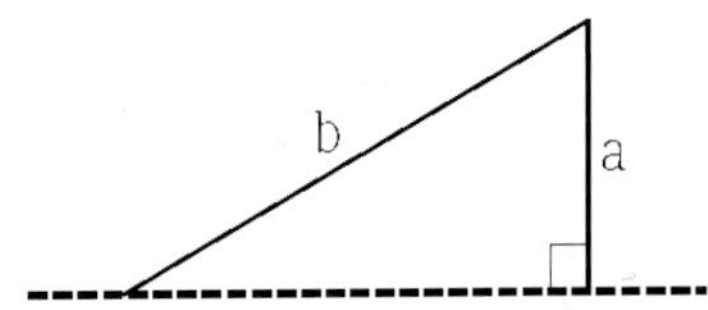

① $\dfrac{1}{2}$ m ② $\dfrac{2}{5}$ m ③ $\dfrac{1}{3}$ m ④ $\dfrac{2}{7}$ m ⑤ $\dfrac{1}{4}$ m

서울과학기술대

21. $f(0)=-3$이고 모든 x값에 대해 $f'(x) \leq 5$일 때, $f(2)$의 최댓값으로 가능한 값은?

① 3 ② 5 ③ 7 ④ 9

아주대

22. 방정식 $x=2\cos x$은 구간 $[0,\ \pi]$에서 유일해를 가진다. 근사해를 찾는 고정점반복법 중 뉴턴방법은?

① $x_{n+1}=2\cos x_n$

② $x_{n+1}=\frac{1}{2}(x_n+2\cos x_n)$

③ $x_{n+1}=x_n+\frac{\cos x_n}{\sin x_n}$

④ $x_{n+1}=x_n-\frac{x_n-2\cos x_n}{1-2\sin x_n}$

⑤ $x_{n+1}=x_n+\frac{2\cos x_n-x_n}{2\sin x_n+1}$

인하대

23. 구간 $[0,\pi]$에서 함수 $f(x)=\pi sinx+\cos x+x$의 최댓값은?

① π ② $\frac{4}{3}\pi$ ③ $\frac{3}{2}\pi$ ④ 2π ⑤ 3π

숭실대

24. $f(x)=(x^2+2x)e^{-x}$의 모든 극값의 곱은?

① -4 ② -2 ③ $-2e$ ④ $-e$

가톨릭대

25. 함수 $f(x)=2e^x+e^{2x}-10$에 대하여 $f(x)=0$의 해를 근사적으로 구하기 위해 뉴턴의 방법을 적용하려고 한다. 첫 번째 근삿값이 0일 때, 두 번째 근삿값은 얼마인가?

① $-\frac{7}{4}$ ② $-\frac{4}{7}$ ③ $\frac{4}{7}$ ④ $\frac{7}{4}$

숭실대

26. 함수 $f(x)$를 아래와 같이 정의할 때, 다음 중 옳은 것은?

$$f(x)=x^4-\frac{5^{-x}}{(\ln 5)^2}+\log_{(x+1)^2}(x+1)^{2017},\ x>0$$

① $f''(1)=\frac{59}{5}$이고, f의 변곡점이 존재한다.

② $f''(1)=\frac{59}{5}$이고, f의 변곡점이 존재하지 않는다.

③ $f''(1)=\frac{61}{5}$이고, f의 변곡점이 존재한다.

④ $f''(1)=\frac{61}{5}$이고, f의 변곡점이 존재하지 않는다.

인하대

27. 함수 $f(x)=\dfrac{e^x}{1+e^x}$ 에 대하여, 도함수 $f'(x)$ 의 최댓값은?

① $\dfrac{1}{4}$ ② $\dfrac{1}{2}$ ③ $\ln 2$ ④ $2\ln 2$ ⑤ 1

한성대

28. 구간 $[-1,2]$ 에서 함수 $y=2x^3-\dfrac{3}{2}x^2-3x+2$ 의 최댓값과 최솟값의 합은?

① $\dfrac{13}{8}$ ② $\dfrac{11}{2}$ ③ $\dfrac{15}{2}$ ④ 8

가천대

29. 정육면체의 부피가 $10\ \text{cm}^3/\text{min}$ 의 변화율로 증가한다. 모서리의 길이가 $30\ \text{cm}$ 일 때, 겉넓이는 얼마나 빨리 증가하는가?

① $\dfrac{5}{6}\ \text{cm}^2/\text{min}$ ② $\dfrac{6}{5}\ \text{cm}^2/\text{min}$

③ $\dfrac{3}{4}\ \text{cm}^2/\text{min}$ ④ $\dfrac{4}{3}\ \text{cm}^2/\text{min}$

아주대

30. 오른편의 그림에서와 같이 원뿔형 탱크에 $8\text{m}^3/\text{min}$ 의 속도로 물을 넣고 있다. 만약, 탱크의 높이가 12m 이고 윗면의 반경이 6m 이라면 물의 깊이가 4m 일 때 물의 높이의 증가 속도는?

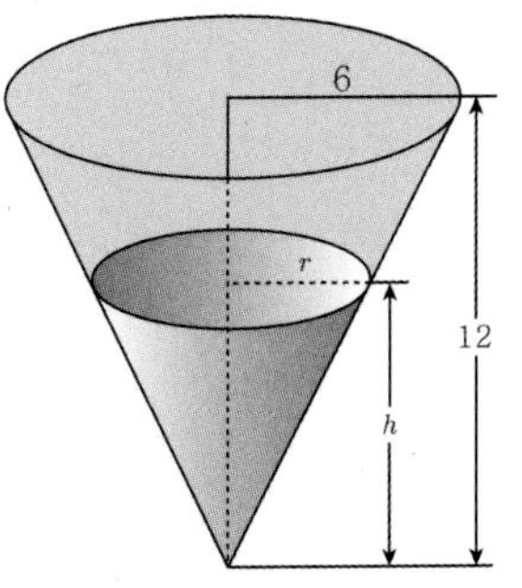

① $\dfrac{\pi}{12}$ ② $\dfrac{\pi}{3}$ ③ $\dfrac{\pi}{2}$ ④ $\dfrac{2}{\pi}$ ⑤ $\dfrac{3}{\pi}$

아주대

31. 함수 $f(x)=3\sqrt{x}$ 에서 구간 $[1,\ 4]$에서 평균값 정리를 만족하는 상수 c의 값은?

① $\frac{3}{2}$ ② $\frac{3}{2\sqrt{2}}$ ③ $\frac{9}{4}$ ④ $\frac{9}{8}$ ⑤ 1

아주대

32. x축 위에 두 꼭짓점을 그리고 반원 $y=\sqrt{9-x^2}$ 위에 두 꼭짓점을 갖는 직사각형의 넓이의 최댓값은?

① $\sqrt{18}$ ② $2\sqrt{18}$ ③ 6 ④ 9 ⑤ 18

가천대

33. 구간 $[1,3]$ 에서 $f'(x)\geq 3$ 이고 $f(1)=3$ 인 임의의 함수 f에 대하여, $f(3)$ 이 가질 수 있는 가장 작은 값은?

① 3 ② 6 ③ 9 ④ 12

숭실대

34. 다음 〈보기〉 중 옳은 것을 모두 고른 것은?

〈보 기〉

ㄱ. $x>0$일 때, $\ln(1+x)<x$이다.
ㄴ. 임의의 실수 c 에 대하여 $x^3+x+c=0$은 단 한 개의 실근을 갖는다.
ㄷ. 모든 $x,\ y$에 대하여 $|\sin y-\sin x|\leq|y-x|$이다.

① ㄱ ② ㄱ, ㄴ ③ ㄴ, ㄷ ④ ㄱ, ㄴ, ㄷ

건국대

35. 임의의 양수 t 에 대하여 시간 t 초 후의 위치가 다음 식으로 주어지는 입자의 최대 속력은?

$$(x,y)=(2t-\sin t,\ 2-\cos t)$$

① 1 ② 2 ③ 3 ④ 4 ⑤ 5

숙명여대

36. 구간 $[-1,\ 1]$ 위에서 함수
$f(x)=x\sqrt{1-x^2}+4$ 의 최솟값은?

① $\frac{5}{2}$ ② 3 ③ $\frac{7}{2}$ ④ 4 ⑤ $\frac{9}{2}$

인하대

37. 구간 $[0, \infty)$에서 함수 $f(x) = e^{-2x} - e^{-3x}$의 최댓값은?

① $\frac{4}{27}$ ② $\frac{5}{27}$ ③ $\frac{2}{9}$ ④ $\frac{7}{27}$ ⑤ $\frac{8}{27}$

숙명여대

38. 뚜껑이 없는 원기둥 모양인, 부피가 $1,000\,\text{cm}^3$인 캔을 만들려고 한다. 겉넓이가 최소가 되는 캔의 밑면의 반지름을 $r\,\text{cm}$, 높이를 $h\,\text{cm}$라 할 때, $\frac{h}{r}$의 값은?

① $\frac{1}{3}$ ② $\frac{2}{3}$ ③ 1 ④ $\frac{4}{3}$ ⑤ $\frac{5}{3}$

명지대

39. 함수 $f(x) = \int_0^x \frac{t^2 - t + a}{t^2 + t + 1} dt$의 그래프가 위로 볼록이 되도록 하는 실수 x의 구간의 길이가 2가 되도록 하는 상수 a의 최솟값은?

① -2 ② -1 ③ 0 ④ 1 ⑤ 2

숭실대

40. 그림과 같이 두 변의 길이가 1이고 한 각이 $\theta\left(0 < \theta < \frac{3\pi}{4}\right)$인 사다리꼴의 넓이를 A라고 하자. $\theta = \frac{\pi}{3}$일 때, $\frac{dA}{d\theta}$의 값은?

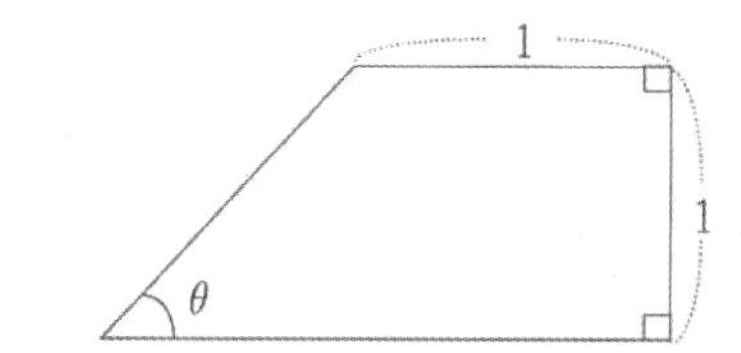

① $-\frac{2}{\sqrt{3}}$ ② $-\frac{2}{3}$ ③ $-\frac{4}{3}$ ④ -2

서울과학기술대

41. 함수 $f(x)=x^6+x^5+x^4+x^3+x^2+x+1$의 선형근사식을 이용한 $f(2.01)$의 근삿값은?

① 129.91 ② 130.01 ③ 130.11 ④ 130.21

인하대

42. 다항함수 $P(x)$에 대하여 다음 두 등식이 성립한다. $P(x)$가 $x=a$에서 극솟값을 가질 때, a의 값은?

ㄱ. $\lim_{x\to\infty}\frac{x^2}{P(x)+x^3}=\frac{1}{2}$

ㄴ. $\lim_{x\to 0}\frac{P(x)}{x}=-1$

① 0 ② $\frac{1}{3}$ ③ 1 ④ $\frac{3}{2}$ ⑤ 2

서울과학기술대

43. 뉴턴의 방법을 이용하여 $x^3+3x^2-3=0$의 근사해를 구하고자 한다. 첫 번째 근사해 $x_1=1$을 선택하였을 때, 두 번째 근사해는 $x_2=\frac{a}{b}$이다. 이때 $a+b$의 값은? (단, a와 b는 서로소이다.)

① 15 ② 16 ③ 17 ④ 18

국민대

44. 함수 $f(x)=x^3-x$에 대하여 $f(f(x))=f(x)$를 만족하는 실수 x의 개수는?

① 1 ② 3 ③ 5 ④ 7

가톨릭대

45. 함수 $f(x)=\sqrt{4x-x^2}-\sqrt{6x-x^2-8}$ 의 최댓값은?

① 1 ② $\sqrt{2}$ ③ 2 ④ 4

숭실대

46. 함수 $f(x)=x^3e^{-kx}$가 $x=1$에서 변곡점을 갖게 하는 모든 k의 값들의 곱은?

① -15 ② 6 ③ 9 ④ 15

명지대

47. 함수 $f(x)=(x^2-ax+a)e^{-x}$의 그래프가 위로 볼록(아래로 오목)인 구간의 길이가 최소가 되도록 하는 실수 a의 값은?

① $\frac{1}{2}$ ② 1 ③ $\frac{3}{2}$ ④ 2 ⑤ $\frac{5}{2}$

숭실대

48. 함수 $f(x)=\left(\frac{2}{x}\right)^{2x}$ $(x>0)$가 $x=a$에서 극댓값을 가질 때, a의 값은?

① $\frac{4}{e}$ ② $\frac{3}{e}$ ③ $\frac{2}{e}$ ④ $\frac{1}{e}$

가톨릭대

49. 포물선 $x=y^2+y-1$ 위의 두 점 P와 Q가 $\mathrm{P}\neq\mathrm{Q}$이고 직선 $x+y=0$에 대하여 서로 대칭이다. 선분 $\overline{\mathrm{PQ}}$의 길이는?

① $\sqrt{2}$ ② 2 ③ $2\sqrt{2}$ ④ 4

명지대

50. 관측자로부터 100 m 떨어진 곳에 위치한 열기구가 지면에서 분속 25 m의 속도로 수직으로 상승하고 있다. 이 기구가 지상에서 높이 50 m인 지점을 지날 때, 관측자가 기구를 올려 본 각의 변화율은? (단, 단위는 $rad/$분 이다.)

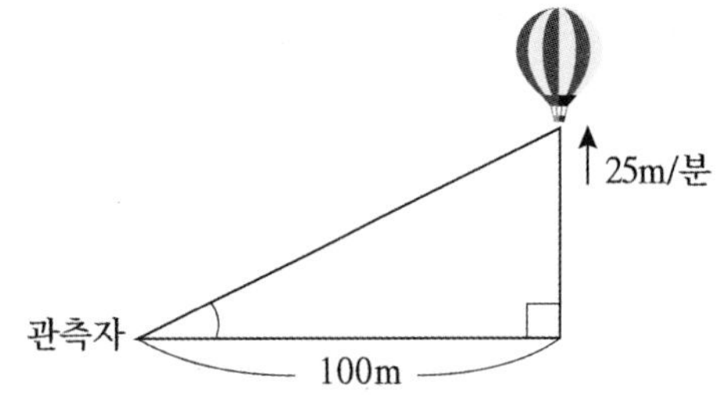

① $\frac{1}{8}$ ② $\frac{1}{7}$ ③ $\frac{1}{6}$ ④ $\frac{1}{5}$ ⑤ $\frac{1}{4}$

서강대

51. 구간 $[0,\ 4]$에서 연속인 함수 $y=f(x)$가 $f(0)=1$이고 모든 $x\in(0,\ 4)$에 대하여 $2\le f'(x)\le 5$를 만족하면, $a\le f(4)\le b$를 만족한다. 이때, $(a,\ b)$의 값은?

① $(6,\ 18)$ ② $(7,\ 19)$ ③ $(8,\ 20)$
④ $(9,\ 21)$ ⑤ $(10,\ 22)$

인하대

52. $y=\dfrac{2x^3+2x^2-x+1}{x^2-1}$의 그래프의 점근선 중 수직 또는 수평 점근선이 아닌 점근선은?

① $y=x+1$ ② $y=-x-1$ ③ $y=2x+2$
④ $y=2x-1$ ⑤ $y=2x+1$

숙명여대

53. 반지름이 $10\,\mathrm{cm}$인 반구 모양의 그릇에 초당 $1\,\mathrm{cm}^3$의 속도로 물을 붓고 있다. 물의 높이가 $5\,\mathrm{cm}$일 때 수면의 상승속도는 초당 몇 cm인가?

① $\dfrac{1}{300\pi}$ ② $\dfrac{1}{150\pi}$ ③ $\dfrac{1}{100\pi}$ ④ $\dfrac{1}{75\pi}$ ⑤ $\dfrac{1}{60\pi}$

아주대

54. 실수 전체에서 정의된 함수 $y(x)$가 $y(2)=-1$, $y'(x)=xy^3-1$을 만족한다고 하자. 이 함수의 일차 근사 함수를 이용하여 $y(2.2)$의 근삿값을 구하면?

① -1.6 ② -1.5 ③ -1.4 ④ -1.3 ⑤ -1.2

인하대

55. 함수 $f(x)=\int_0^x \sin(t^2)\,dt$에 대하여, 열린구간 $(0,\ 2\pi)$에서 $f(x)$가 극대가 되는 x의 값의 개수는?

① 6 ② 7 ③ 8 ④ 9 ⑤ 10

이화여대

56. 실수 전체에서 정의된 다음 함수들에 대하여 역함수가 존재하는 경우를 모두 고르시오.

$a.$ $4x-\sin x\cos x$
$b.$ $\sinh x+\tan x+\cos x$
$c.$ $x^2-\cosh x$
$d.$ $x\log(x^2+1)$

① a ② $a,\ b$ ③ $a,\ b,\ d$ ④ $a,\ d$ ⑤ $b,\ d$

중앙대

57. $1 \le x \le 3$에서 정의된 함수
$f(x)=2\left(x-\dfrac{3}{x}\right)^3-15\left(x-\dfrac{3}{x}\right)^2+36\left(x-\dfrac{3}{x}\right)-50$ 의
최댓값과 최솟값의 차는?

① 126 ② 146 ③ 176 ④ 216

아주대

58. 모든 양의 실수 x에 대하여 $\dfrac{e^x+e^{-x}-2-x^2}{x^4}>a$가
성립하는 a의 최댓값은?

① $\dfrac{1}{12}$ ② $\dfrac{1}{24}$ ③ $\dfrac{1}{36}$ ④ $\dfrac{1}{48}$ ⑤ $\dfrac{1}{60}$

인하대

59. 타원 $\dfrac{x^2}{9}+\dfrac{y^2}{4}=1$과 직선 $y=x$의 두 교점을 A, B라 하자.
타원 위의 점 $\mathrm{P}(a,\ b)$에 대하여 삼각형 PAB의 넓이가 최대가 될 때, $|a|+|b|$의 값은?

① $\dfrac{9}{\sqrt{13}}$ ② $\dfrac{10}{\sqrt{13}}$ ③ $\dfrac{11}{\sqrt{13}}$ ④ $\dfrac{12}{\sqrt{13}}$ ⑤ $\sqrt{13}$

서강대

60. 다음 〈보기〉에서 옳은 것만을 있는 대로 고른 것은?

〈보 기〉

ㄱ. 함수 f가 닫힌구간 $[a, b]$에서 연속이고 $f(a)f(b) < 0$이면 $f(c)=0$이 되는 c가 열린구간 (a, b)에 적어도 하나 존재한다.

ㄴ. 함수 f가 구간 (a, b)에서 미분가능하며 임의의 $x \in (a, b)$에 대하여 $f'(x) \neq 0$이면 f는 (a, b)에서 일대일함수이다.

ㄷ. 함수 $g(x)=\begin{cases} 0 & (0 \le x \le 1) \\ 1 & (1 < x \le 2) \end{cases}$이면, 임의의 $x \in (0, 2)$에 대하여 $G'(x)=g(x)$인 함수 G가 구간 $(0, 2)$에서 존재한다.

① ㄱ ② ㄷ ③ ㄱ, ㄴ ④ ㄴ, ㄷ ⑤ ㄱ, ㄴ, ㄷ

5. 적분응용 - 하프 모의고사 ①

숭실대

1. 극좌표계에서 곡선 $r = 3\cos\theta \left(0 \le \theta \le \frac{\pi}{2}\right)$의 길이는?

① $\frac{\pi}{4}$　② $\frac{\pi}{2}$　③ $\frac{3\pi}{4}$　④ $\frac{3\pi}{2}$

국민대

2. $1 \le a \le 4$일 때, 좌표평면상의 영역 $x^2 + (y-a)^2 \le 1 - \frac{1}{4}a$를 x축 둘레로 회전시켜 만들어진 입체를 V_a라 하자. 이때, V_a의 부피를 최대로 하는 a의 값은?

① 1　② $\frac{3}{2}$　③ 2　④ $\frac{5}{2}$

명지대

3. 연속함수 $f(x)$가 모든 실수 a에 대하여 $\int_0^{2a} f(x)\,dx = e^a - 1$을 만족시킨다. 곡선 $y = f(x)$와 x축, y축 및 $x = 1$로 둘러싸인 부분을 x축 둘레로 회전시켜 생기는 입체의 부피는?

① $\pi(e-1)$　② $\frac{\pi}{2}(e-1)$　③ $\frac{\pi}{3}(e-1)$

④ $\frac{\pi}{4}(e-1)$　⑤ $\frac{\pi}{5}(e-1)$

단국대

4. 극방정식 $r = 4\cos 2\theta$로 주어진 곡선으로 둘러싸인 부분의 넓이는?

① 5π　② 6π　③ 7π　④ 8π

아주대

5. 매개변수 곡선 $x = \sqrt{3}t^2,\ y = \int_0^t \sqrt{9s^4+4}\,ds,$ $0 \le t \le 1$의 길이는?

① 1　② 2　③ 3　④ 4　⑤ 5

이화여대

6. 구간 $[0, \pi]$에서 곡선 $y = \sin x$와 곡선 $y = \cos x$로 둘러싸인 부분의 넓이를 구하시오.

① $\frac{1}{\sqrt{2}}$　② $\sqrt{2}+1$　③ $2\sqrt{2}$

④ $2\sqrt{2}-1$　⑤ $2\sqrt{2}+1$

이화여대

7. 타원 $12x^2+y^2=3$을 x축 주위로 회전시켰을 때 생기는 회전체의 부피를 구하시오.

한국산업기술대

8. 극곡선 $r=1$의 외부 영역 중 $r=1-\sin\theta$의 내부에 놓인 부분의 넓이는?

① $\frac{\pi}{4}+2$ ② $\frac{\pi}{2}+2$ ③ $\frac{3\pi}{4}+1$ ④ $\frac{2\pi}{3}+1$

이화여대

9. 곡선 $\sqrt{x}+\sqrt{y}=\sqrt{2}$의 그래프와 x축, y축으로 둘러싸인 부분의 면적을 구하시오.

① $\frac{2}{3}$ ② $\frac{1}{\sqrt{2}}$ ③ 1

④ $2-\sqrt{3}$ ⑤ $\frac{\sqrt{2}-1}{2}$

아주대

10. 함수 $y=6x,\ 0\le x\le 1$을 x축으로 회전하여 생긴 회전체의 표면적은?

① $6\pi^2$ ② $2\sqrt{37}\pi$ ③ $3\sqrt{37}\pi$

④ $3\sqrt{37}\pi^2$ ⑤ $6\sqrt{37}\pi$

광운대

11. 극 방정식 $r=4+3\cos\theta$ 로 주어진 곡선으로 둘러싸인 영역의 넓이는?

① $\frac{33\pi}{2}$ ② $\frac{35\pi}{2}$ ③ $\frac{37\pi}{2}$ ④ $\frac{39\pi}{2}$ ⑤ $\frac{41\pi}{2}$

가천대

12. 입체 S 의 밑면은 반지름이 $\frac{1}{2}$ 인 원이고 밑면에 수직인 단면은 정사각형일 때, 입체 S 의 부피는?

① $\frac{1}{3}$ ② $\frac{2}{3}$ ③ $\frac{4}{3}$ ④ $\frac{8}{3}$

홍익대

13. 다음 중 곡선 $y=\ln(\cos x)$ $\left(0\le x\le\frac{\pi}{4}\right)$의 길이와 값이 같은 식을 구하시오.

① $\int_0^{\frac{\pi}{4}}\sqrt{1-\tan x}\,dx$ ② $\int_0^{\frac{\pi}{4}}\sqrt{1+\sec^2 x}\,dx$

③ $\int_0^{\frac{\pi}{4}}\sec x\,dx$ ④ $\int_0^{\frac{\pi}{4}}\tan x\,dx$

명지대

14. 곡선 $y=x^2$과 직선 $y=2x$ 로 둘러싸인 영역을 직선 $x=3$을 축으로 회전하여 생기는 입체의 부피는?

① 4π ② $\frac{13}{3}\pi$ ③ $\frac{14}{3}\pi$ ④ 5π ⑤ $\frac{16}{3}\pi$

국민대

15. 극좌표평면상에서 곡선 $r=2\sqrt{2}\,(1+\cos\theta)$로 둘러싸인 영역의 넓이는?

① 6π ② 12π ③ 8π ④ 16π

단국대

16. $y=\sin^{-1}x,\ x=0,\ y=\frac{\pi}{2}$ 로 이루어진 영역을 x 축으로 회전하여 생기는 입체의 부피는?

① 2π ② 3π ③ 4π ④ 5π

명지대

17. 곡선 $y=\dfrac{\sin x}{x}$ 와 세 직선 $x=\dfrac{\pi}{3}$, $x=\dfrac{2\pi}{3}$, $y=0$ 으로 둘러싸인 영역을 y축 둘레로 회전시켜 생기는 입체의 부피는?

① π ② $\dfrac{3\pi}{2}$ ③ 2π ④ $\dfrac{5\pi}{2}$ ⑤ 3π

경기대

18. 원 $r = 2a\sin\theta$ 의 내부와 $r = a$ $(a>0)$ 의 외부로 둘러싸인 부분의 넓이는?

① $\left(\dfrac{\pi}{3}+\dfrac{\sqrt{3}}{2}\right)a^2$ ② $\left(\dfrac{2\pi}{3}+\dfrac{\sqrt{3}}{2}\right)a^2$

③ $\left(\dfrac{\pi}{3}+\dfrac{\sqrt{3}}{3}\right)a^2$ ④ $\left(\dfrac{2\pi}{3}+\dfrac{\sqrt{3}}{3}\right)a^2$

성균관대

19. 좌표평면 위에 곡선 $y=9-x^2$ 과 두 개의 직선 $x=1$, $y=5$ 에 의해 둘러싸인 영역을 직선 $y=5$ 둘레로 회전시켜 생기는 입체의 부피는? (단, $x>0$)

① $\dfrac{53}{13}\pi$ ② $\dfrac{53}{14}\pi$ ③ $\dfrac{53}{15}\pi$ ④ $\dfrac{53}{16}\pi$ ⑤ $\dfrac{53}{17}\pi$

서울과학기술대

20. 아래 그림과 같이 직선을 따라 반지름이 5인 원을 굴릴 때, 원 위의 한 점 P의 자취를 그린 사이클로이드(cycloid) 곡선에서 한 호의 길이는?

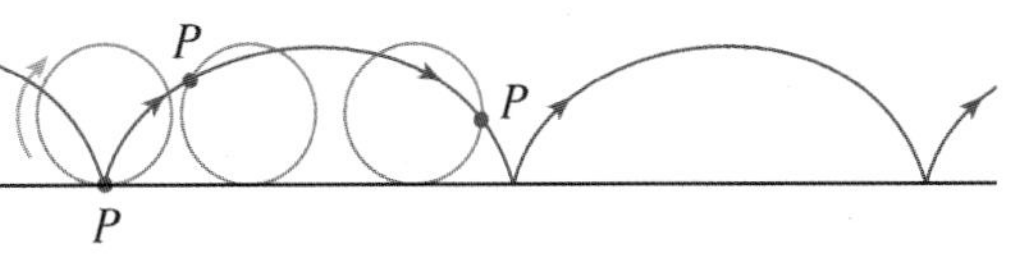

① 40 ② 30 ③ 10π ④ 8π

명지대

21. 매개곡선 $x = a(\theta - \sin\theta)$, $y = a(1-\cos\theta)$ $((0 \le \theta \le 2\pi)$의 길이를 $L(\text{cm})$, 이 곡선과 x축에 의해 둘러싸인 부분의 넓이를 $A(\text{cm}^2)$라 하자. $L = A$일 때, 양수 a의 값은?

① $\frac{2}{\pi}$ ② $\frac{8}{3\pi}$ ③ $\frac{10}{3\pi}$ ④ $\frac{4}{\pi}$ ⑤ $\frac{14}{3\pi}$

서강대

22. 곡선 $x = 2 - y^2$과 직선 $x = 1$로 둘러싸인 영역을 x축을 중심으로 회전시켜 얻은 입체의 겉넓이 S와 부피 V의 비 $\frac{S}{V}$의 값은?

① $\frac{5(\sqrt{5}-1)}{3}$ ② $\frac{5\sqrt{5}-1}{3}$ ③ $\frac{5\sqrt{5}}{3}$

④ $\frac{5\sqrt{5}+1}{3}$ ⑤ $\frac{5(\sqrt{5}+1)}{3}$

세종대

23. 극곡선 $r = e^{-\theta}$ $(0 \le \theta \le 1)$의 길이는?

① $1-\frac{2}{e}$ ② $\sqrt{2}(1-\frac{2}{e})$ ③ $\sqrt{3}(1-\frac{2}{e})$

④ $\sqrt{2}(1-\frac{1}{e})$ ⑤ $\sqrt{3}(1-\frac{1}{e})$

가천대

24. 곡선 $x^2 - y = 2$와 직선 $y = x$로 둘러싸인 부분을 직선 $x = -1$을 중심으로 돌려서 생기는 입체의 부피는?

① $\frac{25}{2}\pi$ ② $\frac{27}{2}\pi$ ③ $\frac{28}{3}\pi$ ④ $\frac{29}{3}\pi$

숙명여대

25. 곡선 $r^2 = 9\sin(2\theta)$, $r > 0$, $0 \le \theta \le \frac{\pi}{2}$로 둘러싸인 영역의 넓이는?

① $\frac{9}{4}$ ② 3 ③ 4 ④ $\frac{9}{2}$ ⑤ 5

아주대

26. 1사분면에서 포물선 $y = x^2$, 포물선 $y = 2 - x^2$, 그리고 y축으로 둘러싸인 도형을 y축으로 회전시킨 회전체의 부피는?

① $\frac{\pi}{2}$ ② π ③ $\frac{3}{2}\pi$ ④ 2π ⑤ 3π

서강대

27. 곡선 $y=\ln(\sin x)$ $\left(\frac{\pi}{2} \le x \le \frac{3\pi}{4}\right)$의 길이는?

① $\ln(\sqrt{2}+1)$ ② $\ln(\sqrt{2}-1)$ ③ 답 없음

④ $\ln\frac{\sqrt{2}+1}{2}$ ⑤ $\ln\frac{\sqrt{2}-1}{2}$

한국산업기술대

28. 곡선 $r=1+\cos\theta$ 의 외부와 극곡선 $r=3\cos\theta$ 의 내부에 놓인 영역의 넓이는?

① 2π ② $\frac{3}{2}\pi$ ③ π ④ $\frac{1}{2}\pi$

아주대

29. 평면상의 영역 $\{(x,y) : |x+1|+|y-1| \le 1\}$을 직선 $y=2x$ 주위로 회전하여 얻어진 입체의 부피는?

① $\frac{12\pi}{\sqrt{5}}$ ② $\frac{8\pi}{\sqrt{5}}$ ③ $\frac{4\pi}{\sqrt{5}}$ ④ $\frac{\sqrt{5}\pi}{4}$ ⑤ $\frac{\sqrt{5}\pi}{8}$

한성대

30. 곡선 $y=x^2-2x$와 $y=0$로 둘러싸인 영역을 x축으로 회전시킨 경우 이 회전체의 부피는?

① $\frac{4}{5}\pi$ ② $\frac{14}{15}\pi$ ③ $\frac{16}{15}\pi$ ④ $\frac{6}{5}\pi$

광운대

31. 곡선 $y=\dfrac{e^x+e^{-x}}{2}\ (-1\le x\le 1)$의 길이는?

① e ② e^{-1} ③ $e-e^{-1}$ ④ $e+e^{-1}$ ⑤ e^2

중앙대

32. 극좌표계로 주어진 두 곡선 $r=1-\cos\theta$, $r=\cos\theta$의 내부를 각각 R, S라 할 때, $R\cap S$의 넓이는?

① $\dfrac{7}{12}\pi-\sqrt{3}$ ② $\dfrac{7}{12}\pi+\sqrt{3}$

③ $\dfrac{7}{12}\pi-\sqrt{2}$ ④ $\dfrac{7}{12}\pi+\sqrt{2}$

한국산업기술대

33. 영역

$$S=\left\{(x,y)\,\middle|\,\frac{\pi}{2}\le x\le\pi,\ 0\le y\le\frac{2\sin x}{x(1+\cos^2 x)}\right\}$$

를 y축을 중심으로 회전시킬 때 생기는 입체의 부피는?

① $\pi\sqrt{\pi}$ ② π ③ $\pi^2\sqrt{\pi}$ ④ π^2

한양대 - 에리카

34. 매개변수 방정식으로 주어진 곡선 $\begin{cases}x=e^t(\cos t-\sin t)\\ y=e^t(\cos t+\sin t)\end{cases}$ 의 구간 $0\le t\le \ln 3$ 에서의 호의 길이는?

① 4 ② 8 ③ 12 ④ 18

이화여대

35. 극좌표로 표시된 곡선 $r=\sin 3\theta$로 둘러싸인 부분의 넓이를 구하시오.

인하대

36. 영역 $R=\{(x,\ y)\ |\ (x-3)^2+y^2\le 1\}$을 y축을 중심으로 회전시켜 얻은 회전체의 부피는?

① 12π ② 20π ③ 24π ④ $6\pi^2$ ⑤ $8\pi^2$

인하대

37. 곡선 $y = x^2 - 2x$와 직선 $y = x - 2$로 둘러싸인 영역을 x축 주위로 회전하여 얻은 회전체의 부피는?

① $\frac{\pi}{5}$　② $\frac{2\pi}{5}$　③ $\frac{3\pi}{5}$　④ $\frac{4\pi}{5}$　⑤ π

가천대

38. 구간 $\left[0, \frac{\pi}{2}\right]$ 에서 두 곡선 $y = \cos x$ 와 $y = \sin 2x$ 사이에 놓인 영역의 넓이는?

① $\frac{1}{8}$　② $\frac{1}{4}$　③ $\frac{1}{2}$　④ $\frac{3}{4}$

숭실대

39. 곡선 $y = x^2 - 3x$와 직선 $x + y = 0$으로 둘러싸인 부분을 y축을 중심으로 회전하여 얻은 입체의 부피는?

① $\frac{4}{3}\pi$　② $\frac{7}{3}\pi$　③ $\frac{8}{3}\pi$　④ $\frac{10}{3}\pi$

경희대

40. 함수 $f(x)= \sqrt{x}$ 에 대해 다음 물음에 답하시오.

(a) 곡선 $y = f(x)$와 직선 $x = 2$, x축으로 둘러싸인 영역을 직선 $x =-2$를 중심으로 회전시킬 때 생기는 입체의 부피를 구하고, 그 방법을 설명하시오.

(b) 점 $(1,1)$에서 점 $(3, \sqrt{3})$까지 곡선 $y = f(x)$의 호의 길이를 구하고, 그 방법을 설명하시오.

가천대

41. 곡선 $y=\frac{2}{3}(x-1)^{\frac{3}{2}}$ $(1 \le x \le 4)$ 의 길이는?

① $\frac{2}{3}$ ② 2 ③ $\frac{7}{3}$ ④ $\frac{14}{3}$

이화여대

42. 구간 $[0,\ \pi]$에서 극좌표로 주어진 곡선 $r=4\cos3\theta$의 그래프로 둘러싸인 영역의 면적을 구하시오.

한국산업기술대

43. 곡선 $y=\frac{1}{1+x^2}$ 과 세 직선 $y=0,\ x=0,\ x=1$ 로 둘러싸인 영역을 y축을 중심으로 회전시킬 때 생기는 입체의 부피는?

① $\frac{\pi}{2}\ln 2$ ② $\pi\ln 2$ ③ $\frac{3\pi}{2}\ln 2$ ④ $2\pi\ln 2$

아주대

44. 오른편의 그림에서 정사각형을 선 $y=-x$로 회전하여 생긴 회전체의 부피는?

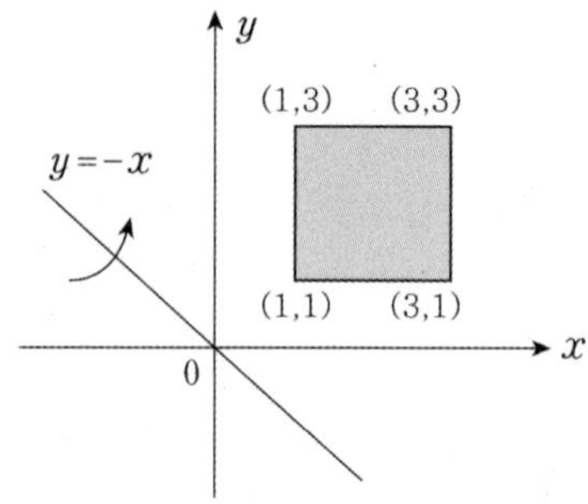

① 12π ② $12\sqrt{2}\pi$ ③ $16\sqrt{2}\pi$
④ $18\sqrt{2}\pi$ ⑤ $24\sqrt{2}\pi$

서울과학기술대

45. $y=2x^2-x^3$과 직선 $y=0$으로 둘러싸인 영역을 y축으로 회전하여 생기는 입체의 부피를 구하면 $\frac{a}{b}\pi$이다. 이때, $a+b$의 값은? (단, a와 b는 서로소이다.)

① 20 ② 21 ③ 22 ④ 23

숙명여대

46. 곡선 $x=t-\sin t,\ y=\cos t$ $(0 \le t \le 2\pi)$의 길이는?

① 2 ② 4 ③ 6 ④ 8 ⑤ 10

숭실대

47. $y=x^3+x+1$, $x=1$, $y=1$에 의해 둘러싸인 영역을 직선 $x=2$를 중심으로 하여 회전시켜 얻은 회전체의 부피는?

① $\frac{89\pi}{15}$ ② $\frac{46\pi}{15}$ ③ $\frac{29\pi}{15}$ ④ $\frac{16\pi}{15}$

아주대

48. 극좌표 방정식 $r=2+\sin\theta$, $0\le\theta\le 2\pi$로 표현되는 곡선에 의해 둘러싸인 영역의 넓이는?

① π ② $\frac{3\pi}{2}$ ③ 2π ④ $\frac{9\pi}{2}$ ⑤ 5π

중앙대

49. 좌표평면 위의 곡선 $y=x^2-2$ 와 직선 $y=a$ 로 둘러싸인 영역의 넓이가 $y=x^2-2$ 와 x축으로 둘러싸인 영역의 넓이의 8 배가 되도록 하는 양수 a를 정하면?

① 3 ② 6 ③ 8 ④ 10

한양대

50. 곡선 $y=\frac{\sqrt{x^2-9}}{x^2}$ 와 두 직선 $y=0$, $x=6$으로 둘러싸인 부분의 넓이는?

① $\ln(2+\sqrt{3})-\frac{1}{2}$ ② $\ln(2+\sqrt{3})+\frac{1}{2}$

③ $\ln(2+\sqrt{3})-\frac{\sqrt{3}}{2}$ ④ $\ln(2+\sqrt{3})+\frac{\sqrt{3}}{2}$

5. 적분응용 - 하프 모의고사⑥

경기대

51. 곡선 $f(x)=\cos x\,(0 \le x \le \pi)$를 x축으로 회전한 곡면의 표면적은? (계산과정에서 다음 적분공식을 사용할 수 있음)

$$\int \sec^3 x dx = \frac{1}{2}(\sec x \tan x + \ln|\sec x + \tan x|) + c$$

① $2\pi[2\sqrt{2}+\ln(1+\sqrt{2})]$

② $2\pi[\sqrt{2}+\ln(1+\sqrt{2})]$

③ $2\pi[\sqrt{2}+2\ln(1+\sqrt{2})]$

④ $4\pi[\sqrt{2}+\ln(1+\sqrt{2})]$

한양대

52. 곡선 $x^2-y^2=1\ (x>0)$과 두 직선 $5y=3x$와 $y=0$으로 둘러싸인 영역의 넓이는?

① $\frac{1}{2}\ln 2$ ② $\ln 2$ ③ $\frac{3}{2}\ln 2$ ④ $2\ln 2$

한양대

53. 곡선 $y=f(x)=\begin{cases} \frac{\tanh x}{x} & ,x \ne 0 \\ 1 & ,x=0 \end{cases}$의 세 직선 $x=\ln 2$, $x=0$과 $y=0$으로 둘러싸인 영역을 y축 둘레로 회전시킨 회전체의 부피가 $2\pi \ln a$일 때, $20a$의 값은?

국민대

54. 좌표평면상에서 $3x=y^3$, $x=0$, $y=1$로 둘러싸인 영역을 y축 둘레로 회전시켜 만든 입체의 겉넓이는?

① $\frac{2\sqrt{2}}{9}\pi$ ② $\frac{2\sqrt{2}+1}{9}\pi$

③ $\frac{2}{9}\pi$ ④ $\frac{\sqrt{2}+1}{9}\pi$

숙명여대

55. 곡선 $y=\sqrt{4-x^2}$, $-1 \le x \le 1$ 을 x축으로 회전시켜 얻은 곡면(회전체)의 겉넓이는?

① 8π ② 10π ③ 12π ④ 14π ⑤ 16π

아주대

56. 평면상의 영역

$\left\{(x,y)|\sin(x^2) \le y \le \cos(x^2), 0 \le x \le \frac{\sqrt{\pi}}{2}\right\}$를

y축 주위로 회전하여 얻어진 입체의 부피는?

① $(\sqrt{2}-1)\pi$ ② π ③ $\sqrt{2}\pi$

④ 2π ⑤ $(\sqrt{2}+1)\pi$

인하대

57. 평면 위에 극방정식으로 주어진 곡선 $r = -6\cos\theta$의 내부와 $r = 2(1-\cos\theta)$의 외부의 공통 영역의 넓이는?

① $\frac{5\pi}{2}$ ② 3π ③ $\frac{7\pi}{2}$ ④ 4π ⑤ $\frac{9\pi}{2}$

한성대

58. 곡선상의 움직이는 한 점이 시각 t에서 좌표 $\left(-\frac{3}{4}t^3+t+1, \frac{3}{2}t^2\right)$에 존재한다. $0 \le t \le 2$ 동안에 점이 움직인 거리는?

① 4 ② 6 ③ 8 ④ 10

세종대

59. 좌표평면에서 매개변수 θ의 식으로 주어지는 사이클로이드 $x = \theta - \sin\theta, y = 1 - \cos\theta$ 와 직선 $y = \frac{2}{\pi}x$로 둘러싸인 영역의 넓이는?

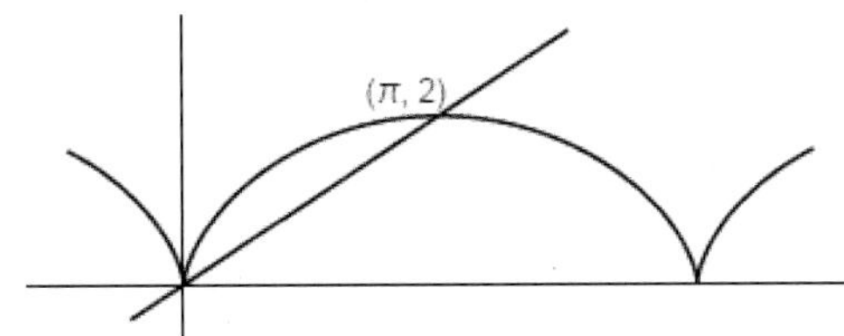

① $\frac{\pi}{5}$ ② $\frac{\pi}{4}$ ③ $\frac{\pi}{3}$ ④ $\frac{\pi}{2}$ ⑤ π

세종대

60. 다음 매개곡선으로 둘러싸인 영역의 넓이는?

$$x = \cos 2t,\ \ y = \cos 2t \tan t \quad \left(-\frac{\pi}{2} < t < \frac{\pi}{2}\right)$$

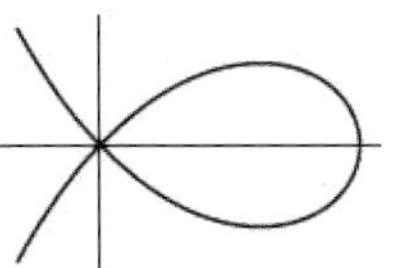

① $2-\frac{\pi}{12}$ ② $2-\frac{\pi}{6}$ ③ $2-\frac{\pi}{4}$
④ $2-\frac{\pi}{3}$ ⑤ $2-\frac{\pi}{2}$

성균관대

61. 함수 $f(x)=\begin{cases} \tan x \left(0 \le x \le \frac{\pi}{4}\right) \\ 1 \left(\frac{\pi}{4} \le x \le \frac{\pi}{2}\right) \end{cases}$ 의 그래프와

직선 $x=\frac{\pi}{2}$, x축에 의해 둘러싸인 영역을 x축 둘레로 회전시켜 생긴 도형의 부피는?

① $\frac{3\pi}{4}$ ② π ③ $\frac{2\pi^2}{5}$ ④ $\frac{5\pi}{4}$ ⑤ $\frac{2\pi^2}{5}$

아주대

62. 영역 $\{(x,y):(x-1)^2+(y-2)^2 \le 1\}$을 y축 둘레로 회전하여 생긴 회전체의 부피는?

① π ② π^2 ③ 2π ④ $2\pi^2$ ⑤ 4π

인하대

63. 곡선 $y=\sqrt[3]{2-x^3}$ 과 두 직선 $y=0$, $y=tx$ $(t>0)$로 둘러싸인 영역의 넓이를 $S(t)$라고 하자. $S'(1)$의 값은?

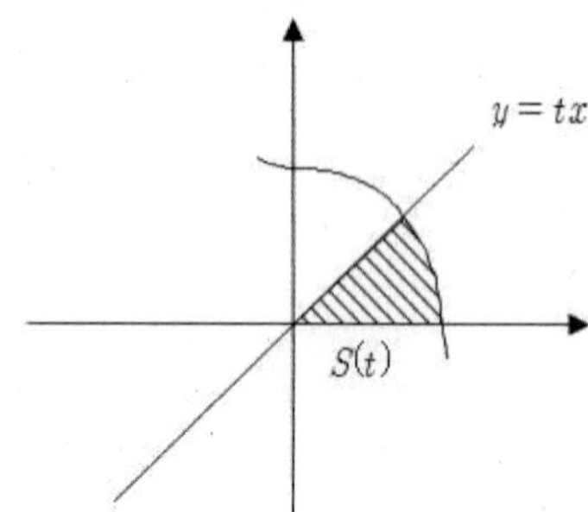

① $\frac{1}{5}$ ② $\frac{1}{4}$ ③ $\frac{1}{3}$ ④ $\frac{1}{2}$ ⑤ 1

서강대

64. 곡선 $x(t)=\sin^2 t$, $y(t)=\cos^2 t$ $(0 \le t \le \pi/2)$를 x축 둘레로 회전시켰을 때 생기는 곡면의 넓이는?

① $\frac{1}{3}\pi$ ② $\frac{\sqrt{2}}{2}\pi$ ③ π ④ $\sqrt{2}\pi$ ⑤ 2π

국민대

65. 극방정식 $r^2=\cos 2\theta$의 그래프에서 y축의 우측에 놓인 곡선을 y축 중심으로 회전시켰을 때 생성된 곡면의 넓이는?

① $\sqrt{2}\pi$ ② $2\sqrt{2}\pi$ ③ $3\sqrt{2}\pi$ ④ $4\sqrt{2}\pi$

명지대

66. 좌표공간에서 두 구 $S_1: x^2+y^2+z^2=1$, $S_2:(x-1)^2+y^2+z^2=1$이 있다. 구 S_2의 내부에 포함되어 있는 구 S_1의 부분의 겉넓이는?

① π ② $\frac{5}{4}\pi$ ③ $\frac{3}{2}\pi$ ④ $\frac{7}{4}\pi$ ⑤ 2π

세종대

67. 극곡선 $r=\theta\left(단,\ -\frac{3\pi}{2}\le\theta\le\frac{3\pi}{2}\right)$의 안쪽 고리의 외부, 바깥쪽 고리의 내부에 있는 영역의 면적을 구하면?

① $\frac{17\pi^3}{24}$ ② $\frac{19\pi^3}{24}$ ③ $\frac{21\pi^3}{24}$ ④ $\frac{23\pi^3}{24}$ ⑤ $\frac{25\pi^3}{24}$

인하대

68. 곡선 $y=xe^{1-x}$와 직선 $y=x$로 둘러싸인 영역의 넓이는?

① $e-\frac{5}{2}$ ② $e-\frac{7}{3}$ ③ $e-2$ ④ $e-\frac{3}{2}$ ⑤ $e-1$

성균관대

69. 부등식 $3-\sin3\theta\le r\le 2+\sin3\theta$를 만족하는 영역은 넓이가 같은 세 개의 부분으로 나뉜다. 전체 영역의 넓이의 값은?

① $5\sqrt{3}-\frac{5\pi}{3}$ ② $4\sqrt{3}-\frac{4\pi}{3}$ ③ $3\sqrt{3}-\pi$
④ $2\sqrt{3}-\frac{2\pi}{3}$ ⑤ $\sqrt{3}-\sqrt{\frac{\pi}{3}}$

가톨릭대

70. 아래 그림과 같이 $x=0$, $y=1$, $y=\sqrt[4]{x}$로 둘러싸인 영역 R_1과 $y=x$, $y=\sqrt[4]{x}$로 둘러싸인 영역 R_2에 대하여 V_1과 V_2가 다음과 같을 때, $V_1:V_2$는?

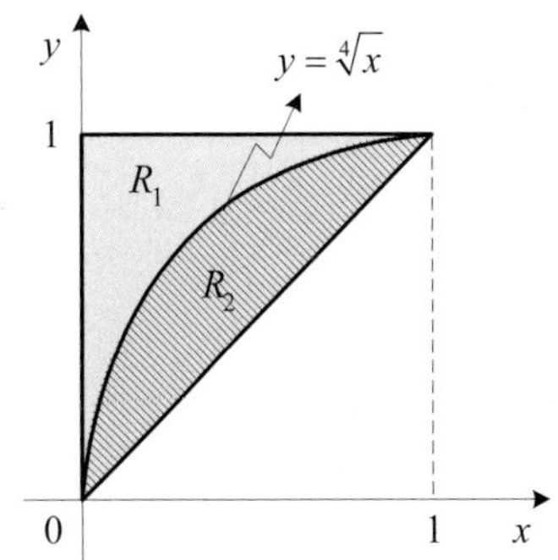

V_1 : 영역 R_1을 x축을 중심으로 회전시킬 때 생기는 입체의 부피
V_2 : 영역 R_2를 y축을 중심으로 회전시킬 때 생기는 입체의 부피

① 1 : 1 ② 2 : 3 ③ 2 : 1 ④ 3 : 2

이화여대

71. 직선 $y=k$와 $y=x^2$의 그래프로 둘러싸인 부분의 면적이 $y=4$와 $y=x^2$의 그래프로 둘러싸인 부분의 면적의 두 배일 때 k의 값을 구하시오.

광운대

72. 곡선 $x=\sqrt{y}\,(0 \le y \le 2)$를 y축을 중심으로 회전시켜 얻은 입체의 겉넓이는?

① $\frac{\pi}{3}$ ② $\frac{13\pi}{3}$ ③ $\frac{17\pi}{3}$ ④ $\frac{\pi}{5}$ ⑤ $\frac{17\pi}{7}$

가톨릭대

73. 아래 그림은 극곡선 $r=1-2\sin\theta$를 그린 것이다. 빗금 친 부분의 넓이는?

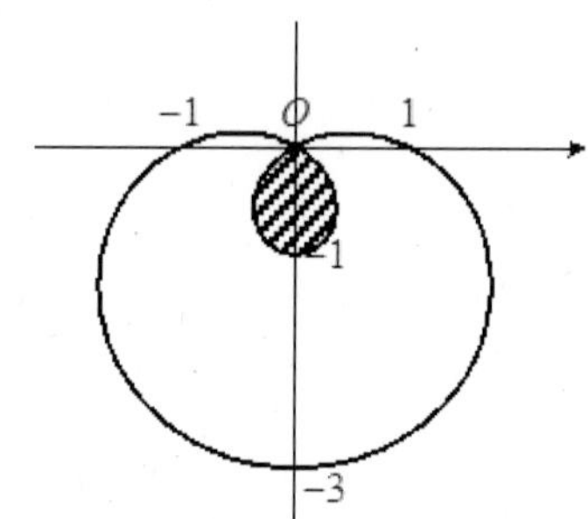

① $\frac{\pi}{2}-\frac{3\sqrt{3}}{4}$ ② $\pi-\frac{3\sqrt{3}}{2}$

③ $\pi-\sqrt{3}$ ④ $2\pi-\sqrt{3}$

인하대

74. 좌표평면에서 극방정식으로 주어지는 심장형 $r=1-\cos\theta$의 내부와 원 $r=-3\cos\theta$의 내부의 공통 영역 R의 넓이는?

① $\frac{9}{8}\pi$ ② $\frac{5}{4}\pi$ ③ $\frac{4}{3}\pi$ ④ $\frac{3}{2}\pi$ ⑤ π

중앙대

75. 좌표평면 위의 원 $x^2+(y-2)^2=1$로 둘러싸인 영역을 x축에 관하여 회전시켰을 때, 생기는 회전체의 부피는?

① 2π ② 4π ③ $2\pi^2$ ④ $4\pi^2$

경기대

76. 〈보기〉의 조건을 만족하는 실수 A, B, C를 바르게 나타낸 것은?

〈보 기〉

ㄱ. 곡선 $y=\sqrt{x}$, 직선 $x=4$, x축으로 둘러싸인 부분을 x축을 회전축으로 회전시킬 때 생기는 회전체의 부피는 A이다.

ㄴ. 두 곡선 $y=x^2$, $y=2x$로 둘러싸인 부분을 y축을 축으로 회전시킬 때 생기는 회전체의 부피는 B이다.

ㄷ. $x=1$에서 $x=4$까지 곡선 $3y=2(x-1)^{\frac{3}{2}}$의 길이는 C이다.

① $A=\frac{8}{3}\pi,\ B=32\pi,\ C=\frac{16}{3}$

② $A=8\pi,\ B=\frac{8}{3}\pi,\ C=\frac{16}{3}$

③ $A=8\pi,\ B=\frac{8}{3}\pi,\ C=\frac{14}{3}$

④ $A=\frac{8}{3}\pi,\ B=8\pi,\ C=\frac{14}{3}$

한국산업기술대

77. 매개변수 방정식 $x=\frac{t^4}{8}+\frac{1}{4t^2}$, $y=t\,(1 \le t \le 2)$로 나타낸 곡선의 길이는?

① $\frac{33}{16}$ ② $\frac{17}{8}$ ③ $\frac{17}{16}$ ④ $\frac{33}{8}$

가천대

78. 제1 사분면에서 $y=1-\frac{x^2}{4}$, x축 그리고 y축으로 둘러싸인 영역이 어떤 입체의 밑면이다. 이 입체를 수직으로 자른 단면이 정사각형일 때, 이 입체의 부피는?

① $\frac{16}{15}$ ② $\frac{15}{16}$ ③ $\frac{16}{17}$ ④ $\frac{17}{16}$

광운대

79. 곡선 $y=\sqrt{1-\left(\frac{x}{2}\right)^2}\,(1 \le x \le 2)$와 x축, 그리고 직선 $x=1$로 둘러싸인 영역을 y축을 중심으로 회전시킬 때 얻어지는 원환통의 부피는?

① π ② $\sqrt{2}\pi$ ③ $\sqrt{3}\pi$ ④ $2\sqrt{3}\pi$ ⑤ $2\sqrt{2}\pi$

명지대

80. 중심이 원점이고 반지름의 길이가 2인 원의 외부와, 중심이 $(2,0)$이고 반지름의 길이가 2인 원의 내부의 공통부분의 넓이는?

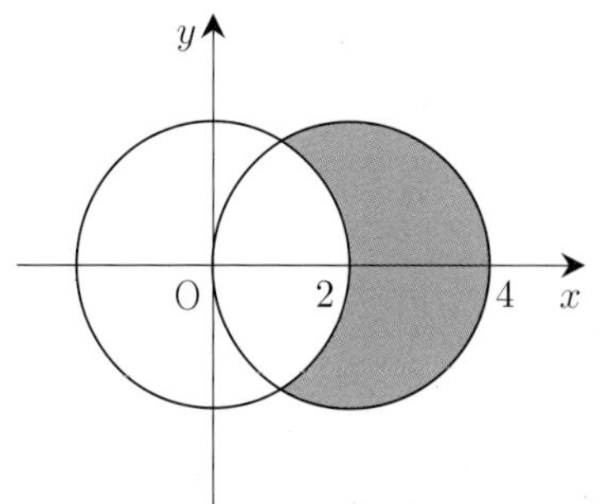

① $4(\pi-1)$ ② $\frac{2\pi}{3}+2\sqrt{3}$ ③ $\frac{4\pi}{3}+2\sqrt{3}$
④ $\pi+4$ ⑤ $\frac{4\pi}{3}+4\sqrt{3}$

국민대

1. 다음 급수 중 수렴반경이 가장 큰 것은?

① $\sum_{n=1}^{\infty} n^{2018} x^n$　② $\sum_{n=1}^{\infty} \left(1+\frac{1}{2}+\cdots+\frac{1}{n}\right) x^n$

③ $\sum_{n=1}^{\infty} \frac{n!(n+1)!}{(2n)!} x^n$　④ $\sum_{n=2}^{\infty} \frac{1}{(\ln n)^{2018}} x^n$

홍익대

2. 다음 무한급수 또는 이상적분이 수렴하는 양수 p의 범위가 다른 것을 고르시오.

① $\sum_{n=1}^{\infty} \left(\frac{2-p}{p}\right)^n$　② $\int_0^1 \frac{1}{x^p} dx$

③ $\int_2^{\infty} \frac{1}{x(\ln x)^p} dx$　④ $\sum_{n=0}^{\infty} \frac{1}{(n+1)^p} dx$

숙명여대

3. 다음 급수들 중 조건부수렴하는 것은?

① $\sum_{n=1}^{\infty} (-1)^n \left(\frac{2}{3}\right)^n$　② $\sum_{n=1}^{\infty} \frac{(-1)^n e^{\frac{1}{n}}}{n^3}$

③ $\sum_{n=1}^{\infty} (-1)^n \frac{2^n}{n^2}$　④ $\sum_{n=1}^{\infty} \frac{(-1)^n \tan^{-1} n}{n^2}$

⑤ $\sum_{n=1}^{\infty} \frac{(-1)^n}{\ln(n+1)}$

[4~5] $|x|<1$에서 $\ln(1+x) = \sum_{n=0}^{\infty} (-1)^n \frac{x^{n+1}}{n+1}$ 이다. 함수 $f(x) = \frac{1}{2} \ln\left(\frac{1+x}{1-x}\right)$에 대하여 답하시오.

명지대

4. $|x|<1$에서 함수 $f(x)$를 멱급수로 나타낸 것은?

① $\sum_{n=0}^{\infty} \frac{x^{2n+1}}{2n+1}$　② $\sum_{n=0}^{\infty} \frac{x^{2n}}{2n+1}$

③ $\sum_{n=0}^{\infty} (-1)^{n+1} \frac{x^{2n+1}}{2n+1}$　④ $\sum_{n=1}^{\infty} \frac{x^{2n-1}}{2n}$

⑤ $\sum_{n=1}^{\infty} (-1)^{n+1} \frac{x^{2n}}{2n}$

명지대

5. $f^{(5)}(0)$의 값은? (단, $f^{(n)}$은 n계도함수이다.)

① 16　② 18　③ 20　④ 22　⑤ 24

숭실대

6. 다음 중 수렴하는 급수의 개수는?

(가) $\sum_{n=1}^{\infty} \frac{1}{n} \sin\left(\frac{1}{n}\right)$　(나) $\sum_{n=1}^{\infty} \frac{2^n}{n(n+1)}$

(다) $\sum_{n=1}^{\infty} \frac{\sqrt{n^3+1}}{n^4+3}$

① 0　② 1　③ 2　④ 3

명지대

7. 〈보기〉에서 수렴하는 급수만을 있는 대로 고른 것은?

ㄱ. $\sum_{n=1}^{\infty}(-1)^{n+1}\frac{1}{2n+1}$ ㄴ. $\sum_{n=1}^{\infty}\frac{n^n}{n!}$

ㄷ. $\sum_{n=2}^{\infty}\frac{1}{n\ln n}$

① ㄱ ② ㄱ, ㄴ ③ ㄴ, ㄷ ④ ㄱ, ㄷ ⑤ ㄱ, ㄴ, ㄷ

건국대

8. 멱급수 $\sum_{n=0}^{\infty}\frac{(3-2x)^{2n}}{\sqrt{2n+1}}$ 의 수렴구간은?

① $(1, 2)$ ② $[1, 2)$ ③ $(1, 2]$
④ $[1, 2]$ ⑤ (∞, ∞)

가천대

9. 무한급수 $\sum_{n=0}^{\infty}\frac{(-1)^n\pi^{2n}}{3^{2n}(2n)!}$ 의 합은?

① $\frac{1}{3}$ ② $\frac{1}{2}$ ③ $\frac{\sqrt{2}}{2}$ ④ $\frac{\sqrt{3}}{2}$

경기대

10. 함수 $A(n)=\int_0^{\infty}t^{n-1}e^{-t}dt$ (n은 양의 정수)에 대하여
$\frac{A(n)}{A(n-1)}+\frac{A(n-1)}{A(n-2)}+\frac{A(n-2)}{A(n-3)}+\cdots+\frac{A(2)}{A(1)}$ 을 구하면?

① $\frac{(n-1)(n-2)}{2}$ ② $\frac{n(n-1)}{2}$

③ $\frac{n(n+1)}{2}$ ④ $\frac{(n+1)(n+2)}{2}$

국민대

11. 함수 $f(x) = \dfrac{\sin x}{\sqrt{1-x^2}}$ 의 테일러급수 $\sum_{n=0}^{\infty} a_n x^n$ 에서 $a_0 + a_1 + a_2 + a_3$의 값은?

① 1 ② $\dfrac{2}{3}$ ③ $\dfrac{4}{3}$ ④ $\dfrac{5}{3}$

광운대

12. 멱급수 $\sum_{n=0}^{\infty} \dfrac{(-1)^n}{n+1}(x-3)^n$ 의 수렴구간은?

① $(1, 5)$ ② $[1, 5)$ ③ $(2, 4)$
④ $(2, 4]$ ⑤ $[2, 4)$

단국대

13. 다음 중 수렴하는 급수의 개수는?

ㄱ. $\sum_{n=1}^{\infty} \left(\dfrac{2n+3}{3n+2}\right)^n$ ㄴ. $\sum_{n=1}^{\infty} \dfrac{\cos^2 3n}{n^2+1}$
ㄷ. $\sum_{n=1}^{\infty} (-1)^{n+1}\dfrac{n^2}{n^3+1}$ ㄹ. $\sum_{n=1}^{\infty} \dfrac{n^n}{n!}$

① 1 ② 2 ③ 3 ④ 4

한국산업기술대

14. $|x| < \dfrac{5}{2}$ 에서 함수 $f(x) = \dfrac{x^3}{5+2x}$ 을 거듭제곱급수 $\sum_{n=0}^{\infty} a_n x^n$ 로 나타냈을 때 a_5 의 값은?

① $\dfrac{2}{5}$ ② $\dfrac{4}{5}$ ③ $\dfrac{8}{25}$ ④ $\dfrac{4}{125}$ ⑤ $\sqrt{5}$

한국항공대

15. 다음 급수 중 수렴하지 않는 것은?

① $\sum_{k=1}^{\infty} \dfrac{k}{2^k}$ ② $\sum_{k=1}^{\infty} \dfrac{1}{2^k-1}$
③ $\sum_{k=1}^{\infty} \dfrac{4^k+1}{3^k-1}$ ④ $\sum_{k=1}^{\infty} \left(\dfrac{k}{5k^2+1}\right)^k$

가천대

16. 다음 보기의 급수 중 수렴하는 급수의 개수는?

ㄱ. $\sum_{n=1}^{\infty} \dfrac{1}{n(n+2)}$ ㄴ. $\sum_{n=1}^{\infty} \dfrac{n+1}{n(n+2)}$
ㄷ. $\sum_{n=1}^{\infty} \dfrac{n^2}{5n^2+4}$ ㄹ. $\sum_{n=1}^{\infty} (-1)^{n+1}\dfrac{n}{1+n^2}$

① 1 ② 2 ③ 3 ④ 4

단국대

17. 멱급수 $\sum_{n=1}^{\infty} \frac{\ln(n+1)}{(n+1)\times(-3)^n}(x-2)^n$이 수렴하게 되는 모든 정수 x의 합은?

① 1　　② 5　　③ 10　　④ 15

명지대

18. 급수 $\sum_{n=1}^{\infty} \frac{(-1)^n(x^2-1)^n}{n^2 2^n}$이 수렴하도록 하는 실수 x의 최댓값은?

① 1　　② $\sqrt{2}$　　③ $\sqrt{3}$　　④ 2　　⑤ $\sqrt{5}$

명지대

19. 멱급수(거듭제곱급수) $\sum_{n=1}^{\infty} \frac{(x-2)^n}{n\,3^n}$의 수렴구간은?

① $-3 \le x \le 3$　　② $-3 < x \le 3$
③ $-5 \le x \le 1$　　④ $-1 < x \le 5$
⑤ $-1 \le x < 5$

홍익대

20. 다음 중 항상 참인 명제는 모두 몇 개인지 답하시오.

ㄱ. 수열 $\{a_n\}$과 $\{b_n\}$이 발산하면 수열 $\{a_n b_n\}$이 발산한다.

ㄴ. $\lim_{n\to\infty} a_n = 0$이면 $\sum_{n=1}^{\infty} a_n$이 수렴한다.

ㄷ. $\sum_{n=1}^{\infty} \frac{1}{\sqrt{n}}$은 발산한다.

ㄹ. 양항급수 $\sum_{n=1}^{\infty} b_n$이 수렴하면 $\sum_{n=1}^{\infty}(-1)^n b_n$이 수렴한다.

ㅁ. 양항급수 $\sum_{n=1}^{\infty} a_n$이 수렴하면 $\lim_{n\to\infty}\frac{a_{n+1}}{a_n} < 1$이다.

① 1　　② 2　　③ 3　　④ 4

아주대

21. 함수 $h(x)=x^4+3x^2+5x+2$에 대한 $x=1$에서의 2차 테일러 다항식을 $P(x)$라 할 때, $P(x)$의 최고차항의 계수는?

① -9 ② -6 ③ 0 ④ 6 ⑤ 9

건국대

22. 급수 $\sum_{n=0}^{\infty}\frac{(-1)^n}{n+1}\left(\frac{1}{2}\right)^n$의 합은?

① $\ln\frac{3}{2}$ ② $\ln 2$ ③ $\ln\frac{9}{4}$ ④ $\ln 3$ ⑤ $\ln 4$

명지대

23. 〈보기〉에서 수렴하는 이상적분(특이적분)만을 있는 대로 고른 것은?

〈보 기〉

ㄱ. $\int_0^4 \frac{1}{x-3}dx$ ㄴ. $\int_0^{\frac{\pi}{2}} \sec x\tan x\,dx$

ㄷ. $\int_{\pi}^{\infty}\frac{1}{x^2}dx$ ㄹ. $\int_0^{\infty} xe^{-x}dx$

① ㄱ, ㄴ ② ㄱ, ㄷ ③ ㄴ, ㄷ ④ ㄴ, ㄹ ⑤ ㄷ, ㄹ

이화여대

24. 다음 멱급수의 수렴반경을 각각 A, B, C라 할 때, 곱 ABC를 구하시오.

ⓐ $\sum_{n=1}^{\infty}\frac{n!}{n^n}x^n$ ⓑ $\sum_{n=1}^{\infty}4^n\ln n\,(x-e)^{2n}$

ⓒ $\sum_{n=1}^{\infty}\frac{n!n^n}{(2n)!}x^n$

① e^{-1} ② 1 ③ 2 ④ e ⑤ 4

광운대

25. 특이적분 $\int_0^1\left(x-\frac{1}{2}\right)^{-2}dx$의 값은?

① 0 ② -1 ③ -2 ④ -4 ⑤ 발산한다.

숙명여대

26. 다음 급수들 중 발산하는 것은?

① $\sum_{n=1}^{\infty}\left(1+\frac{1}{n}\right)^2e^{-n}$ ② $\sum_{n=1}^{\infty}\frac{\sqrt{n+2}}{2n^2+n+1}$

③ $\sum_{n=1}^{\infty}\frac{10^n}{n!}$ ④ $\sum_{n=1}^{\infty}\left(\frac{2n+5}{3n+1}\right)^n$

⑤ $\sum_{n=1}^{\infty}\tan\left(\frac{1}{n}\right)$

성균관대

27. 다음의 특이적분 중 수렴하는 것을 모두 고른 것은?

(가) $\int_1^{\infty} \frac{1}{x+e^x} dx$ (나) $\int_1^{e} \frac{1}{x(\ln x)^2} dx$

(다) $\int_{2\pi}^{\infty} \frac{x\cos^2 x+1}{x^3} dx$

① (가) ② (나) ③ (다)
④ (가), (나) ⑤ (가), (다)

단국대

28. 함수 $f(x)=\tan^{-1}(2x)+\ln(1-x)$의 매클로린 급수가 $\sum_{n=0}^{\infty} a_n x^n$일 때, a_5의 값은? (단, $-\frac{1}{2}<x<\frac{1}{2}$)

① $\frac{31}{5}$ ② $\frac{33}{5}$ ③ 7 ④ $\frac{37}{5}$

숭실대

29. 양항급수 $\sum_{n=1}^{\infty} a_n$이 수렴할 때, 다음 중 옳은 것을 모두 고르면?

(가) $\sum_{n=1}^{\infty} a_n^2$ 은 수렴한다.

(나) $\sum_{n=1}^{\infty} (-1)^n a_n$ 은 수렴한다.

(다) $\sum_{n=1}^{\infty} \frac{\sqrt{a_n}}{n}$ 은 수렴한다.

① (가) ② (가), (나) ③ (나), (다) ④ (가), (나), (다)

광운대

30. 다음 중 옳은 것을 모두 고르면?

ⓐ 급수 $\sum_{n=1}^{\infty} a_n$이 수렴하면 $\lim_{n\to\infty} a_n=0$이다.

ⓑ 급수 $\sum_{n=1}^{\infty} n^{-\frac{2}{3}}$는 수렴한다.

ⓒ 두 급수 $\sum_{n=1}^{\infty} a_n$과 $\sum_{n=1}^{\infty} b_n$에 대하여 $\lim_{n\to\infty} \frac{a_n}{b_n}=0$이고, $\sum_{n=1}^{\infty} b_n$이 발산하면 $\sum_{n=1}^{\infty} a_n$도 발산한다.

① ⓐ ② ⓑ ③ ⓒ ④ ⓑ, ⓒ ⑤ ⓐ, ⓒ

아주대

31. 멱급수 $\sum_{n=1}^{\infty}\frac{(3n)!}{(n!)^3}x^n$ 의 수렴반경은?

① 3 ② 1 ③ $\frac{1}{3}$ ④ $\frac{1}{9}$ ⑤ $\frac{1}{27}$

이화여대

32. 다음의 급수 중 수렴하는 것을 모두 고르시오.

ⓐ $\sum_{n=1}^{\infty}(-1)^n\ln\left(1+\sinh\frac{1}{n}\right)$ ⓑ $\sum_{n=1}^{\infty}\frac{n!e^{2n}}{n^n}$

ⓒ $\sum_{n=2}^{\infty}\frac{\arctan\frac{1}{n}}{\ln n}$ ⓓ $\sum_{n=1}^{\infty}\tan^2\left(\frac{4\pi}{n}\right)$

① ⓐ, ⓑ, ⓒ, ⓓ ② ⓐ, ⓑ, ⓒ ③ ⓐ, ⓑ, ⓓ
④ ⓐ, ⓓ ⑤ ⓑ, ⓒ, ⓓ

한양대 - 에리카

33. $f(x)=\cos x-\sin x$ 의 매클로린의 급수 전개를 $\sum_{n=0}^{\infty}a_nx^n$라 할 때, $\frac{a_{2017}}{a_{2018}}$ 은?

① $-\frac{1}{2018}$ ② $\frac{1}{2018}$ ③ -2018 ④ 2018

아주대

34. 무한급수 $\sum_{n=1}^{\infty}(-1)^n\frac{(\sqrt{\ln 2})^{2n-1}}{n!}$ 의 합은?

① $-\frac{1}{2}$ ② $-\frac{1}{2\sqrt{\ln 2}}$ ③ 0
④ $\frac{1}{2\sqrt{\ln 2}}$ ⑤ $\frac{1}{2}$

한국산업기술대

35. 다음 중 발산하는 것은?

① $\int_0^{\infty}\frac{x}{x^3+1}dx$ ② $\int_0^{\infty}\frac{\tan^{-1}x}{2+e^x}dx$

③ $\int_1^{\infty}\frac{x+1}{\sqrt{x^4-x}}dx$ ④ $\int_0^{\pi}\frac{\sin^2 x}{\sqrt{x}}dx$

한양대

36. $x=0$에서 $f(x)=\frac{\cos x}{1+x^2+x^4}$ 의 5차 테일러 다항식을 $p(x)=a_0+a_1x+a_2x^2+a_3x^3+a_4x^4+a_5x^5$이라 할 때, $a_0+a_1+a_2+a_3+a_4+a_5$의 값은?

① $-\frac{1}{12}$ ② $-\frac{1}{24}$ ③ $\frac{1}{24}$ ④ $\frac{1}{12}$

홍익대

37. 다음 거듭제곱급수 중에서 수렴반경이 가장 작은 것을 고르시오.

① $\sum_{n=1}^{\infty} \frac{3^n}{n} x^n$　② $\sum_{n=0}^{\infty} \frac{2^n}{n!} x^n$

③ $\sum_{n=0}^{\infty} x^{2n}$　④ $\sum_{n=1}^{\infty} \frac{1}{n(n+1)} x^n$

숭실대

38. $(x-\pi)^3 \sin x = \sum_{n=0}^{\infty} a_n (x-\pi)^n$ 일 때 a_6는?

① 0　② $\frac{1}{3!}$　③ $-\frac{1}{6!}$　④ $\frac{\pi}{6}!$

이화여대

39. 다음의 특이적분 중 수렴하는 것을 모두 고르시오.

ⓐ $\int_0^1 x \ln x \, dx$　ⓑ $\int_{-\infty}^{\infty} \frac{1}{1+x^2} dx$

ⓒ $\int_0^{\infty} x^2 e^{-x^2} dx$　ⓓ $\int_0^1 \frac{\ln \sqrt{x}}{\sqrt{x}} dx$

① ⓐ, ⓑ, ⓒ, ⓓ　② ⓐ, ⓑ, ⓒ　③ ⓐ, ⓑ, ⓓ

④ ⓐ, ⓒ, ⓓ　⑤ ⓑ, ⓒ, ⓓ

국민대

40. 다음 중 옳은 것을 모두 고르면?

ㄱ. $a_n = \begin{cases} \frac{n}{2^n}, & n : \text{홀수} \\ \frac{1}{2^n}, & n : \text{짝수} \end{cases}$ 일 때, $\sum_{n=1}^{\infty} a_n$은 발산한다.

ㄴ. $\sum_{n=1}^{\infty} \left(\frac{1}{1+n} \right)^n$ 은 수렴한다.

ㄷ. $\sum_{n=1}^{\infty} \frac{4^n n! n!}{(2n)!}$ 은 발산한다.

ㄹ. $\sum_{n=2}^{\infty} \frac{1+n \ln n}{n^2+5}$ 은 수렴한다.

① ㄱ, ㄹ　② ㄴ, ㄷ　③ ㄱ, ㄴ, ㄷ　④ ㄴ, ㄷ, ㄹ

서강대

41. <보기>의 멱급수 중에서 수렴구간이 $[-1, 1]$을 포함하는 것만을 있는 대로 고른 것은?

〈보 기〉

ㄱ. $\sum_{n=1}^{\infty} \frac{x^n}{n\ln(n+1)}$　ㄴ. $\sum_{n=1}^{\infty} \frac{2^n x^n}{n!}$

ㄷ. $\sum_{n=1}^{\infty} \frac{\cos\left(\frac{n}{2}\pi\right) x^n}{n^2}$

① ㄴ　② ㄱ, ㄴ　③ ㄱ, ㄷ
④ ㄴ, ㄷ　⑤ ㄱ, ㄴ, ㄷ

숙명여대

42. 무한급수 $\sum_{n=2}^{\infty} \frac{n+1}{3^n(n-1)}$ 의 값은?

① $\frac{1}{6} - \frac{4}{3}\log\frac{3}{2}$　② $\frac{1}{6} - \frac{2}{3}\log\frac{3}{2}$　③ $\frac{1}{6}$
④ $\frac{1}{6} + \frac{2}{3}\log\frac{3}{2}$　⑤ $\frac{1}{6} + \frac{4}{3}\log\frac{3}{2}$

서울과학기술대

43. 제곱급수 $\sum_{n=1}^{\infty} \frac{(-1)^n (x+2)^n}{5^n n^{\frac{1}{3}}}$ 의 수렴반지름이 R 이고 수렴구간이 $(a, b]$ 일 때, $R+a+b$의 값은?

① 1　② 5　③ 9　④ 10

세종대

44. 다음 급수 중 수렴하는 것을 고르면?

① $\sum_{n=1}^{\infty} \frac{\log n}{n}$　② $\sum_{n=1}^{\infty} \frac{\log n}{n\sqrt{n}}$　③ $\sum_{n=2}^{\infty} \frac{1}{n\log n}$
④ $\sum_{n=1}^{\infty} \tan\left(\frac{1}{n}\right)$　⑤ $\sum_{n=1}^{\infty} \cos\left(\frac{1}{n}\right)$

숙명여대

45. 급수 $\sum_{n=2}^{\infty} \frac{3}{n^p \ln n}$ 이 수렴하도록 하는 실수 p의 범위를 바르게 구한 것은?

① $0 < p < 1$　② $p < 1$　③ $0 < p \leq 1$
④ $p > 1$　⑤ $p \geq 1$

숭실대

46. $\sum_{n=1}^{\infty} |a_n| < \infty$ 일 때, 다음 중 수렴하는 급수를 모두 고른 것은?

(가) $\sum_{n=1}^{\infty} a_n$　(나) $\sum_{n=1}^{\infty} (|a_n| - a_n)$
(다) $\sum_{n=1}^{\infty} (a_n)^2$　(라) $\sum_{n=1}^{\infty} (-1)^n a_n$

① (가)　② (가), (라)
③ (가), (나), (라)　④ (가), (나), (다), (라)

아주대

47. 다음 중 조건수렴하는 무한급수는 몇 개인가?

ㄱ. $\sum_{n=1}^{\infty}(-1)^{n+1}\frac{n}{10n+1}$　　ㄴ. $\sum_{n=1}^{\infty}(-1)^{n+1}\frac{1}{5n}$

ㄷ. $\sum_{n=1}^{\infty}(-1)^{n}\frac{1}{n\ln n}$　　ㄹ. $\sum_{n=1}^{\infty}\frac{\cos n\pi}{n}$

① 0　② 1　③ 2　④ 3　⑤ 4

이화여대

48. 무한급수 $1-\frac{1}{3}+\frac{1}{5}-\frac{1}{7}+\frac{1}{9}+\cdots$ 의 값을 구하시오.

(힌트: $\frac{1}{1+x^2}=1-x^2+x^4-x^6+\cdots$, $|x|<1$)

① 1　② 2　③ $\frac{14}{3}$　④ $\sqrt{3}$　⑤ $\frac{\pi}{4}$

인하대

49. 멱급수 $\sum_{n=1}^{\infty}\frac{(x-1)^n}{n\,3^{n+1}}$ 의 수렴구간은?

① $(-4,\ 2)$　② $[-4,\ 2)$　③ $(-4,\ 2]$

④ $[-2,\ 4)$　⑤ $(-2,\ 4)$

한국산업기술대

50. 다음 중 옳은 것을 모두 고르면?

ㄱ. $\sum_{n=1}^{\infty}(-1)^n n\sin\left(\frac{1}{n}\right)$ 은 수렴한다.

ㄴ. $\sum_{n=1}^{\infty}\frac{2+\cos n}{n^2}$ 은 수렴한다.

ㄷ. $\sum_{n=1}^{\infty}\frac{\sqrt{n}}{1+n\sqrt{n}}$ 은 수렴한다.

ㄹ. $\sum_{n=1}^{\infty}\tan\left(\frac{1}{n}\right)$ 은 발산한다.

① ㄱ, ㄴ　② ㄴ, ㄷ　③ ㄴ, ㄹ　④ ㄱ, ㄴ, ㄹ

숭실대

51. 급수 $\sum_{n=1}^{\infty} \frac{1}{n3^n}$ 의 합은?

① $\ln \frac{3}{2}$ ② $\ln \frac{5}{3}$ ③ $\ln 3$ ④ $2\ln 3$

광운대

52. 다음 중 발산하는 무한급수를 모두 고르면?

ⓐ $\sum_{n=2}^{\infty} \frac{1}{n+2017(\ln n)}$ ⓑ $\sum_{n=4}^{\infty}\left(1-\frac{3}{n}\right)^{n^2}$

ⓒ $\sum_{n=1}^{\infty} \frac{(-1)^n \cos n\pi}{\sqrt{n}}$

① ⓐ, ⓑ ② ⓑ, ⓒ ③ ⓐ, ⓒ
④ ⓐ, ⓑ, ⓒ ⑤ 없다.

한국산업기술대

53. 거듭제곱급수 $\sum_{n=0}^{\infty} \frac{1}{(n+1)3^n}(x+1)^n$ 의 수렴 구간은?

① $(-4,2)$ ② $(-4,2]$ ③ $[-4,2)$ ④ $[-4,2]$

국민대

54. 다음 중 수렴하는 이상적분의 개수는?

(가) $\int_0^1 \frac{1}{x}\,dx$ (나) $\int_0^1 \frac{\sin x}{x}\,dx$

(다) $\int_0^1 x\sin\frac{1}{x}\,dx$ (라) $\int_0^1 \sin\frac{1}{x}\,dx$

① 1 ② 2 ③ 3 ④ 4

성균관대

55. 다음 무한급수의 합은?

$$\sum_{n=1}^{\infty} \frac{(-1)^{n+1}}{n(n+1)} = \frac{1}{1\cdot 2} - \frac{1}{2\cdot 3} + \frac{1}{3\cdot 4} - \cdots$$

① $\ln 2$ ② $\ln 2+1$ ③ $2\ln 2$
④ $2\ln 2-1$ ⑤ $3\ln 2-2$

명지대

56. 함수 $f(x)$의 매클로린 급수가 $\sum_{n=0}^{\infty} a_n x^n$이고 $f'(x) = \sin(x^2)$일 때, $a_3 + a_7$의 값은?

① $\frac{7}{42}$ ② $\frac{3}{14}$ ③ $\frac{11}{42}$ ④ $\frac{13}{42}$ ⑤ $\frac{5}{14}$

명지대

57. 〈보기〉에서 절대수렴하는 급수만을 있는 대로 고른 것은?

〈보 기〉

ㄱ. $\sum_{n=1}^{\infty}\frac{\sin^2 n}{n^2}$　　ㄴ. $\sum_{n=0}^{\infty}\frac{(-1)^n}{n+1}$

ㄷ. $\sum_{n=1}^{\infty}\left(\frac{3n^2+2}{2n^2+3}\right)^n$　　ㄹ. $\sum_{n=1}^{\infty}\frac{(-2)^n}{n^n}$

① ㄱ, ㄷ　② ㄱ, ㄹ　③ ㄴ, ㄷ　④ ㄴ, ㄹ　⑤ ㄷ, ㄹ

가천대

58. 멱급수 $\sum_{n=2}^{\infty}\frac{(x-1)^n}{n2^n\ln n}$ 의 수렴구간에 속하는 모든 정수 x 의 합은?

① 2　② 3　③ 4　④ 5

숙명여대

59. 급수 $\sum_{n=0}^{\infty}\frac{(-1)^n}{(2n)!}$ 의 합을 소수 셋째 자리까지 정확하게 구하면? (단, $0!=1$이다.)

① 0.538　② 0.539　③ 0.540　④ 0.541　⑤ 0.542

아주대

60. 무한급수에 대한 〈보기〉의 내용 중 옳은 것은 모두 몇 개인가?

〈보 기〉

ㄱ. $\sum_{n=1}^{\infty}\frac{a_n}{n}$ 이 수렴하면 $\sum_{n=1}^{\infty}(-1)^n\frac{a_n}{n}$ 은 수렴한다.

ㄴ. $\sum_{n=1}^{\infty}(-1)^n\frac{a_n}{n}$ 이 수렴하면 $\sum_{n=1}^{\infty}\frac{a_n}{n}$ 은 수렴한다.

ㄷ. $\sum_{n=1}^{\infty}\frac{(-1)^n}{\ln(\ln(n+2018))}$ 은 절대수렴한다.

ㄹ. $\sum_{n=1}^{\infty}(-1)^n\sin^3\left(\frac{1}{\sqrt{n}}\right)$ 은 조건수렴한다.

① 0　② 1　③ 2　④　⑤ 4

이화여대

61. 무한급수 $\sum_{n=0}^{\infty} \frac{1}{2n+1}\left(\frac{1}{2}\right)^{2n}$ 의 값을 구하시오.

① $\ln 3 - \ln 2$ ② $\ln 2$ ③ 1
④ $\ln 3$ ⑤ $\ln 5 - \ln 3$

광운대

62. 함수 $f(x) = \ln(1+\cos x)(-\pi < x < \pi)$ 의 매클로린 급수 $\sum_{n=0}^{\infty} a_n x^n$ 에 대해 $p_4(x) = \sum_{n=0}^{4} a_n x^n$ 라 하자.
이때 $p_4(1)$ 의 값은?

① $\ln 2 - \frac{19}{96}$ ② $\ln 2 - \frac{7}{32}$ ③ $\ln 2 - \frac{23}{96}$
④ $\ln 2 - \frac{25}{96}$ ⑤ $\ln 2 - \frac{9}{32}$

아주대

63. 무한급수 $\sum_{n=1}^{\infty}\left[\tan^{-1}(n+1) - \tan^{-1}(n-1)\right]$ 의 합은?

① 0 ② $\frac{\pi}{4}$ ③ $\frac{\pi}{2}$ ④ $\frac{3\pi}{4}$ ⑤ π

건국대

64. 모든 항이 양수인 수열 $\{na_n\}$ 이 2로 수렴하는 증가수열일 때, 다음 급수 중 반드시 수렴하는 것을 모두 고르면?

ⓐ $\sum_{n=1}^{\infty} a_n$ ⓑ $\sum_{n=1}^{\infty} a_n^2$ ⓒ $\sum_{n=1}^{\infty} \left(\frac{1}{2}\right)^{a_n}$

① ⓐ ② ⓑ ③ ⓒ
④ ⓑ, ⓒ ⑤ ⓐ, ⓑ, ⓒ

한양대 - 에리카

65. 멱급수 $x + \frac{1}{2}\frac{x^3}{3} + \frac{1}{2}\frac{3}{4}\frac{x^5}{5} + \frac{1}{2}\frac{3}{4}\frac{5}{6}\frac{x^7}{7} + \cdots$ 의 수렴반경은?

① $\frac{1}{2}$ ② 1 ③ $\frac{3}{2}$ ④ 2

서울과학기술대

66. 다음 중 수렴하는 급수의 개수는?

ㄱ. $\sum_{n=2}^{\infty} \sin\left(\frac{1}{2^n}\right)\cos\left(\frac{3}{2^n}\right)$ ㄴ. $\sum_{n=1}^{\infty} \sin\frac{1}{n}$
ㄷ. $\sum_{n=1}^{\infty} \frac{1}{n\ln n}$ ㄹ. $\sum_{n=1}^{\infty} \frac{2^n n!}{n^n}$
ㅁ. $\sum_{n=1}^{\infty} \frac{e^{-\sqrt{n}}}{\sqrt{n}}$

① 1 ② 2 ③ 3 ④ 4

광운대

67. 아래 세 멱급수의 수렴반지름을 모두 더하면?

$$\sum_{n=0}^{\infty}\frac{n}{3^n}(x-2)^n \qquad \sum_{n=0}^{\infty}\frac{(n!)^2}{(2n)!}x^n$$

$$\sum_{n=1}^{\infty}\left(1+\frac{1}{2}+\cdots+\frac{1}{n}\right)x^n$$

① 4 ② 5 ③ 7 ④ 8 ⑤ ∞

한성대

68. $\sum_{n=1}^{\infty}\frac{(-1)^n}{3^n\sqrt{n+1}}(x-1)^n$의 수렴반경은?

① $\frac{1}{3}$ ② 1 ③ 3 ④ 6

숙명여대

69. 급수 $\sum_{n=1}^{\infty}\frac{1}{(2n-1)2n}$의 값은?

① ln2 ② ln3 ③ 2ln2 ④ ln5 ⑤ ln6

국민대

70. 다음 중 옳은 것을 모두 고르면?

ㄱ. 두 양함수 f와 g가 $[a, \infty)$에서 연속이고 $\lim_{x\to\infty}\frac{f(x)}{g(x)}=L\ (0<L<\infty)$이면, 두 이상적분 $\int_a^{\infty}f(x)\,dx$와 $\int_a^{\infty}g(x)\,dx$는 모두 수렴한다.

ㄴ. $\int_0^3\frac{1}{x-1}\,dx=\ln 2$이다.

ㄷ. $\int_1^{\infty}\frac{\sin^2 x}{x^2}\,dx$는 수렴한다.

ㄹ. $\int_1^{\infty}\frac{1}{1+x^2}\,dx=\frac{\pi}{4}$이다.

① ㄱ, ㄴ ② ㄷ, ㄹ ③ ㄴ, ㄷ, ㄹ ④ ㄱ, ㄷ, ㄹ

건국대

71. 적분 $\int_2^\infty \frac{1}{x^a(\ln x)^b}dx$에 대하여 옳은 것은?

① $a=1,\ b=0$일 때, 수렴한다.

② $a=2,\ b=-1$일 때, 발산한다.

③ $a=\frac{3}{2},\ b=-\frac{1}{2}$일 때, 수렴한다.

④ $a=1,\ b=1$일 때, 수렴한다.

⑤ $a=\frac{1}{2},\ b=2$일 때, 수렴한다.

숙명여대

72. 급수 $\sum_{n=1}^{\infty}\frac{n!x^n}{1\cdot3\cdot5\cdots(2n-1)}$의 수렴반지름은?

① $\frac{1}{2}$ ② 2 ③ 3 ④ 0 ⑤ ∞

한성대

73. $\sum_{n=1}^{\infty}\frac{2^{n-1}-k}{5^n}=-\frac{5}{12}$일 때, k의 값은?

① 1 ② 2 ③ 3 ④ 4

인하대

74. 〈보기〉의 무한급수 중 수렴하는 것을 모두 고른 것은?

〈보 기〉

ㄱ. $\sum_{n=2}^{\infty}\frac{\sin n}{n(\ln n)^2}$ ㄴ. $\sum_{n=1}^{\infty}\frac{n^n}{(2n)!}$

ㄷ. $\sum_{n=1}^{\infty}\frac{1}{n^{1+\frac{1}{n}}}$

① ㄴ ② ㄱ, ㄴ ③ ㄴ, ㄷ ④ ㄱ, ㄷ ⑤ ㄱ, ㄴ, ㄷ

가톨릭대

75. 다음 급수 중 수렴하는 것을 모두 고르면?

ㄱ. $\sum_{n=1}^{\infty}\frac{n!}{e^{n^2}}$ ㄴ. $\sum_{n=1}^{\infty}\left(\frac{n}{n+1}\right)^n$

ㄷ. $\sum_{n=1}^{\infty}\frac{2^n n^3}{n!}$

① ㄱ ㄴ ② ㄱ, ㄷ ③ ㄴ, ㄷ ④ ㄱ, ㄴ, ㄷ

이화여대

76. 다음의 특이적분 중 수렴하는 것을 고르시오.

ⓐ $\int_3^{+\infty}\frac{2}{x^2-1}dx$ ⓑ $\int_e^{+\infty}\frac{1}{x\ln^3 x}dx$

ⓒ $\int_{-\infty}^{+\infty}\frac{x}{(x^2+1)^2}dx$ ⓓ $\int_6^{\sqrt{5}}\frac{1}{(x^2-5)^2}dx$

① ⓐ, ⓑ, ⓒ, ⓓ ② ⓐ, ⓑ, ⓒ ③ ⓐ, ⓑ, ⓓ

④ ⓐ, ⓒ, ⓓ ⑤ ⓐ, ⓒ, ⓓ

성균관대

77. 다음 무한급수의 합은?

$$\sum_{n=1}^{\infty}\frac{(-1)^{n-1}}{(2n-1)3^n}=\frac{1}{1\cdot 3^1}-\frac{1}{3\cdot 3^2}+\frac{1}{5\cdot 3^3}-\cdots$$

① $\frac{\sqrt{3}}{36}\pi$ ② $\frac{\sqrt{3}}{30}\pi$ ③ $\frac{\sqrt{3}}{24}\pi$

④ $\frac{\sqrt{3}}{18}\pi$ ⑤ $\frac{\sqrt{3}}{12}\pi$

세종대

78. $f(x)=\frac{8}{(2+x)(2-3x)}$ 의 매클로린 급수의 수렴반지름은?

① $\frac{1}{3}$ ② $\frac{2}{3}$ ③ 1 ④ $\frac{4}{3}$ ⑤ $\frac{5}{3}$

한양대

79. 함수 $f(x)=\ln(1+\sin x)$를 제곱급수로 전개하면 $f(x)=ax+bx^2+cx^3+\cdots$로 나타낼 수 있다.
이때 $3(a+b+c)$의 값은 $\boxed{}$ 이다.
(단, a, b, c는 상수, $0\le x\le\pi$)

중앙대

80. 다음 〈보기〉 중 수렴하는 것의 개수는?

〈보 기〉

ㄱ. $\sum_{n=1}^{\infty}\tan^{-1}\left(\frac{1}{n}\right)$

ㄴ. $\lim_{(x,y)\to(0,0)}\sin\left(\frac{x^2y^2}{x^4+y^4}\right)$

ㄷ. $\int_1^{\infty}\frac{1}{\sqrt{x+e^x}}\,dx$

ㄹ. $\int_{-\infty}^{\infty}x^{100}e^{x-x^2}\,dx$

① 1 ② 2 ③ 3 ④ 4

아주대

81. 멱급수 $\sum_{k=0}^{\infty} \binom{1.5}{k} \frac{x^k}{2^k}$ 의 수렴반경은?
(단, 실수 p와 음이 아닌 정수 k에 대하여
$\binom{p}{k} = \frac{p(p-1)\cdots(p-k+1)}{k!}$ 이다.)

① 0 ② $\frac{1}{4}$ ③ $\frac{1}{2}$ ④ 1 ⑤ 2

인하대

82. 다음 보기의 특이적분 중에 수렴하는 것을 모두 선택한 것을 고르시오.

〈보 기〉

ㄱ. $\int_0^1 \frac{x}{\ln x}\,dx$ ㄴ. $\int_0^1 \ln x\,dx$
ㄷ. $\int_0^1 \frac{e^x}{\sqrt{x}}\,dx$

① ㄱ ② ㄴ ③ ㄱ, ㄷ
④ ㄴ, ㄷ ⑤ ㄱ, ㄴ, ㄷ

중앙대

83. 다음의 급수가 수렴하기 위한 실수 r의 범위가 다른 것은?

① $\sum_{n=0}^{\infty} \frac{1}{(1+2n)^r}$ ② $\sum_{n=2}^{\infty} \frac{\ln n}{n^r}$
③ $\sum_{n=2}^{\infty} \frac{1}{n(\ln n)^r}$ ④ $\sum_{n=1}^{\infty} n^{1-r} e^{nr}$

서강대

84. 상수 α, β에 대하여 이상적분 $\int_0^{\infty} x^{-\alpha} e^{\beta x^2}\,dx$가 수렴할 때, 〈보기〉에서 옳은 것을 모두 고르면?

〈보 기〉

ㄱ. $\alpha < 1$ ㄴ. $\beta < 0$ ㄷ. $\alpha + \beta < 0$

① ㄱ ② ㄴ ③ ㄷ
④ ㄱ, ㄴ ⑤ ㄱ, ㄴ, ㄷ

건국대

85. 멱급수 $\sum_{n=1}^{\infty} \frac{n!(2n)!}{(3n)!} x^{3n}$ 의 수렴반지름은?

① $\frac{1}{\sqrt[3]{4}}$ ② $\frac{2}{\sqrt[3]{4}}$ ③ $\frac{3}{\sqrt[3]{4}}$
④ $\frac{4}{\sqrt[3]{4}}$ ⑤ $\frac{5}{\sqrt[3]{4}}$

인하대

86. 함수 $f(x) = \frac{\sinh x}{\cos x}$ 의 $x = 0$ 근방에서의 테일러 급수를 $\sum_{n=0}^{\infty} a_n x^n$과 같이 나타낼 때, $a_3 + a_4$의 값은?

① $\frac{1}{5}$ ② $\frac{1}{2}$ ③ $\frac{2}{3}$ ④ $\frac{3}{5}$ ⑤ 1

광운대

87. 다음 명제 중 옳은 것을 모두 고르면?

ㄱ. $\lim_{n\to\infty}\left|\frac{a_{n+1}}{a_n}\right|<1$이면 $\sum_{n=1}^{\infty}a_n$이 수렴한다.

ㄴ. 급수 $\sum_{n=1}^{\infty}a_n$이 수렴하면 $\sum_{n=1}^{\infty}(-1)^n a_n$도 수렴한다.

ㄷ. 급수 $\sum_{n=1}^{\infty}a_n$과 $\sum_{n=1}^{\infty}b_n$이 수렴하면 $\sum_{n=1}^{\infty}a_n b_n$도 수렴한다.

ㄹ. 멱급수 $\sum_{n=1}^{\infty}a_n x^n$이 $x=2$에서 수렴하면 $x=-1$에서도 수렴한다.

① ㄱ, ㄴ ② ㄱ, ㄷ ③ ㄱ, ㄹ
④ ㄴ, ㄷ ⑤ ㄷ, ㄹ

건국대

88. $f(x)=\sum_{n=1}^{\infty}(-1)^n\frac{x^{4n}}{n!}+\sum_{n=0}^{\infty}\frac{(-1)^n\pi^{2n+1}}{4^{2n+1}(2n+1)!}$ 일 때, $f(x)$의 최댓값은?

① 0 ② 1 ③ $1-\frac{1}{\sqrt{2}}$
④ $1+\frac{1}{\sqrt{2}}$ ⑤ $\frac{1}{\sqrt{2}}$

성균관대

89. 다음 무한급수의 합은?

$$\sum_{n=1}^{\infty}\frac{n^2}{3^n}=\frac{1^2}{3^1}+\frac{2^2}{3^2}+\frac{3^2}{3^3}+\frac{4^2}{3^4}+\cdots$$

① 2 ② $\frac{3}{2}$ ③ $\frac{4}{3}$ ④ $\frac{5}{4}$ ⑤ $\frac{6}{5}$

중앙대

90. 다음 〈보기〉 중 수렴하는 급수의 개수는?

〈보 기〉

ㄱ. $\sum_{n=1}^{\infty}\sin^3\frac{1}{n}$

ㄴ. $\sum_{n=1}^{\infty}\sqrt{n\arctan\left(\frac{1}{n^4}\right)}$

ㄷ. $\sum_{n=1}^{\infty}(n^{\frac{1}{n}}-1)^n$

ㄹ. $\sum_{n=10}^{\infty}(-1)^{n-1}\frac{1}{\ln n}$

ㅁ. $\frac{1}{2}+\frac{1}{3}+\frac{1}{2^2}+\frac{1}{3^2}+\frac{1}{2^3}+\frac{1}{3^3}+\cdots$

ㅂ. $\sum_{n=1}^{\infty}\tan\left(\frac{1}{n^3}\right)$

① 3 ② 4 ③ 5 ④ 6

중앙대

91. 다음 〈보기〉 중 옳은 것은 몇 개인가?

〈보 기〉

ㄱ. $\sum_{n=0}^{\infty} \frac{1}{(2n)!} = \frac{1}{2}\left(e + \frac{1}{e}\right)$

ㄴ. $\sum_{n=1}^{\infty} \frac{n^2}{3^n} = \frac{3}{2}$

ㄷ. $\sum_{n=0}^{\infty} \frac{(-3)^n (x-1)^n}{\sqrt{n+1}}$ 의 수렴구간은 $\left(\frac{2}{3}, \frac{4}{3}\right]$ 이다.

① 3 ② 2 ③ 1 ④ 0

인하대

92. 멱급수 $\sum_{n=1}^{\infty} \frac{(n!)^2}{(2n)! + n!} x^n$ 의 수렴반경은?

① 1 ② $\sqrt{2}$ ③ 2 ④ $2\sqrt{2}$ ⑤ 4

홍익대

93. $|x| < 1$인 모든 실수 x에 대하여 $\frac{1}{1-x} = \sum_{n=0}^{\infty} a_n x^n$일 때, $\sum_{n=0}^{\infty} \frac{n^2}{2^n} a_n$의 값을 구하시오. (단, a_n은 상수이다.)

① 2 ② 4 ③ 6 ④ 8

이화여대

94. 급수 $\sum_{n=0}^{\infty} (n+2)(n+1)\left(\frac{1}{3}\right)^n$ 의 값을 구하면?

① $\frac{21}{4}$ ② $\frac{23}{4}$ ③ $\frac{25}{4}$ ④ $\frac{27}{4}$

아주대

95. 이상적분 $\int_0^{\infty} \frac{dx}{x^p + x^q}$ 가 수렴하기 위한 필요충분조건으로 옳은 것은? (단, $0 < p < q < \infty$)

① $p < 1,\ q > 1$ ② $p \le 1,\ q \ge 1$ ③ $q > p \ge 1$
④ $p + q > 2$ ⑤ $p + q \ge 2$

세종대

96. 특이적분 $\int_1^2 \frac{x^x - x}{(x-1)^p} dx$가 수렴하도록 하는 자연수 p의 최댓값은?

① 1 ② 2 ③ 3 ④ 4 ⑤ 5

성균관대

97. 무한급수 $\sum_{n=0}^{\infty} \frac{(-1)^n}{(2n+1)!} \int_0^{\sqrt{\frac{\pi}{2}}} x^{4n+3}\, dx$의 합은?

① -1 ② $-\frac{1}{2}$ ③ 0 ④ $\frac{1}{2}$ ⑤ 1

광운대

98. 급수 $\sum_{n=1}^{\infty} \frac{2}{n(n+1)(n+2)}$ 의 값은?

① $\frac{1}{4}$ ② $\frac{1}{2}$ ③ $\frac{3}{4}$ ④ 1 ⑤ $\frac{5}{4}$

서강대

99. 다음 〈보기〉의 이상적분 중에서 수렴하는 것만을 있는 대로 고른 것은?

〈보 기〉

ㄱ. $\int_{-\infty}^{\infty} e^{-x^2+2x}\, dx$

ㄴ. $\int_1^{\infty} \frac{1+e^{-2x}}{2x}\, dx$

ㄷ. $\int_0^1 (x+1)\ln x\, dx$

① ㄱ ② ㄴ ③ ㄱ, ㄷ
④ ㄴ, ㄷ ⑤ ㄱ, ㄴ, ㄷ

경기대

100. x의 멱급수 $S(x)=\sum_{n=0}^{\infty} a_n(x-c)^n$에 대한 〈보기〉의 설명 중에서 옳은 것을 모두 고르면?

〈보 기〉

ㄱ. $\lim_{n\to\infty} |a_n|^{\frac{1}{n}}$ 이 존재하고 0이 아니면, $S(x)$의 수렴반경은 $\frac{1}{\lim_{n\to\infty} |a_n|^{\frac{1}{n}}}$ 이다.

ㄴ. $x=x_0$에서 $S(x)$가 발산하면, $|x-c|>|x_0-c|$인 모든 실수 x에 대하여 $S(x)$도 발산한다.

ㄷ. $x=x_0(x_0\neq c)$에서 $S(x)$가 수렴하면, $|x-c|<|x_0-c|$인 모든 실수 x에 대하여 $S(x)$는 절대수렴한다.

① ㄱ, ㄴ, ㄷ ② ㄱ, ㄴ ③ ㄱ, ㄷ ④ ㄱ

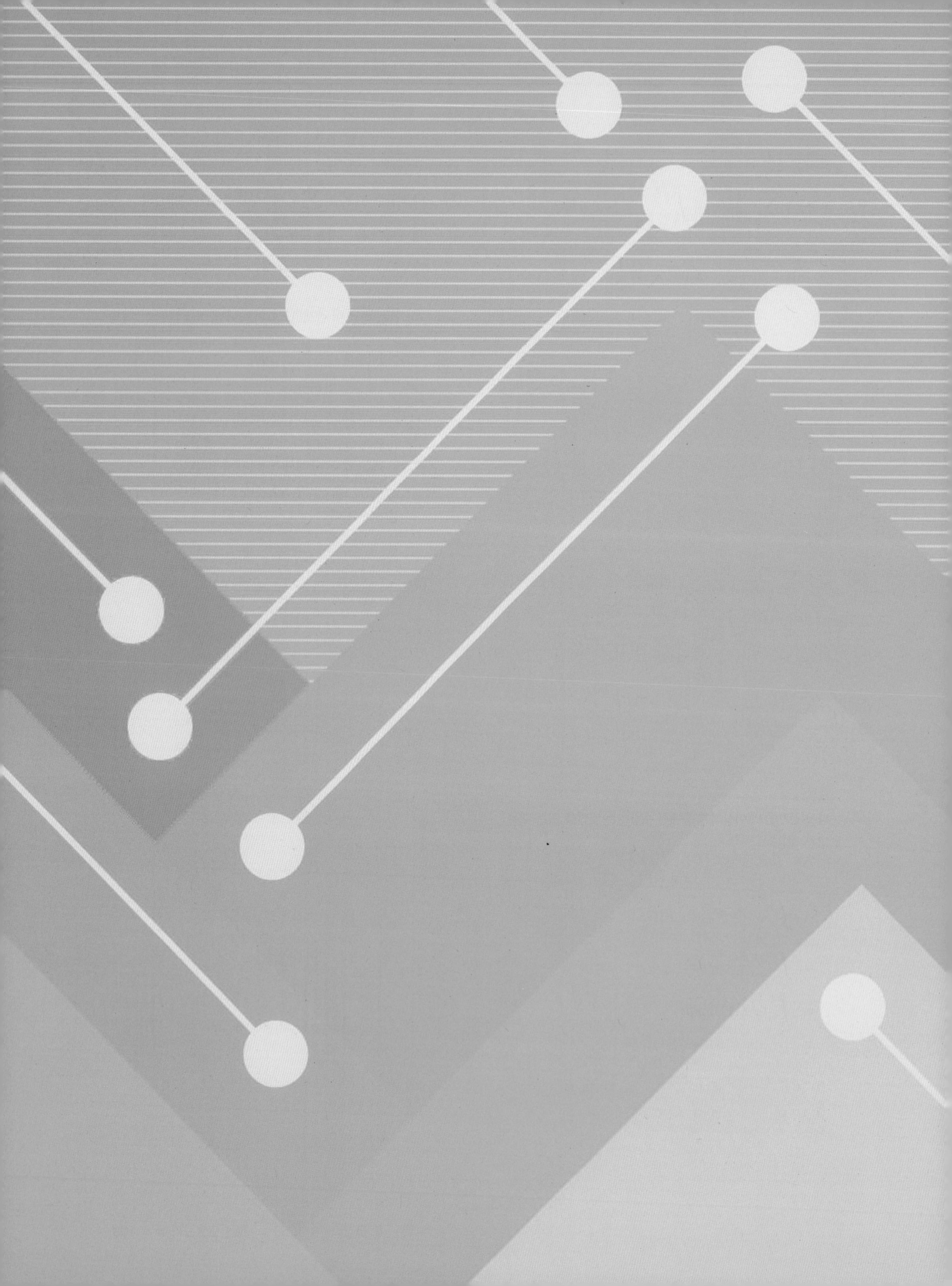

SUBJECT 02

다변수 미적분

1. 편도함수
2. 공간도형
3. 이변수의 극대 & 극소
4. 중적분 계산
5. 중적분 활용
6. 선적분과 면적분

1. 편도함수 - 하프 모의고사 ①

인하대

1. 함수 $f(x,\ y,\ z)=\dfrac{x+y+z}{(x^2+y^2+z^2)^2}$ 에 대하여 점 $(1,\ 0,\ 2)$ 에서 편미분 $\dfrac{\partial f}{\partial x}$ 의 값은?

① $-\dfrac{1}{125}$ ② $-\dfrac{3}{125}$ ③ $-\dfrac{1}{25}$ ④ $-\dfrac{7}{125}$ ⑤ $-\dfrac{9}{125}$

한국항공대

2. 다음 이변수 함수 중 수렴하지 않는 것을 모두 포함하는 집합은?

ㄱ. $\displaystyle\lim_{(x,\ y)\to(1,\ \sqrt{3})}(3x^2-x^2y^2)$

ㄴ. $\displaystyle\lim_{(x,\ y)\to(0,\ 0)}\frac{xy^2}{x^2+y^4}$

ㄷ. $\displaystyle\lim_{(x,\ y)\to(0.\ 0)}\frac{xy}{\sqrt{x^2+y^2}}$

ㄹ. $\displaystyle\lim_{(x,\ y)\to(0,\ 0}\frac{x^2-y^2}{x^2+y^2}$

① ㄱ, ㄴ ② ㄴ, ㄷ ③ ㄴ, ㄹ ④ ㄷ, ㄹ

가천대

3. 다음 보기의 극한 중 존재하는 것의 개수는?

〈보 기〉

ㄱ. $\displaystyle\lim_{(x,y)\to(0,0)}\frac{|xy|}{2x^2+y^2}$

ㄴ. $\displaystyle\lim_{(x,y)\to(0,0)}\frac{xy}{\sqrt{x^2+y^2}}$

ㄷ. $\displaystyle\lim_{(x,y)\to(0,0)}\frac{xy(x^2-y^2)}{x^4+y^4}$

① 0 ② 1 ③ 2 ④ 3

건국대

4. 이변수 함수 $f(x,y)$ 와 모든 실수 t 에 대하여 항등식 $f(tx,ty)=t^9f(x,y)$ 가 성립할 때, 다음 항등식에서 k 의 값은?

$$x^2\frac{\partial^2 f}{\partial x^2}(x,y)+2xy\frac{\partial^2 f}{\partial x\partial y}(x,y)+y^2\frac{\partial^2 f}{\partial y^2}(x,y)=kf(x,y)$$

① 9 ② 27 ③ 36 ④ 72 ⑤ 81

한국산업기술대

5. $f(x,y,z)=e^{xy+z},\ x=s+t,\ y=2s-t,\ z=st^2$ 일 때, $(x,y,z)=(3,3,2)$ 에서 $\dfrac{\partial f}{\partial s}$ 의 값은?

① $9e^{11}$ ② $10e^{11}$ ③ $11e^{11}$ ④ $12e^{11}$

광운대

6. 방정식 $x^2+y^2+z^2-3xyz=0$ (단, $z>1$)에 의해 z가 x와 y의 음함수로 정의된다고 할 때 $\dfrac{\partial z}{\partial x}(1,1)+\dfrac{\partial z}{\partial y}(1,1)$ 의 값은?

① 0 ② 2 ③ 4 ④ 6 ⑤ 8

국민대

7. 다음 중 극한값이 존재하는 것은?

① $\lim_{(x,y)\to(0,0)} \frac{xy^2}{x^2+y^4}$ ② $\lim_{(x,y)\to(0,0)} \frac{y}{x}$

③ $\lim_{(x,y)\to(0,0)} \frac{xy^2}{x^2+y^2}$ ④ $\lim_{(x,y)\to(1,1)} \frac{x^2y-1}{x-1}$

명지대

8. 함수 $f(x,\ y)=x^3+y^3$이고
함수 $g(u,\ v)=f(2u+v,\ u-2v)$일 때,
$\frac{\partial g}{\partial u}(1,\ 0)+\frac{\partial g}{\partial v}(1,\ 0)$의 값은?

① 33 ② 34 ③ 35 ④ 36 ⑤ 37

서울과학기술대

9. 함수 $u(x,\ y)=e^{2x}\sin y$가 해가 되는 미분방정식은?

① $u_{xx}-u_{yy}=0$ ② $u_{xx}+u_{yy}=0$

③ $u_{xx}-4u_{yy}=0$ ④ $u_{xx}+4u_{yy}=0$

숭실대

10. $z=f(x,\ y)$, $x=s-t$, $y=s+t$일 때,
$\left(\frac{\partial z}{\partial x}\right)^2-\left(\frac{\partial z}{\partial y}\right)^2$과 같은 것은?

① $-\frac{\partial z}{\partial s}\frac{\partial z}{\partial t}$ ② $-\frac{\partial^2 z}{\partial s\partial t}$

③ $\left(\frac{\partial z}{\partial s}\right)^2+\left(\frac{\partial z}{\partial t}\right)^2$ ④ 0

1. 편도함수 - 하프 모의고사 ②

서강대

11. 다음 〈보기〉의 함수 중에서 라플라스 방정식 $u_{xx}+u_{yy}=0$ 을 만족하는 것의 개수는?

〈보 기〉

ㄱ. $u=x^2+y^2$
ㄴ. $u=x^2-y^2$
ㄷ. $u=x^3+3xy^2$
ㄹ. $u=\ln\sqrt{x^2+y^2}$
ㅁ. $u=\sin x\cosh y+\cos x\sinh y$
ㅂ. $u=e^{-x}\cos y-e^{-y}\cos x$

① 1 ② 2 ③ 3 ④ 4 ⑤ 5

명지대

12. $f(x, y)=x^3+x^2y^3+y^2$일 때, $f_x(1, 1)+f_y(1, 1)$의 값은?

① 10 ② 11 ③ 12 ④ 13 ⑤ 14

한국항공대

13. $x=2rse^t$, $y=r^2s^2e^{-t}$, $z=r^2s\sin t$이고, $u=x^4y^2+y^2z^2$이면, $r=1$, $s=1$, $t=0$일 때, $\dfrac{\partial u}{\partial s}$ 값은?

① 64 ② 96 ③ 128 ④ 192

광운대

14. 모든 실수의 집합에서 정의된 일변수 함수 f가 두 번 미분가능하고 이계도함수가 연속이라고 하자. 이때 다음과 같이 정의된 이변수 함수 $\phi(x, y)$가 만족시키는 방정식은?

$$\phi(x, y)=e^{-\frac{x}{4}}f(3x-4y)$$

① $\phi_{xy}=0$ ② $3\phi_y=4\phi_x$
③ $3\phi_{yy}=4\phi_{xx}$ ④ $4\phi_y-3\phi_x+\dfrac{1}{4}\phi=0$
⑤ $4\phi_x+3\phi_y+\phi=0$

명지대

15. 이변수 함수 $f(x, y)=\cos\left(\dfrac{x^2}{y}\right)$에 대하여 $a=\dfrac{\partial f}{\partial x}(\sqrt{\pi}, 2)$, $b=\dfrac{\partial f}{\partial y}(\sqrt{\pi}, 2)$ 일 때, a^2+b의 값은?

① $\dfrac{\pi}{4}$ ② $\dfrac{\pi}{2}$ ③ $\dfrac{3}{4}\pi$ ④ π ⑤ $\dfrac{5}{4}\pi$

건국대

16. 가로, 세로, 높이가 각각 40cm, 40cm, 60cm인 직육면체가 있다. 각 변의 길이를 최대 0.1 cm의 오차범위 내에서 측정하였을 때, 전미분을 이용하여 구한 직육면체 부피의 최대오차는?

① 580 cm^3 ② 600 cm^3 ③ 620 cm^3
④ 640 cm^3 ⑤ 680 cm^3

숭실대

17. $2x^2z-3xy^2+yz-8=0$일 때 $(x,\ y)=(1,\ 0)$에서 $\dfrac{\partial z}{\partial y}$의 값은?

① -4 ② -2 ③ 2 ④ 4

국민대

18. $x(t)=t^2-1,\ y(t)=\sin t,\ f(x,\ y)=x^2e^y$ 로 주어질 때, $g(t)=f(x(t),\ y(t))$에 대하여 $t=0$에서 $\dfrac{dg}{dt}$의 값은?

① $-e$ ② -1 ③ 1 ④ e

건국대

19. $x=r^2+s^2,\ y=2rs$이고 $z=2x^2-xy+y^2-y$라고 하자. $r=1,\ s=0$일 때, $\dfrac{\partial z}{\partial s}$의 값은?

① -4 ② -2 ③ 0 ④ 2 ⑤ 4

국민대

20. 다음 중 연속함수를 모두 고르면?

(가) $f(x)=\begin{cases} \dfrac{\sin x}{x}, & x\neq 0 \\ 1, & x=0 \end{cases}$

(나) $f(x)=\begin{cases} x\sin\dfrac{1}{x}, & x\neq 0 \\ 0, & x=0 \end{cases}$

(다) $f(x,\ y)=\begin{cases} \dfrac{2xy}{x^2+y^2}, & (x,\ y)\neq(0,\ 0) \\ 0, & (x,\ y)=(0,\ 0) \end{cases}$

(라) $f(x,\ y)=\begin{cases} 0, & xy\neq 0 \\ 1, & xy=0 \end{cases}$

① (가), (나), (다) ② (가), (나)
③ (가), (나). (라) ④ (다), (라)

02 다변수미적분

건국대

21. 다음 중 극한이 존재하는 것을 모두 고르면?

a. $\lim_{(x,\,y)\to(0,\,0)} \dfrac{x-y}{\sin(x+y)}$

b. $\lim_{(x,\,y)\to(0,\,0)} \dfrac{x\sqrt{y^3}}{x^2+y^2}$

c. $\lim_{(x,\,y)\to(0,\,0)} \dfrac{x\sin(x^2+y^2)}{x^2+y^2}$

① a ② b ③ c ④ $a,\ c$ ⑤ $b,\ c$

건국대

22. 실수값을 갖는 미분가능한 이변수 함수 f에 대하여 $w=e^{x^2}f\left(\dfrac{y}{x},\ \dfrac{z}{x}\right)$라 하자. $x\dfrac{\partial w}{\partial x}+y\dfrac{\partial w}{\partial y}+z\dfrac{\partial w}{\partial z}$를 구하면?

① $e^{x^2}w$ ② x^2w ③ $2xw$ ④ $2x^2w$ ⑤ $2xe^{x^2}w$

광운대

23. 함수 $f(x,\ y)=\begin{cases} \dfrac{xy^2\sqrt{x^2+y^2}}{x^2+y^4}, & (x,\ y)\neq(0,\ 0) \\ 0, & (x,\ y)=(0,\ 0) \end{cases}$

에 대한 다음 설명 중 옳은 것을 모두 고르면?

a. 원점에서 f_x가 존재한다.
b. 원점에서 f_y가 존재한다.
c. 원점에서 미분가능하다.

① a ② b ③ $a,\ b$ ④ $a,\ b,\ c$ ⑤ 없음

가톨릭대

24. 함수 $f(x,y)$에 대하여, 점 $(x,y)=(1,-\sqrt{3})$에서 $f_{xx},\ f_{yy},\ f_{xy}$의 값이 각각 $-6\sqrt{3},\ 2,\ -2\sqrt{3}-2$이다. 이 점에서의 $\dfrac{\partial^2 f}{\partial r^2}$의 값은?

(단, $x=r\cos\theta,\ y=r\sin\theta$이다.)

① $\dfrac{9}{2}-\sqrt{3}$ ② $\dfrac{9}{2}-\dfrac{\sqrt{3}}{2}$

③ $\dfrac{9}{2}+\dfrac{\sqrt{3}}{2}$ ④ $\dfrac{9}{2}+\sqrt{3}$

홍익대

25. 함수 $z=f(x,\ y)$가 $x^2+y^2+z^2=3xyz$을 만족한다. $(x,\ y,\ z)=(1,\ 2,\ 5)$에서 $\dfrac{\partial z}{\partial x}+\dfrac{\partial z}{\partial y}$를 구하시오.

① $-\dfrac{13}{4}$ ② $\dfrac{17}{4}$ ③ $\dfrac{39}{4}$ ④ $-\dfrac{51}{4}$

국민대

26. 미분가능한 일변수 함수 $f,\ g$에 대하여 이변수 함수 $u,\ v,\ w$를 다음과 같이 정의한다.

$u(x,\ y)=x+yi,$
$v(x,\ y)=x-yi,\ (i=\sqrt{-1}),$
$w(u,\ v)=f(u)+g(v)$

이때, $\dfrac{\partial^2 w}{\partial x^2}+\dfrac{\partial^2 w}{\partial y^2}$와 같은 것은?

① 0 ② $\dfrac{\partial^2 f}{\partial u^2}-\dfrac{\partial^2 g}{\partial v^2}$

③ $\left(\dfrac{\partial^2 f}{\partial u^2}+\dfrac{\partial^2 g}{\partial v^2}\right)(1-i)$ ④ $\left(\dfrac{\partial^2 f}{\partial u^2}+\dfrac{\partial^2 g}{\partial v^2}\right)(1+i)$

광운대

27. 다음 두 함수로부터 얻은 합성함수 $(f \circ \overrightarrow{G})(x,y)$ 에 대해 물매(그래디언트) $\nabla(f \circ \overrightarrow{G})(0,0)$ 은?

$$f(u,v) = u^2 + 3uv - v^2$$
$$(u,v) = \overrightarrow{G}(x,y) = (\cos x + \sin y,\ -\cos x + \sin y)$$

① $(0, -4)$ ② $(0, 4)$ ③ $(-4, 0)$
④ $(4, 0)$ ⑤ $(4, -4)$

명지대

28. 이변수 함수 $f(x, y) = \sqrt{4 - x^2} + \sqrt{9 - y^2}$ 의 치역이 $[a, b]$일 때, $f(2, 0) + a + b$의 값은?

① 8 ② 9 ③ 10 ④ 11 ⑤ 12

서울과학기술대

29. 속력 v로 진행하는 파동 함수 $y(x,t)$는 다음 미분방정식을 만족한다.

$$\frac{\partial^2 y}{\partial x^2} = \frac{1}{v^2}\frac{\partial^2 y}{\partial t^2}$$

다음 파동 함수 중 속력이 다른 것은?

① $y = 3\sin(2x - 4t)$

② $y = \frac{1}{(x-2t)^2}e^{(x^2 - 4xt + 4t^2)}$

③ $y = 2\cos(t - 2x)$

④ $y = 2x^3 - 12x^2t + 24xt^2 - 16t^3$

국민대

30. 그림과 같은 다층 신경망 구조에서 입력 x_1, x_2, x_3, x_4와 출력 $z = z(x_1, x_2, x_3, x_4)$는 다음 관계식을 만족한다.

$$u_1 = 3x_1 + x_2 - x_3 - 3x_4,$$
$$u_2 = x_1 - 2x_2 + 2x_3 - x_4,$$
$$y_1 = f(u_1),\ y_2 = f(u_2),$$
$$z = y_1 + 2y_2$$

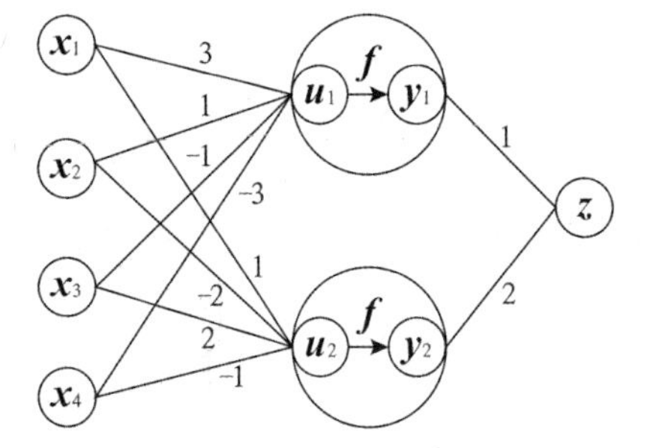

$f(u) = \frac{1}{1+e^{-u}}$ 일 때, $(x_1,x_2,x_3,x_4) = (1,1,1,1)$에서 다음 편미분 값 중 가장 큰 것은?

① $\left.\frac{\partial z}{\partial x_1}\right|_{(1,1,1,1)}$ ② $\left.\frac{\partial z}{\partial x_2}\right|_{(1,1,1,1)}$

③ $\left.\frac{\partial z}{\partial x_3}\right|_{(1,1,1,1)}$ ④ $\left.\frac{\partial z}{\partial x_4}\right|_{(1,1,1,1)}$

02 다변수미적분

아주대

31. 미분가능한 이변수 함수 $f(x, y)$에 대하여 $w = g(u, v) = f(u+2v^2+2, u^2-4v+1)$라 하자. 아래 표를 이용하여 $\left.\frac{\partial w}{\partial u}\right|_{(-1,0)}$의 값을 구하면?

(x, y)	f	f_x	f_y
$(-1, 0)$	5	3	2
$(1, 2)$	8	6	4

① -4 ② -2 ③ 0 ④ 2 ⑤ 4

숭실대

32. $f(x, y, z) = \lim_{h \to 0} \frac{x(y+h)^2 e^{(y+h)z} - xy^2 e^{yz}}{h}$ 일 때, $f(1, -1, 0)$은?

① -2 ② -1 ③ $-e$ ④ $-2e$

세종대

33. $f(x, y, z) = 2x^2 - y^2 + 3z^2 - xy + 4yz$에 대하여 $g(x, y, z) = x\frac{\partial f}{\partial x} + y\frac{\partial f}{\partial y} + z\frac{\partial f}{\partial z}$라 하자. $g(1, 1, 1)$의 값은?

① 14 ② 16 ③ 18 ④ 20 ⑤ 22

이화여대

34. 다음의 극한 중 수렴하는 것을 모두 고르시오.

a. $\lim_{(x, y) \to (0, 0)} \frac{x^2 y \sqrt{x^2+y^2}}{x^4+y^2}$

b. $\lim_{(x, y) \to (0, 0)} \frac{x^2+y^5}{x^2+xy^2+y^4}$

c. $\lim_{(x, y) \to (0, 0)} \frac{x \sin^2 y}{x^2+y^2}$

d. $\lim_{(x, y) \to (0, 0)} \frac{x^2 y - xy^2}{x^2+y^2}$

① a, b, c, d ② a, b, c ③ a, c, d
④ a, d ⑤ b, c, d

숙명여대

35. 함수 $u(x_1, \cdots, x_n) = e^{a_1 x_1 + a_2 x_2 + \cdots + a_n x_n}$에 대하여 ${a_1}^2 + {a_2}^2 + \cdots + {a_n}^2 = 1$일 때, $\frac{\partial^2 u}{\partial x_1^2} + \frac{\partial^2 u}{\partial x_2^2} + \cdots + \frac{\partial^2 u}{\partial x_n^2}$와 동일한 함수는?

① $-u^2$ ② $-u$ ③ 1 ④ u ⑤ u^2

아주대

36. 삼각형 ΔABC에서 $c = \overline{AB}$는 3cm/sec, $b = \overline{AC}$는 1cm/sec, 그리고 이 두 변 사이의 각 α는 0.1라디언/sec의 변화율로 각각 증가한다면, $c = 10$cm, $b = 8$cm, $\alpha = \frac{\pi}{6}$일 때 삼각형의 넓이의 변화율은 몇 cm^2/sec인가?

① $2\sqrt{3}+8.5$ ② $2\sqrt{3}+7$ ③ $\sqrt{3}+8.5$
④ $\sqrt{3}+7.5$ ⑤ $\sqrt{3}+7$

중앙대

37. 함수 $F(x,y)=\begin{cases} \dfrac{x^3y^2}{x^4+y^4}, & (x,y)\neq(0,0) \\ 0, & (x,y)=(0,0) \end{cases}$ 에 대한 다음 〈보기〉의 설명 중 옳은 것의 개수는?

〈보 기〉

ㄱ. $f(x)=F(x,0)$는 $x=0$에서 연속이다.
ㄴ. $g(y)=F(0,y)$는 $y=0$에서 연속이다.
ㄷ. $F(x,y)$는 $(x,y)=(0,0)$에서 연속이다.
ㄹ. $F(x,y)$는 $(x,y)=(0,0)$에서 미분가능하다.

① 1 ② 2 ③ 3 ④ 4

중앙대

38. $\phi(\alpha)=2\int_0^\infty xe^{-x^4}\cos(\alpha x^2)dx$ 라 할 때, $\phi(2)$ 의 값은?

① $\dfrac{\sqrt{\pi}}{e}$ ② $\dfrac{2\sqrt{\pi}}{3e}$ ③ $\dfrac{\sqrt{\pi}}{3e}$ ④ $\dfrac{\sqrt{\pi}}{2e}$

건국대

39. 방정식 $2x^3+3y^3+z^3-5xyz=1$ 로 정의되는 곡면과 방정식 $x^2+y^2=1$ 로 정의되는 원통이 만나는 교선을 매개화한 곡선 $\alpha(t)=(\cos t, \sin t, z(t))$ 에 대하여 $z'(0)$ 의 값은?

① $-\dfrac{1}{3}$ ② $-\dfrac{2}{3}$ ③ -1 ④ $-\dfrac{4}{3}$ ⑤ $-\dfrac{5}{3}$

광운대

40. 다음 중 $f_{xy}(0,0)\neq f_{yx}(0,0)$ 인 함수를 모두 고르면?

a. $f(x,y)=\begin{cases} \dfrac{x^3y-xy^3}{x^2+y^2}, & (x,y)\neq(0,0) \\ 0, & (x,y)=(0,0) \end{cases}$

b. $f(x,y)=\begin{cases} \dfrac{x^3y^2-x^2y^3}{x^2+y^2}, & (x,y)\neq(0,0) \\ 0, & (x,y)=(0,0) \end{cases}$

c. $f(x,y)=\sin^{-1}(xy)$

① a ② b ③ c ④ b, c ⑤ a, c

건국대

1. 분지 형태의 지형을 갖는 지역의 위치 (x,y) 에서 높이가 함수$h(x,y)=10+x^4+3(x-y)^2$ 으로 주어진다.
위치 $(1,2)$ 에서 높이가 가장 빨리 변하는 방향은?

① $(1,-1)$ ② $(1,-2)$ ③ $(1,-3)$
④ $(1,-4)$ ⑤ $(1,-5)$

숙명여대

2. 점 $\left(\ln 2,\ \frac{\pi}{6},\ 1\right)$에서 곡면 $z = e^x \sin y$에 대한 접평면의 방정식은?

① $z = x + \sqrt{3}y - \ln 2 - \frac{\sqrt{3}}{6}\pi + 1$

② $z = -x + \sqrt{3}y + \ln 2 - \frac{\sqrt{3}}{6}\pi + 1$

③ $z = x - \sqrt{3}y - \ln 2 + \frac{\sqrt{3}}{6}\pi + 1$

④ $z = -x - \sqrt{3}y + \ln 2 + \frac{\sqrt{3}}{6}\pi + 1$

⑤ $z = -x - \sqrt{3}y + \ln 2 - \frac{\sqrt{3}}{6}\pi + 1$

명지대

3. 두 벡터함수 $u(t),\ v(t)$가 다음 조건을 만족시킨다.

(가) $u(1) = (1,2,-1),\ u'(1) = (1,0,2)$
(나) $v(1) = (1,1,1),\ v'(1) = (1,2,3)$

함수 $f(t) = u(t) \cdot v(t)$일 때, $f'(1)$의 값은?
(단, $u(t) \cdot v(t)$는 $u(t)$와 v(t)의 내적이다.)

① 5 ② 7 ③ 9 ④ 11 ⑤ 13

경기대

4. $f(x,y) = 1 - e^{-x} - xe^{-x} + y$의 점P(a, 2)에서 $u = 2i + 3j$ 방향도함수가 최대가 되는 a의 값은?

① 1 ② 2 ③ 3 ④ 4

한국산업기술대

5. 다음 벡터함수 $r(t)$ 에 의해 주어진 곡선의 길이는?

$r(t) = \langle \ln(1+t^2), -2\tan^{-1}t, 1\rangle,\ (0 \le t \le 1)$

① $2\ln(\sqrt{2}-1)$ ② $\ln(3+\sqrt{2})$
③ $2\ln(1+\sqrt{2})$ ④ $\ln(3-\sqrt{2})$

한양대 - 에리카

6. 곡면 $xyz = x+y+z$ 위의 점 $\left(\frac{1}{2},\ \frac{1}{3},-1\right)$에서의 접평면의 방정식은?

① $4x+3y+5z=-2$ ② $8x+9y+5z=2$
③ $4x-3y-5z=6$ ④ $8x-9y-5z=6$

광운대

7. 다음 곡선 $\vec{x}(t)$에 대해 $t=0$에서의 곡률은?

$$\vec{x}(t)=\left(\frac{1}{3}(1+t)^{\frac{3}{2}}, \frac{1}{3}(1-t)^{\frac{3}{2}}, \frac{1}{2}t\right) \ (-1<t<1)$$

① $\frac{1}{3}$ ② $\frac{\sqrt{2}}{3}$ ③ $\frac{\sqrt{3}}{3}$

④ $\frac{2}{3}$ ⑤ $\frac{\sqrt{5}}{3}$

가톨릭대

8. 1사분면에서 정의된 이변수 함수
$f(x, y)=\int_{x+y}^{xy}\frac{e^{-xt}}{t}\,dt$에 대하여 $\nabla f(1,1)$은?

① $\left(\frac{2}{e}-\frac{1}{e^2}, \frac{1}{2e^2}\right)$ ② $\left(\frac{1}{2e^2}, \frac{1}{e}-\frac{1}{2e^2}\right)$

③ $\left(\frac{2}{e}-\frac{3}{2e^2}, \frac{1}{e}-\frac{1}{2e^2}\right)$ ④ $\left(\frac{2}{e}-\frac{3}{2e^2}, \frac{1}{2e^2}\right)$

한양대

9. 곡선
$r(t)=\left\langle t^3-\frac{3}{2}t^2+1,\ -t^3+3t^2-2t,\ 2t^2-4t-1\right\rangle$
의 $t=1$에서의 곡률 κ의 값은?

① 2 ② 3 ③ 4 ④ 5

한양대 - 에리카

10. 점 $P_0(1, 2)$에서 벡터 $u_1=\left(\frac{1}{\sqrt{2}}, \frac{1}{\sqrt{2}}\right)$ 방향으로의 2변수 함수 $f(x, y)$의 방향도함수는 $2\sqrt{2}$ 이고, 벡터 $u_2=(0, -1)$ 방향으로의 방향도함수는 -3일 때, 점 $P_0(1, 2)$에서 점 $P_1(4, 6)$ 으로 향하는 방향으로의 $f(x, y)$ 의 방향도함수는?

① $\frac{3}{5}$ ② $\frac{4}{5}$ ③ 3 ④ 4

가천대

11. 점 $(3,4)$ 에서 함수 $f(x,y)=\ln(x^2+y^2)$ 의 최대변화율은?

① $\frac{1}{5}$ ② $\frac{2}{5}$ ③ $\frac{3}{5}$ ④ $\frac{4}{5}$

광운대

12. 점 $(1,4,0)$ 에서 곡면 $z=y\ln x$ 의 접평면의 방정식은?

① $z=4x-4$ ② $z=4x+y-8$
③ $z=4x+2y-12$ ④ $z=4x-y$
⑤ $z=4x-2y+4$

숙명여대

13. 곡선 $r(t)=(t,\ t^2,\ t^3)$ 위의 점 $(0,\ 0,\ 0)$ 에서의 곡률은?

① $\frac{1}{4}$ ② $\frac{1}{2}$ ③ 1 ④ 2 ⑤ 4

경기대

14. 점 $(1,1,1)$ 에서 곡면 $xyz=1$ 에 접하는 평면과 각 좌표평면으로 둘러싸인 부분의 부피는?

① $\frac{9}{2}$ ② 9 ③ $\frac{27}{2}$ ④ 27

명지대

15. 좌표공간에서 벡터방정식 $\mathrm{r}(t)=(e^t,\ \sqrt{2}\,t,\ e^{-t})$ 으로 주어지는 곡선 위의 점 $(1,\ 0,\ 1)$ 에서 점 $(e,\ \sqrt{2},\ e^{-1})$ 까지의 호의 길이는?

① $e-1$ ② $e-\frac{1}{e}$ ③ e ④ $e+\frac{1}{e}$ ⑤ $e+1$

숭실대

16. 곡면 $f(x,\ y)=\ln(x^2+y^2)$ 위의 점 $(1,\ -1,\ \ln 2)$ 에서 접평면과 수직인 벡터는?

① $\langle -1,\ 1,\ 1\rangle$ ② $\langle 2,\ 1,\ 1\rangle$
③ $\langle 1,\ 0,\ 2\rangle$ ④ $\langle 1,\ -2,\ 1\rangle$

한국항공대

17. 점 $(-1,\ 3,\ 1)$에서 곡면 $2x^2+\frac{y^2}{3}+z^2=6$에 접하는 평면 S가 있다. 점 $(-1,\ 3,\ 1)$을 지나고 평면 S에 수직인 직선 위의 점 $(x(t),\ y(t),\ z(t))$의 합 $x(t)+y(t)+z(t)$는?

① -3 ② -1 ③ 1 ④ 3

한국산업기술대

18. 매개곡선 $\begin{cases} x=t-\sin t \\ y=1-\cos t \end{cases}$ 의 $t=\frac{\pi}{3}$에서 곡률은?

① $\frac{4}{5}$ ② $\frac{3}{4}$ ③ $\frac{2}{3}$ ④ $\frac{1}{2}$

한양대 - 에리카

19. 공간곡선 $x=\cos t,\ y=\sin t,\ z=t$ 위의 임의의 점에서 접선벡터와 벡터 $(0,0,1)$과의 교각은?

① $\frac{\pi}{2}$ ② $\frac{\pi}{3}$ ③ $\frac{\pi}{4}$ ④ $\frac{\pi}{6}$

서강대

20. 함수 $z=f(x,\ y)=x^3-3xy+4y^2$의 그래프 위의 점 $(1,\ 2,\ 11)$에서 그 그래프에서의 접평면의 방정식이 $z=ax+by+c$일 때, $a+b+c$의 값은?

① -2 ② -1 ③ 0 ④ 1 ⑤ 2

02 – 다변수미적분

국민대

21. 좌표평면상의 점 $(1, -2)$에서 함수 $f(x, y) = x^3y^2 - 2y$를 벡터 $v = \left(\frac{3}{5}, \frac{4}{5}\right)$ 방향으로 미분한 방향도함수의 값은?

① $\frac{8}{5}$ ② $\frac{9}{5}$ ③ 2 ④ $\frac{12}{5}$

단국대

22. 곡면 $x^2+2y^2-z^2=5$ 위의 점 (a, b, c)에서의 접평면의 방정식이 $x+4y+2z=d$ $(d>0)$일 때, $a+b+c+d$의 값은?

① 6 ② 7 ③ 8 ④ 9

숙명여대

23. 벡터방정식 $r(t)=t\,i+\cosh t\,j+\sinh t\,k$를 갖는 곡선 위의 점 $(0, 1, 0)$에서 점 $(1, \cosh 1, \sinh 1)$ 까지의 호의 길이는?

① e ② $\sqrt{2}\cosh 1$ ③ $\sqrt{2}\sinh 1$
④ $2\cosh 1$ ⑤ $2\sinh 1$

경기대

24. 곡면 $z = 7 - 3x^2 - y^2$과 평면 $z = x + y + 1$의 교선 상의 점 $(1, 1, 3)$에서 교선에 대한 접선방정식을 구하면?

① $\frac{x-1}{6} = \frac{y-1}{2} = z-3$

② $x-1 = y-1 = 3-z$

③ $\frac{x-1}{3} = \frac{1-y}{7} = \frac{3-z}{4}$

④ $\frac{1-x}{3} = \frac{1-y}{7} = \frac{3-z}{4}$

세종대

25. $f(x, y, z) = \tan(x+2y+3z)$에 대하여 점 $(-5, 1, 1)$에서 f의 방향도함수의 최댓값은?

① $\sqrt{14}$ ② $\sqrt{13}$ ③ $2\sqrt{3}$ ④ $\sqrt{11}$ ⑤ $\sqrt{10}$

한국산업기술대

26. 타원면 $y=x^2-z^2$ 위의 점 $(4, 7, 3)$에서 접평면의 방정식은?

① $8x+y-6z=7$ ② $8x-y-6z=7$
③ $8x-y+6z=-7$ ④ $8x-y-6z=-7$

광운대

27. 곡선 $\vec{x}(t) = (\cos 2t, \sin 2t, 2t) \quad (0 \le t \le 5)$의 길이는?

① 10 ② $10\sqrt{2}$ ③ $10\sqrt{3}$ ④ 20 ⑤ $10\sqrt{5}$

국민대

28. R^3에서 정의된 경로 C :
$\vec{r}(t) = (\sin^2 t)\vec{i} + (\cos^2 t)\vec{j} + \vec{k},\ 0 \le t \le 2\pi$에서
$t = \dfrac{\pi}{4}$ 일 때의 곡률(curvature)과 열률(torsion)의 합은?

① 0 ② 1 ③ $\dfrac{\pi}{2}$ ④ 2

한양대

29. 곡면 $z = f(x, y)$ 위의 점$(-1, 2, 3)$에서의 접평면을 α라 고 하자. 점$(-1, 2)$에서 함수 f의 기울기벡터(gradient vector)가 $\nabla f(-1, 2) = \langle 2, -2 \rangle$일 때, 원점에서 평면 α까 지의 거리는?

① 1 ② 2 ③ 3 ④ 4

단국대

30. 곡면 $z = xe^y$ 위의 점 $(1, 0, 1)$에서의 접평면(tangent plane)과 yz 평면이 만나서 생기는 직선의 방정식을 $z = ay + b$라 하고 이 접평면과 yz 평면이 이루는 예각을 θ라 하자. 이때, $a + b + \cos\theta$의 값은? (단, a, b는 실수)

① $1 + \sqrt{3}$ ② $1 + \dfrac{\sqrt{3}}{3}$

③ $2 + \sqrt{3}$ ④ $2 + \dfrac{\sqrt{3}}{3}$

02 — 다변수미적분

2. 공간도형 - 하프 모의고사④

성균관대

31. 곡선 $r(t)=<\sin t, \cos t, 2t>$위의 점 $(0, 1, 0)$에서의 곡률의 값은?

① 1 ② $\frac{1}{2}$ ③ $\frac{1}{3}$ ④ $\frac{1}{4}$ ⑤ $\frac{1}{5}$

한국항공대

32. 벡터 $\vec{r} = \hat{i}x + \hat{j}y + \hat{k}z$와 연산자 $\overrightarrow{\nabla} = \hat{i}\frac{\partial}{\partial x} + \hat{j}\frac{\partial}{\partial y} + \hat{k}\frac{\partial}{\partial z}$에 대하여 다음 중 옳은 것은? (단, 보기에서 $\cdot$ 과 $\times$는 각각 벡터의 내적과 외적을 나타내고, $|\vec{r}| \neq 0$이다.)

① $\overrightarrow{\nabla} \cdot (\frac{\vec{r}}{|r|}) = |\vec{r}|$ ② $\overrightarrow{\nabla} \times (\frac{\vec{r}}{|r|}) = \vec{0}$

③ $\overrightarrow{\nabla} \cdot (\frac{\vec{r}}{|r|}) = 0$ ④ $\overrightarrow{\nabla} \times (\frac{\vec{r}}{|r|}) = \vec{r}$

광운대

33. 점 $A(4, 1, 3)$에서 곡선 $\vec{x}(t) = (2t, \ln t, t^2)$에 접선을 긋는다. 접점과 점 A 사이의 거리는?

① 3 ② $3\sqrt{2}$ ③ $4\sqrt{2}$ ④ 5 ⑤ $5\sqrt{2}$

한국항공대

34. 점 $\left(\frac{1}{3}, \frac{1}{2}\right)$에서 함수 $f(x, y) = 150 - 2y^2 - 3x^2$의 변화가 최소인 방향은 V이다. 벡터 V 방향으로 $f(x, y)$의 방향도함수는?

① $-\sqrt{11}$ ② $-\sqrt{8}$ ③ $\sqrt{8}$ ④ $\sqrt{11}$

광운대

35. 방정식 $z+1 = xe^y\cos z$에 의해 $(x, y) = (1, 0)$ 근방에서 z가 x와 y의 음함수로 정의되는지 확인하고 만약 정의된다면 z가 가장 빨리 증가하는 방향은? (단, $-\frac{\pi}{2} < z < \frac{\pi}{2}$)

① 정의되지 않음 ② $(1, 1)$ ③ $(1, 0)$

④ $(0, 1)$ ⑤ $(1, -1)$

단국대

36. 곡선 $r(t) = \langle 2\cos t, 2\sin t, 3t\rangle$ 위의 점 $P\left(0, 2, \frac{3}{2}\pi\right)$에서 주단위법선벡터가 $\langle a, b, c\rangle$이고 곡률이 κ일 때, $a+b+c+\kappa$의 값은?

① $-\frac{24}{13}$ ② $-\frac{11}{13}$ ③ $\frac{2}{13}$ ④ $\frac{15}{13}$

인하대

37. 주면좌표가 매개방정식 $r=2e^t, \theta=t, z=e^t\,(0\le t\le 1)$ 로 주어지는 곡선의 호 길이를 구하면?

① $2e-2$ ② $2e-3$ ③ $3e-2$ ④ $3e-3$

이화여대

38. 함수 $f(x, y, z)$가 원점 근방에서 미분가능하다. 원점에서의 f의 $(1, 1, 0)$-방향미분이 1이고, $(1, 0, 1)$-방향미분이 -1일 때, $(1, 2, -1)$-방향미분을 구하시오.

인하대

39. 점 $P(a, b, c)$는 곡면 $\sqrt{x}+\sqrt{y}+\sqrt{z}=4$위의 점이고 $abc\neq 0$을 만족한다. 점 P에서의 접평면의 x절편, y절편, z절편의 합을 K라고 할 때, K의 값은?

① $a+b+c$ ② $\sqrt{abc}$ ③ 2
④ 4 ⑤ 16

경희대

40. 3차원 벡터함수 $\alpha(t)=(\alpha_1(t), \alpha_2(t), \alpha_3 t)$로 주어진 곡선의 곡률 κ는 다음과 같다. 여기서 $\alpha_1, \alpha_2, \alpha_3 : R\to R$은 2번 미분가능한 함수이고, $|v|$는 벡터 v의 크기, $|\alpha'(t)|\neq 0$이다. 이 사실을 이용하여 xy 평면상의 곡선 $y=x^2$에 대하여, 점 $\left(\frac{\sqrt{3}}{2}, \frac{3}{4}\right)$에서 접촉원의 방정식을 구하고, 그 방법을 설명하시오.

$$\kappa=\frac{|\alpha'(t)\times\alpha''(t)|}{|\alpha'(t)|^3}$$

02 다변수미적분

숭실대

41. $f(x,\ y)=\sin(xy)$, $\alpha(h)=\dfrac{h}{\sqrt{2}}$ 일 때, 극한 $\displaystyle\lim_{h\to0}\frac{f(1+\alpha(h),\ \pi-\alpha(h))-f(1,\ \pi)}{h}$ 의 값은?

① $-\pi$　② -1　③ $-\dfrac{1+\pi}{\sqrt{2}}$　④ $\dfrac{1-\pi}{\sqrt{2}}$

건국대

42. 두 곡면 T_1과 T_2가 각각 다음 방정식으로 정의된다.

$$T_1:\ x^2+y^2+z^2=12$$
$$T_2:\ z=(x-1)^2+(y-1)^2$$

두 곡면이 만나는 교선을 C라 할 때, 곡선 C의 점 $(2,2,2)$ 에서의 접선 위에 놓인 점은?

① $(1,1,2)$　② $(2,1,2)$　③ $(3,1,2)$
④ $(4,1,2)$　⑤ $(5,1,2)$

한양대 - 에리카

43. 함수 $f(x,\ y,\ z)=z\tan^{-1}\left(\dfrac{y}{x}\right)$에 대하여 점 $(1,\ 1,\ 1)$에서 벡터 $(1,\ 1,\ 0)$ 방향으로의 방향도함수는?

① $-\pi$　② -1　③ 0　④ 1

가천대

44. 매개방정식 $\begin{cases} x(t)=\displaystyle\int_0^t \sin(\theta^2)\,d\theta \\ y(t)=\displaystyle\int_0^t \cos(\theta^2)\,d\theta \end{cases}$ 로 나타낸 곡선에 대하여 점 $(x(1),\ y(1))$에서의 곡률은?

① $\dfrac{1}{2}$　② 1　③ 2　④ 4

광운대

45. $\rho=t,\ \theta=t,\ \phi=\dfrac{\pi}{6}\ (0\le t\le\pi)$는 구면좌표계의 매개방정식으로 주어진 곡선이다. $t=\dfrac{\pi}{2}$에서 접선의 방정식과 xy평면과의 교점은?

① $\left(-\dfrac{\pi}{4},\ \dfrac{\pi}{2},\ 0\right)$　② $\left(\dfrac{\pi^2}{8},\ 0,\ 0\right)$
③ $\left(0,\ \dfrac{\pi^2}{4},\ 0\right)$　④ $\left(\dfrac{\pi^2}{4},\ \dfrac{\pi^2}{4},\ 0\right)$
⑤ $\left(\dfrac{\pi}{2},\ \dfrac{\pi}{4},\ 0\right)$

홍익대

46. 두 곡면 $x^4+y^4+z^4=18$, $x^3+2y^3+z^3=18$이 점 $(a,\ b,\ c)$에서 접할 때 $a+b+c$의 값을 구하시오.

① -4　② 0　③ 4　④ 6

국민대

47. 점 $(2,\ -1)$에서 이변수 함수 $f(x,\ y)=\dfrac{x-y}{x+y}$의 방향도함숫값이 최대가 되는 방향은?

① $\dfrac{2}{\sqrt{5}}\vec{i}+\dfrac{1}{\sqrt{5}}\vec{j}$ ② $\dfrac{1}{\sqrt{5}}\vec{i}+\dfrac{2}{\sqrt{5}}\vec{j}$

③ $-\dfrac{2}{\sqrt{5}}\vec{i}-\dfrac{1}{\sqrt{5}}\vec{j}$ ④ $-\dfrac{1}{\sqrt{5}}\vec{i}-\dfrac{2}{\sqrt{5}}\vec{j}$

한양대

48. 곡선 $r(t)=\langle 2\cos t, 2\sin t+2, 2\cos t\rangle$의 $t=0$에서의 접촉평면의 방정식이 $ax+by+cz=d$ 일 때, $\dfrac{c}{a}$의 값은?

① -4 ② -3 ③ -2 ④ -1

광운대

49. 타원 $\dfrac{x^2}{4}+y^2=1$ 위의 점 $(2,\ 0)$에서 곡률중심의 x좌표와 y좌표의 합은?

① 0 ② 1.2 ③ 1.4 ④ 1.5 ⑤ 1.7

인하대

50. 곡면 $x^2y+2yz^2=12$ 위의 점 $P(2, 1, 2)$에서의 접평면과 수직이며 점 $Q(-1, 0, 4)$를 지나는 직선이 이 접평면과 만나는 점의 좌표는?

① $(-\frac{2}{7}, \frac{4}{7}, \frac{15}{7})$ ② $(-\frac{6}{7}, \frac{3}{7}, \frac{30}{7})$

③ $(-\frac{4}{7}, \frac{15}{7}, \frac{20}{7})$ ④ $(-\frac{5}{7}, \frac{1}{7}, \frac{25}{7})$

⑤ $(-\frac{1}{7}, \frac{10}{7}, \frac{10}{7})$

3. 이변수의 극대&극소 - 하프 모의고사 ①

광운대

1. 타원면 $x^2+2y^2+4z^2=9$ 안에 내접하는 직육면체의 최대 부피는?

① $2\sqrt{6}$ ② $4\sqrt{6}$ ③ $6\sqrt{6}$
④ $8\sqrt{6}$ ⑤ $10\sqrt{6}$

한양대 - 에리카

2. 함수 $f(x,\ y)=x^2+2x\sin y$의 극값은?

① 극솟값 : -1 ② 극댓값 : -1
③ 극솟값 : 0 ④ 극댓값 : 0

광운대

3. 함수 $f(x,y)=x^6+y^6-6xy+3$의 정의역의 점 $Q(1,\ 1)$에 대한 설명으로 옳은 것은?

① 점 Q는 극대점 ② 점 Q는 극소점
③ 점 Q는 변곡점 ④ 점 Q는 안장점
⑤ 점 Q는 최대점

가톨릭대

4. 다음 조건을 만족하는 $x,\ y,\ z$에 대하여 $x+2y+3z$의 최댓값은?

$$x^2+y^2+z^2+6y=5$$

① 6 ② 8 ③ 10 ④ 12

건국대

5. 원 $x^2+y^2=1$ 위에서 함수 $f(x,\ y)=9x^2y$의 최댓값은?

① $\sqrt{2}$ ② $\sqrt{3}$ ③ 2 ④ $2\sqrt{2}$ ⑤ $2\sqrt{3}$

가천대

6. $\mathbb{R}^3$ 에서 원기둥 $x^2+z^2=2$ 와 평면 $x+y=1$ 의 교집합의 점 $(x,\ y,\ z)$ 에 대하여 함수 $f(x,y,z)=x+y+z$ 의 최댓값을 a, 최솟값을 b 라 할 때, $a+b$ 의 값은?

① 2 ② $2\sqrt{2}$ ③ $2+2\sqrt{2}$ ④ 4

중앙대

7. 단위원 $x^2+y^2=1$ 위에서 $f(x,y)=xy+y$ 의 최댓값을 M, 최솟값을 m 이라 할 때, $M-m$ 의 값은?

① $\frac{3\sqrt{3}}{2}$ ② $\frac{3\sqrt{3}}{4}$ ③ $\frac{5\sqrt{3}}{8}$ ④ $\sqrt{3}$

서울과학기술대

8. $x^2+2y^2 \le 1$ 인 영역에서 정의된 함수 $f(x,y)=(x^2+y^2)e^{-x}$ 의 최댓값을 M, 최솟값을 m 이라 할 때, $M+m$ 은?

① e ② e^{-1} ③ 2cosh1 ④ cosh1

단국대

9. 함수 $f(x,y) = x^3-3xy^2+4y^3-3y^2-12y$ 가 극솟값을 갖는 점은?

① $(-1,\ -1)$ ② $(-1,\ 1)$ ③ $\left(\frac{2}{3},\ -\frac{2}{3}\right)$ ④ $(2,\ 2)$

한양대 - 에리카

10. 이변수 함수 $f(x,y)=x^4+y^4-4xy+1$ 에 대하여, 다음 〈보기〉에서 옳은 것을 모두 고르면?

〈보 기〉

(가) $f(x,y)$ 는 3개의 임계점을 가진다.
(나) $f(x,y)$ 는 점 $(0,0)$ 에서 안장점을 가진다.
(다) $f(x,y)$ 는 점 $(1,1)$ 에서 극댓값을 가진다.
(라) $f(x,y)$ 는 점 $(-1,-1)$ 에서 극솟값을 가진다.
(마) $f(x,y)$ 는 점 $(0,1)$ 에서 안장점을 가진다.

① (가), (나), (다), (라), (마) ② (나), (다), (라)
③ (가), (다), (마) ④ (가), (나), (라)

단국대

11. 편도함수가 $\dfrac{\partial f}{\partial x}(x, y) = ye^{xy}$, $\dfrac{\partial f}{\partial y}(x, y) = xe^{xy}$인 함수 $f(x, y)$는 정의역을 $\{(x, y) \in \mathbb{R}^2 \mid 8x^3 + y^3 = 16\}$으로 제한했을 때, (a, b)에서 최댓값을 갖는다. 이때, $a + b$의 값은?

① 1 ② 2 ③ 3 ④ 4

한양대 - 에리카

12. 함수 $f(x, y) = x + y - \ln xy$의 극값은?

① 극솟값 : -2 ② 극댓값 : -2
③ 극솟값 : 2 ④ 극댓값 : 2

숙명여대

13. 점 $(1, 1, 0)$에서 포물면 $z = x^2 + y^2$까지의 최단거리는?

① $\dfrac{\sqrt{3}}{8}$ ② $\dfrac{1}{2}$ ③ $\dfrac{3}{4}$ ④ $\dfrac{3}{8}$ ⑤ $\dfrac{\sqrt{3}}{2}$

서울과학기술대

14. $x^2 + y^2 + z^2 = 35$에서 정의된 함수 $f(x, y, z) = 2x + 6y + 10z$의 최댓값이 $f(a, b, c) = M$일 때, $a + b + c + M$의 값은?

① 69 ② 79 ③ 89 ④ 99

인하대

15. 함수 $f(x, y) = x^2 + y^2 - 2x - 4y + 3$은 $x^2 + y^2 \le 1$일 때, 최댓값 M, 최솟값 m을 가진다. $M + m$의 값은?

① 6 ② $4 + \sqrt{5}$ ③ 7
④ $5 + 2\sqrt{5}$ ⑤ 8

세종대

16. $x^2 + 2y^2 + 3z^2 = 6$일 때, $f(x, y, z) = xyz$의 최댓값은?

① $\dfrac{2\sqrt{3}}{3}$ ② $\sqrt{3}$ ③ $\dfrac{4\sqrt{3}}{3}$ ④ $\dfrac{5\sqrt{3}}{3}$ ⑤ $2\sqrt{3}$

건국대

17. 영역 $D=\{(x, y) \mid (x-6)^2+(y-8)^2 \le 25\}$에서 함수 $f(x, y)=\dfrac{1}{x^2+y^2}$의 최솟값은?

① $\dfrac{1}{290}$ ② $\dfrac{1}{225}$ ③ $\dfrac{1}{185}$ ④ $\dfrac{1}{125}$ ⑤ $\dfrac{1}{100}$

숭실대

18. 다음 중 $f(x, y) = x^2y + xy^2 - 3xy$의 임계점이 아닌 것은?

① $(0, 0)$ ② $(0, 3)$ ③ $(3, 0)$ ④ $(3, 3)$

중앙대

19. $x^2+y^2+z^2 \le 3$을 만족하는 실수 x, y, z에 대하여, $x+2y+3z$가 최대가 되는 경우의 y값은?

① $\dfrac{\sqrt{42}}{6}$ ② $\dfrac{\sqrt{42}}{7}$ ③ $\dfrac{\sqrt{42}}{9}$ ④ $\sqrt{42}$

중앙대

20. 다음 〈보기〉 중 옳은 것의 개수는?

〈보 기〉

ㄱ. $f(x,y)=y^4-x^4-2y^2+2x^2$의 극솟값은 -1이다.
ㄴ. $f(x,y)=y^4-x^4-2y^2+2x^2$은 $(-1,1)$에서 극댓값을 갖는다.
ㄷ. 원 $x^2+y^2=1$ 위에서 $g(x,y)=x^2+2y^2$의 최댓값은 3이다.
ㄹ. $x-y+z=1$과 $x^2+y^2=1$의 교선 위에서 $h(x,y,z)=x+2y+3z$의 최댓값은 6이다.

① 1 ② 2 ③ 3 ④ 4

국민대

21. 곡면 $z = 3y^2 - 6xy + 2x^3 - 3x^2 + 1$의 안장점을 (α, β, γ)라고 할 때, $\alpha + \beta$의 값은?

① 0 ② 4 ③ 2 ④ -4

성균관대

22. $f(x, y) = e^{x-1}\cos((x-1)(y-2))$일 때 점 $(1, 2)$에서 선형근사식 $L(x, y)$를 구하고, 이 식을 이용하여 점 $(1.1, 1.9)$에서 f의 함숫값을 근사하시오.

① $L(x, y) = x$, 1.1 ② $L(x, y) = y$, -0.1

③ $L(x, y) = x$, 0.1 ④ $L(x, y) = y$, 1.9

⑤ $L(x, y) = x + y$, 3

서강대

23. 함수 $f: R^2 \to R^1$이
$f(x, y) = 2x^2 - 2xy + x + y^2 - 4y + 5$로 주어졌다. 이때 함수 f가 극값을 갖는 점을 (α, β)라 할 때, $\alpha - \beta$의 값, 그 점에서 함수 f의 극댓값 또는 극솟값, 그리고 $f(\alpha, \beta)$의 값에 대한 순서 3쌍 $(\alpha - \beta$, max / min, $f(\alpha, \beta))$는?

① $\left(2, \text{max}, \frac{5}{4}\right)$ ② $\left(-2, \text{max}, \frac{5}{4}\right)$

③ $\left(-2, \text{min}, -\frac{5}{4}\right)$ ④ $\left(2, \text{min}, -\frac{5}{4}\right)$

⑤ $\left(2, \text{max}, -\frac{5}{4}\right)$

가천대

24. 평면 $x + y + 2z = 2$와 곡면 $z = x^2 + y^2$의 교선에 있는 점 중 원점으로부터 가장 가까운 점의 좌표를 (a, b, c)라 할 때, $a + b + c$의 값은?

① 0 ② $\frac{1}{2}$ ③ 1 ④ $\frac{3}{2}$

세종대

25. 방정식 $(x + 2y^2 + z)^2 = 12x - 3y^2 - 6z$를 만족하는 실수 x, y, z에 대하여 $(x, y) = (a, b)$에서 z는 최댓값 c를 가진다. $a - b - c$의 값은?

① 3 ② 2 ③ 1 ④ 0 ⑤ -1

성균관대

26. $a > 1$이라고 하자. $xy-$평면 위의 타원 $x^2 + \frac{y^2}{a^2} = 1$ 위의 점들 중 $(1, 0)$과 가장 멀리 떨어진 점의 x좌표가 $-\frac{1}{3}$일 때, a의 값은?

① 1 ② 2 ③ 3 ④ 4 ⑤ 5

숭실대

27. 함수 $f(x,\ y)=xy-\frac{1}{3}(x^3+y^3)$에 대해 다음 〈보기〉 중 옳은 것을 모두 고른 것은?

〈보 기〉

(가) $(1,\ 1)$에서 최댓값을 갖는다.
(나) $(0,\ 0)$에서 극솟값을 갖는다.
(다) 단 하나의 안장점을 갖는다.
(라) $(0,\ 1)$에서 $\langle 0,\ 1\rangle$ 방향으로 증가상태에 있다.

① (가) ② (나), (다) ③ (가), (다) ④ (나), (라)

광운대

28. 조건 $x^4+y^4+z^4=1$을 만족시키는 $f(x,\ y,\ z)=x^2+y^2+z^2$의 최댓값과 최솟값의 차는?

① $\sqrt{3}$ ② $2\sqrt{3}$ ③ $3\sqrt{3}$
④ $\sqrt{3}-1$ ⑤ $2-\sqrt{3}$

인하대

29. 조건 $x^2+y^2+z^2=4$를 만족하는 $x,\ y,\ z$에 대하여 함수 $f(x,\ y,\ z)=2x+y+3z$의 최댓값은?

① $2\sqrt{11}$ ② $3\sqrt{3}$ ③ $2\sqrt{13}$ ④ $2\sqrt{14}$ ⑤ $2\sqrt{15}$

서강대

30. 다음 명제 중에서 맞는 것을 모두 고르면?

(가) 급수 $\sum_{n=1}^{\infty}(-1)^n\frac{\ln n}{n}$ 은 조건부 수렴한다.
(나) $f_x(x,\ y)=x+y^2$, $f_y(x,\ y)=x-y^2$을 만족하는 2계 편도함수가 모두 연속인 함수 f가 존재한다.
(다) 함수 $z=f(x,\ y)$가 $(a,\ b)$에서 미분가능하고 극값을 가지면 $\nabla f(a,\ b)=(0,\ 0)$을 만족한다.
(라) 점 $(1,2)$는 함수 $z=f(x,y)$의 임계점이고,
$f_{xx}(1,2)<0$,
$f_{xx}(1,2)f_{yy}(1,2)<[f_{xy}(1,2)]^2$
을 만족하면 f는 $(1,\ 2)$에서 극댓값을 갖는다.
(마) 급수 $\sum_{n=1}^{\infty}(-1)^{n-1}\frac{1}{n3^n}$ 의 합은 $\ln\frac{4}{3}$ 이다.

① (가), (나), (라) ② (가), (다), (마) ③ (나), (다), (라)
④ (나), (다), (마) ⑤ (다), (라), (마)

중앙대

31. 직육면체가 타원면 $9x^2+4y^2+36z^2=324$ 에 내접할 때, 부피의 최댓값을 구하면?

① $18\sqrt{3}$ ② $36\sqrt{3}$ ③ $108\sqrt{3}$ ④ $144\sqrt{3}$

한국항공대

32. 영역 $\{(x, y) \mid x^2+y^2 \le 9\}$ 에서 함수 $f(x, y)=x^2+2y^2-4y+1$ 의 최댓값과 최솟값의 합은?

① 14 ② 22 ③ 30 ④ 42

숙명여대

33. 구면 $x^2+y^2+z^2=1$ 위의 점으로써 함수 $f(x, y, z) = yz+zx+1$ 의 최댓값을 M, 최솟값을 m 이라고 할 때, $M+m$ 의 값은?

① 1 ② 2 ③ 4 ④ 8 ⑤ 16

서강대

34. 함수 $f(x, y, z)=x-2y+3z$ 의 곡면 $x^2+(y-1)^2+2z^2=19$ 위에서의 극댓값을 α, 극솟값을 β라 할 때, $\alpha-\beta$의 값은?

① $19\sqrt{2}$ ② $\dfrac{19}{\sqrt{2}}-2$ ③ $19-2\sqrt{2}$

④ $19-4\sqrt{2}$ ⑤ $38-4\sqrt{2}$

아주대

35. 방정식 $x^4+y^2=1$ 을 만족하는 x와 y에 대한 $\dfrac{xy}{\sqrt{2}}$ 의 최댓값을 M이라 할 때, $\log_3 M$의 값은?

① $\dfrac{1}{4}$ ② $-\dfrac{1}{4}$ ③ $\dfrac{3}{4}$ ④ $-\dfrac{3}{4}$ ⑤ $\dfrac{1}{2}$

한양대

36. 곡면 $x^2+2y^2+3z^2=18$ 위의 점 $\mathrm{P}(x, y, z)$ 에 대하여 $f(x, y, z)=xyz$ 의 최댓값은?

① 4 ② 6 ③ $4\sqrt{2}$ ④ $6\sqrt{2}$

중앙대

37. $x^2+4y^2 \le 1$를 만족하는 실수 x, y에 대하여 $\sin(\pi xy)$의 최댓값과 최솟값의 차는?

① $\sqrt{3}$ ② 1 ③ $\frac{\sqrt{3}}{2}$ ④ $\sqrt{2}$

중앙대

38. 평면 $z=\frac{9}{2}+\frac{x}{2}$ 와 원뿔면 $x^2+y^2=z^2$ 의 교집합에 속하는 점과 원점 사이의 최대거리는?

① $9\sqrt{2}$ ② $7\sqrt{3}$ ③ $5\sqrt{5}$ ④ $3\sqrt{7}$

인하대

39. 좌표공간에서 $x^2+\frac{y^2}{4}+\frac{z^2}{4}=1$과 $x+y+z=0$의 교집합의 점 $(x,\ y,\ z)$에 대하여 함수 $f(x,\ y,\ z)=x^2+y^2+z^2$의 최댓값과 최솟값을 각각 M, m이라고 할 때, $M-m$의 값은?

① $\frac{4}{3}$ ② $\frac{5}{3}$ ③ 2 ④ $\frac{7}{3}$ ⑤ $\frac{8}{3}$

건국대

40. 한 환자에게 약 A를 a그램, 약 B를 b그램 매일 투약한다. 하루가 지나면 약 A는 50%가, 약 B는 20%가 환자의 몸에 남아있다고 한다. 약의 효과는 a^2+2b^2에 비례한다고 한다. 매일 투약하여도 환자의 몸에 총 10그램 이상은 남아 있지 않게 하면서 약의 효과가 최대가 되게 하는 a와 b에 대하여 $\frac{a}{b}$의 값은?

① 1 ② $\frac{8}{5}$ ③ $\frac{16}{5}$ ④ 4 ⑤ $\frac{25}{7}$

4. 중적분 계산 - 하프 모의고사 ①

건국대

1. 공간의 영역 $E=\left\{(x,y,z)\,|\,x^2+\frac{y^2}{4}+z^2 \le 1\right\}$에 대하여 삼중적분 $\iiint_E \left(x^2+\frac{y^2}{4}+z^2\right)dV$의 값은?

① $\frac{\pi}{5}$ ② $\frac{2\pi}{5}$ ③ $\frac{3\pi}{5}$ ④ $\frac{4\pi}{5}$ ⑤ $\frac{8\pi}{5}$

국민대

2. $\int_0^\infty \int_0^\infty \frac{1}{(x^2+y^2+1)^2}\,dx\,dy$의 값은?

① $\frac{1}{16}$ ② $\frac{1}{8}$ ③ $\frac{\pi}{8}$ ④ $\frac{\pi}{4}$

경기대

3. 반복적분 $\frac{3\pi}{4}\int_0^9 \int_{\sqrt{y}}^3 \sin(\pi x^3)\,dx\,dy$의 값은?

① $-\frac{1}{2}$ ② 0 ③ $\frac{1}{2}$ ④ 1

인하대

4. 이중적분 $\int_0^1 \int_y^1 e^{x^2}\,dx\,dy$의 값은?

① $\frac{e-1}{3}$ ② $\frac{e-1}{2}$ ③ $\frac{e+1}{3}$ ④ $\frac{e+1}{2}$ ⑤ e

숭실대

5. 삼중적분 $\int_0^1 \int_x^1 \int_0^2 ze^{\frac{x}{y}}\,dz\,dy\,dx$의 값은?

① $\frac{e-1}{2}$ ② $e-1$ ③ $2e$ ④ 0

6. 양의 실수 x에 대하여 $f(x)=\int_0^{\frac{1}{\sqrt{x}}} x^{\frac{3}{2}}\cos(xt)\,dt$일 때, $\int_1^4 f(x)\,dx$의 값은?

① $2(4\sin2-2\cos2-2\sin1-\cos1)$

② $2(4\sin2-2\cos2-1)$

③ $2(4\sin2-2\cos2-2\sin1)$

④ $2(4\sin2-2\cos2-\cos1)$

숙명여대

7. 영역 $R=\{(x,\ y)\mid 1\le xy\le 2,\ 1\le xy^2\le 4\}$에서 중적분 $\iint_R dA$의 값은?

① $\ln 2$ ② $\ln 3$ ③ $2\ln 2$ ④ $\frac{15}{2}$ ⑤ $-\frac{15}{2}$

가천대

8. $\int_0^1\int_{\sqrt{x}}^1 3\sqrt{y^3+1}\,dydx$ 의 값은?

① $\frac{1}{3}(2\sqrt{2}-1)$ ② $\frac{\sqrt{2}}{3}$

③ $\frac{2}{3}(2\sqrt{2}-1)$ ④ $\frac{2\sqrt{2}}{3}$

광운대

9. 이중적분 $\int_0^2\int_x^2 \cos(y^2)dydx$ 의 값은?

① $\frac{1}{2}\sin 4$ ② $\sin 4$ ③ $\frac{3}{2}\sin 4$

④ $2\sin 4$ ⑤ $\frac{5}{2}\sin 4$

명지대

10. 좌표평면에서 네 직선 $x-y=0$, $x-y=1$, $x+y=1$, $x+y=2$에 의해 둘러싸인 영역을 R라 하자. 변환 $u=x-y$, $v=x+y$을 이용하여 구한 $\iint_R \frac{x-y}{x+y}\,dA$의 값은?

① $\frac{1}{5}\ln 2$ ② $\frac{1}{4}\ln 2$ ③ $\frac{1}{2}\ln 2$

④ $\ln 2$ ⑤ $2\ln 2$

세종대

11. 좌표평면에서 $D=\{(x,\,y)\mid x^2+y^2\le 1\}$일 때, 다음 적분의 값은?

$$\iint_D \sqrt{1-x^2-y^2}\,dxdy$$

① $\frac{\pi}{3}$ ② $\frac{\pi}{2}$ ③ $\frac{2\pi}{3}$ ④ $\frac{5\pi}{6}$ ⑤ π

서강대

12. 반복적분 $\int_0^1\int_x^1 e^{\frac{x}{y}}\,dy\,dx$의 값은?

① $\frac{e+1}{2}$ ② $\frac{e-1}{2}$ ③ $e+1$ ④ $\frac{e-1}{3}$ ⑤ $\frac{e+1}{3}$

숭실대

13. 영역 $D=\{(x,\,y)\mid x^2+y^2\le 1,\,|x|\le y\}$에 대하여 이중적분 $\iint_D \sqrt{x^2+y^2}\,dA$의 값은?

① $\frac{\pi}{4}$ ② $\frac{\pi}{6}$ ③ $\frac{\pi}{8}$ ④ $\frac{\pi}{12}$

가천대

14. $\int_0^1\int_{x^2}^1 x^3\sin(y^3)\,dy\,dx$의 값은?

① $\frac{1}{12}(1-\cos 1)$ ② $\frac{1}{6}(1-\cos 1)$ ③ $\frac{1}{6}(\cos 1-1)$ ④ $\frac{1}{6}(1+\cos 1)$

아주대

15. 다음 적분의 값은?

$$\int_0^1\left[\int_x^1 e^{y^2}\,dy\right]dx$$

① e ② $\frac{1}{2}(e-1)$ ③ $\frac{1}{2}(e+1)$ ④ $e-1$ ⑤ $e+1$

건국대

16. 반지름이 R인 원판 $D_R=\{(x,y)\mid x^2+y^2\le R^2\}$에 대하여 다음 극한값은?

$$\lim_{R\to\infty}\iint_{D_R} e^{-(x^2+y^2)}\,dA$$

① π ② $\frac{\pi}{2}$ ③ $\frac{\pi}{3}$ ④ $\frac{\pi}{4}$ ⑤ $\frac{\pi}{5}$

명지대

17. $\int_0^1 \int_{\sqrt{x}}^1 \frac{1}{y^3+1}\, dydx$ 의 값은?

① $\ln 2$ ② $\frac{5}{6}\ln 2$ ③ $\frac{2}{3}\ln 2$

④ $\frac{1}{2}\ln 2$ ⑤ $\frac{1}{3}\ln 2$

국민대

18. 영역 $R=\{(x,\ y):1\le x\le 3,\ 1\le y\le 3\}$에서 정의된 함수 $f(x,\ y)=\frac{1}{x\,y}$에 대하여 다음 적분값은?

$$\iint_R f(x,\ y)\,dA$$

① $\frac{1}{9}$ ② $(\ln 3)^2$ ③ $\frac{1}{(\ln 3)^2}$ ④ $\frac{1}{3}$

숙명여대

19. 영역 $D=\left\{(x,\ y,\ z)\ \middle|\ x^2+y^2+\frac{z^2}{4}\le 1\right\}$에서 삼중적분 $\iiint_D z^2\,dx\,dy\,dz$ 의 값은?

① $\frac{16}{15}\pi$ ② $\frac{32}{15}\pi$ ③ $\frac{16}{5}\pi$ ④ $\frac{32}{5}\pi$ ⑤ $\frac{32}{3}\pi$

중앙대

20. 좌표평면 위의 네 점 $(0,0)$, $(1,1)$, $(2,-2)$, $(3,-1)$ 을 꼭짓점으로 가지는 사각형의 경계와 내부를 R이라 할 때, $\iint_R (x+y)e^{x-y}\,dxdy$ 를 계산하면?

① e^4-1 ② e^3-2 ③ e^3-3 ④ e^4-4

02 다변수미적분

건국대

21. 곡선 $\sqrt[3]{x^2}+\sqrt[3]{y^2}=1$ 로 둘러싸인 영역 중 $x>0,\ y>0$ 인 부분을 D라 할 때, 이중적분 $\iint_D \frac{1}{\sqrt[3]{xy}}dA$ 의 값은?

① $\frac{1}{8}$　② $\frac{3}{8}$　③ $\frac{5}{8}$　④ $\frac{7}{8}$　⑤ $\frac{9}{8}$

아주대

22. 다음 적분의 값은?

$$\int_{-\infty}^{\infty}\int_{-\infty}^{\infty}\frac{1}{(1+x^2+y^2)^3}\,dy\,dx$$

① $\frac{\pi}{8}$　② $\frac{\pi}{4}$　③ $\frac{\pi}{2}$　④ π　⑤ 2π

가천대

23. 영역 D가 다음과 같을 때, $\iint_D (x+y)e^{x^2-y^2}dA$의 값은?

$$D=\{(x,y)\in R^2 \mid 0\le x-y\le 1,\ 0\le x+y\le 1\}$$

① $\frac{1}{2}(e-2)$　② $\frac{1}{2}e$　③ $e-2$　④ $2(e-1)$

인하대

24. 다음 이중적분의 값은?

$$\int_0^{\frac{\pi}{2}}\int_x^{\frac{\pi}{2}}\frac{\sin y}{y}\,dy\,dx$$

① $\frac{1}{2}$　② 1　③ $\frac{3}{2}$　④ 2　⑤ $\frac{5}{2}$

이화여대

25. 적분 $\int_0^1\int_{y^2}^1 4y\,e^{x^2}\,dx\,dy$를 구하시오.

① $e-1$　② $2e-1$　③ $e-2$

④ $2e-2$　⑤ $2e$

한국산업기술대

26. 반복적분 $\int_0^2\int_{y^2}^4 \cos\sqrt{x^3}\,dx\,dy$ 의 값은?

① $\frac{2}{3}\sin 8$　② $\frac{2}{3}\sin 4$　③ $\frac{3}{2}\sin 8$　④ $\frac{3}{2}\sin 4$

광운대

27. 영역 Q가 원점이 중심이고 반지름이 1 과 2 인 구면 사이의 영역일 때 삼중적분 $\iiint_Q \sqrt{x^2+y^2}\,dxdydz$ 의 값은?

① $\frac{13\pi}{4}$ ② $\frac{15\pi}{4}$ ③ $\frac{13\pi^2}{4}$ ④ $\frac{15\pi^2}{4}$ ⑤ $\frac{17\pi^2}{4}$

한양대 - 에리카

28. 이중적분 $\int_0^1\int_x^1 x\sqrt{4+5y^3}\,dydx$ 의 값은?

① $\frac{19}{45}$ ② $\frac{2}{5}$ ③ $\frac{17}{45}$ ④ $\frac{16}{45}$

경희대

29. 영역 $U=\{(x,y)\in R^2 | x^2+3y^2\le 1\}$에 대하여 함수 $f(x,y)=x^2+2y$의 이중적분 $\iint_U f(x,y)\,dxdy$를 구하시오.

건국대

30. 영역 R이 좌표평면에서 점 $(0,0)$, $(0,2)$, $(-2,1)$, $(-2,3)$을 꼭짓점으로 갖는 사각형이라 하자. 주어진 연속함수 $f(x,y)$에 대하여 적분 $\iint_R f(x,y)dA$와 항상 같은 값을 갖는 것은?

① $\int_0^1\int_0^1 f(-2v,\,2u+v)dudv$

② $4\int_0^1\int_0^1 f(-2v,\,2u+v)dudv$

③ $\int_0^1\int_0^{\frac{1}{2}} f(-2v,\,2u+v)dudv$

④ $4\int_0^1\int_0^{\frac{1}{2}} f(-2v,\,2u+v)dudv$

⑤ $4\int_0^{\frac{1}{2}}\int_0^1 f(-2v,\,2u+v)dudv$

02 다변수미적분

단국대

31. 함수 $f(x)=\int_1^x \int_4^{t^2} \frac{t\sqrt{1+u^3}}{u^2}\,du\,dt$에 대하여 $f''(2)$의 값은?

① $\frac{\sqrt{65}}{5}$ ② $\frac{\sqrt{65}}{4}$ ③ $\frac{\sqrt{65}}{3}$ ④ $\frac{\sqrt{65}}{2}$

건국대

32. 다음 공간상의 입체 E를 xy 평면, yz 평면, xz 평면으로 정사영한 영역의 넓이를 각각 S_1, S_2, S_3라 할 때, $S_1+S_2+S_3$의 값은?

$$E=\{(x,y,z)\,|\,0\le x\le 1,\ 0\le z\le y,\ \sqrt{y}\le x\le 1\}$$

① 1 ② $\frac{7}{6}$ ③ $\frac{4}{3}$ ④ $\frac{3}{2}$ ⑤ $\frac{5}{3}$

광운대

33. $\mathbb{R}^2$에서 $y\ge x,\ x\ge 0,\ x^2+\left(y-\frac{1}{2}\right)^2\ge \frac{1}{4}$, $x^2+y^2\le 4$로 이루어진 영역의 면적에 대해 다음 보기 중 옳은 것을 모두 고르면?

〈보 기〉

a. $\frac{7\pi-2}{16}$

b. $\int_{\frac{\pi}{4}}^{\frac{\pi}{2}}\int_{\sin\theta}^{2} r\,dr\,d\theta$

c. $\int_0^{\frac{1}{2}}\int_{\sqrt{\frac{1}{4}-x^2}+\frac{1}{2}}^{\sqrt{4-x^2}} dy\,dx+\int_{\frac{1}{2}}^{\sqrt{2}}\int_x^{\sqrt{4-x^2}} dy\,dx$

① a, b ② b, c ③ a, b, c ④ b ⑤ 없다.

세종대

34. 다음 적분의 값은?

$$\int_0^1\int_{1-\sqrt{1-x^2}}^{1+\sqrt{1-x^2}} \frac{1}{\sqrt{2-y}}\,dy\,dx$$

① $\frac{8\sqrt{2}}{3}$ ② $\frac{7\sqrt{2}}{3}$ ③ $2\sqrt{2}$ ④ $\frac{5\sqrt{2}}{3}$ ⑤ $\frac{4\sqrt{2}}{3}$

서울과학기술대

35. R는 타원 $9x^2-18x+4y^2=27$에 의해 유계된 영역일 때, 이중적분 $\iint_R xy^2\,dA$는?

① $\frac{9}{2}\pi$ ② $\frac{27}{2}\pi$ ③ $\frac{3}{8}\pi$ ④ 6π

건국대

36. 이중적분 $\int_0^{\frac{1}{2}}\int_{\frac{1}{2}}^{\frac{1}{2}+\sqrt{\frac{1}{4}-y^2}} \frac{1}{\sqrt{x^2+y^2}}\,dx\,dy$의 값은?
(단, 계산과정에서 다음 적분공식을 사용할 수 있음.)

$$\int \sec\theta\,d\theta=\ln|\sec\theta+\tan\theta|+C$$

① $\frac{\sqrt{2}}{2}$ ② $\frac{\sqrt{2}-\ln(\sqrt{2}-1)}{2}$

③ $\frac{\sqrt{2}+\ln(\sqrt{2}-1)}{2}$ ④ $\frac{\sqrt{2}-\ln(\sqrt{2}+1)}{2}$

⑤ $\frac{\sqrt{2}+\ln(\sqrt{2}+1)}{2}$

숭실대

37. 반복적분 $\int_0^1 \int_0^{\cos^{-1}y} \sin x \sqrt{1+\sin^2 x}\, dx\, dy$의 값은?

① $\frac{2\sqrt{2}-1}{3}$ ② $\frac{\pi-1}{6}$ ③ $\frac{2\cos 1-\pi}{6}$ ④ $\frac{1}{3}$

세종대

38. 함수 $f(x) = \int_x^{\frac{\pi}{2}} \frac{1}{(2+\cos t)^2}\, dt$에 대하여 정적분 $\int_0^{\frac{\pi}{2}} f(x)\cos x\, dx$의 값은?

① $\frac{1}{6}$ ② $\frac{1}{5}$ ③ $\frac{1}{4}$ ④ $\frac{1}{3}$ ⑤ $\frac{1}{2}$

서강대

39. 선형변환 $T: R^2 \rightarrow R^2$이 $T(u,\, v) = \left(4u,\, 2u + \frac{3}{8}v\right)$로 주어졌다. 2차원 영역 $D^* = \{(u,\, v) \mid 0 \le u \le 1,\, 1 \le v \le 3\}$에 대하여 $D = T(D^*)$라 할 때, $I = \iint_D \left(-\frac{x^2}{16} + y\right) dx\, dy$의 값은?

① $\frac{17}{8}$ ② $\frac{6}{17}$ ③ $\frac{17}{6}$ ④ $\frac{4}{17}$ ⑤ $\frac{17}{4}$

가천대

40. 평면 $\mathbb{R}^2$에서 네 변의 길이의 합이 1 인 정사각형을 S 라고 하자. $(x,\, y)$ 가 S 의 외부의 점일 때, S 의 점 중에서 $(x,\, y)$ 로부터의 거리가 가장 가까운 점까지의 거리를 $d(x,\, y)$ 라 하자. $0 < d(x, y) \le 1$ 을 만족하는 S 의 외부의 모든 점들로 이루어진 집합을 R 이라 할 때, $\iint_R e^{-d(x,y)}\, dx\, dy$ 의 값은?

① $2+\pi-\frac{2+\pi}{e}$ ② $1+2\pi-\frac{1+4\pi}{e}$

③ $2+\pi+\frac{1+2\pi}{e}$ ④ $1+2\pi+\frac{1+\pi}{e}$

02 다변수미적분

한국항공대

41. 영역 R은 4개 꼭짓점 $(0,0)$, $(1,1)$, $(2,0)$, $(1,-1)$로 이루어진 사각형 내부일 때, $\iint_R (x+y)^2 e^{(x-y)}\,dA$ 값은?

① $\frac{4}{3}(e^2-1)$ ② $\frac{3}{4}(e^2-1)$

③ $\frac{4}{3}(e^2+1)$ ④ $\frac{3}{4}(e^2+1)$

중앙대

42. 좌표공간에서 두 부등식 $x^2+y^2 \le z^2$, $x^2+y^2+z^2 \le z$를 만족하는 영역을 E라고 할 때,

$\iiint_E \frac{\tan^{-1}\left(\frac{y}{x}\right)}{\sqrt{x^2+y^2+z^2}}dxdydz$ 의 값은?

① $\frac{\pi(4-\sqrt{2})}{12}$ ② $\frac{\pi^2(4-\sqrt{2})}{12}$

③ $\frac{\pi(4+\sqrt{2})}{12}$ ④ $\frac{\pi^2(4+\sqrt{2})}{12}$

한양대

43. 적분 $\int_0^1\int_{-x}^{x} \frac{1}{(1+x^2+y^2)^2}\,dy\,dx$의 값은?

① $\frac{1}{2\sqrt{2}}\tan^{-1}\frac{1}{\sqrt{2}}$ ② $\frac{1}{\sqrt{2}}\tan^{-1}\frac{1}{\sqrt{2}}$

③ $\sqrt{2}\tan^{-1}\frac{1}{\sqrt{2}}$ ④ $2\sqrt{2}\tan^{-1}\frac{1}{\sqrt{2}}$

명지대

44. 좌표공간에서 $1 \le x^2+y^2+z^2 \le 4$를 만족시키는 영역을 E라 할 때, $\iiint_R (x^2+y^2)\,dV$의 값은?

① $\frac{62}{15}\pi$ ② $\frac{124}{15}\pi$ ③ $\frac{248}{15}\pi$ ④ $\frac{62}{5}\pi$ ⑤ $\frac{124}{5}\pi$

인하대

45. 다음 삼중적분의 값은?

$$\int_{-2}^{2}\int_{-\sqrt{4-x^2}}^{0}\int_0^{x^2+z^2} (x^2+z^2)\,dy\,dz\,dx$$

① $\frac{31}{3}\pi$ ② $\frac{32}{3}\pi$ ③ 11π ④ $\frac{34}{3}\pi$ ⑤ $\frac{35}{3}\pi$

중앙대

46. $\int_0^2\int_0^{\sqrt{4-x^2}} \sqrt{4-y^2}\,dydx$ 의 값은?

① $\frac{4\pi}{3}$ ② $\frac{5\pi}{3}$ ③ $\frac{16}{3}$ ④ $\frac{14}{3}$

숙명여대

47. 좌표공간에서 R을 구 $x^2+y^2+z^2=1$과 원뿔 $z=\sqrt{x^2+y^2}$ 으로 둘러싸이고 $z \geq 0$인 영역이라 할 때, $\iiint_R (x^2+y^2+z^2)\,dx\,dy\,dz$의 값은?

① $\frac{\pi}{10}$ ② $\frac{\pi}{5}(2-\sqrt{2})$ ③ $\frac{\pi}{5}(4-\sqrt{2})$

④ $\frac{2\pi}{5}$ ⑤ $\frac{\pi}{5}(4-2\sqrt{2})$

서울과학기술대

48. $\int_0^1 \int_x^1 x\sqrt{y^2-x^2}\,dy\,dx = \frac{a}{b}$ 이다. 이때, $a+b$의 값은? (단, a와 b는 서로소이다.)

① 13 ② 14 ③ 15 ④ 16

성균관대

49. $\int_0^{\sqrt{2}} \int_y^{\sqrt{4-y^2}} x^2 dx dy$의 값은?

① $\frac{\pi}{2}$ ② $\frac{\pi+1}{2}$ ③ $\frac{\pi+2}{2}$

④ $\frac{\pi+3}{2}$ ⑤ $\frac{\pi+4}{2}$

숭실대

50. 직선 $y=x$, $y=0$과 곡선 $y=\sqrt{1-x^2}$, $y=\sqrt{4-x^2}$ 에 의해 둘러싸인 영역 중 제1사분면에 놓인 영역을 E라고 할 때, 이중적분 $\iint_E \tan^{-1}\left(\frac{y}{x}\right) dA$의 값은?

① $\frac{3\pi^2}{64}$ ② $\frac{9\pi^2}{64}$ ③ $\frac{3\pi^2}{8}$ ④ $\frac{3\pi^2}{4}$

한국항공대

51. 영역 $R=\{(x,\ y)\ |\ |x|+|y|\le 1\}$에 대하여, 이중적분 $\iint_R 2(y-x)^2 e^{x+y}\,dy\,dx$의 값은? (단, e^x는 지수함수이다.)

① $\frac{2}{3}(e+e^{-1})$ ② $\frac{2}{3}(e+e^{-1})^2$

③ $\frac{2}{3}(e-e^{-1})^2$ ④ $\frac{2}{3}(e-e^{-1})$

한양대

52. 적분 $\int_0^1\int_{\sqrt[3]{y}}^1 e^{x^4}\,dx\,dy+\int_0^1\int_{\sqrt[4]{y}}^1 x^3e^{x^4}\,dx\,dy$의 값은?

① $\frac{1}{4}e-\frac{1}{4}$ ② $\frac{1}{4}e-\frac{1}{12}$

③ $\frac{1}{4}e$ ④ $\frac{1}{4}e+\frac{1}{4}$

한양대 - 에리카

53. 이중적분 $\int_{-\infty}^{\infty}\int_{-\infty}^{\infty}\frac{1}{(x^2+y^2+1)^2}\,dx\,dy$의 값은?

① 1 ② π ③ 2π ④ ∞

한양대

54. 영역 $R=\{(x,\ y,\ z)|9x^2+4y^2+z^2\le 1\}$에 대하여 $\iiint_R (9x^2+4y^2+z^2)^2\,dx\,dy\,dz$의 값은?

① $\frac{1}{21}\pi$ ② $\frac{1}{14}\pi$ ③ $\frac{2}{21}\pi$ ④ $\frac{1}{7}\pi$

숙명여대

55. 삼중적분 $\int_0^1\int_{x^2}^1\int_{-\sqrt{y-x^2}}^{\sqrt{y-x^2}}\sqrt{x^2+z^2}\,dz\,dy\,dx$의 값은?

① $\frac{1}{15}\pi$ ② $\frac{2}{15}\pi$ ③ $\frac{3}{15}\pi$ ④ $\frac{4}{15}\pi$ ⑤ $\frac{1}{3}\pi$

가톨릭대

56. 이변수 함수 $f(x,y)=\begin{cases}2(x+y) & 0\le x,y\le 2\\ 0 & \text{그 밖의 } x,y\end{cases}$에 대하여 $A=\{(x,y)|x-y>1\}$일 때 $\iint_A f(x,y)\,dxdy$?

① 1 ② 2 ③ 3 ④ 4

중앙대

57. 영역 R 은 직선 $y=x$, x 축, $y=\frac{3}{2}(x-1)$ 로 둘러싸인 삼각형의 경계와 내부라 하자.
이때, $\iint_R e^{\frac{y}{3x-2y}}\,dxdy$ 의 값은?

① $\frac{1}{2}(e-1)$　② $-\frac{1}{2}(e-1)$
③ $\frac{3}{2}(e-1)$　④ $-\frac{3}{2}(e-1)$

세종대

58. 구면좌표계의 곡면 $\rho=\cos\phi$로 둘러싸인 입체를 E라 할 때, 삼중적분값 $\iiint_E z\,dV$를 구하면?

① $\frac{\pi}{12}$　② $\frac{\pi}{6}$　③ $\frac{\pi}{4}$　④ $\frac{\pi}{3}$　⑤ $\frac{\pi}{2}$

성균관대

59. 좌표평면 위에 부등식 $x^2+2xy+5y^2 \le 1$을 만족하는 영역을 S라고 할 때, 이중적분 $\iint_S \frac{dxdy}{(1+x^2+2xy+5y^2)^2}$ 의 값은?

① π　② $\frac{\pi}{2}$　③ $\frac{\pi}{3}$　④ $\frac{\pi}{4}$　⑤ $\frac{\pi}{5}$

홍익대

60. 다음의 적분과 같지 않은 것을 고르시오.
(단, f는 임의의 연속함수이다.)

$$\int_0^1\int_0^{x^2}\int_0^y f(x,\,y,\,z)\,dz\,dy\,dx$$

① $\int_0^1\int_0^y\int_{\sqrt{y}}^1 f(x,\,y,\,z)\,dx\,dz\,dy$

② $\int_0^1\int_0^{x^2}\int_z^{x^2} f(x,\,y,\,z)\,dy\,dz\,dx$

③ $\int_0^1\int_{\sqrt{y}}^1\int_0^y f(x,\,y,\,z)\,dz\,dx\,dy$

④ $\int_0^1\int_0^{\sqrt{z}}\int_z^{x^2} f(x,\,y,\,z)\,dy\,dx\,dz$

서강대

1. 포물면 $z = x^2 + y^2$, 평면 $z = 0$, 원기둥 $x^2 + y^2 - 2x = 0$으로 둘러싸인 입체의 부피는?

① $\frac{\pi}{2}$ ② π ③ $\frac{3\pi}{2}$ ④ 2π ⑤ $\frac{5\pi}{2}$

서강대

2. 구 $x^2+y^2+z^2=4$의 내부, xy 평면의 위와 원뿔곡면 $z=\sqrt{x^2+y^2}$ 의 아래에 놓여있는 입체의 부피는?

① $\sqrt{2}\pi$ ② $\frac{\sqrt{2}}{2}\pi$ ③ $\sqrt{3}\pi$
④ $\frac{8}{3}\sqrt{2}\pi$ ⑤ $2\sqrt{3}\pi$

광운대

3. 영역 Q: $x \ge 0,\ y \ge 0,\ z \ge 0,\ x+y+z \le 1$에서 $\iiint_Q x\,dV$의 값은?

① $\frac{1}{12}$ ② $\frac{1}{24}$ ③ $\frac{1}{36}$ ④ $\frac{1}{48}$ ⑤ $\frac{1}{60}$

세종대

4. 포물면 $z=1-x^2-y^2$과 평면 $z=1-x$로 둘러싸인 입체의 체적을 구하면?

① $\frac{\pi}{96}$ ② $\frac{\pi}{32}$ ③ $\frac{5\pi}{96}$ ④ $\frac{7\pi}{96}$ ⑤ $\frac{11\pi}{96}$

숙명여대

5. 좌표공간에서 입체 $\{(x,\ y,\ z) \mid x^2+z^2 \le 1,\ y^2+z^2 \le 1,\ 0 \le z \le 1\}$의 부피는?

① $\frac{1}{3}$ ② $\frac{2}{3}$ ③ $\frac{4}{3}$ ④ 2 ⑤ $\frac{8}{3}$

한양대 - 에리카

6. 평면 $x=1$, $y=0$, $y=x$로 둘러싸인 곡면 $z=x^2$의 곡면적은?

① $\frac{1}{12}(5\sqrt{5}-1)$ ② $\frac{1}{4}\sqrt{3}$
③ $\frac{5}{12}\sqrt{5}$ ④ $\frac{1}{12}(3\sqrt{3}-1)$

단국대

7. 네 평면 $x=0,\ z=0,\ y=x,\ x+y=2$와 곡면 $z=x^2+y^2$으로 이루어진 입체의 부피는?

① 1 ② $\frac{4}{3}$ ③ $\frac{5}{3}$ ④ 2

아주대

8. 평면상의 영역 $\{(x,y): 0 \le y \le x^2,\ 0 \le x \le 1\}$의 무게중심의 좌표는 $(0.75,\ a)$이다. 이때 a의 값은?

① $\frac{5}{20}$ ② $\frac{3}{10}$ ③ $\frac{7}{20}$ ④ $\frac{2}{5}$ ⑤ $\frac{9}{20}$

인하대

9. 공간상의 곡면 $z=1-x^2-y^2,\quad z \ge 0$의 넓이는?

① $\frac{\pi}{6}(4\sqrt{5}-3)$ ② $\frac{\pi}{6}(5\sqrt{5}-1)$

③ $\frac{\pi}{6}(6\sqrt{5}-1)$ ④ $\frac{\pi}{6}(7\sqrt{5}-2)$

⑤ $4\frac{\pi}{6}(7\sqrt{6}-1)$

광운대

10. 입체 $\{(x,y,z) \mid -1 \le x \le 1,\ 0 \le z \le 1,\ 0 \le y \le \sqrt{1-z^2}\}$의 부피를 옳게 나타낸 것을 모두 고르면?

ㄱ. $\frac{\pi}{2}$

ㄴ. $\int_{-1}^{1}\int_{0}^{\frac{\pi}{2}}\int_{0}^{1} r\,dr\,d\theta\,dx$

ㄷ. $\int_{-1}^{1}\int_{0}^{1}\sqrt{1-z^2}\,dz\,dx$

ㄹ. $2\int_{0}^{1}\int_{0}^{1}\int_{0}^{\sqrt{1-z^2}} dy\,dx\,dz$

① ㄱ, ㄴ ② ㄱ, ㄷ ③ ㄱ, ㄴ, ㄷ

④ ㄴ, ㄷ, ㄹ ⑤ ㄱ, ㄴ, ㄷ, ㄹ

한국항공대

11. 양수 t에 대하여 $F(t)=\int_0^t\int_x^t 2\cos(y^2)\,dy\,dx$일 때, 점 $t=\frac{\sqrt{\pi}}{2}$에서 $F(t)$의 순간변화율은?

① $\sqrt{\frac{\pi}{2}}$ ② $\frac{\pi}{\sqrt{2}}$ ③ $\frac{\sqrt{2}}{\pi}$ ④ $\sqrt{\frac{2}{\pi}}$

한국항공대

12. 영역 $R=\{(x,\ y)\mid 5x^2-2xy+5y^2\le 24\}$의 면적은?

① $3\sqrt{5}\pi$ ② $3\sqrt{3}\pi$ ③ $2\sqrt{6}\pi$ ④ $2\sqrt{7}\pi$

성균관대

13. 공간에서 영역 R이 두 곡면 $y=x^2,\ x=y^2$과 두 평면 $z=0$, $z=x+y$로 둘러싸여 있을 때, 영역의 체적은?

① $\frac{1}{3}$ ② $\frac{3}{10}$ ③ $\frac{2}{3}$ ④ $\frac{1}{9}$ ⑤ $\frac{5}{3}$

인하대

14. 좌표공간에서 영역 R이 다음과 같이 주어져 있다.
$R=\{(x,\ y,\ z)\mid \sqrt{x^2+y^2}\le z\le \sqrt{4-x^2-y^2}+2\}$
이 영역 R의 부피는?

① $\frac{9}{2}\pi$ ② $\frac{11}{2}\pi$ ③ 6π ④ $\frac{13}{2}\pi$ ⑤ 8π

성균관대

15. 평면 $x+2y+4z=8$에서 부등식 $x\ge 0,\ y\ge 0,\ z\ge 0$을 모두 만족하는 부분의 넓이의 값은?

① $\sqrt{21}$ ② $2\sqrt{21}$ ③ $3\sqrt{21}$ ④ $4\sqrt{21}$ ⑤ $5\sqrt{21}$

건국대

16. 평면상의 세 직선 $y=x,\ y=0,\ x=2$로 둘러싸인 영역을 D라 할 때, 변환 $F(x,y)=(x+y,xy)$에 의한 상 $F(D)$의 넓이는?

① $\frac{2}{3}$ ② $\frac{4}{3}$ ③ 2 ④ $\frac{8}{3}$ ⑤ $\frac{10}{3}$

성균관대

17. 매개변수 $-\frac{\pi}{2} \leq \theta \leq \frac{\pi}{2}$에 대하여 곡선 $r=\sqrt{x^2+y^2}=\cos\theta$, $z=\sin 2\theta$가 주어져 있다. 이 곡선을 z축 둘레로 회전시켜 생기는 곡면을 S라고 할 때, S 내부의 부피는?

① π^2 ② $\frac{\pi^2}{2}$ ③ $\frac{\pi^2}{3}$ ④ $\frac{\pi^2}{4}$ ⑤ $\frac{\pi^2}{5}$

광운대

18. $\mathbb{R}^3$에서 원기둥 $x^2+y^2=3$과 곡면 $z=xy$가 만날 때, 원기둥 내부에 있는 곡면의 면적은?

① $\frac{14\pi}{3}$ ② $\frac{16\pi}{3}$ ③ 6π ④ $\frac{20\pi}{3}$ ⑤ $\frac{22\pi}{3}$

아주대

19. 함수 $y=\sin \pi x$ $(0 \leq x \leq 1)$와 x축으로 둘러싸인 도형의 무게중심의 y좌표는?

① $\frac{1}{2}$ ② $\frac{1}{3}$ ③ $\frac{1}{4}$ ④ $\frac{\pi}{6}$ ⑤ $\frac{\pi}{8}$

세종대

20. 곡면 $z=(5x-y)^2+(x+y)^2$과 평면 $z=6$으로 둘러싸인 영역의 부피는?

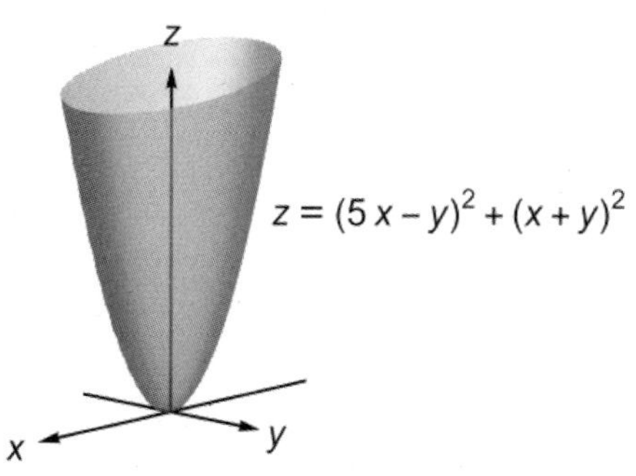

① $\frac{3}{2}\pi$ ② 2π ③ $\frac{5}{2}\pi$ ④ 3π ⑤ $\frac{7}{2}\pi$

숙명여대

21. 두 원기둥 $x^2+y^2 \le 1$, $y^2+z^2 \le 1$의 공통부분 부피는?

① $\frac{2}{3}$ ② $\frac{4}{3}$ ③ $\frac{8}{3}$ ④ $\frac{16}{3}$ ⑤ $\frac{32}{3}$

한국산업기술대

22. 두 포물면 $z=3x^2+3y^2$ 과 $z=4-x^2-y^2$ 으로 유계된 입체의 부피는?

① 5π ② 4π ③ 3π ④ 2π

이화여대

23. 다음 조건을 만족하는 영역의 부피를 구하시오.

$$x^2+y^2+z^2 \le 4,, x^2-2x+y^2 \le 0$$

① $\frac{8}{3}\left(\pi-\frac{2}{3}\right)$ ② $\frac{8}{3}\left(\pi-\frac{4}{3}\right)$

③ $\frac{16}{3}\left(\pi-\frac{2}{3}\right)$ ④ $\frac{16}{3}\left(\pi-\frac{4}{3}\right)$

인하대

24. 다음과 같이 나타낸 공간상의 영역 A의 부피는?

$$A=\{(x, y, z) \mid x^2+y^2+z^2 \le 16,\ 1 \le z \le 3\}$$

① $\frac{61}{3}\pi$ ② $\frac{64}{3}\pi$ ③ $\frac{67}{3}\pi$ ④ $\frac{70}{3}\pi$ ⑤ $\frac{73}{3}\pi$

한국항공대

25. 입체
$S=\{(x, y, z) \mid 3x^2-2xy+3y^2+8z^2 \le 16\}$
의 부피는?

① $\frac{30\pi}{5}$ ② $\frac{32\pi}{5}$ ③ $\frac{30\pi}{3}$ ④ $\frac{32\pi}{3}$

한양대 - 에리카

26. 두 평면 $z=1$, $z=4$ 사이에 있는 원포물면 $z=x^2+y^2$의 겉넓이는?

① $\frac{\pi}{6}(5\sqrt{5}-1)$ ② $\frac{\pi}{12}(5\sqrt{5}-1)$

③ $\frac{\pi}{6}(17\sqrt{17}-5\sqrt{5})$ ④ $\frac{\pi}{12}(17\sqrt{17}-5\sqrt{5})$

세종대

27. 곡면 $z = \arcsin(x^2+y^2-2)+\pi(x^2+y^2)$과 두 평면 $z=\frac{7\pi}{2}$, $z=\frac{\pi}{2}$로 둘러싸인 영역의 부피는?

① $2\pi^2$ ② $4\pi^2$ ③ $6\pi^2$ ④ $8\pi^2$ ⑤ $10\pi^2$

서강대

28. $\alpha>0$를 주어진 상수라 하자. 곡면 $z=\alpha-\sqrt{x^2+y^2}$ 아래에 있고, xy평면 위에 있으며 원기둥 $x^2+y^2=\alpha x$에 의해 둘러싸인 입체의 부피는?

① $\alpha^3\left(\frac{\pi}{2}-\frac{8}{9}\right)$ ② $\alpha^3\left(\frac{\pi}{4}-\frac{4}{9}\right)$

③ $\alpha^3\left(\frac{\pi}{8}-\frac{2}{9}\right)$ ④ $\alpha^3\left(\frac{\pi}{16}-\frac{1}{9}\right)$

숭실대

29. 구면좌표로 표시된 다음 입체 V의 부피는?

$$V=\left\{(\rho,\theta,\phi)\,\middle|\,0\le\rho\le1, 0\le\theta\le\pi, 0\le\phi\le\frac{\pi}{3}\right\}$$

① $\frac{\pi}{3}$ ② $\frac{\pi}{4}$ ③ $\frac{\pi}{6}$ ④ $\frac{\pi}{8}$

홍익대

30. 윗면은 $x^2+y^2+z^2=z$, 아랫면은 $z=\sqrt{x^2+y^2}$인 영역의 부피를 적분으로 바르게 표시한 것을 고르시오.

① $\int_0^{2\pi}\int_0^{\frac{1}{2}}\int_r^{r^2} r\,dz\,dr\,d\theta$

② $\int_0^{2\pi}\int_0^{\frac{1}{2}}\int_r^{\sqrt{1-r^2}} r\,dz\,dr\,d\theta$

③ $\int_0^{\frac{\pi}{4}}\int_0^{2\pi}\int_0^{1} \rho^2\sin\phi\,d\rho\,d\theta\,d\phi$

④ $\int_0^{\frac{\pi}{4}}\int_0^{2\pi}\int_0^{\cos\phi} \rho^2\sin\phi\,d\rho\,d\theta\,d\phi$

6. 선적분과 면적분 - 하프 모의고사 ①

성균관대

1. 다음 선적분의 값은?
(여기서, $C : x^2+y^2=1$은 단위원이다.)

$$\int_C \left(e^x \sin x - y\right)dx + \left(x^2 + \sqrt{y^2+1}\right)dy$$

① $\frac{\pi}{2}$　② π　③ $\frac{3}{2}\pi$　④ 2π　⑤ $\frac{5}{2}\pi$

한국산업기술대

2. C가 $(0,0,0)$에서 $(1,0,1)$까지의 선분 C_1과 $(1,0,1)$에서 $(0,1,2)$까지의 선분 C_2로 구성될 때, 다음 선적분의 값은?

$$\int_C (y+z)dx+(x+z)dy+(x+y)dz$$

① 1　② 2　③ 3　④ 4

홍익대

3. 벡터함수 $\overrightarrow{G}(x,\ y,\ z)=xyze^{x+2y}(x,\ x+y,\ z^2)$에 대하여 벡터함수
$\overrightarrow{F}(x,\ y,\ z)=(x,\ 2y,\ 3z)+(\nabla\times\overrightarrow{G})(x,\ y,\ z)$를 정의할 때, $(\nabla \cdot \overrightarrow{F})(0,\ 0,\ 0)$의 값을 구하시오.

① 2　② 4　③ 6　④ 8

숙명여대

4. 벡터장 $F(x,\ y,\ z)=(\sin(yz),\ 2y,\ x^2)$가 구면 $x^2+y^2+z^2=1$을 통과하여 빠져나가는 양은?

① $-\frac{8}{3}\pi$　② $-\frac{4}{3}\pi$　③ 0　④ $\frac{4}{3}\pi$　⑤ $\frac{8}{3}\pi$

세종대

5. 네 꼭짓점이 $(0,\ 0)$, $(2,\ 0)$, $(0,\ 2)$, $(2,\ 2)$인 정사각형 모양의 경로를 C라 할 때, 다음 선적분의 값은?

$$\oint_C e^y\,dx\ +\ 2xe^y\,dy$$

① $2(e^2-1)$　② $4(e^2-1)$　③ $6(e^2-1)$

④ $8(e^2-1)$　⑤ $10(e^2-1)$

중앙대

6. xy-평면에서 시계반대방향의 향을 갖는 단순폐곡선 C에 대하여 선적분 $\int_C (y^3-9y)dx - x^3dy$ 의 최댓값은?

① $\frac{25}{2}\pi$　② 9π　③ $\frac{27}{2}\pi$　④ $\frac{45}{2}\pi$

숙명여대

7. 평면 $z=3$ 위에 놓여있는 원 $x^2+y^2=16$을 C라고 둘 때, 벡터장 $F(x,y,z)=(yz,2xz,e^{x^2y^2})$의 선적분 $\int_C F\cdot dr$의 값은?
(여기서 곡선 C의 방향은 위에서 볼 때 시계 방향이다.)

① -48π ② -27π ③ 0 ④ 27π ⑤ 48π

단국대

8. 벡터장
$F(x,y,z)=f(x,y,z)i+g(x,y,z)j+h(x,y,z)k$
에 대하여 $\nabla f(1,1,1)=i+2j+3k$,
$\nabla g(1,1,1)=3i+j+2k$,
$\nabla h(1,1,1)=2i+j+2k$ 일 때, $curl\ F(1,1,1)$은?

① $i+j+k$ ② $-i+j+k$
③ $-i-j+k$ ④ $i-j-k$

광운대

9. 곡선 $C:\vec{x}(t)=(t,t^2)$ $(0\le t\le 1)$ 에 대해 선적분 $\int_C (x+\sqrt{y})ds$ 의 값은?

① $\frac{\sqrt{5}-1}{6}$ ② $\frac{2\sqrt{5}-1}{6}$ ③ $\frac{3\sqrt{5}-1}{6}$
④ $\frac{4\sqrt{5}-1}{6}$ ⑤ $\frac{5\sqrt{5}-1}{6}$

성균관대

10. 좌표공간에서 곡면 S가 $0\le x\le 1$이고 $0\le y\le 1$이며, $z=xy(1-x)(1-y)$를 만족하는 점들의 집합으로 주어져 있다. 이때 $\iint_S x\vec{k}\cdot d\vec{S}$ 의 값은? (단, $\vec{k}$는 $(0,0,1)$이고, 곡면 S의 법선벡터의 방향은 위를 향한다.)

① $\frac{1}{5}$ ② $\frac{1}{4}$ ③ $\frac{1}{3}$ ④ $\frac{1}{2}$ ⑤ 1

서강대

11. 곡선 C가 $r(t)=(\cos t, \sin t, 3t)$ $(0 \le t \le 2\pi)$로 주어졌을 때, C 위에서 벡터장 $F(x, y, z)=zi+xj+yk$의 선적분의 값은?

① π ② 3π ③ 5π ④ 7π ⑤ 9π

홍익대

12. 원점을 중심으로 반지름이 1인 원을 점 $(1, 0)$에서 시작해서 반시계방향으로 한 바퀴 도는 경로를 C라 하자. 다음 주어진 벡터장을 C를 따라 선적분한 값이 0이 아닌 것을 고르시오.

① $< 2xy, x^2 >$ ② $< -e^{-x}y^2, 2e^{-x}y >$

③ $< e^x \sin y, e^x \cos y >$ ④ $<-2x^2y, 2xy^2>$

국민대

13. R^3에서 정의된 경로 $C : \vec{r}(t)=(\cos t)\vec{i}+(\sin t)\vec{j}+t\vec{k},\ 0 \le t \le 2\pi$에 대한 선적분 $\int_C (2xy+z)\,ds$의 값은?

① $\sqrt{2}\pi^2$ ② $2\sqrt{2}\pi^2$ ③ $3\sqrt{2}\pi^2$ ④ $4\sqrt{2}\pi^2$

단국대

14. 곡선 $C=\{(t, t^2, t^3) | 0 \le t \le 1\}$를 따라가며 힘 $\mathrm{F}(x,y,z)=e^x\mathrm{i}+xe^{xy}\mathrm{j}+xye^{xyz}\mathrm{k}$가 한 일은?

① $\frac{13}{6}(e-1)$ ② $\frac{17}{6}(e-1)$

③ $\frac{13}{6}(e+1)$ ④ $\frac{17}{6}(e+1)$

인하대

15. 폐곡선 C가 반시계방향의 원 $x^2+y^2=4$일 때, 선적분 $\int_C y^3\,dx - x^3\,dy$의 값은?

① -24π ② -22π ③ -20π ④ -18π ⑤ -16π

단국대

16. $F(x, y, z) = < -y^3, xz^2, 3z >$이고 S가 네 평면 $x+y+z=1,\ x=0,\ y=0,\ z=0$으로 이루어진 사면체 E의 경계일 때. 면적분 $\iint_S F \cdot dS$의 값은?
(단, S의 방향은 E의 외부 쪽으로 향하는 방향이다.)

① $\frac{1}{8}$ ② $\frac{1}{4}$ ③ $\frac{1}{2}$ ④ 1

가천대

17. 평면 위의 곡선 C 가 두 개의 원 $x^2+y^2=1$ 과 $x^2+y^2=4$ 사이의 영역 D 의 경계일 때,
$\int_C x e^{-2x}\,dx+(x^4+2x^2y^2)\,dy$ 의 값은?

① 0 ② π ③ e ④ 2π

중앙대

18. 곡선 C 는
$C=\{(x,y)\in\mathbb{R}^2 \mid x=\cos\theta,\ y=\sin\theta,\ 0\le\theta\le\pi\}$
인 반원이며, 반시계 방향으로 향이 주어져 있다. 이때,
$\int_C (y+x^2)\,dx+\left(2x+\sqrt[3]{\sin y^3+e^{y^2}}\right)dy$ 의 값은?

① 0 ② $\frac{\pi}{2}-\frac{2}{3}$ ③ $\frac{\pi}{3}-\frac{2}{5}$ ④ $\frac{\pi-1}{2}$

성균관대

19. 공간에서 물체가 점 $P(1,1,1)$ 에서 점 $Q(2,2,2)$ 로 움직일 때 $F=x^2\mathrm{i}+y^2\mathrm{j}+z^2\mathrm{k}$ 이 한 일은?

① -1 ② 1 ③ 3 ④ 5 ⑤ 7

건국대

20. 곡선 C는 좌표평면에서 점 $(1,0)$, $(0,1)$, (-1.0), $(0,-1)$을 꼭짓점으로 갖는 사각형이다. 선적분 $\oint_C -ydx+xdy$의 값은?

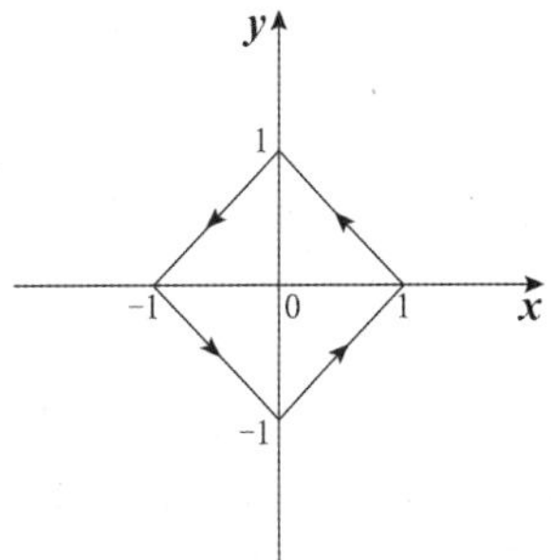

① 0 ② 1 ③ 2 ④ 3 ⑤ 4

서울과학기술대

21. 벡터장 $F(x,y,z)=yi+zj+xk$이고, C는 평면 $x+y+z=1$의 제1 팔분공간에 속하는 부분의 경계이고, 방향은 위에서 보아 반시계 방향일 때, $\int_C F\cdot dr=\frac{a}{b}$이다. 이때, $|a|+|b|$의 값은? (단, $|a|$와 $|b|$는 서로소이다.)

① 7 ② 6 ③ 5 ④ 4

광운대

22. 닫힌 곡선 C는 좌표평면에서 $y=0,\ y=\sqrt{x},\ x=1$의 그래프에 의해 둘러싸인 영역의 경계이고 반시계 방향을 갖는다. 이때 선적분 $\oint_C -y^2dx+2xydy$의 값은?

① $\frac{1}{3}$ ② $\frac{2}{3}$ ③ 1 ④ $\frac{4}{3}$ ⑤ $\frac{5}{3}$

가천대

23. 원기둥 $y^2+z^2=1$과 두 평면 $x=-1,\ x=2$으로 둘러싸인 경계 곡면을 S라 할 때 $F(x,y,z)=\langle 3xy^2, xe^z, z^3\rangle$에 대해 $\iint_S F\cdot dS$의 값은?

① $\frac{3}{4}\pi$ ② $\frac{3}{2}\pi$ ③ $\frac{9}{4}\pi$ ④ $\frac{9}{2}\pi$

서강대

24. $F=(2xyz^2-\cos x)i+(x^2z^2)j+(2x^2yz)k$로 주어진 벡터장과 곡선 C가 $r(t)=(\cos^5 t,\ -\sin^3 t,\ t^5)$, $0\le t\le\frac{\pi}{2}$로 주어졌다. 이때, $I=\int_C F\cdot dr$의 값은?

① $-\sin(1)$ ② $\sin(1)$ ③ $-\left(\frac{\pi}{2}\right)^{10}-\sin(1)$ ④ $-\left(\frac{\pi}{2}\right)^{10}+\sin(1)$ ⑤ $\left(\frac{\pi}{2}\right)^{10}+\sin(1)$

홍익대

25. 폐곡선 C는 점 $(0,0)$, $(1,0)$, $(1,1)$ 꼭짓점으로 가지는 삼각형이다. 다음 선적분을 구하시오.
(단, 경로의 방향은 반시계 방향이다.)

$$\oint_C \left(e^{-y^2}-xy\right)dx-2xye^{-y^2}dy$$

① $\frac{1}{3}$ ② $\frac{2}{3}$ ③ $2e^{-1}-\frac{1}{3}$ ④ $-e^{-1}+\frac{2}{3}$

서울과학기술대

26. 곡선 $C: x=\cos^3 t,\ y=\sin^3 t\ \left(0\le t\le\frac{\pi}{2}\right)$일 때, $\int_C y\,ds=\frac{a}{b}$이다. 이때, $a+b$의 값은?
(단, a와 b는 서로소이다.)

① 7 ② 8 ③ 9 ④ 10

국민대

27. 곡선 C를 매개변수방정식 $r(t)=(\sqrt{2}\cos t,\ \sqrt{2}\sin t)$, $(0\le t\le \frac{\pi}{4})$로 정의할 때, 벡터장 $F(x,y)=(y,x)$에 대한 선적분 $\int_C F\cdot dr$의 값은?

① 0　② 1　③ $\sqrt{2}$　④ $-\sqrt{2}$

중앙대

28. 반구 $S=\{(x,y,z)\in\mathbb{R}^3 | x^2+y^2+z^2=1, z\ge 0\}$에서 주어진 벡터장
$\mathbb{F}(x,y,z)=(ye^{z^2}\sin z, xe^{z^2}\cos z, 4x^2+z)$의 곡면 적분 $\iint_S \mathbb{F}\cdot n\, dS$를 계산하면? (단, n은 곡면에 수직이며, 반구의 바깥쪽으로 향하는 크기가 1인 단위벡터이다.)

① 0　② $\frac{2}{3}\pi$　③ $\frac{5}{3}\pi$　④ 2π

숙명여대

29. 곡선 C가 매개방정식 $x=\sin(\pi t)$, $y=1-t^2$, $z=2t$ $(0\le t\le 1)$로 주어져 있을 때, 선적분
$\int_C (yz+1)dx+(xz+z)dy+(xy+y+2z)dz$의 값은?

① -4　② -2　③ 0　④ 2　⑤ 4

한국항공대

30. 아래 그림에서 $(0,\ 0)$에서 $(2,\ 1)$에 이르는 두 경로 a와 b에 대한 적분 $I=\int (x^2y\,dx - x\,dy)$의 값은? (단, I_a는 경로 a에 따른 적분값, I_b는 경로 b에 따른 적분값이다.)

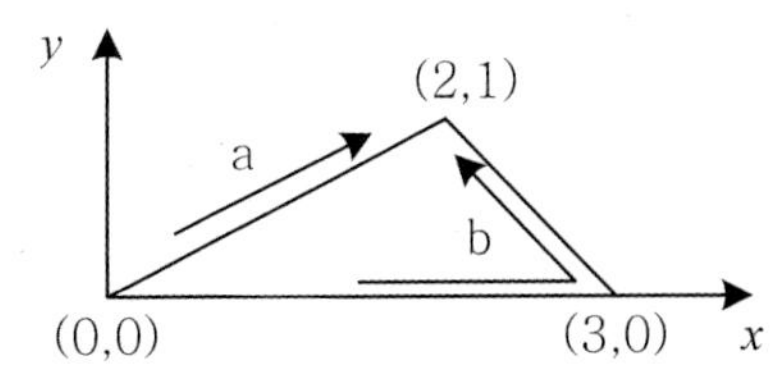

① $I_a=1,\ I_b=-\frac{21}{4}$　② $I_a=1,\ I_b=-\frac{13}{4}$

③ $I_a=-\frac{3}{2},\ I_b=-\frac{13}{4}$　④ $I_a=-\frac{3}{2},\ I_b=-\frac{21}{4}$

인하대

31. 곡선 C는 직교좌표평면에서 점 $(1,\ -1)$에서 $(1,\ 1)$까지 잇는 곡선으로, 극방정식으로는 $r = 2\cos\theta$, $-\frac{\pi}{4} \le \theta \le \frac{\pi}{4}$ 와 같이 주어진다.
이때, 선적분 $\int_C \frac{(x-y)\,dx + (x+y)\,dy}{x^2+y^2}$ 의 값은?

① $\frac{\pi}{6}$ ② $\frac{\pi}{4} - \frac{1}{2}$ ③ $\frac{\pi}{3} - \frac{1}{2}$
④ $\frac{\pi}{3}$ ⑤ $\frac{\pi}{2}$

한국항공대

32. 벡터함수
$\vec{F}(x,y,z) = (e^y\cos z,\ xe^y\cos z,\ -xe^y\sin z)$와 점 $(0,0,0)$에서 점 $(1,2,0)$으로 가는 경로 C에 대하여 $\int_C \vec{F}(\vec{r}) \cdot d\vec{r}$의 값은?

① e^{-1} ② e^{-2} ③ e ④ e^2

중앙대

33. 각 점에서 밀도함수가
$\mu(x,y,z) = \frac{3}{x^2+y^2+z^2}$ 으로 주어질 때, 입체
$E = \{(x,y,z) \in \mathbb{R}^3 |$
$z \ge 0, x^2+y^2+z^2 \le 4, x^2+y^2 \ge 1\}$의 질량은?

① $2\pi\left(3 - \frac{2}{3}\pi\right)$ ② $2\pi\left(2 - \frac{\pi}{3}\right)$
③ $2\sqrt{3}\pi\left(2 - \frac{\pi}{3}\right)$ ④ $2\pi(3\sqrt{3} - \pi)$

이화여대

34. X가 점 $a = (0,1,1)$에서 시작하여 $b = (1,1,0)$에서 끝나는 곡선일 때,
벡터장 $F(x,y,z) = \left(2xy + \frac{z}{1+x^2z^2},\ x^2,\ \frac{x}{1+x^2z^2}\right)$
에 대하여 선적분 $\int_X F$ 를 구하시오.

인하대

35. 공간상에 나선 모양의 곡선 C가 다음과 같은 식으로 주어져 있다.

$$C : r(t) = 3\cos t\, i + 3\sin t\, j + 4t\, k$$
$$(0 \le t \le 2\pi)$$

이때, 선적분 $\int_C (xy+z)\, ds$ 의 값은?

① $20\pi^2$ ② 24π ③ $24\pi^2$ ④ 25π ⑤ $40\pi^2$

단국대

36. 입체 $\left\{(x,y,z) \mid x^2+y^2 \le 3,\ 0 \le z \le \sqrt{4-x^2-y^2}\right\}$의 경계곡면을 S라 하자. S의 방향이 바깥쪽을 향할 때, S를 통과하는 벡터장 $\mathrm{F}(x,y,z) = y^3\mathrm{i} + x^3\mathrm{j} + z^3\mathrm{k}$ 의 유량은?

① $\frac{61}{5}\pi$ ② $\frac{62}{5}\pi$ ③ $\frac{63}{5}\pi$ ④ $\frac{64}{5}\pi$

단국대

37. 곡선 $C=\{(x,y,z)\,|\,(x-1)^2+(y-3)^2=25,\ z=3\}$에 대하여 $\int_C -2y\,dx+3x\,dy+10z\,dz$의 값은?
(단, C의 방향은 원점에서 볼 때 시계방향이다.)

① -250π ② -125π ③ 125π ④ 250π

건국대

38. 좌표평면에서 곡선 C가 점 $(-1,0)$에서 시작하여 $(0,1)$을 거쳐 점 $(1,0)$으로 이어지는 꺾인 직선일 때,
선적분 $\int_C (1-ye^{-x})dx+e^{-x}dy$의 값을 구하면?

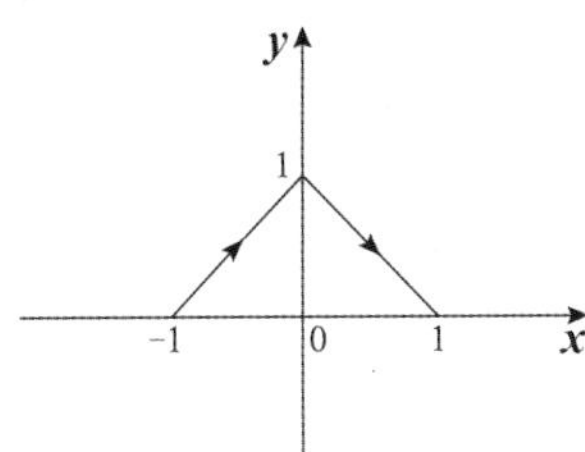

① 0 ② e^{-1} ③ 1 ④ 2 ⑤ e

성균관대

39. 좌표공간에 부등식 $x^2+y^2\le z^2+1$과 $|z|\le 2$를 만족하는 영역의 입체를 고려하자. 이 입체의 경계곡면과 같은 형태의 속이 빈 닫힌 드럼통이 있고, 이 드럼통의 밀도함수가 $\rho(x,y,z)=3|z|$일 때, 드럼통의 질량은?

① 110π ② 111π ③ 112π ④ 113π ⑤ 114π

서울과학기술대

40. 곡면 S가 $z=\sqrt{36-9x^2-4y^2}$의 그래프일 때, 벡터장 $\vec{F}=\frac{1}{x^2+y^2+z^2}\langle -y,x,z\rangle$에 대해서 $\iint_S curl\vec{F}\cdot d\vec{S}$는? (단, 곡면 S의 법선벡터는 위쪽 방향이다.)

① 0 ② 2π ③ 4π ④ 6π

건국대

41. Σ가 곡면 $x^2+y^2+z^2=1,\ x\ge 0,\ y\ge 0,$ $z\ge \sqrt{x^2+y^2}$ 일 때, 면적분 $\iint_{\Sigma} 24yz\,dS$의 값은?

① $\sqrt{2}$ ② $\sqrt{3}$ ③ $2\sqrt{2}$ ④ $2\sqrt{3}$ ⑤ 4

중앙대

42. $x=e^{t^2}-e,\ y=\sin\dfrac{\pi}{t^2+2}$ 로 매개화된 곡선 $C:[0,1]\to\mathbb{R}^2$ 위에서 정의된 벡터장 $\mathbb{F}(x,y)=(3x^2\cos(\frac{\pi}{4}y),\ -\frac{\pi}{4}x^3\sin(\frac{\pi}{4}y))$ 의 선적분 $\int_C \mathbb{F}\cdot d\boldsymbol{s}$ 를 구하면?

① $\dfrac{\sqrt{2}}{2}(e-1)^3$ ② $\sqrt{2}(e-1)^3$

③ $\dfrac{\sqrt{2}}{2}(e-1)^2$ ④ $\sqrt{2}(e-1)^2$

서울과학기술대

43. 곡면 S가 꼭짓점이 $(0,0,1),\ (1,1,-1),\ (1,-1,-1),$ $(-1,0,-1)$ 인 사면체일 때, 벡터장 $\vec{F}=\dfrac{1}{(x^2+y^2+z^2)^{3/2}}\langle x,y,z\rangle$ 에 대해서 $\iint_S \vec{F}\cdot d\vec{S}$ 는? (곡면 S의 법선벡터는 곡면의 외부를 향하는 방향이다.)

① 0 ② $\dfrac{4}{3}\pi$ ③ 2π ④ 4π

중앙대

44. 곡선 C 는 원기둥 $x^2+y^2=1$ 과 평면 $x+y+z=1$ 이 만나서 생기는 교선이다. C 의 향은, z 축의 양의 방향에서 바라볼 때, 반시계 방향으로 주어진다고 하자. 이때, 선적분 $\oint_C\left(-y^5-\frac{5}{3}x^2y^3\right)dx+\left(x^5+\frac{5}{3}x^3y^2\right)dy-z^5dz$ 의 값은?

① $\dfrac{5\pi}{3}$ ② $\dfrac{5\pi}{2}$ ③ 5π ④ 0

건국대

45. 공간에서 곡면 $x=y^2$과 세 평면 $x=z,\ z=0,\ x=1$로 둘러싸인 입체의 밀도함수가 $\rho(x,y,z)=x$ 일 때 이 입체의 질량은?

① $\dfrac{1}{7}$ ② $\dfrac{2}{7}$ ③ $\dfrac{3}{7}$ ④ $\dfrac{4}{7}$ ⑤ $\dfrac{5}{7}$

한양대

46. C는 포물선 $y=x^2$ 위의 점$(0,0)$에서 점$(1,1)$까지의 호(arc)일 때. 다음 선적분의 값 중에서 가장 큰 것은? (단, $\int_C f(x,y)\,ds$는 $f(x,y)$ 의 호의 길이에 대한 선적분이다.)

① $\int_C x\,dy$ ② $\int_C y\,dx$ ③ $\int_C x\,ds$ ④ $\int_C y\,ds$

단국대

47. 조건을 만족시키는 실수 $a,\ b,\ c$에 대하여 $a(b+c)$의 값은?

(1) 점 $(a,\ b,\ c)$는 곡면 $S: x^2+y^2+z^2=9$ 위에 있고,
(2) 면 S 위의 곡선 C의 시작점과 끝점이 평면
$2x+y+2z=0$ 위에 있으면
$\int_C a\,dx+b\,dy+c\,dz=0$

① 0 ② 2 ③ 4 ④ 6

성균관대

48. 폐곡면 $x^2+y^2+z^2=1$을 S라 하고 S의 방향이 바깥쪽을 향할 때, 벡터장
$F(x,\ y,\ z)=\sin^2 x\,\mathrm{i}+6\mathrm{y}\,\mathrm{j}-\mathrm{z}\sin 2\mathrm{x}\,\mathrm{k}$가 곡면 S를 통과하는 유량은?

① 0 ② $\frac{4}{3}\pi$ ③ 4π ④ $-\frac{3}{4}\pi$ ⑤ 8π

한양대

49. C가 두 원 $x^2+y^2=1$과 $x^2+y^2=4$ 사이의 영역 D의 경계로 이루어진 양의 방향을 갖는 곡선일 때, 선적분
$\int_C (e^{\cos x}+y^3)\,dx+(\sqrt{y^4+1}+2xy^2)\,dy$의 값은?

① $-\frac{15}{4}\pi$ ② $-\frac{5}{2}\pi$ ③ $\frac{5}{2}\pi$ ④ $\frac{15}{4}\pi$

홍익대

50. 벡터장 $\mathrm{F}=<\mathrm{z},\ \mathrm{y},\ \mathrm{x}>$의 단위 구면의 바깥 방향 유량과 같지 않은 것을 고르시오. 단, B는 단위 구체, S는 단위 구면, D는 xy평면에서의 단위원 영역이다.

① $\iiint_B 1\,dV$

② $\iint_S (2xz+y^2)\,dS$

③ $\iint_D \left(2x+\frac{y^2}{\sqrt{1-x^2-y^2}}\right)dA$

④ $\iint_S \mathrm{F}\cdot\mathrm{n}d\mathrm{S}$ (n은 단위구면의 바깥 방향 단위법벡터)

02 — 다변수미적분

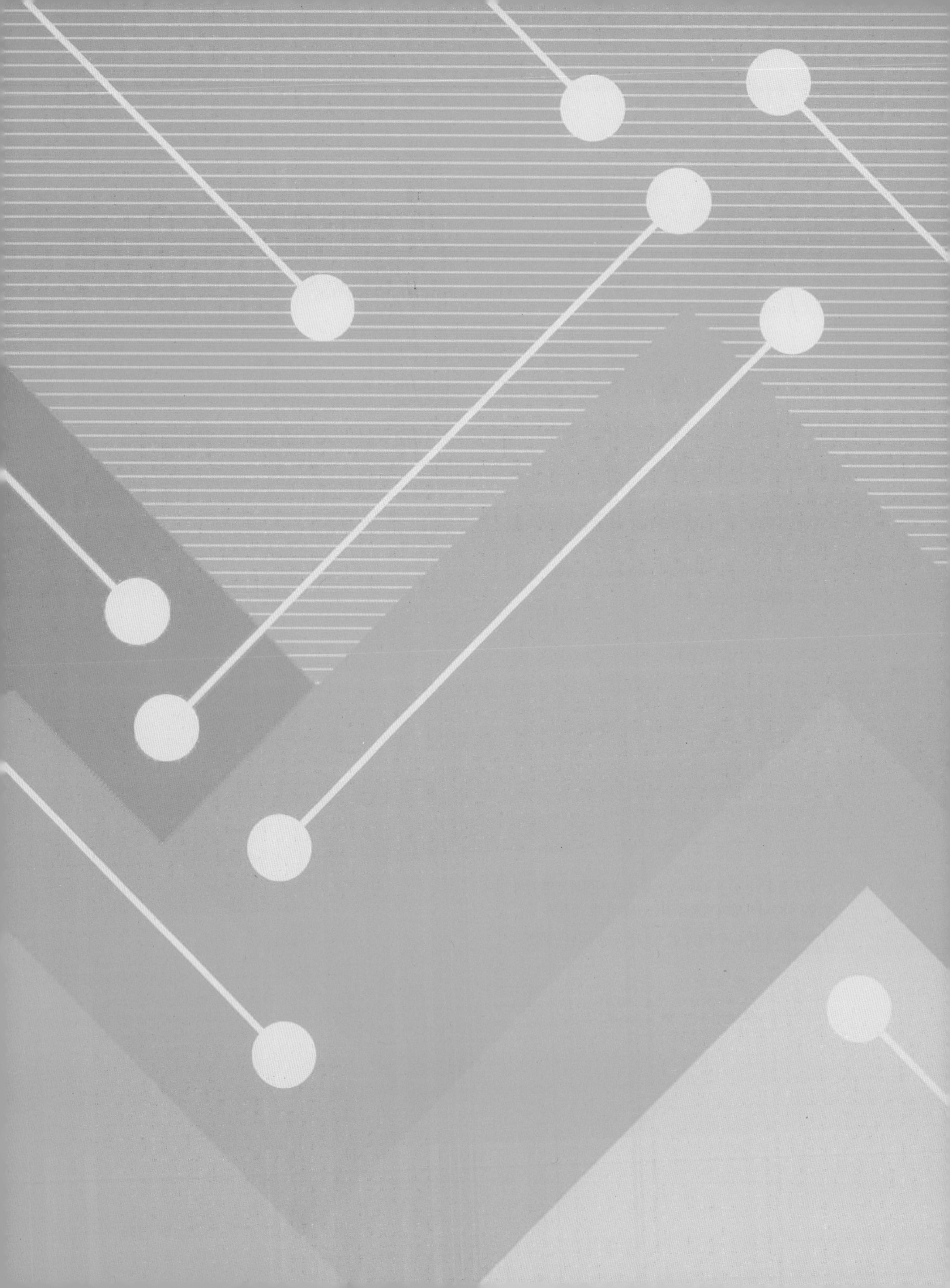

SUBJECT 03

선형대수

1. 벡터와 공간도형
2. 행렬과 연립방정식
3. 선형변환
4. 고윳값과 고유벡터
5. 벡터공간

1. 벡터와 공간도형 - 하프 모의고사 ①

성균관대

1. 좌표공간 안의 세 점 $(1, 1, 0)$, $(1, 0, 1)$, $(0, 1, 1)$을 지나는 평면 위에 있는 점은?

① $(0, 0, 1)$ ② $(2, 1, 0)$ ③ $(2, 1, -1)$
④ $(-1, 1, -1)$ ⑤ $(1, 0, -1)$

이화여대

2. 두 점 $(2, -1, 1)$과 $(3, 1, 5)$에서 같은 거리만큼 떨어진 점 (x, y, z)의 집합을 A라 할 때, A를 나타내는 x, y, z의 관계식을 구하시오.

① $x+y+z=10$ ② $x-2y+z=17$
③ $2x-4y-4z=23$ ④ $2x+4y+8z=29$
⑤ $4x-4y+2z=31$

경기대

3. 벡터 $\mathrm{u}=\mathrm{i}+2\mathrm{j}+3\mathrm{k}$의 평면 $x-2y+5z=0$에 대한 직교사영의 크기는?

① $\sqrt{46}$ ② $\sqrt{\frac{23}{15}}$ ③ $\sqrt{\frac{23}{5}}$ ④ $\sqrt{\frac{46}{5}}$

명지대

4. 두 벡터 $\mathrm{v}=(3, 6, -2)$, $\mathrm{w}=(1, 2, 3)$에 대하여 $\mathrm{v}\times\mathrm{w}=(a, b, c)$일 때, $a+b+c$의 값은?

① 7 ② 8 ③ 9 ④ 10 ⑤ 11

한국항공대

5. 벡터 A의 크기가 a일 때, 사잇각이 θ인 서로 다른 두 벡터 A와 B에 대한 삼중곱 $A\times(A\times B)$와 같은 것은?
(단, $\cdot$ 와 $\times$는 각각 벡터의 내적과 외적을 나타내고, $0<\theta<\frac{\pi}{2}$이다.)

① $-a^2B+(A\cdot B)A$ ② $-a^2B+(A\cdot B)B$
③ $-a^2A+(A\cdot B)A$ ④ $-a^2A+(A\cdot B)B$

아주대

6. 꼭짓점의 좌표가 각각 $(0, 0, 0)$, $(1, 2, 3)$, $(0, 4, 7)$, $(-1, 2, -5)$인 사면체의 부피는?

① 4 ② 5 ③ 6 ④ 7 ⑤ 8

한성대

7. 평면 $3x-2y+z=2$와 직선 $\frac{x-1}{1}=\frac{y-2}{2}=\frac{z}{4}$은 교점 (x_0, y_0, z_0)에서 만난다. $x_0+y_0+z_0$의 값은?

① 10 ② 15 ③ 20 ④ 25

아주대

8. 꼬인 위치의 두 직선 $x-2=-y=z-1$과 $x=\frac{y-1}{-2}=\frac{z}{-3}$ 사이의 거리는?

① $\frac{1}{\sqrt{42}}$ ② $\frac{3}{\sqrt{42}}$ ③ $\frac{5}{\sqrt{42}}$
④ $\frac{3}{\sqrt{21}}$ ⑤ $\frac{5}{\sqrt{21}}$

가톨릭대

9. 평면 $x-2y+z=1$에 수직이고 직선 $x=2y=3z$를 포함하는 평면의 방정식은?

① $7x-4y-15z=0$ ② $4x+y-2z=0$
③ $6x+3y+2z=0$ ④ $x-4y+3z=0$

10. 임의의 세 공간벡터 $\vec{a}, \vec{b}, \vec{c}$에 대한 다음 수식 중 옳은 것을 모두 고르면?

ㄱ. $|\vec{a}+\vec{b}|^2+|\vec{a}-\vec{b}|^2=2(|\vec{a}|^2+|\vec{b}|^2)$
ㄴ. $(\vec{a}\cdot\vec{b})^2+|\vec{a}\times\vec{b}|^2=|\vec{a}|^2|\vec{b}|^2$
ㄷ. $(\vec{a}\times\vec{b})\cdot\vec{c}\geq 0$
ㄹ. $\vec{a}\times(\vec{b}\times\vec{c})=(\vec{a}\times\vec{b})\times\vec{c}$

① ㄱ, ㄴ ② ㄱ, ㄷ ③ ㄱ, ㄴ, ㄹ ④ ㄴ, ㄷ

중앙대

11. 점 P를 직선 $L_1 : x = s+4,\ y = -s+3,\ z = 5s+5$ 위의 점, 점 Q를 직선 $L_2 : x = t+1,\ y = -t+3,\ z = 2t-1$ 위의 점이라고 할 때, 점 P와 점 Q 사이의 최단 거리는?

① 3 ② $\frac{3}{\sqrt{2}}$ ③ $\sqrt{3}$ ④ $\frac{3}{2}$

건국대

12. 네 꼭짓점이 $A(1,1,2)$, $B(1,2,1)$, $C(2,1,1)$, $D(2,2,2)$인 사면체 $ABCD$의 부피는?

① 1 ② $\frac{1}{2}$ ③ $\frac{1}{3}$ ④ $\frac{1}{4}$ ⑤ $\frac{1}{5}$

가천대

13. 정육면체의 두 대각선 사이의 예각을 θ라 할 때, $\cos\theta$의 값은?

① $\frac{1}{3}$ ② $\frac{1}{2}$ ③ $\frac{\sqrt{2}}{2}$ ④ $\frac{\sqrt{3}}{2}$

단국대

14. 네 점 $P(0, 0, 0)$, $Q(2, 2, -2)$, $R(2, -2, 2)$, $S(-2, 2, 2)$에 대하여 이웃하는 세 변이 PQ, PR, PS인 평행육면체의 부피는?

① 16 ② 24 ③ 32 ④ 40

광운대

15. 점 $(1, 1, 1)$로부터 다음 직선까지의 거리는?

$$x-1 = \frac{y+1}{2} = \frac{z+1}{3}$$

① $\sqrt{\frac{2}{7}}$ ② $\sqrt{\frac{3}{7}}$ ③ $\sqrt{\frac{4}{7}}$ ④ $\sqrt{\frac{5}{7}}$ ⑤ $\sqrt{\frac{6}{7}}$

한국산업기술대

16. 두 벡터 $u = <3, -5, 1>$, $v = <0, 2, -2>$에 대하여 u 위로 v의 벡터사영 $\text{Proj}_u v$은?

① $-\frac{3}{4}<3, -5, 1>$ ② $-\frac{3}{4}<0, 2, -2>$

③ $-\frac{12}{35}<3, -5, 1>$ ④ $-\frac{12}{35}<0, 2, -2>$

한국항공대

17. 두 평면 $2x-y-z=4$와 $3x-6y-2z=4$의 사잇각이 θ일 때 $\cos\theta$ 값은?

① $-\frac{1}{\sqrt{3}}$ ② $-\frac{2}{\sqrt{6}}$ ③ $\frac{2}{\sqrt{6}}$ ④ $\frac{1}{\sqrt{3}}$

숭실대

18. 두 점 $(1, 2, 3)$과 $(5, -1, 4)$로부터 같은 거리에 있는 점들로 이루어진 평면의 방정식은?

① $4x - 3y + z = 14$ ② $4x + 2y - 5z = 13$

③ $3x - y - z = 6$ ④ $x + y - z = 0$

한성대

19. 공간상의 세 점 $A(-1,0,2)$, $B(0,3,2)$, $C(2,1,2)$에 대해서 선분AB와 AC가 이루는 예각을 θ라 할 때, $\sin\theta$의 값은?

① $\frac{1}{5}$ ② $\frac{2}{5}$ ③ $\frac{3}{5}$ ④ $\frac{4}{5}$

20. 삼차원 공간 R^3에서 벡터 $\vec{a}, \vec{b}, \vec{c}, \vec{d}$ 의 관계식으로 다음 〈보기〉 중 참인 것을 모두 고르면?

〈보 기〉

ㄱ. $\vec{a}\times\vec{b}=\vec{b}\times\vec{a}$

ㄴ. $\vec{a}\cdot(\vec{b}\times\vec{c})=(\vec{a}\times\vec{b})\cdot\vec{c}$

ㄷ. $(\vec{a}\times\vec{b})\times\vec{c}=\vec{a}\times(\vec{b}\times\vec{c})$

ㄹ. $|\vec{a}\times\vec{b}|^2=(\vec{a}\cdot\vec{a})(\vec{b}\cdot\vec{b})-(\vec{a}\cdot\vec{b})^2$

① ㄱ, ㄴ ② ㄴ, ㄷ ③ ㄴ, ㄹ ④ ㄴ, ㄷ, ㄹ

한국항공대

21. 두 점 $(0, 0, 0)$과 $(2, 1, -1)$을 지나는 직선과 두 점 $(1, 1, 1)$과 $(3, 2, 3)$을 지나는 직선 사이의 수직거리는?

① $\frac{1}{\sqrt{2}}$ ② $\frac{1}{\sqrt{3}}$ ③ $\frac{1}{\sqrt{5}}$ ④ $\frac{1}{\sqrt{6}}$

이화여대

22. 두 벡터 $(2, 0, 1)$과 $(2, -1, 0)$의 끼인 각을 θ라 할 때, $\cos\theta$의 크기를 구하시오.

인하대

23. 좌표공간의 네 점 $\mathrm{O}(0, 0, 0)$, $\mathrm{P}(1, 0, 0)$, $\mathrm{Q}(1, 1, 1)$, $\mathrm{R}(1, 2, 3)$에 대하여 $\overline{\mathrm{OP}}$와 $\overline{\mathrm{QR}}$을 두 변으로 갖는 평행육면체의 부피는?

① $\frac{1}{2}$ ② 1 ③ $\frac{3}{2}$ ④ 2 ⑤ $\frac{5}{2}$

한양대 - 에리카

24. 두 평면 $2x+3y-2z=4$와 $4x-12y+2z=7$이 이루는 교선의 방향과 z축 사이의 각도는?

① $\cos^{-1}\left(\frac{1}{10}\right)$ ② $\cos^{-1}\left(\frac{7}{10}\right)$

③ $\cos^{-1}\left(\frac{1}{7}\right)$ ④ $\cos^{-1}\left(\frac{6}{7}\right)$

한국산업기술대

25. 다음 중 곡면 $3x^2+y^2-2z-9=0$ 위의 점 $(2, -1, 2)$에서 접평면의 방정식을 나타낸 것은?

① $6x-y+z-11=0$ ② $6x-y-z-11=0$

③ $2x-y+2z-5=0$ ④ $2x-y+2z+5=0$

서울과학기술대

26. 다음 두 직선 l_1과 l_2 사이의 거리를 $\frac{a}{\sqrt{b}}$ (단 a, b는 자연수)라 할 때, $a+b$로 가능한 값은?

$$l_1 : x=1+t,\ y=-2+3t,\ z=4-t$$
$$l_2 : x=2s,\quad y=3+s,\quad z=-3+4s$$

① 32 ② 96 ③ 235 ④ 238

명지대

27. 좌표평면의 두 점 $A(1, 3)$, $B(4, 1)$에 대하여 벡터 $\overrightarrow{OA}$와 벡터 $\overrightarrow{OB}$로 만들어지는 평행사변형의 넓이는? (단, O는 원점이다.)

① 5 ② 7 ③ 9 ④ 11 ⑤ 13

한성대

28. 두 벡터 $a = \langle 1, 1 \rangle$, $b = \langle 1, 0 \rangle$에 대하여, 두 벡터의 내적은 $a \cdot b$이고 외적은 $a \times b$이다. 벡터 $\dfrac{a \times b}{a \cdot b}$의 크기는?

① $\dfrac{1}{\sqrt{2}}$ ② 1 ③ $\sqrt{2}$ ④ 2

건국대

29. 점 $(1, 1, 1)$에서 세 점 $(0, 0, 0)$, $(1, 0, 1)$, $(0, 1, 1)$을 포함하는 평면에 내린 수선의 발의 좌표는?

① $\left(\dfrac{1}{6}, \dfrac{1}{6}, \dfrac{1}{3}\right)$ ② $\left(\dfrac{1}{4}, \dfrac{1}{4}, \dfrac{1}{2}\right)$ ③ $\left(\dfrac{1}{2}, \dfrac{1}{2}, 1\right)$

④ $\left(\dfrac{2}{3}, \dfrac{2}{3}, \dfrac{4}{3}\right)$ ⑤ $(1, 1, 2)$

30. 3차원 벡터 $\vec{a}$, $\vec{b}$, $\vec{c}$의 외적의 성질에 대하여 다음 중 옳지 않은 것은?

① $\vec{a} \times \vec{b} = -(\vec{b} \times \vec{a})$

② $\vec{a} \times (\vec{b} \times \vec{c}) = (\vec{a} \cdot \vec{c})\vec{b} - (\vec{a} \cdot \vec{b})\vec{c}$

③ $\vec{a} \times (\vec{b} \times \vec{c}) = (\vec{a} \times \vec{b}) \times \vec{c}$

④ $|\vec{a} \times \vec{b}|^2 = (\vec{a} \cdot \vec{a})(\vec{b} \cdot \vec{b}) - (\vec{a} \cdot \vec{b})^2$

서강대

31. 평면 $r=i-3j+k+\lambda(-i-3j+2k)+\mu(2i+j-3k)$ (λ, μ는 임의의 실수)와 직선 $r=3i-k+t(i-j-k)$ (t는 임의의 실수)가 이루는 각을 θ라 할 때, $\cos\theta$의 값은?

① $\frac{\sqrt{14}}{15}$ ② $\frac{\sqrt{211}}{15}$ ③ $\frac{1}{15}$ ④ $\frac{4\sqrt{14}}{15}$ ⑤ $\frac{\sqrt{13}}{15}$

중앙대

32. 좌표공간의 네 점 $(2, 0, 1)$, $(1, 2, -4)$, $(2, -9, 4)$, $(2, 0, 3)$ 을 꼭짓점으로 가지는 삼각뿔의 부피는?

① 1 ② 2 ③ 3 ④ 6

가천대

33. $f(t)=u(t)\cdot v(t)$, $u(2)=(1, 2, -1)$, $u'(2)=(3, 0, 4)$, $v(t)=(t, t^2, t^3)$일 때, $f'(2)$의 값은?

① 30 ② 33 ③ 35 ④ 38

이화여대

34. 공간상의 세 벡터 $\alpha=(1-t, 4, 7)$, $\beta=(0, 3-t, 3)$, $\gamma=(0, 1, 5-t)$가 원점을 포함하는 평면 안에 있게 하는 t 값들의 합을 구하시오.

한국항공대

35. 두 벡터 A와 B가 같은 평면 위에 있다. 두 벡터의 크기가 $|A|=|B|=a$이고 두 벡터 사잇각이 θ일 때, 다음 중 옳은 것은? (단, $0<\theta<\frac{\pi}{2}$)

① $|A+B|=2a\sin\frac{\theta}{2}$

② $|A-B|=2a\cos\frac{\theta}{2}$

③ $|A+B|^2-|A-B|^2=4a^2\cos\theta$

④ $|A+B|^2+|A-B|^2=4a^2\sin\theta$

경기대

36. 평면 $z=0$과 이루는 사잇각이 $\frac{\pi}{3}$이고 점 $P(2, 1, 1)$을 지나는 평면은?

① $x+\sqrt{2}y+\sqrt{2}z=2+2\sqrt{2}$

② $\sqrt{2}x+y+\sqrt{2}z=1+3\sqrt{2}$

③ $x+\sqrt{2}y+z=3+\sqrt{2}$

④ $\sqrt{2}x+\sqrt{2}y+z=1+3\sqrt{2}$

숙명여대

37. 삼차원 공간의 임의의 벡터 a, b, c에 대하여 다음 중 항상 성립하는 식이 아닌 것은?

① $(a\times b)\times c=a\times(b\times c)$

② $a\times b=-b\times a$

③ $(a\times b)\cdot c=a\cdot(b\times c)$

④ $a\times(b+c)=a\times b+a\times c$

⑤ $|a\times b|^2=|a|^2|b|^2-(a\cdot b)^2$

중앙대

38. 두 직선 $\frac{x}{2}=\frac{y-2}{3}=z+1$ 과 $\frac{x+1}{4}=\frac{y}{6}=\frac{z-3}{2}$ 을 포함하는 평면 α 와 점 $(2,1,3)$ 과의 거리는?

① $\frac{33}{\sqrt{278}}$ ② $\frac{32}{\sqrt{278}}$ ③ $\frac{31}{\sqrt{278}}$ ④ $\frac{34}{\sqrt{278}}$

서울과학기술대

39. 점 $(1,1,2)$를 지나고, 두 직선 $\frac{x-1}{2}=\frac{y}{-1}=\frac{z-3}{-1}$, $\frac{x}{1}=\frac{y-1}{1}=\frac{z-1}{3}$에 수직인 벡터를 법선벡터로 하는 평면의 방정식이 $ax+by+cz=d$일 때, $|a+b+c+d|$의 가능한 값은? (단, a, b, c, d는 정수이다.)

① 3 ② 5 ③ 7 ④ 9

명지대

40. 좌표공간에서 매개방정식 $x=\sqrt{t^2+8}$, $y=\ln(t^2+1)$, $z=2t$로 주어진 곡선 위의 점 $(3,\ln 2,2)$에서의 접선의 방정식은?

① $x-3=2(y-\ln 2)=\frac{z-2}{3}$

② $3(x-3)=\frac{y-\ln 2}{2}=-z+2$

③ $x-3=-3(y-\ln 2)=\frac{z-2}{2}$

④ $3(x-3)=y-\ln 2=\frac{z-2}{2}$

⑤ $x-3=2(y-\ln 2)=-\frac{z-2}{3}$

03 선형대수

홍익대

41. 영벡터가 아닌 두 3차원 벡터 a와 b에 대해서, 다음 중 b와 수직이 아닐 수 있는 것을 고르시오.
(단, $proj_a b$는 벡터 a로 내린 b의 사영벡터이다.)

① a × b ② b − $proj_a$b
③ (a − 2b) × (b − 2a) ④ (b · b)a − (a · b)b

이화여대

42. 두 직선 $x-2=\frac{y-1}{2}=z-1$과 $\left(t+\frac{5}{2},\,1,\,t+\frac{5}{2}\right)$ 사이의 거리를 구하시오.

경기대

43. 직선 $\frac{x-3}{2}=y-5=\frac{z+4}{3}$과
평면 $-2x+y+z=3$ 사이의 최단거리는?

① 0 ② $\frac{4\sqrt{6}}{3}$ ③ $\frac{2\sqrt{6}}{3}$ ④ $\frac{\sqrt{6}}{3}$

서강대

44. 세 벡터 $(0,1,1)$, $(-1,1,2)$, $(x,y,1)$로 이루어진 평행육면체의 부피의 최댓값은?
(단, 벡터 $(x,y,1)$의 길이는 $\sqrt{2}$이다.)

① $1+\sqrt{2}$ ② $2+\sqrt{2}$ ③ $2-\sqrt{2}$
④ $3-\sqrt{2}$ ⑤ $4-\sqrt{2}$

중앙대

45. 두 평면 $x+2y+z=7$, $x-y-z=4$의 교선 위의 점 중에서 원점에 가장 가까운 점을 (a,b,c)라 할 때, $a+b+c$의 값은?

① $\frac{27}{4}$ ② $\frac{31}{5}$ ③ $\frac{35}{6}$ ④ $\frac{39}{7}$

인하대

46. 공간상의 두 벡터 $\vec{a}$, $\vec{b}$는 $|\vec{a}|=1$, $|\vec{b}|=2$, $\vec{a}\cdot\vec{b}=1$을 만족한다. $|\vec{a}\times(\vec{a}\times\vec{b})|$의 값은?

① $\frac{\sqrt{3}}{3}$ ② $\frac{\sqrt{3}}{2}$ ③ $\sqrt{3}$ ④ $\frac{3\sqrt{3}}{2}$ ⑤ $2\sqrt{3}$

이화여대

47. 구 $x^2+y^2+z^2=3$ 위의 두 점 $A=(a_1, a_2, a_3)$, $B=(b_1, b_2, b_3)$에 대하여 $\| A \times B \|^2+(A \cdot B)^2$을 구하시오.

① 3 ② 6 ③ 9 ④ 18 ⑤ 81

가천대

48. 점 $(1, 0, -2)$ 와 점 $(3, 4, 0)$ 으로부터 같은 거리에 있는 점들을 모두 포함하는 평면의 방정식이 $ax+by+cz=5$ 이다. $a+b+c$ 의 값은?

① 1 ② 2 ③ 3 ④ 4

한양대

49. 세 직선 $\frac{x}{3}=\frac{y}{4}=\frac{z}{5}$, $\frac{x}{2}=\frac{y}{1}=\frac{z}{-2}$ 와 $\frac{x}{1}=\frac{y+5}{3}=\frac{z+16}{7}$ 으로 둘러싸인 삼각형의 넓이는?

① $\frac{15}{4}\sqrt{2}$ ② $\frac{15}{2}\sqrt{2}$ ③ 15 ④ $15\sqrt{2}$

한양대 - 에리카

50. 성분이 실수인 벡터 $\vec{v}$ 와 $\vec{w}$ 의 내적을 $\vec{v} \cdot \vec{w}$ 로 나타낼 때, 다음 중 옳은 것은?

① $(\vec{v} \cdot \vec{w}) \le (\vec{v} \cdot \vec{v})(\vec{w} \cdot \vec{w})$

② $(\vec{v} \cdot \vec{w}) \ge (\vec{v} \cdot T\vec{v})(\vec{w} \cdot \vec{w})$

③ $(\vec{v} \cdot \vec{w})^2 \le (\vec{v} \cdot \vec{v})(\vec{w} \cdot \vec{w})$

④ $(\vec{v} \cdot \vec{w})^2 \ge (\vec{v} \cdot \vec{v})(\vec{w} \cdot \vec{w})$

성균관대

1. 행렬 $A=\begin{bmatrix}1&2&3&2\\1&3&2&3\\4&1&5&0\\1&2&1&2\end{bmatrix}$에 대하여 $\det(adj(A))$의 값은?

① 0 ② -2 ③ 4 ④ -8 ⑤ 16

경희대

2. 다음 연립방정식이 오직 한 개의 해를 가질 경우, 무한히 많은 해를 가질 경우, 해를 갖지 않는 경우에 대한 실수 a의 모든 값을 각각 구하고, 그 방법을 설명하시오.

$$\begin{cases} x+y+z=1 \\ 2x+ay+3z=3 \\ x+y+(a+1)z=3 \end{cases}$$

광운대

3. 다음 행렬 A에 대하여 $\det(A^3)$의 값은?

$$A=\begin{pmatrix}1&2&0&2&2\\2&3&0&7&3\\3&3&2&3&4\\4&4&0&1&5\\0&0&0&1&0\end{pmatrix}$$

① 1 ② -1 ③ 0 ④ 8 ⑤ -8

세종대

4. 다음 행렬의 행렬식을 구하면?

$$\begin{bmatrix}0&1&0&2&0\\0&-3&2&3&0\\0&0&0&4&0\\1&-1&3&1&0\\-1&-2&1&-4&2\end{bmatrix}$$

① -16 ② -8 ③ 1 ④ 8 ⑤ 16

성균관대

5. 두 행렬 $A=\begin{bmatrix}1&2&1\\0&1&0\\0&0&1\end{bmatrix}$과 $B=\begin{bmatrix}1&0&0\\-3&-1&0\\0&2&1\end{bmatrix}$에 대하여 행렬 $(AB)^{-1}$의 모든 성분의 합은?

① -8 ② -6 ③ -4 ④ -2 ⑤ 0

숭실대

6. A, B, C가 $n\times n$ 행렬일 때, 다음 중 옳은 명제는?

① A^2이 단위행렬이면, A 또는 $-A$가 단위행렬이다.

② AB가 단위행렬이면, BA도 단위행렬이다.

③ A^2이 영행렬이면, A도 영행렬이다.

④ $AB=AC$이고 A가 영행렬이 아니면, $B=C$이다.

한성대

7. 임의의 실수 x에 대하여 $A=\begin{pmatrix} x+2 & a \\ 2 & x \end{pmatrix}$가 항상 역행렬을 가지기 위한 정수 a의 최댓값을 구하면?

① -1 ② 0 ③ 1 ④ 2

명지대

8. 행렬 $A=\begin{pmatrix} a & -a & a \\ 1 & a & 1 \\ 0 & 0 & a \end{pmatrix}$에 대하여 A가 역행렬을 갖지 않도록 하는 모든 실수 a의 값의 합은?

① -2 ② -1 ③ 0 ④ 1 ⑤ 2

한양대 - 에리카

9. 4×4 행렬 A,B,C 는 각각 다음과 같다. 실수 a,b,c,d 에 대하여 식 $A=BC$ 을 만족시킬 때, A의 행렬식의 값은?

$$A=\begin{pmatrix} 1 & a & 1 & -1 \\ 5 & 1 & 2 & 2 \\ 1 & 2 & 2 & 0 \\ 3 & 0 & 1 & 1 \end{pmatrix} \quad B=\begin{pmatrix} 1 & -2 & 1 & -1 \\ 0 & 1 & b & 2 \\ 0 & 0 & 1 & 0 \\ 0 & 0 & 0 & 1 \end{pmatrix}$$

$$C=\begin{pmatrix} 1 & 0 & 0 & 0 \\ -1 & c & 0 & 0 \\ 1 & 2 & d & 0 \\ 3 & 0 & 1 & 1 \end{pmatrix}$$

① -1 ② 0 ③ 1 ④ 2

명지대

10. A, B, C가 n차 정사각행렬일 때, 〈보기〉에서 옳은 것만을 있는 대로 고른 것은?
(단, $\det(A)$는 A의 행렬식이고, A^{-1}은 A의 역행렬이다.)

〈보 기〉

ㄱ. A가 영행렬이 아니고 $AB=AC$이면 $B=C$이다.
ㄴ. A의 한 행이 다른 행의 상수배이면 $\det(A)=0$이다.
ㄷ. 실수 k에 대하여 $\det(A+kB)=\det(A)+k\det(B)$이다.
ㄹ. A의 역행렬이 존재하면 0이 아닌 실수 k에 대하여 kA의 역행렬도 존재하고 $(kA)^{-1}=k^{-1}A^{-1}$이다.

① ㄱ ② ㄱ, ㄷ ③ ㄴ, ㄷ ④ ㄴ, ㄹ ⑤ ㄴ, ㄷ, ㄹ

03 — 선형대수

중앙대

11. 행렬 $\begin{pmatrix} 1 & 2 & 3 & 4 \\ 1 & 2^2 & 3^2 & 4^2 \\ 1 & 2^3 & 3^3 & 4^3 \\ 1 & 2^4 & 3^4 & 4^4 \end{pmatrix}$의 행렬식의 값은?

① 144 ② 288 ③ 512 ④ 576

가톨릭대

12. A는 $k \times l$ 행렬, B는 4×3 행렬, C는 $m \times n$ 행렬, D는 $p \times q$ 행렬이고 $ABC+D=\begin{pmatrix} 1 \\ 1 \\ 9 \end{pmatrix}$일 때, $k+l+m+p$의 값은?

① 9 ② 11 ③ 13 ④ 15

한양대 - 에리카

13. 정사각행렬 A, B, C에 대하여 A가 가역행렬일 때, 〈보기〉에서 옳은 것의 개수는?

〈보 기〉

ㄱ. $tr((A+B)(A-B))=tr(A^2)-tr(B^2)$
ㄴ. $tr((A+B)C(A-B))=tr(ACA)-tr(BCB)$
ㄷ. $tr(AA^{-1})=1$
ㄹ. $tr(ABC)=tr(C^TB^TA^T)$

① 1 ② 2 ③ 3 ④ 4

단국대

14. 행렬 $A=\begin{pmatrix} 1 & 2 & 4 \\ 0 & -1 & 1 \\ 2 & 3 & 8 \end{pmatrix}$에 대하여 $AB=A^2+2A+E$를 만족시키는 행렬 B의 모든 성분의 합은? (단, E는 3×3 항등행렬이다.)

① 17 ② 18 ③ 19 ④ 20

홍익대

15. 행렬 $\begin{pmatrix} 1 & 2 & 2 \\ 3 & 1 & 0 \\ 1 & 1 & 1 \end{pmatrix}$의 역행렬을 $B=[b_{ij}]$라 할 때, b_{32}를 구하시오.

① -1 ② 1 ③ -6 ④ 6

국민대

16. 다음 행렬 A의 행렬식(determinant) 값은?

$$A=\begin{pmatrix} -1 & 2 & -1 & 2 & -1 \\ 3 & 1 & 3 & 1 & 3 \\ 0 & 0 & 1 & 2 & 4 \\ 0 & 0 & 1 & 3 & 9 \\ 0 & 0 & 1 & 4 & 16 \end{pmatrix}$$

① -7 ② 7 ③ -14 ④ 14

명지대

17. 행렬 $A=\begin{pmatrix}1 & a & 2\\ 0 & 1 & -3a\\ 2 & 2a & a\end{pmatrix}$에 대하여 $\det(A^2)=a^2-24$ 일 때, 실수 a의 값은? (단, det는 행렬식을 나타낸다.)

① 1 ② 2 ③ 3 ④ 4 ⑤ 5

경기대

18. 행렬 $A=\begin{bmatrix}-4 & 0 & 3\\ 0 & 5 & 0\\ 3 & 0 & 4\end{bmatrix}$에 대하여, A^{-1}의 모든 대각성분을 곱한 값은?

① $-\dfrac{16}{3125}$ ② $\dfrac{16}{3125}$ ③ -80 ④ 80

한양대 - 에리카

19. 6×6행렬 $A=\begin{pmatrix}0&0&0&0&0&0\\1&0&0&0&0&0\\0&1&0&0&0&0\\0&0&1&0&0&0\\0&0&0&1&0&0\\0&0&0&0&1&0\end{pmatrix}$와

$B=\begin{pmatrix}0&1&0&0&0&0\\0&0&2&0&0&0\\0&0&0&3&0&0\\0&0&0&0&4&0\\0&0&0&0&0&5\\0&0&0&0&0&0\end{pmatrix}$에 대하여

$C=AB-BA$ 일 때, 행렬 C의 성분들의 합은?

① -3 ② 0 ③ 3 ④ 5

국민대

20. 임의의 두 실수 정사각행렬 A와 B에 대하여 다음 중 참인 것을 모두 고르면?

(가) $\det(AB)=\det(B)\det(A)$
(나) A가 가역(invertible)일 때, $\det(A^{-1})=\det(A)$
(다) $\det(A^T)=\det(A)$
(A^T : A의 전치(transpose)행렬)
(라) A가 직교(orthogonal) 행렬일 때, $\det(A)=1$
(마) A와 B가 닮음(similar)일 때, $\det(A)=\det(B)$
(바) $tr(AB)=tr(BA)$

① (가), (다), (마), (바) ② (가), (나), (다), (바)
③ (가), (다), (라), (마) ④ (나), (라), (마), (바)

03 선형대수

국민대

21. 실수행렬 $A=\begin{pmatrix} 1 & 0 & 1 & 0 \\ 0 & 1 & 0 & 1 \\ 1 & 0 & 1 & 1 \\ 0 & 1 & 0 & 0 \end{pmatrix}$에 대하여 $\det(A)$의 값은?

① -1　② 0　③ 1　④ 3

한국항공대

22. 연립방정식 $2x-y=2xy$, $bx+ay=-9xy$가 무수히 많은 해를 가질 때, $a+b$의 값은? (단, $x \neq 0$이고 $y \neq 0$이다.)

① $-\frac{9}{2}$　② $\frac{5}{2}$　③ $-\frac{1}{2}$　④ $\frac{3}{2}$

가천대

23. 다음 보기 중 옳지 않은 명제의 개수는? (단, A는 3×3행렬이고, I는 3×3 단위행렬)

〈보 기〉

ㄱ. $\det(I-A^T)=\det(I-A)$이다. (단, A^T는 A의 전치행렬)
ㄴ. A의 각 성분이 1 또는 0이면 $\det A$는 $1, 0$ 또는 -1이다.
ㄷ. $A^2=A$인 A는 정칙(가역)행렬이다.
ㄹ. $adj(I)=I$이다.(단, $adj(A)$는 A의 수반행렬)

① 1　② 2　③ 3　④ 4

경기대

24. A와 B가 4×4 직교행렬이고 $\det(A)\det(B)\neq1$일 때, 임의의 홀수인 자연수 n에 대하여 $\det((AB)^n)$의 값은?

① 1　② -1　③ 16　④ -16

경기대

25. $A^T=A^TA$일 때 다음 중 옳은 것을 모두 고르면?

ㄱ. $A=A^T$　　ㄴ. $\det(A)=1$
ㄷ. $A^2=A$　　ㄹ. $A^{-1}=A^T$

① ㄱ, ㄴ　② ㄱ, ㄷ　③ ㄱ, ㄴ, ㄷ　④ ㄱ, ㄴ, ㄹ

한양대 - 에리카

26. 2×2행렬 A와 B에 대하여 A가 가역행렬이고 $\det(3AB)\det(A^{-1})=12$를 만족한다. B의 행렬식은?

① $\frac{1}{2}$　② 1　③ $\frac{4}{3}$　④ 3

가천대

27. 행렬 $A=\begin{pmatrix} 0&0&0&1 \\ 1&0&0&0 \\ 0&1&0&0 \\ 0&0&1&0 \end{pmatrix}$에 대해 다음 보기 중 옳은 것을 있는 대로 고른 것은?

〈보 기〉

ㄱ. A는 직교행렬이다.
ㄴ. A의 행렬식은 1이다.
ㄷ. A의 계수(rank)는 4이다.

① ㄱ, ㄴ ② ㄱ, ㄷ ③ ㄴ, ㄷ ④ ㄱ, ㄴ, ㄷ

한성대

28. 행렬 $A=\begin{pmatrix} 2&-1 \\ 1&1 \end{pmatrix}$의 역행렬은 A^{-1}이고 전치행렬은 A^T이다. 행렬 $B=AA^{-1}+A^T$의 모든 원소의 합은?

① 5 ② 6 ③ 7 ④ 8

한국항공대

29. 다음 중 참인 것을 모두 포함하는 집합은?

a. E가 기본행렬이면 역행렬 E^{-1}가 존재하고 E^{-1}도 기본행렬이다.
b. $n\times n$ 행렬 A는 대칭이고 가역일 때, $A^{-1}=(A^{-1})^T$이다.
c. $m\times n$ 행렬 A에 대해서 AA^T와 A^TA는 대칭행렬이다.

① $\{a, b\}$ ② $\{a, c\}$ ③ $\{b, c\}$ ④ $\{a, b, c\}$

서울과학기술대

30. 다음 연립방정식의 첨가행렬에 가우스 소거법을 적용하였을 때 얻어지는 계단행렬을 $\left[\begin{array}{cccc|c} 1&1&1&1&1 \\ 0&-1&-1&a&2 \\ 0&0&-1&b&20 \\ 0&0&0&c&d \end{array}\right]$라고 할 때, $a+b+\dfrac{d}{c}$의 값은?

$$\begin{aligned} x_1+x_2+x_3+x_4&=1 \\ 2x_1+x_2+x_3+x_4&=4 \\ -x_1+6x_2+5x_3+x_4&=5 \\ 4x_1+x_2+3x_3+2x_4&=6 \end{aligned}$$

① -20 ② -15 ③ -10 ④ -5

03 선형대수

중앙대

31. 다음의 일차연립방정식을 만족하는 해가 존재하도록 상수 c의 값을 정하면?

$$2x-y+z+w=1$$
$$x+2y-z+4w=2$$
$$x+7y-4z+11w=c$$

① -7 ② -5 ③ 5 ④ 없다.

서울과학기술대

32. 4차 정사각행렬 C의 j행 k열 성분 c_{jk}는 다음 행렬 A에서 j행 k열 성분 a_{jk}의 여인수이다. 이때 $\det C$는?

$$A=\begin{pmatrix}1 & 2 & 3 & -25\\ 1 & 3 & 4 & 2\\ 1 & 2 & 15 & 6\\ 1 & 2 & 13 & 1\end{pmatrix}$$

① 2 ② 4 ③ 8 ④ 16

한양대 - 에리카

33. 행렬 $A=\begin{pmatrix}1 & 1 & 1 & 1 & \cdots & 1\\ 0 & 1 & 1 & 1 & \cdots & 1\\ 0 & 0 & 1 & 1 & \cdots & 1\\ 0 & 0 & 0 & 1 & \cdots & 1\\ \vdots & \vdots & \vdots & \vdots & \ddots & \vdots\\ 0 & 0 & 0 & 0 & \cdots & 1\end{pmatrix}$에 대하여

A^{-1}의 첫 번째 행은?

① $(1,\ -1,\ 0,\ 0,\ \cdots,\ 0)$
② $(1,\ -1,\ -1,\ 1,\ \cdots,\ 1)$
③ $(1,\ 0,\ -1,\ 0,\ \cdots,\ 0)$
④ $(0,\ -1,\ -1,\ 1,\ \cdots,\ 1)$

경희대

34. 행렬 $A=\begin{bmatrix}1 & 2 & 3\\ 2 & 5 & 8\\ 3 & 8 & 14\end{bmatrix}$는 다음과 같이 어떤 아래삼각행렬 L과 그 전치행렬 L^T의 곱으로 나타낼 수 있다.

$$A=LL^T=\begin{bmatrix}a & 0 & 0\\ b & c & 0\\ d & e & f\end{bmatrix}\begin{bmatrix}a & b & d\\ 0 & c & e\\ 0 & 0 & f\end{bmatrix}\ (\text{단, } a\ge 0, c\ge 0, f\ge 0)$$

(a) 아래삼각행렬 L과 그 역행렬 L^{-1}을 구하고, 그 과정을 서술하시오.

(b) (a)에서 구한 L^{-1}을 이용하여 A^{-1}을 구하고, 그 근거를 논술하시오.

경기대

35. $n\ge 4$인 자연수 n에 대하여 $(n+1)\times n$ 행렬 A가

$$A=\begin{bmatrix}1 & 0 & 0 & \cdots & 0\\ 1 & 2 & 3 & \cdots & n\\ n+1 & n+2 & n+3 & \cdots & 2n\\ 2n+1 & 2n+2 & 2n+3 & \cdots & 3n\\ \vdots & \vdots & \vdots & \vdots & \vdots\\ n^2-n+1 & n^2-n+2 & n^2-n+3 & \cdots & n^2\end{bmatrix}\text{이면,}$$

A의 위수는?

① 2 ② 3 ③ n ④ $n+1$

숭실대

36. $n\times n$ 대칭행렬 A에 대하여 다음 중 옳지 않은 것은?

① A의 역행렬이 존재하면 A^{-1}가 대칭행렬이다.
② A^2이 대칭행렬이다.
③ $A+A^2$이 대칭행렬이다.
④ S가 역행렬을 갖는 $n\times n$ 행렬이면 $S^{-1}AS$가 대칭행렬이다.

한양대 - 에리카

37. 3×3 행렬 A와 B가 $tr(2AAB-3BAA)=3$ 을 만족할 때 $tr(2ABA)$의 값은?(단, $tr(M)$ 은 행렬 M의 대각합)

① -6　② -3　③ 3　④ 6

성균관대

38. 실수 성분을 갖는 $n\times n$행렬 A, B, C에 대하여, 다음 중 옳지 않은 것은?

① AB와 BA는 동일한 고윳값을 가진다.
② $AB-BA=I$는 성립하지 않는다.
③ A는 두 개의 가역행렬의 합으로 쓰일 수 있다.
④ 영행렬이 아닌 C에 대하여 $AC=BC$면, $A=B$이다.
⑤ n이 홀수일 때, $rank(A)$와 $nullity(A)$는 같지 않다.

서울과학기술대

39. 다음 행렬 A에 대하여, 벡터 $v_1=(1,0,0,0)$, $v_2=(1,1,0,0)$, $v_3=(1,1,1,0)$, $v_4=(1,1,1,1)$ 중 $Aw=v_i$를 만족하는 벡터 $w\in\mathbb{R}^5$가 존재하는 i 값들의 합은?

$$A=\begin{pmatrix}0&3&2&6&1\\5&3&1&5&0\\5&3&0&4&0\\5&3&0&4&0\end{pmatrix}$$

① 3　② 6　③ 7　④ 10

한양대

40. 〈보기〉의 교대행렬에 관한 기술 중에서 올바른 것의 개수는?

〈보 기〉

ㄱ. 교대행렬의 주대각선의 원소는 모두 0이다.
ㄴ. 행렬 A와 B가 2×2 교대행렬일 때, 행렬 AB가 교대행렬이 되기 위한 조건은 A 또는 B가 영행렬이 되어야 한다.
ㄷ. 행렬 A가 정방행렬이면, $A-A^T$는 교대행렬이다. (단, A^T는 A의 전치행렬)
ㄹ. 임의의 정방행렬은 대칭행렬과 교대행렬의 합으로 나타낼 수 있다.

① 1　② 2　③ 3　④ 4

단국대

41. 행렬 $\begin{bmatrix} 2 & -1 & 1 \\ 3 & 0 & 4 \\ -1 & 2 & -3 \end{bmatrix}$을 대칭행렬과 교대행렬의 합으로 나타내면 다음과 같다. 이때, $abcd - efgh$의 값은?

$$\begin{bmatrix} 2 & a & 0 \\ b & 0 & c \\ 0 & d & -3 \end{bmatrix} + \begin{bmatrix} 0 & e & 1 \\ f & 0 & g \\ -1 & h & 0 \end{bmatrix}$$

① -10　② -5　③ 0　④ 5

광운대

42. n차 정사각행렬 $A = (a_{ij})$에 대하여 다음 식의 값은?
(단, $A_{ij} = (-1)^{i+j} M_{ij}$이고 M_{ij}는 i행과 j열을 제거하여 만든 부분행렬의 행렬식이다.)

$$a_{i1}A_{j1} + a_{i2}A_{j2} + \cdots + a_{in}A_{jn} \text{ (단, } i \neq j)$$

① 0　② 1　③ -1　④ $(-1)^n$　⑤ $(-1)^{n+1}$

한국항공대

43. 행렬 $A = \begin{bmatrix} a & 1 & 1 \\ 1 & b & 1 \\ 1 & 1 & c \end{bmatrix}$의 대각선 합 $tr(A)$는 3이고, $abc = 5$일 때, 행렬 A의 수반행렬 $adj(A)$의 행렬식의 값은?

① 4　② 5　③ 16　④ 25

한양대 - 에리카

44. 직교행렬 $A = \begin{pmatrix} \frac{2}{3} & -\frac{2}{3} & \frac{1}{3} \\ \frac{2}{3} & \frac{1}{3} & -\frac{2}{3} \\ \frac{1}{3} & \frac{2}{3} & \frac{2}{3} \end{pmatrix}$에 대하여 다음 중에서 내적 $< Au,\ Av >$의 값이 최대가 되는 $u,\ v$는?
(단, $< a,b >$는 벡터 a와 b의 내적)

① $u = (-2,1,3),\ v = (-1,1,3)$

② $u = (-2,1,3),\ v = (2,1,3)$

③ $u = (-3,1,3),\ v = (-2,1,2)$

④ $u = (2,1,-3),\ v = (2,1,3)$

중앙대

45. 방정식 $\det \begin{pmatrix} x & 1 & 1 & 1 & 1 & 1 \\ 1 & x & 2 & 2 & 2 & 2 \\ 2 & 2 & x & 3 & 3 & 3 \\ 3 & 3 & 3 & x & 4 & 4 \\ 4 & 4 & 4 & 4 & x & 5 \\ 1 & 1 & 1 & 1 & 1 & 1 \end{pmatrix} = 0$의 서로 다른 해를 모두 더하면?

① 14　② 15　③ 16　④ 17

경희대

46. 다음 연립방정식의 일반해를 구하시오. 또한 $-1 \le x_3 \le 1$이고 $-1 \le x_4 \le 1$일 때, x_1의 최댓값과 최솟값을 구하고, 그 과정을 서술하시오.

$$\begin{aligned} x_1 + 2x_2 + 7x_3 + x_4 &= -1 \\ x_1 + x_2 + x_3 + x_4 &= 0 \\ 3x_1 + 4x_2 + 9x_3 + 3x_4 &= -1 \end{aligned}$$

세종대

47. 네 개의 1×4 행렬 $A_1 = (1, 0, 1, 0)$, $A_2 = (0, 1, 1, 1)$, $A_3 = (1, 2, 3, 2)$, $A_4 = (3, 1, 3, 1)$에 대해 4×4 행렬 B는 $B = \sum_{i=1}^{4} A_i^t A_i$로 정의된다. 행렬 B의 계수(rank)를 구하면? (단, A^t는 A의 전치행렬이다.)

① 0 ② 1 ③ 2 ④ 3 ⑤ 4

건국대

48. 두 변량 x 와 y 에 대하여 순서쌍 (x,y) 의 데이터 $(1,2)$, $(2,3)$, $(3,6)$, $(4,7)$ 을 수집하였다.
$\sum_{i=1}^{4}(y_i - mx_i - b)^2$ 의 값이 최소가 되는 m 과 b 에 대하여 $m+b$ 의 값은?

① $\frac{1}{5}$ ② $\frac{3}{5}$ ③ 1 ④ $\frac{7}{5}$ ⑤ $\frac{9}{5}$

경기대

49. 행렬 $A = \begin{pmatrix} 1 & 2 & -1 & -1 \\ -1 & 0 & 0 & 1 \\ -2 & 0 & 0 & 2 \\ 1 & 2 & -1 & -1 \end{pmatrix}$에 대하여 $(I-A)^{-1}$의 모든 원소의 합은? (단, I는 4×4 단위행렬)

① 6 ② -6 ③ 3 ④ -3

경기대

50. 다음 〈보기〉 중 옳은 것을 모두 고르면? (단, O은 영행렬이다.)

〈보 기〉

ㄱ. $A^T A = O$ 이면 $A = O$이다.
ㄴ. $A + A^2 = I$이면 A는 가역이다.
ㄷ. n차 정사각행렬 A와 B가 가역이면 $A + B$도 가역이다.
ㄹ. 모든 열벡터들이 1차 독립인 n차 정사각행렬 A와 B에 대하여 곱 AB의 모든 행벡터들도 1차 독립이다.

① ㄱ, ㄴ, ㄷ ② ㄱ, ㄴ, ㄹ ③ ㄱ, ㄷ, ㄹ ④ ㄴ, ㄷ, ㄹ

[1~2] 선형변환 $T: R^3 \to R^3$가
$T(x, y, z) = (x+2y-2z, x+2y+z, -x-y)$와 같이
정의되고, T^{-1}는 선형변환 T의 역변환일 때,
다음 물음에 답하시오.

한국항공대

1. 벡터 $T^{-1}(1, 2, 3)$의 모든 성분의 합은?

① $\frac{8}{3}$ ② -3 ③ 3 ④ $-\frac{8}{3}$

한국항공대

2. 벡터 $X \in \mathbb{R}^3$에 대하여 $T(X) = BX$를 만족하는 3×3 행렬 B가 존재하고, 행렬 B에 대하여 $PD = BP$를 만족하는 3×3 행렬 P와 D가 존재한다. 이때, 행렬 $P^{-1}B^3P$의 주대각선 원소의 합은?

① 15 ② 27 ③ 31 ④ 45

가톨릭대

3. 아래 그림과 같이 벡터 v를 벡터 p $=< 2,3 >$에 대한 정사영 w로 대응시키는 변환을 나타내는 행렬은?

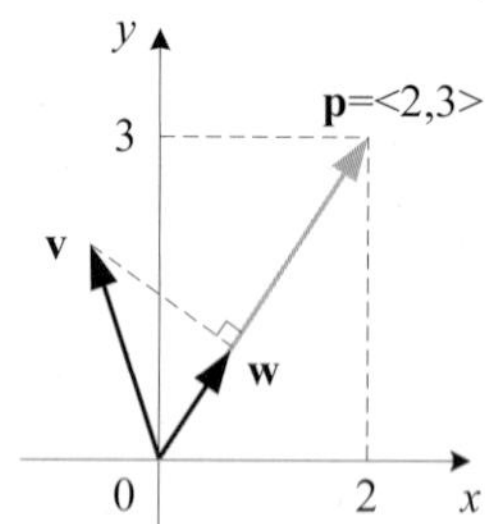

① $\frac{1}{5}\begin{pmatrix} -4 & 6 \\ -6 & 9 \end{pmatrix}$ ② $\frac{1}{5}\begin{pmatrix} -2 & 3 \\ -4 & 6 \end{pmatrix}$

③ $\frac{1}{13}\begin{pmatrix} 2 & 3 \\ 6 & 9 \end{pmatrix}$ ④ $\frac{1}{13}\begin{pmatrix} 4 & 6 \\ 6 & 9 \end{pmatrix}$

성균관대

4. 벡터공간 V는 실수 성분을 갖는 모든 2×2 행렬의 집합일 때, 행렬 $M = \begin{bmatrix} 2 & -1 \\ 3 & 1 \end{bmatrix}$에 대하여 선형변환 $T: V \to V$를 $T(A) = MA$로 정의하자. 이때, T의 대각합의 값은?

① 6 ② 7 ③ 8 ④ 9 ⑤ 10

경기대

5. $v_1 = (1,1,1),\ v_2 = (1,1,0),\ v_3 = (1,0,0)$이고 선형변환 $L: \mathbb{R}^3 \to \mathbb{R}^2$가 $L(v_1) = (1,0),\ L(v_2) = (2,-1),\ L(v_3) = (4,3)$을 만족할 때, $L(4,2,4)$는?

① $(4, 4)$ ② $(4, -4)$ ③ $(8, 8)$ ④ $(8, -8)$

광운대

6. $\mathbb{R}^3$에서 xz평면으로의 사영 $P(x,y,z) = (x,0,z)$으로 정의된 일차변환 $P: \mathbb{R}^3 \to \mathbb{R}^3$에 대응하는 변환행렬 A_P는?

① $\begin{bmatrix} 1 & 0 & 0 \\ 0 & 1 & 0 \\ 0 & 0 & 1 \end{bmatrix}$ ② $\begin{bmatrix} 1 & 0 & 1 \\ 0 & 1 & 0 \\ 0 & 0 & 1 \end{bmatrix}$ ③ $\begin{bmatrix} 1 & 0 & 0 \\ 0 & 1 & 0 \\ 1 & 0 & 1 \end{bmatrix}$

④ $\begin{bmatrix} 1 & 0 & 0 \\ 0 & 0 & 0 \\ 0 & 0 & 1 \end{bmatrix}$ ⑤ $\begin{bmatrix} 1 & 0 & 0 \\ 0 & 1 & 0 \\ 0 & 0 & 0 \end{bmatrix}$

한국항공대

7. $n \times n$ 행렬의 집합 $M_{n \times n}$에 속하는 행렬 A, B, C, D, E에 대하여 다음 중 참인 것을 모두 포함하는 집합은?

ㄱ. 두 행렬 A와 B가 서로 닮은행렬이면 $|A| = |B|$가 성립한다.
ㄴ. 선형연산자 T와 S의 표준행렬이 각각 C와 D일 때 $|CD| = |C||D|$
ㄷ. E와 E의 전치행렬 E^T는 동일한 고윳값을 갖는다.

① ㄱ, ㄴ ② ㄴ, ㄷ ③ ㄱ, ㄷ ④ ㄱ, ㄴ, ㄷ

한국항공대

8. 선형변환 $T: \mathbb{R}^3 \to \mathbb{R}^3$는

$T(1, 2, 3) = \begin{bmatrix} a & c & b \\ c & b & a \\ b & a & c \end{bmatrix} \begin{bmatrix} 1 \\ 2 \\ 3 \end{bmatrix} = \begin{bmatrix} 7 \\ 2 \\ 3 \end{bmatrix}$을 만족한다.

이때, 벡터 $T(1, -1, 1)$의 성분의 합은?

① 2 ② 4 ③ 6 ④ 8

한양대

9. 선형사상 $T: \mathbb{R}^3 \to \mathbb{R}^3$이 $T(1,1,0) = 2(1,1,0)$, $T(0,1,1) = (0,1,1)$, $T(1,0,1) = -(1,0,1)$을 만족할 때, $T^{2018}(0,2,0) = (p,q,r)$라 하면 $p+q+r$의 값은? (단, $T^{2018} = T \circ T \circ \cdots \circ T$)

① 2^{2018} ② $2^{2018}+1$ ③ 2^{2019} ④ $2^{2019}+1$

서강대

10. R^3의 벡터를 평면 $x+y+z=0$ 위로의 정사영으로 보내는 선형변환을 T라 하자. 모든 $v \in R^3$에 대하여 $T(v) = Av$가 되는 행렬을 A라 할 때, 〈보기〉에서 옳은 것을 모두 고르면?

〈보 기〉

(가) A의 역행렬이 존재한다.
(나) $(1,1,1)$은 A의 고유벡터이다.
(다) A의 대각합은 2이다.
(라) A는 하다.

① (가), (라) ② (나), (다) ③ (나), (라)
④ (나), (다), (라) ⑤ (가), (나), (다), (라)

한양대

11. 벡터 $v_1=(\frac{1}{\sqrt{3}}, -\frac{1}{\sqrt{3}}, \frac{1}{\sqrt{3}})$,

$v_2=(\frac{1}{\sqrt{2}}, \frac{1}{\sqrt{2}}, 0)$으로 생성되는 R^3의 부분공간을 W라고 하자. 벡터 $u=(1, -1, -2)$를 W에 사영시킨 벡터를 $v=(a_1, a_2, a_3)$이라 할 때, $a_1-a_2+a_3$의 값은?

① 0 ② 1 ③ 2 ④ 3

광운대

12. 일차변환 T : $\mathbb{R}^3 \to \mathbb{R}^2$에 대해 다음이 성립한다. 이때 $T(2x_1, -x_2, x_3)$는?

$$T(1, 0, 0)=(2, 1)$$
$$T(2, 1, 0)=(2, 1)$$
$$T(1, -1, -1)=(5, 2)$$

① $(4x_1+2x_2, 2x_1-x_2)$

② $(2x_2-x_3, x_1+x_2)$

③ $(x_1-x_2+2, 2x_3+1)$

④ $(4x_1-2x_2-x_3, x_1-x_3)$

⑤ $(4x_1+2x_2-x_3, 2x_1+x_2)$

단국대

13. 실수체 $\mathbb{R}$ 위의 벡터공간 $P_2=\{a+bx+cx^2|a,b,c\in\mathbb{R}\}$에 대하여 선형변환 $T: P_2\to P_2$가 다음을 만족시킨다. $T(5-4x+3x^2)=a+bx+cx^2$일 때, $a+b+c$의 값은?

$$T(x-x^2)=1+x$$
$$T(1-x)=x+x^2$$
$$T(1+x^2)=1+x^2$$

① 4 ② 6 ③ 8 ④ 10

경기대

14. $f_1=f_2=1$인 수열 $\{f_n\}_{n=1}^{\infty}$이 점화식 $f_{n+2}=f_{n+1}+f_n$ $(n\geq 1)$을 만족할 때, 모든 자연수 n에 대하여 $v_{n+1}=Av_n$을 만족하는 행렬 A는?

(단, 모든 자연수 n에 대하여 $v_n=\begin{bmatrix} f_{n+1} \\ f_n \end{bmatrix}$이다.)

① $\begin{bmatrix} 0 & 1 \\ 1 & 1 \end{bmatrix}$ ② $\begin{bmatrix} 1 & 0 \\ 1 & 1 \end{bmatrix}$ ③ $\begin{bmatrix} 1 & 1 \\ 0 & 1 \end{bmatrix}$ ④ $\begin{bmatrix} 1 & 1 \\ 1 & 0 \end{bmatrix}$

광운대

15. 벡터함수 $T: \mathbb{R}^3\to\mathbb{R}^3$에 대해 $T(x,y,z)=(xyz, \sin xy, e^{yz})$일 때, $\mathrm{tr}(\mathrm{J_T}(\pi, 1, -1))$의 값은? (단, J_T는 야코비 행렬)

① $e^{-1}-\pi-1$ ② $e^{-1}+\pi-1$ ③ $e^{-1}-\pi+1$
④ $e^{-1}+\pi+1$ ⑤ 0

서강대

16. 2×3 행렬 $A=\begin{pmatrix} 1 & 0 & -1 \\ 1 & 0 & -1 \end{pmatrix}$에 대하여 $A\vec{x}=\vec{0}$을 만족하는 모든 $\vec{x}$의 집합을 $N(A)$라 하자. 3차원 공간 R^3에서 $N(A)$으로의 정사영행렬을 $P=(p_{jk})$라 할 때, P의 대각합 $p_{11}+p_{22}+p_{33}$의 값은?

① -4 ② 4 ③ -2 ④ 2 ⑤ 0

성균관대

17. 닫힌구간 $[-1, 1]$에서 연속인 모든 함수들로 구성된 내적공간 $C[-1, 1]$에서 내적을 $\langle f, g \rangle = \int_{-1}^{1} f(x)g(x)dx$로 정의하자. $C[-1,1]$의 세 벡터 1, $x+\alpha$, $x^2+\beta x+\gamma$가 서로 직교할 때, $\alpha+\beta+\gamma$의 값은?

① 0 ② $-\frac{1}{2}$ ③ $-\frac{1}{3}$ ④ $-\frac{1}{4}$ ⑤ $-\frac{1}{5}$

세종대

18. 벡터공간 $V=\{ax^2+bx+c \mid a, b, c \in R\}$에 대하여, 선형사상 $L: V \to V$는 $L(p(x)) = x^2 p\left(1-\frac{1}{x}\right)$로 정의된다. 선형사상 L의 대각합 $tr(L)$의 값을 구하면?

① 0 ② 1 ③ 2 ④ 3 ⑤ 4

중앙대

19. 3차 이하의 다항식으로 이루어진 벡터공간 $\mathbb{P}_3(\mathbb{R}) = \{a+bx+cx^2+dx^3 \mid a,b,c,d \in \mathbb{R}\}$ 위의 선형사상 $T: \mathbb{P}_3(\mathbb{R}) \to \mathbb{P}_3(\mathbb{R})$ 이 $T(1)=1+x$, $T(x)=3x$, $T(x^2)=4x+x^2$, $T(x^3)=8x+x^3$으로 정의된다. 선형사상 T를 고유벡터로 이루어진 기저 $\beta=\{-2+x, -4+x^2, -8+x^3, x\}$ 에 대하여 표현한 4×4 행렬 $[T]_\beta$를 (a_{ij}) 라 할 때, $\sum_{j=1}^{4}\sum_{i=1}^{4} a_{ij}$ 의 값은?

① 4 ② 6 ③ 8 ④ 10

경기대

20. 〈보기〉에서 옳은 것을 모두 고르면?

〈보 기〉

ㄱ. $f(x)$가 $n\times n$ 행렬 A의 특성다항식일 때 A가 역행렬을 가질 필요충분조건은 $f(0) \neq 0$이다.
ㄴ. 2×2 행렬 A와 2×1 행렬 X에 대하여 A^2X가 영행렬(zero matrix)이면 AX도 영행렬이다.
ㄷ. V와 W가 벡터공간이고 $T: V \to W$가 선형변환일 때, T가 일대일(one-to-one)일 필요충분조건은 $\dim(\mathrm{Ker}(T))=0$이다.
ㄹ. A가 대칭행렬(symmetric matrix)이면 A의 고윳값(eigenvalue)은 실수이다.
ㅁ. A와 B가 $n\times n$ 행렬일 때, AB와 BA의 고윳값은 같다.

① ㄱ, ㄷ, ㄹ ② ㄴ, ㄹ, ㅁ
③ ㄱ, ㄴ, ㄷ, ㅁ ④ ㄱ, ㄷ, ㄹ, ㅁ

21. 영이 아닌 임의의 벡터 $u \in R^n$ 에서 행렬 $A \in R^{n \times n}$ 를 $A = I - \frac{2}{u^T u} u u^T$ 로 정의 할 때, A의 고윳값이 λ 라면 $\|\lambda\|_2$는? (단, $\lambda = a + bi$ 에서 $\|\lambda\|_2 = \sqrt{a^2 + b^2}$)

① 1 ② $\sqrt{2}$ ③ e ④ 2

22. $T : \mathbb{R}^3 \to \mathbb{R}^3$가 임의의 벡터를 평면 $x + 2y + 3z = 0$에 대하여 대칭인 벡터로 보내는 선형사상이라고 하자. 다음 중 T의 고유벡터가 아닌 것은?

① $(1,5,1)$ ② $(2,2,-2)$ ③ $(0,3,-2)$ ④ $(1,2,3)$

서강대

23. 선형변환 $T : \mathbb{R}^3 \to \mathbb{R}^3$에 대하여 $T(1,2,3) = (1,0,0)$, $T(2,3,4) = (1,1,0)$, $T(3,5,6) = (1,1,1)$이라고 하자. $T(1,3,7) = (a,b,c)$라 할 때, abc의 값은?

① -12 ② -10 ③ 0 ④ 8 ⑤ 56

한양대

24. 차수가 2보다 작거나 같은 다항식들의 벡터공간 P_2에서 기저 $B = \{x, 1+x, 1-x+x^2\}$과 $C = \{v_1(x), v_2(x), v_3(x)\}$에 대하여, 기저 B에서 기저 C로의 기저변환행렬을 $Q = \begin{pmatrix} 1 & 0 & 0 \\ 0 & 2 & 1 \\ -1 & 1 & 1 \end{pmatrix}$이라 할 때, C의 원소로서 적절하지 않은 것은?

① $-x^2 + 2x$ ② $-x^2 - 2x + 1$
③ $2x^2 - 2x + 1$ ④ $2x^2 - 3x + 1$

중앙대

25. $P_2(\mathbb{R}) = \{a + bx + cx^2 | a, b, c \in \mathbb{R}\}$이고, 선형사상 $T : P_2(\mathbb{R}) \to \mathbb{R}^3$ 가 $T(p(x)) = \left(p'(0),\ p''(1),\ \int_0^1 p(x)\,dx\right)$ 로 정의될 때, 기저 $\{1, x, x^2\}$, $\{(1,0,0), (0,1,0), (0,0,1)\}$에 관한 T의 3×3 표현행렬의 (i,j)-성분을 a_{ij} 라 하자.

이때, $\sum_{i=1}^{3}\sum_{j=1}^{3} a_{ij}$ 의 값은?

① $\frac{19}{6}$ ② $\frac{23}{6}$ ③ $\frac{25}{6}$ ④ $\frac{29}{6}$

중앙대

26. 선형사상 $T : \mathbb{R}^4 \to \mathbb{R}^4$ 에 대하여 모든 벡터 $v \in \mathbb{R}^4$ 가 $T^4(v) = 0$ 을 만족한다. $T^3(e) \neq 0$ 을 만족하는 영벡터가 아닌 벡터 $e \in \mathbb{R}^4$ 가 존재한다고 하자. 이 선형사상을 기저 $\{e, T(e), T^2(e), T^3(e)\}$ 로 표현한 행렬의 (i,j)-성분을 a_{ij} 라 할 때, $\sum_{i=1}^{4}\sum_{j=1}^{4} a_{ij}$ 의 값은? (단, $T^2(w) = T(T(w))$, $T^3(w) = T(T^2(w))$, $T^4(w) = T(T^3(w))$이다.)

① 3 ② 4 ③ 5 ④ 6

중앙대

27. $\mathbb{R}^3$의 부분공간 W는 두 벡터 $(1,1,2)$, $(1,2,3)$ 의 일차결합으로 생성되는 평면이다. 벡터 $\vec{b}=(1,3,-2)$를 평면 W로 내린 정사영을 $proj_W(\vec{b})=(p_1,p_2,p_3)$ 라 할 때, $p_1+p_2+p_3$ 의 값은?

① -2 ② 0 ③ 3 ④ 5

중앙대

28. 선형사상 $T:\mathbb{R}^3\to\mathbb{R}^3$ 에 대하여 평면 $2x+3y-z=0$ 위의 모든 점 (x,y,z) 은 $T(x,y,z)=(0,0,0)$ 을 만족하고 $T(1,-1,0)=(2,3,7)$ 이라 하자. $T(1,0,0)=(a,b,c)$ 라 할 때, $a+b+c$ 의 값은?

① -12 ② -24 ③ 12 ④ 24

중앙대

29. 선형사상 $T:\mathbb{R}^3\to\mathbb{R}^3$ 은 직선 $x=-y=z$ 를 중심으로 120° 회전하는 사상이다. $T(1,2,3)=(a,b,c)$ 라 할 때, $a+2b+3c$ 의 값은?

① -7 ② -5 ③ 5 ④ 7

세종대

30. 실계수 2차 이하의 다항식의 벡터공간 P_2의 두 원소 f, g에 대하여 내적을 $<f,g>=\int_0^1 f(x)g(x)\,dx$로 정의하고 이 내적으로부터 정의되는 놈(norm)을 $\|\cdot\|$라 하자.
두 벡터 $v_1=1$, $v_2=x^2$으로 생성되는 P_2의 부분공간 W에 대하여, $\|w-x\|$의 값이 최소가 되는 W의 원소 w를 $w=av_1+bv_2$로 표현하자. 이때, $a+b$의 값을 구하면?

① $\frac{9}{8}$ ② $\frac{5}{4}$ ③ $\frac{11}{8}$ ④ $\frac{3}{2}$ ⑤ $\frac{13}{8}$

4. 고윳값과 고유벡터 - 하프 모의고사 ①

중앙대

1. $A=\begin{pmatrix}-1&0&0\\0&0&-2\\0&2&0\end{pmatrix}$ 일 때, $tr(A^{2018})$ 은?
(단, 정방행렬 B에 대하여 $tr(B)$는 B의 대각합이다.)

① $2^{2018}+1$　② $-2^{2018}+1$
③ $2^{2019}+1$　④ $-2^{2019}+1$

국민대

2. 실수행렬 $A=\begin{pmatrix}-1&-2\\3&4\end{pmatrix}$에 대하여 A^8의 대각합 $tr(A^8)$의 값은?

① 128　② 129　③ 256　④ 257

광운대

3. 행렬 $A=\begin{pmatrix}-1&0&1\\3&0&-3\\1&0&-1\end{pmatrix}$에 대해 $P^{-1}AP=\begin{pmatrix}0&0&0\\0&0&0\\0&0&-2\end{pmatrix}$이다.
이때 $P=\begin{pmatrix}a&b&c\\d&e&f\\g&h&i\end{pmatrix}$의 3번째 열 $\begin{pmatrix}c\\f\\i\end{pmatrix}$가 될 수 있는 것은?

① $\begin{pmatrix}1\\-3\\-1\end{pmatrix}$　② $\begin{pmatrix}1\\2\\-1\end{pmatrix}$　③ $\begin{pmatrix}1\\3\\-1\end{pmatrix}$　④ $\begin{pmatrix}-1\\2\\1\end{pmatrix}$　⑤ $\begin{pmatrix}-1\\0\\1\end{pmatrix}$

한양대 - 에리카

4. 행렬 $A=\begin{pmatrix}3&1\\1&3\end{pmatrix}$과 $v=\begin{pmatrix}x\\y\end{pmatrix}$에 대하여 $v^TAv=1$은 타원이다. 단축의 길이는?

① $\frac{1}{2}$　② $\frac{1}{\sqrt{2}}$　③ 1　④ 2

서울과학기술대

5. 행렬 $\begin{bmatrix}5&1\\4&2\end{bmatrix}$의 고윳값과 고유벡터를 각각 λ_1, λ_2와 $X_1=\begin{bmatrix}1\\a\end{bmatrix}$, $X_2=\begin{bmatrix}1\\b\end{bmatrix}$라고 할 때, $\lambda_1+\lambda_2+a+b$의 값은?

① 3　② 4　③ 5　④ 6

중앙대

6. $\begin{pmatrix}3&1\\1&3\end{pmatrix}^{100}\begin{pmatrix}4\\0\end{pmatrix}=a\begin{pmatrix}1\\-1\end{pmatrix}+b\begin{pmatrix}1\\1\end{pmatrix}$을 만족하는 두 실수 a, b 에 대하여 $\frac{\log_2 a}{\log_2 b}$ 를 구하면?

① $\frac{101}{201}$　② $\frac{201}{101}$　③ $\frac{112}{201}$　④ $\frac{201}{112}$

단국대

7. 3×3 행렬 A가 다음을 만족시킨다.

$$A\begin{pmatrix}1\\-2\\0\end{pmatrix}=\begin{pmatrix}-1\\2\\0\end{pmatrix},\ A\begin{pmatrix}0\\2\\-1\end{pmatrix}=\begin{pmatrix}0\\-4\\2\end{pmatrix},\ A\begin{pmatrix}1\\0\\2\end{pmatrix}=\begin{pmatrix}0\\0\\0\end{pmatrix}$$

행렬 A^2-A+E의 모든 고윳값의 합은?
(단, E는 3×3 항등행렬이다.)

① -3　② 3　③ 7　④ 11

서강대

8. 2×2 행렬 $A=\begin{pmatrix}1&2\\-1&-2\end{pmatrix}$와 벡터 $\overrightarrow{u_0}=\begin{pmatrix}-3\\1\end{pmatrix}$에 대하여 $A^{16}(\overrightarrow{u_0})=\begin{pmatrix}u_1\\u_2\end{pmatrix}$라 할 때, u_1-u_2의 값은?

① -2　② 2　③ 0　④ -3　⑤ 3

경기대

9. 다음 중 옳은 것을 모두 고르면?

ㄱ. A의 모든 고유벡터는 A^2의 고유벡터이다.
ㄴ. 가역인 행렬 A의 고윳값은 A^{-1}의 고윳값이다.
ㄷ. A의 모든 고윳값은 A^2의 고윳값이다.
ㄹ. 고윳값은 반드시 0이 아닌 상수이다.

① ㄱ　② ㄱ, ㄴ　③ ㄱ, ㄷ　④ ㄱ, ㄹ

한양대 - 에리카

10. 실수 정사각행렬 A 에 대한 〈보기〉의 명제 중에 옳은 것의 개수는?

〈보 기〉

ㄱ. 대칭행렬 $(A^T=A)$ 의 고윳값은 실수이다.
ㄴ. 반대칭행렬 $(A^T=-A)$ 의 고윳값은 실수이다.
ㄷ. 직교행렬 $(A^T=A^{-1})$ 의 행렬식의 절댓값은 1이다.
ㄹ. 직교행렬$(A^T=A^{-1})$ 의 고윳값의 절댓값은 1이다.

① 1　② 2　③ 3　④ 4

03 선형대수

한양대

11. 이차형식 $ax^2+2bxy+cy^2$이 kt^2으로 직교대각화되기 위한 동치 조건을 구할 때, 상수 k의 값은? (단, a, b, c는 상수)

① $k=-a-c$　② $k=a+b+c$
③ $k=a-b+c$　④ $k=a+c$

홍익대

12. 행렬 $A=\begin{pmatrix}1&2&-1\\4&5&6\\2&3&0\end{pmatrix}$의 고윳값을 각각 λ_1, λ_2, λ_3이라 하자. $\frac{1}{\lambda_1}+\frac{1}{\lambda_2}+\frac{1}{\lambda_3}$을 구하시오.

① $-\frac{19}{4}$　② $\frac{3}{2}$　③ $-\frac{6}{5}$　④ $\frac{9}{4}$

가천대

13. 행렬 $A=\begin{pmatrix}-1&a\\b&6\end{pmatrix}$의 고윳값 2에 대응하는 고유벡터가 $(1, 3)$일 때, $a+b$의 값은?

① -10　② -11　③ -12　④ -13

중앙대

14. 특성다항식이 $\phi(t)=t^4-4t^3-15t^2-38t-108$인 4×4 행렬 A와 A의 역행렬 A^{-1}에 대하여 이들 대각합의 곱, 즉 $\text{tr}(A)\cdot\text{tr}(A^{-1})$은 얼마인가?

① $-\frac{27}{38}$　② $\frac{27}{38}$　③ $-\frac{38}{27}$　④ $\frac{38}{27}$

단국대

15. 행렬 $A=\begin{bmatrix}4&0&1\\-2&1&0\\-2&0&1\end{bmatrix}$에 대하여 A^5의 모든 고윳값의 합은?

① 276　② 296　③ 316　④ 336

한성대

16. 행렬 $A=\begin{pmatrix}0&0&-2\\1&2&1\\-2&0&3\end{pmatrix}$일 때, A^2의 모든 고윳값의 합은?

① 14　② 21　③ 26　④ 29

인하대

17. 행렬 $A=\begin{pmatrix} -1 & \alpha \\ 0 & 1 \end{pmatrix}$에 대하여 $A^{2016}+A^{-2017}=\begin{pmatrix} a & b \\ c & d \end{pmatrix}$라 할 때, $a+b+c+d$의 값은?

① $\alpha-1$ ② α ③ $\alpha+1$ ④ $\alpha+2$ ⑤ α^2+1

중앙대

18. 모든 성분이 실수인 3×3 행렬(실행렬) A 가 서로 다른 양수 3개를 고윳값으로 가질 때, $B^6=A$ 를 만족하는 3×3 실행렬 B 의 개수는?

① 1 ② 6 ③ 8 ④ 64

경기대

19. 행렬 $A=\begin{pmatrix} a & b \\ c & d \end{pmatrix}$에 대하여 다음 중 거짓인 것을 모두 고르면?

ㄱ. A의 고윳값은 모두 실수이다.
ㄴ. 1이 A의 유일한 고윳값이면 A는 단위행렬이다.
ㄷ. A의 모든 고윳값이 0이면 A는 영행렬이다.
ㄹ. $u,\ v$가 A의 고유벡터이면 $u+v$도 A의 고유벡터다.

① ㄱ, ㄴ, ㄷ ② ㄱ, ㄴ, ㄹ ③ ㄴ, ㄷ, ㄹ ④ ㄱ, ㄴ, ㄷ, ㄹ

한양대 - 에리카

20. 성분이 실수인 $n\times n$행렬 A가 대각화가능 행렬이기 위한 충분조건이 아닌 것은? (단, n은 자연수)

① $A=P^{-1}DP$를 만족하는 행렬 P와 대각행렬 D가 존재한다.
② $D=PAP^T$를 만족하는 행렬 P와 대각행렬 D가 존재한다.
③ $A^T=A$ 이다
④ A는 n개의 서로 다른 고윳값을 갖는다.

03 — 선형대수

인하대

21. 행렬 $A=\begin{pmatrix}1 & 1\\ -2 & 4\end{pmatrix}$의 역행렬 B에 대하여, 극한 $\lim_{n\to\infty} tr(B+B^2+\cdots+B^n)$의 값은?
(여기서 tr은 행렬의 대각원소의 합을 의미한다.)

① $\frac{1}{2}$ ② 1 ③ $\frac{3}{2}$ ④ 2 ⑤ $\frac{5}{2}$

세종대

22. 다음 행렬의 서로 다른 고윳값을 a, b, c라 할 때, $\frac{1}{a}+\frac{1}{b}+\frac{1}{c}$의 값은?

$$\begin{bmatrix}0 & 1 & 0\\ 0 & 0 & 1\\ 1 & 2 & -1\end{bmatrix}$$

① -1 ② -2 ③ -3 ④ -4 ⑤ -5

서울과학기술대

23. 모든 성분이 실수인 정사각행렬에 대하여, 다음 중 참인 명제의 개수는?

ㄱ. 5차 정사각행렬 A의 계수가 5이면 $Av=v$를 만족하는 벡터 $v\in\mathbb{R}^5$가 존재한다.
ㄴ. 정사각행렬 A와 A의 전치행렬 A^T의 특성다항식은 같다.
ㄷ. 두 정사각행렬 A, B의 특성다항식이 같으면 두 행렬은 유사하다.
ㄹ. 특성다항식이 $\lambda(\lambda-1)(\lambda-2)(\lambda-3)$인 4차 정사각행렬 A는 대각화가 가능하다.

① 0 ② 1 ③ 2 ④ 3

경희대

24. 행렬 A가 다음과 같이 주어져 있다.

$$A=\begin{bmatrix}-1 & -3\\ -3 & -1\end{bmatrix}$$

(a) 행렬 A의 고윳값과 이에 대응하는 고유벡터를 각각 구하고, 그 방법을 설명하시오.

(b) $a=2^{2018}$이라고 하자. A^{2018}을 a를 이용하여 나타내고, 그 방법을 설명하시오.

한양대

25. 이차곡면 $2xy+2xz=1$을 분류할 때, 이 곡면에 해당되는 것은?

① 쌍곡선기둥
② 쌍곡포물면
③ 회전타원
④ 타원포물면

숭실대

26. 특성다항식이 $p(\lambda)=(\lambda-1)^2(\lambda-2)(\lambda-4)$인 4×4 행렬 A에 대하여 다음 중 옳은 것을 모두 고르면?

(가) 행렬식은 $\det(A)=8$
(나) 대각합은 $tr(A)=7$
(다) 역행렬 A^{-1}가 존재한다.

① (가), (나) ② (가), (다)
③ (나), (다) ④ (가), (나), (다)

한양대 - 에리카

27. 정사각행렬 A에 대하여 A^TA가 가역행렬이라고 하자. 〈보기〉에서 옳은 것은?

〈보 기〉

ㄱ. A는 고윳값 0을 갖지 않는다.
ㄴ. A^T는 가역행렬이다.

① 없다. ② ㄱ ③ ㄴ ④ ㄱ, ㄴ

이화여대

28. 행렬 $A=\begin{bmatrix}\frac{1}{2} & \frac{1}{2}\\ \frac{1}{3} & \frac{2}{3}\end{bmatrix}$와 백터 $x=\begin{bmatrix}\frac{1}{3}\\ \frac{2}{3}\end{bmatrix}$에 대한 극한 $\lim_{n\to\infty}A^nx$를 $y=\begin{bmatrix}y_1\\ y_2\end{bmatrix}$라고 하자. y_1+y_2의 값을 구하시오.

① $\frac{22}{8}$ ② 0 ③ -1 ④ $\frac{2}{3}$ ⑤ $\frac{16}{15}$

성균관대

29. 실수 성분을 갖는 $n\times n$행렬 A에 대하여 옳지 않은 것은?

① A는 두 개의 가역행렬의 합으로 쓰일 수 있다.
② A가 대각화 가능하면, A와 닮은 대각행렬은 유일하다.
③ A와 닮은 모든 행렬의 고윳값은 같다.
④ 모든 $v\in R^n$에 대하여 $|Av|=|v|$이면 행렬방정식 $Ax=b$는 모든 $b\in R^n$에 대하여 유일한 해를 갖는다.
⑤ A가 대칭이라면, A의 모든 고윳값은 실수이다.

중앙대

30. 다음 〈보기〉 중 옳은 것은 몇 개인가?

〈보 기〉

ㄱ. $A=\begin{pmatrix}2t & 1\\ 0 & 2t\end{pmatrix}$ 일 때, $e^A=\begin{pmatrix}e^{2t} & e^{2t}\\ 0 & e^{2t}\end{pmatrix}$ 이다.
ㄴ. $A=\begin{pmatrix}4 & 2 & -2\\ -5 & 3 & 2\\ -2 & 4 & 1\end{pmatrix}$일 때,
$10A^{-1}=A^2-8A+17I$가 성립한다.
(단, I는 3×3 단위행렬)
ㄷ. $n\times n$ 행렬 A 와 B 가 동일한 n개의 고유벡터를 갖는다면 $AB=BA$ 가 항상 성립한다.

① 0 ② 1 ③ 2 ④ 3

03 선형대수

중앙대

31. $A=\begin{pmatrix}1&4\\3&2\end{pmatrix}$, $A^{100}=\begin{pmatrix}b_{11}&b_{12}\\b_{21}&b_{22}\end{pmatrix}$ 라 할 때, $b_{12}+b_{21}$ 의 값은?

① $\frac{1}{7}(5^{100}-2^{100})$ ② $5^{100}-2^{100}$

③ $\frac{1}{7}(5^{100}+2^{100})$ ④ $5^{100}+2^{100}$

중앙대

32. 행렬 $A=\begin{pmatrix}1&2&6&9\\0&3&0&0\\0&4&7&0\\0&5&8&10\end{pmatrix}$ 에 대하여

$e^A=\lim_{n\to\infty}\left(I+A+\frac{1}{2!}A^2+\cdots+\frac{1}{n!}A^n\right)$ 으로 정의할 때,

e^A의 행렬식의 값은?

① 21 ② 210 ③ e^{21} ④ e^{210}

한국항공대

33. 행렬 A의 특성방정식이

$|A-\lambda I| = (\lambda-\frac{1}{2})(\lambda-\frac{3}{2})(\lambda-\frac{4}{5})$ 일 때,

$\lim_{n\to\infty}\sum_{k=0}^{n}|A|^k$ 의 값은?

① $\frac{5}{2}$ ② $\frac{5}{3}$ ③ $\frac{2}{5}$ ④ $\frac{3}{5}$

한양대

34. 이차형식 $q(x,y)=2x^2+2xy+2y^2$을 직교대각화하면 $q(x,y)=X^2+3Y^2$이 된다.
이때, $X=lx+my$ (단, $l>0$)라면, m의 값은?

① $-\frac{1}{\sqrt{2}}$ ② $-\frac{1}{2}$ ③ $\frac{1}{2}$ ④ $\frac{1}{\sqrt{2}}$

성균관대

35. 행렬 $A=\begin{bmatrix}1&0&0\\3&-1&0\\4&2&-2\end{bmatrix}$ 와 실수 a_0, a_1, a_2에 대하여

$A^5=a_2A^2+a_1A+a_0I$ 일 때, 합 $a_0+a_1+a_2$의 값은?

① 1 ② 2 ③ 3 ④ 4 ⑤ 5

서강대

36. 행렬 $\begin{pmatrix}1&1&2\\1&1&0\\2&-2&0\end{pmatrix}$ 의 고윳값 중 가장 큰 것을 λ라 하고 λ에 대응하는 고유공간을 E_λ라 하자. 벡터 $b=(3,2,1)$의 E_λ 위로의 정사영을 $p=(p_1,p_2,p_3)$라고 할 때, $\lambda+p_1+p_2+p_3$은?

① 4 ② $\frac{29}{7}$ ③ 5 ④ $\frac{31}{5}$ ⑤ 7

경기대

37. $A=\begin{pmatrix} 0.9 & 0.1 \\ 0.4 & 0.6 \end{pmatrix}$이면 $\lim_{n\to\infty} A^n$을 구하면?

① $\begin{pmatrix} 0 & 0 \\ 0 & 0 \end{pmatrix}$ ② $\frac{1}{5}\begin{pmatrix} 1 & 0 \\ 0 & 1 \end{pmatrix}$

③ $\frac{1}{5}\begin{pmatrix} 4 & 1 \\ 4 & 1 \end{pmatrix}$ ④ $\frac{1}{5}\begin{pmatrix} 1 & 4 \\ 1 & 4 \end{pmatrix}$

한양대

38. 행렬 B는 행렬 $A=\begin{pmatrix} 3 & 1 & -5 \\ 0 & 2 & 6 \\ 0 & 0 & a \end{pmatrix}$의 닮은행렬이고, 행렬 B의 고유다항식은 $f(x)=x^3+bx^2+cx-12$이다. 행렬 B의 최소다항식의 차수를 d라 할 때, $a+b+c+d$의 값을 구하시오.

중앙대

39. 선형사상
$T:(x,y,z)\mapsto(5x+4y+3z,\ -x-3z,\ x-2y+z)$ 의 조단형식으로 주어진 3×3 행렬의 (i,j)-성분을 a_{ij} 라 할 때, $\sum_{i=1}^{3}\sum_{j=1}^{3}a_{ij}$ 의 값은?

① 3 ② 5 ③ 6 ④ 7

세종대

40. 행렬 $A=\begin{bmatrix} 2 & 0 & 1 \\ 0 & 1 & 1 \\ 1 & 1 & 2 \end{bmatrix}$에 대하여 옳은 것만을 〈보기〉에서 있는 대로 고르면?

〈보 기〉

ㄱ. 임의의 $\mathrm{b}\in\mathrm{R}^3$ 에 대하여 연립방정식 $\mathrm{Ax}=\mathrm{b}$ 의 해 $\mathrm{x}\in\mathrm{R}^3\ (\mathrm{y}\neq0)$가 존재한다.
ㄴ. 행렬 A는 대각화 가능하다.
ㄷ. 임의의 $\mathrm{y}\in\mathrm{R}^3(\mathrm{y}\neq0)$에 대하여 $\mathrm{y}^t\mathrm{Ay}>0$이다. (단, y^t는 y의 전치행렬이다.)

① ㄱ ② ㄱ, ㄴ ③ ㄱ, ㄷ ④ ㄴ, ㄷ ⑤ ㄱ, ㄴ, ㄷ

5. 벡터공간 - 하프 모의고사 ①

숭실대

1. 선형사상 $L : R^3 \to R^3$,
$L(x,\ y,\ z) = (x+y,\ y+z,\ z+x)$에 대해
$\dim(\mathrm{KerL}) - \dim(\mathrm{ImL})$의 값은?

① -3 ② -1 ③ 1 ④ 3

한양대

2. 모든 3×3 행렬들로 이루어진 벡터공간 $M_3(\mathbb{R})$에 대하여,
$U = \{(a_{ij}) \in M_3(\mathbb{R}) | a_{11} + a_{22} + a_{33} = 0\}$과
$W = \{(a_{ij} \in M_3(\mathbb{R}) | a_{ij} = a_{ji},\ 1 \le i, j \le 3\}$은
$M_3(\mathbb{R})$의 부분공간이다. 두 부분공간의 차원의 합은?

① 11 ② 12 ③ 13 ④ 14

국민대

3. R^4의 세 벡터 $(1,\ 1,\ 1,\ 1)$, $(1,\ 2,\ 2,\ 2)$, $(1,\ 2,\ 3,\ 3)$으로 생성되는 부분공간의 직교기저는?

① $\{(1,\ 1,\ 1,\ 1),\ (-3,\ 1,\ 1,\ 1),\ (0,\ -2,\ 1,\ 1\}$

② $\{(1,\ 1,\ 1,\ 1),\ (-3,\ 1,\ 1,\ 1),\ (0,\ -1,\ -1,\ 2\}$

③ $\{(1,\ 1,\ 1,\ 1),\ (-1,\ -1,\ 1,\ 1),\ (0,\ 0,\ -1,\ 1\}$

④ $\{(0,\ 1,\ 1,\ 1),\ (0,\ -2,\ 1,\ 1),\ (0,\ 0,\ -1,\ 1)\}$

가천대

4. 행렬 $A = \begin{bmatrix} 3 & -1 & -1 & -3 \\ -2 & 2 & -2 & 2 \\ -1 & -1 & 3 & 1 \end{bmatrix}$의 퇴화차수는?

① 1 ② 2 ③ 3 ④ 4

한양대

5. 행렬 $A = \begin{pmatrix} 1 & -1 & 0 & 0 \\ 2 & 1 & 1 & 2 \\ 1 & 1 & 1 & 4 \end{pmatrix}$의 행공간, 열공간, 영공간의 차원을 각각 r, c, n이라 할 때, $r + c - n$의 값은?

① 2 ② 3 ③ 4 ④ 5

중앙대

6. 모든 성분이 실수인 $n \times n$ 행렬의 집합 $M_{n \times n}(\mathbb{R})$은 행렬의 덧셈과 실수곱에 대해서 벡터공간을 이룬다. $M_{n \times n}(\mathbb{R})$의 원소 A에 대하여 A^T를 A의 전치행렬이라 하고 $\mathrm{tr}(A)$를 A의 대각합이라 할 때, $V = \{A \in M_{n \times n}(\mathbb{R}) \mid A^T = A\}$, $W = \{A \in M_{n \times n}(\mathbb{R}) \mid \mathrm{tr}(A) = 0\}$, $V \cap W$는 각각 $M_{n \times n}(\mathbb{R})$의 부분공간을 이룬다. 이들의 차원의 합, 즉 $\dim V + \dim W + \dim(V \cap W)$를 n으로 표현하면?

① $2n^2 + n - 2$ ② $2n^2 + n + 2$

③ $2n^2 + 2n - 1$ ④ $2n^2 + 2n + 1$

단국대

7. 실수성분을 갖는 모든 3×3 행렬의 벡터공간 $M_{3\times3}(\mathbb{R})$의 부분공간 $\{A \mid A=A^T\}$의 차원은? (단, A^T는 A의 전치행렬이다.)

① 1　② 3　③ 6　④ 9

한양대 - 에리카

8. 행렬 $A=\begin{pmatrix} 0 & 1 & 2 & 1 \\ 1 & 2 & 1 & 0 \\ 2 & 1 & 0 & 1 \\ 1 & 0 & 1 & 2 \end{pmatrix}$의 해공간의 차원은?

① 0　② 1　③ 2　④ 3

중앙대

9. 일차독립인 네 개의 벡터 v_1, v_2, v_3, v_4에 대하여 다음의 〈보기〉 중 일차독립인 집합의 개수는?

〈보 기〉

ㄱ. $\{v_1+v_2,\ v_2+v_3,\ v_3+v_4\}$
ㄴ. $\{v_1+v_2,\ v_2+v_3,\ v_3+v_4,\ v_4+v_1\}$
ㄷ. $\{v_1+v_2-3v_3,\ v_1+3v_2-v_3,\ v_1+v_3\}$
ㄹ. $\{v_1+v_2-2v_3,\ v_1-v_2-v_3,\ v_1+v_3\}$
ㅁ. $\{v_1, v_1+v_2,\ v_1+v_2+v_3,\ v_1+v_2+v_3+v_4\}$

① 1　② 2　③ 3　④ 4

중앙대

10. 다음 2개의 집합 Φ_1, Φ_2에 대한 선형 독립, 선형 종속 여부를 바르게 나타낸 것은?

$$\Phi_1=\{y_1(x)=x^2+1,\ y_2(x)=x^2+0.1,\ y_3(x)=x^2+0.01\}$$
$$\Phi_2=\{y_1(x)=\cos^2x,\ y_2(x)=\sin^2x\}$$

① Φ_1 : 선형 독립, Φ_2 : 선형 독립
② Φ_1 : 선형 독립, Φ_2 : 선형 종속
③ Φ_1 : 선형 종속, Φ_2 : 선형 독립
④ Φ_1 : 선형 종속, Φ_2 : 선형 종속

성균관대

11. 대각화 가능하며 실수 성분을 가지는 행렬 A의 특성다항식이 $p(t)=(t-1)(t-2)^3(t-3)^6$일 때, 행렬 $3I-A$의 계수는?

① 2 ② 4 ③ 6 ④ 8 ⑤ 10

서울과학기술대

12. 벡터 $\begin{bmatrix}1\\4\\6\end{bmatrix}, \begin{bmatrix}0\\2\\2\end{bmatrix}, \begin{bmatrix}-1\\12\\10\end{bmatrix}, \begin{bmatrix}q\\3\\1\end{bmatrix}$들이 R^3를 형성하지 못한다면 q의 값은?

① 1 ② -1 ③ 2 ④ -2

한양대

13. 〈보기〉 중에서 벡터공간 $\mathbb{R}^3$의 부분공간을 모두 고르시오.

〈보 기〉

ㄱ. $\{(x, y, 7x-5y) \mid x, y \in \mathbb{R}\}$
ㄴ. $\{(x, y, z) \in \mathbb{R}^3 \mid 3x+7y-1=0\}$
ㄷ. $\{(x, y, z) \in \mathbb{R}^3 \mid xy=0\} \cap \{(x, y, z) \in \mathbb{R}^3 \mid yz=0\} \cap \{(x, y, z) \in \mathbb{R}^3 \mid zx=0\}$
ㄹ. $\{(x, y, z) \in \mathbb{R}^3 \mid 5x+2y-3z=0\}$

① ㄱ, ㄴ ② ㄱ, ㄹ ③ ㄱ, ㄴ, ㄹ ④ ㄴ, ㄷ, ㄹ

가천대

14. 행렬 $A=\begin{pmatrix}1&0&-1&-1\\0&1&-2&0\\0&0&0&0\end{pmatrix}$에 대해 두 벡터 $(a, b, 1, 0)$, $(c, d, 0, 1)$는 A의 영공간의 기저이다. $a+b+c+d$의 값은?

① 1 ② 2 ③ 3 ④ 4

단국대

15. 연립일차방정식 $\begin{cases}2x_1+2x_2-x_3+x_5=0\\-x_1-x_2+2x_3-3x_4+x_5=0\\x_1+x_2-2x_3-x_5=0\\x_3+x_4+x_5=0\end{cases}$의 해공간의 차원은?

① 1 ② 2 ③ 3 ④ 4

서강대

16. $n\times n$ 행렬 A에 대한 아래의 명제 중에서 맞는 것을 모두 고르면? (여기서 A^T는 A의 전치행렬이다.)

(가) A의 영공간을 $N(A)$, 그리고 A^TA의 영공간을 $N(A^TA)$라 하면 $N(A^TA)=N(A)$이다.
(나) A가 n개의 서로 다른 고윳값을 가지면 A는 대각화 가능하다.
(다) A의 서로 다른 고윳값에 대응되는 고유벡터(는 서로 수직이다.
(라) A의 서로 다른 고윳값의 개수가 $(n-1)$개 이하이면 A는 대각화 가능하지 않다.

① (가), (나) ② (나), (다) ③ (다), (라)
④ (가), (라) ⑤ (나), (라)

경기대

17. 선형변환 $T_A : \mathbb{R}^4 \to \mathbb{R}^3$을 $T_A(\mathrm{x}) = A^t \mathrm{x}$ $\left(A = \begin{bmatrix} 2 & 3 & 1 \\ 3 & 3 & 1 \\ 2 & 4 & 1 \\ 5 & 7 & 2 \end{bmatrix}, \mathrm{x} \in \mathbb{R}^4\right)$로 정의하면 $\dim(\mathrm{Ker}(T_A))$는? (단, A^t는 A의 전치행렬이다.)

① 0 ② 1 ③ 3 ④ 4

국민대

18. $A = \begin{pmatrix} 1 & 2 & 3 & 4 & 5 \\ 0 & 1 & 2 & 3 & 4 \\ 0 & 0 & 1 & 2 & 3 \\ 0 & 0 & 0 & 2 & 3 \\ 0 & 0 & 0 & 0 & 3 \end{pmatrix}$

행렬 A는 서로 다른 n개의 고유공간 $V_1, V_2, \cdots, V_n$을 가진다. $m = \max\{\dim(V_i) \mid i = 1, 2, \cdots, n\}$일 때, mn의 값은? (단, $\dim(V)$는 V의 차원이다.)

① 3 ② 5 ③ 9 ④ 12

한양대 - 에리카

19. 정사각행렬 A와 실수 a, b, c가 〈보기〉를 만족시킬 때, $a+b+c$의 값은? (단, I는 단위행렬, O는 영행렬)

〈보 기〉

ㄱ. I, A, A^2 은 1차 독립이다.
ㄴ. $A^3 = O$
ㄷ. $(A+2I)(aA^2+bA+cI) = I$

① $\frac{1}{8}$ ② $\frac{3}{8}$ ③ $\frac{5}{8}$ ④ $\frac{7}{8}$

한양대 - 에리카

20. $v_1 = (1, 0, -1, 1)$, $v_2 = (0, -1, 1, 1)$, $v_3 = (-1, 1, 1, 0)$에 대하여, 단위벡터 u_1, u_2, u_3가 〈보기〉를 만족시킬 때, u_3는?

〈보 기〉

(가) $span\{v_1\} = span\{u_1\}$
(나) $span\{v_1, v_2\} = span\{u_1, u_2\}$
(다) $span\{v_1, v_2, v_3\} = span\{u_1, u_2, u_3\}$
(라) $\langle u_1, u_2 \rangle = 0$, $\langle u_1, u_3 \rangle = 0$, $\langle u_2, u_3 \rangle = 0$
(마) $\langle u_1, v_1 \rangle \geq 0$, $\langle u_2, v_2 \rangle \geq 0$, $\langle u_3, v_3 \rangle \geq 0$
(단, $\langle a, b \rangle$는 벡터 a와 b의 내적, $span\{v_1, \cdots, v_p\}$는 $\{v_1, \cdots, v_p\}$ 의 생성공간 $(span)$)

① $\left(-\frac{\sqrt{15}}{15}, \frac{\sqrt{15}}{5}, \frac{\sqrt{15}}{15}, \frac{2\sqrt{15}}{15}\right)$

② $\left(\frac{\sqrt{15}}{15}, \frac{\sqrt{15}}{5}, -\frac{\sqrt{15}}{15}, \frac{2\sqrt{15}}{15}\right)$

③ $\left(-\frac{\sqrt{15}}{15}, \frac{\sqrt{15}}{5}, \frac{\sqrt{15}}{15}, -\frac{2\sqrt{15}}{15}\right)$

④ $\left(\frac{\sqrt{15}}{15}, \frac{\sqrt{15}}{5}, -\frac{\sqrt{15}}{15}, -\frac{2\sqrt{15}}{15}\right)$

중앙대

21. 차수가 5 이하인 실수 계수 다항식의 집합이 이루는 벡터공간 $P_5(\mathbb{R})$ 에 대하여 세 개의 부분공간 U, V, W 를 다음과 같이 정의할 때, 이들의 차원의 합은?

$$U=\{p(x)\in P_5(\mathbb{R}) \mid p(0)=0\},$$
$$V=\{p(x)\in P_5(\mathbb{R}) \mid p(-x)=p(x)\},$$
$$W=\left\{p(x)\in P_5(\mathbb{R}) \;\middle|\; \frac{dp(x)}{dx}=0\right\}.$$

① 5　② 7　③ 9　④ 11

경기대

22. 선형사상 $L : \mathbb{R}^3 \to \mathbb{R}^3$가 $L(x, y, z) = (x-y+2z, y, x+2z)$를 만족할 때, 벡터 $(1, 0, 0)$의 $\ker(L)$ 위로의 직교정사영은?

① $\frac{2}{5}(-2, 1, 1)$　② $\frac{2}{5}(2, 1, -1)$

③ $\frac{2}{5}(2, 0, -1)$　④ $\frac{2}{5}(2, 0, 1)$

국민대

23. 4차원 실수 벡터공간 R^4의 원소를 3차원 실수 벡터공간 R^3의 원소로 변환하는 선형함수 $T : R^4 \to R^3$을 다음과 같이 정의한다. 이때, 벡터공간 T의 치역 $Im(T)$와 영공간 $\ker(T)$의 차원의 합$\dim(Im(T))+\dim(\ker(T))$는?

$$T(x_1,x_2,x_3,x_4)=(x_1+x_3+x_4,\ x_2+x_4, x_1-x_2+x_3)$$

① 1　② 2　③ 3　④ 4

서울과학기술대

24. 다음 행렬 A는 두 고윳값 λ_1, λ_2를 가진다. 고윳값 λ_1, λ_2에 대응하는 고유공간의 차원을 각각 n_1, n_2라 할 때, $\lambda_1+\lambda_2+n_1+n_2$는?

$$A=\begin{pmatrix} 3 & 0 & 14 & 7 \\ 0 & 3 & -4 & -2 \\ 0 & 0 & 15 & 6 \\ 0 & 0 & -18 & -6 \end{pmatrix}$$

① 13　② 12　③ 11　④ 10

세종대

25. 다음 행렬의 고윳값 0에 대응하는 고유공간의 차원은?

$$\begin{bmatrix} 4 & 2 & 0 & 2 & 4 \\ 2 & 1 & 0 & 1 & 2 \\ 4 & 2 & 0 & 2 & 4 \\ 2 & 1 & 0 & 1 & 2 \\ 4 & 2 & 0 & 2 & 4 \end{bmatrix}$$

① 1　② 2　③ 3　④ 4　⑤ 5

성균관대

26. 닫힌구간 $[-1, 1]$에서 연속인 모든 함수들로 구성된 내적공간 $C[-1, 1]$에서 내적을 $<f, g> = \int_{-1}^{1} f(x)g(x)\,dx$로 정의하자. $C[-1, 1]$의 부분공간 $P_1 = span\{1, x\}$에 대하여 두 함수 $h_1(x)\in P_1,\ h_2(x)\in(P_1)^{\perp}$가 $h_1(x)+h_2(x)=e^x$을 만족할 때, $h_1(1)$의 값은?

① $\frac{e}{2}+\frac{1}{2e}$　② $\frac{e}{2}+\frac{1}{e}$　③ $\frac{e}{2}+\frac{3}{2e}$

④ $\frac{e}{2}+\frac{2}{e}$　⑤ $\frac{e}{2}+\frac{5}{2e}$

서강대

27. 계수행렬이 $A=\begin{pmatrix}1&2&3&3\\5&7&8&\alpha\\3&3&2&1\end{pmatrix}$인 방정식 $Ax=b$ (단, $\alpha\in\mathbb{R}$)에 대하여, 해를 가지지 않는 $b\in\mathbb{R}^3$가 존재한다고 하자. A의 영공간 차원을 d라고 할 때, $\alpha+d$의 값은?

① 7 ② 8 ③ 9 ④ 10 ⑤ 11

한양대

28. 벡터 $v_1=\frac{1}{2}(\sqrt{2},1,1)$, $v_2=(0,1,-1)$과 적당한 실수 k와 벡터 v_3에 대하여, 집합 $\{v_1, kv_2, v_3\}$은 벡터공간 $\mathbb{R}^3$의 정규직교기저이다. 벡터 $v=(\sqrt{2},1,-5)$는 $v=c_1v_1+c_2(kv_2)+c_3v_3$을 만족할 때, $2c_1+\sqrt{2}c_2$의 값은?

① -4 ② -2 ③ 2 ④ 4

성균관대

29. 선형계 $\begin{bmatrix}1&1&1&1\\0&1&1&1\end{bmatrix}\begin{bmatrix}x_1\\x_2\\x_3\\x_4\end{bmatrix}=\begin{bmatrix}0\\0\end{bmatrix}$의 해공간을 $V\subset R^4$라고 하자. 두 벡터 $v\in V$, $w\in V^{\perp}$가 $v+w=(0,0,1,1)$을 만족할 때, 벡터 v는?

① $\left(\frac{1}{3},0,-\frac{2}{3},\frac{1}{3}\right)$ ② $\left(0,\frac{1}{3},-\frac{2}{3},\frac{1}{3}\right)$

③ $\left(-\frac{1}{3},-\frac{2}{3},0,\frac{1}{3}\right)$ ④ $\left(0,-\frac{2}{3},\frac{1}{3},\frac{1}{3}\right)$

⑤ $\left(\frac{1}{3},0,-\frac{2}{3},-\frac{1}{3}\right)$

서강대

30. $m\times n$행렬 A의 계수가 r일 때, 다음 중 옳지 않은 것은?

① $r=m$이면 모든 $b\in R^m$에 대하여 방정식 $Ax=b$는 해를 갖는다.

② $r=n$이면 방정식 $Ax=b$는 기껏해야 하나의 해를 갖는다.

③ A의 행공간의 직교여공간은 A의 영공간이다.

④ A의 열공간 차원은 r이다.

⑤ A의 영공간의 차원은 $m-r$이다.

03 — 선형대수

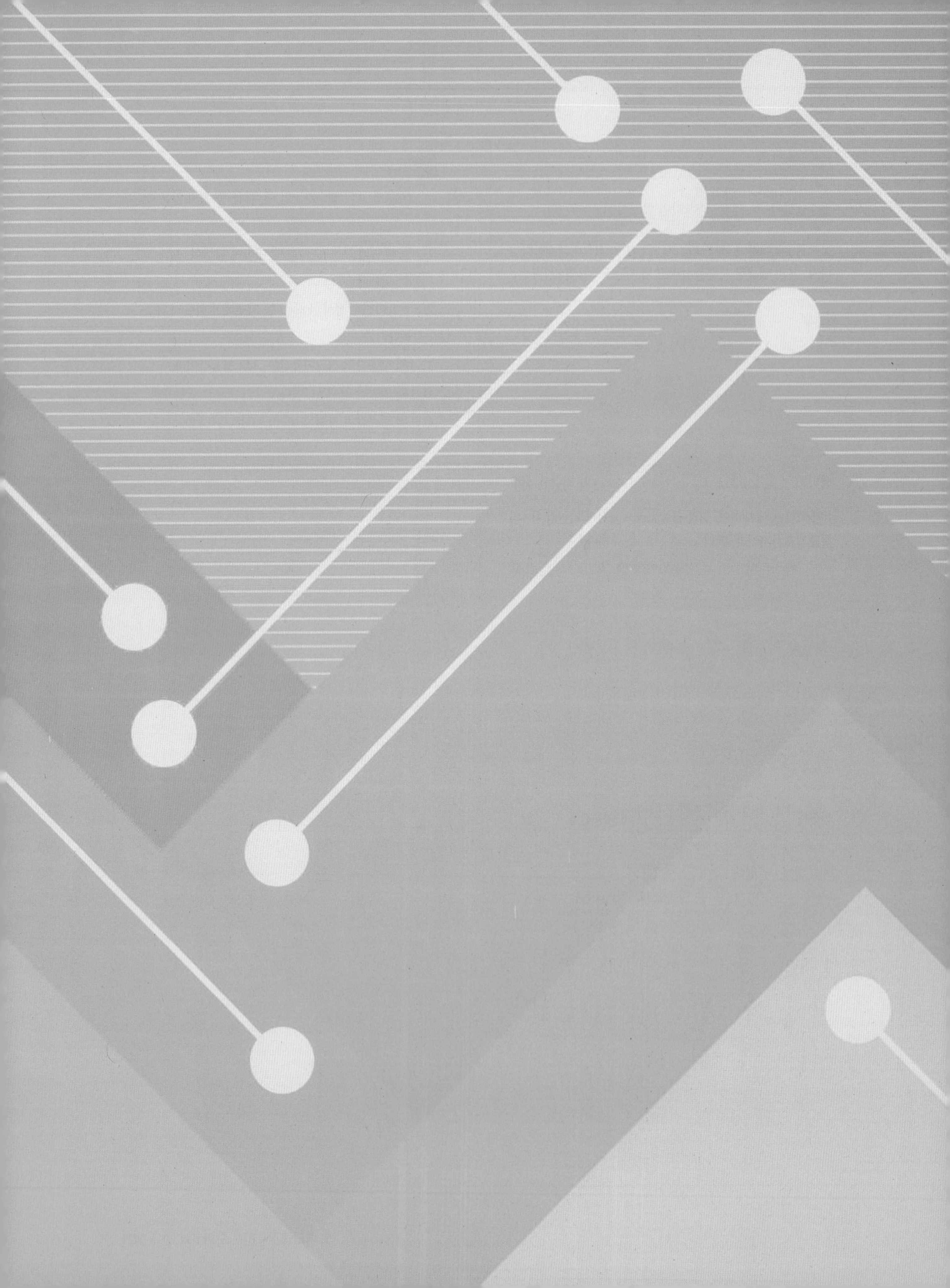

SUBJECT 04

공학수학

1. 일계미분방정식
2. 고계미분방정식
3. 라플라스 변환
4. 연립미분방정식
5. 퓨리에급수
6. 복소함수와 선적분

1. 일계미분방정식 - 하프 모의고사 ①

성균관대

1. 미분방정식 $y' - \frac{1}{x}y = x^2$의 해 $y = y(x)$가 $y(2) = 0$을 만족할 때, $y(1)$의 값은?

① 1 ② $\frac{1}{2}$ ③ $-\frac{1}{2}$ ④ $\frac{3}{2}$ ⑤ $-\frac{3}{2}$

경희대

2. 다음 미분방정식의 해를 구하고, 그 방법을 설명하시오.

$$x - y^2 - xy\frac{dy}{dx} = 0, \quad y(1) = 1$$

숭실대

3. $y(x)$가 미분방정식 $x\frac{dy}{dx} = y + 2$를 만족하고 $y(1) = 5$일 때, $y(2)$의 값은?

① $\frac{9}{2}$ ② 10 ③ 12 ④ 15

한국산업기술대

4. 다음 중 완전미분방정식이 아닌 것은?

① $(x - y^3 + y^2\sin x)dx = (3xy^2 + 2y\cos x)dy$

② $x\frac{dy}{dx} = 2xe^x - y + 6x^2$

③ $(y\ln y - e^{-xy})dx + \left(\frac{1}{y} + x\ln y\right)dy = 0$

④ $(x+y)^2dx + (2xy + x^2 - 1)dy = 0$

단국대

5. $y = y(x)$가 미분방정식
$x\,dy + (xy + 2y - 2e^{-x})dx = 0,\ \ y(1) = 2e^{-1}$
의 해일 때, $y\left(\frac{1}{2}\right)$의 값은?

① $\frac{1}{\sqrt{e}}$ ② $\frac{3}{\sqrt{e}}$ ③ $\frac{5}{\sqrt{e}}$ ④ $\frac{7}{\sqrt{e}}$

서울과학기술대

6. 미분방정식 $-y\,dx + x\,dy = 0$을 완전미분방정식으로 변환하는 적분인자가 아닌 것은?

① $\frac{1}{x^2}$ ② $\frac{1}{y^2}$ ③ $\frac{1}{x+y}$ ④ $\frac{1}{x^2+y^2}$

7. $y(x)$가 미분방정식 $2y\dfrac{dy}{dx}=2x+\sec^2 x$, $y(0)=-5$의 해일 때, $y\left(\dfrac{\pi}{4}\right)$의 값은?

① $\sqrt{\dfrac{\pi^2}{12}+26}$　　② $-\sqrt{\dfrac{\pi^2}{4}+25}$

③ $\sqrt{\dfrac{\pi^2}{3}+10}$　　④ $-\sqrt{\dfrac{\pi^2}{16}+26}$

8. 다음 중 미분방정식과 그 적분인자를 바르게 짝지은 것은?

① $3x^2 y\,dx+(2x^3-4y^2)dy=0,\ -\dfrac{1}{x}$

② $(x^2 e^x-y)dx+x\,dy=0,\ \dfrac{2}{x}$

③ $y'=\dfrac{1}{x+y^2},\ e^{-y}$

④ $(e^{x+y}-y)dx+(xe^{x+y}+1)dy=0,\ e^x$

9. 미분방정식 $2xyy'=y^2-x^2$, $y(1)=0$에서 $y\left(\dfrac{1}{2}\right)$의 값을 구하면? (단, $y>0$)

① 0　　② $\dfrac{1}{2}$　　③ $\dfrac{1}{3}$　　④ $\dfrac{1}{4}$

10. 어떤 방사능 물질의 반감기가 30년이라고 한다. 붕괴속도는 현재 양에 비례한다고 할 때, 이 방사능 물질 100그램이 30그램이 되는 것은 몇 년 후인가?

① $30\times\dfrac{\ln 3-\ln 10}{\ln 2}$　　② $30\times\dfrac{\ln 10-\ln 3}{\ln 2}$

③ $30\times\dfrac{\ln 10+\ln 3}{\ln 2}$　　④ $30\times\dfrac{\ln 3-\ln 2}{\ln 10}$

중앙대

11. $y=y(x)$ 가 미분방정식 $y'+3x^2y=x^2$ 의 해일 때, $\lim_{x\to\infty} y(x)$ 의 값은?

① $\frac{1}{3}$ ② $-\frac{1}{3}$ ③ $\frac{1}{6}$ ④ $-\frac{1}{6}$

숭실대

12. $y(x)$가 다음 미분방정식의 해일 때, $y(2)$의 값은?

$$\frac{dy}{dx}+\frac{2y}{x}=\frac{1}{x^2},\ y(1)=9$$

① $-\frac{1}{2}$ ② $\frac{1}{2}$ ③ $\frac{3}{2}$ ④ $\frac{5}{2}$

아주대

13. 함수 y가 미분방정식 $\frac{dy}{dx}=-y^2x(x^2+2)^2$을 만족하고 $y(0)=\frac{3}{4}$일 때 $y(1)$의 값은?

① $\frac{2}{9}$ ② $\frac{2}{3}$ ③ $-\frac{2}{3}$ ④ $\frac{3}{4}$ ⑤ $-\frac{3}{4}$

14. $(3x^2-y+e^{x+y})dx+(e^{x+y}-x)dy=0,\ y(0)=1$의 일반해는?

① $x^3-\frac{1}{2}x^2-\frac{1}{2}y^2+e^{x+y}=e-\frac{1}{2}$

② $x^3-xy+e^{x+y}=e$

③ $x^3-\frac{1}{2}x^2-\frac{1}{2}y^2+e^{x+y}=-\frac{1}{2}$

④ $x^3-2xy+e^{x+y}=e$

한국항공대

15. 미분방정식 $\frac{dy}{dx}-2xy=0$에서 $y(0)=2$를 만족하는 해는?

① $y(x)=2e^{-2x}$ ② $y(x)=2e^{-x^2}$

③ $y(x)=2e^{2x}$ ④ $y(x)=2e^{x^2}$

16. 다음은 베르누이 미분방정식이다. 초기조건 $y(1)=0$일 때, $y(2)$의 값을 구하면?

$$xy'+y=\frac{1}{y^2}$$

① 0 ② $\frac{\sqrt[3]{7}}{2}$ ③ $\frac{\sqrt{7}}{2}$ ④ $\frac{2}{5}$

17. 미분방정식 $\frac{dy}{dx}=\tan^2(x+y)$의 해를 구하면?

① $2(x-y)+\sin(x+y)=4x+C$

② $(x+y)+\sin2(x+y)=2x+C$

③ $(x-y)+\sin2(x-y)=2x+C$

④ $2(x+y)+\sin2(x+y)=4x+C$

18. 미분방정식 $\left(\frac{3y^2-x^2}{y^5}\right)\frac{dy}{dx}=-\frac{x}{2y^4}$, $y(1)=1$의 해를 구하면?

① $\frac{x^2}{4y^2}-\frac{3}{2y}=-\frac{5}{4}$

② $\frac{x}{4y^4}-\frac{3}{2y}=-\frac{5}{4}$

③ $\frac{x^2}{4y^4}-\frac{3}{2y^2}=-\frac{5}{4}$

④ $\frac{x^3}{4y^3}-\frac{3}{2y^2}=-\frac{5}{4}$

19. 초깃값 $y(1)=1$을 만족하는 미분방정식 $\frac{dy}{dx}+\frac{1}{x}y=2xy^2$의 해 $y\left(\frac{1}{2}\right)$의 값은?

① 1 ② 2 ③ 3 ④ 4

20. 다음 중 미분방정식과 그 해로 옳게 짝지어지지 않은 것은? (단, c는 임의의 상수이다.)

① $(x^2+1)y'+y^2+1=0$, $\tan^{-1}y+\tan^{-1}x=c$

② $xdy+(xy+2y-2e^{-x})dx=0$, $x^2+2y^2=c$

③ $x\frac{dy}{dx}-3y=x^2$, $y=x^3\left(-\frac{1}{x}+c\right)$

④ $2xy^2dx+(2x^2y+3y^2)dy=0$, $x^2y^2+y^3=c$

04 공학수학

서강대

21. 완전(exact) 미분방정식이 아닌
$(e^{x+y}+ye^{y})\,dx=(1-xe^{y})\,dy$을 완전 미분방정식으로 변환하는 적분인자가 될 수 있는 것은?

① e^{x} ② e^{-x} ③ x ④ e^{y} ⑤ e^{-y}

22. 선형미분방정식 $y'-2y=e^{2x}(3\sin 2x+2\cos 2x)$, $y(0)=1$의 해 $y(x)$에 대하여 $y\left(\frac{\pi}{2}\right)$의 값은?

① e^{π} ② $2e^{\pi}$ ③ $3e^{\pi}$ ④ $4e^{\pi}$

한양대 - 에리카

23. $(x^3+kxy+y)dx+(y^3+x^2+x)dy=0$이 완전미분방정식이 되는 상수 k의 값은?

① 0 ② 1 ③ 2 ④ 3

가천대

24. $y=y(x)$가 미분방정식 $y'=2y^2+xy^2$, $y(0)=1$의 해일 때, 다음 중 $y(x)$의 극솟값은?

① $\frac{1}{4}$ ② $\frac{1}{3}$ ③ $\frac{1}{2}$ ④ 1

한성대

25. 미분방정식 $dy=\frac{x^2}{y^3}dx$가 초기조건 $y(0)=1$을 만족할때, $\{y(1)\}^4$의 값은?

① 1 ② $\frac{4}{3}$ ③ $\frac{5}{3}$ ④ $\frac{7}{3}$

26. 미분방정식 $x^2\frac{dy}{dx}-2xy=3y^4$, $y(1)=\frac{1}{2}$의 해를 구하면?

① $y^{-3}=-\frac{9}{5x}-\frac{49}{5x^6}$ ② $y^{-3}=-\frac{9}{5x}+\frac{49}{5x^6}$

③ $y^{-3}=\frac{9}{5x}+\frac{49}{5x^6}$ ④ $y^{-3}=\frac{9}{5x}-\frac{49}{5x^6}$

27. 미분방정식 $xy' = y^2 \ln x - y,\ y(1) = 1$ 에서 $y(e)$의 값은?

① $\frac{1}{2(1+e)}$ ② $\frac{1}{2}$ ③ $-\frac{2}{1+e}$ ④ $\frac{1}{e}$

28. 미분방정식 $y' + (\tan t)y = \cos^2 t$, $y(0) = 1$ 의 해를 $y(t)$라 할 때, $y\left(\frac{\pi}{4}\right)$의 값은? (단, $-\frac{\pi}{2} < t < \frac{\pi}{2}$)

① $1 + \frac{1}{\sqrt{2}}$ ② $\frac{1}{2} + \sqrt{2}$

③ $2 + \frac{1}{\sqrt{2}}$ ④ $\frac{1+\sqrt{2}}{2}$

29. 미분방정식 $(ye^{xy})dx + (xe^{xy} + \sin y)dy = 0$, $y(0) = \pi$ 의 해를 구하면?

① $2e^{xy} + x\sin y = 2$ ② $2e^{xy} - \sin y = 2$

③ $xe^{xy} - 2\cos y = 2$ ④ $e^{xy} - \cos y = 2$

30. 물탱크에 1000 리터의 물이 차있고 그 안에 10킬로그램의 소금이 녹아 있다. 깨끗한 물이 분당 10 리터씩 탱크 안에 흘러 들어오고, 고르게 잘 휘저은 다음 분당 15 리터씩 소금물이 흘러 나간다. 물탱크 안에 소금물이 500 리터 남아 있을 때 물탱크 안에 남아있는 소금의 양은?

① $\frac{3}{4}$ ② 1 ③ $\frac{5}{4}$ ④ $\frac{3}{2}$

1. 일계미분방정식 - 하프 모의고사 ④

숙명여대

31. 미분방정식 $f'(x) = 3f(x)$, $f(0) = 1$을 만족하는 해 $f(x)$에 대하여 $f(1)$의 값은?

① e^{-3} ② e^{-1} ③ 3 ④ e ⑤ e^3

한양대 - 에리카

32. 초깃값 문제 $\frac{dy}{dx}+y=e^x$, $y(0)=1$의 해와 x축과 교점의 개수는?

① 0 ② 1 ③ 2 ④ 3

광운대

33. 다음 초깃값 문제의 해는?

$$\frac{dy}{dx}=y^2-1,\quad y(0)=2$$

① $y=\frac{3+e^{2x}}{3-e^{2x}}$ ② $y=\frac{3+e^x}{3-e^x}$ ③ $y=\frac{3+e^{x/2}}{3-e^{x/2}}$

④ $y=\frac{3+e^x}{5-3e^x}$ ⑤ $y=\frac{3+e^{-x}}{5-3e^{-x}}$

한국산업기술대

34. $y(x)$가 미분방정식 $e^{-3x}dy-3dx=0$, $y(0)=1$의 해일 때, $y(1)$의 값은?

① e^3 ② e^3+1 ③ e^3+2 ④ e^3+3

한성대

35. $y=y(x)$가 미분방정식 $(3x^2y)dx+(x^3-1)dy=0$의 해이다. $y(0)=1$일 때, $y(-1)$의 값은?

① 0 ② $\frac{1}{2}$ ③ 1 ④ $\frac{3}{2}$

36. 초깃값 문제 $\frac{dy}{dx}=\left(x+\frac{1}{x}\right)^2$, $y(1)=1$의 해 $y(x)$의 $x=2$에서의 값은?

① $\frac{16}{3}$ ② $\frac{35}{6}$ ③ $\frac{37}{6}$ ④ $\frac{13}{2}$

37. $y=y(x)$ 가 미분방정식 $\sqrt{1-x^2}\,y'=y^2+1$, $y(0)=0$ 의 해일 때, $y\left(\frac{1}{\sqrt{2}}\right)$ 의 값은?

① 0 ② $\frac{1}{4}$ ③ $\frac{1}{2}$ ④ 1

38. 미분방정식 $(x+y)^2dx+(2xy+x^2-1)dy=0$, $y(1)=1$의 해를 구하면?

① $\frac{1}{3}x^3-x^2y+xy^2-y=-\frac{2}{3}$

② $\frac{1}{3}x^3+x^2y-xy^2-y=-\frac{2}{3}$

③ $\frac{1}{3}x^3+x^2y+xy^2+y=\frac{10}{3}$

④ $\frac{1}{3}x^3+x^2y+xy^2-y=\frac{4}{3}$

39. 미분방정식 $\sin x\sin y\,dx+\cos x\cos y\,dy=0$의 일반해를 구하여라. (단, c는 적분상수이다.)

① $y=\sin^{-1}(c\cos x)$ ② $y=\cos^{-1}(c\sin x)$

③ $\sin y=c\cos x$ ④ $\cos y=c\sin x$

40. $y=y(x)$가 미분방정식 $2xydy=(x^2+y^2)dx$, $y(1)=2$ 의 해일 때, $y(2)$의 값은? (단, $y\ge 0$)

① $\sqrt{7}$ ② $2\sqrt{2}$ ③ 3 ④ $\sqrt{10}$

04 공학수학

한양대 - 에리카

41. 초깃값 문제 $\frac{dy}{dx}-2y=-2x$, $y(0)=1$ 의 해를 $y(x)$라고 할 때, $y\left(\frac{1}{2}\right)$의 값은?

① $1-\frac{e}{2}$　② $1+\frac{e}{2}$　③ $2-e$　④ $2+e$

42. 미분방정식 $[\cos(x+y)]dx+[3y^2+2y+\cos(x+y)]dy=0$의 일반해를 구하면?

① $\sin(x+y)+y^3+y^2=C$

② $\sin(x+y)-y^3+y^2=C$

③ $\cos(x+y)+y^3+y^2=C$

④ $\cos(x+y)-y^3+y^2=C$

43. 초기치 문제 $y'-\frac{2}{x}y=1-x^2$, $y(1)=1$ 을 만족한다. 이때 $\lim_{x\to\infty}\frac{y(x)}{x^3}$의 값을 구하면?

① 1　② -1　③ 3　④ 2

44. 미분방정식 $x^2\frac{dy}{dx}-2xy=3y^4$, $y(1)=1$의 해를 구하면?

① $y^{-3}=-\frac{9}{5x^2}+\frac{14}{5x^5}$　② $y^{-3}=-\frac{9}{5x}+\frac{14}{5x^5}$

③ $y^{-3}=-\frac{9}{5x^2}+\frac{14}{5x^6}$　④ $y^{-3}=-\frac{9}{5x}+\frac{14}{5x^6}$

45. 미분방정식 $\left(\frac{3y^2-t^2}{y^5}\right)\frac{dy}{dt}+\frac{t}{2y^4}=0$, $y(1)=1$ 의 해를 구하면?

① $\frac{t^2}{4y^4}-\frac{3}{2y}=-\frac{5}{4}$　② $\frac{t}{4y^4}-\frac{3}{2y^2}=-\frac{5}{4}$

③ $\frac{t^2}{4y^4}-\frac{3}{2y^2}=-\frac{5}{4}$　④ $\frac{t^2}{4y^3}-\frac{3}{2y^2}=-\frac{5}{4}$

46. $y=y(x)$ 가 미분방정식 $xy'=y+xe^{\frac{y}{x}}$, $y(1)=-1$ 의 해일 때, $y(e)$ 의 값은?

① $-\ln(e-1)$　② $-e\ln(e-1)$

③ $\ln(e-1)$　④ $e\ln(e-1)$

47. 미분방정식 $y' + (\tan x)y = \cos^2 x$, $y(0) = -1$의 해를 $y(x)$라 할 때, $y\left(\frac{\pi}{4}\right)$의 값은?

① $\frac{1-\sqrt{2}}{2}$　② $\frac{1+\sqrt{2}}{2}$

③ $\frac{-1-\sqrt{2}}{2}$　④ $\frac{-1+\sqrt{2}}{2}$

48. 미분방정식
$(2x^3 - xy^2 - 2y + 3)dx - (x^2y + 2x)dy = 0$, $y(0) = 0$
일 때 해의 형태로 맞는 것은?

① $x^4 - x^2y^2 - 4xy + 6x = 1$

② $x^4 - x^2y^2 - 4xy + 6x = 0$

③ $x^4 - x^2y^2 - 4xy + 3x = 1$

④ $x^4 - x^2y^2 - 4xy + 3x = 0$

49. 다음 미분방정식과 그 해로 맞게 짝지어지지 않은 것은?

① $\frac{dy}{dx} = \frac{3x^2 - 1}{2y + 3}$, $x^3 - x - y^2 - 3y = C$

② $(ye^x + 1)dx + e^x dy = 0$, $ye^x + x = C$

③ $\frac{dy}{dx} + \frac{2y}{x} = \frac{1}{x^2}$, $y = \frac{1}{x} + \frac{C}{x^2}$

④ $x\frac{dy}{dx} + y = x^2y^2$, $y = \frac{2}{-x^3 + Cx}$

50. 미분방정식 $y' = (y+1)(y-2)$의 해 $y = f(x)$에 대하여 다음의 p, q, r에서 $p + 2q + r$의 값은?

(가) $-1 < y(0) < 2$이면 $\lim_{x\to\infty} f(x) = p$
(나) 안정 평형값$= q$
(다) 불안정 평형값$= r$

① -1　② 0　③ 3　④ 4

인하대

51. 열린구간 $(0,\ 3)$에서 미분가능한 함수 $y=y(x)$가 $y'=\dfrac{y}{x}-\dfrac{x}{y}$, $y(1)=2$를 만족한다. $y(e)$의 값은?

① $\sqrt{2}e$ ② $\sqrt{3}e$ ③ $2e$ ④ $\sqrt{5}e$ ⑤ $\sqrt{6}e$

단국대

52. 미분방정식 $(x^2e^{\frac{y}{x}}-y^2)dx+xydy=0,\ y(1)=0$의 해는?

① $\left(1-\dfrac{y}{x}\right)e^{\frac{y}{x}}=\ln|x|+1$

② $\left(1-\dfrac{y}{x}\right)e^{\frac{y}{x}}=\ln|x|+1$

③ $\left(l+\dfrac{y}{x}\right)e^{-\frac{y}{x}}=\ln|x|+1$

④ $\left(1+\dfrac{y}{x}\right)e^{\frac{y}{x}}=\ln|x|+1$

중앙대

53. $y=y(x)$ 일 때, 미분방정식과 해가 바르게 짝지어지지 않은 것은? (단, c는 임의의 상수이다.)

① $(5x+4y)dx+(4x-8y^3)dy=0$, $\dfrac{5}{2}x^2+4xy-2y^4=c$

② $(xy+y^2)dx-x^2dy=0$, $x+y\ln|x|=cy$

③ $x\dfrac{dy}{dx}-(1+x)y=xy^2$, $y^{-1}=-1+\dfrac{2}{x}+\dfrac{c}{x}e^{-x}$

④ $x\dfrac{dy}{dx}+2y=3$, $y=\dfrac{3}{2}+cx^{-2}$

한양대

54. 미분방정식 $y'(t)+y(t)=f(t)$, $y(0)=5$, $f(t)=\begin{cases}0 & (0\le t<\pi)\\ 3\cos t & (t\ge\pi)\end{cases}$를 만족하는 연속함수 $y(t)$에 대하여 $10y(2\pi)-3y(\pi)$의 값은?

① 0 ② $10e^{-2\pi}+15$

③ $25e^{-2\pi}+15$ ④ $50e^{-2\pi}+15$

홍익대

55. 다음 미분방정식 $\dfrac{dy}{dx}=(y-1)(y-2)(y-3)$의 안정적 임계점을 찾으시오.

① 1 ② 2 ③ 3 ④ 존재하지 않음

중앙대

56. $y=y(x)$가 미분방정식 $y'+2y-1=y^2$, $y(0)=0$의 해일 때, $y(1)$의 값은?

① 1 ② 2 ③ $\dfrac{1}{2}$ ④ e

국민대

57. 미분방정식 $y' + 2ty = 2018 \ (t > 0)$을 만족하는 함수 $y(t)$에 대하여 $\lim_{t \to \infty} y(t)$의 값은?

① 0 ② 1 ③ 2018 ④ -2018

58. 미분방정식 $\left(x + ye^{\frac{y}{x}}\right)dx - xe^{\frac{y}{x}}dy = 0$, $y(1) = 0$의 해를 구하면?

① $\ln|x| = e^{\frac{y}{x}} - 1$ ② $\ln|x| = e^{\frac{y}{x}} + 1$

③ $\ln|x| = -e^{\frac{y}{x}} + 1$ ④ $\ln|x| = -e^{\frac{y}{x}} - 1$

59. 미분방정식 $xy^2 dx + e^x dy = 0$의 한 해를 $y(x)$라 할 때, $\lim_{x \to \infty} y(x) = \frac{1}{2}$이 성립한다. $y(x)$를 구하면?

① $\frac{e^x}{e^x - x - 1}$ ② $-\frac{e^x}{e^x - x - 1}$

③ $\frac{e^x}{2e^x - x - 1}$ ④ $-\frac{e^x}{2e^x - x - 1}$

60. 뉴턴의 냉각법칙에 의하면 냉각속도는 물체의 온도와 주변 온도 차에 비례한다. 온도가 시간에 따라 냉각되는 과정은 $\frac{dT}{dt} = k(T - T_{out})$로 표시할 수 있다. 150°C로 뜨겁게 달궈진 쇠 구슬을 0°C의 차가운 물에 넣어 식혔더니 1분 후에 60°C가 되었다고 한다. 물의 온도가 0°C로 동일하다고 할 때, 1분이 더 지난 후의 쇠구슬의 온도를 구하시오.

① 25°C ② 24°C ③ 23°C ④ 21°C

04 — 공학수학

성균관대

61. 미분방정식 $y' = y^2 - 4y + 3$의 해 $y(t)$가 $1 < y(0) < 3$을 만족할 때 $\lim_{t \to \infty} y(t)$은?

① 0 ② 1 ③ 2 ④ 3 ⑤ ∞

인하대

62. 다음 미분방정식 $\begin{cases} u'(t) = (u(t))^2, t > 0 \\ u(0) = 1 \end{cases}$ 의 해 $u(t)$는 $\lim_{t \to a-} u(t) = \infty$를 만족한다. a의 값은?

① 1 ② $\sqrt{2} - 1$ ③ 2 ④ $\sqrt{2} + 1$ ⑤ 3

중앙대

63. $y = y(x)$ 가 미분방정식 $(x+y)^2 dx + (2xy + x^2 - 1)dy = 0$, $y(1) = 1$ 의 해일 때, $y(0)$ 의 값은?

① $\frac{2}{3}$ ② $-\frac{2}{3}$ ③ $\frac{4}{3}$ ④ $-\frac{4}{3}$

한국산업기술대

64. $y(x)$가 미분방정식 $x\frac{dy}{dx} + 4y = x^4 y^2$, $y(1) = 1$의 해일 때, $y(e^2)$의 값은?

① $-\frac{1}{e^8}$ ② $-e^8$ ③ $\frac{1}{e^8}$ ④ e^8

중앙대

65. $y = y(x)$ 가 미분방정식 $(\cos x)y' + (\sin x)y = 1$, $y(0) = 2$의 해일 때, $y\left(\frac{\pi}{4}\right)$ 의 값은?

① $-\frac{1}{\sqrt{2}}$ ② $\frac{1}{\sqrt{2}}$ ③ $-\frac{3}{\sqrt{2}}$ ④ $\frac{3}{\sqrt{2}}$

국민대

66. 방사성 원소인 라돈-222 가스의 붕괴 방정식은 $y = y_0 e^{-0.18t}$로 알려져 있다. 여기에서 y_0는 초기량이고 t는 일(day) 단위의 시간이다. 라돈-222의 반감기(half-life)는?

① $\frac{50}{9}\ln 2$ 일 ② $\frac{50}{9}\ln 3$ 일 ③ $\frac{103}{18}\ln 2$ 일 ④ $\frac{103}{18}\ln 3$ 일

한국항공대

67. 함수 $y(x)$가 미분방정식 $(1+x^2)\dfrac{dy}{dx}+xy+2x\sqrt{1+x^2}=0$과 초기조건 $y(0)=0$을 만족할 때, $y(2)$의 값은?

① $\dfrac{4}{\sqrt{5}}$ ② $-\dfrac{4}{\sqrt{5}}$ ③ $\dfrac{2\sqrt{2}}{\sqrt{5}}$ ④ $-\dfrac{2\sqrt{2}}{\sqrt{5}}$

한양대 - 에리카

68. 미분방정식 $\dfrac{dy}{dx}=\dfrac{y-2x}{y+x}$의 일반해를 $f(x, y)=c$ 의 형태로 표현하면?(단, c는 임의의 상수)

① $\ln\sqrt{y^2+2x^2}+\dfrac{1}{\sqrt{2}}\tan^{-1}\left(\dfrac{y}{\sqrt{2}x}\right)=c$

② $\ln\sqrt{y^2+2x^2}+\tan^{-1}\left(\dfrac{y}{\sqrt{2}x}\right)=c$

③ $\ln\sqrt{y^2+x^2}+\dfrac{1}{\sqrt{2}}\tan^{-1}\dfrac{y}{x}=c$

④ $\ln\sqrt{y^2+x^2}+\tan^{-1}\dfrac{y}{x}=c$

홍익대

69. 호그와트 마법학교의 총인원은 600명이다. 개학일에 학생 중 1명이 가벼운 감기에 감염되어 입교하였다. 감염자 수 $x=x(t)$의 증가속도가 감염자 수와 비감염자 수의 곱에 비례하는 조건으로 수학적 모델링을 하였을 때, 함수 $x=x(t)$가 만족하지 않는 식을 고르시오. (개학일은 $t=0$으로 한다.)

① $\dfrac{dx}{dt}=kx(600-x),\ x(0)=1$

② $\dfrac{x}{600-x}=599e^{600kt}$

③ $x=\dfrac{600}{1+599e^{-600kt}}$

④ $\dfrac{d^2x}{dt^2}=k^2x(600-x)(600-2x)$

70. 5000리터의 물이 들어 있는 탱크에 20킬로그램의 소금이 녹아 있다. 물 1리터당 0.03킬로그램의 소금이 들어 있는 소금물이 분당 25리터의 비율로 탱크 안으로 흘러 들어가고 탱크 속의 소금물이 같은 비율로 탱크로부터 서서히 흘러 나간다. 탱크 속에서 소금과 물이 완벽하게 섞인다고 가정할 때 40분 후에 얼마나 많은 소금이 탱크 안에 남아있는가?

① $150-130e^{-\frac{1}{5}}$ ② $150+130e^{-\frac{1}{5}}$

③ $150-130e^{\frac{1}{5}}$ ④ $150+130e^{\frac{1}{5}}$

⑤ $130-150e^{-\frac{1}{5}}$

04 공학수학

한양대

1. $x^2y'' + 5xy' + 5y = 0$, $y(1) = 1$, $y'(1) = -5$일 때, $y(e)$의 값은?

① $-e^{-2}(\cos 1 + 3\sin 1)$　② $e^{-2}(\cos 1 + 2\sin 1)$
③ $e^{-2}(\cos 1 - 3\sin 1)$　④ $e^{-2}(\cos 1 - 2\sin 1)$

서울과학기술대

2. $y'' + 2y' + y = 2e^{-x}$, $y(0) = -1$, $y'(0) = 1$일 때, $y(1)$의 값은?

① 0　② e^{-1}　③ $3e^{-1}$　④ $3e$

국민대

3. 미분방정식 $y'' - 7y' + 10y = e^{4x}$의 해가 될 수 없는 것은?

① $y = \frac{1}{2}e^{2x} - \frac{1}{2}e^{4x} + \frac{3}{2}e^{5x}$

② $y = \frac{\sqrt{3}}{2}e^{2x} - \frac{1}{2}e^{4x} - \frac{1}{2}e^{5x}$

③ $y = -\frac{3}{2}e^{2x} + \frac{1}{2}e^{4x} - \frac{1}{2}e^{5x}$

④ $y = -\frac{\sqrt{3}}{2}e^{2x} - \frac{1}{2}e^{4x} + \frac{\sqrt{3}}{2}e^{5x}$

4. 다음 중 비제차 미분방정식 $x^2y'' - xy' + y = 2x$의 해는?

① x　② $x\ln x$　③ $x^2\ln x$　④ $x(\ln x)^2$

한성대

5. 2계 미분방정식과 초기조건은 다음과 같다.
$y'' - 10y' + 25y = 0$, $y(0) = 1$, $y'(0) = 10$. $y(5)$의 값을 구하면?

① $11e^9$　② $16e^9$　③ $21e^{25}$　④ $26e^{25}$

6. 미분방정식 $y'' - (\sin x)y' + 3y = x^3 - 4$을 만족하는 함수를 멱급수 $y = \sum_{n=0}^{\infty} a_n x^n$이라 할 때 $\frac{a_3}{a_1}$의 값은?

① 0　② 3　③ -3　④ $-\frac{1}{3}$

7. 코시-오일러 방정식 $x^2y'' - 3xy' + 3y = 2x^4e^x$ 에 대하여 $y(1) = 3$, $y(2) = 4(e^2+3)$ 일 때, $y(\ln 2)$ 의 값을 구하시오.

① $(\ln 2)^3 + 4(\ln 2)^2 - 2(\ln 2)$

② $(\ln 2)^3 + 4(\ln 2)^2 + 2(\ln 2)$

③ $(\ln 2)^3 + 4(\ln 2)^2$

④ $6(\ln 2)$

8. 이계 미분방정식 $(1-x^2)y'' - 2xy' = 0$의 한 해(solution)는 $y = 1$이다. 다음 중 $y = 1$과 일차독립인 이 미분방정식의 다른 한 해는?

① $\sqrt{\dfrac{x-1}{x+1}}$ ② $\dfrac{1-x}{1+x}$

③ $\ln\sqrt{\dfrac{1+x}{1-x}}$ ④ $\ln\left(\dfrac{1-x}{1+x}\right)$

9. 미분방정식 $y'' + 9y = \csc 3x$ 의 특수해는?

① $-\dfrac{1}{3}x\cos 3x + \dfrac{1}{9}\sin 3x \ln|\sin 3x|$

② $\dfrac{1}{3}x\cos 3x - \dfrac{1}{9}\sin 3x \ln|\sin 3x|$

③ $-\dfrac{1}{3}x\cos 3x - \dfrac{1}{9}\sin 3x \ln|\sin 3x|$

④ $\dfrac{1}{3}x\cos 3x + \dfrac{1}{9}\sin 3x \ln|\sin 3x|$

경희대

10. 다음 물음에 답하시오.

(a) $y = c_1e^x + c_2xe^x + c_3e^{2x}$ (c_1, c_2, c_3는 상수)를 일반해로 갖는 미분방정식 $y''' + ay'' + by' + cy = 0$ (a, b, c는 실수)을 찾고, 그 근거를 논술하시오.

(b) (a)에서 구한 미분방정식의 a, b, c에 대하여 미분방정식 $y'' + ay' + by = e^{cx}$의 일반해를 구하고, 그 과정을 서술하시오.

한양대

11. $y'' + 5y' + 6y = 0$, $y(0) = 3$, $y'(0) = -7$일 때, $y(1) + y'(1)$의 값은?

① $-2e^{-2} - 2e^{-3}$ ② $2e^{-2} - 2e^{-3}$

③ $-2e^{-2} + 2e^{-3}$ ④ $2e^{-2} + 3e^{-3}$

서울과학기술대

12. $x^2y'' - 3xy' + 4y = 0$, $y(e) = e^2$, $y'(e) = e$일 때, $y(e^2)$의 값은?

① 0 ② 1 ③ e^2 ④ $2e^2$

한국산업기술대

13. $y(x)$가 미분방정식

$x^2y'' - xy' - 3y = x^2$, $y(1) = \frac{8}{3}$, $y'(1) = \frac{1}{3}$

의 해일 때, $y(2)$의 값은?

① $\frac{22}{3}$ ② $\frac{23}{3}$ ③ $\frac{25}{3}$ ④ $\frac{26}{3}$

한국항공대

14. 두 점 $(0, 0)$과 $(\frac{\pi}{2}, 2)$를 지나면서 미분방정식

$\frac{d^2y}{dx^2} + 2\frac{dy}{dx} + 2y = 0$을 만족하는 함수는?

① $y = 2\sin x e^{\left(x - \frac{\pi}{2}\right)}$ ② $y = 2\sin x e^{\left(\frac{\pi}{2} - x\right)}$

③ $y = 2(1 - \cos x)e^{\left(\frac{\pi}{2} - x\right)}$ ④ $y = 2(1 - \cos x)e^{\left(x - \frac{\pi}{2}\right)}$

15. 멱급수 형태의 함수 $y = \sum_{k=0}^{\infty} c_k x^k$가 미분방정식

$y'' - (\tan^{-1}x)y = 0$, $y(0) = 6$, $y'(0) = 12$을

만족할 때, $c_2 + c_3 + c_4 + c_5$의 값은?

① $-\frac{19}{10}$ ② -1 ③ 0 ④ 1 ⑤ $\frac{19}{10}$

한양대 - 에리카

16. 초깃값 문제 $y'' + y = \cos x$, $y(0) = 2$, $y'(0) = 3$ 의 해를 $y(x)$라고 할 때, $y(\pi)$ 의 값은?

① 2 ② -2 ③ 3 ④ -3

17. 함수 $y=c_1x^2+c_2x^3+f(x)$가 비제차 상미분방정식 $x^3y''+ax^2y'+bxy=c$ (단, a, b, c는 상수)의 일반해라고 하자. 이때, $a+b+\lim_{x\to\infty}f(x)$를 구하시오.

① 0 ② 2 ③ 4 ④ 6

18. 함수 $y=e^x\cos 2x$가 미분방정식 $y''+ay'+by=0$의 해일 때, $a-b$는?

① -10 ② -7 ③ -1 ④ 3

19. 미분방정식 $t^2\dfrac{d^2y}{dt^2}-6y=0\ (t>0)$의 일반해를 $y(t)=C_1t^\alpha+C_2t^\beta$ 라 할 때, $\alpha^3+\beta^3$ 의 값을 구하면?

① -19 ② -17 ③ 17 ④ 19

20. 초기조건 $y(1)=4$, $y'(1)=1$ 를 만족하는 미분방정식 $\dfrac{d^2y}{dx^2}+2x\left(\dfrac{dy}{dx}\right)^2=0$의 해가 $y(x)$일 때, $y(2)$의 값은?

① 4 ② $\dfrac{9}{2}$ ③ 5 ④ $\dfrac{11}{2}$ ⑤ 6

인하대

21. 미분방정식 $y''-y'-2y=x$, $y(0)=1$, $y'(0)=1$을 만족하는 함수 $y=y(x)$에 대하여 $y(1)$의 값은?

① $\frac{1}{4}e^2-\frac{3}{4}$ ② $\frac{1}{2}e^2-\frac{1}{2}$ ③ $\frac{3}{4}e^2-\frac{1}{4}$

④ e^2 ⑤ $\frac{5}{4}e^2+\frac{1}{4}$

가천대

22. $y=y(x)$가 미분방정식 $\frac{x^2}{2}y''-xy'+y=0$, $y(1)=0$, $y'(1)=1$의 해일 때, $y(3)$의 값은?

① 1 ② $\frac{1}{2}$ ③ 6 ④ 8

단국대

23. $y=y(x)$가 미분방정식

$y''+y=\sec^3 x$, $y(0)=1$, $y'(0)=\frac{1}{2}$ 의 해일 때,

$y\left(\frac{\pi}{4}\right)$의 값은?

① 1 ② $\sqrt{2}$ ③ $\sqrt{3}$ ④ 2

한성대

24. 초기조건 $y(0)=0$, $y'(0)=5$를 만족하는 2차 미분방정식 $y''-y'-6y=0$의 해는 $y=C_1e^{ax}+C_2e^{bx}$의 형태를 가진다. 두 상수 C_1, C_2의 곱인 $C_1\times C_2$의 값은?

① -5 ② -3 ③ -2 ④ -1

25. $y=y(x)$가 미분방정식 $x^2y''-xy'+y=0$, $y(1)=0$, $y'(1)=1$의 해일 때, $y(e)$의 값은?

① 0 ② 1 ③ 2 ④ e

26. $y=y(t)$가 미분방정식

$$2y''+ty'-2y=10,\ y(0)=y'(0)=0$$

을 만족할 때, $y(2)$를 구하면?

① 5 ② 8 ③ 10 ④ 12

27. 미분방정식 $x^2y'' + xy' - y = \dfrac{1}{x+1}$ 의 특수해로 가능한 것을 찾으면? (단, $x > 0$)

① $-\dfrac{1}{2}+\dfrac{1}{2}x\ln\left(1+\dfrac{1}{x}\right)-\dfrac{\ln(x+1)}{2x}$

② $3+\dfrac{1}{2}x^2\ln\left(1+\dfrac{1}{x}\right)-\dfrac{\ln(x+1)}{2x^2}$

③ $-\dfrac{1}{2}+\dfrac{1}{2}x\ln\left(1+\dfrac{1}{x^2}\right)-\dfrac{\ln(x^2+1)}{2x}$

④ $2+\dfrac{1}{2}x^2\ln\left(1+\dfrac{1}{x}\right)-\ln\dfrac{x^2+1}{2x}$

28. 미분방정식 $\dfrac{d^2y}{dx^2}+5y=\cos 2x$, $y(0)=1$, $y'(0)=0$ 을 만족하는 연속함수 $y(x)$에 대하여 $y'\left(\dfrac{\pi}{4}\right)-y''\left(\dfrac{\pi}{4}\right)$의 값은?

① -2 ② -1 ③ 0 ④ 1

29. 미분방정식 $y''-y=x+\sin x$, $y(0)=2$, $y'(0)=3$의 해 $y=y(x)$를 구하면?

① $y=\dfrac{13}{4}e^x+\dfrac{5}{4}e^{-x}-x-\dfrac{1}{2}\sin x$

② $y=\dfrac{13}{4}e^x-\dfrac{5}{4}e^{-x}-x-\dfrac{1}{2}\sin x$

③ $y=\dfrac{13}{4}e^x-\dfrac{5}{4}e^{-x}+x-\dfrac{1}{2}\sin x$

④ $y=\dfrac{13}{4}e^x+\dfrac{5}{4}e^{-x}+x-\dfrac{1}{2}\sin x$

30. 미분방정식 $y''-(\sin x)y'+3y=x^3-4$을 만족하는 함수를 멱급수 $y=\sum_{n=0}^{\infty}a_nx^n$이라 할 때 $\dfrac{a_3}{a_1}$의 값은?

① 0 ② 3 ③ -3 ④ $-\dfrac{1}{3}$

한양대

31. 미분방정식 $y^{(4)}-16y=0$, $y(0)=\dfrac{7}{2}$, $y'(0)=-8$, $y''(0)=10$, $y'''(0)=-16$의 해 $y(x)$에 대하여 $y\left(\dfrac{\pi}{4}\right)+y'\left(\dfrac{\pi}{4}\right)$의 값은?

① $-3e^{-\frac{\pi}{2}}-2$　② $3e^{-\frac{\pi}{2}}-2$
③ $e^{\frac{\pi}{2}}-3e^{-\frac{\pi}{2}}-2$　④ $e^{\frac{\pi}{2}}+3e^{-\frac{\pi}{2}}-2$

한국항공대

32. 두 점 $(0,\ 0)$과 $\left(\ln 2,\ \dfrac{5}{2}\right)$를 지나면서 2계 미분방정식 $y''=4y$를 만족하는 해는?

① $\dfrac{4}{3}\sinh(2x)$　② $\dfrac{4}{3}\cosh(2x)$
③ $\dfrac{4}{3}\tanh(2x)$　④ $\dfrac{4}{3}\coth(2x)$

33. $2x^2y''-xy'+y=2x^3$와 $y(1)=0$, $y'(1)=\dfrac{2}{5}$가 성립할 때, $y(2)$ 의 값은?

① $\dfrac{2}{5}$　② $\dfrac{4}{5}$　③ $\dfrac{6}{5}$　④ $\dfrac{8}{5}$

34. 미분방정식 $y''+y=\sin x$가 $y(0)=0$, $y'(0)=0$을 만족할 때, $y\left(\dfrac{\pi}{2}\right)$의 값은?

① $-\dfrac{1}{2}$　② 0　③ $\dfrac{1}{2}$　④ 1

35. 미분방정식 $(1-x^2)y''-4xy'+2y=0$의 해를 멱급수로 표현할 때 $\dfrac{1}{a_0}\times\dfrac{1}{a_1}\times a_2\times a_3$의 값은? (단, $a_0a_1\neq 0$)

① -1　② $-\dfrac{1}{2}$　③ $-\dfrac{1}{3}$　④ $\dfrac{4}{3}$

36. 미분방정식 $x^2y''+axy'+10y=0$ 의 일반해가 $y=\dfrac{C_1\cos(3\ln x)+C_2\sin(3\ln x)}{x}$ 의 꼴이라면 상수 a의 값은?

① 1　② 2　③ -2　④ 3

37. 함수 $\phi(x) = \sum_{n=0}^{\infty} c_n x^n$ 이
$\phi''(x) - 2x\phi'(x) + 8\phi(x) = 0,\ \phi(0) = 3,$
$\phi'(0) = 0$을 만족할 때, c_4 의 값은?

① 0 ② 2 ③ 4 ④ 6

38. 미분방정식 $y''' + 3y'' + 3y' + y = 30e^{-x}$,
$y(0) = 3,\ y'(0) = -3,\ y''(0) = -47$ 의 해를
$y(x)$라 할 때, $y(1)$의 값은?

① $15e^{-1}$ ② $17e^{-1}$ ③ $-15e^{-1}$ ④ $-17e^{-1}$

39. $y = y(x)$ 가 미분방정식 $y'' - 2y' = 12e^{2x} - 8e^{-2x}$,
$y(0) = -2,\ y'(0) = 12$ 의 해일 때, $y(1)$ 의 값은?

① $8e - e^{-2} - 3$ ② $8e^2 - e^{-2} - 3$
③ $8e^{-2} - e^2 - 3$ ④ $8e - e^2 - 3$

40. 초기조건 $y(0) = 1,\ y'(0) = 2$ 인 미분방정식
$y'' + e^x y' - y = 0$의 급수해 $y = \sum_{n=0}^{\infty} a_n x^n$ 에 대하여
$a_2 + a_3$ 의 값은?

① -3 ② 3 ③ $-\frac{1}{3}$ ④ $\frac{1}{3}$

홍익대

41. 다음 미분방정식의 해 $y(x)$에 대해 $\frac{y^{(4)}(0)}{4!}$을 구하시오.

$$(1-x^2)y''-xy'+10y=0,\ y(0)=1,\ y'(0)=3$$

① $\frac{1}{8}$ ② $\frac{5}{2}$ ③ $\frac{10}{3}$ ④ $\frac{25}{6}$

42. 초깃값 문제 $(x^2D^2+xD-1)y=16x^3\,y(1)=-1$ $y'(1)=1$의 해를 $y(x)$라 할 때, $y(2)$의 값은?

① $\frac{17}{2}$ ② 8 ③ $\frac{19}{2}$ ④ 10

43. 다음 미분방정식의 일반해의 형태로 올바른 것은?

$$y^{(5)}-3y^{(4)}+3y^{(3)}-y^{(2)}=0$$

① $y=c_1x+c_2x^2+(c_3+c_4x+c_5x^2)e^{-x}$

② $y=c_1x+c_2x^2+(c_3+c_4x+c_5x^2)e^{x}$

③ $y=c_1+c_2x+(c_3+c_4x+c_5x^2)e^{x}$

④ $y=c_1x+c_2x^2+(c_3x+c_4x^2+c_5x^3)e^{-x}$

광운대

44. 자연수 n에 대해 $y=\frac{d^n}{dx^n}(x^2-1)^n$이 다음 미분방정식을 만족시킨다고 할 때 k의 값은?

$$(1-x^2)y''-2xy'+ky=0$$

① n ② $n+1$ ③ n^2 ④ $n(n+1)$ ⑤ $(n+1)^2$

45. 다음 중 적당한 상수 A, B에 대하여 미분방정식 $y''+4y=2\cos\frac{x}{2}\cos\frac{3}{2}x$의 해가 될 수 있는 것은?

① $A\sin2x+B\cos x$ ② $A\sin x+B\cos2x$

③ $Ax\sin2x+B\cos x$ ④ $A\sin2x+Bx\cos x$

⑤ $Ax\sin2x+Bx\cos x$

46. 미분방정식 $x^2y''-4xy'+6y=\ln x^2$의 특수해를 $y_p(x)$라 할 때, $y_p{}'\left(\frac{1}{6}\right)$의 값은?

① 2 ② 3 ③ 4 ④ 5

47. $y=y(x)$가 미분방정식 $(1-x^2)y''-2y'+3y=0$, $y(0)=0$, $y'(0)=1$의 급수해 $y=\sum_{n=0}^{\infty}a_n x^n$이라 할 때, (a_2, a_3, a_4)로 적당한 것은?

① $\left(1, \frac{1}{6}, 0\right)$　② $\left(2, 6, \frac{1}{3}\right)$

③ $\left(1, \frac{1}{6}, \frac{1}{3}\right)$　④ $\left(0, \frac{1}{6}, 0\right)$

가천대

48. $y=y(x)$ 가 미분방정식 $y''+y=0$, $y\left(\frac{\pi}{3}\right)=2$, $y'\left(\frac{\pi}{3}\right)=-4$ 의 해 일 때, $y\left(\frac{\pi}{2}\right)$ 의 값은?

① $1-2\sqrt{3}$　② $\sqrt{3}-1$　③ $\sqrt{3}-2$　④ $1+2\sqrt{3}$

서울과학기술대

49. 미분방정식 $x^2y''-5xy'+10y=0$
$y(e^{\pi/2})=e^{\pi/2}$, $y(e^{\pi})=-e^{2\pi}$ 에서 $y(e^{\pi/4})$은?

① $e^{-\pi/4}$　② $\frac{1}{\sqrt{2}}e^{-\pi/4}$

③ $2e^{-\pi/4}$　④ $\sqrt{2}e^{-\pi/4}$

한국산업기술대

50. $y_1=e^{\frac{1}{3}x}$, $y_2=e^{-x}\cos(\sqrt{3}x)$, $y_3=e^{-x}\sin(\sqrt{3}x)$ 가 3계 상수계수 상미분방정식 $ay'''+by''+cy'-4y=0$의 해일 때, $a+b+c$의 값은?

① 16　② 17　③ 18　④ 19

04 공학수학

서강대

51. 멱급수 형태의 함수 $y=\sum_{k=0}^{\infty} c_k x^k$ 가 미분방정식 $y''-(\sin x)y=0,\ y(0)=0,\ y'(0)=1$을 만족할 때, $c_0+c_1+c_2+c_3+c_4$의 값은?

① $\frac{1}{12}$ ② $\frac{25}{12}$ ③ $-\frac{11}{12}$ ④ $-\frac{23}{12}$ ⑤ $\frac{13}{12}$

성균관대

52. 미분방정식 $y''+2y'+2y=\cos 2t$의 해가 $y(0)=1$, $y'(0)=0$을 만족할 때 안정상태해의 $t=\frac{\pi}{2}$ 에서 함숫값은?

① $\frac{13}{10}e^{-\frac{\pi}{2}}+\frac{1}{10}$ ② $\frac{13}{10}e^{-\frac{\pi}{2}}$ ③ $\frac{1}{10}$

④ $-\frac{2}{10}$ ⑤ $\frac{11}{13}e^{-\frac{\pi}{2}}-\frac{2}{10}$

인하대

53. 미분방정식 $\begin{cases} u''(t)+3u'(t)+2u(t)=2e^{-2t}\sin t,\ \ t>0 \\ u(0)=1,\ u'(0)=2 \end{cases}$ 의 해 $u(t)$에 대하여 $\lim_{t\to\infty} e^t u(t)$의 값은?

① 1 ② 2 ③ 3 ④ 4 ⑤ 5

국민대

54. 미분방정식 $t^2y''+ty'-y=0,\ y(1)=5,$ $y'(1)=-3\ (t>0)$를 만족하는 $y(t)$의 최솟값은?

① 3 ② 4 ③ 5 ④ 6

단국대

55. $y=y(x)$가 미분방정식 $y''+y=8\cos 2x-4\sin x$, $y\left(\frac{\pi}{2}\right)=-1,\ y'\left(\frac{\pi}{2}\right)=0$ 의 해일 때, $y(\pi)$의 값은?

① $-\pi-\frac{8}{3}$ ② $-\pi+\frac{8}{3}$

③ $\pi+\frac{8}{3}$ ④ $\pi-\frac{8}{3}$

광운대

56. 미분방정식 $(1-x^2)\frac{d^2y}{dx^2}-x\frac{dy}{dx}=0,\ |x|<1$을 $x=\sin t$를 이용하여 t에 관한 미분방정식으로 바꾸면?

① $\frac{d^2y}{dt^2}=0$ ② $\cos^2 t\frac{d^2y}{dt^2}-\sin t\frac{dy}{dt}=0$

③ $\frac{d^2y}{dt^2}-\sin t\frac{dy}{dt}=0$ ④ $\frac{d^2y}{dt^2}-\frac{dy}{dt}=0$

⑤ $\frac{d^2y}{dt^2}+\frac{dy}{dt}=0$

중앙대

57. 미분방정식 $x^2y'' + xy' + y = 0$, $y(1) = 1$, $y'(1) = 2$ 의 해가 $y = x^a[c_1\cos(b\ln x) + c_2\sin(b\ln x)]$ 로 주어질 때, $a + b + c_1 + c_2$ 의 값은?

① 4 ② 5 ③ 6 ④ 7

한양대

58. 미분방정식 $(1 + x + 2x^2)y'' + (1 + 7x)y' + 2y = 0$,

$y(0) = -1$, $y'(0) = -2$ 의 해를 $y = \sum_{n=0}^{\infty} a_n x^n$ 이라 할 때,

a_3와 a_4의 값은?

① $a_3 = -\frac{4}{3}, a_4 = \frac{53}{12}$ ② $a_3 = \frac{4}{3}, a_4 = -\frac{53}{12}$

③ $a_3 = -\frac{5}{3}, a_4 = \frac{55}{12}$ ④ $a_3 = \frac{5}{3}, a_4 = -\frac{55}{12}$

홍익대

59. 다음 보기 (a)~(d) 중에서 미분방정식 $y^{(4)} + 3y'' - 4y = -4x^3 + 18x$ 의 해가 되는 것의 개수를 구하시오.

(a) $x^3 + 2\cosh x - \sin 2x$	(b) $x^3 + \cos 2x$
(c) $x^3 - \sinh 2x$	(d) $x^3 + 3e^x$

① 1개 ② 2개 ③ 3개 ④ 4개

서강대

60. 이계 선형 미분방정식 $y'' + ay' + by = 0$ (a, b는 실수인 상수)의 해를 e^x, e^{-x}라 할 때, $y'' + ay' + by = -\frac{2e^x}{e^x + 1}$ 의 해가 될 수 있는 것은?

① $e^{-x}\ln(e^x + 1) - e^x\ln(e^x + 1) + 1 - xe^x$

② $e^{-x}\ln(e^{-x} + 1) - e^x\ln(e^x + 1) + 1 + xe^{-x}$

③ $e^x\ln(e^x + 1) - e^{-x}\ln(e^{-x} + 1) + 1 + xe^x$

④ $e^x\ln(e^{-x} + 1) - e^{-x}\ln(e^x + 1) + 1 - xe^{-x}$

⑤ $e^x\ln(e^x + 1) - e^{-x}\ln(e^x + 1) + 1 - xe^x$

04 공학수학

성균관대

61. $y=y(x)$가 다음의 미분방정식과 초기조건을 만족할 때, $y(e)$의 값은?

$$x^4y^{(4)}+4x^3y'''+11x^2y''-9xy'+9y=0,$$
$$y(1)=1,\ y'(1)=3,\ y''(1)=-12,\ y'''(1)=6$$

① $\cos(3)+\sin(3)$ ② $\cos(3)-\sin(3)$
③ $\cos(3)+\sin(3)+e$ ④ $\cos(3)-\sin(3)+2e$
⑤ $\cos(3)+\sin(3)-e$

이화여대

62. 함수 $y=e^{2x}\sin x$에 대하여 $y''+My'+Ny=0$이 성립할 때 $M+N$의 값을 구하시오.

① 0 ② $\frac{1}{2}$ ③ 1 ④ 2 ⑤ π

중앙대

63. $y=y(x)$ 가 미분방정식 $x^3y'''+xy'-y=x^2,\ y(1)=1,\ y'(1)=3, y''(1)=14$ 의 해일 때, $y(e)$ 의 값은? (단, e 는 자연상수이다.)

① $\frac{1}{2}e(13+3e)$ ② $\frac{1}{3}e(13+2e)$
③ $\frac{1}{3}e(13+3e)$ ④ $\frac{1}{2}e(13+2e)$

한양대 - 에리카

64. 미분방정식 $(1-x^2)y''-2xy'+6y=0$의 해를 멱급수 $y=\sum_{m=0}^{\infty}a_mx^m$으로 표현할 때, $\frac{a_2a_3}{a_0a_1}$의 값은? (단, $a_0a_1\neq 0$)

① 2 ② 4 ③ 6 ④ 8

한양대 - 에리카

65. 초깃값 문제 $y''-6y'+9y=6x^2+2,\ y(0)=1,\ y'(0)=2$의 해를 $y(x)$라고 할 때, $y(1)$의 값은?

① $\frac{4}{9}(e^3-5)$ ② $\frac{4}{9}(e^2-5)$
③ $\frac{4}{9}(e^3+5)$ ④ $\frac{4}{9}(e^2+5)$

중앙대

66. $y=y(x)$ 가 미분방정식 $y'''-y''=3e^x-2, y(0)=0, y'(0)=3, y''(0)=8$ 의 해일 때, $y(1)$ 의 값은?

① $3e+1$ ② $3e+2$ ③ $4e+1$ ④ $4e+2$

한국산업기술대

67. $y_1 = e^x$ 가 다음 미분방정식의 해일 때, y_1 과 일차독립인 해 y_2 는?

$$xy'' - 2(x+1)y' + (x+2)y = 0$$

① $y_2 = 3xe^x$ ② $y_2 = 3x^2e^x$

③ $y_2 = \frac{1}{3}x^3e^x$ ④ $y_2 = \frac{1}{3}x^3e^{2x}$

한양대

68. 미분방정식 $x''(t) + 4x(t) = \cos 2t$, $x(0) = 0$, $x'(0) = 1$을 만족하는 연속함수 $x(t)$에 대하여 $x'\left(\frac{\pi}{2}\right) - x''\left(\frac{\pi}{2}\right)$의 값은?

① $-\frac{\pi}{4}$ ② $-1-\frac{\pi}{4}$ ③ $1-\frac{\pi}{4}$ ④ $1+\frac{\pi}{4}$

홍익대

69. 두 함수 $y_1(x) = x^2$, $y_2(x) = x^2 \ln x$는 어떤 2계 선형 제차 미분방정식의 해이다. 이 미분방정식의 또 다른 해 $y(x)$가 $y(1) = 10$, $y'(1) = 5$를 만족할 때, $y(2)$를 구하시오.

① $40 + 20\ln 2$ ② $20 + 40\ln 2$

③ $60 - 40\ln 2$ ④ $40 - 60\ln 2$

한양대 - 에리카

70. 일반해가 $c_1\sqrt{\frac{2}{\pi x}}\sin x + c_2\sqrt{\frac{2}{\pi x}}\cos x$ 인 미분방정식은? (단, c_1과 c_2는 임의의 상수)

① $4x^2y'' + (4x^2-1)y = 0$

② $4x^2y'' - (4x^2-1)y = 0$

③ $4x^2y'' + 4xy' + (4x^2-1)y = 0$

④ $4x^2y'' + 4xy' - (4x^2-1)y = 0$

성균관대

1. 함수 $f(t)=\begin{cases} 0 & (t<1) \\ 1 & (1<t<2) \\ 0 & (t>2) \end{cases}$ 의 라플라스 변환 $\mathcal{L}\{f(t)\}(s)$는?

① $\frac{1}{s}(e^{-s}-e^{-2s})$ ② $\frac{1}{s}(e^{-s}+e^{-2s})$

③ $\frac{2}{s}(e^{-s}-e^{-2s})$ ④ $\frac{2}{s}(e^{-s}+e^{-2s})$

⑤ $\frac{-1}{s}(e^{-s}+e^{-2s})$

단국대

2. 함수 $f(t)=\int_0^t e^{\tau}\sin(t-\tau)d\tau$의 라플라스 변환은?

① $\frac{1}{(s+1)(s^2-1)}$ ② $\frac{1}{(s-1)(s^2+1)}$

③ $\frac{1}{(s-1)(s^2-1)}$ ④ $\frac{1}{(s+1)(s^2+1)}$

3. 다음 방정식의 해 $y(t)$는?

$$y(t)-\int_0^t (1+\tau)y(t-\tau)\,d\tau = 1-\sinh t$$

① $\cosh t$ ② $\sinh t$ ③ $\cos t$ ④ $\sin t$

4. 미적분 방정식 $y'(t)+5\int_0^t y(t-\tau)e^{4\tau}d\tau=0,\ y(0)=1$의 해를 $y=y(t)$라 할 때, $y'(\pi)$의 값은?

① 0 ② 1 ③ 2 ④ 3

서울과학기술대

5. 함수 $F(s)=\frac{1}{s^2+8s+17}$의 라플라스 역변환은?

① $e^{-t}\cos 4t$ ② $e^{-t}\sin 4t$ ③ $e^{-4t}\cos t$ ④ $e^{-4t}\sin t$

한성대

6. 다음은 라플라스 변환 문제이다.
$f(t)=L^{-1}\{F(s)\}=L^{-1}\left\{\frac{-6s+3}{s^2+9}\right\}$의 관계로부터 $f\left(t=\frac{\pi}{3}\right)$의 값을 구하면?

① 2 ② 3 ③ 6 ④ 10

한양대 - 에리카

7. 함수 $f(t)=e^{at}(b_1+b_2t+b_3t^2)$ 의 라플라스 변환이 $\mathcal{L}(f)=\dfrac{s^2+s+1}{(s+2)^3}$ 일 때, $a+b_1+b_2+2b_3$ 의 값은?

① 0　② -1　③ -2　④ -3

한국산업기술대

8. $y(t)$ 가 미분방정식 $y'+y=f(t)$, $y(0)=0$의 해일 때, $y(2)$의 값은?
(단, $f(t)$는 $f(t)=\begin{cases} 1, & 0 \le t < 1 \\ -1, & t \ge 1 \end{cases}$ 이다.)

① $e^{-1}-2e^{-2}-1$　② $2e^{-1}-e^{-2}-1$
③ $2e^{-1}+e^{-2}+1$　④ $e^{-1}+2e^{-2}-1$

9. $\mathcal{L}[f(t)]=\dfrac{4s}{(s+1)^2(s-1)}$ 를 만족할 때, $f(2t)$를 구하면?

① $e^{2t}-e^{-2t}+2te^{-2t}$　② $e^{2t}-e^{-2t}-2te^{-2t}$
③ $2(\sinh 2t+te^{-2t})$　④ $2(\sinh 2t+2te^{-2t})$

경희대

10. 미분방정식 $y''+2y+y=\sin t+\cos t$에 대하여 다음 물음에 답하시오.

(a) 일반해 $y(t)$를 구하고, 그 방법을 설명하시오.

(b) 라플라스 변환을 이용하여 초기 조건 $y(0)=y'(0)=0$을 만족하는 해 $y(t)$를 구하고, 그 방법을 설명하시오.

한양대 - 에리카

11. 함수 $f(t)=\begin{cases} 0 & , t<2\pi \\ \sin t & , 2\pi \le t \le 3\pi \\ 0 & , t>3\pi \end{cases}$ 의 라플라스 변환은?

① $\dfrac{1}{s^2+1}(e^{-2\pi s}+e^{-3\pi s})$ ② $\dfrac{1}{s^2+1}(e^{2\pi s}+e^{3\pi s})$

③ $\dfrac{s}{s^2+1}(e^{-2\pi s}+e^{-3\pi s})$ ④ $\dfrac{s}{s^2+1}(e^{2\pi s}+e^{3\pi s})$

단국대

12. 역라플라스 변환 (invers Laplace transformation) $\mathcal{L}^{-1}\left\{\dfrac{3s}{9s^2+4}\right\}$를 $f(t)$라고 할 때, $f(t)$의 주기는?

① $\dfrac{3\pi}{2}$ ② 2π ③ $\dfrac{5\pi}{2}$ ④ 3π

경희대

13. 함수 $u_1(t)=\begin{cases} 0, & t<1 \\ 1, & t\ge 1 \end{cases}$에 대하여 다음 초기값 문제의 해를 구하고, 그 근거를 논술하시오.

$$y''(t)-y(t)=2-2u_1(t)\ (x\ge 0)$$
$$y(0)=0,\ y'(0)=0$$

가천대

14. $f(t)$의 라플라스 변환(Laplace transformation)이 $F(s)=\dfrac{2s+4}{(s-2)^3}$일 때, $f(1)$의 값은?

① $-2e^2$ ② $2e^2$ ③ $4e^2$ ④ $6e^2$

15. 다음 적분방정식의 해 $y(t)$는?

$$y(t)-\int_0^t y(\tau)\sin(t-\tau)\,d\tau=\cos t$$

① 1 ② t ③ $\sin t$ ④ $\cos t$

16. $y=y(t)$가 미적분방정식 $y'(t)+6y(t)+9\int_0^t y(\tau)\,d\tau=1,\quad y(0)=0$의 해일 때, $y\left(\dfrac{\pi}{3}\right)$의 값은?

① $\dfrac{\pi}{3}e^{-\pi}$ ② $\dfrac{\pi}{3}e^{\pi}$ ③ $\dfrac{2\pi}{3}e^{-\pi}$ ④ $\dfrac{2\pi}{3}e^{\pi}$

17. $y=y(x)$ 가 미분방정식

$$y''+y=\delta\left(t-\frac{\pi}{2}\right)+\delta\left(t-\frac{3\pi}{2}\right),\ y(0)=0,\ y'(0)=0$$

의 해일 때, $y(\pi)+y(2\pi)$ 의 값은?
(단, $\delta(x)$ 는 Dirac delta 함수이다.)

① 0 ② 1 ③ 2 ④ $\sqrt{2}$

한국산업기술대

18. 함수 $g(t)$ 의 라플라스 변환 $\mathcal{L}\{g(t)\}=G(s)$ 가 $G(s)=\ln\left(1+\frac{4}{s^2}\right)$ 일 때, $g(t)$ 는?

① $\frac{2-2\cos2t}{t}$ ② $\frac{1-\cos2t}{2t}$

③ $\frac{2\cos2t-2}{t}$ ④ $\frac{\cos2t-1}{2t}$

19. $f(t)=\begin{cases}0 & , 0\le t<\pi \\ 3\cos t & , t\ge\pi\end{cases}$ 에 대하여 $y=y(t)$ 가 미분방정식 $y'+y=f(t)$, $y(0)=5$ 의 해일 때, $y\left(\frac{\pi}{4}\right)+y\left(\frac{7\pi}{4}\right)$ 의 값은?

① $5e^{-\frac{\pi}{4}}+\frac{3}{2}e^{\frac{3\pi}{4}}+5e^{-\frac{7\pi}{4}}$

② $5e^{\frac{\pi}{4}}+\frac{3}{2}e^{-\frac{3\pi}{4}}+5e^{\frac{7\pi}{4}}$

③ $5e^{-\frac{\pi}{4}}+\frac{3}{2}e^{-\frac{3\pi}{4}}+5e^{\frac{7\pi}{4}}$

④ $5e^{-\frac{\pi}{4}}+\frac{3}{2}e^{-\frac{3\pi}{4}}+5e^{-\frac{7\pi}{4}}$

국민대

20. 구간 $[0,\ \infty)$ 에서 적분 가능한 두 함수 f와 g의 합성곱 (convolution) $f*g$는 다음과 같이 정의된다.

$$(f*g)(x)=\int_0^x f(t)g(x-t)\,dt$$

구간 $[0,\ \infty)$ 에서 적분 가능한 함수 $f,\ g,\ h$에 대하여 다음 중 옳은 것을 모두 고르면?

ㄱ. $(f*g)(x)\neq(g*f)(x)$
ㄴ. $(f*(g+h))(x)=(f*g)(x)+(f*h)(x)$
ㄷ. $(f*(g*h))(x)=((f*g)*h)(x)$
ㄹ. $f(x)=1$이면 $(f*g)(x)=g(x)$

① ㄱ, ㄴ ② ㄱ, ㄹ ③ ㄴ, ㄷ ④ ㄷ, ㄹ

성균관대

21. $\int_0^{\infty} te^{-3t}\cos t\,dt$의 값은?

① $\frac{1}{25}$ ② $\frac{2}{25}$ ③ $\frac{3}{25}$ ④ $\frac{4}{25}$ ⑤ $\frac{5}{25}$

중앙대

22. $y=y(x)$ 가 미분방정식
$y''+3y'+2y=\delta(x-1), y(0)=1, y'(0)=-1$ 의 해일 때, $y(2)$ 의 값은?
(단, $\delta(x)$ 는 디랙 델타(Dirac delta) 함수이다.)

① $-e^{-1}$ ② e^{-2} ③ e^{-1} ④ $-e^{-2}$

중앙대

23. $y=y(x)$ 가 적분방정식
$y(x)-\int_0^x y(\tau)\sin 2(x-\tau)d\tau=\cos 2x$ 의 해일 때,
$y(2)$ 의 값은?

① $-\cos(2\sqrt{2})$ ② $\sin(2\sqrt{2})$
③ $\cos(2\sqrt{2})$ ④ $-\sin(2\sqrt{2})$

가천대

24. 함수 $F(s)=\frac{s}{s^2-2s+5}$ 의 라플라스 역변환은?

① $e^t\cos 2t$ ② $e^{2t}\cos t+\frac{1}{2}e^{2t}\sin t$
③ $e^t\cos 2t+e^t\sin 2t$ ④ $e^t\cos 2t+\frac{1}{2}e^t\sin 2t$

25. $y=y(x)$가 적분방정식
$$y'(t)=\cos t+\int_0^t y(\tau)\cos(t-\tau)d\tau,\ y(0)=1$$
의 해일 때, $y(2)$의 값은?

① $\cos 2-\sin 2$ ② $\cos 2+\sin 2$
③ 5 ④ $\sqrt{2}$

26. 라플라스 변환 $\mathcal{L}(te^{-t}\cos t)=F(s)$에 대하여 $\lim_{s\to 1}F(s)$의 값을 구하면?

① $\frac{25}{3}$ ② $\frac{3}{25}$ ③ $\frac{16}{3}$ ④ $\frac{3}{16}$

중앙대

27. $F(s)=\dfrac{s+8}{s^4+4s^2}$ 의 라플라스 역변환을 $f(t)$ 라 할 때, $f(0)+f'(0)$ 의 값은?

① -1 ② 0 ③ 1 ④ 2

28. 미분방정식 $y'(t) = 1-\sin t-\int_0^t y(\tau)\,d\tau$, $y(0)=0$ 을 만족하는 함수 y 의 라플라스 변환 $Y(s)$ 를 구하면?

① $Y(s)=\dfrac{s^2+s+1}{(s^2+1)^2}$ ② $Y(s)=\dfrac{s^2-s+1}{(s^2+1)^2}$

③ $Y(s)=\dfrac{s^2-s-1}{(s^2+1)^2}$ ④ $Y(s)=\dfrac{s^2-s+1}{(s^2+1)}$

29. L을 라플라스 변환(Laplace transformation)이라 할 때, 그 역변환 $\mathcal{L}^{-1}$에 대하여 $\mathcal{L}^{-1}\left[\dfrac{16e^{-\frac{\pi}{2}s}}{(s^2+4)^2}\right]=f(t)$라고 하자. $f(\pi)+f\left(\dfrac{3}{2}\pi\right)$의 값은?

① -3π ② $-\pi$ ③ 0 ④ π ⑤ 3π

홍익대

30. 다음 중 라플라스 변환이 맞지 않는 것을 고르시오. (단, 함수 $f(t)$ 의 라플라스 변환은 다음과 같이 정의된 함수이다.)

$$\mathcal{L}\{f(t)\}=\int_0^\infty e^{-st}f(t)\,dt$$

① $\mathcal{L}\{te^{-t}\}=\dfrac{1}{s^2+2s+1}$

② $\mathcal{L}\{t\sin t\}=\dfrac{2s}{s^4+2s^2+1}$

③ $\mathcal{L}\{e^{-t}\sin t\}=\dfrac{2}{s^2+2s+2}$

④ $\mathcal{L}\{te^{-t}\sin t\}=\dfrac{2s+2}{(s^2+2s+2)^2}$

04 공학수학

서강대

31. L을 라플라스 변환(Laplace transformation)이라 하고, L^{-1}을 L의 역변환이라 할 때, $L^{-1}\left[\dfrac{e^{-s}}{s^2(s-1)}\right](t),\ t>0$ 에서의 값은?

① $-1+t+e^t$　② $-1+t+e^{-t+1}$
③ $-U(t-1)$　④ $\left(-t+e^{t-1}\right)U(t-1)$
⑤ $\left(1-t+e^{t-1}\right)U(t-1)$

중앙대

32. 두 함수 $F(s)=\dfrac{2s+6}{(s^2+6s+10)^2}$, $G(s)=\ln\dfrac{s}{s-1}$ 의 라플라스 역변환 $f(t)=\mathcal{L}^{-1}\{F(s)\}$, $g(t)=\mathcal{L}^{-1}\{G(s)\}$ 가 바르게 짝지어진 것은?

① $te^{-3t}\cos t,\ \dfrac{e^t-1}{t}$　② $te^{-3t}\sin t,\ \dfrac{e^t-1}{t}$
③ $te^{-3t}\sin t,\ \dfrac{e^t-e}{t}$　④ $te^{-3t}\cos t,\ \dfrac{e^t-e}{t}$

한양대

33. 적분 $\displaystyle\int_0^{\infty}\frac{e^{-2\pi x}-e^{-4\pi x}}{x}dx$의 값은?

① $\ln 2$　② $\ln 4$　③ $\ln 8$　④ $\ln\dfrac{1}{2}$

한양대

34. 방정식 $f(t)=2t-e^{-t}-\displaystyle\int_0^t f(\eta)e^{t-\eta}d\eta$에 대하여 $f(0)-f''(0)$의 값은?

① -4　② -3　③ 3　④ 4

서강대

35. $\mathcal{L}$를 라플라스 변환(Laplace transformation)이라 하고, $\mathcal{L}^{-1}$를 라플라스 역변환이라고 할 때, $\mathcal{L}^{-1}\left[\dfrac{s^2}{(s^2+4)^2}\right]$ 는?

① $\dfrac{\sin 2t+2t\cos 2t}{4}$　② $\dfrac{\sin 2t-2t\cos 2t}{4}$
③ $\dfrac{2\sin 2t+t\cos 2t}{4}$　④ $\dfrac{2\sin 2t-t\cos 2t}{4}$
⑤ $\dfrac{2t\sin 2t+\cos 2t}{4}$

중앙대

36. 함수 $f(t)$를 다음과 같이 정의하자.

$$f(t)=\begin{cases}1, & 0\le t<1\\ -1, & t\ge 1\end{cases}$$

$y=y(t)$가 $y'+y=f(t)$, $y(0)=0$의 해일 때, $y(2)$의 값은?

① $3+2e^{-1}-e^{-2}$　② $3-2e^{-1}-e^{-2}$
③ $-1+2e^{-1}-e^{-2}$　④ $-1-2e^{-1}-e^{-2}$

한국산업기술대

37. $y(t)$가 적분방정식 $y(t)+e^{t}\int_{0}^{t} y(\tau)e^{-\tau}d\tau = 3t^{2}-e^{-t}$ 의 해일 때, $y(1)$ 의 값은?

① $1+\frac{2}{e}$ ② $1+\frac{e}{2}$ ③ $3-\frac{e}{2}$ ④ $3-\frac{2}{e}$

중앙대

38. $f(t)=te^{2t}\sin 6t$ 의 라플라스 변환을 $F(s)$ 라 할 때, $F(4)$ 의 값은?

① $\frac{3}{100}$ ② $\frac{3}{200}$ ③ $\frac{3}{400}$ ④ $\frac{3}{800}$

39. 다음 그림과 같이 나타내어진 함수 $f(t)$ 의 라플라스 변환을 구하여라.

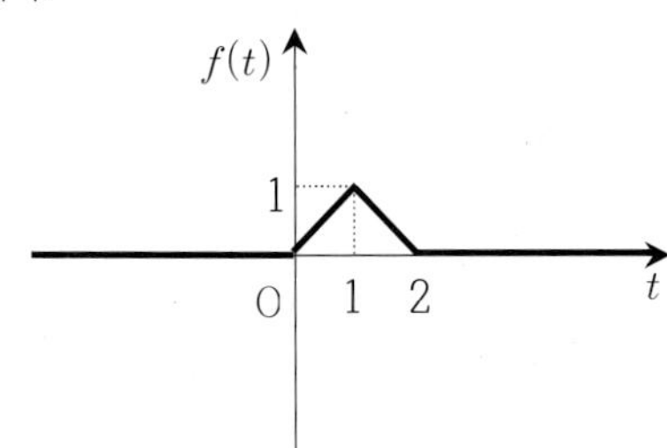

① $\frac{1}{s^2}-\frac{2}{s^2}e^{-s}-\frac{1}{s^2}e^{-2s}$

② $\frac{1}{s^2}+\frac{2}{s^2}e^{-s}-\frac{1}{s^2}e^{-2s}$

③ $\frac{1}{s^2}-\frac{2}{s^2}e^{-s}+\frac{1}{s^2}e^{-2s}$

④ $\frac{1}{s^2}+\frac{2}{s^2}e^{-s}+\frac{1}{s^2}e^{-2s}$

40. 라플라스 변환(Laplace transformation)의 역변환 $L^{-1}\left\{e^{-3s}\frac{2s^2+3}{s^3-s}\right\}$을 계산하면? (단, $u(t-a)$는 단위 계단 함수이고 $\delta(t-a)$는 충격파 함수이다.)

① $f(t)=u(t-3)\left(\frac{5}{2}e^{-t+3}+\frac{5}{2}e^{t-3}-3\right)$

② $f(t)=u(t-3)\left(\frac{5}{2}e^{-t+3}+\frac{5}{2}e^{t-3}\right)$

③ $f(t)=u(t-3)\left(\frac{5}{2}e^{-t-3}-\frac{5}{2}e^{t+3}-3\right)$

④ $f(t)=\delta(t-3)\left(\frac{5}{2}e^{t}-\frac{5}{2}e^{t-3}+3\right)$

4. 연립미분방정식 - 하프 모의고사 ①

중앙대

1. $y_1 = y_1(x)$, $y_2 = y_2(x)$ 가 연립미분방정식 $y_1{}' = 2y_1 + y_2$, $y_2{}' = 5y_1 - 2y_2$ 의 해일 때, y_1y_2 위상평면에서 임계점의 유형과 안정성이 바르게 짝지어진 것은?

① 안장점, 불안정　② 나선점, 안정
③ 중심, 안정　④ 마디점, 불안정

숭실대

2. 연립미분방정식 $\begin{bmatrix} y_1{}' \\ y_2{}' \end{bmatrix} = \begin{bmatrix} 1 & 2 \\ -1 & 4 \end{bmatrix}\begin{bmatrix} y_1 \\ y_2 \end{bmatrix}$, $\begin{bmatrix} y_1(0) \\ y_2(0) \end{bmatrix} = \begin{bmatrix} 1 \\ -1 \end{bmatrix}$ 의 해 y_1, y_2에 대해 $y_1(1) - y_2(1)$은?

① $\frac{1}{2}e^2$　② $6e^3$　③ $2e^2$　④ $2e^2 + 2e^3$

중앙대

3. 연립미분방정식 $x'(t) = x(t) + 2y(t)$, $y'(t) = 4x(t) + 3y(t)$, $x(0) = 2$, $y(0) = 1$을 만족하는 $x(t), y(t)$ 에 대해서 $x(1) + 2y(1)$ 의 값은?

① $5e^5 + e^{-1}$　② $5e^5 - e^{-1}$
③ $-5e^5 + e^{-1}$　④ $-5e^5 - e^{-1}$

한국산업기술대

4. 연립미분방정식 $\begin{cases} y_1{}' = 2y_1 + 2y_2 \\ y_2{}' = y_1 + 3y_2 \end{cases}$, $y_1(0) = 1$, $y_2(0) = -1$ 의 해 $y_1 = y_1(t)$, $y_2 = y_2(t)$ 에 대하여 $y_1(1) + y_2(1)$ 의 값은?

① $\frac{2}{3}(e + 2e^4)$　② $\frac{2}{3}(e - 2e^4)$
③ $\frac{2}{3}(e + e^4)$　④ $\frac{2}{3}(e - e^4)$

5. 다음 연립미분방정식의 해가 아닌 것은?

$$y_1{}'(t) = 7y_1(t) + 4y_2(t)$$
$$y_2{}'(t) = -3y_1(t) - y_2(t)$$

① $y_1(t) = 2e^t$, $y_2(t) = 2e^t$
② $y_1(t) = 2e^{5t}$, $y_2(t) = -e^{5t}$
③ $y_1(t) = 4e^t + 2e^{5t}$, $y_2(t) = -6e^t - e^{5t}$
④ $y_1(t) = 2e^t - 2e^{5t}$, $y_2(t) = -3e^t + e^{5t}$

6. 초기조건 $x(0) = y(0) = 0$, $x'(0) = y'(0) = 0$을 만족하는 연립미분방정식 $\begin{cases} x'' + y'' = e^{2t} \\ 2x' + y'' = -e^{2t} \end{cases}$에 대하여 $x(1) + y(1)$ 의 값을 계산하면?

① $\frac{1}{4}(e^2 + 3)$　② $\frac{1}{4}(e + 3)$
③ $\frac{1}{4}(e^2 - 3)$　④ $\frac{1}{4}(e - 3)$

7. 연립미분방정식 $\begin{pmatrix} x'(t) \\ y'(t) \end{pmatrix} = \begin{pmatrix} -1 & -2 \\ 3 & 4 \end{pmatrix} \begin{pmatrix} x(t) \\ y(t) \end{pmatrix} + \begin{pmatrix} 3 \\ 3 \end{pmatrix}$,
$\begin{pmatrix} x(0) \\ y(0) \end{pmatrix} = \begin{pmatrix} -4 \\ 5 \end{pmatrix}$ 의 특수해(particular solution) $\begin{pmatrix} x_p(t) \\ y_p(t) \end{pmatrix}$ 에 대하여 $x_p(1004) + y_p(1004)$ 의 값은?

① -2018 ② -1004 ③ -3 ④ 0

한국항공대

8. 함수 $y_1(t)$와 $y_2(t)$가 $\dfrac{dy_1}{dt} = -y_1 + 4y_2$, $\dfrac{dy_2}{dt} = 3y_1 - 2y_2$, 그리고 $y_1(0) = y_2(0) = \dfrac{1}{2}$을 만족할 때, $y_1(t) + y_2(t)$의 값은?

① e^{-2t} ② e^{2t} ③ e^{-t} ④ e^{t}

한양대

9. 연립미분방정식 $\begin{pmatrix} x'(t) \\ y'(t) \end{pmatrix} = \begin{pmatrix} -3 & 1 \\ 2 & -4 \end{pmatrix} \begin{pmatrix} x(t) \\ y(t) \end{pmatrix} + \begin{pmatrix} 3t \\ e^{-t} \end{pmatrix}$ 에 대한 특수해(particular solution) $\begin{pmatrix} x_p(t) \\ y_p(t) \end{pmatrix}$에 대하여 $100x_p{}'(0) + 100y_p{}'(0)$ 의 값은 ☐ 이다.

한양대

10. $\begin{cases} 2\dfrac{dx}{dt} + \dfrac{dy}{dt} - y = t \\ \dfrac{dx}{dt} + \dfrac{dy}{dt} = t^2 \end{cases}$, $x(0) = 1,\ y(0) = 0$을

만족하는 함수 $x(t),\ y(t)$에 대하여 $x(1) + y(1) = \dfrac{p}{q}$ (단, p와 q는 서로소) 일 때, $p+q$의 값을 구하시오.

04 공학수학

중앙대

11. 연립미분방정식 $y_1{}' = 4y_1 - y_1{}^2$, $y_2{}' = y_2$ 의 임계점을 구하고, 선형화하여 임계점의 유형을 판별하였을 때, 임계점과 그 유형이 바르게 짝지어진 것은?

① (0, 0), 마디점　　② (0, 0), 안장점
③ (4, 0), 중심　　④ (4, 0), 마디점

중앙대

12. 연립미분방정식
$y_1{}' = -5y_1 - y_2$, $y_2{}' = 4y_1 - y_2$, $y_1(1) = 0$, $y_2(1) = 1$
을 만족하는 $y_1 = y_1(x)$, $y_2 = y_2(x)$ 에 대해서 $y_1(2)$, $y_2(2)$ 가 바르게 짝지어진 것은?

① $e^{-3}, 3e^{-3}$　　② $-e^{-3}, 3e^{-3}$
③ $-e^{-3}, 2e^{-3}$　　④ $e^{-3}, 2e^{-3}$

중앙대

13. $y_1(x)$, $y_2(x)$ 가 연립미분방정식

$$y_1{}'' = y_1 + 3y_2,\ y_2{}'' = 4y_1 - 4e^x$$
$$y_1(0) = 2, y_1{}'(0) = 3,\ y_2(0) = 1, y_2{}'(0) = 2$$

의 해일 때, $y_1(1) + y_2(1)$ 의 값은?

① $2e^2 + 2e$　② $e^2 + e$　③ $e^2 + 2e$　④ $2e^2 + e$

한양대

14. 연립미분방정식 $\begin{pmatrix} x'(t) \\ y'(t) \end{pmatrix} = \begin{pmatrix} 6 & 7 \\ 2 & 1 \end{pmatrix}\begin{pmatrix} x(t) \\ y(t) \end{pmatrix} + \begin{pmatrix} 4t \\ -4t + \frac{8}{3} \end{pmatrix}$
에 대한 특수해(particular solution) $\begin{pmatrix} x_p(t) \\ y_p(t) \end{pmatrix}$ 에 대하여 $x_p{}'(0) + y_p(0)$ 의 값은?

① -10　② -4　③ 0　④ 10

한양대

15. 연립미분방정식 $\begin{pmatrix} x'(t) \\ y'(t) \end{pmatrix} = \begin{pmatrix} 2 & 8 \\ -1 & -2 \end{pmatrix}\begin{pmatrix} x(t) \\ y(t) \end{pmatrix}$,
$\begin{pmatrix} x(0) \\ y(0) \end{pmatrix} = \begin{pmatrix} 2 \\ -1 \end{pmatrix}$ 을 만족하는 연속함수 $x(t)$, $y(t)$ 에 대하여 $x'\left(\frac{\pi}{2}\right) + x\left(\frac{\pi}{2}\right) + y'\left(\frac{\pi}{2}\right) + y\left(\frac{\pi}{2}\right)$ 의 값은?

① 3　② 5　③ 7　④ 9

서강대

16. 미분방정식 $y'' + 2y' + \frac{3}{4}y = 0$을 연립미분방정식
$\begin{pmatrix} y' \\ y'' \end{pmatrix} = \begin{pmatrix} a & b \\ c & d \end{pmatrix}\begin{pmatrix} y \\ y' \end{pmatrix}$ 으로 나타낼 수 있다.
행렬 $\begin{pmatrix} a & b \\ c & d \end{pmatrix}$ 의 고윳값(eigenvalue)을 λ_1, λ_2라고 할 때,
$a + b + c + d + \frac{\lambda_1}{\lambda_2}$ 의 값은?
(단, a, b, c, d는 상수이고 $|\lambda_1| > |\lambda_2|$ 이다.)

① $\frac{3}{4}$　② 1　③ $\frac{5}{4}$　④ $\frac{3}{2}$　⑤ 2

서울과학기술대

17. 연립미분방정식 $y_1{}' = y_1 - y_2,\ \ y_2{}' = 2y_1 + 4y_2$
$y_1(0) = 0,\ \ y_2(0) = 1$에서 $y_1(\ln 2) + y_2(\ln 3)$은?

① 10 ② 14 ③ 41 ④ 59

성균관대

18. 다음 연립미분방정식 $y_1{}' = 2y_1 - 2y_2,\ y_2{}' = 2y_1 + 2y_2$은 $(y_1(0),\ y_2(0)) = (1,\ 1)$을 만족한다. $\left(y_1\left(\frac{\pi}{2}\right),\ y_2\left(\frac{\pi}{2}\right)\right)$의 값은?

① $(-e^{\pi},\ -e^{\pi})$ ② $(-e^{\pi}, e^{\pi})$

③ $\left(-e^{\frac{\pi}{2}},\ -e^{\frac{\pi}{2}}\right)$ ④ $\left(e^{\frac{\pi}{2}},\ -e^{\frac{\pi}{2}}\right)$

⑤ $\left(e^{\frac{\pi}{2}},\ e^{\frac{\pi}{2}}\right)$

한양대

19. 연립미분방정식 $\begin{pmatrix} x'(t) \\ y'(t) \\ z'(t) \end{pmatrix} = \begin{pmatrix} 1 & 2 & -1 \\ 1 & 0 & 1 \\ 4 & -4 & 5 \end{pmatrix}\begin{pmatrix} x(t) \\ y(t) \\ z(t) \end{pmatrix}$,
$\begin{pmatrix} x(0) \\ y(0) \\ z(0) \end{pmatrix} = \begin{pmatrix} -1 \\ 0 \\ 0 \end{pmatrix}$을 만족하는 해 $x(1) + y(1) + z(1)$의 값은?

① $-e + 3e^2 - 4e^3$ ② $3e^2 - 4e^3$

③ $e - 3e^2 + 4e^3$ ④ $-3e^2 + 4e^3$

홍익대

20. 다음 연립 선형미분방정식의 초기조건 $\vec{y}(0) = (y_1(0),\ y_2(0)) \neq (0,\ 0)$이 주어졌을 때, $t \to \infty$에 따른 해 $\vec{y}(t) = (y_1(t),\ y_2(t))$의 변화에 대한 옳은 설명을 고르시오.

$$\begin{cases} \dfrac{dy_1}{dt} = 2y_1 - 7y_2 \\ \dfrac{dy_2}{dt} = y_1 - 3y_2 \end{cases}$$

① $\vec{y}(0)$이 원점에 충분히 가까울 경우, $\vec{y}(t)$는 주기함수이다.
② $\vec{y}(0)$에 관계없이 $\vec{y}(t)$는 항상 원점으로 수렴한다.
③ $\vec{y}(0)$에 따라, $\vec{y}(t)$는 원점으로 수렴하는 경우도 있고, 무한대로 발산하는 경우도 있다.
④ $\vec{y}(0)$에 관계없이 $\vec{y}(t)$는 항상 무한대로 발산한다.

국민대

1. 정의역이 R 인 함수 f는 구간 $[-\pi,\ \pi]$ 에서 $f(x)=|x|$ 이고 $f(x)=f(x+2\pi)$ 이다. 이 주기함수 f의 퓨리에 급수 $\frac{a_0}{2}+\sum_{k=1}^{\infty}a_k\cos(kx)$ 에서 $\sum_{k=0}^{3}a_k$의 값은?

① $\frac{9\pi^2-40}{9\pi}$　② $\frac{9\pi^2-32}{9\pi}$

③ $\frac{3\pi^2-20}{3\pi}$　④ $\frac{3\pi^2-16}{3\pi}$

중앙대

2. 주기가 4인 함수 $f(x)$ 를 다음과 같이 정의하자.

$$f(x)=\begin{cases}2+x, & -2<x<0\\ 2, & 0\le x<2\end{cases}$$

$f(x)$ 를 아래와 같이 퓨리에급수로 나타낼 때, $\frac{a_1+a_2}{b_1+b_2}$ 의 값은?

$$f(x)=\frac{1}{2}a_0+\sum_{n=1}^{\infty}\left(a_n\cos\frac{n\pi}{2}x+b_n\sin\frac{n\pi}{2}x\right)$$

① $\frac{4}{\pi}$　② $\frac{3}{\pi}$　③ $\frac{2}{\pi}$　④ $\frac{1}{\pi}$

중앙대

3. 함수 $f(x)$ 를 다음과 같이 정의하자.

$$f(x)=\begin{cases}e^x, & |x|<1\\ 0, & |x|\ge 1\end{cases}$$

$f(x)$ 를 아래와 같이 퓨리에적분으로 나타낼 때, $A(\alpha)$ 와 $B(\alpha)$ 가 바르게 짝지어진 것은?

$$f(x)=\frac{1}{\pi}\int_0^{\infty}[A(\alpha)\cos\alpha x+B(\alpha)\sin\alpha x]d\alpha,$$
$$A(\alpha)=\int_{-\infty}^{\infty}f(x)\cos\alpha x\,dx$$
$$B(\alpha)=\int_{-\infty}^{\infty}f(x)\sin\alpha x\,dx$$

① $A(\alpha)=\frac{2\sinh 1\cos\alpha+2\alpha\cosh 1\sin\alpha}{1+\alpha^2}$, $B(\alpha)=\frac{2\cosh 1\sin\alpha-2\alpha\sinh 1\cos\alpha}{1+\alpha^2}$

② $A(\alpha)=\frac{2\sinh 1\cos\alpha-2\alpha\cosh 1\sin\alpha}{1+\alpha^2}$, $B(\alpha)=\frac{2\cosh 1\sin\alpha-2\alpha\sinh 1\cos\alpha}{1+\alpha^2}$

③ $A(\alpha)=\frac{2\sinh 1\cos\alpha+2\alpha\cosh 1\sin\alpha}{1+\alpha^2}$, $B(\alpha)=\frac{2\cosh 1\sin\alpha+2\alpha\sinh 1\cos\alpha}{1+\alpha^2}$

④ $A(\alpha)=\frac{2\sinh 1\cos\alpha-2\alpha\cosh 1\sin\alpha}{1+\alpha^2}$, $B(\alpha)=\frac{2\cosh 1\sin\alpha+2\alpha\sinh 1\cos\alpha}{1+\alpha^2}$

중앙대

4. 주기 함수 $f(x)$ 와 $g(x)$ 의 그래프가 다음과 같이 주어진다.

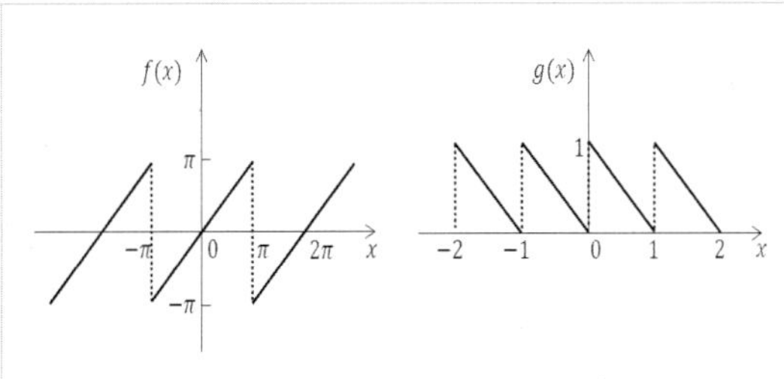

$f(x)$ 와 $g(x)$ 를 아래와 같이 퓨리에급수로 나타낼 때, b_4+d_4 의 값은? (단, L_f 와 L_g 는 $f(x)$ 와 $g(x)$ 의 기본 주기 (fundamental period)이다.)

$$f(x)=\frac{1}{2}a_0+\sum_{n=1}^{\infty}\left(a_n\cos\frac{2\pi n}{L_f}x+b_n\sin\frac{2\pi n}{L_f}x\right)$$
$$g(x)=\frac{1}{2}c_0+\sum_{n=1}^{\infty}\left(c_n\cos\frac{2\pi n}{L_g}x+d_n\sin\frac{2\pi n}{L_g}x\right)$$

① $-\frac{1}{2}+\frac{1}{4\pi}$　② $-\frac{1}{2}-\frac{1}{4\pi}$

③ $\frac{1}{2}+\frac{1}{4\pi}$　④ $\frac{1}{2}-\frac{1}{4\pi}$

중앙대

5. 함수 $f(x)$ 를 다음과 같이 정의하자.

$$f(x)=\begin{cases}e^{2x}, & x<0\\ e^{-3x}, & x\ge 0\end{cases}$$

$f(x)$ 를 아래와 같이 Fourier 적분으로 나타낼 때, $A(\alpha)$ 와 $B(\alpha)$ 가 바르게 짝지어진 것은?

$$f(x)=\frac{1}{\pi}\int_0^{\infty}[A(\alpha)\cos\alpha x+B(\alpha)\sin\alpha x]\,d\alpha,$$
$$A(\alpha)=\int_{-\infty}^{\infty}f(x)\cos\alpha x\,dx$$
$$B(\alpha)=\int_{-\infty}^{\infty}f(x)\sin\alpha x\,dx$$

① $A(\alpha)=\frac{2}{\alpha^2+4}+\frac{3}{\alpha^2+9},\ B(\alpha)=\frac{-\alpha}{\alpha^2+4}+\frac{\alpha}{\alpha^2+9}$

② $A(\alpha)=\frac{2}{\alpha^2+4}+\frac{3}{\alpha^2+9},\ B(\alpha)=\frac{\alpha}{\alpha^2+4}+\frac{\alpha}{\alpha^2+9}$

③ $A(\alpha)=\frac{2}{\alpha^2+4}-\frac{3}{\alpha^2+9},\ B(\alpha)=\frac{-\alpha}{\alpha^2+4}+\frac{\alpha}{\alpha^2+9}$

④ $A(\alpha)=\frac{2}{\alpha^2+4}-\frac{3}{\alpha^2+9},\ B(\alpha)=\frac{\alpha}{\alpha^2+4}+\frac{\alpha}{\alpha^2+9}$

한국항공대

6. 함수 f는 $f(x) = |x| \quad (-1 \le x \le 1)$과 $f(x) = f(x+2)$를 만족한다. 이때, 퓨리에 급수를 이용한 무한급수 $\sum_{n=0}^{\infty} \frac{1}{(2n+1)^2}$의 값은?

① $\frac{\pi^2}{2}$ ② $\frac{\pi^2}{4}$ ③ $\frac{\pi^2}{6}$ ④ $\frac{\pi^2}{8}$

홍익대

7. 다음 중 $0 < x < \pi$의 범위에서 $f(x) = x$와 같지 않은 것을 고르시오.

① $\sum_{n=1}^{\infty} \frac{2(-1)^{n+1}}{n} \text{sinnx}$

② $\frac{\pi}{2} + \frac{2}{\pi} \sum_{n=1}^{\infty} \frac{(-1)^n - 1}{n^2} \text{cosnx}$

③ $\frac{\pi}{2} + \sum_{n=1}^{\infty} \left(\frac{(-1)^n - 1}{n^2 \pi} \text{cosnx} + \frac{(-1)^{\text{n}+1}}{\text{n}} \text{sinnx} \right)$

④ $\frac{\pi}{2} - \sum_{n=1}^{\infty} \frac{\sin 2nx}{n}$

8. 함수 $f(x)$를 다음과 같이 정의하자.

$$f(x) = \begin{cases} 0 & , x < 0 \\ \sin x & , 0 \le x \le \pi \\ 0 & , x > \pi \end{cases}$$

$f(x)$를 아래와 같이 퓨리에 적분으로 나타낼 때, $A(\alpha)$와 $B(\alpha)$가 바르게 짝지어진 것은?

$$f(x) = \frac{1}{\pi} \int_0^{\infty} [A(\alpha) \cos \alpha x + B(\alpha) \sin \alpha x] d\alpha$$

$$A(\alpha) = \int_{-\infty}^{\infty} f(x) \cos \alpha x dx$$

$$B(\alpha) = \int_{-\infty}^{\infty} f(x) \sin \alpha x dx$$

① $A(\alpha) = \frac{1 + \cos \alpha\pi}{1 + \alpha^2}$, $B(\alpha) = \frac{\sin \alpha\pi}{1 + \alpha^2}$

② $A(\alpha) = \frac{1 + \sin \alpha\pi}{1 - \alpha^2}$, $B(\alpha) = \frac{\cos \alpha\pi}{1 - \alpha^2}$

③ $A(\alpha) = \frac{1 + \sin \alpha\pi + \cos \alpha\pi}{1 - \alpha^2}$, $B(\alpha) = \frac{\cos \alpha\pi}{1 - \alpha^2}$

④ $A(\alpha) = \frac{1 + \cos \alpha\pi}{1 - \alpha^2}$, $B(\alpha) = \frac{\sin \alpha\pi}{1 - \alpha^2}$

9. 주기가 2π인 함수 $f(x)$가 다음과 같이 주어질 때, f의 퓨리에 급수(Fourier series)

$$f(x) = \frac{1}{2}a_0 + \sum_{n=1}^{\infty}(a_n \cos nx + b_n \sin nx)$$에서

$a_n\ (n \geq 1)$을 올바르게 나타낸 것은?

$$f(x) = \begin{cases} 0, & -\pi < x < 0 \\ \pi - x, & 0 \leq x < \pi \end{cases}$$

① $\frac{(-1)^n}{n^2\pi}$ ② $\frac{1-(-1)^n}{n^2\pi}$ ③ $\frac{(-1)^n - 1}{n^2\pi}$ ④ $\frac{1}{n^2\pi}$

10. 주기가 2인 주기함수 f가 구간 $[-1,\ 1)$에서 $f(x) = x^2$으로 정의될 때, f의 퓨리에급수를 이용하여 무한급수 $\sum_{n=1}^{\infty}(-1)^{n+1}\left(\frac{1}{n}\right)^2$의 값을 구하시오.

① $\frac{\pi^2}{12}$ ② $\frac{\pi^2}{5}$ ③ $\frac{\pi^2}{7}$ ④ $\frac{\pi^2}{4}$

중앙대

1. 복소함수 $f(z)$ 에 대해 점 z_0을 중심으로 하는 로랑(Laurent) 급수를 전개하였을 때, z_0이 진성특이점(essential singularity)이 아닌 것은?

① $f(z)=z^5 e^{\frac{1}{z^2}}$, $z_0=0$

② $f(z)=z^3\cos\left(\frac{1}{z}\right)$, $z_0=0$

③ $f(z)=e^{\frac{z}{z-2}}$, $z_0=2$

④ $f(z)=\frac{e^{2z}}{(z-1)^3}$, $z_0=1$

중앙대

2. 복소수 z_1, z_2, z_3에 대하여 다음 〈보기〉 중 옳은 것은 몇 개인가?

〈보 기〉

ㄱ. $|z_1|=1$ 이고 임의의 복소수 a와 b에 대하여 $az_1+b\neq 0$ 일 때, $\left|\frac{\bar{b}z_1+\bar{a}}{az_1+b}\right|=1$ 이 항상 성립한다. (단, $\bar{a}$ 와 $\bar{b}$ 는 각각 a와 b의 켤레복소수이다.)

ㄴ. $|z_1|=|z_2|=|z_3|=1$일 때, $\frac{(z_1+z_2)(z_2+z_3)(z_3+z_1)}{z_1z_2z_3}$ 은 항상 실수값을 가진다.

ㄷ. $|z_1|=2$일 때, $\left|\frac{1}{{z_1}^4-4{z_1}^2+3}\right|\leq\frac{1}{3}$ 을 만족시킨다.

ㄹ. $z_1=1+i$ 일 때, ${z_1}^{1-i}$ 의 주값(principal value)은 $\sqrt{2}e^{\frac{\pi}{4}}\left\{\cos\left(\frac{\pi}{4}+\ln\sqrt{2}\right)+i\sin\left(\frac{\pi}{4}+\ln\sqrt{2}\right)\right\}$ 이다.

① 1 ② 2 ③ 3 ④ 4

중앙대

3. 열린 영역 D 에서 정의된 복소함수 $f(z)=u(x,y)+iv(x,y)$ 는 다음 두 조건을 만족한다. $f(z)$ 에 대하여 바른 것은?

(i) D 에서 해석적이다.
(ii) D 에 속한 모든 z에 대하여 $\mathrm{Re}(f(z))=\mathrm{Im}(f(z))$ 이다.

① $\frac{\partial u}{\partial x}=0$, $\frac{\partial u}{\partial y}=1$ ② $\frac{\partial u}{\partial x}=1$, $\frac{\partial u}{\partial y}=0$

③ $\frac{\partial v}{\partial x}=1$, $\frac{\partial v}{\partial y}=1$ ④ $\frac{\partial v}{\partial x}=0$, $\frac{\partial v}{\partial y}=0$

중앙대

4. $\int_0^{\pi}\frac{1}{5+4\cos\theta}d\theta$ 와 $\int_0^{2\pi}\frac{1}{5-4\sin\theta}d\theta$ 의 값을 각각 a, b라 할 때, $\frac{a}{b}$ 의 값은? (단, $z=e^{i\theta}$라 하면 $\cos\theta=\frac{1}{2}\left(z+\frac{1}{z}\right)$, $\sin\theta=\frac{1}{2i}\left(z-\frac{1}{z}\right)$ 이다.)

① 2 ② $\frac{1}{4}$ ③ $\frac{1}{2}$ ④ 4

중앙대

5. $\int_{-\infty}^{\infty}\frac{x^2\cos(\pi x)}{(x^2+1)(x^2+2)}dx$ 의 값은?

① $\pi(\sqrt{2}e^{-\sqrt{2}\pi}-e^{-\pi})$ ② $\pi(e^{-\pi}-\sqrt{2}e^{-\sqrt{2}\pi})$

③ $\pi(\sqrt{2}e^{-\sqrt{2}\pi}+e^{-\pi})$ ④ $\pi(\sqrt{2}e^{\sqrt{2}\pi}-e^{-\pi})$

한성대

6. 복소수 $z_1 = 1+2i$의 켤레복소수는 z_2이다.

$z_1 z_2 + 5\dfrac{z_1}{z_2} = a+bi$일 때, $a+b$의 값은?

① 3 ② 4 ③ 5 ④ 6

홍익대

7. 다음 중 복소평면에서 해석적인 임의의 복소함수 $f(x+iy) = u(x,\ y) + iv(x,\ y)$에 대해 성립하는 식을 고르시오. (단, $z = x+iy$이고 $u,\ v$는 각각 f의 실수부분, 허수부분이다.)

① $f'(z) = \dfrac{\partial u}{\partial x} + i\dfrac{\partial u}{\partial y}$ ② $f'(z) = \dfrac{\partial v}{\partial x} - i\dfrac{\partial u}{\partial y}$

③ $f'(z) = \dfrac{\partial u}{\partial x} + i\dfrac{\partial v}{\partial y}$ ④ $f'(z) = \dfrac{\partial v}{\partial y} - i\dfrac{\partial u}{\partial y}$

8. 선적분 $\oint_C \tan z\, dz$를 계산하여라.

(단, C는 반지름 2인 단위원이다.)

① $-2\pi i$ ② $2\pi i$ ③ $-4\pi i$ ④ $4\pi i$

9. 다음 중 함수의 극과 유수로 옳게 짝지어진 것이 아닌 것은?

① $f(z) = \dfrac{\cos z}{z^2(z-\pi)^3}$, $Res[f,\ 0] = -\dfrac{3}{\pi^4}$

② $f(z) = \dfrac{e^z}{e^z - 1}$, $Res[f,\ 0] = 1$

③ $f(z) = \sec z$, $Res\left[f,\ \dfrac{\pi}{2}\right] = 1$

④ $f(z) = \dfrac{1}{z \sin z}$, $Res[f,\ 0] = 0$

중앙대

10. $z-$평면에 있는 서로 다른 세 점 $z_1,\ z_2,\ z_3$을 $\omega-$평면에 있는 서로 다른 세 점 $\omega_1,\ \omega_2,\ \omega_3$으로 각각 사상하는 선형분수변환이 다음과 같이 정의된다.

$$\frac{(\omega-\omega_1)(\omega_2-\omega_3)}{(\omega-\omega_3)(\omega_2-\omega_1)} = \frac{(z-z_1)(z_2-z_3)}{(z-z_3)(z_2-z_1)}$$

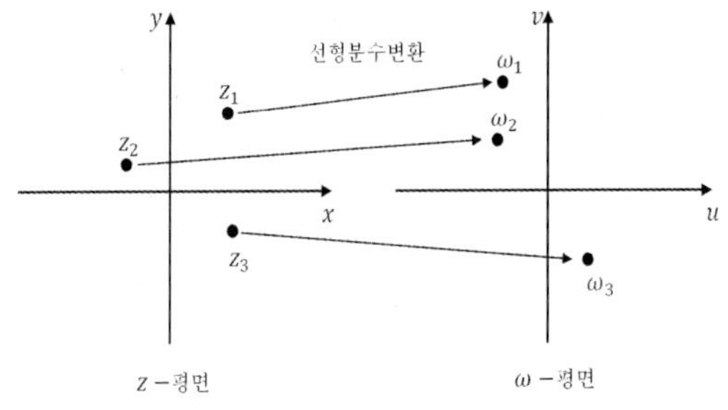

$z_1 = 0,\ z_2 = 1,\ z_3 = \infty$를 $\omega_1 = 1,\ \omega_2 = i,\ \omega_3 = -1$로 사상하는 선형분수변환과 이에 의한 $|z| = 1$의 상이 바르게 짝지어진 것은?

① $\omega = \dfrac{1-iz}{1+iz}$, $|\omega| = 1$ ② $\omega = \dfrac{1+iz}{1-iz}$, $u = 0$

③ $\omega = \dfrac{1+iz}{1-iz}$, $v = 0$ ④ $\omega = \dfrac{1+iz}{1-iz}$, $|\omega| = 1$

중앙대

11. 복소 방정식 $\sin z = \cosh 4$의 해가 아닌 것은?

① $\frac{5\pi}{2}+4i$　② $\frac{3\pi}{2}+4i$

③ $-\frac{3\pi}{2}-4i$　④ $-\frac{7\pi}{2}-4i$

중앙대

12. 복소함수 $f(z)=\int_0^z \frac{\sin t}{t}dt$ 를 매클로린급수로 전개하였을 때 z^5 항의 계수는?

① $-\frac{1}{18}$　② $\frac{1}{18}$　③ $\frac{1}{600}$　④ $-\frac{1}{600}$

13. $z = x+iy$ 일 때, 복소함수 $f(z) = (x^2+axy+by^2) + i(cx^2+dxy+y^2)$ 가 복소평면에서 해석적이 되기 위한 실수 상수 a, b, c, d 에 대해 $abcd$ 의 값은?

① -4　② 0　③ 2　④ 4

14. 코시(Caucy)의 주값을 이용하여 $P.V\int_0^\infty \frac{1-\cos x}{x^2}dx$ 를 구하면?

① $\frac{\pi}{4}$　② $\frac{\pi}{2}$　③ π　④ 2π

중앙대

15. $\int_0^{2\pi} \frac{1}{25-24\cos\theta}d\theta$ 의 값은?

① $\frac{\pi}{7}$　② $\frac{2\pi}{7}$　③ $\frac{3\pi}{7}$　④ $\frac{4\pi}{7}$

중앙대

16. $\int_0^\infty \frac{\sin x}{x(x^2+1)}dx$ 의 값은?

① $\pi(1+e^{-1})$　② $\pi(1-e^{-1})$

③ $\frac{\pi}{2}(1-e^{-1})$　④ $\frac{\pi}{2}(1+e^{-1})$

한성대

17. $z=-\frac{\sqrt{3}}{2}-\frac{1}{2}i$일 때, $1+z+z^2+z^3+\cdots+z^{36}$의 값은? (단, $i=\sqrt{-1}$)

① -2　② -1　③ 1　④ 2

중앙대

18. 복소사상(complex mapping) $w=\dfrac{1}{z}$ 이 z-평면의 D 영역을 w-평면의 D' 영역으로 보낼 때, D 영역과 D' 영역이 바르게 짝지어지지 않은 것은? (단, z-평면에서 $z=x+iy$, w-평면에서 $w=u+iv$ 로 정의된다.)

① $D=\{(x,y)|x^2+(y-1)^2\le 1\}$

$D'=\left\{(u,v)\,\middle|\,v\le -\dfrac{1}{2}\right\}$

② $D=\left\{(x,y)\,\middle|\,\left(x-\dfrac{1}{2}\right)^2+y^2\le\left(\dfrac{1}{2}\right)^2\right\}$

$D'=\{(u,v)|u\ge 1\}$

③ $D=\{(x,y)|0<y<1\}$

$D'=\left\{(u,v)\,\middle|\,u^2+\left(v+\dfrac{1}{2}\right)^2>\left(\dfrac{1}{2}\right)^2\right\}$

④ $D=\{(x,y)|x\ge 1\}$

$D'=\{(u,v)|(u-1)^2+v^2\le 1\}$

중앙대

19. 다음 〈보기〉 중 복소급수와 수렴반경 R 이 바르게 짝지어진 것은 모두 몇 개인가?

〈보 기〉

ㄱ. $\displaystyle\sum_{n=k}^{\infty}\frac{n!}{(n-k)!k!}\left(\frac{z}{\pi}\right)^n,\quad R=\pi$

ㄴ. $\displaystyle\sum_{n=0}^{\infty}\frac{2^{20n}}{n!}(z-3)^n,\quad R=\infty$

ㄷ. $\displaystyle\sum_{n=1}^{\infty}\left\{\log n+\left(\frac{1+i}{2}\right)^n\right\}z^n,\quad R=1$

ㄹ. $\displaystyle\sum_{n=0}^{\infty}\frac{(-1)^n z^{2n+1}}{(2n+1)n!},\quad R=\infty$

① 1 ② 2 ③ 3 ④ 4

중앙대

20. 복소수 z_1, z_2, z_3 에 대하여 다음 〈보기〉 중 옳은 것은 모두 몇 개인가?

〈보 기〉

ㄱ. $|z_1|=|z_2|=|z_3|=1$ 이고 $z_1+z_2+z_3\ne 0$ 일 때, $\left|\dfrac{z_1z_2+z_2z_3+z_3z_1}{z_1+z_2+z_3}\right|=1$ 이 항상 성립한다.

ㄴ. $z_1=1+i$ 일 때, $z_1^i=\exp\left(2n\pi-\dfrac{\pi}{4}+\dfrac{i}{2}\ln 2\right)$ 이다. (단, n 이 정수이다.)

ㄷ. n 이 정수이고 $z_1=\left(n+\dfrac{1}{2}\right)\pi i$ 일 때, $\cosh z_1=0$ 이다.

ㄹ. $\cot(\pi z_1)$ 의 모든 극점(pole)에 대한 유수(residue)는 $-\dfrac{1}{\pi}$ 이다.

ㅁ. $\sin^2 z_1$ 는 복소평면 전체에서 해석적(analytic)인 완전함수(entire function)이다.

① 1 ② 2 ③ 3 ④ 4

21. $\left(\frac{1}{2\sqrt{3}}-\frac{1}{2}i\right)^m=\frac{1}{18\sqrt{3}}+\frac{1}{18}i$를 만족하는 m을 구하시오.

① 2 ② 3 ③ 4 ④ 5

22. $\cos\bar{z}+\overline{\cos z}=i$를 만족하지 못하는 값을 고르시오.

① $z=-\frac{\pi}{2}+i\ln\left(\frac{-1+\sqrt{5}}{2}\right)$

② $z=\frac{\pi}{2}+i\ln\left(\frac{1+\sqrt{5}}{2}\right)$

③ $z=\pi+i\ln\left(\frac{1+\sqrt{5}}{2}\right)$

④ $z=\frac{3\pi}{2}+i\ln\left(\frac{-1+\sqrt{5}}{2}\right)$

23. 복소평면 전체에서 조화함수 $u(x,y)=x^3-3xy^2-5y$의 공액조화함수 $v(x,y)$를 구하시오.

① $v(x,y)=3x^2y-y^3+c$

② $v(x,y)=3x^2y-y^3+5x+c$

③ $v(x,y)=3x^2y+y^3+c$

④ $v(x,y)=3x^2y+y^3-5x+c$

24. 곡선 C는 $|z|=1$의 상반원 일 때, $f(z)=x+y$의 선적분 $\int_C f(z)\,dz$를 구하시오.

① $\frac{\pi}{2}(i-1)$ ② $\frac{\pi}{2}(i+1)$ ③ $\frac{\pi}{2}(1-i)$ ④ $\frac{\pi}{2}$

25. 곡선 C는 $0, 1, 1+i$를 연결한 반시계방향의 경로를 가진 곡선이다. 경로 C에 따라 주어진 적분을 계산하시오.

$$\int_C (\bar{z})^2 dz$$

① $\frac{1}{3}$ ② $1+\frac{2}{3}i$ ③ $-\frac{2}{3}+\frac{2}{3}i$ ④ $\frac{2}{3}+\frac{4}{3}i$

26. $\int_C \cos z\,dz$를 계산하시오.

$$C=C_1+C_2+C_3,$$
$$\begin{cases} C_1: z(t)=t+it & (0\le t\le 1) \\ C_2: z(t)=t+i(2-t) & (1\le t\le 2) \\ C_3: z(t)=4-t & (2\le t\le 4)\end{cases}$$

① 0 ② $\frac{\pi}{2}$ ③ $\frac{\sqrt{2}}{2}+\frac{3}{2}i$ ④ $\frac{\sqrt{2}}{2}-\frac{3}{2}i$

27. $\oint_C \frac{\mathrm{Ln}(z+2)}{z^3+i}dz=0$이 되게하는 $\rho>0$의 범위를 구하시오. 여기서 $C:\left|z-\left(\frac{1}{2}+\frac{1}{2}i\right)\right|=\rho$ (반시계방향)이다.

① $0<\rho<\frac{\sqrt{2}}{4}$　② $0<\rho<\frac{\sqrt{2}}{3}$

③ $0<\rho<\frac{\sqrt{2}}{2}$　④ $0<\rho<\sqrt{2}$

28. 유수적분법을 이용하여 다음 적분값을 구하시오.

$$\int_C \frac{1}{z^2(z-1)(z+2)}dz,\ C: \text{원 } |z|=3(\text{반시계방향})$$

① $-\frac{\pi i}{2}$　② $\frac{\pi i}{2}$　③ $\frac{\pi i}{6}$　④ 0

29. 곡선 C가 그림과 같이 주어져 있을 때, $\int_C \frac{z^3+3}{z(z-i)^2}dz$?

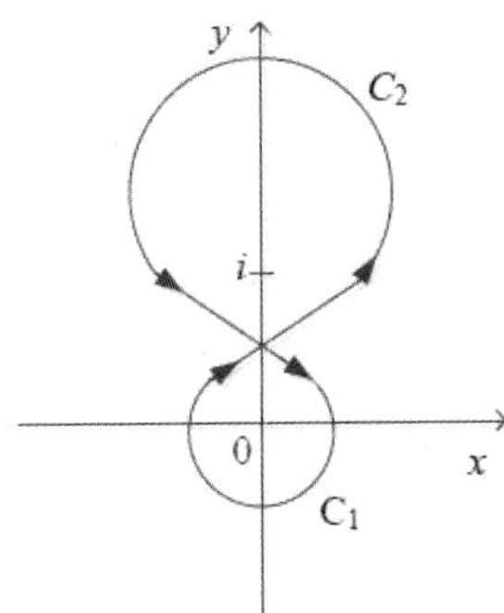

① -4π　② $12\pi i$　③ $-4\pi+12\pi i$　④ $4\pi+12\pi i$

30. 곡선 C는 $|z|=\frac{3}{2}$ (반시계방향)에 대하여 다음 계산하시오.

$$\oint \frac{e^z}{ze^z-iz}dz$$

① $\frac{\pi}{2}(i-1)$　② $\frac{\pi}{2}(i+1)$　③ $\pi(1-i)$　④ $\pi(i-1)$

04 공학수학

31. $\oint_C \left\{ \frac{\cosh z}{(z-\pi)^3} - \frac{\sin^2 z}{(2z-\pi)^3} \right\} dz$를 계산하시오.
$C : |z| = 3$(반시계방향)

① πi　② $\frac{\pi}{2} i$　③ $\frac{\pi}{4} i$　④ $\frac{\pi}{8} i$

32. 다음 적분값을 구하시오.

$$\int_C \frac{e^z}{e^z - 1} dz,\ C : |z| = 7\text{(반시계방향)}$$

① 0　② $2\pi i$　③ $4\pi i$　④ $6\pi i$

33. 다음 적분값을 구하시오.

$$\oint_C \frac{|z| e^z}{z^2} dz,\ C : \text{원 } |z| = 2\text{(반시계방향)}$$

① πi　② $2\pi i$　③ $3\pi i$　④ $4\pi i$

34. $\int_0^{2\pi} \frac{d\theta}{1 - \frac{1}{2}\sin\theta}$를 계산하시오.

① $\frac{2\sqrt{3}}{3}\pi$　② $\frac{4\sqrt{3}}{3}\pi$　③ $\frac{\sqrt{3}}{2}\pi$　④ $\frac{3\sqrt{3}}{2}\pi$

35. $\int_0^{2\pi} \frac{\sin\theta}{5 - 4\sin\theta} d\theta$를 계산하시오.

① $\frac{\sqrt{3}}{3}\pi$　② $\frac{1}{3}\pi$　③ $\frac{\sqrt{3}}{2}\pi$　④ $\frac{3\sqrt{3}}{2}\pi$

36. 다음 $pr.v. \int_{-\infty}^{\infty} \frac{\sin x}{x^2 - \frac{\pi^2}{4}} dx$의 적분값을 구하시오.

① -2　② 0　③ 2　④ 4

37. $\int_0^{\infty} \frac{\cos 3x}{(x^2+1)^2}\,dx$ 의 코시 주값을 구하시오.

① πe^{-1} ② πe^{-2} ③ πe^{-3} ④ πe^{-4}

38. $f(z)=\mathrm{Ln}(3-iz)$ 를 중심이 $2i$ 인 테일러 급수로 전개하고 수렴영역을 구하시오.

① $\ln 5+\sum_{n=1}^{\infty}\frac{(-1)^n}{n}\left(\frac{i(z-2i)}{5}\right)^n,\ |z-2i|<5$

② $\ln 5+\sum_{n=1}^{\infty}\frac{-1}{n}\left(\frac{i(z-2i)}{5}\right)^n,\ |z-2i|<5$

③ $\ln 3+\sum_{n=1}^{\infty}\frac{(-1)^n}{n}\left(\frac{i(z-2i)}{3}\right)^n,\ |z-2i|<3$

④ $\ln 3+\sum_{n=1}^{\infty}\frac{-1}{n}\left(\frac{i(z-2i)}{3}\right)^n,\ |z-2i|<3$

39. 다음 함수의 $|z-2|>1$ 에서의 로랑 급수를 바르게 나타낸 것은?

$$f(z)=\frac{z}{(z-2)(z-1)^2}$$

① $\frac{1}{(z-2)^2}-\frac{1}{(z-2)^3}+\frac{1}{(z-2)^4}-\frac{1}{(z-2)^5}+\cdots$

② $\frac{1}{(z-2)^2}-\frac{1}{(z-2)^4}+\frac{2}{(z-2)^5}-\frac{3}{(z-2)^6}+\cdots$

③ $\frac{1}{(z-2)^2}-\frac{2}{(z-2)^4}+\frac{3}{(z-2)^5}-\frac{4}{(z-2)^6}+\cdots$

④ $\frac{1}{(z-2)^2}+\frac{2}{(z-2)^4}+\frac{3}{(z-2)^5}+\frac{4}{(z-2)^6}+\cdots$

40. 다음 복소함수 $f(z)$ 를 $z=z_0$ 근방의 모든 점($z=z_0$ 는 제외)에서 수렴하는 로랑 급수로 전개할 때의 주부를 구하시오.

$$f(z)=\frac{z}{z^8-1},\ z_0=e^{i\frac{\pi}{4}}$$

① $\frac{\frac{1}{8}i}{z-z_0}$

② $\frac{\frac{1}{2}i}{(z-z_0)^2}+\frac{\frac{1}{4}i}{z-z_0}$

③ $\frac{\frac{1}{2}i}{(z-z_0)^2}+\frac{\frac{1}{8}i}{z-z_0}$

④ $\frac{2i}{(z-z_0)^3}-\frac{\frac{1}{2}i}{(z-z_0)^2}+\frac{\frac{1}{8}i}{z-z_0}$

04 — 공학수학

Subject 1. 미적분과 급수

1. 미분법

1	2	3	4	5	6	7	8	9	10
⑤	①	$\frac{1}{2}$	③	⑤	④	③	②	③	④
11	12	13	14	15	16	17	18	19	20
②	⑤	④	②	④	④	④	③	④	①
21	22	23	24	25	26	27	28	29	30
$\ln(1+\sqrt{2})$	③	①	⑤	①	②	④	①	④	①
31	32	33	34	35	36	37	38	39	40
④	②	①	④	①	⑤	③	②	①	④
41	42	43	44	45	46	47	48	49	50
③	④	①	①	④	③	①	①	①	④
51	52	53	54	55	56	57	58	59	60
③	②	⑤	①	③	④	⑤	④	④	④
61	62	63	64	65	66	67	68	69	70
④	⑤	①	②	④	④	①	①	①	③
71	72	73	74	75	76	77	78	79	80
①	④	②	①	①	②	①	②	③	2
81	82	83	84	85	86	87	88	89	90
③	④	①	①	③	②	③	③	②	⑤
91	92	93	94	95	96	97	98	99	100
⑤	②	①	⑤	③	⑤	④	④	③	④

2. 적분법

1	2	3	4	5	6	7	8	9	10
⑤	①	①	②	$\frac{\pi}{16}$	①	③	②	②	①
11	12	13	14	15	16	17	18	19	20
②	②	③	$\frac{\pi}{6}$	①	②	④	④	②	⑤
21	22	23	24	25	26	27	28	29	30
②	④	①	③	③	②	④	①	④	③
31	32	33	34	35	36	37	38	39	40
②	⑤	②	④	④	③	①	⑤	⑤	②
41	42	43	44	45	46	47	48	49	50
①	④	③	④	①	④	②	①	②	②
51	52	53	54	55	56	57	58	59	60
③	③	①	①	③	8	①	③	②	④
61	62	63	64	65	66	67	68	69	70
④	②	④	②	④	①	250	③	①	④

3. 극한

1	2	3	4	5	6	7	8	9	10
④	①	③	②	③	③	④	③	②	②
11	12	13	14	15	16	17	18	19	20
①	④	③	①	⑤	②	④	②	②	④
21	22	23	24	25	26	27	28	29	30
⑤	③	①	③	②	①	④	②	②	⑤
31	32	33	34	35	36	37	38	39	40
④	①	④	③	④	②	②	①	④	③
41	42	43	44	45	46	47	48	49	50
③	③	⑤	④	③	④	③	②	②	③
51	52	53	54	55	56	57	58	59	60
②	④	⑤	②	④	①	③	④	②	③
61	62	63	64	65	66	67	68	69	70
⑤	①	④	③	②	④	①	④	④	④

4. 미분응용

1	2	3	4	5	6	7	8	9	10
②	④	③	③	⑤	⑤	④	③	③	①
11	12	13	14	15	16	17	18	19	20
③	③	④	③	④	③	③	-5	①	②
21	22	23	24	25	26	27	28	29	30
③	⑤	③	①	④	①	①	②	④	④
31	32	33	34	35	36	37	38	39	40
③	④	③	④	③	③	①	③	②	②
41	42	43	44	45	46	47	48	49	50
④	②	③	③	③	②	④	③	③	④
51	52	53	54	55	56	57	58	59	60
④	③	④	①	①	④	③	①	⑤	③

5. 적분응용

1	2	3	4	5	6	7	8	9	10
④	③	④	④	③	③	2π	①	①	⑤
11	12	13	14	15	16	17	18	19	20
⑤	②	③	⑤	②	①	③	①	③	①
21	22	23	24	25	26	27	28	29	30
②	⑤	④	②	④	②	①	③	①	③
31	32	33	34	35	36	37	38	39	40
③	①	④	①	$\frac{\pi}{4}$	④	①	③	③	풀이 참고
41	42	43	44	45	46	47	48	49	50
④	4π	②	③	②	④	③	④	②	③
51	52	53	54	55	56	57	58	59	60
②	①	25	①	①	①	④	③	④	⑤
61	62	63	64	65	66	67	68	69	70
②	④	④	④	②	①	⑤	①	①	④
71	72	73	74	75	76	77	78	79	80
$4\sqrt[3]{4}$	②	②	②	④	③	①	①	③	③

6.이상적분&무한급수

1	2	3	4	5	6	7	8	9	10
③	②	⑤	①	⑤	③	①	①	②	②
11	12	13	14	15	16	17	18	19	20
③	④	③	④	③	②	④	③	⑤	②
21	22	23	24	25	26	27	28	29	30
⑤	③	⑤	③	⑤	⑤	⑤	①	④	①
31	32	33	34	35	36	37	38	39	40
⑤	④	④	②	③	③	①	②	①	②
41	42	43	44	45	46	47	48	49	50
④	④	①	②	④	④	④	⑤	④	③
51	52	53	54	55	56	57	58	59	60
①	③	③	③	④	④	②	①	③	①
61	62	63	64	65	66	67	68	69	70
④	④	④	②	②	③	④	③	①	②
71	72	73	74	75	76	77	78	79	80
③	②	③	②	②	②	④	②	2	②
81	82	83	84	85	86	87	88	89	90
⑤	④	④	④	③	③	③	⑤	②	④
91	92	93	94	95	96	97	98	99	100
①	⑤	③	④	①	②	④	②	③	①

Subject 2. 다변수미적분

1. 편도함수

1	2	3	4	5	6	7	8	9	10
④	③	②	④	②	⑤	③	①	④	①
11	12	13	14	15	16	17	18	19	20
④	①	③	⑤	⑤	④	②	③	①	②
21	22	23	24	25	26	27	28	29	30
⑤	④	③	②	③	①	②	①	③	①
31	32	33	34	35	36	37	38	39	40
②	①	①	③	④	①	③	④	⑤	①

2. 공간도형

1	2	3	4	5	6	7	8	9	10
③	①	①	①	③	②	②	③	④	③
11	12	13	14	15	16	17	18	19	20
②	①	④	①	②	①	④	④	③	①
21	22	23	24	25	26	27	28	29	30
④	①	③	③	①	②	②	①	③	②
31	32	33	34	35	36	37	38	39	40
⑤	②	①	②	②	②	④	$\sqrt{3}$	⑤	풀이 참고
41	42	43	44	45	46	47	48	49	50
④	③	③	③	②	③	④	④	④	②

3. 이변수의 극대&극소

1	2	3	4	5	6	7	8	9	10
③	①	②	②	⑤	①	①	①	④	④
11	12	13	14	15	16	17	18	19	20
③	③	⑤	②	⑤	①	②	④	②	①
21	22	23	24	25	26	27	28	29	30
①	①	③	④	②	②	③	④	④	②
31	32	33	34	35	36	37	38	39	40
④	③	②	①	④	②	④	①	⑤	③

4. 중적분 계산

1	2	3	4	5	6	7	8	9	10
⑤	④	③	②	②	①	③	③	①	②
11	12	13	14	15	16	17	18	19	20
③	②	②	①	②	①	⑤	②	②	①
21	22	23	24	25	26	27	28	29	30
⑤	③	①	②	①	①	④	①	$\frac{\pi}{4\sqrt{3}}$	②
31	32	33	34	35	36	37	38	39	40
④	②	③	⑤	②	④	①	①	⑤	②
41	42	43	44	45	46	47	48	49	50
①	②	②	③	②	③	②	①	③	①
51	52	53	54	55	56	57	58	59	60
④	③	②	③	②	②	③	①	④	④

5. 중적분 활용

1	2	3	4	5	6	7	8	9	10
③	④	②	②	⑤	①	②	②	②	⑤
11	12	13	14	15	16	17	18	19	20
①	③	②	⑤	④	②	②	①	⑤	④
21	22	23	24	25	26	27	28	29	30
④	④	④	④	④	③	③	②	③	④

6. 선적분과 면적분

1	2	3	4	5	6	7	8	9	10
②	②	③	⑤	①	③	①	②	⑤	④
11	12	13	14	15	16	17	18	19	20
④	④	②	①	①	③	①	②	⑤	⑤
21	22	23	24	25	26	27	28	29	30
③	③	④	②	①	②	②	③	⑤	①
31	32	33	34	35	36	37	38	39	40
⑤	④	④	1	⑤	②	③	④	③	②
41	42	43	44	45	46	47	48	49	50
③	①	④	①	④	③	④	⑤	①	③

Subject 3. 선형대수

1. 벡터와 공간도형

1	2	3	4	5	6	7	8	9	10
③	④	④	⑤	①	③	①	③	①	①
11	12	13	14	15	16	17	18	19	20
②	③	①	③	⑤	③	③	①	④	③
21	22	23	24	25	26	27	28	29	30
③	$\frac{4}{5}$	②	④	②	④	④	②	④	③
31	32	33	34	35	36	37	38	39	40
④	③	③	9	③	③	①	①	④	④
41	42	43	44	45	46	47	48	49	50
②	$\frac{\sqrt{2}}{2}$	②	①	④	③	③	④	②	③

2. 행렬과 연립방정식

1	2	3	4	5	6	7	8	9	10
④	풀이 참고	④	①	②	②	①	②	④	④
11	12	13	14	15	16	17	18	19	20
②	③	②	④	①	③	⑤	①	②	①
21	22	23	24	25	26	27	28	29	30
②	①	②	②	②	③	②	①	④	③
31	32	33	34	35	36	37	38	39	40
③	③	①	풀이 참고	②	④	①	④	③	④
41	42	43	44	45	46	47	48	49	50
④	①	③	③	②	풀이 참고	④	⑤	①	②

3. 선형변환

1	2	3	4	5	6	7	8	9	10
④	②	④	①	③	④	④	①	③	④
11	12	13	14	15	16	17	18	19	20
①	⑤	③	④	①	④	③	①	②	④
21	22	23	24	25	26	27	28	29	30
①	①	④	②	④	①	②	②	②	①

4. 고윳값과 고유벡터

1	2	3	4	5	6	7	8	9	10
④	④	①	③	②	①	④	②	①	③
11	12	13	14	15	16	17	18	19	20
④	①	②	③	①	②	④	③	④	②
21	22	23	24	25	26	27	28	29	30
③	②	③	풀이 참고	①	②	④	⑤	②	④
31	32	33	34	35	36	37	38	39	40
②	③	①	①	①	⑤	③	14	④	⑤

5. 벡터공간

1	2	3	4	5	6	7	8	9	10
①	④	①	②	④	①	③	②	④	③
11	12	13	14	15	16	17	18	19	20
②	②	②	④	②	①	②	①	②	①
21	22	23	24	25	26	27	28	29	30
③	③	④	①	④	⑤	③	④	④	⑤

Subject 4. 공학수학

1. 일계미분방정식

1	2	3	4	5	6	7	8	9	10
⑤	풀이 참고	③	③	③	③	④	③	②	②
11	12	13	14	15	16	17	18	19	20
①	④	①	②	④	②	④	③	①	②
21	22	23	24	25	26	27	28	29	30
⑤	④	③	②	④	②	②	④	④	③
31	32	33	34	35	36	37	38	39	40
⑤	①	①	①	②	②	④	④	③	④
41	42	43	44	45	46	47	48	49	50
②	①	②	④	③	②	①	②	④	①
51	52	53	54	55	56	57	58	59	60
①	③	③	④	②	③	①	①	③	②
61	62	63	64	65	66	67	68	69	70
②	①	④	①	④	①	②	①	②	①

2. 고계미분방정식

1	2	3	4	5	6	7	8	9	10
③	①	③	④	④	④	①	③	①	풀이 참고
11	12	13	14	15	16	17	18	19	20
①	①	②	②	⑤	②	②	②	④	②
21	22	23	24	25	26	27	28	29	30
③	③	②	④	④	③	①	①	②	④
31	32	33	34	35	36	37	38	39	40
①	①	③	③	③	④	③	④	②	③
41	42	43	44	45	46	47	48	49	50
②	①	③	④	③	①	①	③	④	③
51	52	53	54	55	56	57	58	59	60
⑤	③	⑤	②	①	①	①	④	③	⑤
61	62	63	64	65	66	67	68	69	70
①	③	④	①	③	①	③	①	④	③

3. 라플라스 변환

1	2	3	4	5	6	7	8	9	10
①	②	①	①	④	③	②	②	④	풀이 참고
11	12	13	14	15	16	17	18	19	20
①	④	풀이 참고	④	①	①	②	①	④	③
21	22	23	24	25	26	27	28	29	30
②	③	③	④	③	②	②	②	②	③
31	32	33	34	35	36	37	38	39	40
④	②	①	③	①	③	④	②	③	①

4. 연립미분방정식

1	2	3	4	5	6	7	8	9	10
①	③	②	④	①	③	③	②	105	7
11	12	13	14	15	16	17	18	19	20
①	②	④	④	①	③	③	①	②	②

5. 퓨리에급수

1	2	3	4	5	6	7	8	9	10
①	①	①	①	①	④	③	④	②	①

6. 복소함수와 선적분

1	2	3	4	5	6	7	8	9	10
④	③	④	③	①	④	④	③	③	②
11	12	13	14	15	16	17	18	19	20
②	③	④	②	②	③	③	④	④	④
21	22	23	24	25	26	27	28	29	30
④	③	②	①	④	①	③	④	③	④
31	32	33	34	35	36	37	38	39	40
③	④	④	②	②	②	③	②	②	①

정답 및 해설

Subject 01. 미적분과 급수

Subject 02. 다변수미적분

Subject 03. 선형대수

Subject 04. 공학수학

SUBJECT 01 미적분과 급수

1. 미분법

1. ⑤

풀이 $\sin^{-1}(\sin x) = x$에서 $-\frac{\pi}{2} \le x \le \frac{\pi}{2}$이어야 하므로

$$\sin^{-1}\left(\sin\frac{5\pi}{7}\right) = \sin^{-1}\left(\sin\left(\pi - \frac{5\pi}{7}\right)\right) = \sin^{-1}\left(\sin\frac{2\pi}{7}\right) = \frac{2\pi}{7}$$

2. ①

풀이 극좌표 $\left(2,\ \frac{\pi}{3}\right)$, $\left(3,\ \frac{2\pi}{3}\right)$를 각각 직교좌표로 바꾸면 $(1,\ \sqrt{3})$, $\left(-\frac{3}{2},\ \frac{3}{2}\sqrt{3}\right)$이다. 따라서 두 점 사이의 거리는

$$\sqrt{\left\{1-\left(-\frac{3}{2}\right)\right\}^2 + \left(\sqrt{3} - \frac{3}{2}\sqrt{3}\right)^2} = \sqrt{\frac{25}{4} + \frac{3}{4}} = \sqrt{\frac{28}{4}} = \sqrt{7}$$

3. $\frac{1}{2}$

풀이 $f(x) = \frac{\arcsin x}{2x}$는 $\left[-\frac{1}{2},\ \frac{1}{2}\right] \setminus \{0\}$에서 연속이고 함숫값이 정의가 되므로 $f(0) = \lim_{x\to 0}\frac{\arcsin x}{2x} = \lim_{x \to 0}\frac{\frac{1}{\sqrt{1-x^2}}}{2} = \frac{1}{2}$

4. ③

풀이 ㄱ. (참) $\cosh x = \frac{e^x + e^{-x}}{2}$, $\sinh x = \frac{e^x - e^{-x}}{2}$이므로 $\cosh x + \sinh x = e^x$이다.

ㄴ. (거짓) $y = \tanh x$의 정의역은 모든 실수이고 치역은 $(-1,\ 1)$이다.

ㄷ. (거짓) $\frac{d}{dx}\operatorname{sech}x = -\operatorname{sech}x\tanh x$

ㄹ. (참) $\cosh^{-1}\left(\frac{1}{x}\right) = \ln\left(\frac{1}{x} + \sqrt{\frac{1}{x^2} - 1}\right) = \operatorname{sech}^{-1}x$

따라서 옳은 것은 ㄱ, ㄹ이다.

5. ⑤

풀이 $f(a) = 2$라 두면 $2a + \ln a = 2$에서 $a = 1$이다. 즉, $f(1) = 2$이고 $f^{-1}(2) = 1$이다. 이때, $f'(x) = 2 + \frac{1}{x}$이므로

$$(f^{-1})'(2) = \frac{1}{f'(1)} = \frac{1}{2+\frac{1}{1}} = \frac{1}{3}$$

6. ④

풀이 $\frac{dy}{dx} = -\frac{2y\sinh(xy) - 2\cos(x-1) + 2x\sin(x-1)}{1 + 2x\sinh(xy)}$

$\Rightarrow \left.\frac{dy}{dx}\right|_{(1,0)} = 2$

7. ③

풀이 $\frac{dx}{dt} = \frac{1}{2}t$, $\frac{dy}{dt} = 3t^2$이므로 $\frac{dy}{dx} = \frac{\frac{dy}{dt}}{\frac{dx}{dt}} = \frac{3t^2}{\frac{1}{2}t} = 6t$이다.

점 $(1,\ 10)$은 $t = 2$일 때의 점이므로 접선의 기울기는

$\left.\frac{dy}{dx}\right|_{t=2} = 6t\,|_{t=2} = 12$

8. ②

풀이 $r = e^{2\theta}$의 벡터방정식 꼴은 $\begin{cases} x = e^{2\theta}\cos\theta \\ y = e^{2\theta}\sin\theta \end{cases}$ 이다.

$\theta = \pi$ 일 때, $(x, y) = (-e^{2\pi},\ 0)$ 이고

$\frac{dy}{dx} = \frac{\frac{dy}{d\theta}}{\frac{dx}{d\theta}} = \frac{2e^{2\theta}\sin\theta + e^{2\theta}\cos\theta}{2e^{2\theta}\cos\theta - e^{2\theta}\sin\theta} = \frac{2\sin\theta + \cos\theta}{2\cos\theta - \sin\theta}$ 에 대해

$\theta = \pi$ 일 때, $\frac{dy}{dx} = \frac{1}{2}$ 이다. 따라서, 기울기가 $\frac{1}{2}$이고 한 점 $(-e^{2\pi}, 0)$을 지나는 직선의 방정식은 $y = \frac{1}{2}(x + e^{2\pi})$

9. ③

풀이 $f(x)=6(x^5)^3(5x^4)$, $f(1)=30$

10. ④

풀이 $x=0$에서 극한값이 존재해야 하므로

$$\lim_{x\to 0+}\frac{\ln(x+1)}{x}=\lim_{x\to 0+}\frac{1}{x+1}=1,$$

$\lim_{x\to 0}(ax+b)=b$에서 $b=1$

미분계수가 존재해야 하므로

$$\lim_{h\to 0}\frac{f(0+h)-f(0)}{h}=\lim_{h\to 0}\frac{\frac{\ln(1+h)}{h}-1}{h}$$

$$=\lim_{h\to 0}\frac{\ln(1+h)-h}{h^2}$$

$$=\lim_{h\to 0}\frac{\frac{1}{1+h}-1}{2h}=\lim_{h\to 0}-\frac{1}{2(1+h)^2}$$

$$=-\frac{1}{2}=a$$

따라서 $a+b=-\frac{1}{2}+1=\frac{1}{2}$이다.

11. ②

풀이 $\cos^{-1}\frac{3}{5}=\alpha$, $\tan^{-1}\frac{1}{4}=\beta$라 하면 $\cos\alpha=\frac{3}{5}$,

$\tan\beta=\frac{1}{4}$ 이므로 $\sin\alpha=\frac{4}{5}$, $\sin\beta=\frac{1}{\sqrt{17}}$ 이다.

$$\therefore \sin\left(\cos^{-1}\frac{3}{5}\right)+\sin\left(\tan^{-1}\frac{1}{4}\right)=\sin\alpha+\sin\beta$$

$$=\frac{4}{5}+\frac{1}{\sqrt{17}}$$

12. ⑤

풀이

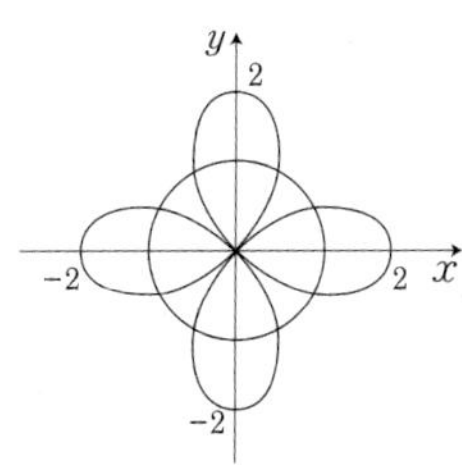

따라서 교점의 개수는 8개다.

13. ④

풀이 $h(x)=\begin{cases}\tan\left(\frac{\pi x}{2}\right), & x<-\frac{1}{3} \text{ 또는 } x>\frac{2}{3} \\ ax+b, & -\frac{1}{3}\le x\le\frac{2}{3}\end{cases}$ 가

실수 전체에서 연속이므로

(i) $\lim_{x\to -\frac{1}{3}^+}(ax+b)=-\frac{1}{3}a+b$와

$\lim_{x\to -\frac{1}{3}^-}\tan\left(\frac{\pi x}{2}\right)=\tan\left(-\frac{\pi}{6}\right)=-\frac{1}{\sqrt{3}}$ 이

같아야 하므로 $-\frac{1}{3}a+b=-\frac{1}{\sqrt{3}}$을 만족해야 한다.

(ii) $\lim_{x\to \frac{2}{3}^+}\tan\left(\frac{\pi x}{2}\right)=\tan\left(\frac{\pi}{3}\right)=\sqrt{3}$과

$\lim_{x\to \frac{2}{3}^-}(ax+b)=\frac{2}{3}a+b$가 같아야 하므로

$\frac{2}{3}a+b=\sqrt{3}$을 만족해야 한다.

$-\frac{1}{3}a+b=-\frac{1}{\sqrt{3}}$과 $\frac{2}{3}a+b=\sqrt{3}$을 연립하면

$a=\sqrt{3}+\frac{1}{\sqrt{3}}=\frac{3+1}{\sqrt{3}}=\frac{4}{\sqrt{3}}$이다.

14. ②

풀이 $x=(1+\sin\theta)\cos\theta$, $y=(1+\sin\theta)\sin\theta$

접선의 기울기는 $\frac{dy}{dx}=\left.\frac{\cos\theta\sin\theta+(1+\sin\theta)\cos\theta}{\cos\theta\cos\theta-(1+\sin\theta)\sin\theta}\right|_{\theta=\frac{\pi}{3}}$

$$=\frac{\frac{\sqrt{3}}{4}+\frac{1}{2}+\frac{\sqrt{3}}{4}}{\frac{1}{4}-\frac{\sqrt{3}}{2}-\frac{3}{4}}=-1\text{이다.}$$

15. ④

풀이 $f(x,y)=2x+\sin(x+y)$라 하면

$$\frac{dy}{dx}=-\frac{f_x}{f_y}=-\left.\frac{2+\cos(x+y)}{\cos(x+y)}\right]_{(0,\pi)}=-\frac{1}{-1}=1$$

16. ④

풀이 $6+\int_a^x \frac{f(t)}{t^2}dt = 2\sqrt{x}$ 의 양변을 x로 미분하면

$\frac{f(x)}{x^2}=\frac{1}{\sqrt{x}} \Leftrightarrow \therefore f(x)=x\sqrt{x}$

$6+\int_a^x \frac{f(t)}{t^2}dt = 2\sqrt{x}$ 에 $x=a$를 대입하면 $6=2\sqrt{a}$

$\therefore a=9 \quad \therefore f(a)=f(9)=9\sqrt{9}=27$

17. ④

풀이 $\frac{dy}{dx}=\frac{-\csc(t)\cot(t)}{-\sin(t)}=\frac{\cos t}{\sin^3 t}$

$\Rightarrow \left.\frac{dy}{dx}\right|_{t=\frac{\pi}{4}}=\frac{\frac{1}{\sqrt{2}}}{\frac{1}{2\sqrt{2}}}=2$

18. ③

풀이 $\ln f(x)=x\ln x$

$\lim_{x\to 0^+}\ln f(x)=\lim_{x\to 0^+}x\ln x=\lim_{x\to o^+}\frac{\ln x}{\frac{1}{x}}=\lim_{x\to 0^+}\frac{\frac{1}{x}}{-\frac{1}{x^2}}=0$

$\therefore \lim_{x\to 0^+}f(x)=1$

$\ln f(x)=x\ln x$ 이므로 $(\ln f(x))'=(x\ln x)'$

$\frac{f'(x)}{f(x)}=\ln x+1,\ f'(x)=x^x(\ln x+1)$

$\therefore f'(1)=1$ 따라서 $\lim_{x\to 0^+}f(x)$와 $f'(1)$의 곱은 1이다.

19. ④

풀이 $f(x)$가 조각적 연속함수로 $x=1$에서 미분가능하면 모든 실수에서 미분가능하다.

$g(x)=ax,\ h(x)=ax^2+bx+4$라고 할 때,

$g(1)=h(1), g'(1)=h'(1)$을 만족하면

$f(x)$는 $x=1$에서 미분가능하다.

$g(1)=a, h(1)=a+b+4$가 같아야 하므로 $b=-4$이다.

$g'(1)=a, h'(1)=2a+b$가 같아야 하므로 $a=4$이다.

따라서 $a-b=4-(-4)=8$이다.

20. ①

풀이 함수 $y=f(x)$의 역함수 $y=f^{-1}(x)$에 대하여

$y''=-\frac{f''(y)}{\{f'(y)\}^3}$ 이 성립한다.

따라서 $g''=-\frac{f''(0)}{\{f'(0)\}^3}=-\frac{4}{2^3}=-\frac{1}{2}$ 이다.

$\{g''(1)\}^2=\left(-\frac{1}{2}\right)^2=\frac{1}{4}=\frac{q}{p}$ 이고 $p+q=5$ 이다.

21. $\ln(1+\sqrt{2})$

풀이 $\frac{e^x-e^{-x}}{2}=\sinh x$이므로 $\sinh x=1$의 해를 구하자.

$\sinh x=1 \Leftrightarrow x=\sinh^{-1}1=\ln(1+\sqrt{2})$

22. ③

풀이 주어진 함수 $f(x)=\frac{3x-2}{x+1}=3-\frac{5}{x+1}$ 의 수직점근선은

$x=-1$, 수평점근선은 $y=3$이므로 점근선의 교점

$(a,\ b)=(-1,\ 3)$에 대하여 대칭이다. 따라서 $a+b=2$이다.

23. ①

풀이 ㄱ. $-1\le sin\frac{1}{x}\le 1$에서 $-x\le |x|\sin\frac{1}{x}\le x$이고

$\lim_{x\to 0}(-x)=\lim_{x\to 0}x=0$이므로 샌드위치 정리에 의하여

$\lim_{x\to 0}f(x)=\lim_{x\to 0}|x|\sin\frac{1}{x}=0=f(0)$이다.

따라서 함수 $f(x)$는 $x=0$에서 연속이다.

ㄴ. $g(0)=0$이고 $\lim_{x\to 0}g(x)=\begin{cases}\lim_{x\to 0}x=0, & x\in Q\\ \lim_{x\to 0}0=0, & x\notin Q\end{cases}=0$이므로

함수 $g(x)$는 $x=0$에서 연속이다.

ㄷ. $h(0)=0$이고

$\lim_{x\to 0}h(x)=\lim_{x\to 0}\frac{x}{\sin(x^3)}=\lim_{x\to 0}\frac{1}{\cos(x^3)\cdot 3x^2}=\infty\ne h(0)$

이므로 함수 $h(x)$는 $x=0$에서 연속이 아니다.

따라서 $x=0$에서 연속인 것은 ㄱ, ㄴ이다.

24. ⑤

풀이 $f'(x)=\sec x\tan x$이고 $f''(x)=\sec x\tan^2 x+\sec^3 x$이므로

$f''\left(\frac{\pi}{4}\right)=\sqrt{2}+2\sqrt{2}=3\sqrt{2}$ 이다.

25. ①

풀이 $f^{-1}=g$라고 할 때, $g'(f(x))=\dfrac{1}{f'(x)}$이다.

$f'(x)=3e^x+6x^2$이므로 $g'(1)=g'(f(0))=\dfrac{1}{f'(0)}=\dfrac{1}{3}$이다.

26. ②

풀이 극곡선 $r=1+\cos\theta$을 매개화 하면 $x=r\cos\theta$ $=(1+\cos\theta)\cos\theta$, $y=r\sin\theta=(1+\cos\theta)\sin\theta$이다.

$\dfrac{dy}{dx}=\dfrac{-\sin\theta\sin\theta+(1+\cos\theta)\cos\theta}{-\sin\theta\cos\theta-(1+\cos\theta)\sin\theta}$이므로 접선의 기울기는

$\left.\dfrac{dy}{dx}\right|_{\theta=\frac{\pi}{6}}=\left.\dfrac{-\sin\theta\sin\theta+(1+\cos\theta)\cos\theta}{-\sin\theta\cos\theta-(1+\cos\theta)\sin\theta}\right\}=-1$이다.

27. ④

풀이 $f'(x)=\dfrac{4x}{(2x^2+1)\ln 2}$이므로 $f'(1)=\dfrac{4}{3\ln 2}$이다.

28. ①

풀이 $(4,3)$일 때 $t=1$이므로, 접선 방정식 $y=ax+b$에서

$a=\dfrac{dy}{dx}=\dfrac{\frac{dy}{dt}}{\frac{dx}{dt}}=\dfrac{6t^2}{6t}=t|_{t=1}=1$ 이다.

또, $(4,3)$을 지나므로 $3=4a+b=4+b$이므로 $b=-1$ 이다.
따라서 $a+b=0$이다.

29. ④

풀이 주어진 등식에 $x=a$를 대입하면 $8=2\sqrt{a}$이므로 $a=16$이다.
주어진 등식의 양변을 x로 미분하면 $\dfrac{f(x)}{x^2}=\dfrac{1}{\sqrt{x}}$이므로

$f(x)=x^{\frac{3}{2}}$이다. 따라서 $a+f(4)=16+4\sqrt{4}=24$이다.

30. ①

풀이 (ⅰ) $x^2+2y^2+axy+b=0$의 양변을 x로 미분하면
$2x+4y\cdot y'+ay+ax\cdot y'=0$
이 식에 점 $(1,\ 1)$을 대입하면
$2+4y'+a+ay'=0 \Rightarrow (4+a)y'=-(a+2)$
$\therefore y'=\dfrac{-(a+2)}{4+a}=2$
$\Rightarrow 8+2a=-a-2 \Rightarrow 3a=-10$
$\therefore a=-\dfrac{10}{3}$

(ⅱ) 점 $(1,\ 1)$이 곡선 $x^2+2y^2+axy+b=0$ 위의 점이므로 곡선의 식에 $(1,\ 1)$을 대입하면
$1+2+a+b=0 \Rightarrow a+b=-3$
$\therefore b=-3-a=-3+\dfrac{10}{3}=\dfrac{1}{3}$

$\therefore a\times b=\left(-\dfrac{10}{3}\right)\times\dfrac{1}{3}=-\dfrac{10}{9}$

31. ④

풀이 $\sinh(\ln 2)=\dfrac{e^{\ln 2}-e^{-\ln 2}}{2}=\dfrac{2-2^{-1}}{2}=\dfrac{2-\frac{1}{2}}{2}=\dfrac{1}{2}\cdot\dfrac{3}{2}$
$=\dfrac{3}{4}$

32. ②

풀이 $\sin^{-1}\left(\dfrac{2}{3}\right)=t$ 라고 하면 $\sin t=\dfrac{2}{3}$이므로

$\cos\left(2\sin^{-1}\left(\dfrac{2}{3}\right)\right)=\cos 2t=1-2\sin^2 t=1-2\left(\dfrac{2}{3}\right)^2=1-\dfrac{8}{9}$
$=\dfrac{1}{9}$

33. ①

풀이 $f'(0)=\lim\limits_{h\to 0}\dfrac{f(0+h)-f(0)}{h}$
$=\lim\limits_{h\to 0}\dfrac{h\sin\frac{4}{h}}{h}=\lim\limits_{h\to 0}\sin\dfrac{4}{h}=$(진동)

이므로 $x=0$에서 미분계수가 존재하지 않는다.

34. ④

풀이 $\displaystyle\int_1^x (x-t)f(t)dt=ax^3+\frac{1}{2}x^2-2x+\frac{7}{6}$ ($x=1$을 대입)

$\Rightarrow \displaystyle\int_1^1 (1-t)f(t)dt=a+\frac{1}{2}-2+\frac{7}{6}$

$\Leftrightarrow a=-\dfrac{1}{2}+2-\dfrac{7}{6}=\dfrac{-3+12-7}{6}=\dfrac{1}{3}$이다.

$$\int_1^x (x-t)f(t)dt = \int_1^x xf(t)dt - \int_1^x tf(t)dt$$

$= x\int_1^x f(t)dt - \int_1^x tf(t)dt$이므로

$x\int_1^x f(t)dt - \int_1^x tf(t)dt = \frac{1}{3}x^3 + \frac{1}{2}x^2 - 2x + \frac{7}{6}$이다.

양변을 x로 미분하면

$\int_1^x f(t)dt + xf(x) - xf(x) = x^2 + x - 2$

$\Leftrightarrow \int_1^x f(t)dt = x^2 + x - 2$(양변을 x로 미분하면)

$\Rightarrow f(x) = 2x + 1$이다.

그러므로 $a = \frac{1}{3}$, $f(x) = 2x + 1$이다.

35. ①

풀이 (ⅰ) $x^2y^2 + xy = 2$에서 $xy = t$로 치환하면

$t^2 + t - 2 = 0$, $(t-1)(t+2) = 0$

$\therefore t = 1$ 또는 $t = -2$

즉, $xy = 1$ 또는 $xy = -2$이다.

(ⅱ) $x^2y^2 + xy = 2$의 양변을 x로 미분하면

$2xy^2 + x^2 \cdot 2yy' + y + xy' = 0$

$\Rightarrow x(2xy+1)y' = -y(2xy+1)$

$\Rightarrow y' = \frac{-y(2xy+1)}{x(2xy+1)} = -\frac{y}{x} (\because 2xy + 1 \neq 0)$

(ⅲ) $x = a$, $y = b$일 때, $y' = -2$이므로 $-\frac{b}{a} = -2 \Rightarrow b = 2a$

(ⅰ)에서 $xy = 1$ 또는 $xy = -2$이므로

$a \cdot 2a = 1$ 또는 $a \cdot 2a = -2$

$a^2 > 0$이므로 $2a^2 = 1 \Rightarrow a^2 = \frac{1}{2}$, $b^2 = 4a^2 = 2$

$\therefore 2a^2 + b^2 = 2 \cdot \frac{1}{2} + 2 = 3$

36. ⑤

풀이 $f'(x) = 2xe^{-x^4}$

$= 2x\left(1 + (-x^4) + \frac{1}{2!}(-x^4)^2 + \frac{1}{3!}(-x^4)^3 + \cdots\right)$

$= 2x\left(1 - x^4 + \frac{1}{2!}x^8 - \frac{1}{3!}x^{12} + \cdots\right)$

$= 2x - 2x^5 + x^9 - \frac{2}{3}x^{13} + \cdots$이므로 $f^{(10)}(0) = 9!$

37. ③

풀이 공식을 이용하면

$$\frac{d^2y}{dx^2} = \frac{x'y'' - x''y'}{(x')^3} = \frac{\frac{1}{t} \cdot \frac{1}{t^2} - \left(1 - \frac{1}{t}\right)\left(-\frac{1}{t^2}\right)}{\frac{1}{t^3}} = t \text{이다.}$$

따라서 $t = \frac{\pi}{3}$일 때 $\frac{d^2y}{dx^2} = \frac{\pi}{3}$이다.

[다른 풀이]

매개변수 미분법을 이용하면

$\frac{dy}{dx} = \frac{1 - \frac{1}{t}}{\frac{1}{t}} = t - 1$, $\frac{d^2y}{dx^2} = 1 \times \frac{1}{\frac{1}{t}} = t$이다.

따라서 $t = \frac{\pi}{3}$에서 $\frac{d^2y}{dx^2}$의 값은 $\frac{\pi}{3}$이다.

38. ②

풀이 $\frac{dy}{dx} = \cos(e^x \cos x) \cdot (e^x \cos x - e^x \sin x)$이므로

$\left.\frac{dy}{dx}\right|_{x=0} = \cos 1(e^0 \cos 0 - e^0 \sin 0) = \cos 1$

39. ①

풀이 $f'(x) = \frac{2}{\sqrt{1 + 8x^3}}$이고 $f\left(\frac{1}{2}\right) = 0$이므로

$(f^{-1})'(0) = \frac{1}{f'\left(\frac{1}{2}\right)} = \frac{\sqrt{2}}{2}$

40. ④

풀이 두 그래프가 점 $(-1, 0)$에서 접하므로

$f(-1) = 0 = g(-1)$, $f'(-1) = g'(-1)$이다.

$f(-1) = 1 - a + b = 0 \Rightarrow a - b = 1$

$g(-1) = c + 1 = 0 \Rightarrow c = -1$

$f'(x) = 2x + a$, $g'(x) = 2cx - 1$이므로

$f'(-1) = g'(-1) \Leftrightarrow -2 + a = -2c - 1$

$\Leftrightarrow a = -2c + 1 = 3$

따라서 $a = 3$, $b = 2$, $c = -1$이고 $f(x) = x^2 + 3x + 2$,

$g(x) = -x^2 - x$, $f'(x) = 2x + 3$, $g'(x) = -2x - 1$이다.

그러므로 구하고자 하는 미분계수는

$h'(-1) = f'(g(-1))g'(-1) = f'(0)g'(-1) = 3$이다.

41. ③

풀이 $\tan^{-1}(-2)-\tan^{-1}\frac{1}{2}=-\left(\tan^{-1}2+\tan^{-1}\frac{1}{2}\right)$ 이다.

이때, $\tan^{-1}2=\alpha$, $\tan^{-1}\frac{1}{2}=\beta$ 라 하면,

$\Rightarrow$ $\tan\alpha=2$, $\tan\beta=\frac{1}{2}$ 이고 $0\le\alpha$, $\beta<\frac{\pi}{2}$ 이다.

또한, $\tan(\alpha+\beta)=\dfrac{\tan\alpha+\tan\beta}{1-\tan\alpha tan\beta}=\dfrac{2+\frac{1}{2}}{1-2\cdot\frac{1}{2}}=\infty$이므로

$\alpha+\beta=\frac{\pi}{2}$ 이다.

$\therefore-\left(\tan^{-1}2+\tan^{-1}\frac{1}{2}\right)=-\frac{\pi}{2}$

42. ④

풀이

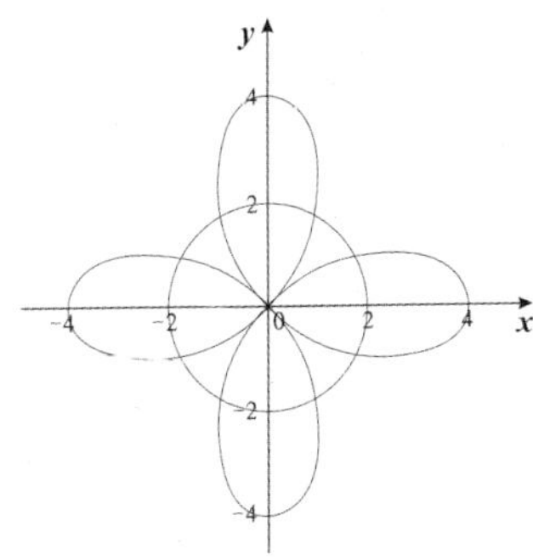

극좌표의 그래프에 의해 교점의 개수는 8개이다.

43. ①

풀이 ① $\lim\limits_{x\to0+}xe^{\frac{1}{x}}=\lim\limits_{x\to0^+}\dfrac{e^{\frac{1}{x}}}{\frac{1}{x}}=\lim\limits_{t\to+\infty}\dfrac{e^t}{t}=\infty(t=\frac{1}{x}$로 치환)

$x=0$에서 우극한이 존재하지 않으므로 $x=0$에서 연속이 아니다.

44. ①

풀이 $F(x)=f(x)\cos(g(x))$이므로

$F'(x)=f'(x)\cos(g(x))-f(x)\sin(g(x))g'(x)$

$\therefore F'(1)=f'(1)\cos(g(1))-f(1)\sin(g(1))g'(1)$

$=(-1)\cdot\cos\frac{\pi}{2}-2\sin\frac{\pi}{2}\cdot1=-2$

45. ④

풀이 $g(0)=-1$이므로

$g'(0)=\dfrac{1}{f'(g(0))}=\dfrac{1}{f'(-1)}$

$=\left.\dfrac{1}{\dfrac{2}{(2x+3)^4-2(2x+3)^2+3}}\right|_{x=-1}$

$=\dfrac{1}{\dfrac{2}{1^4-2(1)^2+3}}=1$

46. ③

풀이 매개함수의 미분법에 의해서

$t=\ln2$일 때 $\dfrac{dy}{dx}=\dfrac{y'(\ln2)}{x'(\ln2)}$이므로

$\begin{cases}x=t-e^t, & y=t+e^{-t}\\ x'=1-e^t, & y'=1-e^{-t}\\ x'(\ln2)=-1 & y'(\ln2)=\frac{1}{2}\end{cases}\Rightarrow=\dfrac{y'(\ln2)}{x'(\ln2)}=-\dfrac{1}{2}$이다.

47. ①

풀이 $F(x,y)=x\sin(2y)-y\sin x-\frac{\pi}{4}$라 하면

$\dfrac{dy}{dx}=-\dfrac{F_x}{F_y}=-\dfrac{\sin(2y)-y\cos x}{2x\cos(2y)-\sin x}$이므로

$\left.\dfrac{dy}{dx}\right|_{\left(\frac{\pi}{2},\frac{\pi}{4}\right)}=1$

48. ①

풀이 $8=(g\circ f)'(1)=g'(f(1))f'(1)=g'(3)\cdot4$이다.

따라서 $g'(3)=2$이다.

49. ①

풀이 $g(x)=\tan^{-1}(x^2)=x^2-\frac{1}{3}(x^2)^3+\frac{1}{5}(x^2)^5-\cdots$이므로

$g^{(6)}(0)=-\frac{1}{3}\cdot6!=-\frac{720}{3}=-240$이다.

50. ④

풀이 $x=r\cos\theta$, $y=r\sin\theta$에 $r=\sqrt{3}+\cos\theta$를 대입하면

$x=\cos\theta(\sqrt{3}+\cos\theta)=\cos^2\theta+\sqrt{3}\cos\theta$,

$y=\sin\theta(\sqrt{3}+\cos\theta)=\sqrt{3}\sin\theta+\sin\theta\cos\theta$

$=\sqrt{3}\sin\theta+\dfrac{1}{2}\sin2\theta$

$\Rightarrow \dfrac{dx}{d\theta}=2\cos\theta\cdot(-\sin\theta)-\sqrt{3}\sin\theta$

$=-\sqrt{3}\sin\theta-2\sin\theta\cos\theta$,

$\dfrac{dy}{d\theta}=\sqrt{3}\cos\theta+\cos2\theta$

수직접선은 $\dfrac{dy}{d\theta}\neq0$이고 $\dfrac{dx}{d\theta}=0$인 경우이므로

$\dfrac{dx}{d\theta}=-\sqrt{3}\sin\theta-2\sin\theta\cos\theta=0$

$\Leftrightarrow \sin\theta(\sqrt{3}+2\cos\theta)=0$

$\Leftrightarrow \sin\theta=0$ 또는 $\cos\theta=-\dfrac{\sqrt{3}}{2}$

$\therefore \theta=0,\ \pi,\ \dfrac{5}{6}\pi,\ \dfrac{7}{6}\pi\ (\because 0\le\theta<2\pi)$

이때, $\dfrac{dy}{d\theta}\neq0$이므로 $\theta=0,\ \pi,\ \dfrac{5}{6}\pi,\ \dfrac{7}{6}\pi$일 때 모두 수직접선을 갖는다. 따라서 모든 θ의 합은 $\pi+\dfrac{5}{6}\pi+\dfrac{7}{6}\pi=3\pi$이다.

51. ③

풀이 $x>0$이므로 직교좌표 $(x,\ y)$를 극좌표로 변환하면

$r=\sqrt{x^2+y^2}$, $\theta=\tan^{-1}\left(\dfrac{y}{x}\right)+(2n+1)\pi$ 또는

$r=-\sqrt{x^2+y^2}$, $\theta=\tan^{-1}\left(\dfrac{y}{x}\right)+2n\pi$이다.

$x=-1,\ y=\sqrt{3}$이므로

(i) $r=\sqrt{x^2+y^2}=\sqrt{(-1)^2+\sqrt{3}^2}=2$,

$\theta=\tan^{-1}(-\sqrt{3})+(2n+1)\pi=-\dfrac{\pi}{3}+(2n+1)\pi$에서

$(r,\ \theta)=\ \cdots,\ \left(2,\ -\dfrac{4}{3}\pi\right),\ \left(2,\ \dfrac{2}{3}\pi\right),\ \cdots$

(ii) $r=-\sqrt{x^2+y^2}=-\sqrt{(-1)^2+\sqrt{3}^2}=-2$,

$\theta=\tan^{-1}(-\sqrt{3})+2n\pi=-\dfrac{\pi}{3}+2n\pi$에서

$(r,\ \theta)=\ \cdots,\ \left(-2,\ -\dfrac{\pi}{3}\right),\ \left(-2,\ \dfrac{5}{3}\pi\right),\ \cdots$

(i), (ii)에 의하여

직교좌표 $(-1,\ \sqrt{3})$을 극좌표로 나타낸 것은 ㄱ, ㄴ, ㄷ이다.

52. ②

풀이 ㄱ. (참) $\sin^{-1}x=\theta$라 두면 $\sin\theta=x$

이때, $\cos\theta=\sqrt{1-\sin^2\theta}=\sqrt{1-x^2}$

$\therefore \tan(\sin^{-1}x)=\tan\theta=\dfrac{\sin\theta}{\cos\theta}=\dfrac{x}{\sqrt{1-x^2}}$

ㄴ. (참) $\tan^{-1}x=\theta$라 두면 $\tan\theta=x$ 이때, $\cos\theta=\dfrac{1}{\sqrt{1+x^2}}$

$\therefore \cos(2\tan^{-1}x)=\cos(2\theta)=2\cos^2\theta-1$

$=2\cdot\dfrac{1}{1+x^2}-1=\dfrac{2-(1+x^2)}{1+x^2}$

$=\dfrac{1-x^2}{1+x^2}$

ㄷ. (거짓) $\sin^{-1}x+\cos^{-1}x=\dfrac{\pi}{2}\neq\pi$

ㄹ. (거짓) $\dfrac{d}{dx}[\tan^{-1}(\tanh x)]=\dfrac{\text{sech}^2x}{1+(\tanh x)^2}$

$=\dfrac{\text{sech}^2x}{2-\text{sech}^2x}\neq1$

따라서 옳은 것은 ㄱ, ㄴ이다.

53. ⑤

풀이 $f(x)=\cosh x$, $f'(x)=\sinh x=\dfrac{e^x-e^{-x}}{2}$이고,

$f'(\ln2)=\dfrac{e^{\ln2}-e^{-\ln2}}{2}=\dfrac{2-\dfrac{1}{2}}{2}=\dfrac{3}{4}$이다.

54. ①

풀이 점 $\left(\dfrac{\sqrt{3}}{3},\ \dfrac{\pi}{3}\right)$에서 접선의 기울기는

$y'=\dfrac{3}{1+9x^2}\Big|_{x=\frac{\sqrt{3}}{3}}=\dfrac{3}{4}$이고,

법선의 기울기는 $-\dfrac{4}{3}$이므로 법선의 방정식은

$y=-\dfrac{4}{3}\left(x-\dfrac{\sqrt{3}}{3}\right)+\dfrac{\pi}{3} \Leftrightarrow y+\dfrac{4}{3}x-\dfrac{4\sqrt{3}}{9}-\dfrac{\pi}{3}=0$ 이다.

55. ③

풀이 $\frac{dy}{dx}=\frac{3t^2}{2t}=\frac{3}{2}t$, $\frac{d^2y}{dx^2}=\frac{3}{2}\times\frac{1}{2t}=\frac{3}{4t}$ 이므로

$t=6$일 때, $\frac{d^2y}{dx^2}=\frac{1}{8}$ 이다.

56. ④

풀이 $2x^3-y^2=f(x,\ y)$로 보고 음함수 미분법을 이용하면

$\frac{dy}{dx}=-\frac{f_x}{f_y}=\frac{3x^2}{y}$ 이고 $4x-3y+1=0$

$\Rightarrow$ $y=\frac{4}{3}x+\frac{1}{3}$과 직교 하려면 $\frac{3x^2}{y}\times\frac{4}{3}=-1$을 만족해야 한다.

$\Rightarrow$ $y=-4x^2$이 되어서 원래 식에 대입하면 $2x^3-16x^4=0$

$\Rightarrow$ $2x^3(1-8x)=0$에서 $x=\frac{1}{8}$을 대입하면 $y=\pm\frac{1}{2^4}$가 나오는데 $y=-4x^2\leq 0$이므로 음수 $y=-\frac{1}{2^4}$만 된다.

따라서 $\left(\frac{1}{8},\ -\frac{1}{2^4}\right)$에서 접선의 방정식을 구하면

$y=-\frac{3}{4}\left(x-\frac{1}{8}\right)-\frac{1}{2^4}$ 이므로 y절편을 구하면 $\frac{1}{32}$ 이다.

57. ⑤

풀이 $f'(x)=6e^{3x}+1 \Rightarrow f'(0)=7$

$(f^{-1})'(2)=\frac{1}{f'(f^{-1}(2))}=\frac{1}{f'(0)}=\frac{1}{7}$

58. ④

풀이 $f'(x)=(1+\sin x)\cdot 2x$ 이므로

$f'\left(\frac{\pi}{2}\right)=[(1+\sin x)\cdot 2x]_{x=\frac{\pi}{2}}=2\pi$이다.

59. ④

풀이 $f(x)=2x^2(1+x^3)^{\frac{1}{2}}$

$$=2x^2\left(1+\frac{1}{2}x^3+\frac{1}{2!}\left(\frac{1}{2}\right)\left(-\frac{1}{2}\right)x^6+\cdots+\frac{1}{5!}\left(\frac{1}{2}\right)\left(-\frac{1}{2}\right)\left(-\frac{3}{2}\right)\left(-\frac{5}{2}\right)\left(-\frac{7}{2}\right)x^{15}+\cdots\right)$$

$$=\left(\cdots\left(2\times\frac{1}{5!}\frac{1}{2}\frac{1}{2}\frac{1}{2}\frac{3}{2}\frac{5}{2}\frac{7}{2}\right)x^{17}+\cdots\right)$$

x^{17}의 계수$\times 17!=\frac{1\times2\times3\times4\times5\times7\times\frac{1}{4}}{5!\times2^5}\times17!$

$$=\frac{7\times17!}{2^7}$$

60. ④

풀이 $f(x)=f(0)+f'(0)x+\frac{1}{2!}f''(0)x^2+\frac{1}{3!}f'''(0)x^3+\frac{1}{4!}f^{(4)}(0)x^4+R(x)$

$=f'(0)x+\frac{1}{2!}f''(0)x^2+\frac{1}{3!}f'''(0)x^3+\frac{1}{4!}f^{(4)}(0)x^4+R(x)\,(\because f(0)=0)$

$g(x)=\frac{1}{x}\left\{f'(0)x+\frac{1}{2!}f''(0)x^2+\frac{1}{3!}f'''(0)x^3+\frac{1}{4!}f^{(4)}(0)x^4+R(x)\right\}$

$=f'(0)+\frac{1}{2!}f''(0)x+\frac{1}{3!}f'''(0)x^2+\frac{1}{4!}f^{(4)}(0)x^3+\cdots$

① (참) $\lim_{x\to0}g(x)=f'(0)=g(0)$이 성립하므로 g는 연속함수이다.

② (참) $x\neq0$일 때, $g'(x)=\frac{f'(x)x-f(x)}{x^2}$ 이므로

$g'(2)=\frac{2f'(2)-f(2)}{4}$

③ (참) $g'(0)=\frac{f''(0)}{2!}\times1!=\frac{f''(0)}{2!}$

④ (거짓) $g''(0)=\frac{f^{(3)}(0)}{3!}\times2!=\frac{f^{(3)}(0)}{3}\neq\frac{f^{(3)}(0)}{3!}$

⑤ (참) $g'(x)=\frac{1}{2!}f''(0)+\frac{2}{3!}f'''(0)x+\frac{3}{4!}f^{(4)}(0)x^2+\cdots$

$\therefore\lim_{x\to0}g'(x)=\frac{1}{2!}f''(0)=g'(0)$이 성립하여 연속한다.

61. ④

풀이 ④ $r=\sec\theta$는 $x=1$로 수직선이다.

62. ⑤

풀이 가. (거짓) (반례) $f(x)=x^3$ 라 하면, $f:R \to R$ 에서 일대일 대응 함수이고, 미분가능하다. 이 때, 역함수 $f^{-1}=\sqrt[3]{x}$ 는 $x=0$ 에서 미분불가능하다.

나. (거짓) $\sin x$ 의 역함수 $y=\sin^{-1}x$ 의 정의역은 $[-1, 1]$ 이다.

다. (참) $\sinh x$ 의 역함수 $y=\sinh^{-1}x=\ln(\sqrt{x^2+1}+x)$ 의 정의역은 R 이다.

63. ①

풀이 ① $\lim_{h\to 0}\frac{\sin(2x+h)-\sin 2x}{h}=\lim_{h\to 0}\frac{\cos(2x+h)}{1}=\cos 2x$

② 반각공식에 의해 $4\cos^2 x-2=2(1+\cos 2x)-2=2\cos 2x$

③ $\frac{d}{dx}(\sin 2x)=2\cos 2x$

④ 이배각공식과 로피탈 정리에 의해

$$\lim_{y\to x}\frac{2\sin y\cos y-2\sin x\cos x}{y-x}=\lim_{y\to x}\frac{\sin 2y-\sin 2x}{y-x}=\lim_{y\to x}\frac{2\cos 2y}{1}=2\cos 2x$$

64. ②

풀이 $f(x, y)=\sin(x+y)-y^2\cos x$ 라고 하면

$f_x(x, y)=\cos(x+y)+y^2\sin x \Rightarrow f_x(0, 0)=1$

$f_{xx}(x, y)=-\sin(x+y)+y^2\cos x \Rightarrow f_{xx}(0, 0)=0$

$f_{xy}(x, y)=-\sin(x+y)-2y\sin x \Rightarrow f_{xy}(0, 0)=0$

$f_y(x, y)=\cos(x+y)-2y\cos x \Rightarrow f_y(0, 0)=1$

$f_{yy}(x, y)=-\sin(x+y)-2\cos x \Rightarrow f_{yy}(0, 0)=-2$

음함수의 2계도함수 공식에 대입하자.

$$\frac{d^2y}{dx^2}=-\frac{f_{xx}(f_y)^2+f_{yy}(f_x)^2-2f_{xy}(f_x)(f_y)}{(f_y)^3}=2$$

65. ④

풀이 $x=1$ 에서의 접선의 식은 $y=f'(1)(x-1)+f(1)$ 이다.

$f(1)=1+\int_0^1 e^t dt=1+(e-1)=e$ 이고,

$f'(x)=1+\int_0^{x^2} e^t dt+x\left(2xe^{x^2}\right)$ 에 대해

$f'(1)=1+\int_0^1 e^t dt+2e=1+2e+(e-1)=3e$ 이다.

$\therefore x=1$ 에서의 접선의 식은

$y=3e(x-1)+e \Leftrightarrow y=3ex-2e$

66. ④

풀이 $f(x)=e^x+\ln x,\ f'(x)=e^x+\frac{1}{x},\ f(1)=e,\ f^{-1}(e)=1$

$$(f^{-1})'(e)=\frac{1}{f'(f^{-1}(e))}=\frac{1}{f'(1)}=\frac{1}{e+1}$$

67. ①

풀이 $\begin{cases}\frac{dx}{dt}=-3\sin 3t\\ \frac{dy}{dt}=5\cos 5t\end{cases}$ 일 때, $\frac{dy}{dx}=\frac{5\cos 5t}{-3\sin 3t}$ 이고,

$$\frac{d^2y}{dx^2}=\frac{d}{dt}\left(\frac{5\cos 5t}{-3\sin 3t}\right)\cdot\frac{dt}{dx}$$

$$=\frac{-25\sin 5t(-3\sin 3t)-5\cos 5t(-9\cos 3t)}{(-3\sin 3t)^2}\cdot\frac{1}{-3\sin 3t}$$

$$=\frac{75\sin 5t\sin 3t+45\cos 5t\cos 3t}{-27\sin^3 3t}$$

$t=\frac{\pi}{2}$ 일 때, $\frac{d^2y}{dx^2}=\frac{75\sin\frac{5\pi}{2}\sin\frac{3\pi}{2}+45\cos\frac{5\pi}{2}\cos\frac{3\pi}{2}}{-27\sin^3\frac{3\pi}{2}}$

$$=-\frac{75}{27}=-\frac{25}{9}$$

68. ①

풀이 $x=2\tan u,\ dx=2\sec^2 u\,du$ 로 치환하면

$$\int\frac{1}{x^2\sqrt{x^2+4}}dx=\int\frac{1}{4\tan^2 u\sqrt{4\tan^2 u+4}}2\sec^2 u\,du$$

$$=\int\frac{1}{4\tan^2 u\cdot 2\sec u}2\sec^2 u\,du$$

$$=\frac{1}{4}\int\frac{\sec u}{\tan^2 u}du=\frac{1}{4}\int\csc u\cot u\,du$$

$$=-\frac{1}{4}\csc u+c=-\frac{\sqrt{x^2+4}}{4x}+c$$

$$\left(\because \sin u=\frac{x}{\sqrt{x^2+4}}\right)$$

점 $\left(1, -\frac{\sqrt{5}}{4}\right)$ 를 지나므로 $c=0$ 이다.

$\therefore f(2)=-\frac{\sqrt{2^2+4}}{4\cdot 2}=-\frac{\sqrt{8}}{8}$

69. ①

풀이 $g'(0)\times g(0)=\dfrac{1}{f'(g(0))}\times g(0)=\dfrac{1}{f'(2)}\times 2$

$=\dfrac{1}{12p(8)}\times 2(\because f'(t)=3t^2p(t^3))=\dfrac{1}{6p(8)}$

70. ③

풀이 매클로린 급수를 사용하면

$f(x)=\ln(1+x^{10})\arctan(x^{10})$

$=\left(x^{10}-\dfrac{x^{20}}{2}+\dfrac{x^{30}}{3}-\cdots\right)\left(x^{10}-\dfrac{x^{30}}{3}+\dfrac{x^{50}}{5}-\cdots\right)$

에서 x^{40}의 계수는 0이므로 $\dfrac{f^{(40)}}{40!}=0$이다.

71. ①

풀이 $\cos^{-1}\left(-\dfrac{4}{5}\right)=a$, $\sin^{-1}\left(\dfrac{12}{13}\right)=b$라 하면

$\cos a=-\dfrac{4}{5}$, $\sin b=\dfrac{12}{13}$, $\sin a=\dfrac{3}{5}$, $\cos b=\dfrac{5}{13}$

$\cos(a+b)=\cos a\cos b-\sin a\sin b=-\dfrac{56}{65}$

72. ④

풀이 ④ $\tan^{-1}\left(\dfrac{1}{8}\right)=\alpha$, $\tan^{-1}\left(\dfrac{5}{13}\right)=\beta$라 하면

$\tan(\alpha)=\dfrac{1}{8}$, $\tan(\beta)=\dfrac{5}{13}$ 이다.

$\tan(\alpha+\beta)=\dfrac{\tan(\alpha)+\tan(\beta)}{1-\tan(\alpha)\tan(\beta)}=\dfrac{\frac{1}{8}+\frac{5}{13}}{1-\frac{1}{8}\cdot\frac{5}{13}}\neq 1$

따라서 $\tan^{-1}\left(\dfrac{1}{8}\right)+\tan^{-1}\left(\dfrac{5}{13}\right)=\alpha+\beta\neq\dfrac{\pi}{4}$ 이다.

73. ②

풀이 $\sin^{-1}\left(\dfrac{\sqrt{3}}{2}\right)=\dfrac{\pi}{3}$이므로 $x=\tan\dfrac{\pi}{3}=\sqrt{3}$

$f'(x)=-\sin(\tan^{-1}x)\cdot\dfrac{1}{1+x^2}$ 이므로

$f'(\sqrt{3})=-\sin\left(\dfrac{\pi}{3}\right)\cdot\dfrac{1}{1+3}=-\dfrac{\sqrt{3}}{8}$

74. ①

풀이 미적분학의 기본정리에 의해

$f(x)=x^3+x^2(f(1)-f(0))+x(f'(1)-f'(0))+a$이고

$f(0)=a$이다.

$f(1)=1+(f(1)-f(0))+(f'(1)-f'(0))+a$,

$0=1+f'(1)-f'(0)$이다.

즉 $f'(1)=f'(0)-1\cdots$㉠ 이다.

또, $f'(x)=3x^2+2x\displaystyle\int_0^1 f'(t)dt+\int_0^1 f''(t)dt$ 이므로

$f'(0)=\displaystyle\int_0^1 f''(t)\,dt=f'(1)-f'(0)$,

$2f'(0)=f'(1)$이다. 따라서 $f'(0)=\dfrac{1}{2}f'(1)$이다.

이 식을 ㉠식에 대입하면 $f'(1)=\dfrac{1}{2}f'(1)-1$

$\therefore f'(1)=-2$

75. ①

풀이 $f(x,y)=x+2y-e^{xy}$라고 하면

$\dfrac{dy}{dx}=-\dfrac{f_x}{f_y}=-\dfrac{1-ye^{xy}}{2-xe^{xy}}$ 이므로

$x=0(y=\dfrac{1}{2})$에서의 $\dfrac{dy}{dx}$의 값은 $-\dfrac{1-\frac{1}{2}}{2}=-\dfrac{1}{4}$이다.

76. ②

풀이 $y=g(x)$라 하면 $f^{-1}(y)=x$에서 $f(0)=1$이므로

$g'(1)=\dfrac{1}{f'(0)}=\dfrac{1}{2}$이다. $\therefore a=1$

77. ①

풀이 $\dfrac{dy}{dx}=\dfrac{dy/dt}{dx/dt}=\dfrac{\sin\theta}{1-\cos\theta}=\sqrt{3}$에서

$\sin\theta=\sqrt{3}-\sqrt{3}\cos\theta\ \Rightarrow\ \sqrt{3}\cos\theta+\sin\theta=\sqrt{3}$

양변에 $\dfrac{1}{2}$을 곱하면 $\dfrac{\sqrt{3}}{2}\cos\theta+\dfrac{1}{2}\sin\theta=\dfrac{\sqrt{3}}{2}$

$\Rightarrow\ \sin\dfrac{\pi}{3}\cos\theta+\cos\dfrac{\pi}{3}\sin\theta=\dfrac{\sqrt{3}}{2}$

삼각함수의 덧셈정리에 의하여 $\sin\left(\theta+\dfrac{\pi}{3}\right)=\dfrac{\sqrt{3}}{2}$

$\therefore \theta_0=0,\ \dfrac{\pi}{3},\ 2\pi$

여기서 각각의 각에서 접선의 기울기를 직접 구해보면

$$\lim_{\theta\to 0}\frac{dy}{dx}=\lim_{\theta\to 0}\frac{\sin\theta}{1-\cos\theta}=\lim_{\theta\to 0}\frac{\cos\theta}{\sin\theta}=\infty$$

$$\lim_{\theta\to 2\pi}\frac{dy}{dx}=\lim_{\theta\to 2\pi}\frac{\sin\theta}{1-\cos\theta}=\lim_{\theta\to 2\pi}\frac{\cos\theta}{\sin\theta}=\infty$$

따라서 $\frac{dy}{dx}=\sqrt{3}$을 만족하는 각은 $\theta=\frac{\pi}{3}$만 가능하다.

TIP 주어진 곡선은 사이클로이드 곡선이고 개형을 알고 있다면 그림을 통해서 객관식 답을 고를 수 있어야 한다.

78. ②

풀이 $x=r\cos\theta=\left(\frac{7}{2}+3\sin\theta-2\cos^2\theta\right)\cos\theta$,

$y=r\sin\theta=\left(\frac{7}{2}+3\sin\theta-2\cos^2\theta\right)\sin\theta$이다.

또, $\frac{dy}{dx}=\frac{\frac{dy}{d\theta}}{\frac{dx}{d\theta}}=0 \Leftrightarrow \frac{dy}{d\theta}=0$ & $\frac{dx}{d\theta}\neq 0$일 때

극곡선 위에서 수평접선을 갖는다.

$\frac{dy}{d\theta}=\frac{3}{2}\cos\theta(2\sin\theta+1)^2=0 \Rightarrow \theta=\pm\frac{\pi}{2}, -\frac{\pi}{6}, \frac{7\pi}{6}$ 이다.

이러한 θ에 대해서 $\frac{dx}{d\theta}\neq 0$이다.

(i) $\theta=-\frac{\pi}{2}$ 일 때, $(x, y)=\left(0, -\frac{1}{2}\right)$이다.

(ii) $\theta=\frac{\pi}{2}$ 일 때, $(x, y)=\left(0, \frac{13}{2}\right)$이다.

(iii) $\theta=-\frac{\pi}{6}$ 일 때, $(x, y)=\left(\frac{\sqrt{3}}{4}, -\frac{1}{4}\right)$이다.

(iv) $\theta=\frac{7\pi}{6}$ 일 때, $(x, y)=\left(-\frac{\sqrt{3}}{4}, -\frac{1}{4}\right)$이다.

79. ③

풀이
$$\begin{aligned}f(x)&=(1+x)(1+2x^2)\cdots(1+5x^5)(1+6x^6)\\&=(1+x)(1+6x^6)(1+2x^2)(1+5x^5)(1+3x^3)(1+4x^4)\\&=(1+x+6x^6+6x^7)\\&\quad(1+2x^2+5x^5+10x^7)(1+3x^3+4x^4+12x^7)\\&=1+\cdots+36x^7+\cdots\end{aligned}$$
이므로 $f^{(7)}(0)=36\times 7!$이다.

80. 2

풀이
$$\begin{aligned}f(x)&=\frac{1}{3}\left(-\frac{1}{2}\cdot\frac{1}{1+x}+\frac{1}{2}\cdot\frac{1}{1-x}\right)\\&=\frac{1}{6}\left(\frac{1}{1-x}-\frac{1}{1+x}\right)\\&=\frac{1}{6}\{(1+x+x^2+x^3+\cdots)-(1-x+x^2-x^3+\cdots)\}\end{aligned}$$

$f(x)=\sum_{n=0}^{\infty}C_nx^n$이라고 할 때, $f^{(3)}(0)=3!\,C_3$이므로

$f^{(3)}(0)=3!\cdot\frac{1}{3}=2$

81. ③

풀이 ㄱ. (참) $\lim_{x\to 0}f(x)=\lim_{x\to 0}e^{-\frac{1}{x^2}}=e^{-\infty}=0=f(0)$이므로

$x=0$에서 연속이다.

ㄴ. (참) $0<x<1$일 때, $[x]=0$이므로

$\lim_{x\to 0+}f(x)=\lim_{x\to 0+}\frac{0}{x}=0$

$x=0$일 때, $f(0)=0$

$-1\le x<0$일 때, $[x]=-1$이므로

$\lim_{x\to 0-}f(x)=\lim_{x\to 0-}(-x)=0$

따라서 $x=0$에서 연속이다.

ㄷ. (거짓) (반례) $f:(0, \infty)\to R$, $f(x)=\frac{1}{x}$이라 하면

f는 $(0, \infty)$에서 연속이지만 유계는 아니다.

ㄹ. (참) $n\le x<n+1$ (단, n은 정수)일 때,

$[x]=n$이므로 $f(x)=\sin(2\pi nx)$이다.

이는 주기가 $\frac{1}{n}$인 사인함수이므로

매구간 $n\le x<n+1$에서 $f(x)$는 연속함수이다.

또한 $x=n+1$, $f(n)=\sin\{2\pi(n+1)^2\}=0$이므로

$f(x)$는 R에서 연속이다.

82. ④

풀이 함수 $f(x)=\begin{cases}g(x), & x<a\\ h(x), & x\ge a\end{cases}$가 $x=a$에서 연속이고

미분가능하면 $g(a)=h(a)$, $g'(a)=h'(a)$를 만족한다.

함수 $f(x)$가 $x=1$에서 연속이므로 $ae^b=1$ ⋯ ㉠

$f'(x)=\begin{cases}2x, & x<1\\ \frac{ae^{bx}}{2\sqrt{x}}+ab\sqrt{x}\,e^{bx}, & x\ge 1\end{cases}$이고

함수 $f(x)$가 $x=1$에서 미분가능이므로

$\frac{1}{2}ae^b+abe^b=2$ ⋯ ㉡

㉠, ㉡을 연립하면 $a=e^{-\frac{3}{2}}$, $b=\frac{3}{2}$이므로 $\frac{b}{a}=\frac{3e\sqrt{e}}{2}$

83. ①

풀이 $f(x)=5+9x+e^{-x+1}$ 에서

$f'(x)=9-e^{-x+1}$이고 $f(1)=15$

$\therefore (f^{-1})'(15)=\dfrac{1}{f'(f^{-1}(15))}=\dfrac{1}{f'(1)}=\dfrac{1}{8}$

84. ①

풀이 $3x^2-2xy=3x\cos y$의 양변을 x로 미분하면

$6x-2y-2xy'=3\cos y+3x\cdot(-\sin y)\cdot y'$

$x=1,\ y=0$을 대입하면 $6-2y'=3 \Rightarrow 2y'=3$

$\therefore y'=\dfrac{3}{2}$

85. ③

풀이 $f(x)=\sqrt{1+x^3}$

$$=1+\frac{1}{2}x^3+\frac{\left(\frac{1}{2}\right)\left(-\frac{1}{2}\right)}{2!}x^6+\frac{\left(\frac{1}{2}\right)\left(-\frac{1}{2}\right)\left(-\frac{3}{2}\right)}{3!}x^9+\cdots$$

$\dfrac{f^{(9)}(0)}{9!}$의 값은 x^9의 계수와 같다.

$$\therefore \frac{f^{(9)}(0)}{9!}=\frac{\left(\frac{1}{2}\right)\left(-\frac{1}{2}\right)\left(-\frac{3}{2}\right)}{3!}=\frac{1}{16}$$

86. ②

풀이 $$(fg)^{(n)}(x)=\sum_{r=0}^{n}\frac{n!}{(n-r)!r!}f^{(n-r)}(x)g^{(r)}(x)$$

$$=f^{(n)}(x)g(x)+\sum_{r=1}^{n}\frac{n!}{(n-r)!r!}f^{(n-r)}(x)g^{(r)}(x)$$

$$\therefore (fg)^{(n)}(x)-\sum_{r=1}^{n}\frac{n!}{(n-r)!r!}f^{(n-r)}(x)g^{(r)}(x)$$

$$=f^{(n)}(x)g(x)$$

87. ③

풀이 $\displaystyle\int_1^{2x}f(t)dt=x\sin^{-1}x-\frac{\pi}{12}$의 양변을 x에 대해 미분하면

$2f(2x)=\sin^{-1}x+\dfrac{x}{\sqrt{1-x^2}}$이고

$x=\dfrac{1}{2}$을 대입하면 $2f(1)=\dfrac{\pi}{6}+\dfrac{1}{\sqrt{3}}$

따라서 $f(1)=\dfrac{\pi+2\sqrt{3}}{12}$

88. ③

풀이 $t^2-s=x$라 하면

$$f(t)=\int_0^{t^2}e^s\sin(t^2-s)ds=-\int_{t^2}^{0}e^{t^2-x}\sin x dx$$

$=e^{t^2}\displaystyle\int_0^{t^2}e^{-x}\sin x dx$이고, 양변을 미분하면

$$f'(t)=2t\cdot e^{t^2}\int_0^{t^2}e^{-x}\sin x dx+e^{t^2}\left(e^{-t^2}\sin t^2\right)\cdot 2t$$

$$=2t\cdot\left(e^{t^2}\int_0^{t^2}e^{-x}\sin x\, dx+\sin t^2\right)$$

$$f'\left(\frac{\sqrt{\pi}}{2}\right)=\sqrt{\pi}\cdot\left(e^{\frac{\pi}{4}}\int_0^{\frac{\pi}{4}}e^{-x}\sin x dx+\sin\frac{\pi}{4}\right)$$

$$=\sqrt{\pi}\cdot\left(e^{\frac{\pi}{4}}\left(\frac{1}{2}-\frac{\sqrt{2}e^{-\frac{\pi}{4}}}{2}\right)+\frac{\sqrt{2}}{2}\right)$$

$$=\sqrt{\pi}\cdot\left(e^{\frac{\pi}{4}}\left(\frac{1}{2}-\frac{\sqrt{2}e^{-\frac{\pi}{4}}}{2}\right)+\frac{\sqrt{2}e^{\frac{\pi}{4}}}{2}\right)$$

$$=\frac{\sqrt{\pi}}{2}e^{\frac{\pi}{4}}$$

$$\left(\because \int_0^{\frac{\pi}{4}}e^{-x}\sin x dx=\frac{e^{-x}(-\sin x-\cos x)}{2}\Bigg|_0^{\frac{\pi}{4}}\right.$$

$$=\frac{-\sqrt{2}e^{-\frac{\pi}{4}}-(-1)}{2}$$

$$\left.=\frac{1}{2}-\frac{\sqrt{2}e^{-\frac{\pi}{4}}}{2}\right)$$

[다른 풀이]

$t^2-s=x$라 하면

$$f(t)=\int_0^{t^2}e^s\sin(t^2-s)ds$$

$$=-\int_{t^2}^{0}e^{t^2-x}\sin x\, dx$$

$$=e^{t^2}\int_0^{t^2}e^{-x}\sin x\, dx$$

$$=e^{t^2}\left[\frac{e^{-x}(-\sin x-\cos x)}{2}\right]_0^{t^2}\ (\because \text{부분적분})$$

$$=e^{t^2}\left[\frac{1}{2}-\frac{1}{2}e^{-t^2}\{\sin(t^2)+\cos(t^2)\}\right]$$

$$=\frac{1}{2}e^{t^2}-\frac{1}{2}\{\sin(t^2)+\cos(t^2)\}$$

$$\Rightarrow f'(t)=te^{t^2}-\frac{1}{2}\{2t\cos(t^2)-2t\sin(t^2)\}$$

$$\Rightarrow f'\left(\frac{\sqrt{\pi}}{2}\right)=\frac{\sqrt{\pi}}{2}e^{\frac{\pi}{4}}$$

89. ②

풀이 $f(x)=1+x+x^2+\cdots+x^{100}=\frac{1-x^{101}}{1-x}$

양변에 자연로그를 취하면

$\ln f(x)=\ln\left(\frac{1-x^{101}}{1-x}\right)=\ln(1-x^{101})-\ln(1-x)$

양변을 x에 대하여 미분하면

$\frac{f'(x)}{f(x)}=\frac{-101x^{100}}{1-x^{101}}-\frac{-1}{1-x}$

$x=2$를 대입하면

$\frac{f'(2)}{f(2)}=\frac{-101\times 2^{100}}{1-2^{101}}-1=\frac{2^{101}}{2^{101}-1}\frac{101}{2}-1\approx 49.5$

$\frac{2^{101}}{2^{101}-1}>1$이므로 가장 가까운 자연수는 50이다.

90. ⑤

풀이 (i) $r=\cos2\theta$의 $\theta=\frac{\pi}{8}$에서 동경과 접선이 이루는 각을 a라

하면 $\tan a=\frac{r}{r'}=\frac{\cos2\theta}{-2\sin2\theta}\Big|_{\theta=\frac{\pi}{8}}=-\frac{1}{2}$ 이다.

(ii) $r=\sin2\theta$의 $\theta=\frac{\pi}{8}$에서 동경과 접선이 이루는 각을 b라

하면 $\tan b=\frac{r}{r'}=\frac{\sin2\theta}{2\cos2\theta}\Big|_{\frac{\pi}{8}}=\frac{1}{2}$ 이다.

따라서 교각 α에 대하여

$$\tan\alpha=\tan(a-b)=\frac{\tan a-\tan b}{1+\tan a\tan b}=\frac{-\frac{1}{2}-\frac{1}{2}}{1-\frac{1}{2}\frac{1}{2}}=-\frac{4}{3}$$

따라서 $\tan\alpha=\frac{4}{3}$이다.

91. ⑤

풀이 ㄱ. (참) $f(x)=\tan^{-1}x+\tan^{-1}\left(\frac{1}{x}\right)$

$\Rightarrow f'(x)=\frac{1}{1+x^2}-\frac{1}{1+x^2}=0 \Rightarrow f(x)$는 상수함수

$f(1)=2\tan^{-1}(1)=\frac{\pi}{2}$이므로

$f(x)=\tan^{-1}x+\tan^{-1}\left(\frac{1}{x}\right)=\frac{\pi}{2}$

ㄴ. (참) $\tan^{-1}x=a$라 두면 $\tan a=x$

그림을 그려 생각해보면 $\sin a=\frac{x}{\sqrt{1+x^2}}$이므로

$\sin^{-1}\left(\frac{x}{\sqrt{1+x^2}}\right)=\tan^{-1}x$

ㄷ. (참) $\cos^{-1}x=a$라 두면 $\cos a=x$

그림을 그려 생각해보면 $\sin a=\sqrt{1-x^2}$ 이므로

$\cos^{-1}x=\sin^{-1}\left(\sqrt{1-x^2}\right)$

92. ②

풀이 $f'(x)=10x^9 \Rightarrow f'(1)=10$

$$\lim_{h\to0}\frac{f(1+h)-f(1-h)}{h}=\lim_{h\to0}\{f'(1+h)+f'(1-h)\}$$
$$=2f'(1)=20$$

93. ①

풀이 항등식 $f(x+y)=f(x)+f(y)+4xy$에

$x=y=0$을 대입하면 $f(0)=0$이다.

$$f'(x)=\lim_{h\to0}\frac{f(x+h)-f(x)}{h}$$
$$=\lim_{h\to0}\frac{f(x)+f(h)+4xh-f(x)}{h}$$
$$=\lim_{h\to0}\frac{f(h)+4xh}{h}$$
$$=\lim_{h\to0}\left(\frac{f(h)}{h}+4x\right)$$
$$=4x+2$$

$f(x)=\int(4x+2)\,dx=2x^2+2x+C$

$f(0)=0$이므로 $C=0$

$f(x)=2x^2+2x$ 이므로 $f(5)=60$

94. ⑤

풀이 $(f(g(x)))' = f'(g(x)) \cdot g'(x)$이므로

$$f'(g(x)) \cdot g'(x) = \frac{\sqrt{3x+2}}{3x+2-2} \cdot \frac{3}{2\sqrt{3x+2}} = \frac{1}{2x}$$

95. ③

풀이 $\tan^{-1}\sqrt{x} = a$일 때, $\tan a = \sqrt{x}$ 이고, $\tan 2a = \frac{2\sqrt{x}}{1-x}$ 이다.

$\sin^{-1}\left(\frac{x-1}{x+1}\right) = b$일 때, $\sin b = \frac{x-1}{x+1}$, $\tan b = \frac{x-1}{2\sqrt{x}}$ 이다.

$g(x) - f(x) = 2a - b$를 구하는 것과 같다.

여기서 $\tan(2a-b) = \frac{\tan 2a - \tan b}{1 + \tan 2a \cdot \tan b} = \infty$

즉, $2a - b = \frac{\pi}{2}$ 이다. 따라서 $g(x) - f(x) = \frac{\pi}{2}$ 이다.

96. ⑤

풀이 $f(x) = x^{\sin\left(\frac{\pi x}{3}\right)} \Rightarrow \ln f(x) = \sin\left(\frac{\pi x}{3}\right)\ln x$

$$\Rightarrow \frac{f'(x)}{f(x)} = \frac{\pi}{3}\cos\left(\frac{\pi x}{3}\right)\ln x + \frac{\sin\left(\frac{\pi x}{3}\right)}{x}$$

$$\Rightarrow f'(1) = \sin\left(\frac{\pi}{3}\right)f(1) = \frac{\sqrt{3}}{2} \quad (\because f(1) = 1)$$

97. ④

풀이 $\frac{dx}{dt} = \frac{1}{1+t^2}$, $\ln y = t\ln t$이므로 양변을 t로 미분하면

$$\frac{1}{y}\frac{dy}{dt} = \ln t + t \cdot \frac{1}{t} \Rightarrow \frac{dy}{dt} = y(\ln t + 1) = t^t(\ln t + 1)$$

$$\therefore \frac{dy}{dx} = \frac{dy}{dt} \cdot \frac{dt}{dx} = t^t(\ln t + 1)(1+t^2)$$

$$\therefore \frac{d^2y}{dx^2} = \frac{d}{dt}\left(\frac{dy}{dx}\right) \cdot \frac{dt}{dx}$$

$$= \frac{d}{dt}\{t^t(\ln t + 1)(1+t^2)\} \cdot (1+t^2)$$

$$= \left\{\frac{d(t^t)}{dt} \cdot (\ln t + 1)(1+t^2) + t^t \cdot \frac{1}{t}(1+t^2) + t^t(\ln t + 1) \cdot 2t\right\} \cdot (1+t^2)$$

$$= \left\{t^t(\ln t + 1)^2(1+t^2) + t^t \cdot \frac{1}{t}(1+t^2) + t^t(\ln t + 1) \cdot 2t\right\} \cdot (1+t^2)$$

$$= t^t(1+t^2)\left[(1+t^2)(\ln t + 1)^2 + 2t(\ln t + 1) + t^{-1}(1+t^2)\right]$$

98. ④

풀이 $r = \cos\theta + \sin\theta$

$$= \sqrt{2}\left(\frac{1}{\sqrt{2}}\cos\theta + \frac{1}{\sqrt{2}}\sin\theta\right)$$

$$= \sqrt{2}\sin\left(\theta + \frac{\pi}{4}\right)$$

$r = \sqrt{2}\sin\theta$의 그래프를 $-\frac{\pi}{4}$ 만큼 회전시킨 그래프이다.

$r = \sqrt{2}\sin\left(\theta + \frac{\pi}{4}\right)$는 직선 $\theta = \frac{\pi}{4}$ $(y = x)$에 대해서 대칭이므로 수평접선을 갖는 점과 수직접선을 갖는 점은 $y = x$에 대해서 대칭이다. 즉, 수평접선을 갖는 점이 $\theta = \frac{\pi}{4} + \alpha$ 때 라고 한다면 수직접선을 갖는 점은 $\theta = \frac{\pi}{4} - \alpha$때 이다. 각각의 각도를 더하면 $\frac{\pi}{2}$ 이다.

99. ③

풀이 $\ln y = \ln(x+1) + 2\ln(x+2) - 3\ln(x+3) - 4\ln(x+4)$이고,

미분하면 $\frac{1}{y}y' = \frac{1}{x+1} + \frac{2}{x+2} - \frac{3}{x+3} - \frac{4}{x+4}$ 이다.

식을 정리하면 $y' = \left(\frac{1}{x+1} + \frac{2}{x+2} - \frac{3}{x+3} - \frac{4}{x+4}\right)y$

따라서 $A = 1, B = 2, C = -3, D = -4$이다.

$A + B + C + D = -4$

100. ④

풀이 $f(x) = x(x+1)e^{-x}$

$$= (x^2 + x)\left(1 - x + \frac{1}{2!}x^2 - \frac{1}{3!}x^3 + \frac{1}{4}x^4 - \frac{1}{5!}x^5 + \frac{1}{6!}x^6 - \frac{1}{7!}x^7 + \cdots\right)$$

$$= \cdots + \left(-\frac{1}{5!} + \frac{1}{6!}\right)x^7 + \left(\frac{1}{6!} - \frac{1}{7!}\right)x^8 + \cdots$$

이므로 $f^{(7)}(0) = \left(-\frac{1}{5!} + \frac{1}{6!}\right)7! = -7 \times 6 + 7 = -35$이고

$f^{(8)}(0) = \left(\frac{1}{6!} - \frac{1}{7!}\right)8! = 7 \times 8 - 8 = 48$이다.

그러므로 $f^{(7)}(0) + f^{(8)}(0) = -35 + 48 = 13$이다.

2. 적분법

1. ⑤

풀이

$$\int_0^2 \frac{1}{(x^2+4)^2}dx$$

$$=\int_0^{\frac{\pi}{4}} \frac{2\sec^2\theta}{(4\sec^2\theta)^2}d\theta \left(\begin{array}{l} {}^2_0 > x = 2\tan\theta < {}^{\frac{\pi}{4}}_0 \\ dx = 2\sec^2\theta d\theta \end{array}\right)$$

$$=\frac{1}{8}\int_0^{\frac{\pi}{4}} \cos^2\theta\, d\theta$$

$$=\frac{1}{8}\int_0^{\frac{\pi}{4}} \frac{1+\cos2\theta}{2}\, d\theta$$

$$=\frac{1}{16}\left(\theta+\frac{1}{2}\sin2\theta\right)_0^{\frac{\pi}{4}}=\frac{1}{16}\left(\frac{\pi}{4}+\frac{1}{2}\right)=\frac{\pi+2}{64}$$

2. ①

풀이 $\displaystyle\int_0^{\frac{\pi}{4}} \frac{2^{\tan t}}{\cos^2 t}dt = \int_0^{\frac{\pi}{4}} 2^{\tan t}\sec^2 t\, dt = \left[\frac{2^{\tan t}}{\ln 2}\right]_0^{\frac{\pi}{4}} = \frac{1}{\ln 2}$

3. ①

풀이 $e^x=t$로 치환하면 $x=\ln t \rightarrow dx=\frac{1}{t}dt$이므로

(준식)$\displaystyle=\int_1^{\infty}\frac{t}{1+t^2}\frac{1}{t}dt=\int_1^{\infty}\frac{1}{1+t^2}dt$

$\displaystyle=\left[\tan^{-1}t\right]_1^{\infty}=\frac{\pi}{2}-\frac{\pi}{4}=\frac{\pi}{4}$

4. ②

풀이 $\displaystyle\int_0^{\frac{1}{2}}(\sin^{-1}x+\cos^{-1}x)dx=\int_0^{\frac{1}{2}}\frac{\pi}{2}dx=\frac{\pi}{4}$

[다른 풀이]

$$\int_0^{\frac{1}{2}}(\sin^{-1}x+\cos^{-1}x)dx$$

$$=\int_0^{\frac{1}{2}}\sin^{-1}x dx+\int_0^{\frac{1}{2}}\cos^{-1}x dx$$

$$=\frac{\pi}{6}\cdot\frac{1}{2}-\int_0^{\frac{\pi}{6}}\sin x\, dx+\frac{\pi}{3}\cdot\frac{1}{2}+\int_{\frac{\pi}{3}}^{\frac{\pi}{2}}\cos x\, dx$$

$$=\frac{\pi}{12}+\frac{\sqrt{3}}{2}-1+\frac{\pi}{6}+1-\frac{\sqrt{3}}{2}=\frac{\pi}{4}$$

5. $\frac{\pi}{16}$

풀이

$$\int_0^{\frac{\pi}{2}}\sin^2x\cos^2x dx=\int_0^{\frac{\pi}{2}}\sin^2x(1-\cos^2x)dx$$

$$=\int_0^{\frac{\pi}{2}}\sin^2x-\sin^4x dx$$

$$=\frac{1}{2}\cdot\frac{\pi}{2}-\frac{3}{4}\cdot\frac{1}{2}\cdot\frac{\pi}{2}=\frac{\pi}{16}$$

6. ①

풀이 $\displaystyle\int_0^{\pi}x\cos x dx=[x\sin x]_0^{\pi}-\int_0^{\pi}\sin x dx$(∵ 부분적분)

$=[\cos x]_0^{\pi}=-2$

7. ③

풀이

$$I_7+I_9=\int_0^{\frac{\pi}{4}}\tan^7 dx+\int_0^{\frac{\pi}{4}}\tan^9 dx$$

$$=\int_0^{\frac{\pi}{4}}\tan^7x(1+\tan^2x)dx$$

$$=\int_0^{\frac{\pi}{4}}\tan^7x\sec^2x dx$$

$$=\frac{1}{8}\left[\tan^8x\right]_0^{\frac{\pi}{4}}=\frac{1}{8}$$

8. ②

풀이 $1+\cos x=t$로 치환하면 $-\sin x dx=dt$

$$\int_0^{\frac{\pi}{2}}\frac{\sin2x}{2(1+\cos x)}dx=\int_0^{\frac{\pi}{2}}\frac{2\sin x\cos x}{2(1+\cos x)}dx$$

$$=\int_2^1\frac{-(t-1)}{t}dt$$

$$=\int_1^2\frac{t-1}{t}dt$$

$$=\int_1^2\left(1-\frac{1}{t}\right)dt$$

$$=[t-\ln t]_1^2$$

$$=(2-\ln2)-1=1-\ln2$$

9. ②

풀이
$$\int_{e^2}^{\infty}\frac{1}{x((\ln x)^2+\ln x)}dx(\ln x=t\text{로 치환})$$
$$=\int_2^{\infty}\frac{1}{t^2+t}dt=\int_2^{\infty}\frac{1}{t(t+1)}dt$$
$$=\int_2^{\infty}\left(\frac{1}{t}-\frac{1}{t+1}\right)dt=[\ln t-\ln(t+1)]_2^{\infty}$$
$$=\left[\ln\left(\frac{t}{t+1}\right)\right]_2^{\infty}=\ln1-\ln\left(\frac{2}{3}\right)=\ln\frac{3}{2}$$

10. ①

풀이 $u=\tan^{-1}x,\ dv=dx$로 놓으면 $du=\dfrac{dx}{1+x^2}$, $v=x$이다.

따라서 부분적분법에 의해
$$\int\tan^{-1}x\,dx=x\tan^{-1}x-\int\frac{x}{x^2+1}dx$$
$$=x\tan^{-1}x-\frac{1}{2}\ln(x^2+1)+C$$
(단, C는 적분상수이다.)이므로

(가) $x\tan^{-1}x$, (나) $\dfrac{1}{2}\ln(x^2+1)$이다.

11. ②

풀이 $u=\sin^{-1}x$라 하면 $x=\sin u$이고, $\tan u=\dfrac{x}{\sqrt{1-x^2}}$이다.

$\tan(\sin^{-1}x)=\tan u=\dfrac{x}{\sqrt{1-x^2}}$이므로
$$\int_0^{\frac{\sqrt3}{2}}\tan(\sin^{-1}x)dx=\int_0^{\frac{\sqrt3}{2}}\frac{x}{\sqrt{1-x^2}}dx$$
$$=-\sqrt{1-x^2}\Big]_0^{\frac{\sqrt3}{2}}=\frac{1}{2}$$

[다른 풀이]

$u=\sin^{-1}x$라 하면 $x=\sin u$이고,
$$du=\frac{1}{\sqrt{1-x^2}}dx=\frac{1}{\sqrt{1-\sin^2u}}dx=\frac{1}{\cos u}dx$$
$\Leftrightarrow\ dx=\cos u\,du$이다. 따라서
$$\int_0^{\frac{\sqrt3}{2}}\tan(\sin^{-1}x)dx=\int_0^{\frac{\pi}{3}}\tan u\cdot\cos u\,du$$
$$=\int_0^{\frac{\pi}{3}}\sin u\,du=\frac{1}{2}$$

12. ②

풀이
$$\int_0^{\frac{\pi}{4}}\left[\frac{1}{1+\tan x}-\frac{1}{2}\right]dx$$
$$=\int_0^1\frac{1}{(1+t)(1+t^2)}dt-\int_0^{\frac{\pi}{4}}\frac{1}{2}dx(\because\tan x=t\text{ 치환})$$
$$=\frac{1}{2}\int_0^1\frac{1}{t+1}-\frac{t}{t^2+1}+\frac{1}{t^2+1}dt-\int_0^{\frac{\pi}{4}}\frac{1}{2}dx$$
($\because$ 부분분수 변환)
$$=\frac{1}{2}\left[\ln(t+1)-\frac{1}{2}\ln(t^2+1)+\tan^{-1}t\right]_0^1-\frac{\pi}{8}=\frac{1}{4}\ln2$$

[다른 풀이]
$$\int_0^{\frac{\pi}{4}}\left[\frac{1}{1+\tan x}-\frac{1}{2}\right]dx=\int_0^{\frac{\pi}{4}}\frac{2-1-\tan x}{2(1+\tan x)}dx$$
$$=\frac{1}{2}\int_0^{\frac{\pi}{4}}\frac{\cos x-\sin x}{\cos x+\sin x)}dx$$
$$=\frac{1}{2}\ln(\cos x+\sin x)\Big]_0^{\frac{\pi}{4}}$$
$$=\frac{1}{2}\ln(\sqrt2)=\frac{1}{4}\ln2$$

13. ③

풀이
$$(\text{준식})=\frac{1}{2}\int_0^1\frac{2x}{x^2+1}dx+2\int_0^1\frac{1}{x^2+1}dx$$
$$=\frac{1}{2}[\ln(x^2+1)]_0^1+2[\tan^{-1}x]_0^1=\frac{1}{2}\ln2+2\frac{\pi}{4}$$
$$=\frac{1}{2}(\ln2+\pi)$$

14. $\frac{\pi}{6}$

풀이 $x=3u$라 치환하면 $dx=3du$이다.
$$\lim_{t\to\infty}\int_0^t\frac{1}{9+x^2}dx=\lim_{t\to\infty}\int_0^{\frac{t}{3}}\frac{1}{9+9u^2}\cdot3du$$
$$=\lim_{t\to\infty}\frac{1}{3}\int_0^{\frac{t}{3}}\frac{1}{1+u^2}du$$
$$=\frac{1}{3}\lim_{t\to\infty}\tan^{-1}\frac{t}{3}=\frac{\pi}{6}$$

15. ①

풀이 부분적분에 의해

$$\int_0^1 x\ln(1+x)dx$$

$$= \left[\ln(1+x)\cdot\frac{1}{2}x^2\right]_0^1 - \int_0^1 \frac{1}{1+x}\cdot\frac{1}{2}x^2dx$$

$$= \frac{1}{2}\ln2 - \frac{1}{2}\int_0^1\left(x-1+\frac{1}{1+x}\right)dx$$

$$= \frac{1}{2}\ln2 - \frac{1}{2}\left[\frac{1}{2}x^2 - x + \ln(1+x)\right]_0^1$$

$$= \frac{1}{2}\ln2 - \frac{1}{2}\left(-\frac{1}{2}+\ln2\right) = \frac{1}{4}$$

16. ②

풀이

$$a_{2016}+a_{2018} = \int_0^{\frac{\pi}{4}}(\tan^{2016}x+\tan^{2018}x)dx$$

$$= \int_0^{\frac{\pi}{4}}\tan^{2016}x(1+\tan^2x)dx$$

$$= \int_0^{\frac{\pi}{4}}\tan^{2016}x\cdot sec^2x\,dx$$

$$= \left[\frac{1}{2017}\tan^{2017}x\right]_0^{\frac{\pi}{4}} = \frac{1}{2017}$$

17. ④

풀이

$$\int_1^4\frac{dx}{(x-2)^2} = \int_1^2\frac{1}{(x-2)^2}dx + \int_2^4\frac{1}{(x-2)^2}dx$$

$$= \int_{-1}^0\frac{1}{t^2}dt + \int_0^2\frac{1}{t^2}dt\,(\because t=x-2,\ dt=dx)$$

$$= 2\int_0^1\frac{1}{t^2}dt + \int_1^2\frac{1}{t^2}dt$$

$$= \infty\left(\because\int_0^1\frac{1}{t^p}dt = \infty\,(p\geq1)\right)$$

18. ④

풀이 $\cos x+1=u$라고 치환하면

$$\int_0^a \sin x(\cos x+1)dx = \int_2^{\cos a+1}u(-1)du$$

$$= \int_{\cos a+1}^2 u\,du = \frac{1}{2}[u^2]_{\cos a+1}^2$$

$$= \frac{1}{2}(4-(\cos a+1)^2)$$

$$= 2-\frac{1}{2}(\cos a+1)^2 = 2$$

를 만족해야 한다. 따라서 $\cos a+1=0 \Leftrightarrow a=\pi$이다.

19. ②

풀이 감마함수 $\int_0^\infty x^n e^{-x}dx = n!\ (n=0,1,2,3\cdots)$이다.

$$\int_0^\infty x^3e^{-x}dx = 3! = 6$$

20. ⑤

풀이

$$\int_0^{\frac{\pi}{3}}\sec^3x\,dx = \frac{1}{2}\left[(\sec x\tan x+\ln|\sec x+\tan x|)\right]_0^{\frac{\pi}{3}}$$

$$= \frac{1}{2}[2\sqrt{3}+\ln(2+\sqrt{3})]$$

$$= \sqrt{3}+\frac{1}{2}\ln(2+\sqrt{3})$$

21. ②

풀이

$$\int_0^{\frac{1}{2}}\frac{2-8x}{1+4x^2}dx = \int_0^{\frac{1}{2}}\frac{2}{1+4x^2} - \frac{8x}{1+4x^2}dx$$

$$= \tan^{-1}(2x) - \ln(1+4x^2)\Big|_0^{\frac{1}{2}}$$

$$= \frac{\pi}{4} - \ln2$$

22. ④

풀이

$$\int_0^{\frac{\pi}{3}}\tan^3x\sec^5x\,dx = \int_0^{\frac{\pi}{3}}\tan^2x\tan x\sec^5x\,dx$$

$$= \int_0^{\frac{\pi}{3}}(\sec^2x-1)\tan x\sec^5x\,dx$$

$$= \int_1^2 t^4(t^2-1)dt\,(\because \sec x = t\text{로 치환})$$

$$= \left[\frac{1}{7}t^7 - \frac{1}{5}t^5\right]_1^2$$

$$= \frac{128}{7} - \frac{32}{5} - \frac{1}{7} + \frac{1}{5} = \frac{418}{35}$$

23. ①

풀이 $u=x,\ v'=\cos3x$라 두면 $u'=1,\ v=\frac{1}{3}\sin3x$이므로

부분적분을 이용하면

$$\int_{\frac{\pi}{2}}^{\pi} x\cos3x\,dx=\left[\frac{1}{3}x\sin3x\right]_{\frac{\pi}{2}}^{\pi}-\int_{\frac{\pi}{2}}^{\pi}\frac{1}{3}\sin3x\,dx$$

$$=\frac{1}{3}\left(\pi\sin3\pi-\frac{\pi}{2}\sin\frac{3}{2}\pi\right)+\left[\frac{1}{9}\cos3x\right]_{\frac{\pi}{2}}^{\pi}$$

$$=\frac{\pi}{6}+\frac{1}{9}\left(\cos3\pi-\cos\frac{3}{2}\pi\right)=\frac{\pi}{6}+\frac{1}{9}(-1-0)=\frac{\pi}{6}-\frac{1}{9}$$

이므로 $a=6,\ b=-9$이다. $\therefore a+b=6+(-9)=-3$

24. ③

풀이 $x=\cot\theta$이라 치환하면

$$\int_{\pi/4}^{\pi/2} 2\cot\theta csc^2\theta\,d\theta=\int_0^1 2x\,dx=\left[x^2\right]_{x=0}^{1}=1$$이다.

25. ③

풀이 $$\int_0^{\pi} e^x\sin x dx=[e^x\sin x]_0^{\pi}-\int_0^{\pi}\cos x\,e^x\,dx$$

$$=[e^x\sin x]_0^{\pi}-\left\{[e^x\cos x]_0^{\pi}+\int_0^{\pi}e^x\sin x dx\right\}$$

$$2\int_0^{\pi}e^x\sin x\,dx=[e^x\sin x]_0^{\pi}-[e^x\cos x]_0^{\pi}=1+e^{\pi}$$

$$\therefore \int_0^{\pi}e^x\sin x\,dx=\frac{1}{2}(e^{\pi}+1)$$

26. ②

풀이 $x=\sec\theta$로 치환하면

$$\int_{\sqrt{2}}^{2}\frac{1}{x\sqrt{x^2-1}}dx=\int_{\frac{\pi}{4}}^{\frac{\pi}{3}}\frac{\sec\theta tan\theta}{\sec\theta tan\theta}d\theta=\int_{\frac{\pi}{4}}^{\frac{\pi}{3}}1\,d\theta=\frac{\pi}{12}$$

27. ④

풀이 $x^2=t$로 치환하면 $2x\,dx=dt$이므로

$$\int_0^{\sqrt{\frac{\pi}{2}}} x\cos^3(x^2)\sin(x^2)\,dx=\frac{1}{2}\int_0^{\frac{\pi}{2}}\cos^3 t\sin t\,dt$$

$$=\frac{1}{2}\cdot\left[-\frac{1}{4}(\cos t)^4\right]_0^{\frac{\pi}{2}}$$

$$=\frac{1}{8}$$

28. ①

풀이 $$\int_0^{\infty}x^5e^{-x}\,dx=\Gamma(6)=5!=120$$

29. ④

풀이 $t=e^{-x}$라 하면 $dt=-e^{-x}dx$이므로

$$\int_{\ln(1/\pi)}^{\ln(2/\pi)}\frac{1+\cos(e^{-x})}{e^x}dx=\int_{\pi}^{\pi/2}(1+\cos t)(-dt)$$

$$=\int_{\pi/2}^{\pi}(1+\cos t)\,dt$$

$$=[t+\sin t]_{\pi/2}^{\pi}=\frac{\pi}{2}-1$$

30. ③

풀이 (심프슨 공식)

$x_0=x_1-h,\ x_2=x_1+h$를 만족하는 세 점

$(x_0,y_0),(x_1,y_1),(x_2,y_2)$를 지나는 이차함수를 $g(x)$라고 하고, 세 점 $(-h,y_0),(0,y_1),(h,y_2)$을 지나는 이차함수를

$y=Ax^2+Bx+C$라고 하자. 그렇다면 다음 식이 성립한다.

$$\int_{x_0}^{x_2}g(x)dx=\int_{-h}^{h}Ax^2+Bx+Cdx$$

$$=2\int_0^h Ax^2+Cdx\ (\because \text{우함수와 기함수 성질})$$

$$=2\left(\frac{1}{3}Ah^3+Ch\right)=\frac{h}{3}(2Ah^2+6C)$$

$$=\frac{h}{3}(y_0+4y_1+y_2)$$

$(\because y_0=Ah^2-Bh+C,\ y_1=C,\ y_2=Ah^2+Bh+C)$

심프슨 공식은 $\int_a^b f(x)dx$의 정적분의 근사값을 이차함수를 이용해서 구하고자 한다. 단, 구간 $[a,b]$는 $2n$등분한다. ($n\in$자연수)

$$\int_{x_0}^{x_2}f(x)dx\approx\int_{x_0}^{x_2}g_1(x)\,dx=\frac{h}{3}(y_0+4y_1+y_2)$$

$$\int_{x_2}^{x_4}f(x)dx\approx\int_{x_2}^{x_4}g_2(x)\,dx=\frac{h}{3}(y_2+4y_3+y_4)$$

$$\int_{x_4}^{x_6}f(x)dx\approx\int_{x_4}^{x_6}g_3(x)\,dx=\frac{h}{3}(y_4+4y_5+y_6)$$

$$\Rightarrow\int_{x_0}^{x_6}f(x)dx\approx$$

$$=\frac{h}{3}(y_0+4y_1+2y_2+4y_3+2y_4+4y_5+y_6)$$

$f(x)=\frac{1}{1+x}$에 대하여 $n=4$이므로

구간 $[0,2]$를 4등분하므로 $h=\frac{1}{2}$이고,

$$\int_0^2 \frac{1}{1+x}dx \approx \frac{1}{6}\left(f(0)+4f\left(\frac{1}{2}\right)+2f(1)+4f\left(\frac{3}{2}\right)+f(2)\right)$$
$$=\frac{1}{6}\left(1+\frac{8}{3}+1+\frac{8}{5}+\frac{1}{3}\right)=\frac{11}{10}$$

TIP 사다리꼴 면적을 이용한 근삿값

$f(0)=1,\ f\left(\frac{1}{2}\right)=\frac{2}{3},\ f(1)=\frac{1}{2},\ f\left(\frac{3}{2}\right)=\frac{2}{5},\ f(2)=\frac{1}{3}$

을 갖는다. 심프슨의 공식은 사다리꼴의 면적을 통해서 적분의 근삿값을 구하는 방법이다.

사다리꼴의 면적= {윗변+아랫변}×높이×$\frac{1}{2}$

$n=4$이므로 구간 $[0,2]$를 균등하게 나누면 높이가 $\frac{1}{2}$인 사다리꼴이 4개가 만들어진다. 그 면적은 다음과 같다.

$$\frac{1}{4}\left\{f(0)+f\left(\frac{1}{2}\right)\right\}+\frac{1}{4}\left\{f\left(\frac{1}{2}\right)+f(1)\right\}$$
$$+\frac{1}{4}\left\{f(1)+f\left(\frac{3}{2}\right)\right\}+\frac{1}{4}\left\{f\left(\frac{3}{2}\right)+f(2)\right\}$$
$$=\frac{1}{4}\left\{f(0)+2f\left(\frac{1}{2}\right)+2f(1)+2f\left(\frac{3}{2}\right)+f(2)\right\}$$
$$=\frac{1}{4}\left\{1+\frac{4}{3}+1+\frac{4}{5}+\frac{1}{3}\right\}=\frac{1}{4}\left(4+\frac{7}{15}\right)=\frac{67}{60}$$

31. ②

풀이 부분적분

$$\int_0^1 \arctan x\,dx$$
$$=x\tan^{-1}x\Big]_0^1-\int_0^1\frac{x}{1+x^2}dx\begin{pmatrix}u'=1, & v=\tan^{-1}x\\ u=x, & v'=\frac{1}{1+x^2}\end{pmatrix}$$
$$=x\tan^{-1}x\Big]_0^1-\frac{1}{2}\ln(1+x^2)\Big]_0^1$$
$$=\frac{\pi}{4}-\frac{1}{2}\ln 2$$

TIP 그림을 이용하여 풀 수도 있다.

32. ⑤

풀이
$$\int_1^\infty \frac{2x^3+3x^2+3}{x^3(x^2+1)}dx=\int_1^\infty \frac{3}{x^3}+\frac{2}{x^2+1}dx$$
$$=-\frac{3}{2}[x^{-2}]_1^\infty+2[\tan^{-1}x]_1^\infty$$
$$=\frac{\pi}{2}+\frac{3}{2}$$

33. ②

풀이 $x=\sin t$로 치환하면 $dx=\cos t\,dt$이고

적분구간은 $\left[0,\frac{\pi}{6}\right]$이므로

$$\int_0^{\frac{1}{2}}\frac{3x+2}{\sqrt{1-x^2}}dx=\int_0^{\frac{\pi}{6}}\frac{3\sin t+2}{\cos t}\cdot\cos t\,dt$$
$$=\int_0^{\frac{\pi}{6}}(3\sin t+2)\,dt=[-3\cos t+2t]_0^{\frac{\pi}{6}}$$
$$=-3\left(\cos\frac{\pi}{6}-\cos 0\right)+2\left(\frac{\pi}{6}-0\right)$$
$$=-3\left(\frac{\sqrt{3}}{2}-1\right)+2\cdot\frac{\pi}{6}$$
$$=\frac{3}{2}(2-\sqrt{3})+\frac{\pi}{3}$$

34. ④

풀이 함수 f의 정의역 즉, 함수 g의 치역이 $\frac{\pi}{2}\le x\le\frac{3}{2}\pi$ 이므로 일반적으로 알고 있는 $\sin^{-1}x$의 치역 $-\frac{\pi}{2}\le x\le\frac{\pi}{2}$ 와는 다르다. 따라서 그래프를 그려서 적분값을 구해보자.

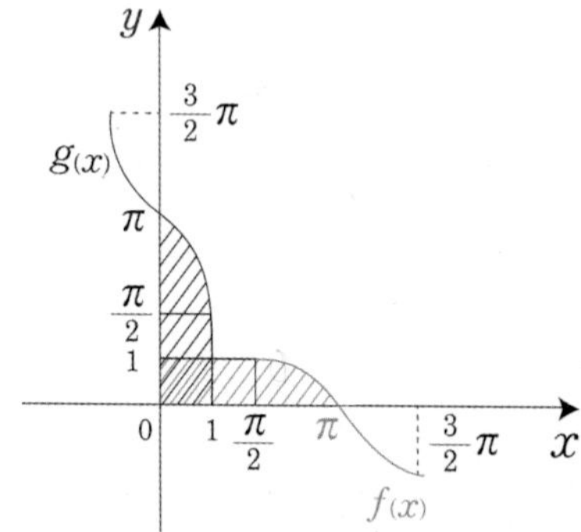

위의 그림에 의하여 구하고자 하는 적분값은 각 변의 길이가 1, $\frac{\pi}{2}$인 직사각형의 넓이와 $\frac{\pi}{2}\le x\le\pi$에서의 $f(x)=\sin x$의 넓이의 합이다.

$$\therefore \int_0^1 g(t)\,dt=1\times\frac{\pi}{2}+\int_{\frac{\pi}{2}}^{\pi}\sin x\,dx$$
$$=\frac{\pi}{2}+[-\cos x]_{\frac{\pi}{2}}^{\pi}=\frac{\pi}{2}+1$$

TIP 치환적분을 통해서도 풀 수 있어야 한다.

35. ④

풀이 $\sqrt{x}=t$로 치환하면 $\dfrac{1}{2\sqrt{x}}dx=dt$이므로

$$\int_4^9 \frac{1}{(x-1)\sqrt{x}}dx=\int_2^3 \frac{2}{t^2-1}dt$$
$$=\int_2^3\left(\frac{1}{t-1}-\frac{1}{t+1}\right)dt$$
$$=[\ln|t-1|-\ln|t+1|]_2^3$$
$$=(\ln2-\ln4)-(\ln1-\ln3)=-\ln2+\ln3$$
$$=\ln\frac{3}{2}$$

36. ③

풀이 $I_{2018}=\displaystyle\int_0^\pi \frac{\sin2018x}{x}dx$ ($u=\pi-x$로 치환)

$$=\int_\pi^0 \frac{\sin2018(\pi-u)}{\sin(\pi-u)}du$$
$$=\int_0^\pi \frac{\sin(2018\pi-2018u)}{\sin u}du$$
$$=\int_0^\pi \frac{-\sin2018u}{\sin u}du \text{이므로}$$

$$\int_0^\pi \frac{\sin2018x}{\sin x}dx=-\int_0^\pi \frac{\sin2018x}{\sin x}dx$$
$$\Leftrightarrow\ 2\int_0^\pi \frac{\sin2018x}{\sin x}dx=0$$
$$\Leftrightarrow\ \int_0^\pi \frac{\sin2018x}{\sin x}dx=0$$

$$I_{2017}=\int_0^\pi \frac{\sin2017x}{\sin x}dx=\int_0^\pi \frac{\sin(2016x+x)}{\sin x}dx$$
$$=\int_0^\pi \frac{\sin2016x\cos x+\cos2016x\sin x}{\sin x}dx$$
$$=\int_0^\pi \frac{\sin2016x\cos x}{\sin x}dx+\int_0^\pi \cos2016x\,dx$$
$$=\int_0^\pi \frac{\frac{1}{2}\{\sin(2017x)+\sin(2015x)\}}{\sin x}dx+\frac{1}{2016}[\sin2016x]_0^\pi$$
$$=\frac{1}{2}\int_0^\pi \frac{\sin2017x}{\sin x}dx+\frac{1}{2}\int_0^\pi \frac{\sin2015x}{\sin x}dx \text{ 이므로}$$

$$\int_0^\pi \frac{\sin2017x}{\sin x}dx$$
$$=\frac{1}{2}\int_0^\pi \frac{\sin2017x}{\sin x}dx+\frac{1}{2}\int_0^\pi \frac{\sin x2015x}{\sin x}dx$$
$$\Leftrightarrow\ \frac{1}{2}\int_0^\pi \frac{\sin2017x}{\sin x}dx=\frac{1}{2}\int_0^\pi \frac{\sin2015x}{\sin x}dx$$
$$\Leftrightarrow\ \int_0^\pi \frac{\sin2017x}{\sin x}dx=\int_0^\pi \frac{\sin2015x}{\sin x}dx \text{이다. 따라서}$$

$$\int_0^\pi \frac{\sin2017x}{\sin x}dx=\int_0^\pi \frac{\sin2015x}{\sin x}dx=\cdots=\int_0^\pi \frac{\sin x}{\sin x}dx=\pi$$

그러므로 $|I_{2018}-I_{2017}|=\pi$이다.

37. ①

풀이 $\displaystyle\int_{-2}^{-1}\frac{x}{(x^2+4x+5)^2}dx=\int_{-2}^{-1}\frac{x}{\{(x+2)^2+1\}^2}dx$

($x+2=\tan\theta$로 치환)

$$=\int_0^{\frac{\pi}{4}}\frac{\tan\theta-2}{\sec^4\theta}\sec^2\theta\,d\theta$$
$$=\int_0^{\frac{\pi}{4}}\cos^2\theta(\tan\theta-2)d\theta$$
$$=\int_0^{\frac{\pi}{4}}(\sin\theta\cos\theta-2\cos^2\theta)\,d\theta$$
$$=\left[\frac{1}{2}\sin^2\theta-2\left(\frac{\theta}{2}+\frac{1}{4}\sin2\theta\right)\right]_0^{\frac{\pi}{4}}$$
$$=\left[\frac{1}{2}\sin^2\theta-\theta-\frac{1}{2}\sin2\theta\right]_0^{\frac{\pi}{4}}$$
$$=\frac{1}{4}-\frac{\pi}{4}-\frac{1}{2}=-\frac{1}{4}(\pi+1)$$

38. ⑤

풀이 $x=u'$, $\tan^{-1}x=v$로 놓고 부분적분법을 사용하자.

$$\int_0^1 x\arctan x\,dx=\left[\frac{1}{2}x^2\arctan x\right]_0^1-\frac{1}{2}\int_0^1\frac{x^2}{1+x^2}dx$$
$$=\frac{\pi}{8}-\frac{1}{2}\int_0^1\left(1-\frac{1}{1+x^2}\right)dx$$
$$=\frac{\pi}{8}-\frac{1}{2}[x-\arctan x]_0^1$$
$$=\frac{\pi}{8}-\frac{1}{2}\left(1-\frac{\pi}{4}\right)=\frac{\pi}{4}-\frac{1}{2}$$

39. ⑤

풀이 $\displaystyle\int_0^1\left(x-\frac{1}{2}\right)^{-2}dx=\int_0^1\frac{1}{\left(x-\frac{1}{2}\right)^2}dx=\int_{-\frac{1}{2}}^{\frac{1}{2}}\frac{1}{t^2}dt$이므로

특이점 $t=0$의 차수가 2이므로 발산한다.

40. ②

풀이 $f(x)=\frac{1}{x}$이라 하자.

$\Delta x=\frac{2-1}{2}=\frac{1}{2}$이므로 $x_0=1,\ x_1=\frac{3}{2},\ x_2=2$

$$\therefore \int_1^2 \frac{1}{x}dx=\frac{\Delta x}{3}(y_0+4y_1+y_2)$$
$$=\frac{1}{6}\left\{f(1)+4f\left(\frac{3}{2}\right)+f(2)\right\}$$
$$=\frac{1}{6}\left(1+4\cdot\frac{2}{3}+\frac{1}{2}\right)=\frac{1}{6}\cdot\frac{25}{6}=\frac{25}{36}$$

따라서 $a=25,\ b=36$이고 $a+b=61$이다.

41. ①

풀이 $1-\cos x=t$로 치환하면 $\sin x dx=dt,\ \cos x=1-t$이고 적분구간은 $[0,\ 1]$이므로

$$\int_0^{\frac{\pi}{2}}(\sin x\cos x)(1-\cos x)^n dx=\int_0^1(1-t)t^n dt$$
$$=\int_0^1(t^n-t^{n+1})dt$$
$$=\left[\frac{1}{n+1}t^{n+1}-\frac{1}{n+2}t^{n+2}\right]_0^1$$
$$=\frac{1}{n+1}-\frac{1}{n+2}$$

$$\therefore \sum_{n=1}^{\infty}\int_0^{\frac{\pi}{2}}(\sin x\cos x)(1-\cos x)^n dx$$
$$=\sum_{n=1}^{\infty}\left(\frac{1}{n+1}-\frac{1}{n+2}\right)$$
$$=\left(\frac{1}{2}-\frac{1}{3}\right)+\left(\frac{1}{3}-\frac{1}{4}\right)+\cdots$$
$$+\left(\frac{1}{n}-\frac{1}{n+1}\right)+\left(\frac{1}{n+1}-\frac{1}{n+2}\right)+\cdots=\frac{1}{2}$$

42. ④

풀이 $\int_{-4}^4\frac{2}{2+x}dx$

$$=\lim_{a\to-2-}\int_{-4}^a\frac{2}{2+x}dx+\lim_{b\to-2+}\int_b^4\frac{2}{2+x}dx$$

이때, $\lim_{a\to-2-}\int_{-4}^a\frac{2}{2+x}dx=-\infty$이므로 발산한다.

43. ③

풀이 $-1\le x<1$에서 $f(x)$는 기함수이므로 $\int_{-1}^1 f(x)dx=0$이다.

$$\int_{-1}^2 f(x)dx=\int_{-1}^1 f(x)dx+\int_1^2 f(x)dx$$
$$=0+\int_1^2 1dx=[x]_1^2$$
$$=1\int_{-1}^2|f(x)|dx$$
$$=\int_{-1}^1|x|dx+\int_1^2 1dx$$
$$=2\int_0^1 x dx+\int_1^2 1dx$$
$$=2\left[\frac{1}{2}x^2\right]_0^1+[x]_1^2=1+1=2$$
$$\therefore \int_{-1}^2 f(x)dx+\int_{-1}^2|f(x)|dx=1+2=3$$

44. ④

풀이 $y=\sin^{-1}x$라 두면 $x=\sin y$이다.

㉠ $=\int_0^{\frac{1}{2}}\sin^{-1}x dx$, ㉡ $=\int_0^{\frac{\pi}{6}}\sin y dy$라 두면 그림과 같다.

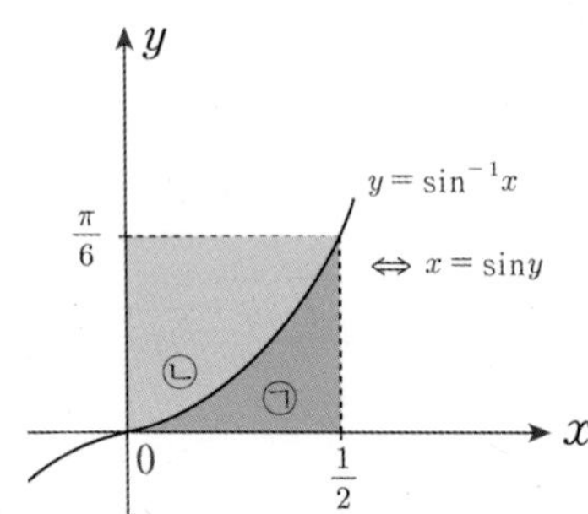

$$\therefore \int_0^{\frac{1}{2}}\sin^{-1}x dx+\int_0^{\frac{\pi}{6}}\sin y dy=\frac{1}{2}\cdot\frac{\pi}{6}=\frac{\pi}{12}$$

[다른 풀이]

$\sin^{-1}x=y$로 치환하면 $\sin y=x,\ \cos y dy=dx$이고

$0\le x\le\frac{1}{2}\ \Leftrightarrow\ 0\le y\le\frac{\pi}{6}$이므로 부분적분을 이용하면

$$\int_0^{\frac{1}{2}}\sin^{-1}x dx+\int_0^{\frac{\pi}{6}}\sin y dy$$
$$=\int_0^{\frac{\pi}{6}}y\cos y dy+\int_0^{\frac{\pi}{6}}\sin y dy$$

$$= [y\sin y]_0^{\frac{\pi}{6}} - \int_0^{\frac{\pi}{6}} \sin y dy + \int_0^{\frac{\pi}{6}} \sin y dy$$
$$= [y\sin y]_0^{\frac{\pi}{6}} = \frac{\pi}{6}\sin\frac{\pi}{6} - 0 = \frac{\pi}{12}$$

45. ①

풀이
$$\int_{-\frac{1}{2}}^{\frac{1}{2}} \frac{x^2\sin^{-1}x - 6\cos^{-1}x}{\sqrt{1-x^2}}dx$$
$$= \int_{-\frac{1}{2}}^{\frac{1}{2}} \frac{x^2\sin^{-1}x}{\sqrt{1-x^2}}dx - 6\int_{-\frac{1}{2}}^{\frac{1}{2}} \frac{\cos^{-1}x}{\sqrt{1-x^2}}dx$$
$$= -6\int_{-\frac{1}{2}}^{\frac{1}{2}} \frac{\cos^{-1}x}{\sqrt{1-x^2}}dx \left(\because \frac{x^2\sin^{-1}x}{\sqrt{1-x^2}}\text{는 기함수}\right)$$
$$= 6\int_{\frac{2\pi}{3}}^{\frac{\pi}{3}} t\,dt (\because \cos^{-1}x = t\text{로 치환})$$
$$= 3[t^2]_{\frac{2\pi}{3}}^{\frac{\pi}{3}}$$
$$= 3\left(\frac{\pi^2}{9} - \frac{4\pi^2}{9}\right) = -\pi^2$$

46. ④

풀이 ④ $I_n = \int_0^\infty x^n e^{-x}dx = \Gamma(n+1) = n!$이므로
$I_{n+1} = \Gamma(n+2) = (n+1)! = (n+1)I_n$

47. ②

풀이 $\cos(x^2) = \sum_{n=0}^{\infty} \frac{(-1)^n x^{4n}}{(2n)!}$이므로
$$\int_0^1 \cos(x^2)dx$$
$$= \left[\sum_{n=0}^{\infty} \frac{(-1)^n x^{4n+1}}{(2n)! \cdot (4n+1)}\right]_{x=0}^1$$
$$= 1 - \frac{1}{2!\cdot 5} + \frac{1}{4!\cdot 9} - \frac{1}{6!\cdot 13} + \frac{1}{8!\cdot 17} - \cdots$$
$$= \frac{9}{10} + \frac{1}{216} - \frac{1}{9360} + \cdots$$
$$\therefore \int_0^1 \cos(x^2)dx \approx \frac{9}{10} + \frac{1}{216}$$

48. ①

풀이 $x-[x] = x,\ 0 \le x < 1$
$x-[x] = x-1,\ 1 \le x < 2$
$\vdots$
$x-[x] = x-9,\ 9 \le x < 10$이다.
그림을 그려서 생각해보면
넓이가 $\frac{1}{2}$인 삼각형이 10개 있으므로 $\int_0^{10}(x-[x])dx = 5$

49. ②

풀이 최대오차가 $\frac{1}{42}$이다.
$$\int_0^1 e^{-x^2}dx = \int_0^1 1 - x^2 + \frac{1}{2!}x^4 - \frac{1}{3!}x^6 + \cdots dx$$
$$= \left[x - \frac{1}{3}x^3 + \frac{1}{2}\frac{1}{5}x^5 - \frac{1}{6}\frac{1}{7}x^7 \cdots\right]_0^1$$
$$= \left[1 - \frac{1}{3} + \frac{1}{10} - \frac{1}{42}\cdots\right]$$
따라서 $1 - \frac{1}{3} + \frac{1}{10}$까지 근사하면 최대오차 $\frac{1}{42}$을 얻는다.
근삿값은 $1 - \frac{1}{3} + \frac{1}{10} = \frac{30-10+3}{30} = \frac{23}{30}$

50. ②

풀이 $f = \sin^{-1}\left(\frac{\sqrt{2a-x}}{2\sqrt{a}}\right),\ g' = x$라 하자.
$$\Rightarrow f' = -\frac{1}{2\sqrt{4a^2-x^2}},\ g = \frac{1}{2}x^2$$
$$\int_0^{2a} x\sin^{-1}\left(\frac{\sqrt{2a-x}}{2\sqrt{a}}\right)dx$$
$$= \left[\frac{1}{2}x^2\sin^{-1}\left(\frac{\sqrt{2a-x}}{2\sqrt{a}}\right)\right]_0^{2a} + \frac{1}{4}\int_0^{2a}\frac{x^2}{\sqrt{4a^2-x^2}}dx$$
$$= \frac{1}{4}\int_0^{2a}\frac{x^2}{\sqrt{4a^2-x^2}}dx$$
$$= a^2\int_0^{\frac{\pi}{2}} \sin^2\theta\, d\theta (\because x = 2a\sin\theta\text{로 치환})$$
$$= \frac{\pi}{4}a^2 (\because \text{왈리스 공식})$$

TIP 상수 a가 불편해서 계산이 번거롭다면, 적당한 상수를 처음부터 대입해서 식을 전개해 나가도 좋습니다. 대신 그 상수를 대입했을 때, 보기의 답이 겹치지 않도록 유의하세요.

51. ③

풀이 $\int_0^3 x\,g(x)dx = \int_0^1 x f^{-1}(x)dx$ ($f^{-1}(x)=t$로 치환)

$$= \int_0^1 f(t)\,t\,f'(t)dt$$

$$= \int_0^1 t\sqrt{4t+5t^4}\,\frac{4+20t^3}{2\sqrt{4t+5t^4}}dt$$

$$= \int_0^1 (2t+10t^4)dt = \left[t^2+2t^5\right]_0^1 = 3$$

52. ③

풀이 $\sqrt{1-x} = t$로 치환하면 $x = 1-t^2$, $dx = -2t\,dt$이므로

$$\int_0^1 x\sqrt{1-x}\,dx = \int_1^0 (1-t^2)t(-2t\,dt)$$

$$= \int_0^1 (2t^2-2t^4)dt$$

$$= \left[\frac{2}{3}t^3 - \frac{2}{5}t^5\right]_0^1 = \frac{4}{15}$$

53. ①

풀이 $\tan^{-1}x = \alpha$라 하면, $\tan\alpha = x$이므로

$\sin\alpha = \dfrac{x}{\sqrt{x^2+1}}$, $\cos\alpha = \dfrac{1}{\sqrt{x^2+1}}$이다.

$$\int_0^1 \sin^{-1}(\tan^{-1}x)\cos(\tan^{-1}x)dx$$

$$= \int_0^1 \frac{x}{\sqrt{x^2+1}}\frac{1}{\sqrt{x^2+1}}dx$$

$$= \int_0^1 \frac{x}{x^2+1}dx = \frac{1}{2}\ln 2$$

[다른 풀이]

$\tan^{-1}x = t$ 라 치환하면, $\tan t = x$ 이므로 $dx = \sec^2 t\,dt$ 이고

$x=0 \to t=0$, $x=1 \to t=\dfrac{\pi}{4}$ 이므로

$$\int_0^1 \sin(\tan^{-1}x)\cos(\tan^{-1}x)dx = \int_0^{\frac{\pi}{4}} \sin t\cos t \cdot sec^2 t\,dt$$

$$= \int_0^{\frac{\pi}{4}} \frac{\sin t}{\cos t}dt$$

$$= \left[-\ln|\cos t|\right]_0^{\frac{\pi}{4}}$$

$$= -\ln\frac{1}{\sqrt{2}} = \ln\sqrt{2}$$

$$= \frac{1}{2}\ln 2$$

54. ①

풀이 $f\left(\dfrac{\pi}{2}\right) = 0$이고 $f'(x) = -\dfrac{1}{(2+\cos x)^2}$이므로

부분적분법을 사용하면

$$\int_0^{\frac{\pi}{2}} f(x)\cos x\,dx$$

$$= \left[f(x)\sin x\right]_0^{\frac{\pi}{2}} - \int_0^{\frac{\pi}{2}} -\frac{\sin x}{(2+\cos x)^2}dx$$

$$= \left[\frac{1}{2+\cos x}\right]_0^{\frac{\pi}{2}} = \frac{1}{6}$$

[다른 풀이]

이중적분의 적분순서변경으로 풀 수도 있다.

$$\int_0^{\frac{\pi}{2}} f(x)\cos x\,dx = \int_0^{\frac{\pi}{2}}\int_x^{\frac{\pi}{2}} \frac{\cos x}{(2+\cos t)^2}dt\,dx$$

55. ③

풀이 $\int_{-1}^1 \cos^{-1}(x) + \cos^{-1}(-x)\,dx = \int_{-1}^1 \pi\,dx = 2\pi$

56. 8

풀이 $\int_0^1 \dfrac{1}{1+x^3}dx$

$$= \int_0^1 \left\{\frac{1}{3(x+1)} + \frac{2-x}{3(x^2-x+1)}\right\}dx$$

$$= \frac{1}{3}\left[\ln(1+x)\right]_0^1 - \frac{1}{6}\int_0^1 \frac{(2x-1)-3}{x^2-x+1}dx$$

$$= \frac{1}{3}\left[\ln(1+x)\right]_0^1 - \frac{1}{6}\int_0^1 \frac{2x-1}{x^2-x+1}dx + \frac{3}{6}\int_0^1 \frac{1}{x^2-x+1}dx$$

$$= \frac{1}{3}\ln 2 - \frac{1}{6}\left[\ln(x^2-x+1)\right]_0^1 + \frac{1}{2}\int_0^1 \frac{1}{\left(x-\frac{1}{2}\right)^2+\frac{3}{4}}dx$$

$$= \frac{1}{3}\ln 2 + \frac{1}{\sqrt{3}}\left[\tan^{-1}\left(\frac{x-\frac{1}{2}}{\frac{\sqrt{3}}{2}}\right)\right]_0^1 = \frac{1}{3}\ln 2 + \frac{\sqrt{3}\pi}{9}$$

$\therefore \int_0^1 \dfrac{9}{1+x^3}dx = \ln 8 + \sqrt{3}\pi$이므로 $a=8$

57. ①

풀이 $\sqrt{x}=t$로 치환하면 $x=t^2$, $dx=2tdt$이므로

$$\int_{4a^2}^{\infty}\frac{1}{\sqrt{x}(x-a^2)}dx=\int_{2a}^{\infty}\frac{1}{t(t^2-a^2)}\cdot 2t\,dt$$
$$=\int_{2a}^{\infty}\frac{2}{(t-a)(t+a)}dt$$
$$=\int_{2a}^{\infty}\frac{1}{a}\left(\frac{1}{t-a}-\frac{1}{t+a}\right)dt$$
$$=\lim_{s\to\infty}\int_{2a}^{s}\frac{1}{a}\left(\frac{1}{t-a}-\frac{1}{t+a}\right)dt$$
$$=\lim_{s\to\infty}\frac{1}{a}[\ln|t-a|-\ln|t+a|]_{2a}^{s}$$
$$=\lim_{s\to\infty}\frac{1}{a}\left[\ln\left|\frac{t-a}{t+a}\right|\right]_{2a}^{s}$$
$$=\lim_{s\to\infty}\frac{1}{a}\left(\ln\left|\frac{s-a}{s+a}\right|-\ln\left|\frac{a}{3a}\right|\right)$$
$$=\frac{1}{a}\left(\ln1-\ln\frac{1}{3}\right)=\frac{1}{a}\ln3=1$$

$\therefore a=\ln3$

58. ③

풀이 주어진 적분을 하기 위해서 식을 정리하고자 한다.

① $\sin(mx+nx)=\sin(mx)\cos(nx)+\cos(mx)\sin(nx)$

② $\sin(mx-nx)=\sin(mx)\cos(nx)-\cos(mx)\sin(nx)$

①+② $=\sin(m+n)x+\sin(m-n)x=2\sin(mx)\cos(nx)$이므로 $\sin(mx)\cos(nx)=\frac{1}{2}\{\sin(m+n)x+\sin(m-n)x\}$

$\cos(mx-nx)=\cos(mx)\cos(nx)+\sin(mx)\sin(nx)$

$$\int_{-\pi}^{\pi}\{\sin(mx)\cos(nx)+\sin(mx)\sin(nx)+\cos(mx)\cos(nx)\}dx$$
$$=\int_{-\pi}^{\pi}\frac{1}{2}\{\sin(m+n)x+\sin(m-n)x\}+\cos(m-n)x\,dx$$
$$=-\frac{1}{2}\left\{\frac{1}{m+n}\cos(m+n)x+\frac{1}{m-n}\cos(m-n)x\right\}_{-\pi}^{\pi}+\frac{1}{m-n}\{\sin(m-n)x\}_{-\pi}^{\pi}$$
$$=0$$

59. ②

풀이 구간 $(0,\pi)$에서 함수 $f(x)=\sin x$의 $n=4$일 때 한 구간의 크기는 $h=\frac{\pi}{4}$이므로

(1) 심프슨 공식에 의하여

$$\int_0^{\pi}\sin x\,dx$$
$$\approx\frac{h}{3}\left(f(0)+4f\left(\frac{\pi}{4}\right)+2f\left(\frac{\pi}{2}\right)+4f\left(\frac{3\pi}{4}\right)+f(\pi)\right)$$
$$=\frac{\pi}{12}(2\sqrt{2}+2+2\sqrt{2})=\frac{\pi}{6}(2\sqrt{2}+1)$$이며

(2) 사다리꼴 공식에 의하여

$$\int_0^{\pi}\sin x dx$$
$$\approx\frac{h}{2}\left(f(0)+2f\left(\frac{\pi}{4}\right)+2f\left(\frac{\pi}{2}\right)+2f\left(\frac{3}{4}\pi\right)+f(\pi)\right)$$
$$=\frac{\pi}{8}(\sqrt{2}+2+\sqrt{2})=\frac{\pi}{4}(\sqrt{2}+1)$$이다.

따라서 $6A-4B=\pi(2\sqrt{2}+1)-\pi(\sqrt{2}+1)=\sqrt{2}\pi$이다.

60. ④

풀이 $$\int_{-1}^{0}\ln(1+e^x)dx=\int_{1}^{0}-\ln(1+e^{-t})dt\ (x=-t\text{로 치환})$$
$$=\int_0^1\ln(1+e^{-t})dt$$
$$=\int_0^1\ln\left(\frac{e^t+1}{e^t}\right)dt$$
$$=\int_0^1\ln(e^t+1)-\ln(e^t)dt$$
$$=\int_0^1\ln(e^t+1)-\int_0^1 t\,dt$$

$$\therefore\int_0^1\ln(1+e^x)dx-\int_{-1}^{0}\ln(1+e^x)dx$$
$$=\int_0^1\ln(1+e^x)dx-\int_0^1\ln(e^t+1)+\int_0^1 tdt=\frac{1}{2}$$

61. ④

풀이 $$\int_{\frac{\pi}{2}}^{\pi}\sqrt{1-\cos x}\,dx=\int_{\frac{\pi}{2}}^{\pi}\sqrt{2\times\frac{1-\cos x}{2}}\,dx$$
$$=\sqrt{2}\int_{\frac{\pi}{2}}^{\pi}\sin\frac{x}{2}dx$$
$$\left(\because\frac{1-\cos x}{2}=\sin^2\frac{x}{2}\right)$$
$$=\sqrt{2}\left[-2\cos\frac{x}{2}\right]_{\frac{\pi}{2}}^{\pi}=2$$

62. ②

풀이 $\int_{-1}^{1}(\sin x^3+\sin^2 x)dx=2\int_0^1 \sin^2 x dx$ ($\because \sin x^3$는 기함수)

$$=\int_0^1(1-\cos 2x)dx$$

$$=\left[x-\frac{1}{2}\sin 2x\right]_0^1=1-\frac{1}{2}\sin 2$$

63. ④

풀이 $x^2=t,\ 2x\,dx=dt$로 치환하면

$$\int_0^1\frac{x^3e^{x^2}}{(x^2+1)^2}dx=\frac{1}{2}\int_0^1\frac{te^t}{(t+1)^2}dt$$

$f'=\frac{1}{(t+1)^2},\ g=te^t$로 두고 부분적분을 사용하면

$f=-\frac{1}{t+1},\ g'=e^t(1+t)$이므로

$$\frac{1}{2}\int_0^1\frac{te^t}{(t+1)^2}dt$$

$$=\frac{1}{2}\left[-\frac{te^t}{t+1}\right]_0^1+\frac{1}{2}\int_0^1\frac{e^t(1+t)}{t+1}dt$$

$$=-\frac{e}{4}+\frac{1}{2}\int_0^1 e^t\,dt=-\frac{e}{4}+\frac{1}{2}\left[e^t\right]_0^1=\frac{e}{4}-\frac{1}{2}$$

64. ②

풀이 $f'(x)=\sin x,\ g(x)=e^{2x}$이라 하면

$f(x)=-\cos x,\ g'(x)=2e^{2x}$이므로

$$\int e^{2x}\sin x\,dx=-e^{2x}\cos x+2\int e^{2x}\cos x\,dx$$

여기서 $s'(x)=\cos x,\ t(x)=e^{2x}$으로 다시 치환하면

$s(x)=\sin x,\ t'(x)=2e^{2x}$이므로

$\int e^{2x}\cos x\,dx=e^{2x}\sin x-2\int e^{2x}\sin x\,dx$이다. 따라서

$$\int e^{2x}\sin x\,dx=-e^{2x}\cos x+2\left(e^{2x}\sin x-2\int e^{2x}\sin x\,dx\right)$$

이므로 $5\int e^{2x}\sin x\,dx=e^{2x}(2\sin x-\cos x)$

$$\therefore \int e^{2x}\sin x\,dx=\frac{1}{5}e^{2x}(2\sin x-\cos x)$$

$$\therefore \int_0^{\frac{\pi}{2}}e^{2x}\sin x\,dx=\left[\frac{1}{5}e^{2x}(2\sin x-\cos x)\right]_0^{\frac{\pi}{2}}$$

$$=\frac{1}{5}\left\{e^{\pi}\left(2\sin\frac{\pi}{2}-\cos\frac{\pi}{2}\right)-e^0(2\sin 0-\cos 0)\right\}$$

$$=\frac{1}{5}(2e^{\pi}+1)$$

65. ④

풀이 $x=2\sin t$로 치환하면 $dx=2\cos t\,dt$이므로

$$\int_0^{\sqrt{2}}(4-x^2)^{-\frac{3}{2}}dx=\int_0^{\frac{\pi}{4}}(4\cos^2 t)^{-\frac{3}{2}}\cdot 2\cos t\,dt$$

$$=\int_0^{\frac{\pi}{4}}\frac{2\cos t}{8\cos^3 t}dt$$

$$=\int_0^{\frac{\pi}{4}}\frac{1}{4}\sec^2 t\,dt$$

$$=\left[\frac{1}{4}\tan t\right]_0^{\frac{\pi}{4}}=\frac{1}{4}$$

66. ①

풀이 $x=t^2$이라 하면 $dx=2t\,dt$이고

$x=2$일 때 $t=\sqrt{2}$, $x=3$일 때 $t=\sqrt{3}$이다.

$$\therefore \int_2^3\frac{dx}{\sqrt{4x-x^2}}=\int_{\sqrt{2}}^{\sqrt{3}}\frac{2t\,dt}{\sqrt{4t^2-t^4}}$$

$$=2\int_{\sqrt{2}}^{\sqrt{3}}\frac{1}{\sqrt{4-t^2}}dt$$

$$=2\left[\sin^{-1}\left(\frac{t}{2}\right)\right]_{\sqrt{2}}^{\sqrt{3}}$$

$$=2\left(\sin^{-1}\frac{\sqrt{3}}{2}-\sin^{-1}\frac{\sqrt{2}}{2}\right)$$

$$=2\left(\frac{\pi}{3}-\frac{\pi}{4}\right)=\frac{\pi}{6}$$

67. 250

풀이 $u=f(x),\ v'=1$이라 두고 부분적분하면

$$\int_e^{e^2}f(x)dx=\left[xf(x)\right]_e^{e^2}-\int_e^{e^2}xf'(x)dx$$

$$=e^2f(e^2)-ef(e)-\int_e^{e^2}\frac{\ln x}{x}dx$$

$$=-1-\int_1^2 t\,dt\ (\because \ln x=t\text{로 치환})=-\frac{5}{2}$$

$$\therefore -100\int_e^{e^2}f(x)dx=-100\times\left(-\frac{5}{2}\right)=250$$

68. ③

풀이 $\int_0^{\pi} x|\cos x|\,dx = \int_0^{\frac{\pi}{2}} x\cos x\,dx - \int_{\frac{\pi}{2}}^{\pi} x\cos x\,dx$

$$= [x\sin x + \cos x]_0^{\frac{\pi}{2}} - [x\sin x + \cos x]_{\frac{\pi}{2}}^{\pi}$$

$$= \frac{\pi}{2} - 1 - \left(-1 - \frac{\pi}{2}\right) = \pi$$

69. ①

풀이 $I = \int_0^{\frac{\pi}{2}} \frac{\sin^k x}{\sin^k x + \cos^k x}dx$

$$= \int_{\frac{\pi}{2}}^{0} \frac{\sin^k\left(\frac{\pi}{2}-t\right)}{\sin^k\left(\frac{\pi}{2}-t\right)+\cos^k\left(\frac{\pi}{2}-t\right)}(-dt)$$

($\because x = \frac{\pi}{2} - t$로 치환, $dx = -dt$)

$$= \int_0^{\frac{\pi}{2}} \frac{\cos^k t}{\cos^k t + \sin^k t}\,dt$$

($\because \cos\left(\frac{\pi}{2}-t\right) = \sin t$, $\sin\left(\frac{\pi}{2}-t\right) = \cos t$)

$$2I = \int_0^{\frac{\pi}{2}} \frac{\sin^k x}{\sin^k x + \cos^k x}dx + \int_0^{\frac{\pi}{2}} \frac{\cos^k x}{\sin^k x + \cos^k x}dx = \frac{\pi}{2}$$

이므로 $I = \frac{\pi}{4}$이다. 따라서

$$\int_0^{\frac{\pi}{2}} \sum_{k=1}^{100} \frac{\sin^k x}{\sin^k x + \cos^k x}dx = \sum_{k=1}^{100}\int_0^{\frac{\pi}{2}} \frac{\sin^k x}{\sin^k x + \cos^k x}dx$$

$$= \sum_{k=1}^{100}\frac{\pi}{4} = \frac{\pi}{4}\cdot 100 = 25\pi$$

70. ④

풀이 $\int_0^{\pi} \frac{4x\sin x}{2-\sin^2 x}dx$에서 $f(\sin x) = \frac{\sin x}{2-\sin^2 x}$라 하면

$$\int_0^{\pi} \frac{4x\sin x}{2-\sin^2 x}dx = 4\times\frac{\pi}{2}\int_0^{\pi}\frac{\sin x}{2-\sin^2 x}dx$$

$$= 2\pi\int_0^{\pi}\frac{\sin x}{1+\cos^2 x}dx$$

$$= 2\pi\int_1^{-1}\frac{-dt}{1+t^2}$$

$(\cos x = t,\ \sin x\,dx = -dt)$

$$= 2\pi\int_{-1}^{1}\frac{dt}{1+t^2} = 2\pi\left[\tan^{-1}t\right]_{-1}^{1}$$

$$= 2\pi\left(\frac{\pi}{4}+\frac{\pi}{4}\right) = \pi^2$$

■ 3. 극한

1. ④

풀이 로피탈 정리를 이용하면

$$\lim_{x\to 0}\frac{3x^2}{1-\cos x} = \lim_{x\to 0}\frac{6x}{\sin x} = \lim_{x\to 0}\frac{6}{\cos x} = 6$$

2. ①

풀이 매클로린급수를 이용하면 $\lim_{x\to 0}\frac{\sinh^{-1}x}{\ln(x+1)} = \lim_{x\to\infty}\frac{x}{x} = 1$

[다른 풀이]

$\frac{0}{0}$꼴이므로 로피탈 정리를 이용하면

$$\lim_{x\to 0}\frac{\sinh^{-1}x}{\ln(x+1)} = \lim_{x\to 0}\frac{\frac{1}{\sqrt{1+x^2}}}{\frac{1}{x+1}} = 1$$

3. ③

풀이 $\lim_{n\to\infty}\frac{\ln(3n)}{\ln(2n)} = \lim_{n\to\infty}\frac{\frac{3}{3n}}{\frac{2}{2n}} = 1$

4. ②

풀이 $\lim_{n\to\infty}a_n = \lim_{n\to\infty}\sum_{k=1}^{n}\frac{\pi}{2n}\sin\left(\frac{k\pi}{n}\right)$에서 $\frac{k\pi}{n} = x$라 두면

$dx = \frac{\pi}{n}$이므로 $\lim_{n\to\infty}a_n = \int_0^{\pi}\frac{1}{2}\sin x\,dx = 1$

5. ③

풀이 $\lim_{x\to 0+}2x - 3x\ln x = 0$

6. ③

풀이 $\lim_{x\to 0}\frac{f(e^x)+f(e^{3x})}{x}$

$$= \lim_{x\to 0}\frac{e^x f'(e^x) + 3e^{3x}f'(e^{3x})}{1}\left(\because \frac{0}{0}\text{꼴 로피탈정리}\right)$$

$$= f'(1) + 3f'(1) = 4f'(1) = 12$$

7. ④

풀이 $\frac{0}{0}$꼴이므로 로피탈 정리를 이용하면

$$\lim_{x\to 0}\frac{x\sin x}{1-\cos x}=\lim_{x\to 0}\frac{\sin x+x\cos x}{\sin x}$$
$$=\lim_{x\to 0}\frac{\cos x+\cos x-x\sin x}{\cos x}=\frac{2}{1}=2$$

[다른 풀이]

$x\to 0$일 때, $\sin x$와 $\cos x$가 각각 매클로린 급수를 이용하면

$$\lim_{x\to 0}\frac{x\sin x}{1-\cos x}=\lim_{x\to 0}\frac{x\left(x-\frac{1}{3!}x^3+\cdots\right)}{1-\left(1-\frac{1}{2!}x^2+\cdots\right)}$$
$$=\lim_{x\to 0}\frac{x^2-\frac{1}{6}x^4+\cdots}{\frac{1}{2}x^2-\cdots}$$

이 때, $\lim_{x\to 0}\frac{\text{다항식}}{\text{다항식}}$일 경우 최소차항의 계수비교를 하므로 다음과 같은 결과를 얻을 수 있다.

$$\lim_{x\to 0}\frac{x\sin x}{1-\cos x}=\lim_{x\to 0}\frac{x^2-\frac{1}{6}x^4+\cdots}{\frac{1}{2}x^2-\cdots}=\frac{1}{\frac{1}{2}}=2$$

8. ③

풀이 $f^{-1}(x)=g(x)$라고 하자.

$f(0)=0,\ f^{-1}(0)=g(0)=0,\ f'(x)=2+\cos x$이다.

$$\lim_{t\to 0}\frac{f^{-1}(2t)}{2t}=\lim_{x\to 0}\frac{g(x)}{x}\ (\therefore \tfrac{0}{0}\text{꼴 로피탈정리})$$
$$=g'(0)=g(f(0))$$
$$=\frac{1}{f'(0)}=\left.\frac{1}{2+\cos x}\right|_{x=0}=\frac{1}{3}$$

9. ②

풀이 로피탈 정리에 의하여

$$\lim_{x\to 0}\frac{f(x)}{x}=\lim_{x\to 0}\frac{\int_0^x(\sin t+2\cos t)^2dt}{x}$$
$$=\lim_{x\to 0}\frac{(\sin x+2\cos x)^2}{1}=2^2=4$$

10. ②

풀이 ① $\frac{1}{n}=t$로 치환하면

$$\lim_{n\to\infty}n\tan\frac{1}{n}=\lim_{t\to 0}\frac{\tan t}{t}$$
$$=\lim_{t\to 0}\frac{\sec^2 t}{1}\ (\because \text{로피탈 정리})=1$$

② $\frac{1}{n}=t$로 치환하면

$$\lim_{n\to\infty}n^2\left(1-\cos\left(\frac{1}{n}\right)\right)=\lim_{t\to 0}\frac{1-\cos t}{t^2}$$
$$=\lim_{t\to 0}\frac{\sin t}{2t}\ (\because \text{로피탈 정리})$$
$$=\lim_{t\to 0}\frac{\cos t}{2}\ (\because \text{로피탈 정리})=\frac{1}{2}$$

③ $$\lim_{n\to\infty}n\ln\left(\frac{n+1}{n}\right)=\lim_{n\to\infty}n\ln\left(1+\frac{1}{n}\right)$$
$$=\lim_{t\to 0}\frac{\ln(1+t)}{t}\ (\because \tfrac{1}{n}=t\text{로 치환})$$
$$=\lim_{t\to 0}\frac{\frac{1}{1+t}}{1}=1$$

④ $$\lim_{n\to\infty}n^{\frac{1}{n}}=\lim_{n\to\infty}e^{\frac{\ln n}{n}}=\lim_{n\to\infty}e^{\frac{\frac{1}{n}}{1}}=e^0=1$$

⑤ $$\lim_{n\to\infty}2^{\sin\frac{1}{n}}=2^0=1$$

11. ①

풀이 0이 아닌 모든 실수 x에 대해서 $0\le\left|x\sin\left(\frac{1}{x^2}\right)\right|\le|x|$이고,

$\lim_{x\to 0}|x|=0$ 이다. 따라서 조임정리에 의해서

$\lim_{x\to 0}x\sin\left(\frac{1}{x}\right)=0$ 이다.

12. ④

풀이 $$\lim_{x\to\infty}\tan^{-1}\left(\frac{\sqrt{3x^2+1}}{x-3}\right)=\tan^{-1}\sqrt{3}=\frac{\pi}{3}$$

13. ③

풀이 $\frac{1}{\sqrt{n}}\left(\frac{1}{\sqrt{1}}+\frac{1}{\sqrt{2}}+\cdots\frac{1}{\sqrt{n}}\right)=\sum_{k=1}^{n}\frac{1}{\sqrt{k}}\frac{1}{\sqrt{n}}$

$$\lim_{n\to\infty}\sum_{k=1}^{n}\frac{1}{\sqrt{k}}\frac{1}{\sqrt{n}}=\lim_{n\to\infty}\sum_{k=1}^{n}\frac{\sqrt{n}}{\sqrt{k}}\frac{1}{n}$$
$$=\lim_{n\to\infty}\sum_{k=1}^{n}\frac{1}{\sqrt{\frac{k}{n}}}\frac{1}{n}$$
$$=\int_0^1\frac{1}{\sqrt{x}}dx=2\sqrt{x}\,]_0^1=2$$

14. ①

풀이 $\lim_{x\to0}\frac{1}{x}\ln(2x^3-x^2-2x+1)$은 $\left(\frac{0}{0}\right)$꼴이므로

로피탈 정리에 의해 $\lim_{x\to0}\frac{\frac{6x^2-2x-2}{2x^3-x^2-2x+1}}{1}=-2$

15. ⑤

풀이 $\lim_{x\to0}\frac{\tan x-x}{\sin^{-1}x-x}=\lim_{x\to0}\frac{\left(x+\frac{1}{3}x^3+\frac{2}{15}x^5+\cdots\right)-x}{\left(x+\frac{1}{6}x^3+\frac{3}{40}x^5+\cdots\right)-x}=2$

16. ②

풀이 $\lim_{x\to0}\frac{1}{x^3}\int_0^x\sin^2t\,dt=\lim_{x\to0}\frac{\int_0^x\sin^2t\,dt}{x^3}$

$$=\lim_{x\to0}\frac{\sin^2x}{3x^2}\ (\because \text{로피탈 정리})$$
$$=\lim_{x\to0}\left(\frac{1}{3}\cdot\frac{\sin x}{x}\cdot\frac{\sin x}{x}\right)$$
$$=\frac{1}{3}\left(\because\lim_{x\to0}\frac{\sin x}{x}=1\right)$$

17. ④

풀이 $\frac{1}{x^2}=t$라 두면 $x\to\infty$일 때, $t\to0+$이다.

$A=\lim_{x\to\infty}\left(\frac{1+x^2}{x^2}\right)^{x^{\frac{5}{2}}}=\lim_{t\to0+}(t+1)^{\frac{1}{t^{\frac{5}{4}}}}$ 이므로

양변에 로그를 취하면

$$\ln A=\lim_{t\to0+}\frac{\ln(t+1)}{t^{\frac{5}{4}}}=\lim_{t\to0+}\frac{\frac{1}{t+1}}{\frac{5}{4}t^{\frac{1}{4}}}\ (\because \text{로피탈 정리})$$
$$=\lim_{t\to0+}\frac{4}{5t^{\frac{1}{4}}(t+1)}=\infty$$
$$\therefore A=e^{\infty}=\infty$$

18. ②

풀이 매클로린 급수 $\sin x=x-\frac{x^3}{3!}+\frac{x^5}{5!}-\frac{x^7}{7!}+\cdots$을 이용하면

$$\lim_{x\to0}\frac{\sin x-x+\frac{x^3}{3!}}{x^2(\sin x-x)}=\lim_{x\to0}\frac{\left(x-\frac{x^3}{3!}+\frac{x^5}{5!}-\cdots\right)-x+\frac{x^3}{3!}}{x^2\left\{\left(x-\frac{x^3}{3!}+\frac{x^5}{5!}-\cdots\right)-x\right\}}$$
$$=\lim_{x\to0}\frac{\frac{x^5}{5!}-\frac{x^7}{7!}+\cdots}{x^2\left(-\frac{x^3}{3!}+\frac{x^5}{5!}-\cdots\right)}$$
$$=\frac{\frac{1}{5!}}{-\frac{1}{3!}}=-\frac{1}{20}$$

19. ②

풀이 $\lim_{n\to\infty}\sum_{k=1}^{n}\frac{n^2}{n^2+k^2}\frac{1}{n}=\int_0^1\frac{1}{1+x^2}dx=[\tan^{-1}x]_0^1=\frac{\pi}{4}$

20. ④

풀이 로피탈 정리에 의해

$$\lim_{h\to0}\frac{g(1+3h)-g(1-h)}{h}=\lim_{h\to0}3g'(1+3h)+g'(1-h)$$
$$=4g'(1)=4\frac{1}{f'(0)}=4\text{이다.}$$

$(\because)\ f'(x)=\cos x\,e^{\sin x}$ 이므로 $f'(0)=1$이다.

21. ⑤

풀이 $\frac{\infty}{\infty}$ 꼴이므로 로피탈 정리를 여러 번 이용하면

$$\lim_{x\to+\infty}\frac{e^x}{x^{2017}}=\lim_{x\to+\infty}\frac{e^x}{2017x^{2016}}=\lim_{x\to+\infty}\frac{e^x}{2017\cdot2016x^{2015}}$$
$$\vdots$$
$$=\lim_{x\to+\infty}\frac{e^x}{2017\cdot2016\cdots2\cdot1}=\infty$$

22. ③

풀이 $A=\lim_{x\to 0+}(x^3+x\sin x)^{\frac{1}{\ln x}}$ 이라 두고

양변에 자연로그를 취하면

$$\ln A=\lim_{x\to 0+}\frac{\ln(x^3+x\sin x)}{\ln x}$$

$$=\lim_{x\to 0+}\frac{\frac{3x^2+\sin x+x\cos x}{x^3+x\sin x}}{\frac{1}{x}}\ (\because \text{로피탈 정리})$$

$$=\lim_{x\to 0+}\frac{3x^2+\sin x+x\cos x}{x^2+\sin x}$$

$$=\lim_{x\to 0+}\frac{6x+\cos x+\cos x-x\sin x}{2x+\cos x}\ (\because \text{로피탈 정리})$$

$$=\frac{2}{1}=2$$

$\therefore A=e^2$

23. ①

풀이 매클로린 급수를 이용해서 정리하자.

$$\lim_{x\to 0}\frac{\sin x-x+\frac{x^3}{3!}-\frac{x^5}{5!}}{(x^3\cos x)^{\frac{7}{3}}}$$

$$=\lim_{x\to 0}\frac{-\frac{x^7}{7!}+\frac{x^9}{9!}-\cdots}{x^7}\cdot\lim_{x\to 0}\frac{1}{\cos^{\frac{7}{3}}x}=-\frac{1}{7!}$$

24. ③

풀이 $\lim_{n\to\infty}\sum_{i=1}^{n}\frac{\pi}{4n}\tan\frac{i\pi}{4n}=\int_0^1\frac{\pi}{4}\tan\left(\frac{\pi}{4}x\right)dx$

$$=\left[\ln\left|\sec\left(\frac{\pi}{4}x\right)\right|\right]_0^1$$

$$=\ln\left|\sec\frac{\pi}{4}\right|-\ln|\sec 0|$$

$$=\ln\sqrt{2}-\ln 1=\ln\sqrt{2}$$

25. ②

풀이 $\frac{0}{0}$ 꼴이므로 로피탈 정리에 의해

$\lim_{x\to 1}\frac{(\ln x)^2}{x-1}=\lim_{x\to 1}\frac{2\ln x}{x}=0$이다.

26. ①

풀이 $\lim_{x\to 0}\frac{1}{x}\int_x^{2x}\frac{1-t^2}{1+t^2}dt$가 $\frac{0}{0}$ 꼴이므로 로피탈 정리에 의해

$$\lim_{x\to 0}\left(\frac{1-4x^2}{1+4x^2}\cdot 2-\frac{1-x^2}{1+x^2}\right)=2-1=1$$

27. ④

풀이 $\lim_{n\to\infty}f(n)=0$일 때,

$\lim_{n\to\infty}\{1+f(n)\}^{g(n)}=e^{\lim_{n\to\infty}f(n)g(n)}$ 임을 이용하면

$$\lim_{n\to\infty}\left(\frac{n-2}{n}\right)^{3n}=\lim_{n\to\infty}\left(1-\frac{2}{n}\right)^{3n}=e^{\lim_{n\to\infty}\left(-\frac{2}{n}\cdot 3n\right)}=e^{-6}$$

28. ②

풀이 $f(n)=\frac{1}{n}\sum_{k=1}^{n}\left[1+\left(\frac{k\sqrt{\pi}}{n}\right)\sin\pi\left(\frac{k}{n}\right)^2\right]$

$$=\frac{1}{n}\left\{n+\sum_{k=1}^{n}\left(\frac{k\sqrt{\pi}}{n}\right)\sin\left(\frac{k\sqrt{\pi}}{n}\right)^2\right\}$$

$$=1+\frac{1}{n}\sum_{k=1}^{n}\left(\frac{k\sqrt{\pi}}{n}\right)\sin\left(\frac{k\sqrt{\pi}}{n}\right)^2$$

이므로 $\frac{k\sqrt{\pi}}{n}\to x$, $\frac{\sqrt{\pi}}{n}\to dx$라 두면

$$\lim_{n\to\infty}f(n)=1+\frac{1}{\sqrt{\pi}}\int_0^{\sqrt{\pi}}x\sin(x^2)\,dx$$

$$=1+\frac{1}{\sqrt{\pi}}\left[-\frac{1}{2}\cos(x^2)\right]_0^{\sqrt{\pi}}$$

$$=1+\frac{1}{\sqrt{\pi}}\cdot\left(-\frac{1}{2}\right)(\cos\pi-\cos 0)$$

$$=1-\frac{1}{2\sqrt{\pi}}(-1-1)$$

$$=1+\frac{1}{\sqrt{\pi}}=\frac{1+\sqrt{\pi}}{\sqrt{\pi}}$$

29. ②

풀이 $\lim_{x\to 0+}(2x+1)^{\cot 4x}=\lim_{x\to 0+}(2x+1)^{\frac{1}{2x}(2x\cot 4x)}$

$$=e^{\lim_{x\to 0+}\frac{2x}{\tan 4x}}=e^{\frac{2}{4}}=\sqrt{e}$$

30. ⑤

풀이 ㄱ. (수렴) $\lim_{n\to\infty} a_n = \lim_{n\to\infty} \ln(2n^2+1)-\ln(n^2+1)$

$= \lim_{n\to\infty}\ln\left(\frac{2n^2+1}{n^2+1}\right)=\ln 2$

ㄴ. (수렴) $\lim_{n\to\infty} b_n = \lim_{n\to\infty}\left(1+\frac{2}{n}\right)^n = e^2$

ㄷ. (수렴) $\lim_{n\to\infty} c_n = \lim_{n\to\infty} n\sin\left(\frac{1}{n}\right)$ ($\frac{1}{n}=t$로 치환)

$=\lim_{t\to 0}\frac{\sin t}{t}=1$

따라서 ㄱ, ㄴ, ㄷ이 수렴한다.

31. ④

풀이 $\lim_{n\to\infty}\frac{x_{n+1}}{x_n}=\alpha$로 수렴한다면,

$\lim_{n\to\infty}\frac{x_{n-1}}{x_n}=\frac{1}{\alpha}$로 수렴한다. ($\alpha\neq 0$일 때)

$x_{n+1}=2x_n+3x_{n-1} \Rightarrow \frac{x_{n+1}}{x_n}=2+3\frac{x_{n-1}}{x_n}$

양변을 극한으로 보내면

$\alpha=2+\frac{3}{\alpha} \Leftrightarrow \alpha^2-2\alpha-3=0 \Leftrightarrow \alpha=3,\ -1$

초기조건 $x_1=1,\ x_2=1$이므로 $\alpha>0$이다. 따라서 $\alpha=3$이다.

즉, $\lim_{n\to\infty}\frac{x_{n+1}}{x_n}=3$이다.

32. ①

풀이 분모를 유리화하여 정리하면

$\lim_{x\to 0}\frac{x+\sin x}{\sqrt{\sin x+x+1}-\sqrt{\sin^2 x+1}}$

$\lim_{x\to 0}\frac{(x+\sin x)\left(\sqrt{\sin x+x+1}+\sqrt{\sin^2 x+1}\right)}{\sin x-\sin^2 x+x}$

극한값이 존재하면 각각 구해서 곱할 수 있으므로

$=\lim_{x\to 0}\left\{\sqrt{\sin x+x+1}+\sqrt{\sin^2 x+1}\right\}$

$\cdot\lim_{x\to 0}\frac{x+\sin x}{\sin x+x-\sin^2 x}$

$=2\cdot 1=2$

$\left(\because \lim_{x\to 0}\frac{x+\sin x}{\sin x+x-\sin^2 x}=\lim_{x\to 0}\frac{1+\cos x}{\cos x+1-2\sin x\cos x}=1\right)$

33. ④

풀이 $\lim_{x\to 0}\{1+x-\tan^{-1}x\}^{\frac{1}{x^3}}=\lim_{x\to 0}e^{\ln(1+x-\tan^{-1}x)\times\frac{1}{x^3}}$

$=\lim_{x\to 0}e^{\frac{1}{3}}=e^{\frac{1}{3}}$

34. ③

풀이 $\lim_{n\to\infty}\sum_{k=1}^{n}\frac{kn^2}{n^4+k^4}=\lim_{n\to\infty}\sum_{k=1}^{n}\frac{kn^3}{n^4+k^4}\cdot\frac{1}{n}$

$=\lim_{n\to\infty}\sum_{k=1}^{n}\frac{\frac{k}{n}}{1+\left(\frac{k}{n}\right)^4}\cdot\frac{1}{n}$

$=\int_0^1\frac{x}{1+x^4}dx$

$=\left[\frac{1}{2}\tan^{-1}(x^2)\right]_0^1$

$=\frac{1}{2}(\tan^{-1}1-\tan^{-1}0)=\frac{1}{2}\cdot\frac{\pi}{4}=\frac{\pi}{8}$

35. ④

풀이 $\lim_{x\to a}\frac{\sqrt{2a^3x-x^4}-a\sqrt[3]{a^2x}}{a-\sqrt[4]{ax^3}}$

$=\lim_{x\to a}\frac{(2a^3x-x^4)^{\frac{1}{2}}-a\cdot a^{\frac{2}{3}}x^{\frac{1}{3}}}{a-a^{\frac{1}{4}}x^{\frac{3}{4}}}$

$=\lim_{x\to a}\frac{\frac{1}{2}(2a^3x-x^4)^{-\frac{1}{2}}(2a^3-4x^3)-\frac{1}{3}a^{\frac{5}{3}}x^{-\frac{2}{3}}}{-\frac{3}{4}a^{\frac{1}{4}}x^{-\frac{1}{4}}}$

($\because$ 로피탈 정리)

$=\frac{\frac{1}{2}(a^4)^{-\frac{1}{2}}(-2a^3)-\frac{1}{3}a^{\frac{5}{3}}a^{-\frac{2}{3}}}{-\frac{3}{4}a^{\frac{1}{4}}a^{-\frac{1}{4}}}=\frac{-a-\frac{1}{3}a}{-\frac{3}{4}}=\frac{16}{9}a$

36. ②

풀이 $\lim_{x\to\frac{\pi}{2}^-}(\tan x)^{\cos x}=\lim_{x\to\frac{\pi}{2}^-}e^{\ln(\tan x)^{\cos x}}=\lim_{x\to\frac{\pi}{2}^-}e^{\cos x\ln(\tan x)}$

$=\lim_{x\to\frac{\pi}{2}^-}e^{\frac{\ln(\tan x)}{\frac{1}{\cos x}}}=e^{\lim_{x\to\frac{\pi}{2}^-}\frac{\ln(\tan x)}{\sec x}}$

$$= e^{\lim_{x \to \frac{\pi}{2}^-} \frac{\frac{\sec^2 x}{\tan x}}{\sec x \tan x}} \quad (\because \frac{0}{0}\text{꼴 로피탈 정리})$$

$$= e^{\lim_{x \to \frac{\pi}{2}^-} \frac{\cos x}{\sin^2 x}} = e^0 = 1$$

37. ②

풀이 $\lim_{x \to 0} \left(\frac{\int_0^{x^2} \sin 2t\, dt}{\int_0^x x^2 \tan t\, dt} \right)$

$$= \lim_{x \to 0} \frac{\int_0^{x^2} \sin 2t\, dt}{x^2 \int_0^x \tan t\, dt} \left(\frac{0}{0} \right)$$

$$= \lim_{x \to 0} \frac{2x \sin(2x^2)}{2x \int_0^x \tan t\, dt + x^2 \tan x} (\because \text{로피탈 정리})$$

$$= \lim_{x \to 0} \frac{2\sin(2x^2)}{2\int_0^x \tan t\, dt + x \tan x} \left(\frac{0}{0} \right)$$

$$= \lim_{x \to 0} \frac{8x \cos(2x^2)}{2\tan x + \tan x + x \sec^2 x} (\because \text{로피탈 정리})$$

$$= \lim_{x \to 0} \frac{8x \cos(2x^2)}{3\tan x + x \sec^2 x} \left(\frac{0}{0} \right)$$

$$= \lim_{x \to 0} \frac{8\cos(2x^2) - 32x^2 \sin(2x^2)}{3\sec^2 x + \sec^2 x + x \cdot 2\sec^2 x \tan x}$$

$(\because$ 로피탈 정리$)$

$$= \frac{8}{4} = 2$$

[다른 풀이]

매클로린 급수를 이용한다.

$\sin x = x - \frac{1}{3!}x^3 + \cdots$, $\tan x = x + \frac{1}{3}x^3 + \cdots$이므로

$$\lim_{x \to 0} \left(\frac{\int_0^{x^2} \sin 2t\, dt}{\int_0^x x^2 \tan t\, dt} \right) = \lim_{x \to 0} \frac{\int_0^{x^2} \left(2t - \frac{1}{3!}(2t)^3 + \cdots \right) dt}{x^2 \int_0^x \left(t + \frac{1}{3}t^3 + \cdots \right) dt}$$

$$= \lim_{x \to 0} \frac{\left[t^2 - \frac{1}{3}t^4 + \cdots \right]_0^{x^2}}{x^2 \left[\frac{1}{2}t^2 + \frac{1}{12}t^4 + \cdots \right]_0^x}$$

$$= \lim_{x \to 0} \frac{x^4 - \frac{1}{3}x^8 + \cdots}{\frac{1}{2}x^4 + \frac{1}{12}x^6 + \cdots}$$

$$= \lim_{x \to 0} \frac{1 - \frac{1}{3}x^4 + \cdots}{\frac{1}{2} + \frac{1}{12}x^2 + \cdots} = \frac{1}{\frac{1}{2}} = 2$$

38. ①

풀이 $\lim_{n \to \infty} \sum_{k=0}^{n-1} \frac{n}{n^2 + 3k^2} = \lim_{n \to \infty} \sum_{k=0}^{n-1} \frac{\frac{1}{n}}{1 + 3\left(\frac{k}{n} \right)^2}$

$$= \lim_{n \to +\infty} \sum_{k=0}^{n-1} \frac{1}{1 + 3\left(\frac{k}{n} \right)^2} \cdot \frac{1}{n}$$

$$= \int_0^1 \frac{1}{1 + 3x^2} dx$$

$$= \int_0^1 \frac{1}{1 + (\sqrt{3}x)^2} dx$$

$$= \frac{1}{\sqrt{3}} \left[\tan^{-1}(\sqrt{3}x) \right]_0^1 = \frac{\pi}{3\sqrt{3}}$$

$\sum_{k=0}^{\infty} \frac{n}{n^2 + 3k^2} = \sum_{k=0}^{n-1} \frac{n}{n^2 + 3k^2} + \sum_{k=n}^{\infty} \frac{n}{n^2 + 3k^2}$이고

$\lim_{n \to \infty} \sum_{k=0}^{n-1} \frac{n}{n^2 + 3k^2} = \frac{\pi}{3\sqrt{3}}$이므로 $\lim_{n \to \infty} \sum_{k=n}^{\infty} \frac{n}{n^2 + 3k^2} = 0$

39. ④

풀이 $x \to 0$일 때, (분자)$\to 0$이고

극한값이 0이 아니므로 (분모)$\to 0$이다. 따라서 $b = 0$이다.

$\lim_{x \to 0} \frac{\tan 2x}{a \sin^{-1} x} = \lim_{x \to 0} \frac{2\sec^2 2x}{\frac{a}{\sqrt{1 - x^2}}} (\because \frac{0}{0}\text{꼴 로피탈 정리}) = \frac{2}{a}$

$\frac{2}{a} = 3$이므로 $a = \frac{2}{3}$

40. ③

풀이 ⓐ (수렴) $\sum_{n=1}^{\infty} \frac{n^3}{3^n}$ 비율판정법에 의하여 수렴한다.

따라서 $\lim_{n \to \infty} \frac{n^3}{3^n} = 0$이다. 따라서 수열 $\left\langle \frac{n^3}{3^n} \right\rangle$은 수렴한다.

ⓑ (수렴)$a > b > 0$일 때 $\lim_{n \to \infty} (a^n + b^n)^{\frac{1}{n}} = a$이므로

$\lim_{n \to \infty} (3^n + 4^n)^{\frac{1}{n}} = 4$이다.

따라서 수열 $\left\langle (3^n + 4^n)^{\frac{1}{n}} \right\rangle$은 수렴한다.

ⓒ (수렴) $\lim_{n\to\infty}\frac{1}{n}\sin\left(\frac{1}{n^2}\right)=0$이므로

수열 $\left\langle\frac{1}{n}\sin\left(\frac{1}{n^2}\right)\right\rangle$은 수렴한다.

ⓓ (발산) $\lim_{n\to\infty}\frac{n^2}{n^2+1}=1$이므로

수열 $\left\langle\frac{(-1)^n n^2}{n^2+1}\right\rangle$은 진동한다.

따라서 수렴하는 수열은 ⓐ, ⓑ, ⓒ이다.

41. ③

풀이

$$\lim_{x\to\infty}\left(\tanh x+\frac{\cosh x}{1+\sinh^2}\right)=\lim_{x\to\infty}\left(\tanh x+\frac{\cosh x}{\cosh^2 x}\right)$$
$$=\lim_{x\to\infty}(\tanh x+\mathrm{sech}x)$$
$$=1+0=1$$

42. ③

풀이

$$\lim_{x\to0}f(g(x))=\lim_{x\to0}\cot^{-1}\left\{e^{\frac{2}{3}}-(1+2x^2)^{\frac{1}{3x^2}}\right\}$$
$$=\cot^{-1}\left[\lim_{x\to0}\left\{e^{\frac{2}{3}}-(1+2x^2)^{\frac{1}{3x^2}}\right\}\right]$$
$$=\cot^{-1}\left[e^{\frac{2}{3}}-\lim_{x\to0}(1+2x^2)^{\frac{1}{3x^2}}\right]$$

$\lim_{x\to0}(1+2x^2)^{\frac{1}{3x^2}}=e^{\frac{2}{3}}$ 이므로

$\lim_{x\to0}f(g(x))=\lim_{x\to0}\cot^{-1}0=\frac{\pi}{2}$ 이다.

43. ⑤

풀이

$f(0)=1$이므로 $g(1)=0$이고

$g'(1)=\left.\frac{1}{3(\tan y+1)^2(\sec^2 y)}\right]_{y=0}=\frac{1}{3}$이다.

$\lim_{x\to1}\frac{\sin\pi x}{g(x)}$는 $\frac{0}{0}$꼴이므로 로피탈 정리를 이용하면

$$\lim_{x\to1}\frac{\sin\pi x}{g(x)}=\lim_{x\to1}\frac{\pi\cos\pi x}{g'(x)}=\frac{-\pi}{g'(1)}=-3\pi$$

44. ④

풀이

$$\lim_{x\to0+}e^{\frac{2}{\ln x}\ln(x+\sin x+\cos x-1)}=\lim_{x\to0+}e^{\frac{2\ln(x+\sin x+\cos x-1)}{\ln x}}$$

에서 $\lim_{x\to0+}\frac{2\ln(x+\sin x+\cos x-1)}{\ln x}=\frac{\infty}{\infty}$ 이므로

로피탈 정리를 활용하면

$$\lim_{x\to0+}\frac{2\frac{1+\cos x-\sin x}{x+\sin x+\cos x-1}}{\frac{1}{x}}=\lim_{x\to0+}\frac{2x(1+\cos x-\sin x)}{x+\sin x+\cos x-1}$$
$$=\lim_{x\to0}\frac{2(1+\cos x-\sin x)}{1+\frac{\sin x}{x}+\frac{\cos x-1}{x}}$$
$$=\frac{2\times2}{1+1+0}=\frac{4}{2}=2$$

따라서 e^2이다.

45. ③

풀이

$$\lim_{x\to0}\frac{\tan x-\sin x}{x^2\ln(1+x)}=\lim_{x\to0}\left\{\frac{\tan x-\sin x}{x^3}\cdot\frac{x}{\ln(1+x)}\right\}$$
$$=\lim_{x\to0}\frac{\tan x-\sin x}{x^3}\cdot\lim_{x\to0}\frac{x}{\ln(1+x)}$$

(i) $\lim_{x\to0}\frac{\tan x-\sin x}{x^3}$

$$=\lim_{x\to0}\frac{\left(x+\frac{1}{3}x^3+\cdots\right)-\left(x-\frac{1}{3!}x^3+\cdots\right)}{x^3}$$

$=\frac{1}{2}$(∵ 매클로린 급수)

(ii) $\lim_{x\to0}\frac{x}{\ln(1+x)}=\lim_{x\to0}\frac{1}{\frac{1}{1+x}}$(∵ $\frac{0}{0}$꼴 로피탈 정리) $=1$

$$\therefore\lim_{x\to0}\frac{\tan x-\sin x}{x^2\ln(1+x)}=\frac{1}{2}\times1=\frac{1}{2}$$

[다른 풀이]

$$\lim_{x\to0}\frac{\tan x-\sin x}{x^2\ln(1+x)}=\lim_{x\to0}\frac{\left(x+\frac{1}{3}x^3+\cdots\right)-\left(x-\frac{1}{3!}x^3+\cdots\right)}{x^2\left(x-\frac{1}{2}x^2+\ \cdots\right)}$$
$$=\frac{\frac{1}{3}+\frac{1}{3!}}{1}=\frac{1}{2}$$

46. ④

풀이 $\lim_{x\to0}\frac{(1+x)f(x)+(1-x)f(-x)-2f(0)}{x^2}$는

$\left(\frac{0}{0}\right)$꼴이므로 로피탈 정리에 의해

$$\lim_{n\to0}\frac{f(x)+(1+x)f'(x)-f(-x)-(1-x)f'(-x)}{2x}$$

$$=\lim_{x\to0}\frac{2f'(x)+(1+x)f''(x)+2f'(-x)+(1-x)f''(-x)}{2}=1$$

47. ③

풀이 $\lim_{x\to\infty}\left(\frac{x^2-3x+1}{5x+2}\right)^{\frac{1}{2\ln x}}=\lim_{x\to\infty}e^{\frac{1}{2\ln x}\ln\left(\frac{x^2-3x+1}{5x+2}\right)}=e^{\lim_{x\to\infty}f(x)}$

$$\lim_{x\to\infty}f(x)=\lim_{x\to\infty}\frac{1}{2\ln x}\ln\left(\frac{x^2-3x+1}{5x+2}\right)$$

$$=\lim_{x\to\infty}\frac{\ln\left(\frac{x^2-3x+1}{5x+2}\right)}{2\ln x}$$

$$=\lim_{x\to\infty}\frac{x\{(2x-3)(5x+2)-5(x^2-3x+1)\}}{2(x^2-3x+1)(5x+2)}$$

(∵로피탈 정리, 식정리)

$$=\frac{1}{2}$$

따라서 $\lim_{x\to\infty}\left(\frac{x^2-3x+1}{5x+2}\right)^{\frac{1}{2\ln x}}=e^{\frac{1}{2}}=\sqrt{e}$

48. ②

풀이 로피탈 법칙을 적용하면

$$\lim_{x\to0}\frac{1}{x^3}\left\{\int_0^x\frac{\sin t}{t}dt-x\right\}=\lim_{x\to0}\frac{\frac{\sin x}{x}-1}{3x^2}$$

$$=\lim_{x\to0}\frac{\sin x-x}{3x^3}$$

$$=\lim_{x\to0}\frac{\cos x-1}{9x^2}$$

$$=\lim_{x\to0}\frac{-\sin x}{18x}=-\frac{1}{18}$$

49. ②

풀이 $\lim_{x\to\infty}e^{x\ln\left[\frac{1}{e}\left(1+\frac{1}{x}\right)^x\right]}=e^{\lim_{x\to\infty}\frac{\ln\frac{1}{e}+x\ln\left(1+\frac{1}{x}\right)}{\frac{1}{x}}}$

$$\lim_{x\to\infty}\frac{-1+x\ln\left(1+\frac{1}{x}\right)}{\frac{1}{x}}=\lim_{t\to0}\frac{-1+\frac{1}{t}\ln(1+t)}{t}\quad\left(\because\frac{1}{x}=t\right)$$

$$=\lim_{t\to0}\frac{-t+\ln(1+t)}{t^2}$$

$$=\lim_{t\to0}\frac{-1+\frac{1}{1+t}}{2t}$$

$\left(\because\frac{0}{0}\text{꼴 로피탈 정리}\right)$

$$=\lim_{t\to0}\frac{-t}{2t(1+t)}$$

$$=\lim_{t\to0}\frac{-1}{2}\cdot\frac{1}{1+t}=-\frac{1}{2}$$

$$\therefore\lim_{x\to\infty}e^{x\ln\left[\frac{1}{e}\left(1+\frac{1}{x}\right)^x\right]}=e^{-\frac{1}{2}}=\frac{1}{\sqrt{e}}$$

50. ③

풀이 분모, 분자에 $\frac{1}{n^{10}}$을 곱해서 잘 분배하면 준식은

$$\lim_{n\to\infty}\frac{\left(\sum_{k=1}^{n}\left(\frac{k}{n}\right)^3\frac{1}{n}\right)\left(\sum_{k=1}^{n}\left(\frac{k}{n}\right)^5\frac{1}{n}\right)}{\left(\sum_{k=1}^{n}\left(\frac{k}{n}\right)\frac{1}{n}\right)\left(\sum_{k=1}^{n}\left(\frac{k}{n}\right)^7\frac{1}{n}\right)}\text{에서}$$

$\frac{k}{n}=x,\ \frac{1}{n}=dx$로 생각하면

$$(\text{준식})=\frac{\int_0^1x^3dx\int_0^1x^5dx}{\int_0^1xdx\int_0^1x^7dx}=\frac{\frac{1}{4}\cdot\frac{1}{6}}{\frac{1}{2}\cdot\frac{1}{8}}=\frac{2}{3}$$

51. ②

풀이 $x=n+\alpha$ (단, n은 정수, $0\le\alpha<1$)이라 두면

$[x]=n=x-\alpha$이다.

$$\lim_{x\to\infty}x^{\frac{1}{[x]}}=\lim_{x\to\infty}x^{\frac{1}{x-\alpha}}=\lim_{x\to\infty}e^{\frac{\ln x}{x-\alpha}}=e^{\lim_{x\to\infty}\frac{\ln x}{x-\alpha}}=e^0=1$$

52. ④

풀이 $\frac{1}{n}=t$로 치환하면

$$\lim_{n\to\infty}n(\sqrt[n]{3}-1)=\lim_{n\to\infty}\frac{3^{\frac{1}{n}}-1}{\frac{1}{n}}=\lim_{t\to0}\frac{3^{t}-1}{t}=\ln3$$

53. ⑤

풀이 $\begin{pmatrix} a_n \\ b_n \end{pmatrix}=\begin{pmatrix} 2 & 5 \\ 1 & 2 \end{pmatrix}\begin{pmatrix} a_{n-1} \\ b_{n-1} \end{pmatrix}=\begin{pmatrix} 2 & 5 \\ 1 & 2 \end{pmatrix}\begin{pmatrix} 2 & 5 \\ 1 & 2 \end{pmatrix}\begin{pmatrix} a_{n-2} \\ b_{n-2} \end{pmatrix}$

$=\begin{pmatrix} 2 & 5 \\ 1 & 2 \end{pmatrix}\begin{pmatrix} 2 & 5 \\ 1 & 2 \end{pmatrix}\begin{pmatrix} 2 & 5 \\ 1 & 2 \end{pmatrix}\begin{pmatrix} a_{n-3} \\ b_{n-3} \end{pmatrix}=\begin{pmatrix} 2 & 5 \\ 1 & 2 \end{pmatrix}^{n-1}\begin{pmatrix} a_1 \\ b_1 \end{pmatrix}$

$=\begin{pmatrix} 2 & 5 \\ 1 & 2 \end{pmatrix}^{n-1}\begin{pmatrix} 1 \\ 1 \end{pmatrix}$

여기서 $A=\begin{pmatrix} 2 & 5 \\ 1 & 2 \end{pmatrix}$라 두면 A의 고유다항식 $\lambda^2-4\lambda-1=0$ 에서 $\lambda=2\pm\sqrt{5}$ 이다.

(i) $\lambda=2+\sqrt{5}$ 일 때의 고유벡터는 $\begin{pmatrix} \sqrt{5} \\ 1 \end{pmatrix}$

(ii) $\lambda=2-\sqrt{5}$ 일 때의 고유벡터는 $\begin{pmatrix} \sqrt{5} \\ -1 \end{pmatrix}$

$D=\begin{pmatrix} 2+\sqrt{5} & 0 \\ 0 & 2-\sqrt{5} \end{pmatrix}$, $P=\begin{pmatrix} \sqrt{5} & \sqrt{5} \\ 1 & -1 \end{pmatrix}$이고

$P^{-1}=\dfrac{1}{2\sqrt{5}}\begin{pmatrix} 1 & \sqrt{5} \\ 1 & -\sqrt{5} \end{pmatrix}$이므로

$$\begin{pmatrix} 2 & 5 \\ 1 & 2 \end{pmatrix}^{n-1}=A^{n-1}=PD^{n-1}P^{-1}$$

$$=\frac{1}{2\sqrt{5}}\begin{pmatrix} \sqrt{5} & \sqrt{5} \\ 1 & -1 \end{pmatrix}\begin{pmatrix} 2+\sqrt{5} & 0 \\ 0 & 2-\sqrt{5} \end{pmatrix}^{n-1}\begin{pmatrix} 1 & \sqrt{5} \\ 1 & -\sqrt{5} \end{pmatrix}$$

$$=\frac{1}{2\sqrt{5}}\begin{pmatrix} \sqrt{5} & \sqrt{5} \\ 1 & -1 \end{pmatrix}\begin{pmatrix} (2+\sqrt{5})^{n-1} & 0 \\ 0 & (2-\sqrt{5})^{n-1} \end{pmatrix}\begin{pmatrix} 1 & \sqrt{5} \\ 1 & -\sqrt{5} \end{pmatrix}$$

$$\therefore a_n=\frac{1}{2\sqrt{5}}\{\sqrt{5}(2+\sqrt{5})^{n-1}+\sqrt{5}(2-\sqrt{5})^{n-1}+5(2+\sqrt{5})^{n-1}-5(2-\sqrt{5})^{n-1}\}$$

$$b_n=\frac{1}{2\sqrt{5}}\{(2+\sqrt{5})^{n-1}-(2-\sqrt{5})^{n-1}+\sqrt{5}(2+\sqrt{5})^{n-1}+\sqrt{5}(2-\sqrt{5})^{n-1}\}$$

따라서 $\lim\limits_{n\to\infty}\dfrac{a_n}{b_n}=\dfrac{\sqrt{5}+5}{1+\sqrt{5}}=\sqrt{5}$ 이다.

[다른 풀이]

$\begin{cases} a_n=2a_{n-1}+5b_{n-1} & \cdots ㉠ \\ b_n=\ \ a_{n-1}+2b_{n-1} & \cdots ㉡ \end{cases}$

㉠에서 $b_{n-1}=\dfrac{1}{5}(a_n-2a_{n-1})$, $b_n=\dfrac{1}{5}(a_{n+1}-2a_n)$

이므로 이를 ㉡에 대입하면

$\dfrac{1}{5}(a_{n+1}-2a_n)=a_{n-1}+\dfrac{2}{5}(a_n-2a_{n-1})$

$a_{n+1}-2a_n=5a_{n-1}+2a_n-4a_{n-1}$

$\therefore a_{n+1}-4a_n-a_{n-1}=0$

이때, $x^2-4x-1=0$의 해가 $x=2\pm\sqrt{5}$ 이므로

$a_n=A(2+\sqrt{5})^{n-1}+B(2-\sqrt{5})^{n-1}$ 이다.

이를 $b_n=\dfrac{1}{5}(a_{n+1}-2a_n)$에 대입하면

$$b_n=\frac{1}{5}(a_{n+1}-2a_n)$$

$$=\frac{1}{5}[\{A(2+\sqrt{5})^n+B(2-\sqrt{5})^n\}-2\{A(2+\sqrt{5})^{n-1}+B(2-\sqrt{5})^{n-1}\}]$$

$$=\frac{1}{5}\{A(2+\sqrt{5})^{n-1}\cdot\sqrt{5}+B(2-\sqrt{5})^{n-1}(-\sqrt{5})\}$$

$$=\frac{\sqrt{5}}{5}\{A(2+\sqrt{5})^{n-1}-B(2-\sqrt{5})^{n-1}\}$$

$a_1=1$, $b_1=1$이므로 위에 대입하면

$a_1=A+B=1$, $b_1=\dfrac{\sqrt{5}}{5}(A-B)=1$

$\Rightarrow A=\dfrac{1+\sqrt{5}}{2}$, $B=\dfrac{1-\sqrt{5}}{2}$

$\Rightarrow a_n=\dfrac{1+\sqrt{5}}{2}(2+\sqrt{5})^{n-1}+\dfrac{1-\sqrt{5}}{2}(2-\sqrt{5})^{n-1}$,

$b_n=\dfrac{\sqrt{5}}{5}\left\{\dfrac{1+\sqrt{5}}{2}(2+\sqrt{5})^{n-1}-\dfrac{1-\sqrt{5}}{2}(2-\sqrt{5})^{n-1}\right\}$

$$\therefore \lim_{n\to\infty}\frac{a_n}{b_n}$$

$$=\lim_{n\to\infty}\frac{\frac{1+\sqrt{5}}{2}(2+\sqrt{5})^{n-1}+\frac{1-\sqrt{5}}{2}(2-\sqrt{5})^{n-1}}{\frac{\sqrt{5}}{5}\left\{\frac{1+\sqrt{5}}{2}(2+\sqrt{5})^{n-1}-\frac{1-\sqrt{5}}{2}(2-\sqrt{5})^{n-1}\right\}}$$

$$=\lim_{n\to\infty}\frac{\frac{1+\sqrt{5}}{2}+\frac{1-\sqrt{5}}{2}\left(\frac{2-\sqrt{5}}{2+\sqrt{5}}\right)^{n-1}}{\frac{\sqrt{5}}{5}\left\{\frac{1+\sqrt{5}}{2}-\frac{1-\sqrt{5}}{2}\left(\frac{2-\sqrt{5}}{2+\sqrt{5}}\right)^{n-1}\right\}}$$

$$=\frac{\frac{1+\sqrt{5}}{2}}{\frac{\sqrt{5}}{5}\cdot\frac{1+\sqrt{5}}{2}}=\sqrt{5}$$

54. ②

풀이 $\lim\limits_{x\to\infty}\left\{x-x^2\ln\left(\dfrac{1+x}{x}\right)\right\}=\lim\limits_{x\to\infty}x^2\left\{\dfrac{1}{x}-\ln\left(1+\dfrac{1}{x}\right)\right\}$

$$=\lim_{x\to\infty}\frac{\frac{1}{x}-\ln\left(1+\frac{1}{x}\right)}{\frac{1}{x^2}}$$

$$=\lim_{t\to0}\frac{t-\ln(1+t)}{t^2}\left(\because \frac{1}{x}=t \text{ 치환}\right)$$

$$=\lim_{t\to0}\frac{t-\left(t-\frac{t^2}{2}+\frac{t^3}{3}-\cdots\right)}{t^2}$$

$$=\lim_{t\to0}\frac{\frac{t^2}{2}-\frac{t^3}{3}+\cdots}{t^2}=\frac{1}{2}$$

55. ④

풀이 $\lim_{x\to 0^+}(x^2+\sin x)^{\frac{1}{\ln x}} = \lim_{x\to 0^+} e^{\frac{\ln(x^2+\sin x)}{\ln x}\left(\frac{\infty}{\infty}\right)}$

$= \lim_{x\to 0^+} e^{\frac{\frac{2x+\cos x}{x^2+\sin x}}{\frac{1}{x}}}$

$= \lim_{x\to 0^+} e^{\frac{2x^2+x\cos x}{x^2+\sin x}\left(\frac{0}{0}\right)}$

$= \lim_{x\to 0^+} e^{\frac{4x+\cos x - x\sin x}{2x+\cos x}} = e$

56. ①

풀이 $f(0)=0$이고 $f'(x)=6x^2+3$이므로 $\frac{1}{n}=t$로 치환하면

$\lim_{n\to\infty} nf^{-1}\left(\frac{1}{n}\right) = \lim_{t\to 0}\frac{f^{-1}(t)}{t}\left(\frac{0}{0}\right) = \lim_{t\to 0}\frac{(f^{-1})'(0)}{1}$

$=(f^{-1})'(0) = \frac{1}{f'(0)} = \frac{1}{3}$

57. ③

풀이 $\lim_{x\to 0+}[\sin^2(4x)]^{\sin^{-1}(2x)} = e^{2\lim_{x\to 0+}\sin^{-1}(2x)\ln(\sin 4x)} = e^0 = 1$

TIP $\lim_{x\to 0+}\sin^{-1}(2x)\ln(\sin 4x) = \lim_{x\to 0+} 2x\ln(4x) = 0$
으로 빠르게 판단하자.

58. ④

풀이 (i) $\lim_{x\to 0}\left(\frac{\tan x}{x}\right)^{\frac{1}{x^2}} = \lim_{x\to 0}\left\{\frac{1}{x}\left(x+\frac{1}{3}x^3+\frac{2}{15}x^5+\cdots\right)\right\}^{\frac{1}{x^2}}$

$= \lim_{x\to 0}\left(1+\frac{1}{3}x^2+\frac{2}{15}x^4+\cdots\right)^{\frac{1}{x^2}}$

$= e^{\lim_{x\to 0}\frac{1}{x^2}\left(\frac{1}{3}x^2+\frac{2}{15}x^4+\cdots\right)} = e^{\frac{1}{3}} = \sqrt[3]{e}$

[다른 풀이]

$\lim_{x\to 0}\left(\frac{\tan x}{x}\right)^{\frac{1}{x^2}} = \lim_{x\to 0}\left(\frac{x+\tan x - x}{x}\right)^{\frac{1}{x^2}}$

$= \lim_{x\to 0}\left(1+\frac{\tan x - x}{x}\right)^{\frac{x}{\tan x - x}\cdot\frac{\tan x - x}{x}\cdot\frac{1}{x^2}}$

$= \lim_{x\to 0}\left\{\left(1+\frac{\tan x - x}{x}\right)^{\frac{x}{\tan x - x}}\right\}^{\frac{\tan x - x}{x}\cdot\frac{1}{x^2}}$

$= e^{\frac{1}{3}}$

$\left(\because \lim_{x\to 0}(1+a\blacksquare)^{\frac{1}{\blacksquare}} = e^a,\ \lim_{x\to 0^+}\frac{\tan x - x}{x}\cdot\frac{1}{x^2} = \frac{1}{3}\right)$

(ii) $\lim_{x\to\infty}\left(\frac{\ln x}{x}\right)^{\frac{1}{x}} = e^{\lim_{x\to\infty}\frac{1}{x}\ln\left(\frac{\ln x}{x}\right)}$

$= e^{\lim_{x\to\infty}\frac{\ln(\ln x)-\ln x}{x}}$

$= e^{\lim_{x\to\infty}\left(\frac{1}{x\ln x}-\frac{1}{x}\right)} = e^0 = 1$

$\therefore \lim_{x\to 0}\left(\frac{\tan x}{x}\right)^{\frac{1}{x^2}} + \lim_{x\to\infty}\left(\frac{\ln x}{x}\right)^{\frac{1}{x}} = \sqrt[3]{e}+1$

59. ②

풀이 $g_n'(x) = \sum_{k=1}^{n}\left[f'\left(\frac{k}{n}x\right)\frac{k}{n}\frac{x^2}{n} + f\left(\frac{k}{n}x\right)\frac{2x}{n}\right]$

$\Rightarrow g_n'(1) = \sum_{k=1}^{n}\left[f'\left(\frac{k}{n}\right)\frac{k}{n}\frac{1}{n} + f\left(\frac{k}{n}\right)\frac{2}{n}\right]$

$\Rightarrow \lim_{n\to\infty} g_n'(1) = \lim_{n\to\infty}\sum_{k=1}^{n}\left[f'\left(\frac{k}{n}\right)\frac{k}{n}\frac{1}{n} + f\left(\frac{k}{n}\right)\frac{2}{n}\right]$

$= \int_0^1 [xf'(x)+2f(x)]dx$

$= \int_0^1 (xe^x+2e^x)dx$

$= \int_0^1 (x+2)e^x dx$

$= [(x+2)e^x]_0^1 - \int_0^1 e^x dx$

$= 3e-2-(e-1) = 2e-1$

[다른 풀이]

$\lim_{n\to\infty} g_n(x) = \lim_{n\to\infty}\sum_{k=1}^{n} f\left(\frac{k}{n}x\right)\frac{x^2}{n}$

$= x^2\int_0^1 f(tx)\,dt = x^2\int_0^1 e^{tx}\,dt$

$= x^2\cdot\frac{1}{x}[e^{tx}]_0^1 = x[e^x-1]$

$\lim_{n\to\infty} g_n'(x) = e^x + xe^x - 1$

$\lim_{n\to\infty} g_n'(1) = 2e-1$

60. ③

풀이 ⓐ $\lim_{n\to\infty}\frac{2}{n^2}\sum_{k=0}^{n-1}\sqrt{n^2-k^2}=2\lim_{n\to\infty}\sum_{k=0}^{n-1}\frac{\sqrt{n^2-k^2}}{n}\frac{1}{n}$

$=2\int_0^1\sqrt{1-x^2}\,dx=\frac{\pi}{2}$

ⓑ 피적분함수가 무한대로 가는 이상적분이므로 발산한다.

ⓒ $\frac{\pi}{2}\lim_{x\to\frac{\pi}{2}}\frac{\left(\frac{\pi}{2}-x\right)\sin x}{\cos x}=\frac{\pi}{2}$

따라서 계산값이 같은 것은 ⓐ, ⓒ이다.

61. ⑤

풀이 로피탈 정리를 이용하면

$$\lim_{x\to e^e}\frac{\ln(\ln(\ln x))}{e(x-e^e)}=\lim_{x\to e^e}\frac{\frac{1}{\ln(\ln x)}\cdot\frac{1}{\ln x}\cdot\frac{1}{x}}{e}=\frac{\frac{1}{e^{e+1}}}{e}=e^{-e-2}$$

62. ①

풀이 $A=\lim_{x\to0}\frac{\sqrt{x^3+x^2}}{\csc\frac{\pi}{x}}=\lim_{x\to0}\left(x\sqrt{x+1}\sin\frac{\pi}{x}\right)$이므로

$-\lim_{x\to0}x\sqrt{x+1}\le A\le\lim_{x\to0}x\sqrt{x+1}$

이때, $-\lim_{x\to0}x\sqrt{x+1}=0$이고 $\lim_{x\to0}x\sqrt{x+1}=0$이므로

조임정리에 의하여 $A=0$이다.

63. ④

풀이 $g(t)=e^{-t\sqrt{n}}e^{n\left(e^{\frac{t}{\sqrt{n}}}-1\right)}=e^{-t\sqrt{n}+n\left(e^{\frac{t}{\sqrt{n}}}-1\right)}$이므로

$\ln g(t)=\ln e^{-t\sqrt{n}+n\left(e^{\frac{t}{\sqrt{n}}}-1\right)}=-t\sqrt{n}+n\left(e^{\frac{t}{\sqrt{n}}}-1\right)$이다.

$\therefore\lim_{n\to\infty}\ln g(t)=\lim_{n\to\infty}\left\{-t\sqrt{n}+n\left(e^{\frac{t}{\sqrt{n}}}-1\right)\right\}$

$=\lim_{u\to0}\left(-\frac{t}{u}+\frac{e^{tu}-1}{u^2}\right)\left(\because\frac{1}{\sqrt{n}}=u\right)$

$=\lim_{u\to0}\frac{-tu+e^{tu}-1}{u^2}$

$=\lim_{u\to0}\frac{-tu+\left\{1+tu+\frac{1}{2!}(tu)^2+\cdots\right\}-1}{u^2}$

$=\frac{t^2}{2}$

64. ③

풀이 $\lim_{h\to0}\frac{g(1+h)-g(1-h)}{h}$

$=\lim_{h\to0}\{g'(1+h)+g'(1-h)\}$($\because$ 로피탈 정리)$=2g'(1)$

$f(0)=1$이므로 $g(1)=0$이고 $f'(x)=2+\cos x$이므로

$f'(0)=2+1=3$이다.

$\therefore\lim_{h\to0}\frac{g(1+h)-g(1-h)}{h}=2g'(1)=2\cdot\frac{1}{f'(0)}=\frac{2}{3}$

65. ②

풀이 $\lim_{x\to\infty}\frac{\int_0^x\sqrt{1+\cos t}\,dt}{x}=\lim_{x\to\infty}\frac{\sqrt{2}\int_0^x\sqrt{\frac{1+\cos t}{2}}\,dt}{x}$

$=\sqrt{2}\lim_{x\to\infty}\frac{\int_0^x\left|\cos\frac{t}{2}\right|dt}{x}$

여기서 $n\pi<x<(n+1)\pi$라 하면

$2n<\int_0^x\left|\cos\frac{t}{2}\right|dt<2n+2$이고

$\frac{2n}{(n+1)\pi}<\frac{\int_0^x\left|\cos\frac{t}{2}\right|dt}{x}<\frac{2n+2}{n\pi}$ 이 성립한다.

$x\to\infty$이면 $n\to\infty$이므로 조임정리에 의하여

$\lim_{x\to\infty}\frac{\int_0^x\left|\cos\frac{t}{2}\right|dt}{x}=\frac{2}{\pi}$이다.

$\therefore\sqrt{2}\lim_{x\to\infty}\frac{\int_0^x\left|\cos\frac{t}{2}\right|dt}{x}=\frac{2\sqrt{2}}{\pi}$

66. ④

풀이 $\lim_{x\to\infty}(a^x+b^x)^{\frac{1}{x}}=\lim_{x\to\infty}e^{\ln(a^x+b^x)^{\frac{1}{x}}}=\lim_{x\to\infty}e^{\frac{\ln(a^x+b^x)}{x}}$

$=\lim_{x\to\infty}e^{\frac{a^x\ln a+b^x\ln b}{a^x+b^x}}=e^{\ln a}=a$

67. ①

풀이 $\lim_{n\to\infty}\left(1+\frac{a}{n}+\frac{b}{n^2}\right)^n=e^{\lim_{n\to\infty}n\ln\left(1+\frac{a}{n}+\frac{b}{n^2}\right)}$

$=e^{\lim_{n\to\infty}\frac{\ln\left(1+\frac{a}{n}+\frac{b}{n^2}\right)}{\frac{1}{n}}}$

$$= e^{\lim_{t\to 0}\frac{\ln(1+at+bt^2)}{t}} \left(\because \frac{1}{n}=t\right)$$

$$= e^{\lim_{t\to 0}\frac{a+2bt}{1+at+bt^2}} = e^a$$

TIP 공식처럼 암기해도 좋을 듯합니다.

68. ④

풀이 $\lim_{x\to 0} e^{\ln(e^x+2x)^{\frac{3}{x}}} = \lim_{x\to 0} e^{\frac{3\ln(e^x+2x)}{x}}$

여기서 $\lim_{x\to 0}\frac{3\ln(e^x+2x)}{x} = \lim_{x\to 0} 3\frac{e^x+2}{e^x+2x}$ (로피탈 정리)$=9$

따라서 $\lim_{x\to 0} e^{\ln(e^x+2x)^{\frac{3}{x}}} = e^9$

69. ④

풀이 $\lim_{n\to\infty}\sum_{k=1}^{n}\frac{1}{\sqrt{n}\sqrt{n+k}} = \lim_{n\to\infty}\sum_{k=1}^{n}\frac{1}{(\sqrt{n})^2\sqrt{1+\frac{k}{n}}}$

$$= \int_0^1 \frac{1}{\sqrt{1+x}}dx$$

$$= \int_1^2 \frac{1}{\sqrt{u}}du$$

$$= \left[2\sqrt{u}\right]_1^2 = 2(\sqrt{2}-1)$$

70. ④

풀이 $(k-1)^2 = {}_{12}C_0k^{12} - {}_{12}C_1k^{11} + {}_{12}C_2k^{10} - \cdots$

$= k^{12} - 12k^{11} + 66k^{10} - \cdots$

$n^{12} = \sum_{k=1}^{n}\{k^{12}-(k-1)^{12}\}$

$= \sum_{k=1}^{n}\{12k^{11} - 66k^{10} + \cdots\}$

$= 12\sum_{k=1}^{n}k^{11} - 66\sum_{k=1}^{n}k^{10} + \cdots$

$(k-1)^{11} = {}_{11}C_0k^{11} - {}_{11}C_1k^{10} + \cdots = k^{11} - 11k^{10} + \cdots$

$n^{11} = \sum_{k=1}^{n}\{k^{11}-(k-1)^{11}\}$

$= \sum_{k=1}^{n}\{11k^{10} - \cdots\}$

$= 11\sum_{k=1}^{n}k^{10} - \cdots$

따라서 $\lim_{n\to\infty}\frac{\sum_{k=1}^{n}k^{11} - \frac{n^2}{12}}{n^{11}} = \lim_{n\to\infty}\frac{\frac{11}{2}\sum_{k=1}^{n}k^{10} - \cdots}{11\sum_{k=1}^{n}k^{10} - \cdots} = \frac{1}{2}$

4. 미분응용

1. ②

풀이 속도벡터는 $v(t) = r'(t) = \langle 2t,\ 3,\ 2t-8\rangle$이므로 속력은

$|v(t)| = \sqrt{(2t)^2+3^2+(2t-8)^2} = \sqrt{8t^2-32t+73}$

$= \sqrt{8(t-2)^2+41}$

따라서 속력이 최소가 되는 t는 2이다.

2. ④

풀이 $g(1) = f(2) = 3$이므로 접점 $(1, 3)$

$g'(u) = 2uf'(u^2+1)$이므로 $g'(1) = 2f'(2) = -4$

$\therefore g(u) - 3 = -4(u-1) \Leftrightarrow g(u) = -4u+7$

3. ③

풀이 직선과 곡선이 접하므로

$ax+3 = 2\sqrt{x}+1 \ \Rightarrow\ ax+2 = 2\sqrt{x}$

$\Rightarrow\ (ax+2)^2 = 4x$

$\Rightarrow\ a^2x^2+4ax+4-4x = 0$

$\Rightarrow\ a^2x^2+4(a-1)x+4 = 0$

접하므로 판별식 $D=0$이다.

$\frac{D}{4} = \{2(a-1)\}^2 - 4a^2$

$= 4(a^2-2a+1) - 4a^2 = 4(-2a+1) = 0$

$\therefore a = \frac{1}{2}$

[다른 풀이]

곡선 $y = 2\sqrt{x}+1$의

접선의 기울기가 a인 점의 좌표를 구해보자.

곡선 $y' = 2\cdot\frac{1}{2}x^{-\frac{1}{2}} = \frac{1}{\sqrt{x}} = a$(단, $a>0$) $\Rightarrow\ x = \frac{1}{a^2}$

이때, $y = 2\sqrt{\frac{1}{a^2}}+1 = \frac{2}{a}+1$이므로

접점의 좌표는 $\left(\frac{1}{a^2},\ \frac{2}{a}+1\right)$이다.

이 접점은 직선 $y = ax+3$ 위의 점이므로 대입하면

$\frac{2}{a}+1 = a\cdot\frac{1}{a^2}+3 \ \Rightarrow\ \frac{1}{a} = 2$

$\therefore a = \frac{1}{2}$

4. ③

풀이 $V(t)$를 원통형 탱크의 부피, $h(t)$를 물의 높이, t를 시간(분)이라고 하면 $V(t)=25\pi h(t)$이다. 또, 원통형 탱크에 $3\text{m}^3/\text{min}$ 속력으로 물이 채워지므로 $\frac{dV}{dt}=3$이다.

$$\frac{dV}{dt}=25\pi\frac{dh}{dt} \Leftrightarrow \frac{dh}{dt}=\frac{1}{25\pi}\cdot\frac{dV}{dt}=\frac{3}{25\pi}$$

따라서 물의 높이의 변화율은 $\frac{3}{25\pi}$ m/min이다.

5. ⑤

풀이 $\frac{dy}{dx}=\frac{3t^2+12}{2t-6}>0$이어야 하므로 증가하는 구간은 $t>3$이다.

6. ⑤

풀이 $f(x)=3x^5+2x^3+2x+1$이라 하면 임의의 x에 대하여 $f'(x)=15x^4+6x^2+2>0$이므로 $f(x)$는 증가함수이다. $f(-1)=-6<0$, $f(0)=1>0$이므로 $(-1, 0)$에서 단 하나의 실근을 갖는다.

7. ④

풀이 평균값 정리에 의하여 $\frac{f(3)-f(1)}{3-1}=f'(x)$를 만족하는 x가 구간 $[1,3]$ 내에 존재한다. $f(1)=1$, $3\le f'(x)\le 5$이므로

$$3\le\frac{f(3)-1}{2}\le 5 \Rightarrow 6\le f(3)-1\le 10$$
$$\Rightarrow 7\le f(x)\le 11$$

따라서 $f(3)$이 가질 수 있는 최댓값은 11, 최솟값은 7이다.

$\therefore 11\times 7=77$

8. ③

풀이 점 $(0, 5)$과 포물선 $y=\frac{1}{2}x^2$ 위의 점 $\left(x, \frac{1}{2}x^2\right)$ 사이의 거리는 $\sqrt{x^2+\left(\frac{1}{2}x^2-5\right)^2}$이다.

$f(x)=x^2+\left(\frac{1}{2}x^2-5\right)^2$이라 하면

$$f'(x)=2x+2x\left(\frac{1}{2}x^2-5\right)=x^3-8x=x(x^2-8)$$

$$f'(x)=0\Rightarrow x=0, \pm2\sqrt{2}$$

x	$\cdots$	$-2\sqrt{2}$	$\cdots$	0	$\cdots$	$2\sqrt{2}$	$\cdots$
$f'(x)$	$-$	0	$+$	0	$-$	0	$+$
$f(x)$	↘	극소	↗	극대	↘	극소	↗

따라서 $x=\pm2\sqrt{2}$ 일 때 최단거리는 3이다.

9. ③

풀이 $y'=\frac{3(x^2+4)-3x\cdot 2x}{(x^2+4)^2}=\frac{3(4-x^2)}{(x^2+4)^2}$ 이므로

	$\cdots$	-2	$\cdots$	2	$\cdots$
$y'(x)$	$-$	0	$+$	0	$-$
$y(x)$	↘	극소	↗	극대	↘

$$\lim_{x\to-\infty}y=\lim_{x\to-\infty}\frac{3x}{x^2+4}=0,\ \lim_{x\to\infty}y=\lim_{x\to\infty}\frac{3x}{x^2+4}=0,$$

$y(-2)=\frac{-6}{8}=-\frac{3}{4}$, $y(2)=\frac{6}{8}=\frac{3}{4}$이므로

최댓값은 $y(2)=\frac{3}{4}$이다.

10. ①

풀이 (가) (참) 역함수가 정의되기 위해서는 원함수가 일대일 대응이어야 한다. 따라서 폐구간 $[a, b]$에서 정의된 함수가 역함수를 가지려면 극값은 구간 양 끝에 존재해야 한다. 즉 개구간 (a,b)에서 증가 또는 감소상태에 있어야 한다.

(나) (참) 최대 · 최솟값 정리

(다) (거짓) (반례) $f(x)=\begin{cases} x & , (0<x<1) \\ \frac{1}{2} & , (x=0, 1) \end{cases}$ 일 때,

$0<x<1$에 대해서 $f'(x)=1$로서 미분가능하다.
하지만 $f(x)$는 최댓값과 최솟값을 갖지 않는다.

(라) (거짓) (반례) $f(x)=x+1$, $g(x)=x$ $(x\in\mathbb{R})$일 때,
임의의 실수 x에 대해서 $f(x)>g(x)$이지만
$f'(x)=1=g'(x)$이다.

11. ③

풀이 $2x\tan^{-1}x = 2x\left(x - \frac{x^3}{3} + \frac{x^5}{5} - \frac{x^7}{7} + \cdots\right)$

$$= 2x^2 - \frac{2x^4}{3} + \frac{2x^6}{5} - \frac{2x^8}{7} + \cdots$$

따라서 $2x\tan^{-1}x$에 대한 멱급수를 오름차순으로 정리할 때 0이 아닌 세 번째 항의 계수는 $\frac{2}{5}$ 이다.

12. ③

풀이 $f'(x) = \frac{x^3+2-3x^3}{(x^3+2)^2}$

$$= \frac{2(1-x^3)}{(x^3+2)^2}$$

$$= \frac{-2(x-1)(x^2+x+1)}{(x^3+2)^2}$$

x	0	$\cdots$	1	$\cdots$	∞
$f'(x)$	$\frac{1}{2}$	+	0	−	0
$f(x)$		↗	극대	↘	

따라서 $f(0)=0$, $f(1)=\frac{1}{3}$, $\lim_{x\to\infty} f(x) = \lim_{x\to\infty}\frac{x}{x^3+2} = 0$

따라서 $a=\frac{1}{3}$, $b=0$이다.

$\therefore a+b = \frac{1}{3}+0 = \frac{1}{3}$

13. ④

풀이 뉴턴의 방법을 이용하면

점화식 $x_{n+1} = x_n - \frac{f(x_n)}{f'(x_n)}$이 만족하므로

$x_2 = x_1 - \frac{f(x_1)}{f'(x_1)}$이 성립한다.

그러므로 첫 번째 근삿값을 $x_1=0$이라 할 때, 두 번째 근삿값

$x_2 = x_1 - \frac{f(x_1)}{f'(x_1)} = 0 - \frac{f(0)}{f'(0)} = -\frac{1+a}{2} = 0.5$이다.

따라서 $a=-2$이다.

14. ③

풀이 함수 $f(x)$는 $f'(x) = 4x^3 - 4k = 0$이 되는 $x = k^{\frac{1}{3}}$에서 극솟값이자 최솟값을 갖는다. 즉, 최솟값은

$f\left(k^{\frac{1}{3}}\right) = \left(k^{\frac{1}{3}}\right)^4 - 4k\left(k^{\frac{1}{3}}\right) + 8k - 1$

$\Leftrightarrow\ m(k) = -3k^{\frac{4}{3}} + 8k - 1$

$m'(k) = -4k^{\frac{1}{3}} + 8$, $m''(k) = -\frac{4}{3}k^{-\frac{2}{3}}$ 에 대해 $m'(8)=0$, $m''(8)<0$ 이므로 $k=8$ 에서 극댓값이자 최댓값을 갖는다.

$\therefore k=8$

15. ④

풀이 장축의 길이 x와 단축의 길이 y에 대하여

$\frac{dx}{dt}=3$, $\frac{dy}{dt}=4$이다. 타원의 넓이는 $A = \pi\frac{x}{2}\cdot\frac{y}{2} = \frac{\pi}{4}xy$

이고, $x=8$, $y=6$일 때 넓이의 변화율은

$\frac{dA}{dt} = \frac{\pi}{4}\left(y\frac{dx}{dt} + x\frac{dy}{dt}\right) = \frac{\pi}{4}(6\cdot3+8\cdot4) = \frac{25\pi}{2}$

[다른 풀이]

타원 $\frac{x^2}{a^2}+\frac{y^2}{b^2}=1$에서 장축의 길이는 $2a$, 단축의 길이는 $2b$

따라서 장축의 증가율 $2\frac{da}{dt}=3$에서 $\frac{da}{dt}=\frac{3}{2}$,

단축의 증가율 $2\frac{db}{dt}=4$에서 $\frac{db}{dt}=2$, 타원 $\frac{x^2}{a^2}+\frac{y^2}{b^2}=1$의 넓이를 S라 하면 $S=\pi ab$이고 양변을 t에 대하여 미분하면 $\frac{dS}{dt} = \pi\left(b\frac{da}{dt}+a\frac{db}{dt}\right)$이므로 장축$(2a)$ 8, 단축$(2b)$ 6일 때

넓이의 변화율은 $\frac{dS}{dt} = \pi\left(3\times\frac{3}{2}+4\times2\right) = \frac{25}{2}\pi\,(\mathrm{cm^2/s})$

16. ③

풀이 뚜껑이 없는 원기둥모양의 저장용기의 반지름 r와 높이 h, 겉넓이를 S, 부피를 V라고 할 때 겉넓이 $S=\pi r^2 + 2\pi rh$이고

부피 $V = \pi r^2 h = 1 \Leftrightarrow h = \frac{1}{\pi r^2}$이므로

$S = \pi r^2 + 2\pi r\left(\frac{1}{\pi r^2}\right) = \pi r^2 + \frac{2}{r}$이다.

또한 $S' = 2\pi r - \frac{2}{r^2} = \frac{2\pi r^3 - 2}{r^2}$이므로

$r^3 = \frac{1}{\pi}\ \Leftrightarrow\ r = \frac{1}{\sqrt[3]{\pi}}$일 때, 최솟값을 갖는다.

$r=\dfrac{1}{\sqrt[3]{\pi}}$ 일 때, $h=\dfrac{1}{\sqrt[3]{\pi}}$ 이고, $\dfrac{h}{r}=\dfrac{\frac{1}{\pi r^2}}{r}=\dfrac{1}{\pi r^3}$

겉넓이가 최소가 되는 반지름과 높이에 대한 $\dfrac{h}{r}=1$이다.

17. ③

풀이 $y=e^{2x}$와 $y=k\sqrt{x}$가 접할 때 정확히 한 개의 해를 갖는다. 따라서 $x=\alpha$에서 함숫값이 같다. $\Rightarrow$ $e^{2\alpha}=k\sqrt{\alpha}\cdots$㉠

$x=\alpha$에서 접선의 기울기가 같다. $\Rightarrow$ $2e^{2\alpha}=\dfrac{k}{2\sqrt{\alpha}}\cdots$㉡

㉠을 ㉡에 대입하면 $2k\sqrt{\alpha}=\dfrac{k}{2\sqrt{\alpha}}$, $4\alpha=1$, $\alpha=\dfrac{1}{4}$

이를 ㉠에 대입하면 $e^{\frac{1}{2}}=k\cdot\dfrac{1}{2}$ $\Rightarrow$ $k=2\sqrt{e}$

따라서 $k\alpha=2\sqrt{e}\times\dfrac{1}{4}=\dfrac{\sqrt{e}}{2}$이다.

18. −5

풀이 $\sin\theta+2\cos\theta$를 합성하면 $\sqrt{5}\sin(\theta+\alpha)$이므로
최솟값 $m=-\sqrt{5}$이고, 최댓값 $M=\sqrt{5}$이다.
따라서 $mM=-5$이다.

19. ①

풀이 변곡점은 $f''(x)=0$을 만족하는 점 x이다.

$f'(x)=\dfrac{x^2}{x^2+x+2}$,

$f''(x)=\dfrac{2x(x^2+x+2)-x^2(2x+1)}{(x^2+x+2)^2}=\dfrac{x(x+4)}{(x^2+x+2)^2}$

이므로 변곡점은 $x=0,\ -4$이다.

20. ②

풀이 원뿔 밑면의 반지름을 a, 높이를 h, 원뿔의 부피를 V라고 하면 $V=\dfrac{1}{3}\pi a^2h$이다. 또한 철사의 길이가 $1\,\text{m}$이므로

$a+b=1 \Leftrightarrow b=1-a$이고 피타고라스 정리에 의하여

$$a^2+h^2=b^2 \Leftrightarrow a^2=b^2-h^2$$
$$\Leftrightarrow a^2=(1-a)^2-h^2$$
$$\Leftrightarrow a^2=1-2a+a^2-h^2$$
$$\Leftrightarrow a=\frac{1}{2}(1-h^2)$$

이 성립한다. 따라서 부피 V는

$$V=\frac{1}{3}\pi a^2h \Leftrightarrow V=\frac{1}{3}\pi\left\{\frac{1}{2}(1-h^2)\right\}^2h$$
$$\Leftrightarrow V=\frac{\pi}{12}(1-h^2)^2h$$
$$\Leftrightarrow V=\frac{\pi}{12}(h-2h^3+h^5)$$이므로

$$V'=\frac{\pi}{12}(1-6h^2+5h^4)$$
$$=\frac{\pi}{12}(1-h)(1+h)(1-\sqrt{5}h)(1+\sqrt{5}h)$$이다.

그러므로 $h=\dfrac{1}{\sqrt{5}}$일 때 부피의 최댓값을 가지며,

$h=1$에서 부피의 최솟값을 갖는다.

따라서 부피의 최대가 되는 a는 $a=\dfrac{1}{2}\left(1-\dfrac{1}{5}\right)=\dfrac{2}{5}(\text{m})$이다.

[다른 풀이]
피타고라스 정리에 의하여

$$a^2+h^2=b^2 \Leftrightarrow a^2=b^2-h^2$$
$$\Leftrightarrow h^2=b^2-a^2=(1-a)^2-a^2=1-2a$$

이 성립한다. 따라서 부피 V는

$V=\dfrac{1}{3}\pi a^2h \Leftrightarrow V=\dfrac{1}{3}\pi a^2\sqrt{1-2a}$ 이므로

$$V'=\frac{\pi}{3}\left(2a\sqrt{1-2a}-\frac{a^2}{\sqrt{1-2a}}\right)$$
$$=\frac{\pi}{3}\left(\frac{2a(1-2a)-a^2}{\sqrt{1-2a}}\right)=\frac{\pi}{3}\left(\frac{2a-5a^2}{\sqrt{1-2a}}\right)$$

임계점은 $a=0,\ \dfrac{2}{5}$이고, $a=0$이면 부피가 0이므로

부피의 최대가 되는 a는 $a=\dfrac{2}{5}(\text{m})$이다.

21. ③

풀이 평균값 정리에 의하여 $\dfrac{f(2)-f(0)}{2-0}=f'(x)$를 만족하는 x가 존재한다. 즉, $\dfrac{f(2)-(-3)}{2}\le 5 \Rightarrow f(2)+3\le 10$

$\therefore f(2)\le 7$

22. ⑤

풀이 $f(x)=2\cos x-x$라 두면 $f'(x)=-2\sin x-1$
이므로 뉴턴의 방법을 이용하면

$$x_{n+1}=x_n-\frac{f(x_n)}{f'(x_n)}$$
$$=x_n-\frac{2\cos x_n-x_n}{-2\sin x_n-1}=x_n+\frac{2\cos x_n-x_n}{2\sin x_n+1}$$

23. ③

풀이 구간 $[0, \pi]$에서 $f'(x)=\pi\cos x-\sin x+1=0$이 되는 x를 찾아보자. $\pi\cos x-\sin x+1=0 \leftrightarrow \pi\cos x=\sin x-1$이고

이 교점의 좌표는 $x=\frac{\pi}{2}$ 이다.

여기서 극대점을 갖고 극댓값이자 최댓값은 $f\left(\frac{\pi}{2}\right)$이다.

24. ①

풀이 $f'(x)=(2x+2-x^2-2x)e^{-x}=(2-x^2)e^{-x}=0$이므로 임계점은 $x=\pm\sqrt{2}$이다. 극댓점은 $x=\sqrt{2}$이고 극솟점은 $x=-\sqrt{2}$이므로 극값의 곱은

$f(\sqrt{2})f(-\sqrt{2})=(2+2\sqrt{2})e^{-\sqrt{2}}\times(2-2\sqrt{2})e^{\sqrt{2}}=-4$

25. ④

풀이 $x_1=0$이고 $f'(x)=2e^x+2e^{2x}$이므로 두 번째 근삿값 x_2는

$x_2=x_1-\frac{f(x_1)}{f'(x_1)}=0-\frac{f(0)}{f'(0)}=0-\frac{-7}{2+2}=\frac{7}{4}$

26. ①

풀이 $x>0$이므로 $f(x)=x^4-\frac{5^{-x}}{(\ln 5)^2}+\frac{2017}{2}$이다.

$f'(x)=4x^3+\frac{5^{-x}}{\ln 5}$, $f''(x)=12x^2-5^{-x}$이므로

$f''(1)=\frac{59}{5}$이다. 또한 $\lim_{x\to 0^+}f''(x)=-1<0$, $f''(1)>0$ 이므로 변곡점이 존재한다.

27. ①

풀이 $f'(x)=\frac{e^x(1+e^x)-e^x\cdot e^x}{(1+e^x)^2}=\frac{e^x}{(1+e^x)^2}$

$f''(x)=\frac{e^x(1+e^x)^2-e^x\cdot 2(1+e^x)\cdot e^x}{(1+e^x)^4}$

$=\frac{e^x(1+e^x)(1+e^x-2e^x)}{(1+e^x)^4}=\frac{e^x(1-e^x)}{(1+e^x)^3}$

이므로 $f''(x)=0$에서 $e^x=1$, 즉 $x=0$이다.

$x=0$의 좌우에서 $f''(x)$는 양에서 음으로 변하므로 $f'(0)$은 극대이자 최대이다.

$\therefore f'(0)=\frac{e^0}{(1+e^0)^2}=\frac{1}{4}$

28. ②

풀이 $y'=6x^2-3x-3=0$인 $x=-\frac{1}{2}, 1$

$y(-1)=\frac{3}{2}$, $y(2)=6$, $y(1)=-\frac{1}{2}$, $y\left(-\frac{1}{2}\right)=\frac{23}{8}$에서

최댓값은 6이고 최솟값은 $-\frac{1}{2}$이다.

$\therefore$ (최댓값)+(최솟값)$=\frac{11}{2}$

29. ④

풀이 정육면체의 한 변의 길이를 x, 부피를 V, 겉넓이를 S라 두면 $V=x^3$, $S=6x^2$

$V=x^3$의 양변을 시간 t로 미분하면 $\frac{dV}{dt}=3x^2\frac{dx}{dt}$이고

주어진 조건에서 $\frac{dV}{dt}=10$, $x=30$이므로

$10=3\cdot 30^2\cdot\frac{dx}{dt} \Rightarrow \frac{dx}{dt}=\frac{1}{270}$

$S=6x^2$의 양변을 시간 t로 미분하면

$\frac{dS}{dt}=12x\cdot\frac{dx}{dt}=12\cdot 30\cdot\frac{1}{270}=\frac{4}{3}$

30. ④

풀이 부피는 $V=\frac{\pi}{3}r^2h$이고 $r:h=6:12$이므로 $r=\frac{1}{2}h$를 V에 대입하면 $V=\frac{\pi}{12}h^3$이다. 이 식을 시간 t에 대하여 미분하면 $\frac{dV}{dt}=\frac{\pi}{4}h^2\frac{dh}{dt}$

$\frac{dV}{dt}=8$, $h=4$를 대입하면 $\frac{dh}{dt}=\frac{2}{\pi}$

31. ③

풀이 $f(x)=3\sqrt{x} \Rightarrow f'(x)=\frac{3}{2\sqrt{x}}$

구간 $[1, 4]$에서 평균값 정리를 적용하면 $\frac{f(4)-f(1)}{4-1}=f'(c)$를 만족하는 $c\in(1, 4)$가 적어도 하나 존재한다.

$f'(c)=1$이므로 $\frac{3}{2\sqrt{c}}=1$이고 따라서 $c=\frac{9}{4}$이다.

32. ④

풀이 반원 $y=\sqrt{9-x^2}$ 위의 두 꼭짓점 중 1사분면에 있는 점을 (x, y)라 하면 직사각형의 넓이 A는

$$A=2xy=2x\sqrt{9-x^2}$$

$$A'=2\sqrt{9-x^2}+\frac{-2x^2}{\sqrt{9-x^2}}=\frac{18-4x^2}{\sqrt{9-x^2}}$$

$$A'=0 \Rightarrow 18-4x^2=0 \Rightarrow x=\frac{3}{\sqrt{2}}$$

따라서 직사각형의 넓이의 최댓값은 9이다.

[다른 풀이]

반지름이 r인 반원에 내접하는 직사각형의 최대 넓이는 r^2이다. 따라서 반지름이 3인 반원에 내접하는 직사각형의 최대 넓이는 9이다.

33. ③

풀이 f가 $[1, 3]$에서 미분가능하므로 평균값 정리에 의해

$f'(c)=\frac{f(3)-f(1)}{3-1}$을 만족하는 $c\in(1, 3)$가 존재한다.

$$f'(c)=\frac{f(3)-f(1)}{3-1}\geq 3 \Leftrightarrow f(3)-f(1)\geq 6$$

$$\Leftrightarrow f(3)\geq 9$$

따라서 $f(3)$의 최솟값은 9이다.

34. ④

풀이 (가) (참) $x>0$일 때, $f(x)=\ln(1+x)-x<0$임을 보이자.

$f'(x)=\frac{1}{1+x}-1<0$이므로 $f(x)$는 감소함수이다.

이때, $f(0)=0$이므로 $f(x)<0$ 즉, $\ln(1+x)<x$이다.

(나) (참) $f(x)=x^3+x+c$에 대하여

$f'(x)=3x^2+1>0$이므로 증가함수이다.

또한 $\lim_{x\to\infty}f(x)=+\infty$, $\lim_{x\to-\infty}f(x)=-\infty$이므로

중간값 정리에 의해 단 한 개의 실근을 가진다.

(다) (참) $f(x)=\sin x$라 두고

폐구간 $[x, y]$에서 평균값 정리를 이용하면

$\frac{\sin y-\sin x}{y-x}=f'(c)=\cos c$인 $c\in(x, y)$가 존재한다.

양변에 절댓값을 씌우면 $\left|\frac{\sin y-\sin x}{y-x}\right|=|\cos c|\leq 1$

이므로 $|\sin y-\sin x|\leq|y-x|$이다.

35. ③

풀이 위치의 식이 $(x, y)=(2t-\sin t, 2-\cos t)$이므로 속도의 식은 $v(t)=(x', y')=(2-\cos t, \sin t)$이다. 따라서 속력은

$$\begin{aligned}|v(t)|&=\sqrt{(x')^2+(y')^2}\\&=\sqrt{(2-\cos t)^2+(\sin t)^2}\\&=\sqrt{\cos^2 t-4\cos t+4+\sin^2 t}\\&=\sqrt{5-4\cos t}\end{aligned}$$

이므로 최대 속력은 $\cos t=-1$일 때, $\sqrt{9}=3$이다.

36. ③

풀이 함수의 최댓값과 최솟값은

정의역의 양 끝점이나 임계점에서 존재한다.

(i) $f(-1)=4$, $f(1)=4$

(ii) $f'(x)=\sqrt{1-x^2}+x\frac{-2x}{2\sqrt{1-x^2}}=\frac{1-2x^2}{\sqrt{1-x^2}}$

임계점은 $x=\pm\frac{1}{\sqrt{2}}$이고

$$f\left(-\frac{1}{\sqrt{2}}\right)=-\frac{1}{\sqrt{2}}\frac{1}{\sqrt{2}}+4=\frac{7}{2},$$

$$f\left(\frac{1}{\sqrt{2}}\right)=\frac{1}{\sqrt{2}}\frac{1}{\sqrt{2}}+4=\frac{9}{2}$$

따라서 최솟값은 $\frac{7}{2}$이다.

37. ①

풀이 $f(x)=e^{-2x}-e^{-3x}$의

$f'(x)=-2e^{-2x}+3e^{-3x}$, $f''(x)=4e^{-2x}-9e^{-3x}$에 대해

$f'(x)=e^{-3x}(3-2e^x)=0$에서 $f'\left(\ln\frac{3}{2}\right)=0$, $f''\left(\ln\frac{3}{2}\right)<0$

이므로 $x=\ln\frac{3}{2}$에서 극댓값이자 최댓값이다.

$\therefore$ 최댓값은 $f\left(\ln\frac{3}{2}\right)=\frac{4}{27}$이다.

38. ③

풀이 부피는 $\pi r^2 h = 1000$이므로 $h = \dfrac{1000}{\pi r^2}$

겉넓이를 S라 하면 $S = \pi r^2 + 2\pi r h = \pi r^2 + \dfrac{2000}{r}$

양변을 r에 대하여 미분하면

$$\frac{dS}{dr} = 2\pi r - \frac{2000}{r^2} = \frac{2\pi r^3 - 2000}{r^2}$$

따라서 $r = \sqrt[3]{\dfrac{1000}{\pi}}$ 일 때, 겉넓이가 최소가 된다.

$$\therefore \frac{h}{r} = \frac{1000}{\pi \cdot \frac{1000}{\pi}} = 1$$

39. ②

풀이 $f(x)$가 미분가능할 때,
$f''(x) < 0$이어야 그래프가 위로 볼록이 된다.

따라서 $f'(x) = \dfrac{x^2 - x + a}{x^2 + x + 1}$이고

$$f''(x) = \frac{(2x-1)(x^2+x+1) - (x^2-x+a)(2x+1)}{(x^2+x+1)^2}$$
$$= \frac{2x^2 + 2x - 2ax - (1+a)}{(x^2+x+1)^2}$$ 이므로

$2x^2 + 2x(1-a) - (1+a) < 0$일 때 그래프가 위로 볼록이 된다.
또한 $2x^2 + 2x(1-a) - (1+a) < 0$일 때이므로
$2x^2 + 2x(1-a) - (1+a) = 2(x-\alpha)(x-\beta)$라 하면
부등식을 만족하는 구간의 길이는 $\beta - \alpha$이다.
$(\beta-\alpha)^2 = (\alpha+\beta)^2 - 4\alpha\beta$에서
$\beta - \alpha = \sqrt{(\alpha+\beta)^2 - 4\alpha\beta} = \sqrt{(1-a)^2 + 2(1+a)}$ 이므로
위로 볼록인 구간의 크기가 2이기 위해서는
$\sqrt{(1-a)^2 + 2(1+a)} = 2 \Leftrightarrow \sqrt{a^2+3} = 2$를 만족해야 한다.
그러므로 구간의 크기가 2이게 하는 a의 최솟값은 -1이다.

40. ②

풀이 그림과 같이 한 각을 θ라 하면 사다리꼴의 밑변의 길이는
$1 + \cot\theta$이므로 넓이는 $A = (2 + \cot\theta) \times \dfrac{1}{2}$이다.

$\theta = \dfrac{\pi}{3}$일 때, $\dfrac{dA}{d\theta} = \left[-\dfrac{1}{2}\csc^2\theta\right]_{\theta = \frac{\pi}{3}} = -\dfrac{2}{3}$이다

41. ④

풀이 주어진 $f(x) = x^6 + x^5 + x^4 + x^3 + x^2 + x + 1$의
$x = 2$에서 선형 근사식을 구하면
$f(x) \approx f(2) + f'(2)(x-2) = 127 + 321(x-2)$이므로
$f(2.01) \approx 127 + 321 \times \dfrac{1}{100} = 127 + 3.21 = 130.21$

TIP $f(x) = x^6 + x^5 + x^4 + x^3 + x^2 + x + 1$라고 하자.
$g(x) = x^7 - 1$을 인수분해 하면
$x^7 - 1 = (x-1)(x^6 + x^5 + \cdots + x + 1) = (x-1)f(x)$
양변을 미분하면 $7x^6 = f(x) + (x-1)f'(x)$이 된다.

42. ②

풀이 $\displaystyle\lim_{x\to\infty} \frac{x^2}{P(x) + x^3} = \frac{1}{2}$이므로
$P(x) = -x^3 + 2x^2 + cx + d$의 형태이다.
$\displaystyle\lim_{x\to 0} \frac{P(x)}{x} = -1$이므로 $\displaystyle\lim_{x\to 0} P(x) = d = 0$이고
$\displaystyle\lim_{x\to 0} \frac{-x^3 + 2x^2 + cx}{x} = \lim_{x\to 0}(-x^2 + 2x + c) = c = -1$
이다. 그러므로
$P(x) = -x^3 + 2x^2 - x \Rightarrow P'(x) = -3x^2 + 4x - 1 = 0$
에서 $x = \dfrac{1}{3}$ 또는 $x = 1$이다.

$P''(x) = -6x + 4$에서 $P''\left(\dfrac{1}{3}\right) > 0$이므로

$x = \dfrac{1}{3}$에서 극솟값을 가진다.

43. ③

풀이 $f(x) = x^3 + 3x^2 - 3$이라 두면 $f'(x) = 3x^2 + 6x$이고
$f(1) = 1$, $f'(1) = 9$이다.
$\therefore x_2 = x_1 - \dfrac{f(x_1)}{f'(x_1)} = 1 - \dfrac{f(1)}{f'(1)} = 1 - \dfrac{1}{9} = \dfrac{8}{9}$
따라서 $a = 8$, $b = 9$이고 $a + b = 17$이다.

44. ③

풀이 $f(f(x)) = f(x) \Leftrightarrow f(x)^3 - f(x) = f(x)$
$\Leftrightarrow f(x)\{f(x)^2 - 2\} = 0$
$f(x) = 0$, $f(x) = \sqrt{2}$, $f(x) = -\sqrt{2}$를 만족하는
실수의 개수를 구하자.

(1) $f(x)=0$이면 $x^3-x=0$의 실근의 개수는

$f(x)=x^3-x$와 $y=0$의 교점의 개수와 같다.

따라서 $f(x)$가 기함수이고, x축과의 교점은 3개이므로

$f(x)=0$의 실근의 개수는 3이다.

(2) $f(x)$의 그래프를 그려보자.

$f'(x)=3x^2-1=0 \Rightarrow x=\pm\frac{1}{\sqrt{3}}$

극솟값 $f\left(\frac{1}{\sqrt{3}}\right)=\frac{-2\sqrt{3}}{9}>-\sqrt{2}$,

극댓값 $f\left(\frac{-1}{\sqrt{3}}\right)=\frac{2\sqrt{3}}{9}<\sqrt{2}$이다.

따라서 $f(x)=x^3-x$와 $y=\sqrt{2}$의 교점의 개수는 1개,

$f(x)=x^3-x$와 $y=-\sqrt{2}$의 교점의 개수는 1개이다.

(3) $f(f(x))=f(x)$ 를 만족하는 실근의 개수는 5개이다.

45. ③

풀이 $f(x)=\sqrt{4x-x^2}-\sqrt{6x-x^2-8}$이므로

$2\le x\le 4$에서 정의된다. 또한 유리화에 의해

$f(x)=\sqrt{4x-x^2}-\sqrt{6x-x^2-8}=\frac{2\sqrt{4-x}}{\sqrt{x}+\sqrt{x-2}}$이고

$$f'(x)=\frac{2\frac{-1}{\sqrt{4-x}}(\sqrt{x}+\sqrt{x-2})-2\sqrt{4-x}\left(\frac{1}{2\sqrt{x}}+\frac{1}{2\sqrt{x-2}}\right)}{(\sqrt{x}+\sqrt{x-2})^2}<0$$

이므로 $x=2$일 때 최댓값 $f(2)=\frac{2\sqrt{2}}{\sqrt{2}}=2$이고

$x=4$일 때 최솟값 $f(4)=\frac{0}{2+\sqrt{2}}=0$이다.

46. ②

풀이 $f'(x)=3x^2e^{-kx}-kx^3e^{-kx}$,

$f''(x)=x(k^2x^2-6kx+6)e^{-kx}$ 이다.

$x=1$에서 변곡점이 되려면 $f''(1)=0$이어야 한다.

$f''(1)=k^2-6k+6=0$이므로

근과 계수와의 관계에 의해 그 곱은 6이다.

47. ④

풀이 그래프의 개형이 위로 볼록에서 아래로 볼록, 또는 아래로 볼록에서 위로 볼록으로 변화되는 점을 변곡점이라 하므로 두 변곡점 사이의 거리가 최소가 되도록 하는 실수 a의 값을 구하면 된다.

$f'(x)=(2x-a)e^{-x}-(x^2-ax+a)e^{-x}$

$=-\{x^2-(a+2)x+2a\}e^{-x}$

$f''(x)=-\{2x-(a+2)\}e^{-x}+\{x^2-(a+2)x+2a\}e^{-x}$

$=\{x^2-(a+4)x+(3a+2)\}e^{-x}$

변곡점은 $f''(x)=0$을 만족하는 점 x이다.

이때, $e^{-x}>0$이므로

$f''(x)=0 \Leftrightarrow x^2-(a+4)x+(3a+2)=0$이다.

$f''(x)=0$을 만족하는 두 변곡점을 α, β라 하면

$\alpha+\beta=a+4$, $\alpha\beta=3a+2$이므로

$|\alpha-\beta|=\sqrt{(\alpha+\beta)^2-4\alpha\beta}$

$=\sqrt{(a+4)^2-4(3a+2)}$

$=\sqrt{a^2-4a+8}=\sqrt{(a-2)^2+4}$

따라서 두 변곡점 사이의 거리가 최소가 되도록 하는 실수 a의 값은 $a=2$이다.

48. ③

풀이 $f(x)=e^{2x\ln\frac{2}{x}}=e^{2x(\ln2-\ln x)}$이고

$f'(x)=e^{2x(\ln2-\ln x)}\left\{2(\ln2-\ln x)+2x\left(-\frac{1}{x}\right)\right\}$

$=e^{2x(\ln2-\ln x)}\{2\ln2-2-2\ln x\}$

임계점은 $2\ln2-2-2\ln x=0$일 때이므로

$\ln2-1-\ln x=0$, $\ln\frac{2}{x}=1$, $\ln\frac{2}{x}=\ln e$

따라서 $\frac{2}{x}=e$, $x=\frac{2}{e}$

49. ③

풀이 두 점 P와 Q의 y좌표를 각각 a, b라 하면

$P(a^2+a-1,\ a)$, $Q(b^2+b-1,\ b)$이다.

두 점이 직선 $x+y=0$, 즉 $y=-x$에 대하여 서로 대칭이므로

두 점을 지나는 직선의 기울기는 1이고

두 점의 중점은 직선 $x+y=0$ 위의 점이다.

(i) ($\overline{PQ}$의 기울기)$=\frac{b-a}{(b^2+b-1)-(a^2+a-1)}$

$=\frac{b-a}{b^2+b-a^2-a}=1$

$\Rightarrow b-a=b^2+b-a^2-a \Rightarrow b^2=a^2 \Rightarrow b=\pm a$

$\therefore b=-a(\because P\neq Q)$

따라서 $P(a^2+a-1, a)$, $Q(a^2-a-1, -a)$이다.

(ii) 두 점의 중점의 좌표는 $(a^2-1, 0)$이고

이는 직선 $x+y=0$ 위의 점이므로 $a^2-1=0$

$\therefore a=\pm1$

따라서 $P(1, 1)$, $Q(-1, -1)$ 또는 $P(-1, -1)$, $Q(1, 1)$이고

선분 $\overline{PQ}$의 길이는

$\sqrt{\{1-(-1)\}^2+\{1-(-1)\}^2}=\sqrt{2^2+2^2}=2\sqrt{2}$이다.

[다른 풀이]
두 점 P와 Q의 y좌표를 각각 a, b라 하면
$P(a^2+a-1,\ a)$, $Q(b^2+b-1,\ b)$이다.
이 때, 점 P와 점 Q가 직선 $y=-x$에 대하여 대칭이므로
$a^2+a-1=-b$, $a=-b^2-b+1$을 얻을 수 있다.
식 $a^2+a-1=-b$에 $a=-b^2-b+1$를 대입하자.
$(-b^2-b+1)^2+(-b^2-b+1)-1=-b$
$\Leftrightarrow\ b^4+2b^3-2b^2-2b+1=0$
$\Leftrightarrow\ (b-1)(b^3+3b^2+b-1)=0$
$\therefore b=1$
점 Q는 $(1,1)$, 점 P는 $(-1,\ -1)$이므로 선분 $\overline{PQ}$의 길이는
$\sqrt{\{1-(-1)\}^2+\{1-(-1)\}^2}=\sqrt{2^2+2^2}=2\sqrt{2}$ 이다.

50. ④

풀이 열기구의 상승높이를 h, 관측자가 보는 각도를 θ라고 할 때,
$\tan\theta=\dfrac{h}{100}$ 이므로 $h=50$일 때, $\tan\theta=\dfrac{1}{2}$ 이다.
또한 $\tan\theta=\dfrac{h}{100}$ 을 시간 t로 미분하면 $\sec^2\theta\dfrac{d\theta}{dt}=\dfrac{1}{100}\dfrac{dh}{dt}$
조건 $h=50$와 $\tan\theta=\dfrac{1}{2}$, $\dfrac{dh}{dt}=25$을 대입하면
$\dfrac{5}{4}\dfrac{d\theta}{dt}=\dfrac{1}{100}25\ \Leftrightarrow\ \dfrac{d\theta}{dt}=\dfrac{1}{4}\times\dfrac{4}{5}=\dfrac{1}{5}$ 이다.

51. ④

풀이 $\dfrac{f(4)-f(0)}{4-0}=f'(c),\ 0<c<4$ 이며 $f(0)=1$이고
모든 $x\in(0,\ 4)$에 대하여 $2\le f'(x)\le 5$가 성립하므로
$2\le\dfrac{f(4)-1}{4}\le 5,\ 9\le f(4)\le 21$을 만족한다.

52. ③

풀이 수직 또는 수평 점근선이 아닌 점근선은 사점근선이다.
주어진 식에 $y=ax+b$ 대입하면$ax+b=\dfrac{2x^3+2x^2-x+1}{x^2-1}$
양변에 x^2-1을 곱하면
$(ax+b)(x^2-1)=2x^3+2x^2-x+1$
$ax^3+bx^2-ax-b=2x^3+2x^2-x+1$
$(a-2)x^3+(b-2)x^2-(a-1)x-(b+1)=0$
$\therefore a=2,\ b=2$
따라서 $y=2x+2$는 $y=\dfrac{2x^3+2x^2-x+1}{x^2-1}$ 의 사점근선이다.

53. ④

풀이 물이 차오르는 높이를 h라고 하고 수면의 반지름을 r이라고 한다면 $r^2+(10-h)^2=100\ \Leftrightarrow\ r^2=20h-h^2$이다.
$V=\int_0^k \pi r^2dh=\int_0^k \pi(20h-h^2)dh=\int_0^h \pi(20u-u^2)du$
$\dfrac{dV}{dt}=\pi(20h-h^2)\dfrac{dh}{dt}$ 이고,
$\dfrac{dV}{dt}=1,\ h=5$를 대입하면 $\dfrac{dh}{dt}=\dfrac{1}{75\pi}$ 이다.

54. ①

풀이 $y'(x)=xy^3-1$이므로 점 $(2,\ -1)$에서의 접선의 기울기는 -3이다. 따라서 일차근사함수는 $L(x)=-3(x-2)-1$
$y(2.2)\approx L(2.2)=-1.6$

55. ①

풀이 구간 $(0,\ 2\pi)$에서 $f'(x)=\sin(x^2)=0$인 x는
$x=\sqrt{n\pi}$ (단, $n=1,\ 2,\ \cdots,\ 12$)
n이 홀수일 때 좌우에서의 $f'(x)$의 부호 변화를 관찰하면 $+$에서 $-$로 변한다. 따라서 극대가 되는 x의 값은 1, 3, 5, 7, 9, 11로 6개이다.

56. ④

풀이 역함수가 존재할 필요충분조건은
함수가 주어진 구간에서 연속인 전단사 함수이다.
a. $f(x)=4x-\sin x\cos x$라 하자.
$f(x)$는 연속인 전사함수이다.
$f'(x)=4-\cos^2x+\sin^2x>0$이므로
f는 순증가함수이다. 즉, 단사함수이다.
b. $g(x)=\sinh x+\tan x+\cos x$는
$x=\dfrac{(2k-1)}{2}\pi$(k는 정수)에서 불연속이다.
c. $h(x)=x^2-\cosh x$라 하자.
$h(x)>-1$이므로 전사가 아니다.
d. $k(x)=x\log(x^2+1)$은 연속함수이다.
$k'(x)=\log(x^2+1)+\dfrac{2x^2}{x^2+1}>0$이므로 순증가이다.
따라서 일대일 대응이다.

57. ③

풀이 $x-\frac{3}{x}=t$라 치환하면 $g(x)=x-\frac{3}{x}$라고 할 때

$g'(x)=1+\frac{3}{x^2}>0 \Rightarrow g(x)$는 증가함수이고,

x의 범위가 $1\le x\le 3$이므로

$x-\frac{3}{x}=t$에서 t의 범위는 $-2\le t\le 2$가 된다. 따라서

(준식)$=h(t)=2t^3-15t^2+36t-50\,(-2\le t\le 2)$이다.

$h'(t)=6t^2-30t+36=6(t^2-5t+6)=6(t-2)(t-3)$

이 되고 $t=2$에서 극댓값을 갖는다. 최댓값, 최솟값을 구하기 위해서 t의 양 끝값과 극값을 비교하면 $h(-2)=-198$, $h(2)=-22$이고, 각각 최솟값, 최댓값이 된다.

$\therefore$(최댓값)$-$(최솟값)$=-22-(-198)=198-22=176$

58. ①

풀이 $f(x)=\frac{e^x+e^{-x}-2-x^2}{x^4}$

$$=\frac{1}{x^4}(2\cosh x-2-x^2)$$

$$=\frac{1}{x^4}\left\{2\left(1+\frac{x^2}{2!}+\frac{x^4}{4!}+\cdots\right)-2-x^2\right\}$$

$$=\frac{1}{x^4}\left(\frac{x^4}{12}+\frac{2}{6!}x^6+\frac{2}{8!}x^8+\cdots\right)$$

$$=\frac{1}{12}+\frac{2}{6!}x^2+\frac{2}{8!}x^8+\cdots>\frac{1}{12}$$

이므로 a의 최댓값은 $\frac{1}{12}$이다.

59. ⑤

풀이 기울기가 1인 타원 위의 점 (a,b)에서 $\triangle$PAB의 넓이가 최대가 된다. 점 $\mathrm{P}(a,b)$는 타원 위의 점이므로 $\frac{a^2}{9}+\frac{b^2}{4}=1\cdots$㉠을 만족한다.

$$f(x,y)=\frac{x^2}{9}+\frac{y^2}{4}-1 \Rightarrow \frac{dy}{dx}=-\frac{\frac{2x}{9}}{\frac{y}{2}}=-\frac{4x}{9y}$$

$$\Rightarrow \left.\frac{dy}{dx}\right|_{(a,b)}=-\frac{4a}{9b}=1 \Rightarrow 4a+9b=0\cdots㉡$$

㉠, ㉡을 연립하여 풀면

$(a,\ b)=\left(\frac{9}{\sqrt{13}},\ -\frac{4}{\sqrt{13}}\right),\ \left(-\frac{9}{\sqrt{13}},\ \frac{4}{\sqrt{13}}\right)$

$\therefore |a|+|b|=\sqrt{13}$

60. ③

풀이 ㄱ. (참) (중간값 정리)

ㄴ. (참)

$x\in(a,b)$에 대하여 $f'(x)\ne 0$이므로 $a<x<b$에 대하여 $f'(x)>0$이거나 $f'(x)<0$ 둘 중 하나만 성립한다.

(ⅰ) $f'(x)>0$인 경우 $f(x)$는 증가함수이고, 증가함수는 일대일함수이다.

(ⅱ) $f'(x)<0$인 경우 $f(x)$는 감소함수이고, 감소함수는 일대일함수이다.

따라서 임의의 $x\in(a,b)$에 대하여 $f'(x)\ne 0$이면 f는 (a,b)에서 일대일함수이다.

ㄷ. (거짓) 임의의 $x\in(0,2)$에 대하여 $G'(x)=g(x)$인 함수 G가 구간 $(0,2)$에서 존재한다고 하자. 그러면 미적분학의 기본정리에 의해 $G(x)$를 다음과 같이 구할 수 있다.

(ⅰ) $0\le x\le 1$일 때 $G(x)=\int_0^x g(t)dt=0$

(ⅱ) $1\le x\le 2$ 일 때

$$G(x)=\int_0^x g(t)dt=\int_0^1 g(t)dt+\int_1^x g(t)dt$$

$$=\int_1^x 1dt=x-1$$

따라서 $G(x)=\begin{cases}0 &,(0\le x\le 1)\\ x-1 &,(1<x\le 2)\end{cases}$이다. 하지만 $x=1$에서 이 함수 $G(x)$의 미분계수를 구하면

$$G'(1)=\lim_{x\to 1}\frac{G(x)-G(1)}{x-1}$$

$$=\lim_{x\to 1}\frac{G(x)}{x-1}\ (\because G(1)=0)$$

$$=\begin{cases}\lim_{x\to 1^+}\frac{x-1}{x-1}=1\\ \lim_{x\to 1^-}\frac{0}{x-1}=0\end{cases}$$

이므로 $x=1$에서 미분불가능하다.

따라서 임의의 $x\in(0,2)$에 대하여

$G'(x)=g(x)$이라는 사실에 모순이 된다.

5. 적분응용

1. ④

풀이

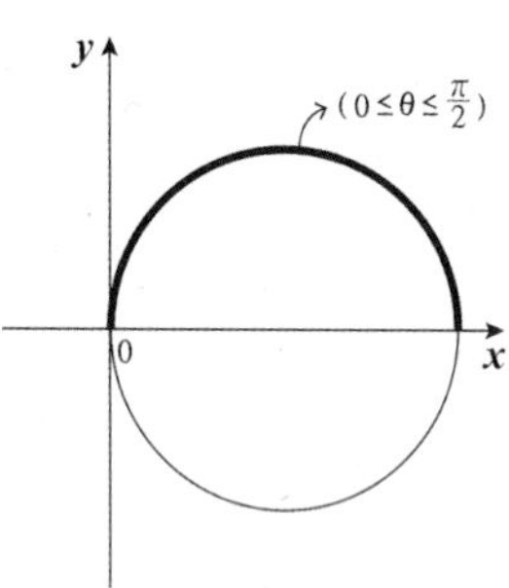

전체 원의 둘레의 $\frac{1}{2}$이다. 따라서 $L=\frac{1}{2}(3\pi)=\frac{3}{2}\pi$

[다른 풀이]

$l=\int_0^{\frac{\pi}{2}}\sqrt{r^2+\left(\frac{dr}{d\theta}\right)^2}\,d\theta$

$=\int_0^{\frac{\pi}{2}}\sqrt{(3\cos\theta)^2+(-3\sin\theta)^2}\,d\theta=\frac{3}{2}\pi$

2. ③

풀이 $x^2+(y-a)^2\le 1-\frac{1}{4}a$은 중심이 $(0,a)$이고 반지름이

$\sqrt{1-\frac{1}{4}a}$ 이므로 파푸스 정리를 이용하면

$V_a=\pi\left(1-\frac{1}{4}a\right)\times 2\pi\times a=2\pi^2\left(a-\frac{1}{4}a^2\right)$이다.

V_a는 위로 볼록한 그래프의 이차함수이므로

극대이자 최댓값을 갖는다. 또한 $V_a'=2\pi^2\left(1-\frac{1}{2}a\right)$이므로

$a=2$일 때 부피는 최댓값을 갖는다.

3. ④

풀이 $\int_0^{2a}f(x)dx=e^a-1$(양변을 a로 미분하면) $\Rightarrow f(2a)2=e^a$

$\Leftrightarrow f(2a)=\frac{1}{2}e^a$($2a=x$라고 치환) $\Rightarrow f(x)=\frac{1}{2}e^{\frac{1}{2}x}$

이므로 $V_x=\pi\int_0^1\frac{1}{4}e^x dx=\frac{\pi}{4}[e^x-1]_0^1=\frac{\pi}{4}(e-1)$이다.

4. ④

풀이 $S=8\int_0^{\frac{\pi}{4}}\frac{1}{2}r^2 d\theta=8\int_0^{\frac{\pi}{4}}\frac{1}{2}\cdot 16\cos^2 2\theta d\theta$

$=8\int_0^{\frac{\pi}{4}}4(\cos 4\theta+1)\,d\theta$

$=8\left[\sin 4\theta+4\theta\right]_0^{\frac{\pi}{4}}=8(\sin\pi+\pi-0)=8\pi$

[다른 풀이]

4엽 장미 $r=a\cos 2\theta$의 넓이는 $\frac{\pi}{2}a^2$이므로 극방정식

$r=4\cos 2\theta$로 주어진 곡선으로 둘러싸인 부분의 넓이는

$\frac{\pi}{2}\cdot 4^2=8\pi$이다.

5. ③

풀이 $[x'(t)]^2=12t^2,\ [y'(t)]^2=9t^4+4$

$\Rightarrow$ 곡선 길이 공식에 대입한다.

$l=\int_0^1\sqrt{[x'(t)]^2+[y'(t)]^2}\,dt$

$=\int_0^1\sqrt{(3t^2+2)^2}\,dt$

$=\int_0^1(3t^2+2)dt$

$=[t^3+2t]_0^1=3$

6. ③

풀이 $\int_0^{\frac{\pi}{4}}(\cos\theta-\sin\theta)d\theta+\int_{\frac{\pi}{4}}^{\pi}(\sin\theta-\cos\theta)d\theta$

$=[\sin\theta+\cos\theta]_0^{\frac{\pi}{4}}+[-\cos\theta-\sin\theta]_{\frac{\pi}{4}}^{\pi}=2\sqrt{2}$

7. 2π

풀이 $V=\pi\int_{-\frac{1}{2}}^{\frac{1}{2}}y^2\,dx=\pi\int_{-\frac{1}{2}}^{\frac{1}{2}}(3-12x^2)\,dx$

$=2\pi\int_0^{\frac{1}{2}}(3-12x^2)dx=2\pi$

8. ①

풀이

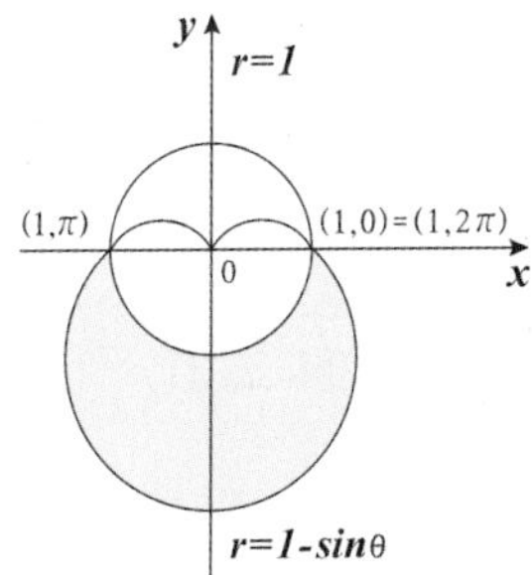

$1-\sin\theta=1,\ \sin\theta=0,\ \theta=0,\ \pi,\ 2\pi$

$$A=\int_{\pi}^{2\pi}\frac{1}{2}\{(1-\sin\theta)^2-1\}d\theta$$

$$=\frac{1}{2}\int_{\pi}^{2\pi}(\sin^2\theta-2\sin\theta)d\theta\left(\leftarrow\sin^2\theta=\frac{1}{2}(1-\cos2\theta)\right)$$

$$=\frac{1}{4}\int_{\pi}^{2\pi}(1-\cos2\theta-4\sin\theta)d\theta=\frac{\pi}{4}+2$$

9. ①

풀이 $\sqrt{x}+\sqrt{y}=\sqrt{2}\Rightarrow y=(\sqrt{2}-\sqrt{x})^2=x+2-2\sqrt{2x}$ 이므로 이 곡선과 x축, y축으로 둘러싸인 부분의 면적은

$$S=\int_0^2 y\,dx=\int_0^2 x+2-2\sqrt{2x}\,dx$$

$$=\frac{1}{2}x^2+2x-\frac{2}{3}(2x)^{\frac{3}{2}}\Big]_0^2=\frac{2}{3}$$

10. ⑤

풀이 $S_x=\int_0^1 2\pi f(x)\sqrt{1+\{f'(x)\}^2}\,dx$

$$=\int_0^1 2\pi\cdot 6x\sqrt{1+6^2}\,dx=2\sqrt{37}\pi\cdot\left[3x^2\right]_0^1=6\sqrt{37}\pi$$

11. ⑤

풀이 대칭성에 의하여

$$A=2\times\int_0^{\pi}\frac{1}{2}(4+3\cos\theta)^2d\theta$$

$$=\int_0^{\pi}(16+24\cos\theta+9\cos^2\theta)d\theta=\frac{41}{2}\pi$$이다.

12. ②

풀이 밑면은 $x^2+y^2=\frac{1}{4}$ 라고 하며, x축과 수직인 단면이 정사각형의 한 변의 길이는 $2y$이므로 정사각형의 면적은 $4y^2$이다.

$$V=\int_{-\frac{1}{2}}^{\frac{1}{2}}4y^2dx$$

$$=2\int_0^{\frac{1}{2}}4\left(\frac{1}{4}-x^2\right)dx$$

$$=8\left[\frac{1}{4}x-\frac{1}{3}x^3\right]_0^{\frac{1}{2}}=\frac{2}{3}$$

13. ③

풀이 $l=\int_0^{\frac{\pi}{4}}\sqrt{1+(y')^2}\,dx$

$$=\int_0^{\frac{\pi}{4}}\sqrt{1+\left(\frac{-\sin x}{\cos x}\right)^2}\,dx$$

$$=\int_0^{\frac{\pi}{4}}\sqrt{1+\tan^2 x}\,dx$$

$$=\int_0^{\frac{\pi}{4}}\sec x\,dx$$

14. ⑤

풀이 곡선 $y=x^2$과 직선 $y=2x$의 교점의 x좌표는 $x^2=2x$에서 $x=0$ 또는 $x=2$이다. 입체의 부피를 V라 하면

$$V=2\pi\int_0^2(3-x)(2x-x^2)dx$$

$$=2\pi\int_0^2(x^3-5x^2+6x)dx$$

$$=2\pi\left[\frac{1}{4}x^4-\frac{5}{3}x^3+3x^2\right]_0^2$$

$$=2\pi\left(4-\frac{40}{3}+12\right)=2\pi\cdot\frac{8}{3}=\frac{16}{3}\pi$$

15. ②

풀이 $r=a(1+\cos\theta)$로 둘러싸인 영역의 넓이는 $\frac{3}{2}a^2\pi$이다.

따라서 주어진 영역의 면적은 $\frac{3}{2}\times2^2\times\pi=12\pi$이다.

식에 적용해보면

$$A=2\int_0^{\pi}\frac{1}{2}r^2d\theta$$

$$= \int_0^{\pi} 8(1+\cos\theta)^2 d\theta$$

$$= 8\int_0^{\pi} (1+2\cos\theta+\cos^2\theta)d\theta$$

$$= 8\int_0^{\pi} \left\{\frac{3}{2}+2\cos\theta+\frac{1}{2}\cos(2\theta)\right\}d\theta$$

$$(\because \cos^2\theta = \frac{1+\cos(2\theta)}{2})$$

$$= 8\left[\frac{3}{2}\theta+2\sin\theta+\frac{1}{4}\sin(2\theta)\right]_{\theta=0}^{\pi} = 12\pi$$

16. ①

풀이 구하는 입체의 부피는 $y=\sin x\left(0 \le x \le \frac{\pi}{2}\right)$의 그래프를 y축으로 회전시킨 입체의 부피와 같다.

$$\therefore 2\pi\int_0^{\frac{\pi}{2}} x\sin x dx = 2\pi\left\{[-x\cos x]_0^{\frac{\pi}{2}} + \int_0^{\frac{\pi}{2}} \cos x dx\right\}$$

$$= 2\pi[\sin x]_0^{\frac{\pi}{2}} = 2\pi$$

17. ③

풀이 $V_y = 2\pi\int_{\frac{\pi}{3}}^{\frac{2}{3}\pi} x\frac{\sin x}{x}dx = 2\pi\int_{\frac{\pi}{3}}^{\frac{2}{3}\pi} \sin x dx$

$$= 2\pi[-\cos x]_{\frac{\pi}{3}}^{\frac{2}{3}\pi} = -2\pi\left\{-\frac{1}{2}-\frac{1}{2}\right\} = 2\pi$$

18. ①

풀이 $r=2a\sin\theta$와 $r=a$의 교각은 $\theta=\frac{\pi}{6}$이고 그래프를 그려보면 구하고자 하는 부분의 넓이를 A라고 할 때,

$$A = \frac{1}{2}\int_{\frac{\pi}{6}}^{\frac{\pi}{2}} \{(2a\sin\theta)^2 - a^2\}d\theta \times 2$$

$$= \int_{\frac{\pi}{6}}^{\frac{\pi}{2}} (4a^2\sin^2\theta - a^2)d\theta$$

$$= a^2\left[4\left(\frac{\theta}{2}-\frac{1}{4}\sin 2\theta\right)-\theta\right]_{\frac{\pi}{6}}^{\frac{\pi}{2}} = a^2[\theta - \sin 2\theta]_{\frac{\pi}{6}}^{\frac{\pi}{2}}$$

$$= a^2\left\{\frac{\pi}{2}-\left(\frac{\pi}{6}-\frac{\sqrt{3}}{2}\right)\right\} = a^2\left(\frac{\pi}{3}+\frac{\sqrt{3}}{2}\right)$$ 이다.

19. ③

풀이

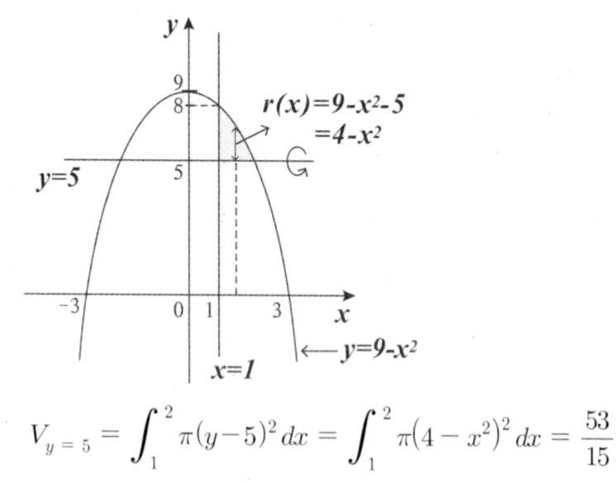

$$V_{y=5} = \int_1^2 \pi(y-5)^2 dx = \int_1^2 \pi(4-x^2)^2 dx = \frac{53}{15}\pi$$

20. ①

풀이 반지름이 a인 사이클로이드 방정식은 $\begin{cases} x=a(t-\sin t) \\ y=a(1-\cos t) \end{cases}$ 이므로 한 호의 길이는 $8a$이다. 따라서 주어진 사이클로이드의 곡선 길이는 40이다.

21. ②

풀이 매개곡선 $x=a(\theta-\sin\theta)$, $y=a(1-\cos\theta)\ (0 \le \theta \le 2\pi)$의 길이는 $L=8a$이고 넓이 $A=3a^2\pi$이므로 $L=A \Leftrightarrow 8a=3a^2\pi$를 만족하는 양수 a값은 $\frac{8}{3\pi}$ 이다.

22. ⑤

풀이

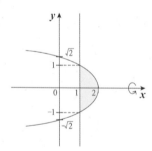

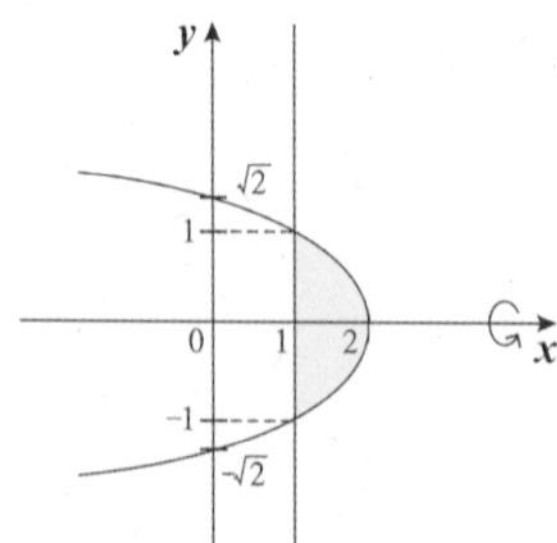

(ⅰ) 부피 $V = \int_1^2 \pi y^2 dx = \int_1^2 \pi(2-x)dx = \frac{\pi}{2}$

(ii) 겉넓이

$$S_x=\int_1^2 2\pi y\sqrt{1+\{f'(x)\}^2}\,dx+\pi$$

$$=2\pi\int_1^2\sqrt{2-x}\sqrt{1+\frac{1}{4(2-x)}}\,dx+\pi$$

$$=\pi\int_1^2\sqrt{9-4x}\,dx+\pi=\frac{5(\sqrt{5}+1)}{6}\pi$$

따라서 $\frac{S}{V}=\frac{5(\sqrt{5}+1)}{3}$ 이다.

23. ④

풀이 $\int_0^1\sqrt{e^{-2\theta}+(-e^{-\theta})^2}\,d\theta=\int_0^1\sqrt{2}e^{-\theta}d\theta$

$$=\sqrt{2}\left[-e^{-\theta}\right]_0^1=\sqrt{2}\left(1-\frac{1}{e}\right)$$

24. ②

풀이 $x^2-y=2 \Leftrightarrow y=x^2-2$이므로

$y=x$와의 교점의 x좌표는 $x=-1$ 또는 $x=2$이다.

$$V=2\pi\int_{-1}^2(x+1)\{x-(x^2-2)\}dx$$

$$=2\pi\int_{-1}^2(-x^3+3x+2)\,dx$$

$$=2\pi\left[-\frac{1}{4}x^4+\frac{3}{2}x^2+2x\right]_{-1}^2$$

$$=2\pi\left(-\frac{1}{4}\cdot15+\frac{3}{2}\cdot3+6\right)$$

$$=2\pi\cdot\frac{-15+18+24}{4}=\frac{27}{2}\pi$$

25. ④

풀이

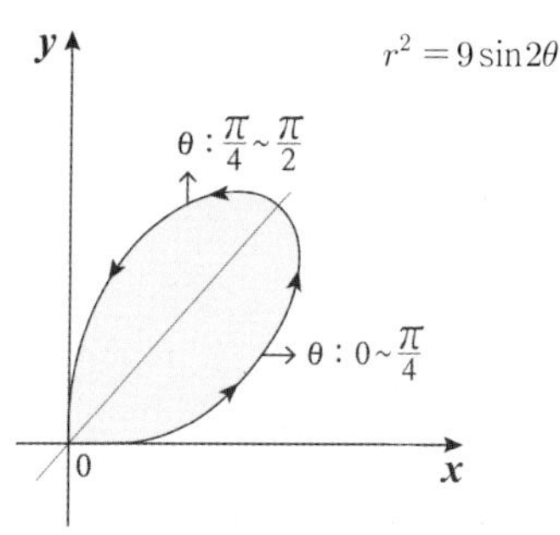

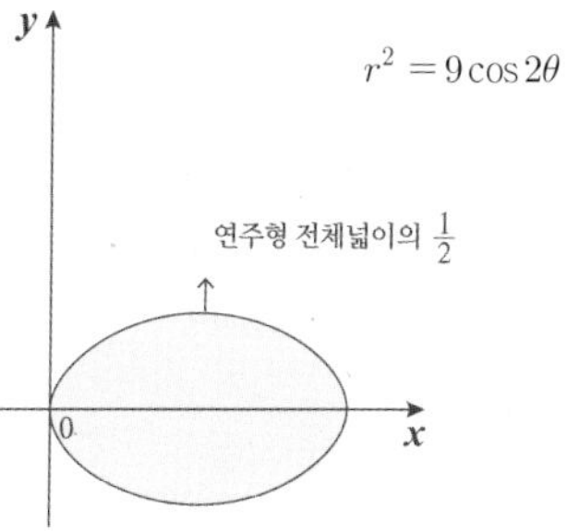

연주형 전체의 넓이가 9이므로 $S=\frac{9}{2}$이다.

TIP 연주형 $r^2=a^2\cos2\theta$로 둘러싸인 영역의 넓이는 a^2이다.

26. ②

풀이 원주각법을 이용하면 부피는

$$V_y=\int_0^1 2\pi x\{(2-x^2)-(x^2)\}dx$$

$$=\int_0^1 4\pi(x-x^3)\,dx=\pi$$

27. ①

풀이 $y'=\frac{\cos x}{\sin x}=\cot x$이므로 곡선의 길이 l은

$$l=\int_{\frac{\pi}{2}}^{\frac{3\pi}{4}}\sqrt{1+\cot^2x}\,dx$$

$$=\int_{\frac{\pi}{2}}^{\frac{3\pi}{4}}\csc x\,dx$$

$$=\left[-\ln|\csc x+\cot x|\right]_{\frac{\pi}{2}}^{\frac{3\pi}{4}}=\ln(\sqrt{2}+1)$$

28. ③

풀이 $r=1+\cos\theta$와 $r=3\cos\theta$의 교점은

$1+\cos\theta=3\cos\theta \Rightarrow \cos\theta=\frac{1}{2} \Rightarrow \theta=-\frac{\pi}{3}$ 또는 $\theta=\frac{\pi}{3}$

따라서 극곡선 $r=1+\cos\theta$ 의 외부와

극곡선 $r=3\cos\theta$의 내부에 놓인 영역의 넓이를 S라 하면

$$S=\frac{1}{2}\int_{-\frac{\pi}{3}}^{\frac{\pi}{3}}\{(3\cos\theta)^2-(1+\cos\theta)^2\}d\theta$$

$$=\int_0^{\frac{\pi}{3}}\{(3\cos\theta)^2-(1+\cos\theta)^2\}d\theta$$

$$=\int_0^{\frac{\pi}{3}}(-1-2\cos\theta+8\cos^2\theta)\,d\theta$$

$$=\int_0^{\frac{\pi}{3}}\left(-1-2\cos\theta+8\cdot\frac{1+\cos2\theta}{2}\right)d\theta$$

$$=\int_0^{\frac{\pi}{3}}(-2\cos\theta+3+4\cos2\theta)\,d\theta$$

$$=[-2\sin\theta+3\theta+2\sin2\theta]_0^{\frac{\pi}{3}}$$

$$=-2\cdot\frac{\sqrt{3}}{2}+\pi+2\cdot\frac{\sqrt{3}}{2}=\pi$$

29. ①

풀이

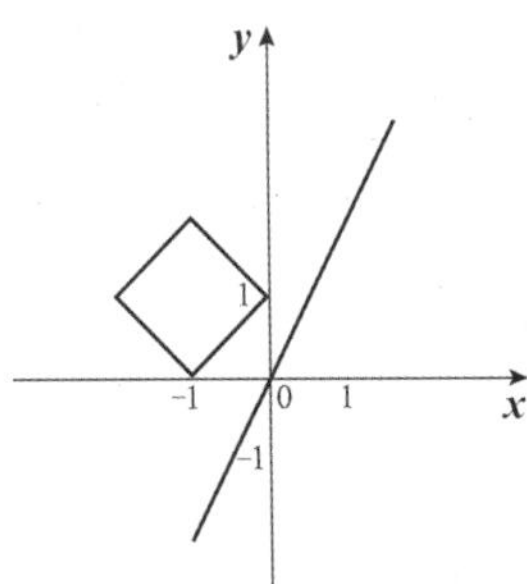

도형의 중심 $(-1,1)$에서 직선 $2x-y=0$까지의 거리 $d=\frac{|-2+1|}{\sqrt{5}}=\frac{3}{\sqrt{5}}$이고 도형의 넓이 $S=2$이다.

파푸스 정리에 의해 부피 $V=\frac{12\pi}{\sqrt{5}}$

30. ③

풀이 $V=\pi\int_0^2(2x-x^2)^2dx=\pi\left[\frac{4}{3}x^3-x^4+\frac{1}{5}x^5\right]_0^2=\frac{16}{15}\pi$

31. ③

풀이 구간 $-1\le x\le 1$에서

함수 $y=\frac{e^x+e^{-x}}{2}=\cosh x$의 곡선 길이를 l이라 하면

$$l=\int_{-1}^1\sqrt{1+(y')^2}\,dx$$

$$=\int_{-1}^1\sqrt{1+\sinh^2x}\,dx$$

$$=\int_{-1}^1\cosh x\,dx=[\sinh x]_{-1}^1=2\sinh1=e-e^{-1}$$

32. ①

풀이 주어진 극곡선은 x축에 대하여 대칭인 그래프이고, 공통영역 $R\cap S$의 넓이는 1사분면의 영역을 2배하여 구할 수 있다.

1사분면의 교점은 $\theta=\frac{\pi}{3}$일 때이므로 $R\cap S$의 넓이는

$$2\times\frac{1}{2}\left\{\int_0^{\frac{\pi}{3}}(1-\cos\theta)^2\,d\theta+\int_{\frac{\pi}{3}}^{\frac{\pi}{2}}\cos^2\theta\,d\theta\right\}$$

$$=\int_0^{\frac{\pi}{3}}(1-\cos\theta)^2\,d\theta+\int_{\frac{\pi}{3}}^{\frac{\pi}{2}}\cos^2\theta\,d\theta$$

$$=\int_0^{\frac{\pi}{3}}(1-2\cos\theta+\cos^2\theta)\,d\theta+\int_{\frac{\pi}{3}}^{\frac{\pi}{2}}\cos^2\theta\,d\theta$$

$$=\int_0^{\frac{\pi}{3}}(1-2\cos\theta)\,d\theta+\int_0^{\frac{\pi}{2}}\cos^2\theta\,d\theta$$

$$=\theta-2\sin\theta]_0^{\frac{\pi}{3}}+\frac{1}{2}\cdot\frac{\pi}{2}=\frac{7}{12}\pi-\sqrt{3}$$

33. ④

풀이 원주각법에 의해 회전체의 부피는

$$V=\int_{\pi/2}^{\pi}2\pi x\frac{2\sin x}{x(1+\cos^2x)}dx$$

$$=4\pi\int_{\pi/2}^{\pi}\frac{\sin x}{1+\cos^2x}dx\ (\leftarrow t=\cos x\text{로 치환})$$

$$=4\pi\int_{-1}^0\frac{1}{1+t^2}dt=4\pi[\tan^{-1}t]_{-1}^0=\pi^2$$

34. ①

풀이 $\frac{dx}{dt}=e^t(\cos t-\sin t)+e^t(-\sin t-\cos t)=e^t(-2\sin t)$,

$\frac{dy}{dt}=e^t(\cos t+\sin t)+e^t(-\sin t+\cos t)=e^t(2\cos t)$일 때,

호의 길이는

$$\int_0^{\ln3}\sqrt{\left(\frac{dx}{dt}\right)^2+\left(\frac{dy}{dt}\right)^2}\,dt=\int_0^{\ln3}\sqrt{4e^{2t}(\cos^2t+\sin^2t)}\,dt$$

$$=\int_0^{\ln3}2e^tdt=2(e^{\ln3}-e^0)=4$$

35. $\frac{\pi}{4}$

풀이 주어진 곡선은 3엽 장미를 나타내므로 $\left[0,\frac{\pi}{6}\right]$에서

주어진 곡선과 x축 사이의 영역의 넓이를 6배 한 것과 같다.

$$\therefore 6\times\frac{1}{2}\int_0^{\frac{\pi}{6}}\sin^2 3\theta\, d\theta = 3\int_0^{\frac{\pi}{6}}\frac{1-\cos 6\theta}{2}d\theta = \frac{\pi}{4}$$

[다른 풀이]
$r = a\cos 3\theta$인 3엽 장미로 둘러싸인 영역의 넓이는 $\frac{\pi}{4}a^2$이므로 $\frac{\pi}{4}$이다.

36. ④

중심이 이동한 거리는 6π이고 원의 넓이는 π이므로 파푸스의 정리로부터 회전체의 부피는 $6\pi^2$이다.

37. ①

풀이

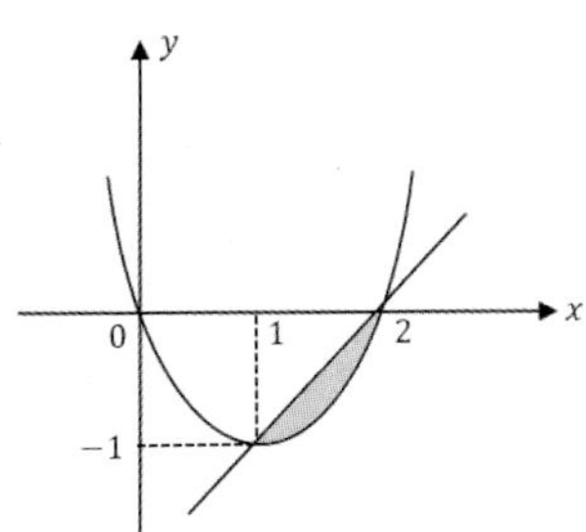

$y_1 = x^2-2x,\ y_2 = x-2$라 하면 회전체의 부피는

$$V_x = \pi\int_1^2 (y_1^2 - y_2^2)dx$$
$$= \pi\int_1^2 \left[(x^2-2x)^2 - (x-2)^2\right]dx$$
$$= \pi\int_1^2 (x^4-4x^3+3x^2+4x-4)dx$$
$$= \pi\left[\frac{1}{5}x^5 - x^4 + x^3 + 2x^2 - 4x\right]_1^2 = \frac{\pi}{5}$$

38. ③

풀이 두 곡선 $y=\cos x$와 $y=\sin 2x$는

구간 $[0, \frac{\pi}{2}]$에서 $x=\frac{\pi}{6},\ x=\frac{\pi}{2}$에서 교점을 갖는다.

$$\int_0^{\frac{\pi}{6}}(\cos x - \sin 2x)dx + \int_{\frac{\pi}{6}}^{\frac{\pi}{2}}(\sin 2x - \cos x)dx = \frac{1}{2}$$

39. ③

풀이

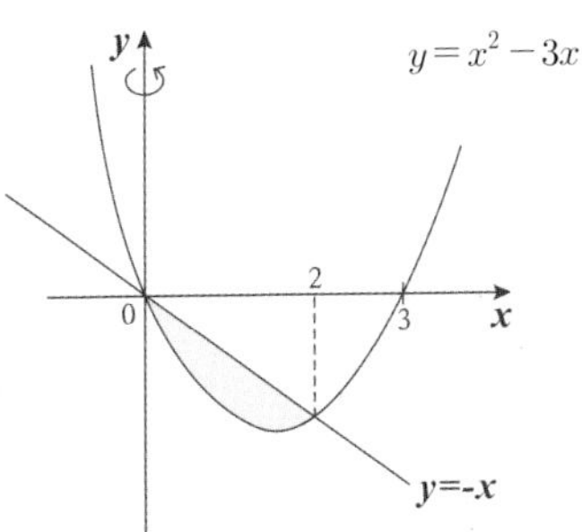

곡선 $y=x^2-3x$와 직선 $x+y=0$의 교점은 $x=0,\ x=2$이다.

$$V_y = 2\pi\int_0^2 x(|x^2-3x| - |-x|)dx$$
$$= 2\pi\int_0^2 x\{(-x^2+3x)-(x)\}dx = \frac{8\pi}{3}$$

40. 풀이 참조

풀이 (a) 원통셸법을 통해서 회전체의 부피를 구하고자 한다.

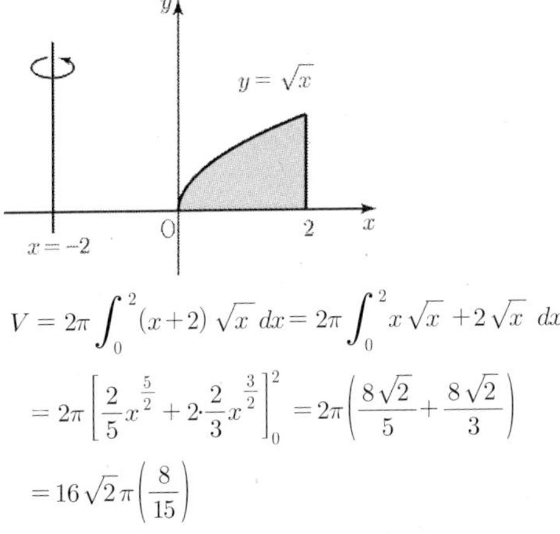

$$V = 2\pi\int_0^2 (x+2)\sqrt{x}\,dx = 2\pi\int_0^2 x\sqrt{x} + 2\sqrt{x}\ dx$$
$$= 2\pi\left[\frac{2}{5}x^{\frac{5}{2}} + 2\cdot\frac{2}{3}x^{\frac{3}{2}}\right]_0^2 = 2\pi\left(\frac{8\sqrt{2}}{5} + \frac{8\sqrt{2}}{3}\right)$$
$$= 16\sqrt{2}\pi\left(\frac{8}{15}\right)$$

(b) $y=f(x)=\sqrt{x}\ (1\le x\le 3)$의 길이는

$$\int_1^3\sqrt{1+(f'(x))^2}\,dx$$
$$= \int_1^3\sqrt{1+\left(\frac{1}{2\sqrt{x}}\right)^2}\,dx$$
$$= \int_1^3\sqrt{\frac{4x+1}{4x}}\,dx$$
$$= \frac{1}{2}\int_1^3\frac{\sqrt{4x+1}}{\sqrt{x}}\,dx$$

($\sqrt{x}=t$로 치환, $x=t^2,\ dx=2t\,dt$)

$$=\frac{1}{2}\int_1^{\sqrt{3}}\frac{\sqrt{4t^2+1}}{t}\cdot 2t\,dt$$

$$=\int_1^{\sqrt{3}}\sqrt{4t^2+1}\,dt$$

$(t=\frac{1}{2}\tan\theta$로 치환하면

$\sqrt{4t^2+1}=|\sec\theta|$, $\tan\alpha=2$, $\tan\beta=2\sqrt{3}$,

$dt=\frac{\sec^2\theta}{2}d\theta)$

$$=\frac{1}{2}\int_{\tan^{-1}2}^{\tan^{-1}2\sqrt{3}}\sec^3\theta\,d\theta$$

$$=\frac{1}{4}(\sec\theta\tan\theta+\ln|\sec\theta+\tan\theta|)_{\tan^{-1}2}^{\tan^{-1}2\sqrt{3}}$$

$$=\frac{1}{4}\left(2\sqrt{39}-2\sqrt{5}+\ln\left(\frac{\sqrt{13}+2\sqrt{3}}{2+\sqrt{5}}\right)\right)$$

[다른 풀이]

$x=y^2\ (1\le y\le\sqrt{3})$의 길이는

$$\int_1^{\sqrt{3}}\sqrt{1+(x')^2}\,dy$$

$$=\int_1^{\sqrt{3}}\sqrt{1+4y^2}\,dy(y=\frac{1}{2}\tan\theta\text{ 치환})$$

$$=\frac{1}{2}\int_{\tan^{-1}2}^{\tan^{-1}2\sqrt{3}}\sec^3\theta\,d\theta$$

$$=\frac{1}{4}(\sec\theta\tan\theta+\ln|\sec\theta+\tan\theta|)_{\tan^{-1}2}^{\tan^{-1}2\sqrt{3}}$$

$$=\frac{1}{4}\left(2\sqrt{39}-2\sqrt{5}+\ln\left(\frac{\sqrt{13}+2\sqrt{3}}{2+\sqrt{5}}\right)\right)$$

41. ④

풀이

$$l=\int_1^4\sqrt{1+\left(\frac{dy}{dx}\right)^2}\,dx$$

$$=\int_1^4\sqrt{1+\left\{(x-1)^{\frac{1}{2}}\right\}^2}\,dx$$

$$=\int_1^4\sqrt{x}\,dx=\frac{14}{3}$$

42. 4π

풀이 3엽 장미의 그래프이므로 한 개 잎의 절반을 6배 할 수 있다.

$$6\times\int_0^{\frac{\pi}{6}}\frac{1}{2}r^2d\theta=3\int_0^{\frac{\pi}{6}}16\cos^2 3\theta d\theta$$

$$=24\int_0^{\frac{\pi}{6}}1+\cos 6\theta d\theta=4\pi$$

43. ②

풀이

$$V_y=2\pi\int xydx$$

$$=2\pi\int_0^1 x\cdot\frac{1}{1+x^2}\,dx$$

$$=\pi\int_0^1\frac{2x}{1+x^2}\,dx$$

$$=\pi\left[\ln(1+x^2)\right]_0^1=\pi(\ln 2-\ln 1)=\pi ln2$$

44. ③

풀이 정사각형의 무게중심은 $(2,2)$이고

점 $(2,2)$와 직선 $x+y=0$ 사이의 거리는 $\frac{|2+2|}{\sqrt{1^2+1^2}}=2\sqrt{2}$

이므로 파푸스 정리를 이용하면

(회전체의 부피)=(넓이)×(중심이 이동한 거리)

$$=4\times 4\sqrt{2}\pi=16\sqrt{2}\pi$$

45. ②

풀이

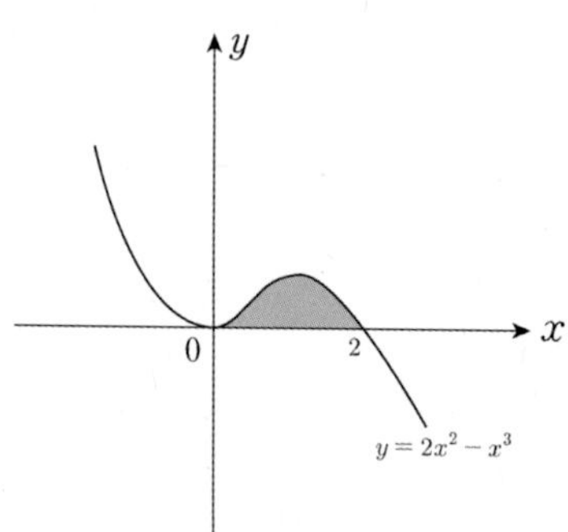

곡선 $y=2x^2-x^3$과 직선 $y=0$으로 둘러싸인 영역은

곡선 $y=2x^2-x^3$의 $0\le x\le 2$ 부분이다.

$$V_y=2\pi\int xydx$$

$$=2\pi\int_0^2 x(2x^2-x^3)\,dx$$

$$=2\pi\int_0^2(2x^3-x^4)\,dx$$

$$=2\pi\left[\frac{1}{2}x^4-\frac{1}{5}x^5\right]_0^2$$

$$=2\pi\left(2^3-\frac{1}{5}\cdot 2^5\right)$$

$$=2\pi\cdot 8\left(1-\frac{4}{5}\right)=\frac{16}{5}\pi$$

따라서 $a=16$, $b=5$이고 $a+b=16+5=21$이다.

46. ④

풀이 매개함수의 곡선의 길이 공식을 이용하자.

$x' = 1 - \cos t,\ y' = -\sin t$

$$l = \int_0^{2\pi} \sqrt{(x')^2 + (y')^2}\, dt$$
$$= \int_0^{2\pi} \sqrt{2 - 2\cos t}\, dt$$
$$= \int_0^{2\pi} \sqrt{4\sin^2 \frac{t}{2}}\, dt$$
$$= \int_0^{2\pi} 2\left|\sin\frac{t}{2}\right| dt$$
$$= \int_0^{2\pi} 2\sin\frac{t}{2}\, dt$$
$$= -4\cos\frac{t}{2}\Big]_0^{2\pi} = 8$$

47. ③

풀이 직선 $x = 2$는 y축 대칭이므로
원주각법에 의해 회전체의 부피를 구한다.

$$V_{x=2} = 2\pi\int_0^1 (2-x)(x^3+x)dx$$
$$= 2\pi\int_0^1 (2x^3 + 2x - x^4 - x^2)dx$$
$$= 2\pi\left(\frac{1}{2} + 1 - \frac{1}{5} - \frac{1}{3}\right) = \frac{29}{15}\pi$$

48. ④

풀이 $$\frac{1}{2}\int_0^{2\pi} (2+\sin\theta)^2 d\theta = \frac{1}{2}\int_0^{2\pi} (4 + 4\sin\theta + \sin^2\theta)d\theta$$
$$= \frac{1}{2}[4\theta - 4\cos\theta]_0^{2\pi} + \frac{1}{2}\int_0^{2\pi} \sin^2\theta d\theta$$
$$= \frac{9\pi}{2} (\because \text{왈리스 공식})$$

49. ②

풀이 $y = x^2 - 2$와 x축으로 둘러싸인 넓이는

$$\int_{-\sqrt{2}}^{\sqrt{2}} |x^2 - 2| dx = 2\int_0^{\sqrt{2}} 2 - x^2 dx = \frac{8}{3}\sqrt{2} \cdots (\text{i})$$

$y = x^2 - 2$와 $y = a$로 둘러싸인 넓이는

$$\int_{-\sqrt{a+2}}^{\sqrt{a+2}} \{a - (x^2 - 2)\}dx$$
$$= 2\int_0^{\sqrt{a+2}} (a + 2 - x^2)dx$$
$$= 2\left[(a+2)x - \frac{1}{3}x^3\right]_0^{\sqrt{a+2}}$$
$$= 2\left\{(a+2)\sqrt{a+2} - \frac{1}{3}(a+2)\sqrt{a+2}\right\}$$
$$= \frac{4}{3}(a+2)\sqrt{a+2} \cdots (\text{ii})$$

문제에서 (ii)의 값이 (i)의 값에 8배 이므로 (ii)=8×(i)

$$\frac{4}{3}(a+2)\sqrt{a+2} = \frac{64}{3}\sqrt{2} \Rightarrow (a+2)\sqrt{a+2} = 16\sqrt{2}$$
$$\Rightarrow (a+2)^{\frac{3}{2}} = 2^{\frac{9}{2}} = (2^3)^{\frac{3}{2}}$$
$$\Rightarrow a+2 = 8 \Rightarrow a = 6$$

50. ③

풀이 $$S = \int_3^6 \frac{\sqrt{x^2-9}}{x^2}dx$$
$$= \int_0^{\frac{\pi}{3}} \frac{3\tan\theta}{9\sec^2\theta} 3\sec\theta\tan\theta d\theta (\because x = 3\sec\theta\text{로 치환})$$
$$= \int_0^{\frac{\pi}{3}} \frac{\tan^2\theta}{\sec\theta} d\theta$$
$$= \int_0^{\frac{\pi}{3}} \frac{\sec^2\theta - 1}{\sec\theta} d\theta$$
$$= \int_0^{\frac{\pi}{3}} (\sec\theta - \cos\theta) d\theta$$
$$= [\ln(\sec\theta + \tan\theta) - \sin\theta]_0^{\frac{\pi}{3}}$$
$$= \ln(2 + \sqrt{3}) - \frac{\sqrt{3}}{2}$$

TIP 문제에서 언급하지 않았더라도
항상 함수의 정의역을 생각하는 것은 기본입니다.

51. ②

풀이 구간 $[a, b]$에서 $y = f(x)$를 x축에 대하여 회전시켜서 얻은 도형의 겉넓이 $S_x = 2\pi\int_a^b f(x)\sqrt{1 + \{f'(x)\}^2}\, dx$이므로

$$S_x = 2\pi\int_0^{\frac{\pi}{2}} \cos x\sqrt{1 + (-\sin x)^2}\, dx \times 2$$
$$= 4\pi\int_0^{\frac{\pi}{2}} \cos x\sqrt{1 + \sin^2 x}\, dx$$
$$= 4\pi\int_0^1 \sqrt{1 + t^2}\, dt\ (\sin x = t\text{로 치환})$$
$$= 4\pi\int_0^{\frac{\pi}{4}} \sqrt{1 + \tan^2 u}\sec^2 u du\ (t = \tan u\text{로 치환})$$

$$=4\pi\int_0^{\frac{\pi}{4}}\sec^3 u du$$

$$=2\pi\left[\sec u\tan u+\ln(\sec u+\tan u)\right]_0^{\frac{\pi}{4}}$$

$$=2\pi\{\sqrt{2}+\ln(\sqrt{2}+1)\}$$

52. ①

풀이 두 곡선의 교점은 $\begin{cases}x^2-y^2=1\\5y=3x\end{cases}$ 의 연립방정식에 의해 $\left(\frac{5}{4},\frac{3}{4}\right)$, $\left(-\frac{5}{4},-\frac{3}{4}\right)$ 이다.

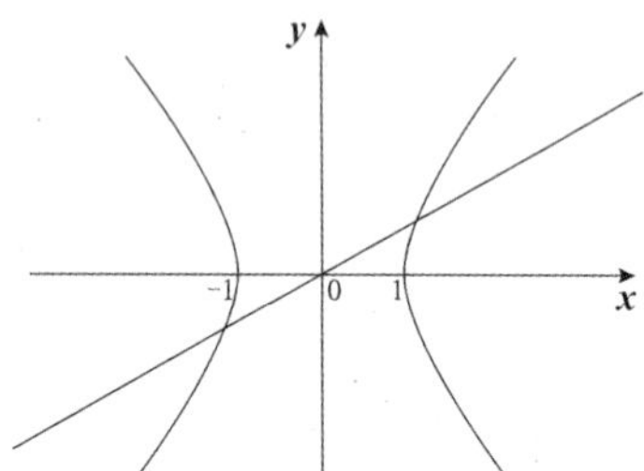

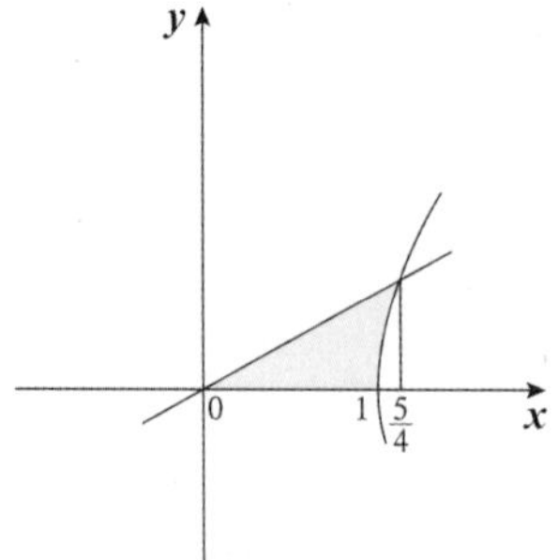

$x>0$ 인 두 곡선과 x축 사이의 면적 A 는 삼각형의 면적에서 곡선 $x^2-y^2=1$ 과 x축으로 둘러싸인 부분의 면적의 차이다.

즉, $A=\frac{1}{2}\times\frac{3}{4}\times\frac{5}{4}-\int_1^{\frac{5}{4}}ydx$ 이다.

$$\int_1^{\frac{5}{4}}ydx=\int_1^{\frac{5}{4}}\sqrt{x^2-1}\,dx$$

$(x=\sec\theta$로 치환, $\sec 0=1$, $\sec a=\frac{5}{4})$

$$=\int_0^a\tan^2\theta\sec\theta d\theta=\int_0^a\sec^3\theta-\sec\theta d\theta$$

$$=\frac{1}{2}\{\sec\theta tan\theta+\ln(\sec\theta+\tan\theta)\}-\ln(\sec\theta+\tan\theta)\Big|_0^a$$

$$=\frac{1}{2}\{\sec\theta\tan\theta\}-\frac{1}{2}\ln(\sec\theta+\tan\theta)\Big]_0^a$$

$$=\frac{1}{2}\cdot\frac{5}{4}\cdot\frac{3}{4}-\frac{1}{2}\ln(2)$$

따라서 $A=\frac{1}{2}\times\frac{3}{4}\times\frac{5}{4}-\int_1^{\frac{5}{4}}ydx=\frac{1}{2}\ln2$

[다른 풀이]

이 때, $x^2-y^2=1 \Leftrightarrow \begin{cases}x=\cosh t\\y=\sinh t\end{cases}$ 이고

$x=1$일 때, $\cosh t=1$에서 $t=0$,

$x=\frac{5}{4}$ 일 때, $\cosh t=\frac{5}{4}$에서

$t=\cosh^{-1}\frac{5}{4}=\ln\left(\frac{5}{4}+\sqrt{\left(\frac{5}{4}\right)^2-1}\right)=\ln 2$이다. 그러므로

$$A=\frac{1}{2}\times\frac{3}{4}\times\frac{5}{4}-\int_1^{\frac{5}{4}}ydx$$

$$=\frac{15}{32}-\int_0^{\ln2}\sinh^2 tdt$$

$$=\frac{15}{32}-\int_0^{\ln2}\frac{1}{4}(e^{2t}-2+e^{-2t})dt$$

$$=\frac{15}{32}-\frac{1}{4}\left[\frac{1}{2}e^{2t}-2t-\frac{1}{2}e^{-2t}\right]_0^{\ln2}$$

$$=\frac{15}{32}-\frac{1}{4}\left(\frac{1}{2}e^{2\ln2}-2\ln2-\frac{1}{2}e^{-2\ln2}\right)=\frac{1}{2}\ln2$$

53. 25

풀이 $V_y=2\pi\int_{x_1}^{x_2}xydx$이므로

$$V_y=2\pi\int_0^{\ln2}x\times\frac{\tanh x}{x}dx$$

$$=2\pi\int_0^{\ln2}\tanh xdx$$

$$=2\pi\left[\ln(\cosh x)\right]_0^{\ln2}$$

$$=2\pi ln(\cosh(\ln2))$$

즉, $2\pi ln(\cosh(\ln2))=2\pi lna$이므로

$\cosh(\ln2)=a \Leftrightarrow \frac{e^{\ln2}+e^{-\ln2}}{2}=\frac{5}{4}=a$이다.

$\therefore 20a=20\times\frac{5}{4}=25$

54. ①

풀이

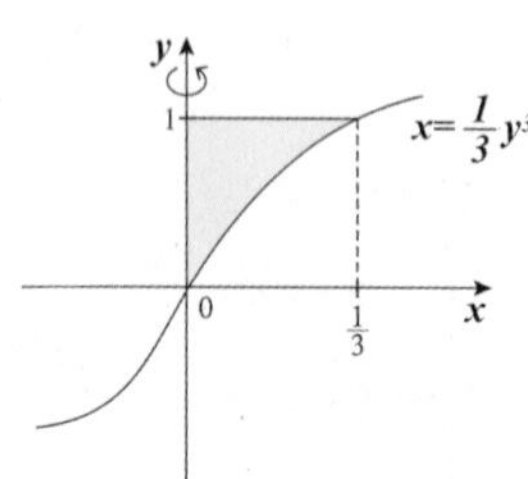

구간 $[a,b]$에서 $y=f(x)$를 y축에 대하여 회전시켜서 얻은 도형의 겉넓이를 S_y라 하면 $S_y=2\pi\int_a^b x\sqrt{1+\{x'\}^2}\,dy$이므로

$$S_y = 2\pi \int_0^1 x\sqrt{1+\{y^2\}^2}\,dy$$
$$= \frac{2}{3}\pi\left[\frac{1}{4}\frac{2}{3}(1+y^4)^{\frac{3}{2}}\right]_0^1$$
$$= \frac{\pi}{9}\{2\sqrt{2}-1\}$$

또 밑면의 넓이는 $\frac{\pi}{9}$ 이므로 회전체의 겉넓이는

$$S = \frac{\pi}{9}(2\sqrt{2}-1) + \frac{\pi}{9} = \frac{2\sqrt{2}}{9}\pi$$

55. ①

풀이 $S_x = 2\cdot 2\pi\int_0^1 y\sqrt{1+\left(\frac{dy}{dx}\right)^2}\,dx$

$$=2\left(2\pi\int_0^1 \sqrt{4-x^2}\sqrt{1+\frac{x^2}{4-x^2}}\,dx\right)$$
$$=4\pi\int_0^1 \sqrt{4-x^2+x^2}\,dx = 8\pi$$

56. ①

풀이 원주각법에 의해

$$V_y = 2\pi\int_0^{\frac{\sqrt{\pi}}{2}} x(\cos(x^2)-\sin(x^2))dx$$
$$=\pi[\sin(x^2)+\cos(x^2)]_0^{\frac{\sqrt{\pi}}{2}} = (\sqrt{2}-1)\pi$$

57. ④

풀이 주어진 부분의 넓이는 $r=6\cos\theta$의 내부와 $r=2(1+\cos\theta)$의 외부의 공통영역의 넓이와 같다. 두 곡선의 교점은

$6\cos\theta = 2(\cos\theta+1) \Leftrightarrow \theta = \pm\frac{\pi}{3}$ 이다.

면적 $A = 2\times\frac{1}{2}\int_0^{\frac{\pi}{3}}\{(6\cos\theta)^2-4(1+\cos\theta)^2\}d\theta$

$$=\int_0^{\frac{\pi}{3}}(36\cos^2\theta-4-8\cos\theta-4\cos^2\theta)d\theta$$
$$=\int_0^{\frac{\pi}{3}}(12+16\cos2\theta-8\cos\theta)d\theta$$
$$=[12\theta+8\sin2\theta-8\sin\theta]_0^{\frac{\pi}{3}} = 4\pi$$

58. ③

풀이 $(x(t), y(t)) = (-\frac{3}{4}t^3+t+1,\ \frac{3}{2}t^2)$

$$\Rightarrow (x'(t), y'(t)) = (-\frac{9}{4}t^2+1,\ 3t)$$
$$\Rightarrow l = \int_0^2\sqrt{(1-\frac{9}{4}t^2)^2+(3t)^2}\,dt$$
$$=\int_0^2\sqrt{(\frac{9}{4}t^2+1)^2}\,dt$$
$$=\int_0^2(\frac{9}{4}t^2+1)dt$$
$$=[\frac{3}{4}t^3+t]_0^2 = 8$$

59. ④

풀이 $\theta=0$에서 $\theta=\pi$까지 매개곡선과 좌표축으로 둘러싸인 영역의 넓이에서 직선 $y=\frac{2}{\pi}x$ 아래 영역의 넓이를 빼주면 된다.

$$\int_0^\pi(1-\cos\theta)^2\,d\theta - \int_0^\pi\frac{2}{\pi}x\,dx$$
$$=\int_0^\pi(1-2\cos\theta+\cos^2\theta)d\theta - \int_0^\pi\frac{2}{\pi}x\,dx$$
$$=\left[\theta-2\sin\theta+\frac{1}{2}\theta+\frac{1}{4}\sin2\theta\right]_0^\pi - \left[\frac{1}{\pi}x^2\right]_0^\pi$$
$$=\frac{3}{2}\pi-\pi=\frac{\pi}{2}$$

[다른 풀이]
이미 알고 있는 사이클로이드 면적 공식과
삼각형의 면적을 빼주는 방법을 생각해보자.

60. ⑤

풀이 둘러싸인 영역의 넓이는

$t=0$에서 $t=\frac{\pi}{4}$까지의 영역의 넓이의 2배이므로

$2\int_0^1|y|dx$의 면적공식을 적용하고 치환적분을 한다.

$$2\int_{\frac{\pi}{4}}^0|\cos2t\tan t|(-2\sin2t)dt$$
$$=4\int_0^{\frac{\pi}{4}}\sin2t\cos2t\tan t\,dt$$
$$=4\int_0^{\frac{\pi}{4}}2\sin t\cos t\cos2t\frac{\sin t}{\cos t}dt$$
$$=4\int_0^{\frac{\pi}{4}}2\sin^2 t\cos2t\,dt$$

$$=4\int_0^{\frac{\pi}{4}} 2\left(\frac{1-\cos 2t}{2}\right)\cos 2t\,dt$$

$$=4\int_0^{\frac{\pi}{4}} \cos 2t-\cos^2 2t\ dt\,(2t=u \text{ 치환적분})$$

$$=2\int_0^{\frac{\pi}{2}} \cos u-\cos^2 u\ du\,(\text{왈리스 공식})$$

$$=2\left(1-\frac{\pi}{4}\right)=2-\frac{\pi}{2}$$

61. ②

풀이 $$V=\pi\int_0^{\frac{\pi}{4}} \tan^2 x\,dx+\pi\int_{\frac{\pi}{4}}^{\frac{\pi}{2}} dx$$

$$=\pi\int_0^{\frac{\pi}{4}} (\sec^2 x-1)\,dx+\frac{\pi^2}{4}$$

$$=\pi\,[\tan x-x]_0^{\frac{\pi}{4}}+\frac{\pi^2}{4}=\pi$$

62. ④

풀이 파푸스 정리에 의하여

V=(영역의 넓이)×(영역의 중심이 이동한 거리)

$=\pi\times(2\pi\times 1^2)=2\pi^2$

63. ④

풀이 곡선 $y=\sqrt[3]{2-x^3}$ 과 $y=tx$의 교점의 좌표는

$\sqrt[3]{2-x^3}=tx \ \Rightarrow\ 2-x^3=t^3x^3 \ \Rightarrow\ x^3=\dfrac{2}{1+t^3}$ 에서

$x=\sqrt[3]{\dfrac{2}{1+t^3}}$, $y=t\sqrt[3]{\dfrac{2}{1+t^3}}$ 이고

곡선 $y=\sqrt[3]{2-x^3}$ 과 $y=0$의 교점의 x좌표는 $x=\sqrt[3]{2}$ 이다.

$S(t)=S_1+S_2$

$$=\frac{1}{2}\cdot\sqrt[3]{\frac{2}{1+t^3}}\cdot t\sqrt[3]{\frac{2}{1+t^3}}+\int_{\sqrt[3]{\frac{2}{1+t^3}}}^{\sqrt[3]{2}}\sqrt[3]{2-x^3}\,dx$$

$$=\frac{\sqrt[3]{4}}{2}t(1+t^3)^{-\frac{2}{3}}+\int_{\sqrt[3]{\frac{2}{1+t^3}}}^{\sqrt[3]{2}}\sqrt[3]{2-x^3}\,dx \text{ 이므로}$$

$$S'(t)=\frac{\sqrt[3]{4}}{2}\left\{(1+t^3)^{-\frac{2}{3}}-\frac{2}{3}t(1+t^3)^{-\frac{5}{3}}\cdot 3t^2\right\}$$

$$-\sqrt[3]{2-\frac{2}{1+t^3}}\cdot\sqrt[3]{2}\left(-\frac{1}{3}\right)(1+t^3)^{-\frac{4}{3}}\cdot 3t^2$$

$$\therefore S'(1)=\frac{\sqrt[3]{4}}{2}\left(2^{-\frac{2}{3}}-\frac{2}{3}\cdot 2^{-\frac{5}{3}}\cdot 3\right)$$

$$-\sqrt[3]{2-1}\cdot\left(-\frac{\sqrt[3]{2}}{3}\right)2^{-\frac{4}{3}}\cdot 3$$

$$=0+\frac{\sqrt[3]{2}}{3}\cdot\frac{3}{2\sqrt[3]{2}}=\frac{1}{2}$$

64. ④

풀이 $$S_x=\int 2\pi y\,ds$$

$$=\int 2\pi y(t)\sqrt{\left(\frac{dx}{dt}\right)^2+\left(\frac{dy}{dt}\right)^2}\,dx$$

$$=\int_0^{\frac{\pi}{2}} 2\pi\cos^2 t\,\sqrt{(2\sin t\cos t)^2+(-2\cos t\sin t)^2}\,dt$$

$$=4\sqrt{2}\pi\int_0^{\frac{\pi}{2}}\cos^3 t\sin t\,dt$$

$$=4\sqrt{2}\pi\left[-\frac{1}{4}\cos^4 t\right]_0^{\frac{\pi}{2}}=\sqrt{2}\pi$$

65. ②

풀이 극방정식 $r^2=\cos 2\theta$의 그래프는 다음과 같다.

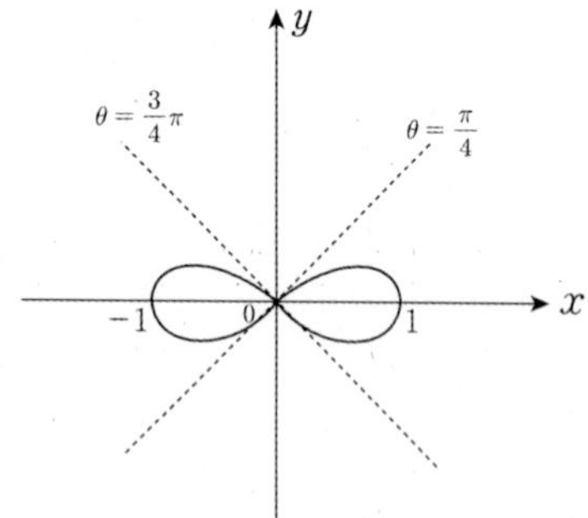

주어진 그래프는 x축, y축에 대하여 대칭이므로
y축의 우측에 놓인 곡선을 y축 중심으로 회전시켰을 때 생성된 곡면의 넓이는 영역 $0\le\theta\le\dfrac{\pi}{4}$($xy$평면에서의 1사분면)의 곡면의 넓이를 2배하면 된다.

$r=\sqrt{\cos 2\theta}$ 이고, $r'=\dfrac{2\sin 2\theta}{2\sqrt{\cos 2\theta}}=\dfrac{\sin 2\theta}{\sqrt{\cos 2\theta}}$,

$(r')^2+r^2=\dfrac{\sin^2 2\theta}{\cos 2\theta}+\cos 2\theta=\dfrac{\sin^2 2\theta+\cos^2 2\theta}{\cos 2\theta}=\dfrac{1}{\cos 2\theta}$

$\sqrt{(r')^2+r^2}=\dfrac{1}{\sqrt{\cos 2\theta}}=\dfrac{1}{r}$ 이다.

$$S_y\text{축} = 2\times 2\pi\int_C x\,ds$$
$$= 2\times 2\pi\int_0^{\frac{\pi}{4}} r\cos\theta\sqrt{(r')^2+r^2}\,d\theta$$
$$= 4\pi\int_0^{\frac{\pi}{4}}\cos\theta\,d\theta$$
$$= 4\pi[\sin\theta]_0^{\frac{\pi}{4}}$$
$$= 4\pi\cdot\frac{\sqrt{2}}{2} = 2\sqrt{2}\pi$$

66. ①

풀이 두 구의 교선은

$x^2+y^2+z^2-1=(x-1)^2+y^2+z^2-1$

$\Rightarrow\ x^2+y^2+z^2-1=x^2-2x+1+y^2+z^2-1$

$\Rightarrow\ 2x=1\ \Rightarrow\ x=\frac{1}{2}$이므로

구하는 겉넓이는 구 S_1의 $\frac{1}{2}\le x\le 1$ 부분의 겉넓이이다.

이는 구 S_1의 $\frac{1}{2}\le z\le 1$ 부분의 겉넓이와 같으므로

$z=\sqrt{1-x^2-y^2}$ 으로 두고

$\frac{1}{2}\le z\le 1$ 부분의 겉넓이 S를 구하면 된다.

$$z_x = \frac{-2x}{2\sqrt{1-x^2-y^2}} = -\frac{x}{\sqrt{1-x^2-y^2}},$$
$$z_y = \frac{-2y}{2\sqrt{1-x^2-y^2}} = -\frac{y}{\sqrt{1-x^2-y^2}}\text{이므로}$$
$$S = \iint_D \sqrt{1+(z_x)^2+(z_y)^2}\,dx\,dy$$
$$= \iint_D \sqrt{1+\frac{x^2}{1-x^2-y^2}+\frac{y^2}{1-x^2-y^2}}\,dx\,dy$$
$$= \iint_D \frac{1}{\sqrt{1-x^2-y^2}}\,dx\,dy$$
$$= \int_0^{2\pi}\int_0^{\frac{\sqrt{3}}{2}} \frac{1}{\sqrt{1-r^2}}\cdot r\,dr\,d\theta$$

$(\because z=\frac{1}{2}$이므로 $D: x^2+y^2=\left(\frac{\sqrt{3}}{2}\right)^2)$

$$= 2\pi\left[-(1-r^2)^{\frac{1}{2}}\right]_0^{\frac{\sqrt{3}}{2}}$$
$$= 2\pi\left\{-\left(\frac{1}{4}\right)^{\frac{1}{2}}+1\right\} = 2\pi\left(-\frac{1}{2}+1\right) = \pi$$

67. ⑤

풀이 극좌표의 원리를 다시 한 번 확인하기 좋은 그래프입니다.

$r=\theta$(단, $-\frac{3\pi}{2}\le\theta\le\frac{3\pi}{2}$) 그래프는 수업에서 확인하세요.

$$2\times\left(\frac{1}{2}\int_{\frac{\pi}{2}}^{\frac{3\pi}{2}}\theta^2 d\theta - \frac{1}{2}\int_0^{\frac{\pi}{2}}\theta^2 d\theta\right) = \frac{25\pi^3}{24}$$

68. ①

풀이 넓이 $S=\int_0^1 (xe^{1-x}-x)dx$

$$= \int_0^1 xe^{1-x}dx - \int_0^1 x\,dx$$
$$= \left[-xe^{1-x}\right]_0^1 + \int_0^1 e^{1-x}dx - \frac{1}{2}\left[x^2\right]_0^1 (\because \text{부분적분})$$
$$= \left[-xe^{1-x}\right]_0^1 - \left[e^{1-x}\right]_0^1 - \frac{1}{2}\left[x^2\right]_0^1 = e-\frac{5}{2}$$

69. ①

풀이 적분 넓이의 범위를 잡기 위하여 두 극곡선의 교각을 구해보자.

$r=3-\sin3\theta$와 $r=2+\sin3\theta$의 교각이므로

$3-\sin3\theta=2+\sin3\theta$를 만족한다.

따라서 교각은 $\theta=\frac{\pi}{18},\ \frac{5}{18}\pi$이고

대칭됨을 이용하면 구하고자 하는 넓이는

$$\left[\frac{1}{2}\int_{\frac{\pi}{18}}^{\frac{5}{18}\pi}\left\{(2+\sin3\theta)^2-(3-\sin3\theta)^2\right\}d\theta\right]\times 3$$
$$= \frac{3}{2}\int_{\frac{\pi}{18}}^{\frac{5}{18}\pi}\left\{4+4\sin3\theta+\sin^2 3\theta-(9-6\sin3\theta+\sin^2 3\theta)\right\}d\theta$$
$$= \frac{3}{2}\int_{\frac{\pi}{18}}^{\frac{5}{18}\pi}(-5+10\sin3\theta)\,d\theta$$
$$= \frac{3}{2}\left[-5\theta-\frac{10}{3}\cos3\theta\right]_{\frac{\pi}{18}}^{\frac{5}{18}\pi}$$
$$= \frac{3}{2}\left\{-5\left(\frac{5}{18}\pi-\frac{\pi}{18}\right)-\frac{10}{3}\left(\cos\frac{5}{6}\pi-\cos\frac{\pi}{6}\right)\right\}$$
$$= \frac{3}{2}\left\{-5\cdot\frac{2}{9}\pi-\frac{10}{3}\cdot(-\sqrt{3})\right\} = 5\sqrt{3}-\frac{5}{3}\pi$$

70. ④

풀이 $V_1=\int_0^1 \pi\{1^2-(\sqrt[4]{x})^2\}dx$

$=\pi\int_0^1(1-\sqrt{x})dx$

$=\pi\left[x-\frac{2}{3}x^{\frac{3}{2}}\right]_0^1=\pi\left(1-\frac{2}{3}\right)=\frac{1}{3}\pi$

$V_2=\pi\int_0^1\{y^2-(y^4)^2\}dy$

$=\pi\left[\frac{1}{3}y^3-\frac{1}{9}y^9\right]_0^1$

$=\pi\left(\frac{1}{3}-\frac{1}{9}\right)=\frac{2}{9}\pi$

$\therefore V_1 : V_2=\frac{1}{3}\pi:\frac{2}{9}\pi=3:2$

71. $4\sqrt[3]{4}$

풀이 직선 $y=k$와 $y=x^2$, y축과 둘러싸인 부분의 면적이 $y=4$와 $y=x^2$, y축으로 둘러싸인 부분의 면적의 두 배이므로 $\int_0^k \sqrt{y}\,dy=2\int_0^4\sqrt{y}\,dy$이다.

따라서 $\frac{2}{3}k\sqrt{k}=\frac{32}{3}$이므로 $k=4\sqrt[3]{4}$이다.

72. ②

풀이 $S_y=2\pi\int_0^2\sqrt{y}\sqrt{1+\frac{1}{4y}}\,dy$

$=2\pi\int_0^2\sqrt{y+\frac{1}{4}}\,dy$

$=2\pi\cdot\frac{2}{3}\left[\left(\sqrt{\frac{1}{4}+y}\right)^3\right]_0^2=\frac{4\pi}{3}\times\frac{13}{4}=\frac{13\pi}{3}$

73. ②

풀이 $x=r\cos\theta=(1-2\sin\theta)\cos\theta=0$과
$y=r\sin\theta=(1-2\sin\theta)\sin\theta=0$을 연립하면
$\sin\theta=\frac{1}{2}$에서 $\theta=\frac{\pi}{6}$ 또는 $\frac{5}{6}\pi$이다.
따라서 빗금 친 부분의 넓이 S는

$S=\int_{\frac{\pi}{6}}^{\frac{5}{6}\pi}\frac{1}{2}r^2\,d\theta$

$=\int_{\frac{\pi}{6}}^{\frac{5}{6}\pi}\frac{1}{2}(1-2\sin\theta)^2\,d\theta$

$=\int_{\frac{\pi}{6}}^{\frac{5}{6}\pi}\frac{1}{2}(1-4\sin\theta+4\sin^2\theta)\,d\theta$

$=\frac{1}{2}\int_{\frac{\pi}{6}}^{\frac{5}{6}\pi}(1-4\sin\theta+2-2\cos2\theta)\,d\theta$

$=\frac{1}{2}\int_{\frac{\pi}{6}}^{\frac{5}{6}\pi}(3-4\sin\theta-2\cos2\theta)\,d\theta$

$=\frac{1}{2}\left[3\theta+4\cos\theta-\sin2\theta\right]_{\frac{\pi}{6}}^{\frac{5}{6}\pi}$

$=\frac{1}{2}\left\{3\left(\frac{5}{6}\pi-\frac{\pi}{6}\right)+4\left(-\frac{\sqrt{3}}{2}-\frac{\sqrt{3}}{2}\right)-\left(-\frac{\sqrt{3}}{2}-\frac{\sqrt{3}}{2}\right)\right\}$

$=\pi-\frac{3}{2}\sqrt{3}$

74. ②

풀이 $1-\cos\theta=-3\cos\theta \Rightarrow \theta=\frac{2}{3}\pi,\ \frac{4}{3}\pi$

문제에서 주어진 영역 R은 x축에 대칭이므로 넓이는

$S=\int_{\frac{\pi}{2}}^{\frac{2}{3}\pi}9\cos^2\theta\,d\theta+\int_{\frac{2}{3}\pi}^{\pi}(1-\cos\theta)^2\,d\theta$

$=\frac{9}{2}\int_{\frac{\pi}{2}}^{\frac{2}{3}\pi}(1+\cos2\theta)\,d\theta+\int_{\frac{2}{3}\pi}^{\pi}(1-2\cos\theta+\cos^2\theta)\,d\theta$

$=\frac{9}{2}\left[\theta+\frac{1}{2}\sin2\theta\right]_{\frac{\pi}{2}}^{\frac{2}{3}\pi}+\left[\frac{3}{2}\theta-2\sin\theta+\frac{1}{4}\sin2\theta\right]_{\frac{2}{3}\pi}^{\pi}$

$=\frac{3}{4}\pi-\frac{9\sqrt{3}}{8}+\frac{9\sqrt{3}}{8}+\frac{\pi}{2}=\frac{5}{4}\pi$

TIP $r=1+\cos\theta$의 내부와 $r=3\cos\theta$의 내부영역과 면적이 같다. 범위를 잡기 불편하다면 그래프를 바꿔서 풀이해도 된다.

75. ④

풀이 원의 중심 $(0,\ 2)$에서 회전반지름은 $d=2$이므로
파푸스 정리를 이용하면 회전체의 부피는
$V=$(원의 넓이)$\times(2\pi d)=4\pi^2$

76. ③

풀이 ㄱ. $A=\pi\int_0^4(\sqrt{x})^2\,dx=\pi\int_0^4 x\,dx=\pi\left[\frac{1}{2}x^2\right]_0^4=8\pi$

ㄴ. $B=2\pi\int_0^2 x(2x-x^2)\,dx$

$=2\pi\int_0^2(2x^2-x^3)\,dx$

$$= 2\pi\left[\frac{2}{3}x^3 - \frac{1}{4}x^4\right]_0^2$$
$$= 2\pi\left(\frac{16}{3} - 4\right) = \frac{8}{3}\pi$$

ㄷ. $y = \frac{2}{3}(x-1)^{\frac{3}{2}}$ 에서 $y' = (x-1)^{\frac{1}{2}}$ 이므로

$$C = \int_1^4 \sqrt{1+(x-1)}\,dx = \int_1^4 \sqrt{x}\,dx$$
$$= \left[\frac{2}{3}x^{\frac{3}{2}}\right]_1^4 = \frac{2}{3}(8-1) = \frac{14}{3}$$

77. ①

풀이 $\frac{dx}{dt} = \frac{1}{2}t^3 - \frac{1}{2}t^{-3}$, $\frac{dy}{dt} = 1$이므로

$$\left(\frac{dx}{dt}\right)^2 + \left(\frac{dy}{dt}\right)^2 = \left(\frac{1}{2}t^3 - \frac{1}{2}t^{-3}\right)^2 + 1$$
$$= \frac{1}{4}(t^6 - 2 + t^{-6}) + 1$$
$$= \frac{1}{4}(t^6 + 2 + t^{-6}) = \frac{1}{4}(t^3 + t^{-3})^2$$

따라서 곡선의 길이 l은

$$l = \int_1^2 \sqrt{\left(\frac{dx}{dt}\right)^2 + \left(\frac{dy}{dt}\right)^2}\,dt$$
$$= \int_1^2 \frac{1}{2}(t^3 + t^{-3})\,dt$$
$$= \frac{1}{2}\left[\frac{1}{4}t^4 - \frac{1}{2}t^{-2}\right]_1^2$$
$$= \frac{1}{2}\left\{\frac{1}{4}(16-1) - \frac{1}{2}\left(\frac{1}{4} - 1\right)\right\} = \frac{1}{2}\left(\frac{15}{4} + \frac{3}{8}\right) = \frac{33}{16}$$

78. ①

풀이 x축에 수직으로 자른 단면을 생각하면 단면의 넓이는 y^2이다.
따라서 입체의 부피는

$$V = \int_0^2 y^2\,dx$$
$$= \int_0^2 \left(1 - \frac{x^2}{4}\right)^2 dx$$
$$= \int_0^2 \left(1 - \frac{1}{2}x^2 + \frac{1}{16}x^4\right)dx$$
$$= \left[x - \frac{1}{6}x^3 + \frac{1}{80}x^5\right]_0^2 = 2 - \frac{4}{3} + \frac{2}{5} = \frac{16}{15}$$

79. ③

풀이 $V = 2\pi\int_1^2 x\sqrt{1 - \frac{x^2}{4}}\,dx$

$$= -4\pi\,\frac{2}{3}\left[\left(1 - \frac{x^2}{4}\right)^{\frac{3}{2}}\right]_1^2$$
$$= -\frac{8}{3}\pi\left(-\frac{3\sqrt{3}}{8}\right) = \sqrt{3}\pi$$

80. ③

풀이 두 원의 방정식은 $x^2 + y^2 = 4$, $(x-2)^2 + y^2 = 4$이므로
교점은 $(1,\ \sqrt{3})$, $(1,\ -\sqrt{3})$이다.

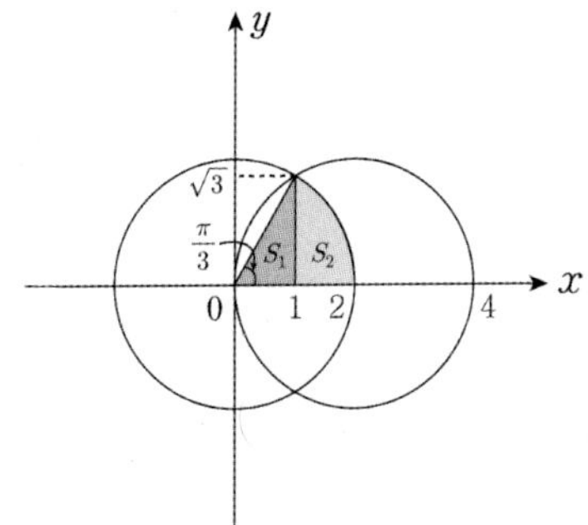

구하고자 하는 넓이를 S라 두면 $S = 2^2\pi - 4S_2$이다.

S_2 =(중심각이 $\frac{\pi}{3}$인 부채꼴의 넓이)−(삼각형 S_1의 넓이)

$$= \frac{1}{2}\cdot 2^2\cdot\frac{\pi}{3} - \frac{1}{2}\cdot 1\cdot\sqrt{3} = \frac{2}{3}\pi - \frac{\sqrt{3}}{2}$$

$$\therefore S = 2^2\pi - 4S_2 = 4\pi - 4\left(\frac{2}{3}\pi - \frac{\sqrt{3}}{2}\right) = \frac{4}{3}\pi + 2\sqrt{3}$$

6. 이상적분&무한급수

1. ③

풀이 ① $\lim_{n\to\infty}\left|\frac{(n+1)^{2018}x^{n+1}}{n^{2018}x^n}\right| = |x|<1$

따라서 수렴반경은 $R=1$이다.

② $\lim_{n\to\infty}\left|\frac{\left(1+\frac{1}{2}+\cdots+\frac{1}{n}+\frac{1}{n+1}\right)x^{n+1}}{\left(1+\frac{1}{2}+\cdots+\frac{1}{n}\right)x^n}\right|$

$= |x|\lim_{n\to\infty}\left[1+\frac{1}{1+\frac{1}{2}+\cdots+\frac{1}{n}}\cdot\frac{1}{n+1}\right]$

$= |x|<1$

따라서 수렴반경은 $R=1$이다.

TIP $1+\frac{1}{\sum_{n=1}^{\infty}\frac{1}{n}}\cdot\lim_{n\to\infty}\frac{1}{n+1}=1$

③ $\lim_{n\to\infty}\left|\frac{(n+1)!(n+2)!x^{n+1}}{(2n+2)!}\cdot\frac{(2n)!}{n!(n+1)!x^n}\right|$

$= \frac{1}{4}|x|<1 \Rightarrow \ |x|<4.$

따라서 수렴반경은 $R=4$이다.

④ $\lim_{n\to\infty}\left|\frac{x^{n+1}}{(\ln(n+1))^{2018}}\cdot\frac{(\ln n)^{2018}}{x^n}\right|$

$= |x|\lim_{n\to\infty}\left[\frac{\ln n}{\ln(n+1)}\right]^{2018} = |x|<1$

따라서 수렴반경은 $R=1$이다.

2. ②

풀이 ① 기하급수이므로 $\left|\frac{2}{p}-1\right|<1$이어야 한다.

$-1<\frac{2}{p}-1<1 \Rightarrow 0<\frac{2}{p}<2 \quad \therefore p>1$

② $\int_0^1 \frac{1}{x^p}dx = \lim_{a\to0^+}\int_a^1 x^{-p}dx$

$= \lim_{a\to0^+}\frac{1}{1-p}\left[x^{1-p}\right]_a^1$

$= \lim_{a\to0^+}\frac{1}{1-p}\left[1-a^{1-p}\right]_a^1$

이므로 $p<1$일 때, $\frac{1}{1-p}$로 수렴한다.

③ $\ln x = t,\ \frac{1}{x}dx = dt$로 치환하면

$\int_{\ln2}^{\infty} t^{-p}\,dt = \frac{1}{1-p}\lim_{a\to\infty}\left[\frac{1}{t^{p-1}}\right]_{\ln2}^{a}$

$= \frac{1}{1-p}\lim_{a\to\infty}\left\{\frac{1}{a^{p-1}}-\frac{1}{(\ln2)^{p-1}}\right\}$

이므로 $p>1$일 때 수렴한다.

④ $\sum_{n=0}^{\infty}\frac{1}{(n+1)^p}\le\sum_{n=0}^{\infty}\frac{1}{n^p}$이므로

p급수 판정법에 의해 $p>1$일 때, 수렴한다.

따라서 양수 p의 범위가 다른 것은 ②이다.

3. ⑤

풀이 ① (절대수렴) $\sum_{n=1}^{\infty}\left(\frac{2}{3}\right)^n$은 무한등비급수의 수렴조건에 의해 수렴하므로 절대수렴이다.

② (절대수렴) $\sum_{n=1}^{\infty}\frac{e^{1/n}}{n^3}\le\sum_{n=1}^{\infty}\frac{1}{n^3}$ 이므로 비교판정법에 의해 수렴하므로 절대수렴이다.

③ (발산) $\lim_{n\to\infty}(-1)^n\frac{2^n}{n^2}=\infty\ne0$ 이므로 발산정리에 의해

$\sum_{n=n}^{\infty}(-1)^n\frac{2^n}{n^2}$은 발산한다.

④ (절대수렴) $\sum_{n=1}^{\infty}\frac{\tan^{-1}n}{n^2}\le\frac{\pi}{2}\sum_{n=1}^{\infty}\frac{1}{n^2}$ 비교판정법에 의해 수렴하므로 절대수렴이다.

⑤ (조건부수렴) $a_n=\frac{1}{\ln(n+1)}$이라 하면

$\sum_{n=1}^{\infty}\left|(-1)^n a_n\right|=\sum_{n=1}^{\infty}a_n$은 발산한다.

$\lim_{n\to\infty}a_n=0$이므로 교대급수판정법에 의해

$\sum_{n=1}^{\infty}(-1)^n\frac{1}{\ln(n+1)}$은 수렴한다.

따라서 $\sum_{n=1}^{\infty}(-1)^n\frac{1}{\ln(n+1)}$는 조건부수렴한다.

4. ①

풀이 $f(x)=\frac{1}{2}\ln\left(\frac{1+x}{1-x}\right)=\frac{1}{2}\{\ln(1+x)-\ln(1-x)\}$

$$=\frac{1}{2}\left\{\sum_{n=0}^{\infty}(-1)^n\frac{x^{n+1}}{n+1}-\sum_{n=0}^{\infty}(-1)^n\frac{(-x)^{n+1}}{n+1}\right\}$$

$$=\frac{1}{2}\sum_{n=0}^{\infty}(-1)^n\frac{1-(-1)^{n+1}}{n+1}x^{n+1}$$

$$=\sum_{n=0}^{\infty}(-1)^{2n}\frac{x^{2n+1}}{2n+1}=\sum_{n=0}^{\infty}\frac{x^{2n+1}}{2n+1}$$

5. ⑤

풀이 18번에 의하여 $f(x)=\sum_{k=0}^{\infty}\frac{x^{2k+1}}{2k+1}=\frac{x}{1}+\frac{x^3}{3}+\frac{x^5}{5}+\cdots$

이므로 $f^{(5)}(0)=5!\times\frac{1}{5}=24$

6. ③

풀이 가. (수렴) $\lim_{n\to\infty}\frac{\frac{1}{n}\sin\left(\frac{1}{n}\right)}{\frac{1}{n^2}}=1$이고 $\sum\frac{1}{n^2}$이 수렴하므로

극한비교판정법에 의해 $\sum\frac{1}{n}\sin\left(\frac{1}{n}\right)$은 수렴한다.

나. (발산) $\lim_{n\to\infty}\frac{2^n}{n(n+1)}=\infty$이므로 발산정리에 의해

$\sum\frac{2^n}{n(n+1)}$은 발산한다.

다. (수렴) $\lim_{n\to\infty}\frac{\frac{\sqrt{n^3+1}}{n^4+3}}{\frac{1}{n\sqrt{n^3+1}}}=\lim_{n\to\infty}\frac{n(n^3+1)}{n^4+3}=1$이고

$\sum\frac{1}{n\sqrt{n^3+1}}$이 수렴하므로 극한비교판정법에 의해

$\sum\frac{\sqrt{n^3+1}}{n^4+3}$은 수렴한다.

(단, $\sum\frac{1}{n\sqrt{n^3+1}}\leq\sum\frac{1}{n\sqrt{n^3}}$이므로

비교판정법에 의해 $\sum\frac{1}{n\sqrt{n^3+1}}$은 수렴한다.)

7. ①

풀이 ㄱ. (수렴) $\lim_{n\to\infty}\frac{1}{2n+1}=0$이므로 교대급수 판정법에 의하여

$\sum_{n=1}^{\infty}(-1)^{n+1}\frac{1}{2n+1}$은 수렴한다.

ㄴ. (발산) $a_n=\frac{n^n}{n!}$이라 하면 $\lim_{n\to\infty}\left|\frac{a_{n+1}}{a_n}\right|=e>1$이므로

비율 판정법에 의하여 $\sum_{n=1}^{\infty}\frac{n^n}{n!}$은 발산한다.

ㄷ. (발산) $\sum_{n=2}^{\infty}\frac{1}{n\ln n}$은 적분 판정법에 의하여 발산한다.

8. ①

풀이 $a_n=\frac{(3-2x)^{2n}}{\sqrt{2n+1}}$이라 하면

$\lim_{n\to\infty}\left|\frac{a_{n+1}}{a_n}\right|=|3-2x|^2<1$이므로

$\Rightarrow |3-2x|<1 \Rightarrow -1<3-2x<1 \Rightarrow -4<-2x<-2$

$1<x<2$일 때, 절대 수렴한다.

(ⅰ) $x=1$일 때, $\sum_{n=0}^{\infty}\frac{1}{\sqrt{2n+1}}$은 p급수 판정법에 의하여 발산한다.

(ⅱ) $x=2$일 때, $\sum_{n=0}^{\infty}\frac{1}{\sqrt{2n+1}}$은 p급수 판정법에 의하여 발산한다.

따라서 수렴 구간은 $(1, 2)$이다.

9. ②

풀이 $\sum_{n=0}^{\infty}\frac{(-1)^n\pi^{2n}}{3^{2n}(2n)!}=\sum_{n=0}^{\infty}\frac{(-1)^n\left(\frac{\pi}{3}\right)^{2n}}{(2n)!}=\cos\left(\frac{\pi}{3}\right)=\frac{1}{2}$

10. ②

풀이 $A(n)=\int_0^{\infty}t^{n-1}e^{-t}dt$는 감마함수이므로

$A(n)=(n-1)A(n-1)$이 성립한다. 따라서

$$\frac{A(n)}{A(n-1)}+\frac{A(n-1)}{A(n-2)}+\frac{A(n-2)}{A(n-3)}+\cdots+\frac{A(2)}{A(1)}$$

$$=\frac{(n-1)A(n-1)}{A(n-1)}+\frac{(n-2)A(n-2)}{A(n-2)}+\frac{(n-3)A(n-3)}{A(n-3)}+\cdots+\frac{1A(1)}{A(1)}$$

$=(n-1)+(n-2)+(n-3)+\cdots+1=\frac{n(n-1)}{2}$이다.

11. ③

풀이 $\sin x = \sum_{n=0}^{\infty} \frac{(-1)^n x^{2n+1}}{(2n+1)!}$

$= x - \frac{x^3}{3!} + \frac{x^5}{5!} - \frac{x^7}{7!} + \cdots + \frac{(-1)^n x^{2n+1}}{(2n+1)!} + \cdots$와

$\frac{1}{\sqrt{1-x^2}} = (1-x^2)^{-\frac{1}{2}}$

$= 1 + \frac{1}{2}x^2 + \left(-\frac{1}{2}\right) \cdot \left(-\frac{3}{2}\right) \cdot \frac{1}{2!}x^4 + \cdots$

를 이용하면

$f(x) = \sin x \cdot (1-x^2)^{-\frac{1}{2}}$

$= \left[x - \frac{x^3}{3!} + \frac{x^5}{5!} - \frac{x^7}{7!} + \cdots\right] \times \left[1 + \frac{1}{2}x^2 + \frac{3}{4 \cdot 2!}x^4 + \cdots\right]$

$= x + \left(\frac{1}{2} - \frac{1}{3!}\right)x^3 + \left(\frac{3}{4 \cdot 2!} - \frac{1}{2 \cdot 3!} + \frac{1}{5!}\right)x^5 + \cdots$

$= x + \frac{1}{3}x^3 + \frac{3}{10}x^5 + \cdots$이다.

따라서 $a_0 = 0,\ a_1 = 1,\ a_2 = 0,\ a_3 = \frac{1}{3}$ 이고

$a_0 + a_1 + a_2 + a_3 = \frac{4}{3}$ 이다.

TIP 주어진 함수가 기함수이므로 $x=0$에서 테일러 전개를 할 때, 홀수차 다항식으로 구성될 것을 미리 알 수 있다.

12. ④

풀이 $a_n = \frac{(-1)^n}{n+1}(x-3)^n$일 때,

$\lim_{n\to\infty}\left|\frac{a_{n+1}}{a_n}\right| = \lim_{n\to\infty}|x-3| = |x-3|$이므로

비율 판정법에 의하여 $2 < x < 4$에서 수렴한다.

(i) $x=4$일 때, $\sum_{n=0}^{\infty}\frac{(-1)^n}{n+1}$은 $\lim_{n\to\infty}\frac{1}{n+1}=0$이므로

교대급수 판정법에 의하여 수렴한다.

(ii) $x=2$일 때, $\sum_{n=0}^{\infty}\frac{1}{n+1}$은 적분 판정법에 의하여 발산한다.

따라서 수렴 구간은 $2 < x \le 4 \Leftrightarrow (2, 4]$이다.

13. ③

풀이 (1) $a_n = \left(\frac{2n+3}{3n+2}\right)^n$으로 놓고 근판정법을 사용하면

$\lim_{n\to\infty}\sqrt[n]{a_n} = \lim_{n\to\infty}\frac{2n+3}{3n+2} = \frac{2}{3} < 1$이므로 수렴한다.

(2) $\cos^2 3n \le 1$이므로

$\sum_{n=1}^{\infty}\frac{\cos^2 3n}{n^2+1} \le \sum_{n=1}^{\infty}\frac{1}{n^2+1} \le \sum_{n=1}^{\infty}\frac{1}{n^2}$이고

이때, $\sum_{n=1}^{\infty}\frac{1}{n^2}$이 p급수 판정법에 의해 수렴하므로

주어진 급수도 수렴한다.

(3) $a_n = \frac{n^2}{n^3+1}$이라 하면 $a_n > 0$, $\{a_n\}$은 감소수열이고

$\lim_{n\to\infty}a_n = 0$이므로 교대급수의 수렴조건에 의해 수렴한다.

(4) $a_n = \frac{n^n}{n!}$로 놓고 비판정법을 사용하면

$\frac{a_{n+1}}{a_n} = \frac{(n+1)^{n+1}}{(n+1)!} \cdot \frac{n!}{n^n} = \frac{(n+1)^n}{n^n} = \left(1+\frac{1}{n}\right)^n$

이고 $\lim_{n\to\infty}\left(1+\frac{1}{n}\right)^n = e > 1$이므로 발산한다.

14. ④

풀이 $f(x) = x^3 \cdot \frac{1}{5} \cdot \frac{1}{1+\frac{2}{5}x}$

$= \frac{1}{5}x^3 \cdot \sum_{n=0}^{\infty}\left(-\frac{2}{5}x\right)^n$

$= \sum_{n=0}^{\infty}\frac{1}{5}\left(-\frac{2}{5}\right)^n x^{n+3}$

따라서 a_5는 $n=2$일 때의 x^5의 계수이다.

$\therefore a_5 = \frac{1}{5}\left(-\frac{2}{5}\right)^2 = \frac{4}{125}$

15. ③

풀이 ① (수렴) $a_k = \frac{k}{2^k}$라 두면

$\lim_{k\to\infty}\left|\frac{a_{k+1}}{a_k}\right| = \lim_{k\to\infty}\left|\frac{k+1}{2^{k+1}} \cdot \frac{2^k}{k}\right|$

$= \lim_{k\to\infty}\left|\frac{k+1}{2k}\right| = \frac{1}{2} < 1$이므로

비율판정법에 의하여 $\sum_{k=1}^{\infty}\frac{k}{2^k}$는 수렴한다.

② (수렴) $\lim_{k\to\infty}\frac{\frac{1}{2^k}}{\frac{1}{2^k-1}} = \lim_{k\to\infty}\frac{2^k-1}{2^k} = 1$이고

$\sum_{k=1}^{\infty}\frac{1}{2^k}$은 수렴하므로 극한비교판정법에 의하여

$\sum_{k=1}^{\infty} \frac{1}{2^k-1}$ 도 수렴한다.

③ (발산) $\lim_{k\to\infty} \frac{4^k+1}{3^k-1} = \lim_{k\to\infty} \frac{\left(\frac{4}{3}\right)^k + \left(\frac{1}{3}\right)^k}{1-\left(\frac{1}{3}\right)^k} = \infty$ 이므로

급수 $\sum_{k=1}^{\infty} \frac{4^k+1}{3^k-1}$ 은 수렴하지 않는다.

④ (수렴) $\lim_{k\to\infty} \sqrt[k]{\left(\frac{k}{5k^2+1}\right)^k} = \lim_{k\to\infty} \frac{k}{5k^2+1} = 0 < 1$ 이므로

근판정법에 의하여 $\sum_{k=1}^{\infty} \left(\frac{k}{5k^2+1}\right)^k$ 는 수렴한다.

16. ②

풀이 ㄱ. $\sum_{n=1}^{\infty} \frac{1}{n(n+2)} = \sum_{n=1}^{\infty} \frac{1}{2}\left(\frac{1}{n} - \frac{1}{n+2}\right)$

$= \frac{1}{2}\left\{\left(\frac{1}{1}-\frac{1}{3}\right)+\left(\frac{1}{2}-\frac{1}{4}\right)+\left(\frac{1}{3}-\frac{1}{5}\right)+\cdots\right\}$

$= \frac{1}{2}\left(\frac{1}{1}+\frac{1}{2}\right) = \frac{1}{2}\cdot\frac{3}{2} = \frac{3}{4}$

이므로 수렴한다.

ㄴ. $a_n = \frac{n+1}{n(n+2)}$, $b_n = \frac{1}{n}$ 이라 두면 $\lim_{n\to\infty} \frac{a_n}{b_n} =$

$\lim_{n\to\infty} \frac{\frac{n+1}{n(n+2)}}{\frac{1}{n}} = 1 \neq 0$ 이고 $\sum_{n=1}^{\infty} \frac{1}{n}$ 은 p급수판정법에

의하여 발산하므로 극한비교판정법에 의하여

$\sum_{n=1}^{\infty} \frac{n+1}{n(n+2)}$ 도 발산한다.

ㄷ. $\lim_{n\to\infty} \frac{n^2}{5n^2+4} = \frac{1}{5} \neq 0$ 이므로 발산판정법에 의하여

$\sum_{n=1}^{\infty} \frac{n^2}{5n^2+4}$ 은 발산한다.

ㄹ. $a_n = \frac{n}{1+n^2}$ 이라 두면 $a_n > 0$ 이고 감소수열이며

$\lim_{n\to\infty} a_n = \lim_{n\to\infty} \frac{n}{1+n^2} = 0$ 이므로 교대급수판정법에

의하여 $\sum_{n=1}^{\infty} (-1)^{n+1} \frac{n}{1+n^2}$ 은 수렴한다.

따라서 수렴하는 급수는 ㄱ, ㄹ로 2개이다.

17. ④

풀이 $a_n = \frac{\ln(n+1)}{(n+1)\times(-3)^n}(x-2)^n$ 이라 두면

$\lim_{n\to\infty} \left|\frac{a_{n+1}}{a_n}\right|$

$= \lim_{n\to\infty} \left| \frac{\ln(n+2)(x-2)^{n+1}}{(n+2)\times(-3)^{n+1}} \cdot \frac{(n+1)\times(-3)^n}{\ln(n+1)(x-2)^n} \right|$

$= \frac{1}{3}|x-2| < 1 \Rightarrow |x-2| < 3$

$\Rightarrow -3 < x-2 < 3 \Rightarrow -1 < x < 5$

(ⅰ) $x = -1$일 때, $\sum_{n=1}^{\infty} a_n = \sum_{n=1}^{\infty} \frac{\ln(n+1)}{n+1} > \sum_{n=1}^{\infty} \frac{1}{n+1}$

이고 $\sum_{n=1}^{\infty} \frac{1}{n+1}$ 은 발산하므로 비교판정법에 의하여

$\sum_{n=1}^{\infty} a_n$ 도 발산한다.

(ⅱ) $x = 5$일 때, $\sum_{n=1}^{\infty} a_n = \sum_{n=1}^{\infty} (-1)^n \frac{\ln(n+1)}{n+1}$

$b_n = \frac{\ln(n+1)}{n+1}$ 이라 두면 $b_n > 0$ 이고

$n \geq 2$일 때 감소수열이며 $\lim_{n\to\infty} b_n = \lim_{n\to\infty} \frac{\ln(n+1)}{n+1} = 0$

이므로 교대급수판정법에 의하여 $\sum_{n=1}^{\infty} a_n$ 은 수렴한다.

따라서 수렴구간은 $-1 < x \leq 5$ 이고 수렴하는 모든 정수 x의 합은 $0+1+2+3+4+5 = 15$ 이다.

18. ③

풀이 $a_n = \frac{(-1)^n(x^2-1)^n}{n^2 2^n}$ 이라 두면

$\lim_{n\to\infty} \left|\frac{a_{n+1}}{a_n}\right|$

$= \lim_{n\to\infty} \left| \frac{(-1)^{n+1}(x^2-1)^{n+1}}{(n+1)^2 2^{n+1}} \cdot \frac{n^2 2^n}{(-1)^n(x^2-1)^n} \right|$

$= \lim_{n\to\infty} \left| \frac{(x^2-1)n^2}{(n+1)^2\cdot 2} \right| = \frac{1}{2}|x^2-1| < 1$

$\Rightarrow -2 < x^2-1 < 2 \Rightarrow -1 < x^2 < 3 \Rightarrow -\sqrt{3} < x < \sqrt{3}$

$x = \pm\sqrt{3}$ 일 때, 주어진 급수는 $\sum_{n=1}^{\infty} \frac{(-1)^n}{n^2}$ 이 되어

교대급수판정법에 의하여 수렴한다.

따라서 주어진 급수의 수렴구간은 $-\sqrt{3} \leq x \leq \sqrt{3}$ 이고

수렴하도록 하는 실수 x의 최댓값은 $\sqrt{3}$ 이다.

19. ⑤

풀이 $a_n = \dfrac{(x-2)^n}{n3^n}$이라 하면

$\lim_{n\to\infty}\left|\dfrac{a_{n+1}}{a_n}\right| = \lim_{n\to\infty}\dfrac{1}{3}|x-2|<1 \Leftrightarrow |x-2|<3$이므로

$-1<x<5$에서 수렴한다.

(ⅰ) $x=-1$일 때, $\sum_{n=1}^{\infty}\dfrac{(-3)^n}{n3^n} = \sum_{n=1}^{\infty}\dfrac{(-1)^n}{n}$이고

$\lim_{n\to\infty}\dfrac{1}{n}=0$이므로 교대급수판정법에 의하여

급수 $\sum_{n=1}^{\infty}\dfrac{(-1)^n}{n}$이 수렴한다.

(ⅱ) $x=5$일 때, $\sum_{n=1}^{\infty}\dfrac{3^n}{n3^n} = \sum_{n=1}^{\infty}\dfrac{1}{n}$이고 $p=1$이므로

p급수 판정법에 의하여 급수 $\sum_{n=1}^{\infty}\dfrac{1}{n}$은 발산한다.

따라서 $\sum_{n=1}^{\infty}\dfrac{(x-2)^n}{n3^n}$의 수렴구간은 $-1 \le x < 5$이다.

20. ②

풀이 (a) (거짓) (반례) $a_n=(-1)^n$, $b_n=(-1)^{n-1}$이라 하면

$\{a_n\}$, $\{b_n\}$은 발산하지만 $a_n b_n=-1$이므로 수렴한다.

(b) (거짓) (반례) $a_n=\dfrac{1}{n}$일 때,

$\lim_{n\to\infty}\dfrac{1}{n}=0$이지만 $\sum_{n=0}^{\infty}\dfrac{1}{n}$은 발산한다.

(c) (참) $\sum_{n=1}^{\infty}\dfrac{1}{n^p}$ 꼴에서 $p=\dfrac{1}{2}<1$이므로 발산한다.

(d) (참) $(-1)^n b_n=u_n$으로 놓으면

$\sum_{n=1}^{\infty}|u_n|$이 수렴하므로 $\sum_{n=1}^{\infty}u_n$은 절대수렴한다.

(e) (거짓) (반례) $a_n=\dfrac{1}{n^2}$이라 두면 $\sum_{n=1}^{\infty}a_n$은 수렴하지만

$$\lim_{n\to\infty}\frac{a_{n+1}}{a_n} = \lim_{n\to\infty}\frac{\frac{1}{(n+1)^2}}{\frac{1}{n^2}} = \lim_{n\to\infty}\frac{n^2}{n^2+2n+1}=1$$

21. ⑤

풀이 $h(1)=11$, $h'(x)=4x^3+6x+5$에서 $h'(1)=15$,

$h''(x)=12x^2+6$에서 $h''(1)=18$

$$P(x)=h(1)+h'(1)(x-1)+\frac{h''(1)}{2!}(x-1)^2$$
$$=11+15(x-1)+9(x-1)^2$$

$\therefore P(x)$의 최고차항의 계수는 9

22. ③

풀이 $\ln(1+x)=x-\dfrac{1}{2}x^2+\dfrac{1}{3}x^3-\dfrac{1}{4}x^4+\dots$

양변을 x로 나누면

$\Rightarrow \dfrac{\ln(1+x)}{x}=1-\dfrac{1}{2}x+\dfrac{1}{3}x^2-\dfrac{1}{4}x^3+\dots$

$x=\dfrac{1}{2}$을 대입하면

$\Rightarrow 2\ln\left(\dfrac{3}{2}\right)=1-\dfrac{1}{2}\left(\dfrac{1}{2}\right)+\dfrac{1}{3}\left(\dfrac{1}{2}\right)^2-\dfrac{1}{4}\left(\dfrac{1}{2}\right)^3+\cdots$이므로

$\sum_{n=0}^{\infty}\dfrac{(-1)^n}{n+1}\left(\dfrac{1}{2}\right)^n=\ln\dfrac{9}{4}$이다.

23. ⑤

풀이 ㄱ. (발산)

$$\int_0^4\frac{1}{x-3}dx=\int_0^3\frac{1}{x-3}dx+\int_3^4\frac{1}{x-3}dx$$
$$=\lim_{s\to3-}\int_0^s\frac{1}{x-3}dx+\lim_{t\to3+}\int_t^4\frac{1}{x-3}dx$$
$$=\lim_{s\to3-}[\ln|x-3|]_0^s+\lim_{t\to3+}[\ln|x-3|]_t^4$$
$$=\lim_{s\to3-}(\ln|s-3|-\ln3)+\lim_{t\to3+}(\ln1-\ln|t-3|)$$
$$=-\infty$$

ㄴ. (발산)

$$\int_0^{\frac{\pi}{2}}\sec x\tan x\,dx=[\sec x]_0^{\frac{\pi}{2}}=\sec\frac{\pi}{2}-\sec0=\infty$$

ㄷ. (수렴) $\int_\pi^\infty\dfrac{1}{x^2}dx=\left[-\dfrac{1}{x}\right]_\pi^\infty=0-\left(-\dfrac{1}{\pi}\right)=\dfrac{1}{\pi}$

ㄹ. (수렴) $u=x$, $v'=e^{-x}$라 두면 $u'=1$, $v=-e^{-x}$이므로

$$\int_0^\infty xe^{-x}dx=[-xe^{-x}]_0^\infty+\int_0^\infty e^{-x}dx$$
$$=\left[-\frac{x}{e^x}\right]_0^\infty+[-e^{-x}]_0^\infty$$
$$=-(0-0)-(0-1)=1$$

따라서 수렴하는 이상적분은 ㄷ, ㄹ이다.

24. ③

풀이 a. $(a_n)=\left(\frac{n!}{n^n}\right)$이라 하면,

$$\lim_{n\to\infty}\left|\frac{a_{n+1}x^{n+1}}{a_nx^n}\right|=\lim_{n\to\infty}\left|\left(\frac{n}{n+1}\right)^n x\right|=\left|\frac{x}{e}\right|<1$$

$\therefore A=e$

b. $(b_n)=(4^n\ln n\,(x-e)^{2n})$이라 하면

$$\lim_{n\to\infty}\left|\frac{b_{n+1}}{b_n}\right|=\lim_{n\to\infty}\left|4\cdot\frac{\ln(n+1)}{\ln n}\cdot(x-e)^2\right|$$

$$=4|(x-e)^2|<1,\ |x-e|<\frac{1}{2}\text{이다.}$$

$\therefore B=\frac{1}{2}$

c. $(c_n)=\left(\frac{n!n^n}{(2n)!}\right)$이라 하면,

$$\lim_{n\to\infty}\left|\frac{c_{n+1}}{c_n}\right|=\left|\frac{e}{4}x\right|<1,\ |x|<\frac{4}{e}\text{이다. }\therefore C=\frac{4}{e}$$

25. ⑤

풀이 $\int_0^1\left(x-\frac{1}{2}\right)^{-2}dx=\int_0^1\frac{1}{\left(x-\frac{1}{2}\right)^2}dx=\int_{-\frac{1}{2}}^{\frac{1}{2}}\frac{1}{t^2}dt$이므로

특이점 $t=0$의 차수가 2이므로 발산한다.

26. ⑤

풀이 ① (수렴) $a_n=\left(1+\frac{1}{n}\right)^2\left(\frac{1}{e}\right)^n$이라 하면 비율판정법에 의해

$$\lim_{n\to\infty}\frac{a_{n+1}}{a_n}=\lim_{n\to\infty}\frac{\left(1+\frac{1}{n+1}\right)^2\left(\frac{1}{e}\right)^{n+1}}{\left(1+\frac{1}{n}\right)^2\left(\frac{1}{e}\right)^n}=\frac{1}{e}<1$$

이므로 수렴한다.

② (수렴) $\lim_{n\to\infty}\frac{\frac{\sqrt{n+2}}{2n^2+n+1}}{\frac{1}{n\sqrt{n+2}}}=\lim_{n\to\infty}\frac{n(n+2)}{2n^2+n+1}=\frac{1}{2}$이고

$\sum\frac{1}{n\sqrt{n+2}}$은 수렴이므로 극한비교판정법에 의해

$\sum_{n=1}^{\infty}\frac{\sqrt{n+2}}{2n^2+n+1}$은 수렴이다. (단,

$\sum\frac{1}{n\sqrt{n+2}}\le\sum\frac{1}{n\sqrt{n}}$이므로 $\sum\frac{1}{n\sqrt{n+2}}$은 수렴)

③ (수렴) $a_n=\frac{10^n}{n!}$이라 하면 비율판정법에 의해

$$\lim_{n\to\infty}\frac{a_{n+1}}{a_n}=\lim_{n\to\infty}\frac{\frac{10^{n+1}}{(n+1)!}}{\frac{10^n}{n!}}=0<1\text{이므로 수렴한다.}$$

④ (수렴) $a_n=\left(\frac{2n+5}{3n+1}\right)^n$이라 하면 n승근판정법에 의해

$$\lim_{n\to\infty}\frac{2n+5}{3n+1}=\frac{2}{3}<1\text{이므로 수렴이다.}$$

⑤ (발산) $\lim_{n\to\infty}\frac{\tan\frac{1}{n}}{\frac{1}{n}}=1$이고 $\sum\frac{1}{n}$은 발산이므로

극한비교판정법에 의해 $\sum\tan\frac{1}{n}$은 발산이다.

27. ⑤

풀이 (가) (수렴)

$$\int_1^\infty\frac{1}{x+e^x}dx\le\int_1^\infty\frac{1}{e^x}dx=\left[-\frac{1}{e^x}\right]_{x=1}^\infty=\frac{1}{e}$$

(나) (발산)

$$\int_1^e\frac{1}{x(\ln x)^2}dx=\int_0^1\frac{1}{t^2}dt\left(\because t=\ln x,\ dt=\frac{1}{x}dx\right)$$

$$=\infty\left(\because\int_0^1\frac{1}{t^p}dt=\infty\,(p\ge1)\right)$$

(다) (수렴)

$$\int_{2\pi}^\infty\frac{x\cos^2x+1}{x^3}dx\le\int_{2\pi}^\infty\left(\frac{1}{x^2}+\frac{1}{x^3}\right)dx$$

$$=\left[-\frac{1}{x}-\frac{1}{2x^2}\right]_{x=2\pi}^\infty=\frac{4\pi+1}{8\pi^2}$$

28. ①

풀이 $f(x)=\tan^{-1}(2x)+\ln(1-x)$

$$=\sum_{n=0}^\infty(-1)^n\frac{(2x)^{2n+1}}{2n+1}+\sum_{n=0}^\infty(-1)^n\frac{(-x)^{n+1}}{n+1}$$

$$=\left\{\cdots+(-1)^2\frac{(2x)^5}{5}+\cdots\right\}$$

$$+\left\{\cdots+(-1)^4\frac{(-x)^5}{5}+\cdots\right\}$$

$$=\cdots+\left\{(-1)^2\frac{2^5}{5}+(-1)^4\frac{(-1)^5}{5}\right\}x^5+\cdots$$

$$=\cdots+\left(\frac{2^5}{5}-\frac{1}{5}\right)x^5+\cdots$$

이므로 $a_5=\frac{2^5-1}{5}=\frac{31}{5}$

29. ④

풀이 가. (참) $a_n > 0$이고 $\sum_{n=1}^{\infty} a_n$이 수렴하면 $0 < a_n < \frac{1}{n}$이 성립한다. $0 < a_n{}^2 < \frac{1}{n^2}$이므로 비교판정법 $\sum a_n{}^2 < \sum \frac{1}{n^2}$에 의해 $\sum a_n{}^2$도 수렴한다.

나. (참) 절대수렴 판정법에 의해 $\sum (-1)^n a_n$은 수렴한다.

다. (참) $a_n > 0$이고 $\sum_{n=1}^{\infty} a_n$이 수렴하면 $0 < a_n < \frac{1}{n}$이 성립한다. $0 < \sqrt{a_n} \le \frac{1}{n^{1/2}}$, $0 \le \frac{\sqrt{a_n}}{n} \le \frac{1}{n^{3/2}}$이므로 비교판정법 $\sum \frac{\sqrt{a_n}}{n} < \sum \frac{1}{n^{3/2}}$에 의해 $\sum \frac{\sqrt{a_n}}{n}$도 수렴한다.

30. ①

풀이 ⓐ (참) 급수 $\sum_{n=1}^{\infty} a_n$이 수렴하면 $\lim_{n\to\infty} a_n = 0$이다.

ⓑ (거짓) 급수 $\sum_{n=1}^{\infty} n^{-\frac{2}{3}} = \sum_{n=1}^{\infty} \frac{1}{n^{\frac{2}{3}}}$는 $p = \frac{2}{3} < 1$이므로 p급수 판정법에 의하여 발산한다.

ⓒ (거짓) (반례) $a_n = \frac{1}{n^2}$, $b_n = \frac{1}{n}$이라 하면

$\sum_{n=1}^{\infty} b_n$은 발산하고 $\lim_{n\to\infty} \frac{\frac{1}{n^2}}{\frac{1}{n}} = \lim_{n\to\infty} \frac{1}{n} = 0$이지만

$\sum_{n=1}^{\infty} a_n = \sum_{n=1}^{\infty} \frac{1}{n^2}$은 p급수 판정법에 의하여 수렴한다.

31. ⑤

풀이 비율판정법에 의해

$$\lim_{n\to\infty} \left| \frac{(3n+3)!\,x^{n+1}}{\{(n+1)!\}^3} \cdot \frac{(n!)^3}{(3n)!\,x^n} \right|$$
$$= \lim_{n\to\infty} \left| \frac{(3n+3)(3n+2)(3n+1)}{(n+1)(n+1)(n+1)} \cdot x \right| = 27|x| < 1$$

∴ 수렴반경은 $\frac{1}{27}$

32. ④

풀이 a. $(a_n) = \left(\ln\left(1+\sinh\frac{1}{n}\right)\right)$은 단조 감소하는 양항 수열이고 $\lim_{n\to\infty} a_n = 0$이므로, 교대급수 판정법에 의해 수렴한다.

b. $(b_n) = \left(\frac{n!\,e^{2n}}{n^n}\right)$이라 하면, $\lim_{n\to\infty} \frac{b_{n+1}}{b_n} = e > 1$이므로 비판정법에 의해 발산한다.

c. $(c_n) = \left(\frac{\arctan\frac{1}{n}}{\ln n}\right)$, $(d_n) = \left(\frac{1}{n\ln n}\right)$이라 하자.

$\sum_{n=2}^{\infty} 2^n d_{2^n} = \sum_{n=2}^{\infty} 2^n \cdot \frac{1}{2^n \ln 2^n} = \sum_{n=2}^{\infty} \frac{1}{n\ln 2}$는

p급수 판정법에 의해 발산하므로 $\sum_{n=2}^{\infty} d_n$은 발산한다.

$\lim_{n\to\infty} \frac{c_n}{d_n} = 1$이므로 극한비교판정법에 의해

$\sum_{n=2}^{\infty} c_n$도 발산한다.

d. $(e_n) = \left(\tan^2\left(\frac{4\pi}{n}\right)\right)$, $(f_n) = \left(\frac{4\pi}{n}\right)^2$라고 하면

$\sum_{n=1}^{\infty} f_n$은 p급수 판정법에 의해 수렴한다.

$\lim_{n\to\infty} \frac{e_n}{f_n} = 1$이므로 극한비교판정법에 의해

$\sum_{n=1}^{\infty} e_n$도 수렴한다.

33. ④

풀이
$$f(x) = \cos x - \sin x$$
$$= \left(1 - \frac{1}{2!}x^2 + \frac{1}{4!}x^4 - \frac{1}{6!}x^6 + \cdots - \frac{1}{2018!}x^{2018} + \cdots\right)$$
$$-\left(x - \frac{1}{3!}x^3 + \frac{1}{5!}x^5 - \frac{1}{7!}x^7 - \cdots + \frac{1}{2017!}x^{2017} - \cdots\right)$$

이므로 $a_{2017} = -\frac{1}{2017!}$, $a_{2018} = -\frac{1}{2018!}$,

$$\frac{a_{2017}}{a_{2018}} = \frac{-\frac{1}{2017!}}{-\frac{1}{2018!}} = 2018$$

34. ②

풀이 $\displaystyle\sum_{n=1}^{\infty}(-1)^n\frac{(\sqrt{\ln 2})^{2n-1}}{n!}=\frac{1}{\sqrt{\ln 2}}\sum_{n=1}^{\infty}\frac{(-\ln 2)^n}{n!}$

$\displaystyle=\frac{1}{\sqrt{\ln 2}}(e^{-\ln 2}-1)=-\frac{1}{2\sqrt{\ln 2}}$

35. ③

풀이 ① $\displaystyle\int_0^{\infty}\frac{x}{x^3+1}dx=\int_0^1\frac{x}{x^3+1}dx+\int_1^{\infty}\frac{x}{x^3+1}dx$ 이고

$\displaystyle\int_0^1\frac{x}{x^3+1}dx$ 는 상수이므로 수렴한다.

$x>1$일 때, $\displaystyle 0\le\frac{x}{x^3+1}<\frac{x}{x^3}=\frac{1}{x^2}$. $\displaystyle I=\int_1^{\infty}\frac{1}{x^2}dx$

라고 하면 $p=2>1$이므로 수렴한다.

I 는 수렴하므로 비교판정법에 의해서

$\displaystyle\int_1^{\infty}\frac{x}{x^3+1}dx$ 도 수렴한다.

따라서 $\displaystyle\int_0^{\infty}\frac{x}{x^3+1}dx$는 수렴한다.

② $x\ge 0$일 때, $0\le tan^{-1}x<\frac{\pi}{2}<2$,

$\displaystyle 0\le\frac{\tan^{-1}x}{2+e^x}<\frac{2}{2+e^x}<\frac{2}{e^x}=2e^{-x}$

$\displaystyle I=\int_0^{\infty}2e^{-x}dx=\lim_{t\to\infty}\int_0^t 2e^{-x}dx$

$\displaystyle=\lim_{t\to\infty}[-2e^{-x}]_0^t=\lim_{t\to\infty}\left(-\frac{2}{e^t}+2\right)=2$

I 는 수렴하므로 비교판정법에 의해서

$\displaystyle\int_0^{\infty}\frac{\tan^{-1}x}{2+e^x}dx$ 도 수렴한다.

③ $x>1$일 때, $\displaystyle f(x)=\frac{x+1}{\sqrt{x^4-x}}>\frac{x+1}{\sqrt{x^4}}>\frac{x}{x^2}=\frac{1}{x}$.

$\displaystyle\int_1^{\infty}\frac{1}{x}dx$이 발산하므로 비교판정법에 의해서

$\displaystyle\int_2^{\infty}f(x)dx$ 도 발산한다. 따라서

$\displaystyle\int_1^{\infty}f(x)dx=\int_1^2 f(x)dx+\int_2^{\infty}f(x)dx$ 은 발산한다.

④ $0<x\le\pi$에서 $\displaystyle 0\le\frac{\sin^2x}{\sqrt{x}}\le\frac{1}{\sqrt{x}}$ 이므로

$\displaystyle I=\int_0^{\pi}\frac{1}{\sqrt{x}}dx=\lim_{t\to 0^+}\int_t^{\pi}x^{-1/2}dx$

$\displaystyle=\lim_{t\to 0^+}[2x^{1/2}]_t^{\pi}=\lim_{t\to 0^+}(2\sqrt{\pi}-2\sqrt{t})=2\sqrt{\pi}$

I 는 수렴하므로 비교판정법에 의해서

$\displaystyle\int_0^{\pi}\frac{\sin^2x}{\sqrt{x}}dx$ 도 수렴한다.

36. ③

풀이 $\displaystyle f(x)=\frac{\cos x}{1+x^2+x^4}$

$\displaystyle=\frac{1-\frac{1}{2!}x^2+\frac{1}{4!}x^4-\frac{1}{6!}x^6+\cdots}{1+x^2+x^4}$

$\displaystyle=1-\frac{3}{2}x^2+\frac{13}{24}x^4-\cdots$

$\displaystyle a_0+a_1+a_2+a_3+a_4+a_5=1+0-\frac{3}{2}+0+\frac{13}{24}+0=\frac{1}{24}$

37. ①

풀이 ① $\displaystyle a_n=\frac{3^n}{n}$에서 멱급수 수렴반경 정리에 의해

$\displaystyle\lim_{n\to\infty}\frac{a_n}{a_{n+1}}=\lim_{n\to\infty}\frac{3^n(n+1)}{3^{n+1}n}=\frac{1}{3}$

따라서 수렴반경은 $\frac{1}{3}$이다.

② $\displaystyle b_n=\frac{2^n}{n!}$에서 멱급수 수렴반경 정리에 의해

$\displaystyle\lim_{n\to\infty}\frac{b_n}{b_{n+1}}=\lim_{n\to\infty}\frac{2^n(n+1)!}{2^{n+1}n!}=\infty$

따라서 수렴반경은 ∞이다.

③ $c_n=1$이라 하면

$\displaystyle\sum_{n=0}^{\infty}x^{2n}=1+x^2+x^4+x^6+\cdots$

$=c_0+c_2x^2+c_4x^4+c_6x^6+\cdots$

$x^2=t$, $d_m=c_{2n}$이라 하면

$\displaystyle\sum_{n=0}^{\infty}c_nx^n=\sum_{m=0}^{\infty}d_mt^m=d_0+d_1t+d_2t^2+\cdots$

이므로 $\displaystyle\sum_{m=0}^{\infty}d_mt^m$의 수렴구간은 $|t|<1$, 즉 $|x^2|<1$,

$|x|<1$이다. 따라서 $\displaystyle\sum_{n=0}^{\infty}x^{2n}$의 수렴반경은 1이다.

④ $\displaystyle e_n=\frac{1}{n(n+1)}$에서 멱급수 수렴반경정리에 의해

$\displaystyle\lim_{n\to\infty}\frac{e_n}{e_{n+1}}=1$ 따라서 수렴반경은 1이다.

38. ②

풀이 $\sum_{n=0}^{\infty} a_n (x-\pi)^n = (x-\pi)^3 \sin x = -(x-\pi)^3 \sin(x-\pi)$

테일러 급수 전개에 의해

$\sin(x-\pi) = (x-\pi) - \frac{1}{3!}(x-\pi)^3 + \frac{1}{5!}(x-\pi)^5 - \cdots$

$\therefore \sum_{n=0}^{\infty} a_n (x-\pi)^n = -(x-\pi)^3 \left\{(x-\pi) - \frac{1}{3!(x-\pi)^3} + \cdots\right\}$

$\therefore a_6 = \frac{1}{3!}$ 이다.

39. ①

풀이 a. $\int_0^1 x \ln x dx = \lim_{t \to 0^+} \int_t^1 x \ln x dx$

$= \lim_{t \to 0^+} \left(\left[\frac{1}{2} x^2 \ln x \right]_t^1 - \int_t^1 \frac{1}{2} x \, dx \right) = -\frac{1}{4}$

b. $\int_{-\infty}^{\infty} \frac{1}{1+x^2} dx = 2 \int_0^{\infty} \frac{1}{1+x^2} dx$

$= 2 \lim_{t \to \infty} \int_0^t \frac{1}{1+x^2} dx = \pi$

c. $x^2 e^{-x^2} \le \frac{1}{x^2}$ 이고, $\int_1^{\infty} \frac{1}{x^2} dx$는 수렴하므로

$\int_1^{\infty} x^2 e^{-x^2} dx$는 수렴한다. 또,

$\int_1^{\infty} x^2 e^{-x^2} dx$가 수렴하므로 $\int_0^{\infty} x^2 e^{-x^2} dx$는 수렴한다.

d. $\int_0^1 \frac{\ln \sqrt{x}}{\sqrt{x}} dx = \lim_{t \to 0^+} \int_t^1 \frac{\ln \sqrt{x}}{\sqrt{x}} dx = -2$

40. ②

풀이 ㄱ. (거짓) $a_n > 0$이고, 짝수와 홀수일 때

각각 비율판정 값은 $\frac{1}{2}$이므로 $\sum_{n=1}^{\infty} a_n$은 절대 수렴한다.

ㄴ. (참) $a_n = \left(\frac{1}{1+n}\right)^n$이라 두면

$\lim_{n \to \infty} |a_n|^{\frac{1}{n}} = \lim_{n \to \infty} \left| \frac{1}{1+n} \right| = 0$이므로

n승근판정법에 의하여 수렴한다.

ㄷ. (참) $\lim_{n \to \infty} \frac{4^n n! n!}{(2n)!}$

$= \lim_{n \to \infty} \left\{ 4^n \cdot \frac{n(n-1)\cdots 2 \cdot 1 \cdot n(n-1) \cdots 2 \cdot 1}{2n(2n-1) \cdot \cdots \cdot 2 \cdot 1} \right\}$

$= \infty$

이므로 $\sum_{n=1}^{\infty} \frac{4^n n! n!}{(2n)!}$은 발산한다.

ㄹ. (거짓) $\sum_{n=2}^{\infty} \frac{1+n \ln n}{n^2+5} > \sum_{n=2}^{\infty} \frac{n}{n^2+5} > \sum_{n=2}^{\infty} \frac{n}{2n^2}$

비교 판정에 의해서 발산한다.

41. ④

풀이 ㄱ. $\lim_{n \to \infty} \left| \frac{x^{n+1}}{(n+1)\ln(n+2)} \cdot \frac{n \ln(n+1)}{x^n} \right| = |x| < 1$

따라서 수렴반경은 $\mathrm{R} = 1$이다.

(ⅰ) $x = -1$일 때, $\sum_{n=1}^{\infty} \frac{(-1)^n}{n \ln(n+1)}$은

교대급수판정법에 의해서 수렴한다.

(ⅱ) $x = 1$일 때,

$\sum_{n=1}^{\infty} \frac{1}{n \ln(n+1)} \ge \sum_{n=1}^{\infty} \frac{1}{(n+1)\ln(n+1)} = \infty$

이므로 비교판정법에 의해서 발산한다.

따라서 수렴구간은 $[-1, 1)$이다.

ㄴ. $\lim_{n \to \infty} \left| \frac{2^{n+1} x^{n+1}}{(n+1)!} \cdot \frac{n!}{2^n x^n} \right| = 2|x| \lim_{n \to \infty} \frac{1}{n+1} < 1$

$\Rightarrow |x| < \infty = \mathrm{R}$

따라서 수렴구간은 실수전체 $\mathbb{R} = (-\infty, \infty)$이다.

ㄷ. $\cos\left(\frac{n}{2}\pi\right) = \begin{cases} (-1)^k &, (n = 2k,\ k \in \mathbb{N}) \\ 0 &, (n = 2k-1,\ k \in \mathbb{N}) \end{cases}$

이므로 주어진 멱급수는

$\sum_{n=1}^{\infty} \frac{\cos\left(\frac{n}{2}\pi\right) x^n}{n^2} = \sum_{k=1}^{\infty} \frac{(-1)^k x^{2k}}{(2k)^2} = \sum_{n=1}^{\infty} \frac{(-1)^n x^{2n}}{(2n)^2}$

$\lim_{n \to \infty} \left| \frac{(-1)^{n+1} x^{2n+2}}{(2n+2)^2} \cdot \frac{(2n)^2}{(-1)^n x^{2n}} \right| = |x|^2 < 1$

$\Rightarrow |x| < 1 = \mathrm{R}$이므로 수렴반경 $\mathrm{R} = 1$이다.

(ⅰ) $x = -1$일 때,

$\sum_{n=1}^{\infty} \frac{(-1)^n}{(2n)^2}$은 교대급수판정법에 의해서 수렴한다.

(ⅱ) $x = 1$일 때,

$\sum_{n=1}^{\infty} \frac{(-1)^n}{(2n)^2}$은 교대급수판정법에 의해서 수렴한다.

따라서 수렴구간은 $[-1, 1]$이다.

42. ④

풀이
$$\sum_{n=2}^{\infty}\frac{n+1}{3^n(n-1)}=\sum_{n=1}^{\infty}\frac{n+2}{3^{n+1}n}$$
$$=\frac{1}{3}\left(\sum_{n=1}^{\infty}\left(\frac{1}{3}\right)^n+2\sum_{n=1}^{\infty}\frac{1}{n}\left(\frac{1}{3}\right)^n\right)$$
$$=\frac{1}{3}\left(\frac{1/3}{1-(1/3)}+2(-\ln(1-1/3)\right)$$
$$=\frac{1}{3}\left(\frac{1}{2}+2\ln\frac{3}{2}\right)$$
$$=\frac{1}{6}+\frac{2}{3}\ln\frac{3}{2}$$

43. ①

풀이 $a_n=\dfrac{(-1)^n(x+2)^n}{5^n n^{\frac{1}{3}}}$이라 두면

$$\lim_{n\to\infty}\left|\frac{a_{n+1}}{a_n}\right|$$
$$=\lim_{n\to\infty}\left|\frac{(-1)^{n+1}(x+2)^{n+1}}{5^{n+1}(n+1)^{\frac{1}{3}}}\cdot\frac{5^n n^{\frac{1}{3}}}{(-1)^n(x+2)^n}\right|$$
$$=\lim_{n\to\infty}\left|\frac{x+2}{5}\cdot\left(\frac{n}{n+1}\right)^{\frac{1}{3}}\right|=\left|\frac{x+2}{5}\right|<1$$

$\Rightarrow\ |x+2|<5\ \Rightarrow\ -5<x+2<5\ \Rightarrow\ -7<x<3$

이므로 수렴반지름 R은 $R=5$이다.

(ⅰ) $x=-7$일 때, $\displaystyle\sum_{n=1}^{\infty}\frac{(-1)^n(-5)^n}{5^n n^{\frac{1}{3}}}=\sum_{n=1}^{\infty}\frac{1}{n^{\frac{1}{3}}}$이고

이는 p급수 판정법에 의하여 발산한다.

(ⅱ) $x=3$일 때, $\displaystyle\sum_{n=1}^{\infty}\frac{(-1)^n5^n}{5^n n^{\frac{1}{3}}}=\sum_{n=1}^{\infty}\frac{(-1)^n}{n^{\frac{1}{3}}}$이다.

$b_n=\dfrac{1}{n^{\frac{1}{3}}}$이라 하면 $\{b_n\}$은 $b_n>0$이고 감소수열이며

$\displaystyle\lim_{n\to\infty}b_n=0$이므로 교대급수판정법에 의하여 수렴한다.

따라서 수렴구간은 $-7<x\le 3$ 즉, $(-7,\ 3]$이다.

$\therefore R=5,\ a=-7,\ b=3$

$\therefore R+a+b=5+(-7)+3=1$

44. ②

풀이 ① (발산) $\displaystyle\sum_{n=1}^{\infty}\frac{\log n}{n}$은 적분판정법 또는

p급수판정법에 의해 발산힌디.

② (수렴) $\displaystyle\sum_{n=1}^{\infty}\frac{\log n}{n\sqrt{n}}$은 p급수판정법에 의해 수렴한다.

③ (발산) $\displaystyle\sum_{n=2}^{\infty}\frac{1}{n\log n}$은 적분판정법 또는

p급수 판정법에 의해 발산한다.

④ (발산) $\displaystyle\sum_{n=1}^{\infty}\tan\left(\frac{1}{n}\right)$은 $\displaystyle\sum_{n=1}^{\infty}\frac{1}{n}$과

극한비교판정법에 의해 발산한다.

⑤ (발신) $\displaystyle\sum_{n=1}^{\infty}\cos\left(\frac{1}{n}\right)$은 발산판정법에 의해 발산한다.

45. ④

풀이 p급수 판정법에 의해서 $p>1$일 때 수렴한다.

46. ④

풀이 (가) (수렴) $\displaystyle\sum_{n=1}^{\infty}|a_n|$이 수렴이므로 $\displaystyle\sum_{n=1}^{\infty}a_n$ 도 수렴이다.

(나) (수렴) $\displaystyle\sum_{n=1}^{\infty}|a_n|,\ \sum_{n=1}^{\infty}a_n$ 이 수렴이므로

$\displaystyle\sum_{n=1}^{\infty}(|a_n|-a_n)=\sum_{n=1}^{\infty}|a_n|-\sum_{n=1}^{\infty}a_n$ 도 수렴이다.

(다) (수렴) $\displaystyle\sum_{n=1}^{\infty}|a_n|$이 수렴이므로 $\displaystyle\lim_{n\to\infty}a_n=0$이고

$(a_n)^2\le|a_n|$이므로 $\displaystyle\sum_{n=0}^{\infty}(a_n)^2\le\sum_{n=0}^{\infty}|a_n|$이다.

따라서 비교판정법에 의해 $\displaystyle\sum_{n=0}^{\infty}(a_n)^2$도 수렴한다.

(라) (수렴) $\displaystyle\sum_{n=1}^{\infty}|(-1)^n a_n|=\sum_{n=1}^{\infty}|a_n|$이 수렴하므로

$\displaystyle\sum_{n=1}^{\infty}(-1)^n a_n$도 수렴한다.

47. ④

풀이 ㄱ. (발산) $\displaystyle\lim_{n\to\infty}\frac{n}{10n+1}=\frac{1}{10}\ne 0$이므로

발산판정법에 의해 $\displaystyle\sum_{n=1}^{\infty}(-1)^{n+1}\frac{n}{10n+1}$은 발산한다.

ㄴ. (조건부수렴) $\displaystyle\lim_{n\to\infty}\frac{1}{5n}=0$이므로

교대급수판정법에 의해 $\displaystyle\sum_{n=1}^{\infty}(-1)^{n+1}\frac{1}{5n}$은 수렴하지만

p급수판정법에 의해 $\sum_{n=1}^{\infty} \frac{1}{5n}$은 발산한다.

ㄷ. (조건부수렴) $\lim_{n\to\infty} \frac{1}{n\ln n} = 0$이므로

교대급수판정법에 의해 $\sum_{n=1}^{\infty} (-1)^n \frac{1}{n\ln n}$은 수렴하지만

$\int_e^{\infty} \frac{1}{x\ln x} dx = [\ln(\ln x)]_e^{\infty} = \infty$이므로

적분판정법에 의해 $\sum_{n=1}^{\infty} \frac{1}{n\ln n}$은 발산한다.

ㄹ. (조건부수렴) $\lim_{n\to\infty} \frac{1}{n} = 0$이므로 교대급수판정법에 의해

$\sum_{n=1}^{\infty} \frac{\cos n\pi}{n} = \sum_{n=1}^{\infty} \frac{(-1)^n}{n}$은 수렴하지만

p급수판정법에 의해 $\sum_{n=1}^{\infty} \frac{1}{n}$은 발산한다.

48. ⑤

풀이 $1-\frac{1}{3}+\frac{1}{5}-\frac{1}{7}+\frac{1}{9}+\cdots=\sum_{n=0}^{\infty} \frac{(-1)^n}{2n+1}$으로 쓸 수 있고

이 식은 $\tan^{-1}x = \sum_{n=0}^{\infty} \frac{(-1)^n x^{2n+1}}{2n+1}$에서

$x=1$을 넣은 값과 같으므로 $\sum_{n=0}^{\infty} \frac{(-1)^n}{2n+1} = \tan^{-1}1 = \frac{\pi}{4}$

49. ④

풀이 비율판정법에 의해

$\lim_{n\to\infty}\left|\frac{(x-1)^{n+1}}{(n+1)3^{n+2}} \cdot \frac{n3^{n+1}}{(x-1)^n}\right| = \frac{1}{3}|x-1|<1$

$\Rightarrow -2<x<4$

(i) $x=-2$인 경우 $\sum_{n=1}^{\infty} \frac{(-3)^n}{n3^{n+1}} = \sum_{n=1}^{\infty} \frac{(-1)^n}{3n}$은

교대급수판정법에 의해 수렴한다.

(ii) $x=4$인 경우 $\sum_{n=1}^{\infty} \frac{(3)^n}{n3^{n+1}} = \sum_{n=1}^{\infty} \frac{1}{3n} = \frac{1}{3}\sum_{n=1}^{\infty} \frac{1}{n}$은

p급수판정법에 의해 발산한다.

따라서 수렴구간은 $[-2, 4)$이다.

50. ③

풀이 ㄱ. (거짓) $\lim_{n\to\infty}(-1)^n n\sin\left(\frac{1}{n}\right) = \lim_{n\to\infty}(-1)^n \frac{\sin\left(\frac{1}{n}\right)}{\frac{1}{n}} \neq 0$

이므로 $\sum_{n=1}^{\infty}(-1)^n n\sin\left(\frac{1}{n}\right)$은 발산한다.

ㄴ. (참) $-1 \le \cos n \le 1$이므로 $\frac{1}{n^2} \le \frac{2+\cos n}{n^2} \le \frac{3}{n^2}$이고

$\sum_{n=1}^{\infty}\frac{1}{n^2}$, $\sum_{n=1}^{\infty}\frac{3}{n^2}$은 수렴하므로 비교판정법에 의하여

$\sum_{n=1}^{\infty}\frac{2+\cos n}{n^2}$은 수렴한다.

ㄷ. (거짓) $\lim_{n\to\infty}\frac{\frac{1}{n}}{\frac{\sqrt{n}}{1+n\sqrt{n}}} = \lim_{n\to\infty}\frac{1+n\sqrt{n}}{n\sqrt{n}} = 1$이고

$\sum_{n=1}^{\infty}\frac{1}{n}$은 발산하므로 극한비교판정법에 의하여

$\sum_{n=1}^{\infty}\frac{\sqrt{n}}{1+n\sqrt{n}}$은 발산한다.

ㄹ. (참) $\lim_{n\to\infty}\frac{\tan\left(\frac{1}{n}\right)}{\frac{1}{n}} = 1$이고 $\sum_{n=1}^{\infty}\frac{1}{n}$은 발산하므로

극한비교판정법에 의하여 $\sum_{n=1}^{\infty}\tan\left(\frac{1}{n}\right)$은 발산한다.

따라서 옳은 것은 ㄴ, ㄹ이다.

51. ①

풀이 $\sum_{n=1}^{\infty}\frac{1}{n}\left(\frac{1}{3}\right)^n = -\ln\left(1-\frac{1}{3}\right) = -\ln\frac{2}{3} = \ln\frac{3}{2}$

52. ③

풀이 ⓐ $n+2017(\ln n) < n+2017n$이므로

$\sum_{n=2}^{\infty}\frac{1}{n+2017(\ln n)} > \sum_{n=2}^{\infty}\frac{1}{2018n}$이다.

$\sum_{n=2}^{\infty}\frac{1}{2018n}$이 발산하므로 비교판정법에 의해

$\sum_{n=2}^{\infty}\frac{1}{n+2017(\ln n)}$도 발산한다.

ⓑ $\lim_{n\to\infty}\left\{\left(1-\frac{3}{n}\right)^{n^2}\right\}^{\frac{1}{n}} = \lim_{n\to\infty}\left(1-\frac{3}{n}\right)^n$

$$= \lim_{n\to\infty}\left\{1+\left(-\frac{3}{n}\right)\right\}^{\left(-\frac{n}{3}\right)\times\left(-\frac{3n}{n}\right)}$$
$$= e^{-3} < 1$$
이므로 n승근 판정법에 의해 수렴한다.

ⓒ $\sum_{n=1}^{\infty}\frac{(-1)^n\cos n\pi}{\sqrt{n}} = \sum_{n=1}^{\infty}\frac{1}{\sqrt{n}}$ 이므로
p급수판정법에 의해 발산한다.

따라서 발산하는 무한급수는 ⓐ, ⓒ이다.

53. ③

풀이 $a_n = \frac{(x+1)^n}{(n+1)3^n}$ 이라 하면

$$\lim_{n\to\infty}\left|\frac{a_{n+1}}{a_n}\right| = \lim_{n\to\infty}\left|\frac{(x+1)^{n+1}}{(n+2)3^{n+1}}\cdot\frac{(n+1)3^n}{(x+1)^n}\right|$$
$$= \lim_{n\to\infty}\left|\frac{(x+1)(n+1)}{3(n+2)}\right|$$
$$= \frac{1}{3}|x+1| < 1$$

$\Rightarrow\ -3 < x+1 < 3\ \Rightarrow\ -4 < x < 2$

(ⅰ) $x=-4$일 때, $\sum_{n=1}^{\infty}\frac{(-3)^n}{(n+1)3^n} = \sum_{n=1}^{\infty}\frac{(-1)^n}{n+1}$

이때, 수열 $\left\{\frac{1}{n+1}\right\}$은 양수인 감소수열이고

$\lim_{n\to\infty}\frac{1}{n+1} = 0$이므로

교대급수판정법에 의하여 수렴한다.

(ⅱ) $x=2$일 때, $\sum_{n=1}^{\infty}\frac{1}{n+1}$은 발산한다.

따라서 수렴구간은 $-4 \le x < 2$ 즉, $[-4,\ 2)$이다.

54. ③

풀이 (가) (발산) $p=1$이므로 발산한다.

(나) (수렴) 비교판정에 의해서 $\int_0^1\frac{\sin x}{x}dx < \int_0^1\frac{x}{x}dx$ 이고,

$\int_0^1\frac{x}{x}dx = \int_0^1 1\,dx$는 수렴하므로

$\int_0^1\frac{\sin x}{x}dx$도 수렴한다.

(다) (수렴) $\frac{1}{x} = t$라고 치환하면

$$\int_0^1 x\sin\frac{1}{x}dx = \int_1^{\infty}\frac{1}{t}\sin t\,\frac{1}{t^2}dt = \int_1^{\infty}\frac{\sin t}{t^3}dt$$

이므로 수렴한다.

(라) (수렴) $\frac{1}{x} = t$라고 치환하면

$\int_0^1\sin\frac{1}{x}dx = \int_1^{\infty}\frac{\sin t}{t^2}dt$ 이므로 수렴한다.

55. ④

풀이 $\ln(1+x) = \sum_{n=0}^{\infty}\frac{(-1)^n}{(n+1)}x^{n+1},\ (-1 < x \le 1)$

x에 대해서 적분하면

$$\Rightarrow \int\ln(1+x)\,dx = A + \sum_{n=0}^{\infty}\frac{(-1)^n}{(n+1)(n+2)}x^{n+2}$$
$$\Rightarrow (1+x)\ln(1+x) - x = A + \sum_{n=0}^{\infty}\frac{(-1)^n}{(n+1)(n+2)}x^{n+2}$$

$x=0$을 대입하면 $\Rightarrow\ A=0$

$\therefore (1+x)\ln(1+x) - x$
$$= \sum_{n=0}^{\infty}\frac{(-1)^n}{(n+1)(n+2)}x^{n+2}$$
$$= \sum_{n=1}^{\infty}\frac{(-1)^{n+1}}{n(n+1)}x^{n+1},\ -1 < x \le 1 \cdots (*)$$

$(*)$에 $x=1$을 대입하면 $\sum_{n=1}^{\infty}\frac{(-1)^{n+1}}{n(n+1)} = 2\ln 2 - 1$ 이다.

56. ④

풀이 $f'(x) = \sin(x^2) = x^2 - \frac{1}{3!}x^6 + \frac{1}{5!}x^{10} + \ldots$ 이므로

$f(x) = C + \frac{1}{3}x^3 - \frac{1}{42}x^7 + \cdots$ 이다.

따라서 $a_3 = \frac{1}{3}, a_7 = -\frac{1}{42}$ 이다.

$a_3 + a_7 = \frac{1}{3} - \frac{1}{42} = \frac{14-1}{42} = \frac{13}{42}$ 이다.

57. ②

풀이 ㄱ. $0 \le \left|\frac{\sin^2 n}{n^2}\right| \le \left|\frac{1}{n^2}\right|$이고 $\sum_{n=1}^{\infty}\frac{1}{n^2}$은

p급수판정법에 의하여 수렴하므로

비교판정법에 의하여 $\sum_{n=1}^{\infty}\frac{\sin^2 n}{n^2}$은 절대수렴한다.

ㄴ. $\sum_{n=0}^{\infty}\left|\frac{(-1)^n}{n+1}\right| = \sum_{n=0}^{\infty}\frac{1}{n+1} = \sum_{k=1}^{\infty}\frac{1}{k}$은

p급수판정법에 의하여 발산한다.

$\sum_{n=0}^{\infty}\frac{(-1)^n}{n+1}$은 $\frac{1}{n+1} > 0$이고 감소수열이며

$\lim_{n\to\infty}\frac{1}{n+1} = 0$이므로 교대급수판정법에 의하여 수렴한다.

따라서 $\sum_{n=0}^{\infty}\frac{(-1)^n}{n+1}$은 조건부수렴한다.

ㄷ. $\lim_{n\to\infty}\left\{\left(\frac{3n^2+2}{2n^2+3}\right)^n\right\}^{\frac{1}{n}}=\lim_{n\to\infty}\frac{3n^2+2}{2n^2+3}=\frac{3}{2}>1$이므로 근판정법에 의하여 발산한다.

ㄹ. $\lim_{n\to\infty}\left|\frac{(-2)^n}{n^n}\right|^{\frac{1}{n}}=\lim_{n\to\infty}\left|\left(-\frac{2}{n}\right)^n\right|^{\frac{1}{n}}=\lim_{n\to\infty}\frac{2}{n}=0<1$

이므로 근판정법에 의하여 $\sum_{n=1}^{\infty}\left|\frac{(-2)^n}{n^n}\right|$은 수렴하고

$\sum_{n=1}^{\infty}\frac{(-2)^n}{n^n}$은 절대수렴한다.

따라서 절대수렴하는 급수는 ㄱ, ㄹ이다.

58. ①

풀이 $a_n=\frac{(x-1)^n}{n2^n\ln n}$이라 하자.

$$\lim_{n\to\infty}\left|\frac{a_{n+1}}{a_n}\right|=\left|\frac{n}{n+1}\cdot\frac{1}{2}\cdot\frac{\ln n}{\ln(n+1)}\cdot(x-1)\right|$$
$$=\frac{1}{2}|x-1|<1$$

$|x-1|<2 \Leftrightarrow -2<x-1<2 \Leftrightarrow -1<x<3$

따라서 $(-1, 3)$에서 수렴한다.

(ⅰ) $x=-1$일 때,

$\sum_{n=2}^{\infty}\frac{(-1)^n2^n}{n2^n\ln n}$은 교대급수판정법에 의해 수렴한다.

(ⅱ) $x=3$일 때, $\sum_{n=2}^{\infty}\frac{2^n}{n2^n\ln n}=\sum_{n=2}^{\infty}\frac{1}{n\ln n}$이고

적분판정법에 의해 발산한다.

따라서 수렴구간은 $[-1, 3)$이고 수렴구간에 속하는 모든 정수 x의 합은 2이다.

59. ③

풀이 $$\sum_{n=0}^{\infty}\frac{(-1)^n}{(2n)!}=1-\frac{1}{2!}+\frac{1}{4!}-\frac{1}{6!}+\frac{1}{8!}-\cdots$$
$$=1-0.5+0.041-0.001+\cdots\fallingdotseq 0.540$$

60. ①

풀이 가. (거짓) $a_n=(-1)^n$이면, $\sum_{n=1}^{\infty}\frac{a_n}{n}$이 수렴하므로

$\sum_{n=1}^{\infty}(-1)^n\frac{a_n}{n}=\sum_{n=1}^{\infty}\frac{1}{n}$은 발산한다.

나. (거짓) $a_n=1$이면 $\sum_{n=1}^{\infty}\frac{1}{n}$는 발산한다.

다. (거짓) $\sum_{n=1}^{\infty}\frac{(-1)^n}{\ln(\ln(n+2018))}$은 교대급수판정법에 의해 수렴하고 $\frac{1}{(n+2018)\ln(n+2018)}<\frac{1}{\ln(\ln(n+2018))}$에서 $\sum_{n=1}^{\infty}\frac{1}{(n+2018)\ln(n+2018)}$은 적분판정법에 의해 발산하므로 $\sum_{n=1}^{\infty}\frac{1}{\ln(\ln(n+2018))}$은 발산한다.

그러므로 조건부수렴한다.

라. (거짓) $\lim_{n\to\infty}\frac{\sin^3\left(\frac{1}{\sqrt{n}}\right)}{\left(\frac{1}{\sqrt{n}}\right)^3}=1$이고

$\sum_{n=1}^{\infty}\left(\frac{1}{\sqrt{n}}\right)^3$은 수렴하므로 극한비교판정법에 의해

$\sum_{n=1}^{\infty}\sin^3\left(\frac{1}{\sqrt{n}}\right)$은 수렴한다.

따라서 $\sum_{n=1}^{\infty}(-1)^n\sin^3\left(\frac{1}{\sqrt{n}}\right)$은 절대 수렴한다.

61. ④

풀이 $\sum_{n=0}^{\infty}\frac{1}{2n+1}\left(\frac{1}{2}\right)^{2n}=2\sum_{n=0}^{\infty}\frac{1}{2n+1}\left(\frac{1}{2}\right)^{2n+1}$

$\ln(x+1)=x-\frac{1}{2}x^2+\frac{1}{3}x^3-\frac{1}{4}x^4+\frac{1}{5}x^5-\cdots$이므로

$\ln\left(\frac{1}{2}\right)=\left(-\frac{1}{2}\right)-\frac{1}{2}\left(-\frac{1}{2}\right)^2+\frac{1}{3}\left(-\frac{1}{2}\right)^3-\frac{1}{4}\left(-\frac{1}{2}\right)^4+\cdots$

$\ln\left(\frac{3}{2}\right)=\left(\frac{1}{2}\right)-\frac{1}{2}\left(\frac{1}{2}\right)^2+\frac{1}{3}\left(\frac{1}{2}\right)^3-\frac{1}{4}\left(\frac{1}{2}\right)^4+\cdots$

이 성립한다.

$\ln\left(\frac{1}{2}\right)-\ln\left(\frac{3}{2}\right)=-2\sum_{n=0}^{\infty}\frac{1}{2n+1}\left(\frac{1}{2}\right)^{2n+1}$이다.

따라서 $2\sum_{n=0}^{\infty}\frac{1}{2n+1}\left(\frac{1}{2}\right)^{2n+1}=-\ln\frac{1}{3}=\ln 3$

62. ④

풀이 $$f(x)=\ln(1+\cos x)=\ln\left(1+1-\frac{1}{2!}x^2+\frac{1}{4!}x^4-\cdots\right)$$
$$=\ln\left(2-\frac{1}{2!}x^2+\frac{1}{4!}x^4-\cdots\right)$$
$$=\ln\left\{2\cdot\left(1-\frac{1}{4}x^2+\frac{1}{48}x^4-\cdots\right)\right\}$$
$$=\ln 2+\ln\left(1-\frac{1}{4}x^2+\frac{1}{48}x^4-\cdots\right)$$

$\ln(1+x)$의 x대신 $-\frac{1}{4}x^2+\frac{1}{48}x^4-\cdots$를 대입하면

$$=\ln2+\left(-\frac{1}{4}x^2+\frac{1}{48}x^4-\cdots\right)$$
$$-\frac{1}{2}\left(-\frac{1}{4}x^2+\frac{1}{48}x^4-\cdots\right)^2+\cdots$$
$$=\ln2-\frac{1}{4}x^2+\left(\frac{1}{48}-\frac{1}{32}\right)x^4+\cdots$$

$\therefore P_4(x)=\ln2-\frac{1}{4}x^2-\frac{1}{96}x^4$

$\therefore P_4(1)=\ln2-\frac{25}{96}$

63. ④

풀이 부분합

$S_k=-\tan^{-1}(0)-\tan^{-1}(1)+\tan^{-1}(k)+\tan^{-1}(k+1)$

$\Rightarrow \lim_{k\to\infty}S_k=-\frac{\pi}{4}+\pi=\frac{3\pi}{4}$

64. ②

풀이 조건을 만족하는 적당한 수열을 찾자.

수열 $\{na_n\}$이 2로 수렴하므로 $\lim_{n\to\infty}na_n=2$를 만족한다.

따라서 $na_n=\frac{2n}{n+k}$라고 하면 수열 $\{na_n\}$이 2로 수렴하는 증가수열이 된다. 여기서 $a_n=\frac{2}{n+k}$이다.

(a) (발산) $\sum_{n=1}^{\infty}a_n=\sum_{n=1}^{\infty}\frac{2}{n+k}$는

적분판정법에 의하여 발산한다.

(b) (수렴) $\sum_{n=1}^{\infty}a_n^2=\sum_{n=1}^{\infty}\left(\frac{2}{n+k}\right)^2=\sum_{n=1}^{\infty}\frac{4}{(n+k)^2}$은

적분판정법에 의하여 수렴한다.

(c) (발산) $\sum_{n=1}^{\infty}\left(\frac{1}{2}\right)^{a_n}=\sum_{n=1}^{\infty}\left(\frac{1}{2}\right)^{\frac{2}{n+k}}$, $\lim_{n\to\infty}\left(\frac{1}{2}\right)^{\frac{2}{n+k}}=1$

따라서 발산판정법에 의하여 발산한다.

[다른 풀이]

$na_n=b_n$이라고 하면, $\lim_{n\to\infty}na_n=\lim_{n\to\infty}b_n=2$이다.

$a_n=\frac{b_n}{n}$이다.

(a) (발산) $\sum_{n=1}^{\infty}a_n=\sum_{n=1}^{\infty}\frac{b_n}{n}$과 $\sum_{n=1}^{\infty}\frac{1}{n}$과 극한비교판정을 하면

$\lim_{n\to\infty}\frac{\frac{b_n}{n}}{\frac{1}{n}}=\lim_{n\to\infty}b_n=2>0$이다.

$\sum_{n=1}^{\infty}\frac{1}{n}$이 발산하므로 $\sum_{n=1}^{\infty}a_n=\sum_{n=1}^{\infty}\frac{b_n}{n}$도 발산한다.

(b) (수렴) $\sum_{n=1}^{\infty}a_n^2=\sum_{n=1}^{\infty}\left(\frac{b_n}{n}\right)^2$과 $\sum_{n=1}^{\infty}\frac{1}{n^2}$과 극한비교판정을

하면 $\lim_{n\to\infty}\frac{\frac{b_n^2}{n^2}}{\frac{1}{n^2}}=\lim_{n\to\infty}b_n^2=4>0$이다.

$\sum_{n=1}^{\infty}\frac{1}{n^2}$이 수렴하므로 $\sum_{n=1}^{\infty}a_n^2=\sum_{n=1}^{\infty}\left(\frac{b_n}{n}\right)^2$도 수렴한다.

(c) (발산) (b)에서 $\sum_{n=1}^{\infty}a_n^2$이 수렴하므로

$\lim_{n\to\infty}a_n^2=0$, $\lim_{n\to\infty}a_n=0$

$\lim_{n\to\infty}\left(\frac{1}{2}\right)^{a_n}=1$이므로 발산판정법에 의해서

$\sum_{n=1}^{\infty}\left(\frac{1}{2}\right)^{a_n}$는 발산이다.

65. ②

풀이 $x+\frac{1}{2}\frac{x^3}{3}+\frac{1}{2}\frac{3}{4}\frac{x^5}{5}+\frac{1}{2}\frac{3}{4}\frac{5}{6}\frac{x^7}{7}+\cdots$

$$=x+\sum_{n=1}^{\infty}\frac{1\cdot3\cdot5\cdots(2n-1)}{2\cdot4\cdots(2n)}\cdot\frac{x^{2n+1}}{2n+1}$$

이 때, $a_n=\frac{1\cdot3\cdot5\cdots(2n-1)}{2\cdot4\cdots(2n)}\cdot\frac{x^{2n+1}}{2n+1}$이라 하면,

$$\lim_{n\to\infty}\left|\frac{a_{n+1}}{a_n}\right|$$
$$=\lim_{n\to\infty}\left|\frac{\frac{1\cdot3\cdot5\cdots(2n-1)(2n+1)}{2\cdot4\cdots(2n)(2n+2)}\cdot\frac{x^{2n+3}}{2n+3}}{\frac{1\cdot3\cdot5\cdots(2n-1)}{2\cdot4\cdots(2n)}\cdot\frac{x^{2n+1}}{2n+1}}\right|$$
$$=|x^2|$$

$|x^2|<1 \Leftrightarrow |x|<1$일 때 수렴하므로 수렴반경은 1이다.

66. ③

풀이 ㄱ. (수렴) $a_n=\sin\left(\frac{1}{2^n}\right)\cos\left(\frac{3}{2^n}\right)$, $b_n=\frac{1}{2^n}$이라고 할 때,

$$\lim_{n\to\infty}\frac{a_n}{b_n}=\lim_{n\to\infty}\frac{\sin\left(\frac{1}{2^n}\right)\cos\left(\frac{3}{2^n}\right)}{\frac{1}{2^n}}=\lim_{x\to0}\frac{\sin x\cos3x}{x}=1$$

이므로 극한비교판정법에 의해서 $\sum_{n=2}^{\infty}\frac{1}{2^n}$이 수렴하므로

$\sum_{n=2}^{\infty}\sin\left(\frac{1}{2^n}\right)\cos\left(\frac{3}{2^n}\right)$도 수렴한다.

ㄴ. (발산) $\lim_{n\to\infty}\frac{\sin\left(\frac{1}{n}\right)}{\frac{1}{n}}$ $(\frac{1}{n}=t$라고 치환$)=\lim_{t\to 0}\frac{\sin t}{t}=1$이

고 $\sum_{n=1}^{\infty}\frac{1}{n}$이 발산하므로 극한비교판정법에 의하여

$\sum_{n=1}^{\infty}\sin\left(\frac{1}{n}\right)$도 발산한다.

ㄷ. (발산) $\int_1^{\infty}\frac{1}{n\ln n}dn=\infty$이므로

적분판정법에 의하여 $\sum_{n=1}^{\infty}\frac{1}{n\ln n}$은 발산한다.

ㄹ. (수렴) $a_n=\frac{2^n n!}{n^n}$이라 할 때, $\lim_{n\to\infty}\frac{a_{n+1}}{a_n}=\frac{2}{e}<1$이므로

비율판정법에 의하여 $\sum_{n=1}^{\infty}\frac{2^n n!}{n^n}$은 수렴한다.

ㅁ. (수렴)

$\int_1^{\infty}\frac{e^{-\sqrt{n}}}{\sqrt{n}}dn$ $(\sqrt{n}=t$라고 치환$)=\int_1^{\infty}\frac{e^{-t}}{t}2t\,dt=\frac{2}{e}$

이므로 적분판정법에 의하여 $\sum_{n=1}^{\infty}\frac{e^{-\sqrt{n}}}{n}$은 수렴한다.

67. ④

풀이 $\sum_{n=0}^{\infty}\frac{n}{3^n}(x-2)^n$, $\sum_{n=0}^{\infty}\frac{(n!)^2}{(2n)!}x^n$,

$\sum_{n=1}^{\infty}\left(1+\frac{1}{2}+\frac{1}{3}+\cdots+\frac{1}{n}\right)x^n$의 수렴반경을

순서대로 r_1, r_2, r_3라 하자.

(i) $\sum_{n=0}^{\infty}\frac{n}{3^n}(x-2)^n$에서 $a_n=\frac{n}{3^n}$이라 두면

$\lim_{n\to\infty}\frac{a_n}{a_{n+1}}=\lim_{n\to\infty}\frac{n3^{n+1}}{(n+1)3^n}=3$

따라서 멱급수의 수렴반경정리에 의해 $r_1=3$이다.

(ii) $\sum_{n=0}^{\infty}\frac{(n!)^2}{(2n)!}x^n$에서 $a_n=\frac{(n!)^2}{(2n)!}$이라 두면

$\lim_{n\to\infty}\frac{a_n}{a_{n+1}}=\lim_{n\to\infty}\frac{(n!)^2\{2(n+1)\}!}{\{(n+1)!\}^2(2n)!}=4$

따라서 멱급수의 수렴반경정리에 의해 $r_2=4$이다.

(iii) $\sum_{n=1}^{\infty}\left(1+\frac{1}{2}+\frac{1}{3}+\cdots+\frac{1}{n}\right)x^n$에서

$a_n=1+\frac{1}{2}+\frac{1}{3}+\cdots+\frac{1}{n}$이라 두면 $\lim_{n\to\infty}\frac{a_n}{a_{n+1}}=1$

따라서 멱급수의 수렴반경정리에 의해 $r_3=1$이다.

따라서 $r_1+r_2+r_3=3+4+1=8$이다.

68. ③

풀이 $\lim_{n\to\infty}\left|\frac{(x-1)^{n+1}}{3^{n+1}\sqrt{n+2}}\cdot\frac{3^n\sqrt{n+1}}{(x-1)^n}\right|=\frac{1}{3}|x-1|<1$

$\Rightarrow$ $|x-1|<3$

$\therefore$ 수렴반경은 3

69. ①

풀이 $\ln(1+x)=x-\frac{x^2}{2}+\frac{x^3}{3}-\frac{x^4}{4}+\cdots$에 $x=1$을 대입하면

$$\ln 2=1-\frac{1}{2}+\frac{1}{3}-\frac{1}{4}+\cdots=\sum_{n=1}^{\infty}\left\{\frac{1}{2n-1}-\frac{1}{2n}\right\}=\sum_{n=1}^{\infty}\frac{1}{(2n-1)2n}$$

70. ②

풀이 ㄱ. (거짓) (반례) $[1,\infty)$에서 연속인 두 양함수

$f(x)=x^2$, $g(x)=2x^2$에 대하여

$\lim_{x\to\infty}\frac{f(x)}{g(x)}=\lim_{x\to\infty}\frac{x^2}{2x^2}=\frac{1}{2}$이다.

하지만 $\int_1^{\infty}x^2\,dx$와 $\int_1^{\infty}2x^2\,dx$는 모두 발산한다.

ㄴ. (거짓) (보자마자 발산!!)

$$\begin{aligned}\int_0^3\frac{1}{x-1}dx&=\int_0^1\frac{1}{x-1}dx+\int_1^3\frac{1}{x-1}dx\\&=\lim_{s\to 1-}\int_0^s\frac{1}{x-1}dx+\lim_{t\to 1+}\int_t^3\frac{1}{x-1}dx\\&=\lim_{s\to 1-}[\ln|x-1|]_0^s+\lim_{t\to 1+}[\ln|x-1|]_t^3\\&=\lim_{s\to 1-}(\ln|s-1|-\ln 1)\\&\quad+\lim_{t\to 1+}(\ln 2-\ln|t-1|)\\&=\infty\neq \ln 2\end{aligned}$$

ㄷ. (참) $0\le\frac{\sin^2 x}{x^2}\le\frac{1}{x^2}$이고

$\int_1^{\infty}0dx=0$, $\int_1^{\infty}\frac{1}{x^2}dx=\left[-\frac{1}{x}\right]_1^{\infty}=1$이므로

비교판정법에 의하여 $\int_1^{\infty}\frac{\sin^2 x}{x^2}dx$는 수렴한다.

ㄹ. (참) $\int_1^{\infty} \frac{1}{1+x^2} dx = [\tan^{-1}x]_1^{\infty} = \frac{\pi}{2} - \frac{\pi}{4} = \frac{\pi}{4}$

따라서 옳은 것은 ㄷ, ㄹ이다.

71. ③

풀이 $\ln x = t$라고 치환하면, $x = e^t \Rightarrow dx = e^t dt$

$$\int_2^{\infty} \frac{1}{x^a (\ln x)^b} dx = \int_{\ln 2}^{\infty} \frac{e^t}{e^{at} t^b} dt = \int_{\ln 2}^{\infty} \frac{1}{e^{(a-1)t} t^b} dt$$

의 수렴성은 $\sum_{n=1}^{\infty} \frac{1}{e^{(a-1)n} n^b}$ 와 동일하게 결정된다.

(ⅰ) 비율판정값이 1보다 작을 때 절대 수렴하므로 $a-1>0$일 때 b값에 상관없이 수렴한다.

(ⅱ) $a-1<0$이면 비율판정값이 1보다 커서 b값에 상관없이 발산한다.

(ⅲ) $a=1$이면 $b>1$일 때 p급수 판정에 의해서 수렴한다.

따라서 바르게 나타낸 것은 ③이다.

72. ②

풀이 $a_n = \frac{n!}{1 \cdot 3 \cdot 5 \cdots (2n-1)}$ 일 때,

$a_{n+1} = \frac{(n+1)!}{1 \cdot 3 \cdot 5 \cdots (2n-1)(2n+1)}$ 이다.

$\lim_{n \to \infty} \left| \frac{a_{n+1}}{a_n} \right| = \lim_{n \to \infty} \frac{n+1}{2n+1} = \frac{1}{2}$ 이므로

$A_n = \frac{n!\, x^n}{1 \cdot 3 \cdot 5 \cdots (2n-1)}$ 의 비율판정값은

$\lim_{n \to \infty} \left| \frac{A_{n+1}}{A_n} \right| = \frac{1}{2}|x| < 1$일 때 수렴하므로

$|x|<2$이고 수렴반지름은 2이다.

73. ③

풀이

$$\sum_{n=1}^{\infty} \frac{2^{n-1}-k}{5^n} = \sum_{n=1}^{\infty} \frac{1}{2}\left(\frac{2}{5}\right)^n - k\sum_{n=1}^{\infty}\left(\frac{1}{5}\right)^n$$

$$= \frac{1}{2} \cdot \frac{\frac{2}{5}}{1-\frac{2}{5}} - k \cdot \frac{\frac{1}{5}}{1-\frac{1}{5}}$$

$$= \frac{1}{2} \cdot \frac{2}{3} - k \cdot \frac{1}{4} = \frac{1}{3} - \frac{k}{4} = -\frac{5}{12}$$

$\Rightarrow \frac{k}{4} = \frac{1}{3} + \frac{5}{12}$

$\therefore k = 4 \cdot \frac{9}{12} = 3$

74. ②

풀이 ㄱ. (수렴) $\frac{\sin n}{n(\ln n)^2} \le \frac{1}{n(\ln n)^2}$ $(n \ge 2)$에서

$\sum_{n=2}^{\infty} \frac{1}{n(\ln n)^2}$은 적분판정법에 의해 수렴하므로

비교판정법에 의해 $\sum_{n=2}^{\infty} \frac{\sin n}{n(\ln n)^2}$은 수렴한다.

ㄴ. (수렴) $\lim_{n \to \infty} \frac{(n+1)^{n+1}}{(2n+2)!} \cdot \frac{(2n)!}{n^n} = 0 < 1$이므로

비율판정법에 의해 $\sum_{n=1}^{\infty} \frac{n^n}{(2n)!}$은 수렴한다.

ㄷ. (발산) $\lim_{n \to \infty} \frac{\frac{1}{n^{1+\frac{1}{n}}}}{\frac{1}{n}} = \lim_{n \to \infty} \frac{1}{n^{\frac{1}{n}}} = 1$이고

$\sum_{n=1}^{\infty} \frac{1}{n}$은 발산하므로 극한비교판정법에 의해

$\sum_{n=1}^{\infty} \frac{1}{n^{1+\frac{1}{n}}}$ 은 발산한다.

75. ②

풀이 (ㄱ) (수렴) $\sum_{n=1}^{\infty} \frac{n!}{e^{n^2}} < \sum_{n=1}^{\infty} \frac{n^n}{e^{n^2}}$이고

$\lim_{n \to \infty} \left(\frac{n^n}{e^{n^2}}\right)^{\frac{1}{n}} = \lim_{n \to \infty} \frac{n}{e^n} = 0 < 1$이므로

n승근 판정법에 의하여 $\sum_{n=1}^{\infty} \frac{n^n}{e^{n^2}}$이 수렴한다.

따라서 비교판정법에 의하여 $\sum_{n=1}^{\infty} \frac{n!}{e^{n^2}}$이 수렴한다.

(ㄴ) (발산) $\lim_{n \to \infty}\left(\frac{n}{n+1}\right)^n = \lim_{n \to \infty}\left(1 - \frac{1}{n+1}\right)^n = e^{-1} \ne 0$

이므로 발산정리에 의하여 $\sum_{n=1}^{\infty}\left(\frac{n}{n+1}\right)^n$은 발산한다.

(ㄷ) (수렴) $a_n = \frac{2^n n^3}{n!}$이라 할 때,

$\lim_{n \to \infty} \frac{a_{n+1}}{a_n} = \lim_{n \to \infty} \frac{2(n+1)^2}{n^3} = 0 < 1$이므로

비율판정법에 의하여 $\sum_{n=1}^{\infty} \frac{2^n n^3}{n!}$은 수렴한다.

76. ②

풀이 a. (수렴) $\lim_{t\to+\infty}\int_3^t \frac{2}{x^2-1}dx=\lim_{t\to+\infty}\int_3^t \frac{1}{x-1}-\frac{1}{x+1}dx$

$$=\lim_{t\to+\infty}\left[\ln\left(\frac{x-1}{x+1}\right)\right]_3^t=\ln 2$$

이므로 수렴한다.

b. (수렴) $\lim_{t\to+\infty}\int_e^t \frac{1}{x\ln^3 x}dx=\lim_{t\to\infty}\int_e^t \frac{1}{x(\ln x)^3}dx$이므로 p급수판정법에 의해 수렴한다.

c. (수렴)

$$\lim_{t\to+\infty}\int_0^t \frac{x}{(x^2+1)^2}dx=\lim_{t\to+\infty}\left\{\lim_{s\to-\infty}\left[-\frac{1}{2x^2+2}\right]_s^t\right\}=0$$

이므로 수렴한다.

d. (발산) $x^2-5=t$로 치환하면

$$-\int_{\sqrt5}^6 \frac{1}{(x^2-5)^2}dx=\int_0^{31}\frac{-1}{t^2(t+2\sqrt5)^2}dt,$$

$$\int_0^{31}\frac{-1}{t^2(t+2\sqrt5)^2}dt>\int_0^{31}\frac{1}{t^3}dx$$

발산보다 크므로 발산한다.

77. ④

풀이 $\sum_{n=1}^{\infty}\frac{(-1)^{n-1}}{(2n-1)3^n}=\frac{1}{1\cdot3^1}-\frac{1}{3\cdot3^2}+\frac{1}{5\cdot3^3}-\cdots$

$$=\frac{1}{3}\left(1-\frac{1}{3\cdot3}+\frac{1}{5\cdot3^2}-\cdots\right)$$이고

$$\tan^{-1}x=x-\frac{1}{3}x^3+\frac{1}{5}x^5-\frac{1}{7}x^7+\cdots$$

$$=x\left(1-\frac{1}{3}x^2+\frac{1}{5}x^4-\cdots\right)$$

위의 식의 양변을 x로 나누면

$$\frac{\tan^{-1}x}{x}=1-\frac{1}{3}x^2+\frac{1}{5}x^4-\cdots$$

$x=\frac{1}{\sqrt3}$을 대입하면

$$\frac{\tan^{-1}\left(\frac{1}{\sqrt3}\right)}{\frac{1}{\sqrt3}}=1-\frac{1}{3}\left(\frac{1}{3}\right)+\frac{1}{5}\left(\frac{1}{3}\right)^2-\cdots$$

$\sqrt3\cdot\frac{\pi}{6}=1-\frac{1}{3}\left(\frac{1}{3}\right)+\frac{1}{5}\left(\frac{1}{3}\right)^2-\cdots$이므로

$$\sum_{n=1}^{\infty}\frac{(-1)^{n-1}}{(2n-1)3^n}=\frac{1}{3}\left(1-\frac{1}{3\cdot3}+\frac{1}{5\cdot3^2}-\cdots\right)$$

$$=\frac{1}{3}\left(\sqrt3\cdot\frac{\pi}{6}\right)=\frac{\sqrt3}{18}\pi$$

78. ②

풀이 $f(x)=\frac{8}{(2+x)(2-3x)}$

$$=\frac{1}{2+x}+\frac{3}{2-3x}$$

$$=\frac{1}{2}\frac{1}{1-\left(-\frac{x}{2}\right)}+\frac{3}{2}\frac{1}{1-\frac{3}{2}x}$$

$$=\frac{1}{2}\sum_{n=0}^{\infty}\left(-\frac{x}{2}\right)^n+\frac{3}{2}\sum_{n=0}^{\infty}\left(\frac{3}{2}x\right)^n$$

따라서 $f(x)$의 매클로린급수는 두 무한등비급수의 합으로 표현되고 이때 수렴반경이 작은 쪽을 택해야 한다.

$\sum_{n=0}^{\infty}\left(-\frac{x}{2}\right)^n$는 $|x|<2$,

$\sum_{n=0}^{\infty}\left(\frac{3}{2}x\right)^n$는 $|x|<\frac{2}{3}$에서 수렴하므로

주어진 급수의 수렴반경은 $\frac{2}{3}$이다.

79. 2

풀이 매클로린급수를 이용한다.

$$f(x)=\ln(1+\sin x)=\sin x-\frac{1}{2}\sin^2x+\frac{1}{3}\sin^3x-\cdots$$

$$=\left(x-\frac{x^3}{3!}+\cdots\right)$$

$$-\frac{1}{2}\left(x-\frac{x^3}{3!}+\cdots\right)^2+\frac{1}{3}\left(x-\frac{x^3}{3!}+\cdots\right)^3+\cdots$$

$$=x-\frac{1}{2}x^2+\left(-\frac{1}{3!}+\frac{1}{3}\right)x^3+\cdots$$

$$=x-\frac{1}{2}x^2+\frac{1}{6}x^3+\cdots$$

$\therefore 3(a+b+c)=2$

[다른 풀이]
매클로린급수의 정의를 이용한다.

$f(x)=\ln(1+\sin x)$

$$f'(x)=\frac{\cos x}{1+\sin x}$$

$$f''(x)=\frac{-\sin x(1+\sin x)-\cos^2x}{(1+\sin x)^2}$$

$$=\frac{-(\sin x+1)}{(\sin x+1)^2}=-\frac{1}{\sin x+1}$$

$$f^{(3)}(x)=\frac{\cos x}{(\sin x+1)^2}$$

$\Rightarrow f'(0)=1,\ f''(0)=-1,\ f^{(3)}(0)=1$

$\Rightarrow a=f'(0)=1,\ b=\frac{f''(0)}{2!}=-\frac{1}{2},\ c=\frac{f^{(3)}(0)}{3!}=\frac{1}{6}$

$\therefore 3(a+b+c)=2$

80. ②

풀이 (가) (발산) $\frac{1}{n}=t$로 치환하면

$$\lim_{n\to\infty}\frac{\tan^{-1}\left(\frac{1}{n}\right)}{\frac{1}{n}}=\lim_{t\to 0}\frac{\tan^{-1}t}{t}\left(\frac{0}{0}\right)=\lim_{t\to 0}\frac{\frac{1}{1+t^2}}{1}=1$$

$\sum_{n=1}^{\infty}\frac{1}{n}$은 발산하므로 비교극한판정법에 의해

$\sum_{n=1}^{\infty}\tan^{-1}\left(\frac{1}{n}\right)$은 발산한다.

(나) (발산) (ⅰ) $y=0$일 때, $\lim_{x\to 0}\sin\left(\frac{0}{x^4}\right)=0$

(ⅱ) $x=0$일 때, $\lim_{y\to 0}\sin\left(\frac{0}{x^4}\right)=0$

(ⅲ) $y=mx$일 때,

$$\lim_{x\to 0}\sin\left(\frac{m^2x^4}{x^4+m^4x^4}\right)=\sin\left(\frac{m^2}{1+m^4}\right)\neq 0$$

(ⅰ)~(ⅲ)에 의하여 발산한다.

(다) (수렴) $\int_1^{\infty}\frac{1}{\sqrt{x+e^x}}dx<\int_1^{\infty}\frac{1}{\sqrt{e^x}}dx$

$$=\int_1^{\infty}e^{-\frac{x}{2}}dx$$

$$=\left[-2e^{-\frac{x}{2}}\right]_1^{\infty}$$

$$=-2\left(0-e^{-\frac{1}{2}}\right)=2e^{-\frac{1}{2}}$$

로 수렴한다. 그러므로 비교판정법에 의하여

이상적분 $\int_1^{\infty}\frac{1}{\sqrt{x+e^x}}dx$도 수렴한다.

(라) (수렴)

$$\int_{-\infty}^{\infty}x^{100}e^{x-x^2}dx=\int_{-\infty}^{0}x^{100}e^{x-x^2}dx+\int_0^{\infty}x^{100}e^{x-x^2}dx$$

$\sum_{n=0}^{\infty}n^{100}e^{n-n^2}$은 적분판정법에 의해

$\int_0^{\infty}x^{100}e^{x-x^2}dx$와 수렴, 발산을 같이한다.

$a_n=n^{100}e^{n-n^2}$이라 하면

$$\lim_{n\to\infty}\left|\frac{a_{n+1}}{a_n}\right|=\lim_{n\to\infty}\frac{1}{e^{2n}}\left(1+\frac{1}{n}\right)^{100}=0<1\text{이므로}$$

비율판정법에 의해 $\sum_{n=0}^{\infty}n^{100}e^{n-n^2}$은 수렴한다.

따라서 $\int_0^{\infty}x^{100}e^{x-x^2}dx$ 도 수렴한다.

또한, $\int_{-\infty}^{0}x^{100}e^{x-x^2}dx=\int_0^{\infty}t^{100}e^{-t-t^2}dt$

($\because x=-t$로 치환하면 $dx=-dt$)

$a_n=n^{100}e^{-n-n^2}$이라 하면

$$\lim_{n\to\infty}\left|\frac{a_{n+1}}{a_n}\right|=\lim_{n\to\infty}\frac{1}{e^{2n+2}}\left(1+\frac{1}{n}\right)^{100}=0<1\text{이므로}$$

비율판정법에 의해 $\sum_{n=0}^{\infty}n^{100}e^{-n-n^2}$은 수렴한다.

따라서 $\int_{-\infty}^{0}x^{100}e^{x-x^2}dx$ 도 수렴한다.

즉, $\int_0^{\infty}x^{100}e^{x-x^2}dx$와 $\int_{-\infty}^{0}x^{100}e^{x-x^2}dx$ 가 수렴하므로

$\int_{-\infty}^{\infty}x^{100}e^{x-x^2}dx$도 수렴한다.

따라서 수렴하는 것은 (다), (라) 2개이다.

81. ⑤

풀이

$$\frac{\binom{p}{k+1}}{\binom{p}{k}}=\frac{p(p-1)\cdot\cdots\cdot(p-k+1)(p-k)}{(k+1)!}\cdot\frac{k!}{p(p-1)\cdot\cdots\cdot(p-k+1)}=\frac{p-k}{k+1}\text{이므로}$$

$$\lim_{k\to\infty}\left|\frac{\binom{1.5}{k+1}x^{k+1}}{2^{k+1}}\cdot\frac{2^k}{\binom{1.5}{k}x^k}\right|=\lim_{k\to\infty}\left|\frac{1.5-k}{k+1}\cdot\frac{x}{2}\right|=\left|\frac{x}{2}\right|<1$$

에서 $|x|<2$이다.

따라서 멱급수 $\sum_{k=0}^{\infty}\binom{1.5}{k}\frac{x^k}{2^k}$의 수렴반경은 2이다.

82. ④

풀이 (가) $-\ln x=t$라 치환하면 $\ln x=-t$, $x=e^{-t}$, $dx=-e^{-t}dt$,
$x=0$일 때 $t\to\infty$이고 $x=1$일 때 $t=0$이다.

$$\int_0^1\frac{x}{\ln x}dx=\int_{\infty}^{0}\frac{e^{-t}}{-t}(-e^{-t}dt)$$

$$=-\int_0^{\infty}\frac{e^{-2t}}{t}dt$$

$$=-\left(\int_0^1\frac{e^{-2t}}{t}dt+\int_1^{\infty}\frac{e^{-2t}}{t}dt\right)$$

$\int_0^1\frac{e^{-2t}}{t}dt$에서 $0\le t\le 1$일 때,

$e^{-2} \le e^{-2t} \le 1$이므로 $\dfrac{e^{-2t}}{t} \ge \dfrac{e^{-2}}{t}$ 이다.

이때, $\displaystyle\int_0^1 \frac{e^{-2}}{t}dt = e^{-2}\int_0^1 \frac{1}{t}dt$는 발산하므로

비교판정법에 의하여 $\displaystyle\int_0^1 \frac{e^{-2t}}{t}dt$는 발산한다.

따라서 주어진 이상적분은 발산한다.

(나) (수렴)

$$\text{(주어진 식)} = \lim_{t\to0^+}\int_t^1 \ln x\,dx = \lim_{t\to0^+}[x\ln x - x]_t^1$$

$$= \lim_{t\to0^+}(-1 - t\ln t + t)$$

$$= \lim_{t\to0^+}\left(t - \frac{\ln t}{\frac{1}{t}}\right) - 1 = \lim_{t\to0^+}\frac{\frac{1}{t}}{\frac{1}{t^2}} - 1 = -1$$

(다) $\displaystyle\int_0^1 \frac{e^x}{\sqrt{x}}dx < \int_0^1 \frac{e}{\sqrt{x}}dx$이고 $\displaystyle\int_0^1 \frac{e}{\sqrt{x}}dx$가 수렴하므로 비교판정법에 의해 $\displaystyle\int_0^1 \frac{e^x}{\sqrt{x}}dx$도 수렴한다.

83. ④

풀이 ① $\displaystyle\sum_{n=0}^{\infty}\frac{1}{(1+2n)^r}$은 극한비교판정법에 의해 $\displaystyle\sum_{n=0}^{\infty}\frac{1}{n^r}$과 수렴, 발산을 같이 한다.

p급수판정법에 의해 $\displaystyle\sum_{n=0}^{\infty}\frac{1}{n^r}$은 $r>2$일 때 수렴하므로

$\displaystyle\sum_{n=0}^{\infty}\frac{1}{(1+2n)^r}$도 $r>2$일 때 수렴한다.

②, ③ $\displaystyle\sum_{n=2}^{\infty}\frac{\ln n}{n^r}$과 $\displaystyle\sum_{n=2}^{\infty}\frac{1}{n(\ln n)^r}$은 모두 $r>2$일 때 수렴한다.

④ $a_n = n^{1-r}e^{nr}$이라 하자.

$r>0$이면 $\displaystyle\lim_{n\to\infty}\left|\frac{a_{n+1}}{a_n}\right| = e^r > 1$이므로

비율판정법에 의해 $\displaystyle\sum_{n=1}^{\infty}n^{1-r}e^{nr}$은 발산한다.

$r=0$이면 $\displaystyle\sum_{n=1}^{\infty}n$은 발산판정법에 의해 발산한다.

$r<0$이면 $\displaystyle\lim_{n\to\infty}\left|\frac{a_{n+1}}{a_n}\right| = e^r < 1$이므로

비율판정법에의해 $\displaystyle\sum_{n=1}^{\infty}n^{1-r}e^{nr}$은 수렴한다.

84. ④

풀이 $\displaystyle\int_0^{\infty}x^{-\alpha}e^{\beta x^2}dx = \int_0^1 x^{-\alpha}e^{\beta x^2}dx + \int_1^{\infty}x^{-\alpha}e^{\beta x^2}dx$

$\displaystyle\int_0^1 x^{-\alpha}e^{\beta x^2}dx \Rightarrow \alpha<1$이면 수렴

$\displaystyle\int_1^{\infty}x^{-\alpha}e^{\beta x^2}dx \Rightarrow \beta<0$이면 수렴

$\alpha<1,\ \beta<0$이면 이상적분 $\displaystyle\int_0^{\infty}x^{-\alpha}e^{\beta x^2}dx$가 수렴한다.

(다) (반례) $\alpha=-1,\ \beta=0$이라 두면

$\alpha+\beta<0$을 만족하지만

$$\int_0^{\infty}x^{-\alpha}e^{\beta x^2}dx = \int_0^{\infty}x\,dx = \infty$$

85. ③

풀이 $a_n = \dfrac{n!(2n)!}{(3n)!}x^{3n}$이라 하여 비율판정법을 사용하면

$$\lim_{n\to\infty}\left|\frac{a_{n+1}}{a_n}\right|$$

$$= \lim_{n\to\infty}\left|\frac{(n+1)!\,(2n+2)!x^{3(n+1)}}{(3n+3)!}\cdot\frac{(3n)!}{n!(2n)!x^{3n}}\right|$$

$$= \lim_{n\to\infty}\frac{(n+1)(2n+2)(2n+1)}{(3n+3)(3n+2)(3n+1)}|x^3| = \frac{4}{27}|x^3|<1$$

$$\Leftrightarrow |x^3| < \frac{27}{4} \Leftrightarrow |x| < \frac{3}{\sqrt[3]{4}}$$

이므로 수렴반지름은 $\dfrac{3}{\sqrt[3]{4}}$이다.

86. ③

풀이 두 함수의 매클로린 급수전개는

$\sinh x = x + \dfrac{1}{3!}x^3 + \dfrac{1}{5!}x^5 + \cdots,$

$\cos x = 1 - \dfrac{1}{2!}x^2 + \dfrac{1}{4!}x^4 - \cdots$이다. 이 때,

$$f(x) = \frac{\sinh x}{\cos x} = \frac{x + \frac{1}{3!}x^3 + \frac{1}{5!}x^5 + \cdots}{1 - \frac{1}{2!}x^2 + \frac{1}{4!}x^4 - \cdots}$$

$$= x + \frac{2}{3}x^3 + \frac{3}{10}x^5 + \cdots \text{이다.}$$

$$\begin{array}{r|l} & x+\frac{2}{3}x^3+\frac{3}{10}x^5+\cdots \\ \hline 1-\frac{1}{2!}x^2+\frac{1}{4!}x^4-\cdots & x+\frac{1}{3!}x^3+\frac{1}{5!}x^5+\cdots \\ - & x-\frac{1}{2}x^3+\frac{1}{24}x^5-\cdots \\ \hline & \frac{2}{3}x^3-\frac{1}{30}x^5+\cdots \\ - & \frac{2}{3}x^3-\frac{1}{3}x^5+\cdots \\ \hline & \frac{3}{10}x^5-\cdots \end{array}$$

$\therefore a_3=\frac{2}{3},\ a_4=0,\ a_3+a_4=\frac{2}{3}$

87. ③

풀이 ① $\lim_{n\to\infty}\left|\frac{a_{n+1}}{a_n}\right|<1$이면 비율판정법에 의해 $\sum_{n=1}^{\infty}a_n$이 수렴한다.

② (반례) $a_n=(-1)^n\frac{1}{n}$이라고 하면

급수 $\sum_{n=1}^{\infty}a_n=\sum_{n=1}^{\infty}(-1)^n\frac{1}{n}$은

교대급수판정법에 의해 수렴하지만

$\sum_{n=1}^{\infty}(-1)^n a_n=\sum\frac{1}{n}$은 p급수판정법에 의해 발산한다.

③ (반례) $a_n=(-1)^n\frac{1}{\sqrt{n}},\ b_n=(-1)^n\frac{1}{\sqrt[3]{n}}$이라고 하면

급수 $\sum_{n=1}^{\infty}a_n=\sum_{n=1}^{\infty}(-1)^n\frac{1}{\sqrt{n}}$과

$\sum_{n=1}^{\infty}b_n=\sum_{n=1}^{\infty}(-1)^n\frac{1}{\sqrt[3]{n}}$은

교대급수판정법에 의해 수렴하지만

$\sum_{n=1}^{\infty}a_nb_n=\sum_{n=1}^{\infty}\left\{(-1)^n\frac{1}{\sqrt{n}}(-1)^n\frac{1}{\sqrt[3]{n}}\right\}=\sum_{n=1}^{\infty}\frac{1}{n^{\frac{5}{6}}}$은

p급수판정법에 의해 발산한다.

④ 멱급수 $\sum_{n=1}^{\infty}a_nx^n$이 $x=2$에서 수렴하면 멱급수의 수렴범위는 최소한 $(-2,2]$이므로 $x=-1$은 수렴범위에 속하게 된다. 따라서 $x=-1$에서도 수렴한다.

88. ⑤

풀이 $\sum_{n=1}^{\infty}(-1)^n\frac{x^{4n}}{n!}=e^{-x^4}-1,$

$\sum_{n=0}^{\infty}\frac{(-1)^n\pi^{2n+1}}{4^{2n+1}(2n+1)!}=\sin\frac{\pi}{4}=\frac{1}{\sqrt{2}}$이므로

$f(x)=e^{-x^4}-1+\frac{1}{\sqrt{2}}$ 미분하면 $f'(x)=-4x^3e^{-x^4}$

$x=0$은 $f'(x)=0$을 만족하는 임계점이다.

x	$\cdots$	0	$\cdots$
$f'(x)$	$+$	0	$-$
$f(x)$	↗		↘

따라서 최댓값은 $f(0)=\frac{1}{\sqrt{2}}$

89. ②

풀이 매클로린 급수 $\sum_{n=0}^{\infty}x^n=\frac{1}{1-x}$의 양변을 x로 미분하면

$\sum_{n=1}^{\infty}nx^{n-1}=\frac{1}{(1-x)^2}$

양변에 x를 곱하면 $\sum_{n=1}^{\infty}nx^n=\frac{x}{(1-x)^2}$

양변을 x로 미분하면 $\sum_{n=1}^{\infty}n^2x^{n-1}=\frac{1+x}{(1-x)^3}$

양변에 x를 곱하면 $\sum_{n=1}^{\infty}n^2x^n=\frac{x(1+x)}{(1-x)^3}$

위의 식에 $x=\frac{1}{3}$을 대입하면 $\sum_{n=1}^{\infty}\frac{n^2}{3^n}=\frac{\frac{1}{3}\cdot\frac{4}{3}}{\left(1-\frac{1}{3}\right)^3}=\frac{3}{2}$ 이다.

90. ④

풀이 (가) (수렴) $\sum_{n=1}^{\infty}\sin^3\frac{1}{n}<\sum_{n=1}^{\infty}\frac{1}{n^3}$이고

$\sum_{n=1}^{\infty}\frac{1}{n^3}$은 $p=3$이므로 p급수판정법에 의하여 수렴한다.

따라서 비교판정법에 의해 $\sum_{n=1}^{\infty}\sin^3\frac{1}{n}$도 수렴한다.

(나) (수렴)

$\sum_{n=1}^{\infty}\sqrt{n\arctan\left(\frac{1}{n^4}\right)}<\sum_{n=1}^{\infty}\sqrt{n\frac{1}{n^4}}=\sum_{n=1}^{\infty}\frac{1}{n^{\frac{3}{2}}}$이고

$\sum_{n=1}^{\infty}\frac{1}{n^{\frac{3}{2}}}$ 은 $p=\frac{3}{2}$ 이므로 p급수판정법에 의해 수렴한다.

(다) (수렴)

$a_n=\left(n^{\frac{1}{n}}-1\right)^n$ 이라고 하자.

$\lim_{n\to\infty}n^{\frac{1}{n}}=\lim_{n\to\infty}e^{\frac{1}{n}\ln n}=1$ 이고,

$\lim_{n\to\infty}\sqrt[n]{|a_n|}=\lim_{n\to\infty}\sqrt[n]{\left|\left(n^{\frac{1}{n}}-1\right)^n\right|}=\lim_{n\to\infty}n^{\frac{1}{n}}-1=0<1$

근판정법에 의해 $\sum_{n=1}^{\infty}(n^{\frac{1}{n}}-1)^n$ 은 수렴한다.

(라) (수렴) $\lim_{n\to\infty}\frac{1}{\ln n}=0$ 이므로 교대급수판정법에 의해

$\sum_{n=10}^{\infty}(-1)^n\frac{1}{\ln n}$ 은 수렴한다.

(마) (수렴) 두 무한급수 $\sum_{n=1}^{\infty}a_n,\ \sum_{n=1}^{\infty}b_n$ 가 수렴하면

$\sum_{n=1}^{\infty}(a_n+b_n)=\sum_{n=1}^{\infty}a_n+\sum_{n=1}^{\infty}b_n$ 이 성립한다.

무한급수 $\sum_{n=1}^{\infty}\frac{1}{2^n},\ \sum_{n=1}^{\infty}\frac{1}{3^n}$ 는 수렴하고, $\sum_{n=1}^{\infty}\left(\frac{1}{2^n}+\frac{1}{3^n}\right)$ 도 수렴한다.

(바) (수렴) $a_n=\tan\left(\frac{1}{n^3}\right),\ b_n=\frac{1}{n^3}$ 이라 하면

$\lim_{n\to\infty}\frac{a_n}{b_n}=\lim_{n\to\infty}\frac{\tan\left(\frac{1}{n^3}\right)}{\frac{1}{n^3}}$ $(\frac{1}{n^3}=t$ 라고 치환)

$=\lim_{t\to 0}\frac{\tan t}{t}=1>0$

따라서 극한비교판정법에 의해 $\sum_{n=1}^{\infty}\tan\left(\frac{1}{n^3}\right)$ 는 수렴한다

따라서 수렴하는 것의 개수는 6개다.

91. ①

풀이 (가) (참)

$\sum_{n=0}^{\infty}\frac{1}{(2n)!}=\frac{1}{0!}+\frac{1}{2!}+\frac{1}{4!}+\cdots=\cosh(1)=\frac{1}{2}\left(e+\frac{1}{e}\right)$

(나) (참) $\sum_{n=0}^{\infty}x^n=\frac{1}{1-x}$ (단, $-1<x<1$)

양변을 x 에 대해 미분하면 $\sum_{n=0}^{\infty}nx^{n-1}=\frac{1}{(1-x)^2}$

양변에 x 를 곱하면 $\sum_{n=0}^{\infty}nx^n=\frac{x}{(1-x)^2}$

양변을 x 에 대해 미분하면 $\sum_{n=0}^{\infty}n^2x^{n-1}=\frac{1+x}{(1-x)^3}$

양변에 x 를 곱하면 $\sum_{n=0}^{\infty}n^2x^n=\frac{x(1+x)}{(1-x)^3}$

따라서 $x=\frac{1}{3}$ 을 대입하면 $\sum_{n=1}^{\infty}\frac{n^2}{3^n}=\frac{3}{2}$

(다) (참) $a_n=\frac{(-3)^n(x-1)^n}{\sqrt{n+1}}$ 이라 하면

$\lim_{n\to\infty}\left|\frac{a_{n+1}}{a_n}\right|=3|x-1|$

비율판정법을 이용하면

$3|x-1|<1$ 일 때 주어진 무한급수는 수렴한다.

즉, $\frac{2}{3}<x<\frac{4}{3}$ 이다.

(i) $x=\frac{4}{3}$ 일 때,

$\sum_{n=0}^{\infty}\frac{(-1)^n}{\sqrt{n+1}}$ 은 교대급수판정법에 의해 수렴한다.

(ii) $x=\frac{2}{3}$ 일 때,

$\sum_{n=0}^{\infty}\frac{1}{\sqrt{n+1}}$ 은 극한비교판정법에 의해 발산한다.

따라서 $\sum_{n=0}^{\infty}\frac{(-3)^n(x-1)^n}{\sqrt{n+1}}$ 의 수렴구간은 $\left(\frac{2}{3},\ \frac{4}{3}\right]$ 이다.

92. ⑤

풀이 $a_n=\frac{(n!)^2}{(2n)!+n!}x^n$ 이라 할 때,

$$\lim_{n\to\infty}\left|\frac{a_{n+1}}{a_n}\right|=\lim_{n\to\infty}\left|\frac{\frac{((n+1)!)^2}{((2(n+1))!+(n+1)!}}{\frac{(n!)^2}{(2n)!+n!}}\cdot x\right|$$

$$=\lim_{n\to\infty}\left|\frac{(n+1)^2\{(2n)!+n!\}}{(2n+2)(2n+1)(2n)!+(n+1)!}\right||x|$$

$$=\lim_{n\to\infty}\left|\frac{(n+1)\{(2n)!+n!\}}{2(2n+1)(2n)!+n!}\right||x|=\frac{1}{4}|x|$$

이므로 비판정법에 의해 $\frac{1}{4}|x|<1 \Leftrightarrow |x|<4$ 일 때 수렴한다.

∴ 수렴반경은 4 이다.

93. ③

풀이 $\frac{1}{1-x}=a_n(1+x+x^2+x^3+\cdots)$이므로

매클로린급수에 의해 $a_n=1$이다.

$\sum_{n=0}^{\infty}x^n=\frac{1}{1-x}$ 의 양변을 미분하면 $\sum_{n=1}^{\infty}nx^{n-1}=\frac{1}{(1-x)^2}$

양변에 x를 곱하면 $\sum_{n=1}^{\infty}nx^n=\frac{x}{(1-x)^2}$

다시 양변을 미분하면

$$\sum_{n=1}^{\infty}n^2x^{n-1}=\frac{(1-x)^2+2x(1-x)}{(1-x)^4}=\frac{1+x}{(1-x)^3}$$

다시 양변에 x를 곱하면 $\sum_{n=1}^{\infty}n^2x^n=\frac{(1+x)x}{(1-x)^3}$

이때, $\sum_{n=0}^{\infty}n^2x^n=\sum_{n=1}^{\infty}n^2x^n$이다.

$x=\frac{1}{2}$을 대입하면 $\sum_{n=0}^{\infty}n^2\left(\frac{1}{2}\right)^n=6$

94. ④

풀이 $\sum_{n=0}^{\infty}x^n=\frac{1}{1-x}$의 양변에 x^2을 곱하면 $\sum_{n=0}^{\infty}x^{n+2}=\frac{x^2}{1-x}$

양변을 미분하면 $\sum_{n=1}^{\infty}(n+2)x^{n+1}=\frac{2x-x^2}{(1-x)^2}$

양변을 다시 미분하면

$$\sum_{n=2}^{\infty}(n+2)(n+1)x^n=\frac{(2-2x)(1-x)+2(2x-x^2)}{(1-x)^3}=\frac{2}{(1-x)^3}$$

양변에 $x=\frac{1}{3}$을 대입하면

$$\sum_{n=2}^{\infty}(n+2)(x+1)\left(\frac{1}{3}\right)^n=\frac{2}{\left(\frac{2}{3}\right)^3}=\frac{27}{4}$$

95. ①

풀이 $\int_0^{\infty}\frac{dx}{x^p+x^q}=\int_0^1\frac{dx}{x^p+x^q}+\int_1^{\infty}\frac{dx}{x^p+x^q}dx$

(1) $0<p<q<\infty$에서 $0<x<1$일 때, $0<x^q<x^p<1$이므로 $x^q+x^p>x^p$이고, $\frac{1}{x^p+x^q}<\frac{1}{x^p}$ ⇒

$\int_0^1\frac{dx}{x^p+x^q}<\int_0^1\frac{dx}{x^p}$에서 $p<1$이면 비교판정법에 의해

$\int_0^1\frac{dx}{x^p+x^q}$는 수렴한다.

(2) $0<p<q<\infty$에서 $1<x<\infty$일 때, $1<x^p<x^q$이므로 $x^q+x^p>x^q$이고, $\frac{1}{x^p+x^q}<\frac{1}{x^q}$ ⇒ $\int_0^{\infty}\frac{dx}{x^p+x^q}$

$<\int_1^{\infty}\frac{dx}{x^q}$에서 $q>1$이면 비교판정법에 의해

$\int_1^{\infty}\frac{dx}{x^p+x^q}$는 수렴한다.

96. ②

풀이 $\int_1^2\frac{x^x-x}{(x-1)^p}dx$($x-1=t$라고 치환)

$$=\int_0^1\frac{(t+1)^{t+1}-(t+1)}{t^p}dt$$

$$=\int_0^1\frac{(t+1)\{(t+1)^t-1\}}{t^p}dt$$

$$(t+1)^t=e^{t\ln(t+1)}=e^{t\left(t-\frac{1}{2}t^2+\frac{1}{3}t^3+\ldots\right)}=e^{t^2-\frac{1}{2}t^3+\frac{1}{3}t^4+\ldots}$$

$$=1+\left(t^2-\frac{1}{2}t^3+\frac{1}{3}t^4+\ldots\right)+\frac{1}{2!}\left(t^2-\frac{1}{2}t^3+\frac{1}{3}t^4+\ldots\right)^2+\cdots$$

$$\therefore\int_1^2\frac{x^x-x}{(x-1)^p}dx=\int_0^1\frac{(t+1)\{(t+1)^t-1\}}{t^p}dt$$

$$=\int_0^1\frac{t+1}{t^p}\left\{1+\left(t^2-\frac{1}{2}t^3+\frac{1}{3}t^4+\cdots\right)+\frac{1}{2!}\left(t^2-\frac{1}{2}t^3+\frac{1}{3}t^4+\cdots\right)^2+\cdots-1\right\}dt$$

$$=\int_0^1\frac{t+1}{t^p}\left\{\left(t^2-\frac{1}{2}t^3+\frac{1}{3}t^4+\cdots\right)+\frac{1}{2!}\left(t^2-\frac{1}{2}t^3+\frac{1}{3}t^4+\cdots\right)^2+\cdots\right\}dt$$

$$=\int_0^1\frac{t+1}{t^p}(t^2+\cdots)dt$$

$$=\int_0^1\frac{t^3+t^2+\cdots}{t^p}dt$$

$$=\int_0^1\frac{1+t+\cdots}{t^{p-2}}dt$$

따라서 $p-2<1$ ⇔ $p<3$일 때 수렴한다.

따라서 $\int_1^2\frac{x^x-x}{(x-1)^p}dx$이 수렴하는 가장 큰 자연수는 2이다.

[다른 풀이]

$f(x)=x^x-x$의 $x=1$에서 테일러 급수를 이용하자.

$$f(x)=f(1)+f'(1)(x-1)+\frac{f''(1)}{2!}(x-1)^2+\frac{f'''(1)}{3!}(x-1)^3+\cdots$$

$f(x)=x^x-x$ ⇒ $f(1)=0$

$f'(x)=x^x(\ln x+1)-1$ ⇒ $f'(1)=0$

$f''(x)=x^x(\ln x+1)^2+x^{x-1}$ ⇒ $f''(1)=2$

$f'''(x)=x^x(\ln x+1)^3+2x^{x-1}(\ln x+1)+x^{x-1}\left(\ln x+\frac{x-1}{x}\right)$

$\Rightarrow\ f'''(1)=3$

$f(x)=(x-1)^2+\frac{1}{2!}(x-1)^3+\cdots$이고,

$$\int_1^2 \frac{x^x-x}{(x-1)^p}dx=\int_1^2 \frac{(x-1)^2+\frac{1}{2!}(x-1)^3+\cdots}{(x-1)^p}dx$$

이 수렴하기 위해서는 자연수 $p=1,2$가 들어가면 된다.
따라서 최대가 되는 p는 2이다.

97. ④

풀이 $$\int_0^{\sqrt{\frac{\pi}{2}}} x^{4n+3}dx=\left[\frac{1}{4(n+1)}x^{4(n+1)}\right]_{x=0}^{\sqrt{\frac{\pi}{2}}}=\frac{1}{4(n+1)}\left(\frac{\pi}{2}\right)^{2(n+1)}$$

이를 이용하면 주어진 멱급수는

$$\sum_{n=0}^{\infty}\frac{(-1)^n}{(2n+1)!}\int_0^{\sqrt{\frac{\pi}{2}}} x^{4n+3}\,dx =\frac{1}{2}\sum_{n=0}^{\infty}\frac{(-1)^n}{(2n+1)!\cdot(2n+2)}\cdot\left(\frac{\pi}{2}\right)^{2n+2}$$

$\frac{\pi}{2}=X$라고 하면

$$=\frac{1}{2}\left(\frac{1}{1!}\cdot\frac{1}{2}X^2-\frac{1}{3!}\cdot\frac{1}{4}X^4+\frac{1}{5!}\cdot\frac{1}{6}X^6-\cdots\right)$$
$$=\frac{1}{2}(1-\cos X)=\frac{1}{2}\left(1-\cos\frac{\pi}{2}\right)=\frac{1}{2}$$

98. ②

풀이 $$\sum_{n=1}^{\infty}\frac{2}{n(n+1)(n+2)}=\sum_{n=1}^{\infty}\left(\frac{1}{n(n+1)}-\frac{1}{(n+1)(n+2)}\right)$$
$$=\lim_{n\to\infty}\left\{\left(\frac{1}{1\cdot2}-\frac{1}{2\cdot3}\right)+\left(\frac{1}{2\cdot3}-\frac{1}{3\cdot4}\right)+\cdots+\left(\frac{1}{n(n+1)}-\frac{1}{(n+1)(n+2)}\right)\right\}$$
$$=\lim_{n\to\infty}\left(\frac{1}{2}-\frac{1}{(n+1)(n+2)}\right)=\frac{1}{2}$$

99. ③

풀이 ㄱ. (수렴) $\int_{-\infty}^{\infty} e^{-x^2+2x}dx=e\int_{-\infty}^{\infty}e^{-(x-1)^2}dx$
$=e\int_{-\infty}^{\infty}e^{-t^2}dt$
$(\because t=x-1,\ dt=dx)$
$=e\sqrt{\pi}$

ㄴ. (발산)
$$\int_1^{\infty}\frac{1+e^{-2x}}{2x}dx\ge\int_1^{\infty}\frac{1}{2x}dx=\frac{1}{2}\int_1^{\infty}\frac{1}{x}dx=\infty$$

ㄷ. (수렴)
$$\int_0^1(x+1)\ln x dx=\left[\left(\frac{1}{2}x^2+x\right)\ln x-\frac{1}{4}x^2-x\right]_{x=0}^1=-\frac{5}{4}$$

100. ①

풀이 ㄱ. (참) $\rho=\lim_{n\to\infty}|a_n|^{\frac{1}{n}}$이라 두면 $0<\rho<\infty$이므로

$$\lim_{n\to\infty}\left|a_n(x-c)^n\right|^{\frac{1}{n}}=|x-c|\lim_{n\to\infty}|a_n|^{\frac{1}{n}}=\rho|x-c|<1$$

근판정법에 의하여 $\rho|x-c|<1$ 즉, $|x-c|<\frac{1}{\rho}$일 때

수렴하므로 수렴반경은 $\dfrac{1}{\lim_{n\to\infty}|a_n|^{\frac{1}{n}}}$이다.

ㄷ. (참) $\sum_{n=0}^{\infty}a_n(x_0-c)^n$이 수렴하므로 $\lim_{n\to\infty}a_n(x_0-c)^n=0$
따라서 모든 정수 n에 대하여
$|a_n(x_0-c)^n|\le M$을 만족하는 양수 M이 존재한다.
$|x-c|<|x_0-c|$인 모든 실수 x에 대하여

$$|a_n(x-c)^n|=|a_n(x_0-c)^n|\cdot\left|\frac{(x-c)^n}{(x_0-c)^n}\right|\le M\left|\frac{(x-c)}{(x_0-c)}\right|^n$$

이때, $\left|\frac{x-c}{x_0-c}\right|<1$이므로

급수 $\sum_{n=0}^{\infty}\left|\frac{x-c}{x_0-c}\right|^n$은 수렴하고

따라서 $\sum_{n=0}^{\infty}a_n(x-c)^n$은 절대수렴한다.

ㄴ. (참) $|x-c|>|x_0-c|$인 어떤 x에서
$\sum_{n=0}^{\infty}a_n(x-c)^n$이 수렴하면
ㄷ에 의하여 $x=x_0$에서 수렴해야 하므로 모순이다.

SUBJECT 02 다변수미적분

1. 편도함수

1. ④

풀이 $f_x(x, y, z)$

$$= \frac{(x^2+y^2+z^2)^2 - 4x(x+y+z)(x^2+y^2+z^2)}{(x^2+y^2+z^2)^4}$$

$$\Rightarrow f_x(1,\ 0,\ 2) = \frac{5^2 - 4 \cdot 3 \cdot 5}{5^4} = \frac{5(5-12)}{5^4} = -\frac{7}{125}$$

2. ③

풀이 ㉠ (수렴) 다항함수이므로 실수 전체 구간에서 연속이다.
따라서 수렴한다.

㉡ (수렴하지 않음) $x = my^2$을 따라 접근할 때,
$\lim_{y \to 0} \frac{my^2 \cdot y^2}{m^2y^4 + y^4} = \frac{m}{m^2+1}$ 이다.
m의 값에 의해 극한값이 달라지므로
유일하게 결정되지 않는다. 즉 수렴하지 않는다.

㉢ (수렴) x축을 따라 접근할 때, $\lim_{(x,0)\to(0,0)} \frac{0}{\sqrt{x^2}} = 0$,

y축을 따라 접근할 때, $\lim_{(0,y)\to(0,0)} \frac{0}{\sqrt{0+y^2}} = 0$,

$y = mx$를 따라 접근할 때, $\lim_{x \to 0} \frac{mx^2}{\sqrt{x^2+m^2x^2}} = 0$

따라서 수렴한다.

㉣ (수렴하지 않음) x축을 따라 접근할 때, $\lim_{(x,0)\to(0,0)} \frac{x^2}{x^2} = 1$,

y축을 따라 접근할 때, $\lim_{(0,y)\to(0,0)} \frac{-y^2}{y^2} = -1$

따라서 수렴하지 않는다.

3. ②

풀이 ㄱ. (ⅰ) x축을 따라 $(0,\ 0)$으로 접근할 때,

$y = 0$이고 $x \to 0$이므로 $\lim_{x \to 0} \frac{0}{2x^2} = 0$

(ⅱ) y축을 따라 $(0,\ 0)$으로 접근할 때,

$x = 0$이고 $y \to 0$이므로 $\lim_{y \to 0} \frac{0}{y^2} = 0$

(ⅲ) 직선 $y = mx$ (단, m은 0이 아닌 임의의 실수)를 따라 $(0,\ 0)$으로 접근할 때,

$$\lim_{x \to 0} \frac{|mx^2|}{2x^2 + m^2x^2} = \frac{|m|}{2+m^2} \neq 0$$

(ⅰ), (ⅱ), (ⅲ)에 의하여

$\lim_{(x,y)\to(0,0)} \frac{|xy|}{2x^2+y^2}$ 는 극한값이 존재하지 않는다.

ㄴ. (ⅰ) x축을 따라 $(0,\ 0)$으로 접근할 때,

$y = 0$이고 $x \to 0$이므로 $\lim_{x \to 0} \frac{0}{\sqrt{x^2}} = 0$

(ⅱ) y축을 따라 $(0,\ 0)$으로 접근할 때,

$x = 0$이고 $y \to 0$이므로 $\lim_{y \to 0} \frac{0}{\sqrt{y^2}} = 0$

(ⅲ) 직선 $y = mx$ (단, m은 0이 아닌 임의의 실수)를 따라 $(0,\ 0)$으로 접근할 때,

$$\lim_{x \to 0} \frac{mx^2}{\sqrt{x^2+m^2x^2}} = \lim_{x \to 0} \frac{mx^2}{|x|\sqrt{1+m^2}} = \lim_{x \to 0} \frac{m|x|}{\sqrt{1+m^2}} = 0$$

(ⅰ), (ⅱ), (ⅲ)에 의하여

$\lim_{(x,y)\to(0,0)} \frac{xy}{\sqrt{x^2+y^2}} = 0$으로 극한값이 존재한다.

ㄷ. (ⅰ) x축을 따라 $(0,\ 0)$으로 접근할 때,

$y = 0$이고 $x \to 0$이므로 $\lim_{x \to 0} \frac{0}{x^4} = 0$

(ⅱ) y축을 따라 $(0,\ 0)$으로 접근할 때,

$x = 0$이고 $y \to 0$이므로 $\lim_{y \to 0} \frac{0}{y^4} = 0$

(ⅲ) 직선 $y = mx$ (단, m은 0이 아닌 임의의 실수)를 따라 $(0,\ 0)$으로 접근할 때,

$$\lim_{x \to 0} \frac{mx^2(x^2 - m^2x^2)}{x^4 + m^4x^4} = \lim_{x \to 0} \frac{m(1-m^2)x^4}{(1+m^4)x^4} = \frac{m(1-m^2)}{1+m^4} \neq 0$$

(ⅰ), (ⅱ), (ⅲ)에 의하여

$\lim_{(x,y)\to(0,0)} \frac{xy(x^2-y^2)}{x^4+y^4}$ 은 극한값이 존재하지 않는다.

따라서 극한값이 존재하는 것은 ㄴ, 1개다.

4. ④

풀이 $f(tx, ty)=t^9 f(x, y)$는 9차 동차 방정식이므로
$xf_x(x, y)+yf_y(x, y)=9f(x, y)$가 성립한다.
$xf_x(x, y)+yf_y(x, y)=9f(x, y)$의 양변을 x로 미분하면
$f_x(x, y)+xf_{xx}(x, y)+yf_{yx}(x, y)=9f_x(x, y)$
양변에 x를 곱하면
$xf_x(x, y)+x^2f_{xx}(x, y)+xyf_{yx}(x, y)=9xf_x(x, y)$
$\Leftrightarrow x^2f_{xx}(x, y)+xyf_{yx}(x, y)=8xf_x(x, y)$ ⋯ ⓐ이고
$xf_x(x, y)+yf_y(x, y)=9f(x, y)$의 양변을 y로 미분하면
$xf_{xy}(x, y)+f_y(x, y)+yf_{yy}(x, y)=9f_y(x, y)$
양변에 y를 곱하면
$xyf_{xy}(x, y)+yf_y(x, y)+y^2f_{yy}(x, y)=9yf_y(x, y)$
$\Leftrightarrow xyf_{xy}(x, y)+y^2f_{yy}(x, y)=8yf_y(x, y)$ ⋯ⓑ이다.
ⓐ+ⓑ를 하면
$\Rightarrow x^2f_{xx}(x, y)+2xyf_{xy}(x, y)+y^2f_{yy}(x, y)$
$=8\{xf_x(x, y)+yf_y(x, y)\}$
$\Leftrightarrow x^2f_{xx}(x, y)+2xyf_{xy}(x, y)+y^2f_{yy}(x, y)=8\times 9f(x, y)$
$\Leftrightarrow x^2f_{xx}(x, y)+2xyf_{xy}(x, y)+y^2f_{yy}(x, y)=72f(x, y)$
$\therefore k=72$

[다른 풀이]
$f(x, y)=x^9+y^9$라 두면
$f(tx, ty)=(tx)^9+(ty)^9=t^9 f(x, y)$가 성립한다.
$\frac{\partial f}{\partial x}=9x^8$, $\frac{\partial f}{\partial y}=9y^8$이므로
$\frac{\partial^2 f}{\partial x^2}=72x^7$, $\frac{\partial^2 f}{\partial x\partial y}=0$, $\frac{\partial^2 f}{\partial y^2}=72y^7$이다.
따라서 이를 주어진 식의 좌변에 대입하면
$$x^2\frac{\partial^2 f}{\partial x^2}(x, y)+2xy\frac{\partial^2 f}{\partial x\partial y}(x, y)+y^2\frac{\partial^2 f}{\partial y^2}(x, y)$$
$$=x^2\cdot 72x^7+2xy\cdot 0+y^2\cdot 72y^7$$
$$=72(x^9+y^9)=72f(x, y)$$
$\therefore k=72$

5. ②

풀이 $f_x=ye^{xy+z}$, $f_y=xe^{xy+z}$, $f_z=e^{xy+z}$,
$\frac{\partial x}{\partial s}=1$, $\frac{\partial y}{\partial s}=2$, $\frac{\partial z}{\partial s}=t^2$이고,
$(x,y,z)=(3,3,2)$ 일 때 $(s, t)=(2, 1)$이므로
$$\frac{\partial f}{\partial s}=\frac{\partial f}{\partial x}\frac{\partial x}{\partial s}+\frac{\partial f}{\partial y}\frac{\partial y}{\partial s}+\frac{\partial f}{\partial z}\frac{\partial z}{\partial s}$$
$$=(ye^{xy+z})(1)+(xe^{xy+z})(2)+(e^{xy+z})(t^2)$$
$$=3e^{11}\times 1+3e^{11}\times 2+e^{11}\times 1=10e^{11}$$

6. ⑤

풀이 $f(x, y, z)=x^2+y^2+z^2-3xyz=0$ (단, $z>1$)이고
$x=1$, $y=1$일 때, $z=2$이므로
$$\frac{\partial z}{\partial x}(1, 1)=-\frac{f_x}{f_z}\bigg]_{(1,1)}=-\frac{2x-3yz}{2z-3xy}\bigg]_{(1,1,2)}=4$$
$$\frac{\partial z}{\partial y}(1, 1)=-\frac{f_y}{f_z}\bigg]_{(1,1)}=-\frac{2y-3xz}{2z-3xy}\bigg]_{(1,1,2)}=4$$
따라서 그 합은 8이다.

7. ③

풀이 ① (ⅰ) x축을 따라 $(0, 0)$으로 접근할 때,
$y=0$이고 $x\to 0$이므로 $\lim_{x\to 0}\frac{0}{x^2}=0$
(ⅱ) y축을 따라 $(0, 0)$으로 접근할 때,
$x=0$이고 $y\to 0$이므로 $\lim_{x\to 0}\frac{0}{y^4}=0$
(ⅲ) 곡선 $y^2=kx$ (단, k는 임의의 실수)를 따라
$(0, 0)$으로 접근할 때,
$$\lim_{x\to 0}\frac{kx^2}{x^2+k^2x^2}=\frac{k}{1+k^2}\neq 0$$
따라서 $\lim_{(x,y)\to(0,0)}\frac{xy^2}{x^2+y^4}$은 극한값이 존재하지 않는다.

② 원점을 지나는 임의의 직선 $y=mx$를 따라
$(0, 0)$으로 접근할 때,
$$\lim_{x\to 0}\frac{y}{x}=\lim_{x\to 0}\frac{mx}{x}=m$$
따라서 $\lim_{(x,y)\to(0,0)}\frac{y}{x}$는 극한값이 존재하지 않는다.

③ $x=r\cos\theta$, $y=r\sin\theta$라 두면
$$\lim_{(x,y)\to(0,0)}\frac{xy^2}{x^2+y^2}=\lim_{r\to 0}\frac{r^3\cos\theta sin^2\theta}{r^2}=\lim_{r\to 0}(r\cos\theta sin^2\theta)=0$$

④ (ⅰ) $y=1$을 따라 $(1, 1)$로 접근할 때,
$y=1$이고 $x\to 1$이므로
$$\lim_{x\to 1}\frac{x^2-1}{x-1}=\lim_{x\to 1}(x+1)=2$$
(ⅱ) 직선 $y=x$를 따라 $(1, 1)$로 접근할 때,
$$\lim_{x\to 1}\frac{x^3-1}{x-1}=3$$
따라서 $\lim_{(x,y)\to(1,1)}\frac{x^2y-1}{x-1}$은 극한값이 존재하지 않는다.

8. ①

풀이 $g(u,\ v)=f(2u+v,\ u-2v)=(2u+v)^3+(u-2v)^3$이므로

$$\frac{\partial g}{\partial u}=3(2u+v)^2\cdot 2+3(u-2v)^2\cdot 1,$$

$$\frac{\partial g}{\partial v}=3(2u+v)^2\cdot 1+3(u-2v)^2\cdot(-2)$$

$$\therefore \frac{\partial g}{\partial u}(1,\ 0)+\frac{\partial g}{\partial v}(1,\ 0)$$

$$=\{3\cdot 2^2\cdot 2+3\cdot 1^2\cdot 1\}+\{3\cdot 2^2\cdot 1+3\cdot 1^2\cdot(-2)\}$$

$$=27+6=33$$

9. ④

풀이 $u_x=2e^{2x}\sin y,\ u_y=e^{2x}\cos y$이므로

$u_{xx}=4e^{2x}\sin y,\ u_{xy}=2e^{2x}\cos y,\ u_{yy}=-e^{2x}\sin y$이다.

따라서 $u_{xx}+4u_{yy}=0$이다.

10. ①

풀이 연쇄율에 의해 미분하면

$$\frac{\partial z}{\partial s}=\frac{\partial z}{\partial x}\times\frac{\partial x}{\partial s}+\frac{\partial z}{\partial y}\times\frac{\partial y}{\partial s}=\frac{\partial z}{\partial x}+\frac{\partial z}{\partial y},$$

$$\frac{\partial z}{\partial t}=\frac{\partial z}{\partial x}\times\frac{\partial x}{\partial t}+\frac{\partial z}{\partial y}\times\frac{\partial y}{\partial t}=-\frac{\partial z}{\partial x}+\frac{\partial z}{\partial y}$$ 이다. 따라서

$$\left(\frac{\partial z}{\partial x}\right)^2-\left(\frac{\partial z}{\partial y}\right)^2=\left(\frac{\partial z}{\partial x}+\frac{\partial z}{\partial y}\right)\left(\frac{\partial z}{\partial x}-\frac{\partial z}{\partial y}\right)$$

$$=\frac{\partial z}{\partial s}\times\left(-\frac{\partial z}{\partial t}\right)=-\frac{\partial z}{\partial s}\frac{\partial z}{\partial t}$$

11. ④

풀이 ㄱ. $u_{xx}+u_{yy}=4\neq 0.$

ㄴ. $u_{xx}=2,\ u_{yy}=-2\ \Rightarrow\ u_{xx}+u_{yy}=0.$

ㄷ. $u_{xx}=6x,\ u_{yy}=6x\ \Rightarrow\ u_{xx}+u_{yy}=12x\neq 0.$

ㄹ. $u_{xx}=\dfrac{2(-x^2+y^2)}{(x^2+y^2)^2},\ u_{yy}=\dfrac{2(x^2-y^2)}{(x^2+y^2)^2}.$

$\Rightarrow\ u_{xx}+u_{yy}=0$

ㅁ. $u_{xx}=-\sin x\cosh y-\cos x\cosh y,$

$u_{yy}=\sin x\cosh y+\cos x\sinh y$

$\Rightarrow\ u_{xx}+u_{yy}=0.$

ㅂ. $u_{xx}=e^{-x}\cos y+e^{-y}\cos x,$

$u_{yy}=-e^{-x}\cos y-e^{-y}\cos x$

$\Rightarrow\ u_{xx}+u_{yy}=0.$

12. ①

풀이 $f_x(x,\ y)=3x^2+2xy^3$이므로 $f_x(1,\ 1)=3+2=5$이고

$f_y(x,\ y)=3x^2y^2+2y$이므로 $f_y(1,\ 1)=3+2=5$이다.

따라서 $f_x(1,\ 1)+f_y(1,\ 1)=5+5=10$이다.

13. ③

풀이 $r=1,\ s=1,\ t=0$이므로 $x=2,\ y=1,\ z=0$이다. 또한

$$\frac{\partial u}{\partial s}=\frac{\partial u}{\partial x}\cdot\frac{\partial x}{\partial s}+\frac{\partial u}{\partial y}\cdot\frac{\partial y}{\partial s}+\frac{\partial u}{\partial z}\cdot\frac{\partial z}{\partial s}$$

$$=(4x^3y^2)(2re^t)+(2x^4y+2yz^2)(2r^2se^{-t})+(2y^2z)(r^2\sin t)$$

이므로 $r=1,\ s=1,\ t=0$일 때,

$$\frac{\partial u}{\partial s}=(4\cdot 2^3)\cdot 2+(2\cdot 2^4)\cdot 2+0=64+64=128$$

14. ⑤

풀이 $\phi_x=-\dfrac{1}{4}e^{-\frac{x}{4}}f(3x-4y)+e^{-\frac{x}{4}}3f'(3x-4y),$

$\phi_y=e^{-\frac{x}{4}}(-4)f'(3x-4y)$이므로

$$4\phi_x+3\phi_y+\phi=-e^{-\frac{x}{4}}f(3x-4y)+12e^{-\frac{x}{4}}f'(3x-4y)$$

$$-12e^{-\frac{x}{4}}f'(3x-4y)+e^{-\frac{x}{4}}f(3x-4y)$$

$$=0$$

15. ⑤

풀이 $\dfrac{\partial f}{\partial x}=-\sin\left(\dfrac{x^2}{y}\right)\cdot\dfrac{2x}{y},\ \dfrac{\partial f}{\partial y}=-\sin\left(\dfrac{x^2}{y}\right)\cdot\left(-\dfrac{x^2}{y^2}\right)$이므로

$$a=\frac{\partial f}{\partial x}(\sqrt{\pi},\ 2)=-\sin\left(\frac{\pi}{2}\right)\cdot\frac{2\sqrt{\pi}}{2}=-\sqrt{\pi},$$

$$b=\frac{\partial f}{\partial y}(\sqrt{\pi},\ 2)=-\sin\left(\frac{\pi}{2}\right)\cdot\left(-\frac{\pi}{4}\right)=\frac{\pi}{4}$$

$$\therefore a^2+b=\pi+\frac{\pi}{4}=\frac{5}{4}\pi$$

16. ④

풀이 가로의 길이를 x, 세로의 길이를 y, 높이의 길이를 z, 부피를 V라고 할 때, $V=xyz$이다. 양변을 전미분하면 $dV=yzdx+xzdy+xydz$이고 조건을 대입하면

$$dV=40\times 60\times 0.1+40\times 60\times 0.1+40\times 40\times 0.1$$

$=240+240+160=640$이므로 부피의 최대오차는 $640\ \text{cm}^3$이다.

02 다변수미적분

17. ②

풀이 $x=1,\ y=0$일 때, $2z=8$이므로 $z=4$이다.

$f(x,y,z)=2x^2z-3xy^2+yz-8$이라 하면

$\frac{\partial z}{\partial y}=-\frac{f_y}{f_z}=-\frac{-6xy+z}{2x^2+y}$이므로

$(x,y)=(1,0)$에서 $\left.\frac{\partial z}{\partial y}\right|_{x=1,y=0,z=4}=-\frac{4}{2}=-2$

18. ③

풀이 $\frac{dg}{dt}=\frac{\partial f}{\partial x}\frac{dx}{dt}+\frac{\partial f}{\partial y}\frac{dy}{dt}=(2xe^y)(2t)+(x^2e^y)(\cos t)$이다.

또한 $t=0$일 때, $x=-1,\ y=0$이므로

$\frac{dg}{dt}=(2xe^y)(2t)+(x^2e^y)(\cos t)$에 대입하면

$t=0$에서 $\frac{dg}{dt}$의 값은 1이다.

19. ①

풀이 $\frac{\partial z}{\partial s}=\frac{\partial z}{\partial x}\frac{\partial x}{\partial s}+\frac{\partial z}{\partial y}\frac{\partial y}{\partial s}=(4x-y)(2s)+(-x+2y-1)(2r)$

이고 $(r,s)=(1,0)$일 때, $(x,y)=(1,0)$이므로

$\frac{\partial z}{\partial s}=4\times0+(-1-1)\times2=-4$이다.

20. ②

풀이 (가) (연속함수) $x\neq0$일 때는 연속이다.

$\lim_{x\to0}f(x)=\lim_{x\to0}\frac{\sin x}{x}=1=f(0)$이므로

$x=0$에서 연속이다. 따라서 실수전체에서 연속함수이다.

(나) (연속함수) $x\neq0$일 때는 연속이다.

$0\le\left|x\sin\left(\frac{1}{x}\right)\right|\le|x|,\ \lim_{x\to0}|x|=0$이므로

조임정리에 의해서 $\lim_{x\to0}x\sin\left(\frac{1}{x}\right)=0=f(0)$이다.

따라서 $x=0$에서 연속이고 실수 전체에서 연속함수이다.

(다) (불연속함수) $y=mx$일 때, $(0,0)$에서 극한값은

$$\lim_{(x,y)\to(0,0)}f(x,y)=\lim_{x\to0}f(x,mx)=\lim_{x\to0}\frac{2mx^2}{(1+m^2)x^2}=\frac{2m}{1+m^2}\text{이다.}$$

즉, 경로가 변함에 따라 다른 값을 갖게 되므로 극한값이 존재하지 않는다. 따라서 원점 $(0,0)$에서 불연속이다.

(라) (불연속함수) $xy=0\Leftrightarrow x=0$ 또는 $y=0$이다.

즉, x축 위의 점 $(a,0)$과 y축 위의 점$(0,b)$에서의 연속성을 확인하면 된다.

(ⅰ) $(a,0)$인 경우

$\lim_{(x,y)\to(a,0)}f(x,y)=\lim_{(x,y)\to(a,0)}0=0\neq1=f(a,0)$

따라서 $(a,0)$에서 불연속이다.

(ⅱ) $(0,b)$인 경우

$\lim_{(x,y)\to(0,b)}f(x,y)=\lim_{(x,y)\to(0,b)}0=0\neq1=f(0,b)$

따라서 $(0,b)$에서 불연속이다.

21. ⑤

풀이 (a) $x\to0$이면 $\lim_{y\to0}\frac{-y}{\sin y}=-1$이고

$y\to0$이면 $\lim_{x\to0}\frac{x}{\sin x}=1$이다.

따라서 $\lim_{(x,y)\to(0,0)}\frac{x-y}{\sin(x+y)}$는 발산이다.

(b) $x\to0$이면 $\lim_{y\to0}\frac{0}{y^2}=0$이고 $y\to0$이면 $\lim_{x\to0}\frac{0}{y^2}=0$이다.

$y=mx$($m\neq0$인 실수)로 보내면

$\lim_{x\to0}\frac{x\sqrt{(mx)^3}}{x^2+(mx)^2}=0$이므로 극한값은 0이다.

(c) $x\to0$이면 $\lim_{y\to0}\frac{0}{y^2}=0$이고

$y\to0$이면 $\lim_{x\to0}\frac{x\sin x^2}{x^2}=0$이다.

$y=mx$($m\neq0$인 실수)로 보내면

$\lim_{x\to0}\frac{x\sin(x^2+(mx)^2)}{x^2+(mx)^2}=0\times1=0$이므로

극한값은 0이다.

22. ④

풀이 $w=e^{x^2}f\left(\frac{y}{x},\frac{z}{x}\right)\left(u=\frac{y}{x},\ v=\frac{z}{x}\right.$라고 치환$)$

$\Rightarrow\ w=e^{x^2}f(u,v)$이므로

$$\frac{\partial w}{\partial x}=2xe^{x^2}f(u,v)+e^{x^2}\left\{\frac{\partial f}{\partial u}\frac{\partial u}{\partial x}+\frac{\partial f}{\partial v}\frac{\partial v}{\partial x}\right\}$$

$$=2xe^{x^2}f(u,v)+e^{x^2}\left\{\frac{\partial f}{\partial u}\left(-\frac{y}{x^2}\right)+\frac{\partial f}{\partial v}\left(-\frac{z}{x^2}\right)\right\}$$

$\frac{\partial w}{\partial y}=e^{x^2}\frac{\partial f}{\partial u}\frac{1}{x}$, $\frac{\partial w}{\partial z}=e^{x^2}\frac{\partial f}{\partial v}\frac{1}{x}$이다. 따라서

$$x\frac{\partial w}{\partial x}+y\frac{\partial w}{\partial y}+z\frac{\partial w}{\partial z}$$
$$=2x^2e^{x^2}f(u,v)$$
$$+e^{x^2}\left\{\frac{\partial f}{\partial u}\left(-\frac{y}{x}\right)+\frac{\partial f}{\partial v}\left(-\frac{z}{x}\right)\right\}+e^{x^2}\frac{\partial f}{\partial u}\frac{y}{x}+e^{x^2}\frac{\partial f}{\partial v}\frac{z}{x}$$
$$=2x^2e^{x^2}f(u,v)=2x^2e^{x^2}f\left(\frac{y}{x},\ \frac{z}{x}\right)=2x^2w\text{이다.}$$

23. ③

풀이 ⓐ (참) $f_x(0,0)=\lim_{h\to 0}\frac{f(0+h,0)-f(0,0)}{h}=0$이므로 존재한다.

ⓑ (참) $f_y(0,0)=\lim_{h\to 0}\frac{f(0,0+h)-f(0,0)}{h}=0$이므로 존재한다.

ⓒ 원점에서 미분가능 조건은
f_x와 f_y가 원점에서 연속이면 된다. 이때,

$$f_x=\left\{\frac{1}{2}(x^4y^4+x^2y^6)^{-\frac{1}{2}}(4x^3y^4+2xy^6)(x^2+y^4)-\sqrt{x^4y^4+x^2y^6}\,(2x)\right\}\times\frac{1}{(x^2+y^4)^2}$$

극한값을 알아보자.
x축을 따라 원점에 접근하면 $y=0$이므로 $\lim_{x\to 0}f_x=0$

y축을 따라 원점에 접근하면 $x=0$이므로 $\lim_{y\to 0}f_x=0$

$x=my^2$를 따라 원점에 접근하면
$\lim_{x\to 0}f_x(my^2,\ y)$는 존재하지 않는다.

따라서 f_x가 불연속이므로 f는 원점에서 미분 불가능하다.

24. ②

풀이 $f(x,\ y)$은 $x=r\cos\theta$, $y=r\sin\theta$이므로

$\frac{\partial f}{\partial r}=\frac{\partial f}{\partial x}\frac{\partial x}{\partial r}+\frac{\partial f}{\partial y}\frac{\partial y}{\partial r}=\frac{\partial f}{\partial x}\cos\theta+\frac{\partial f}{\partial y}\sin\theta$이고

$$\frac{\partial^2 f}{\partial r^2}=\left\{\frac{\partial^2 f}{\partial x^2}\cos\theta+\frac{\partial^2 f}{\partial y\partial x}\sin\theta\right\}\cos\theta+\left\{\frac{\partial^2 f}{\partial x\partial y}\cos\theta+\frac{\partial^2 f}{\partial y^2}\sin\theta\right\}\sin\theta\text{이다.}$$

또한 $(x,\ y)=(1,\ -\sqrt{3})$일 때, $(r,\ \theta)=\left(2,\ -\frac{\pi}{3}\right)$이므로

$\frac{\partial^2 f}{\partial r^2}$에 주어진 값을 대입하면

$$\left\{-6\sqrt{3}\cos\left(-\frac{\pi}{3}\right)+(-2\sqrt{3}-2)\sin\left(-\frac{\pi}{3}\right)\right\}\cos\left(-\frac{\pi}{3}\right)$$
$$+\left\{(-2\sqrt{3}-2)\cos\left(-\frac{\pi}{3}\right)+2\sin\left(-\frac{\pi}{3}\right)\right\}\sin\left(-\frac{\pi}{3}\right)$$
$$=\left\{-6\sqrt{3}\times\frac{1}{2}+(-2\sqrt{3}-2)\left(-\frac{\sqrt{3}}{2}\right)\right\}\times\frac{1}{2}$$
$$+\left\{(-2\sqrt{3}-2)\times\frac{1}{2}+2\times\left(-\frac{\sqrt{3}}{2}\right)\right\}\times\left(-\frac{\sqrt{3}}{2}\right)$$
$$=\{-3\sqrt{3}+3+\sqrt{3}\}\times\frac{1}{2}+\{-\sqrt{3}-1-\sqrt{3}\}\times\left(-\frac{\sqrt{3}}{2}\right)$$
$$=-\sqrt{3}+\frac{3}{2}+3+\frac{\sqrt{3}}{2}=\frac{9}{2}-\frac{\sqrt{3}}{2}\text{이다.}$$

25. ③

풀이 $x^2+y^2+z^2-3xyz=0$으로 놓고 음함수 미분법을 사용하자.

y를 상수로 놓으면 $2x+2z\frac{\partial z}{\partial x}-3yz-3xy\frac{\partial z}{\partial x}=0$

$\therefore \frac{\partial z}{\partial x}=\frac{2x-3yz}{3xy-2z}$

x를 상수로 놓으면 $2y+2z\frac{\partial z}{\partial y}-3xz-3xy\frac{\partial z}{\partial y}=0$

$\therefore \frac{\partial z}{\partial y}=\frac{2y-3xz}{3xy-2z}$

$\therefore \left.\frac{\partial z}{\partial x}+\frac{\partial z}{\partial y}\right|_{(1,2,5)}=\frac{28}{4}+\frac{11}{4}=\frac{39}{4}$

26. ①

풀이 $\frac{\partial w}{\partial x}=\frac{\partial f}{\partial u}\cdot\frac{\partial u}{\partial x}+\frac{\partial g}{\partial v}\cdot\frac{\partial v}{\partial x}=\frac{\partial f}{\partial u}+\frac{\partial g}{\partial v}$이므로

$$\frac{\partial^2 w}{\partial x^2}=\frac{\partial}{\partial x}\left(\frac{\partial f}{\partial u}+\frac{\partial g}{\partial v}\right)$$
$$=\frac{\partial}{\partial u}\left(\frac{\partial f}{\partial u}\right)\cdot\frac{\partial u}{\partial x}+\frac{\partial}{\partial v}\left(\frac{\partial g}{\partial v}\right)\cdot\frac{\partial v}{\partial x}$$
$$=\frac{\partial^2 f}{\partial u^2}+\frac{\partial^2 g}{\partial v^2}$$

$\frac{\partial w}{\partial y}=\frac{\partial f}{\partial u}\cdot\frac{\partial u}{\partial y}+\frac{\partial g}{\partial v}\cdot\frac{\partial v}{\partial y}=\frac{\partial f}{\partial u}i-\frac{\partial g}{\partial v}i$이므로

$$\frac{\partial^2 w}{\partial y^2}=\frac{\partial}{\partial y}\left(\frac{\partial f}{\partial u}i-\frac{\partial g}{\partial v}i\right)$$
$$=\frac{\partial}{\partial u}\left(\frac{\partial f}{\partial u}i\right)\cdot\frac{\partial u}{\partial y}-\frac{\partial}{\partial v}\left(\frac{\partial g}{\partial v}i\right)\cdot\frac{\partial v}{\partial y}$$
$$=\frac{\partial^2 f}{\partial u^2}i\cdot i-\frac{\partial^2 g}{\partial v^2}i\cdot(-i)=-\frac{\partial^2 f}{\partial u^2}-\frac{\partial^2 g}{\partial v^2}$$
$$\therefore \frac{\partial^2 w}{\partial x^2}+\frac{\partial^2 w}{\partial y^2}=\frac{\partial^2 f}{\partial u^2}+\frac{\partial^2 g}{\partial v^2}+\left(-\frac{\partial^2 f}{\partial u^2}-\frac{\partial^2 g}{\partial v^2}\right)=0$$

TIP 변수를 적당히 치환해서
z_{uu} 공식을 활용해서 시간을 절약하자.

27. ②

풀이 $\frac{\partial f}{\partial x}=\frac{\partial f}{\partial u}\frac{\partial u}{\partial x}+\frac{\partial f}{\partial v}\frac{\partial v}{\partial x}$

$=(2u+3v)(-\sin x)+(3u-2v)(\sin x)$이고

$(x, y)=(0, 0)$일 때, $(u, v)=(1, -1)$이므로

$\frac{\partial f}{\partial x}(0, 0)=0$이다. 또한

$\frac{\partial f}{\partial y}=\frac{\partial f}{\partial u}\frac{\partial u}{\partial y}+\frac{\partial f}{\partial v}\frac{\partial v}{\partial y}$

$=(2u+3v)(\cos y)+(3u-2v)(\cos y)$이고

$(x, y)=(0, 0)$일 때, $(u, v)=(1, -1)$이므로

$\frac{\partial f}{\partial y}(0, 0)=-1+5=4$이다.

그러므로 $\nabla(f\circ\vec{G})(0, 0)=(0, 4)$이다.

28. ①

풀이 $f(x, y)=\sqrt{4-x^2}+\sqrt{9-y^2}$ 에서

정의역은 $-2\le x\le 2$, $-3\le y\le 3$이다.

(ⅰ) 영역내부에서 $f(x,y)$의 임계점을 구하면

$f_x=\frac{-2x}{2\sqrt{4-x^2}}=0$인 $x=0$이고,

$f_y=\frac{-2y}{2\sqrt{9-y^2}}=0$인 $y=0$이다.

따라서 임계점은 $(0,0)$이다. $f(0,0)=5$

(ⅱ) 영역의 경계에서

① $x=-2$, $-3\le y\le 3$일 때

$f(-2,y)=\sqrt{9-y^2}$ 일 때, $0\le f\le 3$

② $x=2$, $-3\le y\le 3$일 때

$f(2,y)=\sqrt{9-y^2}$ 일 때 $0\le f\le 3$

③ $y=3$, $-2\le x\le 2$일 때

$f(x,3)=\sqrt{4-x^2}$ 일 때 $0\le f\le 2$

④ $y=-3$, $-2\le x\le 2$일 때

$f(x,-3)=\sqrt{4-x^2}$ 일 때 $0\le f\le 2$

(ⅰ),(ⅱ)에 의하여 최댓값은 5, 최솟값은 0이다.

치역은 $[0, 5]$이며 $f(2, 0)=3$이다.

따라서 $f(2, 0)+a+b=5+0+3=8$이다.

29. ③

풀이 ① $y=3\sin(2x-4t)$이므로 속력 $v=2$이다.

② $y=\frac{1}{(x-2t)^2}e^{(x^2-4xt+4t^2)}=\frac{1}{(x-2t)^2}e^{(x-2t)^2}$이므로

속력 $v=2$이다.

③ $y=2\cos(t-2x)$이므로 속력 $v=\frac{1}{2}$이다.

④ $y=2x^3-12x^2t+24xt^2-16t^3=2(x-2t)^3$이므로

속력 $v=2$이다.

30. ①

풀이 $z=f(u_1)+2f(u_2)$ 라 하면

$\frac{\partial z}{\partial x_i}=f'(u_1)\cdot\frac{\partial u_1}{\partial x_i}+2f'(u_2)\cdot\frac{\partial u_2}{\partial x_i}$, $(i=1, 2, 3, 4)$이다.

$(x_1, x_2, x_3, x_4)=(1, 1, 1, 1)$일 때, $u_1=0, u_2=0$이다.

① $\left.\frac{\partial z}{\partial x_1}\right|_{(1,1,1,1)}=f'(0)\times 3+2f'(0)\times 1=5f'(0)=\frac{5}{4}$

② $\left.\frac{\partial z}{\partial x_1}\right|_{(1,1,1,1)}=f'(0)\times 1+2f'(0)\times(-2)$

$=-3f'(0)=-\frac{3}{4}$

③ $\left.\frac{\partial z}{\partial x_1}\right|_{(1,1,1,1)}=f'(0)\times(-1)+2f'(0)\times 2=3f'(0)=\frac{3}{4}$

④ $\left.\frac{\partial z}{\partial x_1}\right|_{(1,1,1,1)}=f'(0)\times(-3)+2f'(0)\times(-1)$

$=-5f'(0)=-\frac{5}{4}$

가장 큰 값은 ① $\left.\frac{\partial z}{\partial x_1}\right|_{(1,1,1,1)}$ 이다.

31. ②

풀이 $x=u+2v^2+2$, $y=u^2-4v+1$이라 하자.

$(u,v)=(-1,0)$이면 $(x,y)=(1,2)$이다.

$\left.\frac{\partial w}{\partial u}\right|_{(-1,0)}=f_x(1,2)x_u(-1,0)+f_y(1,2)y_u(-1,0)$

$=6(1)+4(-2)=-2$

32. ①

풀이 $F(x,y,z)=xy^2e^{yz}$라 하면

$f(x,y,z)=F_y(x,y,z)=x(2ye^{yz}+y^2e^{yz}z)$

$f(1,-1,0)=F_y(1,-1,0)=-2$

[다른 풀이]

$f(1, -1, 0)=\lim_{h\to 0}\frac{(h-1)^2-1}{h}=\lim_{h\to 0}\frac{h^2-h}{h}=-2$

33. ①

풀이 $g(x,\ y,\ z)=x(4x-y)+y(-2y-x+4z)+z(6z+4y)$

$\therefore g(1,\ 1,\ 1)=1(4-1)+1(-2-1+4)+1(6+4)=14$

[다른 풀이]

동차함수의 성질을 이용하면

$f(x,y,z)=t^2 f(x,y,z)$인 2차 동차함수이므로

$g(x,\ y,\ z)=x\dfrac{\partial f}{\partial x}+y\dfrac{\partial f}{\partial y}+z\dfrac{\partial f}{\partial z}=2f(x,y,z)$가 성립한다.

따라서 $g(1,1,1)=2f(1,1,1)$이다.

34. ③

풀이 a. (수렴) $y=mx^2$을 따라서 원점으로 접근하면

$$\lim_{x\to 0}\frac{x^2\cdot mx^2\sqrt{x^2+m^2x^4}}{x^4+m^2x^4}\ \lim_{x\to 0}\frac{m\sqrt{x^2+m^2x^4}}{1+m^2}=0$$

b. (수렴하지 않음)

(i) $y=0$인 경우, $\lim_{x\to 0}\dfrac{x^2}{x^2}=1$

(ii) $x=0$인 경우, $\lim_{y\to 0}\dfrac{y^5}{y^4}=0$

따라서 수렴하지 않는다.

c. (수렴) $\displaystyle\lim_{(x,\ y)\to(0,\ 0)}\frac{x\sin^2 y}{x^2+y^2}\approx\lim_{(x,\ y)\to(0,\ 0)}\frac{xy^2}{x^2+y^2}=0$

d. (수렴) 동차함수 판정법에 의해서 수렴한다.

따라서 a, c, d는 수렴한다.

35. ④

풀이 $u_{x_1x_1}=a_1^2u,\ u_{x_2x_2}=a_2^2u,\ u_{x_3x_3}=a_3^2u,\ \cdots,\ u_{x_nx_n}=a_n^2u$

$u_{x_1x_1}+u_{x_2x_2}+u_{x_3x_3}+\cdots+$

$u_{x_nx_n}=(a_1^2+a_2^2+a_3^2+\cdots+a_n^2)u=u$

36. ①

풀이 $S=\dfrac{1}{2}bc\sin\alpha$

$\Rightarrow\ \dfrac{dS}{dt}=\dfrac{1}{2}c\sin\alpha\dfrac{db}{dt}+\dfrac{1}{2}b\sin\alpha\dfrac{dc}{dt}+\dfrac{1}{2}bc\cos\alpha\dfrac{d\alpha}{dt}$

$\Rightarrow\ \dfrac{dS}{dt}=\dfrac{1}{2}(10)\sin\left(\dfrac{\pi}{6}\right)(1)+\dfrac{1}{2}(8)\sin\left(\dfrac{\pi}{6}\right)(3)$

$\quad+\dfrac{1}{2}(8)(10)\cos\left(\dfrac{\pi}{6}\right)(0.1)$

$=2\sqrt{3}+8.5$

37. ③

풀이 (가) $f(x)=F(x,0)=\begin{cases}0(x\neq 0)\\0(x=0)\end{cases}$에서

$f(x)=F(x,0)=0$이므로 $f(x)$는 $x=0$에서 연속이다.

(나) $g(y)=F(0,y)=\begin{cases}0,\ (y\neq 0)\\0,\ (y=0)\end{cases}$에서

$g(y)=F(0,y)=0$이므로 $g(y)$는 $y=0$에서 연속이다.

(다) $\displaystyle\lim_{(x,y)\to(0,0)}\frac{x^3y^2}{x^4+y^4}$는

분자는 5차 동차함수, 분모는 4차 동차함수이고,

동차함수 판정에 의해

분자의 차수 〉 분모의 차수이므로 극한값은 0이다.

따라서 극한값과 함숫값이 같으므로

$F(x,y)$는 $(x,y)=(0,0)$에서 연속이다.

(라) $F_x(0,0)=\displaystyle\lim_{h\to 0}\frac{F(0+h,0)-F(0,0)}{h}=\lim_{h\to 0}\frac{0-0}{h}=0$

$$F_x(x,y)=\begin{cases}\dfrac{x^2y^2(3y^4-x^4)}{(x^4+y^4)^2} & ,(x,y)\neq(0,0)\\ 0 & 1,(x,y)=(0,0)\end{cases}$$

$\displaystyle\lim_{(x,y)\to(0,0)}F_x(x,y)$는

분자가 8차 동차함수, 분모가 8차인 동차함수이고,

동차함수 판정에 의해 분자의 차수=분자의 차수이므로

극한값은 존재하지 않는다.

따라서 $f_x(x,y)$는 불연속이므로

$F(x,y)$는 $(0,0)$에서 미분불가능하다.

따라서 옳은 것은 (가), (나), (다) 3개다.

38. ④

풀이 $x^2=t$로 치환하면 $2xdx=dt$가 되어서

$\phi(\alpha)=\displaystyle\int_0^\infty e^{-t^2}\cos(\alpha t)dt$

$\phi'(\alpha)=-\displaystyle\int_0^\infty te^{-t^2}\sin(\alpha t)dt$

$\quad=-\left\{\left[-\dfrac{1}{2}e^{-t^2}\sin(\alpha t)\right]_0^\infty+\dfrac{1}{2}\displaystyle\int_0^\infty \alpha e^{-t^2}\cos(\alpha t)dt\right\}$

(∵ 부분적분)

$\quad=-\dfrac{\alpha}{2}\displaystyle\int_0^\infty e^{-t^2}\cos(\alpha t)dt=-\dfrac{\alpha}{2}\phi(\alpha)$

$\dfrac{\phi'(\alpha)}{\phi(\alpha)}=-\dfrac{\alpha}{2}$이므로

$\ln(\phi(\alpha)) = -\dfrac{\alpha^2}{4} + C$ (C는 적분상수)

$\phi(\alpha) = e^{C} e^{-\frac{\alpha^2}{4}}$ 인데 $\phi(0) = \displaystyle\int_0^{\infty} e^{-t^2} dt = \dfrac{\sqrt{\pi}}{2}$ 이므로

$e^{C} = \dfrac{\sqrt{\pi}}{2}$ 가 된다.

따라서 $\phi(\alpha) = \dfrac{\sqrt{\pi}}{2} e^{-\frac{\alpha^2}{4}}$ 이므로 $\phi(2) = \dfrac{\sqrt{\pi}}{2e}$ 가 된다.

39. ⑤

풀이 곡면의 방정식 $2x^3+3y^3+z^3-5xyz=1$에
$x=\cos t$, $y=\sin t$를 대입하면
$2\cos^3 t+3\sin^3 t+z^3-5\cos t\sin t\, z=1$
$\Leftrightarrow\ 2\cos^3 t+3\sin^3 t+z^3-\dfrac{5}{2}\sin 2t\, z=1$이므로
$t=0$일 때, $z=-1$이고
음함수미분법을 이용하여 $\left.\dfrac{dz}{dt}\right|_{t=0}$ 의 값을 구해보자.

$$\frac{dz}{dt}=-\frac{6\cos^2 t(-\sin t)+9\sin^2 t(\cos t)-5\cos 2t\, z}{3z^2-\frac{5}{2}\sin 2t}$$ 에

$t=0$, $z=-1$을 대입하면 $\left.\dfrac{dz}{dt}\right|_{t=0}=-\dfrac{5}{3}$ 이다.

40. ①

풀이 ⓐ $(x, y)\neq(0,0)$일 때,

$$f_x(x,y)=\frac{(3x^2y-y^3)(x^2+y^2)-(x^3y-xy^3)(2x)}{(x^2+y^2)^2}$$
$$=\frac{3x^4y-x^2y^3+3x^2y^3-y^5-2x^4y+2x^2y^3}{(x^2+y^2)^2}$$
$$=\frac{x^4y+4x^2y^3-y^5}{(x^2+y^2)^2}$$
$$f_y(x,y)=\frac{(x^3-3xy^2)(x^2+y^2)-(x^3y-xy^3)(2y)}{(x^2+y^2)^2}$$
$$=\frac{x^5-3x^3y^2+x^3y^2-3xy^4-2x^3y^2+2xy^4}{(x^2+y^2)^2}$$
$$=\frac{x^5-4x^3y^2-xy^4}{(x^2+y^2)^2}$$
$$f_x(0,0)=\lim_{h\to0}\frac{f(0+h,0)-f(0,0)}{h}=\lim_{h\to0}\frac{f(h,0)}{h}=\lim_{h\to0}\frac{0}{h}=0$$
$$f_y(0,0)=\lim_{h\to0}\frac{f(0,0+h)-f(0,0)}{h}=\lim_{h\to0}\frac{f(0,h)}{h}=\lim_{h\to0}\frac{0}{h}=0$$
$$\therefore f_{xy}(0,0)=\frac{\partial^2 f}{\partial y\partial x}(0,0)=\lim_{h\to0}\frac{f_x(0,0+h)-f_x(0,0)}{h}$$
$$=\lim_{h\to0}\frac{f_x(0,h)}{h}=\lim_{h\to0}\frac{\frac{-h^5}{h^4}}{h}=-1$$
$$\therefore f_{yx}(0,0)=\frac{\partial^2 f}{\partial x\partial y}(0,0)=\lim_{h\to0}\frac{f_y(0+h,0)-f_y(0,0)}{h}$$
$$=\lim_{h\to0}\frac{f(h,0)}{h}=\lim_{h\to0}\frac{\frac{h^5}{h^4}}{h}=1$$
$$\therefore f_{xy}(0,0)\neq f_{yx}(0,0)$$

ⓑ $(x, y)\neq(0,0)$일 때,

$$f_x(x,y)=\frac{(3x^2y^2-2xy^3)(x^2+y^2)-(x^3y^2-x^2y^3)(2x)}{(x^2+y^2)^2}$$
$$=\frac{3x^4y^2-2x^3y^3+3x^2y^4-2xy^5-2x^4y^2+2x^3y^3}{(x^2+y^2)^2}$$
$$=\frac{x^4y^2+3x^2y^4-2xy^5}{(x^2+y^2)^2}$$
$$f_y(x,y)=\frac{(2x^3y-3x^2y^2)(x^2+y^2)-(x^3y^2-x^2y^3)(2y)}{(x^2+y^2)^2}$$
$$=\frac{2x^5y-3x^4y^2+2x^3y^3-3x^2y^4-2x^3y^3+2x^2y^4}{(x^2+y^2)^2}$$
$$=\frac{2x^5y-3x^4y^2-x^2y^4}{(x^2+y^2)^2}$$
$$f_x(0,0)=\lim_{h\to0}\frac{f(h,0)-f(0,0)}{h}=\lim_{h\to0}\frac{\frac{0}{h^4}}{h}=0,$$
$$f_y(0,0)=\lim_{h\to0}\frac{f(0,h)-f(0,0)}{h}=\lim_{h\to0}\frac{\frac{0}{h^4}}{h}=0$$
$$\therefore f_{xy}(0,0)=\frac{\partial^2 f}{\partial y\partial x}(0,0)=\lim_{h\to0}\frac{f_x(0,0+h)-f_x(0,0)}{h}$$
$$=\lim_{h\to0}\frac{f_x(0,h)}{h}=\lim_{h\to0}\frac{\frac{0}{h^4}}{h}=0$$
$$\therefore f_{yx}(0,0)=\frac{\partial^2 f}{\partial x\partial y}(0,0)=\lim_{h\to0}\frac{f_y(0+h,0)-f_y(0,0)}{h}$$
$$=\lim_{h\to0}\frac{f_y(h,0)}{h}=\lim_{h\to0}\frac{\frac{0}{h^4}}{h}=0$$
$$\therefore f_{xy}(0,0)=f_{yx}(0,0)$$

ⓒ $f_x(x,y)=\dfrac{y}{\sqrt{1-(xy)^2}}$

$$f_{xy}(x,y)=\frac{\sqrt{1-(xy)^2}-y\frac{2x^2y}{2\sqrt{1-(xy)^2}}}{1-(xy)^2}$$
$$=\frac{\sqrt{1-(xy)^2}-\frac{x^2y^2}{\sqrt{1-(xy)^2}}}{1-(xy)^2}$$

$$f_y(x,y)=\frac{x}{\sqrt{1-(xy)^2}},$$

$$f_{yx}(x,y)=\frac{\sqrt{1-(xy)^2}-x\frac{2xy^2}{2\sqrt{1-(xy)^2}}}{1-(xy)^2}$$

$$=\frac{\sqrt{1-(xy)^2}-\frac{x^2y^2}{\sqrt{1-(xy)^2}}}{1-(xy)^2}$$

$$\therefore f_{xy}(x,y)=f_{yx}(x,y)$$

2. 공간도형

1. ③

풀이 $\nabla h(x,y)=(4x^3+6(x-y),\ -6(x-y))$이므로

$\nabla h(1,2)=(4-6,6)=(-2,6)$이고

높이가 가장 빨리 변하는 방향은 경도 또는 경도 반대 방향이므로 $(1,-3)$에서 가장 빨리 감소한다.

따라서 높이가 가장 빨리 변하는 방향은 $(1,-3)$이다.

2. ①

풀이 $g(x,y,z)=z-e^x\sin y$라 하면

$z-e^x\sin y=0$에서 접평면의 법선벡터는

$$\nabla g=(-e^x\sin y,\ -e^x\cos y,1)_{\left(\ln 2,\frac{\pi}{6},1\right)}=(-1,-\sqrt{3},1)$$

한 점 $\left(\ln 2,\frac{\pi}{6},1\right)$을 지나므로 접평면의 방정식은

$$-(x-\ln 2)-\sqrt{3}\left(y-\frac{\pi}{6}\right)+(z-1)=0$$

$$\Rightarrow z=x+\sqrt{3}y-\ln 2-\frac{\sqrt{3}}{6}\pi+1$$ 이다.

3. ①

풀이 $f'(t)=u'(t)\cdot v(t)+u(t)\cdot v'(t)$이므로 $x=1$을 대입하면

$$f'(1)=u'(1)\cdot v(1)+u(1)\cdot v'(1)$$
$$=(1,0,2)\cdot(1,1,1)+(1,2,-1)\cdot(1,2,3)=3+2=5$$

4. ①

풀이 $\nabla f(x,y)=(xe^{-x},1)$이므로 $\nabla f(a,2)=(ae^{-a},1)$이고

$\vec{v}=\frac{1}{\sqrt{13}}(2,3)$이므로

$$D_{\vec{u}}f(a,2)=\nabla f(a,2)\cdot\vec{v}$$
$$=(ae^{-a},1)\cdot\frac{1}{\sqrt{13}}(2,3)$$
$$=\frac{1}{\sqrt{13}}(2ae^{-a}+3)$$

$g(a)=2ae^{-a}+3$이라 할 때,

$g'(a)=2e^{-a}-2ae^{-a}=2e^{-a}(1-a)$이므로

$a=1$에서 최댓값을 갖는다.

그러므로 $a=1$일 때, 방향도함수가 최대가 된다.

5. ③

풀이 $r'(t)=\left\langle \frac{2t}{1+t^2},\ -\frac{2}{1+t^2},\ 0 \right\rangle$이므로

$$l=\int_0^1 \sqrt{\left(\frac{2t}{1+t^2}\right)^2+\left(-\frac{2}{1+t^2}\right)^2}\,dt$$

$$=\int_0^1 \frac{2}{\sqrt{1+t^2}}dt\,(t=\tan\theta\text{로 치환})$$

$$=2\int_0^{\pi/4}\sec\theta d\theta=2[\ln|\sec\theta+\tan\theta|]_0^{\pi/4}=2\ln(1+\sqrt{2})$$

6. ②

풀이 곡면 $f: x+y+z-xyz=0$에서의 한 점에서의 법선벡터 $\vec{v}$ 는 $\vec{v}=\nabla f=(1-yz, 1-xz, 1-xy)$이므로

점 $\left(\frac{1}{2},\ \frac{1}{3}, -1\right)$ 에서의 법선벡터는

$\vec{v}=\left(\frac{4}{3},\ \frac{3}{2},\ \frac{5}{6}\right)$ //(8,9,5)

즉, (8,9,5)에 수직이고 점 $\left(\frac{1}{2},\ \frac{1}{3}, -1\right)$을 지나는 평면의 식은

$8\left(x-\frac{1}{2}\right)+9\left(y-\frac{1}{3}\right)+5(z+1)=0 \Leftrightarrow 8x+9y+5z=2$이다.

7. ②

풀이 $x'(t)=\left(\frac{1}{2}(1+t)^{\frac{1}{2}},\ -\frac{1}{2}(1-t)^{\frac{1}{2}},\ \frac{1}{2}\right)$

$\Rightarrow\ x'(0)=\left(\frac{1}{2},\ -\frac{1}{2},\ \frac{1}{2}\right)$이고

$x''(t)=\left(\frac{1}{4}(1+t)^{-\frac{1}{2}},\ \frac{1}{4}(1-t)^{-\frac{1}{2}},\ 0\right)$

$\Rightarrow\ x''(0)=\left(\frac{1}{4},\ \frac{1}{4},\ 0\right)$이므로

$x'(0)\times x''(0)=\left(-\frac{1}{8},\ \frac{1}{8},\ \frac{2}{8}\right)$이다.

또한 공간상의 곡선 $\vec{x}(t)$위의 점 $t=0$에서의 곡률은

$\kappa(0)=\frac{|r'(0)\times r''(0)|}{|r'(0)|^3}$이므로

$\kappa(0)=\frac{\frac{1}{8}\sqrt{1+1+4}}{\left\{\frac{1}{2}\sqrt{3}\right\}^3}=\frac{\frac{\sqrt{6}}{8}}{\frac{3\sqrt{3}}{8}}=\frac{\sqrt{2}}{3}$이다.

8. ③

풀이 $f_x(x,y)=\frac{\partial}{\partial x}\left\{\int_{x+y}^{xy}\frac{e^{-xt}}{t}dt\right\}$

$$=\frac{e^{-x(xy)}}{xy}y-\frac{e^{-x(x+y)}}{x+y}+\int_{x+y}^{xy}\frac{e^{-xt}}{t}(-t)dt$$

$$=\frac{e^{-x(xy)}}{x}-\frac{e^{-x(x+y)}}{x+y}-\int_{x+y}^{xy}e^{-xt}dt$$

$\therefore f_x(1,1)=e^{-1}-\frac{e^{-2}}{2}-\int_2^1 e^{-t}dt=\frac{2}{e}-\frac{3}{2e^2}$

$f_y(x,y)=\frac{e^{-x(xy)}}{xy}x-\frac{e^{-x(x+y)}}{x+y}=\frac{e^{-x(xy)}}{y}-\frac{e^{-x(x+y)}}{x+y}$

$\therefore f_y(1,1)=e^{-1}-\frac{e^{-2}}{2}=\frac{1}{e}-\frac{1}{2e^2}$

$\therefore \nabla f(1,1)=(f_x(1,1),\ f_y(1,1))=\left(\frac{2}{e}-\frac{3}{2e^2},\ \frac{1}{e}-\frac{1}{2e^2}\right)$

9. ④

풀이 $r(t)=\left\langle t^3-\frac{3}{2}t^2+1,\ -t^3+3t^2-2t,\ 2t^2-4t-1\right\rangle$에 대해

$r'(t)=\langle 3t^2-3t,\ -3t^2+6t-2,\ 4t-4\rangle$

$r''(t)=\langle 6t-3,\ -6t+6,\ 4\rangle$

공간곡선에서의 곡률은 $\kappa=\frac{|r'\times r''|}{|r'|^3}$ 이므로

$t=1$ 에서의 $r'=<0,1,0>$, $r''=<3,0,4>$,

$r'\times r''=\begin{vmatrix} i & j & k \\ 0 & 1 & 0 \\ 3 & 0 & 4 \end{vmatrix}=\langle 4,0,-3\rangle$이다.

$\therefore \kappa=\frac{|r'\times r''|}{|r'|^3}=5$

10. ③

풀이 점 P_0 에서의 경도를 $\nabla f(P_0)=(x,y)$ 라 하면,

$\nabla f(P_0)\cdot u_1=2\sqrt{2}$, $\nabla f(P_0)\cdot u_2=-3$

$\Leftrightarrow \begin{cases}\left(\frac{1}{\sqrt{2}},\ \frac{1}{\sqrt{2}}\right)\cdot(x,y)=2\sqrt{2} \\ (0,-1)\cdot(x,y)=-3\end{cases} \Leftrightarrow \begin{cases}x+y=4 \\ y=3\end{cases}$

$\therefore \nabla f(P_0)=(1,3)$

이 때, P_0에서 P_1으로의 방향벡터 $u_3=\frac{1}{5}(3,4)$이므로

u_3에서의 방향도함수는 $\frac{1}{5}(3,4)\cdot(1,3)=3$이다.

11. ②

풀이 $\nabla f=(f_x, f_y)=\left(\dfrac{2x}{x^2+y^2}, \dfrac{2y}{x^2+y^2}\right)\Big|_{(3,4)}=\left(\dfrac{6}{25}, \dfrac{8}{25}\right)$

$|\nabla f|=\sqrt{\left(\dfrac{6}{25}\right)^2+\left(\dfrac{8}{25}\right)^2}=\dfrac{2}{5}$

따라서 최대변화율은 $\dfrac{2}{5}$이다.

12. ①

풀이 $f(x, y, z)=y\ln x-z$라고 할 때,

$\nabla f(x, y, z)=\left(\dfrac{y}{x}, \ln x, -1\right)$

$\Rightarrow \nabla f(1, 4, 0)=(4, 0, -1)$이고

접평면의 법선벡터는 ∇f에 평행하므로

접평면의 법선은 $(4, 0, -1)$이다.

또한 점 $(1, 4, 0)$을 지나므로

접평면의 방정식은 $4x-z=4 \Leftrightarrow z=4x-4$이다.

13. ④

풀이 $r'(t)=(1, 2t, 3t^2)$, $r''(t)=(0, 2, 6t)$이고,

$t=0$일 때, $r'(0)=i$, $r''(0)=2j$이다.

$\kappa=\dfrac{|r'\times r''|}{|r'|^3}=\dfrac{|i\times 2j|}{|i|^3}=\dfrac{|2k|}{1}=2$

14. ①

풀이 $f(x, y, z)=xyz-1$이라 하면

$\nabla f(x, y, z)=(yz, xz, xy)$이므로

$\nabla f(1, 1, 1)=(1, 1, 1)$이다.

따라서 점 $(1, 1, 1)$에서의 접평면은 $x+y+z=3$이다.

그러므로 접평면과 각 좌표평면으로 둘러싸인 부분은

밑면이 한 변의 길이가 3인 직각삼각형이고

높이가 3인 사면체이므로

부피 $V=\dfrac{1}{3}\times\left(\dfrac{1}{2}\times 3^2\right)\times 3=\dfrac{9}{2}$

15. ②

풀이 점 $(1, 0, 1)$은 $t=0$일 때이고

점 $(e, \sqrt{2}, e^{-1})$은 $t=1$일 때이다.

$r'(t)=(e^t, \sqrt{2}, -e^{-t})$이므로 호의 길이 l은

$$l=\int_0^1 \sqrt{(e^t)^2+(\sqrt{2})^2+(-e^{-t})^2}\,dt$$

$$=\int_0^1 \sqrt{e^{2t}+2+e^{-2t}}\,dt$$

$$=\int_0^1 \sqrt{(e^t+e^{-t})^2}\,dt$$

$$=\int_0^1 (e^t+e^{-t})\,dt$$

$$=\left[e^t-e^{-t}\right]_0^1$$

$$=(e-e^{-1})-(1-1)=e-\frac{1}{e}$$

16. ①

풀이 주어진 곡면을 $S(x, y, z)=\ln(x^2+y^2)-z=0$이라 두면

점 $(1, -1, \ln 2)$에서의 접평면의 법선벡터는

$$\nabla S(1, -1, \ln 2)=\left(\frac{2x}{x^2+y^2}, \frac{2y}{x^2+y^2}, -1\right)\Big|_{(1, -1, \ln 2)}$$

$$=(1, -1, -1)$$

과 평행하다. 따라서 ① $\langle -1, 1, 1\rangle$이다.

17. ④

풀이 $f(x, y, z)=2x^2+\dfrac{y^2}{3}+z^2-6$이라 두면

$\nabla f(x, y, z)=\left(4x, \dfrac{2}{3}y, 2z\right)$이고

$\nabla f(-1, 3, 1)=(-4, 2, 2)//(2, -1, -1)$이다.

이때, 점 $(-1, 3, 1)$을 지나고 평면 S에 수직인 직선의 방향벡터는 $\nabla f(-1, 3, 1)$ 즉, $(2, -1, -1)$이므로 직선의 방정식은 $\dfrac{x+1}{2}=\dfrac{y-3}{-1}=\dfrac{z-1}{-1}$이다.

$\dfrac{x+1}{2}=\dfrac{y-3}{-1}=\dfrac{z-1}{-1}=t$라 두면

$x=2t-1$, $y=-t+3$, $z=-t+1$이므로

$x(t)+y(t)+z(t)=(2t-1)+(-t+3)+(-t+1)=3$

18. ④

풀이 $r(t)=\langle t-\sin t, 1-\cos t, 0\rangle$에서

$r'(t)=\langle 1-\cos t, \sin t, 0\rangle$,

$r''(t)=\langle \sin t, \cos t, 0\rangle$이므로

$$\kappa=\frac{|r'\times r''|}{|r'|^3}=\frac{|\cos t-\cos^2 t-\sin^2 t|}{\left(\sqrt{(1-\cos t)^2+(\sin t)^2}\right)^3}=\frac{|\cos t-1|}{(2-2\cos t)^{3/2}}$$

$\therefore \kappa\left(\dfrac{\pi}{3}\right)=\dfrac{1}{2}$

02 다변수미적분

19. ③

풀이 접선벡터 $\vec{v}=(-\sin t,\ \cos t,\ 1)$이고
벡터 $\vec{u}=(0,0,1)$ 사이의 교각을 θ라 하면,
$\cos\theta=\dfrac{\vec{u}\cdot\vec{v}}{|\vec{v}||\vec{u}|}=\dfrac{1}{\sqrt{\sin^2 t+\cos^2 t+1}}=\dfrac{1}{\sqrt{2}}$
$\therefore \theta=\dfrac{\pi}{4}$

20. ①

풀이 $z-f(x,y)=0$이라 하면 법선벡터는
$(-f_x,\ -f_y,\ 1)_{(1,2,11)}$
$=(-3x^2+3y,\ 3x-8y,\ 1)_{(1,2,11)}=(3,\ -13,\ 1)$
따라서 평면의 방정식은 $3(x-1)-13(y-2)+1(z-11)=0$
즉, $z=-3x+13y-12$이다.
따라서 $a=-3,\ b=13,\ c=-12$이고 $a+b+c=-2$이다.

21. ④

풀이 점 $(1,\ -2)$에서 $v=\left(\dfrac{3}{5},\ \dfrac{4}{5}\right)$방향으로 방향도함수는
$f_v(1,\ -2)=\nabla f(1,\ -2)\cdot v$
$=[\langle 3x^2y^2,\ 2x^3y-2\rangle]_{(1,\ -2)}\cdot\left\langle \dfrac{3}{5},\ \dfrac{4}{5}\right\rangle$
$=\langle 12,\ -6\rangle\cdot\left\langle \dfrac{3}{5},\ \dfrac{4}{5}\right\rangle=\dfrac{12}{5}$

22. ①

풀이 곡면을 $f: x^2+2y^2-z^2-5=0$이라 두면
$\nabla f(x,y,z)=(2x,\ 4y,\ -2z)//(x,\ 2y,\ -z)$
이때, 접평면의 법선벡터가 $(1,\ 4,\ 2)$이므로
$(x,\ 2y,\ -z)=t(1,4,2)$를 만족하는 t가 존재한다.
즉, $x=t,\ y=2t,\ z=-2t$이다.
이를 곡면의 방정식에 대입하면
$t^2+2\cdot(2t)^2-(-2t)^2=5$
$\Rightarrow 5t^2=5 \Rightarrow t=\pm1,\ x=\pm1,\ y=\pm2,\ z=\mp2$
$\therefore d=x+4y+2z=\pm1\pm8\mp4=\pm5$
$d>0$이므로 $d=5$이고 $a=1,\ b=2,\ c=-2$이다.
$\therefore a+b+c+d=1+2+(-2)+5=6$

23. ③

풀이 $x'=1,\ y'=\sinh t,\ z'=\cosh t$
$L=\int_0^1\sqrt{1+\sinh^2 t+\cosh^2 t}\,dt$
$=\int_0^1\sqrt{2\cosh^2 t}\,dt$
$=\sqrt{2}\int_0^1\cosh t\,dt$
$=\sqrt{2}[\sinh t]_0^1=\sqrt{2}\sinh 1$

24. ③

풀이 $f(x,y,z)=3x^2+y^2+z-7,\ g(x,y,z)=-x-y+z-1$
이라 할 때, 교선에 대한 접선의 방향벡터는
$\nabla f(1,1,3)\times\nabla g(1,1,3)$에 평행하다.
$\therefore \nabla f(1,1,3)\times\nabla g(1,1,3)=\begin{vmatrix} i & j & k \\ 6x & 2y & 1 \\ -1 & -1 & 1\end{vmatrix}_{(x,y,z)=(1,1,3)}$
$=\begin{vmatrix} i & j & k \\ 6 & 2 & 1 \\ -1 & -1 & 1\end{vmatrix}$
$=i(3)-j(7)+k(-4)$
$\Rightarrow (3,\ -7,\ -4)$와 평행하며
점 $(1,1,3)$을 지나므로 접선의 방정식은
$\dfrac{x-1}{3}=\dfrac{y-1}{-7}=\dfrac{z-3}{-4} \Leftrightarrow \dfrac{x-1}{3}=\dfrac{1-y}{7}=\dfrac{3-z}{4}$이다.

25. ①

풀이

$\nabla f=<\sec^2(x+2y+3z),\ 2\sec^2(x+2y+3z),\ 3\sec^2(x+2y+3z)>$
$\nabla f_{(-5,1,1)}=<\sec^2 0,\ 2\sec^2 0,\ 3\sec^2 0>=<1,\ 2,\ 3>$이고
방향도함수의 최댓값은 $|\nabla f|=\sqrt{1^2+2^2+3^2}=\sqrt{14}$이다.

26. ②

풀이 $x^2-z^2-y=0$에서 $F(x,y,z)=x^2-z^2-y$라 하면
$F_x=2x,\ F_y=-1,\ F_z=-2z$이고
$F_x(4,7,3)=8,\ F_y(4,7,3)=-1,\ F_z(4,7,3)=-6$
따라서 접평면의 방정식은
$8(x-4)-(y-7)-6(z-3)=0$에서 $8x-y-6z=7$

27. ②

풀이 곡선의 길이는

$$l=\int_0^5\sqrt{(x')^2+(y')^2+(z')^2}\,dt=\int_0^5\sqrt{4+4}\,dt=10\sqrt{2}$$

28. ①

풀이 주어진 곡선 $r(t)=(\sin^2 t,\ \cos^2 t,\ 1)$은
평면 $z=1$과 평면 $x+y=1$의 교선이다.
여기서 $0\le x, y\le 1$이다.
이 곡선의 직선이므로 곡률은 0이다.
이 곡선의 접촉평면은 곡선 위의 모든 점에서 $z=1$이므로
비틀림율(열률)은 0이다.

[다른 풀이]

$r(t)=(\sin^2 t,\ \cos^2 t,\ 1)$,
$r'(t)=(2\sin t\cos t,\ -2\cos t\sin t,\ 0)$
$=(\sin 2t,\ -\sin 2t,\ 0)$,
$r''(t)=(2\cos 2t,\ -2\cos 2t,\ 0)$,
$r'''(t)=(-4\sin 2t,\ 4\sin 2t,\ 0)$이므로

$r\left(\frac{\pi}{4}\right)=\left(\frac{1}{2},\ \frac{1}{2},\ 1\right)$, $r'\left(\frac{\pi}{4}\right)=(1,\ -1,\ 0)$,

$r''\left(\frac{\pi}{4}\right)=(0,\ 0,\ 0)$, $r'''\left(\frac{\pi}{4}\right)=(-4,\ 4,\ 0)$

$t=\frac{\pi}{4}$에서의 곡률을 κ, 열률을 τ라 하면

$$\kappa=\frac{|r'\times r''|}{|r'|^3}=\frac{|(1,\ -1,\ 0)\times(0,\ 0,\ 0)|}{|(1,\ -1,\ 0)|^3}=\frac{|(0,\ 0,\ 0)|}{(\sqrt{2})^3}=0$$

$$\tau=\frac{(r'\times r'')\cdot r'''}{|r'\times r''|^2}=\frac{\{(1,\ -1,\ 0)\times(0,\ 0,\ 0)\}\cdot(-4,\ 4,\ 0)}{|(1,\ -1,\ 0)\times(0,\ 0,\ 0)|^2}=0$$

$\therefore \kappa+\tau=0$

29. ③

풀이 곡면을 $z=f(x,y)$ $\Leftrightarrow$ $F=f(x,y)-z=0$이라 하면,
곡면에 접하는 평면에 수직인 벡터 $\vec{v}$는

$\vec{v}=\nabla F=\left(\frac{\partial}{\partial x}f(x,y),\ \frac{\partial}{\partial y}f(x,y),\ -1\right)$에 대해

$\vec{v}=\nabla F(-1,2,3)=\left(\frac{\partial}{\partial x}f(-1,2),\ \frac{\partial}{\partial y}f(-1,2),\ -1\right)$

이고, 이 때, $f(x,y)$에 대하여

$$\nabla f(-1,2)=\left\langle \frac{\partial}{\partial x}f(-1,2), \frac{\partial}{\partial y}(-1,2)\right\rangle=<2,-2>$$

이므로 곡면에 접하는 평면 α의 법선벡터
$\vec{v}=\nabla F(-1,2,3)=\langle 2,-2,-1\rangle$이고
한 점 $(-1,2,3)$에서의 평면 α는
$\alpha: 2(x+1)-2(y-2)-1(z-3)=0$
$\Leftrightarrow$ $2x-2y-z+9=0$이다.

평면 α와 원점사이의 거리 $d=\dfrac{|9|}{\sqrt{2^2+2^2+1}}=3$

30. ②

풀이 $f(x,\ y,\ z)=xe^y-z$로 놓으면
$\nabla f=<e^y,\ xe^y,\ -1>$이므로
점 $(1,\ 0,\ 1)$에서 접평면의 법선벡터는 $<1,\ 1,\ -1>$이다.
따라서 접평면의 방정식은
$x-1+y+1-z=0 \Rightarrow x+y-z=0$
이 방정식에 $x=0$을 대입하면
접평면과 yz평면의 교선의 방정식 $z=y$를 얻는다.
따라서 $a=1,\ b=0$이고
접평면과 yz평면이 이루는 예각의 크기 θ에 대하여

$$\cos\theta=\frac{<1,\ 1,\ -1>\cdot<1,\ 0,\ 0>}{\sqrt{1^2+1^2+(-1)^2}\sqrt{1^2+0+0}}=\frac{1}{\sqrt{3}}$$

$\therefore a+b+\cos\theta=1+\dfrac{1}{\sqrt{3}}$

31. ⑤

풀이 $t=0$일 때, 점 $(0,\ 1,\ 0)$을 지나므로

점 $(0,\ 1,\ 0)$에서의 곡률 $\kappa(0)=\dfrac{|r'(0)\times r''(0)|}{|r'(0)|^3}$이다.

$r'(t)=\langle \cos t,\ -\sin t,\ 2\rangle \Rightarrow r'(0)=\langle 1,\ 0,\ 2\rangle$이고
$r''(t)=\langle -\sin t,\ -\cos t,\ 0\rangle \Rightarrow r''(0)=\langle 0,\ -1,\ 0\rangle$

$$\therefore r'(0)\times r''(0)=\begin{vmatrix} i & j & k\\ 1 & 0 & 2\\ 0 & -1 & 0\end{vmatrix}=i(2)-j(0)+k(-1)$$

$\Rightarrow |r'(0)\times r''(0)|=\sqrt{4+0+1}=\sqrt{5}$

$$\therefore \kappa(0)=\frac{|r'(0)\times r''(0)|}{|r'(0)|^3}=\frac{\sqrt{5}}{(\sqrt{5})^3}=\frac{1}{5}$$

[다른 풀이]

$r(t)=\langle a\sin t,\ a\cos t,\ bt\rangle$일 때,
곡률을 $\kappa(t)$, 비틀림률을 $\tau(t)$라고 하면

$\kappa(t)=\dfrac{a}{a^2+b^2}$이고 $\tau(t)=\dfrac{b}{a^2+b^2}$이다.

따라서 $r(t)=\langle \sin t,\ \cos t,\ 2t\rangle$ 위의

점 $(0,\ 1,\ 0)$에서의 곡률은 $\dfrac{1}{1+4}=\dfrac{1}{5}$이다.

02 다변수미적분

32. ②

풀이 ①, ③에서

$$\vec{\nabla}\cdot\left(\frac{\vec{r}}{|\vec{r}|}\right)$$
$$=\vec{\nabla}\cdot\left(\frac{x}{\sqrt{x^2+y^2+z^2}},\ \frac{y}{\sqrt{x^2+y^2+z^2}},\ \frac{z}{\sqrt{x^2+y^2+z^2}}\right)$$
$$=\frac{y^2+z^2}{(x^2+y^2+z^2)^{\frac{3}{2}}}+\frac{x^2+z^2}{\sqrt{(x^2+y^2+z^2)^{\frac{3}{2}}}}+\frac{x^2+y^2}{(x^2+y^2+z^2)^{\frac{3}{2}}}$$
$$=\frac{2}{\sqrt{x^2+y^2+z^2}}=\frac{2}{|\vec{r}|}$$

②, ④에서

$$\vec{\nabla}\times\left(\frac{\vec{r}}{|\vec{r}|}\right)$$
$$=\begin{bmatrix} i & j & k \\ \frac{\partial}{\partial x} & \frac{\partial}{\partial y} & \frac{\partial}{\partial z} \\ \frac{x}{\sqrt{x^2+y^2+z^2}} & \frac{y}{\sqrt{x^2+y^2+z^2}} & \frac{z}{\sqrt{x^2+y^2+z^2}} \end{bmatrix}$$
$$=\left(\frac{yz}{(x^2+y^2+z^2)^{\frac{3}{2}}}-\frac{yz}{(x^2+y^2+z^2)^{\frac{3}{2}}}\right)i$$
$$-\left(\frac{zx}{(x^2+y^2+z^2)^{\frac{3}{2}}}-\frac{zx}{(x^2+y^2+z^2)^{\frac{3}{2}}}\right)j$$
$$+\left(\frac{xy}{(x^2+y^2+z^2)^{\frac{3}{2}}}-\frac{xy}{(x^2+y^2+z^2)^{\frac{3}{2}}}\right)k$$
$$=\vec{0}$$

따라서 옳은 것은 ②이다.

[다른 풀이]

$f(x,y,z)=\sqrt{x^2+y^2+z^2}$ 의 $\nabla f=\frac{r}{|r|}$ 이고

$\nabla\times(\nabla f)=O$이다.

33. ①

풀이 점 $A(4,\ 1,\ 3)$에서의 접선과 곡선의 접점을 $B(2t,\ \ln t,\ t^2)$이라 하면 $\overrightarrow{BA}=(4-2t,\ 1-\ln t,\ 3-t^2)$과 점 B에서의 접선벡터 $\vec{x}'(t)=\left(2,\ \frac{1}{t},\ 2t\right)$와 평행하다. 따라서

$$\overrightarrow{BA}\,//\,\vec{x}'(t)\ \Leftrightarrow\ \overrightarrow{BA}=k\,\vec{x}'(t)\ \Leftrightarrow\ \begin{cases}4-2t=2k\\ 1-\ln t=\frac{k}{t}\\ 3-t^2=2tk\end{cases}$$

연립방정식을 풀면 $t=1,\ k=1$이다.

따라서 점 $B(2,\ 0,\ 1)$과 $A(4,\ 1,\ 3)$ 사이의 거리 d는 $d=\sqrt{2^2+1^2+2^2}=3$이다.

34. ②

풀이 $\nabla f(x,\ y)=(-6x,\ -4y)$이므로 변화가 최소인 방향 V는

$$V=-\nabla f\left(\frac{1}{3},\ \frac{1}{2}\right)=-(-2,\ -2)=(2,\ 2)$$

변화가 최소가 되는 방향으로의 방향도함수는 방향도함수의 최솟값이므로

$$-\left|-\nabla f\left(\frac{1}{3},\ \frac{1}{2}\right)\right|=-|(2,\ 2)|=-\sqrt{8}$$

35. ②

풀이 $(x,\ y)=(1,\ 0)$일 때

$z+1=\cos z$를 만족하는 $z=0$이 성립하므로

z가 x와 y의 음함수로 정의된다.

$f(x,\ y)=xe^y-1$이라 두면

z가 가장 빨리 증가하는 방향은 경도 $(f_x,\ f_y)_{(1,0)}$ 방향이므로

$(f_x,\ f_y)_{(1,0)}=(e^y,\ xe^y)_{(1,0)}=(1,\ 1)$

36. ②

풀이 $r'(t)=\langle -2\sin t, 2\cos t, 3\rangle$,

$r''(t)=\langle -2\cos t, -2\sin t, 0\rangle$이고

점 $P\left(0, 2, \frac{3}{2}\pi\right)$는 $t=\frac{\pi}{2}$일 때이므로

$r'\left(\frac{\pi}{2}\right)=\langle -2, 0, 3\rangle$, $r''\left(\frac{\pi}{2}\right)=\langle 0, -2, 0\rangle$이다.

(i) $\kappa=\frac{|r'\times r''|}{|r'|^3}$
$$=\frac{|\langle -2,0,3\rangle\times\langle 0,-2,0\rangle|}{|\langle -2,0,3\rangle|^3}$$
$$=\frac{|\langle 6,0,4\rangle|}{|\langle -2,0,3\rangle|^3}=\frac{\sqrt{52}}{\sqrt{13}^3}=\frac{2}{13}$$

(ii) $T=\frac{r'}{|r'|}=\frac{1}{\sqrt{13}}\langle -2\sin t, 2\cos t, 3\rangle$,

$T'=\frac{1}{\sqrt{13}}\langle -2\cos t, -2\sin t, 0\rangle$,

$|T'|=\frac{2}{\sqrt{13}}$이므로 주단위법선벡터 N은

$$N=\frac{T'}{|T'|}=\frac{\sqrt{13}}{2}\cdot\frac{1}{\sqrt{13}}\langle -2\cos t, -2\sin t, 0\rangle$$
$$=\langle -\cos t, -\sin t, 0\rangle$$

점 $P\left(0, 2, \frac{3}{2}\pi\right)$는 $t=\frac{\pi}{2}$인 점이므로

$\langle a, b, c\rangle = \langle -\cos t, -\sin t, 0\rangle|_{t=\frac{\pi}{2}} = \langle 0, -1, 0\rangle$

$\therefore a+b+c+\kappa = 0+(-1)+0+\frac{2}{13} = -\frac{11}{13}$

37. ④

풀이 주어진 곡선을 직교좌표계로 바꾸면

$x = r\cos\theta = 2e^t\cos t$, $y = r\sin\theta = 2e^t\sin t$, $z = e^t$이다.

따라서

$$L = \int_0^{2\pi}\sqrt{\{x'(t)\}^2+\{y'(t)\}^2+\{z'(t)\}^2}\,dt$$
$$= \int_0^1\sqrt{(2e^t\cos t-2e^t\sin t)^2+(2e^t\sin t+2e^t\cos t)^2+(e^t)^2}\,dt$$
$$= \int_0^1\sqrt{2(4e^{2t}\cos^2 t+4e^{2t}\sin^2 t)+e^{2t}}\,dt$$
$$= \int_0^1\sqrt{8e^{2t}(\cos^2 t+\sin^2 t)+e^{2t}}\,dt$$
$$= \int_0^1\sqrt{8e^{2t}+e^{2t}}\,dt$$
$$= \int_0^1\sqrt{9e^{2t}}\,dt$$
$$= \int_0^1 3e^t dt = 3(e-1) = 3e-3$$

38. $\sqrt{3}$

풀이 $\nabla f(0,0,0) = \langle a, b, c\rangle$라 하자.

$(1,1,0)$의 방향미분은

$$D_u f(0,0,0) = \nabla f(0,0,0)\cdot\frac{1}{\sqrt{2}}\langle 1,1,0\rangle$$
$$= \frac{1}{\sqrt{2}}\langle a,b,c\rangle\cdot\langle 1,1,0\rangle = 1$$

$\Rightarrow\ a+b = \sqrt{2}\ \cdots$ ①

$(1,0,1)$의 방향미분은

$$D_u f(0,0,0) = \nabla f(0,0,0)\cdot\frac{1}{\sqrt{2}}\langle 1,0,1\rangle$$
$$= \frac{1}{\sqrt{2}}\langle a,b,c\rangle\cdot\langle 1,0,1\rangle = -1$$

$\Rightarrow\ a+c = -\sqrt{2}\ \cdots$ ②

$2\times$①$-$②를 하면 $a+2b-c = 3\sqrt{2}$ 이므로

$(1,2,-1)$의 방향미분의 값을 구하면

$$D_u f(0,0,0) = \nabla f(0,0,0)\cdot\frac{1}{\sqrt{6}}\langle 1,2,-1\rangle$$
$$= \frac{1}{\sqrt{6}}\langle a,b,c\rangle\cdot\langle 1,2,-1\rangle$$
$$= \frac{1}{\sqrt{6}}(a+2b-c) = \frac{3\sqrt{2}}{\sqrt{6}} = \sqrt{3}$$

39. ⑤

풀이 곡면 $f: \sqrt{x}+\sqrt{y}+\sqrt{z} = 4$ 의 한 점

$P(a,b,c)$ 에서의 법선벡터 $\vec{v}$ 는

$\vec{v} = \nabla f(a,b,c) = \left(\frac{1}{\sqrt{a}}, \frac{1}{\sqrt{b}}, \frac{1}{\sqrt{c}}\right)$ 이다.

$\vec{v}$ 에 수직이고 한 점 $P(a,b,c)$ 을 지나는 평면의 식은

$$\frac{1}{\sqrt{a}}(x-a)+\frac{1}{\sqrt{b}}(y-b)+\frac{1}{\sqrt{c}}(z-c) = 0$$

$\Leftrightarrow\ \frac{x}{\sqrt{a}}+\frac{y}{\sqrt{b}}+\frac{z}{\sqrt{c}} = \sqrt{a}+\sqrt{b}+\sqrt{c} = 4$ 이다.

$(x,0,0) = (4\sqrt{a},0,0)$, $(0,y,0) = (0,4\sqrt{b},0)$,

$(0,0,z) = (0,0,4\sqrt{c})$이므로

각 절편의 합은

$K = 4\sqrt{a}+4\sqrt{b}+4\sqrt{c} = 4(\sqrt{a}+\sqrt{b}+\sqrt{c}) = 16$

40. 풀이 참조

풀이 곡선 $y = x^2$을 매개방정식으로 만들면 $\alpha(t) = \langle t, t^2, 0\rangle$이고,

점 $\left(\frac{\sqrt{3}}{2}, \frac{3}{4}\right)$는 $t = \frac{\sqrt{3}}{2}$일 때의 점이다.

$\alpha'(t) = \langle 1, 2t, 0\rangle$, $\alpha''(t) = \langle 0,2,0\rangle$이므로

$t = \frac{\sqrt{3}}{2}$일 때, $\alpha'\left(\frac{\sqrt{3}}{2}\right) = \langle 1, \sqrt{3}, 0\rangle$,

$\alpha''\left(\frac{\sqrt{3}}{2}\right) = \langle 0,2,0\rangle$, $\left|\alpha'\left(\frac{\sqrt{3}}{2}\right)\right| = 2$

$\alpha'\times\alpha'' = \begin{vmatrix} i & j & k \\ 1 & \sqrt{3} & 0 \\ 0 & 2 & 0\end{vmatrix} = \langle 0,0,2\rangle$, $|\alpha'\times\alpha''| = 2$이다.

따라서 곡률 $\kappa = \frac{1}{4}$이고 접촉원(곡률원)의 반지름은 4이다.

점 $\left(\frac{\sqrt{3}}{2}, \frac{3}{4}\right)$에서 곡선 $y = x^2$의 접선의 방정식은

$y = \sqrt{3}\left(x-\frac{\sqrt{3}}{2}\right)+\frac{3}{4} = \sqrt{3}x-\frac{3}{4}$이고, 법선의 방정식은

$y = \frac{-1}{\sqrt{3}}\left(x-\frac{\sqrt{3}}{2}\right)+\frac{3}{4} = -\frac{1}{\sqrt{3}}x+\frac{5}{4}$이다.

접촉원의 반지름은 4이고,

접촉원의 중심 $(\bar{x}, \bar{y})$은 법선의 방정식 위에 존재한다.

법선의 기울기가 $\tan\alpha = \frac{-1}{\sqrt{3}}$일 때,

$\cos\alpha = -\frac{\sqrt{3}}{2}$, $\sin\alpha = \frac{1}{2}$이다.

$\bar{x} = \frac{\sqrt{3}}{2}+4\cos\alpha = -\frac{3\sqrt{3}}{2}$, $\bar{y} = \frac{3}{4}+4\sin\alpha = \frac{11}{4}$이므로

접촉원의 방정식은 $\left(x+\frac{3\sqrt{3}}{2}\right)^2+\left(y-\frac{11}{4}\right)^2 = 16$이다.

[다른 풀이]

$$\begin{cases}\bar{x}=x-\dfrac{y'(1+(y')^2)}{|y''|}\\ \bar{y}=y+\dfrac{1+(y')^2}{|y''|}\end{cases}$$

을 이용해서 곡률원의 중심을 구할 수 있다.

41. ④

풀이 주어진 $\lim_{h\to0}\dfrac{f(1+\alpha(h),\pi-\alpha(h))-f(1,\pi)}{h}$ 는 $f(x,y)$의 점 $(1,\pi)$에서 $\vec{u}=\left(\dfrac{1}{\sqrt2},-\dfrac{1}{\sqrt2}\right)$ 방향으로의 방향도함수이다.

$\nabla f(1,\pi)=(y\cos(xy),x\cos(xy))|_{(1,\pi)}=(-\pi,-1)$

$\therefore D_{\vec{u}}f(1,\pi)=\nabla f(1,\pi)\cdot\vec{u}$

$=(-\pi,-1)\cdot\left(\dfrac{1}{\sqrt2},-\dfrac{1}{\sqrt2}\right)=\dfrac{1-\pi}{\sqrt2}$

[다른 풀이]

$\lim_{h\to0}\dfrac{f(1+\alpha(h),\ \pi-\alpha(h))-f(1,\ \pi)}{h}$

$=\lim_{h\to0}\dfrac{\sin\left\{\left(1+\frac{h}{\sqrt2}\right)\left(\pi-\frac{h}{\sqrt2}\right)\right\}-\sin\pi}{h}$

$=\lim_{h\to0}\left[\cos\left\{\left(1+\dfrac{h}{\sqrt2}\right)\left(\pi-\dfrac{h}{\sqrt2}\right)\right\}\cdot\left\{\dfrac{1}{\sqrt2}\left(\pi-\dfrac{h}{\sqrt2}\right)-\dfrac{1}{\sqrt2}\left(1+\dfrac{h}{\sqrt2}\right)\right\}\right]$

($\because$ 로피탈 정리)

$=\lim_{h\to0}\left\{\cos\pi\cdot\left(\dfrac{1}{\sqrt2}\pi-\dfrac{1}{\sqrt2}\right)\right\}=\dfrac{1-\pi}{\sqrt2}$

42. ③

풀이 $T_1:x^2+y^2+z^2=12,\ T_2:z=(x-1)^2+(y-1)^2$일 때, 접선의 방향벡터는

$$\begin{vmatrix} i & j & k\\ T_{1x} & T_{1y} & T_{1z}\\ T_{2x} & T_{2y} & T_{2z}\end{vmatrix}=\begin{vmatrix} i & j & k\\ 2x & 2y & 2z\\ 2(x-1) & 2(y-1) & -1\end{vmatrix}_{(2,2,2)}$$

$$=\begin{vmatrix} i & j & k\\ 4 & 4 & 4\\ 2 & 2 & -1\end{vmatrix}$$

$=i(-12)-j(-12)+k(0)\ //\ (1,-1,0)$

또한 점 $(2,2,2)$을 지나므로

접선의 방정식은 $x=t+2,\ y=-t+2,\ z=2$이다.

따라서 $t=1$일 때, 접선 위의 점은 $(3,1,2)$이다.

43. ③

풀이 $\nabla f(x,\ y,\ z)=\left(z\dfrac{-\frac{y}{x^2}}{1+\left(\frac{y}{x}\right)^2},\ z\dfrac{\frac{1}{x}}{1+\left(\frac{y}{x}\right)^2},\ \tan^{-1}\left(\dfrac{y}{x}\right)\right)$

$\Rightarrow\ \nabla f(1,\ 1,\ 1)=\left(-\dfrac12,\ \dfrac12,\ \dfrac{\pi}{4}\right)$

이고 방향벡터는 $\vec{u}=\dfrac{1}{\sqrt2}(1,\ 1,\ 0)$이므로

$D_{\vec{u}}f(1,\ 1,\ 1)=\nabla f(1,\ 1,\ 1)\cdot\vec{u}$

$=\left(-\dfrac12,\ \dfrac12,\ \dfrac{\pi}{4}\right)\cdot\dfrac{1}{\sqrt2}(1,\ 1,\ 0)$

$=\dfrac{1}{\sqrt2}\left(-\dfrac12+\dfrac12\right)=0$

44. ③

풀이 $x'(t)=\sin(t^2),\ y'(t)=\cos(t^2)$,

$x''(t)=\cos(t^2)\cdot2t,\ y''(t)=-\sin(t^2)\cdot2t$이고

곡률 $\kappa=\dfrac{|x'y''-x''y'|}{[(x')^2+(y')^2]^{\frac32}}$이므로

점 $(x(1),\ y(1))$에서의 곡률은

$\kappa=\dfrac{|\sin1(-\sin1\cdot2)-(\cos1\cdot2)\cdot\cos1|}{[\sin^21+\cos^21]^{\frac32}}$

$=\dfrac{|-2\sin^21-2\cos^21|}{1^{\frac32}}=|-2|=2$

45. ②

풀이 $x=\rho\sin\phi\cos\theta,\ y=\rho\sin\phi\sin\theta,\ z=\rho\cos\phi$이므로

곡선 $\left(\dfrac12t\cos t,\ \dfrac12t\sin t,\ \dfrac{\sqrt3}{2}t\right)$이다.

(i) 지나는 한 점 : $t=0$일 때, $\left(0,\ \dfrac{\pi}{4},\ \dfrac{\sqrt3\pi}{4}\right)$

(ii) 방향벡터 :

$\left(\dfrac12\cos t-\dfrac12t\sin t,\ \dfrac12\sin t+\dfrac12t\cos t,\ \dfrac{\sqrt3}{2}\right)\Big]_{t=\frac{\pi}{2}}$

$=\left(-\dfrac{\pi}{4},\ \dfrac12,\ \dfrac{\sqrt3}{2}\right)$

따라서 접선의 방정식은 $\dfrac{x}{-\frac{\pi}{4}}=\dfrac{y-\frac{\pi}{4}}{\frac12}=\dfrac{z-\frac{\sqrt3}{4}\pi}{\frac{\sqrt3}{2}}$이다.

또한, xy평면과의 교점은 $z=0$일 때이므로

$$\frac{x}{-\frac{\pi}{4}}=\frac{y-\frac{\pi}{4}}{\frac{1}{2}}=-\frac{\pi}{2}$$ 이고

교점은 $x=\frac{\pi^2}{8}$, $y=-\frac{\pi}{4}+\frac{\pi}{4}=0$, $z=0$이다.

46. ③

풀이 $\begin{cases} a^4+b^4+c^4=18 \cdots ① \\ a^3+2b^3+c^3=18 \cdots ② \\ (a^3,\ b^3,\ c^3)=\lambda(a^2,\ 2b^2,\ c^2) \cdots ③ \end{cases}$

③식에 의해 $a=\lambda,\ b=2\lambda,\ c=\lambda$이므로

이를 ①식에 대입하면 $\lambda^4=1$이므로 $\lambda=\pm1$이다.

$\lambda=1$일 때 $a=1,\ b=2,\ c=1$이다. 따라서 $a+b+c=4$이다.

(단, $\lambda=-1$일 때 $a=-1,\ b=-2,\ c=-1$이고

②식을 만족하지 않는다.)

47. ④

풀이 방향도함수의 값이 최대가 되는 방향을 $\vec{u}$라 하면

$\vec{u}$는 $\nabla f(2,\ -1)$ 방향이어야 한다.

$f_x(x,\ y)=\frac{(x+y)-(x-y)}{(x+y)^2}=\frac{2y}{(x+y)^2}$,

$f_y(x,\ y)=\frac{-(x+y)-(x-y)}{(x+y)^2}=-\frac{2x}{(x+y)^2}$ 이므로

$\nabla f(x,\ y)=\left(\frac{2y}{(x+y)^2},\ -\frac{2x}{(x+y)^2}\right)$

$\Rightarrow\ \nabla f(2,\ -1)=(-2,\ -4)//\left(-\frac{1}{\sqrt{5}},\ -\frac{2}{\sqrt{5}}\right)$

따라서 $\vec{u}$는 $-\frac{1}{\sqrt{5}}\vec{i}-\frac{2}{\sqrt{5}}\vec{j}$ 방향이다.

48. ④

풀이 $r(t)=\langle 2\cos t,\ 2\sin t+2,\ 2\cos t\rangle$의

$r'(t)=\langle -2\sin t,\ 2\cos t,\ -2\sin t\rangle$,

$r''(t)=\langle -2\cos t,\ -2\sin t,\ -2\cos t\rangle$이고

$t=0$에서 $r(t)=(2,2,2)$, $r'(t)=\langle 0,2,0\rangle$,

$r''(t)=\langle -2,0,-2\rangle$이고

접촉평면에 수직인 법선벡터 $\vec{v}$는

$\vec{v}=r'\times r''=\begin{vmatrix} i & j & k \\ 0 & 2 & 0 \\ -2 & 0 & -2 \end{vmatrix}=\langle -4,0,4\rangle$이다.

즉, $\vec{v}=\langle -1,0,1\rangle$에 수직이고 점 $(2,2,2)$를 지나는 접촉평면의 식은 $-(x-2)+(z-2)=0\ \Leftrightarrow\ -x+z=0$이다.

$a=-1,\ b=0,\ c=1,\ d=0$이라 하면, $\frac{c}{a}=-1$

49. ④

풀이

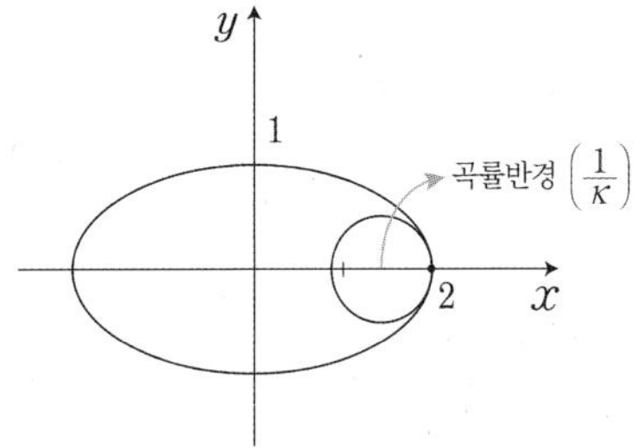

곡률중심의 정의에 의해 y좌표는 0이다.

$x=2\cos t$, $y=\sin t$이라 두면 곡률 κ는

$$\kappa=\frac{|x'(t)y''(t)-x''(t)y'(t)|}{\left[\{x'(t)\}^2+\{y'(t)\}^2\right]^{\frac{3}{2}}}=\left.\frac{|(-2\sin t)(-\sin t)-(-2\cos t)(\cos t)|}{(4\sin^2t+\cos^2t)^{\frac{3}{2}}}\right|_{t=0}=2$$

따라서 곡률반경은 $\frac{1}{2}$이므로

곡률중심의 x좌표는 $2-\frac{1}{2}=\frac{3}{2}$이다.

즉, $\left(\frac{3}{2},0\right)$이므로 x좌표와 y좌표의 합은 $\frac{3}{2}$이다.

50. ②

풀이 곡면 $x^2y+2yz^2=12$ 위의 점 $P(2,1,2)$에서 수직인

접평면의 법선벡터 $\vec{v}$는

$\vec{v}=(2xy,\ x^2+2z^2,\ 4yz)|_{(2,1,2)}=(4,12,8)//(1,3,2)$이다.

법선벡터 $\vec{v}$에 수직이고 점 $P(2,1,2)$를 지나는

접평면 Π의 식은

$\Pi: 1(x-2)+3(y-1)+2(z-2)=0$

$\Leftrightarrow\ x+3y+2z=9$이다.

또한, $\vec{v}$에 평행하고 한 점 $Q(-1,0,4)$를 지나는 직선 l은

$l:\begin{cases} x=t-1 \\ y=3t \\ z=2t+4 \end{cases}$ 이다.

이 때, 직선 l과 접평면 Π의 교점은

$(t-1)+3(3t)+2(2t+4)=9\ \Leftrightarrow\ t=\frac{1}{7}$일 때이다.

$\therefore t=\frac{1}{7}$ 일 때, 직선 위의 점은 $\left(-\frac{6}{7},\frac{3}{7},\frac{30}{7}\right)$

3. 이변수의 극대 & 극소

1. ③

풀이 제1팔분공간에서 타원면 위에 있는 직육면체의 한 쪽 꼭짓점을 (x, y, z), 직육면체의 부피를 V라고 할 때, $V=8xyz$이다.
또한 산술기하평균에 의하여

$$x^2+2y^2+4z^2 \ \geq\ 3\left(8x^2y^2z^2\right)^{\frac{1}{3}}$$

$$\Leftrightarrow\ 9 \ \geq\ 3\times 2(xyz)^{\frac{2}{3}}$$

$$\Leftrightarrow\ \frac{3}{2} \ \geq\ (xyz)^{\frac{2}{3}}$$

$$\Leftrightarrow\ \frac{3\sqrt{3}}{2\sqrt{2}} \ \geq\ xyz$$ 이다.

그러므로 부피 $V=8xyz$의 최댓값은 $8\times\frac{3\sqrt{3}}{2\sqrt{2}}=6\sqrt{6}$ 이다.

2. ①

풀이 $\sin y$가 주기함수이므로 $0\leq y<2\pi$에서 확인해보자.
$f_x=2x+2\sin y$, $f_y=2x\cos y$이므로
$f_y=2x\cos y=0$에서 $x=0$ 또는 $\cos y=0$이다.

(i) $x=0$일 때 $\sin y=0$이므로 $y=0,\ \pi$이다.
따라서 임계점은 $(0,\ 0)$, $(0,\ \pi)$이다.

(ii) $\cos y=0$일 때, $y=\frac{\pi}{2},\ \frac{3\pi}{2}$이므로

임계점은 $\left(-1,\ \frac{\pi}{2}\right)$, $\left(1,\ \frac{3\pi}{2}\right)$이다.

$f_{xx}=2$, $f_{yy}=-2x\sin y$, $f_{xy}=2\cos y$이므로
$\Delta(x,\ y)=-4x\sin y-(2\cos y)^2$이다.

① $\Delta(0,\ 0)<0$이므로 $(0,\ 0)$에서 안장점을 갖는다.
② $\Delta(0,\ \pi)<0$이므로 $(0,\ \pi)$에서 안장점을 갖는다.
③ $\Delta\left(-1,\ \frac{\pi}{2}\right)>0$이고 $f_{xx}\left(-1,\ \frac{\pi}{2}\right)>0$이므로 $\left(-1,\ \frac{\pi}{2}\right)$에서 극솟값 -1을 갖는다.
④ $\Delta\left(1,\ \frac{3\pi}{2}\right)>0$이고 $f_{xx}\left(1,\ \frac{3\pi}{2}\right)>0$이므로 $\left(1,\ \frac{3\pi}{2}\right)$에서 극솟값 -1을 갖는다.

[다른 풀이]
$f_x=2x+2\sin y$, $f_y=2x\cos y$이므로
$f_y=2x\cos y=0$에서 $x=0$ 또는 $\cos y=0$이다.

(i) $x=0$일 때 $\sin y=0$이므로 $y=n\pi$ (단, n은 정수)이다.
따라서 임계점은 $(0,\ n\pi)$이다.

(ii) $\cos y=0$일 때, $y=\frac{2n-1}{2}\pi$ (단, n은 정수)일 때

$\sin y=1,\ -1$이므로 $x=-1,\ 1$이다.

이때, $y=\frac{4n-1}{2}\pi$일 때, $\sin y=-1$이므로 $x=1$이고,

$y=\frac{4n-3}{2}\pi$일 때, $\sin y=1$이므로 $x=-1$이다.

따라서 임계점은
$(0,\ n\pi)$, $\left(-1,\ \frac{4n-3}{2}\pi\right)$, $\left(1,\ \frac{4n-1}{2}\pi\right)$이다.
$f_{xx}=2$, $f_{yy}=-2x\sin y$, $f_{xy}=2\cos y$이므로
$\Delta(x,\ y)=-4x\sin y-(2\cos y)^2$이다.
따라서 $\Delta(0,\ n\pi)<0$이므로
$(0,\ n\pi)$에서 안장점을 갖는다.
$\Delta\left(-1,\ \frac{4n-3}{2}\pi\right)>0$이고 $f_{xx}>0$이므로
$\left(-1,\ \frac{4n-3}{2}\pi\right)$에서 극솟값 -1을 갖는다.
$\Delta\left(1,\ \frac{4n-1}{2}\pi\right)>0$이고 $f_{xx}>0$이므로 $\left(1,\ \frac{4n-1}{2}\pi\right)$에서 극솟값 -1을 갖는다.

3. ②

풀이 $f_x(x,\ y)=6x^5-6y$, $f_y(x,\ y)=6y^5-6x$에서
$f_x(1,1)=0$, $f_y(1,1)=0$이므로 $(1,\ 1)$에서 임계점이다.
$f_{xx}(x,\ y)=30x^4$, $f_{yy}(x,\ y)=30y^4$, $f_{xy}(x,\ y)=-6$에 의해
$\Delta(1,\ 1)=30\times30-(-6)^2>0$이고 $f_{xx}(1,\ 1)>0$이므로
$(1,\ 1)$은 극소점이다.

4. ②

풀이 $x^2+y^2+z^2+6y=5 \Leftrightarrow x^2+(y+3)^2+z^2=14$이므로
$y+3=k$라 두면 $x^2+k^2+z^2=14$이고
$x+2y+3z=x+2k+3z-6$이다.
코시-슈바르츠 부등식에 의하여

$$\left(1^2+2^2+3^2\right)\left(x^2+k^2+z^2\right)\geq(x+2k+3z)^2$$
$$\Rightarrow\ \left(1^2+2^2+3^2\right)\cdot 14\geq(x+2k+3z)^2$$
$$\Rightarrow\ (x+2k+3z)^2\leq 14^2$$
$$\Rightarrow\ -14\leq x+2k+3z\leq 14$$
$$\Rightarrow\ -14-6\leq x+2y+3z\leq 14-6$$
$$\therefore -20\leq x+2y+3z\leq 8$$

따라서 $x+2y+3z$의 최댓값은 8이다.

[다른 풀이]
$x+2y+3z=k$라고 하자. (k는 상수)
이 때, $x,\ y,\ z$는 $x^2+y^2+z^2+6y=5$ 위의 점이므로
평면 $x+2y+3z=k$가 접할 때, 최댓값을 갖는다.

따라서 평면 $x+2y+3z=k$와

구 $x^2+y^2+z^2+6y=5 \iff x^2+(y+3)^2+z^2=14$

의 중심인 $(0, -3, 0)$까지의 거리 d가

반지름 $\sqrt{14}$와 동일한 값이다.

$d=\dfrac{|k+6|}{\sqrt{14}}$이므로 다음과 같은 결과를 얻을 수 있다.

$$\frac{|k+6|}{\sqrt{14}}=\sqrt{14} \iff |k+6|=14$$
$$\iff (k+6)^2=196$$
$$\iff k^2+12k-160=0$$
$$\iff (k+20)(k-8)=0$$

따라서 $x+2y+3z$의 최댓값은 8이다.

5. ⑤

풀이 $g(x, y)=x^2+y^2-1$, $f(x, y)=9x^2y$이라 할 때,

$$\nabla g // \nabla f \iff (2x, 2y)//(18xy, 9x^2)$$
$$\iff k(x, y)=(2xy, x^2)$$
$$\iff kx=2xy, ky=x^2$$
$$\iff 2xy^2=x^3$$

의 관계를 만족할 때, 최대 또는 최솟값을 갖는다.

(i) $x=0$일 때, $y=\pm 1$이다. 이 때, 함수값을 구하면 $f(0, 1)=0$, $f(0, -1)=0$이다.

(ii) $x^2=2y^2$일 때,

$x^2+y^2=1 \iff 2y^2+y^2=1 \iff y^2=\dfrac{1}{3}$이므로

$x^2=\dfrac{2}{3}$이다.

$f\left(\pm\sqrt{\dfrac{2}{3}}, \sqrt{\dfrac{1}{3}}\right)=9\cdot\dfrac{2}{3}\cdot\sqrt{\dfrac{1}{3}}=2\sqrt{3}$,

$f\left(\pm\sqrt{\dfrac{2}{3}}, -\sqrt{\dfrac{1}{3}}\right)=9\cdot\dfrac{2}{3}\cdot\left(-\sqrt{\dfrac{1}{3}}\right)=-2\sqrt{3}$이다.

그러므로 최댓값은 $2\sqrt{3}$, 최솟값은 $-2\sqrt{3}$이다.

[다른 풀이]

secret JUJU!

6. ①

풀이 주어진 원기둥과 평면의 교집합은

$\begin{cases} x=\sqrt{2}\cos t \\ y=1-\sqrt{2}\cos t \\ z=\sqrt{2}\sin t \end{cases}$ $(0\le t\le 2\pi)$이므로

$f(x,y,z)=x+y+z=1+\sqrt{2}\sin t$이고,

최댓값 $a=1+\sqrt{2}$, 최솟값 $b=1-\sqrt{2}$이다.

따라서 $a+b=2$이다.

[다른 풀이]

조건을 만족하는 범위에서 $x+y=1$이므로

$f(x, y, z)=x+y+z=1+z$가 성립한다.

즉, $f(x, y, z)=g(z)$

z의 값에 따라 $f(x, y, z)$의 최댓값과 최솟값이 결정된다.

또 $x^2+z^2=2$ 가 성립하므로

z의 최댓값은 $\sqrt{2}$, z의 최솟값은 $-\sqrt{2}$이다.

따라서 $z=\sqrt{2}$일 때 $f(x, y, z)$는 최댓값 $1+\sqrt{2}$.

$z=-\sqrt{2}$일 때 $f(x, y, z)$는 최솟값 $1-\sqrt{2}$를 갖는다.

$a=1+\sqrt{2}$, $b=1-\sqrt{2}$이므로 $a+b=2$이다.

7. ①

풀이 $g(x, y)=x^2+y^2-1$, $f(x, y)=xy+y$라 두고

라그랑주 승수법을 이용하여 최댓값과 최솟값을 구해보자.

$\nabla g(x, y)=(2x, 2y)$, $\nabla f(x, y)=(y, x+1)$이므로

$$\nabla g // \nabla f \Rightarrow (2x, 2y) // (y, x+1)$$
$$\Rightarrow (x, y)=k(y, x+1)$$
$$\iff x=ky, y=k(x+1)$$
$$\iff k=\frac{x}{y}=\frac{y}{x+1}$$
$$\iff y^2=x^2+x$$

의 관계가 성립해야 한다. 따라서

$$x^2+y^2=1 \Rightarrow x^2+x^2+x=1$$
$$\iff 2x^2+x-1=0$$
$$\iff (2x-1)(x+1)=0$$

(i) $x=\dfrac{1}{2}$일 때, $y^2=1-x^2$이므로

$y^2=1-\dfrac{1}{4} \iff y^2=\dfrac{3}{4}$이고 $y=\pm\dfrac{\sqrt{3}}{2}$이다.

$\therefore f\left(\dfrac{1}{2}, \dfrac{\sqrt{3}}{2}\right)=\dfrac{1}{2}\cdot\dfrac{\sqrt{3}}{2}+\dfrac{\sqrt{3}}{2}=\dfrac{3\sqrt{3}}{4}$,

$f\left(\dfrac{1}{2}, -\dfrac{\sqrt{3}}{2}\right)=\dfrac{1}{2}\left(-\dfrac{\sqrt{3}}{2}\right)-\dfrac{\sqrt{3}}{2}=-\dfrac{3\sqrt{3}}{4}$

(ii) $x=-1$일 때, $y^2=1-x^2$이므로

$y^2=1-(-1)^2 \iff y^2=0 \iff y=0$이다.

그러므로 $f(-1, 0)=0$이다.

(i), (ii)에 의하여 최댓값 $M=\dfrac{3\sqrt{3}}{4}$, 최솟값 $m=-\dfrac{3\sqrt{3}}{4}$

따라서 $M-m=\dfrac{3\sqrt{3}}{4}-\left(-\dfrac{3\sqrt{3}}{4}\right)=\dfrac{3\sqrt{3}}{2}$이다.

[다른 풀이]

$x=\cos t$, $y=\sin t$ 라고 하면

$f(t)=\cos t\sin t+\sin t$ (단, $0\le t\le 2\pi$)

(i) 경계 : $f(0)=f(2\pi)=0$

(ii) 내부 : $f'(t)=-\sin^2 t+\cos^2 t+\cos t$

$=2\cos^2 t+\cos t-1=(\cos t+1)(2\cos t-1)$

$f'(t)=0 \Rightarrow t=\frac{\pi}{3},\ \pi,\ \frac{5\pi}{3}$

$f(\pi)=0,\ f\left(\frac{\pi}{3}\right)=\frac{3\sqrt{3}}{4},\ f\left(\frac{5\pi}{3}\right)=-\frac{3\sqrt{3}}{4}$

(ⅰ)과 (ⅱ)를 비교하면

함수 $f(t)$ 의 최댓값은 $M=f\left(\frac{\pi}{3}\right)=\frac{3\sqrt{3}}{4}$ 이고

최솟값은 $m=f\left(\frac{5\pi}{3}\right)=-\frac{3\sqrt{3}}{4}$ 이므로 $M-m=\frac{3\sqrt{3}}{2}$

8. ①

풀이 (ⅰ) $x^2+2y^2<1$일 때,

$f_x(x,y)=2xe^{-x}-(x^2+y^2)e^{-x}=e^{-x}(2x-x^2-y^2)$

$f_y(x,y)=2ye^{-x}$

임계점은 $(0,0)$, $(2,0)$이고 영역 안의 임계점은 $(0,0)$이다.

$f(0,0)=0$

(ⅱ) $x^2+2y^2=1$일 때, $x=\cos\theta,\ y=\frac{1}{\sqrt{2}}\sin\theta$로 치환하면

$f(\theta)=\left(\cos^2\theta+\frac{1}{2}\sin^2\theta\right)e^{-\cos\theta}=\left(\frac{1}{2}+\frac{1}{2}\cos^2\theta\right)e^{-\cos\theta}$

$f'(\theta)=\cos\theta(-\sin\theta)e^{-\cos\theta}+\sin\theta\left(\frac{1}{2}+\frac{1}{2}\cos^2\theta\right)e^{-\cos\theta}$

$=\frac{1}{2}\sin\theta e^{-\cos\theta}(\cos^2\theta-2\cos\theta+1)$

$=\frac{1}{2}\sin\theta e^{-\cos\theta}(\cos\theta-1)^2$

$\theta=0,\ \theta=\pi$일 때 임계점이다.

$f(0)=e^{-1},\ f(\pi)=e$

(ⅰ)과 (ⅱ)에 의하여 최댓값은 e이고, 최솟값은 0이다.

그러므로 $M+m=e$이다.

9. ④

풀이 $f_x=3x^2-3y^2=0,\ f_y=-6xy+12y^2-6y-12=0$을 연립하여 풀면

임계점은 $(-1,-1)$, $(-1,1)$, $\left(\frac{2}{3},-\frac{2}{3}\right)$, $(2,2)$이고

$f_{xx}=6x,\ f_{yy}=-6x+24y-6,\ f_{xy}=-6y$에서

$\Delta=f_{xx}f_{yy}-{f_{xy}}^2$이므로

$\Delta>0$이고 $f_{xx}>0$인 점은 $(2,2)$이다.

10. ④

풀이 (ⅰ) $f_x=4x^3-4y,\ f_y=4y^3-4x$에 대해

$f_x=f_y=0$인 임계점은 $(0,0)$, $(1,1)$, $(-1,-1)$이다.

(ⅱ) $f_{xx}=12x^2,\ f_{yy}=12y^2,\ f_{xy}=-4$ 에 대해

$\Delta f=f_{xx}f_{yy}-(f_{xy})^2$ 에서

$\Delta f(0,0)<0,\ \Delta f(1,1)>0,\ \Delta f(-1,-1)>0$이므로

$(0,0)$에서 안장점, $(1,1)$, $(-1,-1)$에서 극값을 갖는다.

(ⅲ) $(1,1)$, $(-1,-1)$에서 $f_{xx}=12x^2>0$이므로

극솟값을 갖는다.

∴ $(0,0)$ 은 안장점, $(1,1)$, $(-1,-1)$에서 극솟값을 갖는다.

11. ③

풀이 $f_x=ye^{xy},\ f_y=xe^{xy}$를 만족하는 $f(x,y)=e^{xy}$이다.

임계점을 구해보자.

$f(x,y)=e^{xy}$에서 $f_x=ye^{xy}=0$,

$f_y=xe^{xy}=0$에서 $x=y=0$이다.

하지만 $(0,0)$은 정의역에 포함되지 않는다.

경계선 상에서의 임계점을 구하기 위하여

제약 조건 $8x^3+y^3=16$으로 두고

라그랑주 승수법을 사용하자.

$\nabla f=\langle ye^{xy},\ xe^{xy}\rangle$, $\nabla g=3\langle 8x^2,\ y^2\rangle$이고,

$t\nabla f=\nabla g$를 이용하여

$\Rightarrow\ t\langle ye^{xy},\ xe^{xy}\rangle=\langle 8x^2,\ y^2\rangle$

$\begin{cases} tye^{xy}=8x^2 \\ txe^{xy}=y^2 \end{cases} \Leftrightarrow\quad txye^{xy}=8x^3=y^3$

$\therefore\ y^3=8x^3\cdots$ ㉠

㉠을 $g(x,y)$에 대입하면 $16x^3=16$

$\therefore\ x=1,\ y=2\quad \therefore\ a+b=3$

[다른 풀이]

$\nabla f=\langle ye^{xy},\ xe^{xy}\rangle$, $\nabla g=\langle 24x^2,\ 3y^2\rangle$이므로

$\begin{cases} ye^{xy}=24\lambda x^2 \\ xe^{xy}=3\lambda y^2 \end{cases}$ 을 변끼리 나누면 $\frac{y}{x}=8\frac{x^2}{y^2}$

$\therefore\ y^3=8x^3\cdots$ ㉠

㉠을 $g(x,y)$에 대입하면 $16x^3=16$

$\therefore\ x=1,\ y=2\quad \therefore\ a+b=3$

12. ③

풀이 (ⅰ) $f_x=1-\frac{1}{x},\ f_y=1-\frac{1}{y}$이므로

임계점은 $f_x=0,\ f_y=0$에서 $(1,1)$이다.

(ⅱ) 판별식 $\Delta=f_{xx}\cdot f_{yy}-(f_{xy})^2=\frac{1}{x^2}\frac{1}{y^2}$이므로

$\Delta(1,1)>0, f_{xx}(1,1)>0$이므로
극솟값 $f(1,1)=2$를 갖는다.

13. ⑤

풀이 포물면 위의 한 점을 (x,y,z)라고 할 때,
이 점과 원점과의 거리
$d=\sqrt{(x-1)^2+(y-1)^2+z^2}$ 의 최솟값을 구하고자 한다.
$z=x^2+y^2$을 만족하는 (x,y,z)에 대하여
$f=(x-1)^2+(y-1)^2+z^2$
$=(x-1)^2+(y-1)^2+(x^2+y^2)^2$ 의 최솟값을
이변수 함수의 극대와 극소를 활용해서 구하자.
$f_x=2(x-1)+4x(x^2+y^2)=0$
$f_x=2(y-1)+4y(x^2+y^2)=0$
$x=y$일 때 성립하므로 임계점은 $\left(\frac{1}{2},\frac{1}{2}\right)$이고,
여기서 극소이가 최솟값을 갖는다.
따라서 $f\left(\frac{1}{2},\frac{1}{2}\right)=\frac{3}{4}$이고, $d=\frac{\sqrt{3}}{2}$이다.

14. ②

풀이 코시-슈바르츠 부등식에 의하여
$(2x+6y+10z)^2\le(x^2+y^2+z^2)(2^2+6^2+10^2)$
$=35\cdot140=70^2$
이므로 $-70\le 2x+6y+10z\le70$이다.
이때, 등호는 $x:y:z=2:6:10$일 때 성립하므로
$x=2t,\ y=6t,\ z=10t$라 두고 $x^2+y^2+z^2=35$에 대입하면
$(2t)^2+(6t)^2+(10t)^2=35$
$\Rightarrow\ 140t^2=35\ \Rightarrow\ t^2=\frac{1}{4}\ \Rightarrow\ t=\pm\frac{1}{2}$
$t=\frac{1}{2}$일 때, $f(x,\ y,\ z)=2x+6y+10z$은 최댓값을 갖고
따라서 $a=1,\ b=3,\ c=5,\ M=70$이다.
$\therefore a+b+c+M=1+3+5+70=79$

15. ⑤

풀이 (ⅰ) $\{(x,\ y)\ |x^2+y^2<1\}$에서의 f의 임계점은
$f_x=2x-2=0,\ f_y=2y-4=0$일 때, $(1,\ 2)$이다.
그러나 주어진 영역 밖의 점이므로
주어진 영역 안에서 극값은 존재하지 않는다.
(ⅱ) 경계곡선 $x^2+y^2=1$ 일 때,
$f: x^2+y^2-2x-4y+3$ 의 최대, 최소를
라그랑주 승수법으로 구하면,
$\lambda(x,y)=(x-1,y-2)$
$\Leftrightarrow\ \begin{cases}\lambda x=x-1\\ \lambda y=y-2\end{cases}\ \Leftrightarrow\ \begin{cases}(1-\lambda)x=1\\(1-\lambda)y=2\end{cases}$
$\lambda\ne1$일 때, $x=\frac{1}{1-\lambda},\ y=\frac{2}{1-\lambda}$이므로
$\left(\frac{1}{1-\lambda}\right)^2+\left(\frac{2}{1-\lambda}\right)^2=1$
$\Leftrightarrow\ (1-\lambda)^2=5\ \Leftrightarrow\ \lambda-1=\pm\sqrt{5},\ \lambda=1\pm\sqrt{5}$이다. 따라서 $\lambda=1-\sqrt{5}$일 때, $(x,y)=\left(\frac{1}{\sqrt{5}},\frac{2}{\sqrt{5}}\right)$,
$\lambda=1+\sqrt{5}$일 때, $(x,y)=\left(-\frac{1}{\sqrt{5}},-\frac{2}{\sqrt{5}}\right)$이므로
최솟값 $f\left(\frac{1}{\sqrt{5}},\frac{2}{\sqrt{5}}\right)=4-2\sqrt{5}$,
최댓값 $f\left(-\frac{1}{\sqrt{5}},-\frac{2}{\sqrt{5}}\right)=4+2\sqrt{5}$를 갖는다.
$\therefore M+m=4+2\sqrt{5}+4-2\sqrt{5}=8$

[다른 풀이]
라그랑주를 사용하더라도 $x^2+y^2=1$를 만족하는 함수이므로 주어진 함수를 $f(x,y)=1-2x-4y+3=4-2x-4y$라고 정리하면 간결한 계산을 할 수 있다.

16. ①

풀이 산술기하평균을 이용하면
$x^2+2y^2+3y^2\ge3\sqrt[3]{6x^2y^2z^2}$, 즉 $6\ge3\sqrt[3]{6x^2y^2z^2}$이므로
양변을 세제곱 하여 정리하면 $xyz\le\frac{2}{\sqrt{3}}=\frac{2\sqrt{3}}{3}$이다.

[다른 풀이]
산술기하평균의 최댓값을 가질 조건을 생각하면
$x^2=2y^2=3z^2$이 같을 때이다.
따라서 $x^2=2y^2=3z^2=2$일 때 최댓값을 갖는다.
$(xyz)^2$의 최댓값은 $\frac{4}{3}$이고 xyz최댓값은 $\frac{2\sqrt{3}}{3}$이다.

17. ②

풀이 $g(x,\ y)=x^2+y^2$이라 하면
$f(x,\ y)$가 최솟값을 가질 때의 $x,\ y$는
$g(x,\ y)$가 최댓값을 가질 때의 $x,\ y$이므로
영역D상의 점 중 원점에서 가장 먼 점에서 최솟값을 가진다.
영역의 경계 중에서 원점으로부터 가장 먼 점은 $(9,\ 12)$이므로
최솟값은 $f(9,\ 12)=\frac{1}{225}$이다.
($\because$ 원점으로부터 점$(6,\ 8)$까지 직선을 그어 원과 만나는 두 교점 중 원점으로부터 먼 점이 $(9,\ 12)$이다.)

18. ④

풀이 $\begin{cases} f_x = 2xy + y^2 - 3y = 0 \cdots ① \\ f_y = x^2 + 2xy - 3x = 0 \cdots ② \end{cases}$

에서 ①－②은 $y^2 - 3y - x^2 + 3x = 0$이다.

즉, $(y-x)(y+x-3) = 0$

(ⅰ) $y - x = 0$일 때 $y = x$를 ①식에 대입하면

$2x^2 + x^2 - 3x = 0$, $x(x-1) = 0$이므로 $\begin{cases} x=1 \\ y=1 \end{cases}$, $\begin{cases} x=0 \\ y=0 \end{cases}$

(ⅱ) $y + x - 3 = 0$일 때 $y = -x + 3$을 ①식에 대입하면

$2x(-x+3) + (-x+3)^2 - 3(-x+3) = 0$,

$x(x-3) = 0$이므로 $\begin{cases} x=0 \\ y=3 \end{cases}$, $\begin{cases} x=3 \\ y=0 \end{cases}$

따라서 임계점은 $(1,1)$, $(0,0)$, $(0,3)$, $(3,0)$이다.

19. ②

풀이 $x + 2y + 3z = k$라고 하면 k의 최댓값과 최솟값은 중심이 원점이고 반지름이 $\sqrt{3}$ 인 구에 접할 때이다.

코시-슈바르츠 부등식에 의해

$(x+2y+3z)^2 \le (1^2 + 2^2 + 3^2)(x^2 + y^2 + z^2) = 42$

$\Rightarrow -\sqrt{42} \le x + 2y + 3z \le \sqrt{42}$

등호는 $\frac{x}{1} = \frac{y}{2} = \frac{z}{3}$ 일 때 성립하므로

$x^2 + y^2 + z^2 = 3$과 연립하면 $y^2 = \frac{6}{7}$

따라서 $y = \pm\sqrt{\frac{6}{7}} = \pm\frac{\sqrt{42}}{7}$

20. ①

풀이 (가) (참) $f(x,y) = y^4 - x^4 - 2y^2 + 2x^2$에서

$f_x(x,y) = -4x^3 + 4x$

$= -4x(x^2-1) = -4x(x+1)(x-1) = 0$

을 만족하는 $x = -1,\ 0,\ 1$이 되고

$f_y(x,y) = 4y^3 - 4y = 4y(y^2-1) = 4y(y-1)(y+1) = 0$

을 만족하는 $y = -1,\ 0,\ 1$이다.

$f_{xx} = -12x^2 + 4$, $f_{yy} = 12y^2 - 4$, $f_{xy} = 0$이므로

$\Delta(x,y) = f_{xx}(x,y)f_{yy}(x,y) - f_{xy}(x,y)$

$= (-12x^2+4)(12y^2-4)$

(ⅰ) $\Delta(0,0) = -16 < 0$이므로 $(0,0)$은 안장점을 갖는다.

(ⅱ) $\Delta(0,-1) = 32 > 0$, $f_{xx}(0,-1) = 4 > 0$이므로 $(0,-1)$은 극소점을 갖고, 극솟값은 $f(0,-1) = -1$이다.

(ⅲ) $\Delta(0,1) = 32 > 0$, $f_{xx}(0,1) = 4 > 0$이므로 $(0,1)$은 극소점을 갖고, 극솟값은 $f(0,1) = -1$이다.

(ⅳ) $\Delta(-1,0) = 32 > 0$, $f_{xx}(-1,0) = -8 < 0$이므로 $(-1,\ 0)$은 극대점을 갖는다.

(ⅴ) $\Delta(-1,-1) = -64 < 0$이므로 $(-1,-1)$은 안장점을 갖는다.

(ⅵ) $\Delta(-1,1) = -64 < 0$이므로 $(-1,1)$은 안장점을 갖는다.

(ⅶ) $\Delta(1,0) = 32 > 0$이고 $f_{xx}(1,0) = -8 < 0$이므로 $(1,0)$은 극대점을 갖는다.

(ⅷ) $\Delta(1,-1) = -64 < 0$이므로 $(1,-1)$은 안장점을 갖는다.

(ⅸ) $\Delta(1,1) = -64 < 0$이므로 $(1,1)$은 안장점을 갖는다.

⇒ 이러한 조건에서 (가)는 참이다.

(나) (거짓)

(다) (거짓) 2차형식의 최댓값, 최솟값 정리에 의해서

$x^2 + y^2 = 1$일 때,

$g(x,y) = x^2 + 2y^2 = (x\ y)\begin{pmatrix} 1 & 0 \\ 0 & 2 \end{pmatrix}\begin{pmatrix} x \\ y \end{pmatrix}$의 최댓값은 2이다.

(라) (거짓) 라그랑주 승수법을 이용하면

$\langle 1,2,3 \rangle \ge \lambda\langle 1,-1,1 \rangle + \mu\langle 2x, 2y, 0 \rangle$이므로

$1 = \lambda + 2\mu x,\ 2 = -\lambda + 2\mu y,\ 3 = \lambda$가 되어서

$\mu x = -1,\ \mu y = \frac{5}{2}$이므로 $y = -\frac{5}{2}x$가 된다.

이 식을 제한조건 $x^2 + y^2 = 1$에 대입하면

$x^2 + \frac{25}{4}x^2 = 1 \Rightarrow x = \pm\frac{2}{\sqrt{29}}$가 되고

이때 $y = \mp\frac{5}{\sqrt{29}}$이 x, y를

제한조건 $x - y + z = 1$에 넣으면 $z = 1 \mp \frac{7}{\sqrt{29}}$가 된다.

$h\left(\pm\frac{2}{\sqrt{29}},\ \mp\frac{5}{\sqrt{29}},\ 1\mp\frac{7}{\sqrt{29}}\right) = 3 \mp \sqrt{29}$

이므로 최댓값은 $3 + \sqrt{29}$이다.

[다른 풀이]

평면과 원기둥의 교선

$r(t) = (\cos t, \sin t, 1 - \cos t + \sin t)$일 때,

$h(t) = \cos t + 2\sin t + (3 - 3\cos t + 3\sin t)$

$= 3 + 5\sin t - 2\cos t \le 3 + \sqrt{29}$ (∵삼각함수의 합성)

따라서 옳은 것의 개수는 1개이다.

21. ①

풀이 $f(x,y) = 3y^2 - 6xy + 2x^3 - 3x^2 + 1$이라 하자.

$\nabla f(x,y) = \langle 6x^2 - 6x - 6y, 6y - 6x \rangle = \vec{0}$를 만족하는 $(x,y) = (0,0)$, $(2,2)$에서 임계점을 갖고,

$f_{xx}(x,y) = 12x - 6$, $f_{xy}(x,y) = -6$, $f_{yy}(x,y) = 6$ 이다.

(ⅰ) $(0,0)$인 경우:

$D(0,0)=f_{xx}(0,0)\cdot f_{yy}(0,0)-(f_{xy}(0,0))^2=-72<0$

이므로 $(0,0,f(0,0))=(0,0,1)$ 은 안장점이다.

따라서 $\alpha=0, \beta=0, \gamma=1$이고 $\alpha+\beta=0$이다.

(ⅱ) $(2,2)$인 경우:

$D(2,2)=f_{xx}(2,2)\cdot f_{yy}(2,2)-(f_{xy}(2,2))^2=72>0$

$f_{xx}(2,2)=18>0$이므로 $(2,2)$에서 극소점을 갖는다.

22. ①

풀이 $f(1,2)=1$

$f_x(x,y)=e^{x-1}\cos((x-1)(y-2))$

$\quad -e^{x-1}(y-2)\sin((x-1)(y-2))$

$f_y(x,y)=-e^{x-1}(x-1)\sin((x-1)(y-2))$

$f_x(1,2)=1,\ f_y(1,2)=0$이므로 선형근사식은

$L(x,y)=f(1,2)+f_x(1,2)(x-1)+f_y(1,2)(y-2)$

$\quad =1+(x-1)=x$이다.

또한 $f(1.1,\ 1.9)\approx L(1.1,\ 1.9)=1.1$ 이다.

23. ③

풀이 $\begin{cases} f_x=4x-2y+1=0 \\ f_y=-2x+2y-4=0 \end{cases}$을 만족하는 임계점은 $\left(\dfrac{3}{2},\ \dfrac{7}{2}\right)$이다.

$f_{xx}=4,\ f_{yy}=2,\ f_{xy}=-2$이므로

$\triangle\left(\dfrac{3}{2},\ \dfrac{7}{2}\right)=4\times2-(-2)^2>0$이고

$f_{xx}\left(\dfrac{3}{2},\ \dfrac{7}{2}\right)=4>0$이므로 $\left(\dfrac{3}{2},\ \dfrac{7}{2}\right)$에서 극솟값을 갖는다.

$f\left(\dfrac{3}{2},\ \dfrac{7}{2}\right)=-\dfrac{5}{4},\ \alpha-\beta=\dfrac{3}{2}-\dfrac{7}{2}=-2$이므로

$\left(-2,\ \min,\ -\dfrac{5}{4}\right)$이다.

24. ④

풀이 평면 $x+y+2z=2$와 곡면 $z=x^2+y^2$의 교선에 있는 점 (x,y,z)과 원점 사이의 거리는 $\sqrt{x^2+y^2+z^2}$ 이므로

$f(x,y,z)=x^2+y^2+z^2$이라 두고

라그랑주 승수법을 이용하자.

$g(x,\ y,\ z)=x+y+2z-2,\ h(x,\ y,\ z)=x^2+y^2-z$이라 두면

$\nabla f(x,\ y,\ z)=(2x,\ 2y,\ 2z)\ //\ (x,\ y,\ z)$,

$\nabla g(x,\ y,\ z)=(1,\ 1,\ 2),\ \nabla h(x,\ y,\ z)=(2x,\ 2y,\ -1)$

$\nabla f=a\nabla g+b\nabla h$

$\Leftrightarrow\ (x,\ y,\ z)=a(1,\ 1,\ 2)+b(2x,\ 2y,\ -1)$

$\Leftrightarrow \begin{cases} x=a+2bx \\ y=a+2by \\ z=2a-b \end{cases}$

이 때, $b=\dfrac{1}{2}$이면 $a=0,\ z=-\dfrac{1}{2}$이 되어

$x^2+y^2-z=0$을 만족하는 $x,\ y$가 존재하지 않는다.

따라서 $x=\dfrac{a}{1-2b},\ y=\dfrac{a}{1-2b},\ z=2a-b$

즉, $x=y$이므로 이를 g와 h에 대입하면

$g: 2x+2z-2=0\ \Rightarrow\ x+z=1$

$h: 2x^2=z$ 두 식을 연립하면

$x+2x^2=1\ \Rightarrow\ 2x^2+x-1=0\ \Rightarrow\ (2x-1)(x+1)=0$

(ⅰ) $x=\dfrac{1}{2}$일 때, $y=\dfrac{1}{2},\ z=\dfrac{1}{2}$이고 $f\left(\dfrac{1}{2},\ \dfrac{1}{2},\ \dfrac{1}{2}\right)=\dfrac{3}{4}$

(ⅱ) $x=-1$일 때, $y=-1,\ z=2$이므로 $f(-1,\ -1,\ 2)=6$

따라서 원점으로부터 가장 가까운 점은 $\left(\dfrac{1}{2},\ \dfrac{1}{2},\ \dfrac{1}{2}\right)$이다.

$\therefore a+b+c=\dfrac{1}{2}+\dfrac{1}{2}+\dfrac{1}{2}=\dfrac{3}{2}$

25. ②

풀이 $F(x,\ y,\ z)=(x+2y^2+z)^2-12x+3y^2+6z=0$라고 할 때,

$\dfrac{\partial z}{\partial x}=-\dfrac{F_x}{F_z}=-\dfrac{2(x+2y^2+z)-12}{2(x+2y^2+z)+6}$,

$\dfrac{\partial z}{\partial y}=-\dfrac{F_y}{F_z}=-\dfrac{2(x+2y^2+z)4y+6y}{2(x+2y^2+z)+6}$이므로

$F_x=2(x+2y^2+z)-12=0$,

$F_y=2(x+2y^2+z)4y+6y=0$과

$F:(x+2y^2+z)^2-12x+3y^2+6z=0$을 만족하는

$(x,\ y)$에 대하여 z의 최댓값이 존재한다.

$F_x:(x+2y^2+z)=6,\ F_y: y(6+8(x+2y^2+z))=0$

을 만족하는 값은 $y=0$인 경우이다.

$F_x(x,0,z)=x+z=6,\ F(x,0,z)=(x+z)^2-12x+6z=0$

을 만족하는 식을 정리하면

$12x-6z=36 \Leftrightarrow 2x-z=6$이 만들어진다.

$\begin{cases} x+z=6 \\ 2x-z=6 \end{cases}$의 연립방정식을 풀면 $x=4,\ y=0,\ z=2$이다.

따라서 $a-b-c=x-y-z=2$이다.

26. ②

풀이 라그랑주 미정계수법을 이용하자.

타원 위의 점들의 관계식을 만족해야 하므로 조건식

$g(x,y)=a^2x^2+y^2-a^2$라고 하자.

타원 위의 점과 $(1,0)$과의 거리를 구할 식

$f(x,y)=(x-1)^2+y^2$라고 하자.

$\nabla g=t\nabla f,\ g(x,y)=0$을 만족하는 (x,y)를 구하자.

$\begin{vmatrix} a^2x & y \\ x-1 & y \end{vmatrix} = a^2xy - xy + y = y(a^2x - x + 1) = 0$

(i) $y=0$일 때 조건식에 대입하면 $x=1, -1$이다.

(ii) $a^2x - x + 1 = 0$일 때, 조건식에 대입하면 만족하는 x값은

$x = -\frac{1}{3}$이라고 제시되어 있으므로 $a^2 = 4$이다.

따라서 $a > 1$이므로 $a = 2$이다.

[다른 풀이]

미분을 통해서 구하자.

타원 위의 한 점을 (u, v)라고 하면 $u^2 + \frac{v^2}{a^2} = 1$을 만족하며

$(1, 0)$과 가장 멀리 떨어진 타원 위의 점까지의 거리 d는

$d = \sqrt{(u-1)^2 + v^2} \Leftrightarrow d = \sqrt{(u-1)^2 + a^2(1-u^2)}$ 이다.

$f(u) = (u-1)^2 + a^2(1-u^2)$이라 두면

$u = -\frac{1}{3}$에서 최대가 되어야 하므로

$f'(u) = 2(u-1) + a^2(-2u) = 2u - 2 - 2a^2u = 0$

$\Rightarrow f'\left(-\frac{1}{3}\right) = -\frac{2}{3} - 2 + \frac{2}{3}a^2 = \frac{-8+2a^2}{3} = 0$

을 만족해야 한다.

$a = \pm 2$이고 $a > 1$인 조건에 의하여 $a = 2$일 때, $(1, 0)$과 가장 멀리 떨어진 점의 x좌표가 $-\frac{1}{3}$이 된다.

27. ③

풀이 $f_x = y - x^2$, $f_y = x - y^2$이므로 임계점은 $(0, 0)$, $(1, 1)$이다.

$f_{xx} = -2x$, $f_{xy} = 1$, $f_{yy} = -2y$이므로

$\triangle(x, y) = f_{xx} \times f_{yy} - (f_{xy})^2 = 4xy - 1$이다.

헤시안 판정법에 의해 $\triangle(0, 0) = -1 < 0$이므로

점 $(0, 0)$에서 안장점을 갖는다.

$\triangle(1, 1) = 3 > 0$이고 $f_{xx}(1, 1) = -2 < 0$이므로

점 $(1, 1)$에서 극댓값을 가진다.

(가) (참) 점 $(1, 1)$이 유일한 극댓점이므로 최댓값을 가진다.

(나) (거짓) 점 $(0, 0)$은 안장점이다.

(다) (참) 안장점은 $(0, 0)$뿐이다.

(라) (거짓) $(0, 1)$에서 $\vec{u} = \langle 0, 1 \rangle$ 방향으로 방향도함수는

$D_{\vec{u}}f(0, 1) = \nabla f(0, 1) \cdot (0, 1) = (1, -1) \cdot (0, 1) = -1$

이므로 감소상태이다.

28. ④

풀이 코시-슈바르츠 부등식에 의해

$(1^2 + 1^2 + 1^2)(x^4 + y^4 + z^4) \geq (x^2 + y^2 + z^2)^2$

$(x^2 + y^2 + z^2)^2 \leq 3$

$0 \leq x^2 + y^2 + z^2 \leq \sqrt{3}$ ($\because x^2 \geq 0,\ y^2 \geq 0,\ z^2 \geq 0$)

또한 $x^4 + y^4 + z^4 = 1$을 만족하는

$x^2 + y^2 + z^2 = 0$이 될 수 없다.

따라서 입체의 영역을 생각해봤을 때,

$x^4 + y^4 + z^4 = 1$내접하는 가장 작은 구는

$x^2 + y^2 + z^2 = 1$임을 확인해야 한다.

최댓값은 $\sqrt{3}$, 최솟값은 1이므로 그 차는 $\sqrt{3} - 1$이다.

29. ④

풀이 제약조건 $g(x, y, z) : x^2 + y^2 + z^2 = 4$를 만족하는

$f(x, y, z) = 2x + y + 3z$의 최댓값을

라그랑주 승수법으로 구하면,

$\nabla g // \nabla f \Leftrightarrow \nabla g = \lambda \nabla f$인 상수 λ가 존재할 때이다.

즉, $(x, y, z) = \lambda(2, 1, 3) \Leftrightarrow \begin{cases} x = 2\lambda \\ y = \lambda \\ z = 3\lambda \end{cases}$ 인 (x, y, z)가

$g(x, y, z) : x^2 + y^2 + z^2 = 4$를 만족하므로

$(2\lambda)^2 + (\lambda)^2 + (3\lambda)^2 = 4 \Leftrightarrow \lambda^2 = \frac{2}{7}$, $\lambda = \pm\sqrt{\frac{2}{7}}$

(i) $\lambda = \sqrt{\frac{2}{7}}$ 일 때, $(x, y, z) = \left(\frac{2\sqrt{2}}{\sqrt{7}}, \frac{\sqrt{2}}{\sqrt{7}}, \frac{3\sqrt{2}}{\sqrt{7}}\right)$이므로

$f\left(\frac{2\sqrt{2}}{\sqrt{7}}, \frac{\sqrt{2}}{\sqrt{7}}, \frac{3\sqrt{2}}{\sqrt{7}}\right) = 2\sqrt{14}$

(ii) $\lambda = -\sqrt{\frac{2}{7}}$ 일 때,

$(x, y, z) = \left(-\frac{2\sqrt{2}}{\sqrt{7}}, -\frac{\sqrt{2}}{\sqrt{7}}, -\frac{3\sqrt{2}}{\sqrt{7}}\right)$이므로

$f\left(-\frac{2\sqrt{2}}{\sqrt{7}}, -\frac{\sqrt{2}}{\sqrt{7}}, -\frac{3\sqrt{2}}{\sqrt{7}}\right) = -2\sqrt{14}$이다.

$\therefore f(x, y, z)$ 의 최댓값은 $2\sqrt{14}$ 이다.

30. ②

풀이 (가) (참)

$\sum_{n=1}^{\infty} \left| (-1)^n \frac{\ln n}{n} \right| = \sum_{n=1}^{\infty} \frac{\ln n}{n}$은

적분판정법에 의해 발산한다.

또한 $a_n = \frac{\ln n}{n}$이라 두면 $n \geq 3$일 때,

$a_n > 0$이고 $a_{n+1} \leq a_n$이며 $\lim_{n\to\infty} a_n = 0$이므로

교대급수판정법에 의하여 $\sum_{n=1}^{\infty} (-1)^n \frac{\ln n}{n}$은 수렴한다.

따라서 급수 $\sum_{n=1}^{\infty} (-1)^n \frac{\ln n}{n}$은 조건부수렴한다.

(나) (거짓)

$f(x, y) = \int f_x(x, y)dx = \int (x + y^2)dx$

$= \frac{1}{2}x^2 + xy^2 + h(y)$(단, $h(y)$는 y에 대한 함수)

이를 y에 대하여 미분하면

$f_y(x, y) = 2xy + h'(y) \neq x - y^2$ 이므로

주어진 조건을 만족하는 함수 f는 존재하지 않는다.

(다) (참) 점 (a, b)에서 미분가능하고 극값을 가지므로

(a, b)는 임계점이다.

따라서 $(f_x, f_y)_{(a,b)} = \nabla f(a, b) = (0, 0)$이 성립한다.

(라) (거짓) 점 $(1, 2)$는 함수 $z = f(x, y)$의 임계점이고

$f_{xx}(1, 2) < 0$, $f_{xx}(1, 2)f_{yy}(1, 2) < [f_{xy}(1, 2)]^2$을 만족하면 $(1, 2)$는 안장점이다.

(마) (참)

$$\sum_{n=1}^{\infty}(-1)^{n-1}\frac{1}{n3^n} = -\sum_{n=1}^{\infty}\frac{1}{n}\left(-\frac{1}{3}\right)^n$$
$$= \ln\left(1+\frac{1}{3}\right) = \ln\frac{4}{3}$$

TIP 클레로 정리

점 (a, b)를 포함하는 원판 D에서 정의되는 함수를 f라 하자. 함수 f_{xy}과 f_{yx}가 D에서 연속이면 $f_{xy}(a, b) = f_{yx}(a, b)$이다.

31. ④

풀이 제1팔분공간 안의 직육면체의 한 점을 (x, y, z)라고 하면 대칭성에 의하여 직육면체의 세 모서리의 길이는 $2x$, $2y$, $2z$다.

따라서 직육면체의 부피는 $V = 8xyz$이다.

또한 산술기하 평균을 이용하면

$$\frac{9x^2+4y^2+36z^2}{3} \geq \sqrt[3]{9x^2 \times 4y^2 \times 36z^2}$$

$$\Leftrightarrow 108 \geq (36xyz)^{\frac{2}{3}}$$

$$\Leftrightarrow (108)^{\frac{3}{2}} \geq 36xyz$$

$$\Leftrightarrow 36xyz \leq 108\sqrt{108}$$

$$\Leftrightarrow 8xyz \leq \frac{8}{36} \cdot 108\sqrt{108} = 24\sqrt{108} = 144\sqrt{3}$$

이므로 부피의 최댓값은 $144\sqrt{3}$이다.

32. ③

풀이 영역 $\{(x, y) | x^2 + y^2 \leq 9\}$의 내부와 경계에서 각각 최대, 최소를 구해보자.

(i) $x^2 + y^2 < 9$에서

$f_x(x, y) = 2x = 0$, $f_y(x, y) = 4y - 4 = 0$에서

임계점은 $(0, 1)$이다. $f(0, 1) = 2 - 4 + 1 = -1$

(ii) $x^2 + y^2 = 9$에서

$x^2 = 9 - y^2$ (단, $-3 \leq y \leq 3$)을 $f(x, y)$에 대입하면

$f(y) = (9 - y^2) + 2y^2 - 4y + 1$

$= y^2 - 4y + 10 = (y-2)^2 + 6$

$-3 \leq y \leq 3$에서

$f(y)$의 최솟값은 $y = 2$일 때 $f(2) = 6$이고

최댓값은 $y = -3$일 때 $f(-3) = 31$이다.

(i), (ii)에 의하여 함수 $f(x, y) = x^2 + 2y^2 - 4y + 1$의 최댓값은 31이고 최솟값은 -1이다.

따라서 최댓값과 최솟값의 합은 $31 + (-1) = 30$이다.

33. ②

풀이 이차형식에 의해 $x^2 + y^2 + z^2 = 1$에서

$g(x) = yz + zx$의 최댓값을 구하면

$$g(x) = (x\ y\ z)\begin{pmatrix} 0 & 0 & \frac{1}{2} \\ 0 & 0 & \frac{1}{2} \\ \frac{1}{2} & \frac{1}{2} & 0 \end{pmatrix}\begin{pmatrix} x \\ y \\ z \end{pmatrix}$$ 이고 $$\begin{pmatrix} 0 & 0 & \frac{1}{2} \\ 0 & 0 & \frac{1}{2} \\ \frac{1}{2} & \frac{1}{2} & 0 \end{pmatrix}$$ 의 고유치는

$0, -\frac{1}{\sqrt{2}}, \frac{1}{\sqrt{2}}$ 이다.

따라서 $g(x)$의 최댓값은 $\frac{1}{\sqrt{2}}$, 최솟값은 $-\frac{1}{\sqrt{2}}$이고

$f(x) = g(x) + 1$의 최댓값은 $M = \frac{1}{\sqrt{2}} + 1$, 최솟값은

$m = -\frac{1}{\sqrt{2}} + 1$이다. $M + m = 2$이다.

34. ①

풀이 라그랑주 승수법을 이용하자.

$$\begin{cases} x^2 + (y-1)^2 + 2z^2 = 19 \cdots ㉠ \\ (x,\ (y-1),\ 2z) = \lambda(1,\ -2,\ 3) \end{cases}$$

$x = \lambda$, $y - 1 = -2\lambda$, $2z = 3\lambda$이므로

$x = \lambda$, $y = -2\lambda + 1$, $z = \frac{3}{2}\lambda$를 ㉠에 대입하면

$\lambda^2 + 4\lambda^2 + \frac{9}{2}\lambda^2 = 19$, $\lambda^2 = 2$, $\lambda = \pm\sqrt{2}$

(i) $\lambda = \sqrt{2}$일 때 $x = \sqrt{2}$, $y = -2\sqrt{2} + 1$, $z = \frac{3\sqrt{2}}{2}$이고

$$f\left(\sqrt{2},\ -2\sqrt{2}+1,\ \frac{3\sqrt{2}}{2}\right) = \frac{19\sqrt{2}}{2} - 2 = \alpha$$

(ii) $\lambda = -\sqrt{2}$일 때 $x = -\sqrt{2}$, $y = 2\sqrt{2} + 1$, $z = -\frac{3\sqrt{2}}{2}$,

$$f\left(-\sqrt{2},\ 2\sqrt{2}+1,\ -\frac{3\sqrt{2}}{2}\right) = -\frac{19\sqrt{2}}{2} - 2 = \beta$$

따라서 $\alpha - \beta = 19\sqrt{2}$ 이다.

35. ④

풀이 관계식을 통해서 변수 줄이기

$y=\pm\sqrt{1-x^4}$ 이라고 할 수 있고 $(-1 \le x \le 1)$

구하고자 하는 식에 대입하자.

$f=\pm\dfrac{x\sqrt{1-x^4}}{\sqrt{2}}$ 의 임계점을 구하면

$f'(x)= \pm\dfrac{1}{\sqrt{2}}\left(\sqrt{1-x^4}+x\cdot\dfrac{-4x^3}{2\sqrt{1-x^4}}\right)$

$=\pm\dfrac{1}{\sqrt{2}}\left(\dfrac{1-3x^4}{\sqrt{1-x^4}}\right)=0$을 만족하는

$x^4=\dfrac{1}{3},\ y^2=\dfrac{2}{3}$ 이다.

즉, $x=\pm\left(\dfrac{1}{3}\right)^{\frac{1}{4}},\ y=\pm\left(\dfrac{2}{3}\right)^{\frac{1}{2}}$ 일 때이다.

구하자 하는 식은 $f=\dfrac{xy}{\sqrt{2}}$

최댓값 $M=\left(\dfrac{1}{3}\right)^{\frac{1}{4}}\left(\dfrac{2}{3}\right)^{\frac{1}{2}}2^{-\frac{1}{2}}$ 이므로

$\log_3 M=-\dfrac{1}{4}\log_3 3+\dfrac{1}{2}\log_3\dfrac{2}{3}-\dfrac{1}{2}\log_3 2$

$=-\dfrac{1}{4}+\dfrac{1}{2}\log_3 2-\dfrac{1}{2}-\dfrac{1}{2}\log_3 2=-\dfrac{3}{4}$ 이다.

[다른 풀이]

라그랑주 미정계수법을 이용한다.

$f(x,y)=\dfrac{xy}{\sqrt{2}},\ g(x,y)=x^4+y^2-1$이라 하자.

$\nabla f=\lambda\nabla g \Leftrightarrow \lambda\left(\dfrac{y}{\sqrt{2}},\dfrac{x}{\sqrt{2}}\right)=(4x^3,2y)$

$\Leftrightarrow t(y,x)=(2x^3,y)$

$\begin{cases} ty=2x^3 \\ tx=y \end{cases} \Leftrightarrow \begin{cases} txy=2x^4 \\ txy=y^2 \end{cases} \Leftrightarrow 2x^4=y^2$

$x^4+y^2=3x^4=1 \Rightarrow x^4=\dfrac{1}{3},\ y^2=\dfrac{2}{3}$ 이므로

$(x,y)=\left(\pm\dfrac{1}{\sqrt[4]{3}},\dfrac{\sqrt{2}}{\sqrt{3}}\right),\left(\pm\dfrac{1}{\sqrt[4]{3}},-\dfrac{\sqrt{2}}{\sqrt{3}}\right)$

최댓값 $M=\dfrac{xy}{\sqrt{2}}$ 이므로 $M=\left(\dfrac{1}{3}\right)^{\frac{1}{4}}\left(\dfrac{2}{3}\right)^{\frac{1}{2}}2^{-\frac{1}{2}}$

$\log_3 M=-\dfrac{1}{4}\log_3 3+\dfrac{1}{2}\log_3\dfrac{2}{3}-\dfrac{1}{2}\log_3 2$

$=-\dfrac{1}{4}+\dfrac{1}{2}\log_3 2-\dfrac{1}{2}-\dfrac{1}{2}\log_3 2=-\dfrac{3}{4}$ 이다.

36. ②

풀이 공식을 활용한다.

$a,b,c>0,\ \dfrac{x^2}{a^2}+\dfrac{y^2}{b^2}+\dfrac{z^2}{c^2}=1$을 만족하는 x, y, z에 대하여

xyz의 최댓값은 $x=\dfrac{a}{\sqrt{3}},\ y=\dfrac{b}{\sqrt{3}},\ z=\dfrac{c}{\sqrt{3}}$ 일 때이다.

즉, $xyz \le \dfrac{abc}{3\sqrt{3}}$ 이다.

$x^2+2y^2+3z^2=18 \Rightarrow \dfrac{x^2}{18}+\dfrac{y^2}{9}+\dfrac{z^2}{6}=1$

$\Rightarrow xyz \le \dfrac{\sqrt{18}\cdot\sqrt{9}\cdot\sqrt{6}}{3\sqrt{3}}=6$

[다른 풀이]

산술기하평균을 이용한다.

$A, B, C>0$일 때, $\dfrac{A+B+C}{3}\ge\sqrt[3]{ABC}$

$x^2+2y^2+3z^2=18$이므로

$\dfrac{x^2+2y^2+3z^2}{3}=\dfrac{18}{3}=6\ge\sqrt[3]{6(xyz)^2}$

$6(xyz)^2\le 6^3 \Rightarrow |xyz|^2\le 6^2 \Rightarrow |xyz|\le 6$

[다른 풀이]

라그랑주 미정계수법을 이용한다.

$g(x,\ y,\ z)=x^2+2y^2+3z^2-18$이라 두면

$\nabla g(x,\ y,\ z)=(2x,\ 4y,\ 6z)$,

$\nabla f(x,\ y,\ z)=(yz,\ xz,\ xy)$

$\Rightarrow \nabla f=\lambda\nabla g \Rightarrow \begin{cases} yz=2\lambda x \\ xz=4\lambda y \\ xy=6\lambda z \end{cases}$

(i) $\lambda=0$이면 $x=y=0$ 또는 $y=z=0$ 또는 $z=x=0$ 이므로 $f(x,\ y,\ z)=xyz=0$이다.

(ii) $\lambda\ne0$이면 $\begin{cases} xyz=2\lambda x^2 \\ xyz=4\lambda y^2 \\ xyz=6\lambda z^2 \end{cases} \Rightarrow x^2=2y^2=3z^2$

제약조건 $x^2+2y^2+3z^2=18$에서 $3x^2=18$

$\Rightarrow x=\pm\sqrt{6},\ y=\pm\sqrt{3},\ z=\pm\sqrt{2}$

$\therefore$ 최댓값 $M=6$

37. ④

풀이 $D=\{(x,\ y)\,|\,x^2+4y^2\le1\},\ f(x,\ y)=xy$라 하자.

(i) D의 내부에서 $f_x=y,\ f_y=x$이므로 임계점은 점 $(0,\ 0)$이고 $f(0,\ 0)=0$이다.

(ii) D의 경계에서 $x^2+4y^2=1$일 때,

산술-기하 평균을 이용하면 $\dfrac{x^2+4y^2}{2}\ge\sqrt{x^2\cdot4y^2}$

이므로 $|xy| \le \frac{1}{4}$에서 $-\frac{1}{4} \le xy \le \frac{1}{4}$이다.

(ⅰ)과 (ⅱ)에 의해 $-\frac{1}{4} \le xy \le \frac{1}{4}$이므로

$\sin(\pi xy)$의 최댓값은 $\sin\left(\frac{\pi}{4}\right) = \frac{\sqrt{2}}{2}$이고

최솟값은 $\sin\left(-\frac{\pi}{4}\right) = -\frac{\sqrt{2}}{2}$이다.

따라서 $\sin(\pi xy)$의 최댓값과 최솟값의 차는 $\sqrt{2}$이다.

38. ①

풀이 교집합에 속하는 임의의 점을 (x, y, z),
원점까지의 거리를 d라고 할 때,
$d = \sqrt{x^2+y^2+z^2}$이고
(x, y, z)는 $z = \frac{9}{2}+\frac{x}{2}$와 $x^2+y^2 = z^2$을 동시에 만족해야 하므로 라그랑주 승수법을 이용하여 최대, 최솟값을 구하자.
$(x, y, z)//a(1, 0, -2)+b(x, y, -z)$
$\Leftrightarrow a+bx = x,\ y = by,\ z = -2a-bz$이므로
(ⅰ) $a=0$, $b=1$일 때, $z=0$이고
이를 만족하는 x와 y는 존재하지 않는다.
(ⅱ) $b=1$일 때, $a \ne 0$은 $a+bx=x$을 만족시키지 못하므로
(x, y, z)가 존재하지 않는다.
(ⅲ) $b=-1$, $a=0$일 때, $x=0$, $y=0$이므로
(x, y, z)가 존재하지 않는다.
(ⅳ) $b=-1$, $a \ne 0$일 때, $y=0$이므로
$x^2 = z^2$와 $z = \frac{9}{2}+\frac{x}{2}$을 만족해야 한다.

$x^2 = \left(\frac{9}{2}+\frac{x}{2}\right)^2 \Leftrightarrow 3x^2-18x-81=0$

$\Leftrightarrow 3(x+3)(x-9)=0$이므로

① $x=-3$일 때, $z=3$이며
거리 $d = \sqrt{9+0+9} = 3\sqrt{2}$이다.
② $x=9$일 때, $z=9$이며
거리 $d = \sqrt{81+0+81} = 9\sqrt{2}$이다.
따라서 거리의 최댓값은 $9\sqrt{2}$이며 최솟값은 $3\sqrt{2}$이다.

[다른 풀이]
두 곡면의 교선을 구하기 위해서
$z = \frac{9}{2}+\frac{x}{2}$를 $x^2+y^2 = z^2$에 대입하면

$x^2+y^2 = \left(\frac{9}{2}+\frac{x}{2}\right)^2 \Rightarrow 3x^2-18x+4y^2 = 81$

$\Rightarrow \frac{(x-3)^2}{36}+\frac{y^2}{27} = 1$이므로

$x-3 = 6\cos t$, $y = \sqrt{27}\sin t$라고 하면
$x = 6\cos t+3$, $y = \sqrt{27}\sin t$가 되고
이때, $z = 3\cos t+6$이 된다.

즉, 교선 $C: r(t) = \langle x(t), y(t), z(t)\rangle$
$= \langle 6\cos t+3, \sqrt{27}\sin t, 3\cos t+6\rangle$
에서 원점까지의 거리 d는
$d = \sqrt{(6\cos t+3)^2+(\sqrt{27}\sin t)^2+(3\cos t+6)^2}$
$= \sqrt{18\cos^2 t+72\cos t+72}$
$\cos t = x$로 치환하면$(-1 \le x \le 1)$
$= \sqrt{18x^2+72x+72} = \sqrt{18(x^2+4x+4)}$
$= \sqrt{18(x+2)^2} = 3\sqrt{2}|x+2|$
$x=1$일 때 최대 거리 $d = 9\sqrt{2}$를 갖게 된다.

39. ⑤

풀이 $g(x, y, z): 4x^2+y^2+z^2 = 4$,
$h(x, y, z): x+y+z=0$ 라 하자.
$\Rightarrow \nabla f(x, y, z) = 2(x, y, z)$,
$\nabla g(x, y, z) = 2(4x, y, z)$,
$\nabla h(x, y, z) = (1, 1, 1)$이고,
라그랑주 승수법에 의하여
$a\nabla g(x, y, z)+b\nabla h(x, y, z) = \nabla f(x, y, z)$
$\Leftrightarrow a(4x, y, z)+b(1, 1, 1) = (x, y, z)$

$$\Rightarrow \begin{cases} 4ax+b=x \\ ay+b=y \\ az+b=z \end{cases} \Leftrightarrow \begin{cases} (1-4a)x=b & \cdots ㉠ \\ (1-a)y=b & \cdots ㉡ \\ (1-a)z=b & \cdots ㉢ \end{cases}$$

(ⅰ) $a=\frac{1}{4}$이면 $b=0$이고, $y=z=0$이므로
조건식과 모순관계이다.
(ⅱ) $a=1$이면 $b=0$이고, $x=0$이므로
$y=-z$, $y^2=z^2=2$이다.
$\therefore (x, y, z) = (0, -\sqrt{2}, \sqrt{2}), (0, \sqrt{2}, -\sqrt{2})$
이 때, 함수 $f=4$이다.
(ⅲ) ㉡과 ㉢에서 $y=z$인 경우
$(x, y, z) = \left(-\frac{2\sqrt{2}}{3}, \frac{\sqrt{2}}{3}, \frac{\sqrt{2}}{3}\right)$ 또는
$\left(\frac{2\sqrt{2}}{3}, -\frac{\sqrt{2}}{3}, -\frac{\sqrt{2}}{3}\right)$이고
$f(x, y, z) = x^2+y^2+z^2$의 값은 $\frac{4}{3}$이다.

$\therefore M=4$, $m=\frac{4}{3}$이고 $M-m=\frac{8}{3}$

TIP Secret JuJu!

40. ③

풀이 하루가 지나면 약 A는 50%가,
약 B는 20%가 몸에 남아있으므로
약 A의 양은 첫째날 a, 둘째날 $\frac{1}{2}a$, 셋째날 $\left(\frac{1}{2}\right)^2 a$, ⋯,

약 B의 양은 첫째날 b, 둘째날 $\frac{1}{5}b$, 셋째날 $\left(\frac{1}{5}\right)^2 b$, …이다.

약을 매일 투약하므로 몸에 남아있는 약 A, B의 양은 각각

$$a+\frac{1}{2}a+\left(\frac{1}{2}\right)^2 a+\cdots=\frac{a}{1-\frac{1}{2}}=2a,$$

$$b+\frac{1}{5}b+\left(\frac{1}{5}\right)^2 b+\cdots=\frac{b}{1-\frac{1}{5}}=\frac{5}{4}b\text{이다.}$$

환자의 몸에 남아있는 약의 양은 총 10그램을 넘지 않으므로

$$2a+\frac{5}{4}b\le 10$$

약의 효과를 $f(a,\ b)$라 하면 $f(a,\ b)=k(a^2+2b^2)$

(i) $2a+\frac{5}{4}b<10$일 때, $f_a=2ka$, $f_b=4kb$이므로

$f_a=0$, $f_b=0$에서 임계점은 $(0,\ 0)$이다.

(ii) $2a+\frac{5}{4}b=10$일 때, $g(a,\ b)=2a+\frac{5}{4}b-10$이라 두면

$\nabla f=(2ka,\ 4kb)$, $\nabla g=\left(2,\ \frac{5}{4}\right)$이다.

라그랑주 승수법을 이용하면

$$\nabla f=\lambda\nabla g \Leftrightarrow (2ka,\ 4kb)=\lambda\left(2,\ \frac{5}{4}\right)$$

$$\Leftrightarrow 2ka=2\lambda,\ 4kb=\frac{5}{4}\lambda$$

$$\Leftrightarrow a=\frac{\lambda}{k},\ b=\frac{5\lambda}{16k}$$

약의 효과가 최대가 되게 하는 a와 b는 각각

$\frac{\lambda}{k}$, $\frac{5\lambda}{16k}$(단, λ, k는 상수)이므로 $\frac{a}{b}=\frac{\frac{\lambda}{k}}{\frac{5\lambda}{16k}}=\frac{16}{5}$

4. 중적분 계산

1. ⑤

풀이 $x=u$, $y=2v$, $z=w$로 치환하면

$$\iiint_E\left(x^2+\frac{y^2}{4}+z^2\right)dV=\iiint_T(u^2+v^2+w^2)\,2dudvdw$$

(단, $T:\ u^2+v^2+w^2\le 1$)

이므로 구면좌표계를 이용하면

$$\iiint_T(u^2+v^2+w^2)\,2dudvdw$$
$$=\int_0^{2\pi}\int_0^{\pi}\int_0^1 2\rho^2\times\rho^2\sin\phi\,d\rho d\phi d\theta$$
$$=2\pi\times2\times\frac{2}{5}=\frac{8}{5}\pi$$

2. ④

풀이 $x=r\cos\theta$, $y=r\sin\theta$로 치환하면

$\begin{cases}0\le x<\infty\\0\le y<\infty\end{cases}\Leftrightarrow\begin{cases}0\le r<\infty\\0\le\theta\le\frac{\pi}{2}\end{cases}$ 이므로

$$\int_0^\infty\int_0^\infty\frac{1}{(x^2+y^2+1)^2}dx\,dy$$
$$=\int_0^{\frac{\pi}{2}}\int_0^\infty\frac{1}{(r^2+1)^2}\cdot r\,dr\,d\theta$$
$$=\frac{\pi}{2}\int_0^\infty r(r^2+1)^{-2}dr$$
$$=\frac{\pi}{2}\left[-\frac{1}{2}(r^2+1)^{-1}\right]_0^\infty$$
$$=\frac{\pi}{2}\cdot\left(-\frac{1}{2}\right)\cdot(0-1)=\frac{\pi}{4}$$

3. ③

풀이 $\begin{cases}0\le y\le 9\\\sqrt{y}\le x\le 3\end{cases}\Leftrightarrow\begin{cases}0\le y\le x^2\\0\le x\le 3\end{cases}$ 이므로

$$\frac{3\pi}{4}\int_0^9\int_{\sqrt{y}}^3\sin(\pi x^3)\,dx\,dy=\frac{3\pi}{4}\int_0^3\int_0^{x^2}\sin(\pi x^3)\,dy\,dx$$
$$=\frac{3\pi}{4}\int_0^3 x^2\sin(\pi x^3)\,dx$$
$$=\frac{3\pi}{4}\left[-\frac{1}{3\pi}\cos(\pi x^3)\right]_0^3$$
$$=\frac{3\pi}{4}\cdot\left(-\frac{1}{3\pi}\right)\{\cos(27\pi)-\cos0\}$$
$$=-\frac{1}{4}(-1-1)=\frac{1}{2}$$

4. ②

풀이 적분순서를 변경하면

$$\int_0^1\int_y^1 e^{x^2}dxdy=\int_0^1\int_0^x e^{x^2}dydx=\int_0^1 xe^{x^2}dx$$

$$=\left[\frac{1}{2}e^{x^2}\right]_0^1=\frac{1}{2}(e-1)$$

5. ②

풀이 $\int_0^1\int_x^1\int_0^2 ze^{\frac{x}{y}}\,dz\,dy\,dx=\int_0^1\int_x^1 2e^{\frac{x}{y}}\,dydx$ 이고

적분순서를 변경하면

$$\int_0^1\int_0^y 2e^{\frac{x}{y}}dxdy=2\int_0^1\left[ye^{\frac{x}{y}}\right]_0^y dy=2\int_0^1 y(e-1)dy=e-1$$

6. ①

풀이 $f(x)=\int_0^{\frac{1}{\sqrt{x}}}x^{\frac{3}{2}}\cos(xt)dt$

$$=\left[x^{\frac{1}{2}}\sin(xt)\right]_0^{\frac{1}{\sqrt{x}}}=\sqrt{x}\sin\sqrt{x}$$

$$\therefore\int_1^4 f(x)\,dx=\int_1^4\sqrt{x}\,\sin\sqrt{x}\,dx$$

$$=\int_1^2 t\sin t\cdot 2t\,dt$$

($\because \sqrt{x}=t$로 치환하면 $dx=2tdt$)

$$=\int_1^2 2t^2\sin t\,dt$$

$$=\left[-2t^2\cos t\right]_1^2+\int_1^2 4t\cos t\,dt$$

($\because u=2t^2,\ v'=\sin t$로 두고 부분적분)

$$=\left[-2t^2\cos t+4t\sin t+4\cos t\right]_1^2$$

($\because u=4t,\ v'=\cos t$로 두고 부분적분)

$$=8\sin2-4\cos2-2\cos1-4\sin1$$

$$=2(4\sin2-2\cos2-2\sin1-\cos1)$$

7. ③

풀이 적분변수변환을 이용하여 이중적분을 계산하자.

$xy=u,\ xy^2=v$라고 치환하면

$R'=\{(u,v)|1\le u\le 2,1\le v\le 4\}$의 영역으로 변경된다.

$J^{-1}=\begin{vmatrix}u_x & u_y\\ v_x & v_y\end{vmatrix}=\begin{vmatrix}y & x\\ y^2 & 2xy\end{vmatrix}=xy^2=v$이고, $J=\frac{1}{v}$이다.

$$\iint_R dA=\iint_{R'}|J|\,dudv=\int_1^2\int_1^4\frac{1}{v}dvdu=\ln4=2\ln2$$

8. ③

풀이 적분순서를 변경하면

$$\int_0^1\int_{\sqrt{x}}^1 3\sqrt{y^3+1}\,dydx=\int_0^1\int_0^{y^2}3\sqrt{y^3+1}\,dxdy$$

$$=\int_0^1 3y^2\sqrt{y^3+1}\,dy$$

($t=y^3+1$로 치환)

$$=\int_1^2\sqrt{t}\,dt=\frac{2}{3}(2\sqrt{2}-1)$$

9. ①

풀이 적분순서를 변경하면

$$\int_0^2\int_x^2\cos(y^2)dydx=\int_0^2\int_0^y\cos(y^2)dxdy$$

$$=\int_0^2 y\cos(y^2)dy$$

$$=\frac{1}{2}\left[\sin(y^2)\right]_0^2=\frac{1}{2}\sin4$$

10. ②

풀이 $x-y=u,\ x+y=v$라고 치환하면

$$|J|=\frac{1}{\frac{\partial(x,y)}{\partial(u,v)}}=\frac{1}{\left|\begin{vmatrix}1 & -1\\ 1 & 1\end{vmatrix}\right|}=\frac{1}{|-2|}=\frac{1}{2}$$ 이고

$0\le u\le 1,\ 1\le v\le 2$이므로

$$\iint_R\frac{x-y}{x+y}dA=\iint_{R'}\frac{u}{v}|J|dudv$$

$$=\int_1^2\int_0^1\frac{u}{v}\frac{1}{2}dudv$$

$$=\frac{1}{2}\int_1^2\left[\frac{1}{2}u^2\right]_0^1\frac{1}{v}dv$$

$$=\frac{1}{4}\int_1^2\frac{1}{v}dv$$

$$=\frac{1}{4}\left[\ln v\right]_1^2=\frac{1}{4}\ln2$$

11. ③

풀이 극좌표로 변환하면

$$\int_0^{2\pi}\int_0^1\sqrt{1-r^2}\,rdrd\theta$$

$$=2\pi\times\left(-\frac{1}{2}\right)\int_0^2\sqrt{1-r^2}\,(-2r)drd\theta$$

$$=-\pi\left[\frac{2}{3}(1-r^2)^{\frac{3}{2}}\right]_0^1=\frac{2}{3}\pi$$

12. ②

풀이

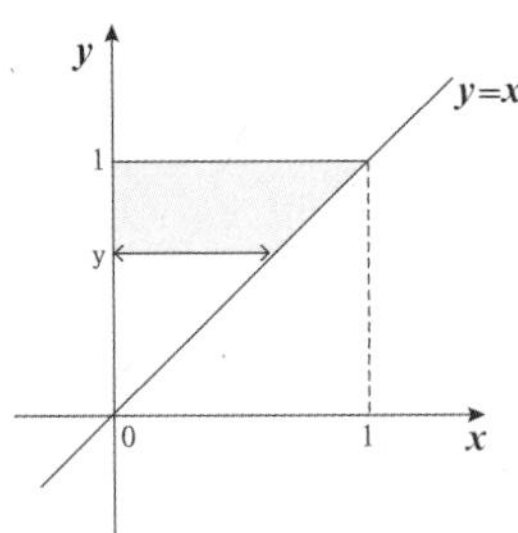

$$\int_0^1\int_x^1 e^{\frac{x}{y}}dydx=\int_0^1\int_0^y e^{\frac{x}{y}}dxdy$$
$$=\int_0^1\left[ye^{\frac{x}{y}}\right]_{x=0}^{y}dy$$
$$=\int_0^1 y(e-1)dy$$
$$=(e-1)\left[\frac{1}{2}y^2\right]_{y=0}^{1}=\frac{e-1}{2}$$

13. ②

풀이 D는 아래 그림과 같다.

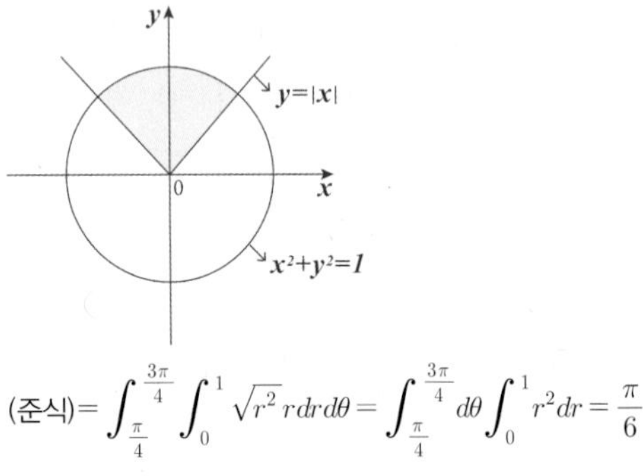

(준식)$=\int_{\frac{\pi}{4}}^{\frac{3\pi}{4}}\int_0^1\sqrt{r^2}\,rdrd\theta=\int_{\frac{\pi}{4}}^{\frac{3\pi}{4}}d\theta\int_0^1 r^2dr=\frac{\pi}{6}$

14. ①

풀이 $\{(x,\ y)\mid 0\le x\le 1,\ x^2\le y\le 1\}$
$\Leftrightarrow\ \{(x,\ y)\mid 0\le x\le\sqrt{y},\ 0\le y\le 1\}$이므로

$$\int_0^1\int_{x^2}^1 x^3\sin(y^3)\,dydx=\int_0^1\int_0^{\sqrt{y}} x^3\sin(y^3)\,dxdy$$
$$=\int_0^1\sin(y^3)\cdot\left[\frac{1}{4}x^4\right]_0^{\sqrt{y}}dy$$
$$=\int_0^1\sin(y^3)\cdot\frac{1}{4}y^2\,dy$$
$$=\left[-\frac{1}{12}\cos(y^3)\right]_0^1$$
$$=-\frac{1}{12}(\cos1-\cos0)$$
$$=\frac{1}{12}(1-\cos1)$$

15. ②

풀이
$$\int_0^1\left[\int_x^1 e^{y^2}dy\right]dx=\int_0^1\int_0^y e^{y^2}dxdy$$
$$=\int_0^1 e^{y^2}[x]_0^y dy$$
$$=\int_0^1 e^{y^2}ydy$$
$$=\frac{1}{2}[e^{y^2}]_0^1=\frac{1}{2}(e-1)$$

16. ①

풀이 극좌표를 이용하면
$$\lim_{R\to\infty}\iint_{D_R}e^{-(x^2+y^2)}dA=\int_0^{2\pi}\int_0^\infty e^{-r^2}rdrd\theta$$
$$=2\pi\left[-\frac{1}{2}e^{-r^2}\right]_0^\infty=\pi$$

[다른 풀이]
$\int_{-\infty}^{\infty}e^{-ax^2}dx=\sqrt{\frac{\pi}{a}}$ 를 이용하면
$$\lim_{R\to\infty}\iint_{D_R}e^{-(x^2+y^2)}dA=\int_{-\infty}^{\infty}\int_{-\infty}^{\infty}e^{-x^2-y^2}dydx$$
$$=\int_{-\infty}^{\infty}e^{-x^2}dx\cdot\int_{-\infty}^{\infty}e^{-y^2}dy$$
$$=\sqrt{\pi}\times\sqrt{\pi}=\pi$$

17. ⑤

풀이 적분순서를 변경하면
$$\int_0^1\int_{\sqrt{x}}^1\frac{1}{y^3+1}dydx=\int_0^1\int_0^{y^2}\frac{1}{y^3+1}dxdy$$
$$=\int_0^1\frac{y^2}{y^3+1}dy$$
$$=\frac{1}{3}\left[\ln(y^3+1)\right]_0^1=\frac{1}{3}\ln2$$

18. ②

풀이 $\iint_R f(x,y)dA = \int_1^3\int_1^3 \frac{1}{xy}dydx$

$= \left(\int_1^3 \frac{1}{x}dx\right)\cdot\left(\int_1^3\frac{1}{y}dy\right)$

$= [\ln x]_{x=1}^3 \cdot [\ln y]_{y=1}^3 \doteq (\ln 3)^2$

19. ②

풀이 $x=X, y=Y, z=2Z$로 치환하면 $J=2$이고,
영역은 $D'=\{(X,Y,Z) \mid X^2+Y^2+Z^2\le 1\}$이 된다.
구면좌표계를 이용하면

$$\iiint_D z^2\,dx\,dy\,dz = \iiint_{D'} 4Z^2|J|\,dx\,dy\,dz$$

$$= 8\int_0^{2\pi}\int_0^{\pi}\int_0^1 \rho^2\cos^2\phi\,\rho^2\sin\phi\,d\rho d\phi d\theta$$

$$= 8\cdot 2\pi\cdot\left(-\frac{1}{3}\cos^3\phi\right)_0^{\pi}\cdot\frac{1}{5} = \frac{32}{15}\pi$$

20. ①

풀이 사각형 $R=\{(x,y)|0\le x+y\le 2, 0\le x-y\le 4\}$인 영역이고, $x+y=u, x-y=v$로 변수변환을 하면 영역 R은 $R'=\{(u,v)|0\le u\le 2, 0\le v\le 4\}$로 변환이 되고

$|J^{-1}| = \left|\frac{\partial(u,v)}{\partial(x,y)}\right| = \left|\begin{vmatrix}1 & 1\\ 1 & -1\end{vmatrix}\right| = 2$이므로 $|J|=\frac{1}{2}$이다.

$$\iint_R (x+y)e^{(x-y)}dxdy = \iint_{R'} ue^v|J|dudv$$

$$= \frac{1}{2}\int_0^2 u\,du\int_0^4 e^v\,dv$$

$$= \frac{1}{2}\times 2\times(e^4-1) = e^4-1$$

21. ⑤

풀이 $x^{\frac{2}{3}}=u,\ y^{\frac{2}{3}}=v$라고 치환하면

$$|J^{-1}| = \begin{vmatrix}\frac{2}{3}x^{-\frac{1}{3}} & 0\\ 0 & \frac{2}{3}y^{-\frac{1}{3}}\end{vmatrix} = \frac{4}{9}x^{-\frac{1}{3}}y^{-\frac{1}{3}}$$

이므로 $|J| = \frac{9}{4}x^{\frac{1}{3}}y^{\frac{1}{3}} = \frac{9}{4}\sqrt{uv}$이다. 따라서

$$\iint_D \frac{1}{\sqrt[3]{xy}}dA = \iint_R \frac{1}{\sqrt{uv}}|J|dudv$$

(단, R : $u+v\le 1,\ 0\le u,\ 0\le v$)

$$= \iint_R \frac{1}{\sqrt{uv}}\frac{9}{4}\sqrt{uv}\,dudv$$

$$= \frac{9}{4}\iint_R 1\,dudv = \frac{9}{4}\times 1\times 1\times\frac{1}{2} = \frac{9}{8}$$

22. ③

풀이 $\int_{-\infty}^{\infty}\int_{-\infty}^{\infty}\frac{1}{(1+x^2+y^2)^3}\,dy\,dx$

$= \int_0^{2\pi}\int_0^{\infty}\frac{r}{(1+r^2)^3}\,dr\,d\theta$(∵극좌표계에서의 적분)

$= 2\pi\int_0^{\infty}\frac{r}{(1+r^2)^3}dr$

$= \left[-\frac{\pi}{2}(1+r^2)^{-2}\right]_0^{\infty} = \frac{\pi}{2}$

23. ①

풀이 $u=x-y,\ v=x+y$로 치환하면
$D=\{(u,\ v)\in R^2 \mid 0\le u\le 1,\ 0\le v\le 1\}$이고

$|J| = \frac{1}{\begin{vmatrix}1 & -1\\ 1 & 1\end{vmatrix}} = \frac{1}{2}$이므로

$$\iint_D (x+y)e^{x^2-y^2}dA = \int_0^1\int_0^1 ve^{uv}\cdot\frac{1}{2}\,du\,dv$$

$$= \frac{1}{2}\int_0^1[e^{uv}]_0^1\,dv$$

$$= \frac{1}{2}\int_0^1(e^v-1)\,dv$$

$$= \frac{1}{2}[e^v-v]_0^1$$

$$= \frac{1}{2}(e-1-1) = \frac{1}{2}(e-2)$$

24. ②

풀이 $\int_0^{\frac{\pi}{2}}\int_x^{\frac{\pi}{2}}\frac{\sin y}{y}dydx = \int_0^{\frac{\pi}{2}}\int_0^y\frac{\sin y}{y}dxdy$

$= \int_0^{\frac{\pi}{2}}\sin y\,dy$

$= -[\cos y]_0^{\frac{\pi}{2}} = 1$

25. ①

풀이 $\int_0^1\int_{y^2}^1 4ye^{x^2}dxdy=\int_0^1\int_0^{\sqrt{x}}4ye^{x^2}dydx=\int_0^1 2xe^{x^2}dx$

$u=x^2$이라 치환하면 $2x\,dx=du$이고, $\int_0^1 e^u\,du=e-1$

26. ①

풀이 $\int_0^2\int_{y^2}^4 \cos\sqrt{x^3}\;dx\,dy=\int_0^4\int_0^{\sqrt{x}}\cos\sqrt{x^3}\;dydx$

$=\int_0^4\left[y\cos\sqrt{x^3}\right]_0^{\sqrt{x}}dx$

$=\int_0^4\sqrt{x}\cos\sqrt{x^3}\;dx$

($t=\sqrt{x}$로 치환)

$=\int_0^2 2t^2\cos t^3\,dt$

$=\left[\frac{2}{3}\sin t^3\right]_0^2=\frac{2}{3}\sin 8$

27. ④

풀이 구면좌표계를 이용하면

$\iiint_Q\sqrt{x^2+y^2}\,dxdydz$

$=\int_0^{2\pi}\int_0^{\pi}\int_1^2\sqrt{\rho^2\sin^2\phi}\,\rho^2\sin\phi d\rho d\phi d\theta$

$=\int_0^{2\pi}\int_0^{\pi}\int_1^2\rho^3\sin^2\phi d\rho d\phi d\theta$

$=2\pi\times2\times\frac{\pi}{4}\times\frac{15}{4}=\frac{15}{4}\pi^2$

28. ①

풀이 순서를 변경하면

$\int_0^1\int_0^y x\sqrt{4+5y^3}\,dxdy=\int_0^1\frac{1}{2}y^2\sqrt{4+5y^3}\,dy$

$=\int_4^9\frac{1}{30}\sqrt{t}\,dt\,(\because 4+5y^3=t)$

$=\frac{19}{45}$

29. $\frac{\pi}{4\sqrt{3}}$

풀이 $\begin{cases}x=u\\ y=\frac{v}{\sqrt{3}}\end{cases}$ 라고 치환하면 U의 영역은

$U'=\{(u,v)\in R^2\,|\,u^2+v^2\le1\}$으로 변환할 수 있다.

여기서 야코비안 행렬식은 $J=\frac{\partial(x,y)}{\partial(u,v)}=\begin{vmatrix}1&0\\0&\frac{1}{\sqrt{3}}\end{vmatrix}=\frac{1}{\sqrt{3}}$

$\iint_U f(x,y)\,dxdy$

$=\iint_U x^2+2y\;dxdy=\iint_{U'}\left(u^2+\frac{2}{\sqrt{3}}v\right)|J|du\,dv$

$=\frac{1}{\sqrt{3}}\iint_{U'}u^2+\frac{2}{\sqrt{3}}v\;dudv$

($\begin{cases}u=r\cos\theta\\ v=r\sin\theta\end{cases}$ 로 치환하면)

$=\frac{1}{\sqrt{3}}\int_0^{2\pi}\int_0^1\left(r^2\cos^2\theta+\frac{2}{\sqrt{3}}r\sin\theta\right)r\,dr\,d\theta$

$=\frac{1}{\sqrt{3}}\int_0^{2\pi}\frac{1}{4}\cos^2\theta+\frac{2}{\sqrt{3}}\frac{1}{3}\sin\theta\,d\theta$

$=\frac{\pi}{4\sqrt{3}}$

30. ②

풀이 $x=-2v$, $y=2u+v$라고 치환하면

$u=\frac{1}{4}x+\frac{1}{2}y$, $v=-\frac{1}{2}x$이므로

$(0,0)\to(0,0)$, $(0,2)\to(1,0)$,

$(-2,1)\to(0,1)$, $(-2,3)\to(1,1)$이며

$|J|=\begin{vmatrix}0&-2\\2&1\end{vmatrix}=4$이다.

따라서 $\iint_R f(x,y)dA=4\int_0^1\int_0^1 f(-2v,2u+v)dudv$이다.

31. ④

풀이 $f(x)=\int_1^x\left(t\int_4^{t^2}\frac{\sqrt{1+u^3}}{u^2}du\right)dt$이므로

$f'(x)=x\int_4^{x^2}\frac{\sqrt{1+u^3}}{u^2}du$,

$f''(x)=\int_4^{x^2}\frac{\sqrt{1+u^3}}{u^2}du+x\cdot\frac{\sqrt{1+x^6}}{x^4}\cdot2x$

$\therefore f''(2)=\int_4^4\frac{\sqrt{1+u^3}}{u^2}du+2\cdot\frac{\sqrt{1+2^6}}{2^4}\cdot2^2$

$=0+\frac{\sqrt{65}}{2}=\frac{\sqrt{65}}{2}$

32. ②

풀이 ⓐ 입체 E를 xy평면에 사영한 영역은 $0 \le y \le x^2$, $0 \le x \le 1$이므로 $S_1 = \int_0^1 x^2 dx = \frac{1}{3}$이다.

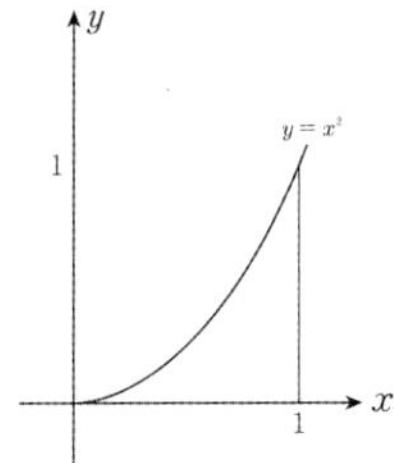

ⓑ 입체 E를 yz평면에 사영한 영역은 $0 \le z \le y$, $0 \le y \le 1$이므로 $S_2 = 1 \times 1 \times \frac{1}{2} = \frac{1}{2}$이다.

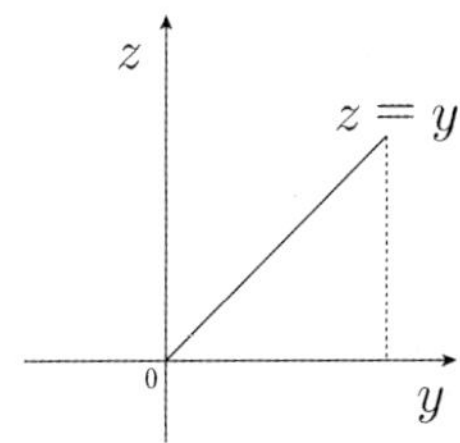

ⓒ 입체 E를 xz평면에 사영한 영역은 $\sqrt{z} \le x \le 1$, $0 \le z \le 1$이므로 $S_3 = \int_0^1 x^2 dx = \frac{1}{3}$이다.

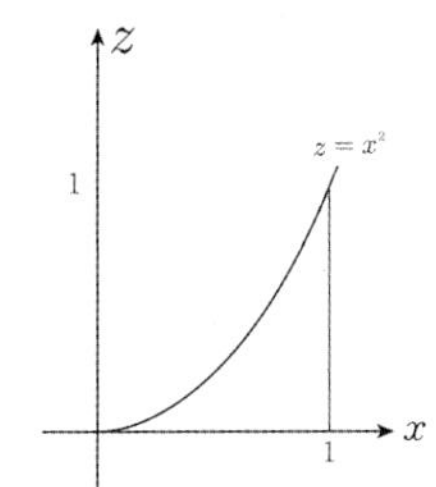

그러므로 $S_1 + S_2 + S_3 = \frac{1}{3} + \frac{1}{2} + \frac{1}{3} = \frac{2+3+2}{6} = \frac{7}{6}$이다.

33. ③

풀이

$$\int_{\frac{\pi}{4}}^{\frac{\pi}{2}} \int_{\sin\theta}^{2} r\, dr\, d\theta = \int_{\frac{\pi}{4}}^{\frac{\pi}{2}} \frac{1}{2} \left[r^2 \right]_{\sin\theta}^{2} d\theta$$

$$= \frac{1}{2} \int_{\frac{\pi}{4}}^{\frac{\pi}{2}} (4 - \sin^2\theta) d\theta$$

$$= \frac{1}{2} \int_{\frac{\pi}{4}}^{\frac{\pi}{2}} \left(4 - \frac{1-\cos 2\theta}{2} \right) d\theta$$

$$= \frac{1}{2} \left[4\theta - \frac{1}{2}\theta + \frac{1}{4}\sin 2\theta \right]_{\frac{\pi}{4}}^{\frac{\pi}{2}}$$

$$= \frac{7\pi - 2}{16}$$

$$= \int_0^{\frac{1}{2}} \int_{\sqrt{\frac{1}{4} - x^2} + \frac{1}{2}}^{\sqrt{4-x^2}} dy dx + \int_{\frac{1}{2}}^{\sqrt{2}} \int_x^{\sqrt{4-x^2}} dy dx$$

34. ⑤

풀이 적분순서를 변경하면

$$\int_0^1 \int_{1-\sqrt{1-x^2}}^{1+\sqrt{1-x^2}} \frac{1}{\sqrt{2-y}} dy\, dx$$

$$= \int_0^2 \int_0^{\sqrt{2y-y^2}} \frac{1}{\sqrt{2-y}} dx\, dy$$

$$= \int_0^2 \frac{\sqrt{2y-y^2}}{\sqrt{2-y}} dy$$

$$= \int_0^2 \sqrt{y}\, dy = \frac{2}{3} \left[y^{\frac{3}{2}} \right]_0^2 = \frac{4\sqrt{2}}{3}$$

35. ②

풀이

$$\iint_R xy^2 dA \Rightarrow \iint_{R'} (2u+1) 9v^2 |J| du dv$$

(단, R : $9x^2 - 18x + 4y^2 = 27 \Leftrightarrow \frac{(x-1)^2}{4} + \frac{y^2}{9} = 1$이다.)

($x = 2u+1$, $y = 3v$라고 치환하면 $|J| = 6$)

$$= 54 \iint_{R'} (2uv^2 + v^2) du dv$$

(단, R' : $u^2 + v^2 \le 1$이다.)

$$= 54 \int_0^{2\pi} \int_0^1 \left(2r\cos\theta r^2 \sin^2\theta + r^2 \sin^2\theta \right) r\, dr d\theta$$

$$= 54 \int_0^1 \int_0^{2\pi} \left(2r^4 \cos\theta \sin^2\theta + r^3 \sin^2\theta \right) d\theta dr$$

$$= 54 \int_0^1 r^3 \times 4 \times \frac{\pi}{4} dr = 54\pi \int_0^1 r^3 dr = 54\pi \times \frac{1}{4} = \frac{27}{2}\pi$$

36. ④

풀이 극좌표를 이용하면

$$\int_0^{\frac{1}{2}}\int_{\frac{1}{2}}^{\frac{1}{2}+\sqrt{\frac{1}{4}-y^2}} \frac{1}{\sqrt{x^2+y^2}}dxdy$$

$$=\int_0^{\frac{\pi}{4}}\int_{\frac{1}{2}\sec\theta}^{\cos\theta}\frac{1}{r}rdrd\theta$$

$$=\int_0^{\frac{\pi}{4}}\int_{\frac{1}{2}\sec\theta}^{\cos\theta}1drd\theta$$

$$=\int_0^{\frac{\pi}{4}}\left(\cos\theta-\frac{1}{2}\sec\theta\right)d\theta$$

$$=\left[\sin\theta-\frac{1}{2}\ln(\sec\theta+\tan\theta)\right]_0^{\frac{\pi}{4}}$$

$$=\frac{\sqrt{2}}{2}-\frac{1}{2}\ln(\sqrt{2}+1)=\frac{\sqrt{2}-\ln(\sqrt{2}+1)}{2}$$

37. ①

풀이 적분순서를 변경하면

$$\int_0^{\frac{\pi}{2}}\int_0^{\cos x}\sin x\sqrt{1+\sin^2 x}\,dydx$$

$$=\int_0^{\frac{\pi}{2}}\cos x\sin x\sqrt{1+\sin^2 x}\,dx$$

$$=\int_0^1 t\sqrt{1+t^2}\,dt\ (\sin x=t\text{로 치환})$$

$$=\frac{1}{3}(2\sqrt{2}-1)$$

38. ①

풀이 $f\left(\frac{\pi}{2}\right)=0$이고 $f'(x)=-\frac{1}{(2+\cos x)^2}$이므로

부분적분법을 사용하면

$$\int_0^{\frac{\pi}{2}}f(x)\cos x\,dx$$

$$=[f(x)\sin x]_0^{\frac{\pi}{2}}-\int_0^{\frac{\pi}{2}}-\frac{\sin x}{(2+\cos x)^2}dx$$

$$=\left[\frac{1}{2+\cos x}\right]_0^{\frac{\pi}{2}}=\frac{1}{6}$$

[다른 풀이]

이중적분의 적분순서변경으로 풀 수도 있다.

$$\int_0^{\frac{\pi}{2}}f(x)\cos x\,dx=\int_0^{\frac{\pi}{2}}\int_x^{\frac{\pi}{2}}\frac{\cos x}{(2+\cos t)^2}dt\,dx$$

39. ⑤

풀이 $x=4u,\ y=2u+\frac{3}{8}v$이므로

$$J=\begin{vmatrix} x_u & x_v \\ y_u & y_v\end{vmatrix}=\begin{vmatrix} 4 & 0 \\ 2 & \frac{3}{8}\end{vmatrix}=\frac{3}{2}\text{이다.}$$

$$I=\iint_{D^*}\left\{-\frac{1}{16}(4u)^2+2u+\frac{3}{8}v\right\}\frac{3}{2}dudv$$

$$=\frac{3}{2}\int_1^3\int_0^1\left(-u^2+2u+\frac{3}{8}v\right)dudv=\frac{17}{4}$$

40. ②

풀이

정사각형 S를 위 그림과 같이 좌표평면 위에 놓으면
$0<d(x,y)\le 1$인 영역은
네 개의 직사각형과 네 개의 사분원으로 나타난다. 따라서

$$\iint_R e^{-d(x,y)}dxdy=4\left(\iint_{R_1}e^{-d(x,y)}dxdy+\iint_{R_2}e^{-d(x,y)}dxdy\right)$$

(i) $\iint_{R_1}e^{-d(x,y)}dxdy=\int_0^1\int_{-\frac{1}{4}}^0 e^{-(1-y)}dxdy$

$$=\frac{1}{4}[e^{y-1}]_0^1=\frac{1}{4}\left(1-\frac{1}{e}\right)$$

(ii) $x=r\cos\theta,\ y=r\sin\theta$라 하면

$$\iint_{R_2}e^{-d(x,y)}dxdy=\int_0^{\frac{\pi}{2}}\int_0^1 e^{-r}rdrd\theta$$

$$=[-re^{-r}-e^{-r}]_0^1\cdot\frac{\pi}{2}=\frac{\pi}{2}-\frac{\pi}{e}$$

$$\therefore\iint_R e^{-d(x,y)}dxdy=4\left\{\frac{1}{4}\left(1-\frac{1}{e}\right)+\left(\frac{\pi}{2}-\frac{\pi}{e}\right)\right\}$$

$$=1+2\pi-\frac{1+4\pi}{e}$$

41. ①

풀이 $x+y=u,\ x-y=v$로 변수변환하면

$$|J|=\frac{1}{\begin{vmatrix}1 & 1\\ 1 & -1\end{vmatrix}}=\frac{1}{2}$$ 이므로

$$\iint_R (x+y)^2 e^{(x-y)}dA=\frac{1}{2}\int_0^2\int_0^2 u^2e^v\,du\,dv$$
$$=\frac{1}{2}\int_0^2 u^2du\int_0^2 e^v dv$$
$$=\frac{1}{2}\left[\frac{1}{3}u^3\right]_0^2\left[e^v\right]_0^2=\frac{4}{3}(e^2-1)$$

42. ②

풀이
$$\iiint_E \frac{\tan^{-1}\left(\frac{y}{x}\right)}{\sqrt{x^2+y^2+z^2}}dxdydz$$
$$=\int_0^{2\pi}\int_0^{\frac{\pi}{4}}\int_0^{\cos\phi}\frac{\theta}{\rho}\cdot\rho^2\sin\phi d\rho d\phi d\theta(\because \text{구면좌표계})$$
$$=\int_0^{2\pi}\int_0^{\frac{\pi}{4}}\int_0^{\cos\phi}\theta\rho sin\phi d\rho d\phi d\theta$$
$$=\int_0^{2\pi}\int_0^{\frac{\pi}{4}}\frac{1}{2}\theta\cos^2\phi\sin\phi d\phi d\theta$$
$$=\frac{1}{2}\left(\int_0^{\frac{\pi}{4}}\cos^2\phi\sin\phi d\phi\right)\left(\int_0^{2\pi}\theta d\theta\right)$$
$$=\frac{1}{2}\cdot\frac{4-\sqrt{2}}{12}\cdot 2\pi^2=\frac{\pi^2(4-\sqrt{2})}{12}$$

43. ②

풀이 극형식의 2중적분을 이용하면

$$\int_0^1\int_{-x}^{x}\frac{1}{(1+x^2+y^2)^2}dydx$$
$$=\int_{-\frac{\pi}{4}}^{\frac{\pi}{4}}\int_0^{\sec\theta}\frac{1}{(1+r^2)^2}r\ dr\ d\theta$$
$$=\int_{-\frac{\pi}{4}}^{\frac{\pi}{4}}\left[-\frac{1}{2}\cdot\frac{1}{1+r^2}\right]_0^{\sec\theta}d\theta$$
$$=-\frac{1}{2}\int_{-\frac{\pi}{4}}^{\frac{\pi}{4}}\left(\frac{1}{1+\sec^2\theta}-1\right)d\theta$$
$$=-\frac{1}{2}\int_{-\frac{\pi}{4}}^{\frac{\pi}{4}}\frac{-\sec^2\theta}{1+\sec^2\theta}d\theta$$
$$=\frac{1}{2}\int_{-\frac{\pi}{4}}^{\frac{\pi}{4}}\frac{\sec^2\theta}{2+\tan^2\theta}d\theta(\because \sec^2\theta=1+\tan^2\theta)$$
$$=\frac{1}{2}\int_{-\frac{1}{\sqrt{2}}}^{\frac{1}{\sqrt{2}}}\frac{\sqrt{2}}{2+2t^2}dt(\because \tan\theta=\sqrt{2}t)$$
$$=\frac{1}{2}\cdot\frac{\sqrt{2}}{2}\int_{-\frac{1}{\sqrt{2}}}^{\frac{1}{\sqrt{2}}}\frac{1}{1+t^2}dt$$
$$=\frac{\sqrt{2}}{4}\left[\tan^{-1}t\right]_{-\frac{1}{\sqrt{2}}}^{\frac{1}{\sqrt{2}}}$$
$$=\frac{\sqrt{2}}{4}\left(\tan^{-1}\frac{1}{\sqrt{2}}-\tan^{-1}\left(-\frac{1}{\sqrt{2}}\right)\right)$$
$$=\frac{\sqrt{2}}{2}\tan^{-1}\frac{1}{\sqrt{2}}$$

44. ③

풀이 구면좌표계를 이용하면

$$\int\int\int_E(x^2+y^2)dV$$
$$=\int_0^{2\pi}\int_0^{\pi}\int_1^2(\rho\sin\phi)^2\rho^2\sin\phi\, d\rho d\phi d\theta$$
$$=\int_0^{2\pi}\int_0^{\pi}\int_1^2\rho^4\sin^3\phi\, d\rho d\phi d\theta$$
$$=2\pi\times 2\times\frac{2}{3}\times\frac{1}{5}(32-1)$$
$$=\frac{8}{15}\pi\times 31=\frac{248}{15}\pi$$

45. ②

풀이 원주좌표계에 의해

$$\int_{-2}^{2}\int_{-\sqrt{4-x^2}}^{0}\int_0^{x^2+z^2}(x^2+z^2)dydzdx$$
$$=\int_{\pi}^{2\pi}\int_0^2\int_0^{r^2}r^2\cdot rdydrd\theta$$
$$=\int_{\pi}^{2\pi}\int_0^2 r^5\,drd\theta$$
$$=\pi\times\left[\frac{1}{6}r^6\right]_0^2=\frac{32}{3}\pi$$

46. ③

풀이 적분순서를 변경하면

$$\int_0^2\int_0^{\sqrt{4-x^2}}\sqrt{4-y^2}\,dydx=\int_0^2\int_0^{\sqrt{4-y^2}}\sqrt{4-y^2}\,dxdy$$
$$=\int_0^2(4-y^2)dy$$
$$=\left[4y-\frac{1}{3}y^3\right]_0^2=\frac{16}{3}$$

47. ②

풀이 주어진 영역에 대하여 구면좌표계를 이용하여 적분하자.

$$\iiint_R (x^2+y^2+z^2)dxdydz = \int_0^{2\pi}\int_0^{\frac{\pi}{4}}\int_0^1 \rho^2 \cdot \rho^2 \sin\phi d\rho d\phi d\theta$$

$$= 2\pi \cdot (-\cos\phi)_0^{\frac{\pi}{4}} \cdot \frac{1}{5} = \frac{\pi}{5}(2-\sqrt{2})$$

48. ①

풀이 $\begin{cases} 0 \le x \le 1 \\ x \le y \le 1 \end{cases} \Leftrightarrow \begin{cases} 0 \le x \le y \\ 0 \le y \le 1 \end{cases}$이므로

$$\int_0^1\int_x^1 x\sqrt{y^2-x^2}\,dydx = \int_0^1\int_0^y x\sqrt{y^2-x^2}\,dxdy$$

$$= \int_0^1 \left[-\frac{1}{3}(y^2-x^2)^{\frac{3}{2}}\right]_0^y dy$$

$$= \int_0^1 \left(-\frac{1}{3}\right)(0-y^3)\,dy$$

$$= \int_0^1 \frac{1}{3}y^3 dy$$

$$= \left[\frac{1}{12}y^4\right]_0^1 = \frac{1}{12}$$

따라서 $a=1$, $b=12$이고 $a+b=1+12=13$이다.

49. ③

풀이 극좌표를 이용하면

$$\int_0^{\sqrt{2}}\int_y^{\sqrt{4-y^2}} x^2 dxdy = \int_0^{\frac{\pi}{4}}\int_0^2 r^3\cos^2\theta\,drd\theta$$

$$= \int_0^{\frac{\pi}{4}} \frac{1}{4}\left[r^4\right]_0^2 \cos^2\theta\,d\theta$$

$$= 4\int_0^{\frac{\pi}{4}} \cos^2\theta\,d\theta$$

$$= 4\left[\frac{\theta}{2}+\frac{1}{4}\sin 2\theta\right]_0^{\frac{\pi}{4}}$$

$$= 4\left(\frac{\pi}{8}+\frac{1}{4}\right) = \frac{\pi}{2}+1 = \frac{\pi+2}{2}$$

50. ①

풀이 주어진 영역을 극좌표로 변환시키면

$0 \le \theta \le \frac{\pi}{4}$, $1 \le r \le 2$이므로 주어진 적분은

$$\iint_E \tan^{-1}\left(\frac{y}{x}\right)dA = \int_0^{\frac{\pi}{4}}\int_1^2 \theta r drd\theta$$

$$= \frac{1}{2}\left(\frac{\pi}{4}\right)^2 \times \frac{1}{2}(2^2-1) = \frac{3\pi^2}{64}$$

51. ④

풀이 영역 R에서 $u=x+y$, $v=-x+y$로 두면

$-1 \le u \le 1$, $-1 \le v \le 1$이고 $J = \dfrac{1}{\begin{vmatrix} 1 & 1 \\ -1 & 1 \end{vmatrix}} = \dfrac{1}{2}$

$$\therefore \iint_R 2(y-x)^2 e^{x+y}\,dydx = \int_{-1}^1\int_{-1}^1 2\cdot\frac{1}{2}v^2 e^u\,dudv$$

$$= \left[\frac{1}{3}v^3\right]_{-1}^1 \cdot \left[e^u\right]_{-1}^1$$

$$= \frac{2}{3}(e-e^{-1})$$

52. ③

풀이

$$\int_0^1\int_{\sqrt[3]{y}}^1 e^{x^4}dxdy + \int_0^1\int_{\sqrt[4]{y}}^1 x^3 e^{x^4}dxdy$$

$$= \int_0^1\int_0^{x^3} e^{x^4}dydx + \int_0^1\int_{\sqrt[4]{y}}^1 x^3 e^{x^4}dxdy$$

$$= \int_0^1 e^{x^4}x^3 dx + \frac{1}{4}\int_0^1 \left[e^{x^4}\right]_{\sqrt[4]{y}}^1 dy$$

$$= \frac{1}{4}\left[e^{x^4}\right]_0^1 + \frac{1}{4}\int_0^1 (e-e^y)dy$$

$$= \frac{1}{4}(e-1) + \frac{1}{4}\left[ey-e^y\right]_0^1 = \frac{1}{4}e$$

53. ②

풀이 극좌표를 이용하면

$$\int_{-\infty}^{\infty}\int_{-\infty}^{\infty} \frac{1}{(x^2+y^2+1)^2}dxdy$$

$$= \int_0^{2\pi}\int_0^{\infty} \frac{r}{(1+r^2)^2}drd\theta$$

$$= 2\pi \times -\frac{1}{2}\left[\frac{1}{1+r^2}\right]_0^{\infty} = \pi$$

54. ③

풀이 $R = \{(x,y,z) \mid 9x^2+4y^2+z^2 \le 1\}$

$\Leftrightarrow R' = \{(X,Y,Z) \mid X^2+Y^2+Z^2 \le 1\}$

$(\because 3x=X,\ 2y=Y,\ z=Z)$이면

$$\iiint_R (9x^2+4y^2+z^2)^2 dxdydz$$

$$= \iiint_{R'} (X^2+Y^2+Z^2)^2 \frac{1}{6}dXdYdZ$$

구면좌표계에 의해

$$\frac{1}{6}\int_0^{2\pi}\int_0^{\pi}\int_0^{1}\rho^4\cdot\rho^2\sin\phi d\rho d\phi d\theta$$
$$=\frac{1}{6}\int_0^{2\pi}d\theta\int_0^{\pi}\sin\phi d\phi\int_0^1\rho^6 d\rho$$
$$=\frac{1}{6}\times 2\pi\times 2\times\frac{1}{7}=\frac{2\pi}{21}$$

55. ②

풀이 적분순서를 변경하면

$$\int_0^1\int_{-\sqrt{1-x^2}}^{\sqrt{1-x^2}}\int_{x^2+z^2}^{1}\sqrt{x^2+z^2}\,dydzdx$$
$$=\int_0^1\int_{-\sqrt{1-x^2}}^{\sqrt{1-x^2}}\sqrt{x^2+z^2}\,(1-(x^2+z^2))dzdx$$
$$=\int_{-\frac{\pi}{2}}^{\frac{\pi}{2}}\int_0^1 r(1-r^2)rdrd\theta(\because x^2+z^2=r^2)$$
$$=\int_{-\frac{\pi}{2}}^{\frac{\pi}{2}}d\theta\times\int_0^1(r^2-r^4)dr=\frac{2}{15}\pi$$

56. ②

풀이

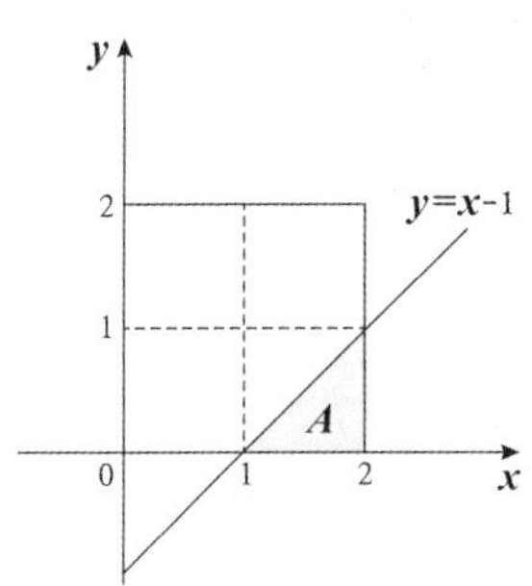

$0\le x,y\le 2$와 $A=\{(x,y)\,|\,x-y>1\}$를 동시에 만족하는 영역은 위 그림과 같으므로

$$\iint_A f(x,y)dxdy=\iint_A f(x,y)dxdy$$
$$=\int_1^2\int_0^{x-1}2(x+y)dydx$$
$$=\int_1^2\left[2xy+y^2\right]_0^{x-1}dx$$
$$=\int_1^2 2x(x-1)+(x-1)^2dx$$
$$=\int_1^2(2x^2-2x+x^2-2x+1)dx$$
$$=\int_1^2(3x^2-4x+1)dx$$
$$=\left[x^3-2x^2+x\right]_1^2$$
$$=8-8+2-(1-2+1)=2$$

57. ③

풀이 $u=3x-2y,\ v=y$라 두면

$$J=\frac{\partial(x,y)}{\partial(u,v)}=\frac{1}{\frac{\partial(u,v)}{\partial(x,y)}}=\frac{1}{\begin{vmatrix}3&-2\\0&1\end{vmatrix}}=\frac{1}{3}$$ 이므로

$$\iint_R e^{\frac{y}{3x-2y}}dxdy=\int_0^3\int_0^u e^{\frac{v}{u}}\cdot\frac{1}{3}dvdu$$
$$=\frac{1}{3}(e-1)\int_0^3 udu=\frac{3}{2}(e-1)$$

58. ①

풀이 $\rho=\cos\phi$로 둘러싸인 입체를 E라 할 때, 삼중적분값

$$\iiint_E zdV=\int_0^{2\pi}\int_0^{\frac{\pi}{2}}\int_0^{\cos\phi}\rho\cos\phi\rho^2\sin\phi d\rho d\phi d\theta$$
$$=2\pi\int_0^{\frac{\pi}{2}}\frac{1}{4}\cos^5\phi\sin\phi d\phi$$
$$=-\frac{\pi}{2}\frac{1}{6}\cos^6\phi\Big|_0^{\frac{\pi}{2}}=\frac{\pi}{12}$$

[다른 풀이]
무게중심 $\bar{z}$를 이용해서 구할 수도 있다.

59. ④

풀이 $x^2+2xy+5y^2\le 1\Leftrightarrow(x+y)^2+(2y)^2\le 1$이므로
$x+y=u,\ 2y=v$라고 치환하면
$|J^{-1}|=\begin{vmatrix}1&1\\0&2\end{vmatrix}=2$이므로 $|J|=\frac{1}{2}$이다.

$$\iint_S\frac{dxdy}{(1+x^2+2xy+5y^2)^2}=\iint_{S'}\frac{1}{(1+u^2+v^2)^2}\frac{1}{2}dudv$$
(단, $S':u^2+v^2\le 1$)
$$=\frac{1}{2}\int_0^{2\pi}\int_0^1\frac{r}{(1+r^2)^2}drd\theta$$
$$=\frac{1}{4}\int_0^{2\pi}-\left[\frac{1}{1+r^2}\right]_0^1 d\theta$$
$$=-\frac{1}{4}\int_0^{2\pi}\left(\frac{1}{2}-1\right)d\theta$$
$$=\frac{1}{8}\times 2\pi=\frac{\pi}{4}$$

60. ④

풀이 주어진 삼중적분의 적분영역은
아래 그림에서 제1팔분공간상의 어두운 영역이다.

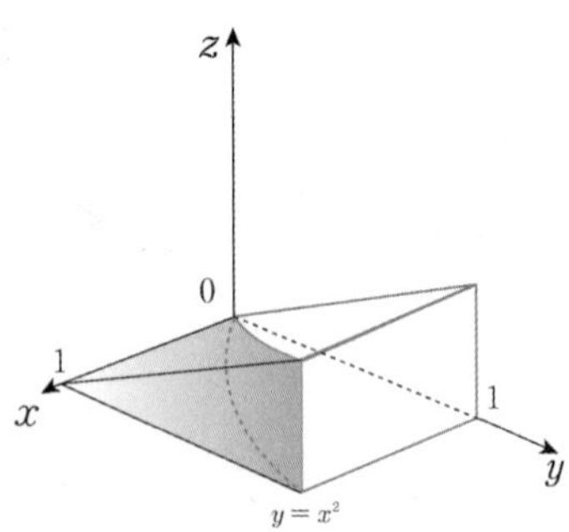

따라서 ④ $\int_0^1 \int_{\sqrt{z}}^1 \int_z^{x^2} f(x,\ y,\ z)\ dy\,dx\,dz$이어야 한다.

5. 중적분 활용

1. ③

풀이

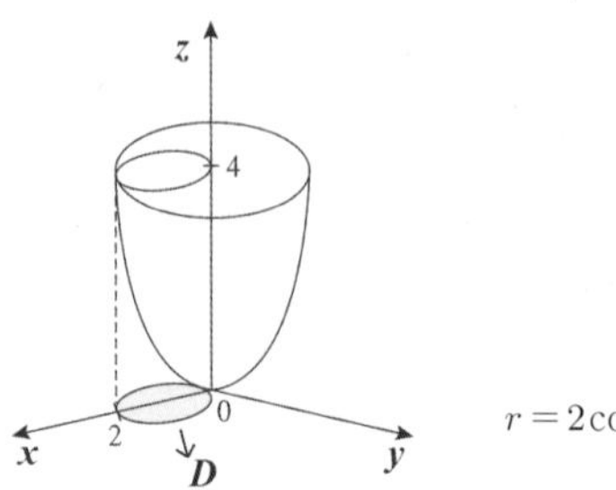

$r = 2\cos\theta$

그림에서의 영역 D는

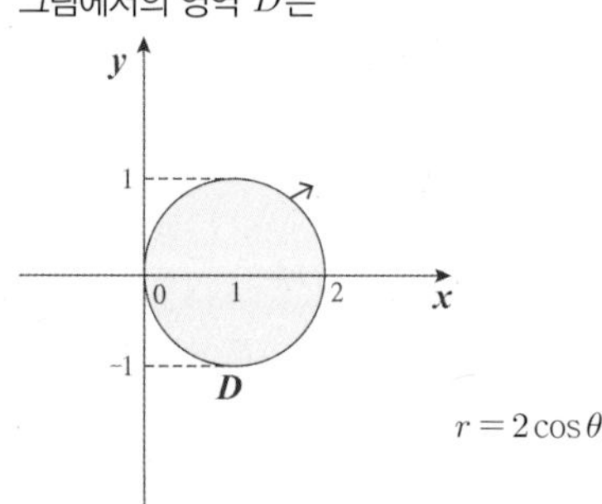

$r = 2\cos\theta$

이고, 극좌표로 표현하면

$D = \{(r,\ \theta)\ |\ 0 \le r \le 2\cos\theta,\ 0 \le \theta \le \pi\}$이다.

$$V = \iint_D (x^2 + y^2)\,dA$$

$$= \int_0^\pi \int_0^{2\cos\theta} r^2 \cdot r\,dr\,d\theta$$

$$(\because\ x^2 + y^2 = r^2,\ dA = r\,dr\,d\theta)$$

$$= \int_0^\pi \left[\frac{1}{4}r^4\right]_{r=0}^{2\cos\theta} d\theta = 4\int_0^\pi \cos^4\theta\,d\theta$$

$$= \int_0^\pi \{1 + \cos(2\theta)\}^2\,d\theta \left(\because\ \cos^2\theta = \frac{1+\cos(2\theta)}{2}\right)$$

$$= \int_0^\pi \left\{\frac{3}{2} + 2\cos(2\theta) + \frac{1}{2}\cos(4\theta)\right\} d\theta$$

$$= \left[\frac{3}{2}\theta + \sin(2\theta) + \frac{1}{8}\sin(4\theta)\right]_{\theta=0}^{\pi} = \frac{3\pi}{2}$$

2. ④

풀이

$$V = \int_0^{2\pi} \int_{\frac{\pi}{4}}^{\frac{\pi}{2}} \int_0^2 \rho^2 \sin\phi\,d\rho\,d\phi\,d\theta$$

$$= 2\pi \times \int_{\frac{\pi}{4}}^{\frac{\pi}{2}} \sin\phi\,d\phi \times \int_0^2 \rho^2\,d\rho$$

$$= 2\pi \times \frac{\sqrt{2}}{2} \times \frac{8}{3} = \frac{8}{3}\sqrt{2}\pi$$

3. ②

풀이 $\iiint_Q xdV = \int_0^1 \int_0^{1-x} \int_0^{1-x-y} xdzdydx$
$= \int_0^1 x \int_0^{1-x} (1-x-y)dydx$
$= \int_0^1 x\left[y - xy - \frac{1}{2}y^2\right]_0^{1-x} dx$
$= \int_0^1 \left(\frac{1}{2}x^3 - x^2 + \frac{1}{2}x\right)dx = \frac{1}{24}$

4. ②

풀이 포물면 $z = 1 - x^2 - y^2$ 과 평면 $z = 1 - x$의 교선을 구하면
$1 - x = 1 - x^2 - y^2 \Rightarrow x^2 + y^2 = x \Leftrightarrow r = \cos\theta$이다.
$D = \{(x, y) | x^2 + y^2 \leq x\}$에서
두 곡면의 둘러싸인 영역의 부피는
$V = \iint_D (1 - x^2 - y^2) - (1 - x)\, dydx$
$= \iint_D x - x^2 - y^2\, dydx$
$= \iint_D xdydx - \iint_D x^2 + y^2\, dydx$
$= \frac{1}{2} \cdot \frac{\pi}{4} - \int_{-\frac{\pi}{2}}^{\frac{\pi}{2}} \int_0^{\cos\theta} r^3\, drd\theta$
($\iint_D xdydx$ 무게중심을 이용해서 적분)
$= \frac{\pi}{8} - \int_{-\frac{\pi}{2}}^{\frac{\pi}{2}} \frac{1}{4}\cos^4\theta\, d\theta = \frac{\pi}{8} - \frac{1}{4} \cdot \frac{3}{4} \cdot \frac{1}{2} \cdot \frac{\pi}{2} \times 2 = \frac{\pi}{32}$

5. ⑤

풀이 $x^2 + z^2 = a^2$과 $y^2 + z^2 = a^2$의 공통부분의 부피는 $\frac{16}{3}a^3$이다.
주어진 입체는 중심이 원점이고, 반지름이 1인
두 원기둥의 공통 부분의 부피 중에서 $z \geq 0$인 부분이다.
공식을 활용하면 입체의 부피는 $\frac{8}{3}$이다.

6. ①

풀이 세 평면 $x = 1,\ y = 0,\ y = x$로 둘러싸인 곡면 $z = x^2$
(단, $D : 0 \leq x \leq 1,\ 0 \leq y \leq x$)의 곡면적은
$S = \int_0^1 \int_0^x \sqrt{1 + 4x^2}\, dydx$
$= \int_0^1 x\sqrt{1 + 4x^2}\, dx$
$= \frac{1}{8} \cdot \frac{2}{3}\left[(1 + 4x^2)^{\frac{3}{2}}\right]_0^1 = \frac{1}{12}(5\sqrt{5} - 1)$

7. ②

풀이 유계된 영역을 xy평면 위로 정사영하면 $(0, 0)$, $(0, 2)$, $(1, 1)$을
꼭짓점으로 하는 삼각형이 된다. 따라서 구하는 입체의 부피는
$\int_0^1 \int_x^{2-x} (x^2 + y^2)\, dydx$
$= \int_0^1 \left[x^2 y + \frac{1}{3}y^3\right]_x^{2-x} dy$
$= \int_0^1 \left(-\frac{8}{3}x^3 + 4x^2 - 4x + \frac{8}{3}\right)dx$
$= \left[-\frac{2}{3}x^4 + \frac{4}{3}x^3 - 2x^2 + \frac{8}{3}x\right]_0^1 = \frac{4}{3}$

8. ②

풀이 $A = \int_0^1 x^2 dx = \frac{1}{3}$
$a = \frac{1}{2A}\int_0^1 x^4 dx = \frac{3}{2}\int_0^1 x^4 dx = \frac{3}{10}$

9. ②

풀이 곡면 $f : x^2 + y^2 + z = 1$의 곡면의 면적 S는
$S = \iint_D \sqrt{1 + (f_x)^2 + (f_y)^2}\, dA$ 이다.
즉, $S = \iint_D \sqrt{1 + (2x)^2 + (2y)^2}\, dA$,
$D = \{(x, y)\ | x^2 + y^2 \leq 1\}$ 이다.
$S = \int_0^{2\pi} \int_0^1 \sqrt{1 + 4r^2} \cdot rdrd\theta$
$= \int_0^{2\pi} \left[\frac{1}{12}(1 + 4r^2)^{\frac{3}{2}}\right]_0^1 d\theta$
$= \frac{\pi}{6}(5\sqrt{5} - 1)$

10. ⑤

풀이 $V=\int_0^1\int_{-1}^1\int_0^{\sqrt{1-z^2}} dydxdz$

㉣ (참) $V=\int_{-1}^1 dx\int_0^1\int_0^{\sqrt{1-z^2}} dydz$

$=2\int_0^1 dx\int_0^1\int_0^{\sqrt{1-z^2}} dydz$

$=2\int_0^1\int_0^1\int_0^{\sqrt{1-z^2}} dydxdz$

㉢ (참) $V=\int_0^1\int_{-1}^1 \sqrt{1-z^2}\,dxdz=\int_{-1}^1\int_0^1 \sqrt{1-z^2}\,dzdx$

㉡ (참) $V=\int_{-1}^1\int_0^1\int_0^{\sqrt{1-z^2}} dydzdx$

$=\int_{-1}^1\int_0^{\frac{\pi}{2}}\int_0^1 r\,dr\,d\theta\,dx$

㉠ (참) ㉡를 계산하면

$\int_{-1}^1\int_0^{\frac{\pi}{2}}\int_0^1 r\,dr\,d\theta\,dx=2\times\frac{\pi}{2}\times\frac{1}{2}=\frac{\pi}{2}$

11. ①

풀이 $\begin{cases} x\le y\le t \\ 0\le x\le t\end{cases} \Leftrightarrow \begin{cases} 0\le x\le y \\ 0\le y\le t\end{cases}$이므로

$F(t)=\int_0^t\int_x^t 2\cos(y^2)\,dydx$

$=\int_0^t\int_0^y 2\cos(y^2)\,dxdy$

$=\int_0^t 2y\cos(y^2)\,dy$

$\Rightarrow\ F'(t)=2t\cos(t^2)$

따라서 점 $t=\frac{\sqrt{\pi}}{2}$에서의 $F(t)$의 순간변화율은

$F'\left(\frac{\sqrt{\pi}}{2}\right)=2\cdot\frac{\sqrt{\pi}}{2}\cos\left(\frac{\pi}{4}\right)=\sqrt{\pi}\cdot\frac{\sqrt{2}}{2}=\sqrt{\frac{\pi}{2}}$

12. ③

풀이 $5x^2-2xy+5y^2\le 24 \Leftrightarrow (x\ \ y)\begin{pmatrix}5 & -1\\ -1 & 5\end{pmatrix}\begin{pmatrix}x\\ y\end{pmatrix}\le 24$

행렬 $\begin{pmatrix}5 & -1\\ -1 & 5\end{pmatrix}$의 특성방정식은 $\lambda^2-10\lambda+24=0$

즉, $(\lambda-4)(\lambda-6)=0$이므로 고윳값은 $\lambda=4,\ 6$이다.

따라서 변수변환에 의하여

$(x\ \ y)\begin{pmatrix}5 & -1\\ -1 & 5\end{pmatrix}\begin{pmatrix}x\\ y\end{pmatrix}\le 24 \Leftrightarrow (u\ \ v)\begin{pmatrix}4 & 0\\ 0 & 6\end{pmatrix}\begin{pmatrix}u\\ v\end{pmatrix}\le 24$

를 만족하는 $u,\ v$가 존재한다.

즉, $4u^2+6v^2\le 24,\ \frac{u^2}{\sqrt{6}^2}+\frac{v^2}{2^2}\le 1$로 타원이다.

타원의 넓이 공식을 이용하면 넓이는 $\pi\cdot\sqrt{6}\cdot 2=2\sqrt{6}\pi$.

13. ②

풀이 영역 $D=\{(x,\ y)\mid 0\le x\le 1,\ x^2\le y\le\sqrt{x}\}$라 하면 구하고자 하는 입체의 체적은

$V=\iint_D z\,dA=\int_0^1\int_{x^2}^{\sqrt{x}}(x+y)dydx$

$=\int_0^1\left[xy+\frac{1}{2}y^2\right]_{y=x^2}^{\sqrt{x}}dx$

$=\int_0^1\left(x^{\frac{3}{2}}+\frac{1}{2}x-x^3-\frac{1}{2}x^4\right)dx$

$=\left[\frac{2}{5}x^{\frac{5}{2}}+\frac{1}{4}x^2-\frac{1}{4}x^4-\frac{1}{10}x^5\right]_{x=0}^1=\frac{3}{10}$

14. ⑤

풀이 그림을 그려서 생각해 보면 영역 R은 반지름이 2인 반쪽짜리 구와 밑면의 반지름이 2이고 높이가 2인 원뿔로 이루어져 있다.

그러므로 영역 R의 부피 V는 $V=\frac{16}{3}\pi+\frac{8}{3}\pi=8\pi$이다.

[다른 풀이]

$V=\iint_D\int_{\sqrt{x^2+y^2}}^{\sqrt{4-x^2-y^2}+2}dzdA$(단, $D:x^2+y^2\le 4$)

$=\iint_D\left(\sqrt{4-x^2-y^2}+2-\sqrt{x^2+y^2}\right)dA$

$=\int_0^{2\pi}\int_0^2\left(\sqrt{4-r^2}+2-r\right)r\,drd\theta$

$=2\pi\int_0^2\left(r\sqrt{4-r^2}+2r-r^2\right)dr$

$=2\pi\left[-\frac{1}{3}(4-r^2)^{\frac{3}{2}}+r^2-\frac{1}{3}r^3\right]_0^2=8\pi$

15. ④

풀이 세 평면 $x \geq 0,\ y \geq 0,\ z \geq 0$을 모두 만족하는 평면 $x+2y+4z=8$의 곡면적은

$$S=\iint_D |(1,2,4)|\,dydz$$

(단, $D: 0 \leq y \leq 4-2z,\ 0 \leq z \leq 2$)

$$=\iint_D \sqrt{1+4+16}\,dydz$$

$$=\sqrt{21}\iint_D 1dydz$$

$$=\sqrt{21}\times 4\times 2\times \frac{1}{2}=4\sqrt{21}$$

16. ②

풀이 $u=x+y,\ v=xy$라 하면

상 $F(D)$의 넓이는 $\iint_{F(D)} dudv$이다.

$J=\begin{vmatrix} u_x & u_y \\ v_x & v_y \end{vmatrix}=\begin{vmatrix} 1 & 1 \\ y & x \end{vmatrix}=x-y$이므로

$$\iint_{F(D)} dudv=\int_0^2\int_0^x (x-y)dydx=\frac{4}{3}$$

[다른 풀이]

영역 D의 그래프는 다음 그림과 같다.

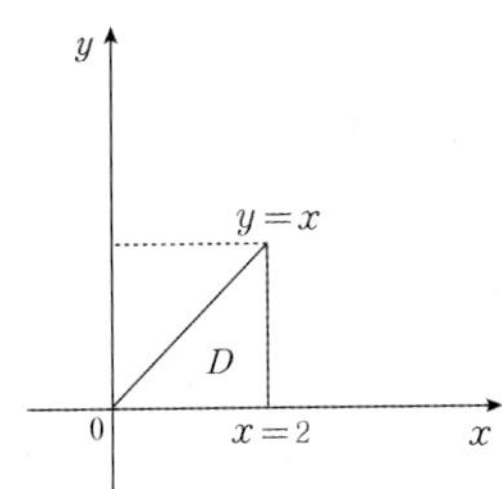

ⓐ $0 \leq x \leq 2,\ y=0$일 때, $x+y=u,\ xy=v$이므로 $v=0$이고 $0 \leq u(=x) \leq 2$이다.

ⓑ $x=2,\ 0 \leq y \leq 2$일 때, $x+y=u,\ xy=v$이므로

$2y=v \Leftrightarrow y=\frac{v}{2}$이고

$x+y=u \Leftrightarrow 2+\frac{v}{2}=u \Leftrightarrow \frac{v}{2}=u-2 \Leftrightarrow v=2u-4$

(단, $0 \leq v \leq 4$ 또는 $2 \leq u \leq 4$)

ⓒ $y=x$일 때, $x+y=u,\ xy=v$이므로

$2x=u,\ x^2=v \Leftrightarrow \left(\frac{u}{2}\right)^2=v \Leftrightarrow v=\frac{u^2}{4}$

(단, $0 \leq v \leq 4$ 또는 $0 \leq u \leq 4$)이다.

따라서 다음 그림과 같이 변경된다.

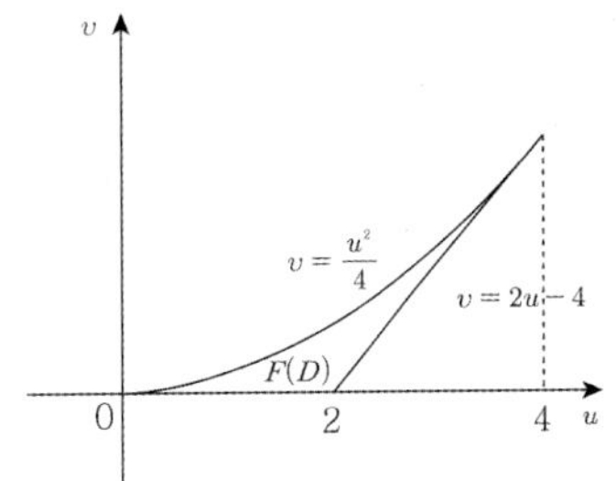

그러므로 $F(D)$의 넓이는

$\int_0^4 \frac{u^2}{4}du-2\times 4\times\frac{1}{2}=\frac{64}{12}-4=\frac{16}{12}=\frac{4}{3}$이다.

17. ②

풀이 곡선을 θ에 관하여 매개화 시키면

$x=\cos^2\theta,\ y=\cos\theta\sin\theta=\frac{1}{2}\sin2\theta,\ z=\sin2\theta$이다.

이 때, xz-평면에서 살펴보면

$x=\cos^2\theta=\frac{1}{2}+\frac{1}{2}\cos2\theta,\ z=\sin2\theta$이므로

$(2x-1)^2+z^2=1 \Leftrightarrow 4\left(x-\frac{1}{2}\right)^2+z^2=1$이다.

따라서 단면(타원)의 넓이는 $\frac{\pi}{2}$이고

타원의 중심 $\left(\frac{1}{2},0\right)$부터 z축까지의 거리는 $\frac{1}{2}$이므로

파푸스 정리에 의하여 입체의 부피는 $\frac{\pi}{2}\times 2\pi\times\frac{1}{2}=\frac{\pi^2}{2}$이다.

18. ①

풀이 $S=\iint_D \sqrt{1+(z_x)^2+(z_y)^2}\,dxdy$

(단, $D=\{(x,y)\,|\,x^2+y^2\leq 3\}$)

$$=\iint_D \sqrt{1+y^2+x^2}\,dxdy$$

$$=\int_0^{2\pi}\int_0^{\sqrt{3}} r\sqrt{1+r^2}\,drd\theta$$

$$=\int_0^{2\pi}d\theta\times\frac{1}{2}\int_0^{\sqrt{3}}2r\sqrt{1+r^2}\,dr$$

$$=2\pi\times\frac{1}{2}\left[\frac{2}{3}(1+r^2)^{\frac{3}{2}}\right]_0^{\sqrt{3}}=\frac{14\pi}{3}$$

19. ⑤

풀이 $A=\int_0^1 f(x)dx=\int_0^1 \sin\pi x dx=\left[-\frac{1}{\pi}\cos\pi x\right]_0^1=\frac{2}{\pi}$

$M_y=\int_0^1 \frac{1}{2}\{f(x)\}^2 dx$

$=\int_0^1 \frac{1}{2}(\sin\pi x)^2 dx$

$=\int_0^1 \frac{1}{2}\cdot\frac{1-\cos(2\pi x)}{2}dx$

$=\frac{1}{4}\left[x-\frac{1}{2\pi}\sin(2\pi x)\right]_0^1=\frac{1}{4}$

$\therefore \bar{y}=\frac{M_y}{A}=\frac{\pi}{8}$

20. ④

풀이 곡면 $z=(5x-y)^2+(x+y)^2$와 평면 $z=6$의 교선은 $(5x-y)^2+(x+y)^2=6$이고, 이 부분을 정사영 시킨 영역을 정의역 D 라고 하면 둘러싸인 입체의 부피 식은 다음과 같다.

$\iint_D 6-(5x-y)^2-(x+y)^2 dA$

$=\iint_{D'}(6-u^2-v^2)|J|dA$

$5x-y=u, x+y=v$로 변수변환하면

$D'=\{(u,v)|u^2+v^2\le 6\}, |J|=\frac{1}{\begin{vmatrix}5 & -1\\ 1 & 1\end{vmatrix}}=\frac{1}{6}$이므로

$=\frac{1}{6}\int_0^{\sqrt{6}}\int_0^{2\pi}(6-r^2)r\,d\theta\,dr=\frac{1}{6}\times 18\pi=3\pi$

21. ④

풀이 ① 해당곡면 : $z=\sqrt{1-y^2}$, $z\ge 0$

② 정의역 : $x^2+y^2=1$의 제 1사분면

③ 체적 : $V=8\iint_D\sqrt{1-y^2}\,dxdy$

$=8\int_0^1\int_0^{\sqrt{1-y^2}}\sqrt{1-y^2}\,dxdy$

$=8\int_0^1 1-y^2 dy$

$=8\left(1-\frac{1}{3}\right)=\frac{16}{3}$

22. ④

풀이 $3x^2+3y^2=4-x^2-y^2$ 에서 $x^2+y^2=1$이므로

$V=\iint_{x^2+y^2\le 1}\{(4-x^2-y^2)-3(x^2+y^2)\}dA$

$=\int_0^{2\pi}\int_0^1 4(1-r^2)r\,dr\,d\theta$

$=\int_0^{2\pi}d\theta\int_0^1(4r-4r^3)dr=2\pi$

23. ④

풀이 $V=2\int_0^{\pi}\int_0^{2\cos\theta}\sqrt{4-r^2}\cdot r\,drd\theta$

$=2\times\frac{8}{3}\int_0^{\pi}(1-\sin^3\theta)\,d\theta$

$=\frac{16}{3}\left(\pi-\frac{4}{3}\right)$

24. ④

풀이 공간상의 영역 A의 부피 V는

$V=\iint_{D_1}\left(\sqrt{16-x^2-y^2}-1\right)dA-\iint_{D_2}\left(\sqrt{16-x^2-y^2}-3\right)dA$

이 때, $D_1=\{(x,y)\ |x^2+y^2\le 15\}$,

$D_2=\{(x,y)\ |x^2+y^2\le 7\}$이다.

$V=\int_0^{2\pi}\int_0^{\sqrt{15}}\left(\sqrt{16-r^2}-1\right)rdrd\theta$

$-\int_0^{2\pi}\int_0^{\sqrt{7}}\left(\sqrt{16-r^2}-3\right)rdrd\theta$

$=\int_0^{2\pi}\left[-\frac{1}{3}(16-r^2)^{\frac{3}{2}}-\frac{1}{2}r^2\right]_0^{\sqrt{15}}d\theta$

$-\int_0^{2\pi}\left[-\frac{1}{3}(16-r^2)^{\frac{3}{2}}-\frac{3}{2}r^2\right]_0^{\sqrt{7}}d\theta$

$=\int_0^{2\pi}\frac{27}{2}d\theta-\int_0^{2\pi}\frac{11}{6}d\theta=\frac{70}{6}\times 2\pi=\frac{70}{3}\pi$

[다른 풀이]

주어진 영역은 $x^2+y^2=4$인 원에서

구간 $1\le x\le 3$를 x축에 대하여 회전한 회전체의 부피와 같다.

$V_x=\pi\int_1^3 y^2 dx=\pi\int_1^3 16-x^2 dx=\frac{70}{3}\pi$

25. ④

풀이 $3x^2-2xy+3y^2+8z^2=[x\ y\ z]\begin{bmatrix}3&-1&0\\-1&3&0\\0&0&8\end{bmatrix}\begin{bmatrix}x\\y\\z\end{bmatrix}$ 이므로

$\begin{vmatrix}3-\lambda&-1&0\\-1&3-\lambda&0\\0&0&8-\lambda\end{vmatrix}=(8-\lambda)\{(3-\lambda)^2-1\}$

$=(8-\lambda)(\lambda-2)(\lambda-4)=0$

여기에서 고윳값은 2, 4, 8이고 각각에 대응하는 고유벡터는 $[1\,1\,0]^T,\ [1\,-1\,0]^T,\ [0\,0\,1]^T$이다.

주축정리에 의해

$[x\ y\ z]\begin{bmatrix}3&-1&0\\-1&3&0\\0&0&8\end{bmatrix}\begin{bmatrix}x\\y\\z\end{bmatrix}\le 16$

$\Rightarrow\ [u\,v\,w]\begin{bmatrix}2&0&0\\0&4&0\\0&0&8\end{bmatrix}\begin{bmatrix}u\\v\\w\end{bmatrix}\le 16$

$\Rightarrow\ 2u^2+4v^2+8w^2\le 16$

이므로 주어진 입체는 $x^2+2y^2+4z^2\le 8$이다.

따라서 부피는 $\dfrac{4}{3}\pi\times\sqrt{2}\times 2\times 2\sqrt{2}=\dfrac{32}{3}\pi$이다.

26. ③

풀이 포물면을 $f: x^2+y^2-z=0$ 이라 하면

곡면의 면적은 $\iint_D\sqrt{1+f_x^2+f_y^2}\,dydx$

이 때, $D=\{(x,y)\ |1\le x^2+y^2\le 4\}$ 즉,

$\iint_D\sqrt{1+(2x)^2+(2y)^2}\,dydx$

$=\int_0^{2\pi}\int_1^2\sqrt{1+4r^2}\cdot r\,dr\,d\theta$

$=\int_0^{2\pi}\left[\dfrac{1}{12}(1+4r^2)^{\frac{3}{2}}\right]_1^2 d\theta$

$=\dfrac{1}{12}\int_0^{2\pi}(17\sqrt{17}-5\sqrt{5})d\theta$

$=\dfrac{\pi}{6}(17\sqrt{17}-5\sqrt{5})$

[다른 풀이]

곡선 $x=y^2\,(1\le x\le 4)$를

x축으로 회전시킨 곡면의 면적과 동일하다.

$S_x=2\pi\int_c y\,ds=2\pi\int_1^2 y\sqrt{1+(x')^2}\,dy$

27. ③

풀이 $-\dfrac{\pi}{2}\le\sin^{-1}(x^2+y^2-2)\le\dfrac{\pi}{2}$ 이므로

정의역의 범위는

$-1\le x^2+y^2-2\le 1$

$\Rightarrow\ 1\le x^2+y^2\le 3$인 영역을 생각하자.

(ⅰ) 원주면 $x^2+y^2=1$과

곡면 $z=\arcsin(x^2+y^2-2)+\pi(x^2+y^2)$의 교선은

$z=\dfrac{\pi}{2}$이다.

(ⅱ) 원주면 $x^2+y^2=3$과

곡면 $z=\arcsin(x^2+y^2-2)+\pi(x^2+y^2)$의 교선은

$z=\dfrac{7\pi}{2}$이다.

이 영역의 입체의 모습을 그려보면 다음과 같다.

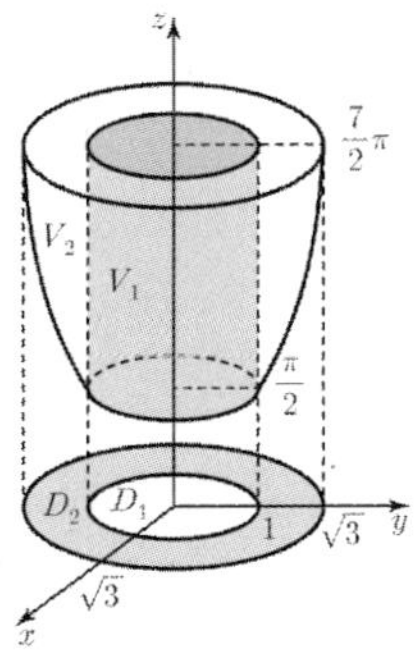

따라서 세 곡면으로 둘러싸인 영역의 부피 $V=V_1+V_2$이다.

V_1: 원기둥의 부피를 구하면 된다. $\Rightarrow\ V_1=\pi\cdot 3\pi=3\pi^2$

$V_2=\iint_{D_2}\dfrac{7}{2}\pi-\{\sin^{-1}(x^2+y^2-2)+\pi(x^2+y^2)\}dA$

$=\int_0^{2\pi}\int_1^{\sqrt{3}}\left[\dfrac{7}{2}\pi-\{\sin^{-1}(r^2-2)+\pi r^2\}\right]r\,dr\,d\theta$

$=\int_0^{2\pi}\int_1^{\sqrt{3}}\dfrac{7}{2}r\pi-\{r\sin^{-1}(r^2-2)+\pi r^3\}dr\,d\theta$

$=\int_0^{2\pi}\int_1^{\sqrt{3}}\dfrac{7}{2}r\pi-\pi r^3\,dr\,d\theta$

$-\int_0^{2\pi}\int_1^{\sqrt{3}}r\sin^{-1}(r^2-2)dr\,d\theta$

$=2\pi^2\left[\dfrac{7}{4}r^2-\dfrac{1}{4}r^4\right]_1^{\sqrt{3}}-2\pi\int_1^{\sqrt{3}}r\sin^{-1}(r^2-2)dr$

$=3\pi^2-\pi\int_{-1}^{1}\sin^{-1}t\,dt=3\pi^2$

따라서 부피 $V=6\pi^2$이다.

02 — 다변수미적분

28. ②

풀이 D를 $\left(x-\frac{\alpha}{2}\right)^2+y^2=\frac{\alpha^2}{4}$로 둘러싸인 영역이라 하면

$$V=\iint_D(\alpha-\sqrt{x^2+y^2})dydx$$
$$=\int_{-\frac{\pi}{2}}^{\frac{\pi}{2}}\int_0^{\alpha\cos\theta}(\alpha-r)r\,drd\theta(\because \text{극좌표 변환})$$
$$=2\int_0^{\frac{\pi}{2}}\left[\frac{\alpha}{2}r^2-\frac{1}{3}r^3\right]_0^{\alpha\cos\theta}d\theta$$
$$=2\int_0^{\frac{\pi}{2}}\left(\frac{\alpha^3}{2}\cos^2\theta-\frac{\alpha^3}{3}\cos^3\theta\right)d\theta$$
$$=\frac{\pi}{4}\alpha^3-\frac{4}{9}\alpha^3(\because \text{왈리스 공식})$$
$$=\alpha^3\left(\frac{\pi}{4}-\frac{4}{9}\right)$$

29. ③

풀이 $$V=\int_0^{\pi}\int_0^{\frac{\pi}{3}}\int_0^1\rho^2\sin\phi\, d\rho d\phi d\theta$$
$$=\int_0^{\pi}d\theta\int_0^{\frac{\pi}{3}}\sin\phi d\phi\int_0^1\rho^2 d\rho$$
$$=\pi\times\frac{1}{2}\times\frac{1}{3}=\frac{\pi}{6}$$

30. ④

풀이 $x^2+y^2+z^2=z$는 중심$\left(0,0,\frac{1}{2}\right)$이고 원점을 지난다.
구의 방정식을 구면좌표로 나타내면
$\rho^2=\rho\cos\phi$ 또는 $\rho=\cos\phi$가 된다.
$z=\sqrt{x^2+y^2}$ 과 구의 교각은
$\rho\cos\phi=\sqrt{\rho^2\sin^2\phi\cos^2\theta+\rho^2\sin^2\phi\sin^2\theta}=\rho sin\phi$이므로
$\phi=\frac{\pi}{4}$이다. 따라서 입체의 구면좌표 표현식은

$$E=\left\{(\rho,\phi,\theta)|0\le\rho\le cos\phi, 0\le\phi\le\frac{\pi}{4}, 0\le\theta\le 2\pi\right\}$$
$$V=\iiint_E dV$$
$$=\int_0^{2\pi}\int_0^{\frac{\pi}{4}}\int_0^{\cos\phi}\rho^2\sin\phi d\rho d\phi d\theta$$
$$=\int_0^{\frac{\pi}{4}}\int_0^{2\pi}\int_0^{\cos\phi}\rho^2\sin\phi d\rho d\theta d\phi$$

6. 선적분과 면적분

1. ②

풀이 곡선 C가 단순 폐곡선이고 특이점이 포함되지 않으므로 그린정리를 이용하여 선적분의 값을 구하면

$$\int_C(e^x\sin x-y)dx+\left(x^2+\sqrt{y^2+1}\right)dy$$
$$=\iint_D\{2x-(-1)\}dA(\text{단, } D: x^2+y^2\le 1)$$
$$=\iint_D(2x+1)dA$$
$$=\int_0^{2\pi}\int_0^1\left(2r^2\cos\theta+r\right)dr\,d\theta$$
$$=\int_0^{2\pi}\left(\frac{2}{3}\cos\theta+\frac{1}{2}\right)d\theta$$
$$=\left[\frac{2}{3}\sin\theta+\frac{1}{2}\theta\right]_0^{2\pi}=\pi$$

2. ②

풀이 C_1을 $(0,0,0)$에서 $(1,0,1)$까지의 선분이라 하면
$C_1: r(t)=(1-t)\langle 0,0,0\rangle+t\langle 1,0,1\rangle=\langle t,0,t\rangle$
$x=t, y=0, z=t, dx=dt, dy=0, dz=dt, 0\le t\le 1$
C_2를 $(1,0,1)$에서 $(0,1,2)$까지의 선분이라 하면
$C_2: r(t)=(1-t)\langle 1,0,1\rangle+t\langle 0,1,2\rangle=\langle 1-t,t,1+t\rangle$
$x=1-t, y=t, z=1+t, dx=-dt, dy=dt, dz=dt,$
$0\le t\le 1$

$$\therefore\int_C(y+z)dx+(x+z)dy+(x+y)dz$$
$$=\int_{C_1}(y+z)dx+(x+z)dy+(x+y)dz$$
$$+\int_{C_2}(y+z)dx+(x+z)dy+(x+y)dz$$
$$=\int_0^1 2tdt+\int_0^1(-2t+2)dt=2$$

[다른 풀이]
$P=y+z,\ Q=x+z,\ R=x+y$라 하면
$P_y=Q_x,\ P_z=R_x,\ Q_z=R_y$이므로
$F=\langle P,Q,R\rangle$은 보존적 벡터장이다.
따라서 F의 포텐셜 함수는 $f(x,y,z)=xy+yz+zx$이다.

$$\therefore\int_{C_1+C_2}Pdx+Qdy+Rdz=[f(x,y,z)]_{(0,0,0)}^{(0,1,2)}$$
$$=[xy+yz+zx]_{(0,0,0)}^{(0,1,2)}=2$$

3. ③

풀이 $\nabla\cdot\vec{F}=\nabla\cdot(x,2y,3z)+\nabla\cdot(\nabla\times\vec{G})$

$$=\nabla\cdot(x,2y,3z)+\vec{G}\cdot(\nabla\times\nabla)$$
$$=\nabla\cdot(x,2y,3z)(\because\nabla\times\nabla=O)$$
$$=\frac{\partial}{\partial x}(x)+\frac{\partial}{\partial y}(2y)+\frac{\partial}{\partial z}(3z)=1+2+3=6$$

$\therefore\nabla\cdot\vec{F}(0,0,0)=6$

4. ⑤

풀이 가우스 발산정리에 의해

$$\iiint_T divF\,dV=2\iiint_T dV=2\times T\text{의 체적}$$
$$=2\times\frac{4\pi}{3}=\frac{8\pi}{3}(\text{단, }T:x^2+y^2+z^2=1)$$

5. ①

풀이 경로가 폐곡선이고 경계면 내에서 연속인 함수이므로 그린정리를 사용하자.

$$\oint_C e^y dx+2xe^y dy=\int_0^2\int_0^2(2e^y-e^y)\,dxdy$$
$$=2\times\left[e^y\right]_0^2=2(e^2-1)$$

6. ③

풀이 곡선 C가 반시계 방향의 단순 폐곡선이므로 그린정리를 이용하여 선적분을 풀자. 여기서 D는 C로 둘러싸인 영역이다.

$\int_C(y^3-9y)dx-x^3dy=\iint_D 9-3(x^2+y^2)\,dA$의 값은 영역 D에서 곡면 $z=9-3(x^2+y^2)$과 둘러싸인 입체 부피의 최댓값과도 같다. $\iint_D 9-3(x^2+y^2)\,dA$가 최대가 되기 위한 D의 영역은 $9-3(x^2+y^2)=0$일 때이다.

즉, $D=\{(x,y)\,|\,x^2+y^2\le 3\}$일 때이다.

$$\int_C(y^3-9y)dx-x^3dy=\iint_D\{9-3(x^2+y^2)\}\,dA$$
$$=\iint_D 9\,dA-3\iint_D(x^2+y^2)\,dA$$
$$=27\pi-3\int_0^{2\pi}\int_0^{\sqrt{3}}r^3\,drd\theta$$
$$(x=r\cos\theta,\ y=r\sin\theta)$$
$$=27\pi-6\pi\cdot\frac{9}{4}=\frac{27\pi}{2}$$

7. ①

풀이 $z=3$에서의 폐곡선이므로 그린정리를 활용할 수 있다.

$F(x,y)=(3y,6x)$(단, $z=3$)이고 $D:x^2+y^2=16$

$$\int_C Fdr=\iint_D\frac{\partial}{\partial x}(6x)-\frac{\partial}{\partial y}(3y)dxdy$$
$$=3\iint_D dxdy=$$
$$3\times(D\text{의 면적})=3\times16\pi=48\pi$$

이 때 C의 방향은 시계 방향이므로 -48π

8. ②

풀이 $$curlF=\begin{vmatrix} i & j & k\\ \frac{\partial}{\partial x} & \frac{\partial}{\partial y} & \frac{\partial}{\partial z}\\ f & g & h\end{vmatrix}$$
$$=\left(\frac{\partial h}{\partial y}-\frac{\partial g}{\partial z}\right)i-\left(\frac{\partial h}{\partial x}-\frac{\partial f}{\partial z}\right)j+\left(\frac{\partial g}{\partial x}-\frac{\partial f}{\partial y}\right)k$$
$$=(1-2)i-(2-3)j+(3-2)k$$
$$=-i+j+k$$

9. ⑤

풀이 $$\int_C(x+\sqrt{y})ds=\int_0^1(t+t)\sqrt{(1)^2+(2t)^2}\,dt$$
$$=\int_0^1 2t\sqrt{1+4t^2}\,dt$$
$$=\frac{1}{6}(5\sqrt{5}-1)$$

10. ④

풀이 곡면 S를 $z=f(x,y)$라 하면

위로 향하는 단위법선벡터는 $\dfrac{(-f_x,-f_y,1)}{\sqrt{1+f_x^2+f_y^2}}$이고

$D=\{(x,y)|0\le x\le 1, 0\le y\le 1\}$이라 하면

$$\iint_S x\vec{k}\cdot dSdydx$$
$$=\iint_D x(0,0,1)\cdot\frac{(-f_x,-f_y,1)}{\sqrt{1+f_x^2+f_y^2}}\sqrt{1+f_x^2+f_y^2}\,dydx$$
$$=\iint_D xdydx=\int_0^1\int_0^1 xdydx=\frac{1}{2}$$

11. ④

풀이 $\int_C \mathbb{F} \cdot dr = \int_0^{2\pi} \mathbb{F}(r(t)) \cdot r'(t)dt$

$= \int_0^{2\pi} \langle 3t, \text{cos}t, \text{sin}t \rangle \cdot \langle -\text{sin}t, \text{cos}t, 3 \rangle dt$

$= \int_0^{2\pi} (-3t\ \text{sin}t + \text{cos}^2 t + 3\text{sin}t)dt$

$= \left[3t\text{cos}t + \text{sin}t + \frac{1}{2}\text{t} + \frac{1}{4}\text{sin}(2\text{t}) - 3\text{cos}t\right]_{t=0}^{2\pi}$

$= 7\pi$

12. ④

풀이 그린정리에 의해 피적분함수가 0이 아닌 것을 고르면 된다.

① $\frac{\partial}{\partial x}(x^2) - \frac{\partial}{\partial y}(2xy) = 2x - 2x = 0$

② $\frac{\partial}{\partial x}(2e^{-x}y) - \frac{\partial}{\partial y}(-e^{-x}y^2)$

$= (-2e^{-x}y) - (-2e^{-x}y) = 0$

③ $\frac{\partial}{\partial x}(e^x \text{cos}y) - \frac{\partial}{\partial y}(e^x \text{sin}y) = e^x \text{cos}y - e^x \text{cos}y = 0$

④ $\frac{\partial}{\partial x}(2xy^2) - \frac{\partial}{\partial y}(-2x^2y) = 2y^2 - (-2x^2) \neq 0$

13. ②

풀이 $\int_C (2xy + z)ds$

$= \int_C (2\text{cos}t\ \text{sin}t + t)\sqrt{(-\text{sin}t)^2 + (\text{cos}t)^2 + 1}\, dt$

$= \int_C (2\text{cos}t\ \text{sin}t + t)\sqrt{2}\, dt$

$= \sqrt{2}\int_0^{2\pi} (\text{sin}2t + t)\, dt$

$= \sqrt{2}\left[-\frac{1}{2}\text{cos}2t + \frac{1}{2}t^2\right]_0^{2\pi}$

$= \sqrt{2}\left\{-\frac{1}{2}(\text{cos}4\pi - \text{cos}0) + \frac{1}{2}(2\pi)^2\right\} = 2\sqrt{2}\pi^2$

14. ①

풀이 $r(t) = (t,\ t^2,\ t^3)$이라 두면 $r'(t) = (1, 2t, 3t^2)$이고

$F(r(t)) = (e^t,\ te^{t^3},\ t^3e^{t^6})$이므로

$\int_C F \cdot dr = \int_0^1 (e^t, te^{t^3}, t^3e^{t^6}) \cdot (1, 2t, 3t^2)dt$

$= \int_0^1 (e^t + 2t^2e^{t^3} + 3t^5e^{t^6})\, dt$

$= \left[e^t + \frac{2}{3}e^{t^3} + \frac{1}{2}e^{t^6}\right]_0^1$

$= \left(e + \frac{2}{3}e + \frac{1}{2}e\right) - \left(1 + \frac{2}{3} + \frac{1}{2}\right)$

$= \frac{13}{6}e - \frac{13}{6} = \frac{13}{6}(e-1)$

15. ①

풀이 $D = \{(x, y) | x^2 + y^2 \leq 4\}$라 하면

곡선 C는 폐영역 D의 경계곡선이므로 그린정리에 의해

$\int_C y^3 dx - x^3 dy = \iint_D \left(\frac{\partial}{\partial x}(-x^3) - \frac{\partial}{\partial y}(y^3)\right)dA$

$= \iint_D -3(x^2 + y^2)dA$

$= \int_0^{2\pi}\int_0^2 -3r^2 \cdot r\, dr d\theta$

$= 2\pi \cdot -3\left[\frac{1}{4}r^4\right]_0^2 = -24\pi$

16. ③

풀이 발산정리를 사용하면

$\iiint_E 3dV = 3 \cdot (E\text{의 부피}) = \frac{3}{6} = \frac{1}{2}$

E의 부피는 사면체의 부피 $= \frac{1}{6}$이다.

[다른 풀이]

발산정리를 사용하면

$\int_0^1 \int_0^{1-x} \int_0^{1-x-y} 3dzdydx$

$= 3\int_0^1 \int_0^{1-x} (1-x-y)dydx$

$= 3\int_0^1 \left[y - xy - \frac{1}{2}y^2\right]_0^{1-x} dx$

$= \frac{3}{2}\int_0^1 (1-x)^2 dx$

$= \frac{3}{2}\left[-\frac{1}{3}(1-x)^3\right]_0^1 = \frac{1}{2}$

17. ①

풀이 D는 유계 폐구간이므로 그린정리에 의해

$$\oint_C xe^{-2x}dx+(x^4+2x^2y^2)dy=\iint_D (4x^3+4xy^2)dxdy$$
$$=\iint_D 4x(x^2+y^2)dxdy$$

가 성립한다. $x=r\cos\theta,\ y=r\sin\theta$라 치환하면

$$\iint_D 4x(x^2+y^2)dxdy=\int_0^{2\pi}\int_1^2 4r\cos\theta\cdot r^2\cdot r\,drd\theta=0$$

18. ②

풀이 곡선 C의 양 끝점 $(-1,0)$과 $(1,0)$을 지나는 직선을 C_0라 하면

C_0 : $x=-1+2t,\ y=0,\ 0\le t\le 1$

$C\cup C_0=C_1$이라 하고, C_1으로 둘러싸인 영역을 D라 하면

C_1은 단순폐곡선(반시계 방향)이므로 그린정리에 의하여

$$\int_{C_1}(y+x^2)dx+\left(2x+\sqrt[3]{\sin y^3+e^{y^2}}\right)dy=\iint_D dA=\frac{\pi}{2}$$

$$\therefore \int_C (y+x^2)dx+\left(2x+\sqrt[3]{\sin y^3+e^{y^2}}\right)dy$$
$$=\int_{C_1}(y+x^2)dx+\left(2x+\sqrt[3]{\sin y^3+e^{y^2}}\right)dy$$
$$-\int_{C_0}(y+x^2)dx+\left(2x+\sqrt[3]{\sin y^3+e^{y^2}}\right)dy$$
$$=\frac{\pi}{2}-\int_0^1(-1+2t)^2\cdot 2dt$$
$$=\frac{\pi}{2}-\left[\frac{1}{3}(-1+2t)^3\right]_0^1=\frac{\pi}{2}-\frac{2}{3}$$

19. ⑤

풀이 곡선 C는 점 $P(1,1,1)$에서 점 $Q(2,2,2)$를 연결한 임의의 단순연결곡선이라 하자. 벡터장 $\mathbb{F}$는 $\mathbb{R}^3$ 공간 전체에서 잘 정의된 보존적 벡터장이다. 따라서 $\mathbb{F}(x,y,z)=\nabla f(x,y,z)$를 만족하는 잠재함수 $f(x,y,z)=\frac{1}{3}x^3+\frac{1}{3}y^3+\frac{1}{3}z^3+k$($k$는 상수)가 존재한다. 선적분의 기본정리에 의해

$$\int_C \mathbb{F}\cdot dr=\int \nabla f\cdot dr$$
$$=[f(x,y,z)]_{(1,1,1)}^{(2,2,2)}$$
$$=\left[\frac{1}{3}(x^3+y^3+z^3)+k\right]_{(1,1,1)}^{(2,2,2)}=7$$

20. ⑤

풀이 곡선 C가 단순 폐곡선이고

$F(x,y)=(-y,x)$의 특이점이 존재하지 않으므로

그린정리를 이용하여 선적분 $\oint_C -ydx+xdy$의 값을 구하자.

D를 곡선 C로 둘러싸인 영역이라 하면

$$\oint_C -ydx+xdy=\iint_D 1-(-1)dA=2\iint_D 1dA=2\times 2=4$$

21. ③

풀이 스톡스 정리에 의하여

$\int_C F\cdot dr=\iint_S curlF\cdot ndS$가 성립한다.

$$curlF=\begin{vmatrix} i & j & k \\ \frac{\partial}{\partial x} & \frac{\partial}{\partial y} & \frac{\partial}{\partial z} \\ y & z & x \end{vmatrix}=(-1,-1,-1)\text{이고}$$

n은 평면 $x+y+z=1$의 법선벡터이므로 $n=(1,1,1)$이다.

$$\therefore \int_C F\cdot dr=\iint_S curlF\cdot ndS=\iint_S(-3)dS$$
$$=\int_0^1\int_0^{1-x}(-3)dydx=\int_0^1 3(x-1)dx$$
$$=3\left[\frac{1}{2}x^2-x\right]_0^1=-\frac{3}{2}$$

$\therefore |a|+|b|=|-3|+|2|=5$

22. ③

풀이 그린정리에 의하여

$$\oint_C -y^2dx+2xydy=\int\int_D 2y-(-2y)dA$$
$$=\int\int_D 4ydA$$
$$=\int_0^1\int_0^{\sqrt{x}}4ydydx$$
$$=\int_0^1[2y^2]_0^{\sqrt{x}}dx$$
$$=\int_0^1 2xdx=[x^2]_0^1=1$$

23. ④

풀이 $E=\{(x,y,z)|y^2+z^2\le 1,\ -1\le x\le 2\}$이라 하면

S는 E를 둘러싸고 있는 폐곡면이므로 발산정리에 의해

$$A=\iint_s F\cdot dS=\iiint_e div(F)dxdydz=3\iiint_e(y^2+z^2)dxdydz$$

이 성립한다.

$y=r\cos\theta,\ z=r\sin\theta$라고 치환하면

$$A=3\int_0^{2\pi}\int_0^1\int_{-1}^2 r^2(\cos^2\theta+\sin^2\theta)rdxdrd\theta=\frac{9}{2}\pi$$

24. ②

풀이 주어진 벡터장은

$$\begin{vmatrix} i & j & k \\ \frac{\partial}{\partial x} & \frac{\partial}{\partial y} & \frac{\partial}{\partial z} \\ 2xyz^2 - \cos x & x^2z^2 & 2x^2yz \end{vmatrix} = (0,\ 0,\ 0)$$

이므로 보존벡터장을 이룬다. 따라서 선적분의 기본정리에 의해

$$I = [x^2yz^2 - \sin x]_{(1,0,0)}^{\left(0,\,-1,\left(\frac{\pi}{2}\right)^5\right)} = \sin 1$$

(단, $r(0) = (1, 0, 0)$, $r\left(\frac{\pi}{2}\right) = \left(0, -1, \left(\frac{\pi}{2}\right)^5\right)$)

25. ①

풀이 적분경로가 폐곡선이므로 그린정리를 사용하자.

$$\iint_D \{-2ye^{-y^2} - (-2ye^{-y^2} - x)\}dA$$
$$= \int_0^1 \int_0^x x\,dydx$$
$$= \int_0^1 [xy]_0^x dx$$
$$= \int_0^1 x^2\,dx = \frac{1}{3}$$

26. ②

풀이 $\frac{dx}{dt} = 3\cos^2 t \cdot (-\sin t) = -3\cos^2 t \sin t$, $\frac{dy}{dt} = 3\sin^2 t \cos t$

$$\therefore ds = \sqrt{\left(\frac{dx}{dt}\right)^2 + \left(\frac{dy}{dt}\right)^2}\,dt$$
$$= \sqrt{(-3\cos^2 t \sin t)^2 + (3\sin^2 t \cos t)^2}\,dt$$
$$= \sqrt{9\sin^2 t \cos^2 t(\cos^2 t + \sin^2 t)}\,dt = 3\cos t \sin t\,dt$$

$$\therefore \int_C y\,ds = \int_0^{\frac{\pi}{2}} \sin^3 t \cdot 3\cos t \sin t\,dt$$
$$= \int_0^{\frac{\pi}{2}} 3\sin^4 t \cos t\,dt$$
$$= \left[\frac{3}{5}\sin^5 t\right]_0^{\frac{\pi}{2}} = \frac{3}{5}(1-0) = \frac{3}{5}$$

$\therefore a = 3, b = 5 \quad \therefore a + b = 8$

27. ②

풀이 주어진 벡터함수 $F = \langle y, x \rangle$는 $P_y = Q_x$인 보존적 벡터장이다. 포텐셜함수 $f(x, y) = xy$이다.

$$\int_C \mathbb{F} \cdot dr = \int_0^{\frac{\pi}{4}} \nabla f \cdot r'(t)dt = f(x, y)]_{\text{시작점}(\sqrt{2},\,0)}^{\text{끝점}(1,\,1)} = 1$$

[다른 풀이]

곡선을 매개화시켜서 정의로 풀이할 수도 있다.

$$\int_C \mathbb{F} \cdot dr$$
$$= \int_0^{\frac{\pi}{4}} \mathbb{F}(r(t)) \cdot r'(t)dt$$
$$= \int_0^{\frac{\pi}{4}} \langle \sqrt{2}\sin t, \sqrt{2}\cos t \rangle \cdot \langle -\sqrt{2}\sin t, \sqrt{2}\cos t \rangle dt$$
$$= 2\int_0^{\frac{\pi}{4}} (-\sin^2 t + \cos^2 t)dt$$
$$= 2\int_0^{\frac{\pi}{4}} \cos(2t)dt \,(\because \cos^2 t - \sin^2 t = \cos(2t))$$
$$= 2\left[\frac{1}{2}\sin(2t)\right]_{t=0}^{\frac{\pi}{4}} = 1$$

28. ③

풀이 $S = \{(x, y, z) \in R^3 | x^2 + y^2 + z^2 = 1, z \geq 0\}$,

$S_1 = \{(x, y, z) \in R^3 | x^2 + y^2 \leq 1, z = 0\}$라고 하자.

$S \cup S_1$은 폐곡면(외향)이 되고

그 내부 영역을 V라고 하면 발산정리에 의해서

$$\iint_{S \cup S_1} F \cdot dS = \iiint_V divF dV = \iiint_V 1dV = \frac{2}{3}\pi$$

(반구의 부피)

한편 $\iint_{S \cup S_1} F \cdot dS = \iint_S F \cdot dS + \iint_{S_1} F \cdot dS$에서

$D = \{(x, y) \in R^2 | x^2 + y^2 \leq 1\}$이고

S_1에서 $z = 0$의 방향은 하향이 되어야 한다.

S_1에 대한 $n = \langle 0, 0, 1 \rangle$일 때

$$\iint_{S_1} F \cdot dS = -\iint_D 4x^2 + z\,dA \,(z = 0\text{대입})$$
$$= -4\iint_D x^2 dA$$
$$= -4\int_0^{2\pi}\int_0^1 r^3\cos^2\theta\,drd\theta$$
$$= -4\int_0^{2\pi}\cos^2\theta\,d\theta \int_0^1 r^3 dr$$
$$= -4 \times \frac{1}{2} \times \frac{\pi}{2} \times 4 \times \frac{1}{4} = -\pi$$

$\iint_{S \cup S_1} F \cdot dS = \iint_S F \cdot dS + \iint_{S_1} F \cdot dS$이므로

$$\Rightarrow \frac{2\pi}{3} = \iint_S F \cdot dS + (-\pi) \Rightarrow \iint_S F \cdot dS = \frac{5\pi}{3}$$

29. ⑤

풀이 벡터장 $F=\langle yz+1, xz+z, xy+y+2z\rangle$의 $curlF=O$ 이므로 F는 보존적 벡터장이다. 즉, $F=\nabla f$이다.
$f(x,y,z)=xyz+x+yz+z^2$이고,

$$\int_C F\cdot dr=\int_C \nabla f\cdot dr=f(x,y,z)\Big]_{(0,1,0)}^{(0,0,2)}=4$$

30. ①

풀이 (i) a : $x=2t,\ y=t$ (단, $0\le t\le 1$)라 두면
$dx=2dt,\ dy=dt$이므로

$$I_a=\int_0^1(4t^2\cdot t\cdot 2-2t\cdot 1)dt$$
$$=\int_0^1(8t^3-2t)dt=\left[2t^4-t^2\right]_0^1=1$$

(ii) $b_1 : x=3t,\ y=0$ (단, $0\le t\le 1$),
$b_2 : x=3-t,\ y=t$ (단, $0\le t\le 1$)이라 두면 $b=b_1+b_2$

$$I_b=I_{b_1}+I_{b_2}$$
$$=\int_0^1(9t^2\cdot 0\cdot 3-3t\cdot 0)dt$$
$$+\int_0^1\{(3-t)^2\cdot t\cdot(-dt)-(3-t)dt\}$$
$$=\int_0^1 0dt+\int_0^1(-t^3+6t^2-8t-3)dt$$
$$=\left[-\frac{1}{4}t^4+2t^3-4t^2-3t\right]_0^1$$
$$=-\frac{1}{4}+2-4-3=-\frac{21}{4}$$

31. ⑤

풀이 주어진 벡터함수는
$F=\left\langle \frac{x}{x^2+y^2}, \frac{y}{x^2+y^2}\right\rangle+\left\langle \frac{-y}{x^2+y^2}, \frac{x}{x^2+y^2}\right\rangle$로 나타낼 수 있고 각각의 벡터함수는 특이점(원점)을 제외한 보존적 벡터함수이다. 주어진 곡선은 원점을 제외한 영역의 곡선이므로

$$\int_C F\cdot dr$$
$$=\int_C\left\langle \frac{x}{x^2+y^2}, \frac{y}{x^2+y^2}\right\rangle\cdot dr$$
$$+\int_C\left\langle \frac{-y}{x^2+y^2}, \frac{x}{x^2+y^2}\right\rangle\cdot dr$$
$$=\frac{1}{2}\ln(x^2+y^2)\Big]_{(1,-1)}^{(1,1)}+\tan^{-1}\left(\frac{y}{x}\right)\Big]_{(1,-1)}^{(1,1)}=\frac{\pi}{2}$$

[다른 풀이]

벡터함수 $F=\langle P(x,y), Q(x,y)\rangle=\left\langle \frac{x-y}{x^2+y^2}, \frac{x+y}{x^2+y^2}\right\rangle$는 $P_y=Q_x$이다. 직선 $C_1 : r(t)=\langle 1,t\rangle(-1\le t\le 1)$이라고 하자. $C+(-C_1)=C-C_1$은 단순 폐곡선(양의 방향)의 내부를 D라고 할 때, 그린정리에 의해서

$$\int_{C-C_1}F\cdot dr=\iint_D Q_x-P_y\,dA=0$$이다.

$$\int_{C-C_1}F\cdot dr=\int_C F\cdot dr+\int_{-C_1}F\cdot dr=0$$이므로

$$\int_C F\cdot dr=-\int_{-C_1}F\cdot dr\Leftrightarrow\int_C F\cdot dr=\int_{C_1}F\cdot dr$$

C_1에서 $F=\left\langle \frac{1-t}{1+t^2}, \frac{1+t}{1+t^2}\right\rangle$이고, $r'(t)=\langle 0,1\rangle$이다.

$$\int_{C_1}F\cdot dr=\int_{-1}^1 F\cdot r'(t)dt=\int_{-1}^1\frac{1+t}{1+t^2}dt=\frac{\pi}{2}$$이다.

[다른 풀이]

극곡선 $C : r=2\cos\theta,\ -\frac{\pi}{4}\le\theta\le\frac{\pi}{4}$를 매개화하면

$\begin{cases}x=r\cos\theta=2\cos^2\theta\\ y=r\sin\theta=2\cos\theta\sin\theta\end{cases}$라고 할 수 있다.

$$\int_C F\cdot dr=\int_{-\frac{\pi}{4}}^{\frac{\pi}{4}}\left\langle\frac{x-y}{x^2+y^2}, \frac{x+y}{x^2+y^2}\right\rangle\cdot r'(\theta)\,d\theta$$
$$=\int_{-\frac{\pi}{4}}^{\frac{\pi}{4}}2-2\frac{2\cos^2\theta+2\cos\theta\sin\theta}{4\cos^2\theta}d\theta$$
$$=\int_{-\frac{\pi}{4}}^{\frac{\pi}{4}}1-\tan\theta\,d\theta=\frac{\pi}{2}$$

[다른 풀이]

극곡선 $C : r=2\cos\theta,\ -\frac{\pi}{4}\le\theta\le\frac{\pi}{4}$를 매개화하면

$\Leftrightarrow C:(x-1)^2+y^2=1\Leftrightarrow\begin{cases}x=1+\cos t\\ y=\sin t\end{cases},\ -\frac{\pi}{2}\le t\le\frac{\pi}{2}$

$$\int_C\frac{(x-y)dx+(x+y)dy}{x^2+y^2}$$
$$=\int_{-\frac{\pi}{2}}^{\frac{\pi}{2}}\frac{(1+\cos t-\sin t)(-\sin t)+(1+\cos t+\sin t)(\cos t)}{(1+\cos t)^2+\sin^2 t}dt$$
$$=\int_{-\frac{\pi}{2}}^{\frac{\pi}{2}}\frac{-\sin t-\sin t\cos t+\sin^2 t+\cos t+\cos^2 t+\sin t\cos t}{2+2\cos t}dt$$
$$=\int_{-\frac{\pi}{2}}^{\frac{\pi}{2}}\frac{1+\cos t-\sin t}{2(1+\cos t)}dt$$
$$=\int_{-\frac{\pi}{2}}^{\frac{\pi}{2}}\frac{1}{2}dt-\int_{-\frac{\pi}{2}}^{\frac{\pi}{2}}\frac{\sin t}{2(1+\cos t)}dt$$
$$=\int_{-\frac{\pi}{2}}^{\frac{\pi}{2}}\frac{1}{2}dt\left(\because\int_{-\frac{\pi}{2}}^{\frac{\pi}{2}}\frac{\sin t}{2(1+\cos t)}dt=0\right)=\frac{\pi}{2}$$

32. ④

풀이 $curlF=0$이므로 보존장이다.

$\nabla f=F$라 하면 $f=xe^y\cos z$이므로

$$\int_C \vec{F}(\vec{r})\cdot d\vec{r}=f(1,2,0)-f(0,0,0)=e^2$$

33. ④

풀이 구면좌표계에서 $x^2+y^2\geq 1 \Leftrightarrow \rho\sin\theta\geq 1 \Leftrightarrow \rho\geq csc\theta$ 이므로 입체 E의 질량은

$$\iiint_E \mu(x,y,z)dV=\iiint_E \frac{3}{x^2+y^2+z^2}dV$$

$$=\int_0^{2\pi}\int_{\frac{\pi}{6}}^{\frac{\pi}{2}}\int_{\csc\phi}^{2}\frac{3}{\rho^2}\cdot\rho^2\sin\phi\, d\rho d\phi d\theta$$

(∵구면좌표계)

$$=\int_0^{2\pi}\int_{\frac{\pi}{6}}^{\frac{\pi}{2}}\int_{\csc\phi}^{2}3\sin\phi\, d\rho d\phi d\theta$$

$$=\int_0^{2\pi}\int_{\frac{\pi}{6}}^{\frac{\pi}{2}}3\sin\phi(2-\csc\phi)\,d\phi d\theta$$

$$=\int_0^{2\pi}\int_{\frac{\pi}{6}}^{\frac{\pi}{2}}(6\sin\phi-3)\,d\phi d\theta$$

$$=2\pi\left[-6\cos\phi-3\phi\right]_{\frac{\pi}{6}}^{\frac{\pi}{2}}=2\pi(3\sqrt{3}-\pi)$$

34. 1

풀이 $P=2xy+\dfrac{z}{1+x^2z^2},\ Q=x^2,\ R=\dfrac{x}{1+x^2z^2}$라 하자.

$P_y=Q_x,\ P_z=R_x,\ Q_z=R_y$이므로

$F(x,y,z)$는 보존적 벡터장이다.

$f(x,y,z)=x^2y+\tan^{-1}(xz)$

$$\therefore\int_X F=\left[x^2y+\tan^{-1}(xz)\right]_{(0,1,1)}^{(1,1,0)}=1-0=1$$

35. ⑤

풀이 $r'(t)=(-3\sin t,\ 3\cos t,\ 4)$

$\Rightarrow |r'(t)|=\sqrt{9\sin^2 t+9\cos^2 t+16}=5$

$$\int_C(xy+z)\,ds=5\int_0^{2\pi}(9\sin t\cos t+4t)dt$$

$$=5\left[\frac{9}{2}\sin^2 t+2t^2\right]_0^{2\pi}=40\pi^2$$

36. ②

풀이 $divF=3z^2$이므로 발산정리에 의하여 유량 W는

$$W=\iiint_D divF\,dV$$

$$=\int_0^{2\pi}\int_0^{\sqrt{3}}\int_0^{\sqrt{4-r^2}}3z^2r\,dzdrd\theta\ (\because \text{원주좌표계})$$

$$=\int_0^{2\pi}\int_0^{\sqrt{3}}r\left[z^3\right]_0^{\sqrt{4-r^2}}drd\theta$$

$$=\int_0^{2\pi}\int_0^{\sqrt{3}}r(4-r^2)^{\frac{3}{2}}drd\theta$$

$$=2\pi\left[-\frac{1}{5}(4-r^2)^{\frac{5}{2}}\right]_0^{\sqrt{3}}$$

$$=2\pi\cdot\left(-\frac{1}{5}\right)(1-2^5)=\frac{2}{5}\pi\cdot 31=\frac{62}{5}\pi$$

37. ③

풀이 $F(x,y,z)=(-2y,3x,10z)$라 두면

$$curlF=\begin{vmatrix} i & j & k \\ \frac{\partial}{\partial x} & \frac{\partial}{\partial y} & \frac{\partial}{\partial z} \\ -2y & 3x & 10z\end{vmatrix}=(0,0,3-(-2))=(0,\ 0,\ 5)$$

이고 $n=(0,0,1)$이므로 스톡스 정리에 의하여

$$\int_C -2ydx+3xdy+10zdz=\int_C F\cdot dr=\iint_S curlF\cdot ndS$$

$$=\iint_S 5dA=5\cdot 25\pi=125\pi$$

38. ④

풀이 $F(x,y)=(1-ye^{-x},e^{-x})$은

$$\frac{\partial}{\partial x}(e^{-x})=-e^{-x}=\frac{\partial}{\partial y}(1-ye^{-x})$$

따라서 보존적 벡터장이다.

$$\therefore\int_C(1-ye^{-x})dx+e^{-x}dy=\left[x+ye^{-x}\right]_{(-1,0)}^{(1,0)}$$

$$=1-(-1)=2$$

39. ③

풀이

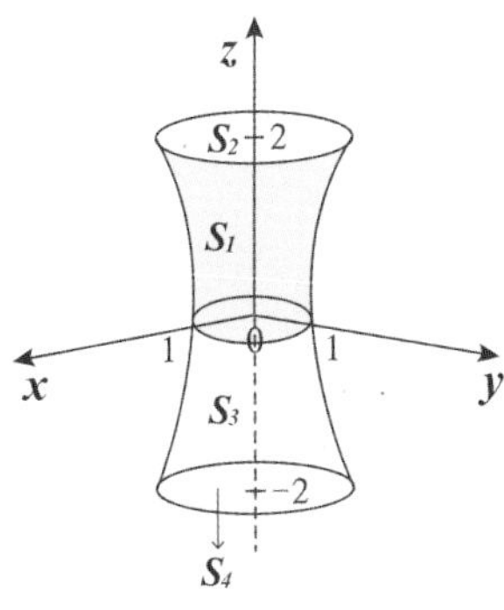

드럼통의 곡면 $S = S_1 \cup S_2 \cup S_3 \cup S_4$ 이고

$S_1 : r_1(x, y) = \langle x, y, \sqrt{x^2+y^2-1}\,\rangle, (x, y) \in D_1$

$(D_1 = \{(x, y) | 1 \le x^2+y^2 \le 5\}$

$\quad = \{(r, \theta) | 1 \le r \le \sqrt{5}, 0 \le \theta \le 2\pi\})$

$S_2 : r_2(x, y) = \langle x, y, 2\rangle$

$(x, y) \in D_2 = \{(x, y) | x^2+y^2 \le 5\}$

따라서 곡면 S의 질량은

$m = 2\iint_{S_1 \cup S_2} \rho(x, y, z)dS(\because dS=$곡면의 면적변화율$)$

$= 2\iint_{S_1} \rho(x, y, z)dS + 2\iint_{S_2} \rho(x, y, z)dS$

$= 6\iint_{S_1} zdS + 2\iint_{S_2} 3 \cdot 2dS(\because S_2$에서 $z=2)$

$= 6\iint_{D_1} \sqrt{x^2+y^2-1} \cdot \dfrac{\sqrt{2(x^2+y^2)-1}}{\sqrt{x^2+y^2-1}} dA + 12A(S_2)$

$(\because A(S_2)= S_2$의 넓이$)$

$= 6\int_0^{2\pi}\int_1^{\sqrt{5}} \sqrt{2r^2-1} \cdot rdrd\theta + 60\pi$

$(\because A(S_2) = 5\pi)$

$= 112\pi$

40. ②

풀이 곡선 $C: z=0,\ \sqrt{36-9x^2-4y^2}=0 \iff \dfrac{1}{4}x^2 + \dfrac{1}{9}y^2 = 1$

이므로 선적분의 정의를 이용하여

$\iint_S curl\vec{F} \cdot d\vec{S}$의 값을 구하여 보자.

$\iint_S curl\vec{F} \cdot d\vec{S} = \int_C F \cdot dr\left(C: \dfrac{x^2}{4} + \dfrac{y^2}{9} \le 1\right)$

$\qquad = \int_C \dfrac{-y}{x^2+y^2}dx + \dfrac{x}{x^2+y^2}dy = 2\pi$

41. ③

풀이 $\iint_\Sigma 24yzdS(x = \sin\phi cos\theta,\ y = \sin\phi sin\theta,\ z = \cos\phi$로 치환$)$

$= \int_0^{\frac{\pi}{2}}\int_0^{\frac{\pi}{4}} 24\sin\phi\sin\theta\cos\phi\sin\phi d\phi d\theta$

$= 24\int_0^{\frac{\pi}{2}} \left[\dfrac{1}{3}\sin^3\phi\right]_0^{\frac{\pi}{4}} \sin\theta d\theta$

$= 24\int_0^{\frac{\pi}{2}} \dfrac{1}{3} \times \dfrac{1}{2\sqrt{2}} \sin\theta d\theta$

$= 2\sqrt{2}\int_0^{\frac{\pi}{2}} \sin\theta d\theta = 2\sqrt{2}$

42. ①

풀이 $F(x, y)$는 보존적 벡터장이므로 $F = \nabla f$를 만족하는 f를 찾으면 $f(x, y) = x^3\cos\left(\dfrac{\pi}{4}y\right)$가 된다. $t=0$일 때 $(x, y) = (1-e, 1)$이고 $t=1$일 때 $(x, y) = \left(0, \dfrac{\sqrt{3}}{2}\right)$이다.

선적분의 기본정리에 의하여

$\int_C F \cdot ds = \int_C \nabla f \cdot dr$

$\qquad = f(x, y)]_{(1-e, 1)}^{\left(0, \frac{\sqrt{3}}{2}\right)}$

$\qquad = f\left(0, \dfrac{\sqrt{3}}{2}\right) - f(1-e, 1)$

$\qquad = \dfrac{\sqrt{2}}{2}(e-1)^3$

43. ④

풀이 꼭짓점이 $(0, 0, 1)$, $(1, 1, -1)$, $(1, -1, -1)$, $(-1, 0, -1)$인 사면체 내부 영역을 T라고 할 때, 영역 T에 원점이 포함되므로 $\iint_S \vec{F} \cdot d\vec{S} = 4\pi$이다.

44. ①

풀이 스톡스 정리를 이용하면

$\oint_C \left(-y^5 - \dfrac{5}{3}x^2y^3\right)dx + \left(x^5 + \dfrac{5}{3}x^3y^2\right)dy - z^5dz$

$= \iint_D 5(x^4+y^4+2x^2y^2)dA($단 $D: x^2+y^2 \le 1)$

$= 5\iint_D (x^2+y^2)^2dA = 5\int_0^{2\pi}\int_0^1 (r^2)^2 \cdot rdrd\theta = \dfrac{5\pi}{3}$

45. ④

풀이 (질량)=(밀도) ×(부피)이므로

$$\iiint_T \rho(x, y, z)dv = \iiint_T x dv$$
$$= \int_0^1 \int_{-\sqrt{x}}^{\sqrt{x}} \int_0^x xdzdydx$$
$$= \int_0^1 \int_{-\sqrt{x}}^{\sqrt{x}} x^2 dydx$$
$$= \int_0^1 2x^{\frac{5}{2}} dx$$
$$= 2 \times \frac{2}{7} = \frac{4}{7}$$

46. ③

풀이 곡선 $C: y = x^2,\ 0 \le x \le 1 \Leftrightarrow \begin{cases} x = t \\ y = t^2 \end{cases},\ 0 \le t \le 1$이므로

① $\int_C xdy = \int_0^1 t(2t)dt = \left[\frac{2}{3}t^3\right]_0^1 = \frac{2}{3}$

② $\int_C ydx = \int_0^1 t^2 dt = \left[\frac{1}{3}t^3\right]_0^1 = \frac{1}{3}$

③ $\int_C xds = \int_0^1 t\sqrt{1+4t^2}\,dt$

$$= \left[\frac{1}{12}(1+4t^2)^{\frac{3}{2}}\right]_0^1 = \frac{1}{12}(5\sqrt{5}-1)$$

④ $\int_C yds = \int_0^1 t^2\sqrt{1+4t^2}\,dt$

$$< \int_0^1 t\sqrt{1+4t^2}\,dt$$

$(\because\ 0 < t < 1$ 에서 $t^2 < t)$

보기에서 적분값이 가장 큰 것은 ③ $\frac{1}{12}(5\sqrt{5}-1)$ 이다.

47. ④

풀이 경로 C가 구 $S: x^2+y^2+z^2=9$ 위의 곡선이고 시작점과 끝점을 각각 $(\alpha_1, \alpha_2, \alpha_3), (\beta_1, \beta_2, \beta_3)$이라 하자. 이 점은 평면위의 점이므로 $2\alpha_1+\alpha_2+2\alpha_3=0$과 $2\beta_1+\beta_2+2\beta_3=0$을 만족해야 한다. 이때, 선적분 $\int_C adx+bdy+cdz$의 값이 경로에 독립적으로 결정되므로 $\nabla f = \langle a, b, c\rangle$는 보존장이고, 포텐셜 함수는 $f: ax+by+cz+k$(k는 상수)이다. 선적분의 기본정리에 의해

$$\int_C adx+bdy+cdz = f(x, y, z)\Big|_{(\alpha_1, \alpha_2, \alpha_3)}^{(\beta_1, \beta_2, \beta_3)}$$
$$= a\beta_1+b\beta_2+c\beta_3-\{a\alpha_1+b\alpha_2+c\alpha_3\}$$
$$= \langle a, b, c\rangle \cdot \langle \beta_1-\alpha_1, \beta_2-\alpha_2, \beta_3-\alpha_3 \ge 0$$

이므로 $\langle \beta_1-\alpha_1, \beta_2-\alpha_2, \beta_3-\alpha_3\rangle$는 평면 위의 임의의 벡터이고, $\langle a, b, c\rangle$는 이 벡터와 수직관계에 있으므로 $\langle a, b, c\rangle$는 평면 $2x+y+2z=0$에 수직이다. 또한 점 (a, b, c)가 곡면 S 위에 있으므로 $\langle a, b, c\rangle = \pm\langle 2, 1, 2\rangle$이다.

$\therefore a(b+c) = 2(1+2) = 6$

48. ⑤

풀이 영역 $E = \{(x, y, z) | x^2+y^2+z^2 \le 1\}$라 하면 E의 경계곡면은 $\partial E = S$이다. S는 폐곡면이므로 발산정리에 의해

$$\iint_S \mathbb{F} \cdot d\mathbb{S} = \iiint_E \text{div}\mathbb{F}dV$$
$$= \iiint_E (2\sin x\cos x+6-\sin(2x))dV$$
$$= \iiint_E 6dV = 6 \times \frac{4}{3}\pi = 8\pi$$

49. ①

풀이 폐영역의 경계곡선이므로 그린정리에 의해

$$\int_C (e^{\cos x}+y^3)dx + (\sqrt{y^4+1}+2xy^2)dy$$
$$= \iint_D \left(\frac{\partial}{\partial x}(\sqrt{y^4+1}+2xy^2) - \frac{\partial}{\partial y}(e^{\cos x}+y^3)\right)dA$$
$$= \iint_D (-y^2)dA$$

영역 D를 극형식으로 나타내면

$$= \int_0^{2\pi}\int_1^2 -r^2\sin^2\theta \cdot rdrd\theta$$
$$= \int_0^{2\pi} \sin^2\theta d\theta \cdot \int_1^2 -r^3 dr$$
$$= \frac{1}{2}\int_0^{2\pi}(1-\cos 2\theta)d\theta\left[-\frac{1}{4}r^4\right]_1^2$$
$$= \frac{1}{2}\left[\theta - \frac{1}{2}\sin 2\theta\right]_0^{2\pi}\left[-\frac{1}{4}(16-1)\right]$$
$$= \pi \times \left(-\frac{15}{4}\right) = -\frac{15}{4}\pi$$

50. ③

풀이 벡터함수 F$=\langle z, y, x\rangle$의 폐곡면에서 면적분을 구하자.

(ⅰ) 면적분의 발산정리를 이용하자.

$$\iint_S F\cdot dS=\iiint_B divF dV=\iiint_B 1dV=\frac{4\pi}{3}$$

($\because B$의 부피)

(ⅱ) 면적분의 정리를 이용하자.

n은 단위구면의 바깥 방향 단위법벡터이므로

$x^2+y^2+z^2=1$이고,

$n=\frac{1}{\sqrt{x^2+y^2+z^2}}\langle x, y, z\rangle=\langle x, y, z\rangle$이다.

$|\nabla S|=\left|\frac{1}{z}\langle x, y, z\rangle\right|=\frac{1}{|z|}=\frac{1}{\sqrt{1-x^2-y^2}}$이다.

$$\iint_S F\cdot dS=\iint_S F\cdot ndS$$

$$=\iint_S (z, y, x)\cdot(x, y, z)dS$$

$$=\iint_S 2xz+y^2dS$$

$$=\iint_{S_1} 2xz+y^2dS+\iint_{S_2} 2xz+y^2dS$$

($\because$상반구 S_1와 하반구 S_2로 나눠서 확인하자.)

$$=\iint_D\left(2x\sqrt{1-x^2-y^2}+y^2\right)|\nabla S|dA$$

$$+\iint_D\left(-2x\sqrt{1-x^2-y^2}+y^2\right)|\nabla S|dA$$

$$=2\iint_D\frac{y^2}{\sqrt{1-x^2-y^2}}dA$$

$$=2\int_0^{2\pi}\int_0^1\frac{r^3\sin^2\theta}{\sqrt{1-r^2}}dr\,d\theta$$

$$=2\cdot\frac{1}{2}\cdot\frac{\pi}{2}\cdot 4\int_0^{\frac{\pi}{2}}\frac{\sin^3 u}{\cos u}\cos u\,du$$

$$=2\pi\cdot\frac{2}{3}$$

$$=\frac{4\pi}{3}$$

02 ㅣ 다변수미적분

SUBJECT **03** 선형대수

1. 벡터와 공간도형

1. ③

풀이 A(1, 1, 0), B(1, 0, 1), C(0, 1, 1)이라 할 때, 평면의 법선벡터는 $\overrightarrow{AB}=(0,\ -1,\ 1)$과 $\overrightarrow{AC}=(-1,\ 0,\ 1)$에 동시에 수직이다. 따라서 평면의 법선벡터 n은

$$n=\begin{vmatrix} i & j & k \\ 0 & -1 & 1 \\ -1 & 0 & 1 \end{vmatrix}=i(-1)-j(1)+k(-1)\ //\ (1,\ 1,\ 1)$$

이고 점 A(1, 1, 0)을 지나므로 평면의 방정식은 $x+y+z=2$이다. 그러므로 평면 $x+y+z=2$ 위의 점은 $(2,\ 1,\ -1)$이다.

2. ④

풀이 두 점과 거리가 같은 점들의 집합 A는 두 점의 중점을 지나며, 두 점을 지나는 직선을 법선으로 가지는 평면을 의미한다. 따라서 두 점의 중점은 $\left(\frac{5}{2},\ 0,\ 3\right)$이고, 법선 벡터는 $\vec{n}=\langle 1,\ 2,\ 4\rangle$이므로 평면의 방정식은

$(1,\ 2,\ 4)\cdot\left(x-\frac{5}{2},\ y-0,\ z-3\right)=0$이므로

$2x+4y+8z=29$이다.

3. ④

풀이 평면 $x-2y+5z=0$의 법선벡터는 $n=(1,\ -2,\ 5)$이므로 벡터 $u=i+2j+3k$의 평면 $x-2y+5z=0$으로의 정사영벡터는

$$\begin{aligned} u-proj_n u &= u-\frac{u\cdot n}{n\cdot n}n \\ &=(1,2,3)-\frac{(1,2,3)\cdot(1,\ -2,5)}{(1,\ -2,5)\cdot(1,\ -2,5)}(1,\ -2,5) \\ &=(1,2,3)-\frac{1-4+15}{1+4+25}(1,\ -2,5) \\ &=(1,2,3)-\frac{2}{5}(1,\ -2,5)=\frac{1}{5}(3,14,5) \end{aligned}$$

이므로 정사영의 길이는

$$\left|\frac{1}{5}(3,14,5)\right|=\frac{1}{5}\sqrt{3^2+14^2+5^2}=\frac{1}{5}\sqrt{230}=\sqrt{\frac{46}{5}}$$

4. ⑤

풀이 $v\times w=\begin{vmatrix} i & j & k \\ 3 & 6 & -2 \\ 1 & 2 & 3 \end{vmatrix}$

$=(18+4,\ -(9+2),\ 6-6)=(22,\ -11,\ 0)$

$\Rightarrow\ a=22,\ b=-11,\ c=0$

$\therefore a+b+c=11$

5. ①

풀이 $A\times(A\times B)=(A\cdot B)A-(A\cdot A)B=-a^2B+(A\cdot B)A$

6. ③

풀이 점 $O(0,0,0)$, $A(1,2,3)$, $B(0,4,7)$, $C(-1,2,-5)$에서

$\overrightarrow{OA}=(1,2,3)$, $\overrightarrow{OB}=(0,4,7)$, $\overrightarrow{OC}=(-1,2,-5)$

사면체의 부피는

$$V=\frac{1}{6}\left|\begin{vmatrix} 1 & 2 & 3 \\ 0 & 4 & 7 \\ -1 & 2 & -5 \end{vmatrix}\right|=\frac{1}{6}\cdot 36=6$$

7. ①

풀이 $\frac{x-1}{1}=\frac{y-2}{2}=\frac{z}{4}=t\ \Rightarrow\ x=t+1,\ y=2t+2,\ z=4t$

$3x-2y+z=2$에 대입하면

$3(t+1)-2(2t+2)+4t=2\ \Rightarrow\ t=1$

$\Rightarrow\ (x_0,y_0,z_0)=(2,4,4)$

$\therefore x_0+y_0+z_0=10$

8. ③

풀이 $x-2=-y=z-1$의 방향벡터 $v_1=(1,-1,1)$이라 하고

$x=\frac{y-1}{-2}=\frac{z}{-3}$의 방향벡터 $v_2=(1,\ -2,\ -3)$이라 하자.

점 $(0,1,0)$을 지나고 법선벡터 $n=v_1\times v_2=(5,4,\ -1)$을 가지는 평면의 방정식은 $5x+4y-z-4=0$이고 점 $(2,0,1)$과 평면 사이의 거리 $d=\frac{|10-1-4|}{\sqrt{42}}=\frac{5}{\sqrt{42}}$가 꼬인 위치의 두 직선 사이의 거리이다.

9. ①

풀이 평면 $x-2y+z=1$을 P, 직선 $x=2y=3z$을 l, 구하려는 평면의 방정식을 R이라고 할 때, R의 법선은 평면 P의 법선 벡터와 직선 l의 방향 벡터에 동시에 수직이다.

(P의 법선벡터) × (l의 방향벡터)

$$=\begin{vmatrix} i & j & k \\ 1 & -2 & 1 \\ 6 & 3 & 2 \end{vmatrix}=i(-7)-j(-4)+k(15)$$ 이므로

평면 R의 법선벡터는 $(7, -4, -15)$이고

점 $(0, 0, 0)$을 포함하므로 $7x-4y-15z=0$이다.

10. ①

풀이 ㄱ. (참) $|\vec{a}+\vec{b}|^2+|\vec{a}-\vec{b}|^2$

$=\vec{a}B\cdot\vec{a}+2\vec{a}\cdot\vec{b}+\vec{b}\cdot\vec{b}+\vec{a}\cdot\vec{a}-2\vec{a}\cdot\vec{b}+\vec{b}\cdot\vec{b}$

$=2\vec{a}\cdot\vec{a}+2\vec{b}\cdot\vec{b}=2(|\vec{a}|^2+|b|^2)$

ㄴ. (참) $(\vec{a}\cdot\vec{b})^2+|\vec{a}\times\vec{b}|^2$

$=(|\vec{a}||\vec{b}|\cos\theta)^2+(|\vec{a}||\vec{b}|\sin\theta)^2=|\vec{a}|^2|\vec{b}|^2$

ㄷ. (거짓) $\vec{a}\times\vec{b}$와 $\vec{c}$ 의 사잇각이 $\frac{\pi}{2}$보다 크면 $(\vec{a}\cdot\vec{b})\cdot\vec{c}<0$

ㄹ. (거짓) 벡터의 외적은 결합법칙이 성립하지 않는다.

$\vec{a}\times(\vec{b}\times\vec{c}) \neq (\vec{a}\times\vec{b})\times\vec{c}$

11. ②

풀이 L_1 : $x=s+4,\ y=-s+3,\ z=5s+5$

$\Rightarrow \vec{d_1}=\langle 1, -1, 5\rangle$, 지나는 점 $(4, 3, 5)$

L_2 : $x=t+1,\ y=-t+3,\ z=2t-1$

$\Rightarrow \vec{d_2}=\langle 1, -1, 2\rangle$, 지나는 점 $(1, 3, -1)$

$\vec{d_1}$ 과 $\vec{d_2}$ 는 평행이 아니므로 두 직선은 꼬인 위치에 있다.

L_1을 품고 L_2에 평행인 평면을 P 라고 할 때,

평면 P 의 법선은 $\vec{d_1}$과 $\vec{d_2}$에 동시에 수직이므로

$$\vec{d_1}\times\vec{d_2}=\begin{vmatrix} i & j & k \\ 1 & -1 & 5 \\ 1 & -1 & 2 \end{vmatrix}=(3, 3, 0)//(1, 1, 0)$$

점 $(4, 3, 5)$를 지나므로 평면 P 의 방정식은 $x+y=7$이다.

또한 평면 P와 직선 L_2은 평행이므로 평면 P로부터 직선 L_2 상의 점 $(1, 3, -1)$까지의 거리는 두 직선 사이의 거리와 같으므로 두 직선 사이의 거리는 $\frac{|1+3-7|}{\sqrt{1+1}}=\frac{3}{\sqrt{2}}$ 이다.

12. ③

풀이 벡터 $\overrightarrow{AB}$, $\overrightarrow{AC}$, $\overrightarrow{AD}$로 이루어지는 사면체 ABCD의 부피는

$\frac{1}{6}|\overrightarrow{AB}\cdot(\overrightarrow{AC}\times\overrightarrow{AD})|$이다. 이를 이용하면

$\overrightarrow{AB}=(0, 1, -1)$, $\overrightarrow{AC}=(1, 0, -1)$, $\overrightarrow{AD}=(1, 1, 0)$이고

$$|\overrightarrow{AB}\cdot(\overrightarrow{AC}\times\overrightarrow{AD})|=\begin{vmatrix} 0 & 1 & -1 \\ 1 & 0 & -1 \\ 1 & 1 & 0 \end{vmatrix}=\begin{vmatrix} 0 & 1 & -1 \\ 0 & -1 & -1 \\ 1 & 1 & 0 \end{vmatrix}=-2$$

따라서사면체 ABCD의 부피는 $\frac{1}{6}|-2|=\frac{1}{3}$이다.

13. ①

풀이 정육면체의 한 변의 길이를 1이라 하고 한 꼭짓점을 원점으로 잡으면 좌표평면에 다음 그림과 같이 나타낼 수 있다.

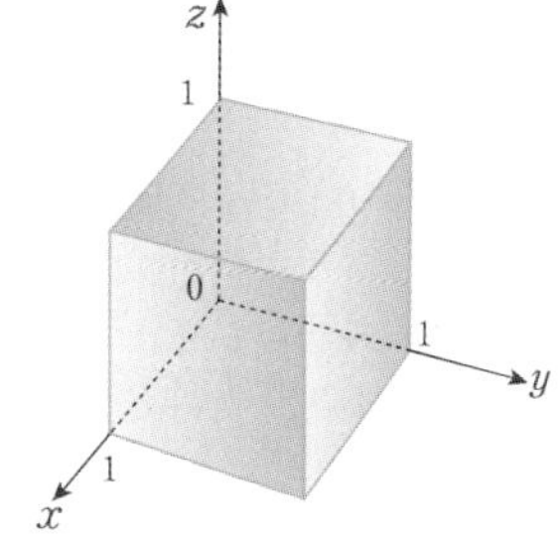

한 대각선을 점 $(0, 0, 0)$에서 $(1, 1, 1)$까지 이르는 직선 l_1, 또 다른 대각선을 점 $(1, 0, 0)$에서 점 $(0, 1, 1)$까지 이르는 직선 l_2로 두면 정육면체의 두 대각선 사이의 예각 θ는 이 두 직선의 사잇각과 같다.

l_1의 방향벡터는 $d_1=(1-0, 1-0, 1-0)=(1, 1, 1)$,

l_2의 방향벡터는 $d_2=(0-1, 1-0, 1-0)=(-1, 1, 1)$

따하서 두 직선의 사잇각 θ에 대하여

$$\cos\theta=\frac{d_1\cdot d_2}{||d_1||\,||d_2||}=\frac{-1+1+1}{\sqrt{3}\cdot\sqrt{3}}=\frac{1}{3}$$

14. ③

풀이 세 벡터 $\overrightarrow{PQ}$, $\overrightarrow{PR}$, $\overrightarrow{PS}$에 대한 스칼라 삼중적의 절댓값을 구하면 된다.

$$\left|\begin{vmatrix} 2 & 2 & -2 \\ 2 & -2 & 2 \\ -2 & 2 & 2 \end{vmatrix}\right|=|2(-4-4)-2(4+4)-2(4-4)|=32$$

03 — 선형대수

15. ⑤

풀이 직선 위의 점 $A(1, -1, -1)$, 방향벡터 $\vec{d}=(1,2,3)$에 대하여 점 $P(1,1,1)$에서 직선까지의 거리는

$$h=\frac{|\overrightarrow{AP}\times\vec{d}|}{|\vec{d}|}=\frac{|(0,2,2)\times(1,2,3)|}{|(1,2,3)|}=\sqrt{\frac{6}{7}}$$

16. ③

풀이
$$proj_u v=\frac{u\cdot v}{u\cdot u}u$$
$$=\frac{\langle 3,-5,1\rangle\cdot\langle 0,2,-2\rangle}{\langle 3,-5,1\rangle\cdot\langle 3,-5,1\rangle}\langle 3,-5,1\rangle$$
$$=\frac{-10-2}{9+25+1}\langle 3,\ -5,\ 1\rangle=-\frac{12}{35}\langle 3,-5,1\rangle$$

17. ③

풀이 두 평면의 법선벡터를 각각 n_1, n_2라 하면
$n_1=(2,\ -1,\ -1)$, $n_2=(3,\ -6,\ -2)$이므로

$$\cos\theta=\frac{n_1\cdot n_2}{|n_1||n_2|}=\frac{6+6+2}{\sqrt{6}\sqrt{49}}=\frac{14}{7\sqrt{6}}=\frac{2}{\sqrt{6}}$$

18. ①

풀이 ① 한 점 : $(1,2,3)$과 $(5,-1,4)$의 중점,
$$\left(\frac{1+5}{2},\frac{2-1}{2},\frac{3+4}{2}\right)=\left(3,\frac{1}{2},\frac{7}{2}\right)$$
② 법선벡터 : $(1,2,3)$과 $(5,-1,4)$을 잇는 벡터,
$(5,-1,4)-(1,2,3)=(4,-3,1)$
따라서 평면의 방정식은
$$4(x-3)-3\left(y-\frac{1}{2}\right)+\left(z-\frac{7}{2}\right)=0\ \Rightarrow\ 4x-3y+z=14$$

19. ④

풀이 $\overrightarrow{AB}=(1,3,0)$, $\overrightarrow{AC}=(3,1,0)$

$$\Rightarrow\ \cos\theta=\frac{\overrightarrow{AB}\cdot\overrightarrow{AC}}{|\overrightarrow{AB}||\overrightarrow{AC}|}=\frac{3}{5}$$
$$\Rightarrow\ \sin\theta=\sqrt{1-\cos^2\theta}=\sqrt{1-\frac{9}{25}}=\frac{4}{5}$$

20. ③

풀이 ㄱ. (거짓) $\vec{a}\times\vec{b}=-\vec{b}\times\vec{a}$

ㄴ. (참) $\vec{a}\cdot(\vec{b}\times\vec{c})=\begin{vmatrix}a\\b\\c\end{vmatrix}=-\begin{vmatrix}c\\b\\a\end{vmatrix}=\begin{vmatrix}c\\a\\b\end{vmatrix}=\vec{c}\cdot(\vec{a}\times\vec{b})$
$=(\vec{a}\times\vec{b})\cdot\vec{c}$

ㄷ. (거짓) 외적은 결합법칙이 성립하지 않으므로
$(\vec{a}\times\vec{b})\times\vec{c}=\vec{a}\times(\vec{b}\times\vec{c})$ 가 성립하지 않는다.

ㄹ. (참) $|\vec{a}\times\vec{b}|^2=(|\vec{a}||\vec{b}|\sin\theta)^2$
$=|\vec{a}|^2|\vec{b}|^2\sin^2\theta$
$=|\vec{a}|^2|\vec{b}|^2(1-\cos^2\theta)$
$=|\vec{a}|^2|\vec{b}|^2-(\vec{a}\cdot\vec{b})^2$
$=(\vec{a}\cdot\vec{a})(\vec{b}\cdot\vec{b})-(\vec{a}\cdot\vec{b})^2$

21. ③

풀이 두 직선의 방향벡터를 각각 d_1, d_2라 하면
$d_1=\langle 2,1,-1\rangle$, $d_2=\langle 2,1,2\rangle$

$$d_1\times d_2=\begin{vmatrix}i & j & k\\2 & 1 & -1\\2 & 1 & 2\end{vmatrix}=\langle 3,-6,0\rangle//\langle 1,-2,0\rangle$$

두 직선 위의 점을 각각 $P(0,0,0)$, $Q(1,1,1)$로 놓으면
$\overrightarrow{PQ}$의 방향벡터는 $\langle 1,1,1\rangle$이므로
꼬인 위치에 있는 두 직선 사이의 거리는

$$\frac{|\overrightarrow{PQ}\cdot(d_1\times d_2)|}{\|d_1\times d_2\|}=\frac{|\langle 1,1,1\rangle\cdot\langle 1,-2,0\rangle|}{\sqrt{1^2+(-2)^2}}$$
$$=\frac{|1-2|}{\sqrt{5}}=\frac{1}{\sqrt{5}}$$

22. $\frac{4}{5}$

풀이 $(2,0,1)\cdot(2,-1,0)=4$이므로 $5\cos\theta=4$이다.

이 때, θ가 끼인 각이므로 $\cos\theta=\frac{4}{5}$이다.

23. ②

풀이 $\overrightarrow{OP}=(1,0,0)$, $\overrightarrow{OQ}=(1,1,1)$, $\overrightarrow{OR}=(1,2,3)$로 이루어진

평행육면체의 부피 $V=\begin{vmatrix}1 & 0 & 0\\1 & 1 & 1\\1 & 2 & 3\end{vmatrix}=1$

24. ④

풀이 교선의 방향벡터는 두 평면의 법선벡터에 동시에 수직하므로

$$\begin{vmatrix} i & j & k \\ 2 & 3 & -2 \\ 4 & -12 & 2 \end{vmatrix} = (-18,\ -12,\ -36) // (3,\ 2,\ 6)$$

교선과 z축의 방향벡터 $(0, 0, 1)$ 사이의 각을 θ라고 하면

$(3,\ 2,\ 6)\cdot(0,\ 0,\ 1) = \sqrt{49}\cos\theta \Leftrightarrow \cos\theta = \dfrac{6}{7}$이

성립하므로 $\theta = \cos^{-1}\left(\dfrac{6}{7}\right)$이다.

25. ②

풀이 $f(x,\ y,\ z) = 3x^2 + y^2 - 2z - 9$라 두면

$\nabla f(x,\ y,\ z) = (6x,\ 2y,\ -2) // (3x,\ y,\ -1)$이므로

$\nabla f(2,\ -1,\ 2) = (6,\ -1,\ -1)$이다.

따라서 $(2,\ -1,\ 2)$에서의 접평면의 방정식은

$6(x-2) - (y+1) - (z-2) = 0$ 즉, $6x - y - z - 11 = 0$이다.

26. ④

풀이 직선 l_1을 포함하고 l_2에 평행인 평면을 P라고 할 때, 평면 P의 법선은 l_1과 l_2이 방향벡터에 모두 수직하므로

$$\begin{vmatrix} i & j & k \\ 1 & 3 & -1 \\ 2 & 1 & 4 \end{vmatrix} = i(13) - j(6) + k(-5) = (13,\ -6,\ -5)\text{이고}$$

점 $(1,\ -2,\ 4)$를 포함하므로 평면 P의 방정식은

$13x - 6y - 5z = 5$이다. 평면 P와 l_2위의 한 점 $(0,\ 3,\ -3)$

사이의 거리를 구하면 $\dfrac{|-18+15-5|}{\sqrt{169+36+25}} = \dfrac{8}{\sqrt{230}}$이므로

직선 l_1과 l_2사이의 거리는 $\dfrac{8}{\sqrt{230}}$이다.

따라서 $a+b=238$이다.

27. ④

풀이 $\overrightarrow{OA} = (1, 3, 0)$과 $\overrightarrow{OB} = (4, 1, 0)$으로 만들어지는 평행사변형의 넓이는 $|\overrightarrow{OA}\times\overrightarrow{OB}| = \begin{vmatrix} i & j & k \\ 1 & 3 & 0 \\ 4 & 1 & 0 \end{vmatrix} = |k(1-12)| = 11$이다.

28. ②

풀이 두 벡터 사이의 예각을 θ (단, $0 \le \theta \le \dfrac{\pi}{2}$)라 두면

$a\cdot b = |a||b|\cos\theta,\ a\times b = |a||b|\sin\theta$이다.

$a\cdot b = |a||b|\cos\theta$

$\Rightarrow \langle 1,\ 1\rangle \cdot \langle 1,\ 0\rangle = |\langle 1,\ 1\rangle||\langle 1,\ 0\rangle|\cos\theta$

$\Rightarrow 1 = \sqrt{2}\cdot 1\cdot\cos\theta \Rightarrow \cos\theta = \dfrac{1}{\sqrt{2}} \Rightarrow \theta = \dfrac{\pi}{4}$

$\therefore \left|\dfrac{a\times b}{a\cdot b}\right| = \dfrac{|a||b|\sin\theta}{|a||b|\cos\theta} = \tan\theta = \tan\dfrac{\pi}{4} = 1$

29. ④

풀이 세 점 $(0, 0, 0)$, $(1, 0, 1)$, $(0, 1, 1)$을 포함하는 평면을 P라고 할 때, 평면 P의 법선은

$$\begin{vmatrix} i & j & k \\ 1 & 0 & 1 \\ 0 & 1 & 1 \end{vmatrix} = i(-1) - j(1) + k(1) = (-1,\ -1,\ 1)\text{이고}$$

점 $(0, 0, 0)$을 지나므로 평면 P의 방정식은

$-x - y + z = 0 \Leftrightarrow x + y - z = 0$이다.

점 $(1, 1, 1)$을 A, 평면 P에 사영한 점을 $B(x, y, z)$라고 하자.

(i) 점 B는 평면 P 위의 점이므로 $x+y-z=0$을 만족한다.

(ii) $\overrightarrow{AB} = (x-1, y-1, z-1)$은 평면 P의 법선과 평행하므로

$(x-1, y-1, z-1) // (1, 1, -1)$

$\Leftrightarrow (x-1, y-1, z-1) = k(1, 1, -1)$

$\Leftrightarrow x = k+1,\ y = k+1,\ z = -k+1$을 만족해야 한다.

(i), (ii) 에 의해

$(k+1) + (k+1) - (-k+1) = 0 \Leftrightarrow 3k = -1 \Leftrightarrow k = -\dfrac{1}{3}$

이므로 사영 점은 $B\left(\dfrac{2}{3},\ \dfrac{2}{3},\ \dfrac{4}{3}\right)$이다.

30. ③

풀이 세 벡터 $\vec{a}, \vec{b}, \vec{c}$와 스칼라 m에 대해

(1) $\vec{a}\times\vec{b} = -(\vec{b}\times\vec{a})$

(2) $\vec{a}\times(\vec{b}+\vec{c}) = \vec{a}\times\vec{b} + \vec{a}\times\vec{c}$, $(\vec{b}+\vec{c})\times\vec{a} = \vec{b}\times\vec{a} + \vec{c}\times\vec{a}$

(3) $(m\vec{a})\times\vec{b} = m(\vec{a}\times\vec{b})$

(4) $\vec{a}\times(\vec{b}\times\vec{c}) \ne (\vec{a}\times\vec{b})\times\vec{c}$

(5) $\vec{a}\times(\vec{b}\times\vec{c}) = (\vec{a}\cdot\vec{c})\vec{b} - (\vec{a}\cdot\vec{b})\vec{c}$

(6) $|\vec{a}\times\vec{b}|^2 = (\vec{a}\cdot\vec{a})(\vec{b}\cdot\vec{b}) - (\vec{a}\cdot\vec{b})^2$

이고 ③ $\vec{a}\times(\vec{b}\times\vec{c}) = (\vec{a}\times\vec{b})\times\vec{c}$는 성립하지 않는다.

31. ④

풀이 임의의 실수 λ, μ에 의한 평면이므로

법선벡터는 $\begin{vmatrix} i & j & k \\ -1 & -3 & 2 \\ 2 & 1 & -3 \end{vmatrix} = (7, 1, 5)$이고

임의의 실수 t에 의한 직선의 방향벡터는 $(1, -1, -1)$이므로 이 방향벡터가 평면의 법선벡터와 이루는 사잇각을 θ'이라 하면

03 선형대수

$$\cos\theta' = \cos\left(\frac{\pi}{2}-\theta\right) = \sin\theta$$

$$= \frac{(7,1,5)\cdot(1,-1,-1)}{\sqrt{49+1+25}\sqrt{1+1+1}} = \frac{1}{15}$$

따라서 직선과 평면이 이루는 사잇각 θ에 대하여

$$\cos\theta = \pm\sqrt{1-\sin^2\theta} = \pm\sqrt{1-\left(\frac{1}{15}\right)^2} = \pm\frac{4\sqrt{14}}{15}$$

32. ③

풀이 $A(2,0,1)$, $B(1,2,-4)$, $C(2,-9,4)$, $D(2,0,3)$이라 놓으면 $\overrightarrow{AB}=(-1,2,-5)$, $\overrightarrow{AC}=(0,-9,3)$, $\overrightarrow{AD}=(0,0,2)$이므로 네 점 A, B, C, D를 꼭짓점으로 가지는 삼각뿔의 부피는

$$\frac{1}{6}|\overrightarrow{AB}\cdot(\overrightarrow{AC}\times\overrightarrow{AD})| = \frac{1}{6}\left|\begin{vmatrix}-1 & 2 & -5\\ 0 & -9 & 3\\ 0 & 0 & 2\end{vmatrix}\right| = 3$$

33. ③

풀이 $f'(t) = u'(t)\cdot v(t) + u(t)\cdot v'(t)$이고

$v'(t) = (1,\ 2t,\ 3t^2)$이므로

$$f'(2) = u'(2)\cdot v(2) + u(2)\cdot v'(2)$$
$$= (3,\ 0,\ 4)\cdot(2,\ 4,\ 8) + (1,\ 2,\ -1)\cdot(1,\ 4,\ 12)$$
$$= (6+32) + (1+8-12) = 35$$

34. 9

풀이 α, β, γ 세 점을 지나는 평면의 방정식은 원점을 지나기 때문에 점을 벡터로 바라볼 수 있다. 따라서 세 벡터 α, β, γ는 한 평면 위에 존재하므로 일차종속이다. $\det\begin{pmatrix}1-t & 4 & 7\\ 0 & 3-t & 3\\ 0 & 1 & 5-t\end{pmatrix} = 0$이다.

$(t-2)(t-1)(t-6) = 0$이 성립한다. 따라서 만족하는 t의 값은 $1, 2, 6$이다. t값들의 합은 9이다.

35. ③

풀이 ① (거짓) $|A+B|^2 = (A+B)\cdot(A+B)$

$$= |A|^2 + 2A\cdot B + |B|^2$$
$$= a^2 + 2a^2\cos\theta + a^2 = 2a^2(\cos\theta+1)$$
$$\therefore |A+B| = \sqrt{2}a\sqrt{\cos\theta+1}$$
$$= \sqrt{2}a\sqrt{2\cos^2\frac{\theta}{2}}$$
$$= 2a\cos\frac{\theta}{2}\left(\because 0<\frac{\theta}{2}<\frac{\pi}{4}\right)$$

② (거짓) $|A-B|^2 = (A-B)\cdot(A-B)$

$$= |A|^2 - 2A\cdot B + |B|^2$$
$$= a^2 - 2a^2\cos\theta + a^2 = 2a^2(1-\cos\theta)$$
$$\therefore |A-B| = \sqrt{2}a\sqrt{1-\cos\theta} = \sqrt{2}a\sqrt{2\sin^2\frac{\theta}{2}}$$
$$= 2a\sin\frac{\theta}{2}\left(\because 0<\frac{\theta}{2}<\frac{\pi}{4}\right)$$

③ (참) (좌변)$= 2a^2(\cos\theta+1) - 2a^2(1-\cos\theta)$

$$= 2a^2\cdot 2\cos\theta = 4a^2\cos\theta$$

④ (거짓) (좌변)$= 2a^2(\cos\theta+1) + 2a^2(1-\cos\theta) = 4a^2$

36. ③

풀이 두 평면의 사잇각은 두 벡터의 사잇각과 같다. 평면 $z=0$의 법선은 $(0, 0, 1)$이고 구하고자 하는 평면의 법선을 (a, b, c), 두 평면의 사잇각을 θ라고 하면

$$\cos\frac{\pi}{3} = \frac{c}{1\sqrt{a^2+b^2+c^2}} \Leftrightarrow \frac{1}{2} = \frac{c}{\sqrt{a^2+b^2+c^2}}$$
$$\Leftrightarrow 2c = \sqrt{a^2+b^2+c^2}$$

을 만족해야 한다. 평면 $z=0$과 이루는 사잇각이 $\frac{\pi}{3}$이고 점 $P(2,1,1)$을 지나는 평면은 $x+\sqrt{2}y+z = 3+\sqrt{2}$이다.

37. ①

풀이 ① 외적은 결합법칙이 성립하지 않는다.

38. ①

풀이 직선 $\frac{x}{2} = \frac{y-2}{3} = z+1$

⇒ 방향벡터 $\overrightarrow{d_1} = \langle 2,\ 3,\ 1\rangle$, 지나는 점 $P(0,\ 2,\ -1)$

직선 $\frac{x+1}{4} = \frac{y}{6} = \frac{z-3}{2}$

⇒ 방향벡터 $\overrightarrow{d_2} = \langle 4,\ 6,\ 2\rangle$, 지나는 점 $Q(-1,\ 0,\ 3)$

$\overrightarrow{d_2} = 2\overrightarrow{d_1}$이므로 두 직선은 평행하다.

평행한 두 직선을 포함하는 평면의 법선벡터는

$$\overrightarrow{d_1}\times\overrightarrow{PQ} = \begin{vmatrix} i & j & k\\ 2 & 3 & 1\\ -1 & -2 & 4\end{vmatrix} = \langle 14,\ -9,\ -1\rangle$$이므로

평면의 방정식은 $14x-9y-z = -17$이다.

점 $(2,1,3)$에서 평면 $14x-9y-z+17 = 0$까지의 거리는

$$\frac{|14\cdot 2+(-9)\cdot 1+(-1)\cdot 3+17|}{\sqrt{(14)^2+(-9)^2+(-1)^2}} = \frac{33}{\sqrt{278}}$$

39. ④

풀이 평면의 법선벡터 $\vec{n}$은 두 직선의 방향벡터 $(2, -1, -1)$, $(1, 1, 3)$에 모두 수직이므로

$$\vec{n} = \begin{vmatrix} i & j & k \\ 2 & -1 & -1 \\ 1 & 1 & 3 \end{vmatrix} = (-2, -7, 3) // (2, 7, -3)\text{이다.}$$

법선벡터가 $\vec{n} = (2, 7, -3)$이고 점 $(1, 1, 2)$를 지나는 평면의 방정식은 $2(x-1) + 7(y-1) - 3(z-2) = 0$

즉, $2x + 7y - 3z = 3$이다.

따라서 $a = 2k$, $b = 7k$, $c = -3k$, $d = 3k$ (단, k는 정수)이므로

$|a+b+c+d| = |2k+7k+(-3k)+3k| = 9|k|$이다.

보기 중 $|a+b+c+d|$의 값으로 가능한 것은 9뿐이다.

40. ④

풀이 점 $(3, \ln 2, 2)$는 $t = 1$일 때의 점이다.

$$\frac{dx}{dt} = \frac{2t}{2\sqrt{t^2+8}} = \frac{t}{\sqrt{t^2+8}},\ \frac{dy}{dt} = \frac{2t}{t^2+1},\ \frac{dz}{dt} = 2\text{이므로}$$

점 $(3, \ln 2, 2)$에서의 접선의 방정식의 방향벡터는

$$\langle x'(1),\ y'(1),\ z'(1) \rangle = \left\langle \frac{1}{\sqrt{9}},\ \frac{2}{2},\ 2 \right\rangle = \left\langle \frac{1}{3},\ 1,\ 2 \right\rangle$$

따라서 점 $(3, \ln 2, 2)$에서의 접선의 방정식은

$$\frac{x-3}{\frac{1}{3}} = \frac{y-\ln 2}{1} = \frac{z-2}{2}\ \text{즉, } 3(x-3) = y - \ln 2 = \frac{z-2}{2}$$

41. ②

풀이 ① $a \cdot (a \times b) = b \cdot (a \times a) = 0$

② 아래 그림에 의해 b와 수직을 이루지 않는다.

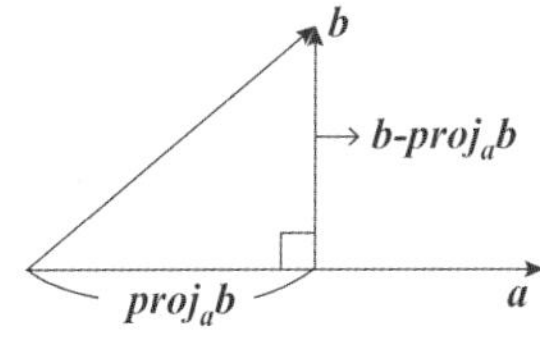

③ $b \cdot \{(a-2b) \times (b-2a)\} = (b-2a) \cdot \{b \times (a-2b)\}$
$= (b-2a) \cdot (b \times a)$
$= b \cdot (b \times a) - (2a) \cdot (b \times a) = 0$

④ $[(b \cdot b)a - (a \cdot b)b] \cdot b = |b|^2 (a \cdot b) - (a \cdot b)|b|^2 = 0$

42. $\frac{\sqrt{2}}{2}$

풀이 $l_1 : x - 2 = \frac{y-1}{2} = z - 1$,

$l_2 : x - \frac{5}{2} = z - \frac{5}{2}$, $y = 1$이라 하자.

l_1을 포함하고 l_2와 평행한 평면을 γ라 하면,

γ의 법선벡터는 l_1, l_2와 모두 수직이므로

외적에 의하여 $(1, 0, -1)$이다. 즉 $\gamma : x - z - 1 = 0$이고

l_2의 점 $\left(\frac{5}{2}, 1, \frac{5}{2}\right)$와의 거리를 구하면 $\frac{\sqrt{2}}{2}$이다.

43. ②

풀이 직선 $l : \frac{x-3}{2} = y - 5 = \frac{z+4}{3}$의 방향벡터는 $\vec{d} = (2, 1, 3)$,

평면 $P : -2x + y + z = 3$의 법선벡터는 $\vec{n} = (-2, 1, 1)$이다.

$\vec{n} \cdot \vec{d} = 0$이므로 평면과 직선은 서로 평행이다.

직선 $\frac{x-3}{2} = y - 5 = \frac{z+4}{3}$ 위의 점 $(3, 5, -4)$와

평면 $-2x + y + z = 3$사이의 거리를 구하면

$$\frac{|-6+5-4-3|}{\sqrt{4+1+1}} = \frac{8}{\sqrt{6}} = \frac{8\sqrt{6}}{6} = \frac{4\sqrt{6}}{3}\text{이다.}$$

따라서 직선 l과 평면 P 사이의 거리는 $\frac{4\sqrt{6}}{3}$이다.

44. ①

풀이 $u = (0, 1, 1)$, $v = (-1, 1, 2)$, $w = (x, y, 1)$라 하자.

$|u| = \sqrt{x^2 + y^2 + 1} = \sqrt{2} \Rightarrow x^2 + y^2 = 1$이므로,

$x = \cos t$, $y = \sin t$ 으로 치환하자.

평행육면체의 부피는

$$f(x, y) = |u \cdot (v \times w)| = |x - y + 1| = |\cos t - \sin t + 1|$$
$$= \left| \sqrt{2}\cos\left(t + \frac{\pi}{4}\right) + 1 \right|$$

따라서 평행육면체의 부피의 최댓값은 $\sqrt{2} + 1$이다.

45. ④

풀이 주어진 두 평면의 법선벡터를 각각 $n_1 = (1, 2, 1)$, $n_2 = (1, -1, -1)$라고 하자. 교선의 방향벡터는

$$n_1 \times n_2 = \begin{vmatrix} i & j & k \\ 1 & 2 & 1 \\ 1 & -1 & -1 \end{vmatrix} = \langle -1, 2, -3 \rangle = -\langle 1, -2, 3 \rangle$$

03 — 선형대수

교선 위의 한 점은 두 평면을 모두 만족하는 점이므로 연립방정식을 통해서 찾을 수 있다.
교선 위의 한 점 $(0, 11, -15)$을 생각하자.
교선의 방정식은 $x=t, y=-2t+11, z=3t-15$이다.
원점 $(0,0,0)$과 교선의 임의의 점 $(t, -2t+11, 3t-15)$의 벡터는 $\langle t, -2t+11, 3t-15\rangle$이고
교선의 방향벡터 $\langle -1, 2, -3\rangle$와 수직인 곳이 교선에서 원점과 가장 가까운 점이다.
$\langle t, -2t+11, 3t-15\rangle \cdot \langle 1, -2, 3\rangle = 14t-67=0$이
되어야 한다. 즉, $t=\frac{67}{14}$일 때,
가장 가까운 점 $(a,b,c)=(t, -2t+11, 3t-15)$가 되는 것이다.
$t=\frac{67}{14}$일 때, $a+b+c=2t-4=\frac{39}{7}$이다.

46. ③

풀이 $\vec{a}\times(\vec{a}\times\vec{b})=(\vec{a}\cdot\vec{b})\vec{a}-(\vec{a}\cdot\vec{a})\vec{b}$

$=\vec{a}-\vec{b}(\because \vec{a}\cdot\vec{a}=|\vec{a}|^2=1)$

즉, $|\vec{a}\times(\vec{a}\times\vec{b})|=|\vec{a}-\vec{b}|$ 와 같다. 이 때,

$|\vec{a}-\vec{b}|^2=(\vec{a}-\vec{b})\cdot(\vec{a}-\vec{b})$

$=\vec{a}\cdot\vec{a}-2(\vec{a}\cdot\vec{b})+\vec{b}\cdot\vec{b}$

$=|\vec{a}|^2-2(\vec{a}\cdot\vec{b})+|\vec{b}|^2$

$=1-2+4=3$

$\therefore |\vec{a}\times(\vec{a}\times\vec{b})|=|\vec{a}-\vec{b}|=\sqrt{3}$

47. ③

풀이 $\| A\times B\|^2+(A\cdot B)^2$

$=\|A\|^2\|B\|^2\sin^2\theta+\|A\|^2\|B\|^2\cos^2\theta$

$=\|A\|^2\|B\|^2$

$=(a_1{}^2+a_2{}^2+a_3{}^2)(b_1{}^2+b_2{}^2+b_3{}^2)=3\cdot 3=9$

48. ④

풀이 점 $(1,0,-2)$와 점$(3,4,0)$으로부터
같은 거리에 있는 점을 $\mathrm{P}(x,y,z)$라 하면
$\sqrt{(x-1)^2+y^2+(z+2)^2}=\sqrt{(x-3)^2+(y-4)^2+z^2}$
$\Leftrightarrow\ x+2y+z=5$
$\therefore\ a=1,\ b=2,\ c=1\quad \therefore a+b+c=4$

49. ②

풀이 직선을 각각 매개화하여, 직선끼리의 교점을 구하자.

$l:\begin{cases}x=3t\\y=4t\\z=5t\end{cases},\ m:\begin{cases}x=2s\\y=s\\z=-2s\end{cases},\ n:\begin{cases}x=u\\y=3u-5\\z=7u-16\end{cases}$

(1) l와 m의 교점은 $t=0, s=0$일 때이므로 $(0,0,0)$이다.

(2) l와 n의 교점을 구하기 위해서
$\begin{cases}3t=u\\4t=3u-5\\5t=7u-16\end{cases}$ 의 연립방정식을 풀면
$t=1, u=3$이고, 교점의 좌표는 $(3,4,5)$이다.

(3) m와 n의 교점을 구하기 위해서
$\begin{cases}2s=u\\s=3u-5\\-2s=7u-16\end{cases}$ 의 연립방정식을 풀면
$s=1, u=2$이고, 교점의 좌표는 $(2,1,-2)$이다.

(4) 세 점을 지나는 삼각형의 면적은
외적의 성질을 이용해서 구할 수 있다.
$v_1=(3,4,5),\ v_2=(2,1,-2)$
$\Rightarrow\ v_1\times v_2=(-13,16,-5)$
삼각형의 넓이 $S=\frac{1}{2}|v_1\times v_2|=\frac{15}{2}\sqrt{2}$

50. ③

풀이 $(\vec{v}\cdot\vec{w})^2=(|\vec{v}|\,|\vec{w}|\cos\theta)^2$

$=|\vec{v}|^2|\vec{w}|^2\cos^2\theta$

$\le |\vec{v}|^2|\vec{w}|^2$

$=(\vec{v}\cdot\vec{v})(\vec{w}\cdot\vec{w})$가 성립한다.

■ 2. 행렬과 연립방정식

1. ④

풀이 $\det(A)=\begin{vmatrix}1&2&3&2\\1&3&2&3\\4&1&5&0\\1&2&1&2\end{vmatrix}=\begin{vmatrix}0&0&2&0\\1&3&2&3\\4&1&5&0\\1&2&1&2\end{vmatrix}=2\begin{vmatrix}1&3&3\\4&1&0\\1&2&2\end{vmatrix}=2\begin{vmatrix}1&0&3\\4&1&0\\1&0&2\end{vmatrix}$

$=2(2-3)=-2$

이므로 $\det(adj(A))=|A|^3=(-2)^3=-8$이다.

2. 풀이 참조

풀이 주어진 연립방정식을 행렬의 곱의 형태로 나타내자.

$AX=B \Leftrightarrow \begin{pmatrix}1&1&1\\2&a&3\\1&1&a+1\end{pmatrix}\begin{pmatrix}x\\y\\z\end{pmatrix}=\begin{pmatrix}1\\3\\3\end{pmatrix}$

여기서 $(A|B)$를 첨가행렬(확대행렬)이라고 하자.

$(A|B)=\begin{pmatrix}1&1&1&1\\2&a&3&3\\1&1&a+1&3\end{pmatrix}\sim\begin{pmatrix}1&1&1&1\\0&a-2&1&1\\0&0&a&2\end{pmatrix}$

(i) $a=2$이면

$(A|B)\sim\begin{pmatrix}1&1&1&1\\0&0&1&1\\0&0&2&2\end{pmatrix}\sim\begin{pmatrix}1&1&1&1\\0&0&1&1\\0&0&0&0\end{pmatrix}\sim\begin{pmatrix}1&1&0&0\\0&0&1&1\\0&0&0&0\end{pmatrix}$

이고 $rank(A)=rank(A|B)<3$이므로

무수히 많은 해를 가진다.

(ii) $a=0$이면 $(A|B)\sim\begin{pmatrix}1&1&1&1\\0&-2&1&1\\0&0&0&2\end{pmatrix}$이고

$rank(A)<rank(A|B)$이므로 해가 존재하지 않는다.

(iii) $a\neq 2, a\neq 0$이면 $(A|B)\sim\begin{pmatrix}1&1&1&1\\0&a-2&1&1\\0&0&a&2\end{pmatrix}$이고

$rank(A)=rank(A|B)=3$이므로

오직 하나의 해를 갖는다.

3. ④

풀이

$\begin{vmatrix}1&2&0&2&2\\2&3&0&7&3\\3&3&2&3&4\\4&4&0&1&5\\0&0&0&1&0\end{vmatrix}=-\begin{vmatrix}1&2&0&2\\2&3&0&3\\3&3&2&4\\4&4&0&5\end{vmatrix}=-2\begin{vmatrix}1&2&2\\2&3&3\\4&4&5\end{vmatrix}=-2\begin{vmatrix}1&2&2\\0&-1&-1\\0&-4&-3\end{vmatrix}=2$

이므로 $\det(A^3)=(\det A)^3=2^3=8$이다.

4. ①

풀이 $\begin{vmatrix}0&1&0&2&0\\0&-3&2&3&0\\0&0&0&4&0\\1&-1&3&1&0\\-1&-2&1&-4&2\end{vmatrix}=2\begin{vmatrix}0&1&0&2\\0&-3&2&3\\0&0&0&4\\1&-1&3&1\end{vmatrix}$

$=-2\begin{vmatrix}1&0&2\\-3&2&3\\0&0&4\end{vmatrix}$

$=-2\cdot 4\begin{vmatrix}1&0\\-3&2\end{vmatrix}$

$=-2\cdot 4\cdot 2=-16$

5. ②

풀이 $AB=\begin{pmatrix}1&2&1\\0&1&0\\0&0&1\end{pmatrix}\begin{pmatrix}1&0&0\\-3&-1&0\\0&2&1\end{pmatrix}=\begin{pmatrix}-5&0&1\\-3&-1&0\\0&2&1\end{pmatrix}$이다.

이 때, $|AB|=\begin{vmatrix}-5&0&1\\-3&-1&0\\0&2&1\end{vmatrix}=5-6=-1$이고

$adj(AB)=\begin{pmatrix}-1&3&-6\\2&-5&10\\1&-3&5\end{pmatrix}^T=\begin{pmatrix}-1&2&1\\3&-5&-3\\-6&10&5\end{pmatrix}$이므로

$(AB)^{-1}=\begin{pmatrix}1&-2&-1\\-3&5&3\\6&-10&-5\end{pmatrix}$이다.

따라서 $(AB)^{-1}$의 모든 성분의 합은 -6이다.

6. ②

풀이 ① (거짓) (반례) $A=\begin{pmatrix}1&0\\0&-1\end{pmatrix}$은

$A^2=I$이나 단위행렬이 아니다.

② (참) $AB=I$ 이면 역행렬의 정의에 의해 $BA=I$ 이다.

③ (거짓) (반례) $A=\begin{pmatrix}1&-1\\1&-1\end{pmatrix}$은 $A^2=O$이나 영행렬이 아니다.

④ (거짓) (반례) $A=\begin{pmatrix}1&-1\\1&-1\end{pmatrix}$, $B=\begin{pmatrix}2&2\\2&2\end{pmatrix}$, $C=\begin{pmatrix}3&3\\3&3\end{pmatrix}$이면

$AB=AC$이지만 $B\neq C$이다.

7. ①

풀이 $|A|=x(x+2)-2a=x^2+2x-2a>0$

$D=4+8a<0 \Rightarrow a<-\frac{1}{2}$

$\therefore$ 정수 a의 최댓값은 -1

03 선형대수

8. ②

풀이 $|A|=a(a^2+a)$이고 $|A|=0$일 때 역행렬이 존재하지 않으므로 $a=0$, $a=-1$일 때 역행렬이 존재하지 않는다. 따라서 역행렬이 갖지 않도록 하는 모든 실수 a값의 합은 -1이다.

9. ④

풀이 $$\begin{pmatrix} 1 & a & 1 & -1 \\ 5 & 1 & 2 & 2 \\ 1 & 2 & 2 & 0 \\ 3 & 0 & 1 & 1 \end{pmatrix}=\begin{pmatrix} 1 & -2 & 1 & -1 \\ 0 & 1 & b & 2 \\ 0 & 0 & 1 & 0 \\ 0 & 0 & 0 & 1 \end{pmatrix}\begin{pmatrix} 1 & 0 & 0 & 0 \\ -1 & c & 0 & 0 \\ 1 & 2 & d & 0 \\ 3 & 0 & 1 & 1 \end{pmatrix}$$

$$=\begin{pmatrix} 1 & -2c+2 & d-1 & -1 \\ 5+b & c+2b & bd+2 & 2 \\ 1 & 2 & d & 0 \\ 3 & 0 & 1 & 1 \end{pmatrix}$$

$$\Leftrightarrow \begin{cases} a=2-2c \\ d-1=1 \\ 5+b=5 \\ c+2b=1 \end{cases} \Leftrightarrow b=0,\ c=1,\ d=2,\ a=0$$

또한, $A=BC$에서 $|A|=|B||C|$이므로

$$|B|=\begin{vmatrix} 1 & -2 & 1 & -1 \\ 0 & 1 & b & 2 \\ 0 & 0 & 1 & 0 \\ 0 & 0 & 0 & 1 \end{vmatrix}=1,\ |C|=\begin{vmatrix} 1 & 0 & 0 & 0 \\ -1 & c & 0 & 0 \\ 1 & 2 & d & 0 \\ 3 & 0 & 1 & 1 \end{vmatrix}=cd$$

$=2$

$\therefore |A|=1\times 2=2$

10. ④

풀이 ㄱ. (거짓) (반례) $A=\begin{pmatrix} 1 & 0 \\ 0 & 0 \end{pmatrix}$, $B=\begin{pmatrix} 0 & 0 \\ 1 & 0 \end{pmatrix}$, $C=\begin{pmatrix} 0 & 0 \\ 0 & 1 \end{pmatrix}$이라 하면 $AB=AC$이지만 $B\neq C$이다.

ㄴ. (참) 두 행이 비례관계이면 행렬식은 0이다.

ㄷ. (거짓) (반례) $A=\begin{pmatrix} 1 & 0 \\ 0 & 2 \end{pmatrix}$ $B=\begin{pmatrix} 2 & 0 \\ 0 & 1 \end{pmatrix}$이라 하면

$A+kB=\begin{pmatrix} 1+2k & 0 \\ 0 & 2+k \end{pmatrix}$이므로

$|A+kB|=(1+2k)(2+k)$이지만

$\det(A)+k\det(B)=2+2k$이다.

ㄹ. (참) 행렬 A가 가역행렬이면 $\det(A)\neq 0$이다.

또한 $\det(kA)=k^n\det(A)$이므로 $\det(kA)\neq 0$이다.

그러므로 kA는 가역이며 $(kA)^{-1}=\frac{1}{k}A^{-1}$이다.

11. ②

풀이 $$\begin{vmatrix} 1 & 2 & 3 & 4 \\ 1 & 2^2 & 3^2 & 4^2 \\ 1 & 2^3 & 3^3 & 4^3 \\ 1 & 2^4 & 3^4 & 4^4 \end{vmatrix}=\begin{vmatrix} 1 & 2 & 3 & 4 \\ 0 & 2^2-2 & 3^2-3 & 4^2-4 \\ 0 & 2^3-2 & 3^3-3 & 4^3-4 \\ 0 & 2^4-2 & 3^4-3 & 4^4-4 \end{vmatrix}$$

$$=\begin{vmatrix} 1 & 2 & 3 & 4 \\ 0 & 2 & 6 & 12 \\ 0 & 6 & 24 & 60 \\ 0 & 14 & 78 & 252 \end{vmatrix}=\begin{vmatrix} 2 & 6 & 12 \\ 6 & 24 & 60 \\ 14 & 78 & 252 \end{vmatrix}$$

$$=\begin{vmatrix} 2 & 0 & 0 \\ 6 & 6 & 24 \\ 14 & 36 & 168 \end{vmatrix}=2\begin{vmatrix} 6 & 24 \\ 36 & 168 \end{vmatrix}$$

$$=2\times 6\times 12\begin{vmatrix} 1 & 4 \\ 3 & 14 \end{vmatrix}=144(14-12)=288$$

12. ③

풀이 행렬 A와 B의 곱이 가능하기 위해서는

(행렬 A의 열의 수)=(B의 행의 수)가 성립해야 하며

$AB=C$라고 할 때, C의 행의 수는 A의 행의 수와 같고

C의 열의 수는 B의 열의 수와 같다.

따라서 A의 크기는 3×4이고 C의 크기는 3×1,

D의 크기는 3×1이다.

그러므로 $k+l+m+p=3+4+3+3=13$이다.

13. ②

풀이 (가) (참) $tr((A+B)(A-B))=tr(A^2-AB+BA-B^2)$

$=tr(A^2)-tr(AB)+tr(BA)-tr(B^2)$

$=tr(A^2)-tr(B^2)$

(나) (거짓) $tr((A+B)C(A-B))$

$=tr(ACA+BCA-ACB-BCB)$

$=tr(ACA)+tr(BCA)-tr(ACB)-tr(BCB)$

$tr(BCA)\neq tr(ACB)$

$(\because tr(BCA)=tr(ABC)=tr(CAB))$

$\therefore tr((A+B)C(A-B))\neq tr(ACA)-tr(BCB)$

(다) (거짓) $tr(AA^{-1})=tr(I)=n$ (단, $A_{n\times n}$)

(라) (참) $tr(ABC)=tr(ABC)^T=tr(C^TB^TA^T)$

14. ④

풀이 $\det A=\begin{vmatrix} 1 & 2 & 4 \\ 0 & -1 & 1 \\ 2 & 3 & 8 \end{vmatrix}=1\neq 0$이므로 A^{-1}이 존재한다.

$AB=A^2+2A+E$의 양변에 A^{-1}을 곱하면

$A^{-1}AB=A^{-1}(A^2+2A+E)$, $B=A+2E+A^{-1}$이다.

$$A^{-1}=\frac{1}{1}\begin{pmatrix}-11 & -(-2) & 2\\ -4 & 0 & -(-1)\\ 6 & -1 & -1\end{pmatrix}^T=\begin{pmatrix}-11 & -4 & 6\\ 2 & 0 & -1\\ 2 & 1 & -1\end{pmatrix}$$

$$\therefore B=\begin{pmatrix}1 & 2 & 4\\ 0 & -1 & 1\\ 2 & 3 & 8\end{pmatrix}+2\begin{pmatrix}1&0&0\\0&1&0\\0&0&1\end{pmatrix}+\begin{pmatrix}-11 & -4 & 6\\ 2 & 0 & -1\\ 2 & 1 & -1\end{pmatrix}=\begin{pmatrix}-8 & -2 & 10\\ 2 & 1 & 0\\ 4 & 4 & 9\end{pmatrix}$$

따라서 행렬 B의 모든 성분의 합은 20이다.

15. ①

풀이 $A=\begin{bmatrix}1&2&2\\3&1&0\\1&1&1\end{bmatrix}$에서 $|A|=-1$이고

역행렬 B의 $b_{32}=\frac{1}{|A|}(a_{23}$의 여인수$)$

$$=-1\times(-1)^{2+3}\begin{vmatrix}1&2\\1&1\end{vmatrix}=-1$$

16. ③

풀이
$$|A|=\begin{vmatrix}-1 & 2 & -1 & 2 & -1\\ 3 & 1 & 3 & 1 & 3\\ 0 & 0 & 1 & 2 & 4\\ 0 & 0 & 1 & 3 & 9\\ 0 & 0 & 1 & 4 & 16\end{vmatrix}=\begin{vmatrix}-1 & 2 & -1 & 2 & -1\\ 0 & 7 & 0 & 7 & 0\\ 0 & 0 & 1 & 2 & 4\\ 0 & 0 & 0 & 1 & 5\\ 0 & 0 & 0 & 2 & 12\end{vmatrix}$$

$$=-\begin{vmatrix}7&0&7&0\\0&1&2&4\\0&0&1&5\\0&0&2&12\end{vmatrix}=-7\begin{vmatrix}1&0&1&0\\0&1&2&4\\0&0&1&5\\0&0&2&12\end{vmatrix}=-7\begin{vmatrix}1&2&4\\0&1&5\\0&2&12\end{vmatrix}$$

$$=-7(12-10)=-14$$

17. ⑤

풀이 $\det A=\begin{vmatrix}1 & a & 2\\ 0 & 1 & -3a\\ 2 & 2a & a\end{vmatrix}=(a-6a^2)-(4-6a^2)=a-4$

따라서 $\det(A^2)=(\det A)^2=(a-4)^2$이다.

즉, $(a-4)^2=a^2-24$이므로

$a^2-8a+16=a^2-24,\ 8a=40$

$\therefore a=5$

18. ①

풀이
$$AA^T=\begin{bmatrix}-4&0&3\\0&5&0\\3&0&4\end{bmatrix}\begin{bmatrix}-4&0&3\\0&5&0\\3&0&4\end{bmatrix}^T$$

$$=\begin{bmatrix}-4&0&3\\0&5&0\\3&0&4\end{bmatrix}\begin{bmatrix}-4&0&3\\0&5&0\\3&0&4\end{bmatrix}$$

$$=\begin{bmatrix}25&0&0\\0&25&0\\0&0&25\end{bmatrix}=25I$$

이므로 $A\left(\frac{1}{25}A^T\right)=I$

$$\therefore A^{-1}=\frac{1}{25}A^T=\frac{1}{25}\begin{bmatrix}-4&0&3\\0&5&0\\3&0&4\end{bmatrix}$$

따라서 A^{-1}의 모든 대각성분을 곱한 값은

$$\left(-\frac{4}{25}\right)\cdot\frac{5}{25}\cdot\frac{4}{25}=-\frac{16}{3125}$$

19. ②

풀이
$$AB=\begin{pmatrix}0&0&0&0&0&0\\0&1&0&0&0&0\\0&0&2&0&0&0\\0&0&0&3&0&0\\0&0&0&0&4&0\\0&0&0&0&0&5\end{pmatrix},\ BA=\begin{pmatrix}1&0&0&0&0&0\\0&2&0&0&0&0\\0&0&3&0&0&0\\0&0&0&4&0&0\\0&0&0&0&5&0\\0&0&0&0&0&0\end{pmatrix}\text{이므로}$$

$$C=AB-BA=\begin{pmatrix}-1&0&0&0&0&0\\0&-1&0&0&0&0\\0&0&-1&0&0&0\\0&0&0&-1&0&0\\0&0&0&0&-1&0\\0&0&0&0&0&5\end{pmatrix}$$

따라서 C의 모든 성분들의 합은 0이다.

TIP $C\begin{pmatrix}1\\1\\1\\1\\1\\1\end{pmatrix}=\begin{pmatrix}a\\b\\c\\d\\e\\f\end{pmatrix}$가 나올것이고, C의 모든성분의 합은 $a+b+c+d+e+f$임을 활용해서 구하자.

20. ①

풀이 (가) (참)

(나) (거짓) $A^{-1}A=I\ \Rightarrow\ \det(A^{-1})=\frac{1}{\det(A)}$ 이다.

(다) (참)

(라) (거짓) A가 직교행렬이므로 $A^TA=I$이다. 따라서
$\det(A^TA)=\det(I)\ \Rightarrow\ \det(A)^2=1\ \Rightarrow\ \det(A)=\pm1$

(마) (참) A와 B가 닮음이므로
$A=P^{-1}BP$를 만족하는 가역행렬 P가 존재한다.
$\therefore det(A)=\det(P^{-1}BP)$
$=\det(P^{-1})\det(B)\det(P)=\det(B)$

(바) (참)

03 선형대수

21. ②

풀이 $\det(A)=\begin{vmatrix}1010\\0101\\1011\\0100\end{vmatrix}=\begin{vmatrix}1010\\0101\\0001\\0100\end{vmatrix}=\begin{vmatrix}1&0&1&0\\0&1&0&1\\0&0&0&1\\0&0&0&-1\end{vmatrix}=0$

22. ①

풀이 주어진 연립방정식이 무수히 많은 해를 가지려면

$\frac{2}{b}=\frac{-1}{a}=\frac{2}{-9} \Rightarrow b=-9,\ a=\frac{9}{2}$

$\therefore a+b=\frac{9}{2}+(-9)=-\frac{9}{2}$

23. ②

풀이 ㄱ. (참) $(I-A)^T=I^T-A^T=I-A^T$이므로

$\det(I-A^T)=\det\{(I-A)^T\}=\det(I-A)$

ㄴ. (거짓) (반례) $A=\begin{pmatrix}0&1&1\\1&0&1\\1&1&0\end{pmatrix}$일 때, $\det A=2$이다.

ㄷ. (거짓) $A^2=A$이므로 $\det(A)=\det(A^2)=\{\det(A)\}^2$에서 $\det(A)=0$ 또는 $\det(A)=1$이다. 따라서 A는 정칙(가역)행렬이 아닐 수도 있다.

(반례) $A=\begin{pmatrix}1&0&0\\0&1&0\\0&0&0\end{pmatrix}$일 때, $A^2=A$이지만 $\det A=0$이므로 정칙(가역)행렬이 아니다.

ㄹ. (참) $adj(I)=\begin{pmatrix}1&0&0\\0&1&0\\0&0&1\end{pmatrix}^T=\begin{pmatrix}1&0&0\\0&1&0\\0&0&1\end{pmatrix}=I$

따라서 옳지 않은 명제는 ㄴ, ㄷ으로 2개이다.

24. ②

풀이 A와 B가 직교행렬이므로 $\det(A)=\pm1$, $\det(B)=\pm1$이다.

이때, $\det(A)\det(B)\neq1$이므로 $\det(A)\det(B)=-1$이다.

$\therefore \det\{(AB)^n\}=\{\det(AB)\}^n=\{\det(A)\det(B)\}^n$

$=(-1)^n=-1(\because n$은 홀수)

25. ②

풀이 ㄱ. (참) $A^T=A^TA$

$\Rightarrow (A^T)^T=(A^TA)^T$(양변에 전치)

$\Leftrightarrow A=A^T(A^T)^T=A^TA=A^T$이다.

ㄴ. (거짓) $A^T=A^TA$이므로

$|A^T|=|A^TA| \Leftrightarrow |A|=|A^T||A|$

$\Leftrightarrow |A|=|A|^2$

따라서 $\det(A)=1$ 또는 $\det(A)=0$이다.

ㄷ. (참) $A^T=A=A^TA$이므로

$A^2=(A^TA)^2=A^TAA^TA=A^T(AA^T)A=A^TAA$

$=A^TA=A^T=A$가 성립한다.

ㄹ. (거짓) (반례) $A=\begin{pmatrix}1&0\\0&0\end{pmatrix}$이면 $A^T=A^TA$이지만

A는 역행렬이 존재 하지 않는다.

26. ③

풀이 $\det(3AB)\det(A^{-1})=|3AB||A^{-1}|$

$=3^2|A||B||A^{-1}|$

$=9|B|=12$

$\therefore |B|=\frac{12}{9}=\frac{4}{3}$

27. ②

풀이 ㄱ. (참) $AA^t=I=A^tA$이므로 A는 직교행렬이다.

ㄴ. (거짓) 행렬식은 -1이다.

ㄷ. (참) $A\sim I_4$(I_4는 4×4 단위행렬)이므로 $rank(A)=4$

28. ①

풀이 $AA^{-1}=I$이므로

$B=AA^{-1}+A^T=I+A^T$

$=\begin{pmatrix}1&0\\0&1\end{pmatrix}+\begin{pmatrix}2&-1\\1&1\end{pmatrix}^T$

$=\begin{pmatrix}1&0\\0&1\end{pmatrix}+\begin{pmatrix}2&1\\-1&1\end{pmatrix}$

$=\begin{pmatrix}3&1\\-1&2\end{pmatrix}$

따라서 행렬 B의 모든 원소의 합은 $3+1+(-1)+2=5$이다.

29. ④

풀이 a. (참) 행렬 E는 단위행렬 I에 기본 행연산을 하여 얻어지므로 E_0를 단위행렬 I에 기본 행연산의 역연산을 하여 얻은 행렬이라 하자. 그러면 $E_0E=I$, $EE_0=I$ 즉, 기본행렬 E_0는 E의 역행렬이다.

b. (참) 행렬 A는 대칭행렬이므로

$A^T=A$이고 가역이므로 A^{-1}이 존재한다.

따라서 $(A^{-1})^T=(A^T)^{-1}=A^{-1}$이다.

c. (참) $(AA^T)^T=(A^T)^TA^T=AA^T$,

$(A^TA)^T=A^T(A^T)^T=A^TA$이므로

AA^T와 A^TA 모두 대칭행렬이다.

따라서 참인 것을 모두 포함하는 집합은 $\{a, b, c\}$이다.

30. ③

풀이

$$\left[\begin{array}{cccc|c} 1 & 1 & 1 & 1 & 1 \\ 2 & 1 & 1 & 1 & 4 \\ -1 & 6 & 5 & 1 & 5 \\ 4 & 1 & 3 & 2 & 6 \end{array}\right]$$

$$\sim \left[\begin{array}{cccc|c} 1 & 1 & 1 & 1 & 1 \\ 0 & -1 & -1 & -1 & 2 \\ 0 & 7 & 6 & 2 & 6 \\ 0 & -3 & -1 & -2 & 2 \end{array}\right]$$

$$\left[\begin{array}{l} \because (1\text{행})\times(-2)+(2\text{행})\to(2\text{행}) \\ \quad (1\text{행}) \qquad\quad +(3\text{행})\to(3\text{행}) \\ \quad (1\text{행})\times(-4)+(4\text{행})\to(4\text{행}) \end{array}\right]$$

$$\sim \left[\begin{array}{cccc|c} 1 & 1 & 1 & 1 & 1 \\ 0 & -1 & -1 & -1 & 2 \\ 0 & 0 & -1 & -5 & 20 \\ 0 & 0 & 2 & 1 & -4 \end{array}\right]$$

$$\left[\begin{array}{l} \because (2\text{행})\times \quad 7 \ +(3\text{행})\to(3\text{행}) \\ \quad (2\text{행})\times(-3)+(4\text{행})\to(4\text{행}) \end{array}\right]$$

$$\sim \left[\begin{array}{cccc|c} 1 & 1 & 1 & 1 & 1 \\ 0 & -1 & -1 & -1 & 2 \\ 0 & 0 & -1 & -5 & 20 \\ 0 & 0 & 0 & -9 & 36 \end{array}\right]$$

$[\because (3\text{행})\times 2+(4\text{행})\to(4\text{행})]$

$\therefore a=-1,\ b=-5,\ d=-4c$

$\therefore a+b+\dfrac{d}{c}=-1-5+\dfrac{-4c}{c}=-1-5-4=-10$

31. ③

풀이 $rank(A)=rank(A|B)$를 만족해야 한다.

$$(A|B)=\begin{pmatrix} 2 & -1 & 1 & 1 & 1 \\ 1 & 2 & -1 & 4 & 2 \\ 1 & 7 & -4 & 11 & c \end{pmatrix}$$

$$\sim \begin{pmatrix} 1 & 2 & -1 & 4 & 2 \\ 2 & -1 & 1 & 1 & 1 \\ 1 & 7 & -4 & 11 & c \end{pmatrix}$$

$$\sim \begin{pmatrix} 1 & 2 & -1 & 4 & 2 \\ 0 & -5 & 3 & -7 & -3 \\ 0 & 5 & -3 & 7 & c-2 \end{pmatrix}$$

$$\sim \begin{pmatrix} 1 & 2 & -1 & 4 & 2 \\ 0 & -5 & 3 & -7 & -3 \\ 0 & 0 & 0 & 0 & c-5 \end{pmatrix}$$

따라서 해가 존재하도록 하는 상수 c의 값은 5이다.

32. ③

풀이

$$\det(A)=\begin{vmatrix} 1 & 2 & 3 & -25 \\ 1 & 3 & 4 & 2 \\ 1 & 2 & 15 & 6 \\ 1 & 2 & 13 & 1 \end{vmatrix}=\begin{vmatrix} 1 & 2 & 3 & -25 \\ 0 & 1 & 1 & 27 \\ 0 & 0 & 12 & 31 \\ 0 & 0 & 10 & 26 \end{vmatrix}$$

$=\begin{vmatrix} 12 & 31 \\ 10 & 26 \end{vmatrix}=312-310=2$이다.

또한 행렬 C는 A의 여인수를 이용하여 만든 행렬이므로

$C=(adjA)^T$이 성립한다.

$\therefore det(C)=\det((adjA)^T)=\det(adjA)$

$=|A|^{4-1}=|A|^3=2^3=8$

33. ①

풀이 객관식 보기의 값을 활용하자.

$AA^{-1}=A^{-1}A=I$를 만족하는 A^{-1}의 1행을 찾자!!

[다른 풀이]

$$\left(\begin{array}{ccccc|ccccc} 1 & 1 & 1 & 1 & \cdots\ 1 & 1 & 0 & 0 & \cdots & 0 \\ 0 & 1 & 1 & 1 & \cdots\ 1 & 0 & 1 & 0 & \cdots & 0 \\ 0 & 0 & 1 & 1 & \cdots\ 1 & 0 & 0 & 1 & \cdots & 0 \\ 0 & 0 & 0 & 1 & \cdots\ 1 & 0 & 0 & 0 & \cdots & 0 \\ \vdots & \vdots & \vdots & \vdots & \ddots\ \vdots & \vdots & \vdots & \vdots & \ddots & \vdots \\ 0 & 0 & 0 & 0 & \cdots\ 1 & 0 & 0 & 0 & \cdots & 1 \end{array}\right)$$

에서 $(2\text{행})\times(-1)+(1\text{행})\to(1\text{행})$을 하면

$$\left(\begin{array}{ccccc|ccccc} 1 & 0 & 0 & 0 & \cdots\ 0 & 1 & -1 & 0 & \cdots & 0 \\ 0 & 1 & 1 & 1 & \cdots\ 1 & 0 & 1 & 0 & \cdots & 0 \\ 0 & 0 & 1 & 1 & \cdots\ 1 & 0 & 0 & 1 & \cdots & 0 \\ 0 & 0 & 0 & 1 & \cdots\ 1 & 0 & 0 & 0 & \cdots & 0 \\ \vdots & \vdots & \vdots & \vdots & \ddots\ \vdots & \vdots & \vdots & \vdots & \ddots & \vdots \\ 0 & 0 & 0 & 0 & \cdots\ 1 & 0 & 0 & 0 & \cdots & 1 \end{array}\right)$$

이므로 역행렬의 1행은 $(1,\ -1,\ 0,\ 0,\ \cdots,\ 0)$이다.

[다른 풀이]

$$A^{-1}=\frac{1}{|A|}adjA=\frac{1}{1}\begin{pmatrix} 1 & \cdots \\ -1 & \cdots \\ 0 & \cdots \\ 0 & \cdots \\ \vdots & \ddots \\ 0 & \cdots \end{pmatrix}^T$$

이므로 A^{-1}의 첫 번째 행은 $(1,\ -1,\ 0,\ 0,\ \cdots,\ 0)$이다.

34. 풀이 참조

풀이 (a) 행렬 $A=\begin{bmatrix}1&2&3\\2&5&8\\3&8&14\end{bmatrix}$에서 1행에 (-2)배 하여 2행에 더하면

$E_1A=\begin{bmatrix}1&2&3\\0&1&2\\3&8&14\end{bmatrix}$일 때, $E_1=\begin{bmatrix}1&0&0\\-2&1&0\\0&0&1\end{bmatrix}$이다.

계속해서 1행에 (-3)배 하여 3행에 더하면

$E_2E_1A=\begin{bmatrix}1&2&3\\0&1&2\\0&2&5\end{bmatrix}$일 때, $E_2=\begin{bmatrix}1&0&0\\0&1&0\\-3&0&1\end{bmatrix}$이다.

마지막으로 2행에 (-2)배하여 3행에 더하면

$E_3E_2E_1A=\begin{bmatrix}1&2&3\\0&1&2\\0&0&1\end{bmatrix}$일 때, $E_3=\begin{bmatrix}1&0&0\\0&1&0\\0&-2&1\end{bmatrix}$이다.

그리고 양변 왼쪽에 $(E_3E_2E_1)^{-1}$을 곱하면

$A=(E_3E_2E_1)^{-1}\begin{bmatrix}1&2&3\\0&1&2\\0&0&1\end{bmatrix}$이므로

$L=(E_3E_2E_1)^{-1}=\begin{bmatrix}1&0&0\\2&1&0\\3&2&1\end{bmatrix}$이고,

$L^{-1}=E_3E_2E_1=\begin{bmatrix}1&0&0\\-2&1&0\\1&-2&1\end{bmatrix}$이다.

(b) (a)에서 $E_3E_2E_1A=\begin{bmatrix}1&2&3\\0&1&2\\0&0&1\end{bmatrix}$를 구한 식부터

계속해서 계산하면, 3행에 (-2)배 하여 2행에 더하면

$E_4E_3E_2E_1A=\begin{bmatrix}1&2&3\\0&1&0\\0&0&1\end{bmatrix}$일 때 $E_4=\begin{bmatrix}1&0&0\\0&1&-2\\0&0&1\end{bmatrix}$이며

3행에 (-3)배 하여 1행에 더하면

$E_5E_4E_3E_2E_1A=\begin{bmatrix}1&2&0\\0&1&0\\0&0&1\end{bmatrix}$일 때 $E_5=\begin{bmatrix}1&0&-3\\0&1&0\\0&0&1\end{bmatrix}$이다.

마지막으로 2행에 (-2)배 하여 1행에 더하면

$E_6E_5E_4E_3E_2E_1A=\begin{bmatrix}1&0&0\\0&1&0\\0&0&1\end{bmatrix}$일 때 $E_5=\begin{bmatrix}1&-2&0\\0&1&0\\0&0&1\end{bmatrix}$이다.

$A^{-1}=E_6E_5E_4E_3E_2E_1$이므로 $A^{-1}=\begin{bmatrix}6&-4&1\\-4&5&-2\\1&-2&1\end{bmatrix}$

35. ②

풀이

$$A=\begin{bmatrix}1&0&0&\cdots&0\\1&2&3&\cdots&n\\n+1&n+2&n+3&\cdots&2n\\2n+1&2n+2&2n+3&\cdots&3n\\\vdots&\vdots&\vdots&&\vdots\\n^2-n+1&n^2-n+2&n^2-n+3&\cdots&n^2\end{bmatrix}$$

$$\sim\begin{bmatrix}1&0&0&\cdots&0\\1&2&3&\cdots&n\\n&n&n&\cdots&n\\2n&2n&2n&\cdots&2n\\\vdots&\vdots&\vdots&\vdots&\vdots\\n^2-n&n^2-n&n^2-n&\cdots&n^2-n\end{bmatrix}$$

$\left[\begin{array}{l}\because (2\text{행})\times(-1)+(3\text{행})\to(3\text{행})\\ (2\text{행})\times(-1)+(4\text{행})\to(4\text{행})\\ \vdots\\ (2\text{행})\times(-1)+(n\text{행})\to(n\text{행})\end{array}\right]$

$$\sim\begin{bmatrix}1&0&0&\cdots&0\\1&2&3&\cdots&n\\n&n&n&\cdots&n\\0&0&0&\cdots&0\\\vdots&\vdots&\vdots&\vdots&\vdots\\0&0&0&\cdots&0\end{bmatrix}$$

$\left[\begin{array}{l}\because (3\text{행})\times(-2)+(4\text{행})\to(4\text{행})\\ (3\text{행})\times(-3)+(5\text{행})\to(5\text{행})\\ \vdots\\ (3\text{행})\times(1-n)+(n\text{행})\to(n\text{행})\end{array}\right]$

$$\sim\begin{bmatrix}1&0&0&\cdots&0\\1&2&3&\cdots&n\\1&1&1&\cdots&1\\0&0&0&\cdots&0\\\vdots&\vdots&\vdots&\vdots&\vdots\\0&0&0&\cdots&0\end{bmatrix}\left[\because (3\text{행})\times\frac{1}{n}\to(3\text{행})\right]$$

$$\sim\begin{bmatrix}1&0&0&\cdots&0\\0&2&3&\cdots&n\\0&1&1&\cdots&1\\0&0&0&\cdots&0\\\vdots&\vdots&\vdots&\vdots&\vdots\\0&0&0&\cdots&0\end{bmatrix}$$

$\left[\begin{array}{l}\because (1\text{행})\times(-1)+(2\text{행})\to(2\text{행})\\ (1\text{행})\times(-1)+(3\text{행})\to(3\text{행})\end{array}\right]$

$$\sim\begin{bmatrix}1&0&0&\cdots&0\\0&1&1&\cdots&1\\0&2&3&\cdots&n\\0&0&0&\cdots&0\\\vdots&\vdots&\vdots&\vdots&\vdots\\0&0&0&\cdots&0\end{bmatrix}\left[\because (2\text{행})\leftrightarrow(3\text{행})\right]$$

$$\sim\begin{bmatrix}1&0&0&\cdots&0\\0&1&1&\cdots&1\\0&0&1&\cdots&n-2\\0&0&0&\cdots&0\\\vdots&\vdots&\vdots&\vdots&\vdots\\0&0&0&\cdots&0\end{bmatrix}$$

$\left[\because (2\text{행})\times(-2)+(3\text{행})\to(3\text{행})\right]$

$\therefore rankA=3$

36. ④

풀이 ① (참) $A=A^T \to A^{-1}=(A^T)^{-1}=(A^{-1})^T$
따라서 A^{-1}도 대칭행렬이다.
② (참) $AA=A^TA^T=(A^2)^T$ 따라서 A^2도 대칭행렬이다.
③ (참) $A=A^T$, $A^2=(A^2)^T$이므로
$A+A^2=A^T+(A^2)^T=(A+A^2)^T$
따라서 $A+A^2$도 대칭행렬이다.
④ (거짓) (반례) $A=\begin{pmatrix}1 & -1\\ -1 & 5\end{pmatrix}$, $S=\begin{pmatrix}1 & 0\\ -2 & -1\end{pmatrix}$이면
$S^{-1}=\begin{pmatrix}1 & 0\\ -2 & -1\end{pmatrix}$이다. 따라서
$S^{-1}AS=\begin{pmatrix}1 & 0\\ -2 & -1\end{pmatrix}\begin{pmatrix}1 & -1\\ -1 & 5\end{pmatrix}\begin{pmatrix}1 & 0\\ -2 & -1\end{pmatrix}=\begin{pmatrix}3 & 1\\ 5 & 3\end{pmatrix}$이다.

37. ①

풀이 대각합 성질에 의해
(ⅰ) $tr(A+B)=tr(A)+tr(B)$
(ⅱ) $tr(cA)=c\,tr(A)$ (c는 상수)
(ⅲ) A, B가 $n\times n$ 행렬일 때, $tr(AB)=tr(BA)$
$\therefore tr(2AAB-3BAA)=tr(2AAB)-tr(3BAA)$
$=2tr(AAB)-3tr(BAA)$
$=2tr(ABA)-3tr(ABA)$
$=-tr(ABA)=3$
$\therefore tr(ABA)=-3$
$\therefore tr(2ABA)=2tr(ABA)=-6$

38. ④

풀이 ① (참) AB의 고윳값을 λ, 대응하는 고유벡터를 V라고 한다면
$ABV=\lambda V$가 성립한다.
양변에 행렬 B를 왼쪽에 곱하면 $BABV=B\lambda V=\lambda BV$
이고 $BV=W$라고 한다면 $BAW=\lambda W$가 성립하고,
BA의 고윳값을 λ, 대응하는 고유벡터를 W라고 할 수 있다.
따라서 AB와 BA는 동일한 고윳값을 가진다.

② (참) 위의 증명한 내용 ①에 의해서 AB와 BA는 동일한 고윳값을 갖기 때문에 $tr(AB)=tr(BA)$이 성립한다.
따라서 $tr(AB-BA)=tr(AB)-tr(BA)=0$이고
$tr(I)=n$이므로 $AB-BA=I$는 성립하지 않는다.

④ (거짓) (반례) $A=\begin{bmatrix}0 & 0\\ 0 & 1\end{bmatrix}$, $B=\begin{bmatrix}0 & 1\\ 0 & 0\end{bmatrix}$, $C=\begin{bmatrix}1 & 0\\ 0 & 0\end{bmatrix}$이라 하자.
그러면 $AC=\begin{bmatrix}0 & 0\\ 0 & 0\end{bmatrix}=BC$이지만 $A\neq B$이다.

39. ③

풀이 $Aw=v_i$를 만족하는 $w\in R^5$이 존재한다는 것은 $v_i\in A$의 열공간의 성분이다. A의 열공간의 기저를 찾아보자.

$$A^T=\begin{pmatrix}0555\\3333\\2100\\6511\\1000\end{pmatrix}\sim\begin{pmatrix}1000\\1111\\2100\\6511\\0111\end{pmatrix}\sim\begin{pmatrix}1000\\0111\\0100\\0511\\0111\end{pmatrix}\sim\begin{pmatrix}1000\\0100\\0011\\0000\\0000\end{pmatrix}$$

(A의 열공간의 기저)=(A^T의 행공간의 기저)

$$=\left\{\begin{pmatrix}1\\0\\0\\0\end{pmatrix},\begin{pmatrix}0\\1\\0\\0\end{pmatrix},\begin{pmatrix}0\\0\\1\\1\end{pmatrix}\right\}=\left\{\begin{pmatrix}1\\0\\0\\0\end{pmatrix},\begin{pmatrix}1\\1\\0\\0\end{pmatrix},\begin{pmatrix}1\\1\\1\\1\end{pmatrix}\right\}$$

(기저의 표현은 다양하다)

v_1, v_2, v_4는 A의 열공간에 속하므로 $Aw=v_i$를 만족한다.
i값들의 합은 7이다.

[다른 풀이]

$v_i=(a, b, c, d)$라고 하면 $(A|v_i)=\begin{pmatrix}03261:a\\53150:b\\53040:c\\53040:d\end{pmatrix}$이고

$$\begin{pmatrix}03261:a\\53150:b\\53040:c\\53040:d\end{pmatrix}\to\begin{pmatrix}53040:d\\53150:b\\53040:c\\03261:a\end{pmatrix}\to\begin{pmatrix}53040:\ d\\00110:b-d\\00000:c-d\\03261:\ a\end{pmatrix}$$

$$\to\begin{pmatrix}53040:\ d\\03261:\ a\\00110:b-d\\00000:c-d\end{pmatrix}$$

이므로 $c-d=0$일 때, $w\in R^5$가 존재한다. 그러므로 $w\in R^5$가 존재하는 것은 v_1, v_2, v_4이다. 따라서 i값들의 합은 7이다.

40. ④

풀이 가. (참) $a_{ii}=-a_{ii} \Rightarrow 2a_{ii}=0 \Rightarrow a_{ii}=0$
나. (참) $A=\begin{pmatrix}0 & a\\ -a & 0\end{pmatrix}$, $B=\begin{pmatrix}0 & b\\ -b & 0\end{pmatrix}$
$\Rightarrow (AB)^T=-AB$
$\Leftrightarrow \begin{pmatrix}-ab & 0\\ 0 & -ab\end{pmatrix}=\begin{pmatrix}ab & 0\\ 0 & ab\end{pmatrix}$
$ab=0$이므로 A 또는 B는 영행렬이다.
다. (참) $(A-A^T)^T=A^T-A=-(A-A^T)$
라. (참) $A=\frac{1}{2}(A+A^T)+\frac{1}{2}(A-A^T)$

41. ④

풀이 $A=\frac{1}{2}(A+A^T)+\frac{1}{2}(A-A^T)$이므로

$$A=\frac{1}{2}\left(\begin{bmatrix}2&-1&1\\3&0&4\\-1&2&-3\end{bmatrix}+\begin{bmatrix}2&3&-1\\-1&0&2\\1&4&-3\end{bmatrix}\right)$$
$$+\frac{1}{2}\left(\begin{bmatrix}2&-1&1\\3&0&4\\-1&2&-3\end{bmatrix}-\begin{bmatrix}2&3&-1\\-1&0&2\\1&4&-3\end{bmatrix}\right)$$
$$=\begin{bmatrix}2&1&0\\1&0&3\\0&3&-3\end{bmatrix}+\begin{bmatrix}0&-2&1\\2&0&1\\-1&-1&0\end{bmatrix}$$

$\therefore abcd-efgh=(1\cdot1\cdot3\cdot3)-\{(-2)\cdot2\cdot1\cdot(-1)\}$
$=9-4=5$

42. ①

풀이 $$|A|=\begin{vmatrix}a_{11}&a_{12}&a_{13}&\cdots&a_{1j}&\cdots&a_{1n}\\a_{21}&a_{22}&a_{23}&\cdots&a_{2j}&\cdots&a_{2n}\\a_{31}&a_{32}&a_{33}&\cdots&a_{3j}&\cdots&a_{3n}\\\vdots&\vdots&\vdots&\cdots&\vdots&\cdots&\vdots\\a_{i1}&a_{i2}&a_{i3}&\cdots&a_{ij}&\vdots&a_{in}\\\vdots&\vdots&\vdots&\cdots&\vdots&\vdots&\vdots\\a_{n1}&a_{n2}&a_{n3}&\cdots&a_{nj}&\cdots&a_{nn}\end{vmatrix}$$
$=a_{i1}A_{i1}+a_{i2}A_{i2}+a_{i3}A_{i3}+\dots+a_{in}A_{in}$

따라서 $a_{i1}A_{j1}+a_{i2}A_{j2}+\dots+a_{in}A_{jn}$은
j행의 여인수와 i행의 원소를 곱한 것과 같다.
따라서 i행과 j행이 같은 원소인 상태에서의 행렬식과 같으므로
$a_{i1}A_{j1}+a_{i2}A_{j2}+\dots+a_{in}A_{jn}=0$이다.

[다른 풀이]

$A\cdot adj(A)=a_{i1}A_{j1}+a_{i2}A_{j2}+\cdots+a_{in}A_{jn}=\begin{cases}|A|, & i=j\\0, & i\neq j\end{cases}$

(단, $A_{ij}=(-1)^{i+j}M_{ij}$이고
M_{ij}는 i행과 j열을 제거하여 만든 부분행렬의 행렬식이다.)

43. ③

풀이 $\det(A)=abc+1+1-(b+a+c)=5+2-3=4$
$\therefore |adjA|=|A|^{n-1}=4^2=16$

44. ③

풀이 주어진 행렬 A는 직교행렬이므로
$\langle Au, Av\rangle=(Av)^t(Au)=v^tA^tAu=v^tu=\langle u,v\rangle$
보기 중에 $\langle u,v\rangle$값이 최대가 되는 것은
① $\langle u,v\rangle=12$, ② $\langle u,v\rangle=6$,
③ $\langle u,v\rangle=13$, ④ $\langle u,v\rangle=-4$

45. ②

풀이 $$\begin{vmatrix}x&1&1&1&1&1\\1&x&2&2&2&2\\2&2&x&3&3&3\\3&3&3&x&4&4\\4&4&4&4&x&5\\1&1&1&1&1&1\end{vmatrix}=\begin{vmatrix}x&1-x&1-x&1-x&1-x&1-x\\1&x-1&1&1&1&1\\2&0&x-2&1&1&1\\3&0&0&x-3&1&1\\4&0&0&0&x-4&1\\1&0&0&0&0&0\end{vmatrix}$$
$$=-\begin{vmatrix}1-x&1-x&1-x&1-x&1-x\\x-1&1&1&1&1\\0&x-2&1&1&1\\0&0&x-3&1&1\\0&0&0&x-4&1\end{vmatrix}$$
$$=-\begin{vmatrix}1-x&1-x&1-x&1-x&1-x\\0&2-x&2-x&2-x&2-x\\0&x-2&1&1&1\\0&0&x-3&1&1\\0&0&0&x-4&1\end{vmatrix}$$
$$=(x-1)\begin{vmatrix}2-x&2-x&2-x&2-x\\x-2&1&1&1\\0&x-3&1&1\\0&0&x-4&1\end{vmatrix}$$
$$=(x-1)\begin{vmatrix}2-x&2-x&2-x&2-x\\0&3-x&3-x&3-x\\0&x-3&1&1\\0&0&x-4&1\end{vmatrix}$$
$$=(x-1)(2-x)\begin{vmatrix}3-x&3-x&3-x\\x-3&1&1\\0&x-4&1\end{vmatrix}$$
$$=(x-1)(2-x)\begin{vmatrix}3-x&3-x&3-x\\0&4-x&4-x\\0&x-4&1\end{vmatrix}$$
$$=(x-1)(2-x)(3-x)\begin{vmatrix}4-x&4-x\\x-4&1\end{vmatrix}$$
$$=(x-1)(2-x)(3-x)\begin{vmatrix}4-x&4-x\\0&5-x\end{vmatrix}$$
$$=(x-1)(2-x)(3-x)(4-x)(5-x)=0$$

을 만족하는 $x=1,2,3,4,5$이므로 모든 x의 합은 15이다.

46. 풀이 참조

풀이 문제 연립방정식을 행렬로 표현하면

$$(A|B)=\begin{pmatrix}1271 & -1\\ 1111 & 0\\ 3493 & -1\end{pmatrix}\sim\begin{pmatrix}10-51 & 1\\ 01\ 6\ 0 & -1\\ 00\ 0\ 0 & 0\end{pmatrix}$$

$x_1=5x_3-x_4+1$이므로 $-1\le x_3,\ x_4\le 1$

따라서 x_1의 최댓값은 7이고, 최솟값은 -5이다.

47. ④

풀이 $A_1=(1,0,1,0),\ A_2=(0,1,1,1)$

$A_3=(1,2,3,2),\ A_4=(3,1,3,1)$에 대해

4×4 행렬 B는 다음과 같다.

$$B=\sum_{i=1}^{4}A_i^tA_i$$
$$=A_1^tA_1+A_2^tA_2+A_3^tA_3+A_4^tA_4$$
$$=\begin{pmatrix}1013\\0121\\1133\\0121\end{pmatrix}\begin{pmatrix}1010\\0111\\1232\\3131\end{pmatrix}=A^TA$$

(열행의 법칙에 의해서 행렬의 곱으로 나타낼 수 있다.)

계수의 성질에 의해서

$rank(A)=rank(A^TA)=rank(A^T)=rank(AA^T)$이다.

$$A=\begin{pmatrix}1010\\0111\\1232\\3131\end{pmatrix}\sim\begin{pmatrix}1010\\0111\\0222\\0101\end{pmatrix}\sim\begin{pmatrix}10\ 1\ 0\\01\ 1\ 1\\00\ 0\ 0\\00-10\end{pmatrix}\sim\begin{pmatrix}10\ 1\ 0\\01\ 1\ 1\\00-10\\00\ 0\ 0\end{pmatrix}$$

$rankB=rank(A^TA)=rank(A)=3$이다.

$$A=\begin{pmatrix}1010\\0111\\1232\\3131\end{pmatrix}\sim\begin{pmatrix}1010\\0111\\0222\\0101\end{pmatrix}\sim\begin{pmatrix}10\ 1\ 0\\01\ 1\ 1\\00\ 0\ 0\\00-10\end{pmatrix}\sim\begin{pmatrix}10\ 1\ 0\\01\ 1\ 1\\00-10\\00\ 0\ 0\end{pmatrix}$$

48. ⑤

풀이 $y_i=mx_i+b\ \Leftrightarrow\ \begin{pmatrix}1\,1\\2\,1\\3\,1\\4\,1\end{pmatrix}\begin{pmatrix}m\\b\end{pmatrix}=\begin{pmatrix}2\\3\\6\\7\end{pmatrix}\ \Leftrightarrow\ Ax=b$

의 관계를 만족해야 한다.

최소제곱해를 이용하여 $x=\begin{pmatrix}m\\b\end{pmatrix}$를 구하자.

$$x=\begin{pmatrix}m\\b\end{pmatrix}=(A^tA)^{-1}A^tb$$
$$=\begin{pmatrix}30&10\\10&4\end{pmatrix}^{-1}\begin{pmatrix}54\\18\end{pmatrix}=\frac{1}{20}\begin{pmatrix}4&-10\\-10&30\end{pmatrix}\begin{pmatrix}54\\18\end{pmatrix}$$
$$=\frac{9}{5}\begin{pmatrix}2&-5\\-5&15\end{pmatrix}\begin{pmatrix}3\\1\end{pmatrix}=\frac{9}{5}\begin{pmatrix}1\\0\end{pmatrix}$$

$\therefore m=\frac{9}{5},\ b=0\quad \therefore m+b=\frac{9}{5}$

49. ①

풀이 $(I-A)^{-1}=-(A-I)^{-1}$,

$$A-I=\begin{pmatrix}0&2&-1&-1\\-1&-1&0&1\\-2&0&-1&2\\1&2&-1&-2\end{pmatrix}$$

$$\therefore(A-I)^{-1}=\begin{pmatrix}-2&-2&1&1\\1&-1&0&-1\\2&0&-1&-2\\-1&-2&1&0\end{pmatrix}$$

$$\therefore(I-A)^{-1}=\begin{pmatrix}2&2&-1&-1\\-1&1&0&1\\-2&0&1&2\\1&2&-1&0\end{pmatrix}$$

따라서 모든 원소의 합은 6이다.

50. ②

풀이 ㄱ. (참) $A=(a,b,c,\dots,n)$

(단, $a,\ b,\ c,\ \cdots,\ n$은 임의의 $m\times1$벡터)이라 하면

$$A^TA=\begin{pmatrix}a\cdot a & a\cdot b & a\cdot c & \dots & a\cdot n\\ b\cdot a & b\cdot b & b\cdot c & \dots & b\cdot n\\ c\cdot a & c\cdot b & c\cdot c & \dots & c\cdot n\\ \vdots & \vdots & \vdots & \ddots & \vdots\\ n\cdot a & n\cdot b & n\cdot c & \dots & n\cdot n\end{pmatrix}=O$$

이 성립해야 하므로 $a\cdot a=0,\ b\cdot b=0,\ \cdots,\ n\cdot n=0$이다. 따라서 $a=0,\ b=0,\ \cdots,\ n=0$이고 $A=O$이다.

ㄴ. (참) $A+A^2=I$이라 하면

$|A+A^2|=|I|\Leftrightarrow|A(I+A)|=1\Leftrightarrow|A||I+A|=1$

따라서 $|A|\neq0$이다. 그러므로 A는 가역이다.

ㄷ. (거짓) (반례) $A=\begin{pmatrix}1&0\\0&1\end{pmatrix}$, $B=\begin{pmatrix}-1&1\\0&-1\end{pmatrix}$이라 할 때,

A와 B는 가역이지만 $A+B=\begin{pmatrix}0&1\\0&0\end{pmatrix}$은 비가역이다.

ㄹ. (참) 모든 열벡터들이 1차 독립인 n차 정사각행렬 A와 B의 행렬식은 0이 아니다. 즉, $|A|\neq0,\ |B|\neq0$이다. 또한 $|AB|=|A||B|\neq0$이므로 AB의 모든 행벡터들도 1차 독립이다.

03 선형대수

3. 선형변환

1. ④

풀이 $T^{-1}(1,2,3)=(a,b,c)$라 두면 $T(a,b,c)=(1,2,3)$이다.

즉, $\begin{cases} a+2b-2c=1 \cdots ㉠ \\ a+2b+c=2 \cdots ㉡ \\ -a-b=3 \cdots ㉢ \end{cases}$이라 두고

$\frac{1}{3}\times$(㉡−㉠)을 하면 $c=\frac{1}{3}$, $(-1)\times$㉢을 하면 $a+b=-3$

$\therefore a+b+c=-3+\frac{1}{3}=-\frac{8}{3}$

2. ②

풀이 $D=P^{-1}BP$이므로 $D^3=P^{-1}B^3P$이다.

선형변환 T의 표준행렬 B는 $B=\begin{pmatrix} 1 & 2 & -2 \\ 1 & 2 & 1 \\ -1 & -1 & 0 \end{pmatrix}$이므로

$$|B-\lambda I|=\begin{vmatrix} 1-\lambda & 2 & -2 \\ 1 & 2-\lambda & 1 \\ -1 & -1 & -\lambda \end{vmatrix}$$
$$=\begin{vmatrix} 1-\lambda & 2 & -2 \\ 1 & 2-\lambda & 1 \\ 0 & 1-\lambda & 1-\lambda \end{vmatrix}$$
[∵ (2행)+(3행)→(3행)]
$$=\begin{vmatrix} 1-\lambda & 2 & -4 \\ 1 & 2-\lambda & \lambda-1 \\ 0 & 1-\lambda & 0 \end{vmatrix}$$
[∵ (2열)×(−1)+(3열)→(3열)]
$$=-(1-\lambda)\{-(\lambda-1)^2+4\}$$
$$=(\lambda-1)(-\lambda^2+2\lambda+3)$$
$$=-(\lambda-1)(\lambda+1)(\lambda-3)$$

즉, B의 고윳값은 $-1, 1, 3$이므로

D의 주대각원소는 $-1, 1, 3$이고

D^3의 주대각원소는 $(-1)^3, 1^3, 3^3$이다.

$\therefore tr(P^{-1}B^3P)=tr(D^3)=(-1)^3+1^3+3^3=27$

3. ④

풀이 벡터 $\mathrm{v}=\langle x,y\rangle$라 두면 벡터 $\mathrm{p}=\langle 2,3\rangle$ 위로

벡터 v의 정사영 w는

$$\mathrm{w}=\frac{\mathrm{p}\cdot\mathrm{v}}{\mathrm{p}\cdot\mathrm{p}}\mathrm{p}=\frac{\langle 2,3\rangle\cdot\langle x,y\rangle}{\langle 2,3\rangle\cdot\langle 2,3\rangle}\langle 2,3\rangle$$
$$=\frac{2x+3y}{4+9}\langle 2,3\rangle=\frac{1}{13}\langle 4x+6y, 6x+9y\rangle$$
$$=\frac{1}{13}\begin{pmatrix} 4 & 6 \\ 6 & 9 \end{pmatrix}\begin{pmatrix} x \\ y \end{pmatrix}$$

따라서 정사영변환을 나타내는 행렬은 $\frac{1}{13}\begin{pmatrix} 4 & 6 \\ 6 & 9 \end{pmatrix}$이다.

4. ①

풀이
$$T(A)=T\left(\begin{bmatrix} a_{11} & a_{12} \\ a_{21} & a_{22} \end{bmatrix}\right)$$
$$=\begin{bmatrix} 2 & -1 \\ 3 & 1 \end{bmatrix}\begin{bmatrix} a_{11} & a_{12} \\ a_{21} & a_{22} \end{bmatrix}$$
$$=\begin{bmatrix} 2a_{11}-a_{21} & 2a_{12}-a_{22} \\ 3a_{11}+a_{21} & 3a_{12}+a_{22} \end{bmatrix}$$

벡터공간 V의 표준기저

$B=\left\{e_1=\begin{bmatrix} 1 & 0 \\ 0 & 0 \end{bmatrix}, e_2=\begin{bmatrix} 0 & 1 \\ 0 & 0 \end{bmatrix}, e_3=\begin{bmatrix} 0 & 0 \\ 1 & 0 \end{bmatrix}, e_4=\begin{bmatrix} 0 & 0 \\ 0 & 1 \end{bmatrix}\right\}$이므로

선형변환 T의 표준행렬은

$$D=[T]_B$$
$$=\left[[T(e_1)]_B : [T(e_2)]_B : [T(e_3)]_B : [T(e_4)]_B\right]$$
$$=\begin{bmatrix} 2 & 0 & -1 & 0 \\ 0 & 2 & 0 & -1 \\ 3 & 0 & 17 & 0 \\ 0 & 3 & 0 & 1 \end{bmatrix}$$

$\therefore tr(T)=tr(D)=2+2+1+1=6$

5. ③

풀이
$$(4,2,4)=av_1+bv_2+cv_3$$
$$=(a,a,a)+(b,b,0)+(c,0,0)$$
$$=(a+b+c, a+b, a)$$

$\therefore a=4,\ b=-2,\ c=2$

$$\therefore L(4,2,4)=4L(v_1)-2L(v_2)+2L(v_3)$$
$$=4(1,0)-2(2,-1)+2(4,3)$$
$$=(4-4+8, 0+2+6)=(8,8)$$

6. ④

풀이 xz평면으로의 사영 $P(x,y,z)=(x,0,z)$으로 정의된

일차변환 $P: R^3\to R^3$에 대응하는 변환행렬을 A_P라고 할 때,

$A_p\begin{pmatrix} x \\ y \\ z \end{pmatrix}=\begin{pmatrix} x \\ 0 \\ z \end{pmatrix}$을 만족해야 한다. 따라서 $A_p=\begin{pmatrix} 1 & 0 & 0 \\ 0 & 0 & 0 \\ 0 & 0 & 1 \end{pmatrix}$이다.

7. ④

풀이 ㉠ (참) 닮은 행렬은 같은 행렬식을 갖는다.

㉡ (참) 행렬곱 CD는 합성변환 $T\circ S$의 표현행렬이고, 행렬식의 성질에 의해 $|CD|=|C||D|$가 성립한다.

㉢ (참) 행렬과 그 전치행렬은 같은 특성방정식을 가지므로 고윳값이 같다.

8. ①

풀이 $T(1,2,3)=\begin{bmatrix} a & c & b \\ c & b & a \\ b & a & c \end{bmatrix}\begin{bmatrix} 1 \\ 2 \\ 3 \end{bmatrix}=\begin{bmatrix} a+2c+3b \\ c+2b+3a \\ b+2a+3c \end{bmatrix}$

행끼리 더하면 $6(a+b+c)=12$이므로 $a+b+c=2$

$T(1,-1,1)=\begin{bmatrix} a & c & b \\ c & b & a \\ b & a & c \end{bmatrix}\begin{bmatrix} 1 \\ -1 \\ 1 \end{bmatrix}=\begin{bmatrix} a-c+b \\ c-b+a \\ b-a+c \end{bmatrix}$

성분을 모두 더하면 $a+b+c=2$

9. ③

풀이 선형사상 T의 고유벡터를

$v_1=(1,1,0)$, $v_2=(0,1,1)$, $v_3=(1,0,1)$ 이라 하면,

각 고유벡터에 대응되는 고윳값은 2, 1, -1 이다.

이 때, T^{2018}의 고윳값은 2^{2018}, 1, 1 이고

대응되는 고유벡터는 v_1, v_2, v_3 이다.

또한, $v=(0,2,0)$ 은 $v=v_1+v_2-v_3$이므로

$$\begin{aligned} T^{2018}(v) &= T^{2018}(v_1+v_2-v_3) \\ &= T^{2018}(v_1)+T^{2018}(v_2)-T^{2018}(v_3) \\ &= 2^{2018}v_1+v_2-v_3 \\ &= 2^{2018}(1,1,0)+(0,1,1)-(1,0,1) \\ &= (2^{2018}-1,\ 2^{2018}+1,\ 0) \end{aligned}$$

$\therefore p+q+r=2^{2018}-1+2^{2018}+1=2\cdot 2^{2018}=2^{2019}$

10. ④

풀이 평면의 법선벡터가 $n=\begin{pmatrix} 1 \\ 1 \\ 1 \end{pmatrix}$이므로 $A=I-\dfrac{1}{n^tn}nn^t$ 이다.

(가) (거짓)

$\det(A)=\det\left(I-\dfrac{1}{n^tn}nn^t\right)=1-\dfrac{1}{n^tn}n^tn=0$

이므로 A의 역행렬은 존재하지 않는다.

(나) (참) $(1,\ 1,\ 1)$은 평면의 법선벡터이므로 A의 고유치 0에 대응하는 고유벡터이다.

(다) (참) 행렬 A의 고유치는 $\lambda=0,\ 1,\ 1$이므로 A의 대각합은 2이다.

(라) (참) $A^t=\left(I-\dfrac{1}{n^tn}nn^t\right)^t=I^t-\dfrac{1}{n^tn}(nn^t)^t$

$=I-\dfrac{1}{n^tn}nn^t=A$

이므로 행렬 A는 대칭행렬이다. 따라서 대각화 가능하다.

[다른 풀이]

각 고유치에 대하여 대수적 중복도와 기하적 중복도가 같으므로 A는 대각화가능하다.

11. ①

풀이 $v_1\cdot v_2=0$이므로 v_1과 v_2는 서로 수직이다.

따라서 v_1과 v_2로 생성하는 공간 $W=<v_1, v_2>$에

벡터 $u=(1,\ -1,\ -2)$를 사영시킨 벡터는

$$\begin{aligned} proj_{<v_1,v_2>}u &= proj_{v_1}u+proj_{v_2}u \\ &= \frac{\frac{1}{\sqrt{3}}+\frac{1}{\sqrt{3}}-\frac{2}{\sqrt{3}}}{1}\left(\frac{1}{\sqrt{3}},\ -\frac{1}{\sqrt{3}},\ \frac{1}{\sqrt{3}}\right) \\ &\quad+\frac{\frac{1}{\sqrt{2}}-\frac{1}{\sqrt{2}}}{1}\left(\frac{1}{\sqrt{2}},\ \frac{1}{\sqrt{2}},\ 0\right) \\ &= (0,\ 0,\ 0) \end{aligned}$$

$\therefore a_1-a_2+a_3=0$

12. ⑤

풀이
$$\begin{aligned} &T(2x_1,\ -x_2,\ x_3) \\ &= T((2x_1+2x_2+3x_3)(1,\ 0,\ 0)+(-x_2-x_3)(2,\ 1,\ 0) \\ &\quad+(-x_3)(1,\ -1,\ -1)) \\ &= (2x_1+2x_2+3x_3)T(1,\ 0,\ 0)+(-x_2-x_3)T(2,\ 1,\ 0) \\ &\quad+(-x_3)T(1,\ -1,\ -1) \\ &= (2x_1+2x_2+3x_3)(2,\ 1)+(-x_2-x_3)(2,\ 1) \\ &\quad+(-x_3)(5,\ 2) \\ &= (4x_1+2x_2-x_3,\ 2x_1+x_2) \end{aligned}$$

13. ③

풀이
$$\begin{aligned} 5-4x+3x^2 &= A(x-x^2)+B(1-x)+C(1+x^2) \\ &= (-A+C)x^2+(A-B)x+(B+C) \end{aligned}$$

따라서 $\begin{cases} -A+C=3 \\ A-B=-4 \\ B+C=5 \end{cases}$

세 식을 모두 더하면 $2C=4$이므로 $C=2$, $A=-1$, $B=3$

$$\begin{aligned} \therefore T(5-4x+3x^2) &= (-1)T(x-x^2)+3T(1-x)+2T(1+x^2) \\ &= (-1)(1+x)+3(x+x^2)+2(1+x^2)=1+2x+5x^2 \end{aligned}$$

$\therefore a+b+c=1+2+5=8$

[다른 풀이]

주어진 함수는 선형변환이므로 선형성에 의해 다음을 만족한다.

$T(x-x^2)=1+x \Rightarrow T(x)-T(x^2)=1+x \cdots$ ㉠

03 선형대수

$T(1-x)=x+x^2 \Rightarrow T(1)-T(x)=x+x^2 \cdots$ ㉡
$T(1+x^2)=1+x^2 \Rightarrow T(1)+T(x^2)=1+x^2 \cdots$ ㉢
㉠+㉡+㉢을 하면 $2T(1)=2+2x+2x^2$이므로
$T(1)=1+x+x^2 \cdots$ ㉣
㉣−㉡를 하면 $T(x)=1$이고,
㉢−㉣를 하면 $T(x^2)=-x$이다.
$T(5-4x+3x^2)=5T(1)-4T(x)+3T(x^2)=1+2x+5x^2$
$\therefore a+b+c=8$

14. ④

풀이 $v_{n+1}=Av_n \Leftrightarrow \begin{bmatrix} f_{n+2} \\ f_{n+1} \end{bmatrix}=A\begin{bmatrix} f_{n+1} \\ f_n \end{bmatrix}$에서

$\begin{bmatrix} f_{n+2} \\ f_{n+1} \end{bmatrix}=\begin{bmatrix} f_{n+1}+f_n \\ f_{n+1} \end{bmatrix}=\begin{bmatrix} 1 & 1 \\ 1 & 0 \end{bmatrix}\begin{bmatrix} f_{n+1} \\ f_n \end{bmatrix}$이므로

$A=\begin{bmatrix} 1 & 1 \\ 1 & 0 \end{bmatrix}$이다.

15. ①

풀이 $tr(J_T(x,\ y,\ z))=\frac{\partial}{\partial x}(xyz)+\frac{\partial}{\partial y}(\sin xy)+\frac{\partial}{\partial z}(e^{yz})$
$=yz+x\cos(xy)+ye^{yz}$
$\therefore tr(J_T(\pi,\ 1,\ -1))=-1-\pi+e^{-1}$

16. ④

풀이 $rank(A)=1$이고 $\dim(N(A))=2$이다.
2개의 벡터로 이루어진 $N(A)$는 3차원 내의 평면의 방정식을 이룬다. 즉, $N(A)=\{u,v\}\in R^3$, $N^{\perp}=\{w\}$라고 하면, 사영행렬 P에 대하여 $Pu=u, Pv=v$, $Pw=O$이므로 사영행렬의 고유치는 1,1,0이다. 따라서 $trace(P)=2$이다.

17. ③

풀이 (ⅰ) 1과 $x+\alpha$가 서로 수직이면
$\langle 1,x+\alpha\rangle=\int_{-1}^{1}(x+\alpha)dx=2\alpha=0$이어야 하므로
$\alpha=0$이다.
(ⅱ) x와 $x^2+\beta x+\gamma$가 서로 수직이면
$\langle x,x^2+\beta x+\gamma\rangle=\int_{-1}^{1}(x^3+\beta x^2+\gamma x)dx=\frac{2}{3}\beta=0$
이어야 하므로 $\beta=0$이다.
(ⅲ) 1과 $x^2+\gamma$가 서로 수직이면
$\langle 1,x^2+\gamma\rangle=\int_{-1}^{1}(x^2+\gamma)dx=\frac{2}{3}+2\gamma=0$
이어야 하므로 $\gamma=-\frac{1}{3}$이다.
(ⅰ)~(ⅲ)에 의하여 $\alpha+\beta+\gamma=-\frac{1}{3}$이다.

18. ①

풀이 $V=\{1,x,x^2\}$인 기본기저를 생각하면
$L(p(x))=x^2p\left(1-\frac{1}{x}\right)$는
(1) $p(x)=1$이면 $p\left(1-\frac{1}{x}\right)=1$
$\Rightarrow L(1)=x^2=0\cdot1+0\cdot x+1\cdot x^2$
(2) $p(x)=x$이면 $p\left(1-\frac{1}{x}\right)=1-\frac{1}{x}$
$\Rightarrow L(x)=x^2\left(1-\frac{1}{x}\right)=-x+x^2$
(3) $p(x)=x^2$이면 $p\left(1-\frac{1}{x}\right)=\left(1-\frac{1}{x}\right)^2=1-\frac{2}{x}+\frac{1}{x^2}$
$\Rightarrow L(x^2)=x^2\left(1-\frac{1}{x}\right)^2=x^2\left(1-\frac{2}{x}+\frac{1}{x^2}\right)=1-2x+x^2$
표현행렬은 좌표벡터를 열벡터로 나타낸 집합이므로
$L=\begin{bmatrix} 0 & 0 & 1 \\ 0 & -1 & -2 \\ 1 & 1 & 1 \end{bmatrix}$이고 $tr(L)=0$이다.

19. ②

풀이 주어진 다항식을 벡터화 시켜서 표준행렬을 구하자.
$A=\begin{pmatrix} 1 & 0 & 0 & 0 \\ 1 & 3 & 4 & 8 \\ 0 & 0 & 1 & 0 \\ 0 & 0 & 0 & 1 \end{pmatrix}$이 표준행렬이고, 고윳값은 1, 1, 1, 3이다.

$T(\beta_1)=T(-2+x)=A\begin{pmatrix} -2 \\ 1 \\ 0 \\ 0 \end{pmatrix}=\begin{pmatrix} -2 \\ 1 \\ 0 \\ 0 \end{pmatrix}=\beta_1$

$T(\beta_2)=T(-4+x^2)=A\begin{pmatrix} -4 \\ 0 \\ 1 \\ 0 \end{pmatrix}=\begin{pmatrix} -4 \\ 0 \\ 1 \\ 0 \end{pmatrix}=\beta_2$

$T(\beta_3)=T(-8+x^3)=A\begin{pmatrix} -8 \\ 0 \\ 0 \\ 1 \end{pmatrix}=\begin{pmatrix} -8 \\ 0 \\ 0 \\ 1 \end{pmatrix}=\beta_3$

$T(\beta_4)=T(+x)=A\begin{pmatrix} 0 \\ 1 \\ 0 \\ 0 \end{pmatrix}=3\begin{pmatrix} 0 \\ 1 \\ 0 \\ 0 \end{pmatrix}=3\beta_4$

$$\therefore [T]_\beta = \begin{pmatrix} 1&0&0&0 \\ 0&1&0&0 \\ 0&0&1&0 \\ 0&0&0&3 \end{pmatrix}$$

$$\therefore \sum_{j=1}^{4}\sum_{i=1}^{4} a_{ij} = 6$$

[다른 풀이]

$$\begin{aligned} T(-2+x) &= (-2)T(1)+(1)T(x) \\ &= (-2)(1+x)+(1)(3x) \\ &= -2+x \\ &= (1)(-2+x)+(0)(-4+x^2) \\ &\quad +(0)(-8+x^3)+(0)(x) \end{aligned}$$

$$\begin{aligned} T(-4+x^2) &= (-4)T(1)+(1)T(x^2) \\ &= (-4)(1+x)+(1)(4x+x^2) \\ &= -4+x^2 = (0)(-2+x)+(1)(-4+x^2) \\ &\quad +(0)(-8+x^3)+(0)(x) \end{aligned}$$

$$\begin{aligned} T(-8+x^3) &= (-4)T(1)+(1)T(x^2) \\ &= (-8)(1+x)+(1)(8x+x^3) \\ &= -8+x^3 \\ &= (0)(-2+x)+(0)(-4+x^2) \\ &\quad +(1)(-8+x^3)+(0)(x) \end{aligned}$$

$$\begin{aligned} T(x) &= 3x \\ &= (0)(-2+x)+(0)(-4+x^2) \\ &\quad +(0)(-8+x^3)+(3)(x) \end{aligned}$$

$$\therefore [T]_\beta = \begin{pmatrix} 1&0&0&0 \\ 0&1&0&0 \\ 0&0&1&0 \\ 0&0&0&3 \end{pmatrix}$$

$$\therefore \sum_{j=1}^{4}\sum_{i=1}^{4} a_{ij} = 6$$

20. ④

풀이 ㄱ. (참) $f(0) \neq 0$이므로 특성방정식의 해 즉, 고윳값에 0이 포함되지 않는다. 따라서 A가 가역일 필요충분조건이다.

ㄴ. (거짓) (반례) $A = \begin{bmatrix} 0&0 \\ 1&0 \end{bmatrix}$, $X = \begin{bmatrix} 1 \\ 1 \end{bmatrix}$이면

$A^2 = \begin{bmatrix} 0&0 \\ 1&0 \end{bmatrix}\begin{bmatrix} 0&0 \\ 1&0 \end{bmatrix} = \begin{bmatrix} 0&0 \\ 0&0 \end{bmatrix}$

따라서 $A^2X = \begin{bmatrix} 0 \\ 0 \end{bmatrix}$이지만 $AX = \begin{bmatrix} 0 \\ 1 \end{bmatrix}$

ㄷ. (참) T가 일대일일 필요충분조건은 $Ker(T) = \{0\}$이고 $\dim(\{0\}) = 0$이므로 주어진 명제는 참이다.

ㄹ. (참) 대칭행렬의 고윳값은 항상 실수이므로 주어진 명제는 참이다.

ㅁ. (참) AB와 BA의 고윳값은 항상 같으므로 주어진 명제는 참이다.

따라서 옳은 것은 ㄱ, ㄷ, ㄹ, ㅁ이다.

21. ①

풀이 행렬 $A = I - \frac{2}{u^Tu}uu^T$ 는 법선벡터가 열벡터 u이고 원점을 지나는 평면에서의 반사변환의 표준행렬이다.
고윳값은 1과 -1이므로 고윳값의 크기는 1이다.

22. ①

풀이 평면의 법선벡터와 평행인 벡터(④)는 고유치 $\lambda = -1$에 대응하는 고유벡터이고 평면 위의 벡터(②, ③)는 고유치 $\lambda = 1$에 대응하는 고유벡터이다.

23. ④

풀이 $(1,3,7) = \alpha(1,2,3)+\beta(2,3,4)+\gamma(3,5,6)$에서
$\alpha = 5,\ \beta = 1,\ \gamma = -2$이다.
선형변환 성질에 의해

$$\begin{aligned} &T(1,3,7) \\ &= 5\cdot T(1,2,3)+1\cdot T(2,3,4)+(-2)\cdot T(3,5,6) \\ &= 5(1,0,0)+(1,1,0)+(-2)(1,1,1) \\ &= (4,-1,-2) \end{aligned}$$

따라서 $a=4,\ b=-1,\ c=-2$이고 $abc = 8$이다.

24. ②

풀이 기저 B에서 기저 C로의 기저변환행렬은 B의 기저벡터 X에 대하여 $T(X) = X$를 만족시키는 좌표벡터들의 집합이다.

$T(x) = x = v_1 - v_3 \cdots$ ㉠

$T(1+x) = 1+x = 2v_2 + v_3 \cdots$ ㉡

$T(1-x+x^2) = 1-x+x^2 = v_2 + v_3 \cdots$ ㉢

㉡-㉢ $\Rightarrow v_2 = 2x - x^2$

$\Rightarrow$ 이 식을 ㉢에 대입하면 $v_3 = 1-3x+2x^2$

$\Rightarrow$ 이 식을 ㉠에 대입하면 $v_1 = 1-2x+2x^2$

따라서 C의 기저가 될 수 없는 것은 ②이다.

[다른 풀이]
기저 B에서 기저 C로의 기저변환행렬을 Q이라 할 때, 기저 C에서 기저 B로의 기저변환행렬은

$Q^{-1} = \begin{pmatrix} 1&0&0 \\ -1&1&-1 \\ 2&-1&2 \end{pmatrix}$이 된다.

$$\begin{aligned} T^{-1}(v_1(x)) &= 1\cdot x - 1\cdot(1+x)+2\cdot(1-x+x^2) \\ &= 2x^2-2x+1 \end{aligned}$$

$$\begin{aligned} T^{-1}(v_2(x)) &= 0\cdot 1+1\cdot(1+x)-1\cdot(1-x+x^2) \\ &= -x^2+2x \end{aligned}$$

03 선형대수

$T^{-1}(v_3(x)) = 0 \cdot 1 - 1 \cdot (1+x) + 2 \cdot (1-x+x^2)$
$= 2x^2 - 3x + 1$
이 값이 C의 원소라고 할 수 있다.

25. ④

풀이 $(1,\ 0,\ 0) = e_1,\ (0,\ 1,\ 0) = e_2,\ (0,\ 0,\ 1) = e_3$라고 하면
$T(1) = (0,\ 0,\ 1) = 0e_1 + 0e_2 + 1e_3$
$T(x) = \left(1,\ 0,\ \frac{1}{2}\right) = 1e_1 + 0e_2 + \frac{1}{2}e_3$
$T(x^2) = \left(0,\ 2,\ \frac{1}{3}\right) = 0e_1 + 2e_2 + \frac{1}{3}e_3$이므로
표현행렬 $T = \begin{pmatrix} 0 & 1 & 0 \\ 0 & 0 & 2 \\ 1 & \frac{1}{2} & \frac{1}{3} \end{pmatrix}$
$\sum_{i=1}^{3}\sum_{j=1}^{3} a_{ij}$는 T의 모든성분의 합이므로
T의 모든성분의 합은 $1+2+1+\frac{1}{2}+\frac{1}{3} = \frac{29}{6}$ 이다

26. ①

풀이 R^4의 기저가 $\{e,\ T(e),\ T^2(e),\ T^3(e)\}$이므로
각 기저를 넣어서 나온 값을 기저로 일차결합하면
$T(e) = 0 \cdot e + 1 \cdot T(e) + 0 \cdot T^2(e) + 0 \cdot T^3(e)$
$T(T(e)) = T^2(e) = 0 \cdot e + 0 \cdot T(e) + 1 \cdot T^2(e) + 0 \cdot T^3(e)$
$T(T^2(e)) = T^3(e) = 0 \cdot e + 0 \cdot T(e) + 0 \cdot T^2(e) + 1 \cdot T^3(e)$
$T(T^3(e)) = T^4(e) = 0 \cdot e + 0 \cdot T(e) + 0 \cdot T^2(e) + 0 \cdot T^3(e)$
표현행렬은 $\begin{pmatrix} 0 & 0 & 0 & 0 \\ 1 & 0 & 0 & 0 \\ 0 & 1 & 0 & 0 \\ 0 & 0 & 1 & 0 \end{pmatrix}$이므로 모든 성분의 합은 3이다.

27. ②

풀이 평면의 법선벡터를 n이라고 하면
$n = \begin{vmatrix} i & j & k \\ 1 & 1 & 2 \\ 1 & 2 & 3 \end{vmatrix} = \langle -1,\ -1,\ 1 \rangle$이 된다.
$proj_n \vec{b} = \frac{\vec{b} \cdot n}{n \cdot n} n = \langle 2, 2, -2 \rangle,\ proj_W \vec{b} + proj_n \vec{b} = \vec{b}$이므로
$proj_W \vec{b} = \vec{b} - proj_n \vec{b} = \langle -1, 1, 0 \rangle$이다.
따라서 $p_1 + p_2 + p_3 = 0$이다.

[다른 풀이]
$A = \begin{pmatrix} 1 & 1 \\ 1 & 2 \\ 2 & 3 \end{pmatrix}$이라 할 때,
$proj_W(\vec{b}) = A(A^TA)^{-1}A^Tb$
$= \begin{pmatrix} 1 & 1 \\ 1 & 2 \\ 2 & 3 \end{pmatrix}\begin{pmatrix} 6 & 9 \\ 9 & 14 \end{pmatrix}^{-1}\begin{pmatrix} 1 & 1 & 2 \\ 1 & 2 & 3 \end{pmatrix}\begin{pmatrix} 1 \\ 3 \\ -2 \end{pmatrix}$
$= \frac{1}{3}\begin{pmatrix} 1 & 1 \\ 1 & 2 \\ 2 & 3 \end{pmatrix}\begin{pmatrix} 14 & -9 \\ -9 & 6 \end{pmatrix}\begin{pmatrix} 0 \\ 1 \end{pmatrix} = \begin{pmatrix} 1 & 1 \\ 1 & 2 \\ 2 & 3 \end{pmatrix}\begin{pmatrix} -3 \\ 2 \end{pmatrix} = \begin{pmatrix} -1 \\ 1 \\ 0 \end{pmatrix}$
$\therefore p_1 + p_2 + p_3 = 0$

28. ②

풀이 평면 $2x+3y-z=0$의 두 기저는 $\left\{\begin{pmatrix} 1 \\ 0 \\ 2 \end{pmatrix}, \begin{pmatrix} 0 \\ 1 \\ 3 \end{pmatrix}\right\}$이고,
$T(1, 0, 2) = (0, 0, 0),\ T(0, 1, 3) = (0, 0, 0)$을 만족한다.
또한 $T(1, -1, 0) = (2, 3, 7)$이고,
$\begin{pmatrix} 1 \\ 0 \\ 2 \end{pmatrix}, \begin{pmatrix} -3 \\ 2 \\ 0 \end{pmatrix}, \begin{pmatrix} 1 \\ -1 \\ 0 \end{pmatrix}$은 일차독립이고 R^3의 기저가 된다.
$T(1, 0, 2) = T(1, 0, 0) + 2T(0, 0, 1) = (0, 0, 0)$ ⋯ ㉠
$T(0, 1, 3) = T(0, 1, 0) + 3T(0, 0, 1) = (0, 0, 0)$ ⋯ ㉡
$T(1, -1, 0) = T(1, 0, 0) - T(0, 1, 0) = (2, 3, 7)$ ⋯ ㉢
㉡+㉢ $\Rightarrow$ $T(1, 0, 0) + 3T(0, 0, 1) = (2, 3, 7)$
㉠ $\Rightarrow$ $T(1, 0, 0) + 2T(0, 0, 1) = (0, 0, 0)$
㉡+㉢−㉠ $\Rightarrow$ $T(0, 0, 1) = (2, 3, 7)$이므로
$T(1, 0, 0) = -2T(0, 0, 1) = -2(2, 3, 7) = (-4, -6, -14)$

29. ②

풀이 회전축과 수직한 평면의 방정식은 $x-y+z=k\ (k \in R)$이다.
또한 이 평면과 각 축과의 절편은 $(k, 0, 0), (0, -k, 0), (0, 0, k)$이다. 세 점의 중심은 회전축 위에 존재하고, 세 점과 중심이 이루는 각은 각각 $\frac{2\pi}{3}$이다.
표준행렬을 구하기 위해서 평면 $x-y+z=1$위의 세 점 $(1, 0, 0), (0, -1, 0), (0, 0, 1)$을 생각하자.
(ⅰ) 주어진 회전축에 대하여 점 $(1, 0, 0)$을 $\frac{2\pi}{3}$만큼 회전하면 $(0, 0, 1)$이 된다. $\Rightarrow$ $T(1, 0, 0) = (0, 0, 1)$
(ⅱ) 주어진 회전축에 대하여 점 $(0, 0, 1)$을 $\frac{2\pi}{3}$만큼 회전하면 $(0, -1, 0)$이 된다. $\Rightarrow$ $T(0, 0, 1) = (0, -1, 0)$
(ⅲ) 주어진 회전축에 대하여
점 $(0, -1, 0)$을 $\frac{2\pi}{3}$만큼 회전하면 $(1, 0, 0)$이 된다.
$\Rightarrow$ $T(0, -1, 0) = (1, 0, 0)$ $\Rightarrow$ $T(0, 1, 0) = -(1, 0, 0)$

이를 R^3의 표준기저
$\{e_1 = (1,0,0,), e_2 = (0,1,0), e_3 = (0,0,1)\}$
에 대하여 선형사상으로 나타내면
$T(e_1) = e_3,\ T(e_2) = -e_1, T(e_3) = -e_2$이므로
$T(1,2,3) = T(e_1+2e_2+3e_3) = T(e_1)+2T(e_2)+3T(e_3)$
$= e_3 - 2e_1 - 3e_2 = (-2,-3,1)$
$\therefore a+2b+3c = -5$

30. ①

풀이 $W = \{v_1, v_2\}$은 기저이고, 그람-슈미트 직교화 과정을 통해서 직교기저 $W = \{u_1, u_2\}$를 찾자.

$v_1 = 1,\ v_2 = x^2$이므로

$$u_1 = v_1 = 1,\ u_2 = v_2 - proj_{u_1}v_2 = x^2 - \frac{1}{3}$$

$$\left(\because proj_{u_1}v_2 = \frac{\langle u_1, v_2\rangle}{\langle u_1, u_1\rangle}u_1 = \frac{\int_0^1 x^2dx}{\int_0^1 1dx}\cdot 1 = \frac{1}{3}\right)$$

(1) $proj_{u_1}x = \dfrac{\langle u_1, x\rangle}{\langle u_1, u_1\rangle}u_1 = \dfrac{\int_0^1 xdx}{\int_0^1 1dx}\cdot 1 = \dfrac{1}{2}$

(2) $proj_{u_2}x = \dfrac{\langle u_2, x\rangle}{\langle u_2, u_2\rangle}u_2 = \dfrac{\int_0^1 x\left(x^2-\frac{1}{3}\right)dx}{\int_0^1 \left(x^2-\frac{1}{3}\right)^2dx}\cdot u_2$

$$= \frac{\frac{1}{12}}{\frac{4}{45}}\left(x^2 - \frac{1}{3}\right) = \frac{15}{16}x^2 - \frac{5}{16}$$

$\|w-x\|$의 값이 최소가 되는 W의 원소는

$$proj_W x = proj_{u_1}x + proj_{u_2}x$$
$$= \frac{1}{2} + \frac{15}{16}x^2 - \frac{5}{16} = \frac{3}{16} + \frac{15}{16}x^2$$
$$= \frac{3}{16}v_1 + \frac{15}{16}v_2$$

$$\therefore a+b = \frac{18}{16} = \frac{9}{8}$$

4. 고윳값과 고유벡터

1. ④

풀이
$$\det(A-\lambda I) = \begin{vmatrix} -1-\lambda & 0 & 0 \\ 0 & -\lambda & -2 \\ 0 & 2 & -\lambda \end{vmatrix}$$
$$= -(1+\lambda)(\lambda^2+4)$$
$$= -(\lambda+1)(\lambda+2i)(\lambda-2i)$$

따라서 A의 고윳값은 $-1,\ -2i,\ 2i$이다.
A^{2018}의 고윳값은 $(-1)^{2018},\ (-2i)^{2018},\ (2i)^{2018}$이므로

$$tr(A^{2018}) = (-1)^{2018} + (-2i)^{2018} + (2i)^{2018}$$
$$= 1 - 2^{2018} - 2^{2018}(\because i^4 = 1, i^{2018} = -1)$$
$$= -2^{2019} + 1$$

2. ④

풀이 행렬 A의 특성방정식

$$p(\lambda) = \det(\lambda I_2 - A) = \begin{vmatrix} \lambda+1 & 2 \\ -3 & \lambda-4 \end{vmatrix} = (\lambda-1)(\lambda-2) = 0$$

을 계산하면 행렬 A의 고윳값은 $\lambda = 1,\ 2$이다.
고윳값 성질에 의해
$tr(A^8) = 1^8 + 2^8 = 1 + 256 = 257$

3. ①

풀이 $\begin{pmatrix} c \\ f \\ i \end{pmatrix}$는 고유치 -2에 대응하는 고유벡터이다.

따라서 $Av = -2v$를 만족하는 v를 보기에서 찾으면 된다.

$$\begin{pmatrix} -1 & 0 & 1 \\ 3 & 0 & -3 \\ 1 & 0 & -1 \end{pmatrix}\begin{pmatrix} 1 \\ -3 \\ -1 \end{pmatrix} = -2\begin{pmatrix} 1 \\ -3 \\ -1 \end{pmatrix}$$이므로

보기 중 가능한 것은 ①이다.

4. ③

풀이 $v^TAv = 1 \Leftrightarrow (x\ \ y)\begin{pmatrix} 3 & 1 \\ 1 & 3 \end{pmatrix}\begin{pmatrix} x \\ y \end{pmatrix} = 1$

$\Leftrightarrow 3x^2 + 2xy + 3y^2 = 1$이고

$\begin{vmatrix} 3-\lambda & 1 \\ 1 & 3-\lambda \end{vmatrix} = \lambda^2 - 6\lambda + 8 = (\lambda-4)(\lambda-2)$이므로

주축정리를 이용하면

$4x^2 + 2y^2 = 1 \Leftrightarrow \dfrac{x^2}{\left(\frac{1}{2}\right)^2} + \dfrac{y^2}{\left(\frac{1}{\sqrt{2}}\right)^2} = 1$이다.

03 선형대수

따라서 주어진 타원의 장축의 길이는 $\frac{1}{\sqrt{2}}\times 2=\sqrt{2}$,

단축의 길이는 $\frac{1}{2}\times 2=1$이다.

5. ②

풀이 $\begin{vmatrix} 5-\lambda & 1 \\ 4 & 2-\lambda \end{vmatrix}=(5-\lambda)(2-\lambda)-4$

$=\lambda^2-7\lambda+6=(\lambda-1)(\lambda-6)=0$

에서 $\lambda=1$ 또는 $\lambda=6$이다.

(ⅰ) $\lambda_1=1$일 때, $\begin{bmatrix} 4 & 1 \\ 4 & 1 \end{bmatrix}\begin{bmatrix} x \\ y \end{bmatrix}=\begin{bmatrix} 0 \\ 0 \end{bmatrix}$에서 $4x+y=0$이므로

$y=-4x \quad \therefore X_1=\begin{bmatrix} 1 \\ -4 \end{bmatrix}$

(ⅱ) $\lambda_2=6$일 때, $\begin{bmatrix} -1 & 1 \\ 4 & -4 \end{bmatrix}\begin{bmatrix} x \\ y \end{bmatrix}=\begin{bmatrix} 0 \\ 0 \end{bmatrix}$에서 $y=x$

$\therefore X_2=\begin{bmatrix} 1 \\ 1 \end{bmatrix}$

$\therefore \lambda_1+\lambda_2+a+b=1+6+(-4)+1=4$

6. ①

풀이 $\begin{vmatrix} 3-\lambda & 1 \\ 1 & 3-\lambda \end{vmatrix}=\lambda^2-6\lambda+8=(\lambda-2)(\lambda-4)$이므로

$\lambda=2$, $\lambda=4$이다.

(ⅰ) $\lambda=2$이면 $\begin{pmatrix} 1 & 1 \\ 1 & 1 \end{pmatrix}\begin{pmatrix} x \\ y \end{pmatrix}=\begin{pmatrix} 0 \\ 0 \end{pmatrix}$이므로

고유벡터는 $\begin{pmatrix} 1 \\ -1 \end{pmatrix}$이다.

$\therefore \begin{pmatrix} 3 & 1 \\ 1 & 1 \end{pmatrix}\begin{pmatrix} 1 \\ -1 \end{pmatrix}=2\begin{pmatrix} 1 \\ -1 \end{pmatrix}$

(ⅱ) $\lambda=4$이면 $\begin{pmatrix} -1 & 1 \\ 1 & -1 \end{pmatrix}\begin{pmatrix} x \\ y \end{pmatrix}=\begin{pmatrix} 0 \\ 0 \end{pmatrix}$이므로

고유벡터는 $\begin{pmatrix} 1 \\ 1 \end{pmatrix}$이다. $\therefore \begin{pmatrix} 3 & 1 \\ 1 & 1 \end{pmatrix}\begin{pmatrix} 1 \\ 1 \end{pmatrix}=4\begin{pmatrix} 1 \\ 1 \end{pmatrix}$

또한 $\begin{pmatrix} 4 \\ 0 \end{pmatrix}=2\begin{pmatrix} 1 \\ -1 \end{pmatrix}+2\begin{pmatrix} 1 \\ 1 \end{pmatrix}$이므로

$\begin{pmatrix} 3 & 1 \\ 1 & 3 \end{pmatrix}^{100}\begin{pmatrix} 4 \\ 0 \end{pmatrix}=\begin{pmatrix} 3 & 1 \\ 1 & 3 \end{pmatrix}^{100}\left\{2\begin{pmatrix} 1 \\ -1 \end{pmatrix}+2\begin{pmatrix} 1 \\ 1 \end{pmatrix}\right\}$

$=2\begin{pmatrix} 3 & 1 \\ 1 & 3 \end{pmatrix}^{100}\begin{pmatrix} 1 \\ -1 \end{pmatrix}+2\begin{pmatrix} 3 & 1 \\ 1 & 3 \end{pmatrix}^{100}\begin{pmatrix} 1 \\ 1 \end{pmatrix}$

$=2\times 2^{100}\begin{pmatrix} 1 \\ -1 \end{pmatrix}+2\times 4^{100}\begin{pmatrix} 1 \\ 1 \end{pmatrix}$

$=2^{101}\begin{pmatrix} 1 \\ -1 \end{pmatrix}+2^{201}\begin{pmatrix} 1 \\ 1 \end{pmatrix}$

$\therefore a=2^{101}$, $b=2^{201}$

$\therefore \frac{\log_2 a}{\log_2 b}=\frac{\log_2 2^{101}}{\log_2 2^{201}}=\frac{101}{201}$

7. ④

풀이 $A\begin{pmatrix} 1 \\ -2 \\ 0 \end{pmatrix}=-1\begin{pmatrix} 1 \\ -2 \\ 0 \end{pmatrix}$, $A\begin{pmatrix} 0 \\ 2 \\ -1 \end{pmatrix}=-2\begin{pmatrix} 0 \\ 2 \\ -1 \end{pmatrix}$, $A\begin{pmatrix} 1 \\ 0 \\ 2 \end{pmatrix}=0\begin{pmatrix} 1 \\ 0 \\ 2 \end{pmatrix}$

이므로 행렬 A의 고윳값은 -1, -2, 0이다.

따라서 행렬 A^2-A+E의 고윳값은 $(-1)^2-(-1)+1=3$, $(-2)^2-(-2)+1=7$, $0^2-0+1=1$이므로

모든 고윳값의 합은 $3+7+1=11$이다.

8. ②

풀이 혹시 u_0가 고유벡터가 아닐까라는 생각에 $Au_0=\begin{pmatrix} -1 \\ 1 \end{pmatrix}=w$를 해 봤고, u_0는 고유벡터가 아님을 알게 되었다. A의 고유벡터를 구해봤는데 $\lambda=0$일 때의 고유벡터는 $\begin{pmatrix} 2 \\ -1 \end{pmatrix}$, $\lambda=-1$일 때의 고유벡터는 $\begin{pmatrix} -1 \\ 1 \end{pmatrix}$이다. $A^{16}u_0=A^{15}Au_0=A^{15}w$이고 고유치 성질에 의해서 A의 고유벡터와 A^{15}의 고유벡터는 같으므로

$A^{16}u_0=A^{15}Au_0=A^{15}w=(-1)^{15}w=-w=\begin{pmatrix} 1 \\ -1 \end{pmatrix}=\begin{pmatrix} u_1 \\ u_2 \end{pmatrix}$

$\therefore u_1-u_2=2$

[다른 풀이]

A의 고유다항식은 $\lambda^2+\lambda=0$이므로 고유치는 0, -1이다.

$\lambda=0$일 때의 고유벡터는 $\begin{pmatrix} 2 \\ -1 \end{pmatrix}$,

$\lambda=-1$일 때의 고유벡터는 $\begin{pmatrix} 1 \\ -1 \end{pmatrix}$이다.

$D=\begin{pmatrix} 0 & 0 \\ 0 & -1 \end{pmatrix}$, $P=\begin{pmatrix} 2 & 1 \\ -1 & -1 \end{pmatrix}$, $P^{-1}=\begin{pmatrix} 1 & 1 \\ -1 & -2 \end{pmatrix}$이다.

$A^n=PD^nP^{-1}$에 의해

$A^n=\begin{pmatrix} 2 & 1 \\ -1 & -1 \end{pmatrix}\begin{pmatrix} 0 & 0 \\ 0 & (-1)^n \end{pmatrix}\begin{pmatrix} 1 & 1 \\ -1 & -2 \end{pmatrix}$이므로

$A^{16}=\begin{pmatrix} 2 & 1 \\ -1 & -1 \end{pmatrix}\begin{pmatrix} 0 & 0 \\ 0 & 1 \end{pmatrix}\begin{pmatrix} 1 & 1 \\ -1 & -2 \end{pmatrix}=\begin{pmatrix} -1 & -2 \\ 1 & 2 \end{pmatrix}$

$A^{16}\begin{pmatrix} -3 \\ 1 \end{pmatrix}=\begin{pmatrix} 1 \\ -1 \end{pmatrix}$

$u_1=1$, $u_2=-1$이므로 $u_1-u_2=2$

9. ①

풀이 ㄱ. (참) A와 A^2의 고유벡터는 서로 같다.

ㄴ. (거짓) 행렬 A의 고윳값이 a이면 A^{-1}의 고윳값은 $\frac{1}{a}$이다.

ㄷ. (거짓) A의 고윳값이 a이면 A^2의 고윳값은 a^2이다.

ㄹ. (거짓) A가 가역일 때, A의 고윳값은 반드시 0이 아닌 상수이다. 하지만 A가 비가역이면 고윳값에 0이 포함된다.

10. ③

풀이 (가) (참) 실수성분을 갖는 대칭행렬의 고윳값은 실수이다.

(나) (거짓) (반례) $A=\begin{pmatrix}0 & 1\\-1 & 0\end{pmatrix}$의 고윳값은 $\lambda=\pm i$이다.

(다) (참) $|A^T|=|A|$, $|A^{-1}|=\dfrac{1}{|A|}$에 대해

$|A|=\dfrac{1}{|A|} \Leftrightarrow |A|=\pm 1$이다.

(라) (참) 직교행렬의 고윳값의 절댓값은 1이다.

11. ④

풀이 $ax^2+2bxy+cy^2=(x\ y)\begin{pmatrix}a\,b\\b\,c\end{pmatrix}\begin{pmatrix}x\\y\end{pmatrix}=(t\ s)\begin{pmatrix}k\,0\\0\,0\end{pmatrix}\begin{pmatrix}t\\s\end{pmatrix}=kt^2$

을 만족한다는 조건이 제시되어 있으므로

대칭행렬 $A=\begin{pmatrix}a & b\\b & c\end{pmatrix}$의 특성다항식

$\lambda^2-(a+c)\lambda+ac-b^2=\lambda(\lambda-k)=\lambda^2-k\lambda$이다.

따라서 $k=a+c$이다.

12. ①

풀이 역행렬을 구하면 $A^{-1}=\dfrac{1}{4}\begin{pmatrix}-18 & -3 & 17\\12 & 2 & -10\\2 & 1 & -3\end{pmatrix}$이므로

$tr(A^{-1})=-\dfrac{19}{4}$이다.

[다른 풀이]

고유방정식을 구하면 $\begin{vmatrix}1-\lambda & 2 & -1\\4 & 5-\lambda & 6\\2 & 3 & -\lambda\end{vmatrix}=0$에서

$(1-\lambda)\{-\lambda(5-\lambda)-18\}-2(-4\lambda-12)-\{12-2(5-\lambda)\}=0$

$\Rightarrow \lambda^3-6\lambda^2-19\lambda-4=0$이고

삼차방정식의 근과 계수의 관계에 의하여

$\dfrac{1}{\lambda_1}+\dfrac{1}{\lambda_2}+\dfrac{1}{\lambda_3}=\dfrac{\lambda_2\lambda_3+\lambda_3\lambda_1+\lambda_1\lambda_2}{\lambda_1\lambda_2\lambda_3}=-\dfrac{19}{4}$

13. ②

풀이 고윳값과 고유벡터의 정의에 의해

$\begin{pmatrix}-1 & a\\b & 6\end{pmatrix}\begin{pmatrix}1\\3\end{pmatrix}=2\begin{pmatrix}1\\3\end{pmatrix} \Leftrightarrow \begin{pmatrix}-1+3a\\b+18\end{pmatrix}=\begin{pmatrix}2\\6\end{pmatrix} \Leftrightarrow a=1, b=-12$

$\therefore a+b=-11$

14. ③

풀이 4×4 행렬 A의 특성다항식이

$\phi(t)=t^4-4t^3-15t^2-38t-108$ 이면 $tr(A)=4$이고

케일리-해밀턴 정리에 의해

$A^4-4A^3-15A^2-38A-108I=O$이다.

양변에 $(A^{-1})^4$을 곱하면

$I-4(A^{-1})-15(A^{-1})^2-38(A^{-1})^3-108(A^{-1})^4=O$

$\therefore tr(A^{-1})=-\dfrac{38}{108}$

$\therefore tr(A)\cdot tr(A^{-1})=-\dfrac{38}{27}$

15. ①

풀이 특성방정식은

$(\lambda-4)(\lambda-1)^2+2(\lambda-1)=(\lambda-1)(\lambda-2)(\lambda-3)=0$

에서 A의 고윳값은 $\lambda=1, 2, 3$이므로

A^5의 고윳값의 합은 $1^5+2^5+3^5=276$

16. ②

풀이 $|A-\lambda I|=\begin{vmatrix}-\lambda & 0 & -2\\1 & 2-\lambda & 1\\-2 & 0 & 3-\lambda\end{vmatrix}$

$=(2-\lambda)\begin{vmatrix}-\lambda & -2\\-2 & 3-\lambda\end{vmatrix}$

$=(2-\lambda)\{-\lambda(3-\lambda)-4\}$

$=(2-\lambda)(\lambda^2-3\lambda-4)$

$=-(\lambda-2)(\lambda+1)(\lambda-4)$

이므로 λ는 -1 또는 2 또는 4이다.

따라서 A^2의 고윳값은 $1, 2^2, 4^2$ 즉, 1, 4, 16이고

그 합은 $1+4+16=21$이다.

17. ④

풀이 (i) $A=\begin{pmatrix}-1 & \alpha\\0 & 1\end{pmatrix}$

$\Rightarrow A^2=\begin{pmatrix}-1 & \alpha\\0 & 1\end{pmatrix}\begin{pmatrix}-1 & \alpha\\0 & 1\end{pmatrix}=\begin{pmatrix}1 & 0\\0 & 1\end{pmatrix}=I$

$\Rightarrow A^{2016}=(A^2)^{1008}=I$

(ii) $A=\begin{pmatrix}-1 & \alpha\\0 & 1\end{pmatrix} \Rightarrow A^{-1}=-\begin{pmatrix}1 & -\alpha\\0 & -1\end{pmatrix}=\begin{pmatrix}-1 & \alpha\\0 & 1\end{pmatrix}$

$\Rightarrow (A^{-1})^2=(A^2)^{-1}=I$

$\Rightarrow A^{-2017}=(A^{2016})^{-1}A^{-1}=A^{-1}=\begin{pmatrix}-1 & \alpha\\0 & 1\end{pmatrix}$

$\Rightarrow A^{2016}+A^{-2017}=\begin{pmatrix}1 & 0\\0 & 1\end{pmatrix}+\begin{pmatrix}-1 & \alpha\\0 & 1\end{pmatrix}=\begin{pmatrix}0 & \alpha\\0 & 2\end{pmatrix}=\begin{pmatrix}a & b\\c & d\end{pmatrix}$

$\therefore a+b+c+d=\alpha+2$

18. ③

풀이 3×3행렬 A의 3개의 서로 다른 양수의 고윳값을 λ_1, λ_2, λ_3라 하자. 행렬 A는 대각화 가능하므로 가역행렬 P가 존재하여 $A=PDP^{-1}$을 만족한다. 여기서 $D=\begin{pmatrix}\lambda_1 & 0 & 0\\ 0 & \lambda_2 & 0\\ 0 & 0 & \lambda_3\end{pmatrix}$

$B^6=A$이면 $B^6=PDP^{-1}$이므로

B^6과 D는 닮음행렬이고 B^6과 D의 고윳값은 같다.

행렬 B의 고윳값을 μ_1, μ_2, μ_3라 하면

$\mu_1{}^6=\lambda_1$, $\mu_2{}^6=\lambda_2$, $\mu_3{}^6=\lambda_3$이므로

$\mu_1=\pm\sqrt[6]{\lambda_1}$, $\mu_2=\pm\sqrt[6]{\lambda_2}$, $\mu_3=\pm\sqrt[6]{\lambda_3}$ 이다.

따라서 행렬 B의 고윳값이 되는 모든 경우의 수는 $2^3=8$(가지)이다.

19. ④

풀이 ㄱ. (거짓) (반례) $A=\begin{pmatrix}0 & 1\\ -1 & 0\end{pmatrix}$이라 하면 A의 고유치는 $\pm i$이다.

ㄴ. (거짓) (반례) $A=\begin{pmatrix}1 & 1\\ 0 & 1\end{pmatrix}$이라 하면

A의 고유치는 1뿐이지만 A는 단위행렬이 아니다.

ㄷ. (거짓) (반례) $A=\begin{pmatrix}0 & 1\\ 0 & 0\end{pmatrix}$이라 하면

A의 고윳값은 모두 0이지만 A는 영행렬이 아니다.

ㄹ. (거짓) (반례) $A=\begin{pmatrix}1 & 0\\ 0 & 2\end{pmatrix}$이라 하면 $\lambda=1$일 때,

고유벡터는 $u=\begin{pmatrix}1\\ 0\end{pmatrix}$이고 $\lambda=2$일 때, 고유벡터는 $v=\begin{pmatrix}0\\ 1\end{pmatrix}$

이지만 $u+v=\begin{pmatrix}1\\ 1\end{pmatrix}$은 고유벡터가 아니다.

20. ②

풀이 ① (참) 대각화 정의에 의하여 성립한다.

② (거짓) (반례) 행렬 $P=O$, $D=O$이라 하면 A에 관계없이 $D=PAP^T$가 성립한다. 즉, A가 대각화 가능하지 않아도 된다.

③ (참) $A^T=A$를 만족하면 A는 대칭행렬이므로 A는 대각화 가능하다.

④ (참) 서로 다른 n개의 고유치가 존재하면 모든 고유치에 대해 대수적 중복도와 기하적 중복도가 같게 된다. 즉, 대각화 가능하다.

21. ③

풀이 행렬 A의 고윳값 λ는

$|A-\lambda I|=\begin{vmatrix}1-\lambda & 1\\ -2 & 4-\lambda\end{vmatrix}=(\lambda-1)(\lambda-4)+2=0$에서

$\lambda=2,\ 3$ 이다.

그러므로 역행렬 B의 고윳값은 $\frac{1}{2}$, $\frac{1}{3}$,

B^n 의 고윳값은 $\left(\frac{1}{2}\right)^n$, $\left(\frac{1}{3}\right)^n$ 이다.

$tr(B+B^2+\cdots+B^n)=tr(B)+tr(B^2)+\cdots tr(B^n)$

$\therefore \lim_{n\to\infty}tr(B+B^2+\cdots+B^n)$

$=\lim_{n\to\infty}\left[\left(\frac{1}{2}+\frac{1}{3}\right)+\left\{\left(\frac{1}{2}\right)^2+\left(\frac{1}{3}\right)^2\right\}+\cdots+\left\{\left(\frac{1}{2}\right)^n+\left(\frac{1}{3}\right)^n\right\}\right]$

$=\lim_{n\to\infty}\left[\frac{1}{2}+\left(\frac{1}{2}\right)^2+\cdots\left(\frac{1}{2}\right)^n\right]+\lim_{n\to\infty}\left[\frac{1}{3}+\left(\frac{1}{3}\right)^2+\cdots+\left(\frac{1}{3}\right)^n\right]$

$=\dfrac{\frac{1}{2}}{1-\frac{1}{2}}+\dfrac{\frac{1}{3}}{1-\frac{1}{3}}=\frac{3}{2}$

22. ②

풀이 주어진 행렬의 고윳값을 구하자.

$|A-\lambda I|=\begin{bmatrix}-\lambda & 1 & 0\\ 0 & -\lambda & 1\\ 1 & 2 & -1-\lambda\end{bmatrix}=-\lambda^3-\lambda^2+2\lambda+1=0$

$\Leftrightarrow\ \lambda^3+\lambda^2-2\lambda-1=0$

고윳값을 a, b, c라고 할 때,

$a+b+c=-1, ab+ac+bd=-2, abc=1$이다.

따라서 $\frac{1}{a}+\frac{1}{b}+\frac{1}{c}=\frac{ab+ac+bc}{abc}=-2$이다.

[다른 풀이]

주어진 행렬을 A라 하면 $\frac{1}{a}, \frac{1}{b}, \frac{1}{c}$는 A^{-1}의 고윳값이므로

$A^{-1}=\begin{bmatrix}-2 & 1 & 0\\ 1 & 0 & 0\\ 0 & 1 & 0\end{bmatrix}$에서 $tr(A^{-1})=\frac{1}{a}+\frac{1}{b}+\frac{1}{c}=-2$이다.

23. ③

풀이 ㄱ. (거짓) $Av=v$는 $Av=\lambda v$에서 $\lambda=1$인 경우를 말한다.

$rank(A)=5$이면 A는 가역이지만

반드시 고윳값 1을 갖지는 않는다.

ㄴ. (참) 정사각행렬 A와 A^T의 고유치가 같으므로 특성다항식이 같다.

ㄷ. (거짓) 두 정사각행렬 A, B의 특성다항식이 같아도 두 행렬이 유사하지 않을 수 있다.

(반례) $A=\begin{pmatrix}1&0\\0&1\end{pmatrix}$, $B=\begin{pmatrix}1&1\\0&1\end{pmatrix}$이면 두 행렬 A와 B의 특성다항식이 같지만 닮은 행렬이 아니다.

ㄹ. (참) n차 정사각행렬에서 서로 다른 n개의 고유치를 가지면 대각화 가능하다.

24. 풀이 참조

풀이 (a) $AV=\lambda V$를 만족하는 고유치 λ와 영벡터를 제외한 고유벡터 V를 구하자.

(i) $|A-\lambda I|=\begin{vmatrix}-1-\lambda & -3\\ -3 & -1-\lambda\end{vmatrix}=\lambda^2+2\lambda-8$

$=(\lambda-2)(\lambda+4)=0$

을 만족하는 $\lambda=2,\ -4$이다.

(ii) $(A-2I)V_1=\begin{pmatrix}-3&-3\\-3&-3\end{pmatrix}\begin{pmatrix}x\\y\end{pmatrix}=\begin{pmatrix}0\\0\end{pmatrix}$을 만족하는

$V_1=\left\{\begin{pmatrix}t\\-t\end{pmatrix}\middle| t\in R-\{0\}\right\}$이므로

$\lambda=2$에 대응하는 고유공간 $V_1={}_{span}\left\{\begin{pmatrix}1\\-1\end{pmatrix}\right\}$이다.

(iii) $(A+4I)V_2=\begin{pmatrix}3&-3\\-3&3\end{pmatrix}\begin{pmatrix}x\\y\end{pmatrix}=\begin{pmatrix}0\\0\end{pmatrix}$을 만족하는

$V_2=\left\{\begin{pmatrix}t\\t\end{pmatrix}\middle| t\in R-\{0\}\right\}$이므로

$\lambda=-4$에 대응하는 고유공간 $V_2={}_{span}\left\{\begin{pmatrix}1\\1\end{pmatrix}\right\}$이다.

(b) 2×2행렬 A는 일차독립인 고유벡터가 2개 존재하므로 대각화 가능하다.

즉, 대각행렬 D에 대한 $P^{-1}AP=D$를 만족하는 P가 존재하므로 A는 대각화 가능하다.

따라서 $A=PDP^{-1}$, $A^{2018}=PD^{2018}P^{-1}$이 성립한다.

여기서 $D=\begin{pmatrix}2&0\\0&-4\end{pmatrix}$일 때,

$P=\begin{pmatrix}1&1\\-1&1\end{pmatrix}$, $a=2^{2018}$이라고 하면

$D=\begin{pmatrix}2^{2018}&0\\0&(-4)^{2018}\end{pmatrix}=\begin{pmatrix}a&0\\0&a^2\end{pmatrix}$이다.

$$A^{2018}=PD^{2018}P^{-1}$$
$$=\frac{1}{2}\begin{pmatrix}1&1\\-1&1\end{pmatrix}\begin{pmatrix}a&0\\0&a^2\end{pmatrix}\begin{pmatrix}1&-1\\1&1\end{pmatrix}$$
$$=\frac{1}{2}\begin{pmatrix}a&a^2\\-a&a^2\end{pmatrix}\begin{pmatrix}1&-1\\1&1\end{pmatrix}$$
$$=\frac{1}{2}\begin{pmatrix}a+a^2&-a+a^2\\-a+a^2&a+a^2\end{pmatrix}$$

25. ①

풀이 $2xy+2xz=(x\ y\ z)\begin{pmatrix}0&1&1\\1&0&0\\1&0&0\end{pmatrix}\begin{pmatrix}x\\y\\z\end{pmatrix}=1$

대칭행렬 $A=\begin{pmatrix}0&1&1\\1&0&0\\1&0&0\end{pmatrix}$의 고유방정식은

$\lambda(\lambda+\sqrt{2})(\lambda-\sqrt{2})=0$이므로

고윳값은 $\sqrt{2}$, $-\sqrt{2}$, 0이다.

주축정리에 의해서

$$\sqrt{2}(x')^2-\sqrt{2}(y')^2=1 \Leftrightarrow (x')^2-(y')^2=\frac{1}{\sqrt{2}}$$

이므로 주어진 이차곡면은 쌍곡선기둥이다.

26. ②

풀이 A의 고유치는 1, 1, 2, 4이다.

가. (참) $\because |A|=1\times1\times2\times4=8$

나. (거짓) $\because tr(A)=1+1+2+4=8$

다. (참) $\because |A|\neq0$이므로 역행렬이 존재한다.

27. ④

풀이 (가) A^TA가 가역행렬이므로 $|A^TA|\neq0$이다.

$|A^TA|=|A^T||A|=|A|^2\neq0$이므로 A는 가역이다.

$|A|$은 고윳값의 곱이므로 A는 고윳값 0을 갖지 않는다.

(나) $|A|=|A^T|$이므로 $|A^T|\neq0$이다.

따라서 A^T는 가역행렬이다.

28. ⑤

풀이 A의 고윳값을 구하면

$$\begin{vmatrix}\frac{1}{2}-\lambda & \frac{1}{2}\\ \frac{1}{3} & \frac{2}{3}-\lambda\end{vmatrix}=\left(\frac{1}{2}-\lambda\right)\left(\frac{2}{3}-\lambda\right)-\frac{1}{6}=\lambda^2-\frac{7}{6}\lambda+\frac{1}{6}=0$$

$6\lambda^2-7\lambda+1=0 \Rightarrow (6\lambda-1)(\lambda-1)=0$

$\therefore \lambda=\frac{1}{6},\ 1$

$\lambda=\frac{1}{6}$일 때 고유벡터를 구하면 $v_1=\begin{pmatrix}-3\\2\end{pmatrix}$

$\lambda=1$일 때 고유벡터를 구하면 $v_2=\begin{pmatrix}1\\1\end{pmatrix}$

두 고유벡터의 일차결합으로 x벡터를 생성하는 좌표벡터는

$$av_1+bv_2=x \Rightarrow \left(\begin{array}{cc|c}-3&1&\frac{1}{3}\\2&0&\frac{2}{3}\end{array}\right)\sim\left(\begin{array}{cc|c}-3&1&\frac{1}{3}\\0&\frac{5}{3}&\frac{8}{9}\end{array}\right)$$이므로

03 선형대수

$a=\frac{1}{15}, b=\frac{8}{15}$

$$\lim_{n\to\infty} A^n x=\lim_{n\to\infty} A^n\left(\frac{1}{15}v_1+\frac{8}{15}v_2\right)$$
$$=\lim_{n\to\infty}\frac{1}{15}A^n v_1+\frac{8}{15}A^n v_2$$
$$=\lim_{n\to\infty}\frac{1}{15}\left(\frac{1}{6}\right)^n v_1+\frac{8}{15}v_2$$
$$=\frac{8}{15}v_2=\begin{pmatrix}\frac{8}{15}\\ \frac{8}{15}\end{pmatrix}=\begin{pmatrix}y_1\\ y_2\end{pmatrix}$$

$\therefore y_1+y_2=\frac{16}{15}$

29. ②

풀이 ② (반례) $A=\begin{pmatrix}1&1&0\\0&2&0\\0&0&3\end{pmatrix}$이라고 할 때, $D=\begin{pmatrix}1&0&0\\0&2&0\\0&0&3\end{pmatrix}$이라고 할 수도 있지만 $D=\begin{pmatrix}1&0&0\\0&3&0\\0&0&2\end{pmatrix}$라고 할 수도 있다.

즉, 대각행렬은 A의 고윳값을 대각성분에 쓰는 것이지만 순서에 제한이 없으므로 닮은 대각행렬은 유일하지 않다.

④ 모든 $v\in R^n$에 대하여 $\|Av\|=\|v\|$이면
A는 직교행렬이므로 $|A|\neq 0$이다.

따라서 A는 가역행렬이고 $x=A^{-1}b$로 유일한 해를 갖는다.

30. ④

풀이 (가) (참) $A=\begin{pmatrix}2t&1\\0&2t\end{pmatrix}$이면 $A^n=\begin{pmatrix}(2t)^n&n(2t)^{n-1}\\0&(2t)^n\end{pmatrix}$이므로

$$e^A=\sum_{n=0}^{\infty}\frac{A^n}{n!}$$
$$=\sum_{n=0}^{\infty}\frac{1}{n!}\begin{pmatrix}(2t)^n&n(2t)^{n-1}\\0&(2t)^n\end{pmatrix}$$
$$=\begin{pmatrix}\sum_{n=0}^{\infty}\frac{(2t)^n}{n!}&\sum_{n=0}^{\infty}\frac{n(2t)^{n-1}}{n!}\\0&\sum_{n=0}^{\infty}\frac{(2t)^n}{n!}\end{pmatrix}$$
$$=\begin{pmatrix}e^{2t}&e^{2t}\\0&e^{2t}\end{pmatrix}$$

(나) (참) 행렬 $A=\begin{pmatrix}4&2&-2\\-5&3&2\\-2&4&1\end{pmatrix}$의 특성방정식은

$\lambda^3-8\lambda^2+17\lambda-10=0$이므로

케일리-해밀턴 정리에 의해 $A^3-8A^2+17A-10I=O$

양변에 A^{-1}를 곱하고 정리하면

$10A^{-1}=A^2-8A+17I$가 성립한다.

(다) (참) $n\times n$ 행렬 A와 B가 동일한 n개의 고유벡터를 갖는다고 하자. 고유벡터 $v_i(1\le i\le n)$가 행렬 A의 고유치 α_i, 행렬 B의 고유치 β_i에 대응한다면

$$(AB-BA)v_i=ABv_i-BAv_i(1\le i\le n)$$
$$=A(\beta_i v_i)-B(\alpha_i v_i)$$
$$=\beta_i(Av_i)-\alpha_i(Bv_i)$$
$$=\beta_i\alpha_i v_i-\alpha_i\beta_i v_i=\vec{0}$$

즉, 모든 i에 대하여 $(AB-BA)v_i=\vec{0}$이므로

$AB-BA$는 영행렬이어야 한다.

따라서 $AB=BA$가 항상 성립한다.

31. ②

풀이 $A\begin{pmatrix}1\\1\end{pmatrix}=5\begin{pmatrix}1\\1\end{pmatrix}$이므로 A의 고유치는 $5, -2$다.($\because tr(A)=2$)

A^{100}의 고유치는 $5^{100}, (-2)^{100}=2^{100}$이므로

$b_{11}+b_{22}=5^{100}+2^{100}$이다.

$A^{100}\begin{pmatrix}1\\1\end{pmatrix}=\begin{pmatrix}b_{11}+b_{12}\\b_{21}+b_{22}\end{pmatrix}=5^{100}\begin{pmatrix}1\\1\end{pmatrix}$이므로

$b_{11}+b_{12}+b_{21}+b_{22}=5^{100}+2^{100}+b_{12}+b_{21}=5^{100}+5^{100}$

$\therefore b_{12}+b_{21}=5^{100}-2^{100}$

[다른 풀이]

행렬 A는 서로 다른 고유치를 가지므로 대각화 가능하다.

(i) 고유치 $\lambda=5$에 대응하는 고유벡터

$(A-5I)\begin{pmatrix}x\\y\end{pmatrix}=\begin{pmatrix}-4&4\\3&-3\end{pmatrix}\begin{pmatrix}x\\y\end{pmatrix}=\begin{pmatrix}0\\0\end{pmatrix}\Rightarrow x-y=0$

따라서 고유치 $\lambda=5$에 대응하는 고유벡터는 $\begin{pmatrix}1\\1\end{pmatrix}$

(ii) 고유치 $\lambda=-2$에 대응하는 고유벡터

$(A+2I)\begin{pmatrix}x\\y\end{pmatrix}=\begin{pmatrix}3&4\\3&4\end{pmatrix}\begin{pmatrix}x\\y\end{pmatrix}=\begin{pmatrix}0\\0\end{pmatrix}\Rightarrow 3x+4y=0$

따라서 고유치 $\lambda=-2$에 대응하는 고유벡터는 $\begin{pmatrix}4\\-3\end{pmatrix}$

$A=PDP^{-1}=\begin{pmatrix}1&4\\1&-3\end{pmatrix}\begin{pmatrix}5&0\\0&-2\end{pmatrix}\begin{pmatrix}\frac{3}{7}&\frac{4}{7}\\ \frac{1}{7}&-\frac{1}{7}\end{pmatrix}$이므로

$$A^{100}=PD^{100}P^{-1}=\begin{pmatrix}1&4\\1&-3\end{pmatrix}\begin{pmatrix}5^{100}&0\\0&(-2)^{100}\end{pmatrix}\begin{pmatrix}\frac{3}{7}&\frac{4}{7}\\ \frac{1}{7}&-\frac{1}{7}\end{pmatrix}$$
$$=\frac{1}{7}\begin{pmatrix}3\cdot5^{100}+4\cdot2^{100}&4\cdot5^{100}-4\cdot2^{100}\\3\cdot5^{100}-3\cdot2^{100}&4\cdot5^{100}+3\cdot2^{100}\end{pmatrix}$$

따라서 $A^{100}=\begin{pmatrix}b_{11}&b_{12}\\b_{21}&b_{22}\end{pmatrix}$라 할 때, $b_{12}+b_{21}=5^{100}-2^{100}$이다.

32. ③

풀이 행렬 A의 고윳값을 찾아보자.

$$\det(A-\lambda I)=\begin{vmatrix}1-\lambda & 2 & 6 & 9\\ 0 & 3-\lambda & 0 & 0\\ 0 & 4 & 7-\lambda & 0\\ 0 & 5 & 8 & 10-\lambda\end{vmatrix}$$

$$=(3-\lambda)\begin{vmatrix}1-\lambda & 6 & 9\\ 0 & 7-\lambda & 0\\ 0 & 8 & 10-\lambda\end{vmatrix}$$

$$=(3-\lambda)(7-\lambda)\begin{vmatrix}1-\lambda & 9\\ 0 & 10-\lambda\end{vmatrix}$$

$$=(3-\lambda)(7-\lambda)(1-\lambda)(10-\lambda)$$

이므로 A의 고윳값은 $1,\ 3,\ 7,\ 10$이고 서로 다른 4개의 고윳값을 가지므로 A는 대각화 가능하다.

$\det(e^A)=e^{tr(A)}$이므로 $\det(e^A)=e^{1+3+7+10}=e^{21}$이다.

33. ①

풀이 A의 고윳값이 $\frac{1}{2},\ \frac{3}{2},\ \frac{4}{5}$이므로 $|A|=\frac{1}{2}\times\frac{3}{2}\times\frac{4}{5}=\frac{3}{5}$

$$\therefore \lim_{n\to\infty}\sum_{k=0}^{n}|A|^k=1+\frac{3}{5}+\left(\frac{3}{5}\right)^2+\left(\frac{3}{5}\right)^3+\cdots=\frac{1}{1-\frac{3}{5}}=\frac{5}{2}$$

34. ①

풀이 $2x^2+2xy+2y^2=(x\quad y)\begin{pmatrix}2&1\\1&2\end{pmatrix}\begin{pmatrix}x\\y\end{pmatrix}=v^tAv$ 라 하면,

행렬 A의 고윳값은 $1,\ 3$ 이고

이에 대응하는 고유벡터는 $\begin{pmatrix}\frac{1}{\sqrt{2}}\\ -\frac{1}{\sqrt{2}}\end{pmatrix},\ \begin{pmatrix}\frac{1}{\sqrt{2}}\\ \frac{1}{\sqrt{2}}\end{pmatrix}$이다.

고유벡터로 이루어진 행렬 $P=\begin{pmatrix}\frac{1}{\sqrt{2}} & \frac{1}{\sqrt{2}}\\ -\frac{1}{\sqrt{2}} & \frac{1}{\sqrt{2}}\end{pmatrix}$,

대각행렬 $D=\begin{pmatrix}1&0\\0&3\end{pmatrix}$에 대해 이차형식 $q(x,y)$의 직교대각화는

$$q(x,y)=v^tAv=v^t(PDP^{-1})v=(v^tP)D(P^{-1}v)$$

$$=(XY)\begin{pmatrix}1&0\\0&3\end{pmatrix}\begin{pmatrix}X\\Y\end{pmatrix}=X^2+3Y^2$$

$$\therefore v^tP=(XY)\ \Leftrightarrow\ (x\ \ y)\begin{pmatrix}\frac{1}{\sqrt{2}} & \frac{1}{\sqrt{2}}\\ -\frac{1}{\sqrt{2}} & \frac{1}{\sqrt{2}}\end{pmatrix}=(XY)$$

$$\Leftrightarrow\ \begin{cases}X=\frac{1}{\sqrt{2}}x-\frac{1}{\sqrt{2}}y\\ Y=\frac{1}{\sqrt{2}}x+\frac{1}{\sqrt{2}}y\end{cases}$$

$$\therefore l=\frac{1}{\sqrt{2}},\ m=-\frac{1}{\sqrt{2}}$$

35. ①

풀이 행렬 A 의 특성방정식을 구하면

$p(\lambda)=\det(\lambda I_3-A)=\lambda^3+2\lambda^2-\lambda-2=0$

케일리-해밀턴 정리에 의해서

$A^3+2A^2-A-2I_3=O$(단, O는 영행렬이다.)이 성립한다. 양변에 A^2을 곱하여 정리하면

$A^5=-10A^2+A+10I_3$

$a_2=-10,\ a_1=1,\ a_0=10$이므로 $a_0+a_1+a_2=1$이다.

[다른 풀이]

행렬 A의 고유치 1과 대응하는 고유벡터를 V라고하자.

$AV=V, A^2V=V,\cdots A^5V=V$가 성립한다. $A^5V=V$이고, 문제에서 $A^5=a_2A^2+a_1A+a_0I$을 만족하므로

$$A^5V=(a_2A^2+a_1A+a_0I)V$$

$$=a_2A^2V+a_1AV+a_0V$$

$$=a_2V+a_1V+a_0V(\because AV=V, A^2V=V)$$

$$=(a_2+a_1+a_0)V=V$$

$$\therefore a_0+a_1+a_2=1$$

36. ⑤

풀이 $A=\begin{bmatrix}1&1&2\\1&1&0\\2&-2&0\end{bmatrix}$ 의 고윳값은

$$\det(\lambda I_3-A)=\begin{vmatrix}\lambda-1 & -1 & -2\\ -1 & \lambda-1 & 0\\ -2 & 2 & \lambda\end{vmatrix}=(\lambda+2)(\lambda-2)^2=0$$

$\Rightarrow\ \lambda=-2, 2$이다. 이 중 가장 큰 것은 $\lambda=2$이다.

$\lambda=2$에 대응하는 고유공간은

$E_{\lambda=2}=\{tu\mid u=(1,1,0), t\in\mathbb{R}\}$이다.

따라서 벡터 $b=(3,2,1)$의 E_λ 위로의 정사영벡터는

$p=\mathrm{proj}_u(b)=\frac{b\cdot u}{|u|^2}=\left(\frac{5}{2},\ \frac{5}{2},\ 0\right)$이다.

따라서 $\lambda+p_1+p_2+p_3=2+\frac{5}{2}+\frac{5}{2}=7$이다.

37. ③

풀이 $|A-\lambda I|=\begin{vmatrix}0.9-\lambda & 0.1\\ 0.4 & 0.6-\lambda\end{vmatrix}=\lambda^2-1.5\lambda+0.5$

$=(\lambda-1)(\lambda-0.5)$

이므로 $\lambda=1,\ \lambda=0.5$이다.

(ⅰ) $\lambda=1$일 때, $\begin{pmatrix}-0.1 & 0.1\\ 0.4 & -0.4\end{pmatrix}\begin{pmatrix}x\\y\end{pmatrix}=\begin{pmatrix}0\\0\end{pmatrix}\ \Leftrightarrow\ -x+y=0$

03 선형대수

이므로 고유벡터는 $\begin{pmatrix} 1 \\ 1 \end{pmatrix}$이다.

(ii) $\lambda=0.5$일 때, $\begin{pmatrix} 0.4 & 0.1 \\ 0.4 & 0.1 \end{pmatrix}\begin{pmatrix} x \\ y \end{pmatrix}=\begin{pmatrix} 0 \\ 0 \end{pmatrix} \Leftrightarrow 4x+y=0$

이므로 고유벡터는 $\begin{pmatrix} 1 \\ -4 \end{pmatrix}$이다.

$$\therefore A^n = PD^nP^{-1} = \begin{pmatrix} 1 & 1 \\ 1 & -4 \end{pmatrix}\begin{pmatrix} 1^n & 0 \\ 0 & \left(\frac{1}{2}\right)^n \end{pmatrix}\frac{1}{5}\begin{pmatrix} 4 & 1 \\ 1 & -1 \end{pmatrix}$$

$$\therefore \lim_{n\to\infty} A^n = \lim_{n\to\infty}\frac{1}{5}\begin{pmatrix} 1 & 1 \\ 1 & -4 \end{pmatrix}\begin{pmatrix} 1^n & 0 \\ 0 & \left(\frac{1}{2}\right)^n \end{pmatrix}\begin{pmatrix} 4 & 1 \\ 1 & -1 \end{pmatrix}$$

$$=\frac{1}{5}\begin{pmatrix} 1 & 1 \\ 1 & -4 \end{pmatrix}\begin{pmatrix} 1 & 0 \\ 0 & 0 \end{pmatrix}\begin{pmatrix} 4 & 1 \\ 1 & -1 \end{pmatrix}$$

$$=\frac{1}{5}\begin{pmatrix} 1 & 0 \\ 1 & 0 \end{pmatrix}\begin{pmatrix} 4 & 1 \\ 1 & -1 \end{pmatrix}=\frac{1}{5}\begin{pmatrix} 4 & 1 \\ 4 & 1 \end{pmatrix}$$

38. 14

풀이 $A=\begin{pmatrix} 3 & 1 & -5 \\ 0 & 2 & 6 \\ 0 & 0 & a \end{pmatrix}$에 대한 고유다항식은

$(3-x)(2-x)(a-x)=0$

$\Leftrightarrow x^3-(5+a)x^2+(6+5a)x-6a=0$이므로

$f(x)=x^3+bx^2+cx-12$

$=x^3-(5+a)x^2+(6+5a)x-6a$

$\Leftrightarrow \begin{cases} a+5=-b \\ 6+5a=c \\ -6a=-12 \end{cases} \Leftrightarrow a=2,\ b=-7,\ c=16$

따라서, 행렬 $A=\begin{pmatrix} 3 & 1 & -5 \\ 0 & 2 & 6 \\ 0 & 0 & 2 \end{pmatrix}$에 대해 $\lambda=2$ 일 때

고유벡터 $v=\{v \mid (A-2I)v=0\}$

$\Leftrightarrow \begin{pmatrix} 3-2 & 1 & -5 \\ 0 & 2-2 & 6 \\ 0 & 0 & 2-2 \end{pmatrix}\begin{pmatrix} x \\ y \\ z \end{pmatrix}=\begin{pmatrix} 0 \\ 0 \\ 0 \end{pmatrix}$

$\Leftrightarrow \{(x,y,z) \mid x+y-5z=0, 6z=0\}$

따라서 $\lambda=2$에 대한 고유공간은 1차원이다.

따라서 행렬 B의 최소다항식은 $(x-3)(x-2)^2$인 3차식이다.

즉 $d=3$이다.

$\therefore a+b+c+d=2-7+16+3=14$

[다른 풀이]

A와 B가 닮은 행렬이면 같은 고유다항식을 갖는다.

$C_A(\lambda)=C_B(\lambda)=(\lambda-3)(\lambda-2)(\lambda-a)$이며

고유치의 성질에 의하여 $|A|=|B|=6a=12$이므로 $a=2$이다.

$tr(A)=tr(B)=-b=3+2+a=3+2+2=7$이므로

$b=-7$이다. 근과 계수의 관계에 의해 두 근(고유치)의 곱의 합

$c=6+4+6=16$이다. $(A-2I)=\begin{pmatrix} 1 & 1 & -5 \\ 0 & 0 & 6 \\ 0 & 0 & 0 \end{pmatrix}$이므로

$\lambda=2$일 때, 대수적 중복도$=2$, 기하적 중복도$=(A-2I)$의

열의 수$-rank(A-2I)=3-2=1$이다.

따라서 A(또는 B)는 대각화가 불가능하다.

B의 최소다항식은 고유다항식과 같게 되므로 $d=3$이다.

즉, $a+b+c+d=2+(-7)+16+3=14$이다.

39. ④

풀이 표준행렬 $T=\begin{bmatrix} 5 & 4 & 3 \\ -1 & 0 & -3 \\ 1 & -2 & 1 \end{bmatrix}$이므로 T의 고윳값을 구하면

$$\det(T-\lambda I)=\begin{vmatrix} 5-\lambda & 4 & 3 \\ -1 & -\lambda & -3 \\ 1 & -2 & 1-\lambda \end{vmatrix}$$

$$=(5-\lambda)\begin{vmatrix} -\lambda & -3 \\ -2 & 1-\lambda \end{vmatrix}-4\begin{vmatrix} -1 & -3 \\ 1 & 1-\lambda \end{vmatrix}+3\begin{vmatrix} -1 & -\lambda \\ 1 & -2 \end{vmatrix}$$

$$=-(\lambda+2)(\lambda-4)^2$$

따라서 T의 고윳값은 $-2, 4, 4$이다.

$rank(T-4I)=2$이므로 $nullity(T-4I)=1$이다.

따라서 고윳값 4에 대응하는 대수적 중복도는 2이고

기하적 중복도는 1이다.

조단형식 $J=\begin{bmatrix} -2 & 0 & 0 \\ 0 & 4 & 1 \\ 0 & 0 & 4 \end{bmatrix}$가 되므로 J의 모든 성분의 합은 7이다.

40. ⑤

풀이 (ㄱ) (참) $\det A=1$이므로 $Ax=b$의 해가 존재한다.

(ㄴ) (참) 대칭행렬이므로 직교대각화 가능하다.

(ㄷ) (참) $A_1=2,\ A_2=2,\ A_3=1$

주 부분행렬의 행렬식이 모두 양수이므로 양정치행렬이다.

TIP 행렬의 특성다항식이 $f(x)=x^3-5x^2+6x-1$이다.
서로 다른 세 개의 고윳값을 갖는 것을 보이시오.

5. 벡터공간

1. ①

풀이 선형사상의 표현행렬은 $[L]=\begin{pmatrix}1&1&0\\0&1&1\\1&0&1\end{pmatrix}$이고

$rank(A)=3,\ nullity(A)=0$이다.

$\dim(\mathrm{Ker}L)-\dim(\mathrm{Im}L)=rank(A)-nullity(A)=-3$

2. ④

풀이 $U=\left\{\begin{pmatrix}a_{11}&a_{12}&a_{13}\\a_{21}&a_{22}&a_{23}\\a_{31}&a_{32}&a_{33}\end{pmatrix}\middle|\, a_{11}+a_{22}+a_{33}=0\right\}$

의 차원 $\dim(U)=8$이다.

$W=\left\{\begin{pmatrix}a_{11}&a_{12}&a_{13}\\a_{21}&a_{22}&a_{23}\\a_{31}&a_{32}&a_{33}\end{pmatrix}\middle|\, a_{12}=a_{21},\ a_{13}=a_{31},\ a_{23}=a_{32}\right\}$

의 차원 $\dim(W)=6$이다.

따라서 두 부분공간의 차원의 합은 14이다.

3. ①

풀이 주어진 벡터공간의 기저

$\{u_1=(1,\ 1,\ 1,\ 1),\ u_2=(1,\ 2,\ 2,\ 2),\ u_3=(1,\ 2,\ 3,\ 3)\}$

$=\{(1,0,0,0),(0,1,0,0),(0,0,1,1)\}$

보기에서 주어진 기저는 위의 기저에 의해서 생성되어야 하는 벡터이다. 위 벡터들로 생성되는 기저를 먼저 선택해서 객관식 문제를 해결한다.

[다른 풀이]

$u_1=(1,1,1,1),\ u_2=(1,2,2,2),\ u_3=(1,2,3,3)$를

그람-슈미트 직교화 과정을 통해서 직교기저를 만들자.

$v_1=u_1=(1,1,1,1)$

$v_2=u_2-\dfrac{\langle u_2,v_1\rangle}{|v_1|^2}v_1$

$=(1,2,2,2)-\dfrac{1+2+2+2}{4}(1,1,1,1)$

$=\left(-\dfrac{3}{4},\dfrac{1}{4},\dfrac{1}{4},\dfrac{1}{4}\right)(-3,1,1,1)$

$v_3=u_3-\dfrac{\langle u_3,v_1\rangle}{|v_1|^2}v_1-\dfrac{\langle u_3,v_2\rangle}{|v_2|^2}v_2$

$=(1,2,3,3)-\dfrac{9}{4}(1,1,1,1)$

$-\dfrac{\frac{-3+2+3+3}{4}}{\frac{3}{4}}\left(-\dfrac{3}{4},\dfrac{1}{4},\dfrac{1}{4},\dfrac{1}{4}\right)$

$=(1,2,3,3)-\dfrac{9}{4}(1,1,1,1)-\dfrac{5}{3}\left(-\dfrac{3}{4},\dfrac{1}{4},\dfrac{1}{4},\dfrac{1}{4}\right)$

$=\left(\dfrac{12-27+15}{12},\dfrac{24-27-5}{12},\dfrac{36-27-5}{12},\dfrac{36-27-5}{12}\right)$

$\left(0,-\dfrac{2}{3},\dfrac{1}{3},\dfrac{1}{3}\right)(0,-2,1,1)$

따라서 직교기저로 가능한 것은

$\{(1,1,1,1),(-3,1,1,1),(0,-2,1,1)\}$이다.

4. ②

풀이 $A=\begin{bmatrix}3&-1&-1&-3\\-2&2&-2&2\\-1&-1&3&1\end{bmatrix}$

$\sim\begin{bmatrix}1&1&-3&-1\\-2&2&-2&2\\3&-1&-1&-3\end{bmatrix}$ $[\because(-1)\times(3\text{행})\leftrightarrow(1\text{행})]$

$\sim\begin{bmatrix}1&1&-3&-1\\0&4&-8&0\\0&-4&8&0\end{bmatrix}$

$\left[\begin{array}{l}\because(1\text{행})\times2+(2\text{행})\to(2\text{행})\\ \quad(1\text{행})\times(-3)+(3\text{행})\to(3\text{행})\end{array}\right]$

$\sim\begin{bmatrix}1&1&-3&-1\\0&4&-8&0\\0&0&0&0\end{bmatrix}$ $[\because(2\text{행})+(3\text{행})\to(3\text{행})]$

$\sim\begin{bmatrix}1&1&-3&-1\\0&1&-2&0\\0&0&0&0\end{bmatrix}$ $\left[\because(2\text{행})\times\dfrac{1}{4}\to(2\text{행})\right]$

$\therefore rankA=2,\ nullityA=4-2=2$

5. ④

풀이 행렬 A의 행공간의 차원, 열공간의 차원은 $rankA$,영공간의 차원은 (열의개수$-rankA$) 이다. 행렬 A의 계수를 구하면

$A=\begin{pmatrix}1&-1&0&0\\2&1&1&2\\1&1&1&4\end{pmatrix}$

$\sim\begin{pmatrix}1&-1&0&0\\0&3&1&2\\0&2&1&4\end{pmatrix}\left(\begin{array}{l}\because(1\text{행})\times(-2)\to(2\text{행})\\ \quad(1\text{행})\times(-1)\to(3\text{행})\end{array}\right)$

$\sim\begin{pmatrix}1&-1&0&0\\0&3&1&2\\0&0&\frac{1}{3}&\frac{8}{3}\end{pmatrix}\left(\because(2\text{행})\times\left(-\dfrac{2}{3}\right)\to(3\text{행})\right)$

$\therefore rank(A)=3, nullity(A)=4-3=1$

$\therefore r=c=3,\ n=1,\ r+c-n=3+3-1=5$

6. ①

풀이 $\dim V=\dfrac{n(n+1)}{2},\ \dim W=n^2-1,$

$\dim(V\cap W)=\dfrac{n(n+1)}{2}-1$

$\therefore \dim V+\dim W+\dim(V\cap W)=2n^2+n-2$

03 — 선형대수

7. ③

풀이 $A=\begin{pmatrix} a & b & c \\ d & e & f \\ g & h & i \end{pmatrix}$라 두면 $A=A^T$이므로

$$A^T=\begin{pmatrix} a & b & c \\ d & e & f \\ g & h & i \end{pmatrix}^T=\begin{pmatrix} a & d & g \\ b & e & h \\ c & f & i \end{pmatrix}=\begin{pmatrix} a & b & c \\ d & e & f \\ g & h & i \end{pmatrix}$$

$\Rightarrow\ b=d,\ c=g,\ f=h$

$\therefore A=\begin{pmatrix} a & b & c \\ b & e & f \\ c & f & i \end{pmatrix}$ 따라서 차원은 6이다.

8. ②

풀이 $\begin{pmatrix} 0&1&2&1 \\ 1&2&1&0 \\ 2&1&0&1 \\ 1&0&1&2 \end{pmatrix}\sim\begin{pmatrix} 1&2&1&0 \\ 0&1&2&1 \\ 0&-3&-2&1 \\ 0&-2&0&2 \end{pmatrix}\sim\begin{pmatrix} 1&2&1&0 \\ 0&1&2&1 \\ 0&0&4&4 \\ 0&0&4&4 \end{pmatrix}\sim\begin{pmatrix} 1&2&1&0 \\ 0&1&2&1 \\ 0&0&4&4 \\ 0&0&0&0 \end{pmatrix}$

따라서 차원정리에 의하여

(해공간의 차원)=(열의 수)$-rank(A)=4-3=1$이다.

9. ④

풀이 (가) (일차독립) $a(v_1+v_2)+b(v_2+v_3)+c(v_3+v_4)=\vec{0}$에서

$av_1+(a+b)v_2+(b+c)v_3+cv_4=\vec{0}$이고,

$v_1,\ v_2,\ v_3,\ v_4$가 일차독립이려면

$a=0,\ a+b=0,\ b+c=0,\ c=0$이어야 한다.

$\begin{pmatrix} 1&0&0 \\ 1&1&0 \\ 0&1&1 \\ 0&0&1 \end{pmatrix}\begin{pmatrix} a \\ b \\ c \end{pmatrix}=\begin{pmatrix} 0 \\ 0 \\ 0 \\ 0 \end{pmatrix}$에서

$$rank\begin{pmatrix} 1&0&0 \\ 1&1&0 \\ 0&1&1 \\ 0&0&1 \end{pmatrix}=rank\begin{pmatrix} 1&0&0 \\ 1&1&0 \\ 0&1&1 \\ 0&0&1 \end{pmatrix}^T=rank\begin{pmatrix} 1&1&0&0 \\ 0&1&1&0 \\ 0&0&1&1 \end{pmatrix}=3$$

이므로 유일한 해(자명해)를 갖는다.

이를 만족하는 벡터의 계수는 $a=0,\ b=0,\ c=0$이다.

그러므로 $\{v_1+v_2, v_2+v_3, v_3+v_4\}$는 일차독립이다.

$\{v_1+v_2, v_2+v_3, v_3+v_4\}$의 벡터계수를 행벡터로 한 행렬

$\begin{pmatrix} 1&1&0&0 \\ 0&1&1&0 \\ 0&0&1&1 \end{pmatrix}$의 계수를 구하면 독립과 종속을 판단할 수 있다.

(나) (일차독립) $\{v_1+v_2, v_2+v_3, v_3+v_4, v_4+v_1\}$

$$\Rightarrow\begin{pmatrix} 1&1&0&0 \\ 0&1&1&0 \\ 0&0&1&1 \\ 1&0&0&1 \end{pmatrix}\sim\begin{pmatrix} 1&1&0&0 \\ 0&1&1&0 \\ 0&0&1&1 \\ 0&-1&0&1 \end{pmatrix}\sim\begin{pmatrix} 1&1&0&0 \\ 0&1&1&0 \\ 0&0&1&1 \\ 0&0&1&1 \end{pmatrix}\sim\begin{pmatrix} 1&1&0&0 \\ 0&1&1&0 \\ 0&0&1&1 \\ 0&0&0&0 \end{pmatrix}$$

이므로 종속이다.

(다) (일차독립) $\{v_1+v_2-3v_3, v_1+3v_2-v_3, v_1+v_3\}$

$$\Rightarrow\begin{pmatrix} 1&1&-3&0 \\ 1&3&-1&0 \\ 1&0&3&0 \end{pmatrix}\sim\begin{pmatrix} 1&1&-3&0 \\ 0&2&2&0 \\ 0&-1&6&0 \end{pmatrix}$$

이므로 독립이다.

(라) (일차독립) $\{v_1+v_2-2v_3, v_1-v_2-v_3, v_1+v_3\}$

$$\Rightarrow\begin{pmatrix} 1&1&-2&0 \\ 1&-1&-1&0 \\ 1&0&1&0 \end{pmatrix}\sim\begin{pmatrix} 1&1&-2&0 \\ 0&-2&1&0 \\ 0&-1&3&0 \end{pmatrix}$$

이므로 독립이다.

(마) (일차독립) $\{v_1, v_1+v_2, v_1+v_2+v_3, v_1+v_2+v_3+v_4\}$

$\Rightarrow\begin{pmatrix} 1&0&0&0 \\ 1&1&0&0 \\ 1&1&1&0 \\ 1&1&1&1 \end{pmatrix}$이므로 독립이다.

10. ③

풀이 론스키안 행렬식 W을 통해서 일차독립 여부를 확인할 수 있다.

즉, $W\neq 0$이면 일차독립이고, $W=0$이면 일차종속이다.

Φ_1의 론스키안 행렬식은

$W=\begin{vmatrix} x^2+1 & x^2+0.1 & x^2+0.01 \\ 2x & 2x & 2x \\ 2 & 2 & 2 \end{vmatrix}=0$이므로

선형종속(일차종속)이다.

Φ_2의 론스키안 행렬식은 $W=\begin{vmatrix} \cos^2x & \sin^2x \\ -\sin2x & \sin2x \end{vmatrix}\neq 0$이므로 선형독립(일차독립)이다.

11. ②

풀이 고윳값 $\lambda=3$에 대한 대수적 중복도 $M_{\lambda=3}=6$이다.

$\lambda=3$에 대응하는 고유공간을 $E_{\lambda=3}$이라 하면

$\dim(E_{\lambda=3})$을 $\lambda=3$의 기하적 중복도라 한다.

주어진 행렬이 대각화 가능하므로

기하적 중복도와 대수적 중복도는 6이다.

$rank(3I_3-A)=10-\dim(E_{\lambda=3})$이고

$rank(3I_3-A)=4$ 이다.

12. ②

풀이 네 벡터가 R^3를 형성하지 못하려면 네 벡터를 열벡터로 갖는 행렬의 계수가 3보다 작아야 한다.

$$\begin{bmatrix} 1 & 4 & 6 \\ 0 & 2 & 2 \\ -1 & 12 & 10 \\ q & 3 & 1 \end{bmatrix} \sim \begin{bmatrix} 1 & 4 & 6 \\ 0 & 1 & 1 \\ 0 & 16 & 16 \\ q & 3 & 1 \end{bmatrix} \begin{bmatrix} \because (1\text{행})+(3\text{행}) \to (3\text{행}) \\ (2\text{행}) \times \frac{1}{2} \to (2\text{행}) \end{bmatrix}$$

$$\sim \begin{bmatrix} 1 & 0 & 2 \\ 0 & 1 & 1 \\ 0 & 0 & 0 \\ q & 3 & 1 \end{bmatrix} \begin{bmatrix} \because (2\text{행}) \times (-4)+(1\text{행}) \to (1\text{행}) \\ (2\text{행}) \times (-16)+(3\text{행}) \to (3\text{행}) \end{bmatrix}$$

$$\sim \begin{bmatrix} 1 & 0 & 2 \\ 0 & 1 & 1 \\ 0 & 0 & 0 \\ q & 0 & -2 \end{bmatrix} [\because (2\text{행}) \times (-3)+(4\text{행}) \to (4\text{행})]$$

$$\sim \begin{bmatrix} 1 & 0 & 2 \\ 0 & 1 & 1 \\ 0 & 0 & 0 \\ 0 & 0 & -2-2q \end{bmatrix}$$

$$[\because (1\text{행}) \times (-q)+(4\text{행}) \to (4\text{행})]$$

계수가 3보다 작기 위해서는 $-2-2q=0$이어야 한다.

$\therefore q=-1$

13. ②

풀이 R^3의 부분공간 S는

$\{(0,0,0)\}$, R^3, 원점을 지나는 직선, 원점을 지나는 평면이다.

가. $\{(x, y, 7x-5y) \mid x, y \in R\}$

$\Leftrightarrow z=7x-5y \Leftrightarrow 7x-5y-z=0$인

원점을 지나는 평면이다. 따라서 부분공간이다.

나. $(0,0,0) \notin \{(x,y,z) \in R^3 \mid 3x+7y-1=0\}$

원점을 지나는 평면이 아니다. 따라서 부분공간이 아니다.

다. (반례) $\{(x,y,z) \mid x=y=0, z \neq 0$인 실수$\}$라 하면,

$\{(x,y,z) \in R^3 \mid xy=0\} \cap \{(x,y,z) \in R^3 \mid yz=0\}$
$\cap \{(x,y,z) \in R^3 \mid zx=0\}$

을 만족하지만, 주어진 공간은 부분공간이 아니다.

라. $\{(x,y,z) \in R^3 \mid 5x+2y-3z=0\}$은

원점을 지나는 평면이다. 따라서 부분공간이다.

14. ④

풀이 $null(A) = \left\{ (x,y,z,w) \,\middle|\, \begin{pmatrix} 1 & 0 & -1 & -1 \\ 0 & 1 & -2 & 0 \\ 0 & 0 & 0 & 0 \end{pmatrix} \begin{pmatrix} x \\ y \\ z \\ w \end{pmatrix} = \begin{pmatrix} 0 \\ 0 \\ 0 \\ 0 \end{pmatrix} \right\}$

$$= \left\langle \begin{pmatrix} 1 \\ 0 \\ 0 \\ 1 \end{pmatrix}, \begin{pmatrix} 1 \\ 2 \\ 1 \\ 0 \end{pmatrix} \right\rangle$$

A의 영공간은 A의 행공간과 수직 관계이므로 A의 행벡터와 A의 영공간의 벡터를 내적하면 0이 된다.

$\therefore a=1, b=2, c=1, d=0$

$\therefore a+b+c+d=4$

15. ②

풀이 주어진 선형계를 계수행렬로 나타내고

가우스 소거법을 이용하여 행사다리꼴로 나타내면

$$\begin{bmatrix} 2 & 2 & -1 & 0 & 1 \\ -1 & -1 & 2 & -3 & 1 \\ 1 & 1 & -2 & 0 & -1 \\ 0 & 0 & 1 & 1 & 1 \end{bmatrix}$$

$$\sim \begin{bmatrix} -1 & -1 & 2 & -3 & 1 \\ 1 & 1 & -2 & 0 & -1 \\ 2 & 2 & -1 & 0 & 1 \\ 0 & 0 & 1 & 1 & 1 \end{bmatrix}$$

$$\sim \begin{bmatrix} -1 & -1 & 2 & -3 & 1 \\ 0 & 0 & 3 & -6 & 3 \\ 0 & 0 & 0 & -3 & 0 \\ 0 & 0 & 1 & 1 & 1 \end{bmatrix}$$

$$\sim \begin{bmatrix} -1 & -1 & 2 & -3 & 1 \\ 0 & 0 & 3 & -6 & 3 \\ 0 & 0 & 0 & -3 & 0 \\ 0 & 0 & 0 & 3 & 0 \end{bmatrix}$$

$$\sim \begin{bmatrix} -1 & -1 & 2 & -3 & 1 \\ 0 & 0 & 3 & -6 & 3 \\ 0 & 0 & 0 & -3 & 0 \\ 0 & 0 & 0 & 0 & 0 \end{bmatrix}$$

계수행렬의 $rank$는 3이고 차원정리에 의해

$nullity=n-rank=5-3=2$

16. ①

풀이 (가) (참) A가 $n \times n$행렬이므로 A^T도 $n \times n$행렬이다.

$rank(A)=rank(A^TA)$가 성립하므로

차원정리에 의해 $N(A)=N(A^TA)$가 성립한다.

(나) (참) $n \times n$행렬이 n개의 서로 다른 고윳값을 갖거나

일차독립인 n개의 고유벡터를 가지면 대각화 가능하므로

A는 대각화가능하다.

(다) (거짓) 대칭행렬에서 서로 다른 고윳값에 대응하는

고유벡터는 서로 수직이다.

(라) (거짓) (반례) $\begin{pmatrix} 0 & -2 & -3 \\ 1 & 3 & 3 \\ 0 & 0 & 1 \end{pmatrix}$은 고유치 $\lambda=1, 1, 2$를 갖지만

일차독립인 3개의 고유벡터를 가지므로 대각화 가능하다.

03 — 선형대수

17. ②

풀이 $A=\begin{bmatrix}2&3&1\\3&3&1\\2&4&1\\5&7&2\end{bmatrix}$

$\sim\begin{bmatrix}2&3&1\\1&0&0\\0&1&0\\1&1&0\end{bmatrix}\begin{bmatrix}\because (1\text{행})\times(-1)+(2\text{행})\to(2\text{행})\\ (1\text{행})\times(-1)+(3\text{행})\to(3\text{행})\\ (1\text{행})\times(-2)+(4\text{행})\to(4\text{행})\end{bmatrix}$

$\sim\begin{bmatrix}0&0&1\\1&0&0\\0&1&0\\0&0&0\end{bmatrix}\begin{bmatrix}\because (2\text{행})\times(-2)+(3\text{행})\times(-3)+(1\text{행})\to(1\text{행})\\ (2\text{행})\times(-1)+(3\text{행})\times(-1)+(4\text{행})\to(4\text{행})\end{bmatrix}$

$\therefore rankA=3$

$\therefore \dim(\text{Ker}(T_A))=nullity(T_A)=nullity(A^T)$
$=4-rank(A^T)=4-rankA$
$=4-3=1$

18. ①

풀이 $|A-\lambda I|=\begin{vmatrix}1-\lambda&2&3&4&5\\0&1-\lambda&2&3&4\\0&0&1-\lambda&2&3\\0&0&0&2-\lambda&3\\0&0&0&0&3-\lambda\end{vmatrix}$

$=(1-\lambda)^3(2-\lambda)(3-\lambda)$

따라서 행렬 A의 고윳값은 1, 2, 3이다.

따라서 서로 다른 고유공간은 3개이다.

$V_1=E_{\lambda=1}$, $V_2=E_{\lambda=2}$, $V_3=E_{\lambda=3}$이다.

$\therefore n=3$

(i) $\lambda=1$일 때의 대수적 중복도는 3이고

기하적 중복도는 $nullity(A-I)$=1이다.

$A-I=\begin{pmatrix}0&2&3&4&5\\0&0&2&3&4\\0&0&0&2&3\\0&0&0&1&3\\0&0&0&0&2\end{pmatrix}\sim\begin{pmatrix}0&2&3&4&0\\0&0&2&3&0\\0&0&0&2&0\\0&0&0&1&0\\0&0&0&0&1\end{pmatrix}\sim\begin{pmatrix}0&2&3&0&0\\0&0&2&0&0\\0&0&0&0&0\\0&0&0&1&0\\0&0&0&0&1\end{pmatrix}$

$rank(A-I)=4$이다.

$\therefore \dim(V_1)=nullity(A-I)=5-rank(A-I)=1$

고유치의 대수적 중복도가 1이면

반드시 대응하는 공유벡터는 1개 존재한다.

(ii) $\lambda=2$일 때의 대수적 중복도는 1, 기하적 중복도는 1이다.

$\therefore \dim(V_2)=nullity(A-2I)=1$

(iii) $\lambda=3$일 때의 고유공간을 V_3라 하면

$\therefore \dim(V_3)=nullity(A-3I)=1=5-rank(A-3I)$

$\therefore m=\max\{\dim(V_i)|i=1,2,\cdots,n\}=1$

$\therefore mn=3$

19. ②

풀이 $A^3=O \Leftrightarrow A^3+8I=8I$

$\Leftrightarrow (A+2I)(A^2-2A+4I)=8I$

$\Leftrightarrow (A+2I)\left(\frac{1}{8}A^2-\frac{1}{4}A+\frac{1}{2}I\right)=I$

$\therefore a=\frac{1}{8},\ b=-\frac{1}{4},\ c=\frac{1}{2},\ a+b+c=\frac{3}{8}$

[다른 풀이]

보기 (다)의 식을 전개시켜서 계수비교해서 구할 수도 있다.

20. ①

풀이 $\{u_1,u_2,u_3\}$ 는 $\{v_1,v_2,v_3\}$로 생성되는 공간의 정규직교기저이다. 그람-슈미트 방법에 의한 정규직교기저를 구하면

$w_1=v_1,\ w_2=v_2-proj_{w_1}v_2,\ w_3=v_3-proj_{w_1}v_3-proj_{w_2}v_3$

따라서 $w_1=(1,0,-1,1)$,

$w_2=(0,-1,1,1)-\frac{0}{3}(1,0,-1,1)=(0,-1,1,1)$,

$w_3=(-1,1,1,0)-\frac{-2}{3}(1,0,-1,1)-\frac{0}{3}(0,-1,1,1)$

$=\left(-\frac{1}{3},1,\frac{1}{3},\frac{2}{3}\right)$

이 때, $u_1=\frac{w_1}{|w_1|}=\frac{1}{\sqrt{3}}(1,0,-1,1)$,

$u_2=\frac{w_2}{|w_2|}=\frac{1}{\sqrt{3}}(0,-1,1,1)$,

$u_3=\frac{w_3}{|w_3|}=\frac{1}{\sqrt{15}}(-1,3,1,2)$

$\therefore u_3=\left(-\frac{\sqrt{15}}{15},\frac{\sqrt{15}}{5},\frac{\sqrt{15}}{15},\frac{2\sqrt{15}}{15}\right)$

21. ③

풀이 $P_5(R)$의 임의의 다항식을

$p(x)=ax^5+bx^4+cx^3+dx^2+ex+f$라고 하자.

(i) $p(0)=0$을 만족하려면 $f=0$이어야 한다.

즉, $U=\{ax^5+bx^4+cx^3+dx^2+ex|a,b,c,d,e\in R\}$

이므로 $\dim U=5$이다.

(ii) $p(-x)=p(x)$를 만족하려면 $p(x)$는 우함수이다.

$V=\{bx^4+dx^2+f|d,e,f\in R\}$이므로 $\dim V=3$이다.

(iii) $\frac{dp(x)}{dx}=0$을 만족하려면

$\frac{dp(x)}{dx}=5ax^4+4bx^3+3cx^2+2dx+e=0$

즉, $a=b=c=d=e=0$이 되어야 한다.

$W=\{f|f\in R\}$이므로 $\dim W=1$이다.

따라서 $\dim U+\dim V+\dim W=5+3+1=9$이다.

22. ③

풀이 $L(x, y, z)=(x-y+2z, y, x+2z)$의 ker($L$)은 $x-y+2z=0$, $y=0$, $x+2z=0$을 만족해야 하므로 ker(L)= $\{(x, y, z) \mid x+2z=0, y=0\}$을 만족한다.
ker(L)의 기저를 벡터 $\vec{v}=(-2, 0, 1)$, $(1, 0, 0)$을 벡터 $\vec{b}$라고 하면 벡터 $\vec{b}$를 ker(L)위로의 사영은

$$\text{Proj}_{\vec{v}}\vec{b}=\frac{\vec{v}\cdot\vec{b}}{\vec{v}\cdot\vec{v}}\vec{v}=\frac{-2}{4+0+1}(-2, 0, 1)=\frac{2}{5}(2, 0, -1)$$

23. ④

풀이 (공식) dim(Im(T)) + dim(ker(T)) =정의역의 차원

$$T(x_1, x_2, x_3, x_4)=(x_1+x_2+x_3, x_2+x_4, x_1-x_2+x_3)$$

$$=\begin{bmatrix}1 & 1 & 1 & 0\\ 0 & 1 & 0 & 1\\ 1 & -1 & 1 & 0\end{bmatrix}\begin{bmatrix}x_1\\ x_2\\ x_3\\ x_4\end{bmatrix}$$

선형변환 T의 표준행렬은 $A=\begin{bmatrix}1 & 1 & 1 & 0\\ 0 & 1 & 0 & 1\\ 1 & -1 & 1 & 0\end{bmatrix}\in M_{3\times 4}$

행렬의 계수정리에 의해
dim(Im(T))+ dim(ker(T))= $rank(A)+nullity(A)=4$

24. ①

풀이

$$|A-\lambda I|=\begin{vmatrix}3-\lambda & 0 & 14 & 7\\ 0 & 3-\lambda & -4 & -2\\ 0 & 0 & 15-\lambda & 6\\ 0 & 0 & -18 & -6-\lambda\end{vmatrix}$$

$$=(3-\lambda)^2(\lambda^2-9\lambda+18)=(\lambda-3)^3(\lambda-6)$$

따라서 $\lambda_1=3$, $\lambda_2=6$이다.

$\lambda_1=3$일 때, $A-3I=\begin{pmatrix}0 & 0 & 14 & 7\\ 0 & 0 & -4 & -2\\ 0 & 0 & 12 & 6\\ 0 & 0 & -18 & -9\end{pmatrix}$이고 $rank(A-3I)=1$ 이므로 $n_1=4-1=3$이다. $\lambda_2=6$일 때, 대수적 중복도가 1이므로 기하적 중복도도 1이다. 그러므로 $n_2=1$이다.

$\therefore \lambda_1+\lambda_2+n_1+n_2=3+6+3+1=13$

25. ④

풀이 고윳값 0에 대한 고유공간의 차원은 고윳값 0에 대한 고유벡터의 수 즉, 고윳값 0의 기하적 중복도를 말한다. 이는 주어진 행렬의 해공간의 차원과 같다.($\because \lambda=0$) 주어진 행렬의 $rank$가 1이므로 차원 정리에 의해 $5-rank(A)=5-1=4$이다.

26. ⑤

풀이 $h_1(x)\in P_1$ 이므로 $h_1(x)=a_1x+a_0$으로 표현할 수 있고, $h_2(x)=e^x-a_0-a_1x$이다. $h_2(x)\in(P_1)^{\perp}$ 이므로

$$\langle 1, h_2(x)\rangle=\int_{-1}^{1}1\cdot(e^x-a_0-a_1x)dx=\int_{-1}^{1}(e^x-a_0)dx$$

$$=e-\frac{1}{e}-2a_0=0$$

$$\langle x, h_2(x)\rangle=\int_{-1}^{1}x\cdot(e^x-a_0-a_1x)dx$$

$$=\int_{-1}^{1}(xe^x-a_1x^2)dx=\frac{2}{e}-\frac{2}{3}a_1=0$$

$$\therefore a_0=\frac{e}{2}-\frac{1}{2e}, a_1=\frac{3}{e}$$

$$h_1(x)=\frac{e}{2}-\frac{1}{2e}+\frac{3}{e}x, h_1(1)=\frac{e}{2}+\frac{5}{2e}$$

27. ③

풀이 $rank(A)\neq rank([A : b])$이면 해가 존재하지 않는다.

$$A=\begin{bmatrix}1 & 2 & 3 & 3\\ 5 & 7 & 8 & \alpha\\ 3 & 3 & 2 & 1\end{bmatrix}\sim\begin{bmatrix}1 & 2 & 3 & 3\\ 0 & -3 & -7 & \alpha-15\\ 0 & 0 & 0 & -\alpha+7\end{bmatrix}$$ 이고,

$\alpha=7$로 선택하면 $rank(A)=2$이다. 계수정리에 의해 $rank(A)+nullity(A)=4 \Rightarrow nullity(A)=2=d$이다.
따라서 $\alpha+d=7+2=9$이다.

TIP $\alpha=7$일 때

$$[A : b]=\begin{bmatrix}1 & 2 & 3 & 3 & : & b_1\\ 5 & 7 & 8 & 7 & : & b_2\\ 3 & 3 & 2 & 1 & : & b_3\end{bmatrix}$$

$$\sim\begin{bmatrix}1 & 2 & 3 & 3 & : & b_1\\ 0 & -3 & -7 & -8 & : & b_2-5b_1\\ 0 & 0 & 0 & 0 & : & b_3-b_2+2b_1\end{bmatrix}$$ 이다.

여기서 $b_3-b_2+2b_1\neq 0$인 $b\in\mathbb{R}^3$을 선택하면 $rank([A : b])=3$이다.

28. ④

풀이 집합 $\{v_1, kv_2, v_3\}$은 벡터공간 R^3의 정규직교기저이므로
$|v_1|=1,\ k|v_2|=k\sqrt{2}=1$

$\Leftrightarrow\ k=\dfrac{1}{\sqrt{2}}$ 이고, $v_1 \perp v_3,\ kv_2 \perp v_3$ 이므로

$v_3 = v_1 \times kv_2$

$$= v_1 \times \frac{1}{\sqrt{2}} v_2 = \begin{vmatrix} i & j & k \\ \frac{\sqrt{2}}{2} & \frac{1}{2} & \frac{1}{2} \\ 0 & \frac{1}{\sqrt{2}} & -\frac{1}{\sqrt{2}} \end{vmatrix}$$

$$= \left(-\frac{1}{\sqrt{2}}, \frac{1}{2}, \frac{1}{2}\right) = \frac{1}{2}(-\sqrt{2}, 1, 1)$$

즉, 정규직교기저는

$\left\{\dfrac{1}{2}(\sqrt{2},1,1),\ \dfrac{1}{\sqrt{2}}(0,1,-1),\ \dfrac{1}{2}(-\sqrt{2},1,1)\right\}$이다.

이 때, $v=c_1v_1+c_2(kv_2)+c_3v_3$에서

$\Leftrightarrow\ (\sqrt{2}, 1, -5)$

$$= c_1 \cdot \frac{1}{2}(\sqrt{2},1,1) + c_2 \cdot \frac{1}{\sqrt{2}}(0,1,-1) + c_3 \cdot \frac{1}{2}(-\sqrt{2},1,1)$$

$$\Leftrightarrow \begin{cases} \sqrt{2} = \frac{1}{\sqrt{2}}c_1 - \frac{1}{\sqrt{2}}c_3 \\ 1 = \frac{1}{2}c_1 + \frac{1}{\sqrt{2}}c_2 + \frac{1}{2}c_3 \\ -5 = \frac{1}{2}c_1 - \frac{1}{\sqrt{2}}c_2 + \frac{1}{2}c_3 \end{cases}$$

$$\Leftrightarrow \begin{pmatrix} \frac{1}{\sqrt{2}} & 0 & -\frac{1}{\sqrt{2}} \\ \frac{1}{2} & \frac{1}{\sqrt{2}} & \frac{1}{2} \\ \frac{1}{2} & -\frac{1}{\sqrt{2}} & \frac{1}{2} \end{pmatrix} \begin{pmatrix} c_1 \\ c_2 \\ c_3 \end{pmatrix} = \begin{pmatrix} \sqrt{2} \\ 1 \\ -5 \end{pmatrix} \Leftrightarrow AX=B$$

$X=A^{-1}B$

$$\Leftrightarrow \begin{pmatrix} c_1 \\ c_2 \\ c_3 \end{pmatrix} = \begin{pmatrix} \frac{1}{\sqrt{2}} & \frac{1}{2} & \frac{1}{2} \\ 0 & \frac{1}{\sqrt{2}} & -\frac{1}{\sqrt{2}} \\ -\frac{1}{\sqrt{2}} & \frac{1}{2} & \frac{1}{2} \end{pmatrix} \begin{pmatrix} \sqrt{2} \\ 1 \\ -5 \end{pmatrix}$$ ($\because A$는 직교행렬)

$$\Leftrightarrow \begin{pmatrix} c_1 \\ c_2 \\ c_3 \end{pmatrix} = \begin{pmatrix} -1 \\ \frac{6}{\sqrt{2}} \\ -3 \end{pmatrix}$$

$\therefore 2c_1 + \sqrt{2}c_2 = -2+6=4$

29. ④

풀이 $\begin{bmatrix} 1 & 1 & 1 & 1 \\ 0 & 1 & 1 & 1 \end{bmatrix} \sim \begin{bmatrix} 1 & 0 & 0 & 0 \\ 0 & 1 & 1 & 1 \end{bmatrix}$이므로

$\begin{bmatrix} 1 & 1 & 1 & 1 \\ 0 & 1 & 1 & 1 \end{bmatrix}\begin{bmatrix} x_1 \\ x_2 \\ x_3 \\ x_4 \end{bmatrix} = \begin{bmatrix} 0 \\ 0 \end{bmatrix}$의 해공간과

$\begin{bmatrix} 1 & 0 & 0 & 0 \\ 0 & 1 & 1 & 1 \end{bmatrix}\begin{bmatrix} x_1 \\ x_2 \\ x_3 \\ x_4 \end{bmatrix} = \begin{bmatrix} 0 \\ 0 \end{bmatrix}$의 해공간이 같다.

해공간은 $x_1=0$과 $x_2+x_3+x_4=0$을 만족해야 하므로

해공간의 기저는 $\begin{bmatrix} 0 \\ 1 \\ 0 \\ -1 \end{bmatrix}, \begin{bmatrix} 0 \\ 0 \\ 1 \\ -1 \end{bmatrix}$이다.

또한 해공간에 수직인 공간은 행공간이므로

행공간의 기저는 $\begin{bmatrix} 1 \\ 0 \\ 0 \\ 0 \end{bmatrix}, \begin{bmatrix} 0 \\ 1 \\ 1 \\ 1 \end{bmatrix}$이다.

$u+w=(0,0,1,1)$을 만족하기 위해서는

$a\begin{bmatrix} 0 \\ 1 \\ 0 \\ -1 \end{bmatrix} + b\begin{bmatrix} 0 \\ 0 \\ 1 \\ -1 \end{bmatrix} + c\begin{bmatrix} 1 \\ 0 \\ 0 \\ 0 \end{bmatrix} + d\begin{bmatrix} 0 \\ 1 \\ 1 \\ 1 \end{bmatrix} = \begin{bmatrix} 0 \\ 0 \\ 1 \\ 1 \end{bmatrix}$을 만족해야 하므로

$c=0,\ a+d=0,\ b+d=1,\ -a-b+d=1$이어야 한다.

$\therefore a=-\dfrac{2}{3},\ b=\dfrac{1}{3},\ d=\dfrac{2}{3}.$

$$v = -\frac{2}{3}\begin{bmatrix} 0 \\ 1 \\ 0 \\ -1 \end{bmatrix} + \frac{1}{3}\begin{bmatrix} 0 \\ 0 \\ 1 \\ -1 \end{bmatrix} = \begin{bmatrix} 0 \\ -\frac{2}{3} \\ \frac{1}{3} \\ \frac{1}{3} \end{bmatrix}$$

30. ⑤

풀이 $m \times n$ 행렬 A의 계급수가 r 이면
행렬의 차원정리에 의해 A의 영공간의 차원은 $n-r$ 이다.

1. 일계미분방정식

1. ⑤

풀이 $y' - \frac{1}{x}y = x^2$은 일계선형 미분방정식이므로

$$y = e^{-\int\left(-\frac{1}{x}\right)dx}\left\{\int x^2 e^{\int\left(-\frac{1}{x}\right)dx}dx + c\right\}$$
$$= e^{\ln x}\left\{\int x^2 e^{-\ln x}dx + c\right\}$$
$$= x\left\{\int x^2 \frac{1}{x}dx + c\right\}$$
$$= x\left\{\int x dx + c\right\}$$
$$= x\left\{\frac{1}{2}x^2 + c\right\} = \frac{1}{2}x^3 + cx$$

초기조건 $y(2) = 0$을 대입하면 $c = -2$이므로

미분방정식의 해는 $y = \frac{1}{2}x^3 - 2x$이다.

$$\therefore y(1) = \frac{1}{2} - 2 = -\frac{3}{2}$$

2. 풀이 참조

풀이 $(x - y^2)dx - xydy = 0$에서 $P(x, y) = x - y^2$, $Q(x, y) = -xy$

라고 할 때 $P_y = -2y$, $Q_x = -y$이므로

주어진 미분방정식은 완전미분방정식이 아니다.

적분인자를 곱해서 완전미분방정식으로 변형한 후 해를 구하자.

(적분인자 구하기)

$\frac{P_y - Q_x}{Q} = \frac{-y}{-xy} = \frac{1}{x}$이고, $e^{\int \frac{1}{x}dx} = e^{\ln|x|} = |x|$이고,

$x > 0$이면 적분인자는 x이다.

주어진 미분방정식에 x를 곱하면 $(x^2 - xy^2)dx - x^2ydy = 0$,

$P(x, y) = x^2 - xy^2$, $Q(x, y) = -x^2y$일 때

$P_y = Q_x$가 성립하므로 완전미분방정식이다.

완전미분방정식의 해 $f(x, y) = C$이고,

$f(x, y) = \int P(x, y)dx = \int Q(x, y)dy$이다.

$\frac{1}{3}x^3 - \frac{1}{2}x^2y^2 = C$이고 $y(1) = 1$을 만족하는 $C = -\frac{1}{6}$

따라서 해는 $\frac{1}{3}x^3 - \frac{1}{2}x^2y^2 = -\frac{1}{6}$ 또는 $3x^2y^2 - 2x^3 = 1$

[다른 풀이]

$x - y^2 - xy\frac{dy}{dx} = 0$는 $\frac{dy}{dx} + \frac{1}{x}y = \frac{1}{y}$로 식 정리를 하면

베르누이 미분방정식이라고 할 수 있다.

(ⅰ) 양변에 y를 곱하면 $y\frac{dy}{dx} + \frac{1}{x}y^2 = 1$이고

(ⅱ) $y^2 = u(x)$로 치환하면 $2y\frac{dy}{dx} = \frac{du}{dx}$이므로

(ⅰ)의 식에 대입하면 $\frac{1}{2}\frac{du}{dx} + \frac{1}{x}u = 1$이고,

$u'(x) + \frac{2}{x}u(x) = 2$이다.

일계선형 미분방정식의 공식에 의해서

$$y^2 = u(x) = e^{-\int \frac{2}{x}dx}\left[\int 2e^{\int \frac{2}{x}dx}dx + C\right]$$
$$= e^{-2\ln x}\left[\int 2e^{2\ln x}dx + C\right]$$
$$= \frac{1}{x^2}\left(\frac{2}{3}x^3 + C\right) = \frac{2}{3}x + \frac{C}{x^2}$$

$x^2y^2 - \frac{2}{3}x^3 = C$이고 초기조건 $y(1) = 1$을 만족하는 $C = \frac{1}{3}$

따라서 $3x^2y^2 - 2x^3 = 1$이다.

3. ③

풀이 $x\frac{dy}{dx} = y + 2$, $\frac{1}{x}dx = \frac{1}{y+2}dy$, $\ln x = \ln(y+2) + C$ 이고

초기정보 $(1, 5)$를 대입하면 $C = -\ln 7$

$\ln x = \ln(y+2) - \ln 7$, $x = \frac{y+2}{7}$이므로 $y(2) = 12$

4. ③

풀이 ③에서 $M(x, y) = y\ln y - e^{-xy}$, $N(x, y) = \frac{1}{y} + x\ln y$라 하면

$\frac{\partial M}{\partial y} = \ln y + 1 + xe^{-xy}$, $\frac{\partial N}{\partial x} = \ln y$이므로 $\frac{\partial M}{\partial y} \neq \frac{\partial N}{\partial x}$

5. ③

풀이 $xdy + (xy + 2y - 2e^{-x})dx = 0$

$\Rightarrow\ xdy = -(xy + 2y - 2e^{-x})dx$

$\Rightarrow\ \frac{dy}{dx} = -y - 2\frac{y}{x} + 2\frac{e^{-x}}{x}$

$\Rightarrow\ y' + \left(1 + \frac{2}{x}\right)y = 2\frac{e^{-x}}{x}$

따라서 일계선형 미분방정식이다. 따라서 해는

$$y = e^{-\int\left(1+\frac{2}{x}\right)dx}\left[\int \frac{2}{x}e^{-x}e^{\int\left(1+\frac{2}{x}\right)dx}dx + c\right]$$
$$= e^{-(x+2\ln x)}\left[\int \frac{2}{x}e^{-x}e^{x+2\ln x}dx + c\right]$$
$$= e^{-x}\cdot x^{-2}\left[\int 2x\,dx + c\right]$$
$$= e^{-x}\cdot x^{-2}(x^2+c) = e^{-x}(1+cx^{-2})$$

이 때, $y(1)=2e^{-1}$을 대입하면

$y(1)=e^{-1}(1+c)=2e^{-1} \;\Rightarrow\; c=1$

$\therefore y=e^{-x}(1+x^{-2})$

$\therefore y\left(\frac{1}{2}\right)=e^{-\frac{1}{2}}(1+4)=\frac{5}{\sqrt{e}}$

6. ③

풀이 $P(x,y)dx+Q(x,y)dy=0$에서 $\frac{\partial P}{\partial y}=\frac{\partial Q}{\partial x}$를 만족하는 미분방정식을 완전미분방정식이라 한다.

① $-y\,dx+x\,dy=0$의 양변에 $\frac{1}{x^2}$을 곱하면

$-\frac{y}{x^2}dx+\frac{1}{x}dy=0$이다.

$P(x,y)=-\frac{y}{x^2}$, $Q(x,y)=\frac{1}{x}$이라 하면

$\frac{\partial P}{\partial y}=-\frac{1}{x^2}=\frac{\partial Q}{\partial x}$이므로 완전미분방정식이다.

② $-y\,dx+x\,dy=0$의 양변에 $\frac{1}{y^2}$을 곱하면

$-\frac{1}{y}dx+\frac{x}{y^2}dy=0$이다.

$P(x,y)=-\frac{1}{y}$, $Q(x,y)=\frac{x}{y^2}$라 하면

$\frac{\partial P}{\partial y}=\frac{1}{y^2}=\frac{\partial Q}{\partial x}$이므로 완전미분방정식이다.

③ $-y\,dx+x\,dy=0$의 양변에 $\frac{1}{x+y}$을 곱하면

$-\frac{y}{x+y}dx+\frac{x}{x+y}dy=0$이다.

$P(x,y)=-\frac{y}{x+y}$, $Q(x,y)=\frac{x}{x+y}$라 하면

$\frac{\partial P}{\partial y}=-\frac{x+y-y}{(x+y)^2}=-\frac{x}{(x+y)^2}$,

$\frac{\partial Q}{\partial x}=\frac{x+y-x}{(x+y)^2}=\frac{y}{(x+y)^2}$에서 $\frac{\partial P}{\partial y}\neq\frac{\partial Q}{\partial x}$이므로 완전미분방정식이 아니다.

④ $-y\,dx+x\,dy=0$의 양변에 $\frac{1}{x^2+y^2}$을 곱하면

$-\frac{y}{x^2+y^2}dx+\frac{x}{x^2+y^2}dy=0$이다.

$P(x,y)=-\frac{y}{x^2+y^2}$, $Q(x,y)=\frac{x}{x^2+y^2}$라 하면

$\frac{\partial P}{\partial y}=\frac{-(x^2+y^2)-(-y)\cdot 2y}{(x^2+y^2)^2}=\frac{y^2-x^2}{(x^2+y^2)^2}$,

$\frac{\partial Q}{\partial x}=\frac{x^2+y^2-2x\cdot x}{(x^2+y^2)^2}=\frac{y^2-x^2}{(x^2+y^2)^2}$에서

$\frac{\partial P}{\partial y}=\frac{\partial Q}{\partial x}$이므로 완전미분방정식이다.

7. ④

풀이 $\int 2y\,dy=\int(2x+\sec^2 x)dx$이므로

$y^2=x^2+\tan x+C$이다.

$y(0)=-5$이므로 $C=(-5)^2=25$이다.

따라서 $y=\pm\sqrt{x^2+\tan x+25}$이고

$y(0)=-5$이므로 $y=-\sqrt{x^2+\tan x+25}$이다.

$\therefore y\left(\frac{\pi}{4}\right)=-\sqrt{\frac{\pi^2}{16}+26}$

8. ③

풀이 주어진 적분인자를 곱하여 완전미분방정식이 되는지 확인해보면 된다.

① $-\frac{1}{x}(3x^2y)dx-\frac{1}{x}(2x^3-4y^2)dy=0$에서

$M=-3xy$, $N=-2x^2+\frac{4y^2}{x}$라 하면

$M_y\neq N_y$이므로 적분인자가 아니다.

② $\frac{2}{x}(x^2e^x-y)dx+\left(\frac{2}{x}\right)xdy=0$에서

$M=2xe^x-\frac{2y}{x}$, $N=2$라 하면

$M_y\neq N_y$이므로 적분인자가 아니다.

③ $\frac{dy}{dx}=\frac{1}{x+y^2}\to dx-(x+y^2)dy=0$이므로

$e^{-y}dx-e^{-y}(x+y^2)dy=0$에서

$M=e^{-y}$, $N=e^{-y}(x+y^2)$이라 하면

$M_y=N_x$이므로 적분인자이다.

④ $e^x(e^{x+y}-y)dx+e^x(xe^{x+y}+1)dy=0$에서

$M=e^{2x+y}-ye^x$, $N=xe^{2x+y}+e^x$

$M_y \neq N_x$ 이므로 적분인자가 아니다.

9. ②

풀이 주어진 미분방정식을 정리하면 $(x^2-y^2)dx+2xydy=0$이고 동차형의 미분방정식이다.

$u=\frac{y}{x}$라 놓으면 $y=ux$, $dy=xdu+udx$이므로

주어진 미분방정식에 대입하여 정리하면

$\frac{1}{x}dx+\frac{2u}{1+u^2}du=0$이므로 변수분리형 미분방정식이다.

$$\int \frac{1}{x}dx+\int \frac{2u}{1+u^2}du=C$$

$$\ln x+\ln(1+u^2)=C$$

$$\ln x\left(1+\frac{y^2}{x^2}\right)=C$$

초기조건 $y(1)=0$을 대입하면 $C=0$

$x^2-x+y^2=0$, $y=\sqrt{x-x^2}$

$$y\left(\frac{1}{2}\right)=\sqrt{\frac{1}{2}-\frac{1}{4}}=\frac{1}{2}$$

10. ②

풀이 t년 후의 방사능 물질의 양을 $y(t)$라 하면

$\frac{dy}{dt}=ky \Leftrightarrow y'-ky=0$이므로

일계선형공식에 의해 $y=e^{kt+c_1}=Ce^{kt}$

$y(0)=100$이므로 $C=100$

$y(30)=50$이므로 $50=100e^{30k} \Rightarrow k=-\frac{1}{30}\ln 2$

$$y(t)=30 \Rightarrow 30=100e^{-\frac{t}{30}\ln 2} \Rightarrow t=30\times\frac{\ln 10-\ln 3}{\ln 2}$$

11. ①

풀이 주어진 선형방정식의 일반해는

$$y=e^{-\int 3x^2dx}\left(\int x^2e^{\int 3x^2dx}dx+C\right)$$

$$=e^{-x^3}\left(\int x^2e^{x^3}dx+C\right)$$

$$=e^{-x^3}\left(\frac{1}{3}e^{x^3}+C\right)=\frac{1}{3}+Ce^{-x^3}$$

$$\therefore \lim_{x\to\infty}y(x)=\lim_{x\to\infty}\frac{1}{3}+Ce^{-x^3}=\frac{1}{3}$$

12. ④

풀이 주어진 식 $y'+\frac{2}{x}y=\frac{1}{x^2}$은 일계선형 미분방정식이다.

$$y=e^{-\int\frac{2}{x}dx}\left(\int\frac{1}{x^2}e^{\int\frac{2}{x}dx}dx+C\right)$$

$$=e^{-\int\frac{2}{x}dx}\left(\int\frac{1}{x^2}\times x^2dx+C\right)$$

$$=x^{-2}(x+C)$$

따라서 $y(1)=9$을 대입하면 $C=8$이다.

$$\therefore y(2)=\frac{5}{2}$$

13. ①

풀이 $\frac{dy}{dx}=-y^2x(x^2+2)^2 \Leftrightarrow -\frac{1}{y^2}dy=x(x^2+2)^2dx$

변수분리형 미분방정식이므로 양변을 적분하면

$$\int\left(-\frac{1}{y^2}\right)dy=\int x(x^2+2)^2dx$$

$$\frac{1}{y}=\frac{1}{6}(x^2+2)^3+C$$

$y(0)=\frac{3}{4}$이므로 $C=0$ 즉, $y=\frac{6}{(x^2+2)^3}$

$$\therefore y(1)=\frac{2}{9}$$

14. ②

풀이 $P(x,y)=3x^2-y+e^{x+y}$, $Q(x,y)=e^{x+y}-x$ 라 하면

$P_y=-1+e^x=Q_x$ 이므로 완전미분방정식이다.

$\therefore x^3-xy+e^{x+y}=C$이고,

초기값 $y(0)=1$ 대입하면 $0-0+e^1=C$

$\therefore C=e \quad \therefore x^3-xy+e^{x+y}=e$

15. ④

풀이 $\frac{dy}{dx}-2xy=0 \Rightarrow \frac{dy}{dx}=2xy \Rightarrow 2x\,dx=\frac{1}{y}dy$

이므로 변수분리형 미분방정식이다.

양변을 적분하면 $x^2=\ln y+c$

$x=0$일 때, $y=2$이므로 위의 식에 대입하면 $0=\ln 2+c$

$\therefore c=-\ln 2$

$$x^2=\ln y-\ln 2 \Rightarrow x^2=\ln\frac{y}{2} \Rightarrow \frac{y}{2}=e^{x^2}$$

$$\therefore y=2e^{x^2}$$

16. ②

풀이 $u=y^{1-(-2)}=y^3$으로 치환하자.

$u'+\frac{3}{x}u=\frac{3}{x}$

$u=e^{-\int\frac{3}{x}dx}\left[\int\frac{3}{x}e^{\int\frac{3}{x}dx}dx+c\right]$

$=\frac{1}{x^3}\left[\int\frac{3}{x}x^3dx+c\right]$

$=\frac{1}{x^3}\left[x^3+c\right]=1+\frac{c}{x^3}$

$u=1+\frac{c}{x^3}$이므로 $y^3=1+\frac{c}{x^3}$

이때, $y(1)=0$이므로 $c=-1$이다.

$y^3=1-\frac{1}{x^3}$이므로 $y(2)=\frac{\sqrt[3]{7}}{2}$이다.

17. ④

풀이 $u=x+y$이라 하면 $u'=1+y'$이다.

$u'-1=\tan^2u \Rightarrow u'=\sec^2u$

$\Rightarrow \frac{1+\cos2u}{2}du=dx$

$\Rightarrow \frac{1}{2}u+\frac{1}{4}\sin2u=x+C^*$

$\Rightarrow 2u+\sin2u=4x+4C^*$

$\therefore 2(x+y)+\sin2(x+y)=4x+C$

18. ③

풀이 $\left(\frac{3y^2-x^2}{y^5}\right)\frac{dy}{dx}+\frac{x}{2y^4}=0$

$\Rightarrow \left(\frac{x}{2y^4}\right)dx+\left(\frac{3y^2-x^2}{y^5}\right)dy=0$

$\frac{\partial}{\partial y}\left(\frac{x}{2y^4}\right)=\frac{\partial}{\partial x}\left(\frac{3y^2-x^2}{y^5}\right)=\frac{-2x}{y^5}$

이므로 완전미분방정식이다.

따라서 일반해는 $\frac{x^2}{4y^4}-\frac{3}{2y^2}=C$

$y(1)=1 \Rightarrow C=-\frac{5}{4}$

$\therefore \frac{x^2}{4y^4}-\frac{3}{2y^2}=-\frac{5}{4}$

19. ①

풀이 $y'+\frac{1}{x}y=2xy^2$는 베르누이 미분방정식이다.

양변을 $\div y^2$하면, $\frac{1}{y^2}y'+\frac{1}{x}\frac{1}{y}=2x$이고

$\frac{1}{y}=t$라 치환하면 $-\frac{1}{y^2}y'=t'$이므로,

$t'-\frac{1}{x}t=-2x$의 일계선형 미분방정식을 풀면

$\Leftrightarrow t=e^{\int\frac{1}{x}dx}\left\{\int-2x\cdot e^{\int-\frac{1}{x}dx}dx+C\right\}$

$\Leftrightarrow t=e^{\ln x}\left\{\int-2x\cdot e^{-\ln x}dx+C\right\}$

$\Leftrightarrow t=x(-2x+C)$

$\Leftrightarrow \frac{1}{y}=-2x^2+Cx$

$\therefore y=\frac{1}{-2x^2+Cx}$

초기조건 $y(1)=1$이므로 $C=3$이다.

$\therefore y=\frac{1}{-2x^2+3x}$, $y\left(\frac{1}{2}\right)=\frac{1}{-2\left(\frac{1}{4}\right)+\frac{3}{2}}=1$

20. ②

풀이 ① 변수분리형 미분방정식 $\frac{dy}{1+y^2}=-\frac{dx}{1+x^2}$를 적분하여

$\tan^{-1}y+\tan^{-1}x=c$이다.

② $xdy+(xy+2y-2e^{-x})dx=0\Leftrightarrow$

$(xy+2y-2e^{-x})dx+xdy=0$,

$\frac{\frac{\partial(x)}{\partial x}-\frac{\partial(xy+2y-2e^{-x})}{\partial y}}{x}$

$=\frac{1-(x+2)}{x}=\frac{-x-1}{x}=-1-\frac{1}{x}$

적분인자는 $e^{-\int-1-\frac{1}{x}dx}=e^{\int1+\frac{1}{x}dx}=e^{x+\ln x}=xe^x$

양변에 xe^x를 곱하면

$(x^2ye^x+2xye^x-2x)dx+x^2e^xdy=0$

완전미분방정식이므로 미분방정식의 해는

$x^2ye^x-x^2=c$

③ $x\frac{dy}{dx}-3y=x^2 \Leftrightarrow \frac{dy}{dx}-\frac{3}{x}y=x$

일계선형 미분방정식이다. 따라서 일반해는

$y=e^{-\int\left(-\frac{3}{x}\right)dx}\left[\int xe^{\int\left(-\frac{3}{x}\right)dx}dx+c\right]$

$$=e^{3\int\frac{1}{x}dx}\left[\int xe^{(-3)\int\frac{1}{x}dx}dx+c\right]$$

$$=e^{3\ln x}\left[\int xe^{(-3\ln x)}dx+c\right]=x^3\left[\int x\cdot\frac{1}{x^3}dx+c\right]$$

$$=x^3\left[\int\frac{1}{x^2}dx+c\right]=x^3\left(-\frac{1}{x}+c\right)$$

④ $2xy^2dx+(2x^2y+3y^2)dy=0$이고 $\dfrac{\partial(2x^2y+3y^2)}{\partial x}=4xy=\dfrac{\partial(2xy^2)}{\partial y}$이므로 완전미분방정식이다. 미분방정식의 해는 $x^2y^2+y^3=c$이다.

21. ⑤

풀이 $M=e^{x+y}+ye^y,\ N=xe^y-1$이라 하면

$$Q(y)=\frac{1}{M}(N_x-M_y)$$

$$=\frac{1}{e^{x+y}+ye^y}(-e^{x+y}-ye^y)=-1$$

따라서 적분인자는 $\mu(x,y)=e^{\int Q(y)dy}=e^{\int -1dy}=e^{-y}$

22. ④

풀이 일계선형 미분방정식이므로 해는 다음과 같다.

$$y(x)=e^{2x}\left[\int e^{-2x}e^{2x}(3\sin2x+2\cos2x)dx+C\right]$$

$$=e^{2x}\left(-\frac{3}{2}\cos2x+\sin2x+C\right)$$

$y(0)=-\dfrac{3}{2}+C=1$이므로 $C=\dfrac{5}{2}$이다.

$$\therefore y\left(\frac{\pi}{2}\right)=e^{\pi}\left(\frac{3}{2}+\frac{5}{2}\right)=4e^{\pi}$$

23. ③

풀이 $(x^3+kxy+y)dx+(y^3+x^2+x)dy=0$이 완전미분방정식이면 $\dfrac{\partial}{\partial x}(y^3+x^2+x)=2x+1$과 $\dfrac{\partial}{\partial y}(x^3+kxy+y)=kx+1$이 같아야 한다. 따라서 완전미분방정식이 되기 위해서는 $k=2$이어야 한다.

24. ②

풀이 $y'=2y^2+xy^2\Leftrightarrow\dfrac{dy}{dx}=y^2(2+x)\Leftrightarrow\dfrac{1}{y^2}dy=(2+x)dx$

이므로 변수분리형 미분방정식이다. 따라서 일반해는

$$\int\frac{1}{y^2}dy=\int(2+x)dx$$

$$-\frac{1}{y}=\frac{1}{2}x^2+2x+C$$

$x=0$일 때, $y=1$이므로 이를 위의 식에 대입하면 $-1=C$

$$\therefore y=-\frac{1}{\frac{1}{2}x^2+2x-1}=-\frac{2}{x^2+4x-2}$$

$$y'=-2\cdot(-1)(x^2+4x-2)^{-2}\cdot(2x+4)$$

$=\dfrac{4(x+2)}{(x^2+4x-2)^2}$이므로 $x=-2$에서 극솟값을 갖는다.

그러므로 극솟값은 $y(-2)=-\dfrac{2}{4-8-2}=\dfrac{2}{6}=\dfrac{1}{3}$

25. ④

풀이 $dy=\dfrac{x^2}{y^3}dx\Leftrightarrow y^3dy=x^2dx\Leftrightarrow y^3dy-x^2dx=0$

이므로 변수분리형 미분방정식이다.

양변을 적분하면 $\dfrac{1}{4}y^4-\dfrac{1}{3}x^3+c=0$이다.

$x=0$일 때, $y=1$이므로 이를 대입하면

$$\frac{1}{4}\cdot1^4-\frac{1}{3}\cdot0+c=0,\ c=-\frac{1}{4}$$

$$\therefore\frac{1}{4}y^4-\frac{1}{3}x^3-\frac{1}{4}=0$$

위의 식에 $x=1$을 대입하면

$$\frac{1}{4}\{y(1)\}^4-\frac{1}{3}-\frac{1}{4}=0\Rightarrow\frac{1}{4}\{y(1)\}^4=\frac{1}{3}+\frac{1}{4}$$

$$\therefore\{y(1)\}^4=4\left(\frac{1}{3}+\frac{1}{4}\right)=\frac{4}{3}+1=\frac{7}{3}$$

26. ②

풀이 $y'-\dfrac{2}{x}y=\dfrac{3}{x^2}y^4$는 베르누이 미분방정식이다.

$u=y^{-3}$이라 하자. $\Rightarrow\dfrac{du}{dx}=-3y^{-4}\dfrac{dy}{dx}\cdots(1)$

(1)을 주어진 미분방정식에 대입하여 정리하면

$\dfrac{du}{dx}+\dfrac{6}{x}u=-\dfrac{9}{x^2}$이고 일계선형 미분방정식이다.

$$\Rightarrow u=-\frac{9}{5x}+\frac{C}{x^6}\Rightarrow y^{-3}=-\frac{9}{5x}+\frac{C}{x^6}$$

$y(1)=\dfrac{1}{2}$이므로 $C=\dfrac{49}{5}$이다.

$$\therefore y^{-3}=-\frac{9}{5x}+\frac{49}{5x^6}$$

04 공학수학

27. ②

풀이 $xy' = y^2\ln x - y \Leftrightarrow y' + \frac{1}{x}y = \frac{\ln x}{x}y^2$

베르누이 미분방정식이다.

$y^{-1} = u$ 로 치환하면

$u' - \frac{1}{x}u = -\frac{\ln x}{x}$ 이고 선형 미분방정식이다.

$$y^{-1} = x\left[\int -\frac{\ln x}{x^2}dx + C\right]$$

$$= x\left[\frac{\ln x}{x} + \frac{1}{x} + C\right] = \ln x + 1 + Cx$$

$y(1) = 1 \Rightarrow C = 0$

$\therefore y = \frac{1}{\ln x + 1} \quad \therefore y(e) = \frac{1}{2}$

28. ④

풀이 적분인수 $\sec t$를 양변에 곱하면

$(\sec t)y' + (\sec t\tan t)y = \cos t$

$\Rightarrow (y\sec t)' = \cos t \Rightarrow y\sec t = \sin t + C$

$y(0) = 1$이므로 $C = 1$

$\therefore y(t) = \cos t(\sin t + 1) \quad \therefore y\left(\frac{\pi}{4}\right) = \frac{1+\sqrt{2}}{2}$

29. ④

풀이 $P = ye^{xy},\ Q = xe^{xy} + \sin y$라 하자.

$\Rightarrow Q_x = e^{xy} + xye^{xy} = P_y$는 완전미분방정식이다.

완전미분방정식의 일반해가

$\int Pdx + \int\left[Q - \frac{\partial}{\partial y}\int Pdx\right]dy = c$(단, c는 임의의 상수)

임을 이용하면

$$\int ye^{xy}dx + \int\left[xe^{xy} + \sin y - \frac{\partial}{\partial y}\int ye^{xy}dx\right]dy = c$$

$\Rightarrow e^{xy} - \cos y = c$

$y(0) = \pi$이므로 $c = 2$

$\therefore e^{xy} - \cos y = 2$

30. ③

풀이 시간 t일 때, 탱크 안에 남아있는 소금의 양을 $y(t)$라 하면

$$\frac{dy}{dt} = -\frac{15}{1000-5t}y(t)$$

$\Rightarrow \frac{dy}{dt} + \frac{3}{200-t}y(t) = 0$는 선형 미분방정식이다.

적분인자 $I = e^{\int \frac{3}{200-t}dt} = e^{-3\ln(200-t)} = \frac{1}{(200-t)^3}$

$y(t) = C(200-t)^3$

$y(0) = 10 \Rightarrow C = \frac{1}{8\times10^5} \Rightarrow$

$y(t) = \frac{1}{8\times10^5}(200-t)^3$

물탱크 안에 소금물이 $500\,\mathrm{L}$ 남아 있을 때

$\Rightarrow 1000 - 5t = 500$

$t = 100$

$y(100) = \frac{5}{4}$

31. ⑤

풀이 $f'(x) - 3f(x) = 0$이므로 특성방정식 $t - 3 = 0,\ t = 3$이다.

따라서 $f(x) = ce^{3x}$, $f(0) = 1$이므로 $c = 1$이다.

$f(x) = e^{3x}$이므로 $f(1) = e^3$

32. ①

풀이 $\frac{dy}{dx} + y = e^x$은 일계선형 미분방정식이므로

$$y = e^{-\int 1dx}\left[\int e^{\int 1dx}e^x dx + c\right]$$

$$= e^{-x}\left[\int e^x e^x dx + c\right]$$

$$= e^{-x}\left[\int e^{2x}dx + c\right]$$

$$= e^{-x}\left[\frac{1}{2}e^{2x} + c\right]$$

주어진 미분방정식의 해는 $y = \frac{1}{2}e^x + ce^{-x}$이다.

초기조건 $y(0) = 1$을 대입하면 $c = \frac{1}{2}$이다.

따라서 미분방정식의 해는 $y = \frac{1}{2}e^x + \frac{1}{2}e^{-x} = \cosh x$이다.

또한 $\cosh x \geq 1$이므로 x축과 교점의 개수는 0개다.

33. ①

풀이 $\frac{dy}{dx} = y^2 - 1 \Leftrightarrow \frac{1}{y^2-1}dy = dx$

$$\Leftrightarrow \left(\frac{-\frac{1}{2}}{y+1} + \frac{\frac{1}{2}}{y-1}\right)dy = dx$$

는 변수분리형 미분방정식이므로 일반해는

$-\frac{1}{2}\ln(y+1) + \frac{1}{2}\ln(y-1) = x + c$

$\Leftrightarrow \ln\left(\frac{y-1}{y+1}\right)=2x+c_1$

$\Leftrightarrow \frac{y-1}{y+1}=ce^{2x}$

$\Leftrightarrow y=\frac{1+ce^{2x}}{1-ce^{2x}}$

초기조건 $y(0)=2$를 대입하면 $c=\frac{1}{3}$이므로

$$y=\frac{1+\frac{1}{3}e^{2x}}{1-\frac{1}{3}e^{2x}}=\frac{3+e^{2x}}{3-e^{2x}}$$

34. ①

풀이 $e^{-3x}dy=3dx$, $dy=3e^{3x}dx$에서 $y=e^{3x}+c$.
$y(0)=1$일 때 $c=0$이므로 $y=e^{3x}$ $\therefore y(1)=e^3$

35. ②

풀이 $(3x^2y)dx+(x^3-1)dy=0$을 변수분리하면

$\frac{3x^2}{x^3-1}dx+\frac{1}{y}dy=0$

양변을 적분하면

$\ln(x^3-1)+\ln y=C \Rightarrow \ln(x^3-1)y=C$

$\Rightarrow (x^3-1)y=e^C=C_1$

$\Rightarrow y=\frac{C_1}{x^3-1}$

$y(0)=1$이므로 $C_1=-1$

$\therefore y=-\frac{1}{x^3-1} \Rightarrow y(-1)=\frac{1}{2}$

36. ②

풀이 상미분방정식 $\frac{dy}{dx}=\left(x+\frac{1}{x}\right)^2$을 변수분리하면

$dy=\left(x+\frac{1}{x}\right)^2dx$이다. 양변을 적분하면

$$y=\int\left(x+\frac{1}{x}\right)^2dx$$

$$=\int\left(x^2+2+\frac{1}{x^2}\right)dx$$

$$=\frac{x^3}{3}+2x-\frac{1}{x}+C\ (C\text{는 상수})$$

초깃값 $y(1)=1$에서 $C=-\frac{1}{3}$이므로

해 $y(x)$는 $y(x)=\frac{x^3}{3}+2x-\frac{1}{x}-\frac{1}{3}$

$\therefore y(2)=\frac{8}{3}+4-\frac{1}{2}-\frac{1}{3}=\frac{35}{6}$

37. ④

풀이 $\sqrt{1-x^2}\,y'=y^2+1 \Leftrightarrow \sqrt{1-x^2}\frac{dy}{dx}=y^2+1$

$\Leftrightarrow \frac{1}{y^2+1}dy=\frac{1}{\sqrt{1-x^2}}dx$

양변을 적분하면

$\tan^{-1}y=\sin^{-1}x+C$ (단, C는 상수)

$\Rightarrow y=\tan(\sin^{-1}x+C)$

$y(0)=0$이므로 $C=0$

$\therefore y=\tan(\sin^{-1}x)$ $\therefore y\left(\frac{1}{\sqrt{2}}\right)=1$

38. ④

풀이 $P(x,y)=(x+y)^2$, $Q(x,y)=2xy+x^2-1$이라 하면
$Q_x=2x+2y=P_y$이므로 완전미분방정식이다.
따라서 일반해는

$$\int(x+y)^2dx+\int\left[(2xy+x^2-1)-\frac{\partial}{\partial y}\left(\int(x+y)^2dx\right)\right]dy=C$$

$\Leftrightarrow \frac{1}{3}x^3+x^2y+xy^2-y=\frac{4}{3}\ (\because y(1)=1)$

39. ③

풀이 양변을 $\cos x\sin y$로 나누면

$\frac{\sin x}{\cos x}dx+\frac{\cos y}{\sin y}dy=0$,

$\tan x\,dx+\cot y\,dy=0$

양변을 적분하면 $-\ln(\cos x)+\ln(\sin y)=c$,

$\ln\left(\frac{\sin y}{\cos x}\right)=c$이므로 $\sin y=e^c\cos x$

e^c를 상수 c로 놓으면 $\sin y=c\cos x$

40. ④

풀이 $y=ux$로 치환하면 $(x^2+u^2x^2)dx-2ux^2(udx+xdu)=0$

$(1-u^2)dx=2xu\,du$에서 변수분리하면 $\frac{1}{x}dx=\frac{2u}{1-u^2}du$,

양변을 적분하면

04 공학수학

$$\ln|x| = -\ln|1-u^2| + c = -\ln\left|1-\frac{y^2}{x^2}\right| + c$$

$$\Rightarrow x\left(1-\frac{y^2}{x^2}\right) = c$$

$\Rightarrow x^2 - y^2 = cx$($c$는 상수)

$y(1) = 2$이므로 $c = -3$이다.

즉 $x^2 - y^2 = -3x$에서 $y(2) = \sqrt{10}$

41. ②

풀이 $\frac{dy}{dx} - 2y = -2x$는 일계선형 미분방정식이므로

$$y = e^{\int 2dx}\left[\int (-2x)e^{\int -2dx}dx + C\right]$$

$$= e^{2x}\left(\int -2xe^{-2x}dx + C\right)$$

$$= e^{2x}\left\{\left(x+\frac{1}{2}\right)e^{-2x} + C\right\}$$

$$= x + \frac{1}{2} + Ce^{2x}$$

초기값 $y(0) = 1$이므로 $C = \frac{1}{2}$이다.

$$\therefore y = x + \frac{1}{2} + \frac{1}{2}e^{2x},\ y\left(\frac{1}{2}\right) = 1 + \frac{e}{2}$$

42. ①

풀이 $\frac{\partial[3y^2 + 2y + \cos(x+y)]}{\partial x} = -\sin(x+y)$

$$= \frac{\partial[\cos(x+y)]}{\partial y}$$

따라서 완전미분방정식이다.

$$\therefore \int \cos(x+y)\,dx + \int 3y^2 + 2y\,dy = C$$

$$\Rightarrow \sin(x+y) + y^3 + y^2 = C$$

43. ②

풀이 일반해는

$$y = e^{-\int\left(-\frac{2}{x}\right)dx}\left[\int (1-x^2)e^{\int\left(-\frac{2}{x}\right)dx}dx + c\right]$$

$$= x^2\left[-\frac{1}{x} - x + c\right]$$

$$\therefore y = -x - x^3 + cx^2$$

$y(1) = 1$ 이므로 $c = 3$ 이고, 구하는 해는 $y = -x + 3x^2 - x^3$

$$\therefore \lim_{x\to\infty}\frac{y(x)}{x^3} = -1$$

44. ④

풀이 $x^2\frac{dy}{dx} - 2xy = 3y^4$

$\Rightarrow y' - \frac{2}{x}y = \frac{3}{x^2}y^4$는 베르누이 미분방정식이다.

$u = y^{-3}$ 치환하면 $\Rightarrow u' + \frac{6}{x}u = -\frac{9}{x^2} \Rightarrow$ 선형

적분인자 $I = e^{\int\frac{6}{x}dx} = e^{6\ln x} = x^6$이므로

$$u = y^{-3} = \frac{1}{x^6}\left(\int -9x^4\,dx + C\right)$$

$$\Rightarrow y^{-3} = -\frac{9}{5x} + \frac{C}{x^6}$$

$$y(1) = 1 \Rightarrow C = \frac{14}{5} \Rightarrow y^{-3} = -\frac{9}{5x} + \frac{14}{5x^6}$$

45. ③

풀이 $\left(\frac{3y^2 - t^2}{y^5}\right)\frac{dy}{dt} + \frac{t}{2y^4} = 0$

$$\Rightarrow \left(\frac{t}{2y^4}\right)dt + \left(\frac{3y^2 - t^2}{y^5}\right)dy = 0$$

$$\frac{\partial}{\partial y}\left(\frac{t}{2y^4}\right) = \frac{\partial}{\partial t}\left(\frac{3y^2 - t^2}{y^5}\right) = \frac{-2t}{y^5}$$

완전미분방정식이므로 일반해는 $\frac{t^2}{4y^4} - \frac{3}{2y^2} = C$

$$y(1) = 1 \Rightarrow C = -\frac{5}{4} \Rightarrow \frac{t^2}{4y^4} - \frac{3}{2y^2} = -\frac{5}{4}$$

46. ②

풀이 $u = \frac{y}{x} \Rightarrow y = xu \Rightarrow y' = u + xu'$

$$xy' = y + xe^{\frac{y}{x}} \Rightarrow y' = \frac{y}{x} + e^{\frac{y}{x}}$$

$$\Rightarrow u + xu' = u + e^u$$

$$\Rightarrow e^{-u}\,du = \frac{1}{x}\,dx$$

(변수분리형 미분방정식)

$$\Rightarrow \int e^{-u}\,du = \int \frac{1}{x}\,dx$$

$$\Rightarrow -e^{-u} = \ln|x| + C$$

$$\Rightarrow -u = \ln(-\ln|x| + C)$$

$$\Rightarrow \frac{y}{x} = -\ln(-\ln|x| + C)$$

$y(1) = -1 \Rightarrow C = e \Rightarrow y = -x\ln(-\ln|x| + e)$

$\therefore y(e) = -e\ln(e-1)$

47. ①

풀이 $y=e^{-\int \tan x dx}\left[\int \cos^2 x e^{\int \tan x\, dx} dx+C\right]$

$=e^{\ln\cos x}\left[\int \cos^2 x e^{-\ln\cos x} dx+C\right]$

$=\cos x(\sin x+C)$

$y(0)=-1$이므로 $C=-1$이다.

$\therefore y(x)=\sin x\cos x-\cos x$

$\therefore y\left(\frac{\pi}{4}\right)=\frac{1-\sqrt{2}}{2}$

48. ②

풀이 $M=2x^3-xy^2-2y+3,\ N=-x^2y-2x$라 하면

$\frac{\partial M}{\partial y}=-2xy-2=\frac{\partial N}{\partial x}$이므로 완전미분방정식이다.

일반해를 $f=c$로 놓으면

$\frac{\partial f}{\partial y}=-x^2y-2x$에서 $f=-\frac{1}{2}x^2y^2-2xy+Q(x)$

x에 대하여 미분하면 $\frac{\partial f}{\partial x}=-xy^2-2y+Q'(x)$이고

이 식이 $\frac{\partial f}{\partial x}=2x^3-xy^2-2y+3$와 일치해야 하므로

$-xy^2-2y+Q'(x)=2x^3-xy^2-2y+3$

$Q'(x)=2x^3+3\rightarrow Q(x)=\frac{1}{2}x^4+3x$

정리하면 $x^4-x^2y^2-4xy+6x=c$이고

이때, $y(0)=0$이므로 $c=0$이다.

$\therefore x^4-x^2y^2-4xy+6x=0$

49. ④

풀이 ① $\frac{dy}{dx}=\frac{3x^2-1}{2y+3}\Leftrightarrow(3x^2-1)dx-(2y+3)dy=0$은

변수분리형 미분방정식이므로

$\int(3x^2-1)dx-\int(2y+3)dy=C$

$\Leftrightarrow\ x^3-x-y^2-3y=C$

② $\frac{\partial(e^x)}{\partial x}=e^x=\frac{\partial(ye^x+1)}{\partial y}$이므로

$(ye^x+1)dx+e^x dy=0$은 완전미분방정식이다.

미분방정식의 해는 $ye^x+x=C$이다.

③ $\frac{dy}{dx}+\frac{2y}{x}=\frac{1}{x^2}$은 일계선형 미분방정식이므로

$y=e^{-\int\frac{2}{x}dx}\left[\int\frac{1}{x^2}e^{\int\frac{2}{x}dx}dx+C\right]$

$=e^{-2\ln x}\left[\int\frac{1}{x^2}e^{2\ln x}dx+C\right]$

$=\frac{1}{x^2}\{x+C\}=\frac{1}{x}+\frac{C}{x^2}$

④ $x\frac{dy}{dx}+y=x^2y^2$

$\Leftrightarrow\ \frac{dy}{dx}+\frac{1}{x}y=xy^2$($y^2$으로 양변을 나누면)

$\Leftrightarrow\ y^{-2}y'+\frac{1}{x}y^{-1}=x$($y^{-1}=u$라고 치환)

$\Leftrightarrow\ -u'+\frac{1}{x}u=x$

$\Leftrightarrow\ u'-\frac{1}{x}u=-x$이므로 일계선형 미분방정식이다.

$y^{-1}=u=e^{\ln x}\left[\int -xe^{-\ln x}dx+C\right]$

$=x\left[\int -1dx+C\right]$

$=x[-x+C]=-x^2+Cx$

$y=\frac{1}{-x^2+Cx}$

50. ①

풀이 그래프를 그려보면 다음과 같다.

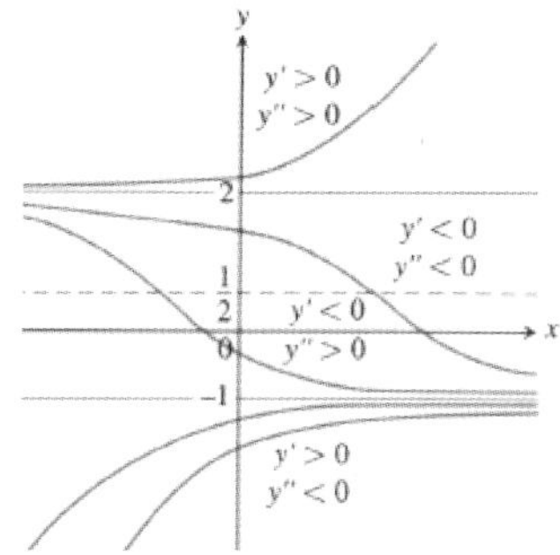

따라서 $p=-1$이고 안정평형값은 $q=-1$, 불안정평형값은 $r=2$이다. 따라서 $p+2q+r=-1$이다.

51. ①

풀이 주어진 방정식은 베르누이 미분방정식이다.

$n=-1,\ u=y^{1-n}=y^2$ 미분하면

$u'=2yy'=2y\left(\frac{y}{x}-\frac{x}{y}\right)=\frac{2}{x}y^2-2x=\frac{2}{x}u-2x$

변수 u에 대해서 정리하면 $u'-\frac{2}{x}u=-2x$이다.

일계선형 미분방정식의 일반해

04 — 공학수학

$$u=e^{\int \frac{2}{x}dx}\left[\int(-2x)e^{-\int\frac{2}{x}dx}dx+C\right]=x^2(-2\ln x+C)$$

$\Rightarrow\ y^2=-2x^2\ln x+Cx^2$

$y(1)=2$이므로 $C=4$이다.

$\therefore y=\sqrt{-2x^2\ln x+4x^2}\ \Rightarrow y(e)=\sqrt{2e^2}=\sqrt{2}e$

[다른 풀이]
동차형 미분방정식으로 풀이할 수도 있다.

52. ③

풀이 양변을 xy으로 나누면 $y'=f\left(\frac{y}{x}\right)$꼴의 미분방정식이다.

$\left(\frac{x}{y}e^{\frac{y}{x}}-\frac{y}{x}\right)+y'=0\ \Leftrightarrow\ y'=\frac{y}{x}-\frac{x}{y}e^{\frac{y}{x}}\ \frac{y}{x}=u$

라고 치환하면 $y'=u+xu'$이 된다.

$u+xu'=u-\frac{1}{u}e^{u}$

$\Rightarrow\ ue^{-u}du=-\frac{1}{x}dx$

양변을 적분하면

$\Rightarrow\ (u+1)e^{-u}=\ln|x|+C,$

$\Rightarrow\ (\frac{y}{x}+1)e^{-\frac{y}{x}}=\ln|x|+C$

$y(1)=0$을 대입하면 $C=1$이므로

$\Rightarrow\ (\frac{y}{x}+1)e^{-\frac{y}{x}}=\ln|x|+1$

53. ③

풀이 ① $(5x+4y)dx+(4x-8y^3)dy=0$은

$\frac{\partial(4x-8y^3)}{\partial x}=4=\frac{\partial(5x+4y)}{\partial y}$

이므로 완전미분방정식이다.
따라서 주어진 미분방정식의 일반해는

$\frac{5}{2}x^2+4xy-2y^4=c$이다.

② $(xy+y^2)dx-x^2dy=0$

$\Leftrightarrow -x^2\frac{dy}{dx}+xy+y^2=0$

$\Leftrightarrow \frac{dy}{dx}-\frac{1}{x}y=\frac{y^2}{x^2}$

위의 식의 양변을 y^2으로 나누면 $y^{-2}y'-\frac{1}{x}y^{-1}=\frac{1}{x^2}$

$y^{-1}=u$로 치환하면 $u'=-y^{-2}\cdot y'$이므로

$-\frac{du}{dx}-\frac{1}{x}u=\frac{1}{x^2}\ \Leftrightarrow\ \frac{du}{dx}+\frac{1}{x}u=-\frac{1}{x^2}$은

일계선형 미분방정식이다.

$$u=e^{-\int\frac{1}{x}dx}\left\{\int\left(-\frac{1}{x^2}e^{\int\frac{1}{x}dx}\right)dx+c\right\}$$

$$=e^{-\ln x}\left\{\int\left(-\frac{1}{x^2}e^{\ln x}\right)dx+c\right\}$$

$$=\frac{1}{x}\left\{\int\left(-\frac{1}{x}\right)dx+c\right\}$$

$$=\frac{1}{x}(-\ln|x|+c)$$

따라서 일반해는 $u=\frac{1}{y}=\frac{-\ln|x|+c}{x}\ \Leftrightarrow\ x+y\ln|x|=cy$

③ $x\frac{dy}{dx}-(1+x)y=xy^2\ \Leftrightarrow\ \frac{dy}{dx}-\frac{1+x}{x}y=y^2$

위의 식의 양변을 y^2으로 나누면 $y^{-2}\frac{dy}{dx}-\frac{1+x}{x}y^{-1}=1$

$y^{-1}=u$로 치환하면 $u'=-y^{-2}\cdot y'$이므로

$-\frac{du}{dx}-\frac{1+x}{x}u=1\ \Leftrightarrow\ \frac{du}{dx}+\left(1+\frac{1}{x}\right)u=-1$은

일계선형 미분방정식이다.

$$u=e^{-\int\left(1+\frac{1}{x}\right)dx}\left\{\int -e^{\int\left(1+\frac{1}{x}\right)dx}dx+c\right\}$$

$$=e^{-(x+\ln x)}\left\{\int -e^{x+\ln x}dx+c\right\}$$

$$=\frac{1}{x}e^{-x}\left\{\int -xe^{x}dx+c\right\}$$

$$=\frac{1}{xe^x}\{-xe^x-(-1)e^x+c\}$$

$$=-1+\frac{1}{x}+\frac{c}{xe^x}$$

따라서 일반해는 $u=y^{-1}=-1+\frac{1}{x}+\frac{c}{x}e^{-x}$이다.

④ $x\frac{dy}{dx}+2y=3\ \Leftrightarrow\ \frac{dy}{dx}+\frac{2}{x}y=\frac{3}{x}$은

일계선형 미분방정식이다.

$$y=e^{-\int\frac{2}{x}dx}\left\{\int\frac{3}{x}e^{\int\frac{2}{x}dx}dx+c\right\}$$

$$=e^{-2\ln x}\left\{\int\frac{3}{x}e^{2\ln x}dx+c\right\}$$

$$=\frac{1}{x^2}\left\{\int\frac{3}{x}x^2dx+c\right\}$$

$$=\frac{1}{x^2}\left\{\int 3xdx+c\right\}=\frac{1}{x^2}\left\{\frac{3}{2}x^2+c\right\}=\frac{3}{2}+\frac{c}{x^2}$$

따라서 일반해는 $y=\frac{3}{2}+cx^{-2}$이다.

54. ④

풀이 구간별로 미분방정식의 해를 구한다.

(1) 구간 $0 \le t < \pi$에서 미분방정식의 해를 구하면

$y' + y = 0 \Rightarrow y = Ce^{-t}$, $y(0) = 5$이므로 $y = 5e^{-t}$이다.

(2) 구간 $\pi \le t$에서 미분방정식 $y' + y = 3\cos t$의 해를 구하면

$$y = e^{-\int 1dt}\left[\int 3\cos t\, e^{\int 1dt} dt + C_1\right]$$

$$= e^{-t}\left[\int 3e^t \cos t\, dt + C_1\right]$$

$$= 3e^{-t}\left[\frac{e^t(\cos t + \sin t)}{2} + C_1\right]$$

$y = \frac{3}{2}(\cos t + \sin t) + C_2 e^{-t}$이고,

$t = \pi$에서 연속이어야 하므로

$$5e^{-\pi} = \frac{3}{2}(\cos\pi + \sin\pi) + C_2 e^{-\pi}$$

$$\Rightarrow C_2 = 5 + \frac{3}{2}e^{\pi}$$

따라서 $y = \frac{3}{2}(\cos t + \sin t) + \left(5 + \frac{3}{2}e^{\pi}\right)e^{-t}\ (t \ge \pi)$

$y(2\pi) = \frac{3}{2} + 5e^{-2\pi} + \frac{3}{2}e^{-\pi}$이고 $y(\pi) = 5e^{-\pi}$이므로

$10y(2\pi) - 3y(\pi) = 50e^{-2\pi} + 15$

[다른 풀이]

라플라스 변환을 이용한다.

$y'(t) + y(t) = f(t),\ y(0) = 5$

$$f(t) = \begin{cases} 0 & (0 \le t < \pi) \\ 3\cos t & (t \ge \pi) \end{cases} = 3\cos t\, u(t-\pi)$$

$= -3\cos(t-\pi)\, u(t-\pi)$

$y'(t) + y(t) = -3\cos(t-\pi)\, u(t-\pi)$이고,

라플라스 변환을 하면

$$s\mathcal{L}\{y\} - y(0) + \mathcal{L}\{y\} = -3e^{-\pi s}\mathcal{L}\{\cos t\}$$

$$\mathcal{L}\{y\}(s+1) = 5 - 3e^{-\pi s}\left(\frac{s}{s^2+1}\right)$$

$$\mathcal{L}\{y\} = \frac{5}{s+1} - 3e^{-\pi s}\left(\frac{s}{(s+1)(s^2+1)}\right)$$

$$= \frac{5}{s+1} - 3e^{-\pi s}\left(\frac{-\frac{1}{2}}{s+1} + \frac{\frac{1}{2}s + \frac{1}{2}}{s^2+1}\right)$$

$$y = 5e^{-t} - \frac{3}{2}u(t-\pi)\{-e^{-(t-\pi)} + \cos(t-\pi) + \sin(t-\pi)\}$$

$$y = \begin{cases} 5e^{-t} & (0 \le t < \pi) \\ 5e^{-t} + \frac{3}{2}\{e^{-(t-\pi)} + \cos t + \sin t\} & (t \ge \pi) \end{cases}$$

$$\Rightarrow \begin{cases} 10y(2\pi) = 50e^{-2\pi} + 15e^{-\pi} + 15 \\ 3y(\pi) = 15e^{-\pi} \end{cases}$$

$\Rightarrow 10y(2\pi) - 3y(\pi) = 50e^{-2\pi} + 15$

55. ②

풀이 y_1이 자율미분방정식 $\frac{dy}{dx} = y' = f(y)$의 임계점이라고 하자.

(1) $f'(y_1) < 0$이면 y_1은 안정임계점이다.

(2) $f'(y_1) > 0$이면 y_1은 불안정임계점이다.

(단, 여기서 f는 y_1에서 미분가능하다.)

TIP 자율미분방정식이란 미분방정식의 우변에 독립변수가 나타나지 않는 형태의 미분방정식,

즉 $\frac{dy}{dx} = y' = f(y)$형태를 의미한다.

임계점 $y = 1,\ 2,\ 3$이고 $f(y) = (y-1)(y-2)(y-3)$

$f'(y) = (y-2)(y-3) + (y-1)(y-3) + (y-1)(y-2)$

① $f'(1) > 0$이므로 불안정임계점

② $f'(2) < 0$이므로 안정임계점

③ $f'(3) > 0$이므로 불안정임계점

56. ③

풀이 주어진 미분방정식을 변수분리미분방정식의 해법으로 풀자.

$y' + 2y - 1 = y^2$ 식을 정리하자.

$$\frac{dy}{dx} = (y-1)^2 \Rightarrow \int \frac{1}{(y-1)^2}dy = \int dx$$

$\frac{-1}{y-1} = x + C_1$이고,

초깃값 $y(0) = 0$을 만족해야 하므로 $C_1 = 1$이다.

$\frac{-1}{y-1} = x + 1 \Rightarrow y = 1 - \frac{1}{x+1}$의 해를 구할수 있다.

$y(1) = \frac{1}{2}$이다.

57. ①

풀이
$$y(t) = e^{-\int 2t\,dt}\left[\int 2018e^{\int 2t\,dt}dt + C\right]$$

$$= e^{-t^2}\left[\int 2018e^{t^2}dt + C\right\}$$

$= \dfrac{\int_0^t 2018e^{x^2}dx + C}{e^{t^2}}$라고 나타낼 수 있다.

$$\therefore \lim_{t\to\infty} y(t) = \lim_{t\to\infty}\frac{\int_0^t 2018e^{x^2}dx + C}{e^{t^2}}$$

$$= \lim_{t\to\infty}\frac{2018e^{t^2}}{2te^{t^2}} = 0$$

58. ①

풀이 $y=ux \Rightarrow dy=udx+xdu$

주어진 미분방정식에 대입하면

$(x+uxe^{u})dx-xe^{u}(udx+xdu)=0$

$\Rightarrow \ dx-xe^{u}du=0$

$\Rightarrow \ \frac{1}{x}dx-e^{u}du=0$

$\Rightarrow \ \ln|x|-e^{u}=C$

$\Rightarrow \ \ln|x|-e^{\frac{y}{x}}=C$

$y(1)=0$이므로 $C=-1$

$\therefore \ln|x|=e^{\frac{y}{x}}-1$

59. ③

풀이 $xy^2\,dx=-e^{x}\,dy$에서 변수를 분리하면 $xe^{-x}\,dx=y^{-2}\,dy$이고 양변을 적분하면 $-e^{-x}(x+1)+c=y^{-1}$이므로

$y(x)=-\dfrac{e^{x}}{ce^{x}+x+1}$

$\lim\limits_{x\to\infty}y(x)=\frac{1}{2}$이므로 $c=-\frac{1}{2}$

$\therefore y(x)=\dfrac{e^{x}}{2e^{x}-x-1}$

60. ②

풀이 외부온도가 0°C이므로 방정식은 $\frac{dT}{dt}=kT$이다.

$\therefore T=ce^{kt}$

최초 온도가 150°C이므로 $c=150$이고

1분 후의 온도가 60°C이므로 $60=150e^{k}$

$\therefore e^{k}=\frac{2}{5}$

따라서 2분 후의 온도는 $T|_{t=2}=150\times\left(\frac{2}{5}\right)^2=24(^\circ\text{C})$

61. ②

풀이 $y'=(y-1)(y-3)$이고 변수분리법을 적용하면

$\Rightarrow \int\frac{1}{(y-3)(y-1)}dy=\int 1\,dt$

$\Rightarrow \frac{1}{2}\int\left(\frac{1}{y-3}-\frac{1}{y-1}\right)dy=\int 1\,dt$

$\Rightarrow \frac{1}{2}\ln\left|\frac{y-3}{y-1}\right|=t+c_1$

$\Rightarrow \ \frac{y-3}{y-1}=\pm e^{2c_1}e^{2t}$

$\Rightarrow \ y-3=ce^{2t}(y-1) \ \left(\because c=\pm e^{2c_1}\right)$

또한, $t=0$을 대입하면

$c=\dfrac{y(0)-3}{y(0)-1}<0(\because 1<y(0)<3)$이다.

따라서 미분방정식의 해는 $y=\dfrac{3-ce^{2t}}{1-ce^{2t}}$이다.

$\therefore \lim\limits_{t\to\infty}y(t)=\lim\limits_{t\to\infty}\dfrac{3-ce^{2t}}{1-ce^{2t}}=1$

[다른 풀이]

$y'=(y-1)(y-3)$이므로 $y=1,\,3$일 때, $y'=0$

즉, $y=1$과 $y=3$에서 평행 값을 갖는다.

또한 $y<1$일 때 $y'>0$,

$1<y<3$일 때 $y'<0$,

$3<y$일 때 $y'>0$이므로

그래프를 그려보면 $1<y<3$일 때 $\lim\limits_{t\to\infty}y(t)=1$이다.

62. ①

풀이 $\frac{du}{dt}=(u(t))^2 \Leftrightarrow \frac{1}{(u(t))^2}du=1dt$

$\Leftrightarrow -\frac{1}{u(t)}=t+C_1 \Leftrightarrow u(t)=\frac{1}{-t+C}$ (C는 임의의 상수)

초기값 $u(0)=1$이므로 $C=1$ 이다.

$\therefore u(t)=\frac{1}{1-t}$ 에서 $\lim\limits_{t\to a^-}\frac{1}{1-t}=\infty$ 에서 $a=1$ 이다.

63. ④

풀이 미분방정식 $P(x,y)\,dx+Q(x,y)\,dy=0$에서 $P_y=Q_x$를 만족하는 미분방정식을 완전미분방정식이라고 한다.

주어진 미분방정식의 $P_y=2x+2y,\ Q_x=2x+2y$로

$P_y=Q_x$가 성립하므로 완전미분방정식으로

해는 $\frac{1}{3}x^3+x^2y+xy^2-y=C$이고

초깃값 $y(1)=1$을 만족해야 하므로 $C=\frac{4}{3}$이다.

$x=0$이면 $y=-\frac{4}{3}$이다. 즉, $y(0)=-\frac{4}{3}$이다.

64. ①

풀이 $y^{-2}\dfrac{dy}{dx}+\dfrac{4}{x}y^{-1}=x^3$ ······(1)에서

$w=y^{-1}$라 하면 (1)은 $\dfrac{dw}{dx}-\dfrac{4}{x}w=-x^3$ ······ (2)

(2)는 일계선형 미분방정식이므로

$h=\int -\dfrac{4}{x}dx=-4\ln x$, $r(x)=-x^3$ 라 하면

$w=e^{-h}\left(\int e^h r(x)dx+c\right)=-x^4\ln x+cx^4$

$y=\dfrac{1}{cx^4-x^4\ln x}$. $y(1)=1$에서 $c=1$이므로

$y(x)=(x^4-x^4\ln x)^{-1}$

$\therefore y(e^2)=-\dfrac{1}{e^8}$

65. ④

풀이 주어진 미분방정식을 표준형으로 고친 후 해를 구하면 다음과 같다. $y'+\tan x\, y=\sec x$

$y=e^{-\int \tan x\,dx}\left(\int \sec x\, e^{\int \tan x\, dx}dx+C\right)$

$=e^{\ln\cos x}\left(\int \sec x\, e^{\ln\sec x}dx+C\right)$

$=\cos x\left(\int \sec^2 x\,dx+C\right)=\cos x(\tan x+C)$

$=\sin x+C\cos x$

$y(0)=C=2$이다.

$y=\sin x+2\cos x$이고,

$y\left(\dfrac{\pi}{4}\right)=\dfrac{\sqrt{2}}{2}+\sqrt{2}=\dfrac{3\sqrt{2}}{2}=\dfrac{3}{\sqrt{2}}$ 이다.

66. ①

풀이 $y=y_0e^{-0.18t}$에서 $y(0)=y_0$이므로 반감기를 t_1이라 두면

$y(t_1)=\dfrac{1}{2}y_0$이어야 한다.

$y(t_1)=y_0e_1^{-0.18t}=\dfrac{1}{2}y_0$에서

$e^{-0.18t_1}=\dfrac{1}{2}$, $e^{0.18t_1}=2$, $0.18t_1=\ln 2$

$\therefore t_1=\dfrac{100}{18}\ln 2=\dfrac{50}{9}\ln 2$ (일)

67. ②

풀이 양변을 $(1+x^2)$으로 나누어 정리하면

$\dfrac{dy}{dx}+\dfrac{x}{1+x^2}y=-\dfrac{2x}{\sqrt{1+x^2}}$는 일계선형방정식이므로

$y(x)=e^{-\int \frac{x}{1+x^2}dx}\left[\int e^{\int \frac{x}{1+x^2}dx}\left(-\dfrac{2x}{\sqrt{1+x^2}}\right)dx+c\right]$

$=\dfrac{1}{\sqrt{1+x^2}}\left[\int \sqrt{1+x^2}\left(-\dfrac{2x}{\sqrt{1+x^2}}\right)dx+c\right]$

$=-\dfrac{x^2}{\sqrt{1+x^2}}+\dfrac{c}{\sqrt{1+x^2}}$

초기조건 $y(0)=0$이므로 $c=0$

$\therefore y(x)=-\dfrac{x^2}{\sqrt{1+x^2}}$ $y(2)=-\dfrac{4}{\sqrt{5}}$

[다른 풀이]

적분인자를 구해서 완전미분방정식을 풀이할 수 있다.

68. ①

풀이 적분인자를 바로 구하기가 어려운 문제이다. 그러나 보기를 통해서 완전미분방정식의 형태의 해임을 확인할 수있다.

따라서 보기를 통해서 적분인자를 구해보자.

①을 편미분을 하면 $f_x=\dfrac{2x-y}{2x^2+y^2}$, $f_x=\dfrac{x+y}{2x^2+y^2}$ 이므로

$f_x dx+f_y dy=0$

따라서 $\dfrac{2x-y}{2x^2+y^2}dx+\dfrac{x+y}{2x^2+y^2}dy=0$

$2x^2+y^2$을 곱하면

$(2x-y)dx+(x+y)dy=0 \Leftrightarrow \dfrac{dy}{dx}=\dfrac{y-2x}{y+x}$ 이 성립하므로

주어진 미분방정식의 해는 ①이다.

[다른 풀이]

$\dfrac{y}{x}=t$ 라 치환하면, $y=xt$, $dy=tdx+xdt$이므로

$\dfrac{dy}{dx}=\dfrac{y-2x}{y+x} \Leftrightarrow (x+y)dy=(y-2x)dx$

$\Leftrightarrow (x+xt)(tdx+xdt)=(xt-2x)dx$

$\Leftrightarrow x(t^2+2)dx+x^2(1+t)dt=0$

$\Leftrightarrow \dfrac{1}{x}dx+\dfrac{t+1}{t^2+2}dt=0$

$\Leftrightarrow \int \dfrac{1}{x}dx+\int \dfrac{t+1}{t^2+2}dt=c$ (c는 임의 상수)

$\Leftrightarrow \ln x+\dfrac{1}{2}\ln(t^2+2)+\dfrac{1}{\sqrt{2}}\tan^{-1}\dfrac{t}{\sqrt{2}}=c$

$\Leftrightarrow \ln\left[x\sqrt{t^2+2}\right]+\dfrac{1}{\sqrt{2}}\tan^{-1}\dfrac{t}{\sqrt{2}}=c$

$\Leftrightarrow \ln\sqrt{y^2+2x^2}+\dfrac{1}{\sqrt{2}}\tan^{-1}\dfrac{y}{\sqrt{2}x}=c$

69. ②

풀이 감염자수 x의 증가속도(x')가 감염자 수(x)와 비감염자 수 ($600-x$)의 곱에 비례하므로

$\frac{dx}{dt}=kx(600-x),\ x(0)=1\cdots①$

$x'-600kx=-kx^2$ (베르누이 미분방정식)

$u'+600ku=k$ (단, $u=x^{-1}$)

$$u=e^{-\int 600kdt}\left[\int ke^{\int 600kdt}dt+C\right]$$
$$=e^{-600kt}\left[\int ke^{600kt}dt+C\right]$$
$$=e^{-600kt}\left[\frac{1}{600}e^{600kt}+C\right]$$
$$=\frac{1}{600}+Ce^{-600kt}$$

$$\frac{1}{x(t)}=\frac{1}{600}+Ce^{-600kt}$$

(여기서 $x(0)=1$이므로 $1=\frac{1}{600}+C,\ C=\frac{599}{600}$)

$$x(t)=\frac{1}{\frac{1}{600}+\frac{599}{600}e^{-600kt}}=\frac{600}{1+599e^{-600kt}}\cdots③$$

①식을 t에 대하여 미분하면

$$\frac{d^2x}{dt^2}=k\left(\frac{dx}{dt}(600-x)+x(-1)\frac{dx}{dt}\right)$$
$$=k\frac{dx}{dt}(600-2x)$$
$$=k^2x(600-x)(600-2x)\left(\because \frac{dx}{dt}=kx(600-x)\right)\cdots④$$

70. ①

풀이 $y(t)$를 t분 후의 소금량(kg)이라 하자.

$\frac{dy}{dt}$=(들어온 소금의 양)−(빠져나간 소금의 양)

$$=0.75-\frac{y(t)}{200}$$

$y'+\frac{1}{200}y=\frac{3}{4}$이므로 일계선형방정식이다.

적분인자 $I=e^{\int\frac{1}{200}dt}=e^{\frac{1}{200}t}$ 이므로

$$y=e^{-\frac{1}{200}t}\left(\int\frac{3}{4}e^{\frac{1}{200}t}dt+C\right)$$
$$=e^{-\frac{1}{200}t}\left(150e^{\frac{1}{200}t}+C\right)$$
$$=150+Ce^{-\frac{1}{200}t}$$

$y(0)=20 \Rightarrow C=-130 \Rightarrow y=150-130e^{-\frac{1}{200}t}$

따라서 40분 후의 소금의 양은 $y(40)=150-130e^{-\frac{1}{5}}$ 이다.

2. 고계미분방정식

1. ③

풀이 코시-오일러 미분방정식 $x^2y''+5xy'+5y=0$의 특성방정식 $t(t-1)+5t+5=0$의 두 근이 $t=-2\pm i$이므로

일반해는 $y=\frac{1}{x^2}(C_1\cos\ln x+C_2\sin\ln x)$이다.

이 때, 초기값 $y(1)=1$일 때, $1=C_1$

$$y'=-\frac{2}{x^3}(C_1\cos\ln x+C_2\sin\ln x)$$
$$+\frac{1}{x^3}(-C_1\sin\ln x+C_2\cos\ln x)$$

$y'(1)=-5$일 때, $-5=-2C_1+C_2$, $C_2=-3$이다.

$\therefore y=\frac{1}{x^2}(\cos\ln x-3\sin\ln x)$,

$$y(e)=\frac{1}{e^2}(\cos\ln e-3\sin\ln e)=e^{-2}(\cos1-3\sin1)$$

2. ①

풀이 (ⅰ) 보조해 y_c

특성방정식이 $t^2+2t+1=0$이므로 $t=-1$(중근)이다.

$\therefore y_c=(a+bx)e^{-x}$

(ⅱ) 특수해 y_p

$$y_p=\frac{1}{(D+1)^2}\{2e^{-x}\}=2\cdot\frac{x^2e^{-x}}{2!}=x^2e^{-x}$$

(ⅰ), (ⅱ)에 의하여 $y=y_c+y_p=(a+bx+x^2)e^{-x}$

$y'=(2x+b)e^{-x}-(a+bx+x^2)e^{-x}$ 이므로

$y(0)=a=-1,\ y'(0)=b-a=1$

$\therefore a=-1,\ b=0,\ y=(x^2-1)e^{-x}$

$\therefore y(1)=0$

3. ③

풀이 (ⅰ) 보조해 y_c

특성방정식 $t^2-7t+10=0$에서 $(t-2)(t-5)=0$

즉, $t=2$ 또는 $t=5$ $\therefore y_c=ae^{2x}+be^{5x}$

(ⅱ) 특수해

① 역연산자법 $y_p=\frac{1}{D^2-7D+10}\{e^{4x}\}=-\frac{e^{4x}}{2}$

② 미정계수법에 의하여 $y_p=ce^{4x}$이라 두면

$y_p'=4ce^{4x}$, $y_p''=16ce^{4x}$ 이므로

이를 $y''-7y'+10y=e^{4x}$에 대입하면

$16ce^{4x}-28ce^{4x}+10ce^{4x}=e^{4x}$

$\therefore c=-\frac{1}{2}$ $\therefore y_p=-\frac{1}{2}e^{4x}$

(ⅰ), (ⅱ)에 의하여 $y=y_c+y_p=ae^{2x}+be^{5x}-\frac{1}{2}e^{4x}$이다.

따라서 미분방정식 $y''-7y'+10y=e^{4x}$의

해가 될 수 없는 것은 ③ $y=-\frac{3}{2}e^{2x}+\frac{1}{2}e^{4x}-\frac{1}{2}e^{5x}$이다.

4. ④

풀이 재차 미분방정식 $x^2y''-xy'+y=0$의 해를 구하자.

특성방정식은 $r(r-1)-r+1=0$이므로 $r=1$(중근)이다.

따라서 두 해는 $y_1=x$, $y_2=x\ln x$이고,

제차해는 $y_h=c_1x+c_2x\ln x$(c_1, c_2는 상수)이다.

주어진 비제차 미분방정식의 특수해를

$y_p=u_1x+u_2x\ln x$라 고 하고,

표준형 $y''-\frac{1}{x}y'+\frac{1}{x^2}y=\frac{2}{x}$로 바꾸면 $f(x)=\frac{2}{x}$이다.

함수 x, $x\ln x$의 론스키안

$W(x,\ x\ln x)=\begin{vmatrix} x & x\ln x \\ 1 & \ln x+1 \end{vmatrix}=x$이므로

$u_1{}'=-\frac{y_2f}{W}=-\frac{2\ln x}{x}$, $u_2{}'=\frac{y_1f}{W}=\frac{2}{x}$

$\Rightarrow\ u_1=-\int\frac{2\ln x}{x}dx=-(\ln x)^2$,

$u_2=\int\frac{2}{x}dx=2\ln x$

따라서 특수해는 $y_p=-x(\ln x)^2+2x(\ln x)^2=x(\ln x)^2$,

일반해는 $y=y_h+y_p=c_1x+c_2x\ln x+x(\ln x)^2$이다.

5. ④

풀이 보조방정식 $m^2-10m+25=0$에서 $m=5$(중근)

그러므로 $y=c_1e^{5x}+c_2xe^{5x}$,

$y'=5c_1e^{5x}+c_2e^{5x}+5c_2xe^{5x}$

$y(0)=1$이므로 $c_1=1$이고 $y'(0)=10$이므로 $c_2=5$

따라서 $y=e^{5x}+5xe^{5x}$

$\therefore y(5)=26e^{25}$

6. ④

풀이 $y=\sum_{n=0}^{\infty}a_nx^n=a_0+a_1x+a_2x^2+a_3x^3+\cdots$

$y'=a_1+2a_2x+3a_3x^2+\cdots$

$y''=2a_2+6a_3x+12a_4x^2+\cdots$

$y''-(\sin x)y'+3y=x^3-4$

$\Leftrightarrow\ (2a_2+6a_3x+\cdots)-\left(x-\frac{1}{3!}x^3+\cdots\right)(a_1+2a_2x+\cdots)$

$+3(a_0+a_1x+\cdots)=x^3-4$

$\Leftrightarrow\ (2a_2+3a_0)+(6a_3-a_1+3a_1)x+\cdots=-4+x^3$

$\therefore 2a_2+3a_0=-4,\ 6a_3+2a_1=0,\cdots,\ a_1=-3a_3$

$\therefore \frac{a_3}{a_1}=-\frac{1}{3}$

7. ①

풀이 특성 방정식을 구하면 $t(t-1)-3t+3=0$이다.

이를 간단히 하면 $t^2-4t+3=(t-3)(t-1)=0$이므로

주어진 미분방정식의 근 $y_c(x)=c_1x+c_2x^3$을 얻을 수 있다.

매개변수 변화법을 사용하면

$y_p=u_1(x)\int\frac{w_1R(x)}{w}dx+u_2\int\frac{w_2R(x)}{v}dx$

이때, $w=\begin{vmatrix} x & x^3 \\ 1 & 3x^2 \end{vmatrix}=2x^3$,

$w_1R(x)=\begin{vmatrix} 0 & x^3 \\ 2x^2e^x & 3x^2 \end{vmatrix}=-2x^5e^x$,

$w_2R(x)=\begin{vmatrix} x & 0 \\ 1 & 2x^2e^x \end{vmatrix}=2x^3e^x$이므로

$y_p(x)=x\int\frac{-2x^5e^x}{2x^3}dx+x^3\int\frac{2x^3e^x}{2x^3}dx$

$=-x(x^2e^x-2xe^x+2e^x)+x^3e^x$

$=2x^2e^x-2xe^x$

$y(x)=c_1x+c_2x^3+2x^2e^x-2xe^x$가 된다.

$y(1)=c_1+c_2=3$, $y(2)=2c_1+8c_2+4e^2=12+4e^2$

이므로 $c_1+4c_2=6$을 만족한다.

이때, c_1과 c_2를 구하면 $c_1=2$, $c_2=1$을 만족하게 된다.

그러므로 주어진 미분 방 정식의 해는

$y(x)=2x+x^3+2x^2e^x-2xe^x$이다.

$x=\ln 2$를 대입하면 $(\ln 2)^3+4(\ln 2)^2-2(\ln 2)$를 얻는다.

8. ③

풀이 표준형으로 고치면 $y''-\frac{2x}{1-x^2}y'=0$

$y_1=1$이라 하고 계수저하법(라그랑주 공식)을 이용하여

두 번째 해를 구하면

$y_2=y_1\int\frac{e^{-\int\left(\frac{-2x}{1-x^2}\right)dx}}{y_1{}^2}dx$

$=\int e^{-\ln(1-x^2)}dx$

04 — 공학수학

$$= \int \frac{1}{1-x^2}\,dx$$
$$= \tanh^{-1} x = \frac{1}{2}\ln\left(\frac{1+x}{1-x}\right)$$

9. ①

풀이 론스키안 해법을 이용하자.

$$W = \det\begin{pmatrix} \cos 3x & \sin 3x \\ -3\sin 3x & 3\cos 3x \end{pmatrix} = 3$$
$$W_1 R = \det\begin{pmatrix} 0 & \sin 3x \\ \csc 3x & 3\cos 3x \end{pmatrix} = -1$$
$$W_2 R = \det\begin{pmatrix} \cos 3x & 0 \\ -3\sin 3x & \csc 3x \end{pmatrix} = \cot 3x$$
$$y_p = (\cos 3x)\int -\frac{1}{3}\,dx + (\sin 3x)\int \frac{\cot 3x}{3}\,dx$$
$$= -\frac{1}{3}x\cos 3x + \frac{1}{9}\sin 3x \ln|\sin 3x|$$

10. 풀이 참조

풀이 (a) 일반해가 $y = c_1e^x + c_2xe^x + c_3e^{2x}$ 이므로

$y_1 = e^x$, $y_2 = xe^x$, $y_3 = e^{2x}$ 가 된다.

따라서 미분방정식의 특성방정식은

$(r-1)^2(r-2) = r^3 - 4r^2 + 5r - 2 = 0$

이 특성방정식을 갖는 미분방정식은

$y''' - 4y'' + 5y' - 2 = 0$이다.

$\therefore a = -4,\ b = 5,\ c = -2$

(b) (a)에 의해서 $y'' + ay' + by = e^{cx} \Rightarrow y'' - 4y' + 5y = e^{-2x}$

이므로 특성방정식은 $r^2 - 4r + 5 = 0$이며 $r = 2 \pm i$이다.

따라서 $y_p = c_1e^{2x}\cos x + c_2e^{2x}\sin x$($c_1$, c_2는 상수)이다.

특수해인 y_c를 구하기 위해 $y_c = \alpha e^{-2x}$ 라 하고 방정식에 대입하면 $4\alpha e^{-2x} + 8\alpha e^{-2x} + 5\alpha e^{-2x} = 17\alpha e^{-2x} = e^{-2x}$

이므로 $\alpha = \frac{1}{17}$이다. $\therefore y_c = \frac{1}{17}e^{-2x}$

따라서 해는

$y = y_p + y_c = c_1e^{2x}\cos x + c_2e^{2x}\sin x + \frac{1}{17}e^{-2x}$ 이다.

11. ①

풀이 $\frac{d}{dx} = D$라 하면,

$y'' + 5y' + 6y = 0 \Leftrightarrow (D^2 + 5D + 6)y = 0$의

특성방정식 $D^2 + 5D + 6 = 0$에서

$D = -2, -3$의 근을 갖는다.

이 때, 주어진 미분방정식의 일반해는

$y = C_1e^{-2x} + C_2e^{-3x}$ 이다.(C_1, C_2는 상수)

초기값 $y(0) = 3$ 일 때, $C_1 + C_2 = 3 \cdots$ ①

$y'(0) = -7$일 때, $-2C_1 - 3C_2 = -7 \cdots$ ②이므로

①, ② 의 연립방정식을 풀면,

$\begin{cases} C_1 + C_2 = 3 \\ 2C_1 + 3C_2 = 7 \end{cases} \Leftrightarrow C_1 = 2,\ C_2 = 1$이다.

$\therefore y = 2e^{-2x} + e^{-3x}$,

$$y(1) + y'(1) = (2e^{-2} + e^{-3}) + (-4e^{-2} - 3e^{-3})$$
$$= -2e^{-2} - 2e^{-3}$$

12. ①

풀이 특성방정식 $r^2 - 4r + 4 = 0$의 해가 $r = 2$(중근)이므로

$y = (a + b\ln x)x^2$이다.

$y' = b \cdot \frac{1}{x} \cdot x^2 + (a + b\ln x) \cdot 2x$이므로

$y(e) = (a+b)e^2 = e^2 \Rightarrow a + b = 1$

$y'(e) = be + 2(a+b)e = (2a + 3b)e = e \Rightarrow 2a + 3b = 1$

두 식을 연립하면 $a = 2$, $b = -1$이므로 $y(x) = (2 - \ln x)x^2$

$\therefore y(e^2) = (2-2)e^4 = 0$

13. ②

풀이 $m^2 - 2m - 3 = 0$, $m = -1, 3$에서

$y_c = c_1x^{-1} + c_2x^3$, $y_1 = x^{-1}$, $y_2 = x^3$,

$y'' - \frac{1}{x}y' - \frac{3}{x^2}y = 1$이므로 $r(x) = 1$.

이 때 $W = \begin{vmatrix} x^{-1} & x^3 \\ -x^{-2} & 3x^2 \end{vmatrix} = 4x$이므로

$$y_p = -y_1\int \frac{y_2 r(x)}{W}dx + y_2\int \frac{y_1 r(x)}{W}dx$$
$$= -x^{-1}\int \frac{x^2}{4}dx + x^3\int \frac{1}{4x^2}dx$$
$$= -\frac{1}{12}x^2 - \frac{x^2}{4} = -\frac{1}{3}x^2$$

일반해는

$y(x) = y_c + y_p = c_1x^{-1} + c_2x^3 - \frac{1}{3}x^2$ 이고

$y(1) = \frac{8}{3}$, $y'(1) = \frac{1}{3}$에서 $c_1 = 2$, $c_2 = 1$이므로

$y = 2x^{-1} + x^3 - \frac{1}{3}x^2$

$\therefore y(2) = \frac{23}{3}$

14. ②

풀이 특성방정식 $t^2+2t+2=0$이고 두 허근이 $-1\pm i$이므로
$y=(c_1\cos x+c_2\sin x)e^{-x}$이고,
초기조건 $y(0)=0$에 의해 $0=c_1$,
$y\left(\frac{\pi}{2}\right)=2$에 의해 $2=c_2e^{-\frac{\pi}{2}}$ 이므로 $c_2=2e^{\frac{\pi}{2}}$
$\therefore y=2\sin x\, e^{\left(\frac{\pi}{2}-x\right)}$

15. ⑤

풀이 $y=\sum_{n=0}^{\infty}c_nx^n=c_0+c_1x+c_2x^2+c_3x^3+c_4x^4+c_5x^5+\cdots$
초기조건 $y(0)=6$, $y'(0)=12$를 대입하면 $c_0=6$, $c_1=12$
미분방정식 $y''-(\tan^{-1}x)y=0$에 대입하면
$y''-(\tan^{-1}x)y=0$
$\Leftrightarrow\ (2c_2+6c_3x+12c_4x^2+20c_5x^3+\cdots)$
$\quad -\left(x-\frac{1}{3}x^3+\frac{1}{5}x^5-\cdots\right)(c_0+c_1x+c_2x^2+c_3x^3+\cdots)=0$
$\Leftrightarrow\ 2c_2+(6c_3-c_0)x+(12c_4-c_1)x^2$
$\quad +\left(20c_5-c_2+\frac{c_0}{3}\right)x^3+\cdots=0$
따라서 $2c_2=0$, $6c_3-c_0=0$, $12c_4-c_1=0$,
$20c_5-c_2+\frac{c_0}{3}=0$을 만족한다.
$\therefore c_2=0, c_3=1, c_4=1, c_5=-\frac{1}{10}$
$c_2+c_3+c_4+c_5=0+1+1-\frac{1}{10}=\frac{19}{10}$

16. ②

풀이 (i) 제차형의 일반해 :
$(D^2+1)y=0$ 에서
특성방정식 $D^2+1=0$ 의 근 $D=\pm i$ 이므로
$y=C_1\cos x+C_2\sin x$ 이고
(ii) 비제차형의 특수해 :
$(D^2+1)y=\cos x$ 를 역연산자법에 의해 구하면
$y=\frac{1}{D^2+1}\left[Re(e^{ix})\right]$
$=Re\left[\frac{x}{2i}(\cos x+i\sin x)\right]$
$=\frac{x}{2}\sin x$
$\therefore y=C_1\cos x+C_2\sin x+\frac{x}{2}\sin x$

$y'=-C_1\sin x+C_2\cos x+\frac{1}{2}\sin x+\frac{x}{2}\cos x$에 대해
초기값 $y(0)=2\Rightarrow C_1=2$, $y'(0)=3\Rightarrow C_2=3$이다.
$\therefore y=2\cos x+3\sin x+\frac{x}{2}\sin x$, $y(\pi)=-2$

17. ②

풀이 제차미분방정식의 일반해가 $y_h=c_1x^2+c_2x^3$이므로
코시-오일러 미분방정식
$x^2y''-4xy'+6y=0(\Leftrightarrow x^3y''-4x^2y'+6xy=0)$을 얻는다.
따라서 $a=-4$, $b=6$임을 알 수 있다.
특수해를 구하기 위해
$y''-\frac{4}{x}y'+\frac{6}{x^2}y=\frac{c}{x^3}$에 매개변수변환법을 적용한다.
$u_1(x)=\int\frac{W_1}{W}dx=\frac{c}{3x^3}$, $u_2(x)=\int\frac{W_2}{W}dx=-\frac{c}{4x^4}$
여기서 론스키안
$W=\begin{vmatrix}x^2 & x^3\\ 2x & 3x^2\end{vmatrix}$, $W_1=\begin{vmatrix}0 & x^3\\ \frac{c}{x^3} & 3x^2\end{vmatrix}$, $W_2=\begin{vmatrix}x^2 & x^3\\ 0 & \frac{c}{x^3}\end{vmatrix}$
$y_p=u_1y_1+u_2y_2=\frac{c}{12x}=f(x)$
$\therefore a+b+\lim_{x\to\infty}f(x)=-4+6+0=2$

18. ②

풀이 주어진 함수의 일계와 이계 미분을 각각 구하면
$y'=e^x\cos 2x+e^x(-\sin 2x)\cdot 2=e^x(\cos 2x-2\sin 2x)$
$y''=e^x(\cos 2x-2\sin 2x)+e^x(-2\sin 2x-4\cos 2x)$
$=e^x(-3\cos 2x-4\sin 2x)$
$y''+ay'+by=0$에서
$e^x(-3\cos 2x-4\sin 2x)+ae^x(\cos 2x-2\sin 2x)+be^x\cos 2x=0$
따라서 $(a+b-3)e^x\cos 2x-2(a+2)e^x\sin 2x=0$
이 식이 x의 값에 관계없이 성립해야 하므로
$a+b-3=0$, $a+2=0$에서 $a=-2$, $b=5$
$\therefore a-b=-7$

19. ④

풀이 코시-오일러 미분방정식이다.
특성방정식은 $r(r-1)-6=0$, 즉 $r^2-r-6=0$이므로
$r=3, -2$ 이다.
따라서 일반해는 $y(t)=C_1t^3+C_2t^{-2}$ 이고
$\alpha^3+\beta^3=3^3+(-2)^3=27-8=19$

04 — 공학수학

20. ②

풀이 $\dfrac{d^2y}{dx^2}+2x\left(\dfrac{dy}{dx}\right)^2=0 \Rightarrow \dfrac{du}{dx}+2xu^2=0\left(u=\dfrac{dy}{dx}\text{ 치환}\right)$

$-\dfrac{1}{u^2}du=2xdx \Rightarrow \int -\dfrac{1}{u^2}du=\int 2xdx$(변수분리형)

$\Rightarrow \dfrac{1}{u}=x^2+C_1 \Rightarrow u=\dfrac{1}{x^2+C_1}$

$y'(1)=1 \Rightarrow u(1)=1 \Rightarrow C_1=0$

$u=\dfrac{1}{x^2} \Rightarrow y'=\dfrac{1}{x^2} \Rightarrow y=-\dfrac{1}{x}+C$

$y(1)=4 \Rightarrow C=5 \Rightarrow y=-\dfrac{1}{x}+5$

$\therefore y(2)=\dfrac{9}{2}$

21. ③

풀이 (i) $y''-y'-2y=0$ 에서

특성방정식이 $t^2-t-2=0$이므로 $t=-1$ 또는 2

$\Rightarrow y_c=c_1e^{-x}+c_2e^{2x}$(단, c_1, c_2는 임의의 상수)

(ii) $y_p=\dfrac{1}{D^2-D-2}\{x\}=-\dfrac{1}{2}\left(1-\dfrac{1}{2}D\right)x=-\dfrac{1}{2}x+\dfrac{1}{4}$

그러므로 $y=y_c+y_p=c_1e^{-x}+c_2e^{2x}-\dfrac{1}{2}x+\dfrac{1}{4}$

$y(0)=1$이므로 $c_1+c_2+\dfrac{1}{4}=1$이고

$y'(0)=1$이므로 $-c_1+2c_2-\dfrac{1}{2}=1$이다.

연립하여 풀면 $c_1=0$이고 $c_2=\dfrac{3}{4}$이다.

$\therefore y(x)=\dfrac{3}{4}e^{2x}-\dfrac{1}{2}x+\dfrac{1}{4} \Rightarrow y(1)=\dfrac{3}{4}e^2-\dfrac{1}{4}$

22. ③

풀이 $\dfrac{x^2}{2}y''-xy'+y=0 \Leftrightarrow x^2y''-2xy'+2y=0$은

2계 코시-오일러 미분방정식이므로 특성방정식을 이용하면

$r^2+(-2-1)r+2=0 \Rightarrow (r-1)(r-2)=0$

$\Rightarrow r=1$ 또는 $r=2$

따라서 해는 $y=c_1x^1+c_2x^2$이다.

$y'=c_1+2c_2x$이므로

$y(1)=c_1+c_2=0$, $y'(1)=c_1+2c_2=1$을 연립하면

$c_2=1$, $c_1=-1$이다.

$\therefore y=-x+x^2 \quad \therefore y(3)=-3+3^2=6$

23. ②

풀이 (i) 보조해 y_c

특성방정식 $t^2+1=0$에서 $t=\pm i$이므로

$y_c=a\cos x+b\sin x$이다.

(ii) 특수해 y_p

매개변수변화법을 이용하자.

보조해 y_c에서 $y_1=\cos x$, $y_2=\sin x$이므로

$W(x)=\begin{vmatrix}\cos x & \sin x\\ -\sin x & \cos x\end{vmatrix}=\cos^2x+\sin^2x=1$,

$W_1(x)R(x)=\begin{vmatrix}0 & \sin x\\ \sec^3x & \cos x\end{vmatrix}=-\sin x\sec^3x$,

$W_2(x)R(x)=\begin{vmatrix}\cos x & 0\\ -\sin x & \sec^3x\end{vmatrix}=\sec^2x$

$\therefore y_p=\cos x\int(-\sin x\sec^3x)dx+\sin x\int\sec^2xdx$

$=\cos x\int\dfrac{1}{t^3}dt+\sin x\int\sec^2xdx$

($\because \cos x=t$로 치환)

$=\cos x\cdot\left(-\dfrac{1}{2}t^{-2}\right)+\sin x\int\sec^2xdx$

$=\cos x\cdot\left(-\dfrac{1}{2}\sec^2x\right)+\sin x\cdot\tan x$

$=-\dfrac{1}{2}\sec x+\sin x\tan x$

(i), (ii)에 의하여

$y=y_c+y_p=a\cos x+b\sin x-\dfrac{1}{2}\sec x+\sin x\tan x$

$y'=-a\sin x+b\cos x-\dfrac{1}{2}\sec x\tan x+\cos x\tan x+\sin x\sec^2x$

$y(0)=1$, $y'(0)=\dfrac{1}{2}$이므로

$y(0)=a-\dfrac{1}{2}=1 \Rightarrow a=\dfrac{3}{2}$

$y'(0)=b=\dfrac{1}{2}$

$\therefore y=\dfrac{3}{2}\cos x+\dfrac{1}{2}\sin x-\dfrac{1}{2}\sec x+\sin x\tan x$

$\therefore y\left(\dfrac{\pi}{4}\right)=\dfrac{3}{2}\cdot\dfrac{\sqrt{2}}{2}+\dfrac{1}{2}\cdot\dfrac{\sqrt{2}}{2}-\dfrac{1}{2}\cdot\sqrt{2}+\dfrac{\sqrt{2}}{2}=\sqrt{2}$

24. ④

풀이 특성방정식 $t^2-t-6=0$

$\Leftrightarrow (t+2)(t-3)=0 \Leftrightarrow t=-2$ 또는 $t=3$

$\therefore y=C_1e^{-2x}+C_2e^{3x}$

$y'=-2C_1e^{-2x}+3C_2e^{3x}$

$y(0)=0$, $y'(0)=5$이므로

$y(0)=C_1+C_2=0$, $y'(0)=-2C_1+3C_2=5$

$\therefore C_1=-1$, $C_2=1 \quad \therefore C_1\times C_2=-1$

25. ④

풀이 $D(D-1)-D+1=0 \Rightarrow D^2-2D+1=0 \Rightarrow D=1$(중근)
일반해 $y=(C_1+C_2\ln x)x \Rightarrow y'=C_1+C_2+C_2\ln x$
$y(1)=0, y'(1)=1 \Rightarrow C_1=0, C_2=1 \Rightarrow y=x\ln x$
따라서 $y(e)=e$

26. ③

풀이 $\mathcal{L}\{ty'\}=-\frac{d}{ds}\mathcal{L}\{y'\}=-\frac{d}{ds}\{sY-y(0)\}=-s\frac{dY}{ds}-Y$
따라서 $2y''+ty'-2y=10$의 양변에 라플라스를 취하면
$2s^2Y-s\frac{dY}{ds}-Y-2Y=\frac{10}{s}$ 이고
이를 정리하면 $Y'+\left(\frac{3}{s}-2s\right)Y=-\frac{10}{s^2}$ 이다.
따라서 미분방정식을 풀면 $Y=\frac{5}{s^3}+\frac{c}{s^3}e^{s^2}$ 이다.
여기서 $\lim_{s\to\infty}Y(s)=0$이어야 하므로 $c=0$이다.
$Y=\frac{5}{s^3}$ 이다. 따라서 $y(t)=\frac{5}{2}t^2$ 이다.
$\therefore y(2)=10$

[다른 풀이]

$y=\sum_{n=0}^{\infty}a_n t^n$ 을 해라고 가정하면
$y(0)=y'(0)=0$이므로 $a_0=a_1=0$이다.
또한 미분방정식 $2y''+ty'-2y=10$에 대입하면
$2y''+ty'-2y=10$

$$\Leftrightarrow 2\sum_{n=2}^{\infty}n(n-1)a_n t^{n-2}+t\sum_{n=1}^{\infty}na_n t^{n-1}-2\sum_{n=0}^{\infty}a_n t^n=10$$

$$\Leftrightarrow 2\sum_{n=2}^{\infty}n(n-1)a_n t^{n-2}+\sum_{n=1}^{\infty}na_n t^n-2\sum_{n=0}^{\infty}a_n t^n=10$$

$$\Leftrightarrow 4a_2+2\sum_{n=3}^{\infty}n(n-1)a_n t^{n-2}+\sum_{n=1}^{\infty}na_n t^n -2a_0-2\sum_{n=1}^{\infty}a_n t^n=10$$

$$\Leftrightarrow (4a_2-2a_0)+2\sum_{k=1}^{\infty}(k+2)(k+1)a_{k+2}t^k+\sum_{k=1}^{\infty}ka_k t^k-2\sum_{k=1}^{\infty}a_k t^k=10$$

$$\Leftrightarrow (4a_2-2a_0)+\sum_{k=1}^{\infty}\{2(k+2)(k+1)a_{k+2}+ka_k-2a_k\}t^k=10$$

$\therefore a_2=\frac{5}{2}$, $a_k=0$(단, $k\neq 2$), $y=\frac{5}{2}x^2$, $y(2)=10$

27. ①

풀이 특성방정식 $t(t-1)+t-1=0$에서 $t=\pm 1$이다.
따라서 $y_c=c_1x^{-1}+c_2x$이다.

$$W=\begin{vmatrix} x^{-1} & x \\ -\frac{1}{x^2} & 1\end{vmatrix}=2x^{-1},$$

$$W_1=\begin{vmatrix} 0 & x \\ \frac{1}{x^2(x+1)} & 1\end{vmatrix}=-\frac{1}{x(x+1)},$$

$$W_2=\begin{vmatrix} x^{-1} & 0 \\ -\frac{1}{x^2} & \frac{1}{x^2(x+1)}\end{vmatrix}=\frac{1}{x^3(x+1)}$$

따라서 매개변수변환법에 의하여 특수해

$$y_p=x^{-1}\int\frac{-\frac{1}{x(x+1)}}{2x^{-1}}dx+x\int\frac{\frac{1}{x^3(x+1)}}{2x^{-1}}dx$$
$$=-\frac{1}{2}-\frac{1}{2}x\ln x+\frac{1}{2}x\ln(x+1)-\frac{\ln(x+1)}{2x}$$
$$=-\frac{1}{2}+\frac{1}{2}x\ln\left(1+\frac{1}{x}\right)-\frac{\ln(x+1)}{2x}$$

28. ①

풀이 (ⅰ) $y''+5y=0$ 에서 특성방정식이 $t^2+5=0$이므로
$t=\pm\sqrt{5}i$
$\therefore y_c=e^{0x}(c_1\cos\sqrt{5}x+c_2\sin\sqrt{5}x)$
$=c_1\cos\sqrt{5}x+c_2\sin\sqrt{5}x$
(단, c_1, c_2는 임의의 상수)

(ⅱ) $y_p=\frac{1}{D^2+5}\{\cos 2x\}$
$=Re\frac{1}{D^2+5}\{\cos 2x+i\sin 2x\}$ (단, Re 는 실수부)
$=Re\frac{1}{D^2+5}\{e^{2ix}\}=Re\frac{1}{(2i)^2+5}\{e^{2ix}\}$
$=Re\{e^{2ix}\}=Re\{\cos 2x+i\sin 2x\}=\cos 2x$
그러므로 일반해는
$y=c_1\cos\sqrt{5}x+c_2\sin\sqrt{5}x+\cos 2x$
(단, c_1, c_2는 임의의 상수)
여기서
$y'=-\sqrt{5}c_1\sin\sqrt{5}x+\sqrt{5}c_2\cos\sqrt{5}x-2\sin 2x$
$y(0)=1$, $y'(0)=0$
따라서 $1=c_1+1$, $0=\sqrt{5}c_2$, 즉, $c_1=c_2=0$ 이다.
따라서 해는 $y=\cos 2x$ 이다.
$\therefore y'\left(\frac{\pi}{4}\right)-y''\left(\frac{\pi}{4}\right)=-2\sin\left(\frac{\pi}{2}\right)-4\cos\left(\frac{\pi}{2}\right)=-2$

29. ②

풀이 $m^2-1=0 \Rightarrow m=1,\ -1 \Rightarrow y_c=c_1e^x+c_2e^{-x}$

$y_p=Ax+B+C\sin x+D\cos x$라 하면

$y_p{}'=A+C\cos x-D\sin x$, $y_p{}''=-C\sin x-D\cos x$

주어진 미분방정식에 대입하여 정리하면

$-Ax-B-2C\sin x-2D\cos x=x+\sin x$

$\Rightarrow A=-1,\ B=0,\ C=-\frac{1}{2},\ D=0$

$\Rightarrow y_p=-x-\frac{1}{2}\sin x$

$\Rightarrow y=c_1e^x+c_2e^{-x}-x-\frac{1}{2}\sin x$

$y(0)=2$, $y'(0)=3$이므로 $c_1=\frac{13}{4}$, $c_2=-\frac{5}{4}$

$\therefore y=\frac{13}{4}e^x-\frac{5}{4}e^{-x}-x-\frac{1}{2}\sin x$

30. ④

풀이 $y=\sum_{n=0}^{\infty}a_nx^n=a_0+a_1x+a_2x^2+a_3x^3+\cdots$

$y'=a_1+2a_2x+3a_3x^2+\cdots$

$y''=2a_2+6a_3x+12a_4x^2+\cdots$

$y''-(\sin x)y'+3y=x^3-4$

$\Leftrightarrow (2a_2+6a_3x+\cdots)-\left(x-\frac{1}{3!}x^3+\cdots\right)(a_1+2a_2x+\cdots)$

$+3(a_0+a_1x+\cdots)=x^3-4$

$\Leftrightarrow (2a_2+3a_0)+(6a_3-a_1+3a_1)x+\cdots=-4+x^3$

$\therefore 2a_2+3a_0=-4,\ 6a_3+2a_1=0,\cdots,\ a_1=-3a_3,$

$\frac{a_3}{a_1}=-\frac{1}{3}$

31. ①

풀이 $y^{(4)}-16y=0$ 의 특성방정식 $D^4-16=0$ 의 근이 $D=\pm 2i,\ D=\pm 2$ 이므로 일반해는

$y=\left(C_1e^{-2x}+C_2e^{2x}\right)+\left(C_3\cos 2x+C_4\sin 2x\right)$

($C_1,\ C_2,\ C_3,\ C_4$ 는 임의상수)

$y'=-2C_1e^{-2x}+2C_2e^{2x}-2C_3\sin 2x+2C_4\cos 2x,$

$y''=4C_1e^{-2x}+4C_2e^{2x}-4C_3\cos 2x-4C_4\sin 2x,$

$y'''=-8C_1e^{-2x}+8C_2e^{2x}+8C_3\sin 2x-8C_4\cos 2x$에 대해

초기값 $y(0)=\frac{7}{2} \Rightarrow C_1+C_2+C_3=\frac{7}{2}\ \cdots$ ①,

$y'(0)=-8 \Rightarrow C_1-C_2-C_4=4\ \cdots$ ②,

$y''(0)=10 \Rightarrow C_1+C_2-C_3=\frac{5}{2}\ \cdots$ ③,

$y'''(0)=-16 \Rightarrow C_1-C_2+C_4=2\ \cdots$ ④이다.

연립방정식 ①, ②, ③, ④를 풀면

$C_1=3$, $C_2=0$, $C_3=\frac{1}{2}$, $C_4=-1$이다.

$\therefore y=3e^{-2x}+\frac{1}{2}\cos 2x-\sin 2x,$

$y'=-6e^{-2x}-\sin 2x-2\cos 2x,$

$y\left(\frac{\pi}{4}\right)+y'\left(\frac{\pi}{4}\right)=-3e^{-\frac{\pi}{2}}-2$

32. ①

풀이 $y''=4y \Rightarrow y''-4y=0$이므로

이계제차선형미분방정식이다.

특성방정식은 $t^2-4=0$이므로 $t=\pm 2$

$\therefore y=ae^{2x}+be^{-2x}$

점 $(0,0)$을 지나므로 $0=a+b\ \cdots$ ㉠

점 $\left(\ln 2,\ \frac{5}{2}\right)$를 지나므로

$ae^{2\ln 2}+be^{-2\ln 2}=\frac{5}{2} \Rightarrow 4a+\frac{b}{4}=\frac{5}{2} \Rightarrow 16a+b=10\ \cdots$ ㉡

㉡−㉠$=15a=10$

$\therefore a=\frac{2}{3},\ b=-\frac{2}{3}$

$\therefore y=\frac{2}{3}\left(e^{2x}-e^{-2x}\right)=\frac{4}{3}\sinh(2x)$

33. ③

풀이 $y''-\frac{1}{2x}y'+\frac{1}{2x^2}y=x$ 즉, $2x^2y''-xy'+y=2x^3$

(ⅰ) 동차(제차) $2x^2y''-xy'+y=0$ 의 일반해 y_h

특성(보조)방정식은 $2D(D-1)-D+1=0$

$2D^2-3D+1=0$

$(D-1)(2D-1)=0$

$D=1,\ \frac{1}{2}$

$y_h=ax+b\sqrt{x}$

(ⅱ) 비동차(비제차) $y''-\frac{1}{2x}y'+\frac{1}{2x^2}y=x$ 의 특수해 y_p

$$W=\begin{vmatrix} x & \sqrt{x} \\ 1 & \frac{1}{2\sqrt{x}} \end{vmatrix}=-\frac{\sqrt{x}}{2}$$

$$W_1R=\begin{vmatrix} 0 & \sqrt{x} \\ x & \frac{1}{2\sqrt{x}} \end{vmatrix}=-x^{\frac{3}{2}}$$

$$W_2R = \begin{vmatrix} x & 0 \\ 1 & x \end{vmatrix} = x^2$$

$$y_p = y_1 \int \frac{W_1R}{W}dx + y_2 \int \frac{W_2R}{W}dx$$

$$= x\int 2x\,dx + \sqrt{x}\int -2x^{\frac{3}{2}}\,dx = \frac{1}{5}x^3$$

(iii) $y(x) = y_h + y_p = ax + b\sqrt{x} + \frac{1}{5}x^3$

$$y'(x) = a + \frac{b}{2\sqrt{x}} + \frac{3}{5}x^2$$

$y(1) = 0$이므로 $a + b = -\frac{1}{5}$

$y'(1) = \frac{2}{5}$ 이므로 $a + \frac{b}{2} = -\frac{1}{5}$

$a = -\frac{1}{5}, b = 0$

$y(x) = -\frac{1}{5}x + \frac{1}{5}x^3$ 이므로 $y(2) = \frac{6}{5}$

34. ③

풀이 비제차의 일반해 $y = y_c + y_p$를 구하자.

(i) $y_c = c_1\cos x + c_2\sin x$

$\because$ 특성방정식 $t^2 + 1 = 0,\ t = \pm i$

(ii) 특수해 구하기

$$\frac{1}{D^2+1}\{\sin x\} = Im\frac{1}{(D+i)(D-i)}\{\cos x + i\sin x\}$$

$$= Im\frac{x}{2i}\{\cos x + i\sin x\}$$

$$= -\frac{1}{2}Im(xi)(\cos x + i\sin x) = -\frac{1}{2}x\cos x$$

$$\therefore y_p = -\frac{1}{2}x\cos x$$

일반해 $y = c_1\cos x + c_2\sin x - \frac{1}{2}x\cos x$

$y(0) = 0,\ y'(0) = 0$을 대입하면 $c_1 = 0,\ c_2 = \frac{1}{2}$을 얻게 된다.

$y = \frac{1}{2}\sin x - \frac{1}{2}x\cos x$이고

$x = \frac{\pi}{2}$를 대입하면 $y = \frac{1}{2}$이 된다.

35. ③

풀이 $y = a_0 + a_1x + a_2x^2 + a_3x^3 + \cdots$을 주어진 방정식에 대입하면

$$(1-x^2)(2a_2 + 6a_3x + \cdots)$$
$$-4x(a_1 + 2a_2x + 3a_3x^2 + \cdots)$$
$$+2(a_0 + a_1x + a_2x^2 + a_3x^3 + \cdots) = 0$$

x에 대한 항등식이므로 x의 올림차순으로 정리하면

$(2a_2 + 2a_0) + (6a_3 - 4a_1 + 2a_1)x + \cdots = 0$

이 때 $a_2 = -a_0,\ a_3 = \frac{1}{3}a_1$이 성립한다.

따라서 $\frac{a_2a_3}{a_0a_1} = \frac{(-1)a_0\left(\frac{1}{3}\right)a_1}{a_0a_1} = -\frac{1}{3}$

36. ④

풀이 주어진 미분방정식의 특성방정식은 $t(t-1) + at + 10 = 0$이고, 일반해가 $y = \frac{C_1\cos(3\ln x) + C_2\sin(3\ln x)}{x}$ 꼴이므로

이 방정식의 근의 형태는 $t = -1 \pm 3i$ 꼴이다.

$t = -1 \pm 3i \Leftrightarrow t + 1 = \pm 3i \Leftrightarrow t^2 + 2t + 10 = 0$이므로

$t(t-1) + at + 10 = 0 \Leftrightarrow t^2 + 2t + 10 = 0$에서 $a = 3$이다.

37. ③

풀이 $\phi(x) = c_0 + c_1x + c_2x^2 + c_3x^3 + c_4x^4 + \cdots$

$\phi'(x) = c_1 + 2c_2x + 3c_3x^2 + 4c_4x^3 + \cdots$

$\phi''(x) = 2c_2 + 6c_3x + 12c_4x^2 + \cdots$

$\phi(0) = 3,\ \phi'(0) = 0 \Rightarrow c_0 = 3,\ c_1 = 0$

$\phi''(x) - 2x\phi'(x) + 8\phi(x) = 0$

$\Leftrightarrow (8c_0 + 2c_2) + (6c_1 + 6c_3)x + (4c_2 + 12c_4)x^2 + \cdots = 0$

$\Leftrightarrow 8c_0 + 2c_2 = 0,\ 6c_1 + 6c_3 = 0,\ 4c_2 + 12c_4 = 0,\ \cdots$

$c_2 = -4c_0 = -12$이므로 $c_4 = -\frac{1}{3}c_2 = 4$

38. ④

풀이 특성방정식 :

$D^3 + 3D^2 + 3D + 1 = (D+1)^3 = 0$

따라서 $D = -1$ (삼중근)

$y_c = (c_1 + c_2x + c_3x^2)e^{-x}$

$$y_p = \frac{1}{(D+1)^3}\{30e^{-x}\} = \frac{30x^3e^{-x}}{3!} = 5x^3e^{-x}$$

일반해 $y = y_c + y_p = (c_1 + c_2x + c_3x^2)e^{-x} + 5x^3e^{-x}$

초기조건들 $y(0) = 3,\ y'(0) = -3,\ y''(0) = -47$을 적용하면 $c_1 = 3,\ c_2 = 0,\ c_3 = -25$

따라서 $y = (3 - 25x^2 + 5x^3)e^{-x} \Rightarrow y(1) = -17e^{-1}$

39. ②

풀이 (ⅰ) $y''-2y' = 0$의 일반해

$D^2-2D=0 \Rightarrow D=0,2 \Rightarrow y_h = C_1 + C_2 e^{2x}$

(ⅱ) $y''-2y'=12e^{2x}-8e^{-2x}$ 의 특수해

$y_p = \frac{1}{D(D-2)}\{12e^{2x}-8e^{-2x}\}=6xe^{2x}-e^{-2x}$

(ⅲ) 초깃값 문제의 해

$y=y_h+y_p=C_1+C_2e^{2x}+6xe^{2x}-e^{-2x}$

$y(0)=-2,\ y'(0)=12 \Rightarrow C_1=-3,\ C_2=2$

즉, $y=y_h+y_p=-3+2e^{2x}+6xe^{2x}-e^{-2x}$

따라서 $y(1)=8e^2-e^{-2}-3$

40. ③

풀이 $y=\sum_{n=0}^{\infty}a_nx^n=a_0+a_1x+a_2x^2+a_3x^3+\cdots$

$y'=a_1+2a_2x+3a_3x^2+\cdots$

$y''=2a_2+6a_3x+\cdots$

$e^x=1+x+\frac{x^2}{2!}+\frac{x^3}{3!}+\cdots$

$y''+e^xy'-y=(2a_2+a_1-a_0)+(6a_3+2a_2)x+\cdots$

$2a_2+a_1-a_0=0,\ 6a_3+2a_2=0,\cdots$

$y(0)=1,\ y'(0)=2 \Rightarrow a_0=1,\ a_1=2$

$a_2=-\frac{1}{2},\ a_3=\frac{1}{6} \Rightarrow a_2+a_3=-\frac{1}{3}$

41. ②

풀이 $y(x)=\sum_{n=0}^{\infty}a_nx^n$이라 하면

$y(x)=a_0+a_1x+a_2x^2+a_3x^3+a_4x^4+\cdots$

$y'(x)=a_1+2a_2x+3a_3x^2+4a_4x^3+\cdots,$

$y''(x)=2a_2+6a_3x+12a_4x^2+\cdots$

이므로 $y''-\frac{x}{1-x^2}y'+\frac{10}{1-x^2}y=0$에 대입하면

$\left(2a_2+6a_3x+12a_4x^2+\cdots\right)$

$-\left(x+x^3+\cdots\right)\left(a_1+2a_2x+3a_3x^2+4a_4x^3+\cdots\right)$

$+10\left(1+x^2+x^4+\cdots\right)\left(a_0+a_1x+a_2x^2+a_3x^3+a_4x^4+\cdots\right)=0$

전개하여 오름차순으로 정리하면

$(2a_2+10a_0)+(6a_3+9a_1)x$

$+(12a_4+8a_2+10a_0)x^2+\cdots=0$

$y(0)=1$에서 $a_0=1$,

$y'(0)=3$에서 $a_1=3$,

$2a_2+10a_0=0,\ 2a_2+10=0$에서 $a_2=-5$

$6a_3+9a_1=0,\ 6a_3+27=0$에서 $a_3=-\frac{9}{2}$

$12a_4+8a_2+10a_0=0,\ 12a_4-40+10$에서 $a_4=\frac{5}{2}$

$\therefore y(x)=1+3x-5x^2-\frac{9}{2}x^3+\frac{5}{2}x^4+\cdots$

$\therefore \frac{y^{(4)}(0)}{4!}=\frac{5}{2}$

42. ①

풀이 특성방정식 $m^2-1=0$에서 $m=\pm1$이므로

$y_h=c_1x+c_2x^{-1}$이다. 론스키안을 구하면

$W=x(-x^{-2})-x^{-1}(1)=-2x^{-1}$이므로

$y_p=-x\int\frac{x^{-1}\cdot16x}{-2x^{-1}}dx+x^{-1}\int\frac{x\cdot16x}{-2x^{-1}}dx=2x^3$

따라서 일반해는 $y=c_1x+c_2x^{-1}+2x^3$이다.

초기조건에 의해

$y(1)=c_1+c_2+2=-1,\ y'(1)=c_1-c_2+6=1$

이므로 $c_1=-4,\ c_2=1$이고

일반해는 $y=-4x+x^{-1}+2x^3$이다.

$\therefore y(2)=-4\times2+2^{-1}+2\times2^3=\frac{17}{2}$

43. ③

풀이 특성방정식이 $r^5-3r^4+3r^3-r^2=0$이므로 $r=0,0,1,1,1$ 이다. 따라서 항들이 일차독립이므로 항등식의 미정계수법에 의해 해의 형태는 $y=c_1+c_2x+(c_3+c_4x+c_5x^2)e^x$이다.

44. ④

풀이 $f(x)=(x^2-1)^n$이라 하면

$f'(x)=2nx(x^2-1)^{n-1}=\frac{2nxf(x)}{x^2-1}$이다.

따라서 $(1-x^2)f'(x)+2nxf(x)=0$이다.

양변을 미분하면

$(1-x^2)f''(x)-2xf'(x)+2nxf'(x)+2nf(x)=0$이다.

라이프니츠 곱미분공식에 의하여

$\{f''(x)(1-x^2)\}^{(n)}$

$=f^{(n+2)}(x)\cdot(1-x^2)+nf^{(n+1)}(x)\cdot(-2x)$

$+\frac{n(n-1)}{2}f^{(n)}(x)\cdot(-2)\ \{f'(x)\cdot x\}^{(n)}$

$=f^{(n+1)}(x)\cdot x+nf^{(n)}(x)\cdot 1$이므로

양변을 n번 미분하면

$(1-x^2)f^{(n+2)}(x)-2xf^{(n+1)}(x)+n(n+1)f^{(n)}(x)=0$,
$f^{(n)}(x)=y$이므로
$(1-x^2)y''-2xy'+n(n+1)y=0$이다.

[다른 풀이]
르장드르(Legendre) 방정식
$(1-x^2)y''-2xy'+n(n+1)y=0$에 의해
$k=n(n+1)$이다.

45. ③

풀이 $2\cos\frac{x}{2}\cos\frac{3}{2}x=\cos(2x)+\cos(-x)=\cos2x+\cos x$
이므로 특수해는

$$y_p=\frac{1}{D^2+4}\{\cos2x+\cos x\}$$
$$=\frac{1}{D^2+4}\{\cos2x\}+\frac{1}{D^2+4}\{\cos x\}$$
$$=Re\left[\frac{1}{D^2+4}\{e^{2ix}\}+\frac{1}{D^2+4}\{e^{ix}\}\right]$$
$$=Re\left[\frac{1}{(D+2i)(D-2i)}\{e^{2ix}\}+\frac{1}{D^2+4}\{e^{ix}\}\right]$$
$$=Re\left[x\frac{1}{4i}\{e^{2ix}\}+\frac{1}{3}\{e^{ix}\}\right]$$
$$=Re\left[x\frac{-i}{4}\{\cos2x+i\sin2x\}+\frac{1}{3}\{\cos x+i\sin x\}\right]$$
$$=\frac{1}{4}x\sin2x+\frac{1}{3}\cos x$$

따라서 해가 될 수 있는 꼴은 $Ax\sin2x+B\cos x$이다.

46. ①

풀이 $x=e^t$로 치환하여 주어진 미분방정식에 대입하여 정리하면
$$\frac{d^2y}{dt^2}-5\frac{dy}{dt}+6y=2t$$
보조방정식 $m^2-5m+6=0$이므로
$m=2,\ 3\ \Rightarrow\ y_c=c_1e^{2t}+c_2e^{3t}$
특수해 $y_p=At+B$라 하고
주어진 미분방정식에 대입하여 정리하면
$A=\frac{1}{3},\ B=\frac{5}{18}$이므로
$$y=c_1e^{2t}+c_2e^{3t}+\frac{1}{3}t+\frac{5}{18}$$
$$\Rightarrow\ y=c_1x^2+c_2x^3+\frac{1}{3}\ln x+\frac{5}{18}$$
$$y_p(x)=\frac{1}{3}\ln x+\frac{5}{18}\ \Rightarrow\ y'_p(x)=\frac{1}{3x}$$
$$\therefore y_p'\left(\frac{1}{6}\right)=2$$

47. ①

풀이 $y=\sum_{n=0}^{\infty}a_nx^n=a_0+a_1x+a_2x^2+a_3x^3+a_4x^4+\dots$라 하면
$y'=a_1+2a_2x+3a_3x^2+4a_4x^3+\dots$,
$y''=2a_2+6a_3x+12a_4x^2+\dots$
주어진 식 $(1-x^2)y''-2y'+3y=0$에 대입하여 보자.
$$(1-x^2)(2a_2+6a_3x+12a_4x^2+\dots)$$
$$-2(a_1+2a_2x+3a_3x^2+\dots)$$
$$+3(a_0+a_1x+a_2x^2+a_3x^3+\dots)=0$$
$$\Leftrightarrow\ -2a_2x^2-6a_3x^3-12a_4x^4+2a_2+6a_3x+12a_4x^2+\cdots$$
$$-2a_1-4a_2x-6a_3x^2-8a_4x^3+\cdots$$
$$+3a_0+3a_1x+3a_2x^2+3a_3x^3\ \cdots=0$$
$$\Leftrightarrow\ (2a_2-2a_1+3a_0)+x(6a_3-4a_2+3a_1)$$
$$+x^2(-2a_2+12a_4-6a_3+3a_2)+\cdots=0$$
$2a_2-2a_1+3a_0=0,\ 6a_3-4a_2+3a_1=0,$
$12a_4-6a_3+a_2=0,\ \cdots$의 관계식을 만족한다.
초기조건에 의하여 $a_0=0,\ a_1=1$이므로
$a_2=1,\ a_3=\frac{1}{6},\ a_4=0$이다.

48. ③

풀이 주어진 미분방정식의 특성방정식은 $t^2+1=0$이고
$t=\pm i$가 성립한다.
미분방정식의 해는 $y=c_1\cos x+c_2\sin x$이고
초기조건 $y\left(\frac{\pi}{3}\right)=2,\ y'\left(\frac{\pi}{3}\right)=-4$에 의해
$c_1=1+2\sqrt{3},\ c_2=-2+\sqrt{3}$이다.
따라서 미분방정식의 해는
$y=(1+2\sqrt{3})\cos x+(-2+\sqrt{3})\sin x$이므로
$y\left(\frac{\pi}{2}\right)=\sqrt{3}-2$이다.

49. ④

풀이 $x^2y''-5xy'+10y=0$의 보조방정식이
$t(t-1)-5t+10=0\ \Leftrightarrow\ t^2-6t+10=0\ \Leftrightarrow\ t=3\pm i$
이므로 일반해는
$y=x^3(c_1\cos(\ln x)+c_2\sin(\ln x))$이다.
초기 조건 $y\left(e^{\frac{\pi}{2}}\right)=e^{\frac{\pi}{2}},\ y(e^{\pi})=-e^{2\pi}$을 대입하면
$c_1=e^{-\pi},\ c_2=e^{-\pi}$이다.
따라서 $y=e^{-\pi}x^3(\cos(\ln x)+\sin(\ln x))$이고
$y\left(e^{\frac{\pi}{4}}\right)=e^{-\pi}e^{\frac{3}{4}\pi}\left(\cos\frac{\pi}{4}+\sin\frac{\pi}{4}\right)=\sqrt{2}e^{-\frac{\pi}{4}}$이다.

04 공학수학

50. ③

풀이 $ay''' + by'' + cy' - 4y = 0$의 보조방정식은
$a\lambda^3 + b\lambda^2 + c\lambda - 4 = 0$이다.
$a\lambda^3 + b\lambda^2 + c\lambda - 4 = 0$의 해가
$\lambda = \frac{1}{3}, -1 + \sqrt{3}i, -1 - \sqrt{3}i$이므로

$a\left(\lambda - \frac{1}{3}\right)(\lambda + 1 - \sqrt{3}i)(\lambda + 1 + \sqrt{3}i) = 0$,

$a\left(\lambda - \frac{1}{3}\right)(\lambda^2 + 2\lambda + 4) = 0$, $a\left(\lambda^3 + \frac{5}{3}\lambda^2 + \frac{10}{3}\lambda - \frac{4}{3}\right) = 0$,

$a\lambda^3 + \frac{5}{3}a\lambda^2 + \frac{10}{3}a\lambda - \frac{4}{3}a = 0$

$\therefore a + b + c = 18$

51. ⑤

풀이 $y = c_0 + c_1x + c_2x^2 + c_3x^3 + c_4x^4 + c_5x^5 + \cdots$에서
$y(0) = 0$, $y'(0) = 1$이므로 $c_0 = 0$, $c_1 = 1$이고
$y = x + c_2x^2 + c_3x^3 + c_4x^4 + c_5x^5 + \cdots$

$y'' - (\sin x)y = 0$

$\Leftrightarrow (2c_2 + 6c_3x + 12c_4x^2 + 20c_5x^3 + \cdots)$
$\quad -\left(x - \frac{x^3}{3!} + \frac{x^5}{5!} - \cdots\right)(x + c_2x^2 + c_3x^3 + \cdots) = 0$

$\Leftrightarrow (2c_2) + (6c_3)x + (12c_4 - 1)x^2 + \cdots = 0$

따라서 $c_2 = 0$, $c_3 = 0$, $c_4 = \frac{1}{12}$이고

$c_0 + c_1 + c_2 + c_3 + c_4 = 1 + \frac{1}{12} = \frac{13}{12}$이다.

52. ③

풀이 미분방정식의 해 $y(t)$의 라플라스 변환을
$\mathcal{L}(y(t))(s) = Y(s)$라 하자.
미분방정식 $y'' + 2y' + 2y = \cos(2t)$에
라플라스 변환을 취하면

$(s^2 + 2s + 2)Y(s) = \frac{s}{s^2 + 4} + s + 2$

$\Rightarrow Y(s) = \frac{s}{(s^2 + 4)(s^2 + 2s + 2)} + \frac{s + 1 + 1}{(s+1)^2 + 1}$

$= -\frac{1}{10} \cdot \frac{s}{s^2 + 4} + \frac{2}{10} \cdot \frac{2}{s^2 + 4}$
$\quad + \frac{11}{10} \cdot \frac{s + 1}{(s+1)^2 + 1} + \frac{7}{10} \cdot \frac{1}{(s+1)^2 + 1}$

이 식에 라플라스 역변환을 취하면

$y(t) = -\frac{1}{10}\cos(2t) + \frac{2}{10}\sin(2t) + \frac{11}{10}e^{-t}\cos t + \frac{7}{10}e^{-t}\sin t$

을 얻는다. 안정상태해는

$\varphi(t) = \lim_{t\to\infty} y(t) = -\frac{1}{10}\cos(2t) + \frac{2}{10}\sin(2t)$이다.

따라서 $\varphi\left(\frac{\pi}{2}\right) = \frac{1}{10}$이다.

53. ⑤

풀이 (i) 제차형의 일반해를 구하면
$(D^2 + 3D + 2)u(t) = 0$에서
특성방정식의 해가 $D = -1$, $D = -2$이므로
$u_C = C_1e^{-t} + C_2e^{-2t}$이다.($C_1, C_2$ 는 임의 상수)

(ii) 비제차형의 특수해를 역연산자법으로 구하면

$u_P = \frac{1}{(D+1)(D+2)} \cdot 2e^{-2t}\sin t$
$= e^{-2t} \cdot \frac{2}{(D-1)D}[Im(e^{ix})]$
$= e^{-2t}\left[Im\left(\frac{2}{-1-i}e^{it}\right)\right]$
$= e^{-2t}\left[Im\left\{\frac{2(-1+i)}{(-1-i)(-1+i)}(\cos t + i\sin t)\right\}\right]$
$= e^{-2t}[Im(-1+i)(\cos t + i\sin t)]$
$= e^{-2t}(-\sin t + \cos t)$

따라서 미분방정식의 일반해는
$u(t) = C_1e^{-t} + C_2e^{-2t} + e^{-2t}(-\sin t + \cos t)$이다.
(C_1, C_2 는 임의의 상수)

$u'(t) = -C_1e^{-t} - 2C_2e^{-2t} - 2e^{-2t}(-\sin t + \cos t)$
$\quad + e^{-2t}(-\cos t - \sin t)$

에 대해 초기값 $u(0) = 1$, $u'(0) = 2$를 만족하는 상수 C_1, C_2는

$\begin{cases} C_1 + C_2 + 1 = 1 \\ -C_1 - 2C_2 - 3 = 2 \end{cases} \Leftrightarrow C_1 = 5,\ C_2 = -5$이다.

$\therefore u(t) = 5e^{-t} + e^{-2t}(-5 - \sin t + \cos t)$,

$\lim_{t\to\infty} e^t u(t) = \lim_{t\to\infty}\left[5 + \frac{-5 - \sin t + \cos t}{e^t}\right] = 5$

54. ②

풀이 특성방정식 $t^2 - 1 = 0$에서 $t = \pm 1$이므로
$y(t) = c_1t^{-1} + c_2t$이다.
$y(1) = 5$, $y'(1) = -3$에 의해 $c_1 = 4$, $c_2 = 1$이다.

따라서 $y(t) = \frac{4}{t} + t \ (t > 0)$이다.

산술기하평균에 의해 $y(t) = \frac{4}{t} + t \geq 2\sqrt{\frac{4}{t} \cdot t} = 4$이다.

[다른 풀이]

$y'(t)=1-\frac{4}{t^2}=0$을 만족하는 임계점은 $t=2\ (t>0)$이고,

$y''=\frac{8}{t^3}$이고 $t>0$일 때 항상 $y''>0$이므로

$t=2$에서 극솟값이자 최솟값을 갖는다.

따라서 최솟값은 $y(2)=4$이다.

55. ①

풀이 $y_c=c_1\cos x+c_2\sin x$이고

$y_p=Ax\cos x+Bx\sin x+C\cos 2x+D\sin 2x$,

y_p를 주어진 미분방정식에 대입하면

$A=2,\ B=0,\ C=-\frac{8}{3},\ D=0$이므로

$$y=c_1\cos x+c_2\sin x+2x\cos x-\frac{8}{3}\cos 2x$$

$$y'=-c_1\sin x+c_2\cos x+2\cos x-2x\sin x+\frac{16}{3}\sin 2x$$

초기조건으로부터 $c_1=-\pi,\ c_2=-\frac{11}{3}$이므로

$$y=-\pi\cos x-\frac{11}{3}\sin x+2x\cos x-\frac{8}{3}\cos 2x$$

$$\therefore y(\pi)=-\pi-\frac{8}{3}$$

56. ①

풀이 $x=\sin t$라 두면 $\frac{dx}{dt}=\cos t$이므로 $\frac{dt}{dx}=\sec t$

$$\frac{dy}{dx}=\frac{dy}{dt}\frac{dt}{dx}=\frac{dy}{dt}\sec t,$$

$$\frac{d^2y}{dx^2}=\frac{d}{dt}\left(\frac{dy}{dx}\right)\frac{dt}{dx}=\left(\frac{d^2y}{dt^2}\sec t+\frac{dy}{dt}\sec t\tan t\right)\sec t$$

$$=\frac{d^2y}{dt^2}\sec^2 t+\frac{dy}{dt}\sec^2 t\tan t$$

$$\therefore (1-x^2)\frac{d^2y}{dx^2}-x\frac{dy}{dx}=0$$

$$\Rightarrow\ (1-\sin^2 t)\left(\frac{d^2y}{dt^2}\sec^2 t+\frac{dy}{dt}\sec^2 t\tan t\right)-\sin t\left(\frac{dy}{dt}\sec t\right)=0$$

$$\Rightarrow\ \cos^2 t\left(\frac{d^2y}{dt^2}\sec^2 t+\frac{dy}{dt}\sec^2 t\tan t\right)-\left(\frac{dy}{dt}\tan t\right)=0$$

$$\Rightarrow\ \frac{d^2y}{dt^2}=0$$

57. ①

풀이 주어진 미분방정식은 코시-오일러미분방정식이다.

특성방정식을 구하면 $r(r-1)+r+1=r^2+1=0$이므로

$r=i,\ -i$이다. 즉, 미분방정식의 해는

$y=c_1\cos\ln x+c_2\sin\ln x$이므로 $a=0,\ b=1$이다.

$$y'=-c_1\sin\ln x\cdot\frac{1}{x}+c_2\cos\ln x\cdot\frac{1}{x}$$

초깃값을 대입하면 $y(1)=c_1=1$이고, $y'(1)=c_2=2$이다.

$\therefore a+b+c_1+c_2=4$

58. ④

풀이 만족하는 해를 $y=a_0+a_1x+a_2x^2+a_3x^3+a_4x^4+\cdots$라 하면

$y'=a_1+2a_2x+3a_3x^2+4a_4x^3+\cdots$

$y''=2a_2+6a_3x+12a_4x^2+\cdots$이고

$y(0)=-1\Rightarrow a_0=-1,\ y'(0)=-2\Rightarrow a_1=-2$ 이다.

$(1+x+2x^2)y''+(1+7x)y'+2y=0$

$$\Leftrightarrow\ (1+x+2x^2)(2a_2+6a_3x+12a_4x^2+\cdots)+(1+7x)(-2+2a_2x+3a_3x^2+4a_4x^3+\cdots)+2(-1-2x+a_2x^2+a_3x^3+a_4x^4+\cdots)=0$$

$$\Leftrightarrow\ \begin{cases}2a_2-2-2=0\\(2a_2+6a_3-14+2a_2-4)x=0\\(12a_4+6a_3+4a_2+3a_3+14a_2+2a_2)x^2=0\\ \qquad\vdots\end{cases}$$

$$\therefore\ a_2=2,\ a_3=\frac{5}{3},\ a_4=-\frac{55}{12}$$

59. ③

풀이 제차의 해를 구하자.

보조방정식을 구하면 $t^4+3t^2-4=0,\ (t^2+4)(t^2-1)=0$

$\therefore t=\pm1,\ \pm2i$

$\therefore y_c=c_1e^{-x}+c_2e^{x}+c_3\cos 2x+c_4\sin 2x$

(a) (해가 맞음) $x^3+2\cosh x-\sin 2x$에서

(ⅰ) x^3을 주어진 방정식에 대입하면 $-4x^3+18x$이다. x^3은 특수해

(ⅱ) $2\cosh x=e^x+e^{-x}$는 제차의 해이므로 주어진 방정식에 대입하면 0이 된다.

(b) (해가 맞음) $x^3+\cos 2x$에서

(ⅰ) x^3을 주어진 방정식에 대입하면 $-4x^3+18x$이다. x^3은 특수해

(ⅱ) $\cos 2x$는 제차의 해이므로

04 공학수학

주어진 방정식에 대입하면 0이 된다.

(c) (해가 아님)

(i) x^3을 주어진 방정식에 대입하면 $-4x^3+18x$이다.

x^3은 특수해

(ii) $-\sinh 2x = -2\sinh x\cosh x$

$$= -2\left(\frac{e^x-e^{-x}}{2}\right)\left(\frac{e^x+e^{-x}}{2}\right)$$

$$= -\frac{1}{2}(e^{2x}-e^{-2x})$$

여기에서 e^{2x}와 e^{-2x}는 제차해의 형태가 아니므로 주어진 방정식에 대입하면 0이 되지 않는다.

(d) (해가 맞음) x^3+3e^x에서

(i) x^3을 주어진 방정식에 대입하면 $-4x^3+18x$이다.

x^3은 특수해

(ii) $3e^x$는 제차의 해이므로

주어진 방정식에 대입하면 0이 된다.

60. ⑤

풀이 제차의 해가 e^x, e^{-x}이므로 특성방정식의 해는 $t=-1, 1$이다. 따라서 $y''-y=0$ 즉, $a=0, b=-1$이다.

$$y''-y=-\frac{2e^x}{e^x+1}$$

(i) $y_c = c_1e^x+c_2e^{-x}$

(ii) y_p는 론스키안을 활용하면

$$W(x)=\begin{vmatrix} e^x & e^{-x} \\ e^x & -e^{-x}\end{vmatrix}=-2,$$

$$W_1R(x)=\begin{vmatrix} 0 & e^{-x} \\ -\frac{2e^x}{e^x+1} & -e^{-x}\end{vmatrix}=\frac{2}{e^x+1},$$

$$W_2R(x)=\begin{vmatrix} e^x & 0 \\ e^x & -\frac{2e^x}{e^x+1}\end{vmatrix}=-\frac{2e^{2x}}{e^x+1}$$ 이므로

$$y_p = e^x\int\frac{\frac{2}{e^x+1}}{-2}dx+e^{-x}\int\frac{-\frac{2e^{2x}}{e^x+1}}{-2}dx$$

$$=-e^x\int\frac{1}{e^x+1}dx+e^{-x}\int\frac{e^{2x}}{e^x+1}dx$$

이때, $\int\frac{1}{e^x+1}dx = x-\ln(e^x+1)+C,$

$\int\frac{e^{2x}}{e^x+1}dx = e^x-\ln(e^x+1)+C$이므로

$$y_p=-e^x\{x-\ln(e^x+1)\}+e^{-x}\{e^x-\ln(e^x+1)\}$$

$$=-xe^x+e^x\ln(e^x+1)+1-e^{-x}\ln(e^x+1)$$

61. ①

풀이 $x^4y^{(4)}+4x^3y'''+11x^2y''-9xy'+9y=0$은 제차 코시-오일러 미분방정식이므로 특성방정식을 이용하여 미분방정식의 해를 구하여 보자.

$t(t-1)(t-2)(t-3)+4t(t-1)(t-2)+11t(t-1)-9t+9=0$

$\Leftrightarrow\ (t-1)^2(t^2+9)=0$

이므로 $t=1$(중근), $t=\pm 3i$ 이고 미분방정식의 해는

$y=c_1x+c_2x\ln x+c_3\sin(3\ln x)+c_4\cos(3\ln x)$이다.

초기조건 $y(1)=1,\ y'(1)=3,\ y''(1)=-12,\ y'''(1)=6$을 대입하면 $c_1=0,\ c_2=0,\ c_3=1,\ c_4=1$이므로

$y=\sin(3\ln x)+\cos(3\ln x)$이다.

그러므로 $y(e)=\sin(3)+\cos(3)$이다.

62. ③

풀이 $y=e^{2x}\sin x$가 제차이계선형 미분방정식의 해가 된다면 특성방정식의 해는 $2\pm i$임을 알 수 있다.

이차방정식의 해가 $2\pm i$인 방정식을 만들면

$t^2-4t+5=0$이므로 $M=-4, N=5$

$\therefore M+N=1$

63. ④

풀이 $x^3y'''+xy'-y=x^2$은 비제차 코시-오일러 미분방정식이다.

특성방정식이 $t(t-1)(t-2)+t-1=0$

$\Leftrightarrow\ (t-1)(t^2-2t+1)=0\ \Leftrightarrow\ (t-1)^3=0$

이므로 $y_c=c_1x+c_2x\ln x+c_3x(\ln x)^2$이다.

(i) 상수계수 미분방정식으로 풀이할 수 있다.

$x=e^t$이라고 치환하면 주어진 미분방정식은

$(D-1)^3y(t)=e^{2t}$

$y_p(t)=\frac{1}{(D-1)^3}\{e^{2t}\}=e^{2t}$이고,

다시 바꾸면 $y_p(x)=x^2$이다.

따라서 $y=c_1x+c_2x\ln x+c_3x(\ln x)^2+x^2$이다.

(초기 조건 대입은 아래 참고!!)

(ii) $y_1=x,\ y_2=x\ln x,\ y_3=x(\ln x)^2$이라 두고 매개변수변화법(론스키안 해법)을 이용하여 특수해를 구하자.

$$W(x)=\begin{vmatrix} x & x\ln x & x(\ln x)^2 \\ 1 & \ln x+1 & (\ln x)^2+2\ln x \\ 0 & \frac{1}{x} & \frac{2}{x}\ln x+\frac{2}{x}\end{vmatrix}$$

$$=\begin{vmatrix} x & x\ln x & x(\ln x)^2 \\ 0 & 1 & 2\ln x \\ 0 & \frac{1}{x} & \frac{2}{x}\ln x+\frac{2}{x} \end{vmatrix}$$

$$=x\left(\frac{2}{x}\ln x+\frac{2}{x}-\frac{2}{x}\ln x\right)=2$$

$$WR_1(x)=\begin{vmatrix} 0 & x\ln x & x(\ln x)^2 \\ 0 & \ln x+1 & (\ln x)^2+2\ln x \\ \frac{1}{x} & \frac{1}{x} & \frac{2}{x}\ln x+\frac{2}{x} \end{vmatrix}$$

$$=\frac{1}{x}\{x(\ln x)^3+2x(\ln x)^2-x(\ln x)^3-x(\ln x)^2\}$$

$$=\frac{1}{x}\cdot x(\ln x)^2=(\ln x)^2$$

$$WR_2(x)=\begin{vmatrix} x & 0 & x(\ln x)^2 \\ 1 & 0 & (\ln x)^2+2\ln x \\ 0 & \frac{1}{x} & \frac{2}{x}\ln x+\frac{2}{x} \end{vmatrix}$$

$$=-\frac{1}{x}\{x(\ln x)^2+2x\ln x-x(\ln x)^2\}=-2\ln x$$

$$WR_3(x)=\begin{vmatrix} x & x\ln x & 0 \\ 1 & \ln x+1 & 0 \\ 0 & \frac{1}{x} & \frac{1}{x} \end{vmatrix}=\frac{1}{x}(x\ln x+x-x\ln x)=1$$

$$\therefore y_p-x\int\frac{WR_1(x)}{W(x)}dx+x\ln x\int\frac{WR_2(x)}{W(x)}dx$$

$$+x(\ln x)^2\int\frac{WR_3(x)}{W(x)}dx$$

$$=x\int\frac{(\ln x)^2}{2}dx+x\ln x\int\frac{-2\ln x}{2}dx$$

$$+x(\ln x)^2\int\frac{1}{2}dx$$

$$=\frac{x}{2}\left\{x(\ln x)^2-\int 2\ln x dx\right\}$$

$$-x\ln x\int\ln x dx+\frac{1}{2}x^2(\ln x)^2$$

$$=\frac{x^2}{2}(\ln x)^2-x\int\ln x dx$$

$$-x\ln x\int\ln x dx+\frac{1}{2}x^2(\ln x)^2$$

$$=\frac{x^2}{2}(\ln x)^2-x\{x\ln x-x\}$$

$$-x\ln x\{x\ln x-x\}+\frac{1}{2}x^2(\ln x)^2$$

$$=\frac{x^2}{2}(\ln x)^2-x^2\ln x+x^2$$

$$-x^2(\ln x)^2+x^2\ln x+\frac{x^2}{2}(\ln x)^2=x^2$$

(ii)에 의하여 $x^3y'''+xy'-y=x^2$의 일반해는
$y=c_1x+c_2x\ln x+c_3x(\ln x)^2+x^2$이다.
초기조건 $y(1)=1$, $y'(1)=3$, $y''(1)=14$를 대입하면
$c_1=0$, $c_2=1$, $c_3=\frac{11}{2}$이므로

$y(x)=x\ln x+\frac{11}{2}x(\ln x)^2+x^2$이고

$y(e)=e+\frac{11}{2}e+e^2=\frac{1}{2}e(13+2e)$이다.

64. ①

풀이 미분방정식 $(1-x^2)y''-2xy'+6y=0$에
해 $y=a_0+a_1x+a_2x^2+a_3x^3+\cdots$을 대입하면

$(1-x^2)(2a_2+6a_3x+\cdots)-2x(a_1+2a_2x+3a_3x^2+\cdots)$
$+6(a_0+a_1x+a_2x^2+a_3x^3+\cdots)=0$
$\Leftrightarrow (2a_2+6a_0)+x(6a_3-2a_1+6a_1)+\cdots=0$
을 만족해야 하므로

$a_2=-3a_0$, $a_3=-\frac{2}{3}a_1$의 관계를 갖는다.

그러므로 $\frac{a_2a_3}{a_0a_1}=\frac{(-3a_0)\left(-\frac{2}{3}a_1\right)}{a_0a_1}=2$이다.

[다른 풀이]
Secret JUJU 이용하기 좋은 문제

65. ③

풀이 (i) 특성방정식이 $t^2-6t+9=0 \Leftrightarrow (t-3)^2=0$이므로
$t=3$(중근)이다. 따라서 $y_c=c_1e^{3x}+c_2xe^{3x}$이다.

(ii) 미정계수법을 이용하여 y_p를 구하여 보자.
$y_p=Ax^2+Bx+C$라 하고
주어진 미분방정식에 대입하면 $y''-6y'+9y=6x^2+2$
$\Rightarrow (2A)-6(2Ax+B)+9(Ax^2+Bx+C)=6x^2+2$
$\Leftrightarrow 9Ax^2+(-12A+9B)x+(2A-6B+9C)=6x^2+2$

따라서 $A=\frac{6}{9}=\frac{2}{3}$, $-12\left(\frac{2}{3}\right)+9B=0$

$\Leftrightarrow B=\frac{8}{9}$, $2\left(\frac{2}{3}\right)-6\left(\frac{8}{9}\right)+9C=2$

$\Leftrightarrow C=\frac{2}{3}$이다.

따라서 $y_p=\frac{2}{3}x^2+\frac{8}{9}x+\frac{2}{3}$이다.

(i)과 (ii)에 의하여 미분방정식 $y''-6y'+9y=6x^2+2$의
해는 $y=c_1e^{3x}+c_2xe^{3x}+\frac{2}{3}x^2+\frac{8}{9}x+\frac{2}{3}$이고

초기조건 $y(0)=1$, $y'(0)=2$을 대입하면 $c_1=\frac{1}{3}$, $c_2=\frac{1}{9}$

그러므로 $y=\frac{1}{3}e^{3x}+\frac{1}{9}xe^{3x}+\frac{2}{3}x^2+\frac{8}{9}x+\frac{2}{3}$이고

$y(1)=\frac{1}{3}e^3+\frac{1}{9}e^3+\frac{2}{3}+\frac{8}{9}+\frac{2}{3}$

$= \frac{4}{9}e^3 + \frac{20}{9} = \frac{4}{9}(e^3+5)$이다.

TIP 객관식 보기의 답을 충분히 활용하면
일반해의 계수 c_1, c_2를 구할 필요없이 해를 고를 수 있다.

66. ①

풀이 보조방정식이 $t^3 - t^2 = 0 \Leftrightarrow t^2(t-1) = 0$이므로
일반해 $y_c = c_1e^x + c_2 + c_3x$이다.

$y_p = \frac{1}{D^2(D-1)}\{3e^x - 2\}$

$= \frac{1}{1}\frac{x}{1!}3e^x - \frac{x^2}{2!}\frac{1}{-1}2 = 3xe^x + x^2$이다.

즉, 주어진 미분방정식의 해는
$y = c_1e^x + c_2 + c_3x + 3xe^x + x^2$이며
초기조건 $y(0)=0,\ y'(0)=3,\ y''(0)=8$을 대입하면
$c_1=0,\ c_2=0,\ c_3=0$이므로 $y(x)=3xe^x+x^2$이다.
따라서 $y(1)=3e+1$이다.

67. ③

풀이 $y'' + \left(-2-\frac{2}{x}\right)y' + \left(1+\frac{2}{x}\right)y = 0$에서

$p(x) = -2-\frac{2}{x}$라 하면

$y_2 = y_1\int \frac{e^{-\int p(x)\,dx}}{y_1^2}dx = e^x\int x^2dx = \frac{1}{3}x^3e^x$

68. ①

풀이 (i) $x''(t)+4x(t)=0$에서 특성방정식이 $t^2+4=0$이므로
$t=\pm 2i \ \Rightarrow\ x_c = c_1\cos 2t + c_2\sin 2t$
(단, c_1, c_2는 임의의 상수)

(ii) $x_p = \frac{1}{D^2+4}\{\cos 2t\}$

$= Re\left[\frac{1}{D^2+4}\{e^{2it}\}\right]$

$= Re\left[\frac{1}{(D+2i)(D-2i)}\{e^{2it}\}\right]$

$= Re\left[\frac{-ti}{4}(\cos 2t + i\sin 2t)\right]$

$= \frac{t}{4}\sin 2t$

$\therefore x(t) = c_1\cos 2t + c_2\sin 2t + \frac{t}{4}\sin 2t$

(단, c_1, c_2는 임의의 상수)

여기서 $x'(t) = -2c_1\sin 2t + 2c_2\cos 2t + \frac{1}{4}\sin 2t + \frac{t}{2}\cos 2t$

이고 $x(0)=0,\ x'(0)=1$이므로 $c_1=0$이고 $c_2=\frac{1}{2}$이다.

따라서 해는 $x(t) = \frac{1}{2}\sin 2t + \frac{t}{4}\sin 2t$이다.

$x'(t) = \cos 2t + \frac{1}{4}\sin 2t + \frac{t}{2}\cos 2t$

$x''(t) = -(2+t)\sin 2t + \cos 2t$

그러므로 $x'\left(\frac{\pi}{2}\right) = -1-\frac{\pi}{4}$이고 $x''\left(\frac{\pi}{2}\right) = -1$이다.

$\therefore x'\left(\frac{\pi}{2}\right) - x''\left(\frac{\pi}{2}\right) = -\frac{\pi}{4}$

69. ④

풀이 x^2, $x^2\ln x$는 선형 제차 미분방정식의 일차독립인 두 해이므로
또 다른 해 $y(x)$를 두 일차독립인 해의 일차결합으로
나타낼 수 있다. 즉 $y(x) = c_1x^2 + c_2x^2\ln x$이다.
따라서 $y(1)=c_1=10$이고 $y'(x) = 2c_1x + c_2(2x\ln x + x)$
에서 $y'(1) = 20 + c_2 = 5,\ c_2 = -15$이다.
$y(x) = 10x^2 - 15x^2\ln x$이므로 $y(2) = 40 - 60\ln 2$

70. ③

풀이 일반해 $c_1\sqrt{\frac{2}{\pi x}}\sin x + c_2\sqrt{\frac{2}{\pi x}}\cos x$는
베셀 방정식 $x^2y''+xy'+(x^2-\nu^2)y=0$ 의 일반해이다.
이 때, $J_{\frac{1}{2}}(x) = \sqrt{\frac{2}{\pi x}}\sin x$, $J_{-\frac{1}{2}}(x) = \sqrt{\frac{2}{\pi x}}\cos x$이므로
베셀의 결정방정식 $x^2-\nu^2=0$ 의 해 $\nu^2 = \frac{1}{4}$이다.
즉, $x^2y''+xy'+\left(x^2-\frac{1}{4}\right)y=0$
$\Leftrightarrow\ 4x^2y''+4xy'+(4x^2-1)y=0$의 미분방정식의 해이다.

3. 라플라스 변환

1. ①

풀이 $U(t-a)=\begin{cases}0\ ,\ 0<t<a\\ 1\ ,\quad\ t>a\end{cases}$ 라고 할 때,

$f(t)=\begin{cases}0\ ,\quad t<1\\ 1\ ,\ 1<t<2\\ 0\ ,\quad t>2\end{cases}=U(t-1)-U(t-2)$ 이므로

$\mathcal{L}\{f(t)\}=\dfrac{e^{-s}}{s}-\dfrac{e^{-2s}}{s}=\dfrac{1}{s}(e^{-s}-e^{-2s})$ 이다.

2. ②

풀이 $f(t)=\displaystyle\int_0^t e^{\tau}\sin(t-\tau)d\tau=e^t*\sin t$

$\Rightarrow\ \mathcal{L}\{f(t)\}=\mathcal{L}\{e^t*\sin t\}=\mathcal{L}\{e^t\}\cdot\mathcal{L}\{\sin t\}$

$=\dfrac{1}{s-1}\cdot\dfrac{1}{s^2+1}=\dfrac{1}{(s-1)(s^2+1)}$

3. ①

풀이 $y(t)-\displaystyle\int_0^t(1+\tau)y(t-\tau)\,d\tau=1-\sinh t$

$\Rightarrow\ y-(1+t)*y=1-\sinh t$

양변에 라플라스를 취하고 $L(y)=Y(s)$라 하면

$Y(s)-\left[\dfrac{1}{s}+\dfrac{1}{s^2}\right]Y(s)=\dfrac{1}{s}-\dfrac{1}{s^2-1}$

$\Rightarrow\ Y(s)=\dfrac{s}{s^2-1}\ \Rightarrow\ y(t)=\cosh t$

4. ①

풀이 $L\left\{y'(t)+5\displaystyle\int_0^t y(t-\tau)e^{4\tau}d\tau\right\}=L(0)$

$\Rightarrow L(y')+5L\left\{\displaystyle\int_0^t y(t-\tau)e^{4\tau}d\tau\right\}=0$

$Y(s)=L(y(t))$라 하면 $L(y')=sY(s)-y(0)=sY(s)-1$

$\therefore L\left\{\displaystyle\int_0^t y(t-\tau)e^{4\tau}d\tau\right\}=L(y(t))L(e^{4t})=\dfrac{Y(s)}{s-4}$

$\Rightarrow\ sY(s)-1+5\dfrac{Y(s)}{s-4}=0$

$\Rightarrow\ Y(s)=\dfrac{s-4}{s^2-4s+5}=\dfrac{s-2}{(s-2)^2+1}-\dfrac{2}{(s-2)^2+1}$

$\Rightarrow\ y(t)=L^{-1}\left\{\dfrac{s-2}{(s-2)^2+1}-\dfrac{2}{(s-2)^2+1}\right\}$

$=e^{2t}\cos t-2e^{2t}\sin t=e^{2t}(\cos t-2\sin t)$

$\Rightarrow\ y'(t)=2e^{2t}(\cos t-2\sin t)+e^{2t}(-\sin t-2\cos t)$

$\therefore y'(\pi)=0$

5. ④

풀이 $F(s)=\dfrac{1}{s^2+8s+17}=\dfrac{1}{(s+4)^2+1}$ 이므로

$\mathcal{L}^{-1}\{F(s)\}=\mathcal{L}^{-1}\left\{\dfrac{1}{(s+4)^2+1}\right\}$

$=e^{-4t}\cdot\mathcal{L}^{-1}\left\{\dfrac{1}{s^2+1}\right\}=e^{-4t}\sin t$

6. ③

풀이 $f(t)=L^{-1}\left\{\dfrac{-6s+3}{s^2+9}\right\}$

$=L^{-1}\left\{\dfrac{-6s}{s^2+9}+\dfrac{3}{s^2+9}\right\}$

$=-6L^{-1}\left\{\dfrac{s}{s^2+9}\right\}+L^{-1}\left\{\dfrac{3}{s^2+9}\right\}$

$=-6\cos 3t+\sin 3t$

$\therefore f(\frac{\pi}{3})=6$

7. ②

풀이 $\mathcal{L}(f)=\dfrac{s^2+s+1}{(s+2)^3}=\dfrac{(s+2)^2-3(s+2)+3}{(s+2)^3}$

$=\dfrac{1}{s+2}-\dfrac{3}{(s+2)^2}+\dfrac{3}{(s+2)^3}$

이므로 $f(t)=e^{-2t}\left(1-3t+\dfrac{3}{2}t^2\right)$ 이다.

따라서 $a=-2,\ b_1=1,\ b_2=-3,\ b_3=\dfrac{3}{2}$ 이다.

$\therefore a+b_1+b_2+2b_3=-1$

8. ②

풀이 $f(t)=\begin{cases}1,\ \ 0\le t<1\\ -1,\ \ t\ge 1\end{cases}=1-2u(t-1)$ 이므로

$Y(s)=\mathcal{L}\{y(t)\}$라 하면

주어진 미분방정식의 라플라스 변환은

$sY(s)-y(0)+Y(s)=\dfrac{1}{s}-\dfrac{2}{s}e^{-s}$ 에서

$Y(s)=\dfrac{1}{s(s+1)}-\dfrac{2e^{-s}}{s(s+1)}=\dfrac{1}{s}-\dfrac{1}{s+1}-2\left(\dfrac{1}{s}-\dfrac{1}{s+1}\right)e^{-s}$

따라서 $y(t)=1-e^{-t}-2(1-e^{-(t-1)})u(t-1)$

$\therefore y(2)=2e^{-1}-e^{-2}-1$

04 공학수학

9. ④

풀이 $f(t)=\mathcal{L}^{-1}\left[\dfrac{4s}{(s+1)^2(s-1)}\right]$

$=\mathcal{L}^{-1}\left[\dfrac{1}{s-1}-\dfrac{1}{s+1}+\dfrac{2}{(s+1)^2}\right]$

$=\mathcal{L}^{-1}\left[\dfrac{1}{s-1}\right]-\mathcal{L}^{-1}\left[\dfrac{1}{s+1}\right]+\mathcal{L}^{-1}\left[\dfrac{2}{(s+1)^2}\right]$

$=e^t-e^{-t}+\mathcal{L}^{-1}\left[\dfrac{2}{s^2}\right]\cdot e^{-t}$(제1이동정리)

$=e^t-e^{-t}+2te^{-t}$

$\therefore f(t)=2\sinh t+2te^{-t},\ f(2t)=2(\sinh 2t+2te^{-2t})$

10. 풀이 참조

풀이 (a) (ⅰ) 재차 미분방정식 $y''+2y+y=0$의 특성방정식은

$x^2+2x+1=(x+1)^2=0,\ x=-1,\ -1$이므로

$y_c(t)=ae^{-t}+bte^{-t}$이다.

(ⅱ) $r(t)=\sin t+\cos t$ 인 $y''+2y+y=r(t)$를 만족하는 해 $y_p=A\sin t+B\cos t$라고 할 수 있고,

미정계수법을 통해서 특수해를 구하자.

$y_p=A\sin t+B\cos t$

$y_p'=-B\sin t+A\cos t$

$y_p''=-A\sin t-B\cos t$

$y_p''+2y_p'+y_p=-2B\sin t+2A\cos t=\sin t+\cos t$

를 만족해야 하므로

$A=\dfrac{1}{2},\ B=-\dfrac{1}{2}$이다.

일반해 $y(t)=ae^{-t}+bte^{-t}+\dfrac{1}{2}\sin t-\dfrac{1}{2}\cos t$이다.

(b) (ⅰ) 주어진 미분방정식의 라플라스 변환을 하면

$\mathcal{L}\{y''+2y+y\}=\mathcal{L}\{\sin t+\cos t\}$,

초기조건 $y(0)=y'(0)=0$이므로

$(s^2+2s+1)\mathcal{L}\{y\}=\dfrac{1}{s^2+1}+\dfrac{s}{s^2+1}$

$(s+1)^2\mathcal{L}\{y\}=\dfrac{1+s}{s^2+1}$

$\mathcal{L}\{y\}=\dfrac{1}{(s+1)(s^2+1)}=\dfrac{\frac{1}{2}}{s+1}+\dfrac{-\frac{1}{2}s+\frac{1}{2}}{s^2+1}$

(ⅱ) 역변환을 통해서 $y(t)$를 구하자.

$y(t)=\mathcal{L}^{-1}\left\{\dfrac{\frac{1}{2}}{s+1}-\dfrac{\frac{1}{2}s}{s^2+1}+\dfrac{\frac{1}{2}}{s^2+1}\right\}$

$=\dfrac{1}{2}\mathcal{L}^{-1}\left\{\dfrac{1}{s+1}-\dfrac{s}{s^2+1}+\dfrac{1}{s^2+1}\right\}$

$=\dfrac{1}{2}\{e^{-t}-\cos t+\sin t\}$

따라서 미분방정식의 $y(t)=\dfrac{1}{2}\{e^{-t}-\cos t+\sin t\}$이다.

11. ①

풀이 $f(t)=\begin{cases}0 & ,t<2\pi\\ \sin t & ,2\pi\le t\le 3\pi\\ 0 & ,t>3\pi\end{cases}=\sin t\,U(t-2\pi)-\sin t\,U(t-3\pi)$

이므로 양변에 라플라스 변환을 취하면

$\mathcal{L}\{f(t)\}=\mathcal{L}\{\sin t\,U(t-2\pi)-\sin t\,U(t-3\pi)\}$

식의 조작을 하면

$\mathcal{L}\{f(t)\}=\mathcal{L}\{\sin(t-2\pi)\,U(t-2\pi)-\sin(t-3\pi+3\pi)\,U(t-3\pi)\}$

$\Leftrightarrow\ \mathcal{L}\{f(t)\}=e^{-2\pi s}\mathcal{L}\{\sin(t)\}-e^{-3\pi s}\mathcal{L}\{\sin(t+3\pi)\}$

$\Leftrightarrow\ \mathcal{L}\{f(t)\}=e^{-2\pi s}\mathcal{L}\{\sin t\}-e^{-3\pi s}\mathcal{L}\{-\sin t\}$

$\Leftrightarrow\ \mathcal{L}\{f(t)\}=e^{-2\pi s}\mathcal{L}\{\sin t\}+e^{-3\pi s}\mathcal{L}\{\sin t\}$

$\Leftrightarrow\ \mathcal{L}\{f(t)\}=e^{-2\pi s}\dfrac{1}{s^2+1}+e^{-3\pi s}\dfrac{1}{s^2+1}$

$\Leftrightarrow\ \mathcal{L}\{f(t)\}=\dfrac{1}{s^2+1}(e^{-2\pi s}+e^{-3\pi s})$

12. ④

풀이 $\mathcal{L}^{-1}\left\{\dfrac{3s}{9s^2+4}\right\}=\mathcal{L}^{-1}\left\{\dfrac{\frac{1}{3}s}{s^2+\left(\frac{2}{3}\right)^2}\right\}=\dfrac{1}{3}\cos\left(\dfrac{2}{3}t\right)$이므로

주기는 $2\pi\times\dfrac{3}{2}=3\pi$

13. 풀이 참조

풀이 양변에 라플라스 변환을 하면

$\mathcal{L}\{y''\}-\mathcal{L}\{y\}=\mathcal{L}\{2\}-2\mathcal{L}\{u_1(t)\}$

$\Rightarrow\ s^2Y(s)-sy(0)-y'(0)-sY(s)+y(0)=\dfrac{2}{s}-\dfrac{2}{s}e^{-s}$

$\Rightarrow\ (s^2-1)Y(s)=\dfrac{2}{s}-\dfrac{2}{s}e^{-s}$

$\Rightarrow\ Y(s)=\dfrac{2}{s(s-1)(s+1)}-\dfrac{2}{s(s-1)(s+1)}e^{-s}$

$\Rightarrow\ Y(s)=\left(\dfrac{1}{s-1}+\dfrac{1}{s+1}-\dfrac{2}{s}\right)-\left(\dfrac{1}{s-1}+\dfrac{1}{s+1}-\dfrac{2}{s}\right)e^{-s}$

$\Rightarrow y(t)=\mathcal{L}^{-1}\left\{\left(\dfrac{1}{s-1}+\dfrac{1}{s+1}-\dfrac{2}{s}\right)-\left(\dfrac{1}{s-1}+\dfrac{1}{s+1}-\dfrac{2}{s}\right)e^{-s}\right\}$

$\Rightarrow\ y(t)=(e^t+e^{-t}-2)-u_1(t)(e^{t-1}+e^{-t+1}-2)$

14. ④

풀이 $f(t)=\mathcal{L}^{-1}\{F(s)\}=\mathcal{L}^{-1}\left\{\dfrac{2s+4}{(s-2)^3}\right\}$

$=\mathcal{L}^{-1}\left\{\dfrac{2(s-2)+8}{(s-2)^3}\right\}=e^{2t}\mathcal{L}^{-1}\left\{\dfrac{2s+8}{s^3}\right\}$

$=e^{2t}\mathcal{L}^{-1}\left\{\dfrac{2}{s^2}+\dfrac{8}{s^3}\right\}=e^{2t}(2t+4t^2)$

$\therefore f(1)=e^2(2+4)=6e^2$

15. ①

풀이 $y(t)-\displaystyle\int_0^t y(\tau)\sin(t-\tau)\,d\tau=\cos t$

$\Rightarrow y(t)-y(t)*sint=\cos t$

$\Rightarrow L\{y(t)\}-L\{y(t)*sint\}=L\{\cos t\}$

$\Rightarrow L\{y(t)\}-L\{y(t)\}\dfrac{1}{s^2+1}=\dfrac{s}{s^2+1}$

$\Rightarrow \dfrac{s^2}{s^2+1}L\{y(t)\}=\dfrac{s}{s^2+1}$

$\Rightarrow L\{y(t)\}=\dfrac{1}{s}$

$\Rightarrow y(t)=1$

16. ①

풀이 $L\{y'(t)\}+6L\{y(t)\}+9L\left\{\displaystyle\int_0^t y(\tau)\,d\tau\right\}=L\{1\}$

$\Rightarrow sY(s)-y(0)+6Y(s)+\dfrac{9}{s}Y(s)=\dfrac{1}{s}$

$\Rightarrow \dfrac{(s+3)^2}{s}Y(s)=\dfrac{1}{s}\Rightarrow Y(s)=\dfrac{1}{(s+3)^2}$

역변환은 $y(t)=L^{-1}\left\{\dfrac{1}{(s+3)^2}\right\}=te^{-3t}$

$\therefore y\left(\dfrac{\pi}{3}\right)=\dfrac{\pi}{3}e^{-\pi}$

17. ②

풀이 $Y=\dfrac{1}{s^2+1}(e^{-\pi s/2}+e^{-3\pi s/2})$이므로 역변환을 취하면

$y=\sin\left(t-\dfrac{\pi}{2}\right)u\left(t-\dfrac{\pi}{2}\right)+\sin\left(t-\dfrac{3\pi}{2}\right)u\left(t-\dfrac{3\pi}{2}\right)$

$=-\cos t\cdot u\left(t-\dfrac{\pi}{2}\right)+\cos t\cdot u\left(t-\dfrac{3\pi}{2}\right)$

(단, $u(t-a)$는 단위계단함수이다.)

$\therefore y(\pi)=1,\ y(2\pi)=0,\ y(\pi)+y(2\pi)=1$

18. ①

풀이 $G(s)=\ln\left(1+\dfrac{4}{s^2}\right)=\ln(s^2+4)-2\ln s,$

$g(t)=\mathcal{L}^{-1}\left\{\ln\left(1+\dfrac{4}{s^2}\right)\right\}$

$G'(s)=\dfrac{2s}{s^2+4}-\dfrac{2}{s}$에서 $\mathcal{L}^{-1}\{G'(s)\}=2\cos2t-2$

$\mathcal{L}^{-1}\{G'(s)\}=-tg(t)$이므로 $g(t)=\dfrac{2-2\cos2t}{t}$

19. ④

풀이 $f(t)=3\cos t\,u(t-\pi)$이므로

$L\{y'\}+L\{y\}=L\{3\cos t\,u(t-\pi)\}$

$\Rightarrow sY(s)-y(0)+Y(s)=-3\dfrac{s}{s^2+1}e^{-\pi s}$

$\Rightarrow (s+1)Y(s)=5-3\dfrac{s}{s^2+1}e^{-\pi s}$

$\Rightarrow Y(s)=\dfrac{5}{s+1}-3\dfrac{s}{(s+1)(s^2+1)}e^{-\pi s}$

$\Rightarrow Y(s)=\dfrac{5}{s+1}-\dfrac{3}{2}\left[-\dfrac{1}{s+1}e^{-\pi s}+\dfrac{s}{s^2+1}e^{-\pi s}+\dfrac{1}{s^2+1}e^{-\pi s}\right]$

위 식의 역변환은

$y(t)=5e^{-t}+\dfrac{3}{2}\left[e^{-(t-\pi)}+\sin t+\cos t\right]u(t-\pi)$

$=\begin{cases}5e^{-t},\ 0\le t<\pi\\ 5e^{-t}+\dfrac{3}{2}\left[e^{-(t-\pi)}+\sin t+\cos t\right],\ t\ge\pi\end{cases}$

$\therefore y\left(\dfrac{\pi}{4}\right)+y\left(\dfrac{7\pi}{4}\right)=5e^{-\frac{\pi}{4}}+\dfrac{3}{2}e^{-\frac{3\pi}{4}}+5e^{-\frac{7\pi}{4}}$

20. ③

풀이 합성곱은 교환, 분배, 결합법칙이 성립한다.

ㄱ. (거짓) 교환법칙이 성립하므로 $(f*g)(x)=(g*f)(x)$

ㄴ. (참) 분배법칙이 성립하므로

$(f*(g+h))(x)=(f*g)(x)+(f*h)(x)$

ㄷ. (참) 결합법칙이 성립하므로

$(f*(g*h))(x)=((f*g)*h)(x)$

ㄹ. (거짓) (반례) $g(x)=x$일 때,

$(f*g)(x)=\displaystyle\int_0^x g(x-t)\,dt=\int_0^x(x-t)\,dt$

$=\left[xt-\dfrac{1}{2}t^2\right]_0^x$

$=x^2-\dfrac{1}{2}x^2=\dfrac{1}{2}x^2\neq x=g(x)$

따라서 옳은 것은 ㄴ, ㄷ이다.

04 — 공학수학

21. ②

풀이 $F(s)=\int_0^{\infty} e^{-st}t\cos t\,dt$

$=\mathcal{L}\{t\cos t\}$

$=-\dfrac{d}{ds}\left(\dfrac{s}{s^2+1}\right)$

$=-\dfrac{s^2+1-s(2s)}{(s^2+1)^2}=\dfrac{s^2-1}{(s^2+1)^2}$

$\therefore \int_0^{\infty} te^{-3t}\cos t\,dt=F(3)=\dfrac{9-1}{(9+1)^2}=\dfrac{8}{100}=\dfrac{2}{25}$

22. ③

풀이 $y''+3y'+2y=\delta(x-1)$의 양변에 라플라스 변환을 취하면

$\mathcal{L}\{y''+3y'+2y\}=\mathcal{L}\{\delta(x-1)\}$

$\Leftrightarrow\ \mathcal{L}\{y''\}+3\mathcal{L}\{y'\}+2\mathcal{L}\{y\}=e^{-s}$

$\Leftrightarrow\ s^2\mathcal{L}\{y\}-sy(0)-y'(0)+3\{s\mathcal{L}\{y\}-y(0)\}+2\mathcal{L}\{y\}$
$=e^{-s}$

$\Leftrightarrow\ s^2\mathcal{L}\{y\}-s+1+3s\mathcal{L}\{y\}-3+2\mathcal{L}\{y\}=e^{-s}$

$\Leftrightarrow\ (s^2+3s+2)\mathcal{L}\{y\}-s-2=e^{-s}$

$\Leftrightarrow\ \mathcal{L}\{y\}=\dfrac{s+2}{s^2+3s+2}+\dfrac{e^{-s}}{s^2+3s+2}$

위의 식에 역라플라스 변환을 취하면

$y=\mathcal{L}^{-1}\left\{\dfrac{s+2}{(s+2)(s+1)}\right\}+\mathcal{L}^{-1}\left\{\dfrac{e^{-s}}{(s+2)(s+1)}\right\}$

$\Leftrightarrow\ y=\mathcal{L}^{-1}\left\{\dfrac{1}{s+1}\right\}$
$+\left[\mathcal{L}^{-1}\left\{\dfrac{1}{(s+2)(s+1)}\right\}\right]_{x=x-1}U(x-1)$

$\Leftrightarrow\ y=e^{-x}+\left[\mathcal{L}^{-1}\left\{\dfrac{1}{s+1}-\dfrac{1}{s+2}\right\}\right]_{x=x-1}U(x-1)$

$\Leftrightarrow\ y=e^{-x}+\left[e^{-x}-e^{-2x}\right]_{x=x-1}U(x-1)$

$\Leftrightarrow\ y=e^{-x}+\{e^{-(x-1)}-e^{-2(x-1)}\}U(x-1)$

위의 식에 $x=2$를 대입하면 $y(2)=e^{-2}+e^{-1}-e^{-2}=e^{-1}$

23. ③

풀이 $y(x)-\int_0^x y(\tau)\sin2(x-\tau)d\tau=\cos2x$의 양변에 라플라스 변환을 취하면

$\mathcal{L}\{y(x)\}-\mathcal{L}\left\{\int_0^x y(\tau)\sin2(x-\tau)d\tau\right\}=\mathcal{L}\{\cos2x\}$

$\Leftrightarrow\ \mathcal{L}\{y(x)\}-\mathcal{L}\{y(x)*\sin2x\}=\mathcal{L}\{\cos2x\}$

$\Leftrightarrow\ \mathcal{L}\{y(x)\}-\mathcal{L}\{y(x)\}\{\sin2x\}=\dfrac{s}{s^2+4}$

$\Leftrightarrow\ \mathcal{L}\{y(x)\}-\mathcal{L}\{y(x)\}\dfrac{2}{s^2+4}=\dfrac{s}{s^2+4}$

$\Leftrightarrow\ \left\{1-\dfrac{2}{s^2+4}\right\}\mathcal{L}\{y(x)\}=\dfrac{s}{s^2+4}$

$\Leftrightarrow\ \left\{\dfrac{s^2+2}{s^2+4}\right\}\mathcal{L}\{y(x)\}=\dfrac{s}{s^2+4}\ \Leftrightarrow\ \mathcal{L}\{y(x)\}=\dfrac{s}{s^2+2}$

위의 식에 역라플라스 변환을 취하면

$y(x)=\mathcal{L}^{-1}\left\{\dfrac{s}{s^2+2}\right\}=\cos(\sqrt{2}x)$

위의 식에 $x=2$를 대입하면 $y(2)=\cos(2\sqrt{2})$

24. ④

풀이 $\mathcal{L}^{-1}\{F(s)\}=\mathcal{L}^{-1}\left\{\dfrac{s}{s^2-2s+5}\right\}$

$\mathcal{L}^{-1}\left\{\dfrac{s-1}{(s-1)^2+4}+\dfrac{1}{(s-1)^2+4}\right\}=e^t\cos2t+\dfrac{1}{2}e^t\sin2t$

25. ③

풀이 양변에 라플라스를 취하면

$s\mathcal{L}\{y\}-1=\dfrac{s}{s^2+1}+\mathcal{L}\{y\}\cdot\dfrac{s}{s^2+1}(\because y(0)=1)$

즉, $\mathcal{L}\{y\}=\dfrac{1}{s}+\dfrac{1}{s^2}+\dfrac{1}{s^3}$이므로 $y(t)=1+t+\dfrac{1}{2}t^2$이다.

$\therefore y(2)=5$

26. ②

풀이 $\mathcal{L}(te^{-t}\cos t)=-\dfrac{d}{ds}\mathcal{L}(e^{-t}\cos t)$

$=-\dfrac{d}{ds}\mathcal{L}(\cos t)\Big|_{s\to s+1}$

$=-\dfrac{d}{ds}\left(\dfrac{s+1}{(s+1)^2+1}\right)$

$=\dfrac{(s+1)^2-1}{[(s+1)^2+1]^2}=F(s)$

$\therefore \lim_{s\to1}\dfrac{(s+1)^2-1}{[(s+1)^2+1]^2}=\dfrac{3}{25}$

27. ②

풀이 $F(s)=\dfrac{s+8}{s^4+4s^2}=\dfrac{s+8}{s^2(s^2+4)}=\dfrac{as+b}{s^2}+\dfrac{cs+d}{s^2+4}$를

통분을 통해 a,b,c,d를 구해보자.

$(as+b)(s^2+4)+s^2(cs+d)=s+8$

$(a+c)s^3+(b+d)s^2+(4a)s+4b=s+8$

$a+c=0,\ b+d=0,\ 4a=1,\ 4b=8$

이므로 $a=\dfrac{1}{4},\ c=-\dfrac{1}{4},\ b=2,\ d=-2$이다.

$$F(s)=\dfrac{\frac{1}{4}s+2}{s^2}+\dfrac{\frac{-1}{4}s-2}{s^2+4}$$

$$=\dfrac{1}{4s}+\dfrac{2}{s^2}-\dfrac{1}{4}\cdot\dfrac{s}{s^2+4}-\dfrac{2}{s^2+4}$$

이므로 $f(t)=\dfrac{1}{4}+2t-\dfrac{1}{4}\cdot\cos 2t-\sin 2t$이다.

$f'(t)=2+\dfrac{1}{2}\cdot\sin 2t-2\cos 2t$

$f(0)=0$이고, $f'(0)=0$이므로 $f(0)+f'(0)=0$이다.

28. ②

풀이 $L\{y'(t)\}=L\left\{1-\sin t-\displaystyle\int_0^t y(\tau)\,d\tau\right\}$

$sY(s)-y(0)=\dfrac{1}{s}-\dfrac{1}{s^2+1}-\dfrac{1}{s}Y(s)$

$\dfrac{s^2+1}{s}Y(s)=\dfrac{s^2-s+1}{s(s^2+1)}\Rightarrow Y(s)=\dfrac{s^2-s+1}{(s^2+1)^2}$

29. ②

풀이 $f(t)=\mathcal{L}^{-1}\left(\dfrac{16e^{-\frac{\pi}{2}s}}{(s^2+4)^2}\right)$

$=\left[4\mathcal{L}^{-1}\left(\dfrac{2}{s^2+4}\times\dfrac{2}{s^2+4}\right)\right]_{t-\frac{\pi}{2}}U\left(t-\dfrac{\pi}{2}\right)$

$=[4\mathcal{L}^{-1}\{\mathcal{L}\{\sin 2t * \sin 2t\}\}]_{t-\frac{\pi}{2}}U\left(t-\dfrac{\pi}{2}\right)$

$=[4\sin 2t * \sin 2t]_{t-\frac{\pi}{2}}U\left(t-\dfrac{\pi}{2}\right)$

$=\left[4\displaystyle\int_0^t \sin 2(t-x)\sin 2x\,dx\right]_{t-\frac{\pi}{2}}U\left(t-\dfrac{\pi}{2}\right)$

$=\left[2\displaystyle\int_0^t \cos(2t-4x)-\cos(2t)\,dx\right]_{t-\frac{\pi}{2}}U\left(t-\dfrac{\pi}{2}\right)$

$=\left[\left\{2\left[\dfrac{1}{4}\sin(4x-2t)-x\cos 2t\right]_0^t\right\}\right]_{t-\frac{\pi}{2}}U\left(t-\dfrac{\pi}{2}\right)$

$=\left[2\left\{\dfrac{1}{4}\sin 2t-t\cos 2t-\dfrac{1}{4}\sin(-2t)\right\}\right]_{t-\frac{\pi}{2}}U\left(t-\dfrac{\pi}{2}\right)$

$=[\sin 2t-2t\cos 2t]_{t-\frac{\pi}{2}}U\left(t-\dfrac{\pi}{2}\right)$

$\therefore f(\pi)=\{\sin\pi-\pi\cos\pi\}U\left(\dfrac{\pi}{2}\right)=\pi,$

$f\left(\dfrac{3}{2}\pi\right)=\{\sin 2\pi-2\pi\cos 2\pi\}U(\pi)=-2\pi,$

$f(\pi)+f\left(\dfrac{3}{2}\pi\right)=-\pi$

[다른 풀이]

$f(t)=\mathcal{L}^{-1}\left(\dfrac{16e^{-\frac{\pi}{2}s}}{(s^2+4)^2}\right)$

$=16\mathcal{L}^{-1}\left\{\dfrac{1}{(s^2+2^2)^2}\right\}_{t-\frac{\pi}{2}}U\left(t-\dfrac{\pi}{2}\right)$

$=16\left\{\dfrac{\sin 2t-2t\cos 2t}{16}\right\}_{t-\frac{\pi}{2}}U\left(t-\dfrac{\pi}{2}\right)$

$=\{\sin(2t-\pi)-(2t-\pi)\cos(2t-\pi)\}U\left(t-\dfrac{\pi}{2}\right)$

$f(\pi)=\{\sin\pi-\pi\cos\pi\}U\left(\dfrac{\pi}{2}\right)=\pi$

$f\left(\dfrac{3}{2}\pi\right)=\{\sin 2\pi-2\pi\cos 2\pi\}U(\pi)=-2\pi$

$\therefore f(\pi)+f\left(\dfrac{3}{2}\pi\right)=-\pi$

30. ③

풀이 ① $\mathcal{L}\{e^{-t}\cdot t\}=(-1)\dfrac{d}{ds}(\mathcal{L}\{e^{-t}\})$

$=(-1)\dfrac{d}{ds}\left(\dfrac{1}{s+1}\right)$

$=\dfrac{1}{(s+1)^2}=\dfrac{1}{s^2+2s+1}$

② $\mathcal{L}\{t\sin t\}=(-1)\dfrac{d}{ds}(\mathcal{L}\{\sin t\})$

$=(-1)\dfrac{d}{ds}\left(\dfrac{1}{s^2+1}\right)=\dfrac{2s}{(s^2+1)^2}$

③ $\mathcal{L}\{e^{-t}\sin t\}=[\mathcal{L}\{\sin t\}]_{s+1}$

$=\left[\dfrac{1}{s^2+1}\right]_{s+1}$

$=\dfrac{1}{(s+1)^2+1}=\dfrac{1}{s^2+2s+2}$

④ $\mathcal{L}\{te^{-t}\sin t\}=(-1)\dfrac{d}{ds}(\mathcal{L}\{e^{-t}\sin t\})=\dfrac{2s+2}{(s^2+2s+2)^2}$

31. ④

풀이 $\mathcal{L}^{-1}\left\{\frac{e^{-s}}{s^2(s-1)}\right\}=\mathcal{L}^{-1}\left\{\frac{1}{s^2(s-1)}\right\}_{t-1}U(t-1)$

$$=\mathcal{L}^{-1}\left\{-\frac{1}{s}-\frac{1}{s^2}+\frac{1}{s-1}\right\}_{t-1}U(t-1)$$

$$=\left[-1-t+e^t\right]_{t-1}U(t-1)$$

$$=\left\{-1-(t-1)+e^{t-1}\right\}U(t-1)$$

$$=\left(-t+e^{t-1}\right)U(t-1)$$

32. ②

풀이 $F(s)=\frac{2s+6}{(s^2+6s+10)^2}$의 양변에 역라플라스 변환을 취하면

$$\mathcal{L}^{-1}\{F(s)\}=\mathcal{L}^{-1}\left\{\frac{2s+6}{(s^2+6s+10)^2}\right\}$$

$$=-t\mathcal{L}^{-1}\left\{\int\frac{2s+6}{(s^2+6s+10)^2}ds\right\}$$

$$=-t\mathcal{L}^{-1}\left\{-\frac{1}{s^2+6s+10}\right\}$$

$$=t\mathcal{L}^{-1}\left\{\frac{1}{(s+3)^2+1}\right\}$$

$$=te^{-3t}\mathcal{L}^{-1}\left\{\frac{1}{s^2+1}\right\}=te^{-3t}\sin t$$

$G(s)=\ln\frac{s}{s-1}$의 양변에 역라플라스 변환을 취하면

$$\mathcal{L}^{-1}\{G(s)\}=\mathcal{L}^{-1}\left\{\ln\left(\frac{s}{s-1}\right)\right\}$$

$$=\mathcal{L}^{-1}\{\ln s-\ln(s-1)\}$$

$$=-\frac{1}{t}\mathcal{L}^{-1}\left\{\frac{1}{s}-\frac{1}{s-1}\right\}$$

$$=-\frac{1}{t}(1-e^t)=\frac{1}{t}(e^t-1)$$

33. ①

풀이 라플라스 변환의 정의와 공식을 이용해서
이상적분을 풀이할 수 있다.

$\mathcal{L}\left\{\frac{f(t)}{t}\right\}=\int_0^\infty e^{-st}\cdot\frac{f(t)}{t}dt=\int_s^\infty\mathcal{L}\{f(t)\}du$이므로

$$\int_0^\infty\frac{e^{-2\pi x}-e^{-4\pi x}}{x}dx=\int_0^\infty\frac{e^{-2\pi x}\left(1-e^{-2\pi x}\right)}{x}dx$$

$$=\mathcal{L}\left\{\frac{1-e^{-2\pi x}}{x}\right\}_{s=2\pi}$$

$$=\int_{2\pi}^\infty\mathcal{L}\left\{1-e^{-2\pi x}\right\}du$$

$$=\int_{2\pi}^\infty\frac{1}{u}-\frac{1}{u+2\pi}du$$

$$=\ln u-\ln(u+2\pi)\,]_{2\pi}^\infty$$

$$=\ln\left(\frac{u}{u+2\pi}\right)\Big]_{2\pi}^\infty$$

$$=\ln 1-\ln\left(\frac{2\pi}{4\pi}\right)$$

$$=-\ln\frac{1}{2}=\ln 2$$

34. ③

풀이 정적분의 도함수를 이용한 풀이

$$f(t)=2t-e^{-t}-\int_0^t f(\eta)e^{t-\eta}d\eta$$

$$=2t-e^{-t}-e^t\int_0^t f(\eta)e^{-\eta}d\eta$$

$$f'(t)=2+e^{-t}-e^t\int_0^t f(\eta)e^{-\eta}d\eta-e^tf(t)e^{-t}$$

$$=2+e^{-t}-e^t\int_0^t f(\eta)e^{-\eta}d\eta-f(t)$$

$$f''(x)=-e^{-t}-e^t\int_0^t f(\eta)e^{-\eta}d\eta-f(t)-f'(t)$$

$f(0)=-1,\ f'(0)=4,\ f''(0)=-1-f(0)-f'(0)=-4$

$\therefore f(0)-f''(0)=3$

[다른 풀이]
합성곱의 라플라스 변환을 이용한 풀이

$$f(t)=2t-e^{-t}-\int_0^t f(\eta)e^{t-\eta}d\eta=2t-e^{-t}-f(t)*e^t$$

의 양변에 라플라스 변환을 취하면

$$\mathcal{L}\{f(t)\}=\frac{2}{s^2}-\frac{1}{s+1}-\mathcal{L}\{f(t)\}\cdot\frac{1}{s-1}$$

$$\Rightarrow\left(1+\frac{1}{s-1}\right)\mathcal{L}\{f(t)\}=\frac{2}{s^2}-\frac{1}{s+1}$$

$$\Rightarrow\mathcal{L}\{f(t)\}=\left(\frac{2}{s^2}-\frac{1}{s+1}\right)\frac{s-1}{s}$$

$$=\frac{2s-2}{s^3}-\frac{s-1}{s(s+1)}$$

$$=\frac{2}{s^2}-\frac{2}{s^3}+\frac{1}{s}-\frac{2}{s+1}$$

$$\Rightarrow f(t)=2t-t^2+1-2e^{-t},\ f''(t)=-2-2e^{-t}$$

$\therefore f(0)-f''(0)=-1+4=3$

35. ①

풀이 $f(t)=\cos(2t)$ 일 때, $f(t)$ 의 라플라스 변환은

$F(s)=L(f(t))(s)=L(\cos(2t))(s)=\dfrac{s}{s^2+4}$ 이다.

또 두 함수의 합성곱

$$(f*f)(t)=\int_0^t f(\tau)f(t-\tau)d\tau=\int_0^t \cos(2\tau)\cos(2t-2\tau)d\tau$$

의 라플라스 변환은

$$L[(f*f)(t)](x)=L[f(t)](s)L[f(t)](x)=\frac{s^2}{(s^2+4)^2}$$

이므로

$$\begin{aligned}L^{-1}\left[\frac{s^2}{(s^2+4)^2}\right](t)&=\int_0^t \cos(2\tau)\cos(2t-2\tau)d\tau\\&=\frac{1}{2}\int_0^t\{\cos(2t)+\cos(4\tau-2t)\}d\tau\\&=\frac{1}{2}\left[\tau\cos(2t)+\frac{1}{4}\sin(4\tau-2t)\right]_{\tau=0}^t\\&=\frac{\sin(2t)+2t\cos(2t)}{4}\end{aligned}$$

36. ③

풀이 $f(t)=1-2u(t-1)$ 이므로 $y'+y=1-2u(t-1)$이고 $y(0)=0$일 때, 라플라스 변환을 하면

$$s\mathcal{L}\{y\}-y(0)+\mathcal{L}\{y\}=\frac{1}{s}-\frac{2}{s}e^{-s}$$

$$\mathcal{L}\{y\}(s+1)=\frac{1}{s}(1-2e^{-s})$$

$$\begin{aligned}\mathcal{L}\{y\}&=\frac{1}{s(s+1)}(1-2e^{-s})\\&=\left(\frac{1}{s}-\frac{1}{s+1}\right)(1-2e^{-s})\\&=\frac{1}{s}-\frac{1}{s+1}-2e^{-s}\left(\frac{1}{s}-\frac{1}{s+1}\right)\end{aligned}$$

라플라스 역변환을 하면

$$\begin{aligned}y(t)&=1-e^{-t}-2u(t-1)\{1-e^{-(t-1)}\}\\&=\begin{cases}1-e^{-t} & (0\le t<1)\\ -1-e^{-t}+2e^{-(t-1)} & (t\ge 1)\end{cases}\end{aligned}$$

$\therefore y(2)=-1+2e^{-1}-e^{-2}$

37. ④

풀이 $e^t\int_0^t y(\tau)e^{-\tau}d\tau=e^t\circ y(t)$ (이 때 $\circ$는 두 함수의 합성)이다.

$Y(s)=\mathcal{L}\{y(t)\}$라면

$$Y(s)+Y(s)\frac{1}{s-1}=3\left(\frac{2}{s^3}\right)-\frac{1}{s+1},$$

$$Y(s)\frac{s}{s-1}=\frac{6}{s^3}-\frac{1}{s+1}$$

$Y(s)=\dfrac{6}{s^3}-\dfrac{6}{s^4}+\dfrac{1}{s}-\dfrac{2}{s+1}$ 에서

$y(t)=\mathcal{L}^{-1}\{Y(s)\}=3t^2-t^3+1-2e^{-t}$

$\therefore y(1)=3-\dfrac{2}{e}$

38. ②

풀이

$$\begin{aligned}F(s)&=\mathcal{L}\{f(t)\}=\mathcal{L}\{t\sin 6t\}_{s\to s-2}\\&=-\left(\frac{6}{s^2+36}\right)'_{s\to s-2}\\&=\frac{12s}{(s^2+36)^2}\Big|_{s\to s-2}\\&=\frac{12(s-2)}{((s-2)^2+36)^2}\end{aligned}$$

$\therefore F(4)=\dfrac{24}{40^2}=\dfrac{24}{1600}=\dfrac{3}{200}$

39. ③

풀이 $f(t)=\begin{cases}0(t<0)\\t(0\le t<1)\\2-t(1\le t<2)\\0(t\ge 2)\end{cases}$ 이므로 단위계단함수로 나타내면

$f(t)=tu(t)+(2-2t)u(t-1)+(t-2)u(t-2)$이므로

$$\mathcal{L}\{f(t)\}=\frac{1}{s^2}-\frac{2}{s^2}e^{-s}+\frac{1}{s^2}e^{-2s}$$

40. ①

풀이 $\dfrac{2s^2+3}{s^3-s}=\dfrac{a}{s}+\dfrac{b}{s+1}+\dfrac{c}{s-1}$ 에서 $a=-3$, $b=\dfrac{5}{2}$, $c=\dfrac{5}{2}$

$$\Rightarrow L^{-1}\left\{\frac{2s^2+3}{s^3-s}\right\}=-3+\frac{5}{2}e^{-t}+\frac{5}{2}e^t$$

$$\Rightarrow L^{-1}\left\{e^{-3s}\frac{2s^2+3}{s^3-s}\right\}=u(t-3)\left(\frac{5}{2}e^{-t+3}+\frac{5}{2}e^{t-3}-3\right)$$

04 공학수학

4. 연립미분방정식

1. ①

풀이 $y_1{}' = 2y_1 + y_2$, $y_2{}' = 5y_1 - 2y_2$

$\Leftrightarrow \begin{pmatrix} y_1{}' \\ y_2{}' \end{pmatrix} = \begin{pmatrix} 2 & 1 \\ 5 & -2 \end{pmatrix}\begin{pmatrix} y_1 \\ y_2 \end{pmatrix}$이고

$\begin{vmatrix} 2-\lambda & 1 \\ 5 & -2-\lambda \end{vmatrix} = \lambda^2 - 9 = 0$이므로 $\lambda = \pm 3$이다.

따라서 주어진 연립 미분방정식은 불안정한 안장점을 갖는다.

2. ③

풀이 행렬 $A = \begin{bmatrix} 1 & 2 \\ -1 & 4 \end{bmatrix}$의 고유치는 2, 3이고

그에 대응하는 고유벡터는 $\begin{bmatrix} 2 \\ 1 \end{bmatrix}$, $\begin{bmatrix} 1 \\ 1 \end{bmatrix}$이므로

고유치에 의한 해법에 의해 연립미분방정식의 해는

$\begin{bmatrix} y_1 \\ y_2 \end{bmatrix} = c_1 \begin{bmatrix} 2 \\ 1 \end{bmatrix} e^{2t} + c_2 \begin{bmatrix} 1 \\ 1 \end{bmatrix} e^{3x}$이다.

$\begin{bmatrix} y_1(0) \\ y_2(0) \end{bmatrix} = \begin{bmatrix} 1 \\ -1 \end{bmatrix}$을 대입하면 $c_1 = 2$, $c_2 = -3$이다.

따라서 $y_1(1) - y_2(1) = 2e^2$이다.

3. ②

풀이 $x'(t) = x(t) + 2y(t)$, $y'(t) = 4x(t) + 3y(t)$

$\Rightarrow \begin{pmatrix} x' \\ y' \end{pmatrix} = \begin{pmatrix} 1 & 2 \\ 4 & 3 \end{pmatrix}\begin{pmatrix} x \\ y \end{pmatrix}$이고

$\begin{vmatrix} 1-\lambda & 2 \\ 4 & 3-\lambda \end{vmatrix} = \lambda^2 - 4\lambda - 5 = (\lambda-5)(\lambda+1)$이므로

$\lambda = -1$, $\lambda = 5$이다.

(ⅰ) $\lambda = -1$일 때, $\begin{pmatrix} 2 & 2 \\ 4 & 4 \end{pmatrix}\begin{pmatrix} x \\ y \end{pmatrix} = \begin{pmatrix} 0 \\ 0 \end{pmatrix}$이므로

고유벡터는 $\begin{pmatrix} 1 \\ -1 \end{pmatrix}$이다.

(ⅱ) $\lambda = 5$일 때, $\begin{pmatrix} -4 & 2 \\ 4 & -2 \end{pmatrix}\begin{pmatrix} x \\ y \end{pmatrix} = \begin{pmatrix} 0 \\ 0 \end{pmatrix}$이므로

고유벡터는 $\begin{pmatrix} 1 \\ 2 \end{pmatrix}$이다.

따라서 일반해는 $\begin{pmatrix} x \\ y \end{pmatrix} = c_1 \begin{pmatrix} 1 \\ -1 \end{pmatrix} e^{-t} + c_2 \begin{pmatrix} 1 \\ 2 \end{pmatrix} e^{5t}$이다.

초기조건 $x(0) = 2$, $y(0) = 1$을 대입하면 $c_1 = 1$, $c_2 = 1$이므로

$\begin{pmatrix} x \\ y \end{pmatrix} = \begin{pmatrix} 1 \\ -1 \end{pmatrix} e^{-t} + \begin{pmatrix} 1 \\ 2 \end{pmatrix} e^{5t}$이고

$x(1) = e^{-1} + e^5$, $2y(1) = -2e^{-1} + 4e^5$이다.

따라서 $x(1) + 2y(1) = -e^{-1} + 5e^5$이다.

4. ④

풀이 $Y_1(s) = \mathcal{L}\{y_1(t)\}$, $Y_2(s) = \mathcal{L}\{y_2(t)\}$라 하자.

주어진 연립미분방정식의 라플라스 변환은

$\begin{cases} sY_1(s) - y_1(0) = 2Y_1(s) + 2Y_2(s) \\ sY_2(s) - y_2(0) = Y_1(s) + 3Y_2(s) \end{cases}$.

$\begin{cases} (s-2)Y_1(s) - 2Y_2(s) = 1 \\ -Y_1(s) + (s-3)Y_2(s) = -1 \end{cases}$에서

$Y_1(s) = \dfrac{s-5}{s^2-5s+4}$, $Y_2(s) = \dfrac{-s+3}{s^2-5s+4}$.

$y_1(t) = \mathcal{L}^{-1}\{Y_1(s)\}$

$= \mathcal{L}^{-1}\left\{\dfrac{s-5}{s^2-5s+4}\right\}$

$= \mathcal{L}^{-1}\left\{\dfrac{4}{3}\dfrac{1}{s-1} - \dfrac{1}{3}\dfrac{1}{s-4}\right\}$

$= \dfrac{4}{3}e^t - \dfrac{1}{3}e^{4t}$

$y_2(t) = \mathcal{L}^{-1}\{Y_2(s)\}$

$= \mathcal{L}^{-1}\left\{\dfrac{-s+3}{s^2-5s+4}\right\}$

$= \mathcal{L}^{-1}\left\{-\dfrac{2}{3}\dfrac{1}{s-1} - \dfrac{1}{3}\dfrac{1}{s-4}\right\}$

$= -\dfrac{2}{3}e^t - \dfrac{1}{3}e^{4t}$

$\therefore y_1(1) + y_2(1) = \dfrac{2}{3}(e - e^4)$

[다른 풀이]

$A = \begin{bmatrix} 2 & 2 \\ 1 & 3 \end{bmatrix}$라 하면 $|A - \lambda I| = \begin{vmatrix} 2-\lambda & 2 \\ 1 & 3-\lambda \end{vmatrix} = 0$에서

$\lambda^2 - 5\lambda + 4 = 0$. A의 고유치는 $\lambda = 1, 4$

$\lambda_1 = 1$일 때 고유벡터 $X^{(1)} = \begin{bmatrix} 2 \\ -1 \end{bmatrix}$,

$\lambda_2 = 4$일 때 고유벡터 $X^{(2)} = \begin{bmatrix} 1 \\ 1 \end{bmatrix}$이므로

$\begin{bmatrix} y_1 \\ y_2 \end{bmatrix} = c_1 \begin{bmatrix} 2 \\ -1 \end{bmatrix} e^t + c_2 \begin{bmatrix} 1 \\ 1 \end{bmatrix} e^{4t}$

이 때 $y_1(0) = 1$, $y_2(0) = -1$에서 $c_1 = \dfrac{2}{3}$, $c_2 = -\dfrac{1}{3}$이므로

$\begin{bmatrix} y_1 \\ y_2 \end{bmatrix} = \dfrac{2}{3}\begin{bmatrix} 2 \\ -1 \end{bmatrix} e^t - \dfrac{1}{3}\begin{bmatrix} 1 \\ 1 \end{bmatrix} e^{4t}$

$\therefore y_1(1) + y_2(1) = \dfrac{2}{3}(e - e^4)$

5. ①

풀이 연립 미분방정식을 행렬 형태로 쓰면

$$\begin{bmatrix} y_1'(t) \\ y_2'(t) \end{bmatrix} = \begin{bmatrix} 7 & 4 \\ -3 & -1 \end{bmatrix}\begin{bmatrix} y_1(t) \\ y_2(t) \end{bmatrix}$$

$A = \begin{bmatrix} 7 & 4 \\ -3 & -1 \end{bmatrix}$의 고윳값은

$\det(A-\lambda I) = (\lambda-1)(\lambda-5) = 0$에서 $\lambda_1 = 1,\ \lambda_2 = 5$이다.

$\lambda_1 = 1$에 대응하는 고유벡터는 $v_1 = \begin{bmatrix} 2 \\ -3 \end{bmatrix}$,

$\lambda_2 = 5$에 대응하는 고유벡터는 $v_2 = \begin{bmatrix} 2 \\ -1 \end{bmatrix}$이다.

따라서 미분방정식의 해는 $\begin{bmatrix} y_1(t) \\ y_2(t) \end{bmatrix} = c_1\begin{bmatrix} 2 \\ -3 \end{bmatrix}e^t + c_2\begin{bmatrix} 2 \\ -1 \end{bmatrix}e^{5t}$

보기 중 위의 식을 만족하지 않은 것은 ①번뿐이다.

6. ③

풀이 $\begin{cases} x''+y''=e^{2t} \\ 2x'+y''=-e^{2t} \end{cases}$의 양변에 라플라스 변환을 취하면

$$\begin{cases} s^2L(x)+s^2L(y) = \dfrac{1}{s-2} \\ 2sL(x)+s^2L(y) = -\dfrac{1}{s-2} \end{cases}$$

$(\because x(0)=y(0)=0,\ x'(0)=y'(0)=0)$

$$\Rightarrow \begin{cases} L(x) = \dfrac{2}{s(s-2)^2} = \dfrac{1}{2}\cdot\dfrac{1}{s} - \dfrac{1}{2}\cdot\dfrac{1}{s-2} + \dfrac{1}{(s-2)^2} \\ L(y) = \dfrac{-s-2}{s^2(s-2)^2} \end{cases}$$

$$= -\frac{3}{4}\cdot\frac{1}{s} - \frac{1}{2}\cdot\frac{1}{s^2} + \frac{3}{4}\cdot\frac{1}{s-2} - \frac{1}{(s-2)^2}$$

$$\Rightarrow \begin{cases} x(t) = \dfrac{1}{2} - \dfrac{1}{2}e^{2t} + te^{2t} \\ y(t) = -\dfrac{3}{4} - \dfrac{1}{2}t + \dfrac{3}{4}e^{2t} - te^{2t} \end{cases}$$

$\therefore x(1)+y(1) = \dfrac{1}{4}(e^2-3)$

7. ③

풀이 $A = \begin{pmatrix} -1 & -2 \\ 3 & 4 \end{pmatrix}$라 하자.

$\Rightarrow |A-\lambda I| = (\lambda-1)(\lambda-2) = 0$

$\lambda=1$에 대응되는 고유벡터는 $\begin{pmatrix} 1 \\ -1 \end{pmatrix}$,

$\lambda=2$에 대응되는 고유벡터는 $\begin{pmatrix} -4 \\ 6 \end{pmatrix}$

$$\Rightarrow \begin{pmatrix} x_c(t) \\ y_c(t) \end{pmatrix} = c_1\begin{pmatrix} 1 \\ -1 \end{pmatrix}e^t + c_2\begin{pmatrix} -4 \\ 6 \end{pmatrix}e^{2t}$$

$$\begin{pmatrix} x_p(t) \\ y_p(t) \end{pmatrix} = \begin{pmatrix} a \\ b \end{pmatrix},\ \begin{pmatrix} x'_p(t) \\ y'_p(t) \end{pmatrix} = \begin{pmatrix} 0 \\ 0 \end{pmatrix}$$

을 주어진 미분방정식에 대입하여 정리하면

$-a-2b=-3,\ 3a+4b=-3 \Rightarrow a=-9,\ b=6$

$\therefore \begin{pmatrix} x_p(t) \\ y_p(t) \end{pmatrix} = \begin{pmatrix} -9 \\ 6 \end{pmatrix} \quad \therefore x_p(2018)+y_p(2018) = -3$

8. ②

풀이 $\begin{cases} y_1' = -y_1+4y_2 \\ y_2' = 3y_1-2y_2 \end{cases}$의 계수행렬은 $\begin{bmatrix} -1 & 4 \\ 3 & -2 \end{bmatrix}$이므로

$\begin{vmatrix} -1-\lambda & 4 \\ 3 & -2-\lambda \end{vmatrix} = (\lambda+1)(\lambda+2)-12 = \lambda^2+3\lambda-10 = 0$

에서 고윳값은 $-5,\ 2$이고 각각의 고윳값에 대한 고유벡터는

$\begin{bmatrix} 1 \\ -1 \end{bmatrix},\ \begin{bmatrix} 4 \\ 3 \end{bmatrix}$이다. 따라서 연립미분방정식의 해는

$$\begin{bmatrix} y_1(t) \\ y_2(t) \end{bmatrix} = c_1\begin{bmatrix} 1 \\ -1 \end{bmatrix}e^{-5t} + c_2\begin{bmatrix} 4 \\ 3 \end{bmatrix}e^{2t}$$

초기조건으로부터

$y_1(0) = c_1+4c_2 - \dfrac{1}{2},\ y_2(0) = -c_1+3c_2 = \dfrac{1}{2}$

를 연립하여 풀면 $c_1 = -\dfrac{1}{14},\ c_2 = \dfrac{1}{7}$이므로

$$\begin{bmatrix} y_1(t) \\ y_2(t) \end{bmatrix} = -\frac{1}{14}\begin{bmatrix} 1 \\ -1 \end{bmatrix}e^{-5t} + \frac{1}{7}\begin{bmatrix} 4 \\ 3 \end{bmatrix}e^{2t}$$

$\therefore y_1(t)+y_2(t) = e^{2t}$

[다른 풀이]

$y_1'+y_2' = 2(y_1+y_2)$이고, $y_1(0)+y_2(0) = 1$이므로

$y_1+y_2 = y$라고 할 때,

$y' = 2y,\ y(0) = 1$이라는 미분방정식과 같다.

따라서 $y = e^{2t}$이다.

9. 105

풀이 특수해를 한꺼번에 구한다.

$$\begin{cases} x' = -3x+y+3t \\ y' = 2x-4y+e^{-t} \end{cases}$$

$$\Rightarrow \begin{cases} (D+3)x-y = 3t \\ -2x+(D+4)y = e^{-t} \end{cases}$$

$$\Rightarrow \begin{pmatrix} D+3 & -1 \\ -2 & D+4 \end{pmatrix}\begin{pmatrix} x \\ y \end{pmatrix} = \begin{pmatrix} 3t \\ e^{-t} \end{pmatrix}$$

04 — 공학수학

$$\Rightarrow \begin{pmatrix} x_p \\ y_p \end{pmatrix} = \frac{1}{D^2+7D+10}\begin{pmatrix} D+4 & 1 \\ 2 & D+3 \end{pmatrix}\begin{pmatrix} 3t \\ e^{-t} \end{pmatrix}$$
$$= \frac{1}{D^2+7D+10}\begin{pmatrix} 3+12t+e^{-t} \\ 6t+2e^{-t} \end{pmatrix}$$
$$= \begin{pmatrix} \frac{1}{10}\left\{1-\frac{7D}{10}\right\}\{3+12t\}+\frac{1}{4}e^{-t} \\ \frac{1}{10}\left\{1-\frac{7D}{10}\right\}\{6t\}+\frac{1}{2}e^{-t} \end{pmatrix}$$
$$= \begin{pmatrix} \frac{1}{10}\left\{12t+3-\frac{84}{10}\right\}+\frac{1}{4}e^{-t} \\ \frac{1}{10}\left\{6t-\frac{42}{10}\right\}+\frac{1}{2}e^{-t} \end{pmatrix}$$
$$\begin{pmatrix} x_p{}' \\ y_p{}' \end{pmatrix} = \begin{pmatrix} \frac{1}{10}\{12\}-\frac{1}{4}e^{-t} \\ \frac{1}{10}\{6\}-\frac{1}{2}e^{-t} \end{pmatrix}$$
$$\Rightarrow \begin{pmatrix} 100x_p{}'(0) \\ 100y_p{}'(0) \end{pmatrix} = \begin{pmatrix} 120-25 \\ 60-50 \end{pmatrix} = \begin{pmatrix} 95 \\ 10 \end{pmatrix}$$
$$\therefore 100x_p{}'(0)+100y_p{}'(0)=105$$

[다른 풀이]

특수해를 각각 구한다.

$\begin{cases} x'=-3x+y+3t \\ y'=2x-4y+e^{-t} \end{cases} \Rightarrow \begin{cases} (D+3)x-y=3t \\ -2x+(D+4)y=e^{-t} \end{cases}$ 이므로

$$x_p = \frac{\begin{vmatrix} 3t & -1 \\ e^{-t} & D+4 \end{vmatrix}}{\begin{vmatrix} D+3 & -1 \\ -2 & D+4 \end{vmatrix}} = \frac{1}{D^2+7D+10}\{3+12t+e^{-t}\}$$
$$= \frac{1}{10}\left(1-\frac{7}{10}D\right)\{3+12t\}+\frac{1}{D^2+7D+10}\{e^{-t}\}$$
$$= \frac{3}{10}+\frac{6}{5}\left(1-\frac{7}{10}D\right)(t)+\frac{1}{4}e^{-t}$$
$$= \frac{6}{5}t+\frac{1}{4}e^{-t}-\frac{27}{50}$$
$$y_p = \frac{\begin{vmatrix} D+3 & 3t \\ -2 & e^{-t} \end{vmatrix}}{\begin{vmatrix} D+3 & -1 \\ -2 & D+4 \end{vmatrix}} = \frac{1}{D^2+7D+10}\{6t+2e^{-t}\}$$
$$= \frac{1}{10}\left(1-\frac{7}{10}D\right)\{6t\}+\frac{1}{D^2+7D+10}\{2e^{-t}\}$$
$$= \frac{3}{5}\left(1-\frac{7}{10}D\right)(t)+\frac{1}{2}e^{-t}$$
$$= \frac{3}{5}t+\frac{1}{2}e^{-t}-\frac{21}{50}$$
$$\Rightarrow x_p{}'(t)=\frac{6}{5}-\frac{1}{4}e^{-t},\ y_p{}'(t)=\frac{3}{5}-\frac{1}{2}e^{-t}$$
$$\therefore 100x_p{}'(0)+100y_p{}'(0)=100\left(\frac{19}{20}\right)+100\left(\frac{1}{10}\right)=105$$

10. 7

풀이

$$\begin{cases} 2\frac{dx}{dt}+\frac{dy}{dt}-y=t \\ \frac{dx}{dt}+\frac{dy}{dt}=t^2 \end{cases} \Leftrightarrow \begin{cases} 2Dx+(D-1)y=t \\ Dx+Dy=t^2 \end{cases}\left(D=\frac{d}{dt}\right)$$

연립하여 x항을 소거하면

$y'+y=2t^2-t$인 일계선형 미분방정식이다.

$y=e^{-t}\left[\int(2t^2-t)e^t dt+C_1\right]$ (C_1 는 임의의 상수)

$=e^{-t}\left[(2t^2-5t+5)e^t+C_1\right]$

$=(2t^2-5t+5)+C_1e^{-t}$

초기값 $y(0)=0$이므로 $C_1=-5$이다.

따라서 $y=(2t^2-5t+5)-5e^{-t}$이고

$\frac{dx}{dt}=t^2-\frac{dy}{dt} \Leftrightarrow \frac{dx}{dt}=t^2-(4t-5+5e^{-t})$

따라서 $x=\frac{1}{3}t^3-2t^2+5t+5e^{-t}+C_2$ (C_2 는 임의의 상수)

초기값 $x(0)=1$ 이므로 $C_2=-4$ 이다.

$$\therefore \begin{cases} x=\frac{1}{3}t^3-2t^2+5t+5e^{-t}-4 \\ y=2t^2-5t+5-5e^{-t} \end{cases},$$

$x(1)+y(1)=\frac{4}{3}$, $p+q=7$

[다른 풀이]

$\frac{dx}{dt}+\frac{dy}{dt}=t^2$이므로 $x(t)+y(t)=\frac{1}{3}t^3+c$이고,

초기조건을 대입하면 $c=1$이다.

따라서 $x(t)+y(t)=\frac{1}{3}t^3+1$이고, $x(1)+y(1)=\frac{4}{3}$이다.

11. ①

풀이 임계점은 $0=4y_1-y_1{}^2$, $0=y_2$를

동시에 만족시키는 점이므로 $(0, 0)$과 $(4, 0)$이다.

(i) $(0, 0)$일 때, 선형화를 이용하면 $y_1{}'=4y_1$, $y_2{}'=y_2$이므로

$\begin{pmatrix} y_1{}' \\ y_2{}' \end{pmatrix}=\begin{pmatrix} 4 & 0 \\ 0 & 1 \end{pmatrix}\begin{pmatrix} y_1 \\ y_2 \end{pmatrix}$이고 $\lambda=1$, $\lambda=4$이다.

따라서 $(0, 0)$은 불안정 마디점이다.

(ii) $(4, 0)$일 때, $a=y_1-4$, $y_2=b$라고 치환하면

$a'=4(a+4)-(a+4)^2$

$=4a+16-a^2-8a-16$

$=-4a-a^2$

$b'=b$이고 선형화를 시키면 $a'=-4a$, $b'=b$이므로

$\begin{pmatrix} a' \\ b' \end{pmatrix}=\begin{pmatrix} -4 & 0 \\ 0 & 1 \end{pmatrix}\begin{pmatrix} a \\ b \end{pmatrix}$이고 $\lambda=-4$, $\lambda=1$이다.

따라서 $(4, 0)$은 불안정한 안장점이다.

12. ②

풀이 $y_1' = -5y_1 - y_2$에서 $y_2 = -5y_1 - y_1'$을

$y_2' = 4y_1 - y_2$에 대입하여 정리하면 $y_1'' + 6y_1' + 9y_1 = 0$

이므로 특성방정식에서 중근 $t = -3$을 갖는다.

따라서 $y_1 = Ae^{-3t} + Bte^{-3t}$이다.

이를 $y_1' = -5y_1 - y_2$에 대입하면

$-3Ae^{-3t} + Be^{-3t} - 3Bte^{-3t} = -5Ae^{-3t} - 5Bte^{-3t} - y_2$

이므로 $y_2 = -2Ae^{-3t} - Be^{-3t} - 2Bte^{-3t}$이다.

초기조건을 대입하면 $A = e^3$, $B = -e^3$이므로

$y_1 = e^{3-3t} - te^{3-3t} = (1-t)e^{3-3t}$,

$y_2 = -2e^{3-3t} + e^{3-3t} + 2te^{3-3t} = (2t-1)e^{3-3t}$이고

$y_1(2) = -e^{-3}$, $y_2(2) = 3e^{-3}$이다.

13. ④

풀이 $y_1'' = y_1 + 3y_2$에서 $y_2 = \frac{1}{3}y_1'' - \frac{1}{3}y_1$을

$y_2'' = 4y_1 - 4e^x$에 대입하여 정리하면

$y_1^{(4)} - y_1^{(2)} - 12y_1 = -12e^x$이다.

(ⅰ) 특성방정식은 $t^4 - t^2 - 12 = 0 \Leftrightarrow (t^2-4)(t^2+3) = 0$

따라서 $t = \pm 2$, $t = \pm\sqrt{3}i$,

$y_1 = c_1e^{2x} + c_2e^{-2x} + c_3\cos(\sqrt{3}x) + c_4\sin(\sqrt{3}x)$

(ⅱ) $y_{1p} = \frac{1}{D^4 - D^2 - 12}\{-12e^x\} = -12 \cdot \frac{1}{-12}e^x = e^x$

$y_1(t) = c_1e^{2x} + c_2e^{-2x} + c_3\cos(\sqrt{3}x) + c_4\sin(\sqrt{3}x) + e^x$

$$\begin{aligned} y_2 &= \frac{1}{3}(y_1'' - y_1) \\ &= \frac{1}{3}\big[4c_1e^{2x} + 4c_2e^{-2x} - 3c_3\cos(\sqrt{3}x) \\ &\quad - 3c_4\sin(\sqrt{3}x) + e^x - \{c_1e^{2x} + c_2e^{-2x} \\ &\quad + c_3\cos(\sqrt{3}x) + c_4\sin(\sqrt{3}x) + e^x\}\big] \\ &= \frac{1}{3}\{3c_1e^{2x} + 3c_2e^{-2x} - 4c_3\cos(\sqrt{3}x) - 4c_4\sin(\sqrt{3}x)\} \\ &= c_1e^{2x} + c_2e^{-2x} - \frac{4}{3}c_3\cos(\sqrt{3}x) - \frac{4}{3}c_4\sin(\sqrt{3}x) \end{aligned}$$

초기 조건 $y_1(0) = 2$, $y_1'(0) = 3$, $y_2(0) = 1$, $y_2'(0) = 2$

를 대입하면 $c_1 = 1$, $c_2 = 0$, $c_3 = 0$, $c_4 = 0$이므로

$y_1 = e^{2x} + e^x$, $y_2 = e^{2x}$이다.

그러므로 $y_1(1) + y_2(1) = e^2 + e + e^2 = 2e^2 + e$이다.

14. ④

풀이 $\begin{cases} x' = 6x + 7y + 4t \\ y' = 2x + y - 4t + \frac{8}{3} \end{cases}$

$\Rightarrow \begin{cases} (D-6)x - 7y = 4t \\ -2x + (D-1)y = -4t + \frac{8}{3} \end{cases}$

$\Rightarrow \begin{pmatrix} D-6 & -7 \\ -2 & D-1 \end{pmatrix}\begin{pmatrix} x \\ y \end{pmatrix} = \begin{pmatrix} 4t \\ -4t + \frac{8}{3} \end{pmatrix}$

$\Rightarrow \begin{pmatrix} x_p \\ y_p \end{pmatrix} = \frac{1}{D^2 - 7D - 8}\begin{pmatrix} D-1 & 7 \\ 2 & D-6 \end{pmatrix}\begin{pmatrix} 4t \\ -4t + \frac{8}{3} \end{pmatrix}$

$\Rightarrow \begin{pmatrix} x_p \\ y_p \end{pmatrix} = \frac{1}{D^2 - 7D - 8}\begin{pmatrix} -32t + \frac{68}{3} \\ 32t - 20 \end{pmatrix}$

$= \begin{pmatrix} \frac{-1}{8}\left\{1 - \frac{7}{8}D\right\}\{-32t\} - \frac{17}{6} \\ \frac{-1}{8}\left\{1 - \frac{7}{8}D\right\}\{32t\} + \frac{5}{2} \end{pmatrix}$

$= \begin{pmatrix} \frac{-1}{8}\{-32t + 28\} - \frac{17}{6} \\ \frac{-1}{8}\{32t - 28\} + \frac{5}{2} \end{pmatrix}$

$= \begin{pmatrix} 4t - \frac{19}{3} \\ -4t + 6 \end{pmatrix}$

$x_p'(0) = 4$, $y_p(0) = 6$ 이므로 $x_p'(0) + y_p(0) = 10$이다.

15. ①

풀이 라플라스 변환을 이용하자.

$\mathcal{L}\{x(t)\} = X, \mathcal{L}\{y(t)\} = Y$라고 하면

$\begin{pmatrix} s-2 & -8 \\ 1 & s+2 \end{pmatrix}\begin{pmatrix} X \\ Y \end{pmatrix} = \begin{pmatrix} 2 \\ -1 \end{pmatrix}$로 식을 정리할 수 있다.

$\begin{pmatrix} X \\ Y \end{pmatrix} = \frac{1}{s^2+4}\begin{pmatrix} s+2 & 8 \\ -1 & s-2 \end{pmatrix}\begin{pmatrix} 2 \\ -1 \end{pmatrix} = \frac{1}{s^2+4}\begin{pmatrix} 2s-4 \\ -s \end{pmatrix}$

$X + Y = \frac{s-4}{s^2+4}$이므로

$x(t) + y(t) = \cos 2t - 2\sin 2t$,

$x'(t) + y'(t) = -2\sin 2t - 4\cos 2t$이다.

$x(t) + y(t) + x'(t) + y'(t) = -3\cos 2t - 4\sin 2t$이므로

$x'\left(\frac{\pi}{2}\right) + x\left(\frac{\pi}{2}\right) + y'\left(\frac{\pi}{2}\right) + y\left(\frac{\pi}{2}\right) = 3$

[다른 풀이]
관계식을 통해서 구하고자 하는 식을 간결하게 만든 후에 식을 구한다.

$\begin{pmatrix} x'(t) \\ y'(t) \end{pmatrix} = \begin{pmatrix} 2 & 8 \\ -1 & -2 \end{pmatrix}\begin{pmatrix} x(t) \\ y(t) \end{pmatrix}$, $\begin{pmatrix} x(0) \\ y(0) \end{pmatrix} = \begin{pmatrix} 2 \\ -1 \end{pmatrix}$를 이용해서 $\begin{pmatrix} x'(0) \\ y'(0) \end{pmatrix} = \begin{pmatrix} -4 \\ 0 \end{pmatrix}$의 값을 찾을 수 있다.

$x'+y' = x+6y$, $x = -y'-2y$ 이므로

$x'+y'+x+y = 2x+7y = -2y'+3y$이다.

$x'\left(\frac{\pi}{2}\right)+x\left(\frac{\pi}{2}\right)+y'\left(\frac{\pi}{2}\right)+y\left(\frac{\pi}{2}\right) = -2y'\left(\frac{\pi}{2}\right)+3y\left(\frac{\pi}{2}\right)$를 구한다.

$\begin{pmatrix} x'(t) \\ y'(t) \end{pmatrix} = \begin{pmatrix} 2 & 8 \\ -1 & -2 \end{pmatrix}\begin{pmatrix} x(t) \\ y(t) \end{pmatrix}$

$\Rightarrow \begin{cases} (D-2)x-8y=0 \\ x+(D+2)y=0 \end{cases} \Rightarrow (D^2+4)y=0$

$\Rightarrow y = c_1\cos(2t)+c_2\sin(2t)$,

$y' = -2c_1\sin(2t)+2c_2\cos(2t)$

$y(0) = -1$이므로 $c_1 = -1$이고, $y'(0) = 0$이므로 $c_2 = 0$이다.

$\Rightarrow y = -\cos(2t)$, $y' = 2\sin(2t)$이므로

$\Rightarrow y\left(\frac{\pi}{2}\right) = 1$, $y'\left(\frac{\pi}{2}\right) = 0$

$\Rightarrow -2y'\left(\frac{\pi}{2}\right)+3y\left(\frac{\pi}{2}\right) = 3$

[다른 풀이]
소거법을 통해서 연립방정식의 해를 구한다.

$\begin{cases} (D-2)x-8y=0 \\ x+(D+2)y=0 \end{cases} \Rightarrow \begin{cases} (D-2)x-8y=0 & \cdots ㉠ \\ (D-2)x+(D^2-4)y=0 & \cdots ㉡ \end{cases}$

㉡－㉠을 하면 $(D^2+4)y=0$

$\Rightarrow y = c_1\cos(2t)+c_2\sin(2t)$

$x = -2y-y' = (-2c_1-2c_2)\cos(2t)+(2c_1-2c_2)\sin(2t)$

$x(0)=2$, $y(0)=-1$이므로 $c_1=-1$이고 $c_2=0$

$\Rightarrow x(t) = 2\cos(2t)-2\sin(2t)$, $y(t) = -\cos(2t)$

$\Rightarrow x'(t) = -4\sin(2t)-4\cos(2t)$, $y'(t) = 2\sin(2t)$

$\therefore x'\left(\frac{\pi}{2}\right)+x\left(\frac{\pi}{2}\right)+y'\left(\frac{\pi}{2}\right)+y\left(\frac{\pi}{2}\right) = 4-2+0+1 = 3$

16. ③

풀이 미분방정식 $y''+2y'+\frac{3}{4}y=0$을 연립미분방정식으로 표현하면

$\begin{cases} y' = \quad 0\cdot y + y' \\ y'' = -\frac{3}{4}\cdot y - 2y' \end{cases} \Leftrightarrow \begin{bmatrix} y' \\ y'' \end{bmatrix} = \begin{bmatrix} 0 & 1 \\ -\frac{3}{4} & -2 \end{bmatrix}\begin{bmatrix} y \\ y' \end{bmatrix}$이고,

$a=0,\ b=1,\ c=-\frac{3}{4},\ d=-2$이다.

$A = \begin{bmatrix} 0 & 1 \\ -\frac{3}{4} & -2 \end{bmatrix}$의 고윳값은

$\det(\lambda I_2 - A) = \begin{vmatrix} \lambda & -1 \\ \frac{3}{4} & \lambda+2 \end{vmatrix} = \frac{1}{4}(2\lambda+3)(2\lambda+1) = 0$

$\Rightarrow \lambda = -\frac{3}{2},\ -\frac{1}{2}$이다.

또한 $|\lambda_1| > |\lambda_2|$이므로 $\lambda_1 = -\frac{3}{2}$, $\lambda_2 = -\frac{1}{2}$이다.

따라서 $a+b+c+d+\frac{\lambda_1}{\lambda_2} = \frac{5}{4}$ 이다.

17. ③

풀이 행렬로 나타내보면 $\begin{pmatrix} y_1' \\ y_2' \end{pmatrix} = \begin{pmatrix} 1 & -1 \\ 2 & 4 \end{pmatrix}\begin{pmatrix} y_1 \\ y_2 \end{pmatrix}$이 된다.

$\begin{vmatrix} 1-\lambda & -1 \\ 2 & 4-\lambda \end{vmatrix} = \lambda^2-5\lambda+6 = (\lambda-3)(\lambda-2)$이므로

$\lambda=2$, $\lambda=3$이다.

(i) $\lambda=2$

$\begin{pmatrix} -1 & -1 \\ 2 & 2 \end{pmatrix}\begin{pmatrix} y_1 \\ y_2 \end{pmatrix} = \begin{pmatrix} 0 \\ 0 \end{pmatrix}$이므로 구하려는 고유벡터는 $\begin{pmatrix} 1 \\ -1 \end{pmatrix}$

(ii) $\lambda=3$

$\begin{pmatrix} -2 & -1 \\ 2 & 1 \end{pmatrix}\begin{pmatrix} y_1 \\ y_2 \end{pmatrix} = \begin{pmatrix} 0 \\ 0 \end{pmatrix}$이므로 구하려는 고유벡터는 $\begin{pmatrix} 1 \\ -2 \end{pmatrix}$

그러므로 연립 미분 방정식의 해는

$\begin{pmatrix} y_1 \\ y_2 \end{pmatrix} = c_1\begin{pmatrix} 1 \\ -1 \end{pmatrix}e^{2t} + c_2\begin{pmatrix} 1 \\ -2 \end{pmatrix}e^{3t}$이고

초기조건을 대입하면 $c_1=1$, $c_2=-1$이다.

그러므로 $\begin{pmatrix} y_1 \\ y_2 \end{pmatrix} = \begin{pmatrix} 1 \\ -1 \end{pmatrix}e^{2t} - \begin{pmatrix} 1 \\ -2 \end{pmatrix}e^{3t}$가 된다.

$y_1(\ln 2) = e^{2\ln 2} - e^{3\ln 2} = 4-8 = -4$이고,

$y_2(\ln 3) = -e^{2\ln 3} + 2e^{3\ln 3} = -9+54 = 45$이다.

따라서 $y_1(\ln 2)+y_2(\ln 3) = -4+45 = 41$이다.

18. ①

풀이 미분연산자를 이용한 방법

(i) $\begin{cases} y'_1 = 2y_1 - 2y_2 \\ y'_2 = 2y_1 + 2y_2 \end{cases} \cdots (*)$

$\Rightarrow \begin{cases} (D-2)y_1 + 2y_2 = 0 \cdots ① \\ -2y_1 + (D-2)y_2 = 0 \cdots ② \end{cases}$

식 ①×2 + (D − 2)×②를 계산하면

$\Rightarrow 4y_2 + (D-2)^2 y_2 = 0$

$\Rightarrow (D^2 - 4D + 8)y_2 = 0$

특성방정식 $\lambda^2 - 4\lambda + 8 = 0$의 해는 $\lambda = 2 \pm 2i$이므로

$y_2(t) = e^{2t}\{c_1\cos(2t) + c_2\sin(2t)\}$이다.

(ii) 초기조건 $(y_1(0), y_2(0)) = (1, 1)$를 $(*)$에 대입하면

$y'_1(0) = 2 - 2 = 0,\ y'_2(0) = 2 + 2 = 4$ 이고

$\begin{cases} y_2(0) = c_1 = 1 \\ y_2'(0) = 2c_1 + (0 + 2c_2) = 4 \end{cases} \Rightarrow \begin{cases} c_1 = 1 \\ c_2 = 1 \end{cases}$이다.

따라서 $y_2(t) = e^{2t}\{\cos(2t) + \sin(2t)\}$가 된다.

(iii) $y_2(t)$를 ②에 대입하면

$y_1(t) = \frac{1}{2}y'_2(t) - y_2(t) = e^{2t}\{\cos(2t) - \sin(2t)\}$

$\left(y_1\left(\frac{\pi}{2}\right), y_2\left(\frac{\pi}{2}\right)\right) = (-e^{\pi}, -e^{\pi})$

[다른 풀이]

라플라스 변환을 이용한 방법

$(\because)\ y_1(t)$과 $y_2(t)$의 라플라스변환을

$\mathcal{L}(y_1(t))(s) = Y_1(s),\ \mathcal{L}(y_2(t))(s) = Y_2(s)$라 하자.

주어진 연립미분방정식에 라플라스변환을 취하면

$\Rightarrow \begin{cases} sY_1 - 1 = 2Y_1 - 2Y_2 \\ sY_2 - 1 = 2Y_1 + 2Y_2 \end{cases}$

$\Rightarrow \begin{bmatrix} s-2 & 2 \\ -2 & s-2 \end{bmatrix}\begin{bmatrix} Y_1 \\ Y_2 \end{bmatrix} = \begin{bmatrix} 1 \\ 1 \end{bmatrix}$

$\Rightarrow \begin{bmatrix} Y_1 \\ Y_2 \end{bmatrix} = \begin{bmatrix} s-2 & 2 \\ -2 & s-2 \end{bmatrix}^{-1}\begin{bmatrix} 1 \\ 1 \end{bmatrix}$

$= \frac{1}{(s-2)^2 + 4}\begin{bmatrix} s-2 & -2 \\ 2 & s-2 \end{bmatrix}\begin{bmatrix} 1 \\ 1 \end{bmatrix}$

$= \frac{1}{(s-2)^2 + 4}\begin{bmatrix} s-4 \\ s \end{bmatrix}$

$\therefore y_1(t) = \mathcal{L}^{-1}(Y_1(s)) = e^{2t}\{\cos(2t) - \sin(2t)\}$,

$y_2(t) = \mathcal{L}^{-1}(Y_2(s)) = e^{2t}\{\cos(2t) + \sin(2t)\}$,

$\left(y_1\left(\frac{\pi}{2}\right), y_2\left(\frac{\pi}{2}\right)\right) = (-e^{\pi}, -e^{\pi})$이다.

19. ②

풀이 $\begin{pmatrix} x'(t) \\ y'(t) \\ z'(t) \end{pmatrix} = \begin{pmatrix} 1 & 2 & -1 \\ 1 & 0 & 1 \\ 4 & -4 & 5 \end{pmatrix}\begin{pmatrix} x(t) \\ y(t) \\ z(t) \end{pmatrix} \Leftrightarrow X' = AX$라 하면,

행렬 A의 고윳값이

$\begin{vmatrix} 1-\lambda & 2 & -1 \\ 1 & -\lambda & 1 \\ 4 & -4 & 5-\lambda \end{vmatrix} = 0$에서 $\lambda = 1, 2, 3$ 을 갖는다.

이 때, 대응되는 고유벡터

$v_1 = \begin{pmatrix} -1 \\ 1 \\ 2 \end{pmatrix},\ v_2 = \begin{pmatrix} -2 \\ 1 \\ 4 \end{pmatrix},\ v_3 = \begin{pmatrix} -1 \\ 1 \\ 4 \end{pmatrix}$이므로 일반해는

$\begin{pmatrix} x \\ y \\ z \end{pmatrix} = C_1\begin{pmatrix} -1 \\ 1 \\ 2 \end{pmatrix}e^t + C_2\begin{pmatrix} -2 \\ 1 \\ 4 \end{pmatrix}e^{2t} + C_3\begin{pmatrix} -1 \\ 1 \\ 4 \end{pmatrix}e^{3t}$

(C_1, C_2, C_3 는 임의의 상수)

초기값 $\begin{pmatrix} x(0) \\ y(0) \\ z(0) \end{pmatrix} = \begin{pmatrix} -1 \\ 0 \\ 0 \end{pmatrix}$을 만족하는 연립방정식

$\begin{cases} 1 = C_1 + 2C_2 + C_3 \\ 0 = C_1 + C_2 + C_3 \\ 0 = 2C_1 + 4C_2 + 4C_3 \end{cases}$ 을 풀면 $C_1 = 0,\ C_2 = 1,\ C_3 = -1$

$\therefore \begin{pmatrix} x \\ y \\ z \end{pmatrix} = \begin{pmatrix} -2 \\ 1 \\ 4 \end{pmatrix}e^{2t} + \begin{pmatrix} 1 \\ -1 \\ -4 \end{pmatrix}e^{3t}$,

$x(1) + y(1) + z(1) = 3e^2 - 4e^3$

20. ②

풀이 $\begin{pmatrix} y_1' \\ y_2' \end{pmatrix} = \begin{pmatrix} 2 & -7 \\ 1 & -3 \end{pmatrix}\begin{pmatrix} y_1 \\ y_2 \end{pmatrix}$로 나타내면

$\begin{vmatrix} 2-\lambda & -7 \\ 1 & -3-\lambda \end{vmatrix} = (2-\lambda)(-3-\lambda) + 7 = \lambda^2 + \lambda + 1 = 0$

이므로 순허수가 아닌 복소근을 갖는다.

특성방정식의 두 근을 각각 λ_1, λ_2라 할 때,

$\lambda_1 + \lambda_2 \langle 0,\ \lambda_1\lambda_2 \rangle 0$이고 $\nabla = 1 - 4 = -3 < 0$이므로

원점 P_0는 나선점이고 안정적이며, 끌어당기는 임계점이다.

5. 퓨리에급수

1. ①

풀이

$$a_0=\frac{1}{\pi}\int_{-\pi}^{\pi}f(x)dx$$
$$=\frac{1}{\pi}\int_{-\pi}^{\pi}|x|\,dx$$
$$=\frac{2}{\pi}\int_{0}^{\pi}x\,dx$$
$$=\frac{2}{\pi}\left[\frac{1}{2}x^2\right]_0^{\pi}=\pi$$
$$a_k=\frac{1}{\pi}\int_{-\pi}^{\pi}f(x)\cos(kx)\,dx$$
$$=\frac{1}{\pi}\int_{-\pi}^{\pi}|x|\cos(kx)\,dx$$
$$=\frac{2}{\pi}\int_{0}^{\pi}x\cos(kx)\,dx(\because |x|\cos(kx)\text{는 우함수})$$
$$=\frac{2}{\pi}\left\{\left[\frac{x}{k}\sin(kx)\right]_0^{\pi}-\int_0^{\pi}\frac{1}{k}\sin kx\,dx\right\}$$
$$=\frac{2}{\pi}\left\{0+\frac{1}{k^2}\left[\cos(kx)\right]_0^{\pi}\right\}$$
$$=\frac{2}{\pi}\cdot\frac{1}{k^2}\{\cos(\pi k)-1\}$$
$$\therefore\sum_{k=0}^{3}a_k=a_0+a_1+a_2+a_3$$
$$=\pi+\frac{2}{\pi}\left\{(\cos\pi-1)+\frac{1}{4}(\cos2\pi-1)+\frac{1}{9}(\cos3\pi-1)\right\}$$
$$=\pi+\frac{2}{\pi}\left(-2-\frac{2}{9}\right)=\pi+\frac{2}{\pi}\cdot\left(-\frac{20}{9}\right)=\frac{9\pi^2-40}{9\pi}$$

2. ①

풀이

(i) $$a_n=\frac{1}{2}\int_{-2}^{2}f(x)\cos\left(\frac{n\pi x}{2}\right)dx$$
$$=\frac{1}{2}\left\{\int_{-2}^{0}(2+x)\cos\left(\frac{n\pi x}{2}\right)dx+\int_0^2 2\cos\left(\frac{n\pi x}{2}\right)dx\right\}$$
$$=\frac{1}{2}\left\{\left[(2+x)\frac{2}{n\pi}\sin\left(\frac{n\pi x}{2}\right)+\left(\frac{2}{n\pi}\right)^2\cos\left(\frac{n\pi x}{2}\right)\right]_{-2}^{0}+2\cdot\frac{2}{n\pi}\left[\sin\left(\frac{n\pi x}{2}\right)\right]_0^2\right\}$$
$$=\frac{1}{2}\left[\frac{4}{(n\pi)^2}\{1-\cos(-n\pi)\}\right]$$
$$=\frac{2}{(n\pi)^2}\{1-(-1)^n\}$$
$$\therefore a_1=\frac{4}{\pi^2},\ a_2=0,\ a_1+a_2=\frac{4}{\pi^2}$$

(ii) $$b_n=\frac{1}{2}\int_{-2}^{2}f(x)\sin\left(\frac{n\pi x}{2}\right)dx$$
$$=\frac{1}{2}\left\{\int_{-2}^{0}(2+x)\sin\left(\frac{n\pi x}{2}\right)dx+\int_0^2 2\sin\left(\frac{n\pi x}{2}\right)dx\right\}$$
$$=\frac{1}{2}\left\{\left[(2+x)\left\{-\frac{2}{n\pi}\cos\left(\frac{n\pi x}{2}\right)\right\}-\left\{-\left(\frac{2}{n\pi}\right)^2\sin\left(\frac{n\pi x}{2}\right)\right\}\right]_{-2}^{0}-2\cdot\frac{2}{n\pi}\left[\cos\left(\frac{n\pi x}{2}\right)\right]_0^2\right\}$$
$$=\frac{1}{2}\left\{\left[-\frac{2(2+x)}{n\pi}\cos\left(\frac{n\pi x}{2}\right)+\left(\frac{2}{n\pi}\right)^2\sin\left(\frac{n\pi x}{2}\right)\right]_{-2}^{0}-\frac{4}{n\pi}\left[\cos\left(\frac{n\pi x}{2}\right)\right]_0^2\right\}$$
$$=\left[-\frac{(2+x)}{n\pi}\cos\left(\frac{n\pi x}{2}\right)+\frac{2}{(n\pi)^2}\sin\left(\frac{n\pi x}{2}\right)\right]_{-2}^{0}-\frac{2}{n\pi}\left[\cos\left(\frac{n\pi x}{2}\right)\right]_0^2$$
$$=-\frac{2}{n\pi}-\frac{2}{n\pi}\{\cos(n\pi)-1\}$$
$$=-\frac{2}{n\pi}\cos(n\pi)$$
$$=(-1)^{n+1}\frac{2}{n\pi}$$
$$\therefore b_1=\frac{2}{\pi},\ b_2=-\frac{1}{\pi},\ b_1+b_2=\frac{2}{\pi}-\frac{1}{\pi}=\frac{1}{\pi}$$
$$\therefore\frac{a_1+a_2}{b_1+b_2}=\frac{\frac{4}{\pi^2}}{\frac{1}{\pi}}=\frac{4}{\pi}$$

3. ①

풀이

$$A(\alpha)=\int_{-\infty}^{\infty}f(x)\cos\alpha x\,dx$$
$$=\int_{-1}^{1}e^x\cos\alpha x\,dx$$
$$=\left[\frac{e^x}{1+\alpha^2}(\cos\alpha x+\alpha\sin\alpha x)\right]_{-1}^{1}$$
$$=\frac{e}{1+\alpha^2}(\cos\alpha+\alpha\sin\alpha)-\frac{e^{-1}}{1+\alpha^2}(\cos\alpha-\alpha\sin\alpha)$$
$$=\frac{1}{1+\alpha^2}\{(e-e^{-1})\cos\alpha+\alpha(e+e^{-1})\sin\alpha\}$$
$$=\frac{1}{1+\alpha^2}(2\sinh1\cos\alpha+2\alpha\cosh1\sin\alpha)$$
$$=\frac{2\sinh1\cos\alpha+2\alpha\cosh1\sin\alpha}{1+\alpha^2}$$
$$B(\alpha)=\int_{-\infty}^{\infty}f(x)\sin\alpha x\,dx$$
$$=\int_{-1}^{1}e^x\sin\alpha x\,dx$$

$$= \left[\frac{e^x}{1+\alpha^2}(\sin\alpha x - \alpha\cos\alpha x) \right]_{-1}^{1}$$

$$= \frac{e}{1+\alpha^2}(\sin\alpha - \alpha\cos\alpha) - \frac{e^{-1}}{1+\alpha^2}(-\sin\alpha - \alpha\cos\alpha)$$

$$= \frac{1}{1+\alpha^2}\{(e+e^{-1})\sin\alpha - \alpha(e-e^{-1})\cos\alpha\}$$

$$= \frac{1}{1+\alpha^2}(2\cosh 1\sin\alpha - 2\alpha sinh1\cos\alpha)$$

$$= \frac{2\cosh 1\sin\alpha - 2\alpha\sinh 1\cos\alpha}{1+\alpha^2}$$

4. ①

풀이 $f(x)$는 주기가 2π인 함수

$f(x)=x(-\pi<x<\pi)$인 기함수이다. 따라서 $a_n=0$이다.

$b_n = \frac{1}{\pi}\int_{-\pi}^{\pi} x\sin nx dx$이고,

$$b_4 = \frac{1}{\pi}\int_{-\pi}^{\pi} x\sin 4x dx$$

$$= \frac{2}{\pi}\int_{0}^{\pi} x\sin 4x dx$$

$$= \frac{2}{\pi}\left(-\frac{1}{4}x\cos 4x + \frac{1}{16}\sin 4x\right)_0^{\pi}$$

$= \frac{2}{\pi}\left(-\frac{\pi}{4}\right) = -\frac{1}{2}$이다.

$g(x)$는 주기가 1인 $g(x)=-x(-1<x<0)$이다.

$d_n = \frac{1}{\frac{1}{2}}\int_{-1}^{0} -x\sin\frac{n\pi x}{\frac{1}{2}}dx = -2\int_{-1}^{0} x\sin 2n\pi x dx$이고,

$$d_4 = -2\int_{-1}^{0} x\sin 8\pi x dx$$

$$= -2\left(-\frac{1}{8\pi}x\cos 8\pi x + \frac{1}{64\pi^2}\sin 8\pi x\right)_{-1}^{0}$$

$= -2\left(-\frac{1}{8\pi}\right) = \frac{1}{4\pi}$이다.

$$\therefore b_4 + d_4 = -\frac{1}{2} + \frac{1}{4\pi}$$

5. ①

풀이 $A(\alpha) = \int_{-\infty}^{0} e^{2x}\cos\alpha x dx + \int_{0}^{\infty} e^{-3x}\cos\alpha x dx$

$$= \int_{0}^{\infty} e^{-2t}\cos(-\alpha t)dt + \int_{0}^{\infty} e^{-3x}\cos\alpha x dx$$

$(\because x=-t)$

$$= \int_{0}^{\infty} e^{-2t}\cos\alpha t dt + \int_{0}^{\infty} e^{-3x}\cos\alpha x dx$$

$$= \mathcal{L}\{\cos\alpha t\}_{s=2} + \mathcal{L}\{\cos\alpha t\}_{s=3}$$

$$= \frac{s}{s^2+\alpha^2}\bigg]_{s=2} + \frac{s}{s^2+\alpha^2}\bigg]_{s=3}$$

$$= \frac{2}{\alpha^2+4} + \frac{3}{\alpha^2+9}$$

$B(\alpha) = \int_{-\infty}^{0} e^{2x}\sin\alpha x dx + \int_{0}^{\infty} e^{-3x}\sin\alpha x dx$

$$= \int_{0}^{\infty} e^{-2t}\sin(-\alpha t)dt + \int_{0}^{\infty} e^{-3x}\sin\alpha x dx$$

$(\because x=-t)$

$$= -\int_{0}^{\infty} e^{-2t}\sin\alpha t dt + \int_{0}^{\infty} e^{-3x}\sin\alpha x dx$$

$$= -\mathcal{L}\{\sin\alpha t\}_{s=2} + \mathcal{L}\{\sin\alpha t\}_{s=3}$$

$$= \frac{-\alpha}{s^2+\alpha^2}\bigg]_{s=2} + \frac{\alpha}{s^2+\alpha^2}\bigg]_{s=3}$$

$$= \frac{-\alpha}{\alpha^2+4} + \frac{\alpha}{\alpha^2+9}$$

6. ④

풀이 $f(x)=|x|(-1\le x\le 1)$이고 주기가 2이므로

퓨리에 급수를 구하면

$$a_0 = \frac{1}{2}\int_{-1}^{1}|x|dx = \frac{1}{2}$$

$$a_n = \int_{-1}^{1}|x|\cos(n\pi x)dx = 2\int_{0}^{1} x\cos(n\pi x)dx$$

$$= 2\left\{\left[\frac{x}{n\pi}\sin(n\pi x)\right]_0^1 - \frac{1}{n\pi}\int_0^1 \sin(n\pi x)dx\right\}$$

$$= \frac{2}{n^2\pi^2}\{\cos(n\pi)-1\}$$

이때, $|x|\sin(n\pi x)$는 기함수이므로 $b_n=0$이다.

$$\therefore f(x) = \frac{1}{2} + \sum_{n=1}^{\infty}\frac{2\{\cos(n\pi)-1\}}{n^2\pi^2}\cos(n\pi x)$$

$$= \frac{1}{2} - \frac{4}{\pi^2}\cos(\pi x) - \frac{4}{9\pi^2}\cos(3\pi x) - \frac{4}{25\pi^2}\cos(5\pi x) - \cdots$$

$$= \frac{1}{2} - \sum_{n=1}^{\infty}\frac{4}{(2n-1)^2\pi^2}\cos((2n-1)\pi x)$$

$$\therefore f(0) = \frac{1}{2} - \sum_{n=1}^{\infty}\frac{\cos 0}{(2n-1)^2}\times\frac{4}{\pi^2} = 0$$

$$\therefore \sum_{n=0}^{\infty}\frac{1}{(2n+1)^2} = \sum_{n=1}^{\infty}\frac{1}{(2n-1)^2} = \frac{1}{2}\times\frac{\pi^2}{4} = \frac{\pi^2}{8}$$

7. ③

풀이 반구간이므로 세 가지로 전개가능하다.

(i) 주기적 우함수로 확장

즉, $f(x)=\begin{cases}-x & (-\pi<x<0)\\ x & (0<x<\pi)\end{cases}$일 때

$$a_0=\frac{1}{\pi}\int_{-\pi}^{\pi}xdx=\frac{2}{\pi}\int_0^{\pi}xdx=\pi$$

$$a_n=\frac{2}{\pi}\int_0^{\pi}x\cos nxdx$$

$$=\frac{2}{n^2\pi}(\cos n\pi-1)$$

$$=\frac{2}{n^2\pi}((-1)^2-1)$$

$$\therefore f(x)=\frac{\pi}{2}+\sum_{n=1}^{\infty}\frac{2}{n^2\pi}((-1)^2-1)\cos nx$$

$$=\frac{\pi}{2}+\frac{2}{\pi}\sum_{n=1}^{\infty}\frac{(-1)^2-1}{n^2}\cos nx$$

(ii) 주기적 기함수로 확장 즉, $f(x)=x\ (-\pi<x<\pi)$

$$b_n=\frac{2}{\pi}\int_0^{\pi}x\sin nxdx$$

$$=-\frac{2}{n}\cos n\pi$$

$$=-\frac{2}{n}(-1)^n=\frac{2(-1)^{n+1}}{n}$$

$$\therefore f(x)=\sum_{n=1}^{\infty}\frac{2(-1)^{n+1}}{n}\sin nx$$

(iii) 주기가 π인 함수로 확장

$$f(x)=\begin{cases}x+\pi & (-\pi<x<0)\\ x & (0<x<\pi)\end{cases}=g(x)+h(x)$$

$$g(x)=\begin{cases}x+\frac{\pi}{2} & (-\pi<x<0)\\ x-\frac{\pi}{2} & (0<x<\pi)\end{cases},$$

$$h(x)=\frac{\pi}{2}(-\pi<x<\pi)$$

$f(x)$의 퓨리에 급수는 $g(x)$와 $h(x)$의 퓨리에 급수의 합과 같다. $g(x)$는 기함수이므로 $g(x)=\sum_{n=1}^{\infty}b_n\sin nx$이다.

$$b_n=\frac{1}{\pi}\left[\int_{-\pi}^{\pi}g(x)\sin nx\,dx\right]$$

$$=\frac{2}{\pi}\int_0^{\pi}g(x)\sin nx\,dx$$

$$=\frac{2}{\pi}\int_0^{\pi}\left(x-\frac{\pi}{2}\right)\sin nx\,dx$$

$$=\frac{2}{\pi}\left[\frac{-1}{n}\left(x-\frac{\pi}{2}\right)\cos nx+\frac{1}{n^2}\sin nx\right]_0^{\pi}$$

$$=\frac{-1}{n}[(-1)^n+1]=\begin{cases}(n\in\text{홀수}) & 0\\ (n\in\text{짝수}) & \frac{-2}{n}\end{cases}$$

$$g(x)=-\sum_{n=1}^{\infty}\frac{(-1)^n+1}{n}\sin nx$$

$$=-\left(\frac{2}{2}\sin 2x+\frac{2}{4}\sin 4x+\frac{2}{6}\sin 6x+\cdots\right)$$

$$=-\left(\sin 2x+\frac{1}{2}\sin 4x+\frac{1}{3}\sin 6x+\cdots\right)$$

$$=-\sum_{n=1}^{\infty}\frac{\sin 2nx}{n}$$

따라서 $f(x)=\frac{\pi}{2}-\sum_{n=1}^{\infty}\frac{\sin 2nx}{n}$이 성립한다.

[다른 풀이]

만약 (iii)을 구하는 과정에서 성질을 사용하지 않는다면

$$a_0=\frac{1}{\pi}\left[\int_{-\pi}^{0}x+\pi\,dx+\int_0^{\pi}xdx\right]$$

$$=\frac{1}{\pi}\left[\int_{-\pi}^{0}\pi\,dx+\int_{-\pi}^{\pi}xdx\right]=\pi$$

$$a_n=\frac{1}{\pi}\left[\int_{-\pi}^{0}(x+\pi)\cos nx\,dx+\int_0^{\pi}x\cos nx\,dx\right]$$

$$=\frac{1}{\pi}\left[\int_{-\pi}^{0}\pi\cos nx\,dx+\int_{-\pi}^{\pi}x\cos nx\,dx\right]$$

$$=\frac{1}{\pi}\left[\frac{\pi}{n}\sin nx\right]_{\pi}^{0}=0$$

$$b_n=\frac{1}{\pi}\left[\int_{-\pi}^{0}(x+\pi)\sin nx\,dx+\int_0^{\pi}x\sin nx\,dx\right]$$

$$=\frac{1}{\pi}\left[\int_{-\pi}^{0}\pi\sin nx\,dx+\int_{-\pi}^{\pi}x\sin nx\,dx\right]$$

$$=\frac{1}{\pi}\left[\int_{-\pi}^{0}\pi\sin nx\,dx+2\int_0^{\pi}x\sin nx\,dx\right]$$

$$=\frac{1}{\pi}\left\{\left(-\frac{\pi}{n}\cos nx\right)_{-\pi}^{0}+2\left(-\frac{x\cos nx}{n}-\frac{\sin nx}{n^2}\right)_0^{\pi}\right\}$$

$$=\frac{1}{\pi}\left\{\left(-\frac{\pi}{n}(1-(-1)^n)\right)+2\left(-\frac{(-1)^n\pi}{n}\right)\right\}$$

$$=\frac{1}{\pi}\cdot\frac{-\pi}{n}\{1+(-1)^n\}=-\frac{1}{n}\{1+(-1)^n\}$$

$$=\frac{-1}{n}[(-1)^n+1]=\begin{cases}(n\in\text{홀수}) & 0\\ (n\in\text{짝수}) & \frac{-2}{n}\end{cases}$$

$$f(x)=\frac{\pi}{2}-\sum_{n=1}^{\infty}\frac{(-1)^n+1}{n}\sin nx$$

$$=\frac{\pi}{2}-\left(\frac{2}{2}\sin 2x+\frac{2}{4}\sin 4x+\frac{2}{6}\sin 6x+\cdots\right)$$

$$=\frac{\pi}{2}-\left(\sin 2x+\frac{1}{2}\sin 4x+\frac{1}{3}\sin 6x+\cdots\right)$$

$$=\frac{\pi}{2}-\sum_{n=1}^{\infty}\frac{\sin 2nx}{n}$$

(iv) $-\pi < x < 0$에서 $f(x)=0$으로 확장

$$f(x)=\begin{cases}0 & (-\pi < x < 0) \\ x & (0 < x < \pi)\end{cases}$$

$$a_0=\frac{1}{\pi}\int_0^{\pi} x dx=\frac{\pi}{2}$$

$$a_n=\frac{1}{\pi}\int_0^{\pi} x\cos nx dx=\frac{1}{\pi}\left[\frac{1}{n^2}\{(-1)^n-1\}\right]$$

(단, $\cos n\pi=(-1)^n$)

$$a_n=\frac{1}{\pi}\int_0^{\pi} x\cos nx dx=\frac{1}{\pi}\left[\frac{1}{n^2}\{(-1)^n-1\}\right]$$

(단, $\cos n\pi=(-1)^n$)

$$b_n=\frac{1}{\pi}\int_0^{\pi} x\sin nx dx$$

$$=\frac{1}{\pi}\left[-\frac{\pi}{n}(-1)^n\right]=\frac{(-1)^{n+1}}{n}$$

$$\therefore f(x)=\frac{\pi}{4}+\sum_{n=1}^{\infty}\left(\frac{(-1)^n-1}{n^2\pi}\cos nx+\frac{(-1)^{n+1}}{n}\sin nx\right)$$

8. ④

풀이

$$A(\alpha)=\int_{-\infty}^{\infty} f(x)\cos\alpha x dx$$

$$=\int_0^{\pi}\sin x\cos\alpha x dx$$

$$=\frac{1}{2}\int_0^{\pi}\{\sin(1+\alpha)x+\sin(1-\alpha)x\}dx$$

$$=\frac{1+\cos\alpha\pi}{1-\alpha^2}$$

$$B(\alpha)=\int_{-\infty}^{\infty}\sin x\sin\alpha x dx$$

$$=\int_0^{\pi}\sin x\sin\alpha x dx$$

$$=-\frac{1}{2}\int_0^{\pi}\{\cos(1+\alpha)x-\cos(1-\alpha)x\}dx$$

$$=\frac{\sin\alpha\pi}{1-\alpha^2}$$

9. ②

풀이

$$a_n=\frac{1}{\pi}\int_{-\pi}^{\pi} f(x)\cos nx dx$$

$$=\frac{1}{\pi}\left\{\int_{-\pi}^{0} 0dx+\int_0^{\pi}(\pi-x)\cos nx dx\right\}$$

$$=\frac{1}{\pi}\left\{\left[(\pi-x)\frac{\sin nx}{n}\right]_0^{\pi}+\int_0^{\pi}\frac{\sin nx}{n}dx\right\}$$

($\because$부분적분법)

$$=-\frac{1}{n^2\pi}[\cos nx]_0^{\pi}=\frac{1-(-1)^n}{n^2\pi}$$

10. ①

풀이

$$a_0=\frac{1}{2}\int_{-1}^{1} f(x)\,dx=\frac{1}{2}\int_{-1}^{1}x^2\,dx=\int_0^1 x^2\,dx=\frac{1}{3}$$

$$a_n=\int_{-1}^{1} f(x)\cos(n\pi x)\,dx=\int_{-1}^{1}x^2\cos(n\pi x)\,dx$$

$$=\left[x^2\frac{\sin n\pi x}{n\pi}\right]_{-1}^{1}-\int_{-1}^{1}2x\frac{\sin n\pi x}{n\pi}dx$$

$$=\frac{\sin n\pi+\sin n\pi}{n\pi}-\int_{-1}^{1}2x\frac{\sin n\pi x}{n\pi}dx$$

$$=\frac{-2}{n\pi}\left[\left[x\frac{-\cos n\pi x}{n\pi}\right]_{-1}^{1}-\int_{-1}^{1}\frac{-\cos n\pi x}{n\pi}dx\right]$$

$$=\frac{-2}{n\pi}\left[\frac{-2\cos n\pi}{n\pi}+\int_{-1}^{1}\frac{\cos n\pi x}{n\pi}dx\right]$$

$$=\frac{4\cos n\pi}{(n\pi)^2}=\frac{4(-1)^n}{n^2\pi^2}$$

$b_n=\int_{-1}^{1}x^2\sin(n\pi x)\,dx=0$($\because x^2\sin(n\pi x)$는 기함수)

$$\therefore f(x)=\frac{1}{3}+\sum_{n=1}^{\infty}(-1)^n\frac{4}{n^2\pi^2}\cos(n\pi x)$$

$$=\frac{1}{3}+\frac{4}{\pi^2}\left(\frac{-1}{1^2}\cos\pi x+\frac{1}{2^2}\cos 2\pi x-\frac{1}{3^2}\cos 3\pi x+\cdots\right)$$

$f(0)=0=\frac{1}{3}+\left(\frac{-4}{\pi^2}\right)\left(\frac{1}{1^2}-\frac{1}{2^2}+\frac{1}{3^2}-\cdots\right)$에서

$$\frac{1}{1^2}-\frac{1}{2^2}+\frac{1}{3^2}-\frac{1}{4^2}+\cdots=\frac{\pi^2}{12}$$

04 공학수학

6. 복소함수와 선적분

1. ④

풀이 ① $f(z)=z^5e^{\frac{1}{z^2}}=z^5\left(1+\frac{1}{z^2}+\frac{1}{2!}\cdot\frac{1}{z^4}+\frac{1}{3!}\cdot\frac{1}{z^6}+\cdots\right)$

$=z^5+z^3+\frac{1}{2!}z+\frac{1}{3!}\cdot\frac{1}{z}+\frac{1}{4!}\cdot\frac{1}{z^3}+\cdots$

$\frac{1}{z}$항이 무한히 반복되므로 $z=0$에서 진성특이점이다.

② $f(z)=z^3\cos\left(\frac{1}{z}\right)=z^3\left(1-\frac{1}{2}\cdot\frac{1}{z^2}+\frac{1}{4!\cdot}\frac{1}{z^4}-\cdots\right)$

$=z^3-\frac{1}{2}z+\frac{1}{4!}\cdot\frac{1}{z}-\frac{1}{6!}\cdot\frac{1}{z^3}+\cdots$

$\frac{1}{z}$항이 무한히 반복되므로 $z=0$에서 진성특이점이다.

③ $f(z)=e^{\frac{z}{z-2}}$에서 $z-2=w$라 하면

$f=e^{\frac{w+2}{w}}=e\cdot e^{\frac{2}{w}}=e\left(1+\frac{2}{w}+\frac{1}{2!}\cdot\frac{2^2}{w^2}+\cdots\right)$

에서 $\frac{1}{w}$항이 무한히 반복되므로

$w=0$, 즉 $z=2$에서 진성특이점이다.

④ $f(z)=\frac{e^{2z}}{(z-1)^3}$에서 $\lim_{z\to1}(z-1)^3\frac{e^{2z}}{(z-1)^3}=e^2$이므로

$z=1$에서 위수 3인 극이다.

2. ③

풀이 (가) (참) $|z_1|=1$이므로 $z_1\overline{z_1}=1$이다.

$$\left|\frac{\bar{b}z_1+\bar{a}}{az_1+b}\right|^2=\left(\frac{\bar{b}z_1+\bar{a}}{az_1+b}\right)\overline{\left(\frac{\bar{b}z_1+\bar{a}}{az_1+b}\right)}$$

$$=\left(\frac{\bar{b}z_1+\bar{a}}{az_1+b}\right)\left(\frac{b\overline{z_1}+a}{\bar{a}\overline{z_1}+\bar{b}}\right)$$

$$=\frac{\bar{b}bz_1\overline{z_1}+a\bar{b}z_1+\bar{a}b\overline{z_1}+\bar{a}a}{a\bar{a}z_1\overline{z_1}+a\bar{b}z_1+\bar{a}b\overline{z_1}+b\bar{b}}$$

$$=\frac{\bar{b}b+a\bar{b}z_1+\bar{a}b\overline{z_1}+\bar{a}a}{a\bar{a}+a\bar{b}z_1+\bar{a}b\overline{z_1}+b\bar{b}}=1$$

$$\therefore\left|\frac{\bar{b}z_1+\bar{a}}{az_1+b}\right|=1$$

(나) (참) $|z_1|=|z_2|=|z_3|=1$이므로

$z_1\overline{z_1}=1,\ z_2\overline{z_2}=1,\ z_3\overline{z_3}=1$이다.

또한 z가 실수이기 위한 필요충분조건은

$z\cdot\frac{1}{\bar{z}}=1$이므로 이를 확인하자.

$$\frac{(z_1+z_2)(z_2+z_3)(z_3+z_1)}{z_1z_2z_3}\times\overline{\left(\frac{z_1z_2z_3}{(z_1+z_2)(z_2+z_3)(z_3+z_1)}\right)}$$

$$=\frac{(z_1+z_2)(z_2+z_3)(z_3+z_1)}{z_1z_2z_3}\times\left(\frac{\overline{z_1}\,\overline{z_2}\,\overline{z_3}}{(\overline{z_1}+\overline{z_2})(\overline{z_2}+\overline{z_3})(\overline{z_3}+\overline{z_1})}\right)$$

$$=\frac{(z_1\overline{z_2}+z_2\overline{z_2})(z_2\overline{z_3}+z_3\overline{z_3})(z_3\overline{z_1}+z_1\overline{z_1})}{(z_1\overline{z_1}+z_1\overline{z_2})(z_2\overline{z_2}+z_2\overline{z_3})(z_3\overline{z_3}+z_3\overline{z_1})}$$

$$=\frac{(1+z_1\overline{z_2})(1+z_2\overline{z_3})(1+z_3\overline{z_1})}{(1+z_1\overline{z_2})(1+z_2\overline{z_3})(1+z_3\overline{z_1})}=1$$

따라서 $\frac{(z_1+z_2)(z_2+z_3)(z_3+z_1)}{z_1z_2z_3}$은 실수이다.

(다) (참) $|z_1|^4-4|z_1|^2+3\le|z_1^4-4z_1^2+3|$이고

$|z_1|=2$이므로 $3\le|z_1^4-4z_1^2+3|$이다.

따라서 $\left|\frac{1}{z_1{}^4-4z_1{}^2+3}\right|\le\frac{1}{3}$

(라) (거짓)

$$z_1^{1-i}=e^{\ln z_1^{1-i}}$$

$$=e^{(1-i)\ln(1+i)}$$

$$=e^{(1-i)\{\ln|1+i|+Arg(1+i)\}}$$

$$=e^{(1-i)\left\{\ln\sqrt{2}+\frac{\pi}{4}\right\}}$$

$$=e^{\ln\sqrt{2}+\frac{\pi}{4}}e^{\left(-\ln\sqrt{2}-\frac{\pi}{4}\right)i}$$

$$=\sqrt{2}e^{\frac{\pi}{4}}\left\{\cos\left(-\ln\sqrt{2}-\frac{\pi}{4}\right)+i\sin\left(-\ln\sqrt{2}-\frac{\pi}{4}\right)\right\}$$

3. ④

풀이 D에서 복소함수가 해석적이므로 $C-R$방정식이 성립한다. 즉, $u_x=v_y,\ v_x=-u_y$가 성립한다. 또한 조건 (ii)에 의하여 $u(x,\ y)=v(x,\ y)$가 성립한다. 즉, $u_x=u_y,\ u_x=-u_y$이므로 $u_x=0,\ u_y=0,\ v_x=0,\ v_y=0$이 성립한다.

4. ③

풀이 (i) $\tan\frac{\theta}{2}=t$로 치환하면

$$\int_0^{\pi}\frac{1}{5+4\cos\theta}d\theta=\int_0^{\infty}\frac{1}{5+4\cdot\frac{1-t^2}{1+t^2}}\frac{2}{1+t^2}dt$$

$$= \int_0^\infty \frac{2}{5t^2+5+4-4t^2}dt$$

$$= \int_0^\infty \frac{2}{t^2+9}dt$$

$$= \frac{2}{3}\left[\tan^{-1}\left(\frac{t}{3}\right)\right]_0^\infty$$

$$= \frac{2}{3}\left(\frac{\pi}{2}-0\right) = \frac{\pi}{3} = a$$

(ii) 유수적분을 이용하여

$\int_0^{2\pi} \frac{1}{5-4\sin\theta}d\theta$의 값을 구하여 보자.

$z=e^{i\theta}$로 치환하면

$$\int_0^{2\pi} \frac{1}{5-4\sin\theta}d\theta = \oint_c \frac{1}{5-4\frac{1}{2i}\left(z-\frac{1}{z}\right)}\frac{1}{zi}dz$$

(단, $c : |z|=1$)

$$= \oint_c \frac{1}{5zi-2z\left(z-\frac{1}{z}\right)}dz$$

$$= \oint_c \frac{1}{5zi-2z^2+2}dz$$

$$= -\frac{1}{2}\oint_c \frac{1}{z^2-\frac{5}{2}zi-1}dz$$

$$= -\frac{1}{2}\oint_c \frac{1}{(z-2i)\left(z-\frac{1}{2}i\right)}dz$$

$$= -\frac{1}{2}\times 2\pi i \times \frac{1}{-\frac{3}{2}i}$$

$$= -\pi i \times -\frac{2}{3i} = \frac{2}{3}\pi = b$$

따라서 $\frac{a}{b} = \frac{\frac{\pi}{3}}{\frac{2\pi}{3}} = \frac{1}{2}$이다.

5. ①

풀이

$$\int_{-\infty}^\infty \frac{x^2\cos(\pi x)}{(x^2+1)(x^2+2)}dx$$

$$= Re\left[\int_{-\infty}^\infty \frac{x^2 e^{\pi x i}}{(x^2+1)(x^2+2)}dx\right]$$

$$= Re\left[\int_c \frac{z^2 e^{\pi z i}}{(z+i)(z-i)(z+\sqrt{2}i)(z-\sqrt{2}i)}dz\right]$$

(단, c는 실수축을 포함한 복소평면의 상반부)

$$= Re\left[2\pi i \times \left(\frac{-e^{-\pi}}{2i} + \frac{-2e^{-\sqrt{2}\pi}}{-2\sqrt{2}i}\right)\right]$$

$$= Re\left[\pi \times \left(-e^{-\pi} + \sqrt{2}e^{-\sqrt{2}\pi}\right)\right]$$

$$= \pi\left(\sqrt{2}e^{-\sqrt{2}\pi} - e^{-\pi}\right)$$

6. ④

풀이 $z_2 = \overline{z_1} = 1-2i$이므로

$$z_1 z_2 + 5\frac{z_1}{z_2} = (1+2i)(1-2i) + 5\cdot\frac{1+2i}{1-2i}$$

$$= (1-4i^2) + 5\cdot\frac{(1+2i)^2}{(1-2i)(1+2i)}$$

$$= 5+5\cdot\frac{1+4i+4i^2}{1-4i^2}$$

$$= 5+5\cdot\frac{1+4i-4}{1+4} = 5+(1+4i-4) = 2+4i$$

$\Rightarrow a=2,\ b=4$

$\therefore a+b=2+4=6$

7. ④

풀이 주어진 함수가 복소평면 전체에서 해석적이므로

$u_x = v_y,\ v_x = -u_y$

즉, $u_x + iv_x = v_y - iu_y$(코시-리만 방정식)가 성립한다.

따라서 옳은 것은 ④이다.

8. ③

풀이 $\tan z = \frac{\sin z}{\cos z}$이고

적분경로 내의 특이점은 $z = -\frac{\pi}{2}, \frac{\pi}{2}$이다.

공식 $Res(f(z), z=z_0) = \left.\frac{p(z)}{q'(z)}\right|_{z=z_0}$

(단, $f(z) = \frac{p(z)}{q(z)}$)에 의해

$$Res\left(\tan z, -\frac{\pi}{2}\right) = \frac{\sin\left(-\frac{\pi}{2}\right)}{-\sin\left(-\frac{\pi}{2}\right)} = -1$$

$$Res\left(\tan z, \frac{\pi}{2}\right) = \frac{\sin\frac{\pi}{2}}{-\sin\frac{\pi}{2}} = -1$$

$$\therefore \oint_C \tan z\,dz = 2\pi i(-1-1) = -4\pi i$$

04 공학수학

9. ③

풀이 ① 특이점 0에서 위수 2인 극이므로

$$Res[f,0]=\frac{1}{1!}\lim_{z\to0}\frac{d}{dz}\left\{z^2\frac{\cos z}{z^2(z-\pi)^3}\right\}=-\frac{3}{\pi^4}$$

② 특이점 0에서 단순극이므로 $Res[f,0]=\left.\frac{e^z}{e^z}\right|_{z=0}=1$

③ 특이점 $\frac{\pi}{2}$에서 단순극이므로

$$Res\left[f,\frac{\pi}{2}\right]=\left.\frac{1}{-\sin z}\right|_{z=\frac{\pi}{2}}=-1$$

④ 특이점 0에서 위수 2인 극이므로

$$Res[f,0]=\frac{1}{1!}\lim_{z\to0}\frac{d}{dz}\left\{z^2\cdot\frac{1}{z\sin z}\right\}=0$$

10. ②

풀이 $\frac{(\omega-\omega_1)(\omega_2-\omega_3)}{(\omega-\omega_3)(\omega_2-\omega_1)}=\frac{(z-z_1)(z_2-z_3)}{(z-z_3)(z_2-z_1)}$

에서 한 점이 ∞이면

이 점을 포함하는 분자와 분모, 두 개의 항의 몫을 1로 대체한다.

따라서 $\frac{(\omega-1)(i+1)}{(\omega+1)(i-1)}=\frac{(z-0)(1)}{(1)(1-0)}$

$\frac{(\omega-1)(-i)}{(\omega+1)}=z$이므로 $w=\frac{1+iz}{1-iz}$이다.

또한 $w=u+vi$라 하면

$$\frac{(\omega-1)(-i)}{(\omega+1)}=z$$

$$\left|\frac{(\omega-1)(-i)}{(\omega+1)}\right|=|z|$$

$|w-1|=|w+1|(\because|z|=1)$

$|(u+vi)-1|=|(u+vi)+1|$

$|(u-1)+vi|=|(u+1)+vi|$

$\sqrt{(u-1)^2+v^2}=\sqrt{(u+1)^2+v^2}$

$u=0$

따라서 원 $|z|=1$의 상은 $u=0$이다.

11. ②

풀이 ① $\sin\left(\frac{5}{2}\pi+4i\right)=\sin\left(\frac{\pi}{2}\times5+4i\right)$

$=\cos(4i)=\cosh(4i^2)=\cosh(-4)$

$=\cosh4$

② $\sin\left(\frac{3}{2}\pi+4i\right)=\sin\left(\frac{\pi}{2}\times3+4i\right)$

$=-\cos(4i)=-\cosh(4i^2)$

$=-\cosh(-4)=-\cosh4$

③ $\sin\left(-\frac{3}{2}\pi-4i\right)=\sin\left(\frac{\pi}{2}\times(-3)-4i\right)$

$=\cos(4i)=\cosh(4i^2)$

$=\cosh(-4)=\cosh4$

④ $\sin\left(-\frac{7}{2}\pi-4i\right)=\sin\left(\frac{\pi}{2}\times(-7)-4i\right)$

$=\cos(4i)=\cosh(4i^2)$

$=\cosh(-4)=\cosh4$

12. ③

풀이 $\sin z=z-\frac{1}{3!}z^3+\frac{1}{5!}z^5-\frac{1}{7!}z^7+\cdots$

$\frac{\sin z}{z}=1-\frac{1}{3!}z^2+\frac{1}{5!}z^4-\frac{1}{7!}z^6+\cdots$

$f(z)=\int_0^z\frac{\sin t}{t}dt$

$=z-\frac{1}{3\cdot3!}z^3+\frac{1}{5\cdot5!}z^5-\frac{1}{7\cdot7!}z^7+\cdots$

따라서 z^5 항의 계수는 $\frac{1}{5\cdot5!}=\frac{1}{600}$이다.

13. ④

풀이 복소함수 $f(z)=u(x,y)+iv(x,y)$가

복소평면에서 해석적이면 코시-리만 방정식을 만족한다.

즉, $\frac{\partial u}{\partial x}=\frac{\partial v}{\partial y}$, $\frac{\partial u}{\partial y}=-\frac{\partial v}{\partial x}$

$\Leftrightarrow\ 2x+ay=dx+2y,\ ax+2by=-2cx-dy$

따라서 $a=2,\ b=-1,\ c=-1,\ d=2\ \Rightarrow\ abcd=4$

14. ②

풀이 실적분 $\int_{-\infty}^{\infty}\frac{1-\cos x}{x^2}dx=Re\left(\int_{-\infty}^{\infty}\frac{1-e^{ix}}{x^2}dx\right)$

$=Re\left(\int_C\frac{1-e^{iz}}{z^2}dz\right)$

(단, C는 단위원)

$f(z)=\frac{1-e^{iz}}{z^2}$에서 $z=0$에서 단순극을 가지므로

유수를 구하면 $Res(f,z=0)=\lim_{z\to0}z\cdot\frac{1-e^{iz}}{z^2}=-i$이다.

따라서 $\int_C\frac{1-e^{iz}}{z^2}dz=Re\{\pi i\cdot(-i)\}=\pi$

(특이점$z=0$은 x축상의 특이점)

$P.V\int_0^{\infty}\frac{1-\cos x}{x^2}dx=\frac{1}{2}\int_{-\infty}^{\infty}\frac{1-\cos x}{x^2}dx=\frac{\pi}{2}$

15. ②

풀이 $\int_0^{2\pi} \frac{1}{25-24\cos\theta} d\theta (z=e^{i\theta},\ 0 \le \theta \le 2\pi$라고 치환)

$= \int_C \frac{1}{25-24\frac{1}{2}\left(z+\frac{1}{z}\right)} \frac{1}{zi} dz$(단, $C; |z|=1$)

$= -\frac{1}{12i}\int_C \frac{1}{z^2-\frac{25}{12}z+1} dz$이고

특이점 $z=\frac{3}{4}$을 가지며

$Res\left(z^2-\frac{25}{12}z+1,\ \frac{3}{4}\right) = -\frac{12}{7}$이므로 유수적분에 의하여

$\int_0^{2\pi} \frac{1}{25-24\cos\theta} d\theta = 2\pi i \times -\frac{1}{12i} \times -\frac{12}{7} = \frac{2}{7}\pi$

[다른 풀이]

$\int_0^{2\pi} \frac{1}{25-24\cos\theta} d\theta$

$= \int_0^{\pi} \frac{1}{25-24\cos\theta} d\theta + \int_{\pi}^{2\pi} \frac{1}{25-24\cos\theta} d\theta$

$= \int_0^{\infty} \frac{1}{25-24\frac{1-t^2}{1+t^2}} \frac{2}{1+t^2} dt + \int_{-\infty}^{0} \frac{1}{25-24\frac{1-t^2}{1+t^2}} \frac{2}{1+t^2} dt$

$(\because \tan\frac{x}{2} = t)$

$= \int_{-\infty}^{\infty} \frac{2}{49t^2+1} dt$

$= \frac{2}{7}\tan^{-1}(7t)]_{-\infty}^{\infty} = \frac{2}{7}\pi$

[다른 풀이]

적분공식 $\int_0^{2\pi} \frac{1}{a+b\cos\theta} d\theta = \frac{2\pi}{\sqrt{a^2-b^2}}$을 이용하면

$\int_0^{2\pi} \frac{1}{25-24\cos\theta} d\theta = \frac{2\pi}{\sqrt{25^2-24^2}}$

$= \frac{2\pi}{\sqrt{(25+24)(25-24)}} = \frac{2\pi}{7}$

16. ③

풀이 $\int_0^{\infty} \frac{\sin x}{x(x^2+1)} dx = \frac{1}{2}\int_{-\infty}^{\infty} \frac{\sin x}{x(x^2+1)} dx$

$= \frac{1}{2} Im\left[\int_C \frac{e^{iz}}{z(z^2+1)} dz\right]$이고

(단, C는 실수축 포함 복소평면의 상반부의 단순 폐곡선)

$Res\left(\frac{e^{iz}}{z(z^2+1)},\ 0\right) = 1,\ Res\left(\frac{e^{iz}}{x(x^2+1)},\ i\right) = -\frac{e^{-1}}{2}$

이므로 유수적분에 의하여

$\int_0^{\infty} \frac{\sin x}{x(x^2+1)} dx = \frac{1}{2}\int_{-\infty}^{\infty} \frac{\sin x}{x(x^2+1)} dx$

$= \frac{1}{2} Im\left[\int_C \frac{e^{iz}}{z(z^2+1)} dz\right]$

$= \frac{1}{2} Im\left[2\pi i\left(\frac{1}{2}-\frac{e^{-1}}{2}\right)\right]$

$= \frac{\pi}{2}(1-e^{-1})$

17. ③

풀이 $z = e^{-\frac{5\pi}{6}i} \Rightarrow z^6 = e^{-5\pi i} = -1$

$1+z+z^2+z^3+\cdots+z^{36}$

$= (1+z+\cdots+z^{11}) + (z^{12}+z^{13}+\cdots+z^{23})$

$+ (z^{24}+z^{25}+\cdots+z^{35}) + z^{36}$

$= z^{36} = (z^6)^6 = (-1)^6 = 1$

18. ④

풀이 $f(z) = \frac{1}{z}$를

$f(x+iy) = \frac{1}{x+iy} = \frac{x-iy}{x^2+y^2} = \frac{x}{x^2+y^2} + i\frac{-y}{x^2+y^2}$으로

나타낼 수 있다.

① $D = \{(x,y)|x^2+(y-1)^2 \le 1\} = \{(x,y)|x^2+y^2 \le 2y\}$

(ⅰ) $x^2+y^2 = 2y$이면

$u = \frac{x}{2y},\ v = \frac{-y}{2y} = \frac{-1}{2}$로 변환된다.

(ⅱ) $x^2+y^2 = y$이면 $u = \frac{x}{y},\ v = \frac{-y}{y} = -1$로 변환된다.

극좌표로 표현하면

$w = \frac{1}{z} = \frac{1}{r\cos\theta + r\sin\theta} = \frac{1}{re^{i\theta}} = \frac{1}{r}e^{-i\theta}$

D영역에서 $|z| = r = 1$이면 $w = e^{-i\theta}$이고, $|w| = 1$이다.

① $D = \{(x,y)|x^2+(y-1)^2 \le 1\}$는 $r \le 2\sin\theta$인 영역이다.

$r = 2\sin\theta$를 대입하면

$w = \frac{1}{z} = \frac{1}{2\sin\theta}(\cos\theta - i\sin\theta) = \frac{\cos\theta}{2\sin\theta} - i\frac{1}{2}$이므로

$v = -\frac{1}{2}$로 보내진다.

극좌표 $\left(1,\ \frac{\pi}{2}\right) \in D$를 보내면 $w = e^{-i\frac{\pi}{2}} = -i$이다.

즉, $v < \frac{-1}{2}$인 영역이다.

따라서 D는 $D' = \left\{(u,v)|v \le -\frac{1}{2}\right\}$로 보내진다.

② $D=\left\{(x,y)\left|\left(x-\frac{1}{2}\right)^2+y^2\le\left(\frac{1}{2}\right)^2\right.\right\}$는

$r\le\cos\theta$인 영역이다. $r=\cos\theta$를 대입하면

$w=\frac{1}{\cos\theta}e^{-i\theta}=\frac{1}{\cos\theta}(\cos\theta-i\sin\theta)=1-i\tan\theta$

는 $u=1$이다.

극좌표 $\left(\frac{1}{2},0\right)$을 대입하면 $w=2$이다.

따라서 D는 $D'=\{(u,v)|u\ge1\}$로 보내진다.

③ $D=\{(x,y)|0<y<1\}$, $r=a\csc\theta\,(0<a<1)$일 때,

$w=\frac{1}{a\csc\theta}e^{-i\theta}$

$=\frac{\sin\theta}{a}(\cos\theta-i\sin\theta)$

$=b\sin\theta\cos\theta-ib\sin^2\theta\left(0<a<1\Rightarrow1<\frac{1}{a}=b\right)$

$u=b\sin\theta\cos\theta$, $v=-b\sin^2\theta$일 때,

$u^2+v^2=b^2\sin^2\theta$, $u^2+v^2+bv=0$이다.

즉, uv평면의 $u^2+v^2=-bv \Rightarrow r=-b\sin\theta\,(b>1)$

따라서 D는 $D'=\left\{(u,v)|v<0,u^2+\left(v+\frac{1}{2}\right)^2>\left(\frac{1}{2}\right)^2\right\}$

로 보내진다.

④ $D=\{(x,y)|x>1\}$는 $r=a\sec\theta$

$\left(a>1 \Rightarrow 0<\frac{1}{a}=b<1\right)$를 대입하면

$w=\frac{1}{a\sec\theta}e^{-i\theta}$

$=b\cos\theta(\cos\theta-i\sin\theta)$

$=b\cos^2\theta-ib\cos\theta sin\theta$

$u=b\cos^2\theta, v=-b\cos\theta\sin\theta$이고,

$u^2+v^2=b^2\cos^2\theta \Rightarrow u^2+v^2-bu=0$

즉, uv평면의 $u^2+v^2=bu \Rightarrow r=b\cos\theta((0<b<1))$

따라서 D는

$D'=\left\{(u,v)|\left(u-\frac{1}{2}\right)^2+v^2\le\left(\frac{1}{2}\right)^2\right\}$로 보내진다.

19. ④

풀이 (가) (참) $a_n=\frac{n!}{(n-k)!k!}$일 때,

$$\lim_{n\to\infty}\left|\frac{a_{n+1}}{a_n}\right|=\lim_{n\to\infty}\left|\frac{(n+1)!}{(n+1-k)!k!}\cdot\frac{(n-k)!k!}{n!}\right|$$

$$=\lim_{n\to\infty}\left|\frac{n+1}{n+1}\right|=1\text{이다.}$$

$\sum_{n=k}^{\infty}a_n\left(\frac{z}{\pi}\right)^n$의 비율판정값이 $1\cdot\left|\frac{z}{\pi}\right|<1$일 때

절대수렴하고, $|z|<\pi$이므로 수렴반경 $R=\pi$이다.

(나) (참) $b_n=\frac{2^{20n}}{n!}$일 때,

$$\lim_{n\to\infty}\left|\frac{b_{n+1}}{b_n}\right|=\lim_{n\to\infty}\left|\frac{2^{20(n+1)}}{(n+1)!}\cdot\frac{n!}{2^{20n}}\right|$$

$$=\lim_{n\to\infty}\left|\frac{2^{20}}{n+1}\right|=0$$

$\sum_{n=0}^{\infty}b_n(z-3)^n$의 비율판정값이 $0\cdot|z-3|<1$일 때

절대수렴하고, 수렴반경 $R=\infty$이다.

(다) (참) $c_n=\log n$일 때,

$$\lim_{n\to\infty}\left|\frac{c_{n+1}}{c_n}\right|=\lim_{n\to\infty}\left|\frac{\log(n+1)}{\log n}\right|$$

$$=\lim_{n\to\infty}\left|\frac{n}{n+1}\right|=1$$

$d_n=\left(\frac{1+i}{2}\right)^n$일 때,

$$\lim_{n\to\infty}\left|\frac{d_{n+1}}{d_n}\right|=\lim_{n\to\infty}\left|\frac{\left(\frac{1+i}{2}\right)^{n+1}}{\left(\frac{1+i}{2}\right)^n}\right|$$

$$=\lim_{n\to\infty}\left|\frac{1+i}{2}\right|=\frac{\sqrt{2}}{2}=\frac{1}{\sqrt{2}}$$

$\sum_{n=0}^{\infty}c_nz^n$의 수렴반경 $R=1$이고,

$\sum_{n=0}^{\infty}d_nz^n$의 수렴반경 $R=\sqrt{2}$이다.

$\sum_{n=1}^{\infty}\{c_n+d_n\}z^n$의 수렴반경 $R=1$이다.

(라) (참) $e_n=\frac{(-1)^n}{(2n+1)n!}$일 때,

$$\lim_{n\to\infty}\left|\frac{e_{n+1}}{e_n}\right|=\lim_{n\to\infty}\left|\frac{(2n+1)n!}{(2n+3)(n+1)!}\right|$$

$$=\lim_{n\to\infty}\left|\frac{2n+1}{(2n+3)(n+1)}\right|=0$$

$\sum_{n=0}^{\infty}\frac{(-1)^nz^{2n+1}}{(2n+1)n!}$, $R=\infty$

$\sum_{n=0}^{\infty}e_nz^{2n+1}$의 비율판정값이 $0\cdot|z^2|<1$일 때

절대수렴하고, 수렴반경 $R=\infty$이다.

20. ④

풀이 (가) (참) $|z_1|=|z_2|=|z_3|=1$ 일 때,

$z_1\overline{z_1}=z_2\overline{z_2}=z_3\overline{z_3}=1$ 이다.

$$(z_1z_2+z_2z_3+z_3z_1)(\overline{z_1z_2}+\overline{z_2z_3}+\overline{z_3z_1})$$
$$=\left(z_1z_2\overline{z_1z_2}+z_1z_2\overline{z_2z_3}+z_1z_2\overline{z_3z_1}\right)$$
$$+\left(z_2z_3\overline{z_1z_2}+z_2z_3\overline{z_2z_3}+z_2z_3\overline{z_3z_1}\right)$$
$$+\left(z_3z_1\overline{z_1z_2}+z_3z_1\overline{z_2z_3}+z_3z_1\overline{z_3z_1}\right)$$
$$=\left(1+z_1\overline{z_3}+z_2\overline{z_3}\right)+\left(z_3\overline{z_1}+1+z_2\overline{z_1}\right)$$
$$+\left(z_3\overline{z_2}+z_1\overline{z_2}+1\right)$$
$$=3+\left(z_1\overline{z_3}+z_2\overline{z_3}+z_3\overline{z_3}-z_3\overline{z_3}\right)$$
$$+\left(z_3\overline{z_1}+z_2\overline{z_1}+z_1\overline{z_1}-z_1\overline{z_1}\right)$$
$$+\left(z_3\overline{z_2}+z_1\overline{z_2}+z_2\overline{z_2}-z_2\overline{z_2}\right)$$
$$=3+\left(\overline{z_3}(z_1+z_2+z_3)-1\right)+\left(\overline{z_1}(z_3+z_2+z_1)-1\right)$$
$$+\left(\overline{z_2}(z_3+z_1+z_2)-1\right)$$
$$=(z_1+z_2+z_3)(\overline{z_1}+\overline{z_2}+\overline{z_3})$$

$$\left|\frac{z_1z_2+z_2z_3+z_3z_1}{z_1+z_2+z_3}\right|^2$$
$$=\left(\frac{z_1z_2+z_2z_3+z_3z_1}{z_1+z_2+z_3}\right)\cdot\overline{\left(\frac{z_1z_2+z_2z_3+z_3z_1}{z_1+z_2+z_3}\right)}$$
$$=\left(\frac{z_1z_2+z_2z_3+z_3z_1}{z_1+z_2+z_3}\right)\cdot\left(\frac{\overline{z_1z_2+z_2z_3+z_3z_1}}{\overline{z_1+z_2+z_3}}\right)$$
$$=\frac{(z_1z_2+z_2z_3+z_3z_1)(\overline{z_1z_2}+\overline{z_2z_3}+\overline{z_3z_1})}{(z_1+z_2+z_3)(\overline{z_1}+\overline{z_2}+\overline{z_3})}$$
$$=\frac{(z_1+z_2+z_3)(\overline{z_1}+\overline{z_2}+\overline{z_3})}{(z_1+z_2+z_3)(\overline{z_1}+\overline{z_2}+\overline{z_3})}=1$$

TIP $z=x+iy(x,y\in R)$일 때

(1) 켤레복소수의 성질

$\overline{z_1+z_2}=\overline{z_1}+\overline{z_2}$, $\overline{z_1-z_2}=\overline{z_1}-\overline{z_2}$,

$\overline{z_1\cdot z_2}=\overline{z_1}\cdot\overline{z_2}$, $\overline{\left(\frac{z_1}{z_2}\right)}=\frac{\overline{z_1}}{\overline{z_2}}$

(2) $|z|=\sqrt{x^2+y^2}$ 이고,

$z\overline{z}=(x+iy)(x-iy)=x^2+y^2$이므로

$|z|^2=z\overline{z}$이다.

(나) (참) $\ln(1+i)=\ln\sqrt{2}+i\left(\frac{\pi}{4}+2n\pi\right)(n\in$ 정수$)$이다.

$z_1=1+i$ 일 때,

$$z_1^i=(1+i)^i=e^{i\ln(1+i)}$$
$$=e^{i\left(\frac{1}{2}\ln2+i\left(\frac{\pi}{4}+2n\pi\right)\right)}$$
$$=e^{-\frac{\pi}{4}-2n\pi+\frac{i}{2}\ln2}$$
$$=e^{-\frac{\pi}{4}+2n\pi+\frac{i}{2}\ln2}\ (n\in\text{정수})$$

(다) (참)

$\cosh z=\cosh(x+iy)=\cosh x\cos y+i\sinh x\sin y$이고

$z_1=\left(n+\frac{1}{2}\right)\pi i$일 때,

$$\cosh z_1=\cosh\left(0+i\frac{(2n+1)\pi}{2}\right)$$
$$=\cosh0\cos\frac{(2n+1)\pi}{2}+i\sinh0\sin\frac{(2n+1)\pi}{2}$$
$$\cosh z_1=\cos\frac{(2n+1)\pi}{2}=0$$

(라) (거짓)

$\sin z=\sin(x+iy)=\sin x\cosh y+i\cos x\sinh y=0$이 되기 위해서는 $y=0$이고, $\sin x=0$이 되어야 한다. 따라서 $z=n\pi$이면 된다. 또한 $z=n\pi$에서 위수가 1이다.

$\cot(\pi z_1)=\frac{\cos(\pi z_1)}{\sin(\pi z_1)}$의 극점은 $\sin(\pi z_1)=0$을 만족하는 점이고, $z_1=n\ (n\in$ 정수$)$에서 단순극이다.

$$Res(n)=\lim_{z\to n}\frac{(z-n)\cos\pi z}{\sin\pi z}$$
$$Res(n)=\lim_{z\to n}\frac{\cos\pi z}{\pi\cos\pi z}=\frac{1}{\pi}$$

(마) (참) 복소평면 전체에서 해석적인 함수를 완전함수이라 한다. $\sin^2 z_1$ 는 완전함수이다.

21. ④

풀이 $z=\frac{1}{2\sqrt{3}}-\frac{1}{2}i=\frac{1}{\sqrt{3}}\left(\frac{1}{2}-\frac{\sqrt{3}}{2}i\right)=\frac{1}{\sqrt{3}}e^{-\frac{\pi}{3}i}$라고 하고,

$w=\frac{1}{18\sqrt{3}}+\frac{1}{18}i=\frac{1}{9\sqrt{3}}\left(\frac{1}{2}+\frac{\sqrt{3}}{2}i\right)=\frac{1}{9\sqrt{3}}e^{\frac{\pi}{3}i}$

라고 하자. 주어진 문제에서

$$\left(\frac{1}{2\sqrt{3}}-\frac{1}{2}i\right)^m=\frac{1}{18\sqrt{3}}+\frac{1}{18}i$$
$$\Leftrightarrow\ z^m=w\ \Leftrightarrow\ |z|^m=|w|$$
$$|z|=\frac{1}{\sqrt{3}},\ |z|^m=\left(\frac{1}{\sqrt{3}}\right)^m=\frac{1}{9\sqrt{3}}=|w|$$
$$\therefore m=5$$

22. ③

풀이 $\cos\overline{z}=\cos(x-iy)=\cos x\cosh y+i\sin x\sinh y$

$$\overline{\cos z}=\overline{\cos(x+iy)}=\overline{\cos x\cosh y-i\sin x\sinh y}$$
$$=\cos x\cosh y+i\sin x\sinh y$$

$\cos\overline{z}+\overline{\cos z}=2\cos x\cosh y+i2\sin x\sinh y=i$를 만족하는 x,y를 찾자.

$\cosh y\geq1$이므로 $\cos x=0$이 되어야 한다.

04 공학수학

(ⅰ) $x = \frac{\pi}{2} + 2n\pi$일 때, $\cos x = 0$이고, $\sin x = 1$이다.

여기서 $\sinh y = \frac{1}{2}$가 되어야 하므로

$y = \sinh^{-1}\frac{1}{2} = \ln\left(\frac{1+\sqrt{5}}{2}\right)$이다.

$\cos\bar{z} + \overline{\cos z} = i$를 만족하는

$z = \frac{\pi}{2} + 2n\pi + i\left(\frac{1+\sqrt{5}}{2}\right)$ ($n\in$정수) 이다.

(ⅱ) $x = -\frac{\pi}{2} + 2n\pi$일 때, $\cos x = 0$이고, $\sin x = -1$이다.

여기서 $\sinh y = -\frac{1}{2}$가 되어야 하므로

$y = \sinh^{-1}\left(-\frac{1}{2}\right) = \ln\left(\frac{-1+\sqrt{5}}{2}\right)$이다.

$\cos\bar{z} + \overline{\cos z} = i$를 만족하는

$z = -\frac{\pi}{2} + 2n\pi + i\left(\frac{-1+\sqrt{5}}{2}\right)$ ($n\in$정수) 이다.

23. ②

풀이 해석함수 $f(z) = u(x,y) + iv(x,y)$에서
조화함수 $u(x,y)$와 공액조화함수 $v(x,y)$는
코시-리만 방정식 $u_x = v_y,\ u_y = -v_x$을 만족해야 하므로
다음과 같은 식을 만족해야 한다.
$u_x = 3x^2 - 3y^2 = v_y,\ u_y = -y^2 - 5 = -v_x$를 만족하므로
$v = 3x^2y - y^3 + 5x + c$

24. ①

풀이 곡선 $C: z = \cos t + i\sin t = e^{it}(0 \le t \le \pi)$일 때,
$f(z) = x + y$는 해석함수가 아니므로 경로에 의존적이다.
따라서 곡선을 매개화시켜 선적분을 하자.

$$\int_C f(z)\,dz = \int_0^\pi (\cos t + \sin t)(-\sin t + i\cos t)\,dt$$
$$= \int_0^\pi -\cos t\sin t - \sin^2 t + i(\cos^2 t + \cos t\sin t)\,dt$$
$$= \frac{\pi}{2}(i-1)$$

25. ④

풀이 주어진 함수 $f(z) = (\bar{z})^2 = x^2 - y^2 - i(2xy)$는
해석함수가 아니므로 곡선 C의 경로를 따라가며 적분해야 한다.
$C = C_1 + C_2 + C_3$이므로
$\int_C f(z)dz = \int_{C_1} f(z)dz + \int_{C_2} f(z)dz + \int_{C_3} f(z)dz$를 구하자.

(ⅰ) $C_1 : z = x\,(0 \le x \le 1)$일 때,

$$\int_{C_1} f(z)dz = \int_0^1 x^2\,dx = \frac{1}{3}$$

(ⅱ) $C_2 : z = 1 + iy\,(0 \le y \le 1)$일 때,

$$\int_{C_2} f(z)dz = \int_0^1 (1 - y^2 - i2y)i\,dy$$
$$= i\left(1 - \frac{1}{3} - i\right) = 1 + \frac{2}{3}i$$

(ⅲ) $-C_3 : z = x + ix\,(0 \le x \le 1)$일 때,

$$\int_{C_3} f(z)dz = -\int_{-C_3} f(z)dz$$
$$= -(1+i)\int_0^1 -i2x^2\,dx$$
$$= (1+i)\frac{2i}{3} = -\frac{2}{3} + i\frac{2}{3}$$

$$\int_C f(z)\,dz = \frac{2}{3} + \frac{4}{3}i$$

26. ①

풀이 주어진 곡선 C의 경로는 $0, 1+i, 2, 0$을 잇는
시계 방향으로 돌고 있는 삼각형이다.
주어진 곡선의 내부에서 $f(z) = \cos z$는 해석적이므로
$\int_C \cos z\,dz = 0$이다.

27. ③

풀이 $f(z) = \frac{\mathrm{Ln}(z+2)}{z^3 + i}$는 $\mathrm{Ln}(z+2) = \mathrm{Ln}(x+2+iy)$에서
$x + 2 > 0$인 영역에서 해석적이고,
폐곡선 내부에서 $z^3 = -i$를 만족하는 점을 포함하지 않아야
$f(z)$는 해석적이다.
$f(z)$가 해석함수이면 $\oint_C \frac{\mathrm{Ln}(z+2)}{z^3+i}dz = 0$가 성립한다.

$z^3 = -i = e^{\left(-\frac{\pi}{2} + 2n\pi\right)i}$이고,

$z_n = e^{\left(-\frac{\pi}{6} + \frac{2n\pi}{3}\right)i}$ $(n = 0, 1, 2)$이다.

$z_1 = e^{\frac{\pi}{2}i} = i$와 $z = \frac{1}{2} + \frac{1}{2}i$의 거리는 $\frac{\sqrt{2}}{2}$이고,

$C: \left|z - \left(\frac{1}{2} + \frac{1}{2}i\right)\right| = \frac{\sqrt{2}}{2}$일 때,

z_0, z_1, z_2 모든 점을 포함하지 않는 폐곡선이 된다.
이 때, 곡선 C에서 $f(z)$가 해석적이므로
$\oint_C f(z)\,dz = 0$이 성립한다.

28. ④

풀이 곡선 $|z|=3$내부에서 $f(z)$의 특이점은 $0, 1, -2$에서 갖는다.

(i) $z=0$에서 2차극이므로

$$Res(i)=\lim_{z\to 0}\left(\frac{1}{z^2+z-2}\right)'=\lim_{z\to 0}\frac{-2z-1}{(z^2+z-2)^2}=-\frac{1}{4}$$

(ii) $z=1$에서 단순극이므로 $Res(1)=\lim_{z\to 1}\frac{1}{z^2(z+2)}=\frac{1}{3}$

(iii) $z=-2$에서 단순극이므로

$$Res(-2)=\lim_{z\to -2}\frac{1}{z^2(z-1)}=\frac{-1}{12}$$

$$\therefore \int_C \frac{1}{z^2(z-1)(z+2)}dz$$

$$=2\pi i\{Res(0)+Res(1)+Res(-2)\}=0$$

29. ③

풀이 $C=C_1+C_2$이고, C_1은 시계 방향이고, C_2는 반시계 방향이다.

$f(z)=\dfrac{z^3+3}{z(z-i)^2}$에 대하여

$\int_{C_1} f(z)=-2\pi i Res(0)$, $\int_{C_2} f(z)=2\pi i Res(i)$이다.

(i) $z=0$에서 단순극이므로 $Res(0)=\lim_{z\to 0}\dfrac{z^3+3}{(z-i)^2}=-3$

(ii) $z=i$에서 2차극이므로

$$Res(i)=\lim_{z\to i}\left(\frac{z^3+3}{z}\right)'=\lim_{z\to i}2z-\frac{3}{z^2}=2i+3$$

$$\int_C f(z)dz=\int_{C_1} f(z)dz+\int_{C_2} f(z)dz$$

$$=2\pi i(6+2i)=-4\pi+12\pi i$$

30. ④

풀이 $f(z)=\dfrac{e^z}{ze^z-iz}=\dfrac{e^z}{z(e^z-i)}$는 $z=0$에서만 특이점을 갖는다.

$e^z=i=e^{\frac{\pi}{2}i}$에서 $z=\dfrac{\pi}{2}$는 곡선 C 내부의 점이 아니므로 특이점이 아니다.

$Res(0)=\lim_{z\to 0}\dfrac{e^z}{e^z-i}=\dfrac{1}{1-i}$이므로

$$\oint \frac{e^z}{ze^z-iz}dz=2\pi i Res(0)=\frac{2\pi i}{1-i}=2\pi i\frac{(1+i)}{2}=\pi(i-1)$$

31. ③

풀이 $f(z)=\dfrac{\cosh z}{(z-\pi)^3}$, $g(z)=\dfrac{\sin^2 z}{(2z-\pi)^3}=\dfrac{\sin^2 z}{8\left(z-\frac{\pi}{2}\right)^3}$라고 할 때,

$f(z)$는 곡선 C내부에서 해석함수이므로 $\int_C f(z)\,dz=0$이다.

$g(z)$는 곡선 C내부에서 $z=\dfrac{\pi}{2}$에서 3차극을 갖는 특이점이다.

$$Res\left(g(z),\frac{\pi}{2}\right)=\lim_{z\to\frac{\pi}{2}}\frac{1}{2!}\cdot\frac{1}{8}(\sin^2 z)''$$

$$=\lim_{z\to\frac{\pi}{2}}\frac{1}{2!}\cdot\frac{1}{8}\cdot 2\cos 2z=-\frac{1}{8}$$

$$\oint_C\left\{\frac{\cosh z}{(z-\pi)^3}-\frac{\sin^2 z}{(2z-\pi)^3}\right\}dz=\oint_C f(z)-g(z)\,dz$$

$$=\oint_C f(z)-\oint_C g(z)\,dz$$

$$=0-2\pi i Res\left(g(z),\frac{\pi}{2}\right)$$

$$=\frac{\pi}{4}i$$

32. ④

풀이 $e^z=1=e^{i(2n\pi)}$를 만족하는 $z=0, 2\pi i, -2\pi i$는 곡선 C내부의 점이므로 $f(z)=\dfrac{e^z}{e^z-1}$에서 특이점이고, 각각 단순극이다.

(i) $Res(f(z),0)=\lim_{z\to 0}\dfrac{z}{e^z-1}\cdot e^z=1$

(ii) $Res(f(z),2\pi i)=\lim_{z\to 2\pi}\dfrac{z-2\pi i}{e^z-1}\cdot e^z=1$

(iii) $Res(f(z),-2\pi i)=\lim_{z\to -2\pi}\dfrac{z+2\pi i}{e^z-1}\cdot e^z=1$

$$\int_C f(z)dz=\int_C\frac{e^z}{e^z-1}dz$$

$$=2\pi i(Res(0)+Res(2\pi i)+Res(-2\pi i))=6\pi i$$

33. ④

풀이 $|z|=2$이므로 $\oint_C\dfrac{|z|e^z}{z^2}dz=\oint_C\dfrac{2e^z}{z^2}dz=2\oint_C\dfrac{e^z}{z^2}dz$이다.

$f(z)=\dfrac{e^z}{z^2}$이라고 하면, C내부에서 $z=0$에서 2차극을 갖는다.

$Res(f(z),0)=\lim_{z\to 0}(e^z)''=1$

$\dfrac{e^z}{z^2}=\dfrac{1}{z^2}+\dfrac{1}{z}+\dfrac{1}{2!}+\dfrac{z}{3!}+\cdots$에서 $\dfrac{1}{z}$의 계수는 1이다.

$$\therefore \oint_C\frac{|z|e^z}{z^2}dz=2\oint_C\frac{e^z}{z^2}dz=2\cdot 2\pi i\cdot Res(0)=4\pi i$$

04 공학수학

34. ②

풀이 $C: |z|=1$인 곡선이다.

$$\int_0^{2\pi}\frac{d\theta}{1-\frac{1}{2}\sin\theta}=\int_C\frac{1}{1-\frac{1}{2}\cdot\frac{1}{2i}\left(z-\frac{1}{z}\right)}\cdot\frac{1}{iz}dz$$

$$=-4\int_C\frac{1}{z^2-4iz-1}dz$$

$f(z)=\dfrac{1}{z^2-4iz-1}$ 의 특이점은

$\alpha=(2-\sqrt{3})i,\ \beta=(2+\sqrt{3})i$에서 단순극이다.

$\alpha=(2-\sqrt{3})i$는 C내부의 점이다.

$$Res(\alpha)=\lim_{z\to\alpha}\frac{z-\alpha}{(z-\alpha)(z-\beta)}=\frac{1}{\alpha-\beta}=-\frac{1}{2\sqrt{3}i}$$

$$\therefore -4\int_C f(z)dz=-4\cdot 2\pi i\cdot Res(\alpha)=\frac{4\pi}{\sqrt{3}}=\frac{4\sqrt{3}}{3}\pi$$

35. ②

풀이 $C: |z|=1$인 곡선이다.

$$\int_0^{2\pi}\frac{\sin\theta}{5-4\sin\theta}d\theta=\int_C\frac{\frac{1}{2i}\left(z-\frac{1}{z}\right)}{5-4\cdot\frac{1}{2i}\left(z-\frac{1}{z}\right)}\cdot\frac{1}{iz}dz$$

$$=-\frac{1}{2i}\int_C\frac{z^2-1}{z(2z^2-5iz-2)}dz$$

$$=\frac{i}{4}\int_C\frac{z^2-1}{z\left(z-\frac{i}{2}\right)(z-2i)}dz=\frac{i}{4}\cdot 2\pi i\left(Res(0)+Res\left(\frac{i}{2}\right)\right)$$

$$=\frac{i}{4}\cdot 2\pi i\left(-\frac{2}{3}\right)=\frac{\pi}{3}$$

$f(z)=\dfrac{z^2-1}{z\left(z-\frac{i}{2}\right)(z-2i)}$ 이라고 할 때,

$$Res(f(z),0)=\lim_{z\to 0}\frac{z^2-1}{\left(z-\frac{i}{2}\right)(z-2i)}=1$$

$$Res\left(f(z),\frac{i}{2}\right)=\lim_{z\to\frac{i}{2}}\frac{z^2-1}{z(z-2i)}=\frac{-\frac{5}{4}}{\frac{3}{4}}=-\frac{5}{3}$$

$$Res(0)+Res\left(\frac{i}{2}\right)=-\frac{2}{3}$$

36. ②

풀이 곡선 C는 $R\to\infty$인 $|z|=R$의 상반원이다.

$$\int_{-\infty}^{\infty}\frac{\sin x}{x^2-\frac{\pi^2}{4}}dx=Im\int_C\frac{e^{iz}}{\left(z-\frac{\pi}{2}\right)\left(z+\frac{\pi}{2}\right)}dz$$

$f(z)=\dfrac{e^{iz}}{\left(z-\frac{\pi}{2}\right)\left(z+\frac{\pi}{2}\right)}$ 는 실수축 위의 점

$z=\dfrac{\pi}{2},\ -\dfrac{\pi}{2}$ 에서 단순극을 갖는다.

$$Res\left(f(z),\frac{\pi}{2}\right)=\lim_{z\to\frac{\pi}{2}}\frac{e^{iz}}{z+\frac{\pi}{2}}=\frac{i}{\pi}$$

$$Res\left(f(z),-\frac{\pi}{2}\right)=\lim_{z\to-\frac{\pi}{2}}\frac{e^{iz}}{z-\frac{\pi}{2}}=\frac{i}{\pi}$$

$$Im\int_C f(z)dz=Im\left(\pi i\cdot\left(Res\left(\frac{\pi}{2}\right)+Res\left(-\frac{\pi}{2}\right)\right)\right)$$

$$=Im\left(\pi i\cdot\left(\frac{2i}{\pi}\right)\right)=Im(-2)=0$$

37. ③

풀이 곡선 C는 $R\to\infty$인 $|z|=R$의 상반원이다.

$$\int_{-\infty}^{\infty}\frac{\cos 3x}{(x^2+1)^2}dx=Re\int_C\frac{e^{i3z}}{(z^2+1)^2}dx$$

$$=Re\int_C\frac{e^{i3z}}{(z+i)^2(z-i)^2}dx$$

곡선 C내부에서 $f(z)=\dfrac{e^{i3z}}{(z+i)^2(z-i)^2}$ 는

$z=i$에서 2차극을 갖는다.

$$Res(f(z),i)=\lim_{z\to i}\left(\frac{e^{i3z}}{(z+i)^2}\right)'=\frac{e^{-3}}{i}$$

$$\int_0^{\infty}\frac{\cos 3x}{(x^2+1)^2}dx=\frac{1}{2}\int_{-\infty}^{\infty}\frac{\cos 3x}{(x^2+1)^2}dx$$

$$=\frac{1}{2}Re\int_C\frac{e^{i3z}}{(z+i)^2(z-i)^2}dx$$

$$=Re\left(\frac{1}{2}\cdot 2\pi i\cdot Res(i)\right)$$

$$=Re\left(\frac{1}{2}\cdot 2\pi i\cdot\frac{e^{-3}}{i}\right)$$

$$=Re(\pi e^{-3})=\pi e^{-3}$$

38. ②

풀이 $\mathrm{Ln}(3-iz)=\mathrm{Ln}(5-i(z-2i))$

$$=\mathrm{Ln}\left(5\left(1-\frac{i(z-2i)}{5}\right)\right)$$

$$=\mathrm{Ln}5+\mathrm{Ln}\left(1-\frac{i(z-2i)}{5}\right)$$

$$=\mathrm{Ln}5-\sum_{n=1}^{\infty}\frac{1}{n}\left(\frac{i(z-2i)}{5}\right)^n$$

$$\left(\left|\frac{i(z-2i)}{5}\right|<1 \Leftrightarrow |z-2i|<5\right)$$

$$\mathrm{Ln}(1-z)=-\left(z+\frac{1}{2}z^2+\frac{1}{3}z^3+\cdots\right)$$

$$=-\sum_{n=1}^{\infty}\frac{1}{n}z^n(|z|<1)$$

39. ②

풀이 $g(z)=\dfrac{z}{(z-1)^2}$

$$=\frac{z-2+2}{((z-2)+1)^2}$$

$$=\frac{z-2+2}{\left((z-2)\left(1+\frac{1}{z-2}\right)\right)^2}$$

$$=\frac{z-2+2}{(z-2)^2\left(1+\frac{1}{z-2}\right)^2}$$

$$=\frac{z-2+2}{(z-2)^2}\cdot\frac{1}{\left(1+\frac{1}{z-2}\right)^2}$$

$$=\left[\frac{1}{z-2}+\frac{2}{(z-2)^2}\right]\cdot\left[1-\frac{2}{z-2}+\frac{3}{(z-2)^2}-\frac{4}{(z-2)^3}+\cdots\right]$$

$$=\left(\frac{1}{z-2}-\frac{2}{(z-2)^2}+\frac{3}{(z-2)^3}-\frac{4}{(z-2)^4}+\cdots\right)+\left(\frac{2}{(z-2)^2}-\frac{4}{(z-2)^3}+\frac{6}{(z-2)^4}-\frac{8}{(z-2)^5}+\cdots\right)$$

$$=\frac{1}{z-2}-\frac{1}{(z-2)^3}+\frac{2}{(z-2)^4}-\frac{3}{(z-2)^5}\cdots$$

$$f(z)=\frac{z}{(z-2)(z-1)^2}=\frac{1}{z-2}\cdot g(z)$$

$$=\frac{1}{(z-2)^2}-\frac{1}{(z-2)^4}+\frac{2}{(z-2)^4}-\frac{3}{(z-2)^6}\cdots$$

$$\frac{1}{1+x}=1-x+x^2-x^3+\cdots=\sum_{n=0}^{\infty}(-1)^nx^n\quad(|x|<1)$$

$$\frac{-1}{(1+x)^2}=-1+2x-3x^2+\cdots$$

$$\frac{1}{(1+x)^2}=1-2x+3x^2-\cdots$$

$$=\sum_{n=1}^{\infty}(-1)^{n+1}nx^{n-1}(|x|<1)$$

40. ①

풀이 $f(z)=\dfrac{z}{z^8-1}$에서 $g(z)=z^8-1,\ g'(z)=8z^7$일 때,

$g\left(e^{i\frac{\pi}{4}}\right)=e^{i(2\pi)}-1=0$이고, $g'\left(e^{i\frac{\pi}{4}}\right)=8e^{i\frac{7\pi}{4}}\neq 0$이므로

$f(z)$는 $z_0=e^{i\frac{\pi}{4}}$에서 단순극이다.

$$Res(z_0)=\lim_{z\to z_0}\frac{(z-z_0)}{z^8-1}\cdot z$$

$$=\lim_{z\to z_0}\frac{1}{8z^7}\cdot\lim_{z\to z_0}z$$

$$=\frac{z_0}{8z_0^7}=\frac{1}{8z_0^6}=\frac{1}{8}e^{i\left(-\frac{6\pi}{4}\right)}$$

$$=\frac{1}{8}\left(\cos\left(-\frac{3\pi}{2}\right)+i\sin\left(-\frac{3\pi}{2}\right)\right)$$

$$=\frac{1}{8}i$$

따라서 $f(z)$의 주요부는 $\dfrac{\frac{1}{8}i}{z-z_0}$이다.